주요 함수의 라플라스 변환: $F(s) = \mathcal{L}\{f(t)\} = \int_0^\infty f(t)e^{-st}dt$

$f(t)$	$F(s)$
$\delta(t)$	1
$u(t)$	$\frac{1}{s}$
t	$\frac{1}{s^2}$
t^n	$\frac{n!}{s^{n+1}}$
e^{-at}	$\frac{1}{s+a}$
te^{-at}	$\frac{1}{(s+a)^2}$
$\frac{t^{n-1}e^{-at}}{(n-1)!}$	$\frac{1}{(s+a)^n}$
$\frac{1}{a-b}(e^{-bt}-e^{-at})$	$\frac{1}{(s+a)(s+b)}$
$\frac{1}{a-b}(e^{-t/a}-e^{-t/b})$	$\frac{1}{(as+1)(bs+1)}$
$\frac{c-a}{b-a}e^{-at}+\frac{c-b}{a-b}e^{-bt}$	$\frac{s+c}{(s+a)(s+b)}$
$\frac{a-c}{a(a-b)}e^{-at}+\frac{b-c}{b(b-a)}e^{-bt}$	$\frac{cs+1}{(as+1)(bs+1)}$
$1+\frac{c-a}{a-b}e^{-t/a}+\frac{c-b}{b-a}e^{-t/b}$	$\frac{cs+1}{s(as+1)(bs+1)}$
$\sin\omega t$	$\frac{\omega}{s^2+\omega^2}$
$\cos\omega t$	$\frac{s}{s^2+\omega^2}$
$\sinh wt$	$\frac{w}{s^2-w^2}$
$\cosh wt$	$\frac{s}{s^2-w^2}$
$e^{-at}\sin\omega t$	$\frac{\omega}{(s+a)^2+\omega^2}$
$e^{-at}\cos\omega t$	$\frac{s+a}{(s+a)^2+\omega^2}$

주요 함수의 z-변환: $F(z)=Z\{f(t)\}=\sum_{n=0}^{\infty}f(nT)z^{-n}$

$f(t)$	$F(s)$	$F(z)$
$u(t)$	$\frac{1}{s}$	$\frac{1}{1-z^{-1}}$
$\delta(t)$	1	1
t	$\frac{1}{s^2}$	$\frac{Tz^{-1}}{(1-z^{-1})^2}$
t^{n-1}	$\frac{(n-1)!}{s^n}$	$\lim_{a\to 0}(-1)^{n-1}\frac{\partial^{n-1}}{\partial a^{n-1}}\left(\frac{1}{1-e^{-aT}z^{-1}}\right)$
e^{-at}	$\frac{1}{s+a}$	$\frac{1}{1-e^{-aT}z^{-1}}$
$\frac{1}{b-a}(e^{-at}-e^{-bt})$	$\frac{1}{(s+a)(s+b)}$	$\frac{1}{b-a}\left(\frac{1}{1-e^{-aT}z^{-1}}-\frac{1}{1-e^{-bT}z^{-1}}\right)$
te^{-at}	$\frac{1}{(s+a)^2}$	$\frac{Tz^{-1}e^{-aT}}{(1-e^{-aT}z^{-1})^2}$
$\frac{1}{b}e^{-at}\sin bt$	$\frac{1}{(s+a)^2+b^2}$	$\frac{1}{b}\left(\frac{z^{-1}e^{-aT}\sin bT}{1-2z^{-1}e^{-aT}\cos bT+e^{-2aT}z^{-2}}\right)$
$e^{-at}\cos bt$	$\frac{s+a}{(s+a)^2+b^2}$	$\frac{1-z^{-1}e^{-aT}\cos bT}{1-2z^{-1}e^{-aT}\cos bT+e^{-2aT}z^{-2}}$
$f(t-kT)$	$e^{-kTs}F(s)$	$z^{-k}F(z)$
$t-\frac{1}{a}(1-e^{-at})$	$\frac{a}{s^2(s+a)}$	$\frac{Tz}{(z-1)^2}-\frac{(1-e^{-aT})z}{a(z-1)(z-e^{-aT})}$

Advanced Process Control Systems

Analysis & Design

최신

제3판

공정제어공학

MATLAB의 활용과 실습

| 여영구 지음 |

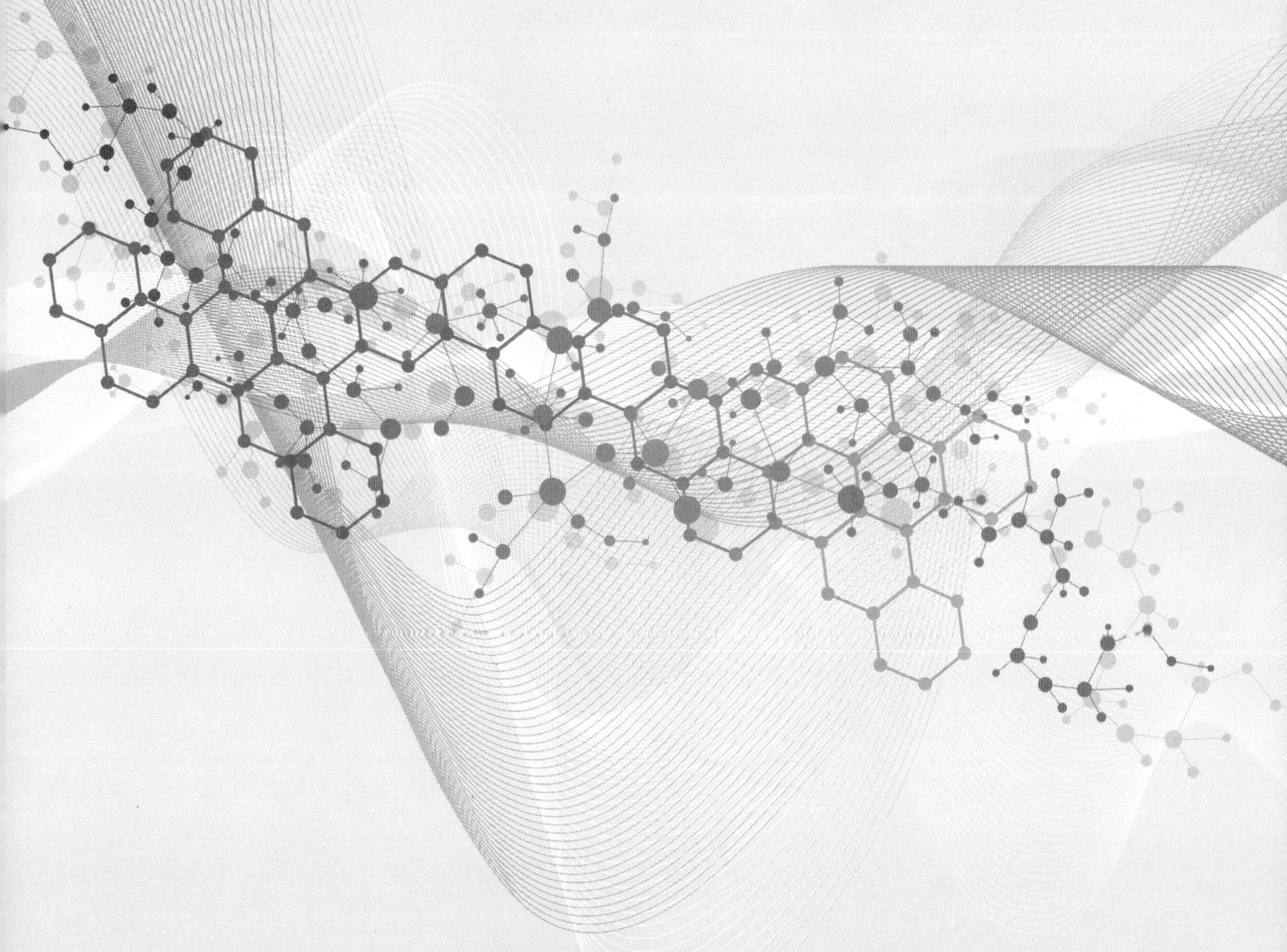

사이플러스
Science plus

최신 공정제어공학 MATLAB의 활용과 실습

머리말

Preface

공정제어는 화학공장의 조업에서 안전한 조업환경의 유지와 제품의 품질향상 및 조업경비의 절감을 이루는 데에 가장 기본적이고 핵심적인 역할을 합니다. 엔지니어는 조업 현장에서 제어 시스템의 설계 및 조정과 제반 제어문제의 해결능력을 갖추어야 합니다. 이 책의 목적은 대학교에서 공학을 전공하는 학생들이 공정제어의 내용을 보다 효과적으로 이해하고 활용할 수 있는 능력을 갖추기 위한 틀을 제시하는 데에 있습니다. 새로운 공정에 대한 제어구조의 설계나 기존 공정의 제어구조에 대한 개선을 위해서는 엔지니어들이 관련 공정의 원리에 대한 이해와 제어기법의 실질적인 활용능력을 지니고 있어야 합니다. 특히 공장조업 현장에서 컴퓨터의 활용이 보편화되면서 엔지니어들에게 컴퓨터를 이용한 공정의 계산이나 운전자료의 처리 및 제어방법에 대한 능력이 요구되고 있습니다.

이 책에서는 공정의 해석방법 및 컴퓨터 제어기법을 포함하는 다양한 공정제어 방법에 대한 이론과 활용기법들을 소개하고자 하였으며, 현재 대학교 및 산업 현장에서 널리 사용되고 있는 공학계산용 프로그램인 MATLAB을 필요에 따라 효과적으로 활용할 수 있는 능력을 배양할 수 있도록 하였습니다. 아울러 공정제어의 기초, 공정의 동특성, feedback 제어구조, 진동응답, 고급제어방법, 디지털 제어시스템, 모델예측제어 시스템, 그리고 전산 인공지능들을 다루고 있습니다.

이번에 출판되는 제3판에서는 제2판을 교재로 사용하거나 참고서로 이용한 많은 교수님들과 엔지니어 및 학생들이 발견하고 전해주신 본문 내용의 오류 및 잘못된 철자나 수식들을 모두 바로잡았으며, 각 장의 연습 문제들을 대폭적으로 수정하고 새로운 문제들을 많이 추가하였습니다. 특히 공정변수의 측정에 대한 내용을 다루는 장을 새로 추가하여 화학공장의 운전 현장에서 이용되고 있는 다양한 센서들에 대한 원리와 사용 방법들을 소개하였습니다. 아울러 Simulink의 사용방법에 대한 내용을 추가하고 보완하였으며 모든 MATLAB 활용 프로그램들을 새로운 버전의 MATLAB(버전 2019a 및 2020a)에 따라 수정하였고 많은 프로그램들은 다시 작성하였습니다.

이 책의 내용은 대학교 학부과정에서의 학습에 적합하도록 배열되어 있으며 각 장의 해당되는 주제 부분에 수록된 MATLAB 활용실습을 포함하여 전체 내용을 두 학기에 걸쳐 학습할 수 있습니다. 새로 추가된 제8장은 강의계획에서 제외될 수 있으며, 제16장부터 제23장까지는 대학원에서 고급제어 및 전산제어 관련 교과목의 텍스트로 활용될 수 있을 것입니다. 아울러 이 책은 산업 현장의 기술자나 연구 개발자, 그리고 공정 엔지니어들에게도 두루 도움이 될 수 있을 것으로 확신합니다. 특히 이 책으로 기사시험이나 기술고시 등 국가가 주관하는 각급 시험을 준비하고 있는 많은 분들의 기대에 부응하기 위하여 점검 문제로서 객관식 문제들을 각 장에 추가하고 자세한 풀이를 수록하였습니다.

이 책이 완성되기까지 많은 분들의 도움과 격려가 있었습니다. 특히 각 장의 점검 문제 및 연습 문제들의 작성과 검토 및 분석에 있어서 (이하 가나다 순 존칭 생략) 강신춘 전 한양대학교 교수, 김래현 전 서울과학기술대학교 교수, 김양수 인제대학교 교수, 김영한 전 동아대학교 교수, 김진국 한양대학교 교수, 오민 한밭대학교 교수, 오세천 공주대학교 교수, 그리고 정연수 서울시립대학교 교수께서 많은 도움과 조언을 제공하여 주셨습니다. 이 분들에게 깊은 감사를 드리는 바입니다.

2020년 10월 23일

여영구 적음

ykyeo09@naver.com

차례

Contents

제8장 공정변수의 측정 • 287

제 6 부 전산제어 시스템 • *669*

제 18 장 디지털 데이터 시스템 • *671*

공정제어의 기초

최신 공정제어공학 MATLAB의 활용과 실습

서론

화학공장은 어떤 원료 물질들로부터 원하는 제품을 얻기 위하여 서로 유기적으로 조합시킨 여러 가지 공정 장치들의 집합체이다. 화학공장 조업의 주된 목적은 가장 경제적이고 안전한 방법으로 원하는 제품을 생산해 내는 것이다. 그러나 오늘날의 화학공장들은 점차 복잡해지고 대규모화 되어가고 있으며 날로 격심해지는 경쟁과 엄격해지는 환경 및 안전규제, 그리고 급속히 변화하는 경제적 상황들로 인하여 실제로 요구되는 조업 수준을 만족시키는 일이 점차 어려워지고 있다. 따라서 공장의 안정적이고 능률적인 조업이 점차 강조되고 있으며 생산되는 제품의 품질을 원하는 수준으로 유지시키면서 안정적이고 경제적인 조업을 지향하는 공정제어 문제는 날로 그 중요성을 더해 가고 있다. 공정제어가 제대로 수행되지 않는다면 환경규제를 충족하고 원하는 수준의 제품 품질을 유지시키면서 공장의 설비를 안전하고 효율적으로 운전하는 것은 불가능할 것이다.

1.1 공정변수

공정이란 적절한 물리적 및 화학적 조작을 통하여 원료 물질을 원하는 제품으로 전환시키는 과정을 의미한다. 화학공장은 다양한 공정들의 조합으로 이루어지는데 화학공장에서의 엔지니어의 주된 역할은 크게 공정의 운전, 공정의 설계, 그리고 공정의 개선 및 연구개발로 구분해 볼 수 있다. 공정제어는 환경규제와 원하는 품질조건을 충족시키면서 공정의 선택된 변수들을 조절하여 경제성을 극대화시키면서 공정을 안전하고 효율적으로 원하는 운전조건으로 유지시키는 데에 수반되는 제반 조작을 의미한다. 즉 공정제어는 다양한 제약조건들을 충족시키면서 경제성이 최대가 되는 운전상태가 유지되도록 해주는 일련의 과정들로서 화학공장의 운전에서 가장 핵심이 된다. 화학공정은 조작 형태에 따라 열 교환기나 연속교반 반응기와 같은 연속식(continuous) 공정, 중합 반응기나 생물 반응기와 같은 회분식(batch) 공정, 그리고 반회분식(semi-batch) 공정으로 분류된다.

화학공정을 표현하는 경우 공정에서 다루어지는 물질 및 에너지의 흐름들을 나타내는 대신 그림 1.1에 보인 바와 같이 신호의 흐름들로 표현하는 것이 편리하다. 공정들에 관련되는 변수는 크게 입력변수(input)와 출력변수(output)의 두 가지로 구분된다. 입력변수는 공정에 미치는 외부의 영향을 나타내는 변수이고 출력변수는 외부에 대하여 공정이 미치는 영향을 나타내는 변수이다. 입력변수는 다시 그림 1.1에 보인 바와 같이 조작변수(혹은 조절변수, manipulated variable, MV)와 외부교란변수(혹은 외란, load, 혹은 disturbance)로 나눌 수 있으며 출력변수는 피제어변수(controlled variable, CV)로 지칭되기도 한다. 외부교란변수는 제어되는 변수들에 영향

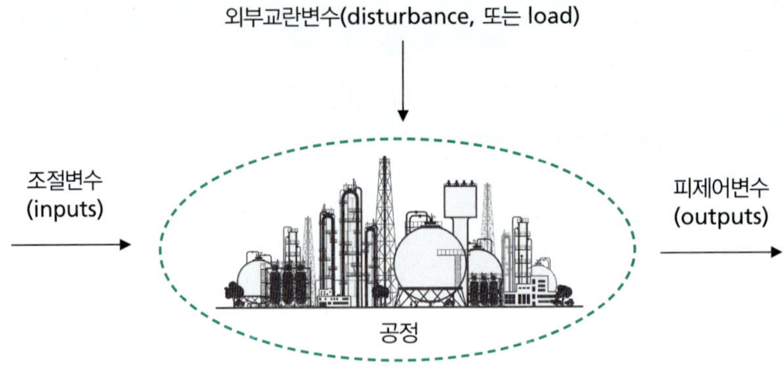

그림 1.1 **공정변수.**

을 미치지만 조절될 수 없는 변수로서 측정이 가능한 것과 측정이 불가능한 것들로 구분할 수 있다. 측정이 불가능한 외부교란변수들로 인해 제어가 어려워지는 경우가 많다. 출력변수들 역시 측정이 가능한 것과 불가능한 것들로 나눌 수 있다.

입력변수와 출력변수의 수가 각각 1개씩이면 단일입력-단일출력(Single-Input Single-Output, SISO) 공정이라고 하며 입력변수와 출력변수의 수가 각각 여러 개인 경우는 다중입력-다중출력(Multi-Input Multi-Output, MIMO) 공정(혹은 다변수 공정)이라고 부른다.

보기 1.1

다음 그림 1.2는 연속교반 가열기를 나타낸 것이다. 탱크로 도입되는 액체의 유량은 w_i(g/min)이며 유입액의 온도는 T_i(°C)이고 수증기를 이용하는 가열기로부터 공급되는 열량은 Q(cal/min)이다. 액체의 밀도는 일정하며 유출액의 온도와 유량은 각각 w(g/min) 및 T(°C)이다. 이 공정에서 입력변수와 출력변수 및 외부교란 변수는 각각 무엇인가?

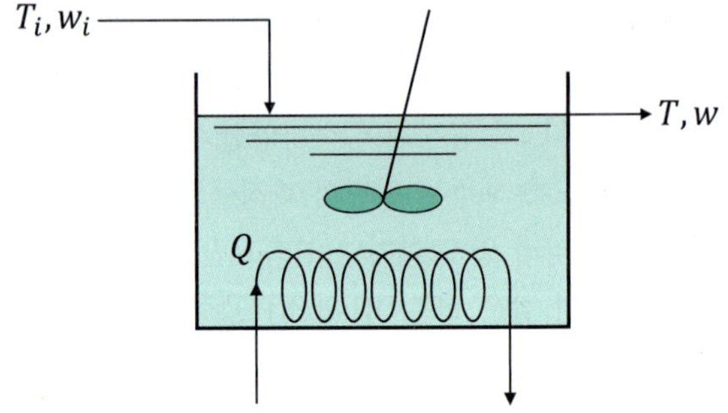

그림 1.2 **연속교반 가열기.**

풀이

입력변수는 T_i, w_i, w, 그리고 Q로서 이들 가운데 조절될 수 있는 입력변수는 Q와 w이며 외부교란 변수는 T_i와 w_i로서 이들은 쉽게 측정이 가능하다. 출력변수는 T와 w로서 이들 역시 측정이 가능하다. w는 입력변수나 출력변수로 간주될 수 있음을 주목하자.

보기 1.2

다음 그림 1.3은 연속교반 반응기(Continuous Stirred-Tank Reactor, CSTR)를 나타낸 것이다. 입력변수와 출력변수를 구분해 보자.

풀이

그림에서 입력변수는 C_{Ai}, T_i, q_i, T_{ci}, 그리고 q_c이고 출력변수는 C_A, T, q, T_c, 그리고 V가 된다. 냉각수의 유량이 조절되고 있다면 입력변수들 가운데에서 C_{Ai}, T_i, q_i 및 T_{ci}는 외부교란변수가 되며 조작변수는 q_c, 피제어변수는 C_A, T, 또는 V이다.

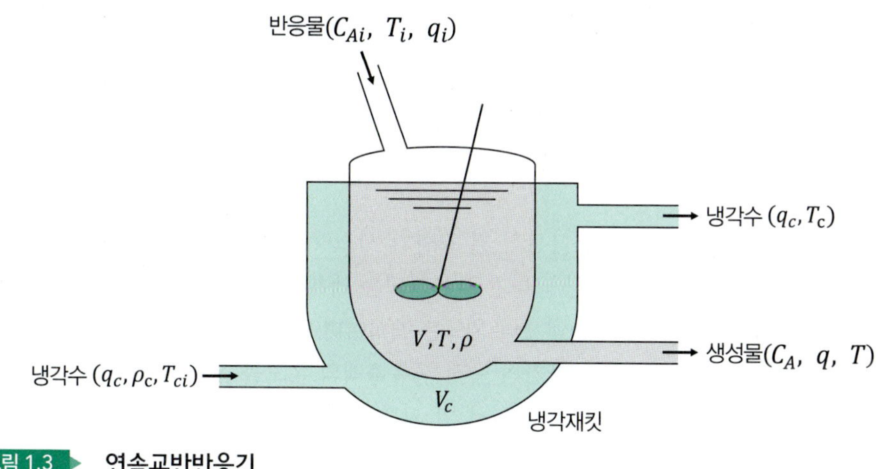

그림 1.3 **연속교반반응기.**

1.2 공정제어의 개념

공정제어의 개념을 이해하기 위하여 수증기를 이용해 액체를 가열시키는 간단한 열 교환기를 고려해 보기로 한다. 그림 1.4는 원통 다관식 열 교환기(shell and tube heat exchanger)의 구조를 보인 것이다.

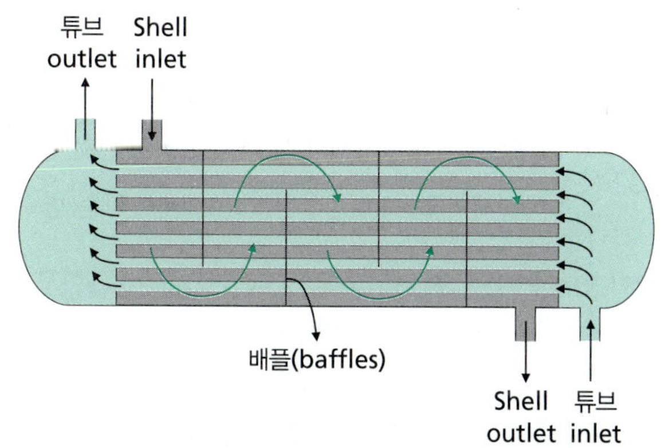

그림 1.4 **원통 다관식 열 교환기의 구조.**

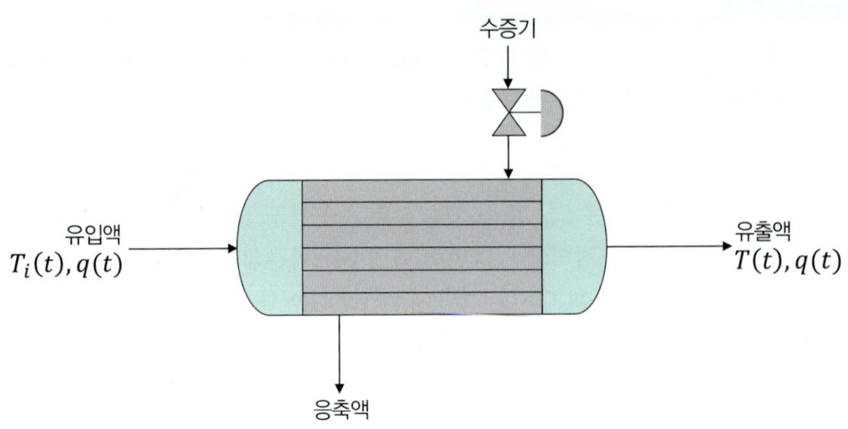

그림 1.5 열 교환기의 개략도.

그림 1.5는 위의 원통 다관식 열 교환기 시스템을 개략적으로 나타낸 것이다. 그림에 보인 바와 같이 어느 시점 t에서 열 교환기로 유입되는 액체의 온도는 $T_i(t)$이고 수증기에 의해 가열된 후 열 교환기로부터 유출되는 액체의 온도는 $T(t)$이며 액체의 유량은 $q(t)$이다.

그림 1.5에 보인 열 교환기의 목적은 유출액의 온도를 우리가 원하는 어떤 온도 T_R로 유지시키는 것이다. 단열이 잘 되어 있어서 열 교환기 외부로의 열 손실을 무시할 수 있다면 열 교환기 내에서 액체가 얻는 에너지는 수증기의 응축에 의해 발생되는 잠열과 같다.

피제어변수는 우리가 원하는 값으로 유지되어야 하는 출력변수로서 그림 1.5의 열 교환기에서는 $T(t)$가 이에 해당된다. 이때 우리가 원하는 출력변수 값을 설정값(set point, 설정치, 혹은 설정점)이라고 하며 위의 열 교환기 시스템에서는 T_R이 설정값이 된다. 조작변수는 출력변수가 설정값으로 유지되도록 하기 위해서 실제로 제어기에 의해 조절되는 변수로서 앞의 열 교환기에서는 수증기 유량(혹은 압력)이 이에 해당된다. 외부교란변수는 피제어변수를 설정값으로부터 벗어나게 하는 주된 요인이 된다.

어느 시점 t에서 유출액의 온도 $T(t)$를 설정값 T_R로 유지시키기 위한 하나의 방법은 $T(t)$를 측정한 다음 이를 T_R과 비교하여 얻은 차이를 이용하는 것이다. 두 온도의 차이를 $e(t)$라 할 때 $e(t)$는 다음과 같이 쓸 수 있다.

$$e(t) = T_R - T(t)$$

$e(t)$는 보통 제어오차라고 부른다. 일반적으로 제어오차는 다음과 같이 정의된다.

$$(\text{제어오차}) = (\text{설정값}) - (\text{제어되는 변수의 측정값}) \quad \textbf{(1.1)}$$

유출액이 원하는 온도로 가열되고 있다면 $T(t) = T_R$이므로 $e(t)$는 0이 될 것이다. 그러나 대개의 경우 $e(t)$는 음이나 양의 값을 갖는다. $e(t)$가 음의 값을 가지는 경우, 즉 유출액의 온도가 원하는 온도보다 높을 경우에는 지나치게 가열되는 경우이므로 수증기 유입관에 설치되어 있는 밸브를 조절하여 수증기 유입량을 줄여 주면 될 것이다. 반면에 $e(t)$가 양인 경우에는 유출액의 온도가 원하는 온도에 미치지 못하는 경우이므로 밸브를 좀 더 열어서 수증기 유입량을 증가시켜야 할 것이다. 이러한 작용들은 열 교환기를 다루는 조업자가 온도계를 이용하여 유출액의 온도를 측정하고 이를 원하는 온도와 비교해 본 다음 직접 밸브를 조작하는 수동제어 운전에 의해 이루어질 수 있다.

그러나 대부분의 화학공장에는 위와 같은 공정장치들이 매우 많으며 각 장치마다 측정해야 할 변수들과 원하는 설정값, 그리고 조업 특성이 다르기 때문에 일일이 사람의 힘을 빌어 위에서와 같은 제어 작업을 수행한다면 엄청난 인력과 시간이 소요될 것이다. 따라서 우리는 공정에서 요구되는 제어작용을 사람에 의존하지 않고 자동적으로 수행할 수 있는 장치를 고안하고 활용하여야 한다. 일반적으로 화학공장에서 다루는 공정제어는 공정의 제어작용이 제어장치에 의해 자동적으로 이루어지도록 하는 것을 의미한다. 주어진 공정의 효과적 제어를 위해서 가장 적합한 제어장치를 설계하는 것은 공정 기술자가 해야 할 가장 중요한 일 가운데 하나이다. 그림 1.6은 제어장치를 이용하여 앞의 제어기능을 수행하는 제어 시스템을 보인 것이다.

그림 1.6의 제어 시스템에서는 우선 센서에 의하여 유출액의 온도 $T(t)$가 측정되며, 측정된 온도값은 전환기에 의하여 제어기에서 이용될 수 있는 전류나 전압 등의 적절한 신호로 바뀌어진다. 제어기에서는 전환기로부터 신호를 받아 이를 원하는 온도값(설정값)과 비교한 다음 어떤 작용을 취할 것인지를 결정하며 이로부터 결정된 신호를 최종 제어요소(밸브)로 보낸다. 제어밸브로는 공기압으로 작동되는 공압식 밸브가 널리 이용되는데 이 경우 제어기로부터 출력되는 제어신호는 밸브 위치를 조정할 수 있는 공기압의 변화로 전환되어야 한다. 제어밸브는 제어기로부터 전달된 제어신호에 따라 수증기 유량을 조절해 준다. 여기에서 우리는 열 교환기 제어 시스템이 4가지의 주요 요소들로 이루어져 있음을 알 수 있는데 이들의 기능을 요약해 보면 다음과 같다:

- 센서 및 전환기: 유출온도를 측정하고 측정된 온도값을 적절한 신호로 변환
- 공정: 제어되는 대상
- 제어기: 제어작용을 결정
- 최종 제어요소(제어밸브): 제어기의 제어 신호에 따라 변수값을 조절

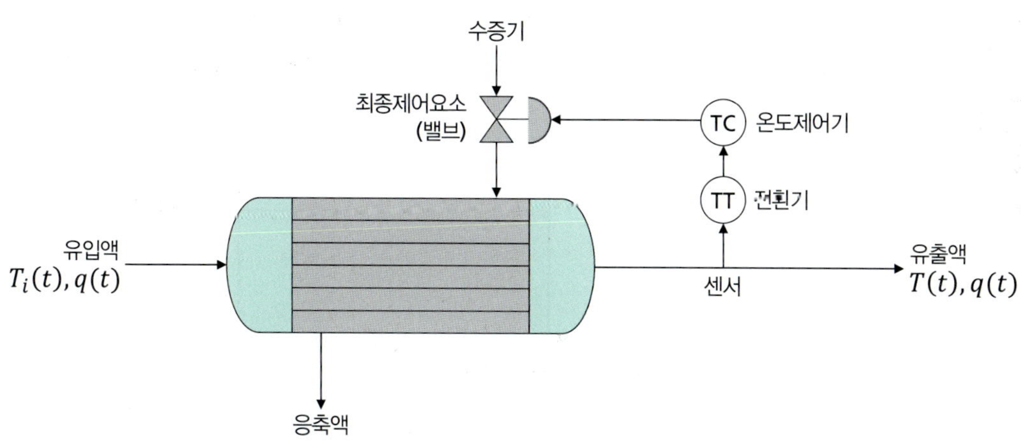

그림 1.6 **열 교환기 제어 시스템.**

보기 1.3

수영장 물의 pH를 조절하기 위해서 탱크에 산(acid) 용액을 넣고 필요에 따라 펌프를 이용하여 산 용액을 수영장으로 흘려 보내기로 하였다. 이러한 작용이 자동적으로 수행되도록 제어 시스템을 고안하고 그림으로 나타내어 보라.

풀이

그림 1.7은 수영장의 pH 제어구조를 보인 것이다. 수영장의 pH를 측정한 다음 이를 원하는 pH 값과 비교하여 그 차이에 따라 펌프와 연결된 밸브를 조절한다. pH 센서에 의해 측정된 pH 값이 원하는 값(설정값)보다 높으면 산 용액 탱크와 연결된 파이프에 위치한 밸브를 열어주고 낮으면 밸브를 닫아 준다. 원하는 pH 값을 보다 효율적으로 유지시키기 위해서는 염기 용액이나 물을 따로 흘려보내는 장치가 추가로 설치되어야 할 것이다.

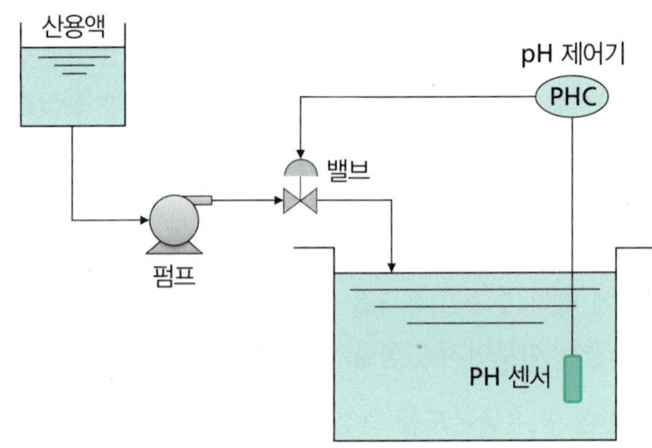

그림 1.7 수영장 pH 제어구조.

보기 1.4

그림 1.8은 연속교반 가열기를 나타낸 것이다. 탱크로의 유입액의 유량은 w(g/min)로서 일정하게 유지되며 온도는 $T_i(t)$(℃)이고 가열기로부터 공급되는 열량은 $Q(t)$(cal/min)이다. 열량은 수증기에 의해서 공급되며 액체의 밀도는 일정하다고 가정한다. 유출액의 온도 $T(t)$(℃)를 원하는 온도 T_R(℃)로 유지시키기 위한 제어구조를 고안하여 그림으로 나타내어라.

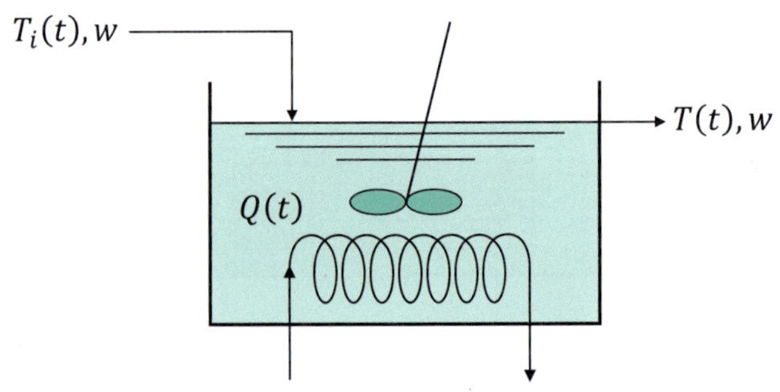

그림 1.8 연속교반 가열기.

풀이

연속교반 가열기의 제어 구조는 앞에서의 열 교환기 제어구조와 유사하다. 유출액의 온도를 측정하여 원하는 온도와 비교한 다음, 그 차이를 이용해 수증기 유량(혹은 압력)을 조절함으로써 도입되는 열량을 제어한다. 측정된 온도가 원하는 온도(설정값)보다 높으면 제어기는 수증기 도입관의 밸브를 닫아서 수증기 유입량을 줄여준다. 반대로 측정된 온도가 원하는 온도보다 낮으면 제어기는 밸브를 좀 더 열어준다. 그림 1.9는 이러한 기능을 수행하는 연속교반 가열기의 제어구조를 보인 것이다.

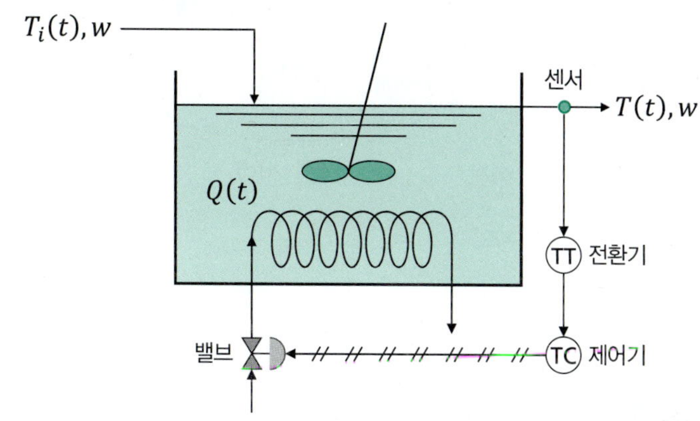

그림 1.9 **연속교반 가열기의 제어구조.**

보기 1.5

그림 1.10은 액체 저장탱크를 보인 것이다. 그림에서 유입액의 유량은 q_i(ft^3/min)이고 유출액의 유량은 q(ft^3/min)이다. q_i는 시간에 따라 조금씩 변하고 있다. 탱크 내의 액위 h(ft)를 어떤 일정한 값으로 유지시키기 위한 제어 구조를 고안하고 그림으로 나타내어라.

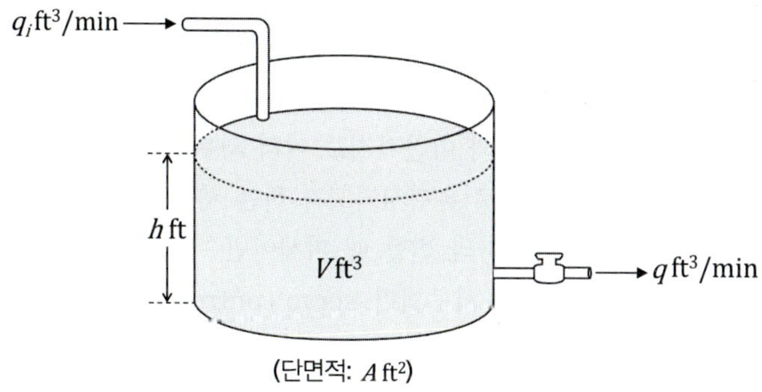

그림 1.10 **액체 저장탱크.**

풀이

액체 저장탱크의 액위제어 구조는 그림 1.11에 나타나 있다. 우선 현재의 액위를 측정하고 이를 원하는 값과 비교한 다음 밸브를 이용하여 유출량 q를 조절한다. 측정된 현재의 액위가 원하는 액위(설정값)보다 높으면 액위 제어기(LC)는 유출 파이프의 밸브를 열어주며 반대의 경우에는 밸브를 닫아주는 작용을 한다.

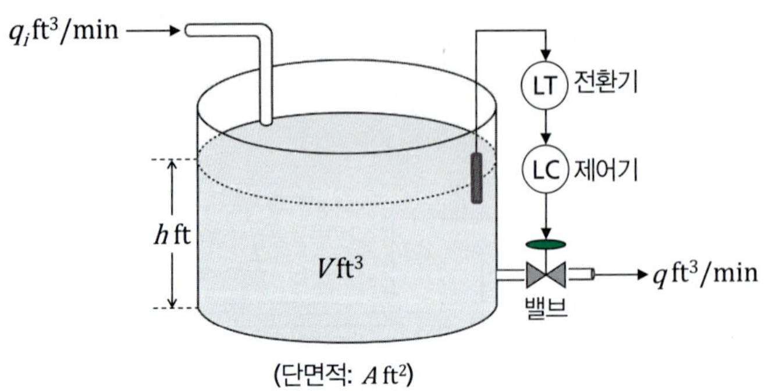

그림 1.11 액위 제어구조.

1.3 공정제어구조의 형태

앞에서 소개한 열 교환기 제어구조에서 $T(t)$가 설정치 T_R로부터 벗어나게 하는 요인들로서 유입액 온도 $T_i(t)$의 변화, 유입액 유량 $q(t)$의 변화, 수증기의 성질 및 유입액 조성의 변화, 열 교환기관 내부의 오염(fouling) 등을 들 수 있다. 실제 화학공정에 있어서 이러한 외부교란은 언제나 존재하며 외부교란변수들이 공정의 피제어변수에 미치는 영향을 없애주는 것이 화학공정 제어 시스템의 주된 기능이다.

그림 1.6의 열 교환기 제어 시스템은 피제어변수가 측정되고 측정된 변수값은 설정값과 비교되며 이들 두 변수의 차이인 제어오차에 의해 제어 신호가 결정된 다음 이에 따라 수증기 유입량이 조절됨으로써 피제어변수가 다시 변화되는 일련의 루프(loop)를 이루고 있다. 이러한 제어구조를 닫힌루프(closed-loop) 제어 시스템이라 일컫는다. 이에 반해 측정된 출력변수(피제어변수)값이 제어에 이용되지 못하는 경우는 열린루프(open-loop)라고 일컫는다.

앞의 열 교환기 제어에서와 마찬가지로 여러 외부교란변수들이 공정에 미치는 영향에도 불구하고 피제어변수를 설정값으로 유지시키고자 하는 제어를 조절제어(regulatory control)라 하며 이와 달리 설정값이 시간에 따라 변할 때 피제어변수가 설정값을 따르도록 조작변수를 제어하는 경우를 설정값 추적제어(혹은 서보제어, servo control)라 한다. 화학공장에서는 조절제어가 대부분인데 이들 두 가지 제어구조의 원리는 사실상 동일하다.

앞에서 다룬 열 교환기 제어구조에서는 출력변수인 피제어변수를 측정하고 이를 설정값과 비교하여 그 차이(제어오차)를 바탕으로 제어기로부터 제어 신호를 결정하고 있다. 이러한 제어 구조를 feedback 제어(되먹임 제어)라고 한다. Feedback 제어의 기능상 특징은 다음의 그림 1.12와 같이 나타낼 수 있다.

제어오차를 구하기 위해서 식 (1.1)에서와 같이 설정값으로부터 측정된 피제어변수값을 빼는

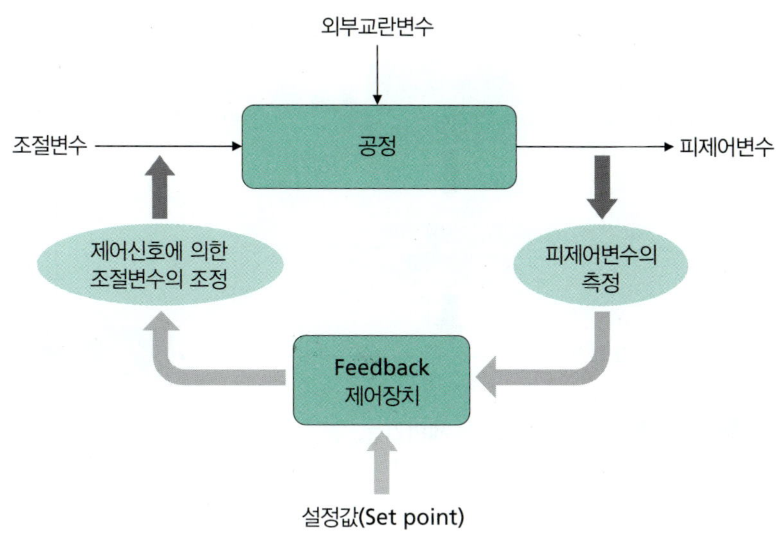

그림 1.12 Feedback 제어기능.

데 이러한 feedback은 음성(negative) feedback이라고 칭한다. 이와 반대로 측정된 피제어변수 값이 설정값에 더해지는 feedback은 양성(positive) feedback이 된다. 양성 feedback에서는 식 (1.1)에 의한 제어오차 신호가 시간에 따라 계속 증가될 수 있으므로 공정이 불안정해질 수 있다. 따라서 제어에서는 일반적으로 음성 feedback이 이용된다.

Feedback 제어방법에서는 피제어 변수가 측정되어 조절변수의 조정에 이용되며 교란변수는 측정되지 않는다. 외부교란 변수와 무관하게 보정작용이 이루어진다는 점은 feedback 제어방법이 지니는 큰 장점이다. Feedback 제어는 또한 측정되지 않는 외부교란 변수들과 공정의 변화들에 대한 피제어 변수들의 민감도를 줄여준다. 그러나 feedback 제어방법은 외부 교란이 도입되어 공정에 그 영향을 미치게 되고 이에 따라 피제어변수가 변하게 될 때까지는 아무런 제어작용을 수행할 수 없다는 단점을 갖는다. 만일 외부교란이 공정에 미치게 될 영향을 사전에 보정하여 줄 수 있다면 보다 효과적인 제어작용이 이루어질 것이다. 피제어 변수들은 측정하지 않고 외부교란 변수를 측정한 다음, 이 측정값을 이용하여 외부교란 변수가 공정에 미치게 될 영향을 사전에 보정해 주는 제어방법을 feedforward 제어(앞먹임 제어)라 일컫는다. Feedforward 제어의 기능은 다음 그림 1.13에 보인 바와 같다. 그림 1.14는 feedback 및 feedforward 제어구조를 간단한 블록 형태로 나타낸 것이다.

그림 1.6에 보인 열 교환기 제어 시스템에서 유입액의 온도가 주요 외부교란변수인 경우 이의 측정값을 이용한 열 교환기의 feedforward 제어구조는 그림 1.15에 보인 바와 같다. 공정에 도입되는 외부교란변수들은 매우 다양하며 일반적으로 그 측정이 어렵기 때문에 feedforward 제어방법의 사용에는 제약이 따른다. Feedforward 제어방법은 측정되지 않는 외부교란 변수들에 대한 보정작용을 수행하지 않으며 공정의 모델을 필요로 한다는 단점을 지닌다. 실제 조업에 있어서는 feedback 제어구조와 feedforward 제어구조를 결합한 형태가 널리 이용되는데 이 형태에서 feedback 제어는 측정되지 않는 외부교란 변수들에 대한 보정작용을 수행하고 feedforward 제

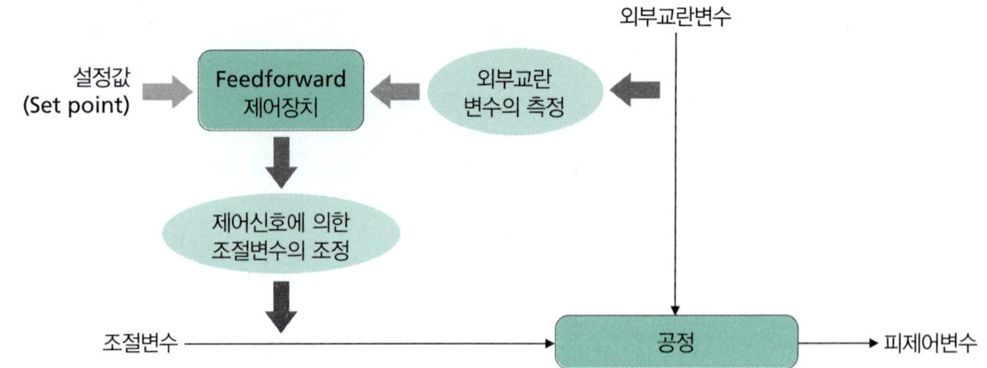

그림 1.13 Feedforward **제어기능.**

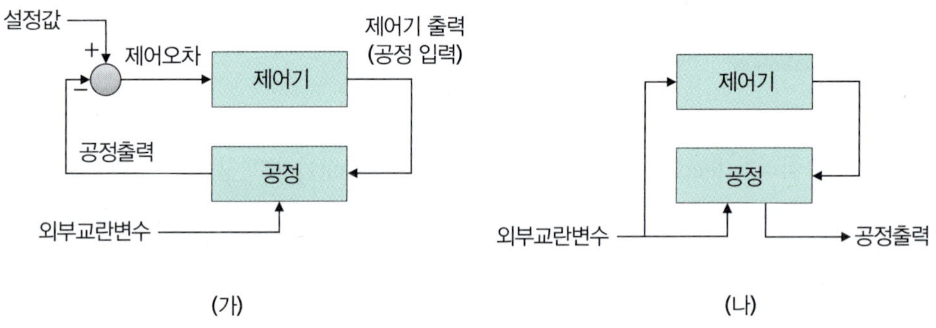

그림 1.14 (가) Feedback **제어구조 및** (나) feedforward **제어구조.**

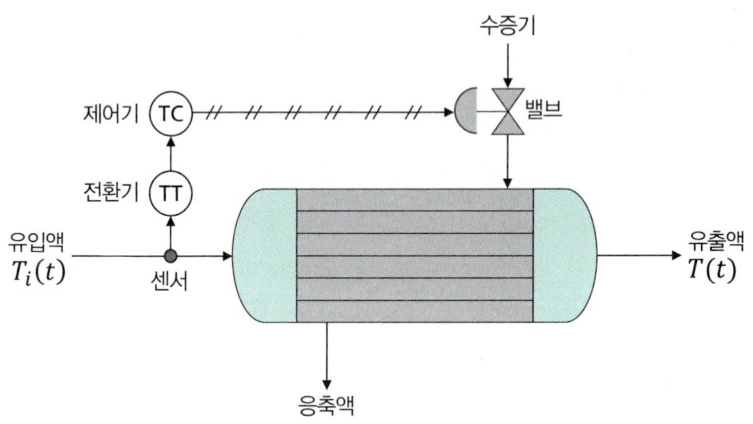

그림 1.15 **열 교환기의** feedforward **제어.**

어는 측정되는 외부교란 변수가 공정에 미치게 될 영향을 사전에 보정해 준다. 표 1.1은 열 교환기 제어에서의 측정변수에 따른 제어방법을 구분한 것이다.

표 1.1 측정변수에 따른 열 교환기 제어방법의 분류(FB: feedback, FF: feedforward)

측정변수	조절변수	제어방법
유출온도(T)	수증기 압력(유량)	FB
유입온도(T_i)	수증기 압력(유량)	FF
유출 및 유입온도(T, T_i)	수증기 압력(유량)	FB/FF

제어 시스템의 설계에 있어서는 먼저 제어의 목적을 분명하게 설정해야 한다. 가장 보편적인 제어목적은 출력변수(피제어변수)를 가능한 한 설정값에 근접하도록 유지시키는 것이다. 이를 위해 먼저 측정되는 변수들을 선정하고 이어서 조절변수를 선택한 다음 제어구조를 정한다. 제어구조는 가능한 측정값들을 가능한 조작변수들과 관련짓는 데에 이용되는 정보구조이다. 최종적으로 제어기들을 조정하는데 제어기의 조정은 제어기와 관련되는 파라미터들을 적절히 선택하는 조작을 말한다.

근래에 와서는 제어 시스템의 설계에 공정의 모델을 이용하는 방법이 널리 활용되고 있다. 특히 제어하고자 하는 공정이 매우 복잡한 경우에는 제어 시스템의 설계와 운용을 위해서 공정 모델의 이용이 필수적으로 요구된다. 급속히 발달되고 있는 컴퓨터 기술은 정확하고 안전한 공장조업을 가능하게 해주고 있으며 공정제어 시스템의 설계 및 운용에 있어서 컴퓨터의 활용은 이제 보편화되어 가고 있다. 컴퓨터를 이용한 제어 시스템의 설계는 대개 공정의 모델을 기반으로 하며 공정의 특성에 따라 여러 가지 제어기법들을 고안하여 이용할 수 있다.

1.4 공정제어의 역할

화학공장은 수요와 공급의 변동과 같은 외부의 영향이 존재하는 가운데 일반적인 기술적, 경제적 및 사회적 제약조건들에 부합되기 위해 설정된 요구조건들이 만족되도록 운전되어야 한다. 설정되는 요구조건들은 주로 경제성, 제품의 품질, 안전, 그리고 환경규제들이다.

공장의 운전은 최종 제품의 수요는 물론 원료물질의 질과 확보 가능성에 대한 인식을 토대로 시장 상황에 따라 이루어져야 한다. 나아가 원료물질, 에너지, 자본, 그리고 노동의 활용이 가능한 한 경제적으로 이루어지도록 함으로써 조업비용이 최소가 되고 이익이 최대가 되도록 운전조건들이 효과적으로 제어되어야 한다. 특히 화학공정의 안전조업은 가장 우선적으로 고려되어야 할 과제이다. 이를 위해 운전압력, 온도, 그리고 화학물질의 농도는 언제나 허용되는 한계 이내로 유지되도록 제어가 이루어져야 한다. 아울러 대부분의 국가 및 자치단체들에서는 화학공장에서 배출되는 물질들이 정해진 조건(농도한계, 유량 등)에 부합될 것을 요구하고 있다. 환경오염에 대한 규제는 날로 강화되어가고 있으며 이산화탄소 발생의 억제를 위한 연료소비의 최적화 문제에 대한 관심이 날로 고조되어 가고 있는 추세이다. 공정제어로부터 얻을 수 있는 이점들은 다음과 같이 요약해 볼 수 있다.

- 공정조업 안정성의 향상
- 공정에 대한 환경적 제약조건의 충족

- 엄격한 제품규격의 충족
- 보다 효율적인 원료와 에너지의 활용
- 조업이익의 증대

근래 들어 많은 관심을 받고 있는 “스마트 플랜트”는 공정제어와 플랜트의 운전계통 및 비즈니스 체계를 통합시킨 시스템이다. 이러한 통합은 통신기술과 컴퓨터 기술의 빠른 발전에 의해 가능하게 되었으며, 사고 발생을 없애고 운전이 중단되는 휴지 시간을 최소로 줄이면서 플랜트 설비의 운용과 영업이익을 극대화하는 것을 목표로 하고 있다.

1.5 요약

- 화학공장: 원료 물질들로부터 원하는 제품을 얻기 위해 서로 유기적으로 조합시킨 여러 가지 공정 장치들의 집합체
- 화학공장 조업의 목적: 가장 경제적이고 안전한 방법으로 원하는 제품을 생산해 내는 것
- 공정: 적절한 물리적 및 화학적 조작을 통해 원료 물질을 원하는 제품으로 전환시키는 과정
- 공정제어: 환경규제와 원하는 품질조건을 충족시키면서 공정의 선택된 변수들을 조절하여 경제성을 극대화시키면서 공정을 안전하고 효율적으로 원하는 운전조건으로 유지시키는 데에 수반되는 제반 조작
- 화학공정의 분류: 연속식 공정, 회분식 공정, 반회분식 공정
- 입력변수: 공정에 미치는 외부의 영향을 나타내는 변수—조작변수, 외부교란변수
- 출력변수: 외부에 대하여 공정이 미치는 영향을 나타내는 변수—피제어변수
- SISO 공정: 입력변수와 출력변수의 수가 각각 1개
- MIMO 공정: 입력변수와 출력변수의 수가 각각 여러 개
- 제어오차 = 설정값 − 제어되는 변수의 측정값
- 제어시스템의 4가지 구성 요소: 센서 및 전환기, 공정, 제어기, 최종 제어요소(제어밸브)
- 닫힌루프: 피제어변수가 측정되고 측정된 변수값은 설정치와 비교되며 이들 두 변수의 차이인 제어오차에 의해 제어 신호가 결정된 다음 이에 따라 피제어변수가 다시 변화
- 열린루프: 측정된 피제어변수 값이 제어에 이용되지 못하는 경우
- 조절제어: 외부교란변수의 영향에도 불구하고 피제어변수를 설정값으로 유지시키고자 하는 제어
- 서보제어: 피제어변수가 시간에 따라 변하는 설정값을 따르도록 조작변수를 제어
- Feedback 제어: 피제어변수를 측정하고 이를 설정값과 비교하여 그 차이(제어오차)를 바탕으로 제어기로부터 제어 신호를 결정
- 음성(negative) feedback: 설정값으로부터 측정된 피제어변수값을 빼어 제어오차를 결정
- 양성(positive) feedback: 피제어변수 값이 설정값에 더해지는 feedback
- Feedforward 제어: 피제어 변수들은 측정하지 않고 외부교란 변수를 측정한 다음, 이 측정값을 이용해 외부교란 변수가 공정에 미치게 될 영향을 사전에 보정해 주는 제어방법
- Feedforward 제어방법은 측정되지 않는 외부교란 변수들에 대한 보정작용을 수행하지 않으며 공정의 모델을 필요

- 실제 조업에 있어서는 feedback 제어구조와 feedforward 제어구조를 결합한 형태를 널리 이용
- 일반적인 제어목적: 출력변수(피제어변수)를 가능한 한 설정값에 근접하도록 유지
- 공정제어의 이점: 공정조업 안정성의 향상, 공정에 대한 환경적 제약조건의 충족, 엄격한 제품 규격의 충족, 효율적인 원료와 에너지의 활용, 조업이익의 증대
- 스마트 플랜트: 공정제어와 플랜트의 운전계통 및 비즈니스 체계를 통합시킨 시스템

점/검/문/제

1.1 공정제어의 목적으로 적합하지 않는 것은?

① 안전성 추구 ② 제품의 규격 만족 ③ 운전제약 조건 충족 ④ 공정의 단순화 추구

1.2 제어 시스템의 각 구성요소에 대한 설명으로 틀린 것은?

① 센서: 피제어변수값의 측정

② 전환기: 아날로그 신호를 디지털 신호로 변환

③ 제어기: 제어작용을 결정

④ 최종제어요소: 제어기의 제어 신호에 따라 변수값을 조절

1.3 Feedback 제어에서 제어오차(control error)는 무엇을 의미하는가?

① 설정값과 출력값의 차이 ② 설정값과 조절값의 차이

③ 출력변수의 측정오차값 ④ 신호의 표준편차

1.4 양성 feedback 제어에서 나타날 수 있는 현상은 무엇인가?

① 외부교란 변수의 조절이 가능하다. ② 설정값이 달라질 수 있다.

③ 공정이 불안정해질 수 있다. ④ 측정오차가 증가할 수 있다.

1.5 제어기와 신체부분의 비교로서 적합하지 않는 것은?

① 머리: 제어기 ② 감각기관: 센서 ③ 팔, 다리: 최종제어 요소 ④ 심장: 조절기

1.6 제어기의 설계에서 가장 먼저 이루어져야 하는 것은 무엇인가?

① 제어기의 조정 ② 조작변수의 선정 ③ 제어목적의 설정 ④ 측정변수의 설정

1.7 Feedforward 제어방법의 특징으로 맞는 것은?

① 외부교란 변수가 공정에 미치는 영향을 사전에 보정해 준다.

② 설정값과 외부교란 변수의 차이를 이용하여 제어기능을 수행한다.

③ 측정되는 변수값의 측정오차의 크기를 제어에 이용한다.

④ 설정값의 변화가 공정에 미치는 영향을 미리 보정해 준다.

1.8 Feedforward 제어방법이 feedback 제어방법과 다른 두드러진 차이는 무엇인가?

① 설정값 변화의 이용 ② 제어오차의 이용

③ 외부교란 변수의 이용 ④ 측정오차의 이용

1.9 설정값이 시간에 따라 변화할 때 피제어변수가 설정값에 따르도록 조작변수를 제어하는 제어는?

① 조절(regulatory) 제어 ② 서보(servo) 제어 ③ 예상제어 ④ 감시제어

1.10 인공위성을 통제할 때 이루어지는 제어는 어떤 제어형식으로 분류될 수 있는가?

① 조절(regulatory) 제어 ② 서보(servo) 제어 ③ 예상제어 ④ 감시제어

▷ 점검 문제 해답

1.1 ④ **1.2** ② **1.3** ① **1.4** ② **1.5** ④ **1.6** ③ **1.7** ① **1.8** ③ **1.9** ②
1.10 ②

연/습/문/제

1.1 목욕탕 욕조의 수온을 원하는 온도로 유지시키기 위한 제어방법을 구성하고자 한다. 피제어변수, 조작변수, 그리고 외부교란변수를 구분하여라.

1.2 LNG 가스를 사용하는 가정용 난방장치를 이용하여 실내의 온도를 원하는 수준으로 유지시키기 위한 제어방법을 고안하고자 한다. 피제어변수와 조작변수, 그리고 외부교란변수를 구분하여라.

1.3 가정에서 사용하는 주방용 전기 오븐에서 피제어변수와 조작변수, 그리고 외부교란변수를 구분해 보라.

1.4 가스를 사용하는 가정용 순간 온수기에서 피제어변수와 조작변수, 그리고 외부교란변수를 구분하여라.

1.5 다음 그림에 보인 바와 같이 연속교반 반응기(CSTR)와 증류탑으로 이루어진 간단한 공정이 있다. 반응기에서는 두 반응물 A와 B가 반응하여 생성물 C가 얻어지며 반응 혼합물은 증류탑에서 분리되어 C는 최종 생성물로 얻어지고 미반응된 A와 B는 반응기로 재순환된다. 가능한 외부교란변수를 모두 구분해 보라.

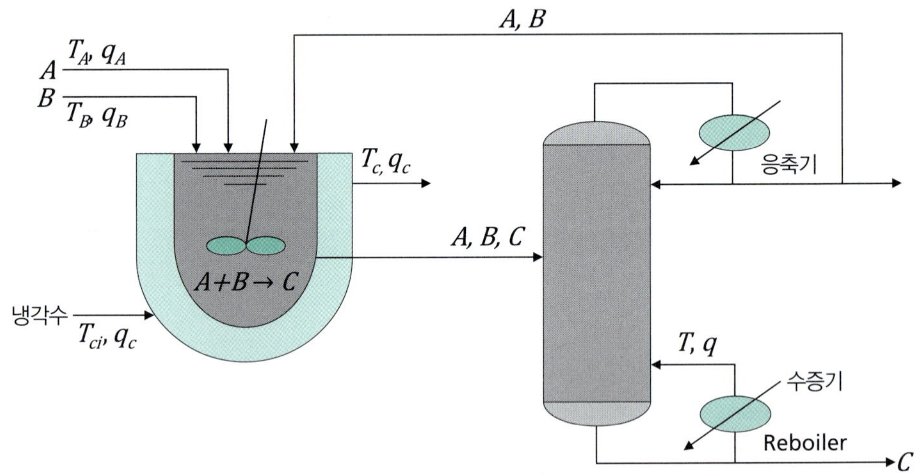

그림 P1.5 **반응 및 증류공정.**

1.6 수영장 물의 pH를 원하는 수준으로 유지하기 위하여 탱크에 산 용액을 넣고 필요에 따라 펌프를 이용해 산 용액을 수영장으로 흘려보내기로 하였다. 피제어변수와 조작변수, 그리고 외부교란변수를 구분해 보라.

1.7 자동차를 운전하는 경우 입력변수와 출력변수는 무엇이며 외부교란변수는 무엇이 되겠는가?

1.8 달을 향해 가는 우주선은 어떤 형태의 제어구조(조절제어, 또는 설정값 추적제어)로 간주할 수 있는가? 우주선의 제어에서 설정값은 무엇이 되겠는가?

1.9 그림에 보인 연속교반 가열기의 feedforward 제어구조를 고안하고 그림으로 나타내어라. 주요 외부교란변수는 유입액의 온도와 유량변화이다.

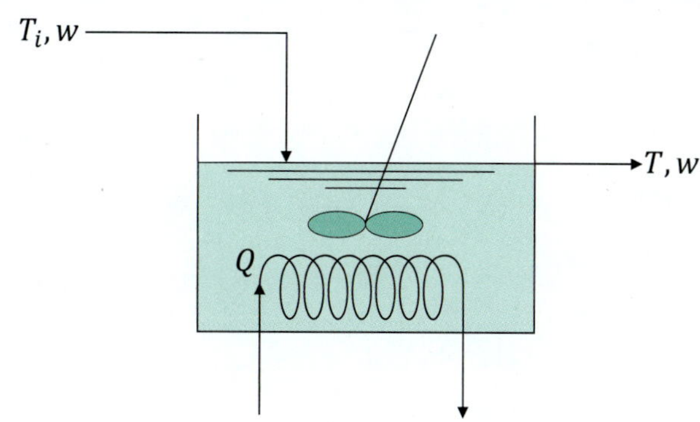

그림 P1.9 연속교반 가열기.

1.10 그림은 간단한 교반혼합탱크를 보인 것이다. 그림에서 유입액은 어떤 물질의 수용액으로서 유량 q_1(L/min)은 일정하며 농도 C_1(mol/L)은 수시로 변화를 보인다. 조절 가능한 유량 q_2(L/min)는 순수한 물이다. 유출액의 농도 C(mol/L)를 설정값 C_{sp}(mol/L)로 유지시키고자 한다.

(1) 유입액의 농도 C_1은 측정이 불가능하며 C는 측정이 가능하다. 이 경우의 가능한 제어구조를 그림으로 나타내어라.

(2) C_1의 측정이 가능하다고 할 때 C_1의 측정값을 이용하는 제어구조를 그림으로 나타내어라.

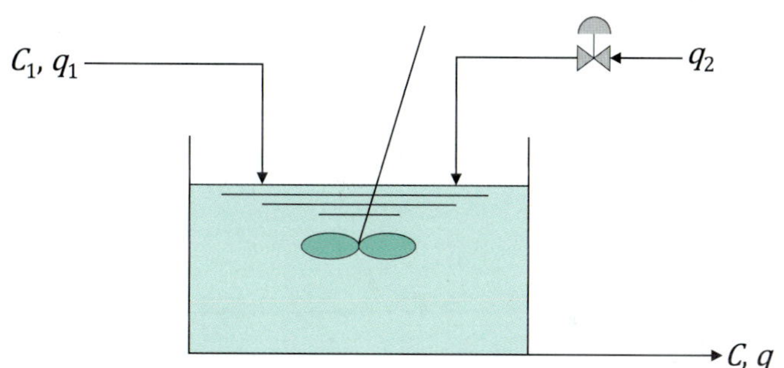

그림 P1.10 간단한 교반혼합탱크.

1.11 폐수가 유입되어 처리되는 폐수처리 탱크에서 산과 염기 용액을 이용하여 폐수의 pH를 7 근처로 유지하고자 한다. 산 용액과 염기 용액이 들어있는 탱크들로부터 각각 산 및 염기 용액을 폐수처리 탱크 내로 주입하는 제어구조를 구성하고 그림으로 나타내어 보라.

1.12 자동차용 LPG 가스저장 탱크가 있다. 이 탱크로부터 자동차에 LPG 가스가 공급되면 탱크 내의 가스압력이 낮아지므로 LPG 가스 공급처로부터 가스를 받아 충전시켜야 한다. LPG 가스탱크 내의 압력을 일정한 값으로 유지시키기 위한 제어구조를 구성하고 그림으로 나타내어 보라.

최신 공정제어공학 MATLAB의 활용과 실습

제 2 장 라플라스 변환과 선형화

공정제어 문제를 다루는 데 있어서는 몇 가지 기본적인 수학적 기법들이 이용된다. 공정의 수학적 표현에는 미분 방정식이 주로 이용되는데 미분 방정식을 대수 방정식으로 전환시켜 주는 라플라스 변환을 활용함으로써 공정제어 시스템의 표현과 해석이 용이하게 이루어질 수 있다. 대부분의 화학공정들은 본질적으로 비선형 거동을 보이는데 이러한 공정들의 모델식들은 일련의 비선형 방정식들로 나타난다. 공정을 표현하는 방정식들이 비선형일 경우에는 이를 선형화시킬 수 있다. 특정한 운전조건에서는 공정에 대한 이러한 선형회에 의해 공정의 특성을 충분히 정확하게 나타낼 수 있다.

공정의 비선형 모델식을 선형화시키면 라플라스 변환의 적용이 가능하다. 선형 미분 방정식들은 라플라스 변환에 의해 대수방정식들로 전환되므로 입력-출력 모델의 구현에 요구되는 수학적 처리가 간단해진다. 또한 라플라스 변환을 이용하면 주어진 초기조건으로부터 미분 방정식의 해를 쉽게 구할 수 있기 때문에 라플라스 변환은 공정제어에서 가장 널리 이용되는 기본적인 수학 기법이다. 라플라스 변환된 형태를 이용한 공정제어 문제의 처리에서는 복소수에 대한 이해가 뒷받침되어야 한다. 따라서 여기에서는 우선 복소수에 대한 기본적인 사항들을 정리해 보고 다음에 라플라스 변환과 선형화 기법을 다루어 보기로 한다.

2.1 복소수

복소수는 허수 $i = \sqrt{-1}$ (혹은 $j = \sqrt{-1}$)을 포함하는 수로서 임의의 복소수 c는 $c = a + ib$와 같이 정의된다. 여기에서 a는 복소수 c의 실수부이며 b는 허수부이다. 복소수 c의 크기 r과 위상각 θ(라디안)는 각각 다음과 같이 정의된다.

$$r = |c| = \sqrt{a^2 + b^2}, \qquad \theta = \measuredangle c = \tan^{-1}\left(\frac{b}{a}\right) \tag{2.1}$$

복소수 c는 그림 2.1과 같이 실수축과 허수축으로 이루어지는 복소평면 상에 나타낼 수 있다. r은 원점으로부터 점 (a, b)까지의 거리이며 θ는 실수축과 복소수 c가 이루는 각이다.

그림 2.1로부터 다음 관계가 성립됨을 쉽게 알 수 있다.

$$a = r\cos\theta, \qquad b = r\sin\theta \tag{2.2}$$

한편 Euler 관계식

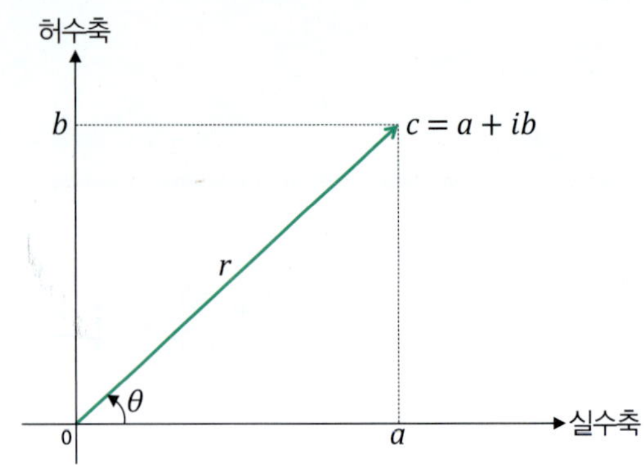

그림 2.1 복소평면.

$$e^{\pm i\theta} = \cos\theta \pm i\sin\theta \tag{2.3}$$

를 이용하면 복소수 c는

$$c = a + ib = r(\cos\theta + i\sin\theta) = re^{i\theta} \tag{2.4}$$

와 같이 쓸 수 있다.

보기 2.1

다음에 주어진 복소수를 복소평면 상에 표시하고 식 (2.4)와 같은 극좌표 형태로 바꾸어라.

(1) $s = 2 + 3i$ (2) $s = 1 - i$ (3) $s = -3 - 4i$

풀이

(1) $|s| = \sqrt{4+9} = 3.606,\ \measuredangle s = \tan^{-1}\left(\frac{3}{2}\right) = 0.983.\ \therefore s = 3.606e^{0.983i}$

(2) $|s| = \sqrt{1+1} = 1.424,\ \measuredangle s = \tan^{-1}(-1) = 5.498.\ \therefore s = 1.414e^{5.498i}$

(3) $|s| = \sqrt{9+16} = 5,\ \measuredangle s = \tan^{-1}\left(\frac{4}{3}\right) = 0.927 + \pi = 4.0686.\ \therefore s = 5e^{4.0686i}$

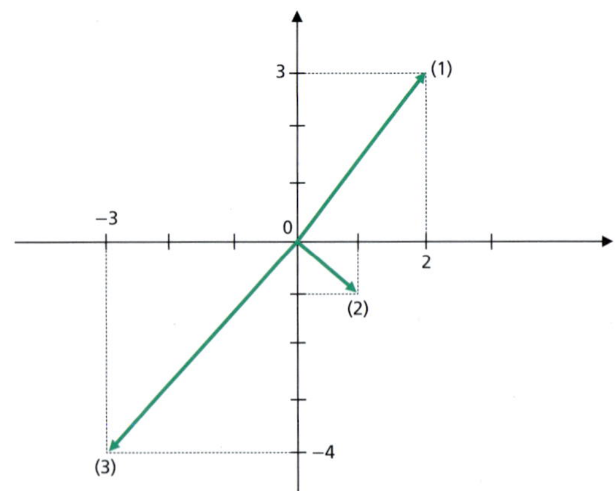

그림 2.2 복소수의 표현.

보기 2.2

다음 관계를 유도하여라: $\cos\theta = \dfrac{e^{i\theta}+e^{-i\theta}}{2}$, $\sin\theta = \dfrac{e^{i\theta}-e^{-i\theta}}{2i}$.

풀이

식 (2.3)의 Euler 관계로부터

$$e^{i\theta} = \cos\theta + i\sin\theta, \qquad e^{-i\theta} = \cos\theta - i\sin\theta$$

변변 더하여 2로 나누면 $\cos\theta = \dfrac{e^{i\theta}+e^{-i\theta}}{2}$를 얻으며 위의 식에서 아래 식을 뺀 다음 $2i$로 나누면 $\sin\theta = \dfrac{e^{i\theta}-e^{-i\theta}}{2i}$를 얻는다.

MATLab

복소수의 표현

MATLAB에서는 i와 j를 허수 단위 $\sqrt{-1}$로 사용한다. i, j를 사용하지 않고 허수를 표현하고 싶은 경우에는 sqrt(−1)를 사용한다. 또 complex 함수를 사용하여 complex(0,1)로 나타내어도 된다. 예를 들어 실수부가 4, 허수부가 −5인 복소수는 MATLAB 프로그램에서 4−5*i*, 4−5**i*, 4−5*sqrt(−1), 혹은 complex(4,−5)와 같이 나타낸다. conj, real, 그리고 imag는 각각 켤레복소수, 실수부 및 허수부를 취하는 연산을 수행하며 복소수의 크기는 abs, 위상각은 angle을 이용해 얻는다. $s = 4 - 5i$의 경우

```
>> complex(4,-5)
ans =
    4.0000 - 5.0000i
>> s = 4 - 5i
s =
    4.0000 - 5.0000i
>> [real(s) imag(s)]
ans =
    4    -5
```

```
>> angle(s)
ans =
    -0.8961
>> abs(s)
ans =
    6.4031
```

MATLab

복소수의 연산

복소수끼리의 연산은 일반적인 대수연산과 동일하게 수행된다. $x = -3 + 2i$, $y = 5 - 4i$라고 할 때 $x + y$, $x - y$, $x \times y$, $x \div y$, x^3을 계산해 보자:

```
>> x = -3 + 2i; y = 5 - 4i;
>> x + y
ans =
    2.0000 - 2.0000i
>> x - y
ans =
   -8.0000 + 6.0000i
>> x*y
ans =
   -7.0000 + 22.0000i
>> x/y
ans =
   -0.5610 - 0.0488i
>> x^3
ans =
    9.0000 + 46.0000i
```

2.2 라플라스 변환

2.2.1 라플라스 변환의 정의와 특성

시간에 따른 함수 $f(t)$의 라플라스 변환 $F(s)$는 다음과 같이 정의된다.

$$F(s) = \mathcal{L}\{f(t)\} = \int_0^\infty f(t)e^{-st}dt \qquad \textbf{(2.5)}$$

시간 $t = 0$일 때에는 $f(t) = 0$으로 정의된다. 즉 라플라스 변환 $F(s)$는 초기($t = 0$)에서 $f(t)$의 특성에 관한 정보를 지니지 않는다. 우리는 시간이 양인 경우에만 시스템의 특성을 고려하는데 일반적으로 정상상태로 유지되는 공정에 변화가 일어나기 시작할 때의 시점을 $t = 0$으로 정의한다. 라플라스 변환은 식 (2.5)와 같이 부정적분으로 정의되기 때문에 모든 함수 $f(t)$에 대하여 라플라스 변환이 존재하지는 않는다.

라플라스 변환을 이용하면 미분식을 간단한 대수식으로 전환시킬 수 있으므로 라플라스 변환은 공정제어에서 가장 중요하게 이용되는 수학적 도구이다. 라플라스 변환에서 도입되는 변수 s는 실제로는 $s = \sigma + i\omega$ ($\sigma \geq 0$는 상수)인 복소수이다. $\sigma = 0$이면 식 (2.5)는 Fourier 변환이 되는데 이 경우 ω는 주파수를 나타낸다.

보기 2.3

다음과 같이 정의되는 단위계단 함수(unit step function, 이 함수는 Heaviside 함수라고도 불림) $u(t)$의 라플라스 변환을 구하여라:

$$u(t) = \begin{cases} 0: & t < 0 \\ 1: & t \geq 0 \end{cases}$$

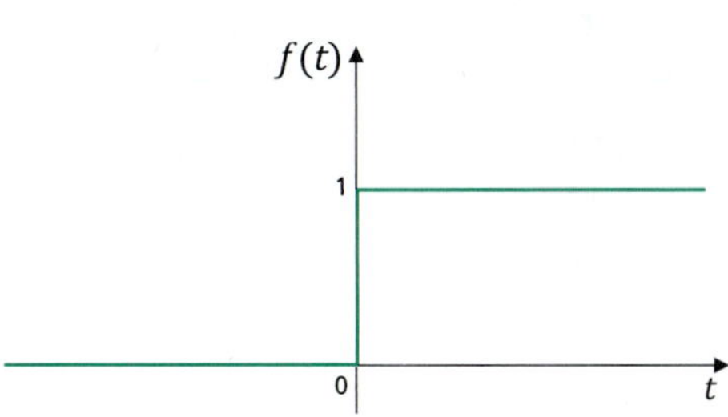

그림 2.3 **단위계단 함수.**

풀이

식 (2.5)로부터

$$U(s) = \mathcal{L}\{u(t)\} = \int_0^\infty 1 \cdot e^{-st}dt = -\frac{1}{s}e^{-st}|_0^\infty = \frac{1}{s}$$

계단함수는 화학공정의 동특성 해석을 위한 테스트용 입력신호로 널리 이용된다. 어떤 함수 $f(t)$에 $u(t)$를 곱한 $f(t)u(t)$는 t < 0에서 언제나 0이므로 $u(t)$는 절삭함수(truncated function)를 생성하는 데에도 사용된다.

보기 2.4

$f(t) = e^{-at}$의 라플라스 변환을 구하여라.

풀이

식 (2.5)로부터

$$F(s) = \mathcal{L}\{e^{-at}\} = \int_0^\infty e^{-(a+s)t}dt = -\frac{1}{s+a}e^{-(s+a)t}|_0^\infty = \frac{1}{s+a}$$

공정제어의 학습에서 나타나는 대표적인 함수들의 라플라스 변환을 표 2.1에 요약하였다.

표 2.1 주요 함수의 라플라스 변환

f(t)	F(s) = $\mathcal{L}\{f(t)\}$
$\delta(t)$	1
$u(t)$	$\frac{1}{s}$
t	$\frac{1}{s^2}$
t^n	$\frac{n!}{s^{n+1}}$
e^{-at}	$\frac{1}{s+a}$
te^{-at}	$\frac{1}{(s+a)^2}$
$\frac{t^{n-1}e^{-at}}{(n-1)!}$	$\frac{1}{(s+a)^n}$
$\frac{1}{a-b}(e^{-bt}-e^{-at})$	$\frac{1}{(s+a)(s+b)}$
$\frac{1}{a-b}(e^{-t/a}-e^{-t/b})$	$\frac{1}{(as+1)(bs+1)}$
$\frac{c-a}{b-a}e^{-at}+\frac{c-b}{a-b}e^{-bt}$	$\frac{s+c}{(s+a)(s+b)}$
$\frac{a-c}{a(a-b)}e^{-at}+\frac{b-c}{b(b-a)}e^{-bt}$	$\frac{cs+1}{(as+1)(bs+1)}$
$1+\frac{c-a}{a-b}e^{-t/a}+\frac{c-b}{b-a}e^{-t/b}$	$\frac{cs+1}{s(as+1)(bs+1)}$
$\sin(\omega t)$	$\frac{\omega}{s^2+\omega^2}$
$\cos(\omega t)$	$\frac{s}{s^2+\omega^2}$
$\sinh(\omega t)$	$\frac{\omega}{s^2-\omega^2}$
$\cosh(\omega t)$	$\frac{s}{s^2-\omega^2}$
$e^{-at}\sin(\omega t)$	$\frac{\omega}{(s+a)^2+\omega^2}$
$e^{-at}\cos(\omega t)$	$\frac{s+a}{(s+a)^2+\omega^2}$

라플라스 변환의 주요 특성들을 요약해 보면 다음과 같다.

(1) 선형성: a와 b가 상수라면

$$\mathcal{L}\{af(t)+bg(t)\}=\mathcal{L}\{af(t)\}+\mathcal{L}\{bg(t)\}=a\mathcal{L}\{f(t)\}+b\mathcal{L}\{g(t)\}=aF(s)+bG(s) \quad \textbf{(2.6)}$$

(2) 미분식의 라플라스 변환: 미분식의 라플라스 변환은 미분 방정식의 풀이와 공정 모델의 표현에 중요하게 이용된다.

$$\mathcal{L}\left[\frac{d^n f(t)}{dt^n}\right]=s^nF(s)-s^{n-1}f(0)-s^{n-2}\frac{df}{dt}(0)-\cdots-s\frac{d^{n-2}f}{dt^{n-2}}(0)-\frac{d^{n-1}f}{dt^{n-1}}(0) \quad \textbf{(2.7)}$$

위에서 $n=1$이면

$$\mathcal{L}\left[\frac{df(t)}{dt}\right]=sF(s)-f(0) \quad \textbf{(2.8)}$$

$n=2$이면

$$\mathcal{L}\left[\frac{d^2f(t)}{dt^2}\right]=s^2F(s)-sf(0)-\frac{df}{dt}(0) \quad \textbf{(2.9)}$$

보기 2.5

다음 미분 방정식을 라플라스 변환시켜 $F(s)$를 구하여라.

(1) $2\frac{df}{dt}+f(t)=3,\ \ f(0)=1$

(2) $\tau^2f''(t)+2\tau\zeta f'(t)+f(t)=Kx(t),\ f(0)=f'(0)=0 \quad (\tau,\zeta,K\text{: 상수})$

풀이

(1) 양변을 라플라스 변환시키고 선형관계 (2.6)을 이용하면

$$\mathcal{L}\left[2\frac{df}{dt}+f(t)\right]=\mathcal{L}[3] \ \rightarrow \ 2\mathcal{L}\left[\frac{df}{dt}\right]+\mathcal{L}[f(t)]=\mathcal{L}[3]$$

식 (2.8)과 상수의 라플라스 변환을 이용하면

$$2\{sF(s)-1\}+F(s)=\frac{3}{s}. \quad \therefore F(s)=\frac{2+3/s}{2s+1}=\frac{2s+3}{2s^2+s}$$

(2) 식 (2.8)과 (2.9)를 이용하면 $F(s)=\dfrac{KX(s)}{\tau^2s^2+2\tau\zeta s+1}$

(3) 적분식의 라플라스 변환:

$$\mathcal{L}\left[\int_0^t f(x)dx\right]=\frac{1}{s}F(s) \quad \textbf{(2.10)}$$

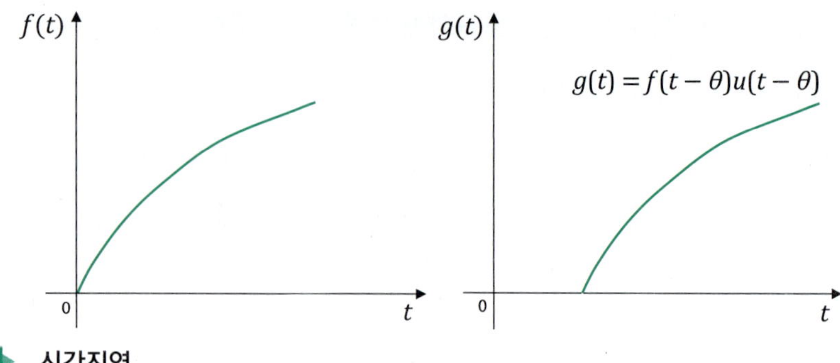

그림 2.4 시간지연.

(4) 시간지연: 공정변수의 변화가 시간에 따라 지연되어 나타나는 시간지연 현상은 공정의 물리적 특성에 따라 거의 모든 공정에서 나타난다. 시간지연에 대해서는 이후에 상세히 다루게 될 것이다. 그림 2.4에 보인 시간지연 함수의 라플라스 변환은 다음과 같다.

$$\mathcal{L}[f(t-\theta)u(t-\theta)] = e^{-\theta s}F(s) \tag{2.11}$$

(5) s 평면에서의 평행이동(주파수 전이):

$$\mathcal{L}[e^{at}f(t)] = F(s-a) \tag{2.12}$$

(6) 시간 곱:

$$\mathcal{L}[tf(t)] = -\frac{d}{ds}F(s) \tag{2.13}$$

보기 2.6

$f(t) = t\cos(\omega t)$의 라플라스 변환을 구하여라.

풀이

$$\mathcal{L}[t\cos(\omega t)] = -\frac{d}{ds}\mathcal{L}[\cos(\omega t)] = -\frac{d}{ds}\frac{s}{s^2+\omega^2} = \frac{s^2-\omega^2}{(s^2+\omega^2)^2}$$

보기 2.7

$g(t) = \left[1-e^{-(t-2)/3}\right]u(t-2)$의 라플라스 변환을 구하여라.

풀이

$f(t) = 1 - e^{-t/3}$으로 두면 $g(t) = f(t-2)$이다. 즉 $G(s) = \mathcal{L}[f(t-2)] = e^{-2s}F(s)$. 한편 $F(s) = \mathcal{L}[f(t)] = \frac{1}{s} - \frac{1}{s+1/3} = \frac{1/3}{s(s+1/3)} = \frac{1}{s(3s+1)}$. 따라서 $G(s) = \frac{e^{-2s}}{s(3s+1)}$

(7) 초기치 정리: 라플라스 변환된 형태로부터 원래 함수의 초기값은 다음 관계로부터 얻어질 수 있다.

$$\lim_{t\to 0} f(t) = \lim_{s\to\infty} sF(s) \tag{2.14}$$

(8) 최종치 정리: 시간 t가 ∞일 때 $f(t)$의 극한값이 존재한다면 $f(t)$의 라플라스 변환된 형태 $F(s)$로부터 $f(t)$의 최종치, 또는 정상상태 값은 다음과 같이 얻어진다.

$$\lim_{t\to\infty} f(t) = \lim_{s\to 0} sF(s) \tag{2.15}$$

보기 2.8

$F(s) = \dfrac{4s^4 + 2s^2 - 14}{s(s^4 - s^3 + s^2 - 11s + 10)}$의 초기치를 구하여라.

풀이

$$\lim_{t\to 0} f(t) = \lim_{s\to\infty} sF(s) = \lim_{s\to\infty}\left(4 + \frac{4s^3 - 2s^2 + 44s - 54}{s^4 - s^3 + s^2 - 11s + 10}\right)$$

$$= 4 + \lim_{s\to\infty}\left(\frac{4s^3 - 2s^2 + 44s - 54}{s^4 - s^3 + s^2 - 11s + 10}\right) = 4$$

보기 2.9

$F(s) = \dfrac{1}{s(s+1)}$의 최종치를 t 영역과 s 영역 사이에서 비교하여라.

풀이

역 라플라스 변환으로부터 $f(t) = 1 - e^{-t}$이므로 t 영역에서는 $\lim_{t\to\infty} f(t) = \lim_{t\to\infty}(1 - e^{-t}) = 1$, s 영역에서는 1 $\lim_{s\to 0} sF(s) = \dfrac{s}{s(s+1)} = 1$.

(9) 회선(回旋, convolution)적분: $t < 0$일 때 0의 값을 갖는 두 함수 $f_1(t)$, $f_2(t)$에 대하여 적분 $g(t) = \int_0^t f_1(t-\tau) f_2(\tau) d\tau$를 $f_1(t)$, $f_2(t)$의 회선석분이라고 힌다. 회선저분의 라플라스 변환은 $F_1(s) = \mathcal{L}[f_1(t)]$, $F_2(s) = \mathcal{L}[f_2(t)]$라 할 때

$$G(s) = \mathcal{L}[g(t)] = \int_0^\infty \left[\int_0^t f_1(t-\tau) f_2(\tau) d\tau\right] e^{-st} dt = F_1(s)F_2(s) \tag{2.16}$$

와 같다.

MATLab

기호(symbolic)객체

기호객체는 수식을 나타내는 문자열을 저장하는 데이터 구조이다. 기호객체를 만들기 위해서는 sym, 또는 syms를 사용한다. 예를 들어 a = syms('x')는 x로 출력되는 기호변수 a를 생성한다. $x^2 + \cos y$를 나타내는 기호변수 ω는 ω = sym('x^2 + cos(y)')와 같이 생성할 수 있다. 여러 개의 기호변수를 생성하는 경우에는 syms 명령어를 이용한다. 예를 들어 x, y를 기호변수로 지정하고자 할 때에는 syms x y와 같이 하면 된다. $z = 2x^3 - 4xy^2$를 기호변수 x, y로 나타내고 z의 제곱을 구해 보자.

```
>> syms x y
>> z = 2*x^3 - 4*x*y^2
z =
2*x^3 - 4*x*y^2
```

```
>> z^2
ans =
(-2*x^3 + 4*x*y^2)^2
>> expand(ans)
ans =
4*x^6 - 16*x^4*y^2 + 16*x^2*y^4
```

위에서 expand는 $z^2 = (2x^3 - 4xy^2)^2 = 4x^6 - 16x^4y^2 + 16x^2y^4$를 수행하는 명령어이다.

MATLab

라플라스 변환

MATLAB 함수 laplace는 Laplace 변환을 수행해 준다. e^{-at}의 라플라스 변환을 구해 보자.

```
>> syms a t
>> laplace(exp(-a*t))
ans =
1/(a + s)
```

$\cos(\omega t)$의 Laplace 변환을 구해 보자:

```
>> syms t w
>> laplace(cos(w*t))
ans =
s/(s^2+w^2)
```

함수 $f(t) = 1 + t + t^2 + \sin(at) - t\cos(bt)$의 라플라스 변환을 구해 보자. 먼저 t, a, b를 기호변수로 지정하고 함수를 정의한 다음 laplace 명령어를 이용한다.

```
>> syms t a b;
>> f = 1 + t + t^2 + sin(a*t) - t*cos(b*t);
>> Lf = laplace(f)
Lf =
(s + 1)/s^2 + a/(a^2 + s^2) + 1/(b^2 + s^2) - (2*s^2)/(b^2 + s^2)^2 + 2/s^3
>> pretty(Lf)
```

```
                                                 2
 s + 1     a         1          2 s            2
 ----- + ------- + -------- - -------------- + ---
   2       2  2      2   2      2      2 2       3
  s       a + s     b   + s    (b   + s)        s
```

위에서 pretty는 기호표현을 우리에게 익숙한 수식 형태로 나타내어 주는 명령어이다.

2.2.2 역 라플라스 변환

주어진 라플라스 변환 $F(s)$로부터 라플라스 변환 이전의 시간함수 $f(t)$를 구하는 역 라플라스 변환은 $\mathcal{L}^{-1}[F(s)]$로 표시되며

$$\mathcal{L}^{-1}[F(s)] = \frac{1}{2\pi i}\int_{\sigma-\infty i}^{\sigma+\infty i} F(s)e^{st}ds = f(t)u(t) \tag{2.17}$$

과 같이 정의된다. 위에서 $u(t)$는 단위계단 함수이다. $f(t)$를 구하는 데에는 $F(s)$를 부분분수로 나눈 다음 표 2.1을 이용하는 방법이 일반적으로 이용된다. $F(s)$는 일반적으로 다음과 같이 나타낼 수 있다.

$$F(s) = \frac{b_m s^m + b_{m-1}s^{m-1} + \cdots + b_1 s + b_0}{s^n + a_{n-1}s^{n-1} + \cdots + a_1 s + a_0} + R(s) \tag{2.18}$$

위에서 $n > m$이다. $F(s)$의 분모를 0으로 둔 방정식

$$s^n + a_{n-1}s^{n-1} + \cdots + a_1 s + a_0 = 0$$

이 가질 수 있는 근의 형태는 서로 다른 실근, 중근, 그리고 허근이다. 위의 방정식이 k개의 서로 다른 실근과 하나의 q중근, 그리고 한 쌍의 허근을 갖는다면 $F(s)$의 분모는 다음과 같이 쓸 수 있다.

$$s^n + a_{n-1}s^{n-1} + \cdots + a_1 s + a_0 = (s-r_1)(s-r_2)\cdots(s-r_k)(s-p)^q(s^2+vs+w)$$

이를 이용하면 식 (2.18)의 $F(s)$는 다음과 같이 부분분수로 나누어 쓸 수 있다.

$$F(s) = \frac{A_1}{s-r_1} + \frac{A_2}{s-r_2} + \cdots + \frac{A_k}{s-r_k} + \frac{Q_1}{(s-p)^q} + \frac{Q_2}{(s-p)^{q-1}} + \cdots + \frac{Q_q}{(s-p)} + \frac{Bs+C}{s^2+vs+w} + R(s) \tag{2.19}$$

따라서

$$f(t) = \mathcal{L}^{-1}[F(s)] = \mathcal{L}^{-1}\left[\frac{A_1}{s-r_1}\right] + \cdots + \mathcal{L}^{-1}\left[\frac{Q_1}{(s-p)^q}\right] + \cdots + \mathcal{L}^{-1}\left[\frac{Bs+C}{s^2+vs+w}\right] + \mathcal{L}^{-1}[R(s)] \tag{2.20}$$

위에서 각 항의 역 라플라스 변환은 표 2.1을 이용한다.

보기 2.10

$F(s) = \dfrac{4s^3 + 2s^2 - 14}{s^4 - s^3 + s^2 - 11s + 10}$일 때 $f(t)$를 구하여라.

풀이

$F(s)$의 분모는 $s^4 - s^3 + s^2 - 11s + 10 = (s-1)(s-2)(s^2+2s+5)$와 같이 인수분해되므로

$$F(s) = \frac{4s^3 + 2s^2 - 14}{(s-1)(s-2)(s^2+2s+5)} = \frac{A_1}{s-1} + \frac{A_2}{s-2} + \frac{Bs+C}{s^2+2s+5} \quad \textbf{(2.21)}$$

양변에 $s-1$을 곱하고 s대신 1을 대입하면 $A_1 = \dfrac{4+2-14}{(1-2)(1^2+2+5)} = 1$을 얻는다. 마찬가지로 (2.21)의 양변에 $s-2$를 곱하고 s대신 2를 대입하면 $A_2 = \dfrac{4\times 2^3 + 2\times 2^2 - 14}{(2-1)(2^2+2\times 2+5)} = 2$를 얻는다. 이와 같이 구한 A_1과 A_2를 이용하여 식 (2.21)의 우변을 다시 정리하면

$$\frac{1}{s-1} + \frac{2}{s-2} + \frac{Bs+C}{s^2+2s+5} = \frac{(3+B)s^3 + (2+C-3B)s^2 + (7+2B-3C)s + (2C-20)}{(s-1)(s-2)(s^2+2s+5)}$$

이를 식 (2.21)의 좌변과 동일차수 항끼리 계수비교하면

$$4 = 3 + \mathrm{B}, \quad 2 = 2 + C - 3B, \quad 0 = 7 + 2B - 3C, \quad -14 = 2C - 20$$

이들 관계로부터 $B = 1$, $C = 3$을 얻는다. 따라서 식 (2.21)로부터

$$F(s) = \frac{1}{s-1} + \frac{2}{s-2} + \frac{s+3}{s^2+2s+5} = \frac{1}{s-1} + \frac{2}{s-2} + \frac{(s+1)}{(s+1)^2+2^2} + \frac{2}{(s+1)^2+2^2}$$

그러므로 표 2.1로부터

$$f(t) = \mathcal{L}^{-1}[F(s)] = e^t + 2e^{2t} + e^{-t}\cos(2t) + e^{-t}\sin(2t)$$

보기 2.11

$F(s) = \mathcal{L}[f(t)]$가 다음과 같을 때 $f(t)$를 구하여라

(1) $F(s) = \dfrac{s^2 + 2s - 10}{s^2(s^2+4s+5)}$ (2) $F(s) = \dfrac{1 - e^{-3s}}{(s+1)(s+2)}$

풀이

(1) $F(s)$는 다음과 같은 부분분수로 나눌 수 있다.

$$F(s) = \frac{s^2 + 2s - 10}{s^2(s^2+4s+5)} = \frac{A_1}{s} + \frac{A_2}{s^2} + \frac{Bs+C}{s^2+4s+5}$$

위 식의 우변을 다시 정리하면

$$\frac{A_1}{s}+\frac{A_2}{s^2}+\frac{Bs+C}{s^2+4s+5}=\frac{(A_1+B)s^3+(4A_1+A_2+C)s^2+(5A_1+4A_2)s+5A_2}{s^2(s^2+4s+5)}$$

분자의 동일차수 항의 계수비교로부터

$$0=A_1+B,\quad 1=4A_1+A_2+C,\quad 2=5A_1+4A_2,\quad -10=5A_2$$

이들로부터 $A_1=2,\ A_2=-2,\ B=-2,\ C=-5$를 얻는다. 즉

$$F(s)=\frac{2}{s}-\frac{2}{s^2}-\frac{2s+5}{s^2+4s+5}=\frac{2}{s}-\frac{2}{s^2}-\frac{2(s+2)}{(s+2)^2+1}-\frac{1}{(s+2)^2+1}$$

∴ 표 2.1로부터

$$f(t)=\mathcal{L}^{-1}[F(s)]=2-2t-2e^{-2t}\cos(t)-e^{-2t}\sin(t)$$

(2) $F(s)=\dfrac{1-e^{-3s}}{(s+1)(s+2)}=\dfrac{1}{(s+1)(s+2)}-e^{-3s}\dfrac{1}{(s+1)(s+2)}=F_1(s)-F_2(s)$

$\mathcal{L}^{-1}[F_1(s)]=\mathcal{L}^{-1}\left[\dfrac{1}{(s+1)(s+2)}\right]=e^{-t}-e^{-2t}$이므로 식 (2.11)에 의하여

$$\mathcal{L}^{-1}[F_2(s)]=\left[e^{-(t-3)}-e^{-2(t-3)}\right]u(t-3)$$

따라서

$$\begin{aligned}f(t)&=e^{-t}-e^{-2t}-\left\{e^{-(t-3)}-e^{-2(t-3)}\right\}u(t-3)\\&=\begin{cases}e^{-t}-e^{-2t}:\ 0\le t<3\\ e^{-t}(1-e^3)-e^{-2t}(1-e^6)=-19.09e^{-t}+402.43e^{-2t}:t\ge 3\end{cases}\end{aligned}$$

MATLab

역 라플라스 변환

역 라플라스 변환은 ilaplace 명령어를 이용하여 수행할 수 있다. $F(s)=\dfrac{2s}{s^2+4s+1}$의 역 라플라스를 구해 보자. 먼저 s를 기호변수로 지정하고 ilaplace 명령어를 이용한다.

```
>> syms s
>> F = 2*s / (s^2 + 4*s + 1);
>> f = ilaplace(F)
f =
2*exp(-2*t)*(cosh(3^(1/2)*t) - (2*3^(1/2)*sinh(3^(1/2)*t))/3)
```

MATLab

부분분수 전개

부분분수 전개(partial fraction expansion)는 residue 명령어를 사용한다. 함수 $F(s)$를

$$F(s)=\frac{r_1}{s-p_1}+\frac{r_2}{s-p_2}+\cdots+\frac{r_k}{s-p_k}+\frac{r_{q1}}{(s-p_q)}+\frac{r_{q2}}{\left(s-p_q\right)^2}+\cdots+K(s)$$

와 같이 부분분수로 전개할 수 있다고 하자. 부분분수 전개는 [R P K] = residue(N, D)와 같이 이루어지는데 여기에서 $R=[r_1,\ r_2,\cdots]$, $P=[p_1,\ p_2,\cdots]$, 그리고 K는 $K(s)$의 계수들로 이루어지는 행벡터이다. $F(s)=\dfrac{s^3+5s^2+9s+7}{s^2+3s+2}$를 부분분수로 전개하면 $F(s)=\dfrac{-1}{s+2}+\dfrac{2}{s+1}+(s+2)$와 같다. 이를 확인해 보자.

```
>> N = [1 5 9 7]; D = [1 3 2];
>> [R P K] = residue(N, D)
R =
    -1
     2
P =
    -2
    -1
K =
     1     2
```

$F(s)=\dfrac{s^2+2s+3}{s^3+3s^2+3s+1}$를 부분분수로 전개해 보자.

```
>> N = [1 2 3]; D = [1 3 3 1];
>> [R P K] = residue(N, D)
R =
    1.0000
    0.0000
    2.0000
P =
   -1.0000
   -1.0000
   -1.0000
K =
     []
```

이로부터 $F(s)=\dfrac{1}{s+2}+\dfrac{2}{(s+1)^3}$와 같이 전개할 수 있음을 알 수 있다.

2.3 미분방정식의 풀이

우리가 제어하고자 하는 공정의 동적인 특성은 일반적으로 미분방정식으로 나타내어진다. 공정에 도입되는 입력변수를 $x(t)$, 공정으로부터의 출력변수를 $y(t)$라 하면 이들 관계는 그림 2.5와 같이 나타낼 수 있다.

그림 2.5 **공정의 입력변수와 출력변수.**

공정의 동적 특성이 2차 선형 미분방정식으로 나타내어지는 경우는 다음과 같이 쓸 수 있다.

$$a_2 \frac{d^2y(t)}{dt^2} + a_1 \frac{dy(t)}{dt} + a_0 y(t) = Kx(t), \qquad \frac{dy(t)}{dt}(0) = c_1, \qquad y(0) = c_2$$

입력변수 $x(t)$가 정해졌을 경우 라플라스 변환을 이용하여 출력변수 $y(t)$를 구하는 과정은 주어진 미분방정식의 양변을 라플라스 변환시키고, 이를 출력변수에 대해 정리한 다음, 역 라플라스 변환시키는 단계로 이루어진다. 1차 및 2차 미분의 라플라스 변환을 이용하여 윗 식의 양변을 라플라스 변환시키면

$$a_2\{s^2Y(s) - c_2 s - c_1\} + a_1\{sY(s) - c_2\} + a_0 Y(s) = KX(s)$$

이를 $Y(s)$에 대해 정리하면

$$Y(s) = \frac{a_2c_2s + a_2c_1 + a_1c_2 + KX(s)}{a_2s^2 + a_1s + a_0}$$

이를 역 라플라스 변환시켜서 $y(t)$를 얻는다. 즉

$$y(t) = \mathcal{L}^{-1}\left[\frac{KX(s) + a_2c_2s + (a_2c_1 + a_1c_2)}{a_2s^2 + a_1s + a_0}\right]$$

만일 공정의 동적 특성이 선형의 n차 미분방정식으로 나타내어지는 경우에는

$$a_n \frac{d^ny(t)}{dt^n} + a_{n-1}\frac{d^{n-1}y(t)}{dt^{n-1}} + \cdots + a_0 y(t) - b_m \frac{d^mx(t)}{dt^m} + b_{m-1}\frac{d^{m-1}x(t)}{dt^{m-1}} + \cdots + b_0 x(t) \tag{2.22}$$

초기조건이 모두 0이라면

$$y(0) = \frac{dy}{dt}(0) = \cdots = \frac{d^{n-1}y}{dt^{n-1}}(0) = 0, \quad x(0) = \frac{dx}{dt}(0) = \cdots = \frac{d^{m-1}x}{dt^{m-1}}(0) = 0$$

식 (2.22)의 양변을 라플라스 변환시키고 출력변수 $Y(s)$에 대하여 정리하면 다음과 같다.

$$Y(s) = \left[\frac{b_m s^m + b_{m-1}s^{m-1} + \cdots + b_1 s + b_0}{a_n s^n + a_{n-1}s^{n-1} + \cdots + a_1 s + a_0}\right]X(s) = G(s)X(s) \tag{2.23}$$

위의 관계를 블럭을 써서 나타내면 다음과 같다.

$$X(s) \rightarrow \boxed{G(s) = \left[\frac{b_m s^m + b_{m-1}s^{m-1} + \cdots + b_1 s + b_0}{a_n s^n + a_{n-1}s^{n-1} + \cdots + a_1 s + a_0}\right]} \rightarrow Y(s)$$

위에서 $G(s)$는 공정의 전달함수라고 통칭된다. 공정의 전달함수는 공정의 입력변수와 출력변수 사이의 관계를 명료하게 나타내어 주는 함수로서 공정제어 시스템의 분석이나 설계에 중요하게 이용된다.

보기 2.12

공정의 동특성이 다음과 같은 2차 선형미분 방정식으로 나타나는 경우 시간에 따른 출력 $y(t)$를 구하여라:

$$\frac{d^2y(t)}{dt^2} + 3\frac{dy(t)}{dt} + 2y(t) = 5u(t), \qquad y(0) = \frac{dy}{dt}(0) = 0$$

풀이

주어진 미분방정식의 양변을 라플라스 변환시키면

$$s^2Y(s) + 3sY(s) + 2Y(s) = \frac{5}{s}$$

이를 $Y(s)$에 대하여 정리하면

$$Y(s) = \frac{5}{s(s^2+3s+2)} = \frac{5}{s(s+1)(s+2)} = \frac{5/2}{s} - \frac{5}{s+1} + \frac{5/2}{s+2}$$

따라서

$$y(t) = \mathcal{L}^{-1}\left[\frac{5/2}{s} - \frac{5}{s+1} + \frac{5/2}{s+2}\right] = \frac{5}{2}u(t) - 5e^{-t} + \frac{5}{2}e^{-2t}$$

위의 결과로부터 시간이 무한히 흐르면 출력 $y(\infty)$는 $\frac{5}{2}$의 정상상태 값으로 유지됨을 알 수 있다.

보기 2.13

공정의 동특성이 다음과 같은 시스템의 전달함수를 구해 보고 아울러 입력변수 $m(t) = t$일 때 시간에 따른 출력 $y(t)$를 구하여라.

$$\frac{d^2y}{dt^2}+5\frac{dy}{dt}+6y=m(t), \qquad y(0)=\frac{dy}{dt}(0)=0$$

풀이

위 식의 양변을 라플라스 변환시키고 정리하면 다음과 같은 전달함수를 얻는다.

$$\frac{Y(s)}{M(s)}=G(s)=\frac{1}{s^2+5s+6}$$

$m(t)=t$이면 $M(s)=\dfrac{1}{s^2}$이므로

$$Y(s)=G(s)M(s)=\frac{1}{s^2(s^2+5s+6)}=\frac{1}{s^2(s+2)(s+3)}$$

이를 부분분수로 나누면

$$Y(s)=-\frac{5/36}{s}+\frac{1/6}{s^2}+\frac{1/4}{s+2}-\frac{1/9}{s+3}$$

따라서 표 2.1로부터

$$y(t)=\mathcal{L}^{-1}[Y(s)]=-\frac{5}{36}u(t)+\frac{1}{6}t+\frac{1}{4}e^{-2t}-\frac{1}{9}e^{-3t}$$

보기 2.14

다음 미분방정식의 해를 구하여라.

(1) $4\dfrac{dy}{dt}+3y=2,\ y(0)=1$

(2) $y'''+6y''+y'+6y=1,\ y(0)=y'(0)=y''(0)=0$

(3) $\dfrac{dy}{dt}=-3t+\displaystyle\int_0^t y(t)dt,\ y(0)=1$

풀이

(1) 양변을 라플라스 변환하면 $4\{sY(s)-1\}+3Y(s)=\dfrac{2}{s}$

따라서 $Y(s)=\dfrac{4+2/s}{4s+3}=\dfrac{4s+2}{s(4s+3)}=\dfrac{s+0.5}{s(s+0.75)}=\dfrac{2/3}{s}+\dfrac{1/3}{s+0.75}$

이로부터 $y(t)=\dfrac{1}{3}(2+e^{-0.75t})$

(2) 양변의 라플라스 변환으로부터 $(s^3+6s^2+s+6)Y(s)=\frac{1}{s}$. 이로부터

$$Y(s)=\frac{1}{s(s^3+6s^2+s+6)}=\frac{1}{s(s+6)(s^2+1)}=\frac{1/6}{s}-\frac{1/222}{s+6}-\frac{6}{37}\left(\frac{s}{s^2+1}+\frac{1/6}{s^2+1}\right)$$

표 2.1로부터 $y(t)=\frac{1}{6}-\frac{1}{222}e^{-6t}-\frac{6}{37}(\cos t+\frac{1}{6}\sin t)$

(3) 양변을 라플라스 변환시키면 $sY(s)-1=-\frac{3}{s^2}+\frac{1}{s}Y(s)$. 따라서

$$Y(s)=\frac{s^2-3}{s(s^2-1)}=\frac{3}{s}-\frac{1}{s+1}-\frac{1}{s-1}$$

이로부터 $y(t)=3-e^{-t}-e^{t}$

보기 2.15

동적 특성이 다음과 같이 표현되는 시스템이 있다.

$$\frac{dy}{dt}+y(t)=x(t),\qquad y(0)=0$$

입력변수 $x(t)$가 다음과 같을 때 출력변수 $y(t)$를 구하여라.

(1) $x(t)=u(t-1)$

(2) $x(t)=u(t-1)+u(t-2)+u(t-3)+\cdots$

풀이

주어진 미분방정식의 라플라스 변환으로부터 $Y(s)=\frac{1}{s+1}X(s)$

(1) $X(s)=\frac{e^{-s}}{s}$이므로 $Y(s)=\frac{e^{-s}}{s(s+1)}=\left(\frac{1}{s}-\frac{1}{s+1}\right)e^{-s}$

관계 (2.11)을 이용하면 $F(s)=\frac{1}{s}-\frac{1}{s+1}$이고 $\theta=1$인 경우이므로

$$y(t)=u(t-1)-e^{-(t-1)}u(t-1)=\{1-e^{-(t-1)}\}u(t-1)$$

(2) $X(s)=\frac{1}{s}(e^{-s}+e^{-2s}+e^{-3s}+\cdots)$이므로 $Y(s)=\frac{1}{s(s+1)}(e^{-s}+e^{-2s}+e^{-3s}+\cdots)$.

앞의 결과를 이용하면

$$y(t)=\{1-e^{-(t-1)}\}u(t-1)+\{1-e^{-(t-2)}\}u(t-2)+\cdots=\sum_{k=1}^{\infty}\{1-e^{-(t-k)}\}u(t-k)$$

MATLab

다항식의 근

다항식의 근은 roots 명령어를 이용하여 손쉽게 구할 수 있다. 라플라스 변환 $G(s) = \frac{4s^3 + 2s^2 - 14}{s^4 - s^3 + s^2 - 11s + 10}$의 분모를 0으로 하는 s의 값, 즉 방정식 $s^4 - s^3 + s^2 - 11s + 10 = 0$의 근을 구해 보자. 아래에서 p는 다항식의 내림차순 계수를 저장하는 행벡터이다.

```
>> p = [1 -1 1 -11 10];
>> roots(p)
ans =
  -1.0000 + 2.0000i
  -1.0000 - 2.0000i
   2.0000 + 0.0000i
   1.0000 + 0.0000i
```

MATLab

미분방정식의 풀이

MATLAB에서는 다양한 상미분방정식 풀이함수를 제공하고 있는데 대개 ode45 함수가 가장 널리 이용된다. MATLAB의 상미분방정식 풀이함수들은 다음과 같이 사용한다:

```
[t,y] = solver(odefun,tspan,y0) 혹은 [t,y] = solver(odefun,tspan,y0,options)
```

위에서 solver는 풀이함수 이름, odefun는 미분방정식을 정의하는 파일 이름(별도의 함수로 정의되어 있는 경우에는 호출시에 함수이름 앞에 @를 붙임), tspan은 독립변수(시간) 구간, 그리고 y0는 초기값이다.

시간구간 [0, 1]에서 방정식 $\frac{dy}{dt} = e^{-t}$, $y(0) = -1$의 해를 구해 보자. 먼저 미분방정식을 정의하는 함수파일을 작성한다.

```
function dy = dfun(t,y)
dy = exp(-t);
end
```

다음에 함수 ode45를 호출하여 $y(t)$를 구하고 그래프로 나타낸다.

```
>> tspan = [0 1]; y0 = -1; [t y] = ode45(@dfun,tspan,y0);
>> plot(t,y), grid, xlabel('t'), ylabel('y(t)')
```

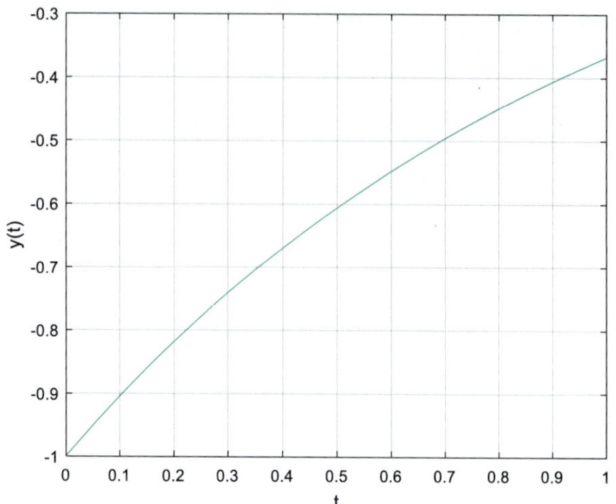

그림 2.6 미분방정식 $\frac{dy}{dt} = e^{-t},\ y(0) = -1$의 풀이.

MATLab

기호식을 이용한 미분방정식의 풀이

dsolve 명령어을 사용하여 미분방정식을 풀 수 있다. 다음 미분방정식을 풀어보자:

$$\frac{d^3x}{dt^3} + 3\frac{d^2x}{dt^2} + \frac{dx}{dt} - 2x = 1 + e^{3t},\quad x(0) = 1, x'(0) = 0,\quad x''(0) = 1$$

```
>> dsolve('D3x+3*D2x+Dx-2*x=1+exp(3*t)','x(0)=1','Dx(0)=0','D2x(0)=1')
ans =
exp(3*t)/5 - (7*exp(-2*t))/10 + exp(t*(5^(1/2)/2 - 1/2))*(exp(t/2 -
(5^(1/2)*t)/2)*(5^(1/2)/10 - 1/2) + exp((7*t)/2 -
(5^(1/2)*t)/2)*((4*5^(1/2))/55 - 1/11)) - exp(-t*(5^(1/2)/2 +
1/2))*(exp(t/2 + (5^(1/2)*t)/2)*(5^(1/2)/10 + 1/2) + exp((7*t)/2
+ (5^(1/2)*t)/2)*((4*5^(1/2))/55 + 1/11)) - exp(t*(5^(1/2)/2 -
1/2))*((4*5^(1/2))/55 - 12/11) + (4*5^(1/2)*exp(-t*(5^(1/2)/2 +
1/2))*(3*5^(1/2) + 1))/55 + 1/2
>> expand(ans)
ans =
exp(3*t)/5 - (7*exp(-2*t))/10 + (12*exp(-t/2)*exp(-(5^(1/2)*t)/2))/11 +
(12*exp(-t/2)*exp((5^(1/2)*t)/2))/11 - (2*exp(-t/2)*exp((7*t)/2))/11 +
(4*5^(1/2)*exp(-t/2)*exp(-(5^(1/2)*t)/2))/55 - (4*5^(1/2)*exp(-t/2)*ex
p((5^(1/2)*t)/2))/55 - 1/2
```

MATLab

미분방정식 시스템의 풀이

두 개 이상의 미분방정식들로 이루어지는 미분방정식 시스템의 해를 구해 보기로 한다. $0 \le t \le 20$의 시간범위에서 van der Pol 방정식 $\frac{df_1}{dt} = y_2$, $\frac{df_2}{dt} = (1 - {y_1}^2)y_2 - y_1$를 풀어보자. 초기조건은 $y_1(0) = 2$, $y_2(0) = 0$라고 가정한다. 프로그램에서는 y_1과 y_2는 열벡터 y의 원소로서 $y = \begin{bmatrix} y_1 \\ y_2 \end{bmatrix}$와 같이 정의한다. 즉 $y_1 = y(1)$, $y_2 = y(2)$으로 표시된다. 주어진 미분방정식과 초기값들을 포함하는 m 파일을 만들어 두고 MATLAB 창에서 불러 수행시킨다. 결과는 그래프로 나타나도록 한다.

```
function dydt = vdp(t,y)
dydt = [y(2); (1-y(1)^2)*y(2)-y(1)];
end
```

시간구간은 [0 20]으로 설정하며 초기조건은 열벡터(즉 [2; 0])로 설정한다. MATLAB 창에서의 수행 결과는 다음과 같다.

```
>> [t,y] = ode45(@vdp,[0 20],[2; 0]); plot(t,y(:,1),'-',t,y(:,2),'--');
title('van der Pol 방정식의 풀이');
>> xlabel('t(sec)'), ylabel('y(t)'), legend('y_1','y_2');
```

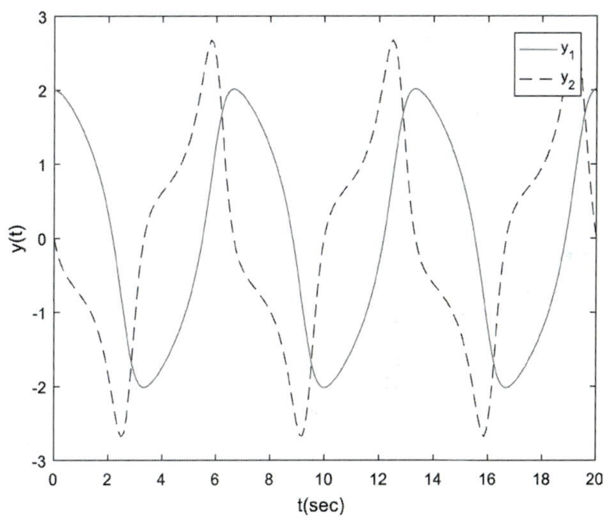

그림 2.7 van der Pol 방정식 풀이 결과.

2.4 선형화 방법

2.4.1 편차변수

편차변수는 어떤 공정변수의 시간에 따른 값과 정상상태 값의 차이로 정의된다. 변수 x의 시간에 따른 값을 $x(t)$, x의 정상상태 값을 x_s라 하면 편차변수 $\bar{x}(t)$는

$$\bar{x}(t) = x(t) - x_s \tag{2.24}$$

로 주어진다. 즉 편차변수는 그림 2.8에 보인 바와 같이 변수값이 정상상태 값으로부터 벗어난 정도를 나타내어 준다.

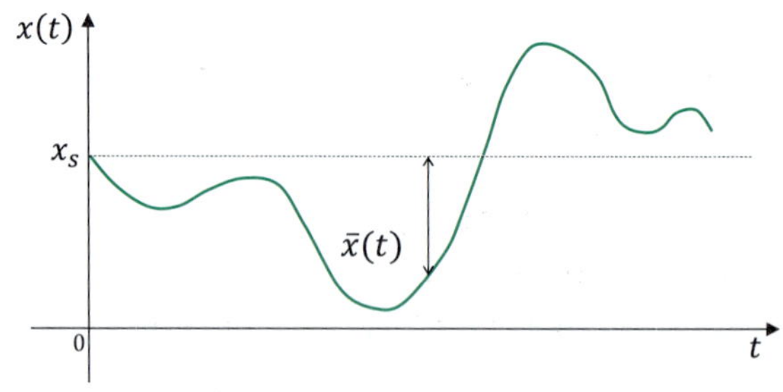

그림 2.8 편차변수.

편차변수의 이점은 방정식의 라플라스 변환을 보다 단순화시켜 준다는 데에 있다. 어떤 변화가 일어나기 전의 공정변수 $x(t)$는 일반적으로 정상상태값 x_s로 유지되므로 초기조건은 $x(0) = x_s$와 같이 쓸 수 있는데 편차변수를 이용하면

$$\bar{x}(0) = x(0) - x_s = x_s - x_s = 0$$

으로서 초기조건이 0이 된다. 아울러

$$\frac{d\bar{x}(t)}{dt} = \frac{d}{dt}\{x(t) - x_s\} = \frac{dx(t)}{dt}$$

임은 자명하다.

보기 2.16

미분방정식

$$\tau\frac{dy(t)}{dt} + y(t) = Kf(t), \qquad y(0) = y_s \quad (\tau, K\text{: 상수}) \tag{i}$$

의 라플라스 변환을 구해 보라. 이 결과를 편차변수를 이용하여 구한 라플라스 변환과 비교해 보자.

풀이

식 (2.8)로부터

$$Y(s) = \frac{KF(s) + \tau y_s}{\tau s + 1} \qquad \textbf{(ii)}$$

정상상태에서 식 (i)는

$$\tau \frac{dy_s}{dt} + y_s = Kf_s \qquad \textbf{(iii)}$$

(i)에서 (iii)을 빼면

$$\tau \frac{d}{dt}\{y(t) - y_s\} + \{y(t) - y_s\} = K\{f(t) - f_s\}$$

위의 식에 편차변수 $\bar{y}(t) = y(t) - y_s$, $\bar{f}(t) = f(t) - f_s$를 도입하면 다음 관계를 얻는다.

$$\tau \frac{d\bar{y}(t)}{dt} + \bar{y}(t) = K\bar{f}(t), \qquad \bar{y}(0) = y(0) - y_s = y_s - y_s = 0$$

위의 식을 라플라스 변환시키면

$$\bar{Y}(s) = \frac{K\bar{F}(s)}{\tau s + 1} \qquad \textbf{(iv)}$$

와 같다. 식 (iv)는 (ii)에서와 같이 분자에 상수항(τy_s)이 없는 보다 간략한 형태이다. 식 (iv)에서 $\bar{Y}(s)$는 편차변수의 라플라스 변환으로서 $y(t)$의 라플라스 변환인 식 (ii)의 $Y(s)$와 구별되어야 한다.

편차변수와 그의 라플라스 변환은 별도의 기호나 부호를 써서 나타내기도 하지만 공정제어 문제에서 나타나는 라플라스 변환은 거의 전부가 편차변수의 라플라스 변환이므로 사용 기호에 따른 혼란은 없을 것이다.

2.4.2 선형화 방법

화학공정의 특성을 분석하는 데 있어서 당면하게 되는 문제는 많은 경우 공정의 특성이 비선형 미분방정식으로 나타내어진다는 점이다. 다음은 화학공정에서 흔히 나타나는 비선형 관계식들의 보기이다.

- 반응속도 상수: $k = k_0 e^{-E/RT}$
- Antoine 방정식(순수 물질의 증기압): $p = e^{A - \frac{B}{T+C}}$
- 기–액 평형 관계식: $y = \dfrac{\alpha x}{1 + (\alpha - 1)x}$

- 복사에 의한 열전달: $q = \epsilon\sigma AT^4$
- 엔탈피 함수: $H = H_0 + AT + BT^2 + CT^3 + DT^4$

이와 같이 우리가 대하는 거의 모든 화학공정들은 본질적으로 비선형 방정식으로 나타내어지며, 이러한 비선형 공정들의 동적 특성을 규명할 수 있는 보편화된 수학적 기법들은 아직 없다. 앞에서 다룬 라플라스 변환이 비선형 방정식에 그대로 적용될 수 없음은 물론이다. 따라서 우리는 비선형 방정식을 선형화시키는 방법을 이용한다. 일반적으로 선형화는 공정의 특성이 시간에 따라 변하지 않는 정상상태를 중심으로 해서 이루어지는데, 선형화된 관계식에 의해 얻어지는 공정의 응답이 원래 비선형 공정의 실제 응답과 어느 한계 이상의 차이가 없어야 할 것이다.

두 독립변수 x, y의 함수 $f(x,y)$를 생각해 보기로 한다. (x,y)의 정상상태에서의 값을 (x_s, y_s)라 하면 Taylor 급수전개로부터 다음 관계를 얻는다.

$$f(x,y) = f(x_s,y_s) + \frac{\partial f}{\partial x}(x_s,y_s)\cdot(x-x_s) + \frac{\partial f}{\partial y}(x_s,y_s)\cdot(y-y_s) + \frac{1}{2!}\frac{\partial^2 f}{\partial x^2}(x_s,y_s)\cdot(x-x_s)^2$$
$$+\frac{1}{2!}\frac{\partial^2 f}{\partial y^2}(x_s,y_s)\cdot(y-y_s)^2 + \frac{1}{2!}\frac{\partial^2 f}{\partial x\partial y}(x_s,y_s)\cdot(x-x_s)\cdot(y-y_s) + \cdots$$

위에서 x와 y의 2차항 이상을 무시하면

$$f(x,y) \cong f(x_s,y_s) + \frac{\partial f}{\partial x}(x_s,y_s)\cdot(x-x_s) + \frac{\partial f}{\partial y}(x_s,y_s)\cdot(y-y_s) \tag{2.25}$$

의 관계를 얻는다. 독립변수가 하나인 함수의 경우에는 (2.25)로부터

$$f(x) \cong f(x_s) + \frac{df}{dx}(x_s)\cdot(x-x_s) \tag{2.26}$$

보기 2.17

어떤 액체탱크로부터의 액체의 유출량은 탱크 내의 액위 h의 함수로서

$$q_o = C\sqrt{h} \tag{2.27}$$

와 같이 주어진다. 정상상태에서의 액위를 h_s라 하고 위의 관계를 선형화시켜 보라.

풀이

식 (2.26)을 이용하면 (2.27)로부터

$$q_o \cong q_{os} + \frac{dq_o}{dh}|_s\cdot(h-h_s)$$

위에서 $q_{os} = C\sqrt{h_s}$로 주어진다. 한편 $\frac{dq_o}{dh} = \frac{C}{2\sqrt{h}}$이므로

$$q_o \cong C\sqrt{h_s} + \frac{C}{2\sqrt{h_s}}(h-h_s) = \frac{C\sqrt{h_s}}{2} + \frac{C}{2\sqrt{h_s}}h$$

보기 2.18

복사에 의한 열전달식 $q = \epsilon\sigma AT^4$를 선형화시켜 보라.

풀이

정상상태에서 $T = T_s$라면 식 (2.26)으로부터

$$q \cong q(T_s) + \frac{dq}{dT}|_s \cdot (T - T_s) = \epsilon\sigma AT_s^4 + 4\epsilon\sigma AT_s^3 \cdot (T - T_s) = \epsilon\sigma AT_s^3 (4T - 3T_s)$$

보기 2.19

이상기체의 밀도 ρ는 $\rho = \frac{MP}{RT}$와 같이 온도 T와 압력 P의 함수로 주어진다. 여기에서 M은 분자량이고 R은 이상기체 상수이다. 공기에 대하여 다음과 같은 조건에서 ρ를 선형화시켜 보라. $T_s = 300\text{K}$, $P_s = 101{,}300\ N/m^2$, $R = 8314\ \text{N} \cdot \text{m}/(\text{kgmol} \cdot \text{K})$이다.

풀이

식 (2.25)를 이용하면

$$\begin{aligned}\rho(T, P) &\cong \frac{MP_s}{RT_s} + \left(-\frac{MP_s}{RT_s{}^2}\right)(T - T_s) + \frac{M}{RT_s}(P - P_s) \\ &= \frac{(29)(101300)}{(8314)(300)} - \frac{(29)(101300)}{(8314)(300)^2}(T - 300) + \frac{(29)}{(8314)(300)}(P - 101300) \\ &= -0.00393T + 0.000012P + 1.18\end{aligned}$$

2.5 차분 방정식(Difference Equation)

일정한 시간간격 T에 따라 변수 y의 값을 취하는 경우 시점 $t = nT(n = 0, 1, 2, \cdots)$에서의 $y(t) = y(nT)$는 흔히 y_n으로 나타낸다. 다음과 같은 일반적인 형태의 1차 미분방정식을 고려해 보자:

$$\frac{dy}{dt} = f(x, y)$$

1차 미분방정식에 대한 1차의 후향차분(backward difference) 근사는

$$\frac{dy}{dt} = f(x, y) \approx \frac{y_n - y_{n-1}}{T} \quad (\text{여기에서 } t = nT)$$

로 주어진다. 이로부터

$$y_n \approx y_{n-1} + Tf(x_{n-1}, y_{n-1}) \tag{2.28}$$

이는 바로 Euler 적분공식이다.

1차 미분방정식에 대한 1차의 전향차분(forward difference) 근사는

$$\frac{dy}{dt} = f(x, y) \approx \frac{y_{n+1} - y_n}{T} \quad \rightarrow \quad y_{n+1} \approx y_n + Tf(x_n, y_n) \tag{2.29}$$

와 같다.

1차 공정 $\tau \frac{dy}{dt} + y = x$에 후향차분 근사를 적용하면

$$\tau\left(\frac{y_n - y_{n-1}}{T}\right) + y_{n-1} = x_{n-1}$$

이로부터

$$y_n = \left(1 - \frac{T}{\tau}\right) y_{n-1} + \left(\frac{T}{\tau}\right) x_{n-1} \tag{2.30}$$

한편 2차미분의 후향차분 근사는

$$\frac{d^2y}{dt^2} \approx \frac{d}{dt}\left(\frac{y_n - y_{n-1}}{T}\right) = \frac{1}{T}\frac{d}{dt}(y_n - y_{n-1}) = \frac{1}{T}\left(\frac{y_n - y_{n-1}}{T} - \frac{y_{n-1} - y_{n-2}}{T}\right) = \frac{1}{T^2}(y_n - 2y_{n-1} + y_{n-2})$$

이므로 2차 공정 $\frac{d^2y}{dt^2} + a_1\frac{dy}{dt} + a_0 y = x$에 후향차분 근사를 적용하면

$$\frac{1}{T^2}(y_n - 2y_{n-1} + y_{n-2}) + a_1\left(\frac{y_n - y_{n-1}}{T}\right) + a_0 y_{n-1} = x_{n-1}$$

이를 정리하면

$$\left(\frac{1}{T^2} + \frac{a_1}{T}\right) y_n = \left(\frac{2}{T^2} + \frac{a_1}{T} - a_0\right) y_{n-1} - \frac{1}{T^2} y_{n-2} + x_{n-1} \tag{2.31}$$

식 (2.31)의 좌변은 예측되는 현재값(y_n)을 나타내며 우변은 과거 데이터 ($y_{n-1}, y_{n-2}, x_{n-1}$)들로부터 계산된다.

보기 2.20

전향차분 근사를 이용하여 다음 공정에 대한 차분 방정식(혹은 이산(discrete) 모델)을 구하여라.

$$\frac{dy_1}{dt} + a_{11}y_1 + a_{12}y_2 = b_{11}m_1 + b_{12}m_2, \quad \frac{dy_2}{dt} + a_{21}y_1 + a_{22}y_2 = b_{21}m_1 + b_{22}m_2$$

풀이

$$\frac{1}{T}(y_{1,n+1} - y_{1,n}) + a_{11}y_{1,n} + a_{12}y_{2,n} = b_{11}m_{1,n} + b_{12}m_{2,n}$$
$$\frac{1}{T}(y_{2,n+1} - y_{2,n}) + a_{21}y_{1,n} + a_{22}y_{2,n} = b_{21}m_{1,n} + b_{22}m_{2,n}$$

이로부터

$$y_{1,n+1} = (1 - Ta_{11})y_{1,n} - Ta_{12}y_{2,n} + T(b_{11}m_{1,n} + b_{12}m_{2,n})$$
$$y_{2,n+1} = -Ta_{21}y_{1,n} + (1 - Ta_{22})y_{2,n} + T(b_{21}m_{1,n} + b_{22}m_{2,n})$$

보기 2.21

전향차분 근사를 이용하여 2차 공정 $\tau^2 \dfrac{d^2y}{dt^2} + 2\tau\zeta \dfrac{dy}{dt} + y = K_p m$에 대한 차분 방정식을 구하여라.

풀이

$\dfrac{dy}{dt} \approx \dfrac{y_{n+1} - y_n}{T}$, $\dfrac{d^2y}{dt^2} \approx \dfrac{1}{T^2}(y_{n+2} - 2y_{n+1} + y_n)$을 이용하면

$$\frac{\tau^2}{T^2}(y_{n+2} - 2y_{n+1} + y_n) + \frac{2\tau\zeta}{T}(y_{n+1} - y_n) + y_n = K_p m_n$$

이로부터

$$y_{n+2} = 2\left(1 - \frac{\zeta T}{\tau}\right)y_{n+1} - \left(1 - \frac{2\tau\zeta}{T} + \frac{T^2}{\tau^2}\right)y_n + \frac{K_p T^2}{\tau^2} m_n$$

보기 2.22

시간지연이 있는 공정 $\tau_p \dfrac{dy}{dt} + y = K_p m(t - \theta)$의 이산 모델을 구하여라. $\theta = kT$로 두며 전향차분 근사를 이용한다.

풀이

$$\frac{\tau_p}{T}(y_{n+1} - y_n) + y_n = K_p m_{n-k}$$

이로부터

$$y_{n+1} = \left(1 - \frac{T}{\tau_p}\right)y_n + \left(\frac{K_p T}{\tau_p}\right)m_{n-k}$$

혹은

$$y_n = \left(1 - \frac{T}{\tau_p}\right)y_{n-1} + \left(\frac{K_p T}{\tau_p}\right)m_{n-k-1}$$

2.6 요약

- 복소수 c의 크기 r과 위상각 θ(라디안): $r = |c| = \sqrt{a^2+b^2}$, $\theta = \measuredangle c = \tan^{-1}\left(\frac{b}{a}\right)$
- Euler 관계식: $e^{\pm i\theta} = \cos\theta \pm i\sin\theta$, $c = a + ib = r(\cos\theta + i\sin\theta) = re^{i\theta}$
- 시간에 따른 함수 $f(t)$의 라플라스 변환 $F(s) = \mathcal{L}\{f(t)\} = \int_0^\infty f(t)e^{-st}dt$
- 라플라스 변환을 이용하여 미분식을 간단한 대수식으로 전환
- 계단함수는 화학공정의 동특성 해석을 위한 테스트용 입력신호로 널리 이용: 함수 $f(t)$에 $u(t)$를 곱한 $f(t)u(t)$는 $t < 0$에서 언제나 0이므로 $u(t)$는 절삭함수를 생성하는 데에 사용
- a와 b가 상수라면 $\mathcal{L}\{af(t) + bg(t)\} = a\mathcal{L}\{f(t)\} + b\mathcal{L}\{g(t)\} = aF(s) + bG(s)$
- $\mathcal{L}\left[\frac{df(t)}{dt}\right] = sF(s) - f(0)$, $\mathcal{L}\left[\frac{d^2f(t)}{dt^2}\right] = s^2F(s) - sf(0) - \frac{df}{dt}(0)$, $\mathcal{L}\left[\int_0^t f(x)dx\right] = \frac{1}{s}F(s)$
- $\mathcal{L}[f(t-\theta)u(t-\theta)] = e^{-\theta s}F(s)$
- $\mathcal{L}[e^{at}f(t)] = F(s-a)$, $\mathcal{L}[tf(t)] = -\frac{d}{ds}F(s)$
- 초기치 정리: $\lim_{t\to 0} f(t) = \lim_{s\to\infty} sF(s)$
- 최종치 정리: $\lim_{t\to\infty} f(t) = \lim_{s\to 0} sF(s)$
- 역 라플라스 변환: $\mathcal{L}^{-1}[F(s)] = \frac{1}{2\pi i}\int_{\sigma-\infty i}^{\sigma+\infty i} F(s)e^{st}ds = f(t)u(t)$
- $f(t)$의 계산은 $F(s)$를 부분분수로 나눈 다음 표를 이용
- $F(s) = \frac{A_1}{s-r_1} + \frac{A_2}{s-r_2} + \cdots + \frac{A_k}{s-r_k} + \frac{Q_1}{(s-p)^q} + \frac{Q_2}{(s-p)^{q-1}} + \cdots + \frac{Q_q}{(s-p)} + \frac{Bs+C}{s^2+vs+w} + R$
- $f(t) = \mathcal{L}^{-1}[F(s)] = \mathcal{L}^{-1}\left[\frac{A_1}{s-r_1}\right] + \cdots + \mathcal{L}^{-1}\left[\frac{Q_1}{(s-p)^q}\right] + \cdots + \mathcal{L}^{-1}\left[\frac{Bs+C}{s^2+vs+w}\right] + \mathcal{L}^{-1}[R(s)]$
- 미분방정식의 풀이: 미분방정식의 양변을 라플라스 변환시키고, 이를 출력변수에 대하여 정리한 다음 역 라플라스 변환
- 공정의 전달함수는 공정의 입력변수와 출력변수 사이의 관계를 명료하게 나타내어 주는 함수로서 공정제어 시스템의 분석이나 설계에 중요하게 이용
- 편차변수: 공정변수의 시간에 따른 값과 정상상태 값의 차이로서 $\bar{x}(t) = x(t) - x_s$
- 편차변수는 방정식의 라플라스 변환을 단순화
- $f(x,y) \cong f(x_s,y_s) + \frac{\partial f}{\partial x}(x_s,y_s)\cdot(x-x_s) + \frac{\partial f}{\partial y}(x_s,y_s)\cdot(y-y_s)$
- $f(x) \cong f(x_s) + \frac{df}{dx}(x_s)\cdot(x-x_s)$
- 1차 미분방정식 $\frac{dy}{dt} = f(x,y)$에 대한 1차의 후향차분 근사: $\frac{dy}{dt} = f(x,y) \approx \frac{y_n - y_{n-1}}{T}$
- $y_n \approx y_{n-1} + Tf(x_{n-1}, y_{n-1})$: Euler 적분공식
- $\frac{d^2y}{dt^2} + a_1\frac{dy}{dt} + a_0y = x$의 차분 방정식:

$$\left(\frac{1}{T^2} + \frac{a_1}{T}\right)y_n = \left(\frac{2}{T^2} + \frac{a_1}{T} - a_0\right)y_{n-1} - \frac{1}{T^2}y_{n-2} + x_{n-1}$$

점/검/문/제

2.1 공정제어에서 라플라스 변환을 이용하는 주된 이유는 무엇인가?

① 연속시간계를 이산시간계로 바꾸어주기 때문이다.

② 미분식을 간단한 대수식으로 전환시켜주기 때문이다.

③ 독립변수의 한계를 0 이상으로 제한시켜주기 때문이다.

④ 미분식을 적분식으로 변환시켜주기 때문이다.

2.2 $f(t) = te^t$일 때 라플라스 변환 $F(s)$는?

① $\dfrac{1}{(s+1)^2}$ ② $\dfrac{1}{s^2(s+1)}$ ③ $\dfrac{1}{s^2+1}$ ④ $\dfrac{1}{(s-1)^2}$

2.3 $\dfrac{dy}{dt} + 3y = 0,\ \ y(0) = 2$에서 라플라스 변환 $Y(s)$는?

① $\dfrac{2}{s+3}$ ② $\dfrac{-2}{s+3}$ ③ $\dfrac{2s}{s+3}$ ④ $\dfrac{s}{s+3}$

2.4 $X(s) = \dfrac{1}{s(s+1)}$에서 $X(s)$의 역 라플라스 변환 $x(t)$는?

① $1 - e^{-t}$ ② $e^{-t} + 1$ ③ $1 - e^t$ ④ te^{-t}

2.5 $X(s) = \dfrac{2}{s^2 + 2s + 2}$의 역 라플라스 변환 $x(t)$는?

① $2e^{-t}\text{sin}t$ ② $e^{-t}\text{cos}t$ ③ 2 ④ $2e^t\text{sin}t$

2.6 $\mathcal{L}[\text{x(t)}] = X(s) = \dfrac{1}{s(s^2+2s+3)}$일 때 $\lim_{t\to\infty} x(t)$는?

① 1 ② 3 ③ $\frac{1}{3}$ ④ 0

2.7 $\mathcal{L}[f(t)] = F(s)$일 때 $\mathcal{L}\left[\dfrac{df(t)}{dt}\right]$는?

① $sF(s)$ ② $\dfrac{F(s)}{s}$ ③ $\dfrac{1}{s^2+1}$ ④ $sF(s) - f(0)$

2.8 그림에 보인 것과 같은 주기함수에서 제1주기에 해당하는 함수 $g(t)$의 라플라스 변환을 $G(s)$라고 할 때 주기함수 $f(t)$의 라플라스 변환을 구하면?

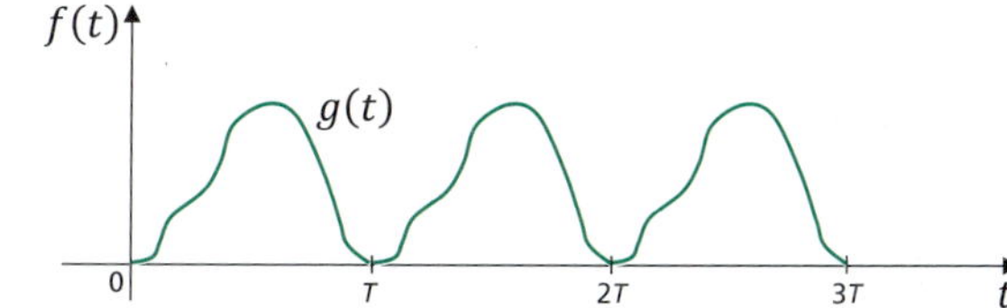

그림 2.9 주기함수.

① $\dfrac{G(s)}{s}$ ② $\dfrac{G(s)}{1-e^{-Ts}}$ ③ $\dfrac{G(s)}{s^2+1}$ ④ $e^{-Ts}G(s)$

2.9 그림에 보인 곡선 모양의 주기함수에 대한 제1주기($0 \le t \le 2$)에서 이 함수는 $\sin(\pi t) + \sin\{\pi(t-1)\}u(t-1)$로 표시된다. 이 함수에 대한 라플라스 변환을 구하면?

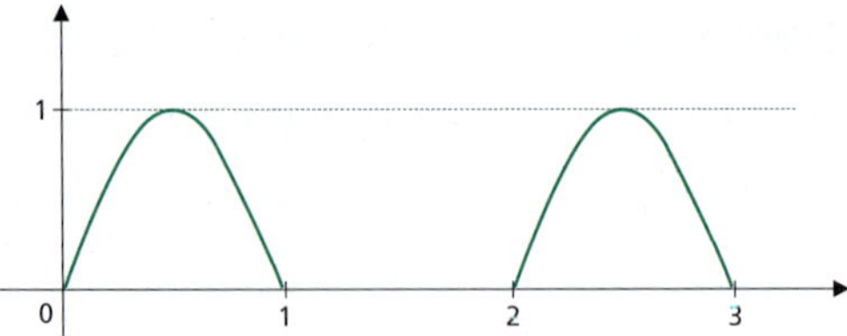

그림 2.10 Sine파 함수.

① $\dfrac{\pi(1-e^{-s})}{s^2+\pi^2}$ ② $\dfrac{\pi e^{-s}}{s^2+\pi^2}$ ③ $\dfrac{\pi}{(1-e^{-s})(s^2+\pi^2)}$ ④ $\dfrac{s(1-e^{-s})}{s^2+\pi^2}$

2.10 $q = aT^4$인 경우 $T = 100$ 부근에서 q를 선형화하면?

① $q = 10^8 a + 4 \times 10^6 a(T-100)$ ② $q = 24aT + 10^8 a$

③ $q = 10^8 a + 10^6 a(T^4 - 100^4)$ ④ $q = 10^8 a + 4 \times 10^6 aT$

점검 문제 해답

2.1 ② **2.2** ④ **2.3** ① **2.4** ① **2.5** ① **2.6** ③ **2.7** ④

2.8 ② **풀이** 제1주기에 해당하는 함수를 $g(t)$라면 $f(t) = g(t) + g(t-T) + g(t-2T) + \cdots$ 이다. 따라서 $\mathcal{L}[g(t)] = G(s)$라 하면

$$F(s) = G(s) + e^{-Ts}G(s) + e^{-2Ts}G(s) + \cdots = G(s)(1 + e^{-Ts} + e^{-2Ts} + \cdots) = \frac{G(s)}{1-e^{-Ts}}$$

2.9 ③ **풀이** 그림에 보인 곡선 모양에서 제1주기에 해당하는 함수 $g(t)$는 $g(t) = \sin(\pi t) + \sin\{\pi(t-1)\}u(t-1)$. 따라서 $G(s) = \dfrac{\pi(1+e^{-s})}{s^2+\pi^2}$. $f(t)$는 주기 $T=2$인 주기함수이므로

$$F(s) = \frac{1}{1-e^{-2s}}\frac{\pi(1+e^{-s})}{s^2+\pi^2} = \frac{\pi}{(1-e^{-s})(s^2+\pi^2)}$$

2.10 ①

연/습/문/제

2.1 다음에 보인 각 함수의 그래프를 그리고 라플라스 변환을 구하여라.

(1) $f(t) = \begin{cases} 0 : t < 0,\ 6 \le t \\ 5 : 0 \le t < 2 \\ 1 : 2 \le t < 6 \end{cases}$

(2) $f(t) = \begin{cases} 0 : t < 0,\ 6 \le t \\ \frac{3}{2}t : 0 \le t < 2 \\ 3 : 2 \le t < 6 \end{cases}$

(3) $f(t) = \begin{cases} 10 : t < 0 \\ 4t + 10 : 0 \le t < 10 \\ 50 : 10 \le t \end{cases}$

(4) $f(t) = \begin{cases} 0 : t < 0,\ \frac{\pi}{\omega} \le t \\ A\sin\omega t : 0 \le t < \frac{\pi}{\omega} \end{cases}$

2.2 다음 그림에 보인 함수들의 라플라스 변환을 구하여라.

(1) 크기 H, 지속시간 T인 펄스 함수: $f(t) = \begin{cases} 0 : t < 0,\ t > T \\ H : 0 \le t \le T \end{cases}$

그림 P2.2(1)

(2)

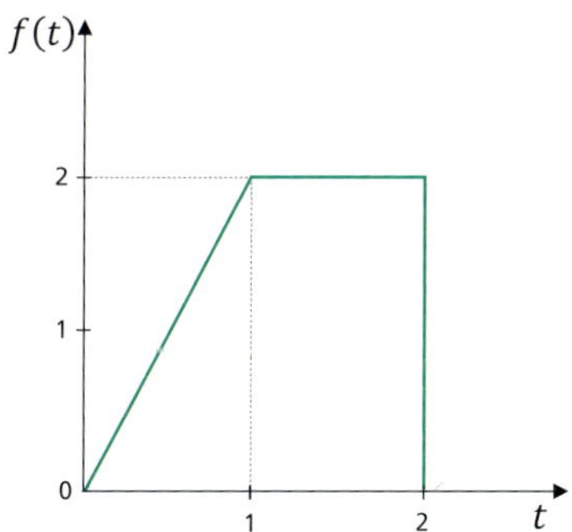

그림 P2.2(2)

2.3 다음 함수의 라플라스 변환 $G(s)$를 구하여라.

(1) $g(t) = te^{-at}$ (a: 상수)

(2) $g(t) = e^{-(t-3)}\cos\{\omega(t-3)\}\cdot u(t-3)$

(3) $g(t) = u(t) - e^{-t/\tau}$ (τ: 상수)

2.4 다음 각각에 대한 역 라플라스 변환을 구하여라.

(1) $F(s) = \dfrac{s(s+1)}{(s+2)(s+3)(s+4)}$ (2) $F(s) = \dfrac{s+4}{(s+1)^2}$

(3) $F(s) = \dfrac{s+1}{(s+2)(s+3)(s^2+4)}$ (4) $F(s) = \dfrac{1}{s^2+s+1}$

2.5 다음의 역 라플라스 변환을 구하여라.

(1) $\dfrac{2}{s(s^3+3s^2+3s+1)}$ (2) $\dfrac{1+e^{-2s}}{12s^2+7s+1}$

2.6 라플라스 변환을 이용하여 다음 방정식의 해를 구하여라.

$$\int_0^t y(z)dz = \frac{dy(t)}{dt}, \quad y(0) = 1$$

2.7 다음과 같은 미분방정식으로 표현되는 시스템이 있다.

$$\frac{dx}{dt} + x + y = e^{-3t}, \quad \frac{dy}{dt} + 4x + y = 0, \quad (0) = 1, \quad y(0) = 0$$

(1) $x(t)$의 라플라스 변환 $X(s)$를 구하여라.

(2) $y(t)$를 구하여라.

2.8 라플라스 변환을 이용하여 다음 미분방정식의 해를 구하여라.

(1) $\dfrac{d^3y}{dt^3} + 4y = e^t, \quad y(0) = \dfrac{dy(0)}{dt} = \dfrac{d^2y(0)}{dt^2} = 0$

(2) $\dfrac{dy}{dt} - 12y = \sin(3t), \quad y(0) = 0$

(3) $\dfrac{d^2y}{dt^2} + 6\dfrac{dy}{dt} + 25y = e^{-t}, \quad y(0) = \dfrac{dy(0)}{dt} = 0$

2.9 라플라스 변환을 이용하여 다음 미분방정식의 해를 구하여라.

(1) $\dfrac{dy_1}{dt} + 2y_1 - y_2 = t, \quad \dfrac{dy_2}{dt} - y_1 + 2y_2 = \sin(t), \quad y_1(0) = y_2(0) = 0$

(2) $\dfrac{d^2y}{dt^2} + \dfrac{dy}{dt} + y = \sin(t), \quad y(0) = \dfrac{dy(0)}{dt} = 0$

(3) $\frac{dy}{dt} + 4y = f(t)$, $y(0) = 0$

$$f(t) = \begin{cases} 0 : t < 0, \frac{1}{h} \le t \\ h : 0 \le t < \frac{1}{h} \end{cases}$$

2.10 다음과 같은 미분방정식으로 표현되는 시스템이 있다.

$$\tau\frac{dx}{dt} + y = C_1, \quad \tau\frac{dy}{dt} + x = C_2, \quad x(0) = y(0) = C_0 \qquad (C_0,\ C_1,\ C_2\text{: 상수})$$

(1) $x(t)$의 라플라스 변환 $X(s)$를 구하여라.

(2) $C_0 = 0$, $\tau = C_1 = C_2 = 1$일 때 $x(t)$를 구하여라.

2.11 Laplace 변환을 이용하여 다음 방정식의 해를 구하여라.

(1) $\frac{d^3y}{dt^3} - 2\frac{d^2y}{dt^2} - \frac{dy}{dt} + 2y = 1$, $y(0) = \frac{dy}{dt}(0) = \frac{d^2y}{dt^2}(0) = 0$

(2) $\frac{d^2y}{dt^2} - \frac{dy}{dt} + y = \int_0^t y dt$, $y(0) = 1$, $\frac{dy}{dt}(0) = 0$

2.12 Laplace 변환을 이용하여 다음으로부터 $y(t)$를 구하여라.

(1) $6\frac{d^2y}{dt^2} + 5\frac{dy}{dt} + y = 4$, $y(0) = \frac{dy}{dt}(0) = 0$

(2) $\frac{dx_1}{dt} = -2x_1 + 7u$, $\frac{dx_2}{dt} = x_1 - x_2 - u$, $y = x_2$, $x_1(0) = x_2(0) = 0$,
$u(t)$: 단위계단 함수

2.13 어떤 시스템은 다음과 같은 상미분 방정식으로 나타낼 수 있다:

$$\frac{d^2y}{dt^2} + \frac{dy}{dt} + y = \sin wt, \qquad y(0) = \left.\frac{dy}{dt}\right|_{t=0} = 0$$

(1) 해 $y(t)$를 구하여라.

(2) 정상상태($t \to \infty$)에서 $y(t)$는 어떤 거동을 보이는가? $y(t)|_{t=\infty}$를 직접 구해 보라.

2.14 세 개의 반응기가 식렬로 연결되이 있으며 가각의 반응기에서의 반응식은 다음과 같이 주어진다.

$$\frac{dC_1}{dt} + \left(k_1 + \frac{1}{\tau_1}\right)C_1 = \frac{1}{\tau_1}C_0, \quad \frac{dC_2}{dt} + \left(k_2 + \frac{1}{\tau_2}\right)C_2 = \frac{1}{\tau_2}C_1, \quad \frac{dC_3}{dt} + \left(k_3 + \frac{1}{\tau_3}\right)C_3 = \frac{1}{\tau_3}C_2$$

위에서 하첨자 1, 2, 3은 각각 반응기를 나타낸다. 각 반응기에서의 초기조건은 $C_1(0) = C_2(0) = C_3(0) = 0$이라 할 때 전달함수 $G(s) = \frac{C_3(s)}{C_0(s)}$를 구하여라.

2.15 어떤 공정의 전달함수가 $\frac{Y(s)}{X(s)} = \frac{2}{(s+2)(s^2+9)}$와 같이 주어져 있다($Y$: 출력, X: 입력).

(1) $X(s) = \frac{1}{s}$ (즉 단위계단 입력변화)일 때 응답 $y(t)$를 구하여라.

(2) $X(s) = 1$ (즉 임펄스 입력변화)일 때 응답 $y(t)$를 구하여라.

2.16 다음을 선형화시켜 보라.

(1) $k(T) = k_0 e^{-\frac{E}{RT}}$, $k_0 = 8 \times 10^9 \mathrm{sec}^{-1}$, $E = 22000$ cal/lbmole, $T_s = 373$ K

(2) $y = \frac{\alpha x}{1 + (\alpha - 1)x}$, $\alpha = 1.27$, $x_s = 0.4$

2.17 다음 함수를 선형화시키고 편차변수를 써서 나타내어 보라. $f(x, y)$, x, 그리고 y의 정상상태 값은 각각 f_s, x_s, y_s이다.

(1) $f(x, y) = 2x^2 + xy^2$, $x_s = 1$, $y_s = 2$

(2) $f(x, y) = \frac{3x}{y}$, $x_s = y_s = 1$

2.18 미분방정식 $\frac{dy}{dt} = -xy - by^2 - c^{y-1}$을 선형화시켜라. 정상상태에서 $x = x_s$, $y = y_s$이다.

2.19 그림에 보인 액체 탱크에서 유출유량 $q_o(t)$는 $q_o(t) = C\sqrt{h(t)}$로 주어진다. 정상상태에서의 액위를 h_s라 할 때 $q_o(t)$를 선형화시키고 편차변수를 이용하여 나타내어라.

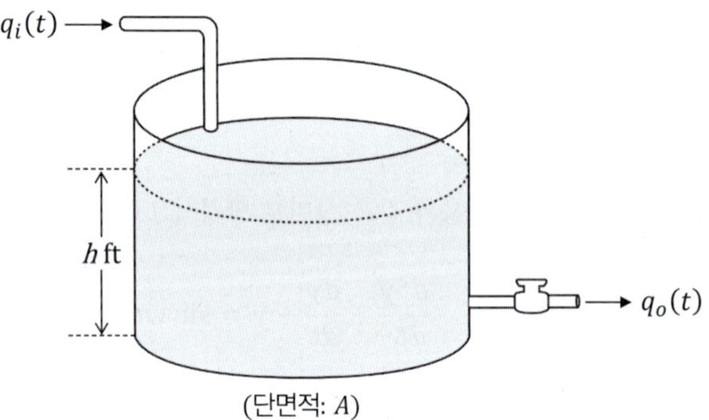

그림 P2.19

2.20 그림에 보인 교반 반응기에서 1차 반응이 일어나고 있을 때 물질수지는 다음 식으로 주어진다. 이 물질수지식을 선형화시키고 편차변수를 이용하여 나타내어라. 반응기의 유량과 유입액 농도는 일정하게 유지되고 있다.

$$V\frac{dC_A}{dt} = q(C_{Ai} - C_A) - VkC_A$$

위에서 반응속도상수 $k(T) = k_0 e^{-\frac{E}{RT}}$이다.

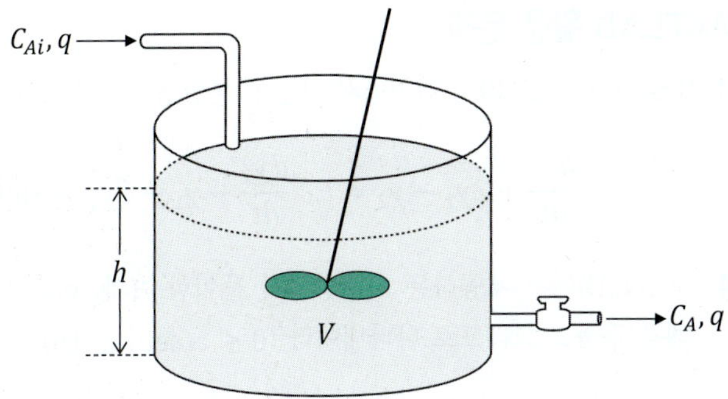

그림 P2.20

2.21 어떤 시스템이 다음과 같이 표현되며 정상상태에서는 $x_s = 1$, $y_{1s} = y_{2s} = 1$이다:

$$\frac{dy_1}{dt} = 2y_1^2 - y_1 + y_2 + x^3, \quad \frac{dy_2}{dt} = \sqrt{y_2} - 4x^2, \quad y_1(0) = y_2(0) = 1$$

(1) 위의 모델식을 선형화시켜라.

(2) 선형화시킨 모델식의 양변을 라플라스 변환시키고 이로부터 $Y_1(s)$, $Y_2(s)$를 각각 구하여라.

2.22 그림에 보인 생물 반응기에서 바이오매스(biomass) 농도 x_1과 기질(substrate) 농도 x_2의 시간에 따른 변화는

$$\frac{dx_1}{dt} = \mu x_1 - Dx_2, \quad \frac{dx_2}{dt} = D(x_{2f} - x_2) - \frac{\mu x_1}{Y}, \quad \mu = \frac{\mu_{max} x_2}{k_m + x_2}$$

으로 주어진다. 위에서 수율 Y와 원료농도 x_{2f}는 일정하며 μ는 증식속도이고 D는 일정 희석률(dilution rate)로서 시간의 역수의 단위를 갖는다. 최대 증식속도 μ_{max}와 파라미터 k_m은 일정하다. 정상상태에서 $x_1 = x_{1s}$, $x_2 = x_{2s}$이다. 주어진 데이터를 이용하여 제시된 모델식들을 선형화시키고, 편차변수를 이용해 나타내어 보라. x_{1s}와 x_{2f}는 각각 얼마인가?

데이터: $\mu_{max} = 0.5\ h^{-1}$, $k_m = 0.1$ g/L, $Y = 0.4$, $D = 0.2\ h^{-1}$, $x_{2s} = 2$ g/L

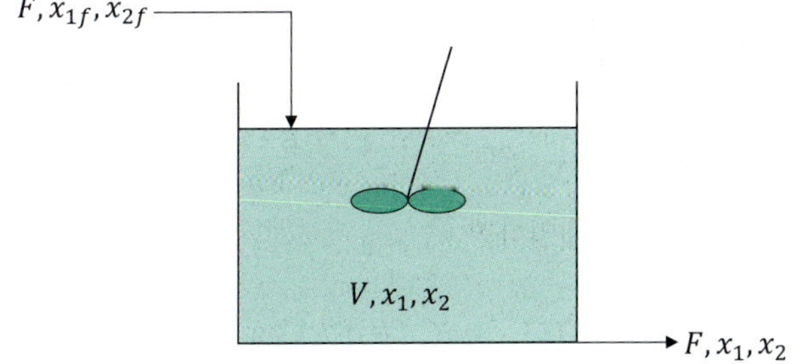

그림 P2.22 생물 반응기.

* MATLAB 활용 문제

2.23 $0 \le t(\mathrm{sec}) \le 20$의 범위에서 다음 미분방정식의 해를 구하고 그래프로 나타내어라.

$$\frac{dy_1}{dt} + 2y_1 - y_2 = t,\ \ \frac{dy_2}{dt} - y_1 + 2y_2 = \sin(t),\ \ y_1(0) = y_2(0) = 0$$

2.24 MATLAB에서 제공하는 미분방정식 풀이함수(예: ode45)를 이용하여 다음 2차 미분방정식의 해를 구하고 그래프로 나타내어라 ($0 \le t(\mathrm{sec}) \le 15$).

$$\frac{d^2y}{dt^2} + \frac{dy}{dt} + y = \sin 1.5t, \qquad y(0) = \left.\frac{dy}{dt}\right|_{t=0} = 0$$

MATLAB 내장 미분방정식 풀이함수들은 1차 미분방정식 시스템을 대상으로 하므로 주어진 2차 미분방정식을 1차 미분방정식 시스템으로 변환시킨 다음 MATLAB 풀이함수를 호출한다. 주어진 미분방정식은 $\frac{d^2y}{dt^2} = -\frac{dy}{dt} - y + \sin 1.5t$와 같이 다시 쓸 수 있다. $y = y_1$, $y_2 = \frac{dy}{dt} = \frac{dy_1}{dt}$로 두면 $\frac{d^2y}{dt^2} = -\frac{dy}{dt} - y + \sin 1.5t = -y_2 - y_1 + \sin 1.5t$. 따라서 주어진 2차 미분방정식은 다음과 같은 1차 미분방정식 시스템으로 다시 나타낼 수 있다:

$$\frac{dy}{dt} = \begin{bmatrix} \frac{dy_1}{dt} \\ \frac{dy_2}{dt} \end{bmatrix} = \begin{bmatrix} y_2 \\ -y_2 - y_1 + \sin 1.5t \end{bmatrix}$$

해는 $y(t) = y_1(t)$가 된다.

2.25 어떤 2성분계 혼합물의 기-액 평형관계는 $y = \frac{\alpha x}{1 + (\alpha - 1)x}$로 주어진다. $0 \le x \le 1$의 범위에서 x-y 그래프를 그려보라. 같은 그래프 상에 위의 식을 선형화시킨 관계를 점선으로 나타내어 서로 비교해 보라. $\alpha = 2$이며 정상상태에서 $x = x_s = 0.5$이다.

제 3 장 화학공정의 모델링

화학공정은 시간에 따라 그 상태가 달라지므로 화학공정의 운전에서는 공정의 동적 상태에 대한 이해가 수반되어야 한다. 공정의 모델이란 공정의 상태를 가장 적절히 표현해 주는 수식을 의미한다. 근래 들어 실제 공정 조업사항의 분석과 공정 특성의 규명 및 제어구조의 설계에 컴퓨터가 널리 이용되고 있는데 컴퓨터의 활용에 있어서 공정의 모델은 필수적으로 요구된다. 공정 모델을 활용함으로써 실제 운전조건의 변화가 공정에 미치는 영향들을 컴퓨터에 의해 규명하여 볼 수 있으며 또한 여러 가지 가능한 제어구조의 가상적 설치시험을 수행해 볼 수 있다. 아울러 공정 모델은 공정 자체의 이해를 향상시키는 데에 도움이 됨은 물론 조업자의 훈련에도 활용될 수 있으며 가장 수익성이 높은 최적의 운전조건을 파악하는 데에도 이용될 수 있다. 엔지니어는 시간에 따른 공정의 거동을 파악함으로써 장치를 설계하고 운전조건을 설정함은 물론 적절한 제어방법을 적용할 수 있다. 공정의 모델을 구하기 위해서는 물리화학적 법칙들을 이용한 이론적 방법이나 시험자료 및 실제 조업자료의 분석에 의한 실험적 방법, 또는 이들의 복합적인 방법이 이용된다.

3.1 모델링 방법

화학공정의 모델링은 화학공학 전반에 대한 폭넓은 지식과 창의력 및 문제해결 능력을 필요로 한다. 일반적으로 모델링은 다음과 같은 과정을 따라 이루어진다:

1) 목표의 설정
2) 공정관련 정보 및 운전자료의 확보
3) 모델의 구성
4) 자유도 분석
5) 모델식의 풀이 및 결과의 분석
6) 모델의 유효성 확인

기본적인 물리화학적 법칙들은 수학적 모델의 기반이 된다. 모델링에서는 가정들이 도입되는데 이러한 가정들이 적절하며 또한 타당한지의 여부를 판단할 필요가 있다. 모델의 유효성 확인에 있어서는 모델이 실제 상황을 정확하게 나타내어 주는지의 여부를 규명할 필요가 있으며, 이를 위하여 모델로부터 예측된 결과들을 실제 공정의 운전으로부터 얻은 데이터와 비교하는 과정을 수행한다.

모델링을 수행하기 위해서는 대상 공정에 대한 정보가 요구되는데 이러한 정보의 유형에 따라 모델의 형태를 구분하기도 한다. 기본적인 물리화학적 법칙들과 열역학적 관계들로부터 얻은 일련의 방정식들로 구성되는 모델은 기본모델로 불리며 이 책에서 주로 다루고 있는 수지식들에 기반하는 모델들이 이에 해당된다. 공정을 지배하는 현상에 대한 뚜렷한 이해가 부족한 경우 운전 데이터나 실험자료를 확보하고 이들로부터 변수들 간의 수학적 관계를 구성할 수 있는데 이로부터 얻은 모델은 블랙박스(black-box) 모델이라고 통칭된다. 아울러 모델링에 있어서 수지식들과 실험자료를 함께 이용할 수 있는데 이로부터 얻은 모델은 보통 그레이박스(gray-box) 모델이라고 부른다.

또한 모델을 나타내는 수학적 관계의 형태에 따라 모델을 입력-출력(input-output) 모델과 상태공간(state-space, 혹은 상태함수) 모델로 구분하기도 한다. 입력-출력 모델은 공정의 원인과 결과 관계를 직접적으로 표현해 주는 모델이며 상태공간 모델은 공정과 관련되는 상태변수들의 시간에 따른 특성을 명시적으로 나타내어 준다.

화학공정은 대부분 비선형 특성을 지니는데 이러한 비선형 특성을 제어구조의 구성이나 분석에 반영하는 것은 매우 어려운 일이다. 따라서 화학공정에 대한 비선형 모델은 선형화시켜 제어계의 설계 및 해석에 이용하는 것이 일반적이다.

3.1.1 수지식

화학공정의 모델은 공정에 대한 물질 및 에너지 수지식과 열역학적 물성치, 모멘텀 수지식, 그리고 전달현상 관계식으로부터 얻어지는데 일반적으로 일련의 미분 방정식과 대수 방정식들로 이루어진다. 시간에 따른 변화를 나타내는 비정상 상태(unsteady-state) 물질수지식은 질량 보존의 법칙에 따라 다음 관계로 주어진다.

$$\begin{bmatrix}\text{시간에 따른}\\ \text{물질량의 변화}\end{bmatrix} = \begin{bmatrix}\text{시간에 따른}\\ \text{유입 물질량}\end{bmatrix} - \begin{bmatrix}\text{시간에 따른}\\ \text{유출 물질량}\end{bmatrix} + \begin{bmatrix}\text{시간에 따른}\\ \text{물질 생성량}\end{bmatrix} \qquad \textbf{(3.1)}$$

물질수지식은 혼합물의 각 성분에 대해 얻을 수 있으며 공정 전체에 대한 총괄 물질수지식을 아울러 적용함으로써 전체 모델식이 보다 간략해질 수 있다.

비정상 상태 에너지 수지식은 다음과 같이 나타낼 수 있다.

$$\begin{bmatrix}\text{시간에 따른}\\ \text{에너지의 변화}\end{bmatrix} = \begin{bmatrix}\text{대류나 유체유동에 의한}\\ \text{시간에 따른 유입에너지}\end{bmatrix} - \begin{bmatrix}\text{대류나 유체유동에 의한}\\ \text{시간에 따른 유출에너지}\end{bmatrix}$$
$$+ \begin{bmatrix}\text{외부로부터 가해진}\\ \text{에너지 양}\end{bmatrix} + \begin{bmatrix}\text{시간에 따른}\\ \text{에너지 생성량}\end{bmatrix} \qquad \textbf{(3.2)}$$

총 에너지 E는 내부에너지 U와 운동에너지 K 및 포텐셜 에너지 P의 합으로서 $E = U + K + P$로 주어진다. 액체의 경우 시간에 따른 운동에너지 및 포텐셜 에너지의 변화는 무시할 수 있으며 적정압력에서의 액체 흐름의 경우 내부에너지의 변화는 엔탈피의 변화와 거의 같다고 간주할 수 있다. 그러므로 $E \approx U$ 및 $\frac{dU}{dt} \approx \frac{dH}{dt}$와 같이 나타낼 수 있다.

보기 3.1

그림 3.1에 보인 연속교반 가열 시스템에서 유입액의 온도는 T_i ℃, 유량은 w_i g/min이고 유출액의 온도는 T ℃, 유량은 w g/min이며 가열탱크 내의 유체의 부피는 V cm^3, 밀도는 ρ g/cm^3, 그리고 가열기에 의해 공급되는 열량은 Q cal/min이다. 이 시스템에 대한 물질수지식과 에너지 수지식을 구해 보라. 유체의 비열은 C_p cal/(g · ℃)이다.

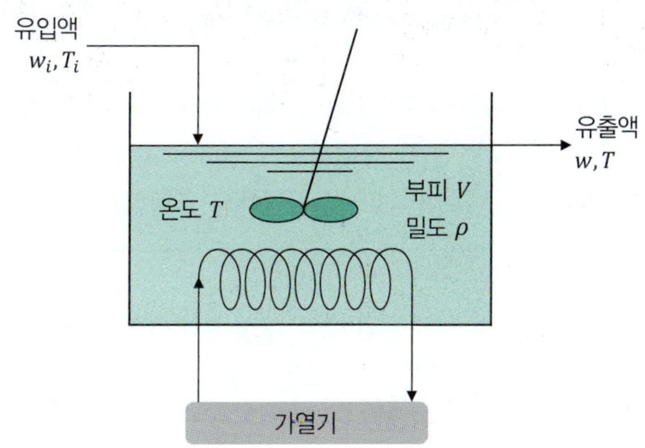

그림 3.1 **연속교반 가열 시스템.**

풀이

그림으로부터

(시간에 따른 유입 물질량) $= w_i$

(시간에 따른 유출 물질량) $= w$

(시간에 따른 물질량의 변화) $= \dfrac{d}{dt}(\rho V)$

그러므로 물질수지식은 식 (3.1)에 의하여

$$\frac{d}{dt}(\rho V) = w_i - w \tag{3.3}$$

으로 주어진다. 기준온도를 T_0라 하면

(시간에 따른 유입 에너지양) $= C_p w_i (T_i - T_0)$

(시간에 따른 유출 에너지양) $= C_p w (T - T_0)$

(외부로부터 가해지는 에너지양) $= Q$

(시간에 따른 에너지양의 변화) $= \dfrac{d}{dt}\{C_p \rho V(T - T_0)\}$

따라서 에너지 수지식은 (3.2)에 의해 다음과 같이 주어진다.

$$\frac{d}{dt}\{C_p \rho V(T - T_0)\} = C_p w_i (T_i - T_0) - C_p w (T - T_0) + Q \tag{3.4}$$

C_p는 시간 t와 무관하므로 위 식의 좌변을 다시 쓰고 식 (3.3)을 이용하면

$$\frac{d}{dt}\{C_p\rho V(T-T_0)\} = C_p(T-T_0)\frac{d}{dt}(\rho V) + C_p\rho V\frac{d}{dt}(T-T_0) = C_p(T-T_0)(w_i - w) + C_p\rho V\frac{dT}{dt}$$

위의 관계와 식 (3.4)로부터

$$C_p\rho V\frac{dT}{dt} = C_p w_i(T_i - T_0) - C_p w(T-T_0) + Q - C_p(T-T_0)(w_i - w) = C_p w_i(T_i - T) + Q \tag{3.5}$$

위의 모델식에서 조절되는 입력변수는 Q, 외부교란변수들은 T_i와 w_i, 출력변수는 T이며 V, C_p, ρ 들은 파라미터들이다. T는 또한 상태변수가 된다. 기준온도 T_0는 소거되어 모델식에 나타나지 않음을 주목하자. 즉 T_0는 어떤 값으로 설정해도 모델식과는 무관하다.

식 (3.5)는 서로 다른 변수들인 w_i와 T_i 및 T의 곱들을 포함하고 있으므로 비선형 모델이며 선형화에 의해 편차변수를 이용한 선형 모델식을 얻을 수 있다. 식 (3.5)를 선형화시키면

$$C_p\rho V\frac{dT}{dt} \approx C_p(T_{is} - T_s)(w_i - w_{is}) + C_p w_{is}(T_i - T_{is}) - C_p w_{is}(T - T_s) + (Q - Q_s)$$

위에서 아래첨자 s는 정상상태(steady-state)를 의미한다. 편차변수를 이용하면 $\frac{dT}{dt} = \frac{d\bar{T}}{dt}$이므로

$$C_p\rho V\frac{d\bar{T}}{dt} \approx C_p(T_{is} - T_s)\overline{w_i} + C_p w_{is}\bar{T_i} - C_p w_{is}\bar{T} + \bar{Q}$$

를 얻는다. 이와 같은 선형모델식은 다음과 같이 종속변수(여기에서는 $\bar{T}$)의 계수가 1이 되도록 정리해 나타내는 것이 일반적이다:

$$\left(\frac{\rho V}{w_{is}}\right)\frac{d\bar{T}}{dt} = \bar{T_i} - \bar{T} + \left(\frac{T_{is} - T_s}{w_{is}}\right)\overline{w_i} + \left(\frac{1}{C_p w_{is}}\right)\bar{Q}$$

3.1.2 자유도

화학공정의 모델은 다수의 방정식들로 이루어진다. 이들이 유일한 해를 가지기 위해서는 미지변수의 수와 방정식의 수가 서로 같아야 한다. 자유도 F는 주어진 공정을 완전하게 정의하기 위해서 지정해 주어야 하는 변수들의 수를 의미하며 미지변수의 수 N_V에서 방정식의 수 N_E를 뺀 값으로 얻어진다. 즉

$$F = N_V - N_E$$

위에서 $F = 0$이면 $N_V = N_E$로서 미지변수의 수와 방정식의 수가 같으므로 유일한 해를 구할 수 있다. $F > 0$이면 $N_V > N_E$이므로 방정식보다 미지변수의 수가 더 많으며 이러한 시스템은 무한한 해를 갖는다. 이 경우에는 F개의 변수들 가운데 입력변수와 조절변수들로서 어떤 변수들을 취할 것인지를 결정해야 할 것이다. $F < 0$이면 $N_V < N_E$로서 방정식의 수보다 미지변수의 수가 적으므로 해를 갖지 않는다.

보기 3.2

그림 3.2에 보인 바와 같은 액체 저장탱크에 대한 물질수지식을 구하여라. 액체의 밀도는 ρ $\mathrm{lb_m/ft^3}$이며 유출량 q_o($\mathrm{ft^3/min}$)는 펌프에 의해서 일정하게 유지된다.

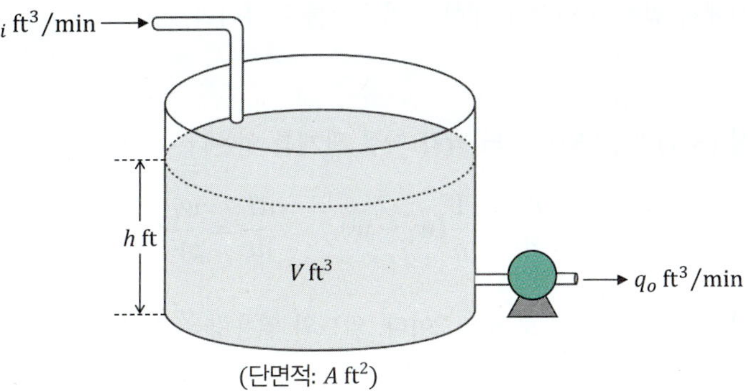

그림 3.2 **액체 저장탱크.**

풀이

그림으로부터 (시간에 따른 유입량) = $q_i\rho$, (시간에 따른 유출량) = $q_o\rho$, (시간에 따른 액체 양의 변화) = $\frac{d}{dt}(\rho V)$이다. 그러므로 식 (3.1)로부터

$$\frac{d}{dt}(\rho V) = q_i\rho - q_o\rho$$

밀도 ρ는 일정하다고 가정한다. 액체의 부피 $V = Ah$이고 단면적 A는 일정하므로

$$A\frac{dh}{dt} = q_i - q_o$$

q_o는 일정하므로 정상상태에서는

$$A\frac{dh_s}{dt} = 0 = q_{is} - q_o$$

따라서

$$A\frac{d(h-h_s)}{dt} = q_i - q_{is}$$

위의 관계를 편차변수를 이용해 나타내면

$$A\frac{d\bar{h}}{dt} = \bar{q_i}$$

위에서 $\bar{h} = h - h_s$, $\bar{q_i} = q_i - q_{is}$이다.

보기 3.3

연속교반 가열 시스템의 모델식은 식 (3.3)과 (3.5)로 주어진다.

(1) 밀도 ρ와 비열 C_p를 일정하다고 가정하고 식 (3.3)과 (3.5)를 간략히 정리하여라.

(2) 위에서 얻은 모델식에 대하여 자유도를 구하여라.

풀이

(1) 식 (3.3)과 (3.5)로부터 각각 다음 관계를 얻는다:

$$\frac{dV}{dt} = \frac{1}{\rho}(w_i - w), \qquad \frac{dT}{dt} = \frac{w_i}{\rho V}(T_i - T) + \frac{Q}{C_p \rho V}$$

(2) 식의 수는 2개이므로 $E = 2$이다. 밀도와 열용량은 파라미터이고 미지변수는 w_i, w, T_i, T, V, Q로서 6개이므로 $V = 6$이다. 따라서 자유도는 $F = V - E = 6 - 2 = 4$이다. 즉 6개의 변수 가운데 4개의 변수를 지정해 주어야 모델식으로부터 해를 구할 수 있다. 위 식들의 왼쪽 항에 있는 변수 V와 T를 출력변수로 간주하면 4개의 변수 w_i, w, T_i, Q를 입력변수로 지정해 주면 된다.

3.2 공정 모델식의 풀이

공정의 모사(simulation)는 공정의 모델을 구성하는 수학적 관계들에 대한 해를 구함으로써 공정의 거동을 규명하는 것을 의미한다. 공정의 모사는 다양하게 활용될 수 있는데 모사를 통해 정상상태, 혹은 동적 상태를 규명함으로써 공정의 설계나 최적화를 수행할 수 있으며 공정의 순조로운 운전에 걸림돌이 되는 요인들을 규명할 수 있다. 공정의 운전에 있어서 안전과 위험도 분석은 매우 중요하며 공정의 모사는 설계와 운전과정의 변경에 따른 안전 및 위험도 분석에 있어서 핵심적인 역할을 수행할 수 있다.

공정의 동적 모델식을 풀면 종속변수의 시간에 따른 응답이 얻어진다. 모델식은 대부분 미분방정식의 형태이므로 Euler 방법이나 Runge-Kutta 방법 등 적절한 수치계산 방법을 이용하여 컴퓨터에 의해 풀이를 얻을 수 있다. 요즈음에는 공정 모델식의 풀이를 위한 컴퓨터 프로그램들이 많이 개발되어 있다.

공정 모델식이 다음과 같이 주어져 있다고 하자:

$$\frac{dy}{dx} = f(x, y)$$

독립변수 x의 변화구간 $h = x_{i+1} - x_i$가 일정하다면 Euler 방법에 의한 해는 다음 관계로 주어진다.

$$y_{i+1} = y_i + hf(x_i, y_i)$$

한편 4차 Runge-Kutta 방법에 의한 해는 다음 관계에 의해 계산된다.

$$y_{i+1} = y_i + \frac{1}{6}(k_1 + 2k_2 + 2k_3 + k_4)$$

$$k_1 = hf(x_i, y_i),\ \ k_2 = hf\left(x_i + \frac{h}{2}, y_i + \frac{k_1}{2}\right),\ \ k_3 = hf\left(x_i + \frac{h}{2}, y_i + \frac{k_2}{2}\right),\ \ k_4 = hf(x_i + h, y_i + k_3)$$

최근에는 다양한 객체지향 프로그래밍 언어들이 개발되어 있어서 공정 모델식의 풀이에 효과적으로 활용할 수 있다. 이 책에서 이용하고 있는 MATLAB에서는 표 3.1에 보인 바와 같이 미분방정식의 풀이를 위한 다양한 루틴들을 제공하고 있다.

표 3.1 MATLAB 미분방정식 풀이 루틴

루틴 명칭	풀이 방법	대상 문제의 형태
ode23	2차 및 3차 Runge-Kutta 방법	비경성(nonstiff) 문제
ode45	4차 및 5차 Runge-Kutta 방법	비경성(nonstiff) 문제
ode113	가변차수 Adams-Bashforth-Moulton 방법	비경성(nonstiff) 문제
ode15s	수치미분 기반 가변차수 풀이 방법	경성(stiff) 문제
ode23s	2차의 수정된 Rosenbrock 방법	경성(stiff) 문제
ode23t	시다리꼴 공식	경성(stiff) 문제
ode23tb	암묵적(implicit) Runge-Kutta 방법	경성(stiff) 문제

공정 모델의 풀이 방법은 방정식 지향 풀이 방법과 모듈기반 풀이 방법의 두 가지 접근방식으로 구분해 볼 수 있다. 방정식 지향 풀이 방법은 공정 모델식을 구성하는 미분대수 방정식들을 그대로 풀어내는 방식으로서 공정 모델의 구성 형태에 무관하게 적절한 수치해석 방법을 도입하여 직접 모델식들을 풀어내는 형태이지만 많은 식들을 한꺼번에 풀어야 하므로 계산시간이 많이 소요된다. 모듈기반 방식은 일반적인 화학공장에서 보편적으로 이용되는 반응기나 증류탑, 펌프, 열교환기 등과 같은 핵심 공정들에 대한 모델식들을 서브루틴이나 클래스, 혹은 프레임 방식으로 미리 구성해 두고 필요에 따라 해당 공정에 대한 모델을 호출하여 활용하는 형태를 취한다. 따라서 복잡한 화학공장이라고 하더라도 핵심 공정들의 연결상태와 상호관계를 파악하면 해당 공정의 모델이 필요에 따라 호출되어 계산이 수행되도록 할 수 있으므로 편리하게 모사를 수행할 수 있다. 표 3.2는 상용화되어 있거나 인터넷에서 내려받아 사용할 수 있는 모델계산 도구(tool) 및 소프트웨어들을 정리한 것이다.

표 3.2 상용화된 모델계산 도구(tool) 및 소프트웨어

구분	명칭	관련 웹사이트	특징
프로그램 도구	MATLAB	www.mathworks.com	다양한 툴박스 활용 가능
	IMSL	www.vni.com	표준언어로 작성
	Mathcad	www.mathcad.com	수학식 생성기능
	Mathematica	www.wolfram.com	범용 수치계산
	POLYMATH	www.cache.org	수학 소프트웨어

(계속)

표 3.2 상용화된 모델계산 도구(tool) 및 소프트웨어(계속)

구분	명칭	관련 웹사이트	특징
소프트웨어	ACSL	www.mga.com	방정식 지향방식
	gPROMS	www.psenterprise.com	방정식 지향방식
	ACM	www.aspentech.com	방정식 지향방식
	Modelica	www.modelica.org	모듈+방정식 지향방식
	PRO/II	www.simsci.com	모듈+방정식 지향방식
	Unisim	www.honeywell.com	모듈+방정식 지향방식
	ASPEN PLUS	www.aspentech.com	모듈+방정식 지향방식
	ChemCAD	www.chemstations.com	모듈+방정식 지향방식

3.3 대표적인 공정의 모델링

3.3.1 액체 저장 시스템

그림 3.3은 간단한 액체 저장 시스템을 나타낸 것으로서 보기 3.2에서 이미 살펴본 바와 같다.

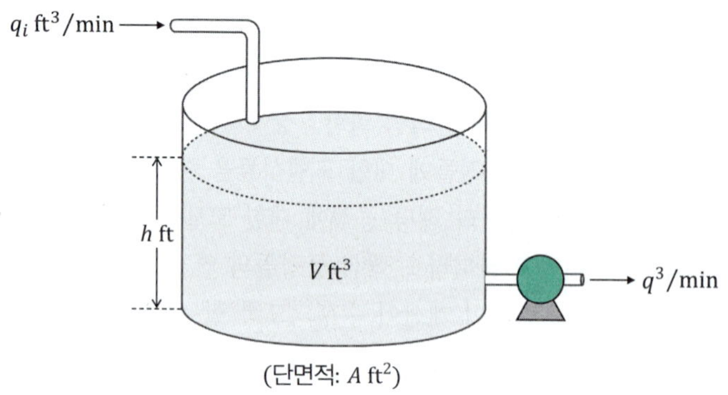

그림 3.3 **액체 저장탱크.**

보기 3.2의 결과로부터

$$\frac{d}{dt}(\rho V) = q_i\rho - q\rho \quad (3.6)$$

$V = Ah$이고 밀도 ρ가 일정하다면

$$A\frac{dh}{dt} = q_i - q \quad (3.7)$$

유출유량 q와 액위 h의 관계는 다음 두 가지 경우를 생각할 수 있다.

(1) 유출량 q가 액위 h에 비례하는 경우: 비례상수를 $\frac{1}{R_v}$로 두면

$$q = \frac{1}{R_v} h \tag{3.8}$$

이를 식 (3.7)에 대입하면

$$A\frac{dh}{dt} = q_i - \frac{1}{R_v} h \tag{3.9}$$

(2) 유출량 q가 액위 h의 제곱근에 비례하는 경우: 비례상수를 C_v라 두면

$$q = C_v\sqrt{h} \tag{3.10}$$

이를 식 (3.7)에 대입하면

$$A\frac{dh}{dt} = q_i - C_v\sqrt{h} \tag{3.11}$$

위의 식 (3.11)은 선형화시킬 수 있다. 정상상태에서의 액위를 h_s라 하면 식 (2.26)으로부터

$$\sqrt{h} \approx \sqrt{h_s} + \frac{1}{2\sqrt{h_s}}(h - h_s) \tag{3.12}$$

위의 식을 (3.11)에 대입하면

$$A\frac{dh}{dt} \cong q_i - C_v\sqrt{h_s} - \frac{C_v}{2\sqrt{h_s}}(h - h_s)$$

정상상태에서는 식 (3.11)로부터

$$A\frac{dh_s}{dt} = 0 = q_{is} - C_v\sqrt{h_s}$$

이므로 $C_v\sqrt{h_s} = q_{is}$임을 알 수 있다. 따라서

$$A\frac{dh}{dt} = A\frac{d(h - h_s)}{dt} \cong q_i - q_{is} - \frac{C_v}{2\sqrt{h_s}}(h - h_s)$$

편차변수를 이용하여 위의 식을 다시 쓰면

$$A\frac{d\bar{h}}{dt} \cong \bar{q}_i - \frac{C_v}{2\sqrt{h_s}}\bar{h} \tag{3.13}$$

MATLab

액위모델식의 계산

액위모델식이 $\frac{dh}{dt} = 2 - \frac{\sqrt{h}}{2}$ (h: cm)와 같이 주어졌을 때 시간구간 $0 \le t \le 80$ (sec)에서 시간 t에 따른 액위 $h(t)$의 변화를 그래프로 나타내어 보기로 한다. $t = 0$ sec일 때 $h(0) = 10$ cm이다. 정상상태에서는 $0 = 2 - \frac{\sqrt{h_s}}{2}$이므로 $h_s = 16$ cm임을 알 수 있다. 먼저 미분방정식을 익명함수로 정의한 다음 MATLAB 내장함수 ode45를 호출한다.

```
>> dh = @(t,h) 2 - sqrt(h)/2; tint = [0 80]; h0 = 10;
>> [t h] = ode45(dh, tint, h0); plot(t,h); xlabel('t(sec)'), ylabel('h(cm)'),
grid
```

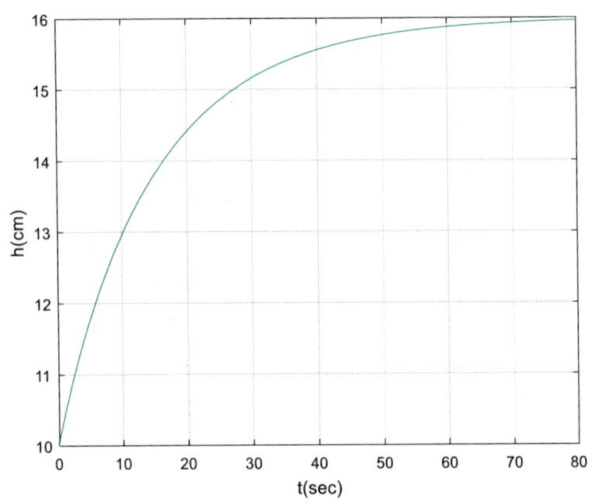

그림 3.4 **시간에 따른 액위의 변화.**

시간이 지남에 따라 액위는 정상상태 값 16에 근접해 감을 알 수 있다.

보기 3.4

다음 그림 3.5에 보인 바와 같은 원뿔형 액체탱크 내의 액체의 높이에 대한 모델식을 구하여라. 액체의 밀도는 일정하다고 가정한다.

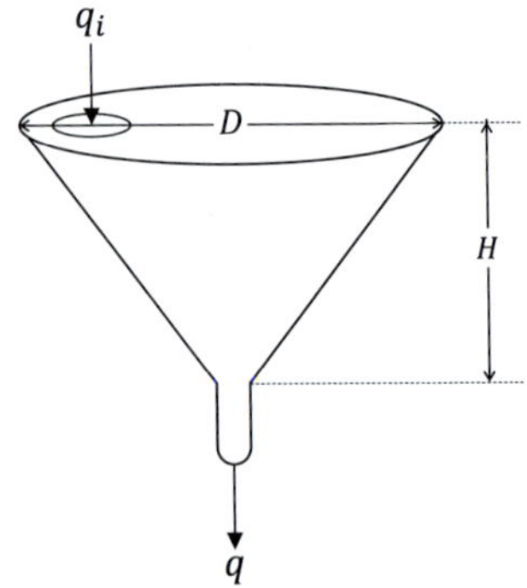

그림 3.5 **원뿔형 저장탱크.**

풀이

원뿔형 액체탱크 내의 액체의 질량을 m이라 하면

$$\frac{dm}{dt} = \rho(q_i - q) \quad \textbf{(i)}$$

다음 그림에 보인 탱크의 단면도로부터 $\frac{dm}{dt}$는 다음과 같이 쓸 수 있다.

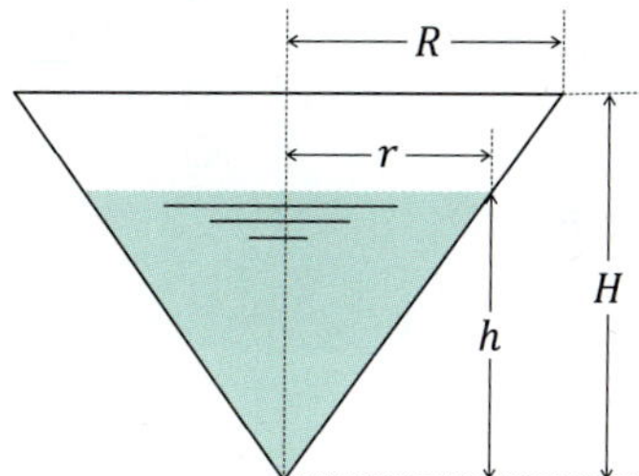

그림 3.6 원뿔형 저장탱크의 단면도.

$$\frac{dm}{dt} = \rho\frac{dV}{dt} = \pi\rho r^2\frac{dh}{dt} \quad \textbf{(ii)}$$

그런데 $r = \frac{h}{H}R$이므로 식 (i)과 (ii)로부터

$$\frac{\pi\rho R^2 h^2}{H^2}\frac{dh}{dt} = \rho(q_i - q)$$

이를 정리하면

$$\frac{dh}{dt} = \frac{H^2}{\pi R^2 h^2}(q_i - q)$$

보기 3.5

다음 그림 3.7에 보인 보일러의 모델식을 구하여라. 액체의 밀도는 ρ(lb/ft^3), 부피는 V_L(ft^3), 액체의 증발량은 ν(lb/min), 증기상의 질량은 m(lb), 증기상의 부피는 V_G(ft^3), 증발 잠열은 λ(btu/lb), 액체의 비열은 C_{pL}(btu/(lb · °F)), 그리고 가열기로부터 주입되는 열은 Q(btu/lb)이다.

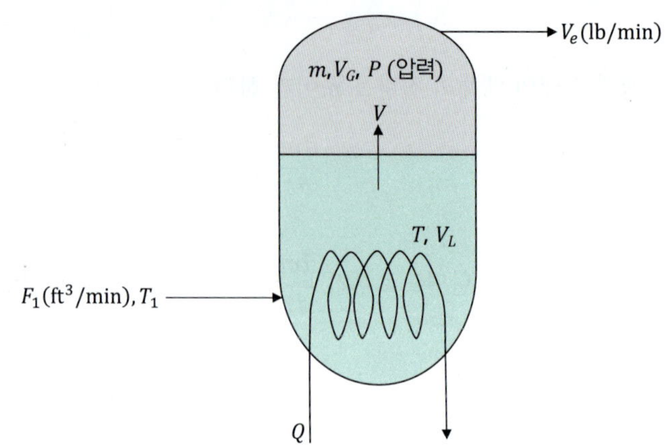

그림 3.7 보일러 시스템.

풀이

물질수지는

액상의 경우: $\dfrac{d(\rho V_L)}{dt} = \rho F_1 - v$

기상의 경우: $\dfrac{dm}{dt} = v - v_c$

기준온도를 T_0라 하면 에너지 수지는

액상의 경우: $\dfrac{d}{dt}\left[\rho C_{pL} V_L (T - T_0)\right] = \rho F_1 C_{pL}(T_1 - T_0) + Q - v\lambda - vC_{pL}(T - T_0)$

기상의 경우: 평형상태인 것으로 가정하면

(액상의 온도) = (기상의 온도) = T

증기상을 이상기체로 가정하면 상태 방정식은

$$PV_G = \frac{mRT}{M_W}$$

와 같다(M_W: 분자량).

3.3.2 연속교반반응기(CSTR)

연속교반반응기는 그림 3.8에 보인 바와 같다. 그림에서 q_i와 q는 각각 유입 및 유출유량(ft^3/min)이고 C_{Ai}와 C_A는 반응 전후의 A 성분의 농도(lb mol/ft^3)이며 T_i와 T는 각각 유입 및 유출액의 온도(K), 그리고 ρ_i와 ρ는 유입 및 유출액의 밀도(lb/ft^3)를 나타낸다.

반응기에서는 완벽한 교반이 이루어지고 있으며 유입 및 유출 흐름들의 밀도는 일정하고 혼합열은 반응열에 비해 무시할 수 있으며 아울러 외부로의 열 손실은 무시할 수 있다고 가정한다. 또한 반응기 내에서는 다음과 같은 간단한 1차 비가역 발열반응이 일어난다고 가정한다.

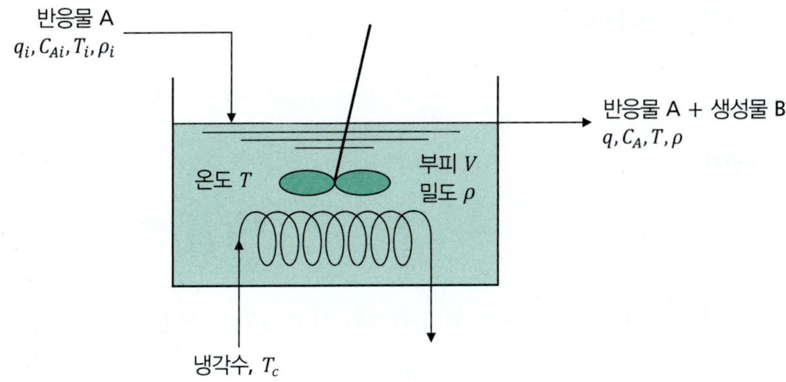

그림 3.8 **연속교반반응기.**

$$A \rightarrow B, \quad r_A = -kC_A \tag{3.14}$$

k는 반응속도상수로서 1/(시간)의 단위를 가지며 다음과 같이 Arrhenius 관계식으로 나타낼 수 있다:

$$k = k_0 e^{-E/RT} \tag{3.15}$$

위에서 E는 활성화 에너지를 나타내며 R은 기체상수이다. 우선 총괄물질수지를 구해 보기로 한다.

(시간에 따른 유입 물질량) $= \rho_i q_i$
(시간에 따른 유출 물질량) $= \rho q$
(시간에 따른 생성 물질량) $= 0$
(시간에 따른 총 물질량의 변화) $= \dfrac{d}{dt}(\rho V)$

따라서 식 (3.1)로부터 총괄 물질수지는

$$\frac{d}{dt}(\rho V) = \rho_i q_i - \rho q \tag{3.16}$$

로 주어진다. 대개 시간에 따른 밀도의 변화는 무시하는 경우가 많은데 밀도가 일정하다고 가정하면 $\rho = \rho_i$이므로 위의 관계로부터

$$\frac{dV}{dt} = q_i - q \tag{3.17}$$

한편 A 성분에 대한 물질수지는

(시간에 따른 A의 유입량) $= C_{Ai} q_i$
(시간에 따른 A의 유출량) $= C_A q$
(시간에 따른 A의 소모량) $= r_A V = -VkC_A$
(시간에 따른 A의 변화) $= \dfrac{d}{dt}(C_A V)$

따라서 식 (3.1)로부터

$$\frac{d}{dt}(C_AV) = C_{Ai}q_i - C_Aq - VkC_A \tag{3.18}$$

그런데

$$\frac{d}{dt}(C_AV) = V\frac{dC_A}{dt} + C_A\frac{dV}{dt} \tag{3.19}$$

밀도가 일정하다고 가정하고 위의 관계와 식 (3.17)을 식 (3.18)에 대입하면

$$\frac{d}{dt}(C_AV) = V\frac{dC_A}{dt} + C_A(q_i - q) = C_{Ai}q_i - C_Aq - VkC_A$$

이를 정리하면

$$V\frac{dC_A}{dt} = q_i(C_{Ai} - C_A) - VkC_A \tag{3.20}$$

와 같다.

에너지 수지식은 앞의 물질수지와 마찬가지로 식 (3.2)의 각 항을 구하여 얻을 수 있다. 유입액과 유출액의 비열은 C_p로서 서로 같다고 하고 기준온도를 T_0라 하면

(시간에 따른 유입 에너지양) $= \rho_i q_i C_p(T_i - T_0)$

(시간에 따른 유출 에너지양) $= \rho q C_p(T - T_0)$

(시간에 따른 외부 에너지 유입량) $= UA(T_c - T)$

(시간에 따른 에너지 생성량) $= (-\Delta H)Vr = (-\Delta H)VkC_A$

(시간에 따른 에너지의 변화) $= \frac{d}{dt}\{\rho C_p V(T - T_0)\}$

위에서 U와 A는 각각 냉각코일과 반응물 간의 총괄 열전달 계수 및 열전달 면적이다. 이들을 식 (3.2)에 대입하면

$$\frac{d}{dt}\{\rho C_pV(T - T_0)\} = \rho_i q_i C_p(T_i - T_0) - \rho q C_p(T - T_0) + UA(T_c - T) + (-\Delta H)VkC_A$$

밀도와 비열이 일정하다고 가정하면 위의 관계로부터

$$\rho C_pV\frac{dT}{dt} + \rho C_p(T - T_0)\frac{dV}{dt} = \rho q_i C_p(T_i - T_0) - \rho q C_p(T - T_0) + UA(T_c - T) + (-\Delta H)VkC_A$$

식 (3.17)의 관계를 대입하면

$$\rho C_pV\frac{dT}{dt} = \rho q_i C_p(T_i - T_0) - \rho q C_p(T - T_0) - \rho C_p(T - T_0)(q_i - q) + UA(T_c - T) + (-\Delta H)VkC_A$$

이를 정리하면

$$\rho C_pV\frac{dT}{dt} = \rho q_i C_p(T_i - T) - UA(T - T_c) + (-\Delta H)VkC_A \tag{3.21}$$

위에서 k는 식 (3.15)로 주어진다.

보기 3.6

식 (3.20)과 (3.21)로 표현되는 연속교반 반응기에서 반응속도상수 k는 Arrhenius 식으로 주어진다고 하면 $k = k_0 e^{-E/RT}$이며 따라서 모델식은 비선형 식이 된다. 유입액 및 유출액의 유량, 유입액의 농도 C_{Ai}와 온도 T_i는 일정하다고 가정하고 위의 비선형 모델식을 선형화시켜 보라.

풀이

C_{Ai}와 T_i가 일정하므로 출력변수는 C_A와 T이며, 입력변수는 T_c이다. $q_i = q$ (= 일정)라 두고 식 (3.20)의 우변을

$$f(C_A, T) = q(C_{Ai} - C_A) - VkC_A = q(C_{Ai} - C_A) - Vk_0 e^{-E/RT} C_A$$

라 두면

$$f(C_A, T) \cong f(C_{As}, T_s) + \left.\frac{\partial f}{\partial C_A}\right|_s \cdot (C_A - C_{As}) + \left.\frac{\partial f}{\partial \mathrm{T}}\right|_s \cdot (\mathrm{T} - T_s)$$

그런데

$$\left.\frac{\partial f}{\partial C_A}\right|_s = -q - Vk_0 e^{-\frac{E}{RT_s}}, \quad \left.\frac{\partial f}{\partial \mathrm{T}}\right|_s = -Vk_0 e^{-\frac{E}{RT_s}} \frac{C_{As}E}{RT_s^{\ 2}}$$

이고 정상상태에서 $\frac{dC_{As}}{dt} = 0 = f(C_{As}, T_s)$이므로

$$V\frac{dC_A}{dt} \cong \left(-q - Vk_0 e^{-\frac{E}{RT_s}}\right)(C_A - C_{As}) + \left(-Vk_0 e^{-\frac{E}{RT_s}} \frac{C_{As}E}{RT_s^{\ 2}}\right)(T - T_s)$$

한편 식 (3.21)의 우변을 $g(C_A,\ T,\ T_c)$라 두면

$$g(C_A, T, T_c) \cong g(C_{As}, T_s, T_{cs}) + \left.\frac{\partial g}{\partial C_A}\right|_s \cdot (C_A - C_{As}) + \left.\frac{\partial g}{\partial \mathrm{T}}\right|_s \cdot (T - T_s) + \left.\frac{\partial g}{\partial T_c}\right|_s \cdot (T_c - T_{cs})$$

그런데

$$g(C_{As}, T_s, T_{cs}) = 0, \qquad \left.\frac{\partial g}{\partial C_A}\right|_s = (-\Delta H)Vk_0 e^{-\frac{E}{RT_s}},$$

$$\left.\frac{\partial g}{\partial T}\right|_s = -\rho q C_p + (-\Delta H)Vk_0 e^{-\frac{E}{RT_s}} \frac{C_{As}E}{RT_s^{\ 2}} - UA, \qquad \left.\frac{\partial g}{\partial T_c}\right|_s = UA$$

따라서 식 (3.21)로부터

$$\rho C_p V \frac{dT}{dt} \cong (-\Delta H) V k_0 e^{-\frac{E}{RT_s}} (C_A - C_{As}) + UA(T_c - T_{cs}) + \left\{ -(\rho q C_p + UA) + (-\Delta H) V k_0 e^{-\frac{E}{RT_s}} \frac{C_{As} E}{R T_s^2} \right\} (T - T_s)$$

위에서 정상상태에서의 농도와 온도값은

$$f(C_{As}, T_s) = 0, \qquad g(C_{As}, T_s, T_{cs}) = 0$$

을 동시에 풀어서 얻는다.

MATLab

등온 연속교반 반응모델식의 계산

어떤 연속교반 반응기에서 유입 및 유출유량은 $q(\mathrm{m^3/min})$로서 일정하며 반응기 내의 반응 혼합물의 부피 V 및 온도 T 역시 일정하다. 반응기로의 유입액 중에는 두 가지 반응물 A와 B가 함유되어 있으며 이들의 농도는 각각 $C_{A0}(\mathrm{mol/m^3})$ 및 $C_{B0}(\mathrm{mol/m^3})$이다. 반응기 내에서는 $A + B \rightarrow C$의 반응에 따라 C가 생성되며 C의 생성속도는 $r = kC_AC_B$로 주어진다. C_A와 C_B는 각각 반응기 내의 A와 B의 농도(mol/m^3)이다.

이 반응기에 대한 모델식을 구해 보자. 아울러 $C_{A0} = 5\ \mathrm{mol/m^3}$, $C_{B0} = 3\ \mathrm{mol/m^3}$, $C_{C0} = 0$, $q = 10\ \mathrm{m^3/min}$, $V = 2\ \mathrm{m^3}$, $k = 2.6\ \mathrm{mol/min}$일 때 이 모델식의 해를 구하고 시간에 따른 A, B, C의 농도 분포를 그래프로 나타내어 보자. 시간 간격은 $t = [0, 1.2]$로 한다.

먼저 모델식을 써 보면

$$V\frac{dC_A}{dt} = qC_{A0} - qC_A - rV, \qquad V\frac{dC_B}{dt} = qC_{B0} - qC_B - rV, \qquad V\frac{dC_C}{dt} = -qC_C + rV$$

와 같다. 이들을 다시 정리하면

$$\frac{dC_A}{dt} = \tau(C_{A0} - C_A) - kC_AC_B, \qquad \frac{dC_B}{dt} = \tau(C_{B0} - C_B) - kC_AC_B, \qquad \frac{dC_C}{dt} = -\tau C_C + kC_AC_B$$

위에서 $\tau = q/V$이다.

먼저 주어진 조건을 이용하여 다음과 같이 모델식을 정의하는 m 파일(파일이름: frxn.m)을 작성한다. 이 함수에서 $x(1) = C_A$, $x(2) = C_B$, $x(3) = C_C$를 나타낸다.

```
function dC = frxn(t, x)
q = 10; V = 2; k = 2.6; CA0 = 5; CB0 = 3;
tau = q/V;
dC = [tau*(CA0 - x(1)) - k*x(1)*x(2);
        tau*(CB0 - x(2)) - k*x(1)*x(2);
        - tau*x(3) + k*x(1)*x(2)];
end
```

MATLAB window에서 다음과 같이 위의 m 파일을 이용하여 ode45 명령어로부터 모델식의 해를 구한다. 초기값은 x0 = [5 3 0]이 된다. 시간에 따른 농도분포는 그림 3.9에 보인 바와 같다.

```
>> tint = [0 1.2]; x0 = [5 3 0]; [t x] = ode45(@frxn, tint, x0);
>> plot(t, x(:,1)', '-', t, x(:,2)', '--', t, x(:,3)', '.'), grid
>> xlabel('시간 t (min)'), ylabel('농도 C(mol/m^3)'), legend('C_A', 'C_B', 'C_
C', 'location', 'best')
```

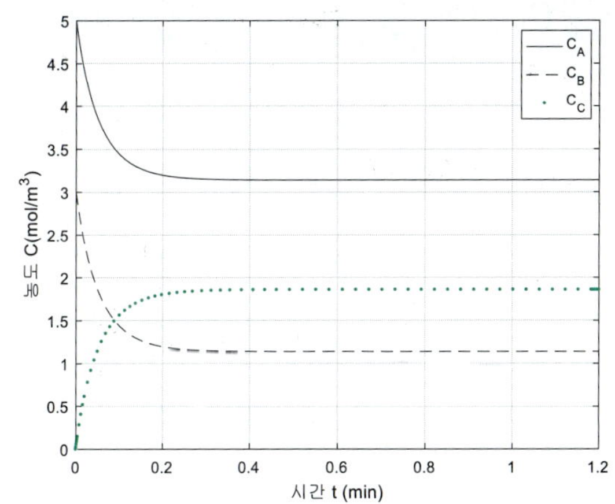

그림 3.9 **반응기 농도분포.**

MATLab

비등온 연속교반 반응모델식의 계산

식 (3.21)에서 반응속도 상수 k는 $k = k_0 e^{-E/RT}$로 주어진다. 다음에 주어진 데이터를 이용하여 정상상태에서의 농도와 온도 및 식 (3.21)을 계산해 보자.

데이터 : $\rho = 60\ \text{lb}_\text{m}/\text{ft}^3$, $C_p = 0.9\ \text{Btu/lb}_\text{m}\cdot°\text{F}$, $V = 14\ \text{ft}^3$, $\Delta H = 11{,}800\ \text{Btu/lbmole}$,

$U = 78\ \text{Btu}/h\cdot\text{ft}^2\cdot°\text{F}$, $k_0 = 7.8 \times 10^8\ \text{ft}^3/\text{lbmole}\cdot\text{min}$, $E = 28{,}010\ \text{Btu/lbmole}$,

$R = 1.987\ \text{Btu/lbmole}\cdot°R$, $A = 35\ \text{ft}^2$, $q_i = 1.4\ \text{ft}^3/\text{min}$, $T_i = 150°\text{F}$, $T_c = 80°\text{F}$,

$C_{Ai} = 0.6\ \text{lbmole/ft}^3$

이 데이터 값들은 다음과 같이 스크립트 파일로 저장해 두고, 필요에 따라 함수에서 호출하여 이용할 수 있다(파일이름: cstrdat).

```
% cstrdat.m: CSTR data
A = 35; Cai = 0.6; Cp = 0.9; delH = 11800; E = 28010; k0 = 7.8e8;
qi = 1.4; R = 1.987; rho = 60; Tc = 80; Ti = 150; U = 78; V = 14;
```

식 (3.20)과 (3.21)을 다시 쓰면

$$\frac{dC_A}{dt} = \frac{q_i}{V}(C_{Ai} - C_A) - k_0 e^{-E/RT} C_A$$

$$\frac{dT}{dt} = \frac{q_i}{V}(T_i - T) - \frac{UA}{\rho C_p V}(T - T_c) + \frac{(-\Delta H)}{\rho C_p} k_0 e^{-E/RT} C_A$$

와 같으며 정상상태에서는

$$0 = q_i(C_{Ai} - C_{As}) - V k_0 e^{-E/RT_s} C_{As}$$

$$0 = \rho q_i C_p(T_i - T_s) - UA(T_s - T_c) + (-\Delta H) V k_0 e^{-E/RT_s} C_{As}$$

와 같다. 위의 식들은 비선형 방정식이다. 정상상태에서의 농도와 온도를 구하기 위해 이들 비선형 식들을 정의하는 함수를 다음과 같이 작성한다(함수이름: steqn). 이 함수에서는 데이터 파일(cstrdat)을 먼저 호출하여 파라미터 값들을 설정하는데 미지변수 벡터 x에서 $x(1) = C_{As}$, $x(2) = T_S$를 나타낸다.

```
function fs = steqn(x)
% x(1)=Cas, x(2)=Ts
cstrdat;  % 데이터 파일을 호출하여 파라미터 값들을 설정
fs = [qi*(Cai-x(1)) - V*k0*x(1)*exp(-E/(R*(x(2)+460)));
        rho*qi*Cp*(Ti-x(2)) - U*A*(x(2)-Tc) + (-delH)*V*k0*x(1)*exp(-E/
(R*(x(2)+460)))];
end
```

비선형방정식 시스템의 해는 내장함수 fsolve를 이용한다. 이 함수를 이용하기 위해서는 미지변수의 초기값을 설정할 필요가 있다. 초기값은 $x(1) = 0.1$, $x(2) = 50$이라고 설정하고 다음과 같이 수행한다.

```
>> x0 = [0.1 50]; x = fsolve(@steqn,x0)
Equation solved.
fsolve completed because the vector of function values is near zero
as measured by the default value of the function tolerance, and
the problem appears regular as measured by the gradient.
<stopping criteria details>
x =
    0.5775   81.7535
```

즉 $C_{As} = 0.5775$ lbmol/ft^3, $T_s = 81.7535$°F임을 알 수 있다.

한편 미분방정식 시스템은 다음과 같이 함수로 정의할 수 있다(함수이름: cstreqn). 이 함수에서도 앞에서와 마찬가지로 데이터 파일(cstrdat)을 먼저 호출하여 파라미터 값들을 설정한다. 이 함수에서 $x(1) = C_A$, $x(2) = T$를 나타낸다.

```
function dCT = cstreqn(t,x)
% x(1)=Ca, x(2)=T
cstrdat;
dCT = [qi*(Cai-x(1))/V - k0*x(1)*exp(-E/(R*(x(2)+460)));
      qi*(Ti-x(2))/V - U*A*(x(2)-Tc)/(rho*Cp*V) + (-delH)*k0*x(1)*exp(-E/
      (R*(x(2)+460))) / (rho*Cp)];
end
```

시간구간 $0 \le t \le 60$ (min)에서 위의 미분방정식 시스템을 풀어 보기로 하자. 농도와 온도의 초기값은 각각 0.1 및 40으로 설정하고 풀이 결과는 그래프로 나타내어 본다(그림 3.10 참조).

```
>> x0 = [0.1 40]; tint = [0 60]; [t x] = ode45(@cstreqn,tint,x0);
>> subplot(1,2,1), plot(t,x(:,1)), xlabel('t(min)'), ylabel('C_A(t)'), grid
>> subplot(1,2,2), plot(t,x(:,2)), xlabel('t(min)'), ylabel('T(deg.F)'), grid
```

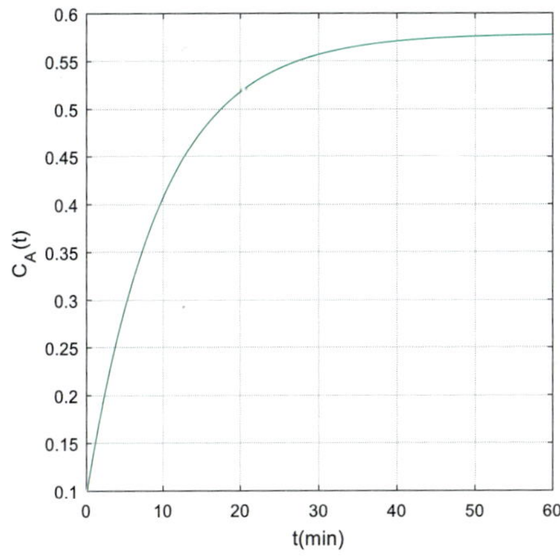

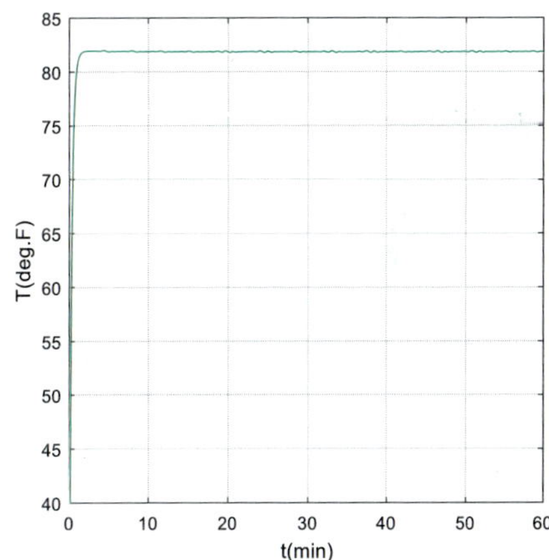

그림 3.10 연속교반 반응모델식 풀이결과.

3.3.3 다단 흡수탑

다단 흡수탑은 탑 내에 여러 개의 단이 규칙적으로 배열되어 있어서 각 단에서 흡수작용이 이루어지도록 한 장치이다. 그림 3.11은 기상과 액상원료물질을 처리하기 위한 다단 흡수탑을 보인 것이다. 기상과 액상 원료는 흡수탑의 양끝에서 주입되며 탑 내의 각 단에서는 기상과 액상의 접촉에 의해 일어나는 물질전달에 따라 상평형이 이루어진다. 그림에서 L과 G는 단위시간당 질량의 단위를 가지며 H는 질량, x와 y는 질량분율로 표시된다고 가정한다.

그림 3.11의 i번째 단에서 식 (3.1)에 따라 물질수지를 구해 보면

$$\tau \frac{dx_i}{dt} = Sx_{i-1} - (1+S)x_i + x_{i+1} \tag{3.22}$$

액상과 기상의 유량 L과 G는 일정하게 유지되고 각 단에서의 체류량(hold-up) H는 일정하며 각 단에서는 완전한 혼합이 이루어진다고 가정한다. 아울러 각 단에서 흡수되는 성분의 농도는 기-액 간에 평형을 이루며 다음과 같이 선형관계로 나타낼 수 있다고 가정한다:

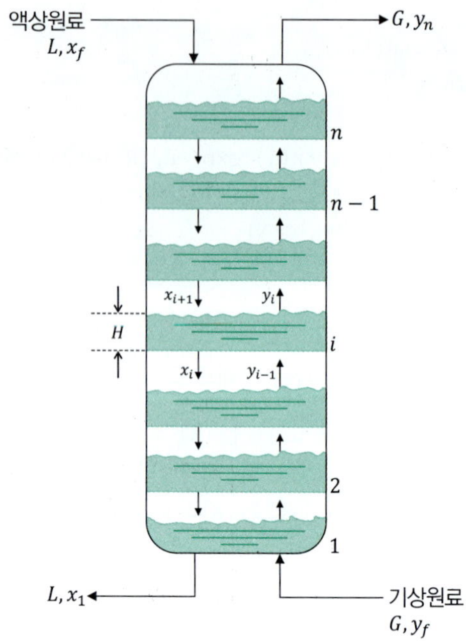

그림 3.11 다단 흡수탑.

$$y_i = ax_i + b$$

그러면 식 (3.22)로부터

$$H\frac{dx_i}{dt} = aG(x_{i-1} - x_i) + L(x_{i+1} - x_i) = aGx_{i-1} - (L + aG)x_i + Lx_{i+1}$$

윗식의 양변을 L로 나누면

$$\tau\frac{dx_i}{dt} = Sx_{i-1} - (1 + S)x_i + x_{i+1} \tag{3.23}$$

위에서 $\tau = \dfrac{H}{L}$로서 각 단에서의 액상의 체류 시간을 나타내며 $S = \dfrac{aG}{L}$이다.

한편 탑 전체에 대한 물질수지는 $Lx_f + Gy_f = Gy_n + Lx_1$으로부터

$$L(x_1 - x_f) = G(y_f - y_n) \tag{3.24}$$

와 같이 나타낼 수 있다.

3.3.4 이성분계 증류탑

두 가지 성분으로 이루어진 혼합물을 각각의 성분으로 분리하는 이성분계 증류탑의 모델식을 구해 보기로 한다. 그림 3.12는 개략적인 증류탑을 보인 것이며 그림 3.13은 i번째 단에서의 물실수지를 나타낸 것이다. i번째 단에서의 액상 물질의 체류량은 M_i로서 질량이나 몰 수로 표시되며 F,

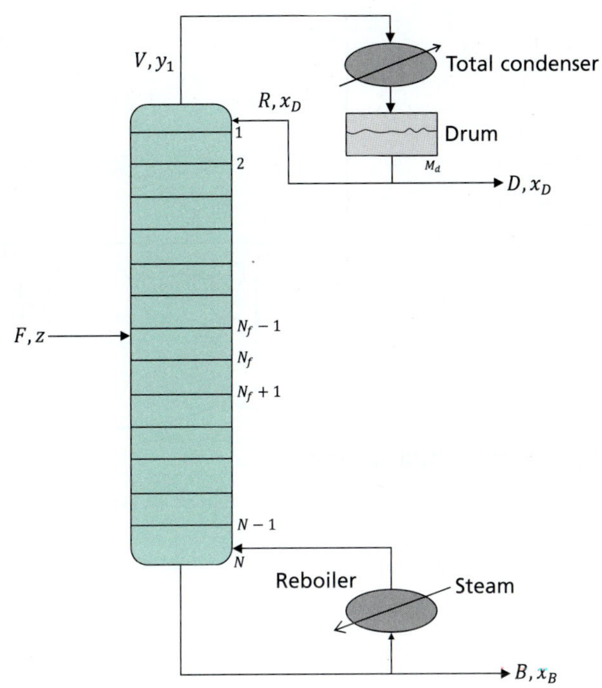

그림 3.12 **이성분계 증류탑.**

V, R, D, M_d, 그리고 B 역시 (변수에 따라 단위시간당) 질량이나 몰 수로 나타내어진다. 아울러 x, y, z는 질량분율이나 몰분율을 의미한다.

증류공정의 모델링 문제를 보다 단순화시키기 위하여 다음과 같이 몇 가지 가정과 조건들을 설정하기로 한다:

① 증류탑 내의 각 단에서는 상평형이 이루어지며 어느 한 성분의 액상농도 x와 기상농도 y는 다음 관계를 만족한다.

$$y = \frac{\alpha x}{1 + (\alpha - 1)x} \quad (\alpha\text{: 상대 휘발도}) \tag{3.25}$$

② 탑 내의 액상 및 기상에서는 완전한 혼합이 이루어진다.

③ 기상의 유량은 각 단에 관계없이 항상 일정하다.

④ 모든 시간지연과 응축기(condenser) 및 재비기(reboiler)에서의 동특성은 무시한다.

⑤ 원료 F는 그의 비점까지 가열된 액체 상태이다.

이상의 가정과 조건들을 토대로 하여 증류탑의 각 부분들에 대한 물질수지 식들을 세워 보기로 한다. 그림 3.13은 i번째 단에서의 물질이동을 나타낸 것이다.

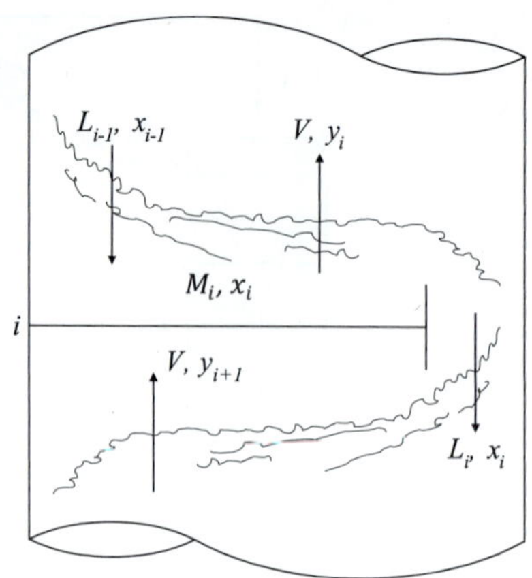

그림 3.13 i번째 단에서의 물질이동.

(1) 각 단에서의 물질수지

① 첫 번째 단

총괄수지는

$$\frac{dM_1}{dt} = R - L_1 \tag{3.26}$$

각 성분수지는

$$M_1 \frac{dx_1}{dt} = R(x_D - x_1) + V(y_2 - y_1)$$

식 (3.26)을 이용하여 위의 관계를 다시 정리하면

$$M_1 \frac{dx_1}{dt} = R(x_D - x_1) + V(y_2 - y_1) \tag{3.27}$$

② i번째 단

그림 3.13으로부터 총괄수지는

$$\frac{dM_i}{dt} = L_{i-1} - L_i \tag{3.28}$$

각 성분수지는

$$\frac{d(M_i x_i)}{dt} = L_{i-1}x_{i-1} - L_i x_i + V(y_{i+1} - y_i)$$

식 (3.28)을 이용하여 이를 다시 쓰면

$$M_i \frac{dx_i}{dt} = V(y_{i+1} - y_i) - L_{i-1}(x_i - x_{i-1}) \tag{3.29}$$

③ 원료 주입단($i = N_f$)

총괄수지는

$$\frac{dM_{N_f}}{dt} = L_{N_f-1} - L_{N_f} + F \tag{3.30}$$

각 성분수지는

$$\frac{d(M_{N_f}x_{N_f})}{dt} = L_{N_f-1}x_{N_f-1} - L_{N_f}x_{N_f} + V\left(y_{N_f+1} - y_{N_f}\right) + Fz$$

이로부터

$$M_{N_f}\frac{dx_{N_f}}{dt} = V\left(y_{N_f+1} - y_{N_f}\right) - L_{N_f-1}(x_{N_f-1} - x_{N_f}) + F(z - x_{N_f}) \tag{3.31}$$

④ N번째 단(재비기(reboiler) 포함)

고려하는 시스템의 경계는 그림 3.14에 보인 바와 같다.

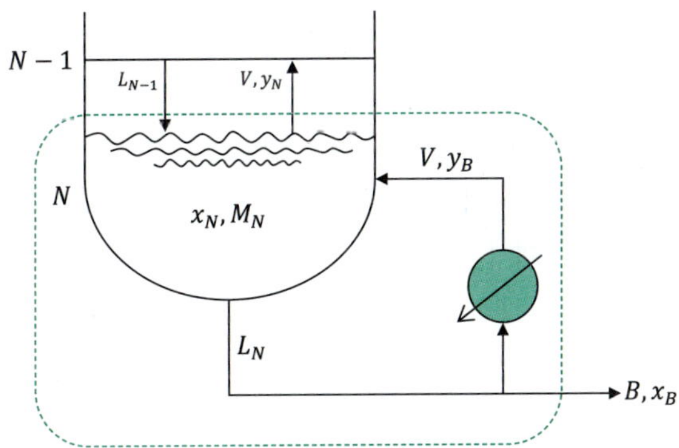

그림 3.14 재비기(reboiler)를 포함하는 N번째 단의 경계.

총괄수지는

$$\frac{dM_N}{dt} = L_{N-1} - V - B \tag{3.32}$$

각 성분수지는

$$\frac{d(M_N x_N)}{dt} = L_{N-1}x_{N-1} - Vy_N - Bx_B$$

이로부터 $x_B = x_N$을 이용하면

$$M_N\frac{dx_N}{dt} = V(x_N - y_N) - L_{N-1}(x_N - x_{N-1}) \tag{3.33}$$

(2) 응축기(condenser) (드럼 포함)

총괄수지는

$$\frac{dM_D}{dt} = V - (R + D) \tag{3.34}$$

각 성분수지는

$$\frac{d(M_D x_D)}{dt} = Vy_1 - (R+D)x_D$$

따라서

$$M_D \frac{dx_D}{dt} = V(y_1 - x_D) \quad \textbf{(3.35)}$$

MATLab

이성분계 증류공정의 계산

응축기를 포함하여 단 수가 30개인 증류탑에서 이성분계 혼합물을 분리하고 있다. 액상농도 x와 기상농도 y 사이의 관계는 $y = \dfrac{\alpha x}{1+(\alpha-1)x}$로 주어지며 상대휘발도 α는 1.5이다. 증류탑에서 응축기는 첫 번째 단, 재비기는 30번째 단이 되며 원료는 15번째 단으로 주입된다. 원료(비등점까지 가열된 액체) 유량은 $F = 1$ mol/min이며 관심 있는 성분의 조성은 $z_F = 0.5$이다. 재순환 유량은 $R = 2.7$ mol/min, 재비기로부터의 증기유량은 3.2 mol/min이며 응축기와 재비기의 액체 체류량은 각각 5 mol이고 각 단에서의 체류량은 0.5 mol로서 일정하다. 아울러 각 단에서의 증기유량과 액체유량은 각각 일정하다고 가정한다. 이 증류공정에서 정상상태에서의 각 단에서의 조성을 계산하여 그래프로 나타내어 보자. 아울러 $0 \le t \le 100$ (min)의 시간범위에서 시간에 따른 탑상 및 탑저제품의 조성을 구하고 그래프로 나타내어 보자.

응축기를 첫 번째 단으로 정하는 경우 모델식은 다음과 같이 나타낼 수 있다.

$i = 1$(응축기): $\dfrac{dx_1}{dt} = \dfrac{\mathrm{V}}{M_D}(y_2 - x_1)$

$2 \le i < N_f$ (정류부분): $\dfrac{dx_i}{dt} = \dfrac{V}{M}(y_{i+1} - y_i) - \dfrac{L_r}{M}(x_i - x_{i-1})$

$i = N_f$ (원료주입단): $\dfrac{dx_{N_f}}{dt} = \dfrac{V}{M}\left(y_{N_f+1} - y_{N_f}\right) - \dfrac{L_r}{M}(x_{N_f} - x_{N_f-1}) + \dfrac{F}{M}(z - x_{N_f})$

$N_f < i < N$ (탈거부분): $\dfrac{dx_i}{dt} = \dfrac{V}{M}(y_{i+1} - y_i) - \dfrac{L_s}{M}(x_i - x_{i-1}),\ \ L_s = L_r + F$

$i = N$ (재비기): $\dfrac{dx_N}{dt} = \dfrac{V}{M_N}(x_N - y_N) - \dfrac{L_s}{M_N}(x_N - x_{N-1})$

정상상태에서는 위 미분식들의 좌변이 모두 0이 된다. 먼저 정상상태와 시간에 따른 변화를 나타내는 모델식들을 함수로 정의한다. 정상상태를 정의하는 함수는 다음과 같다(함수이름: binst). 미분식들의 좌변을 0으로 두고 우변을 각 단에 따른 방정식($f(i)$)으로 둔다. bdat는 데이터를 저장하는 구조체 변수이다.

```
function f = binst(x,bdat)
n = bdat.n; nf = bdat.nf; alpha = bdat.alpha; F = bdat.F;
zf = bdat.zf; R = bdat.R; V = bdat.V; Md = bdat.Md; Mn = bdat.Mn;
```

```
M = bdat.M; L = R; y = alpha*x./(1 + (alpha-1)*x); % vapor-liquid equilibrium
f(1) = V*(y(2) - x(1))/Md; % condenser
for k = 2:nf-1 % rectifying section
    f(k) = V*(y(k+1) - y(k))/M - L*(x(k) - x(k-1))/M;
end
f(nf) = V*(y(nf+1) - y(nf))/M - L*(x(nf) - x(nf-1))/M + F*(zf - x(nf))/M;
L = L + F;
for k = nf+1:n-1 % stripping section
    f(k) = V*(y(k+1) - y(k))/M - L*(x(k) - x(k-1))/M;
end
f(n) = V*(x(n) - y(n))/Mn - L*(x(n) - x(n-1))/Mn;
end
```

한편 미분 모델식들을 정의하는 함수는 다음과 같다(함수이름: bindyn).

```
function dx = bindyn(t,x,bdat)
n = bdat.n; nf = bdat.nf; alpha = bdat.alpha; F = bdat.F;
zf = bdat.zf; R = bdat.R; V = bdat.V; Md = bdat.Md; Mn - bdat.Mn;
M = bdat.M; L = R; y = alpha*x./(1 + (alpha-1)*x); % vapor-liquid equilibrium
dx(1) = V*(y(2) - x(1))/Md; % condenser
for k = 2:nf-1 % rectifying section
    dx(k) = V*(y(k+1) - y(k))/M - L*(x(k) - x(k-1))/M;
end
dx(nf) = V*(y(nf+1) - y(nf))/M - L*(x(nf) - x(nf-1))/M + F*(zf - x(nf))/M;
L = L + F;
for k = nf+1:n-1 % stripping section
    dx(k) = V*(y(k+1) - y(k))/M - L*(x(k) - x(k-1))/M;
end
dx(n) = V*(x(n) - y(n))/Mn - L*(x(n) - x(n-1))/Mn; dx = dx';
end
```

스크립트 bindist에서는 먼저 데이터를 구조체 변수 bdat에 저장하고 각 단에서의 조성의 초기값을 설정한 다음(여기에서는 편의상 모두 0.1이라고 가정) 내장함수 fsolve를 이용하여 정상상태 조성을 계산하고 그래프로 나타낸다. 다음에 내장함수 ode45를 호출하여 미분 모델식들의 해를 구하고 탑상 및 탑저제품의 시간에 따른 조성변화를 그래프로 작성한다.

```
% bindist.m: binary distillation
bdat.n = 30; bdat.nf = 15; bdat.alpha = 1.5; bdat.F = 1; bdat.zf = 0.5;
bdat.R = 2.7; bdat.V = 3.2; bdat.Md = 5; bdat.Mn = 5; bdat.M = 0.5; bdat.L = 2.7;
n = bdat.n; x0 = 0.1*ones(1,n); xs = fsolve(@binst,x0,[],bdat);
subplot(1,2,1), plot(1:n,xs), xlabel('stages'),ylabel('정상상태 조성')
[t x] = ode45(@bindyn,[0 100],x0,[],bdat);
subplot(1,2,2), plot(t,x(:,1),t,x(:,n),':')
```

```
xlabel('t(min)'), ylabel('x_D, x_B'), legend('Overhead','Bottom','loca
tion','best')
```

스크립트 bindist의 수행결과는 그림 3.15에 보인 바와 같다.

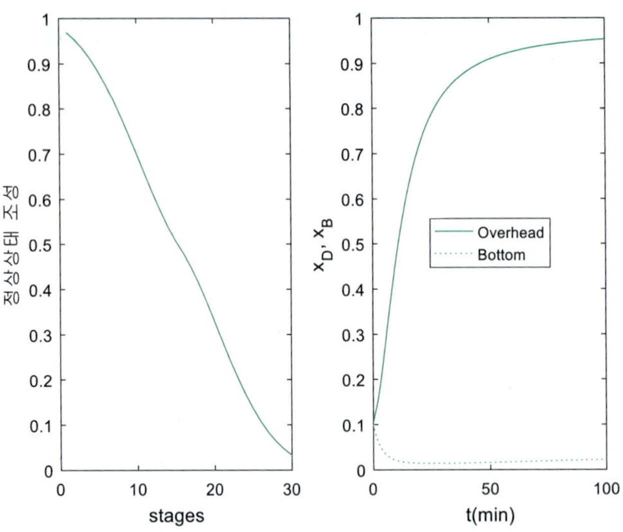

그림 3.15 이성분계 증류공정 계산 결과.

3.4 분산 파라미터 모델

분산 파라미터(distributed parameter) 공정은 변수들이 시간 및 공간 내의 위치에 따라 변하는 공정을 일컫는다. 이러한 공정을 나타내는 분산 파라미터 모델에서는 시간과 공간 좌표에 대한 종속변수의 편미분 항들이 나타난다. 예를 들어 실내를 난로로 가열시키는 경우 난로에 가까이 갈수록 실내온도는 높아지고 난로에서 멀어질수록 실내온도는 상대적으로 낮아진다. 이 경우 실내온도는 시간뿐만 아니라 위치에 따라서도 변한다. 그러므로 실내온도의 변화를 나타내는 모델식은 편미분 방정식이 될 것이다.

반경이 R인 가열된 금속구가 냉각되는 경우를 살펴보자. 금속구의 초기온도는 T_0, 주위 공기온도는 T_a, 금속구의 밀도를 ρ라고 하면 1차원 열전도를 가정할 때 금속구의 온도는 다음과 같은 편미분 방정식으로 나타낼 수 있다:

$$\frac{\partial T}{\partial t} = \alpha \left(\frac{\partial^2 T}{\partial r^2} + \frac{2}{r}\frac{\partial T}{\partial r} \right)$$

여기에서 $\alpha = \dfrac{k}{\rho C_p}$이며 초기 및 경계조건은 다음과 같이 쓸 수 있다:

$t = 0$일 때 $T(r, 0) = T_0$

$$r = 0\text{에서 } \frac{\partial T}{\partial r} = 0$$

$$r = R\text{에서 } -k\frac{\partial T}{\partial t} = h(T(R,t) - T_a)$$

만일 α가 매우 크다면(즉 금속의 열 전도도가 매우 크다면) 금속구 내부에서의 위치에 따른 온도 변화는 거의 무시할 수 있다. 이 경우 위의 편미분 방정식으로 나타낸 분산 파리미터 모델은 우리가 이제까지 다루어 온 총괄 파라미터 모델(혹은 뭉친 파라미터 모델, lumped parameter model)이 되며 금속구의 온도는 시간만의 함수가 되므로 온도변화는 다음과 같은 상미분 방정식으로 주어진다:

$$\frac{4}{3}\pi R^2 \rho C_p \frac{dT}{dt} = 4\pi R^2 h(T(t) - T_a), \;\; T(0) = T_0$$

3.5 요약

- 화학공정의 모델은 공정의 상태를 가장 적절히 표현해 주는 수식을 의미
- 일반적인 모델링 과정: 1) 목표의 설정, 2) 공정관련 정보 및 운전자료의 확보, 3) 모델의 구성, 4) 자유도 분석, 5) 모델식의 풀이 및 결과의 분석, 6) 모델의 유효성 확인
- 기본모델: 기본적인 물리화학적 법칙들과 열역학적 관계들로부터 얻은 일련의 방정식들로 구성되는 모델
- 블랙박스 모델: 운전데이터나 실험자료를 확보하고 이들로부터 변수들 간의 수학적 관계를 구성하여 얻은 모델
- 그레이박스 모델: 수지식들과 실험자료를 함께 이용하여 얻은 모델
  입력-출력 모델: 공정의 원인과 결과 관계를 직접적으로 표현
- 상태공간 모델: 공정과 관련되는 상태변수들의 시간에 따른 특성을 명시적으로 표현
- 비선형 모델은 선형화시켜 제어계의 설계 및 해석에 이용
- 비정상상태 물질수지:

$$\begin{bmatrix}\text{시간에 따른}\\\text{물질량의 변화}\end{bmatrix} = \begin{bmatrix}\text{시간에 따른}\\\text{유입 물질량}\end{bmatrix} - \begin{bmatrix}\text{시간에 따른}\\\text{유출 물질량}\end{bmatrix} + \begin{bmatrix}\text{시간에 따른}\\\text{물질 생성량}\end{bmatrix}$$

- 비정상상태 에너지 수지:

$$\begin{bmatrix}\text{시간에 따른}\\\text{에너지의 변화}\end{bmatrix} - \begin{bmatrix}\text{대류나 유체유동에 의한}\\\text{시산에 따른 유입에너지}\end{bmatrix} - \begin{bmatrix}\text{대류나 유체유동에 의한}\\\text{시간에 따른 유출에너지}\end{bmatrix}$$

$$+ \begin{bmatrix}\text{외부로부터 가해진}\\\text{에너지 양}\end{bmatrix} + \begin{bmatrix}\text{시간에 따른}\\\text{에너지 생성량}\end{bmatrix}$$

- 총 에너지 E = 내부에너지 U + 운동에너지 K + 포텐셜 에너지 P
- 자유도 F = 미지변수의 수 N_V − 방정식의 수 N_E
- 방정식 지향 풀이: 공정 모델식을 구성하는 미분대수 방정식들을 그대로 풀어내는 방식

- 모듈기반 풀이: 보편적으로 이용되는 핵심 공정들에 대한 모델식들을 서브루틴이나 클래스, 혹은 프레임 방식으로 미리 구성해 두고, 필요에 따라 해당 공정에 대한 모델을 호출하여 활용
- 액체 저장탱크의 선형화 모델: $A\dfrac{d\bar{h}}{dt} \cong \bar{q}_i - \dfrac{C_v}{2\sqrt{h_s}}\bar{h}$
- 연속교반 반응기의 선형화 모델: $\rho C_p V\dfrac{dT}{dt} = \rho q_i C_p(T_i - T) - UA(T - T_c) + (-\Delta H)VkC_A$
- 다단 흡수탑 모델: $\tau\dfrac{dx_i}{dt} = Sx_{i-1} - (1+S)x_i + x_{i+1}$
- 증류공정 모델의 단순화를 위한 가정과 조건들: 1) 각 단에서는 상평형, 2) 탑 내의 액상 및 기상에서는 완전한 혼합, 3) 기상의 유량은 각 단에 관계없이 항상 일정, 4) 모든 시간지연과 응축기(condenser) 및 재비기(reboiler)에서의 동특성은 무시, 5) 원료 F는 그의 비점까지 가열된 액체 상태
- 분산 파라미터 공정: 변수들이 시간 및 공간 내의 위치에 따라 변하는 공정
- 분산 파라미터 모델에서는 시간과 공간 좌표에 대한 종속변수의 편미분 항들이 존재

점/검/문/제

3.1 공정에 대한 수학적 모델의 직접적 용도로 부적절한 것은?

① 공정에 대한 이해의 향상 ② 공정 운전의 최적화

③ 제어 시스템의 설계와 평가 ④ 제품 시장의 분석 및 평가

3.2 그림에 보인 액위공정의 모델식으로 맞는 것은? q, q_a, q_b는 모두 부피유량(ft^3/min)을 나타내며 V는 탱크 내 액체의 부피(ft^3)이다. 밀도는 일정하다고 가정한다.

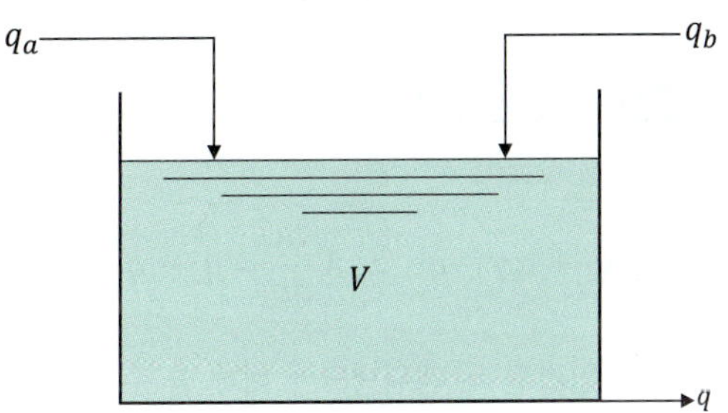

그림 3.16 액위공정.

① $\frac{dV}{dt} = q_a + q_b - q$ ② $\frac{dV}{dt} = q - (q_a + q_b)$ ③ $\frac{dV}{dt} = q_a - q_b$ ④ $\frac{dV}{dt} = q_a + q_b + q$

3.3 그림에 보인 혼합공정의 모델식으로 맞는 것은? q, q_a, q_b는 모두 부피유량(L/min)을 나타내며 V는 탱크 내 액체의 부피(L)이고 C, C_a, C_b는 각 흐름에서 관심있는 성분의 몰 농도(mol/L)를 나타낸다.

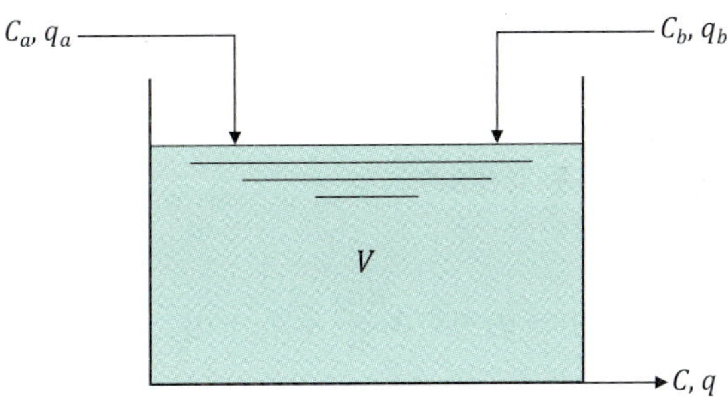

그림 3.17 혼합공정.

① $V\frac{dC}{dt} = (q_a + q_b)C - qC$ ② $V\frac{dC}{dt} = q_aC_a - q_bC_b + qC$

③ $V\frac{dC}{dt} = q_aC_a + q_bC_b - (q_a + q_b)C$ ④ $V\frac{dC}{dt} = q_aC_a + q_bC_b + qC$

3.4 그림에 보인 재순환 탱크의 모델식으로 맞는 것은? q 및 q_i는 부피유량(L/min)이며 h는 탱크 내 액체의 액위(m)이다. 밀도는 일정하다고 가정한다.

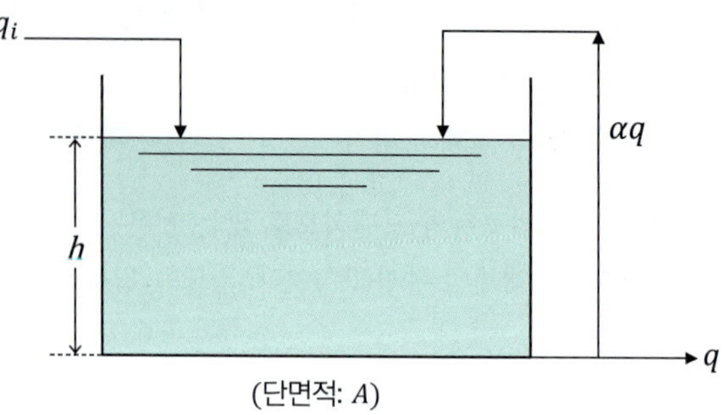

그림 3.18 재순환 탱크.

① $A\dfrac{dh}{dt} = q_i + \alpha q - q$ ② $A\dfrac{dh}{dt} = q_i - q$ ③ $A\dfrac{dh}{dt} = q_i - (1+\alpha)q$ ④ $A\dfrac{dh}{dt} = q_i - \alpha q$

3.5 그림과 같이 연결된 두 액위탱크에 대해 쓸 수 있는 식으로 옳은 것은?

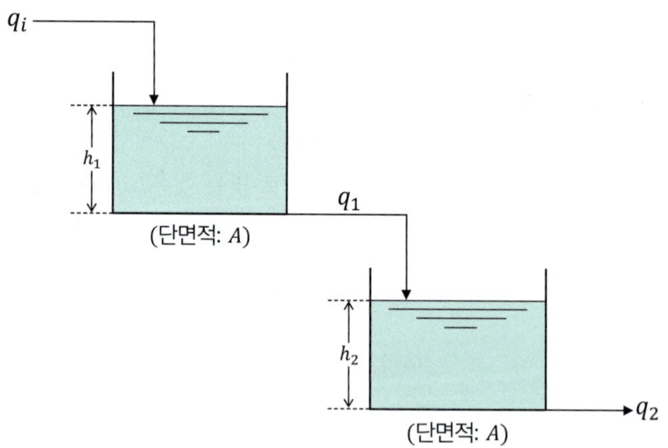

그림 3.19 두 액위탱크.

① $A\dfrac{dh_2}{dt} = q_i - q_2$ ② $A\dfrac{dh_2}{dt} = q_1 + q_2$ ③ $A\dfrac{dh_1}{dt} = q_i - q_1$ ④ $A\dfrac{dh_1}{dt} = q_i - q_2$

3.6 다음은 간단한 혼합공정을 나타낸 것이다. 각기 다른 순수물질 a(mol/sec)와 b(mol/sec)가 혼합되어 혼합물 w(mol/sec)가 생성된다. 모델식으로 맞는 것은? x_a와 x_b는 각각 혼합물 중의 물질 a와 b의 몰분율이다.

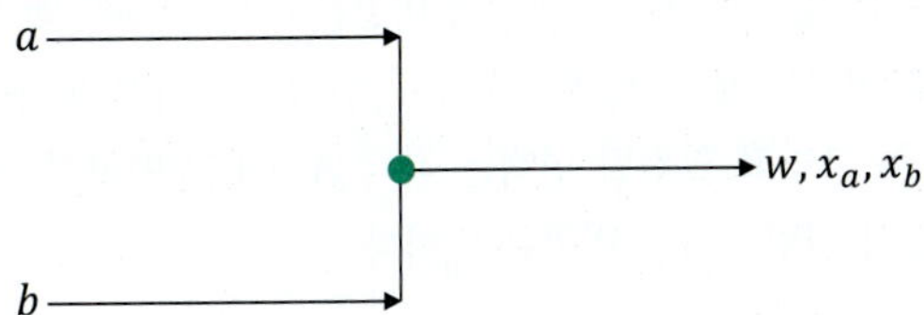

그림 3.20 **혼합공정.**

① $wx_a = a$ ② $a + b = wx_b$ ③ $wx_b = a$ ④ $w(x_a + x_b) = b$

점검 문제 해답

3.1 ④ **3.2** ①

3.3 ③ 풀이 $\frac{d(VC)}{dt} = V\frac{dC}{dt} + C\frac{dV}{dt} = q_aC_a + q_bC_b - qC,\ \frac{dV}{dt} = q_a + q_b - q.$

이들 두 식으로부터 $V\frac{dC}{dt} = q_aC_a + q_bC_b - (q_a + q_b)C$

3.4 ② 풀이 $A\frac{dh}{dt} = q_i + \alpha q - (1 + \alpha)q \rightarrow A\frac{dh}{dt} = q_i - q$

3.5 ③ **3.6** ①

연/습/문/제

3.1 다음 그림은 가열원으로서 수증기를 이용하는 연속교반 가열 시스템을 보인 것이다. 탱크의 부피는 V, 밀도는 ρ이며 액체의 비열은 C_p이다. 유입액과 유출액의 유량은 w로 일정하게 유지되는 경우 이 시스템의 모델식을 구하여라. 수증기가 통하는 코일 외부와 내부의 열전달 계수는 각각 h_o, h_i 그리고 열전달 면적은 각각 A_o, A_i이며 코일 자체의 온도는 T_q, 수증기 온도는 T_s, 그리고 코일의 질량은 m_q, 비열은 C_q이다.

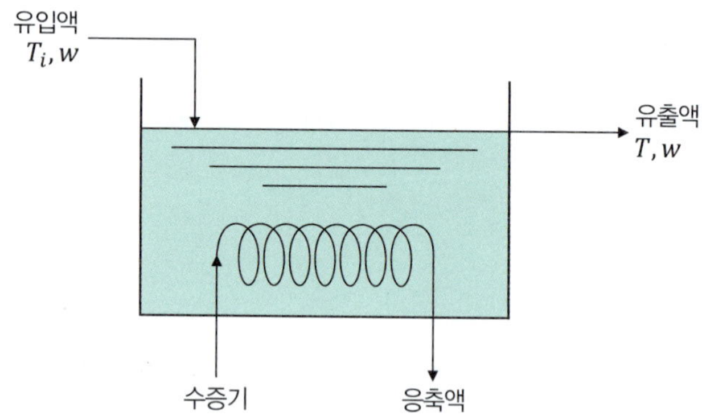

그림 P3.1

3.2 질량 m_b인 공이 구형 벽으로 싸여 있으며 공과 구형 벽 사이에는 기체가 채워져 있다. 외부 공기의 온도는 T_a, 공기와 외벽 사이의 열전달 계수와 열전달 면적은 각각 h_o, A_o이며 구형 벽 자체의 온도는 T_w, 질량은 m_w, 비열은 C_w이다. 벽 내부의 면적을 A_i, 기체의 열 전도도를 k_g, 기체층의 두께를 d, 공의 비열을 C_b, 온도를 T_b라 할 때 시간에 따른 T_b 및 T_w의 변화를 나타내는 모델식을 구하여라. d는 아주 작아서 공의 표면적과 구형 벽의 내부 면적은 같은 것으로 간주한다.

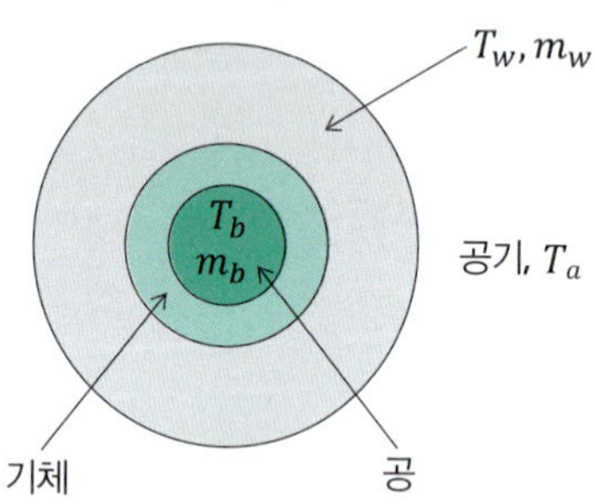

그림 P3.2

3.3 그림은 밀폐된 탱크를 보인 것이다. 탱크 내부의 기체의 압력을 P_g라 할 때 이 시스템의 모델식을 구하여라. 온도의 변화는 없고 탱크 외부의 대기압은 P_a이며 탱크 내부의 기체는 분자량 M인 n몰의 이상기체이고 액체의 밀도는 $\rho(\mathrm{mol/m^3})$로서 일정하며 q는 압력차의 제곱근에 비례하는 것으로 간주한다.

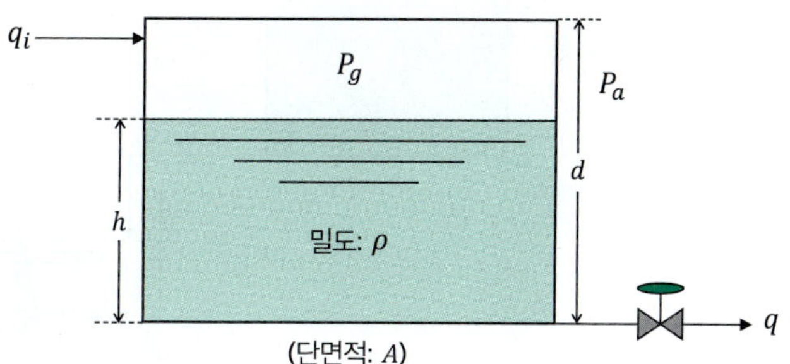

그림 P3.3

3.4 세 개의 교반탱크가 그림과 같이 배열되어 있다. 각 탱크의 용액 농도를 나타내는 모델식을 구하여라.

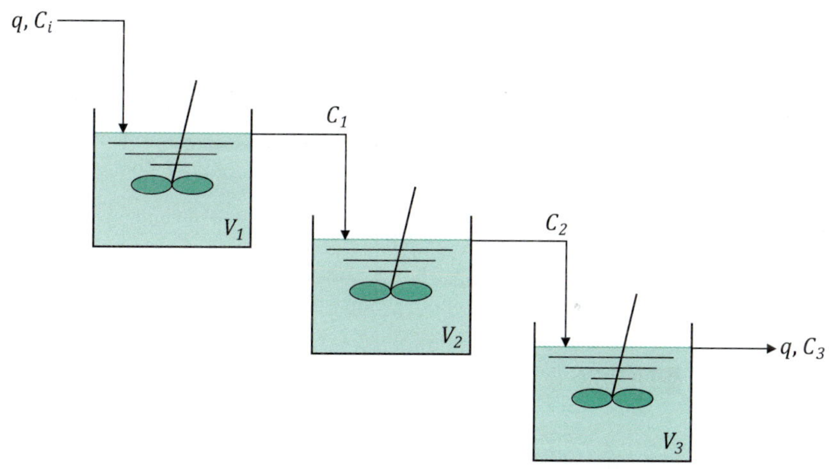

그림 P3.4

3.5 그림은 진한 용액을 원하는 농도의 용액으로 희석시키는 공정을 보인 것이다. 진한 용액의 밀도는 물의 밀도와 같으며 부피 V는 일정하게 유지되고 있다고 가정한다. 이 시스템의 모델식을 구하여라.

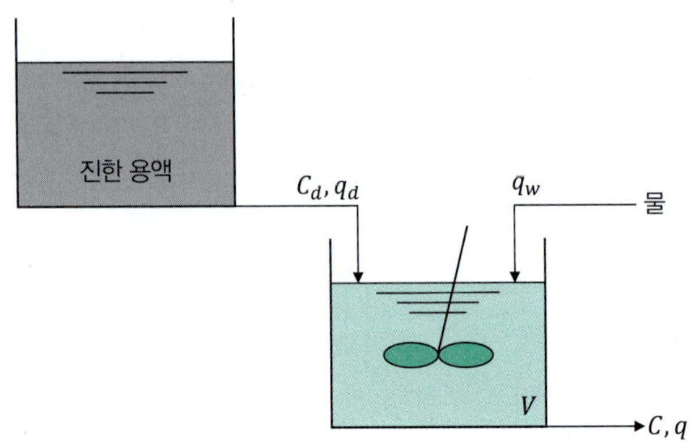

그림 P3.5

3.6 그림은 액위탱크를 보인 것이다. 그림에서 $q(t) = 2\sqrt{h(t)}$로 주어지며 탱크의 단면적은 4 ft^2이고 정상상태에서의 액위 $h_s = 9$ ft이다. 이 액위탱크의 모델식을 구하고 선형화시킨 다음 편차변수를 써서 나타내어라. 정상상태에서의 유량은 얼마인가?

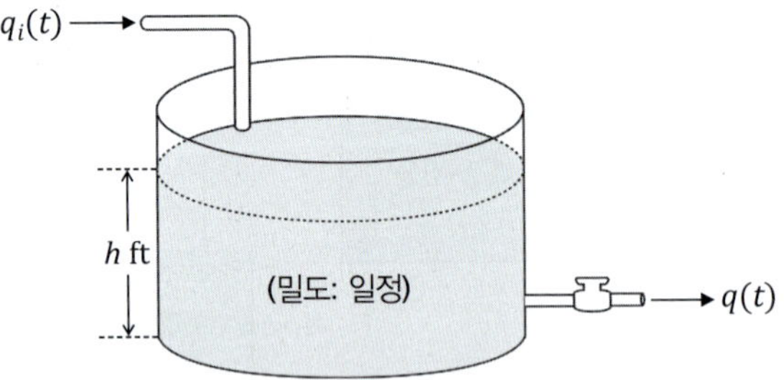

그림 P3.6

3.7 다음 액위탱크의 모델을 구하고 편차변수를 이용해 나타내어라. $q(t)$는 $q(t) = h/R$로 주어지며 탱크의 단면적은 A이다.

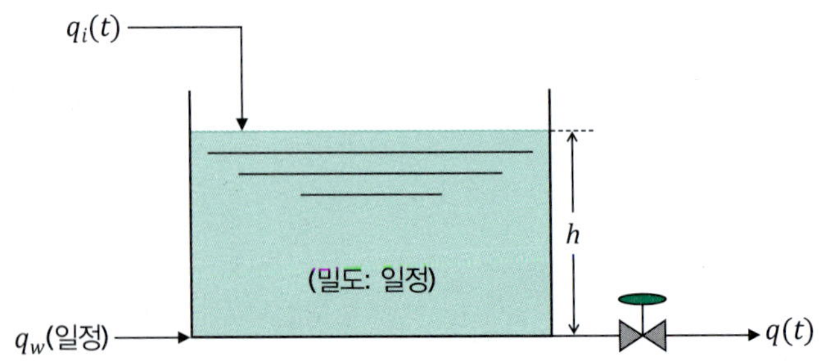

그림 P3.7

3.8 다음에 보인 그림은 순수한 물질 A를 물로 희석시켜서 원하는 농도의 용액을 얻는 혼합탱크를 보인 것이다. 부피 V는 일정하게 유지되며 x는 물질 A의 질량분율이다. 정상상태에서는 $p = p_s$, $q = q_s$, $x = x_s$, $w = w_s$, $\rho = \rho_s$이다.

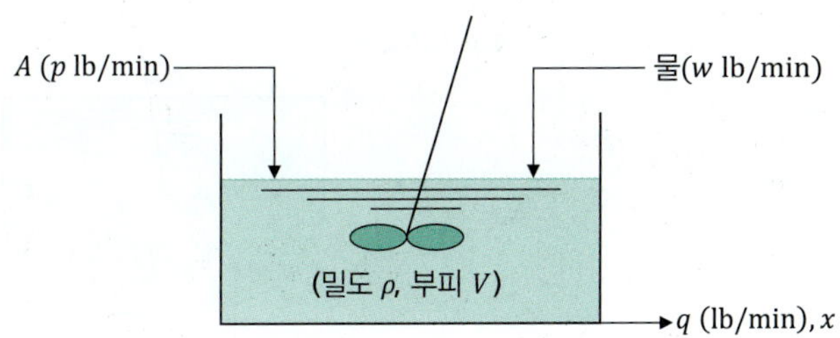

그림 P3.8

(1) 총괄 물질수지를 구하고 편차변수를 써서 나타내어라.

(2) A 성분에 대한 모델식을 구하고 선형화시킨 다음 편차변수를 써서 나타내어라.

3.9 다음 그림에 보인 회분식 반응기에서 다음과 같은 발열반응이 일어나고 있다:

$$A \xrightarrow{k_1, -\Delta H_1} B \xrightarrow{k_2, -\Delta H_2} C$$

반응기 외부 냉각재킷의 온도를 T_c, 열전달 계수와 열전달 면적을 각각 h와 A라 할 때 이 공정의 모델식을 구하여라.

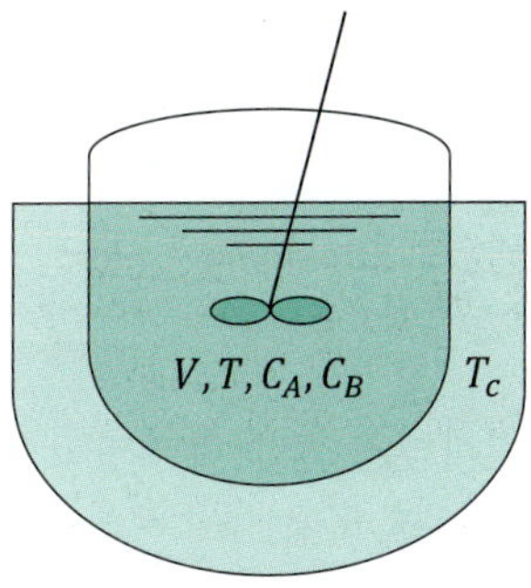

그림 P3.9

3.10 CSTR에서 1차 발열반응이 일어나고 있다. 열 및 물질수지 모델식을 각각 세운 다음 선형화시킨 후 편차변수를 써서 나타내어라. 정상상태에서 $C_A = C_{As}$, $T = T_s$, $T_i = T_{is}$이다.

(반응: $A \rightarrow B$, $r = kC_A$, $k = k_0 e^{-E/RT}$, 반응열 $= -\Delta H$, $q =$ 일정, $\rho =$ 일정)

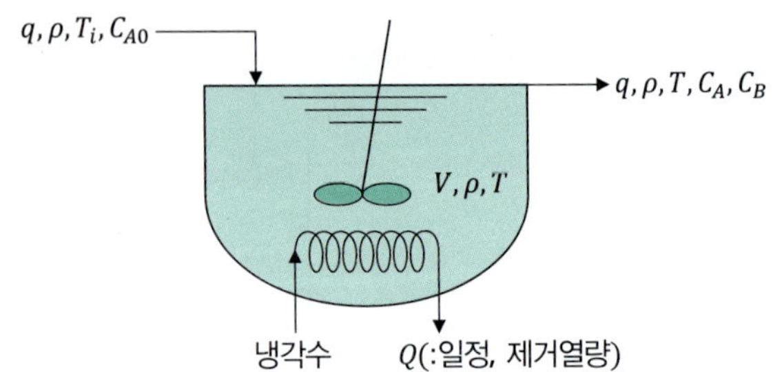

그림 P3.10

3.11 다음은 직렬로 연결된 2개의 가열 탱크를 보인 것이다.

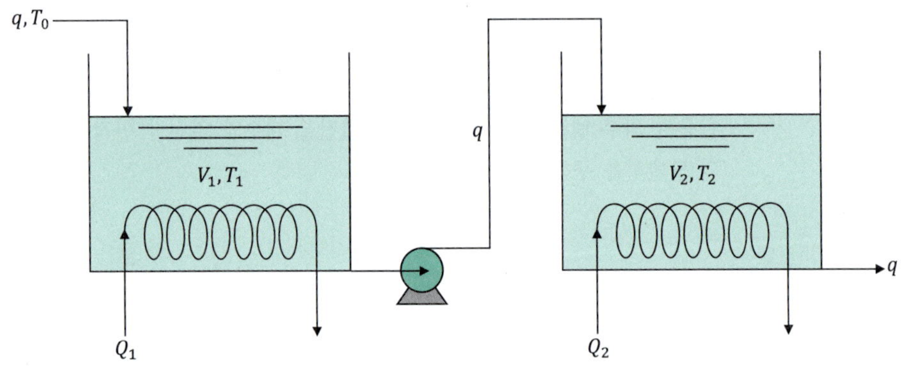

그림 P3.11

액체의 밀도와 비열은 일정하며 유량 q 역시 일정하게 유지된다. 각 탱크에 대한 에너지 수지식을 세워 보라.

3.12 다음 그림에 보인 증발기의 모델식을 구하여라. 유입액은 단일성분이며 유입열량은 Q이고 증기의 엔탈피는 H_v, 유입액의 엔탈피는 H_f(Btu/lb_m)이다.

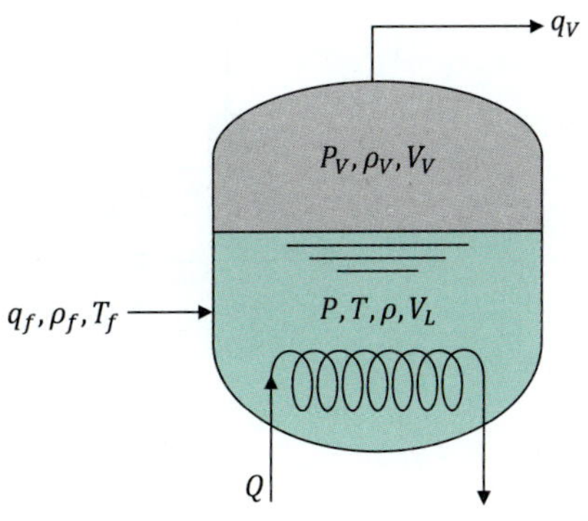

그림 P3.12

3.13 다음 그림은 다성분 혼합물의 분리를 위한 flash drum을 보인 것이다. 이 시스템에 대한 정상상태에서의 모델식을 구하여라. 그림에서 F, V, L은 부피유량(ft^3/s)이며 ρ는 밀도(lb/ft^3), 그리고 x, y, z는 몰분율이다. 원료와 증기, 그리고 유출액(L)의 평균 분자량(lb/lbmole)은 각각 M_f, M_v, M_L이라고 가정한다.

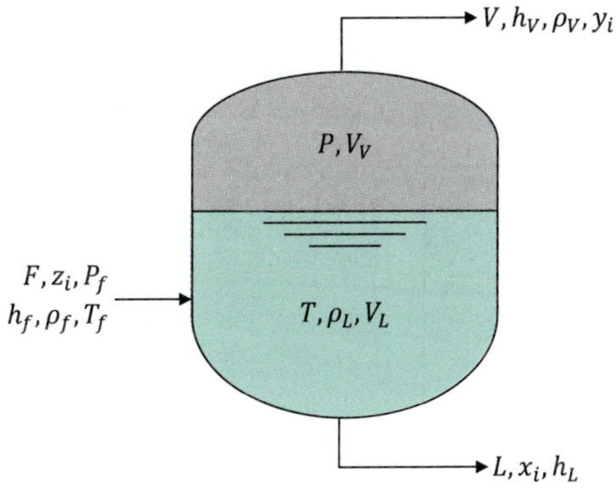

그림 P3.13

3.14 다음 그림과 같이 수평으로 놓여 있는 원통형 액체탱크 내의 액체의 높이에 대한 모델식을 구하여라. q_i와 q는 부피유량을 나타내며 액체의 밀도는 일정하다고 가정한다.

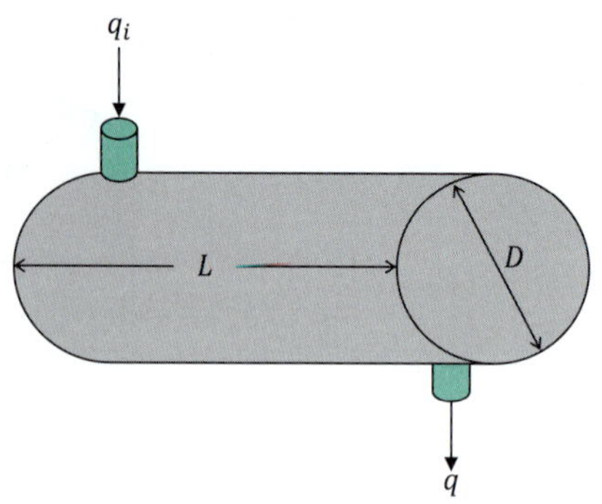

그림 P3.14

3.15 압력과 부피가 일정한 어떤 실내의 온도가 보일러에 의해 조절되고 있다. 그림 P3.15는 이러한 실내온도 제어구조를 보인 것이다. 실내온도 변화를 나타내는 모델식을 구하여라. 실내 외부로의 열손실이 발생하는데 이 경우 총괄 열전달 계수는 U, 열전달 면적은 A이다. 보일러로부터 공급되는 열량은 Q_h로서 실내온도 T가 어느 설정온도 T_r 이하이면 $Q_h > 0$이고 T_r보다 크면 $Q_h = 0$이다.

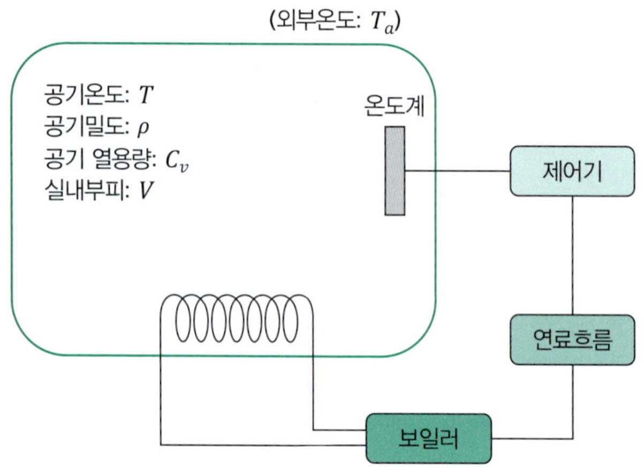

그림 P3.15

3.16 그림은 농도가 다른 두 흐름 A와 B가 혼합되는 간단한 혼합공정을 나타낸 것이다. w_A, w_B 그리고 w는 모두 몰 유량(mol/sec)이며 x_A, x_B 그리고 x는 각 흐름에서 관심 있는 성분의 몰분율을 나타낸다. 두 입력흐름 및 농도는 모두 시간에 따른 변수이다.

(1) 생성물 흐름중의 농도 x를 나타내는 식을 써보라.

(2) 위에서 얻은 식을 선형화시키고 편차변수를 이용하여 나타내어라. 정상상태에서 $w_A = w_B = w_s$, $x_A = x_{As}$, $x_B = x_{Bs}$, 그리고 $x = x_s$이다.

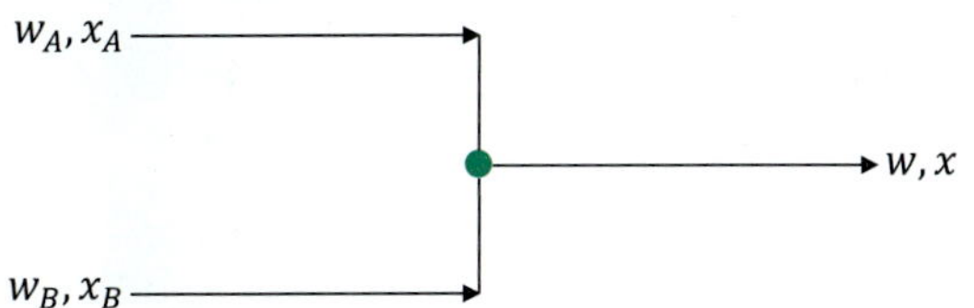

그림 P3.16

3.17 기체 A와 B가 탱크로 유입되어 혼합된 후 유출되고 있다. 기체 A와 B의 유입유량은 각각 q_A (kmol/s) 및 q_B(kmol/s)이며 유출유량 q(kmol/s)는 탱크 내의 압력(게이지 압력) P_g(barg)의 제곱근에 비례한다. 탱크 내 기체는 이상기체이며 기체 혼합물의 총 몰 수 n은 탱크 내 기체의 절대압력에 비례한다고 가정한다. $P_g = 5$ barg일 때 $n = 120$ kmol이었으며 정상상태에서는 $q_A = 8$ kmol/s, $q_B = 14$ kmol/s일 때 $P_g = 6$ barg이었다.

(1) 시간에 따른 P_g의 변화를 나타내는 모델식을 구하여라. 온도는 일정하다고 간주한다.

(2) 정상상태에서 탱크 내 기체 혼합물의 총 몰 수 $n = n_s$는 얼마인가?

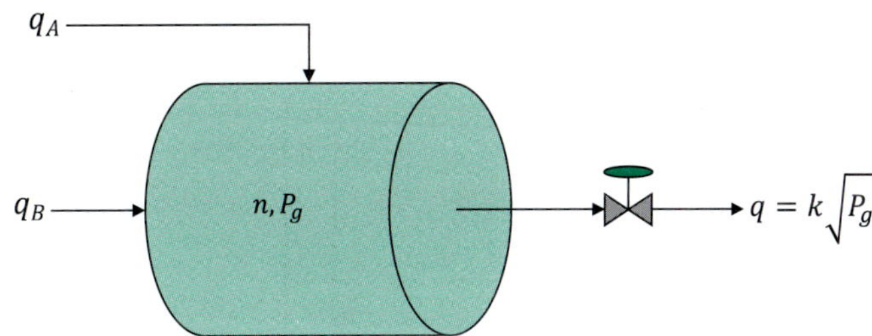

그림 P3.17 **기체혼합탱크.**

3.18 수은이 유리구 내에 들어 있는 그림과 같은 수은 온도계가 어떤 유체 내에 잠겨 있다. 수은 및 유리의 온도는 각각 T 및 T_g로 균일하다. 이 시스템에 대한 모델식을 구하여라. 그림에서(단위는 생략) m: 수은의 질량, m_g: 유리벽의 질량, C_p: 수은의 비열, C_g: 유리의 비열, T: 수은의 온도, T_g: 유리의 온도, A: 수은주 외벽 넓이(열전달 면적), A_g: 유리벽 넓이(열전달 면적), h: 수은-유리간 열전달 경막계수, h_g: 유리-유체간 열전달 경막계수이다.

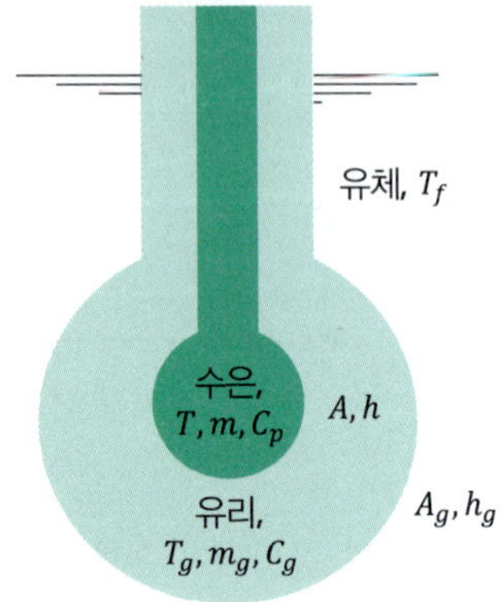

그림 P3.18

3.19 어떤 수은 마노미터에 압력 P(게이지 압력)가 가해졌을 때 수은 액면은 x만큼의 변화를 보였다. 수은기둥의 운동은 튜브 내 수은 이동속도(dx/dt)의 제곱에 비례(비례상수: k)하는 저항 마찰력에 의해 감쇠된다. 튜브 내 수은의 질량을 M, 튜브의 단면적을 A, 수은의 밀도를 ρ라고 할 때 수은 액면의 운동을 나타내는 미분방정식을 구하여라.

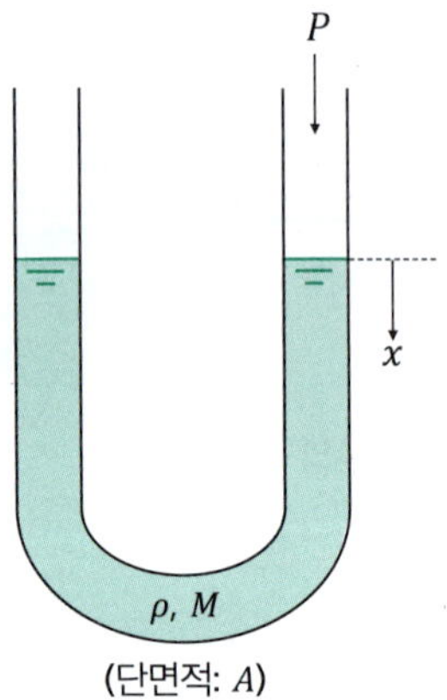

그림 P3.19 **수은 마노미터.**

3.20 등온 연속 교반반응기(CSTR)에서 2차반응 $A \rightarrow B$ $(-r_A = kC_A^2,\ k = \text{일정})$이 일어나고 있다. 온도와 밀도는 일정하며 $k = 1$ L/(mol·min), $q_{is} = q_s = 1$ L/min, $C_{Ais} = 2$ mol/L, 그리고 부피 $V = 1$ L이다.

(1) 이 반응기에 대한 모델식을 구하여라.

(2) 위에서 구한 모델식을 선형화시키고 주어진 데이터를 이용해 정리하여라.

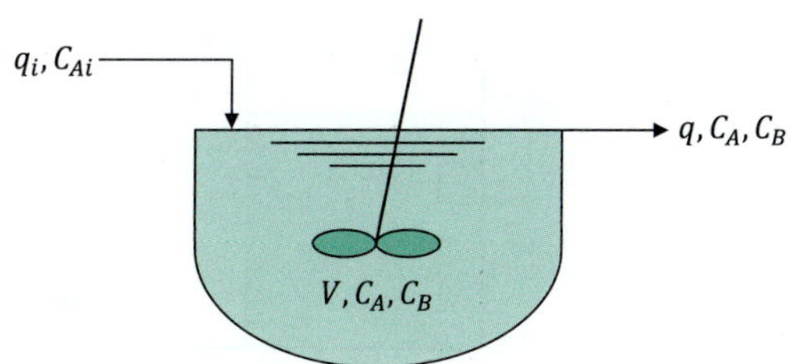

그림 P3.20

3.21 그림은 어떤 기상 에틸렌 중합반응기를 나타낸 것이다. 에틸렌과 촉매원료는 각각 q_E(kmol/s) 및 q_{cat}(kmol/s)의 유량으로 반응기에 연속적으로 공급되며 반응기 내 기상의 부피는 V(m^3)로서 일정하다. 생성된 고분자 생성물(고체)의 부피 V_p(m^3)가 일정하게 유지되도록 고분자 생성물은 반응기로부터 연속적으로 q_p(kmol/s)의 유량으로 유출된다. 에틸렌의 반응속도는 $r_E = kP_E C_{cat}$(kmol·m^{-3}·s^{-1})로 주어지며 P_E는 에틸렌의 분압이고 C_{cat}는 기체 단위부피당 촉매의 농도이다. 촉매는 소량이므로 촉매가 반응기 내에서 차지하는 부피는 무시하기로 한다. 유출되는 고체 생성물 q_p 중에 함유된 촉매유량은 $q_{p,cat} = \beta r_E V C_{cat}$(kmol/s)로 주어진다. 기상의 에틸렌 몰 수는 n이며 반응온도는 일정하고 기상은 이상기체로 가정한다. 시간에 따른 C_{cat}와 P_E의 변화율 $\dfrac{dC_{cat}}{dt}$ 및 $\dfrac{dP_E}{dt}$를 나타내는 모델식을 구하여라.

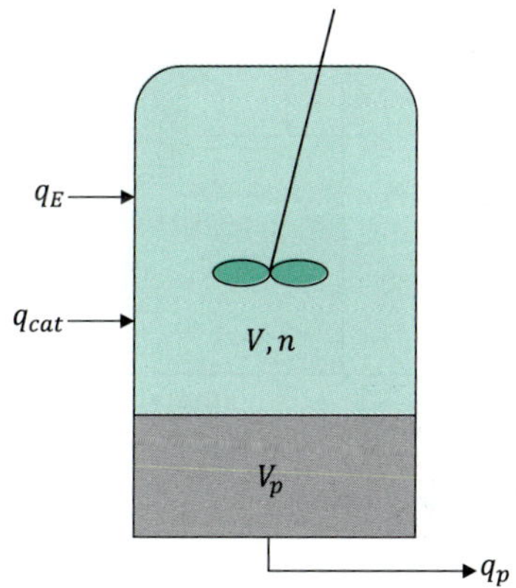

그림 P3.21 **기상 에틸렌 중합반응기.**

3.22 그림은 서로 연결된 두 물탱크를 보인 것이다. 두 탱크의 단면적은 각각 $A_1 = 4\ \text{m}^2$ 및 $A_2 = 1\ \text{m}^2$이며 액위(m)는 각각 h_1 및 h_2이다. 밸브가 완전히 열렸을 때 두 탱크 사이의 유량(m^3/s)은 $q = k\sqrt{h_1 - h_2}$로 주어진다. 초기상태에서 $h_1(0) = 10\ \text{m}$, $h_2(0) = 1.2\ \text{m}$이며 $k = 0.01\ \text{m}^{2.5}/\text{s}$이다. 밸브가 완전히 열렸을 때 두 번째 탱크 액위 h_2의 시간에 따른 변화율 $\dfrac{dh_2}{dt}$를 h_2만의 함수로 나타내어라.

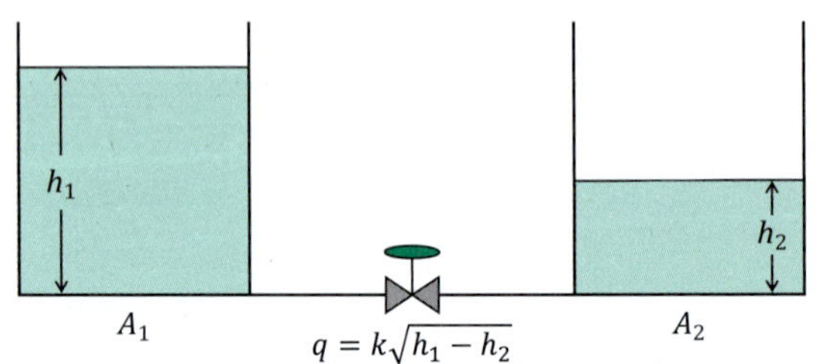

그림 P3.22 **2-탱크 시스템.**

3.23 그림은 서로 연결된 두 폐수저장 탱크를 보인 것이다. 첫 번째 탱크로 오염물이 함유된 폐수가 $q_i(\text{m}^3/\text{h})$의 유량으로 유입되며 $q_1(\text{m}^3/\text{h})$의 유량으로 배출된다. 유입폐수 중의 오염물의 농도는 $C_i(\text{mol/m}^3)$이며 두 탱크 내에서의 오염물의 농도는 각각 $C_1(\text{mol/m}^3)$ 및 $C_2(\text{mol/m}^3)$이다. 오염물은 탱크로부터 대기중으로 증발되는데 각 탱크로부터의 증발속도는 오염물의 농도에 비례하며 각각 $kV_1C_1(\text{mol/h})$ 및 $kV_2C_2(\text{mol/h})$로 주어진다. $V_1(\text{m}^3)$과 $V_2(\text{m}^3)$는 각각 첫 번째 탱크와 두 번째 탱크의 폐수용액의 부피이다. 두 탱크 사이의 유량 $q(\text{m}^3/\text{h})$는 $q = \alpha\sqrt{h_1 - h_2}$로 주어진다($h_1 \geq h_2$). $h_1(\text{m})$ 및 $h_2(\text{m})$는 각각 두 탱크의 액위이다. 이 공정에 대한 모델식을 구하여라.

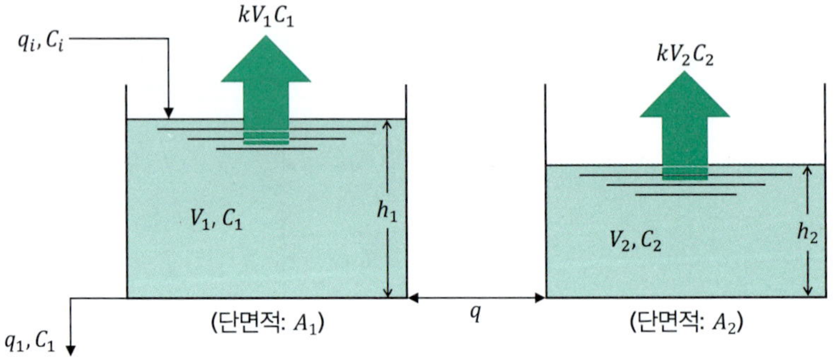

그림 P3.23 **폐수저장탱크.**

3.24 그림은 어떤 부유선별 장치를 나타낸 것이다. $q_i(\text{kg/s})$의 유량으로 유입되는 고-액 슬러리 중에 함유된 관심있는 광물성분의 질량분율은 x_i이다. 탱크 내 슬러리 중의 광물성분의 질량분율은 x이며 슬러리의 질량은 $M(\text{kg})$이다. 광물성분은 $kxM(\text{kg/s})$의 유량으로 거품층 내로 이동되며 광물성분을 제외한 나머지 슬러리는 $k_r(1 - x)M(\text{kg/s})$의 유량으로 거품층 내로 이동된다. 슬러리층 내로는 공기가 유입되며 슬러리는 $q(\text{kg/s})$의 유량으로 외부로 배출된다. 거품층의

질량은 m(kg)이며 거품층 내의 광물성분의 질량분율은 x_1이다. 거품층으로부터 넘쳐 유출되는 유량은 q_1(kg/s)이다. M과 m은 일정하다고 가정한다. 이 공정에 대한 모델식을 구하여라.

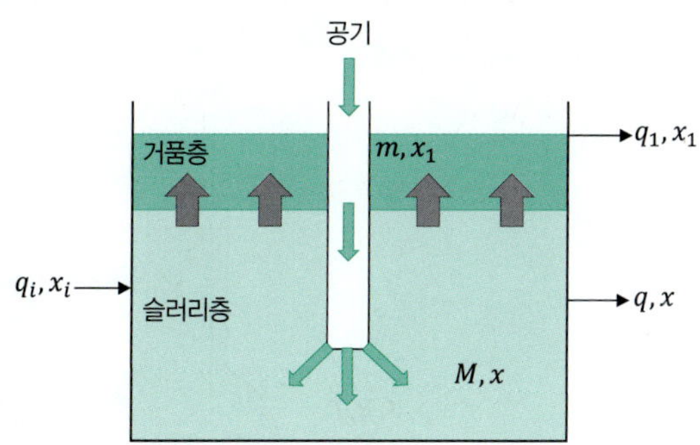

그림 P3.24 **부유선별 장치.**

3.25 다음 그림은 간단한 미분(혹은 차등)증류 장치를 보인 것이다. 용액(L) 중의 휘발성이 강한 성분의 조성 x는 시간에 따라 변하므로 이 성분에 근거하는 물질수지를 이용하여 모델식을 구성할 수 있다. 용액 중의 휘발성이 강한 성분의 조성변화를 dx, 증발된 용액을 dL, 증기상(V) 중의 휘발성이 강한 성분의 조성을 y라고 하자. $\dfrac{dL}{dx}$을 x, y, 그리고 L의 함수로 나타내어라.

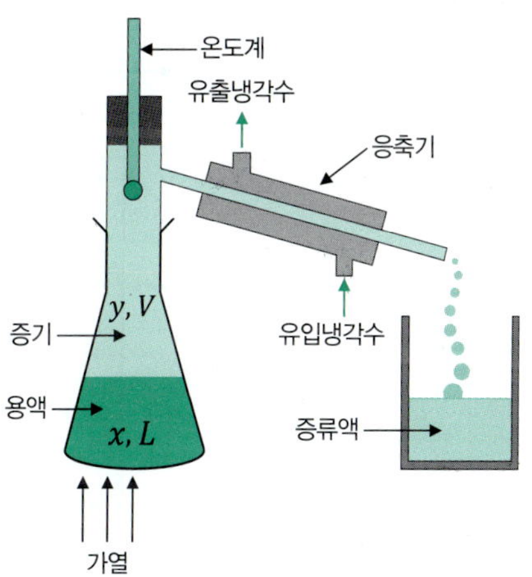

그림 P3.25

3.26 그림은 증류수를 얻기 위한 회분식 증발냉각 장치를 보인 것이다. 가열기로부터 Q(J/s)의 열량이 공급되어 물을 증발시키며 수증기는 냉각장치에서 응축수로 냉각되어 저장된다. 냉각장치로 유입되는 냉각수의 유량은 q_c(m^3/s)로서 일정하고 온도는 T_{ci}(℃)이며 냉각장치로부터 유출되는 냉각수의 온도는 T_c(℃)이다. 수증기의 부피는 V(m^3)로서 일정하며 수증기의 밀도와 온도는 각각 ρ(kg/m^3) 및 T(℃)이다. 냉각장치 내의 냉각수의 부피는 V_c(m^3), 밀도는 ρ_c(kg/m^3), 온도는 T_c(℃), 그리고 열용량은 C_{pc}(J/kg/℃)이다. 냉각장치 내의 열전달 면적은 A(m^2)이며 총괄 열전달 계수는 U(J/m^2/s/℃)이다. 물의 증발잠열은 λ(J/kg)이다. 수

증기 상을 이상기체라고 가정하고 시간에 따른 수증기 압력 P(atm)의 변화 및 냉각수 온도 T_c(°C)의 변화를 나타내는 모델식을 구하여라. 수증기의 분자량은 M_w(kg/kgmol), 기체상수는 $R(\mathrm{m}^3 \cdot \mathrm{atm/kgmol/°C})$이며 시간에 따른 수증기 온도의 변화는 무시한다(즉 $\frac{dT}{dt} = 0$).

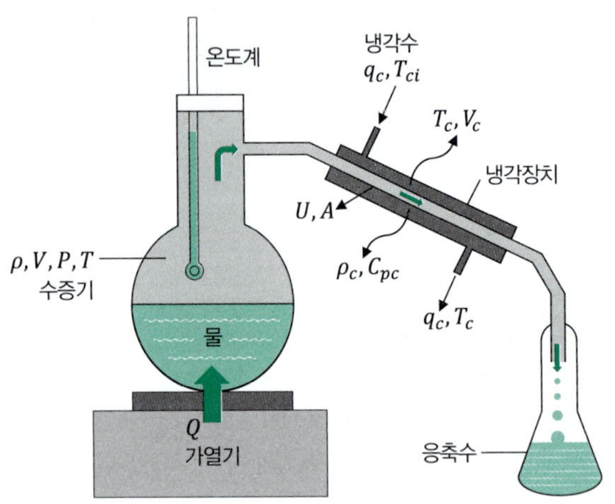

그림 P3.26 회분식 증발냉각 장치.

3.27 다음 그림은 기체 흡수탑을 보인 것이다.

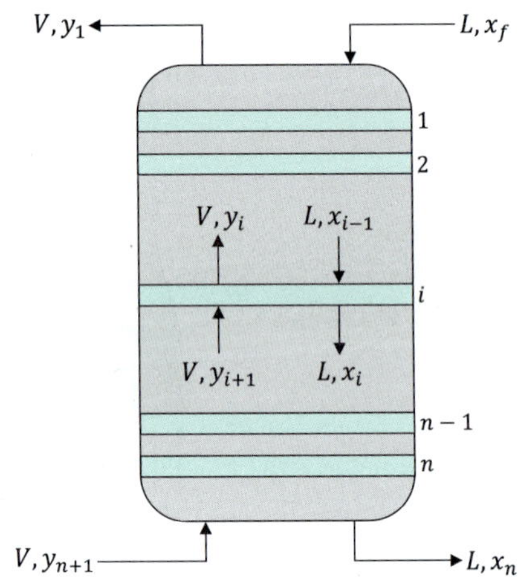

그림 P3.27

그림에서 L 및 V는 각각 액체 및 기체의 몰 유량이며 x_i 및 y_i는 각각 i번째 단에서의 액상 및 기상에서의 용질의 몰분율이다. 액상 조성과 기상 조성 사이의 관계는 간단히 $y_i = ax_i$로 나타낼 수 있다고 간주한다(a: 상수). L 및 V는 일정하며 흡수탑의 각 단에서는 열역학적 평형이 이루어진다고 가정한다. 아울러 i번째 단에서의 액상 및 기상 holdup은 각각 M 및 W이며 W는 M에 비해 무시할 수 있고 M은 각 단에 걸쳐 일정하다고 가정한다. 단 수가 $n = 5$인 경우 모델식을 구하고 벡터-행렬 형태로 나타내어 보라.

3.28 그림은 어떤 증류탑의 상부를 나타낸 것이다. x, y는 각각 관심 있는 성분의 액상 및 기상 몰 분율이며 기상흐름은 V(mol/s)로서 일정하다. R(mol/s)과 D(mol/s)는 각각 재순환 흐름과 탑 상제품 흐름이며 첫 번째 단의 액상 hold-up은 M(mol)으로서 일정하다. 첫 번째 단으로부터의 액상 흐름은 L_1(mol/s)이다. 첫 번째 단의 액상 몰 분율 x_1의 시간에 따른 변화를 나타내는 모델식을 구하여라. 기-액 상평형은 $y_i = kx_i$로 주어진다.

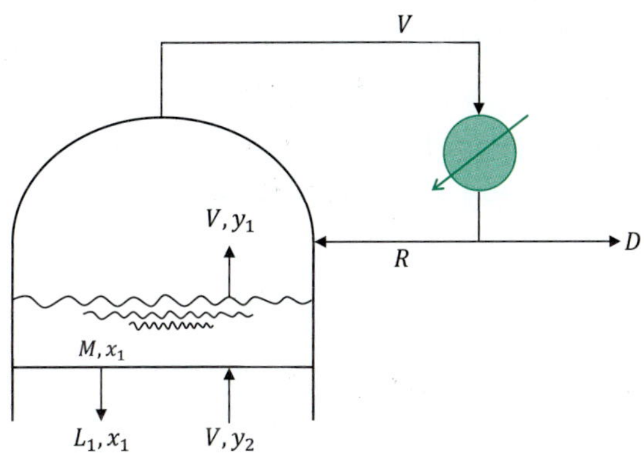

그림 P3.28 **증류탑 상부.**

∗ MATLAB 활용 문제

3.29 보기 3.4의 원뿔형 액체 저장탱크에서 $H = 1$, $R = 0.5$ (단위 생략)이다. 유출유량은 액위 h에 비례하며 $q = 1.2h$로 주어진다. 유입유량이 다음과 같은 변화를 보였을 때 $0 \le t \le 10$의 범위에서 시간에 따른 액위 $h(t)$의 변화를 그래프로 나타내어라.

(1) 크기 2인 계단변화: $q_i(t) = 2u(t)$

(2) sinusoidal 변화: $q_i(t) = 1 + \sin(\pi t)$

3.30 공정가스 중에 포함된 벤젠을 어떤 오일을 이용하는 5단 흡수탑을 사용하여 제거하고자 한다. 탑으로 주입되는 오일의 유량은 1.33 kgmol/min, 벤젠을 함유한 가스의 유량 및 함유된 벤젠의 몰분율은 각각 1.667 kgmol air/min 및 0.1, 각 단에서의 액체 holdup은 6.667 kgmol이며 평형관계식은 $y_i = 0.5x_i$로 주어진다. 흡수탑으로 유입되는 오일 중에는 벤젠이 함유되어 있지 않다(즉 $x_f = 0$). 주어진 데이터를 이용하면 흡수탑의 모델식은 $\dot{x} = Ax + Bu$와 같이 나타낼 수 있다. 위에서

$$x = \begin{bmatrix} x_1 \\ x_2 \\ x_3 \\ x_4 \\ x_5 \end{bmatrix}, \dot{x} = \begin{bmatrix} \dot{x_1} \\ \dot{x_2} \\ \dot{x_3} \\ \dot{x_4} \\ \dot{x_5} \end{bmatrix}, u = \begin{bmatrix} x_f \\ y_6 \end{bmatrix}, A = \begin{bmatrix} -0.325 & 0.125 & 0 & 0 & 0 \\ 0.2 & -0.325 & 0.125 & 0 & 0 \\ 0 & 0.2 & -0.325 & 0.125 & 0 \\ 0 & 0 & 0.2 & -0.325 & 0.125 \\ 0 & 0 & 0 & 0.2 & -0.325 \end{bmatrix}, B = \begin{bmatrix} 0.2 & 0 \\ 0 & 0 \\ 0 & 0 \\ 0 & 0 \\ 0 & 0.25 \end{bmatrix}$$

와 같다. 정상상태에서 각 단의 액상 조성을 구하여라.

3.31 미분(차등)증류 공정에서 용액(L) 중의 휘발성이 강한 성분의 조성을 x, 증기상(V) 중의 휘발성이 강한 성분의 조성을 y, 용액의 초기 몰 수를 L_1, 증발이 일어난 후의 용액의 몰 수를 L_2라 하면

$$-\ln\frac{L_2}{L_1}=\int_{x_1}^{x_2}\frac{dx}{x-y}$$

의 관계를 얻는다.

벤젠 70몰과 톨루엔 50몰을 포함하는 용액을 남은 액체가 50몰이 될 때까지 1기압의 압력에서 간단한 미분증류장치를 이용해 증류하고 있다. 증류공정이 완료된 후의 액상의 조성을 구하여라. 벤젠-톨루엔 상평형 데이터는 다음과 같다.

표 P3.31 벤젠-톨루엔 상평형 데이터

x	0.0	0.1	0.2	0.3	0.4	0.5	0.6	0.7	0.8	0.9	1.0
y	0.000	0.211	0.378	0.512	0.623	0.714	0.791	0.856	0.911	0.959	1.000

3.32 식 (3.20)과 (3.21)로 표현되는 연속교반 반응기에서 1차 비가역 발열반응 A → B ($-r_A = kC_A$)가 진행되고 있으며 반응속도 상수 k는 식 (3.15)로 주어진다. 관련 파라미터들과 운전조건은 표 3.4에 요약되어 있다. 냉각수 온도가 298 K로부터 308 K로 증가했을 경우와 288 K로 감소했을 경우 각각에 대하여 시간 $t(0 \le t \le 10\text{ min})$에 따른 반응온도 T 및 반응물 농도 C_A의 변화를 그래프로 나타내어라.

표 P3.32 CSTR 비가역 발열반응 조건 및 모델 파라미터

변수 및 파라미터	값
열용량, C_p	$0.24\text{ J/(g}\cdot\text{K)}$
반응속도상수 계수, k_0	$7.6\times10^{10}\text{ min}^{-1}$
활성화 에너지/기체상수 비, E/R	8800 K
열전달 계수와 열전달 면적의 곱, UA	$5.1\times10^{4}\text{ J/(min}\cdot\text{K)}$
반응열, $-\Delta H$	$5.2\times10^{4}\text{ J/mol}$
반응기 부피, V	120 L
유체 밀도, ρ	1000 g/L
유입액 농도, C_{Ai}	0.9 mol/L
유입액 온도, T_i	353 K
유량, q_i	120 L/min
냉각수 초기온도, $T_c(0)$	298 K
초기 반응물 농도, $C_A(0)$	0.5 mol/L
반응기 초기온도, $T(0)$	353 K

3.33 그림에 보인 바와 같은 반응장치에서 $A \rightarrow B$의 1차 발열반응이 진행되고 있다. 반응속도 상수는 $k = k_0 e^{-E/(RT)}$로 표시되며 반응기 하부에 설치된 냉각장치를 통해 냉각수가 흐르고 있다. 냉각장치의 부피는 V_c이며 열전달 면적은 A_c이다. 반응열은 $-\Delta H$, 열전달 면적 A_c를 통한 총괄 열전달 계수는 U이며 반응물과 냉각수의 열용량과 밀도는 모두 C_p 및 ρ라고 가정한다.

(1) 이 반응공정에 대한 모델을 구하여라.

(2) 주어진 데이터를 이용하여 정상상태 값을 구하여라.

(3) $0 \le t \le 5000(s)$에서 C_A, T, 그리고 T_c의 변화를 그래프로 나타내어라. 초기조건은 $C_A(0) = C_{Ai}$, $T(0) = T_c(0) = T_i$로 설정한다.

데이터: $q_i = 0.0035\ \text{m}^3/\text{s}$, $T_i = T_{ci} = 25°\text{C}$, $C_{Ai} = 18\ \text{kgmol/m}^3$, $V = 12\ \text{m}^3$,
$q_c = 0.007\ \text{m}^3/\text{s}$, $V_c = 5.2\ \text{m}^3$, $\Delta H = -4218\ \text{kJ/kgmol}$, $k_0 = 0.0033\ \text{s}^{-1}$,
$E = 520\ \text{kJ/kgmol}$, $A_c = 3.1\ \text{m}^2$, $R = 8.314\ \text{kJ/(K} \cdot \text{kgmol)}$,
$U = 41\ \text{kW/(m}^2 \cdot °\text{C)}$, $C_p = 4.181\ \text{kJ/kg}$, $\rho = 1000\ \text{kg/m}^3$.

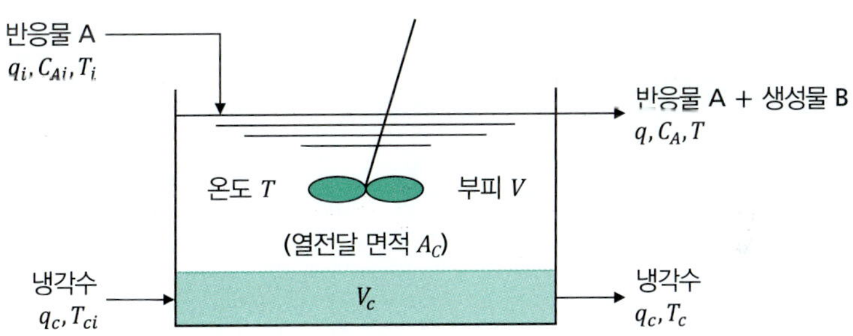

그림 P3.33 **발열반응장치.**

최신 공정제어공학 MATLAB의 활용과 실습

전달함수와 블록선도

공정의 전달함수는 공정의 입력변수와 출력변수 사이의 동적 관계를 나타내어 주는 함수이다. 전달함수는 입력변수의 유형이나 출력변수의 초기조건과는 무관하며 공정 자체의 동적 특성을 명료하게 나타내어 준다. 공정의 전달함수와 입력변수 및 출력변수들 사이의 관계는 블록선도를 이용하여 알기 쉽게 표현할 수 있다. 블록선도는 전체 공정의 제어구조를 나타내고 분석하는 데에 기본적으로 이용되는 도구로서 공정 정보의 흐름을 보여주며 각각의 블록은 미분 및 대수 방정식으로 표현되는 거동을 나타내는 하나의 전달함수를 포함한다. 각 블록에 대한 적절한 수학적 표현을 도출해 내는 일은 공정 엔지니어가 수행해야 할 중요한 작업이다. 여기에서는 블록선도의 기본적인 성질과 특성들을 살펴보고 공정 모델로부터의 전달함수를 도출하는 방법을 알아보기로 한다. 한편 선형화된 미분 방정식들로 구성된 모델들은 벡터-행렬 형태로 표현되는 상태공간 모델로 나타낼 수 있다. 이러한 상태공간 모델로부터 전달함수를 얻을 수 있으며 전달함수로부터 상태공간 모델을 구할 수도 있다. 여기에서는 블록선도와 전달함수 및 상태공간 모델을 이용한 공정제어 구조의 표현 기법들을 살펴보기로 한다.

4.1 전달함수

4.1.1 공정의 전달함수

전달함수는 이미 앞의 제2장에서 언급한 바 있다. 화학공정의 제어문제를 다루기 위한 전달함수는 편차변수를 이용하여 얻어진다. 제3장에서 다룬 액체 저장탱크의 경우를 살펴보기로 한다. 액체저장탱크의 모델식은 다음과 같다.

$$A\frac{dh}{dt} = q_i - q$$

정상상태에서는

$$A\frac{dh_s}{dt} = 0 = q_{is} - q_s \tag{4.1}$$

위의 두 관계들로부터

$$A\frac{d(h-h_s)}{dt} = (q_i - q_{is}) - (q - q_s) \tag{4.2}$$

편차변수 $\bar{h}$, $\bar{q_i}$, 그리고 $\bar{q}$를

$$\bar{h} = h - h_s, \ \bar{q_i} = q_i - q_{is}, \ \bar{q} = q - q_s \tag{4.3}$$

로 두면 식 (4.2)는 다음과 같이 쓸 수 있다.

$$A\frac{d\bar{h}}{dt} = \bar{q_i} - \bar{q} \tag{4.4}$$

액체 저장탱크가 처음에 정상상태로 유지되고 있었다면 초기조건은

$$\begin{aligned} &\bar{h}(0) = h(0) - h_s = h_s - h_s = 0, \quad \bar{q_i}(0) = q_i(0) - q_{is} = q_{is} - q_{is} = 0, \\ &\bar{q}(0) = q(0) - q_s = q_s - q_s = 0 \end{aligned} \tag{4.5}$$

식 (4.5)의 초기조건을 이용하여 식 (4.4)의 양변을 라플라스 변환시키면 다음 관계를 얻는다.

$$AsH(s) = Q_i(s) - Q(s)$$

따라서

$$H(s) = \frac{1}{As}[Q_i(s) - Q(s)] = G(s)[Q_i(s) - Q(s)] \tag{4.6}$$

식 (4.6)에서 $G(s) = \dfrac{1}{As}$은 입력변수 Q_i 및 Q와 출력변수 H 사이의 동적 관계를 나타내어 주는 전달함수이다.

보기 4.1

그림 3.3의 액체 저장탱크에서 $q = \dfrac{h}{R_v}$인 관계로 주어질 때 유입유량에 대한 액위의 변화를 나타내는 전달함수를 구하여라.

풀이

주어진 관계를 모델식에 대입하고 정리하면

$$AR_v\frac{dh}{dt} = R_v q_i - h \tag{4.7}$$

정상상태에서는

$$AR_v\frac{dh_s}{dt} = 0 = R_v q_{is} - h_s \tag{4.8}$$

식 (4.7)로부터 식 (4.8)을 빼면

$$AR_v\frac{d(h - h_s)}{dt} = R_v(q_i - q_{is}) - (h - h_s) \tag{4.9}$$

식 (4.3)의 편차변수를 도입하면 위의 식은 다음과 같다.

$$AR_v \frac{d\bar{h}}{dt} = R_v \bar{q}_i - \bar{h}$$

윗 식의 양변을 라플라스 변환시키고 정리하면

$$(\tau s + 1)H(s) = R_v Q_i(s)$$

위에서 $\tau = AR_v$이다. 이 관계를 다시 쓰면

$$\frac{H(s)}{Q_i(s)} = G(s) = \frac{R_v}{\tau s + 1} \tag{4.10}$$

$G(s) = \dfrac{R_v}{\tau s + 1}$는 입력 Q_i와 출력 H 사이의 동적 특성을 나타내어 주는 전달함수이다.

보기 4.2

그림 3.1에 보인 연속교반 가열시스템에서 열용량 C_p와 밀도 ρ, 그리고 부피 V가 일정하다고 가정하면 모델식은 식 (3.5)와 같다. 유입액과 유출액의 유량이 w로서 똑같이 일정하게 유지되는 경우 이 시스템에 대한 전달함수를 구하여라.

풀이

주어진 조건을 이용하면 식 (3.5)로부터 다음 관계를 얻는다.

$$\frac{\rho V}{w}\frac{dT}{dt} = (T_i - T) + \frac{Q}{C_p w} \tag{4.11}$$

정상상태에서는

$$\frac{\rho V}{w}\frac{dT_s}{dt} = 0 = (T_{is} - T_s) + \frac{Q_s}{C_p w} \tag{4.12}$$

식 (4.11)로부터 식 (4.12)를 빼면

$$\frac{\rho V}{w}\frac{d(T - T_s)}{dt} = (T_i - T_{is}) - (T - T_s) + \frac{Q - Q_s}{C_p w} \tag{4.13}$$

편차변수 $\bar{T}$, $\bar{T}_i$, 그리고 $\bar{Q}$을 $\bar{T} = T - T_s$, $\bar{T}_i = T_i - T_{is}$, $\bar{Q} = Q - Q_s$와 같이 정의하면 식 (4.13)은 다음과 같이 쓸 수 있다.

$$\tau \frac{d\bar{T}}{dt} = (\bar{T}_i - \bar{T}) + K\bar{Q} \tag{4.14}$$

위에서 $\tau = \dfrac{\rho V}{w}$로서 시간의 단위를 가지며 $K = \dfrac{1}{C_p w}$이다. 식 (4.14)의 양변을 라플라스 변환시킨 다음 정리하면 다음 관계를 얻는다.

$$\bar{T}(s) = \left(\frac{1}{\tau s + 1}\right)\bar{T}_i(s) + \left(\frac{K}{\tau s + 1}\right)\bar{Q}(s) = G_1(s)\bar{T}_i(s) + G_2(s)\bar{Q}(s) \quad \textbf{(4.15)}$$

위에서 $G_1(s) = \dfrac{1}{\tau s + 1}$은 $\bar{T}_i(s)$와 $\bar{T}(s)$의 관계를 나타내는 전달함수이고 $G_2(s) = \dfrac{K}{\tau s + 1}$은 $\bar{Q}(s)$와 $\bar{T}_i(s)$의 관계를 나타내는 전달함수이다.

MATLab

전달함수의 표현(1)

MATLAB에서는 라플라스 변환의 분모와 분자의 s의 계수를 내림차순으로 입력함으로써 라플라스 변환을 나타낸다. 계수의 입력은 대괄호([ ])를 이용하며 숫자 사이에는 빈 칸, 또는 쉼표(,)를 두어 차수를 구분한다. 전달함수의 분자가 $2s + 1$, 분모가 $s^2 + 3s + 2$인 경우 MATLAB을 이용하여 전달함수를 구해 보자. MATLAB 프로그램 및 출력은 다음과 같다.

```
>> num = [2 1];
>> den = [1 3 2];
>> G = tf(num, den)
G =
      2 s + 1
  ---------------
  s^2 + 3 s + 2
Continuous-time transfer function.
```

전달함수는 G라는 변수에 저장된다. G에는 전달함수의 분모, 분자가 모두 저장되어 있으므로 이후에 다루게 될 공정의 동특성을 다룰 때 편리하게 이용할 수 있다.

MATLab

전달함수의 표현(2)

전달함수의 분모가 인수분해되어 있는 경우 인자들의 합성에 conv 명령어를 이용한다. 라플라스 변환이 $G(s) = \dfrac{2s + 1}{(s^2 + 3s + 2)(s + 4)}$와 같은 경우 MATLAB으로 $G(s)$를 나타내어 보자. MATLAB에서 두 항의 곱은 conv 명령어를 이용하여 손쉽게 나타낼 수 있다.

```
>> num = [2 1]; den = conv([1 3 2], [1 4]);
>> G = tf(num, den)
```

```
G =

        2 s + 1
  ---------------------------
  s^3 + 7 s^2 + 14 s + 8
Continuous-time transfer function.
```

4.1.2 전달함수의 성질

공정의 모델이 다음과 같은 미분방정식으로 주어지는 경우를 고려해 보기로 한다.

$$a_n \frac{d^n y}{dt^n} + a_{n-1} \frac{d^{n-1} y}{dt^{n-1}} + \cdots + a_1 \frac{dy}{dt} + a_0 y = b_m \frac{d^m x}{dt^m} + b_{m-1} \frac{d^{m-1} x}{dt^{m-1}} + \cdots + b_1 \frac{dx}{dt} + b_0 x \quad \textbf{(4.16)}$$

위에서 x와 y는 각각 입력과 출력변수이다. 모델식이 위와 같이 입력과 출력변수들에 대한 미분들의 선형 조합으로 주어지는 경우는 공정이 선형임을 의미한다. 모델의 계수 $a_i(i = 0, 1, \cdots, n)$와 $b_j(j = 0, 1, \cdots, m)$가 시간 t의 함수이면 시변(time-varying) 선형 시스템이라 칭하며 t와 무관하다면 시불변(time-invariant) 선형 시스템이라고 부른다. 여기에서는 시불변 선형 시스템만을 다루고 있다. 정상상태에서는

$$a_n \frac{d^n y_s}{dt^n} + a_{n-1} \frac{d^{n-1} y_s}{dt^{n-1}} + \cdots + a_1 \frac{dy_s}{dt} + a_0 y_s = b_m \frac{d^m x_s}{dt^m} + b_{m-1} \frac{d^{m-1} x_s}{dt^{m-1}} + \cdots + b_1 \frac{dx_s}{dt} + b_0 x_s \quad \textbf{(4.17)}$$

편차변수 $\bar{x}$와 $\bar{y}$를 $\bar{x} = x - x_s$, $\bar{y} = y - y_s$로 정의하면 식 (4.16)과 (4.17)로부터 다음 관계를 얻는다.

$$a_n \frac{d^n \bar{y}}{dt^n} + a_{n-1} \frac{d^{n-1} \bar{y}}{dt^{n-1}} + \cdots + a_1 \frac{d\bar{y}}{dt} + a_0 \bar{y} = b_m \frac{d^m \bar{x}}{dt^m} + b_{m-1} \frac{d^{m-1} \bar{x}}{dt^{m-1}} + \cdots + b_1 \frac{d\bar{x}}{dt} + b_0 \bar{x} \quad \textbf{(4.18)}$$

식 (4.18)의 라플라스 변환으로부터 다음과 같은 전달함수를 얻는다.

$$G(s) = \frac{Y(s)}{X(s)} = \frac{b_m s^m + b_{m-1} s^{m-1} + \cdots + b_1 s + b_0}{a_n s^n + a_{n-1} s^{n-1} + \cdots + a_1 s + a_0} \quad \textbf{(4.19)}$$

전달함수 $G(s)$의 분모와 분자는 각각 s의 n차 및 m차 멱급수 함수이다. 분모의 차수 n은 반드시 m 이상이어야 하는데 이 조건은 보통 물리적 실현 가능성 조건이라고 통칭된다. m이 n보다 큰 경우에는 물리적으로 불가능한 공정임을 의미한다. 전달함수의 분모를 0으로 둔 방정식, 즉

$$a_n s^n + a_{n-1} s^{n-1} + \cdots + a_1 s + a_0 = 0$$

을 특성방정식(characteristic equation)이라고 부른다.

두 개의 서로 다른 정상상태 (x_{s1}, y_{s1}), (x_{s2}, y_{s2})를 생각해 보기로 한다. 이 경우의 예로서 입력 x가 x_{s1}으로 일정하게 유지될 때 출력 y는 y_{s1}으로 일정한 값을 보이다가 입력이 변하여 x_{s2}로 다시 일정하게 유지되면 y는 얼마의 시간이 지난 후에 y_{s2}로 일정하게 유지되는 경우를 들 수

있다. 즉 입력변수 x가 x_{s1}으로부터 x_{s2}로 계단변화를 보인 경우가 된다. 정상상태에서의 미분값은 모두 0이므로 각각의 정상상태에서는 식 (4.17)로부터

$$a_0 y_{s1} = b_0 x_{s1},\quad a_0 y_{s2} = b_0 x_{s2}$$

이들 관계로부터

$$\frac{y_{s2} - y_{s1}}{x_{s2} - x_{s1}} = \frac{b_0}{a_0} \tag{4.20}$$

정상상태 이득(gain) K는 정상상태 입력변수의 변화에 대한 정상상태 출력변수의 변화의 비로 정의되며 다음과 같이 얻어진다.

$$K = \frac{\Delta(\text{정상상태 출력})}{\Delta(\text{정상상태 입력})} = \frac{\Delta y}{\Delta x} = \frac{y_{s2} - y_{s1}}{x_{s2} - x_{s1}} = \frac{b_0}{a_0} \tag{4.21}$$

한편 식 (4.19)의 전달함수 $G(s)$에서 s 대신 0을 대입하면

$$G(s)|_{s=0} = G(0) = \frac{Y(0)}{X(0)} = \frac{b_0}{a_0} = K \tag{4.22}$$

즉 계단입력변화에 대한 정상상태 이득은 전달함수에서 s 대신 0을 대입해 얻을 수 있다.

일반적으로 입력변수 $x(t)$가 크기 Δm인 계단변화를 보였다면 $X(s) = \dfrac{\Delta m}{s}$이므로 정상상태에서의 출력변수의 변화 ΔC는 라플라스 변환의 최종치 정리로부터

$$\Delta C = \lim_{s\to 0} sG(s)X(s) = \lim_{s\to 0} s\left[\frac{b_m s^m + \cdots + b_0}{a_n s^n + \cdots + a_0}\right]\cdot\frac{\Delta m}{s} = \frac{b_0}{a_0}\Delta m = K\Delta m$$

을 얻는다.

4.1.3 다변수 공정의 전달함수

그림 4.1에 보인 바와 같이 입력변수와 출력변수가 각각 두 개인 공정의 전달함수를 구해 보기로 한다.

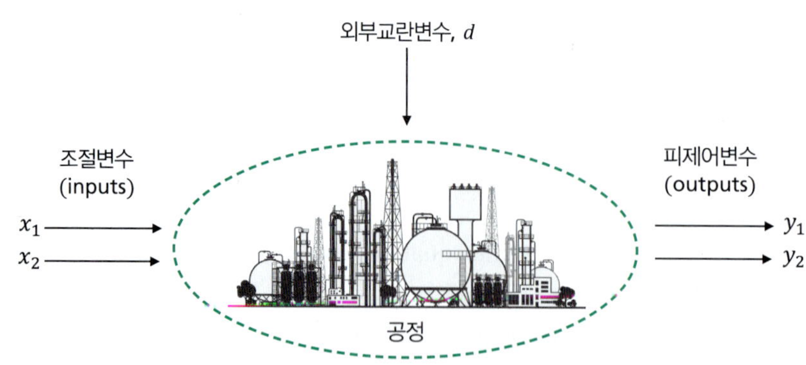

그림 4.1 2×2 공정.

그림에 보인 공정의 모델식이 다음과 같은 2개의 선형 미분방정식으로 주어진다고 가정한다.

$$\frac{dy_1(t)}{dt} = a_{11}y_1(t) + a_{12}y_2(t) + b_{11}x_1(t) + b_{12}x_2(t) + c_1d(t)$$

$$\frac{dy_2(t)}{dt} = a_{21}y_1(t) + a_{22}y_2(t) + b_{21}x_1(t) + b_{22}x_2(t) + c_2d(t) \quad \textbf{(4.23)}$$

$$y_1(0) = y_{1s},\ y_2(0) = y_{2s}$$

정상상태에서는

$$\frac{dy_{1s}}{dt} = 0 = a_{11}y_{1s} + a_{12}y_{2s} + b_{11}x_{1s} + b_{12}x_{2s} + c_1d_s$$

$$\frac{dy_{2s}}{dt} = 0 = a_{21}y_{1s} + a_{22}y_{2s} + b_{21}x_{1s} + b_{22}x_{2s} + c_2d_s \quad \textbf{(4.24)}$$

위에서 하첨자 s는 정상상태를 의미한다. 편차변수를 각각 다음과 같이 정의하기로 한다:

$$\overline{y_1}(t) = y_1(t) - y_{1s},\ \overline{y_2}(t) = y_2(t) - y_{2s},\ \overline{x_1}(t) = x_1(t) - x_{1s},$$

$$\overline{x_2}(t) = x_2(t) - x_{2s},\ \bar{d}(t) = d(t) - d_s$$

식 (4.23)으로부터 식 (4.24)를 뺀 다음 위의 편차변수들을 대입하면 다음 관계를 얻는다.

$$\frac{d\overline{y_1}(t)}{dt} = a_{11}\overline{y_1}(t) + a_{12}\overline{y_2}(t) + b_{11}\overline{x_1}(t) + b_{12}\overline{x_2}(t) + c_1\bar{d}(t)$$

$$\frac{d\overline{y_2}(t)}{dt} = a_{21}\overline{y_1}(t) + a_{22}\overline{y_2}(t) + b_{21}\overline{x_1}(t) + b_{22}\overline{x_2}(t) + c_2\bar{d}(t) \quad \textbf{(4.25)}$$

식 (4.25)를 라플라스 변환시키고 정리하면

$$Y_1(s) = G_{11}(s)X_1(s) + G_{12}(s)X_2(s) + G_{d1}(s)D(s)$$

$$Y_2(s) = G_{21}(s)X_1(s) + G_{22}(s)X_2(s) + G_{d2}(s)D(s) \quad \textbf{(4.26)}$$

위에서

$$G_{11}(s) = \frac{a_{12}b_{21} + b_{11}(s - a_{22})}{P(s)}, G_{12}(s) = \frac{a_{12}b_{22} + b_{12}(s - a_{22})}{P(s)}, G_{21}(s) = \frac{a_{21}b_{11} + b_{21}(s - a_{11})}{P(s)},$$

$$G_{22}(s) = \frac{a_{21}b_{12} + b_{22}(s - a_{11})}{P(s)}, G_{d1}(s) = \frac{a_{12}c_2 + c_1(s - a_{22})}{P(s)}, G_{d2}(s) = \frac{a_{21}c_1 + c_2(s - a_{11})}{P(s)},$$

$$P(s) = (s - a_{11})(s - a_{22}) - a_{12}a_{21}$$

식 (4.26)을 다시 쓰면

$$\underline{Y}(s) = \underline{G}(s)\underline{X}(s) + \underline{G_d}(s)D(s) \quad \textbf{(4.27)}$$

위에서

$$\underline{Y}(s)=\begin{bmatrix}Y_1(s)\\Y_2(s)\end{bmatrix},\ \underline{G}(s)=\begin{bmatrix}G_{11}(s) & G_{12}(s)\\G_{21}(s) & G_{22}(s)\end{bmatrix},\ \underline{X}(s)=\begin{bmatrix}X_1(s)\\X_2(s)\end{bmatrix},\ \underline{G_d}(s)=\begin{bmatrix}G_{d1}(s)\\G_{d2}(s)\end{bmatrix}$$

보기 4.3

어떤 교반 반응기에서 일어나고 있는 반응은 다음과 같이 표현된다.

$$\frac{dC(t)}{dt}+aC(t)=bC_0(t)$$

위에서 a와 b는 상수이고 C와 C_0(유입 반응물 농도)는 각각 시간 t의 함수이며 $C(0)=0$이다. 전달함수 $G(s)=\dfrac{C(s)}{C_0(s)}$를 구하여라.

풀이

주어진 식의 양변을 라플라스 변환시키면 $sC(s)+aC(s)=bC_0(s)$. $\therefore\ \dfrac{C(s)}{C_0(s)}=\dfrac{b}{s+a}$

보기 4.4

어떤 용수철에서 외력에 따른 변위는 다음과 같은 식으로 나타낼 수 있다:

$$\frac{d^2y}{dt^2}+a\frac{dy}{dt}+by=cf$$

위의 식에서 y와 f는 각각 변위 및 외력으로서 시간의 함수이며 $y(0)=y'(0)=0$이다. 전달함수 $G(s)=\dfrac{Y(s)}{F(s)}$를 구하여라.

풀이

양변을 라플라스 변환시키면 $(s^2+as+b)Y(s)=cF(s)$. $\therefore\ G(s)=\dfrac{Y(s)}{F(s)}=\dfrac{c}{s^2+as+b}$

4.2 블록선도

화학공정을 이루는 여러 요소들은 그 기능에 따라 각각 하나의 블록으로 나타낼 수 있다. 공정의 입력변수를 $X(s)$, 출력변수를 $Y(s)$, 그리고 공정의 동특성을 나타내어 주는 전달함수를 $G(s)$라 하면 이들 사이의 관계는 다음의 그림 4.2와 같이 나타낼 수 있다.

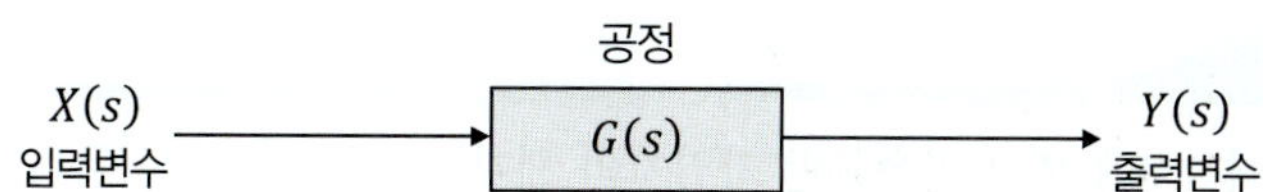

그림 4.2 **공정블록.**

그림 4.2에서 블록 자체는 전달함수 $G(s)$를 나타내고 있으며 정보의 흐름방향이 입력변수 쪽으로부터 출력변수 쪽으로 일정한 것임을 의미한다. 그림 4.2로부터 출력변수 $Y(s)$는

$$Y(s) = G(s)X(s) \tag{4.28}$$

의 관계로 주어진다. 즉 입력변수에 전달함수를 곱하면 출력변수가 얻어진다.

블록선도는 선형공정의 변수들 사이의 관계를 편리한 블록으로 나타낸 그림을 말한다. 블록선도에서 서로 연결된 블록들은 각 요소들 간의 정보 및 신호의 흐름을 일목요연하게 보여준다. 그림 4.3은 열 교환기에 대한 feedback 제어구조를 블록을 이용하여 나타낸 것이다.

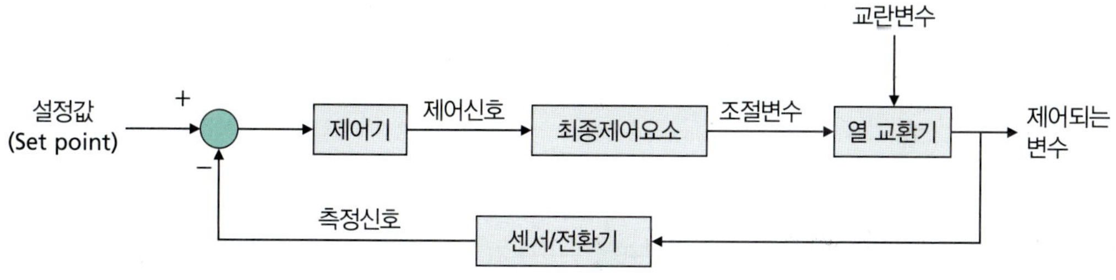

그림 4.3 **열 교환기 제어 시스템의 블록선도.**

그림 4.3의 각 블록들은 그 특성이 어떤 대수방정식이나 미분방정식들로 표현될 수 있는 공정 요소들을 나타낸다. 공정 기술자가 수행해야 할 또 하나의 중요한 작업은 각 블록을 나타내어 주는 적절한 수학적 표현을 찾아내는 일이다.

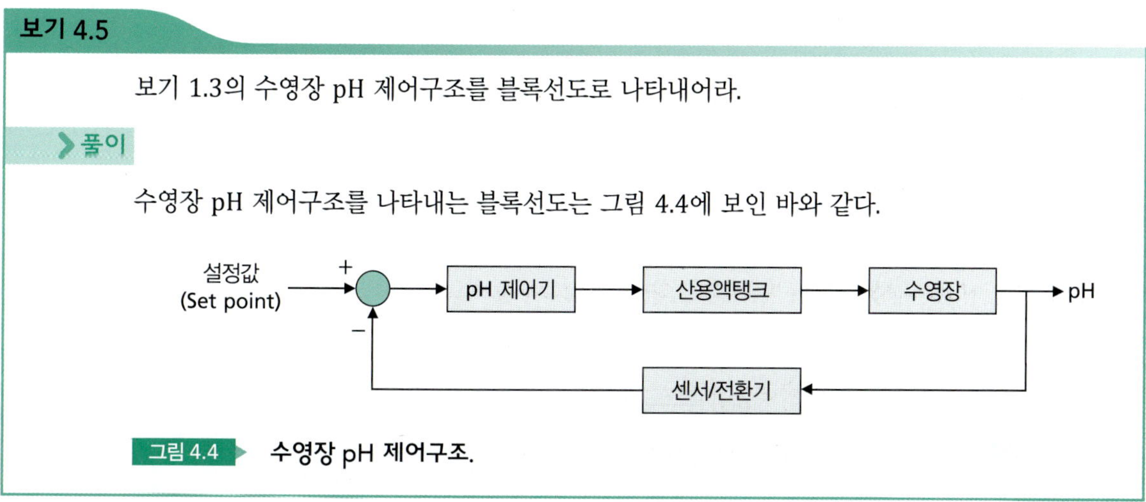

보기 4.5

보기 1.3의 수영장 pH 제어구조를 블록선도로 나타내어라.

풀이

수영장 pH 제어구조를 나타내는 블록선도는 그림 4.4에 보인 바와 같다.

그림 4.4 **수영장 pH 제어구조.**

보기 4.6

그림 1.9에 보인 연속교반 가열기의 제어구조를 블록선도로 나타내어라.

풀이

연속교반 가열기의 제어구조를 나타내는 블록선도는 그림 4.5에 보인 바와 같다.

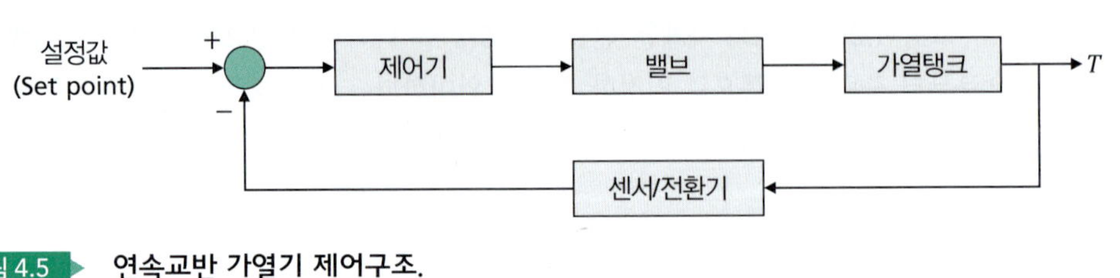

그림 4.5 연속교반 가열기 제어구조.

공정의 제어구조는 여러 개의 블록들로 구성되는 블록선도로 나타낼 수 있는데 블록선도는 공정이나 장치를 나타내는 블록, 정보의 흐름 방향을 나타내어 주는 화살표가 표시된 선들과 집합점 및 분기점들로 이루어진다. 집합점은 여러 방향으로부터 정보들이 모여지는 점이고 분기점은 정보의 흐름이 분산되어지는 점이다. 이들은 그림 4.6에 보인 바와 같다.

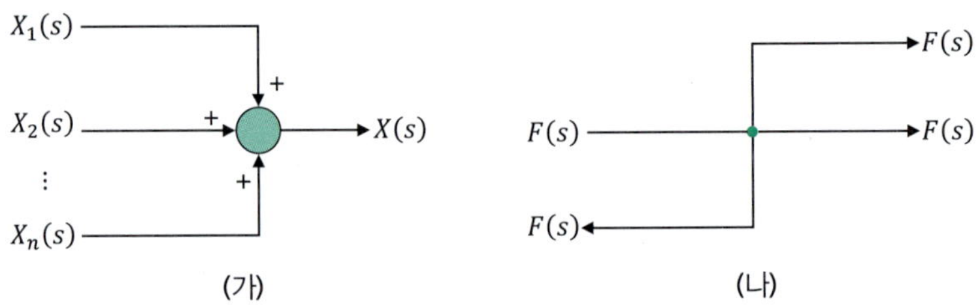

그림 4.6 (가) 집합점과 (나) 분기점.

그림 4.6의 집합점에서 출력신호 $X(s)$는

$$X(s) = X_1(s) + X_2(s) + \cdots + X_n(s)$$

로 주어진다.

앞 절의 액체 저장탱크의 전달함수를 나타내는 식 (4.6)의 관계는 다음의 그림 4.7과 같은 블록선도로 나타낼 수 있다.

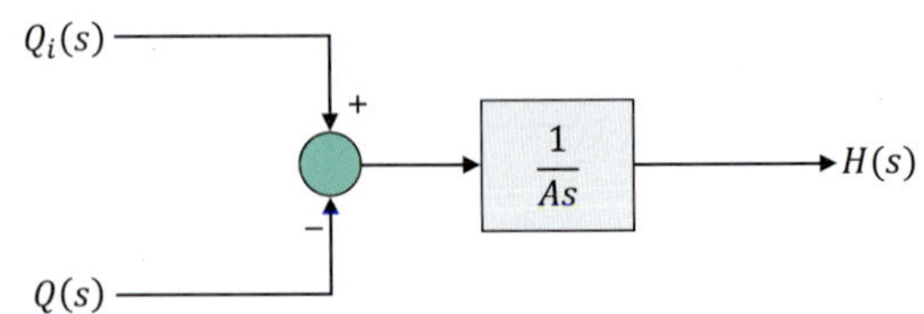

그림 4.7 액체 저장탱크의 블록선도.

한편 식 (4.15)로 나타내어지는 연속교반 가열기의 전달함수는 그림 4.8과 같은 블록선도로 나타낼 수 있다. 식 (4.15)를 다시 써 보면

$$\bar{T}(s) = \left(\frac{1}{\tau s + 1}\right)\bar{T}_i(s) + \left(\frac{K}{\tau s + 1}\right)\bar{Q}(s) = \left(\frac{1}{\tau s + 1}\right)\{\bar{T}_i(s) + K\bar{Q}(s)\}$$

위의 두 관계는 당연히 서로 동일한 관계이며, 따라서 그림 4.8에서 (가)와 (나)는 같은 의미를 갖는다. 두 가지의 블록선도 가운데 어느 것을 택하느냐 하는 문제는 공정제어 구조를 다루는 엔지니어의 취향에 관련되는 것으로도 볼 수 있지만, 경우에 따라서는 두 입력변수에 따른 전달함수를 각각 표시해 줄 필요가 있는데 이때는 당연히 (가)의 형태가 이용된다. 공정의 외부에서 교란변수가 도입되는 경우가 그 예가 될 것이다.

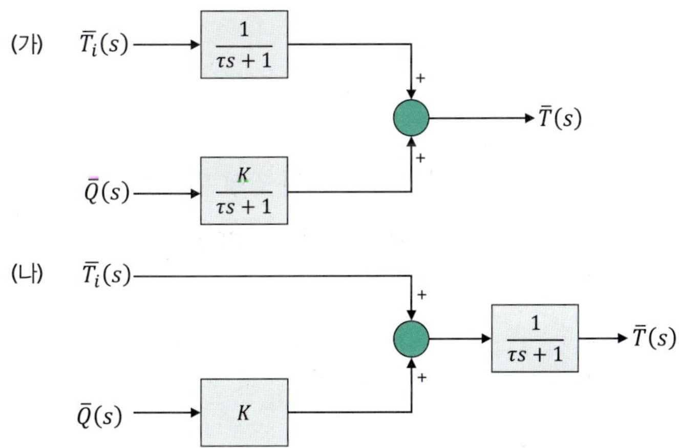

그림 4.8 **연속교반가열기의 블록선도.**

MATLab

블록선도의 표현

블록선도의 합성에 이용되는 MATLAB 명령어는 series, parallel, feedback들이다. series는 블록들이 직렬로 연결되어 있는 경우, parallel은 블록들이 병렬로 연결되어 있는 경우에 이용되며 feedback은 출력이 feedback되는 블록선도의 합성에 이용된다.

직렬로 연결된 두 블록(관계식 $C = G_1G_2A$)을 합성해 보자. 전달함수는 각각 $G_1 = \frac{2}{s+1}$, $G_2 = \frac{2s+1}{s^2+3s+2}$이다. 아울러 합성된 총괄 전달함수가 gt라는 변수에 저장이 되도록 해보자. MATLAB 프로그램 및 출력은 다음과 같다.

```
>> n1 = 2; d1 = [1 1]; n2 = [2 1]; d2 = [1 3 2];
>> [nt, dt] = series(n1, d1, n2, d2); gt = tf(nt, dt)
gt =
          4 s + 2
  ---------------------
  s^3 + 4 s^2 + 5 s + 2
Continuous-time transfer function.
```

G_1의 분자와 분모는 각각 n1과 d1에, G_2의 분자와 분모는 각각 n2와 d2에 저장된다. 두 블록의 합성은 분자가 nt, 분모가 dt인 전달함수이며 이들은 gt에 저장된다.

MATLab

병렬연결 블록의 합성

전달함수가 각각 $G_1 = \dfrac{2}{s+1}$, $G_2 = \dfrac{2s+1}{s^2+3s+2}$와 같이 주어졌을 때 병렬로 연결된 두 블록(관계식 $C = (G_1 + G_2)A$)을 합성하고 합성된 총괄 전달함수를 gt라는 변수에 저장해 보자. MATLAB 프로그램 및 출력은 다음과 같다.

```
>> n1 = 2; d1 = [1 1]; n2 = [2 1]; d2 = [1 3 2];
>> [nt, dt] = parallel(n1, d1, n2, d2); gt = tf(nt, dt)
gt =
      4 s^2 + 9 s + 5
  ---------------------
  s^3 + 4 s^2 + 5 s + 2
Continuous-time transfer function.
```

G_1의 분자와 분모는 각각 n1과 d1에, G_2의 분자와 분모는 각각 n2와 d2에 저장된다. 병렬로 연결된 두 블록의 합성은 분자가 nt, 분모가 dt인 전달함수이며 이들은 gt에 저장된다.

그림 4.9(가)는 집합점과 분기점, 그리고 두 개의 블록으로 구성되는 간단한 블록선도를 보인 것이다. 그림 4.9(가)로부터

$$M(s) = H(s)Y(s), \qquad X(s) = R(s) - M(s), \qquad Y(s) = G(s)X(s)$$

인 관계를 얻을 수 있고 이들로부터 $X(s)$와 $M(s)$를 소거하면

$$Y(s) = \frac{G(s)}{1 + G(s)H(s)} R(s) \tag{4.29}$$

를 얻는다. 위의 식 (4.29)는 다시 그림 4.9(나)와 같은 하나의 블록선도로 나타낼 수 있다.

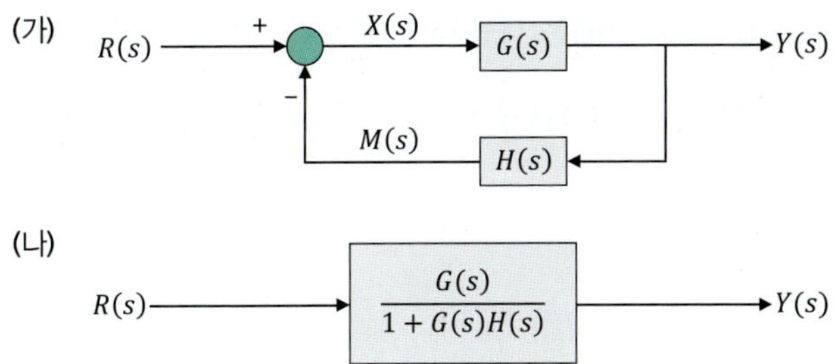

그림 4.9 블록선도.

그림 4.9의 두 블록선도들은 서로 동일한 관계를 나타내어 주고 있다.

보기 4.7

그림 4.10에 보인 바와 같은 블록선도에서 전달함수 $G(s) = \dfrac{C(s)}{R(s)}$를 구하여라.

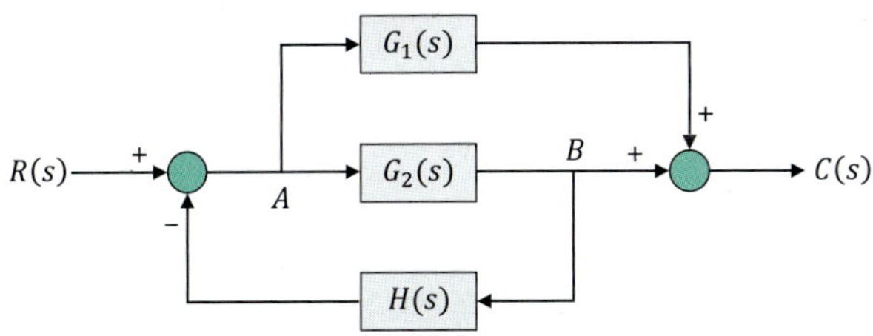

그림 4.10 블록선도.

풀이

그림에서

$$C(s) = B + G_1(s)A, \qquad B = G_2(s)A, \qquad A = R(s) - H(s)B$$

위의 관계로부터 A와 B를 소거하면

$$A = \frac{R(s)}{1 + H(s)G_2(s)},\ B = \frac{G_2(s)R(s)}{1 + H(s)G_2(s)} \quad \rightarrow \quad C(s) = \frac{G_1(s) + G_2(s)}{1 + H(s)G_2(s)}R(s) = G(s)R(s)$$

보기 4.8

식 (4.26)으로 주어지는 2×2 공정을 나타내는 블록선도를 그려보라.

풀이

블록선도는 다음에 보인 그림 4.11과 같다. 2×2 공정은 가장 간단한 형태의 다변수 공정으로서 일반적인 다변수 공정의 해석에서 보편적으로 이용된다. 외부교란변수의 영향을 무시한다면

(즉 $D(s) = 0$) 식 (4.26)은 다음과 같이 보다 간단한 형태로 된다.

$$Y_1(s) = G_{11}(s)X_1(s) + G_{12}(s)X_2(s),\ \ Y_2(s) = G_{21}(s)X_1(s) + G_{22}(s)X_2(s)$$

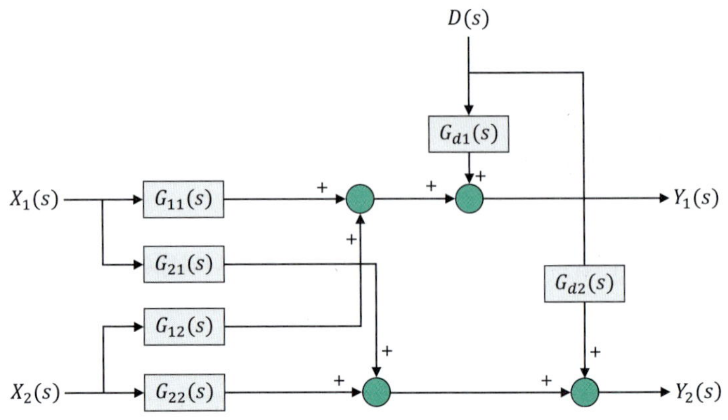

그림 4.11 2×2 공정의 블록선도.

그림으로부터 두 입력변수와 두 출력변수들 간의 상호 작용관계를 쉽게 파악할 수 있다.

보기 4.9

그림 4.12에 나타낸 것과 같은 블록선도를 간단히 줄여 보라.

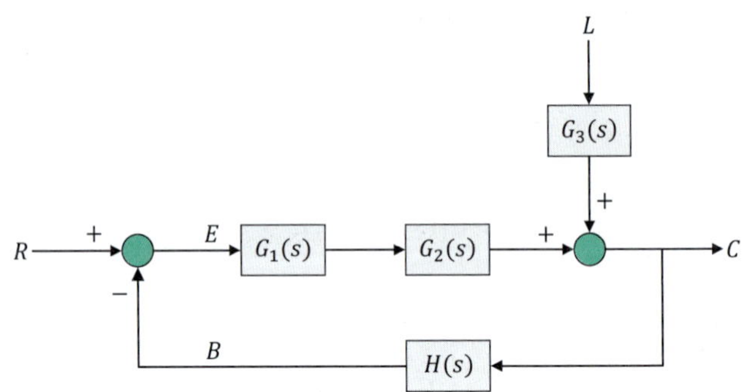

그림 4.12 Feedback 블록선도.

풀이

그림 4.12로부터

$$B = HC, \quad E = R - B, \quad C = G_1G_2E + G_3L$$

이들 관계로부터

$$C = \frac{G_1G_2}{1+G_1G_2H}R + \frac{G_3}{1+G_1G_2H}L$$

따라서 그림 4.13에 보인 바와 같은 블록선도를 얻는다.

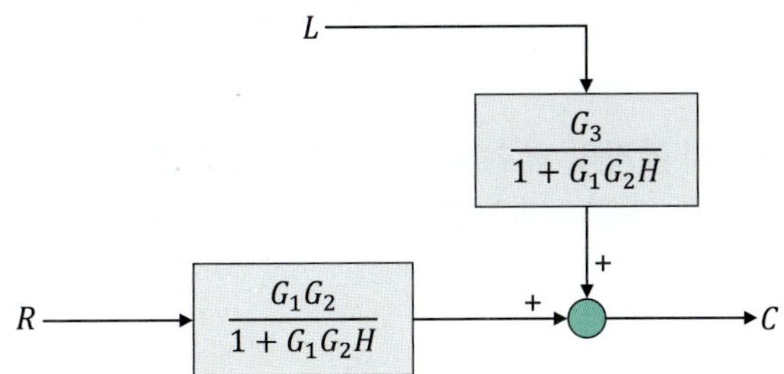

그림 4.13 단순화시킨 블록선도.

MATLab

총괄 전달함수

그림 4.14에 보인 간단한 feedback 루프의 총괄 전달함수를 구해 보자. 그림에서 $H = \frac{1}{s+1}$, $G = \frac{2s+1}{s^2+3s+2}$이다. 아울러 합성된 총괄 전달함수를 Gcl이라는 변수에 저장해 보자.

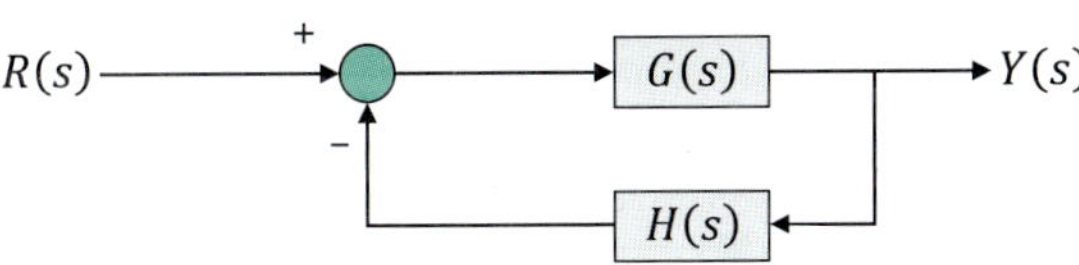

그림 4.14 간단한 feedback 루프.

MATLAB 프로그램 및 출력은 다음과 같다.

```
>> nh = 1; dh = [1 1]; ng = [2 1]; dg = [1 3 2];
>> [nt, dt] = feedback(ng, dg, nh, dh, -1);
>> Gcl = tf(nt, dt)
Gcl =
      2 s^2 + 3 s + 1
  ---------------------
  s^3 + 4 s^2 + 7 s + 3
Continuous-time transfer function.
```

G의 분자와 분모는 각각 ng와 dg에, H의 분자와 분모는 각각 nh와 dh에 저장된다. 총괄 전달함수의 분자는 nt, 분모는 dt이며 이들은 Gcl에 저장된다. feedback 명령어의 사용에 있어서는 G와 H의 분자, 분모 외에 음의 feedback인 경우 -1, 양의 feedback인 경우 $+1$을 넣어 준다.

4.3 신호 유통도

모델식이 다음의 식 (4.30)과 같은 선형 시스템을 고려해 보기로 한다.

$$y_i = \sum_{j=1}^{n} a_{ij} y_j \quad (i = 1, 2, \cdots, n) \tag{4.30}$$

위의 모델식에서 각각의 변수 y_i는 다음의 그림 4.15와 같이 하나의 노드(node)로 나타낼 수 있으며 변수들 간의 관계는 해당되는 노드들 사이를 연결해 주는 선분(branch)으로 표시할 수 있다.

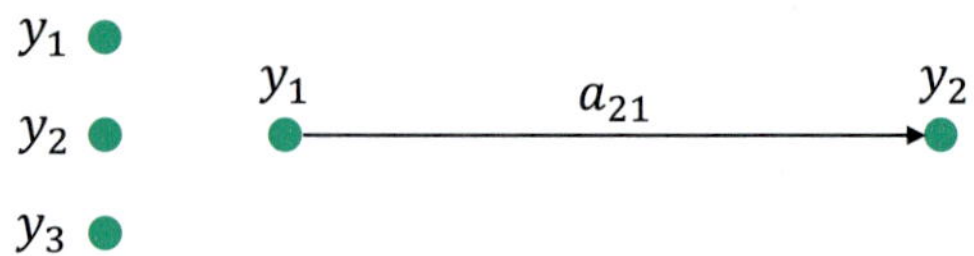

그림 4.15 노드(node)와 선분(branch).

식 (4.30)에서 $n = 3$이고 $i = 4$라면

$$y_4 = \sum_{j=1}^{3} a_{4j} y_j = a_{41}y_1 + a_{42}y_2 + a_{43}y_3$$

위의 관계는 노드와 선분을 써서 그림 4.16과 같이 나타낼 수 있다.

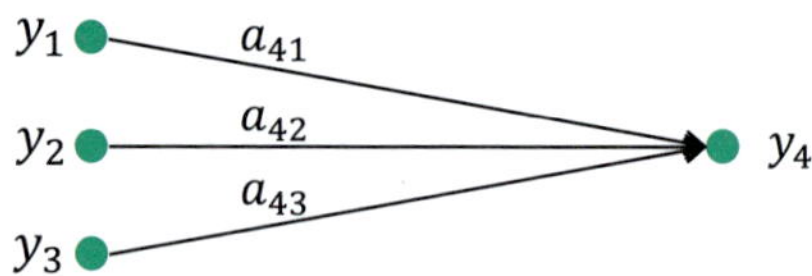

그림 4.16 신호의 합.

공정들 간의 각 신호들의 흐름 및 연결관계를 노드와 선분을 써서 나타낸 것이 신호 유통도이다. 그림 4.17은 일반적인 신호 유통도의 한 보기인데 이 그림을 토대로 신호 유통도에 관련되는 용어들을 정의해 보기로 한다.

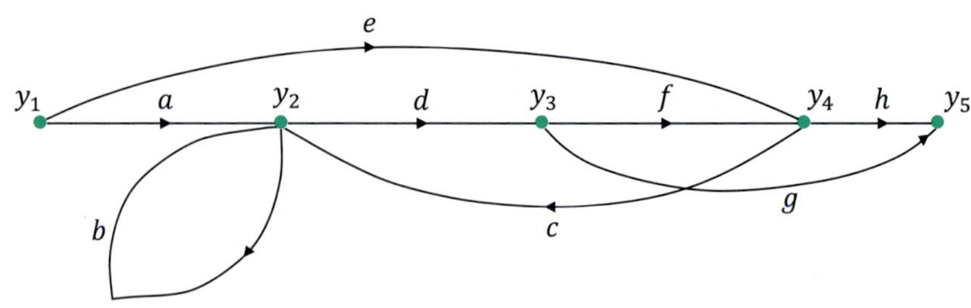

그림 4.17 신호 유통도.

1) 소스(source): y_1과 같이 출력신호만 갖는 노드를 말한다.
2) 싱크(sink): y_5와 같이 입력신호만 갖는 노드를 말한다.
3) 경로: 동일 방향의 같은 효과를 나타내는 일련의 선분들로서 그림에서 eh, adfh, adg들이 이에 해당된다.
4) 전향경로: 소스에서 싱크에 이르는 경로들 가운데 동일한 노드를 한번 이상 만나지 않는 경로를 말한다. 그림에서 소스 y_1에서 싱크 y_5에 이르는 여러 경로들 가운데 eh, ecdg, adfh, adg들이 이에 해당된다. 그러나 ecdfh는 노드 y_4를 두 번 만나기 때문에 전향경로가 아니다.
5) 경로이득: 경로를 구성하는 선분들에 연관되는 상수들의 곱을 말한다.

신호 유통도는 공정에 관련되는 각 변수들 간의 상호 관계들로부터 용이하게 구성될 수 있다. 이제 주어진 블록선도로부터 신호 유통도를 작성해 보기로 한다. 그림 4.18은 어떤 제어 시스템의 블록선도를 보인 것이다. 그림으로부터

$$E = R - C,\ E_1 = E + x_4,\ x_4 = H_1 x_1,\ x_3 = G_1 E_1,$$
$$x_2 = x_3 - x_5,\ x_1 = G_2 x_2,\ C = G_3 x_1,\ x_5 = H_2 C$$

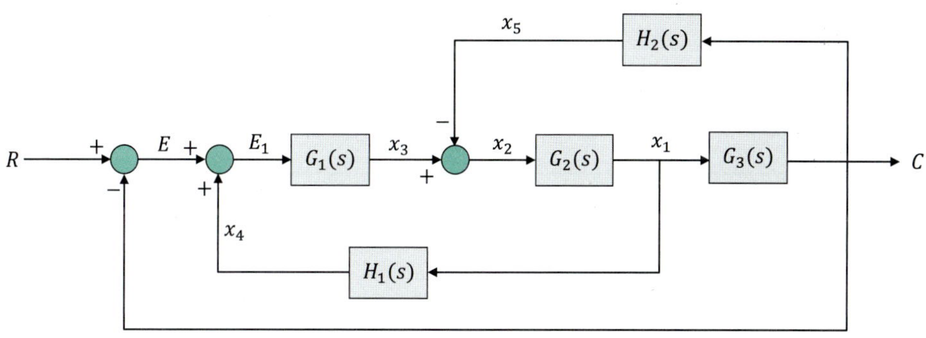

그림 4.18 제어 시스템의 블록선도.

위의 시스템에 대한 신호 유통도를 그리기 위해서 우선 변수 $R, E, E_1, x_1, x_2, x_3, x_4, x_5$에 대한 노드를 표시한 다음 각 노드 간의 관계 및 전달함수를 선분상에 나타낸다. 이 결과는 그림 4.19에 보인 바와 같다.

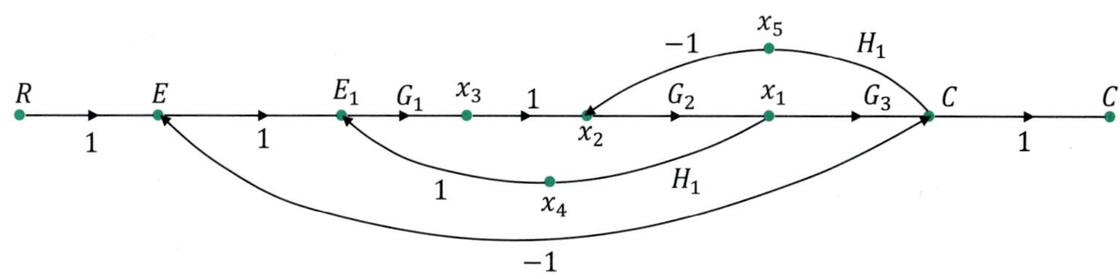

그림 4.19 제어 시스템의 신호 유통도.

보기 4.10

그림 4.20에 보인 신호 유통도로부터 총괄 전달함수 $G(s) = \dfrac{C(s)}{R(s)}$를 구하여라.

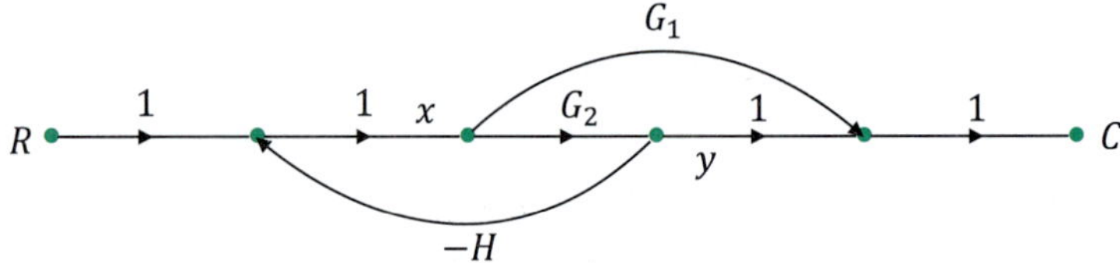

그림 4.20 간단한 신호 유통도.

풀이

그림에서

$$C = G_1x + y, \qquad x = R - Hy, \qquad y = G_2x$$

이로부터 x와 y를 소거하면

$$C = \frac{G_1 + G_2}{1 + HG_2}R$$

그러므로 총괄 전달함수는 $G = \dfrac{C}{R} = \dfrac{G_1 + G_2}{1 + HG_2}$이다.

4.4 상태공간 표현

공정의 모델을 나타내는 미분방정식을 전달함수로 변환시켜 입력과 출력변수들 사이의 관계가 대수적으로 표현되도록 하는 방법은 선형 시불변(linear time-invariant) 시스템에만 적용할 수 있다. 또한 일반적으로 화학공정은 매우 복잡하여 지금까지와 같이 전달함수를 이용해 공정을 표현하고 해석하는 데에는 한계가 있다. 특히 다변수 공정의 경우에는 전달함수로 구성되는 행렬이 복잡해지며 효율적으로 처리하기가 매우 어려워진다. 이 경우 공정을 나타내는 모델식들을 벡터와 행렬을 이용하여 표현함으로써 수학적인 처리를 용이하게 함은 물론 컴퓨터를 이용하는 제어방법에의 활용도 능률적으로 이루어지도록 할 수 있다. 시간영역에서 공정 모델을 다루는 방법은 상태공간(state-space) 방법이라고 하며 다양한 형태의 공정을 나타내는 데에 이용할 수 있다.

4.4.1 상태공간(state-space) 모델

일련의 선형화된 미분 방정식들로 구성된 모델들은 다음과 같은 벡터-행렬 형태로 표현되는 상태공간 모델로 나타낼 수 있다:

$$\dot{\underline{x}}(t) = A\underline{x}(\mathrm{t}) + B\underline{u}(\mathrm{t}), \;\; y(\mathrm{t}) = C\underline{x}(\mathrm{t}) + D\underline{u}(\mathrm{t}) \qquad \textbf{(4.31)}$$

위에서 $\underline{x}$는 상태변수 벡터이며 $\underline{u}$는 입력변수 벡터, 그리고 $\underline{y}$는 출력변수 벡터이다. A, B, C, D는 해당되는 적절한 차원의 행렬(A: 시스템 행렬, B: 입력행렬, C: 출력행렬, D: 순방향 이득행렬)이다. 벡터 $\underline{x}$, $\underline{u}$ 및 $\underline{y}$의 차원이 각각 n, m 및 r이라면 A는 $n \times n$, B는 $n \times m$, C는 $r \times n$, D는 $r \times m$ 행렬이 된다. 대부분의 화학공정에서 입력변수가 출력변수에 직접 영향을 미치지는 않으므로 D는 보통 [0]이다. 상태공간 모델은 흔히 상태함수 모델이라고도 통칭된다.

식 (4.31)로 나타낸 상태공간 모델에서 행렬 A의 모든 고유값(eigenvalue)들의 실수부가 음이면 이 시스템은 안정하다. 행렬 A의 고유값과 이에 상응하는 고유벡터(eigenvector)를 각각 λ 및 v라 하면 고유값들은 $Av = \lambda v$의 관계를 만족하며 방정식 $|\lambda I - A| = 0$으로부터 구할 수 있다.

공정의 모델이 고차의 선형 미분방정식으로 주어진 경우 이를 쉽게 상태공간 모델로 나타낼 수 있다. 공정 모델이 다음과 같은 미분방정식으로 주어졌다고 하자:

$$\frac{d^n y}{dt^n} + a_{n-1}\frac{d^{n-1}y}{dt^{n-1}} + \cdots + a_1\frac{dy}{dt} + a_0 y = b_0 u \tag{4.32}$$

위의 식은 다음과 같이 다시 쓸 수 있다:

$$\frac{d^n y}{dt^n} = -a_{n-1}\frac{d^{n-1}y}{dt^{n-1}} - \cdots - a_1\frac{dy}{dt} - a_0 y + b_0 u$$

이제 상태변수를

$$x_1 = y,\ \ x_2 = \frac{dy}{dt},\ \ \cdots,\ \ x_n = \frac{d^{n-1}y}{dt^{n-1}} \tag{4.33}$$

와 같이 정의하면

$$\frac{dx_1}{dt} = x_2,\ \ \frac{dx_2}{dt} = x_3,\ \ \cdots,\ \ \frac{dx_n}{dt} = \frac{d^n y}{dt^n} = -a_{n-1}x_n - a_{n-2}x_{n-1} - \cdots - a_1 x_2 - a_0 x_1 + b_0 u$$

이를 벡터-행렬 형태로 나타내면 다음과 같다:

$$\begin{bmatrix} dx_1/dt \\ dx_2/dt \\ \vdots \\ dx_n/dt \end{bmatrix} = \begin{bmatrix} 0 & 1 & 0 & \cdots & 0 \\ 0 & 0 & 1 & \cdots & 0 \\ \vdots & \vdots & \vdots & \ddots & \vdots \\ -a_0 & -a_1 & -a_2 & \cdots & -a_{n-1} \end{bmatrix}\begin{bmatrix} x_1 \\ x_2 \\ \vdots \\ x_n \end{bmatrix} + \begin{bmatrix} 0 \\ 0 \\ \vdots \\ b_0 \end{bmatrix} u, \qquad y = \begin{bmatrix} 1 & 0 & \cdots & 0 \end{bmatrix}\begin{bmatrix} x_1 \\ x_2 \\ \vdots \\ x_n \end{bmatrix}$$

또는

$$\dot{\underline{x}} = A\underline{x} + Bu,\ \ y = C\underline{x} \tag{4.34}$$

위에서

$$\underline{x} = \begin{bmatrix} x_1 \\ x_2 \\ \vdots \\ x_n \end{bmatrix},\ A = \begin{bmatrix} 0 & 1 & 0 & \cdots & 0 \\ 0 & 0 & 1 & \cdots & 0 \\ \vdots & \vdots & \vdots & \ddots & \vdots \\ -a_0 & -a_1 & -a_2 & \cdots & -a_{n-1} \end{bmatrix},\quad B = \begin{bmatrix} 0 \\ 0 \\ \vdots \\ b_0 \end{bmatrix},\quad C = \begin{bmatrix} 1 & 0 & \cdots & 0 \end{bmatrix}$$

와 같다.

보기 4.11

다음과 같은 2차미분 방정식을 상태함수 모델로 나타내어라:

$$\frac{d^2y}{dt^2}+2\frac{dy}{dt}+y=Ku(t)$$

풀이

먼저 주어진 식을 다음과 같이 바꾸어 쓴다:

$$\frac{d^2y}{dt^2}=-2\frac{dy}{dt}-y+Ku(t)$$

상태변수를 $x_1=y$, $x_2=\frac{dy}{dt}=\frac{dx_1}{dt}$와 같이 정의하면 위의 관계는 다음과 같이 쓸 수 있다:

$$\frac{dx_2}{dt}=-2x_2-x_1+Ku(t)$$

이를 벡터-행렬 형태로 나타내면 다음과 같다:

$$\begin{bmatrix}\dot{x_1}\\ \dot{x_2}\end{bmatrix}=\begin{bmatrix}0 & 1\\ -1 & -2\end{bmatrix}\begin{bmatrix}x_1\\ x_2\end{bmatrix}+\begin{bmatrix}0\\ K\end{bmatrix}u(t),\qquad y(t)=[1\ \ 0]\begin{bmatrix}x_1\\ x_2\end{bmatrix}$$

이를 식 (4.31)과 비교하면 $A=\begin{bmatrix}0 & 1\\ -1 & -2\end{bmatrix}$, $B=\begin{bmatrix}0\\ K\end{bmatrix}$, $C=[1\ \ 0]$, $D=[0]$임을 알 수 있다.

보기 4.12

직렬로 연결된 두 개의 연속흐름 교반 반응기는 다음과 같은 식으로 나타낼 수 있다:

$$V_1\frac{dc_1}{dt}=q(c_0-c_1)-V_1k_1c_1,\qquad V_2\frac{dc_2}{dt}=q(c_1-c_2)-V_2k_2c_2$$

식에서 V_1, V_2, k_1, k_2는 모두 일정하다고 가정한다. 이 모델식을 상태함수로 나타내어라.

풀이

주어진 모델을 선형화시킨 후에 다음과 같이 편차변수를 이용하여 나타낼 수 있다:

$$V_1\frac{d\overline{C_1}}{dt}=q_s\overline{C_0}+(C_{0s}-C_{1s})\bar{Q}-(q_s+V_1k_1)\overline{C_1}$$

$$V_2\frac{d\overline{C_2}}{dt}=q_s\overline{C_1}+(C_{1s}-C_{2s})\bar{Q}-(q_s+V_2k_2)\overline{C_2}$$

위의 두 식의 양변을 각각 V_1과 V_2로 나누고 $\tau_1=\frac{V_1}{q_s}, \tau_2=\frac{V_2}{q_s}$라 하면

$$\frac{d\overline{C_1}}{dt} = \frac{1}{\tau_1}\overline{C_0} + \left(\frac{C_{0s} - C_{1s}}{V_1}\right)\bar{Q} - \left(\frac{1}{\tau_1} + k_1\right)\overline{C_1}$$

$$\frac{d\overline{C_2}}{dt} = \frac{1}{\tau_2}\overline{C_1} + \left(\frac{C_{1s} - C_{2s}}{V_2}\right)\bar{Q} - \left(\frac{1}{\tau_2} + k_2\right)\overline{C_2}$$

이를 벡터-행렬 형태로 나타내면 다음과 같다:

$$\frac{d}{dt}\begin{bmatrix}\overline{C_1}\\ \overline{C_2}\end{bmatrix} = \begin{bmatrix}-\left(\frac{1}{\tau_1} + k_1\right) & 0 \\ \frac{1}{\tau_2} & -\left(\frac{1}{\tau_2} + k_2\right)\end{bmatrix}\begin{bmatrix}\overline{C_1}\\ \overline{C_2}\end{bmatrix} + \begin{bmatrix}\frac{1}{\tau_1} & \frac{C_{0s} - C_{1s}}{V_1} \\ 0 & \frac{C_{1s} - C_{2s}}{V_2}\end{bmatrix}\begin{bmatrix}\overline{C_0}\\ \bar{Q}\end{bmatrix}$$

출력벡터 $\underline{y}$는 다음과 같이 쓸 수 있다.

$$\underline{y} = \begin{bmatrix}y_1\\ y_2\end{bmatrix} = \begin{bmatrix}1 & 0\\ 0 & 1\end{bmatrix}\begin{bmatrix}\overline{C_1}\\ \overline{C_2}\end{bmatrix} = \begin{bmatrix}\overline{C_1}\\ \overline{C_2}\end{bmatrix}$$

MATLab

상태함수 객체의 생성

MATLAB 명령어 ss에 상태공간 모델을 나타내는 행렬을 입력하여 상태함수 객체를 생성할 수 있다. 생성된 상태함수 객체는 tf 명령어를 이용하여 전달함수 형태로 변환시킬 수 있다. 상태공간 모델의 행렬이 각각 다음과 같이 주어졌다고 하자:

$$A = \begin{bmatrix}-3 & 1 & 2\\ 0 & -1 & 5\\ 2 & 0 & -6\end{bmatrix}, \quad B = \begin{bmatrix}1\\ 2\\ 2\end{bmatrix}, \quad C = [1\ \ 2\ \ 1], \quad D = [0]$$

다음에서 Gs는 생성된 상태함수 객체이며 Gtf는 Gs로부터 얻어지는 전달함수이다.

```
>> A = [-3 1 2;0 -1 5;2 0 -6];
B = [1; 2; 2];
>> C = [1 2 1]; D = 0;
>> Gs = ss(A,B,C,D)
Gs =
a =
       x1  x2  x3
   x1  -3   1   2
   x2   0  -1   5
   x3   2   0  -6
  b =
       u1
   x1   1
   x2   2
   x3   2
```

```
c =

       x1  x2  x3
   y1   1   2   1

d =
       u1
   y1   0
Continuous-time state-space model.
>> Gtf = tf(Gs)
Gtf =
       7 s^2 + 79 s + 180
    ----------------------------
      s^3 + 10 s^2 + 23 s + 4
Continuous-time transfer function.
```

4.4.2 상태방정식의 풀이

다음과 같은 상태함수 모델을 고려해 보기로 한다:

$$\dot{\underline{x}}(t) = A\underline{x}(t) + B\underline{u}(t), \quad y(t) = C\underline{x}(t) \tag{4.35}$$

위에서 $\underline{x} \in R^n$, $\underline{u} \in R^r$, $\underline{y} \in R^m$이다. 주어진 상태함수 식을 Laplace 변환시키면

$$sX(s) - \underline{x}(0) = AX(s) + BU(s), \quad Y(s) = CX(s)$$

이로부터

$$X(s) = (sI - A)^{-1}\underline{x}(0) + (sI - A)^{-1}BU(s) = \Phi(s)\underline{x}(0) + \Phi(s)BU(s) \tag{4.36}$$

위에서

$$\Phi(s) = (sI - A)^{-1} \tag{4.37}$$

이다. 이를 다시 쓰면

$$s\Phi(s) - I = A\Phi(s)$$

이 관계의 역 Laplace 변환으로부터

$$\frac{d\Phi(t)}{dt} = A\Phi(t), \quad \Phi(0) = I \tag{4.38}$$

위 미분방정식의 해는 다음과 같다:

$$\Phi(t) = e^{At} \tag{4.39}$$

위에서

$$e^{At} = I + \frac{1}{1!}At + \frac{1}{2!}(At)^2 + \cdots + \frac{1}{n!}(At)^n + \cdots$$

식 (4.39)를 이용하면 식 (4.36)으로부터

$$\underline{x}(t) = \Phi(t)\underline{x}(0) + \int_0^t \Phi(t-\tau)B\underline{u}(\tau)d\tau = e^{At}\underline{x}(0) + \int_0^t e^{A(t-\tau)}B\underline{u}(\tau)d\tau \tag{4.40}$$

$\Phi(t)$는 전이행렬(transition matrix)이라고 불리며 다음과 같은 성질을 갖는다.

(1) $\Phi(0) = I$

(2) $\Phi(t_2 - t_1)\Phi(t_1 - t_0) = \Phi(t_2 - t_0)$

(3) $\Phi(-t) = \Phi(t)^{-1}$

보기 4.13

다음 상태방정식의 해를 구하여라:

$$\dot{\underline{x}}(t) = \begin{bmatrix} 0 & -3 \\ 1 & -4 \end{bmatrix} \underline{x}(t) + \begin{bmatrix} 1 \\ -1 \end{bmatrix} \underline{u}(t), \qquad \underline{x}(0) = \begin{bmatrix} 1 \\ 0 \end{bmatrix}$$

풀이

해는 식 (4.40)에 의해 얻어진다. 주어진 식으로부터

$$(sI - A)^{-1} = \left[\begin{pmatrix} s & 0 \\ 0 & s \end{pmatrix} - \begin{pmatrix} 0 & -3 \\ 1 & -4 \end{pmatrix}\right]^{-1} = \begin{bmatrix} s & 3 \\ -1 & s+4 \end{bmatrix}^{-1}$$

$$= \frac{1}{(s+1)(s+3)} \begin{bmatrix} s+4 & -3 \\ 1 & s \end{bmatrix} = \frac{1}{2} \begin{bmatrix} \left(\frac{3}{s+1} - \frac{1}{s+3}\right) & \left(\frac{-3}{s+1} + \frac{3}{s+3}\right) \\ \left(\frac{1}{s+1} - \frac{1}{s+3}\right) & \left(\frac{-1}{s+1} + \frac{3}{s+3}\right) \end{bmatrix}$$

이로부터

$$e^{At} = \mathcal{L}^{-1}[(sI - A)^{-1}] = \frac{1}{2} \begin{bmatrix} 3e^{-t} - e^{-3t} & 3(-e^{-t} + e^{-3t}) \\ e^{-t} - e^{-3t} & -e^{-t} + 3e^{-3t} \end{bmatrix}$$

따라서 식 (4.40)으로부터

$$\underline{x}(t) = \frac{1}{2} \begin{bmatrix} 3e^{-t} - e^{-3t} \\ e^{-t} - e^{-3t} \end{bmatrix} + \int_0^t \begin{bmatrix} 3e^{-(t-\tau)} - 2e^{-3(t-\tau)} \\ e^{-(t-\tau)} - 2e^{-3(t-\tau)} \end{bmatrix} u(\tau) d\tau$$

4.4.3 전달함수 행렬

식 (4.37)을 다시 쓰면

$$\Phi(s) = (sI - A)^{-1} = \frac{\operatorname{adj}(sI - A)}{\det(sI - A)}$$

위 식의 분모를 0으로 둔 다음과 같은 방정식은 특성방정식이 된다.

$$\det(sI - A) = 0$$

초기조건을 $\underline{x}(0) = \underline{0}$이라 하면 식 (4.36)에서

$$X(s) = \Phi(s)BU(s)$$

따라서

$$Y(s) = CX(s) = C\Phi(s)B \cdot U(s) = G(s)U(s) \tag{4.41}$$

위에서

$$G(s) = C\Phi(s)B = C(sI - A)^{-1}B \tag{4.42}$$

는 전달함수 행렬(transfer function matrix)이다.

보기 4.14

다음 시스템의 전달함수 행렬을 구하여라:

$$\dot{\underline{x}}(t) = \begin{bmatrix} 0 & -3 \\ 1 & -4 \end{bmatrix}\underline{x}(t) + \begin{bmatrix} 1 \\ -1 \end{bmatrix}\underline{u}(t), \qquad y(t) = [1 \;\; 0]\underline{x}(t)$$

풀이

주어진 식으로부터

$$(sI - A)^{-1} = \left[\begin{pmatrix} s & 0 \\ 0 & s \end{pmatrix} - \begin{pmatrix} 0 & -3 \\ 1 & -4 \end{pmatrix}\right]^{-1} = \begin{bmatrix} s & 3 \\ -1 & s+4 \end{bmatrix}^{-1} = \frac{1}{(s+1)(s+3)}\begin{bmatrix} s+4 & -3 \\ 1 & s \end{bmatrix}$$

따라서

$$G(s) = \frac{1}{(s+1)(s+3)}[1 \;\; 0]\begin{bmatrix} s+4 & -3 \\ 1 & s \end{bmatrix}\begin{bmatrix} 1 \\ -1 \end{bmatrix} = \frac{s+7}{(s+1)(s+3)}$$

4.4.4 전달함수의 상태함수 표현

이제 전달함수가 주어지고 이에 대응하는 상태함수 모델을 구하는 방법을 알아보기로 한다. 1차계의 전달함수가 그림 4.21에 보인 바와 같이 주어졌다고 하자.

$$u \longrightarrow \boxed{\dfrac{b}{s+a}} \longrightarrow y$$

그림 4.21 1차계의 전달함수.

그림에서 $Y(s) = \dfrac{b}{s+a}U(s)$이므로 $(s+a)Y(s) = bU(s)$가 된다. 이의 역 Laplace 변환으로부터 $\dot{y}(t) + ay(t) = bu(t)$, 즉

$$\dot{y}(t) = -ay(t) + bu(t)$$

를 얻는다. 여기에서 $x(t) = y(t)$로 두면 $\dot{y}(t) = \dot{x}(t)$이므로 다음과 같은 상태방정식이 얻어짐을 쉽게 알 수 있다.

$$\dot{x}(t) = -ax(t) + bu(t), \qquad y(t) = 1 \cdot x(t)$$

이 시스템의 블록선도는 그림 4.22에 나타낸 것과 같다.

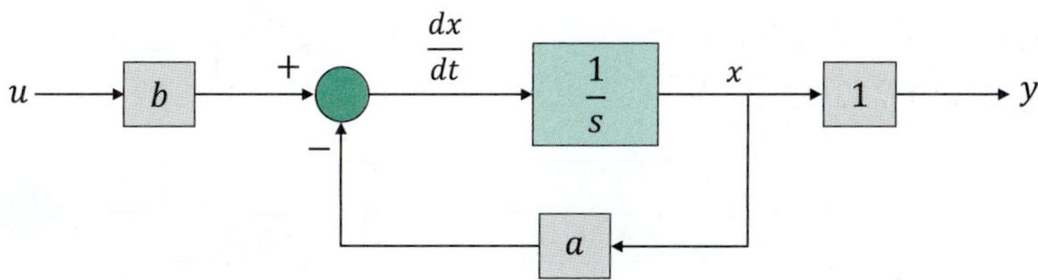

그림 4.22 1차계의 상태함수 블록선도.

보기 4.15

전달함수 $G(s)$가 $G(s) = \dfrac{s+3}{(s+1)(s+2)}$와 같이 주어졌을 때 이 시스템을 나타내는 상태방정식을 구하여라.

풀이

병렬분해법과 직렬분해법의 두 가지 방법을 이용할 수 있다.

1) 병렬분해법

$$G(s) = \frac{2}{s+1} - \frac{1}{s+2}$$

이는 그림 4.23에 보인 바와 같은 블록선도로 나타낼 수 있다.

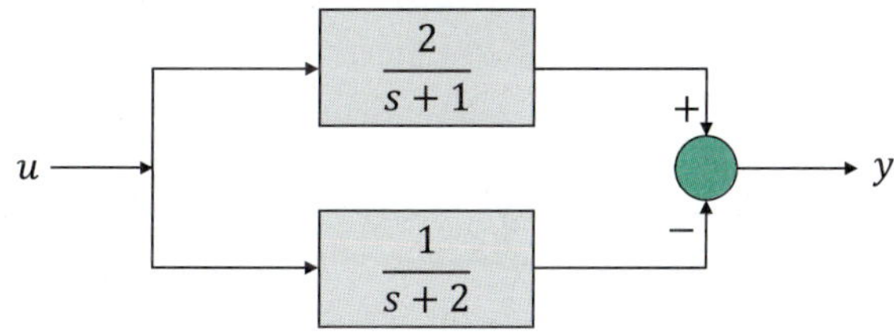

그림 4.23 병렬분해법에 의한 블록선도.

그림 4.23의 각각의 블록을 그림 4.22와 같이 변환시키면 다음과 같은 상태함수를 얻는다.

$$\frac{d}{dt}\begin{bmatrix} x_1(t) \\ x_2(t) \end{bmatrix} = \begin{bmatrix} -1 & 0 \\ 0 & -2 \end{bmatrix}\begin{bmatrix} x_1(t) \\ x_2(t) \end{bmatrix} + \begin{bmatrix} 2 \\ 1 \end{bmatrix}u(t), \qquad y(t) = [1 \ -1]\begin{bmatrix} x_1(t) \\ x_2(t) \end{bmatrix}$$

2) 직렬분해법

$$G(s) = \left(\frac{1}{s+1}\right)\left(1 + \frac{1}{s+2}\right)$$

이는 그림 4.24에 보인 바와 같은 블록선도로 나타낼 수 있다.

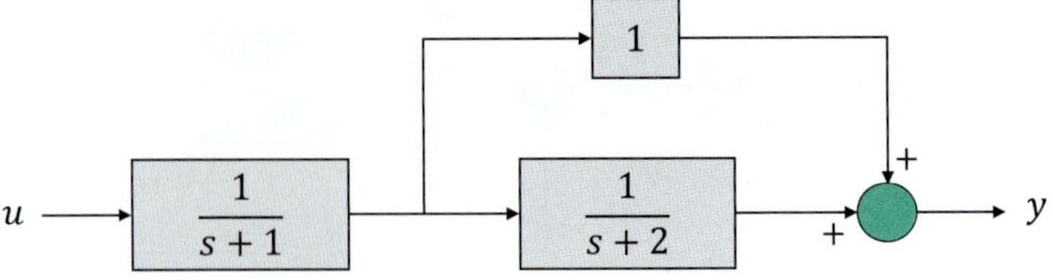

그림 4.24 직렬분해법에 의한 블록선도.

그림 4.24의 블록을 그림 4.22와 같이 변환시키면 다음과 같은 상태함수를 얻는다.

$$\frac{d}{dt}\begin{bmatrix} x_1(t) \\ x_2(t) \end{bmatrix} = \begin{bmatrix} -2 & 1 \\ 0 & -1 \end{bmatrix}\begin{bmatrix} x_1(t) \\ x_2(t) \end{bmatrix} + \begin{bmatrix} 0 \\ 1 \end{bmatrix} u(t), \qquad y(t) = [1 \quad 1]\begin{bmatrix} x_1(t) \\ x_2(t) \end{bmatrix}$$

보기 4.16

전달함수가 $G(s) = \dfrac{Y(s)}{U(s)} = \dfrac{20}{s^3 + 8s^2 + 25s + 20}$과 같은 시스템을 상태함수로 나타내고 블록선도로 표현해 보라. 출력변수 $y(t)$에 대한 초기조건은 모두 0이라고 가정한다(즉 $y(0) = y'(0) = y''(0) = 0$).

풀이

주어진 전달함수로부터 $(s^3 + 8s^2 + 25s + 20)Y(s) = 20U(s)$. 초기조건은 모두 0이므로 역라플라스 변환으로부터 $y''' + 8y'' + 25y' + 20y = 20u$를 얻는다. $x_1 = y$, $x_2 = y'$, $x_3 = y''$로 두면

$$x_1' = y' = x_2, \quad x_2' = y'' = x_3,$$
$$x_3' = y''' = -8y'' - 25y' - 20y + 20u = -8x_3 - 25x_2 - 20x_1 + 20u$$

를 얻는다. 이는 다음과 같이 벡터-행렬 형식으로 나타낼 수 있다:

$$\dot{x} = \begin{bmatrix} \dot{x}_1 \\ \dot{x}_2 \\ \dot{x}_3 \end{bmatrix} = \begin{bmatrix} 0 & 1 & 0 \\ 0 & 0 & 1 \\ -20 & -25 & -8 \end{bmatrix}\begin{bmatrix} x_1 \\ x_2 \\ x_3 \end{bmatrix} + \begin{bmatrix} 0 \\ 0 \\ 20 \end{bmatrix} u, \qquad y = [1 \quad 0 \quad 0]\begin{bmatrix} x_1 \\ x_2 \\ x_3 \end{bmatrix}$$

위의 관계는 다음 그림과 같은 블록선도로 나타낼 수 있다.

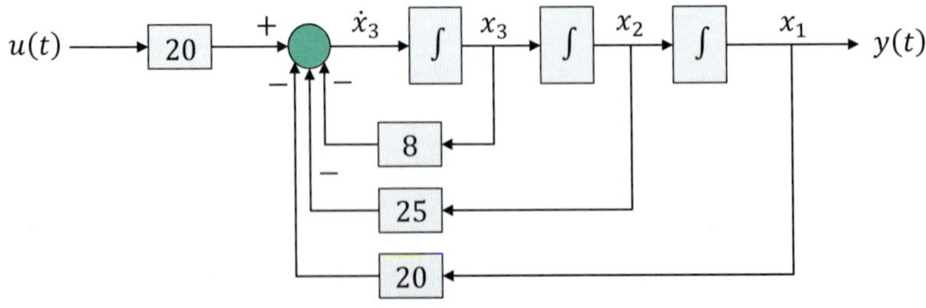

그림 4.25 상태함수에 대한 블록선도.

MATLab

상태함수의 전달함수 표현

상태함수로부터 전달함수를 구할 때에는 ss2tf 명령어를 사용한다. 주어진 행렬 A, B, C 및 D(위의 경우 D = 0)와 적용되는 입력벡터의 인덱스(예: 입력벡터의 첫 번째 원소가 적용되는 경우에는 1)을 이 명령어의 인수로 제공해 주면 전달함수의 분모 및 분자에 대한 계수벡터가 얻어진다. 전달함수는 tf 명령어로부터 얻어진다.

다음과 같은 상태함수로 나타내어지는 공정의 전달함수를 구해 보자:

$$\frac{d}{dt}\begin{bmatrix} x_1 \\ x_2 \\ x_3 \end{bmatrix} = \begin{bmatrix} 0 & 1 & 0 \\ 0 & -1 & -3 \\ 1 & 0 & -7 \end{bmatrix}\begin{bmatrix} x_1 \\ x_2 \\ x_3 \end{bmatrix} + \begin{bmatrix} 0 \\ 1 \\ 1 \end{bmatrix} u, \qquad y = [1 \ \ 0 \ \ 0]\begin{bmatrix} x_1 \\ x_2 \\ x_3 \end{bmatrix}$$

```
>> A = [0 1 0; 0 -1 -3; 1 0 -7]; B = [0; 1; 1]; C = [1 0 0]; D = 0;
>> [n d] = ss2tf(A,B,C,D,1); % 1: 첫 번째 input을 의미
>> G = tf(n,d)
G =
              s + 4
  -------------------------
    s^3 + 8 s^2 + 7 s + 3
Continuous-time transfer function.
```

MATLab

전달함수의 상태함수 표현

전달함수를 상태함수로 변환시킬 때에는 명령어 tf2ss를 한다. 전달함수가 $G(s) = \dfrac{2s+1}{s^3+3s^2+2s+1}$ 로 주어지는 공정의 상태함수 형태를 구해 보자. 전달함수의 분자와 분모의 계수들을 내림차순으로 하여 tf2ss에 두 행벡터들로 제공한다. tf2ss로부터는 식 (4.31)의 행렬 A, B, C 및 D가 얻어진다.

```
>> n = [2 1];  % 분자
>> d = [1 3 2 1];  % 분모
>> [A B C D] = tf2ss(n,d)
A =
     -3    -2    -1
      1     0     0
      0     1     0
```

```
B =
     1
     0
     0
C =
     0     2     1
D =
     0
```

전달함수가 아닌 미분방정식 형태로 주어진 모델에 대해서도 쉽게 상태함수 표현을 구할 수 있다. 다음 시스템에 대한 상태함수를 구해 보자:

$$\frac{d^2y}{dt^2} + 1.5\frac{dy}{dt} + y = \frac{du}{dt} + 2u, \qquad y(0) = \frac{dy}{dt}(0) = u(0) = 0$$

이 경우 분자는 [1 2], 분모는 [1 1.5 1]로 하여 tf2ss에 제공한다.

```
>> [A B C D] = tf2ss([1 2],[1 1.5 1])
A =
   -1.5000   -1.0000
    1.0000         0
B =
     1
     0
```

```
C =
     1     2
D =
     0
```

MATLab

두 상태함수 모델들의 직렬, 병렬 및 되먹임 연결

서로 다른 두 상태함수 모델의 직렬, 병렬 및 되먹임(feedback) 연결을 구해 보자. 두 모델이 다음과 같이 주어져 있다고 하자:

$$\text{모델 1: } \begin{bmatrix}\dot{x_1}\\ \dot{x_2}\end{bmatrix} = \begin{bmatrix}0 & 1\\ -1 & -2\end{bmatrix}\begin{bmatrix}x_1\\ x_2\end{bmatrix} + \begin{bmatrix}0\\ 1\end{bmatrix}u(t),\ \ y(t) = [1\ \ 0]\begin{bmatrix}x_1\\ x_2\end{bmatrix}$$

$$\text{모델 2: } \begin{bmatrix}\dot{x_1}\\ \dot{x_2}\end{bmatrix} = \begin{bmatrix}-4 & 1\\ 0 & -3\end{bmatrix}\begin{bmatrix}x_1\\ x_2\end{bmatrix} + \begin{bmatrix}0\\ 2\end{bmatrix}u(t),\ \ y(t) = [2\ \ 1]\begin{bmatrix}x_1\\ x_2\end{bmatrix} + 4u(t)$$

다음에서 G_1은 모델 1에 대한 상태함수 객체이며 G_2는 모델 2에 대한 상태함수 객체이다. Sc는 직렬연결, Pc는 병렬연결, 그리고 Fc는 feedback 연결 결과를 나타낸다. 또한 Sctf, Pctf, 그리고 Fctf는 각각 전달함수 형태로 나타낸 직렬, 병렬 및 feedback 연결 결과이다.

```
A1 = [0 1;-1 -2]; B1 = [0; 1];
C1 = [1 0];
>> D1 = 0;
>> A2 = [-4 1;0 -3]; B2 = [0; 2];
C2 = [2 1];
>> D2 = 4;
>> G1 = ss(A1,B1,C1,D1);
>> G2 = ss(A2,B2,C2,D2);
>> Sc = G1*G2
Sc =
  a =
         x1   x2   x3   x4
    x1    0    1    0    0
    x2   -1   -2    2    1
    x3    0    0   -4    1
    x4    0    0    0   -3
  b =
```

```
>> Fc = feedback(G1,G2)

Fc =
  a =

          x1   x2   x3   x4
     x1    0    1    0    0
     x2   -5   -2   -2   -1
     x3    0    0   -4    1
     x4    2    0    0   -3
  b =
          u1
     x1    0
     x2    1
     x3    0
     x4    0
  c =
```

```
        u1
   x1   0
   x2   4
   x3   0
   x4   2
 c =
        x1  x2  x3  x4
   y1   1   0   0   0
 d =
        u1
   y1   0
Continuous-time state-space model.

>> Pc = G1+G2
Pc =
  a =
        x1  x2  x3  x4
   x1   0   1   0   0
   x2  -1  -2   0   0
   x3   0   0  -4   1
   x4   0   0   0  -3
 b =
        u1
   x1   0
   x2   1
   x3   0
   x4   2
 c =
        x1  x2  x3  x4
   y1   1   0   2   1
 d =
        u1
   y1   4
Continuous-time state-space model.
```

```
        x1  x2  x3  x4
   y1   1   0   0   0
 d =
        u1
   y1   0
Continuous-time state-space model.

>> Sctf = tf(Sc)
Sctf =
          4 s^2 + 30 s + 60
  ---------------------------------
  s^4 + 9 s^3 + 27 s^2 + 31 s + 12
Continuous-time transfer function.

>> Pctf = tf(Pc)
Pctf =
  4 s^4 + 38 s^3 + 125 s^2 + 157 s + 72
 ---------------------------------------
    s^4 + 9 s^3 + 27 s^2 + 31 s + 12
Continuous-time transfer function.

>> Fctf = tf(Fc)
Fctf =
              s^2 + 7 s + 12
  -------------------------------------
    s^4 + 9 s^3 + 31 s^2 + 61 s + 72
Continuous-time transfer function.
```

4.5 요약

- 공정의 전달함수는 공정의 입력변수와 출력변수 사이의 동적 관계를 표현하며 입력변수의 유형이나 출력변수의 초기조건과는 무관
- 블록선도: 전체 공정의 제어구조를 나타내고 분석하는 데에 기본적으로 이용되는 도구로서 공정 정보의 흐름을 보여주며 각각의 블록은 미분 및 대수 방정식으로 표현되는 거동을 나타내는

하나의 전달함수를 포함
- 모델식이 입력과 출력변수들에 대한 미분들의 선형 조합으로 주어지는 경우는 선형공정
- 모델의 계수가 시간의 함수이면 시변 선형 시스템, 시간과 무관하면 시불변 선형 시스템
- 전달함수의 분자의 차수가 분모의 차수보다 크면 물리적으로 불가능한 공정
- 특성방정식: 전달함수의 분모를 0으로 둔 방정식 $a_n s^n + a_{n-1} s^{n-1} + \cdots + a_1 s + a_0 = 0$
- 정상상태 이득: $K = \dfrac{\Delta(\text{정상상태 출력})}{\Delta(\text{정상상태 입력})} = \dfrac{\Delta y}{\Delta x} = \dfrac{y_{s2} - y_{s1}}{x_{s2} - x_{s1}} = \dfrac{b_0}{a_0}$
- 계단입력변화에 대한 정상상태 이득은 전달함수에서 s 대신 0을 대입하여 계산
- 입력변수에 전달함수를 곱하여 출력변수를 얻는다.
- 블록선도: 선형공정의 변수들 사이의 관계를 편리한 블록으로 나타낸 그림
- 블록선도에서 서로 연결된 블록들은 각 요소들 간의 정보 및 신호의 흐름을 표현
- 상태공간: 시간영역에서 공정 모델을 처리
- 일련의 선형화된 미분 방정식들로 구성된 모델들은 벡터-행렬 형태의 상태공간 모델로 표현 가능
- 상태공간 모델에서 행렬 A의 모든 고유값들의 실수부가 음이면 이 시스템은 안정
- 공정의 모델이 고차의 선형 미분방정식으로 주어진 경우 이를 상태공간 모델로 표현 가능
- 상태함수 모델 $\dot{\underline{x}}(t) = A\underline{x}(t) + B\underline{u}(t)$의 풀이: $\underline{x}(t) = \Phi(t)\underline{x}(0) + \int_0^t \Phi(t-\tau)B\underline{u}(\tau)d\tau$
- $\Phi(t) = e^{At}$: 전이행렬
- $Y(s) = G(s)U(s),\ G(s) = C\Phi(s)B = C(sI - A)^{-1}B \quad (G(s)$: 전달함수 행렬$)$

점/검/문/제

4.1 전달함수에 대한 설명으로 적합한 것은?

① 입력함수와 출력함수의 비에 대한 라플라스 변환
② 입력함수의 라플라스 변환을 출력함수의 라플라스 변환으로 나눈 것
③ 입력함수의 라플라스 변환에 대한 출력함수의 라플라스 변환의 비
④ 출력함수의 라플라스 변환에 입력함수의 라플라스 변환을 곱한 것

4.2 전달함수 $G(s) = \dfrac{Y(s)}{X(s)}$에서 $X(s)$는 다음 중 어느 함수의 라플라스 변환인가?

① 단위계단함수 ② 부하함수 ③ 입력함수 ④ 충격함수

4.3 어떤 액위계에서 탱크에 공급되는 유량 $Q(\text{ft}^3/\text{min})$와 탱크의 액위 $H(\text{ft})$간의 관계는 전달함수 $\dfrac{H(s)}{Q(s)} = \dfrac{2}{0.5s+1}$로 표시된다. 정상상태 이득(steady-state gain)은 얼마인가?

① 0.5 ft ② 2 ft ③ 0.5 min ④ 4 ft/min

4.4 그림 4.26에 보인 블록선도에서 전달함수 $\dfrac{C(s)}{R(s)}$를 구하여라.

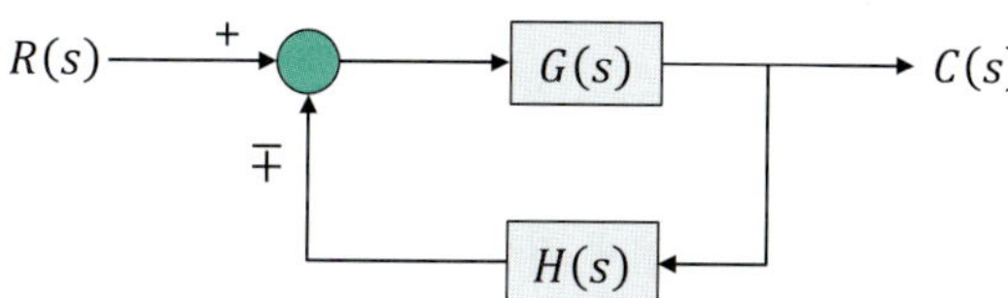

그림 4.26 간단한 블록선도.

① $\dfrac{1}{1 \pm GH}$ ② $\dfrac{G}{1 \pm GH}$ ③ $\dfrac{G}{1 \pm H}$ ④ $\dfrac{1}{1 \pm H}$

4.5 다음 그림 4.27에 보인 블록선도에서 두 블록선도 (가)와 (나)가 서로 대등한 경우 전달함수 $A(s)$를 구하라.

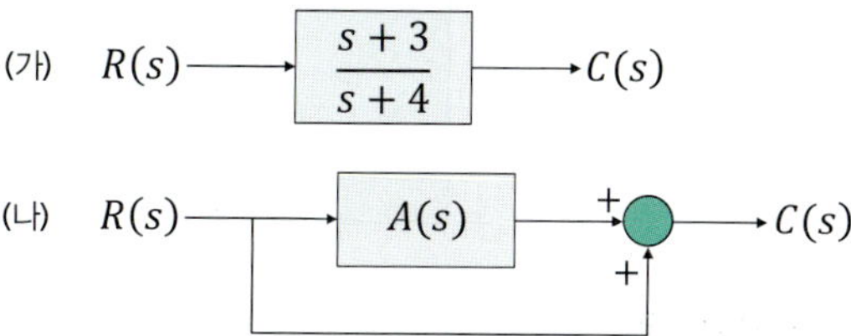

그림 4.27 대등한 두 블록선도.

① $\dfrac{-1}{s+4}$ ② $\dfrac{-2}{s+4}$ ③ $\dfrac{-3}{s+4}$ ④ $\dfrac{-4}{s+4}$

4.6 다음 그림 4.28에 보인 블록선도에서 전달함수 $G(s) = \dfrac{C(s)}{R(s)}$를 구하여라.

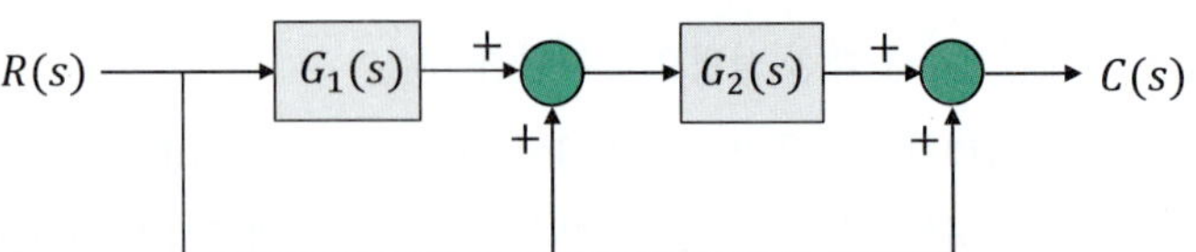

그림 4.28 간단한 블록선도.

① $1 + G_1G_2$ ② $1 + G_2 + G_1G_2$ ③ $\dfrac{G_1G_2}{1 - G_1G_2}$ ④ $\dfrac{G_1G_2}{1 - G_1 - G_2}$

4.7 다음 그림 4.29에 보인 블록선도에서 전달함수 $G(s) = \dfrac{C(s)}{R(s)}$를 구하여라.

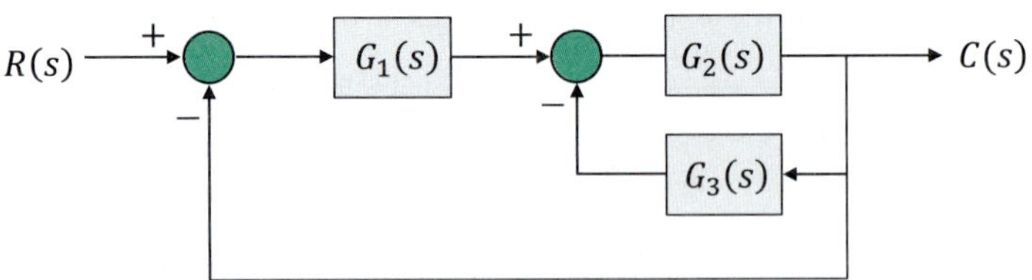

그림 4.29 간단한 블록선도.

① $\dfrac{G_1G_2}{1 - G_1G_2 - G_2G_3}$ ② $\dfrac{G_1G_3}{1 - G_1G_2 - G_2G_3}$ ③ $\dfrac{G_1G_3}{1 + G_1G_2 + G_2G_3}$ ④ $\dfrac{G_1G_2}{1 + G_1G_2 + G_2G_3}$

4.8 그림 4.30에 보인 액체 저장탱크에서 액위가 정상상태에서 $h_s = 2$ ft로 운전되며 탱크의 단면적(A)은 1.0 ft^2이다. $q_1 = \dfrac{\bar{h}}{R}$($\bar{h}$: 편차변수)로 주어지며 저항 $R = 0.5$ ft/(ft^3/min)이다. 전달함수 $\dfrac{H(s)}{Q(s)}$를 구하라.

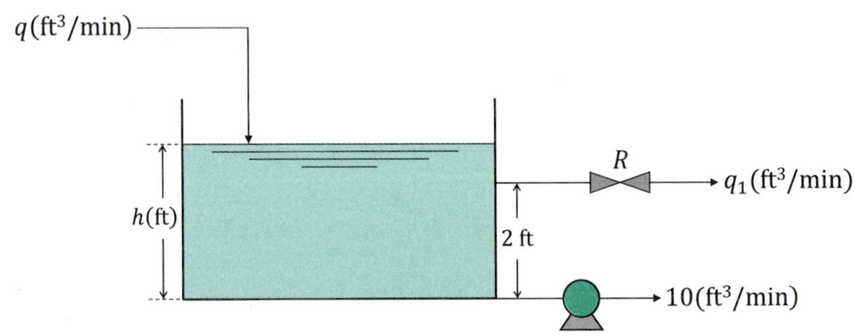

그림 4.30 액체 저장탱크.

① $\dfrac{1}{s+1}$ ② $\dfrac{1}{s+2}$ ③ $\dfrac{1}{s-2}$ ④ $\dfrac{1}{s+3}$

4.9 그림 4.31에 보인 바와 같이 두 개의 탱크가 직렬로 연결되어 있을 경우 q_i와 q_2 간의 전달함수는? (단 $\tau = AR$, A = 탱크의 단면적, R = 저항, $Q_i(s)$는 $\bar{q_i} = q_i - q_{is}$의 라플라스 변환이다.)

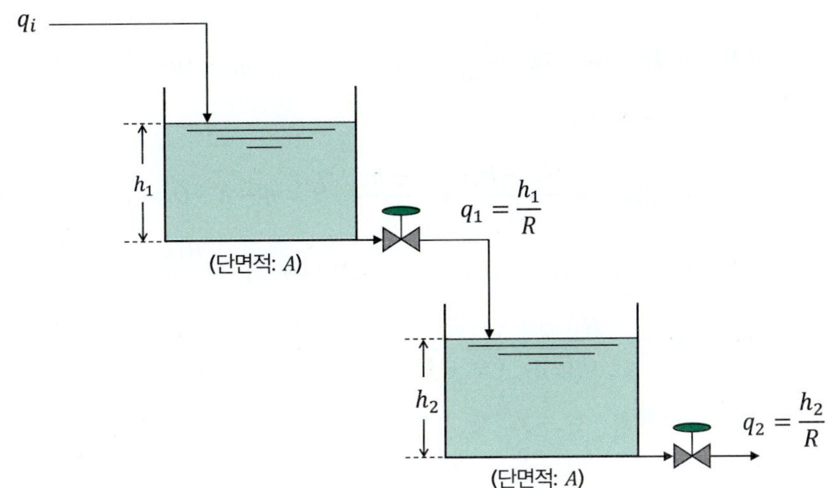

그림 4.31 두 직렬 액위탱크.

① $\dfrac{Q_2(s)}{Q_i(s)} = \left(\dfrac{1}{\tau s + 1}\right)^2$ ② $\dfrac{Q_2(s)}{Q_i(s)} = \dfrac{R}{(\tau s + 1)^2}$ ③ $\dfrac{Q_2(s)}{Q_i(s)} = \dfrac{R^2}{(\tau s + 1)^2}$ ④ $\dfrac{Q_2(s)}{Q_i(s)} = \dfrac{1}{\tau^2 s^2 + 1}$

4.10 $y'' + 3y' + y = u$를 상태공간 함수 형태 $\underline{x}' = A\underline{x} + Bu$로 나타내는 경우 A와 B는?

① $A = \begin{bmatrix} 0 & 1 \\ 1 & 3 \end{bmatrix}, B = \begin{bmatrix} 1 \\ 1 \end{bmatrix}$ ② $A = \begin{bmatrix} 0 & 1 \\ -1 & -3 \end{bmatrix}, B = \begin{bmatrix} 0 \\ 1 \end{bmatrix}$

③ $A = \begin{bmatrix} 0 & -1 \\ 1 & 3 \end{bmatrix}, B = \begin{bmatrix} 1 \\ -1 \end{bmatrix}$ ④ $A = \begin{bmatrix} 0 & 1 \\ -1 & 3 \end{bmatrix}, B = \begin{bmatrix} 1 \\ -1 \end{bmatrix}$

4.11 미분방정식 $y'' + 5y' + 6y = u$를 상태공간 함수로 바르게 나타낸 것은?

① $\underline{x}' = \begin{bmatrix} -6 & -5 \\ 0 & 1 \end{bmatrix} \underline{x} + \begin{bmatrix} 0 \\ 1 \end{bmatrix} u$ ② $\underline{x}' = \begin{bmatrix} 0 & 1 \\ 6 & 5 \end{bmatrix} \underline{x} + \begin{bmatrix} 1 \\ 1 \end{bmatrix} u$

③ $\underline{x}' = \begin{bmatrix} 0 & 1 \\ -6 & -5 \end{bmatrix} \underline{x} + \begin{bmatrix} 0 \\ 1 \end{bmatrix} u$ ④ $\underline{x}' = \begin{bmatrix} 0 & -5 \\ 1 & -6 \end{bmatrix} \underline{x} + \begin{bmatrix} 0 \\ 1 \end{bmatrix} u$

점검 문제 해답

4.1 ③ **4.2** ③ **4.3** ②

4.4 ② **풀이** $C = RG \mp CGH, C(1 \pm GH) = RG, \quad \therefore \dfrac{C}{R} = \dfrac{G}{1 \pm GH}$

4.5 ① **풀이** (b)의 경우

$R \cdot A + R = C, \quad R(A+1) = C, \quad \dfrac{C}{R} = A + 1 = \dfrac{s+3}{s+4}, \quad A = \dfrac{s+3}{s+4} - 1 = \dfrac{-1}{s+4}$

4.6 ② **풀이** $(RG_1 + R)G_2 + R = C, \; R(G_1G_2 + G_2 + 1) = C, \; \dfrac{C}{R} = G_1G_2 + G_2 + 1$

4.7 ④ **풀이** $\{(R-C)G_1 - G_3C\}G_2 = C,\ RG_1G_2 - CG_1G_2 - CG_2G_3 = C,$

$RG_1G_2 = C(1 + G_1G_2 + G_2G_3),\ \frac{C}{R} = \frac{G_1G_2}{1 + G_1G_2 + G_2G_3}$

4.8 ② **풀이** $q - 10 - \frac{h-2}{R} = A\frac{dh}{dt} \cdots$ ①, $q_s - 10 - \frac{h_s - 2}{R} = A\frac{dh_s}{dt} = 0 \cdots$ ②

① − ② 하면

$q - q_s = A\frac{d(h-h_s)}{dt} + \frac{h-h_s}{R}$. $H = h - h_s$, $Q = q - q_s$로 두면 $Q = A\frac{dH}{dt} + 2H,$

$Q(s) = AsH(s) + 2H(s) = H(s)(As+2) \rightarrow \frac{H(s)}{Q(s)} = \frac{1}{As+2} = \frac{1}{s+2}$

4.9 ① **풀이** $\frac{H_2(s)}{Q_i(s)} = \frac{R}{(\tau s+1)^2}$. $Q_2 = \frac{H_2}{R}$이므로 $\frac{Q_2(s)}{Q_i(s)} = \frac{1}{(\tau s+1)^2}$

4.10 ② **풀이** $x_1 = y,\ x_2 = x_1' = y' \rightarrow x_2' = -3x_2 - x_1 + u,\ x_1' = x_2$

따라서 $\underline{x}' = \begin{bmatrix} 0 & 1 \\ -1 & -3 \end{bmatrix}\underline{x} + \begin{bmatrix} 0 \\ 1 \end{bmatrix}u$

4.11 ③ **풀이** $x_1 = y,\ x_2 = x_1' = y' \rightarrow x_2' = -5x_2 - 6x_1 + u,\ x_1' = x_2$

그러므로 $\underline{x}' = \begin{bmatrix} 0 & 1 \\ -6 & -5 \end{bmatrix}\underline{x} + \begin{bmatrix} 0 \\ 1 \end{bmatrix}u$

연/습/문/제

4.1 다음 모델식에서 $Y(s)$와 $X(s)$의 관계를 나타내는 전달함수 $G(s) = \dfrac{Y(s)}{X(s)}$를 구하여라. Y와 X는 편차변수이다.

$$\frac{d^3y}{dt^3} + 2\frac{d^2y}{dt^2} - 3\frac{dy}{dt} + y = 2\frac{dx}{dt} + x$$

$$\frac{d^2y}{dt^2}(0) = \frac{dy}{dt}(0) = y(0) = 0, \qquad x(0) = 0$$

4.2 다음 모델식에서 $Y_1(s), Y_2(s)$를 각각 $X_1(s), X_2(s)$로 나타내어라.

$$2\frac{dy_1}{dt} = -2y_1 - 3y_2 + 2x_1$$

$$\frac{dy_2}{dt} = 4y_1 - 6y_2 + 2x_1 + 4x_2$$

$$y_1(0) = y_2(0) = 0$$

4.3 서로 직렬로 연결된 두 개의 교반가열탱크의 모델식이 다음과 같이 얻어졌다.

$$5\frac{dT_1}{dt} + T_1 = T_i + 0.005Q_1$$

$$\frac{dT_2}{dt} + T_2 = T_1 + 0.003Q_2$$

위에서 하첨자 1, 2는 각각 첫 번째와 두 번째 탱크를 나타내며 T는 온도, Q는 유입열량을 나타낸다.

(1) $T_2(s)$를 $T_i(s), Q_1(s)$, 그리고 $Q_2(s)$로 나타내어라.

(2) $Q_1 = Q_2 = 0$일 때 전달함수 $G(s) = \dfrac{T_2(s)}{T_i(s)}$를 구하여라.

4.4 다음 그림은 연속교반 가열 시스템을 보인 것이다. 탱크의 부피는 V, 밀도는 ρ이며 액체의 비열은 C_p이다. 유입액과 유출액의 유량은 $w(\text{lb}_\text{m}/\text{min})$로 일정하게 유지되고 있으며 외부온도 T_a도 일정하다. 탱크 외부로의 열 손실이 있으며 외부 열전달 면적은 A, 탱크 벽과 외부 사이의 총괄 열전달 계수는 U이다. 모델식을 세우고 $\bar{T}(s)$와 $\bar{T}_i(s)$ 및 $\bar{Q}(s)$ 사이의 관계를 나타내는 전달함수를 구하여라.

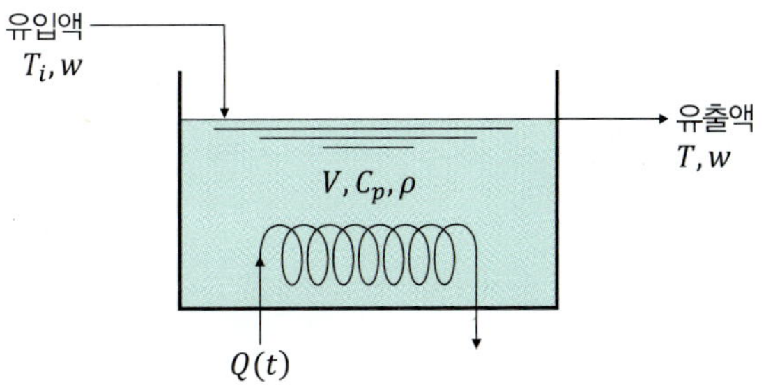

그림 P4.4

4.5 다음에 보인 복사 가열장치에서 가열기로부터의 열전달은 대부분 복사에 의해서 이루어지며 모델식은 다음과 같다.

$$mC_p \frac{dT}{dt} = Q - k(T^4 - {T_a}^4)$$

위에서 m은 가열장치의 질량, Q는 가열기에 도입되는 전기에너지양, T는 가열장치의 온도, T_a는 외부온도이다. $\bar{T}(s)$와 $\overline{T_a}(s)$ 및 $\bar{Q}(s)$ 사이의 관계를 나타내는 전달함수를 구하여라.

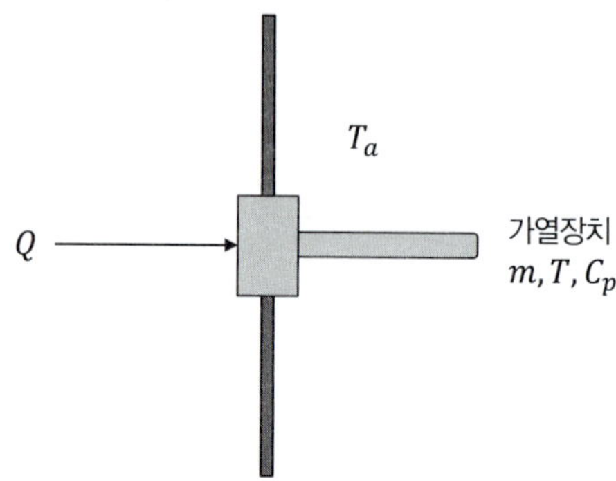

그림 P4.5

4.6 그림은 상평형이 이루어지고 있는 증류단을 보인 것이다. x, y는 주요 성분의 mol 농도이다.

(1) 액체의 밀도는 일정하며 단의 단면적은 1 ft^2일 때 이 평형단의 모델식을 구하여라.

(2) L과 V는 일정하며 액상과 기상 농도의 평형관계는 다음 식으로 주어진다.

$$y_j = a + bx_j + c{x_j}^2 + d{x_j}^3$$

이를 이용하여 (1)에서 얻은 모델식을 선형화하고 $X_j(s)$, $X_{j-1}(s)$, $X_{j+1}(s)$ 사이의 관계를 나타내는 전달함수를 구하여라. X, Y는 편차변수이다.

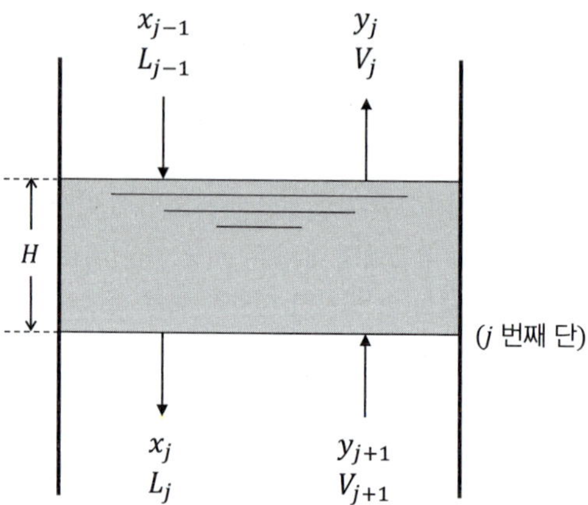

그림 P4.6

4.7 연속교반 반응기에서 다음 두 반응이 일어나고 있다.

$$A \rightarrow B, \qquad r_1 = k_1 {C_A}^2$$

$$A + B \rightarrow C, \qquad r_2 = k_2 C_A C_B$$

반응기 부피 V와 유입 및 유출유량 q는 일정하게 유지되고 있으며 feed 중의 C의 농도는 0이다. Feed 중의 A와 B의 농도 C_{Ai}, C_{Bi}의 변화에 대한 유출액 중의 각 성분의 농도 C_A, C_B, C_C의 관계를 나타내는 전달함수를 구하여라.

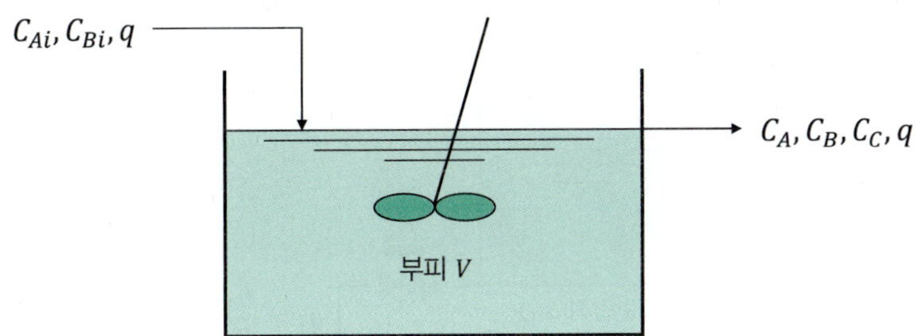

그림 P4.7

4.8 다음과 같은 연속교반 반응기가 일정한 온도로 유지되고 있으며 수행되고 있는 반응은 1차 비가역 액상반응이고 반응속도식은

$$A \rightarrow B, \qquad -r_A = kC_A$$

와 같이 표현된다. 원료 공급농도(C_{A0})와 반응기 유출액의 농도(C_A) 사이의 전달함수를 구하여라.

$-r_A$ = (반응한 A의 몰 수)/(volume)(time)
k = 반응속도상수, time^{-1}
C_A = 반응기 내의 A의 농도, moles/volume
C_{A0} = 유입 반응물 중의 A의 농도, moles/volume
q = 부피유량, volume/time
V = 반응기 내 혼합물의 부피

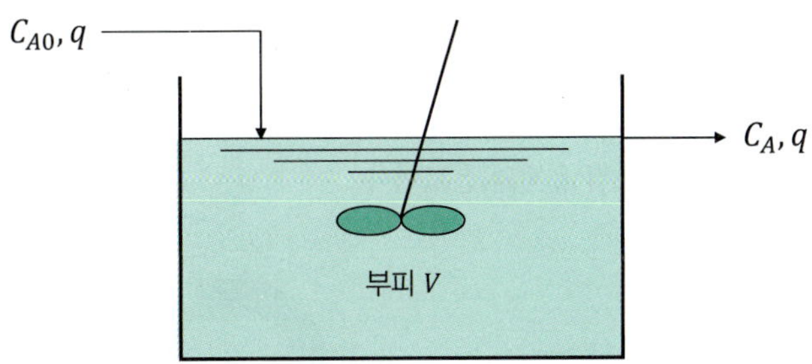

그림 P4.8

4.9 면적 A, 열용량 C, 그리고 방사율이 e인 열전대(thermocouple)가 온도 T_{is}(℃)의 정상상태로 유지되고 있는 고열로에 설치되어 있다. 열전대로의 전도 및 대류 열전달은 복사 열전달에 비하여 무시할 만하다고 가정한다. 고열로의 온도(T_i)와 열전대 온도(T_o) 사이의 선형화된 전달함수를 구하여라. 정상상태에서 $T_{is} = T_{os}$라고 간주한다.

4.10 다음과 같은 액체 저장탱크 시스템에서 탱크 3으로부터의 유출액의 유속은 펌프에 의해 일정값 b로 유지되므로 탱크 3의 액위 h_3와는 무관하다. 전달함수 $H_3(s)/Q(s)$를 구하여라. 탱크 1 및 2로부터의 유량은 각각 $q_1 = \dfrac{h_1}{R_1}$, $q_2 = \dfrac{h_2}{R_2}$로 주어진다.

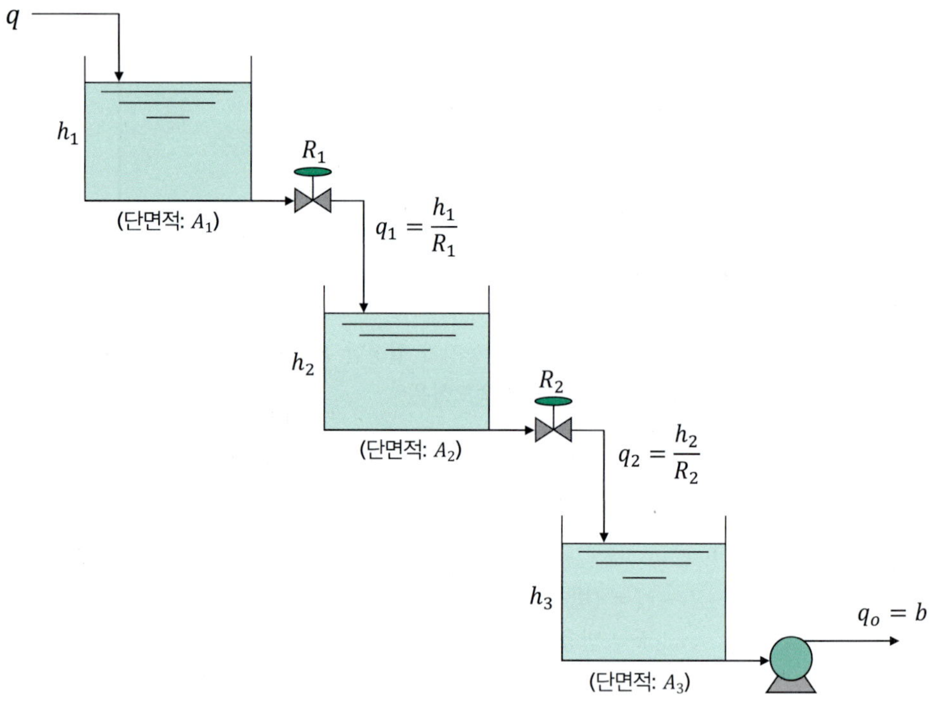

그림 P4.10

4.11 단면이 그림 P4.11에 보인 바와 같은 수은 온도계를 고려해 보자. 수은 온도계를 둘러싸고 있는 유체의 온도 T_f와 수은 자체의 온도 T 사이의 전달함수를 구하여라. 그림에서 A_i = 유리벌브 내부의 열전달 면적, A_o = 유리벌브 외부의 열전달 면적, m = 유리벌브 내의 수은의 질량, m_b = 유리벌브의 질량, C = 수은의 비열, C_b = 유리벌브의 비열, h_i = 유리벌브와 수은 사이의 대류계수, h_o = 유리벌브와 주위 유체 사이의 대류계수, T = 수은 온도, T_b = 유리벌브 온도, 그리고 T_f = 주위 유체의 온도이다.

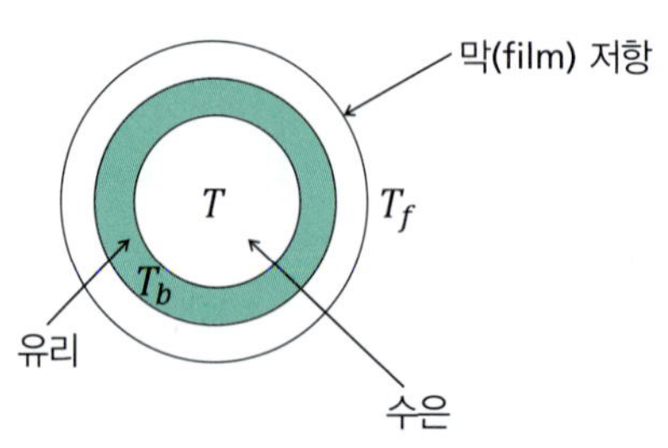

그림 P4.11

4.12 다음과 같은 수은 마노미터를 고려해 보자. 마노미터에서의 수은의 흐름은 층류(laminar) 흐름이며 이때 drag force는 층류에서의 정상상태 마찰법칙이 적용된다고 가정한다. 압력 P_1과 마노미터 눈금 h 사이의 전달함수를 구하여라. 마노미터의 직경은 D, 마노미터 내 수은주의 길이는 L이다.

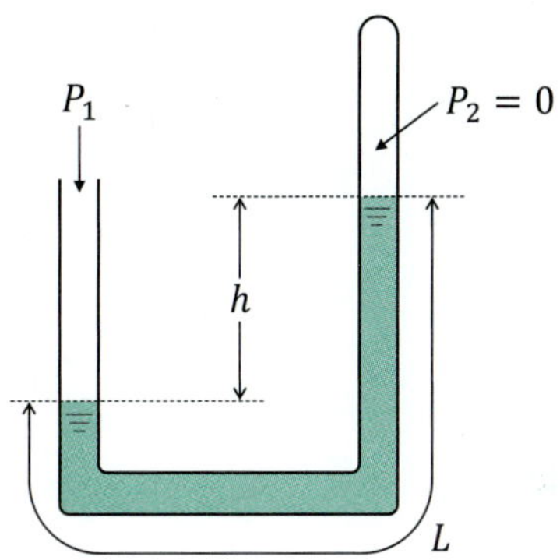

그림 P4.12

4.13 다음과 같은 액체 저장탱크에서 탱크의 유출은 두 흐름으로 이루어진다. 첫 번째 흐름의 유량(q_1)은 $q_1 = \dfrac{h-a}{R}$로 주어지며, 두 번째 흐름은 펌프에 의해 일정한 유량(q_o)으로 유지된다. 이 경우 전달함수 $H(s)/Q(s)$를 구하여라.

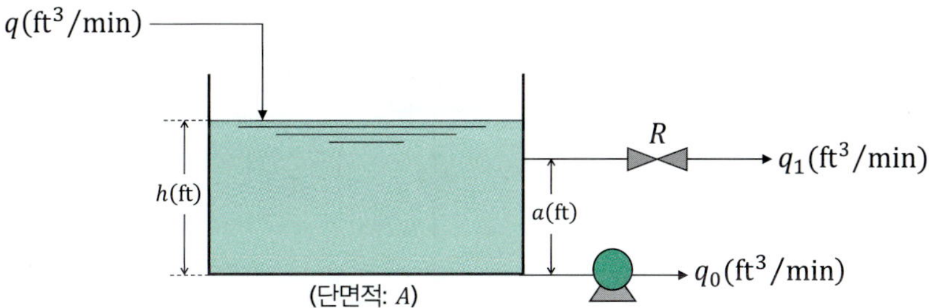

그림 P4.13

4.14 부피가 V로서 모두 동일한 N개의 저장탱크가 직렬로 연결되어 있다. 첫 번째 탱크에 유체가 공급되면 유체가 넘쳐흘러 두 번째 탱크로 이송되며 계속적으로 같은 방식으로 N번째까지 유체의 흐름이 이어진다. 이 경우 넘쳐흐르는 유체의 양은 모든 탱크에서 동일하다. 각 탱크에는 혼합기가 설치되어 있으며 초기에는 A 성분의 농도가 C_0인 유체가 첫 번째 탱크로 유입되어 같은 농도로 최종 탱크로부터 유출되고 있다. 어느 순간에 첫 번째 탱크로 유입되는 흐름이 유량의 변화는 없이 A 성분의 농도가 $C_0 = 0$인 순수한 물로 변화되었다. 이 때 N번째 탱크로부터 유출되는 액체의 농도를 나타내는 전달함수를 구하여라.

4.15 단면적이 2 ft^2인 어떤 탱크가 2 ft^3/min의 입력유속으로 정상상태에서 작동되고 있다. 탱크에 대한 유출유량(q_o)−액위(h)의 관계가 다음 그래프와 같을 경우 전달함수 $H(s)/Q(s)$를 구하여라.

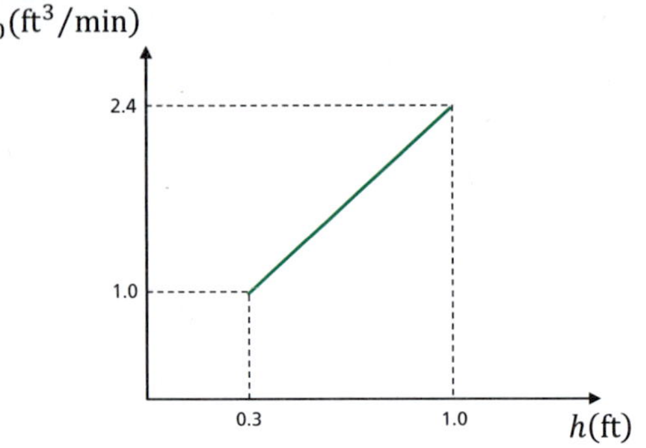

그림 P4.15

4.16 등온 액상 회분반응기에서 A → B의 1차 반응이 일어날 경우 반응물의 성분 A의 농도 C_A는 성분 A의 초기농도 C_{A0}에 대하여 1차계의 특성(즉 전달함수의 분모가 s의 1차식)을 나타냄을 보여라.

4.17 다음과 같은 블록선도를 간단히 줄여 보라.

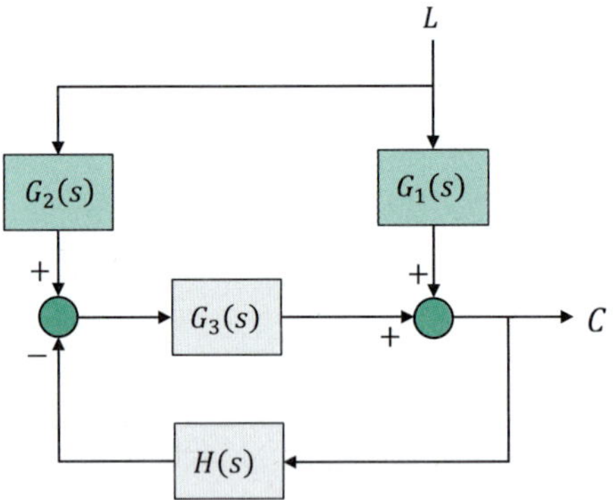

그림 P4.17

4.18 다음과 같은 블록선도를 하나의 블록으로 줄여 보라.

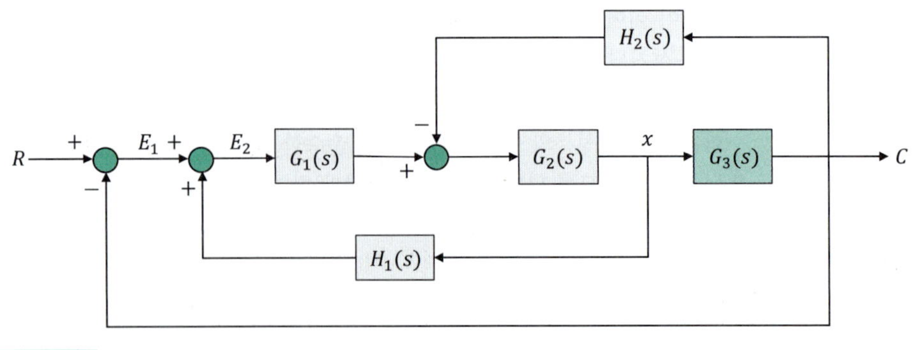

그림 P4.18

4.19 다음 그림과 같은 블록선도에서 총괄 전달함수 $\frac{C(s)}{R(s)}$를 구하여라.

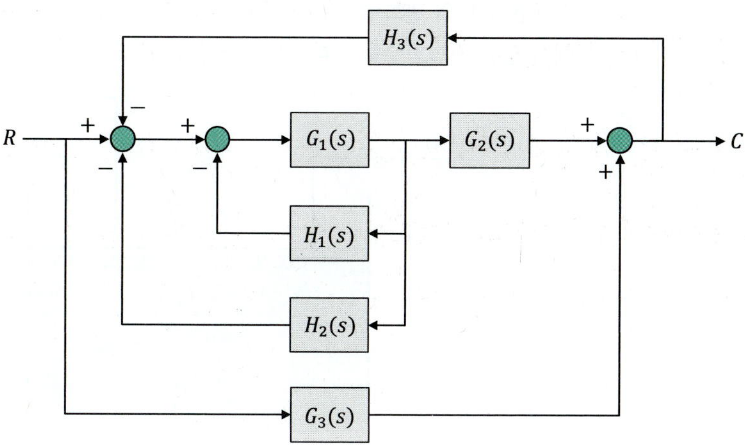

그림 P4.19

4.20 나음에 보인 두 개의 액위 탱크에서 $q_1 = \frac{h_1 - h_2}{R_1}$, $q_2 = \frac{h_2}{R_2}$로 수어진다.

(1) 이 시스템의 모델식을 세우고 이의 라플라스 변환으로부터 블록선도를 그려 보라.

(2) 총괄 전달함수 $G(s) = \frac{Q_2(s)}{Q_i(s)}$를 구하여라.

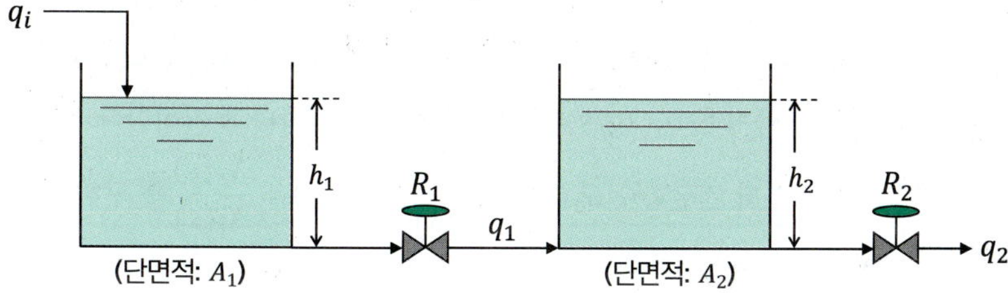

그림 P4.20

4.21 액체 저장탱크의 유출량 $q_0(\text{ft}^3/\text{min})$는 액위 $h(\text{ft})$의 제곱근에 비례(즉 $q_0 = c_v\sqrt{h}$)하며 비례 상수는 8.0이다. 탱크의 단면적이 3 ft^{3}이고 탱크의 평균 액위가 3 ft일 때 이 액체 저장탱크의 시간상수를 구하여라(힌트: 시간상수는 $\tau = \frac{2A\sqrt{h_s}}{c_v}$로 주어진다).

4.22 다음과 같은 액체 교반공정을 고려해 보기로 한다. 모든 유입 및 유출유량은 일정한 값으로 유지된다.

(1) 유입흐름 농도의 변화에 대한 유출흐름 농도의 응답을 전달함수로 나타내어라.

(2) 위에서 얻은 전달함수를 나타내는 블록선도를 그려 보라.

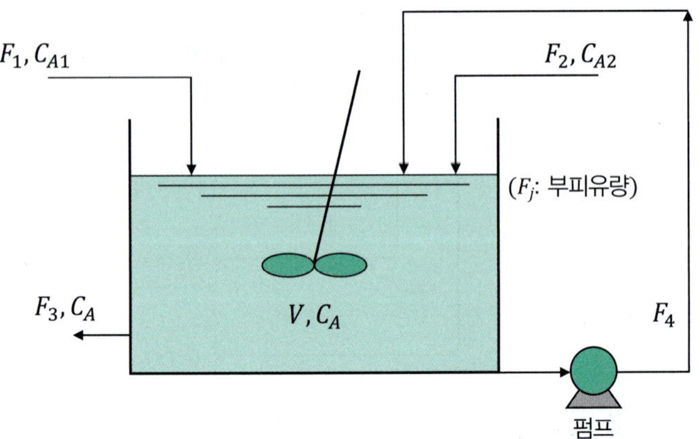

그림 P4.22

4.23 그림은 어떤 부유선별 장치를 나타낸 것이다. q_i(kg/s)의 유량으로 유입되는 고-액 슬러리 중에 함유된 관심있는 광물성분의 질량분율은 x_i이다. 탱크 내 슬러리 중의 광물성분의 질량분율은 x이며 슬러리의 질량은 M(kg)이다. 광물성분은 kxM(kg/s)의 유량으로 거품층 내로 이동되며 광물성분을 제외한 나머지 슬러리는 $k_r(1-x)M$(kg/s)의 유량으로 거품층 내로 이동된다. 슬러리층 내로는 공기가 유입되며 슬러리는 q(kg/s)의 유량으로 외부로 배출된다. 거품층의 질량은 m(kg)이며 거품층 내의 광물성분의 질량분율은 x_1이다. 거품층으로부터 넘쳐 유출되는 유량은 q_1(kg/s)이다. M과 m은 일정하다고 가정한다. 모델식을 구한 다음 선형화시키고 이로부터 전달함수 $G_1(s) = \dfrac{X(s)}{X_i(s)}$ 및 $G_2(s) = \dfrac{X_1(s)}{X_i(s)}$를 구하여라.

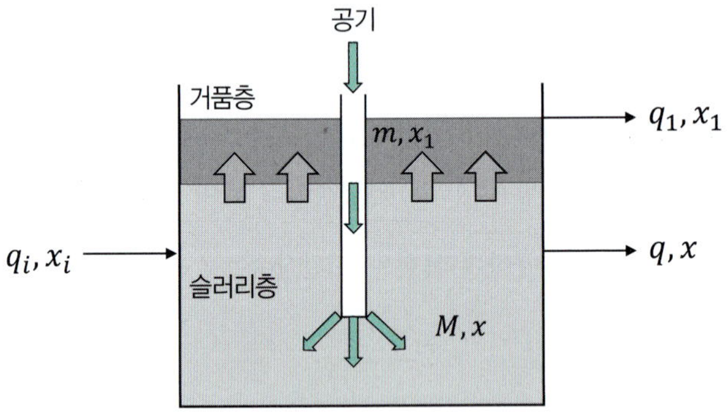

그림 P4.23 **부유선별 장치.**

4.24 $\tau^2 y'' + 2\tau\zeta y' + y = Ku$로 표시되는 시스템에 대한 상태함수 표현을 구하여라.

4.25 인체 내에서의 약물의 신진대사는 다음과 같이 간단히 나타낼 수 있다:

$$\frac{dx_1}{dt} = -k_1 x_1 + u, \qquad \frac{dx_2}{dt} = k_1 x_1 - k_2 x_2, \qquad y = x_2$$

(1) 주어진 상태함수 식을 벡터와 행렬을 사용하여 $\underline{\dot{x}} = A\underline{x} + Bu,\ y = C\underline{x}$의 형태로 나타내어라.

(2) 전달함수 $G(s) = \dfrac{Y(s)}{U(s)}$를 구하여라.

4.26 다음과 같은 상태공간 함수로 주어지는 시스템이 있다:

$$\frac{d}{dt}\begin{bmatrix} x_1(t) \\ x_2(t) \end{bmatrix} = \begin{bmatrix} -1 & 2 \\ -2 & -1 \end{bmatrix}\begin{bmatrix} x_1(t) \\ x_2(t) \end{bmatrix} + \begin{bmatrix} 0 \\ 1 \end{bmatrix} u(t), \qquad y(t) = \begin{bmatrix} 1 & 0 \end{bmatrix}\begin{bmatrix} x_1(t) \\ x_2(t) \end{bmatrix}$$

(1) 행렬 e^{At}를 구하여라.

(2) 전달함수 $G(s) = \dfrac{Y(s)}{U(s)}$를 구하여라.

4.27 다음과 같은 Lotka–Volterra 식은 생태계에서 포식자-먹이(predator-prey) 문제의 모델링에 흔히 이용된다:

$$\frac{dx_1}{dt} = (1 - \alpha x_2)x_1,\ \frac{dx_2}{dt} = (-1 + \beta x_1)x_2,\ \ x_1(0) = x_{1s},\ \ x_2(0) = x_{2s}$$

위의 식을 정상상태로부터의 편차변수들을 이용해 선형화시키고, 이를 $\underline{\dot{x}} = A\underline{x}$ 형태의 상태함수로 나타내어라.

4.28 다음은 직렬로 연결된 3개의 반응기를 보인 것이다. 각 반응기에서는 1차의 elementary 반응이 일어나고 있다. 이 반응공정에 대한 정상상태 모델식을 $A\underline{X} = B$의 형태로 구하여라. 여기에서 $\underline{X} = \begin{bmatrix} C_1 \\ C_2 \\ C_3 \end{bmatrix}$이다.

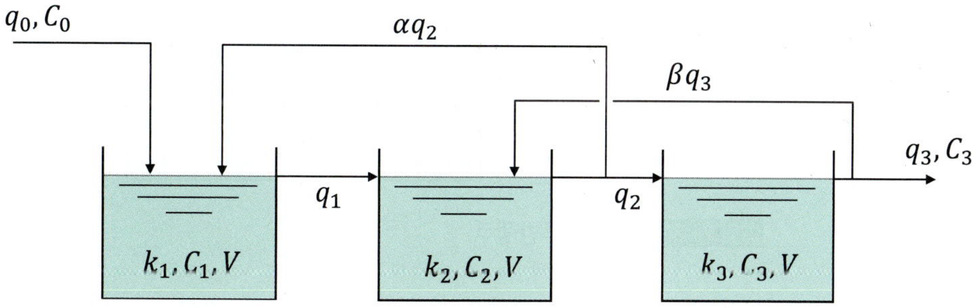

그림 P4.28

4.29 그림에 보인 연속교반 반응기에서 다음과 같은 반응이 진행되고 있다:

$$A \overset{k_1}{\to} B \overset{k_2}{\to} C, \qquad r_1 = k_1 C_A, \qquad r_2 = k_2 C_B$$

반응물의 부피 V와 반응속도 상수 k_1 및 k_2는 일정하다. A와 B의 농도 C_A와 C_B의 시간에 따른 변화를 나타내는 상태공간 모델식을 구하여라($x = [C_A \quad C_B]^T$로 정의함).

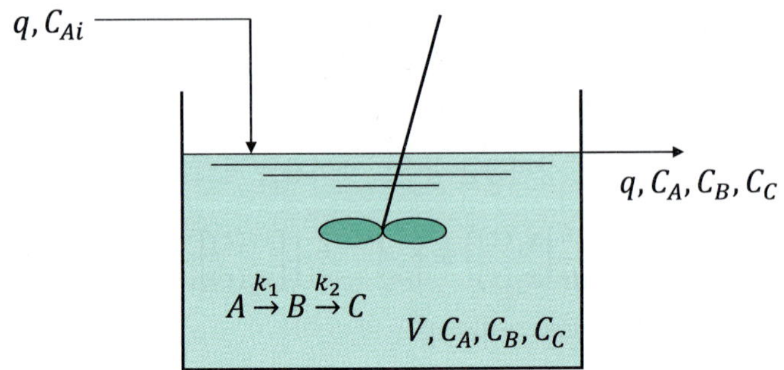

그림 P4.29 **연속교반 반응기.**

4.30 그림에 보인 바와 같이 순수한 물과 순수한 알코올이 혼합 교반탱크 내에서 혼합되고 있다. 혼합탱크 내의 질량은 M(kg)으로서 일정하며 물과 알코올의 유입유량은 각각 m_w(kg/s) 및 m_a(kg/s)이다. 유출되는 혼합액의 유량은 m(kg/s)이다. 물과 알코올의 질량분율을 각각 x_w 및 x_a라 하고 $x = [\bar{x}_w \quad \bar{x}_a]^T$, $u = [\bar{m}_w \quad \bar{m}_a]^T$라 할 때 시간에 따른 x의 변화를 나타내는 상태공간 모델을 $\dot{x} = Ax + Bu$의 형태로 나타내어라. 위에서 편차변수들은 $\bar{x}_w = x_w - x_{ws}$, $\bar{x}_a = x_a - x_{as}$, $\bar{m}_w = m_w - m_{ws}$, 그리고 $\bar{m}_a = m_a - m_{as}$와 같이 정의되며 아래첨자 s는 정상상태 값을 의미한다.

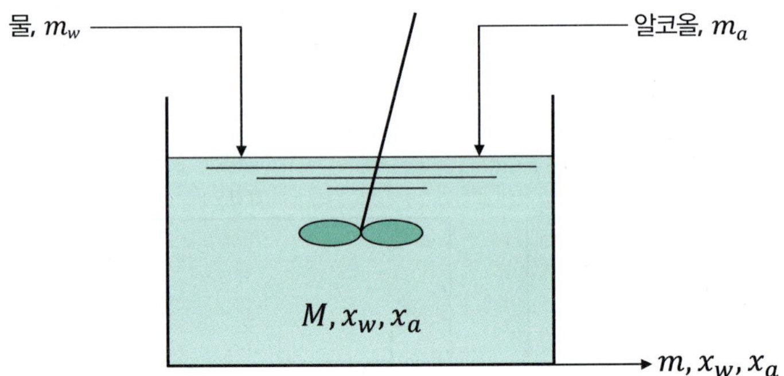

그림 P4.30 **혼합 교반탱크.**

4.31 어떤 유동층 촉매반응기에서 기상반응 $2A \to B$가 진행되고 있다. 반응속도는 $-r_A = kC_A^2$으로 주어지며 반응온도는 일정하다. 이 반응공정에 대한 근사적인 모델을 구하기 위하여 이 반응기를 그림에 보인 바와 같이 두 개의 동일한 혼합교반 반응기가 연결된 형태로 간주하고 각각에 대한 모델을 구하고자 한다. 유동층 반응기의 부피는 V(L)로서 일정하며 유입 반응물의 유량 F(L/s)와 초기농도 C_{Ai}(mol/L)는 시간에 따라 변한다. 가상적인 두 혼합교반 반응기 내의 A의 농도를 각각 C_{A1} 및 C_{A2}라 하고 유출유량은 유입유량과 마찬가지로 F로 유지된다고 하자. $x = [\bar{C}_{A1} \quad \bar{C}_{A2}]^T$, $u = [\bar{F} \quad \bar{C}_{Ai}]^T$라 할 때 시간에 따른 x의 변화를 나타내는 상

태공간 모델을 $\dot{x} = Ax + Bu$의 형태로 나타내어라. 위에서 편차변수들은 $\bar{C}_{A1} = C_{A1} - C_{A1s}$, $\bar{C}_{A2} = C_{A2} - C_{A2s}$, $\bar{F} = F - F_s$, 그리고 $\bar{C}_{Ai} = C_{Ai} - C_{Ais}$와 같이 정의되며 아래첨자 s는 정상상태 값을 의미한다.

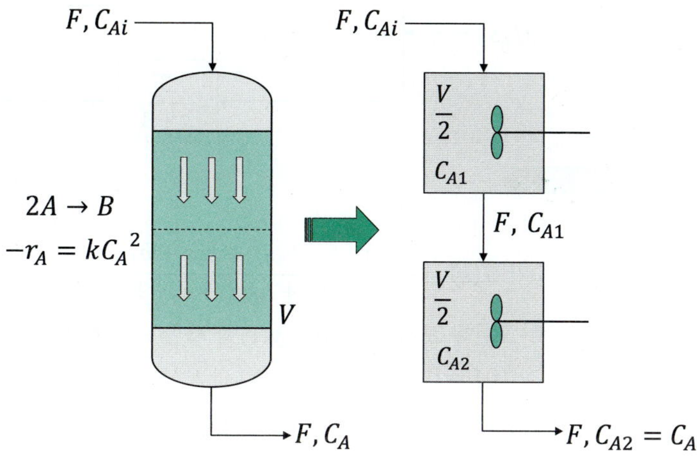

그림 P4.31 **등온 유동층 촉매반응기.**

4.32 그림에 보인 흡수탑에서 각 단에서의 액상농도와 기상농도는 각각 x_i, y_i $(i = 1, \cdots, 4)$이며 액상흐름 L과 기상흐름 G는 일정하게 유지된다. 각 단에서의 hold-up(체류량)은 H로서 일정하다고 가정한다. 각 단에서의 기-액 평형은 $y_i = ax_i + b$로 주어진다.

(1) 각 단에서의 액상농도 변화 $\dfrac{dx_i}{dt}$ $(i = 1, \cdots, 4)$를 나타내는 모델식을 구하여라.

(2) 운전데이터가 $H = 1$, $G = 10$, $L = 2$, $x_f = 0$, $y_f = 1$, $a = 1$, $b = 0.1$로 주어졌을 때 위에서 얻은 모델로부터 정상상태 모델을 $A\underline{x} = \underline{b}$의 형태로 나타내어라. $\underline{x} = [x_1\ x_2\ x_3\ x_4]^T$이며 $A \in R^{4\times4}$, $\underline{b} \in R^4$이다.

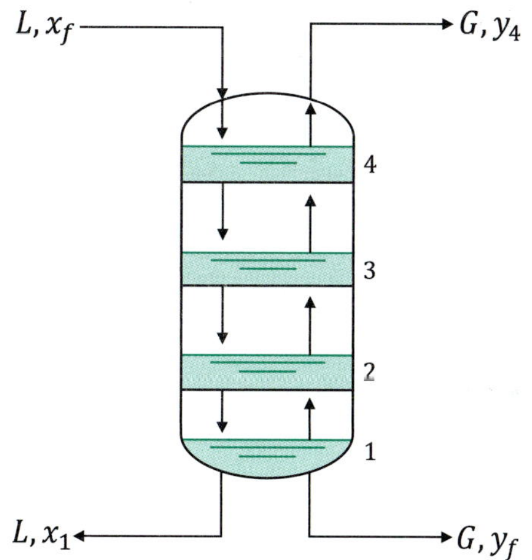

그림 P4.32

4.33 그림에 보인 시스템을 상태공간 모델 $\dot{x} = Ax + Bu,\ y = Cx,\ x \in R^3$로 나타내어라.

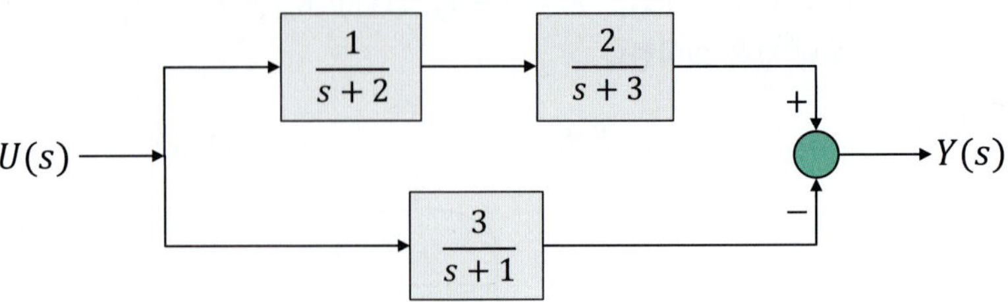

그림 P4.33

4.34 전달함수가 $G(s) = \dfrac{Y(s)}{U(s)} = \dfrac{b_2 s^2 + b_1 s + b_0}{s^3 + a_2 s^2 + a_1 s + a_0}$와 같은 시스템을 상태함수로 나타내고 블록선도로 표현해 보라. 출력변수 $y(t)$에 대한 초기조건은 모두 0이라고 가정한다(즉 $y(0) = y'(0) = y''(0) = 0$).

4.35 다음과 같은 상태함수 모델에서 해 $x(t)$를 구하여라. 입력 $u(t)$는 단위계단 함수로 주어진다.

$$\dot{x}(t) = \begin{bmatrix} 0 & 1 \\ -8 & -6 \end{bmatrix} x(t) + \begin{bmatrix} 0 \\ 1 \end{bmatrix} u(t), \qquad x(0) = \begin{bmatrix} 1 \\ 0 \end{bmatrix}$$

4.36 다음과 같은 상태함수 모델에서 응답 $y(t)$를 구하여라.

$$\dot{x}(t) = \begin{bmatrix} 0 & 2 \\ -2 & -5 \end{bmatrix} x(t) + \begin{bmatrix} 0 \\ 1 \end{bmatrix} v(t),\ \ y(t) = [2 \quad 1] x(t),\ \ v(t) = e^{-2t},\ \ x(0) = \begin{bmatrix} 1 \\ 2 \end{bmatrix}$$

* MATLAB 활용 문제

4.37 그림 P4.33에 보인 블록선도에서 전달함수 $G(s) = \dfrac{Y(s)}{U(s)}$를 구하여라.

4.38 다음 그림에 보인 블록선도에서 전달함수 $G(s) = \dfrac{C(s)}{R(s)}$를 구하여라.

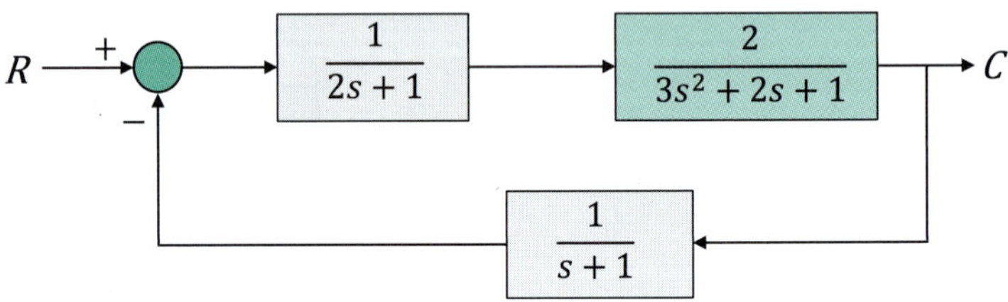

그림 P4.38

4.39 선형 상태공간 모델은

$$\dot{x}(t) = Ax(t) + Bu(t), \qquad y(t) = Cx(t) + Du(t)$$

와 같이 나타낼 수 있다. 전달함수가 각각 $G_1(s)$, $G_2(s)$, $G_3(s)$로 주어지는 시스템들의 상태공간 모델은 다음과 같다:

$$G_1(s):\ A = \begin{bmatrix} 0 & 1 \\ -3 & 2 \end{bmatrix},\ B = \begin{bmatrix} 0 \\ 1 \end{bmatrix},\ C = [2 \quad 1],\ D = [0]$$

$$G_2(s):\ A = \begin{bmatrix} -2 & 1 \\ 0 & -5 \end{bmatrix},\ B = \begin{bmatrix} 0 \\ 3 \end{bmatrix},\ C = [4 \quad 0],\ D = [2]$$

$$G_3(s):\ A = \begin{bmatrix} 1 & 1 \\ 4 & 3 \end{bmatrix},\ B = \begin{bmatrix} 1 \\ 1 \end{bmatrix},\ C = [1 \quad 1],\ D = [1]$$

다음 그림에 보인 블록선도에서 전달함수 $G(s) = \dfrac{Y(s)}{U(s)}$를 구하여라.

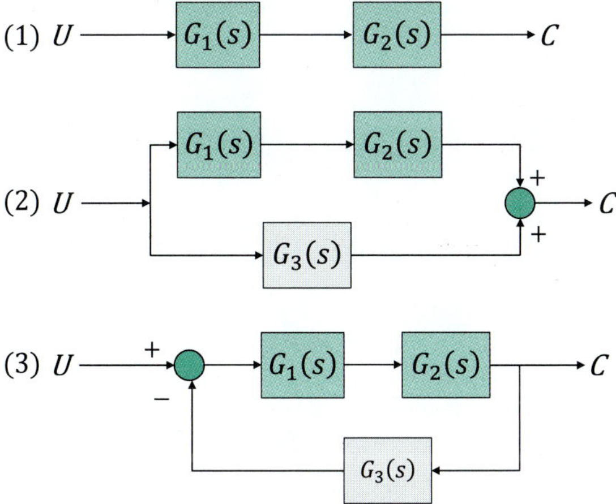

최신 공정제어공학 MATLAB의 활용과 실습

제 2 부

공정의 동특성

최신 공정제어공학 MATLAB의 활용과 실습

제 5 장

1차 공정의 동특성

1차 공정은 그 모델식이 1차의 미분 방정식으로 표현되는 공정을 의미한다. 따라서 1차 공정의 전달함수의 분모는 s의 1차식이 된다. 1차 공정의 전달함수로부터 입력변수의 변화에 대한 출력변수의 시간에 따른 응답 양상을 살펴봄으로써 1차 공정의 동특성을 규명할 수 있다. 공정의 동특성은 요구되는 제어 구조의 고안에 이용될 수 있다.

공정의 동특성은 공정에 도입되는 입력변수들의 특성에 따라 좌우된다. 다양한 공정 거동 특성들을 살펴보기 위해서 일반적으로 몇 가지의 표준적인 입력 형태들이 이용되는데 이러한 입력 형태들은 실제 공정들에서 통상적으로 일어나는 변화들을 나타내어 주며 수학적인 해석이 손쉬운 것들이다. 널리 이용되는 대표적인 표준 입력 형태로서 계단형 입력, 임펄스 입력, 경사(ramp)입력, 그리고 사인곡선형(sinusoidal) 입력 형태들을 들 수 있다. 공정산업에서는 보통 계단형 입력 변화가 가장 널리 이용된다. 그림 5.1은 이들 입력 형태의 모양을 보인 것이다.

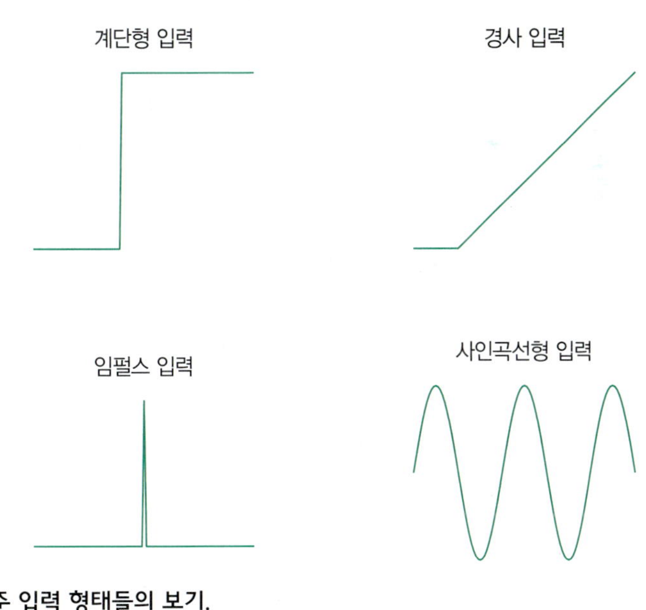

그림 5.1 표준 입력 형태들의 보기.

5.1 1차 공정의 계단응답

5.1.1 1차 공정

1차 공정은 그 모델식이 1차 미분방정식으로 주어지는 공정이다. 공정이 선형인 경우를 생각해 보면 입력변수를 x, 출력변수를 y라 할 때 모델식은 다음과 같이 쓸 수 있다.

$$a\frac{dy}{dt} + by = cx(t) \ \ (b \neq 0)$$

위의 식을 다시 쓰면

$$\frac{a}{b}\frac{dy}{dt} + y = \frac{c}{b}x(t)$$

위에서 a/b는 공정의 시간상수라고 통칭되며 흔히 τ로 표기한다. 그리고 c/b는 공정의 이득(gain)이라 하며 흔히 K로 나타낸다. 이들을 이용하여 위의 식을 다시 쓰면

$$\tau\frac{dy}{dt} + y = Kx(t)$$

초기조건을 0이라 하고(즉 $y(0) = 0$) 위의 식을 라플라스 변환시키면

$$\tau sY(s) + Y(s) = KX(s)$$

따라서

$$\frac{Y(s)}{X(s)} = G(s) = \frac{K}{\tau s + 1} \tag{5.1}$$

이는 1차 공정을 나타내는 전달함수의 일반적인 형태로서 그 분모가 언제나 s의 1차식이며, 두 개의 파라미터 K와 τ를 갖는다. 일반적으로 K는 제4장에서 언급한 정상상태 이득을 나타내며 τ는 시간상수(혹은 시정수)라고 칭한다.

위에서 만일 $b = 0$이면 $a\frac{dy}{dt} = cx(t)$, 즉 $\frac{dy}{dt} = \frac{c}{a}x(t)$이므로

$$\frac{Y(s)}{X(s)} = G(s) = \frac{K'}{s} \tag{5.2}$$

위에서 $K' = \frac{c}{a}$이다. 식 (5.2)로 나타내어지는 공정은 흔히 적분공정(integrating process)이라고 불린다. 적분공정에서 출력 $y(t)$는

$$y(t) = K'\int_0^t x(t)dt$$

로 주어진다.

5.1.2 교반공정의 계단응답 특성

그림 5.2는 간단한 액체 교반공정을 나타낸 것이다. 유입액의 온도는 T_i이고 유출액의 온도는 T이며 유량은 q로서 일정하게 유지된다고 하자.

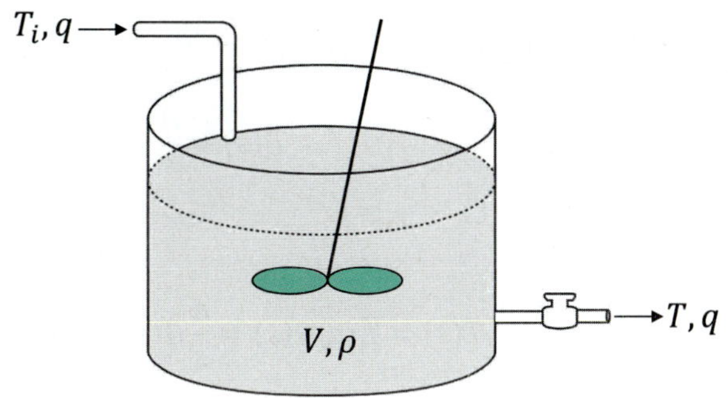

그림 5.2 액체 교반공정.

액체의 밀도는 일정하며 탱크는 단열이 잘 되어 있어서 열 손실이 없다고 가정한다. 아울러 유입액과 유출액 및 탱크 내 액체의 비열은 모두 C_p로서 일정하다고 간주하고 식 (3.2)에 따라 열 수지식을 구해 보면 다음과 같다.

$$\frac{d(\rho C_p VT)}{dt} = \rho C_p q T_i - \rho C_p q T$$

이를 정리하면

$$\left(\frac{V}{q}\right)\frac{dT}{dt} = T_i - T$$

편차변수 $\bar{T}$와 $\bar{T}_i$을 각각 $\bar{T} = T - T_s$, $\bar{T}_i = T_i - T_{is}$와 같이 정의하면 위의 식으로부터 다음 관계를 얻는다.

$$\tau\frac{d\bar{T}}{dt} = \bar{T}_i - \bar{T} \tag{5.3}$$

위에서

$$\tau = \frac{V}{q} \tag{5.4}$$

로서 위의 교반공정의 시간상수가 된다. 식 (5.3)의 양변을 라플라스 변환시키고 정리하면

$$G(s) = \frac{\bar{T}(s)}{\bar{T}_i(s)} = \frac{1}{\tau s + 1} \tag{5.5}$$

지금 탱크 유입액의 온도 T_i에 크기 A의 계단변화가 도입되었다고 가정하고 유출액의 온도 T의 변화를 구해 보기로 한다. $T_i(t)$는 다음과 같이 쓸 수 있다.

$$T_i(t) = \begin{cases} T_{is} : t < 0 \\ T_{is} + A : t \geq 0 \end{cases} \tag{5.6}$$

편차변수를 이용하면

$$\bar{T}_i(t) = Au(t) \tag{5.7}$$

이를 라플라스 변환시키면

$$\bar{T}_i(s) = \frac{A}{s}$$

이를 식 (5.5)에 대입하면

$$\bar{T}(s) = \bar{T}_i(s)G(s) = \frac{A}{s}G(s) = \frac{A}{s(\tau s + 1)} \tag{5.8}$$

역 라플라스 변환에 의하여 $\bar{T}(t)$는 다음과 같이 주어진다.

$$\bar{T}(t) = A(1 - e^{-t/\tau}) \tag{5.9}$$

따라서

$$T(t) = \bar{T}(t) + T_s = T_s + A(1 - e^{-t/\tau}) \tag{5.10}$$

응답 (5.9), 또는 (5.10)은 입력변수의 계단변화(즉 계단입력)에 대한 응답이므로 계단응답이라 칭한다. 그림 5.3은 $\bar{T}(t)$의 변화를 나타낸 것이다. 시간 t가 τ와 같을 때에는

$$\bar{T}(t) = A(1 - e^{-1}) = 0.632A$$

가 됨을 알 수 있다. 시간 $t = 0$에서 응답 $\bar{T}(t)$의 기울기는

$$\left.\frac{d\bar{T}(t)}{dt}\right|_{t=0} = \left.\frac{1}{\tau}e^{-t/\tau}\right|_{t=0} = \frac{1}{\tau}$$

즉 $t = 0$에서의 응답의 기울기의 역수는 시간상수가 된다. 응답이 최종값의 10%(0.1)로부터 90%(0.9)까지 증가하는 데에 걸리는 시간 T_r은

$$0.1 = 1 - e^{-t_1/\tau}, \qquad 0.9 = 1 - e^{-t_2/\tau}$$

인 관계로부터

$$T_r = t_2 - t_1 = 2.2\tau$$

를 얻는다.

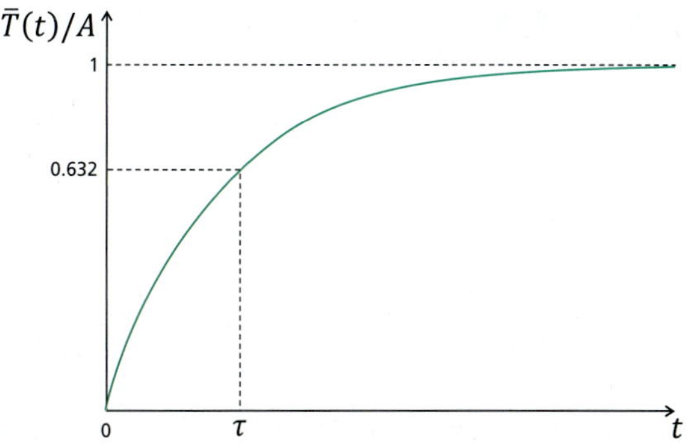

그림 5.3 계단응답곡선.

보기 5.1

그림 3.1에 보인 연속교반 가열탱크의 모델식은

$$C_p\rho V\frac{dT}{dt} = C_p w_i(T_i - T) + Q$$

와 같이 주어진다. 여기에서 $w = w_i = 200$ lb/min이고 C_p, ρ는 일정하며 가열탱크의 부피 $V = 1.6$ ft^3, 액체의 비열은 0.32 Btu/lb°F, 밀도는 62.4 lb/ft^{3}라고 하자. 가열기로부터의 유입열량 Q는 1680 Btu/min, 유입온도는 80°F로서 일정하게 유지되다가 유입온도가 어느 순간에 95°F로 갑자기 증가하였다. 이 때 시간에 따른 온도 $T(t)$를 구하여라.

풀이

주어진 모델식을 다시 쓰면

$$\left(\frac{\rho V}{w_i}\right)\frac{dT}{dt} = T_i - T + \left(\frac{1}{C_p w_i}\right)Q \quad \textbf{(5.11)}$$

정상상태에서는

$$\left(\frac{\rho V}{w_i}\right)\frac{dT_s}{dt} = 0 = T_{is} - T_s + \left(\frac{1}{C_p w_i}\right)Q_s \quad \textbf{(5.12)}$$

식 (5.12)를 (5.11)로부터 빼면

$$\left(\frac{\rho V}{w_i}\right)\frac{d(T - T_s)}{dt} = (T_i - T_{is}) - (T - T_s) + \left(\frac{1}{C_p w_i}\right)(Q - Q_s) \quad \textbf{(5.13)}$$

시간상수 τ와 이득 K, 그리고 편차변수들을 다음과 같이 정의하기로 한다:

$$\tau = \frac{\rho V}{w_i},\qquad K = \frac{1}{C_p w_i},\qquad \bar{T} = T - T_s,\qquad \bar{T}_i = T_i - T_{is},\qquad \bar{Q} = Q - Q_s$$

이들 관계를 (5.13)에 대입하고 양변을 라플라스 변환시킨 다음 정리하면

$$\bar{T}(s) = \frac{1}{\tau s + 1}\bar{T}_i(s) + \frac{K}{\tau s + 1}\bar{Q}(s) \tag{5.14}$$

주어진 데이터로부터

$$\tau = \frac{(62.4)(1.6)}{200} = 0.5 \text{ min}, \qquad K = \frac{1}{(0.32)(200)} = 0.016 \text{ min} \cdot {}^\circ\text{F/Btu}$$

유입온도는 80°F로서 일정하게 유지되다가 어느 순간에 95°F로 갑자기 증가하고 유입유량은 변화가 없으므로 $\bar{T}_i(s) = \dfrac{15}{s}$, $\bar{Q}(s) = 0$이다. 따라서 식 (5.14)로부터

$$\bar{T}(s) = \frac{15}{s(0.5s+1)} \rightarrow \bar{T}(t) = 15(1 - e^{-2t}) \quad \therefore T(t) = T_s + 15(1 - e^{-2t})$$

유입온도 변화가 도입되기 전의 정상상태 조건은 (5.12)로부터

$$T_s = T_{is} + KQ_s = 80 + (0.016)(1680) = 106.9^\circ\text{F} \quad \therefore \; T(t) = 106.9 + 15(1 - e^{-2t})$$

위의 결과로부터 시간이 지나면 온도 T는 121.9°F의 정상상태 값에 이르게 됨을 알 수 있다.

보기 5.2

그림에 보인 액체탱크에서 유출유량 $q_o(\text{ft}^3/\text{min})$는 펌프에 의해 일정하게 유지된다. 유입유량이 크기 $M(\text{ft}^3/\text{min})$인 계단변화를 보였을 때 시간에 따른 액위의 변화를 나타내는 식을 구하여라. 액체의 밀도는 일정하다고 간주한다.

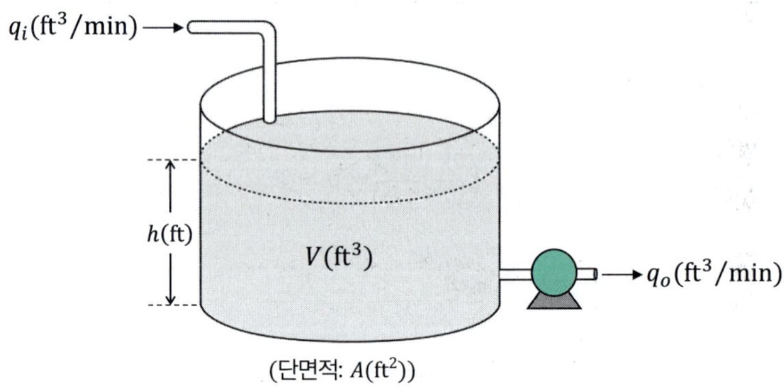

그림 5.4 탱크펌프공정.

풀이

$A\frac{dh}{dt} = q_i - q_o$, $A\frac{dh_s}{dt} = q_{is} - q_{os}$ $\rightarrow$ $A\frac{d\bar{h}}{dt} = \bar{q_i}$. 따라서 $\frac{H(s)}{Q_i(s)} = \frac{1}{As}$. 그런데 $Q_i(s) = \frac{M}{s}$이므로 $H(s) = \frac{M}{As^2}$. 따라서 $\bar{h}(t) = \frac{M}{A}t$. 이로부터 $h(t) = h_s + \frac{M}{A}t$.

5.1.3 시간상수

교반공정의 시간상수 τ는 식 (5.4)와 같이 정의됨은 이미 언급한 바와 같다. τ의 단위를 살펴보면

$$[\tau] = \frac{[V]}{[q]} = \frac{[\mathrm{m}^3]}{[\frac{\mathrm{m}^3}{\mathrm{sec}}]} = \mathrm{sec} \tag{5.15}$$

로서 시간의 단위를 갖는다. 시간상수 τ는 공정이 입력의 변화에 적응하는 데에 소요되는 시간의 척도로서 공정의 응답속도와 밀접한 관계가 있다. 시간상수가 크면 클수록 입력변화에 대한 공정의 응답속도는 더욱 느려진다. 반대로 어떤 입력변화에 대하여 공정이 빠른 응답을 보인다면 그 공정의 시간상수는 상대적으로 작음을 의미한다.

시간상수는 보통 유체의 물성치와 공정의 파라미터로 이루어진다. 위의 교반공정의 경우 τ는 탱크 내의 유체의 부피와 유량에 의해 정의된다. 만약 이들 가운데 어느 한 가지라도 변한다면 시간상수도 변하게 되고 따라서 공정의 응답 속도도 변하게 될 것이다. 표 5.1은 여러 가지 공정에서의 시간상수를 나타낸 것이다.

표 5.1 여러 가지 공정에서의 시간상수 표현

공정	시간상수 표현	비고
흐름공정	τ(이동시간) = (길이)/(유속) τ(체류시간) = (부피)/(부피유량)	
확산 및 분산공정	$\tau = L^2/D$	L: 특성 확산 및 분산 길이 D: 확산 및 분산계수
반응공정	τ(반응시간) = C/r	C: 농도, r: 반응속도
물질전달	$\tau = 1/k_a$	k_a: 물질전달 용량계수
열전달	$\tau = \dot{m}C_p/(UA)$	U: 열전달 계수, $\dot{m}$: 질량유량 C_p: 열용량, A: 열전달 면적

보기 5.3

교반공정의 계단응답 (5.9)에서 시간 $t = 0,\ \tau,\ 2\tau,\ 3\tau,\ 4\tau,\ 5\tau,\ \infty$일 때 $\frac{\bar{T}(t)}{A}$의 값을 구하여라.

풀이

식 (5.9)로부터 $\frac{\bar{T}(t)}{A} = 1 - e^{-t/\tau}$이므로 다음을 얻는다.

표 5.2 1차 공정의 계단응답

t	$\bar{T}(t)/A$
0	0.0
τ	0.632
2τ	0.865
3τ	0.950
4τ	0.982
5τ	0.993
∞	1.0

즉 시간이 시간상수의 3배만큼 지난 뒤에는 응답은 최종 도달값의 95%, 5배만큼 지난 뒤에는 99.3%에 이르게 됨을 알 수 있다.

보기 5.4

그림 5.2의 액체 교반공정(유량은 일정하게 유지됨)에서 단열이 잘 되어 있지 않아서 탱크 외부로의 열손실이 있는 경우

(1) 공정의 모델식을 구하고 편차변수를 이용하여 전달함수를 구하여라. 탱크 외부의 온도는 T_a°C, 총괄 열전달 계수는 $U\ J/(\mathrm{m}^2 \cdot {}^\circ\mathrm{C} \cdot \mathrm{sec})$, 열전달 면적은 $A\ \mathrm{m}^2$이다.

(2) 유입액의 온도는 변화가 없고 외부 온도가 크기 M°C인 계단변화를 보였을 때 유출액의 온도 $T(t)$를 구하여라.

풀이

(1) 액체의 밀도와 비열, 유량, 부피, 그리고 열전달 계수가 모두 일정하다고 가정하면

$$\rho C_p V \frac{dT}{dt} = \rho C_p q (T_i - T) - UA(T - T_a)$$

이를 다시 쓰면

$$\rho C_p V \frac{dT}{dt} + (\rho C_p q + UA) T = \rho C_p q T_i + UA T_a$$

따라서

$$\left(\frac{\rho C_p V}{\rho C_p q + UA}\right)\frac{dT}{dt} + T = \left(\frac{\rho C_p q}{\rho C_p q + UA}\right) T_i + \left(\frac{UA}{\rho C_p q + UA}\right) T_a$$

이를 다시 쓰면

$$\tau\frac{dT}{dt}+T=K_1T_i+K_2T_a$$

위에서

$$\tau=\frac{\rho C_pV}{\rho C_pq+UA},\qquad K_1=\frac{\rho C_pq}{\rho C_pq+UA},\qquad K_2=\frac{UA}{\rho C_pq+UA}$$

이다. 정상상태에서는

$$\tau\frac{dT_s}{dt}+T_s=K_1T_{is}+K_2T_{as}$$

따라서 앞의 두 관계로부터

$$\tau\frac{d\bar{T}}{dt}+\bar{T}=K_1\bar{T_i}+K_2\overline{T_a}$$

를 얻는다. 위에서 $\bar{T}=T-T_s$, $\bar{T_i}=T_i-T_{is}$, $\overline{T_a}=T_a-T_{as}$이다. 라플라스 변환으로부터 다음 관계를 얻는다.

$$\bar{T}(s)=\frac{K_1}{\tau s+1}\bar{T_i}(s)+\frac{K_2}{\tau s+1}\overline{T_a}(s)$$

이를 블록선도로 나타내면 그림 5.5에 보인 바와 같다.

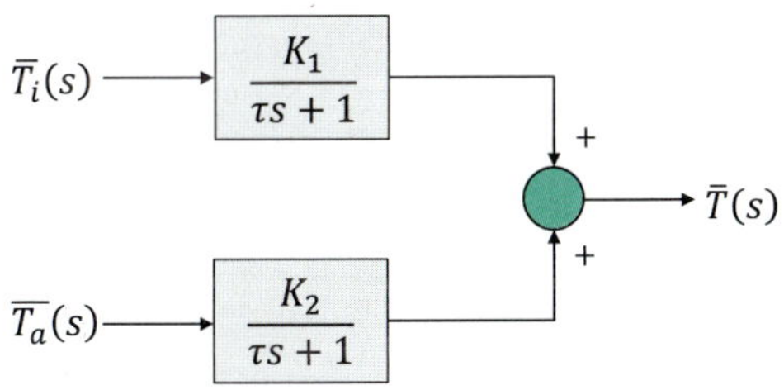

그림 5.5 액체 교반공정의 블록선도.

(2) 유입액 온도는 변화가 없고 외부온도가 크기 M인 계단변화를 보였으므로

$$\bar{T_i}(s)=0,\qquad \overline{T_a}(s)=\frac{M}{s}$$

따라서 (1)의 결과로부터 $\bar{T}(s)=\dfrac{K_2M}{s(\tau s+1)}$을 얻으며 이로부터 $\bar{T}(t)=K_2M(1-e^{-\frac{t}{\tau}})$임을 알 수 있다. 그런데 $\bar{T}(t)=T(t)-T_s$이므로

$$T(t) = T_s + \bar{T}(t) = T_s + K_2 M(1 - e^{-\frac{t}{\tau}})$$

위에서 정상상태 온도 T_s는 $T_s = K_1 T_{is} + K_2 T_{as}$로 주어진다.

보기 5.5

그림 5.6에 보인 액체 저장탱크에서 유입유량 q_i는 10 ft^3/min으로 일정하게 유지되고 유출유량 q는 $q = Rh$ (ft^3/min)로 주어지며 액체의 밀도는 일정하다. 어느 순간에 q_i가 갑자기 12 ft^3/min로 증가하였을 때 5분이 지난 후의 액위 $h(5)$를 구하여라.

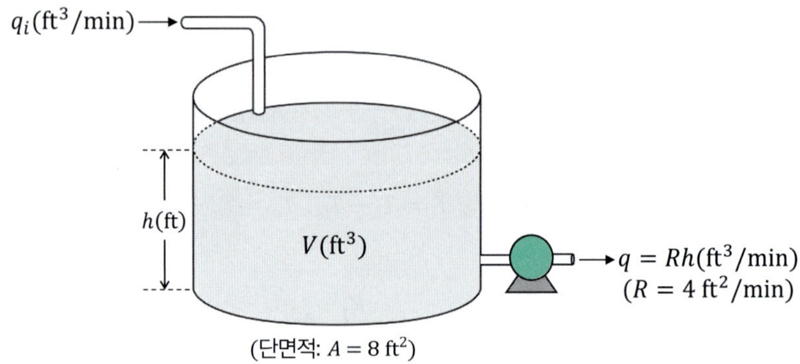

그림 5.6 액체 저장탱크.

풀이

모델식은

$$A\frac{dh}{dt} = q_i - q = q_i - 4h$$

정상상태에서는

$$A\frac{dh_s}{dt} = 0 = q_{is} - 4h_s \quad \textbf{(i)}$$

위의 두 식으로부터

$$A\frac{d\bar{h}}{dt} = \bar{q}_i - 4\bar{h}$$

위에서 $\bar{h} = h - h_s$, $\bar{q}_i = q_i - q_{is}$이다. 라플라스 변환으로부터

$$\frac{H(s)}{Q_i(s)} = \frac{1}{As + 4} = \frac{1}{8s + 4}$$

그런데 $Q_i(s) = \dfrac{2}{s}$이므로

$$H(s) = \frac{2}{s(8s+4)} = \frac{1}{2}\frac{1}{s(2s+1)}$$

따라서

$$\bar{h}(t) = \frac{1}{2}(1 - e^{-t/2})$$

그런데 $\bar{h}(t) = h(t) - h_s$이므로

$$h(t) = h_s + \bar{h}(t) = h_s + \frac{1}{2}(1 - e^{-t/2})$$

(i)로부터 $h_s = \frac{q_{is}}{4} = \frac{10}{4} = 2.5$ 이므로 $h(t) = 2.5 + \frac{1}{2}(1 - e^{-t/2})$.

$$\therefore\ h(5) = 2.5 + \frac{1}{2}\left(1 - e^{-\frac{5}{2}}\right) = 2.96\ \text{ft}$$

보기 5.6

어떤 공정의 전달함수가 $G(s) = \frac{Y(s)}{X(s)} = \frac{3e^{-0.5s}}{2s+1}$와 같이 얻어졌다. 입력변수 $x(t)$가 그림 5.7에 보인 바와 같은 변화를 보였을 때 출력변수 $y(t)$를 구하여라. $y(0) = 1$이다.

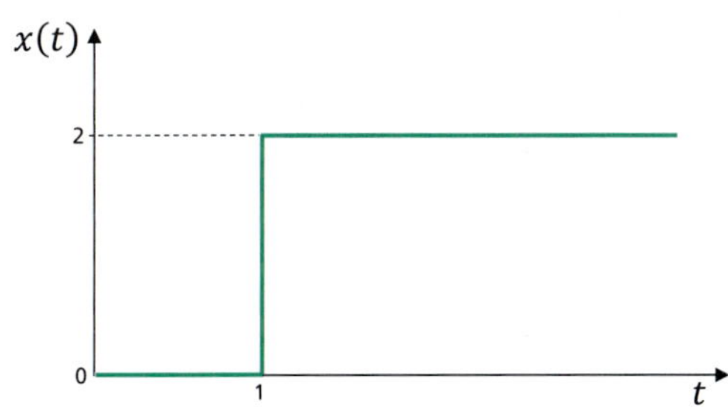

그림 5.7 지연계단입력.

풀이

$x(t) = 2u(t-1)$이므로 $X(s) = \frac{2}{s}e^{-s}$. 따라서 $Y(s) = \frac{6e^{-1.5s}}{s(2s+1)} = 6\left(\frac{1}{s} - \frac{1}{s+1/2}\right)e^{-1.5s}$.

그러므로 $\bar{y}(t) = 6\{1 - e^{-(t-1.5)/2}\}u(t-1.5)$.

$$\therefore y(t) = \bar{y}(\text{t}) + y(0) = 1 + 6\{1 - e^{-(t-1.5)/2}\}u(t-1.5)$$

이로부터 $y(\infty) = 7$임을 알 수 있다.

MATLab

1차 공정의 계단응답

계단응답은 step 명령어를 사용하여 쉽게 얻는다. step의 수행에 필요한 입력요소들은 공정의 전달함수(즉 분자와 분모)와 응답시간이다. 전달함수가 $\frac{3}{2s+1}$인 1차 공정의 단위계단 응답곡선을 구해 보자. 응답시간은 [0, 10]으로 한다. MATLAB 프로그램 및 출력은 다음과 같다.

```
>> num = 3; den = [2 1]; t = [0:0.1:10]; y = step(num, den, t); plot(t, y), grid
>> title('1차 공정의 계단응답'), xlabel('t(초)'), ylabel('응답 y(t)')
```

시간 t는 [초기시간: 간격: 최종시간]으로 입력한다. plot은 그래프를 그려주는 명령어이며 grid는 그래프에 격자눈금을 표시해 주고 title은 그래프의 명칭, xlabel과 ylabel은 각각 x축 및 y축 타이틀을 정하게 해 준다. 계단응답 곡선은 그림 5.8에 보인 바와 같다.

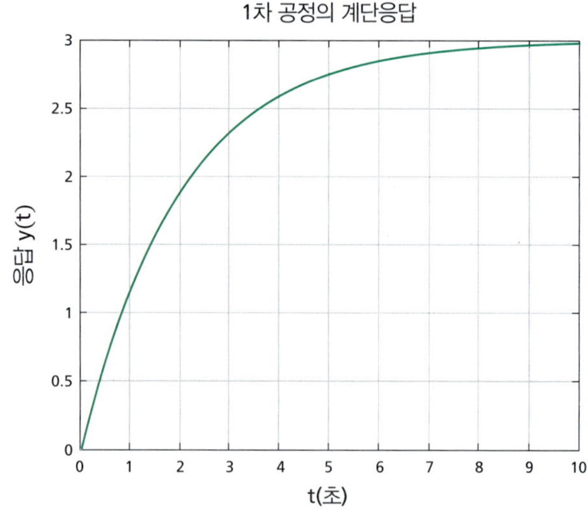

그림 5.8 1차 공정의 계단응답곡선.

MATLab

Simulink의 사용

Simulink를 사용하여 앞의 1차 공정의 계단응답을 구해 보기로 한다. 그림 5.9에 보인 바와 같이 MATLAB의 메뉴바에서 "새로 만들기" 메뉴의 "Simulink Model"을 클릭하거나 상단 메뉴 바의 "Simulink" 메뉴를 클릭 선택하면 그림 5.10에 보인 바와 같은 "Simulink Start Page" 창이 나타난다. 이 창에서 "Blank Model" 메뉴를 선택하면 그림 5.11의 오른쪽에 보인 것과 같은 모델 편집창이 나타나는데

이 창의 메뉴 바에서 “Library Browser” 아이콘( )을 클릭하면 그림 5.11의 왼쪽에 보인 것과 같은 “Simulink Library Browser” 창이 나타난다(이전 버전의 MATLAB에서는 메뉴 바의 “Simulink”를 클릭하여 나타나는 모델 편집창의 메뉴바에서 “Library Browser” 아이콘( )을 클릭한다). “Simulink Library Browser” 창의 “Simulink”에서 “Sources” 메뉴를 클릭하여 나타나는 아이콘들로부터 마우스 왼쪽 키를 누른 상태로 “Step” 블록을 선택하고 모델 편집창으로 끌어온다(그림 5.11 참조). 마찬가지로 “Simulink”의 “Continuous”를 클릭하여 나타나는 아이콘들로부터 “Transfer Fcn”(전달함수) 블록을, “Sinks”를 클릭하여 나타나는 아이콘들로부터 “Scope” 블록을 선택하고 모델 편집창으로 끌어와서 그림 5.12(가)에 보인 바와 같이 1차 공정의 Simulink 블록선도를 구성한다. 블록들을 서로 연결하려면 블록들 간의 화살표(>) 표시들을 마우스로 끌어 연결하면 된다. 전달함수의 분모와 분자의 설정은 그림 5.12(나)에 보인 바와 같이 “Transfer Fcn”(전달함수) 블록을 더블 클릭하여 나타나는 편집창에서 수행할 수 있다. 분모와 분자를 설정한 후 하단부의 “Apply” 버튼을 누른 다음 “OK” 버튼을 누른다.

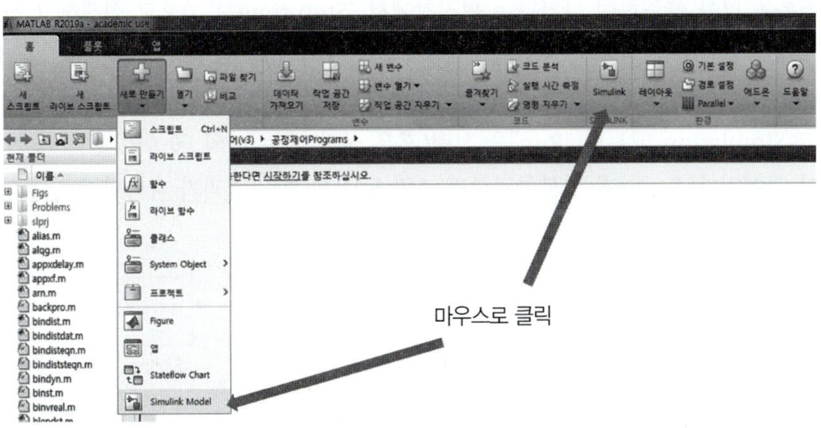

그림 5.9 Simulink 선택 초기화면.

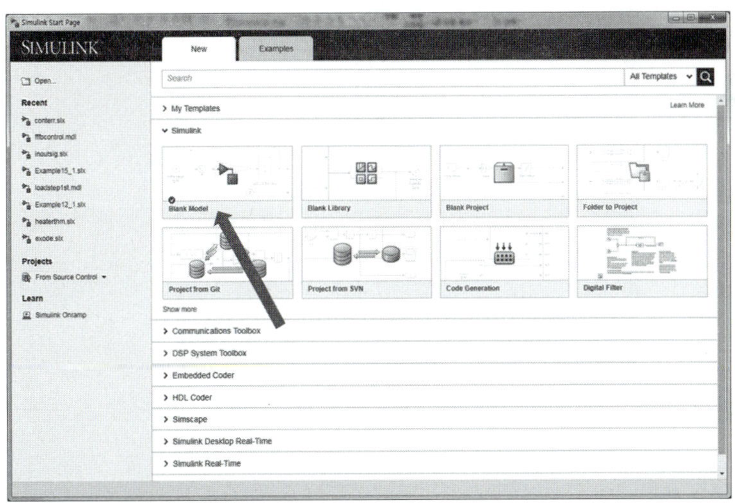

그림 5.10 Simulink Start Page 윈도우.

그림 5.11 모델 편집창으로의 블록 끌어오기.

"Step" 블록을 더블 클릭하여 나타나는 편집창에서 "Step time"을 0으로 설정하고 하단부의 "Apply" 버튼을 누른 다음 "OK" 버튼을 누른다. 이어서 편집창의 Simulation 메뉴에서 "Model Configuration Parameters" 항목을 선택한 다음 "Simulation time"의 "Stop time" (즉 계산시간)을 10(초)으로 설정하고 Simulation 메뉴의 "Run"을 선택(혹은 상단 메뉴 바의 ▶ 아이콘을 마우스로 클릭)하면 계단응답이 얻어진다. Scope를 더블클릭하면 그림 5.13에 보인 결과가 나타난다.

(가)

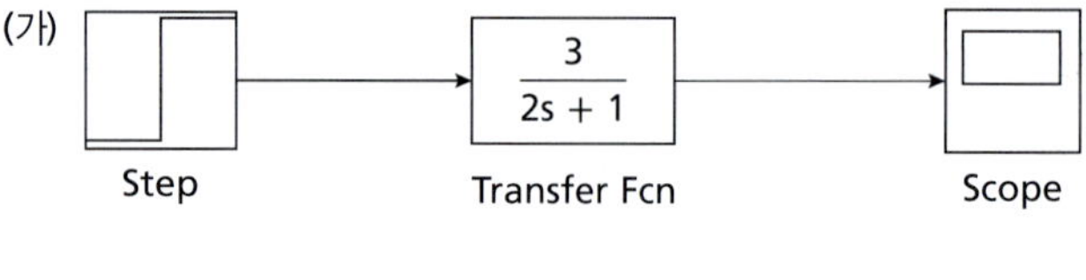

(나)

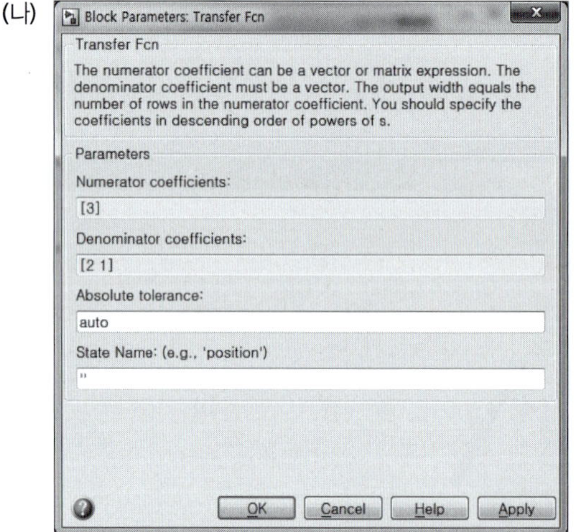
Block Parameters: Transfer Fcn

Transfer Fcn

The numerator coefficient can be a vector or matrix expression. The denominator coefficient must be a vector. The output width equals the number of rows in the numerator coefficient. You should specify the coefficients in descending order of powers of s.

Parameters

Numerator coefficients:

[3]

Denominator coefficients:

[2 1]

Absolute tolerance:

auto

State Name: (e.g., 'position')

''

OK Cancel Help Apply

그림 5.12 (가) 1차 공정의 Simulink 블록선도; (나) 블록 파라미터 설정창.

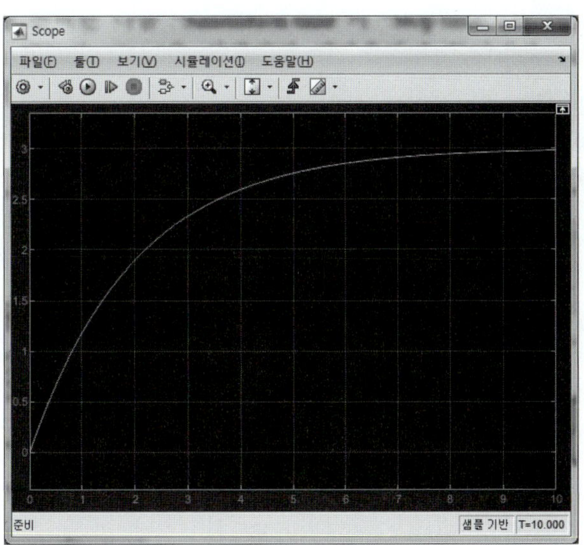

그림 5.13 Scope에 나타난 1차 공정의 단위계단 응답.

MATLab

상태함수 모델의 계단변화 응답

상태함수 모델에 계단입력 변화가 도입되는 경우 lsim 명령어를 사용하여 응답을 구할 수 있다. 상태함수 모델이 다음과 같이 주어졌다고 하자:

$$\dot{x}(t)=\begin{bmatrix}-2 & -3 & -1\\ 1 & 0 & 0\\ 0 & 1 & 0\end{bmatrix}x(t)+\begin{bmatrix}1\\0\\0\end{bmatrix}u(t),\qquad y(t)=\begin{bmatrix}0 & 2 & 1\end{bmatrix}x(t)$$

$0\le t\le 40$의 범위에서 입력 $u(t)$가

$$u(t)=\begin{cases}2: & 0\le t<20\\ 0.5: & 20\le t\end{cases}$$

와 같은 변화를 보인 경우의 응답곡선은 다음과 같이 구할 수 있다. 먼저 상태함수 모델의 계수행렬을 정의하고 함수 ss를 이용하여 상태함수 모델의 객체를 생성한다. 이 과정은 다음의 스크립트 ststep에 의해 수행된다. 스크립트 ststep를 실행하면 그림 5.14에 보인 결과가 얻어진다.

```
% ststep.m
A = [-2 -3 -1;1 0 0;0 1 0]; B = [1; 0; 0]; C = [0 2 1]; D = [0]; % 상태함수
모델의 계수행렬
G = ss(A,B,C,D); x0 = [1; 1; 2];  % 상태함수 모델 객체 및 (영벡터가 아닌) 초기조건
dt = 0.1; t = [0:dt:40]'; n = length(t); % dt: 시간간격, n: 시간 열벡터의 원소 수
```

```
u(1:20/dt) = 2*ones(20/dt,1); u(20/dt+1:n) = 0.5*ones(n-20/dt,1);
% 입력변수의 정의
 [y t x] = lsim(G,u,t,x0);
subplot(1,2,1), plot(t,y), grid, xlabel('t(sec)'), ylabel('y(t)');
subplot(1,2,2), plot(t,x(:,1), t,x(:,2), ':', t,x(:,3), '-.'), xlabel('t(sec)'),
ylabel('x(t)');
legend('x_1(t)', 'x_2(t)', 'x_3(t)', 'location', 'best')
```

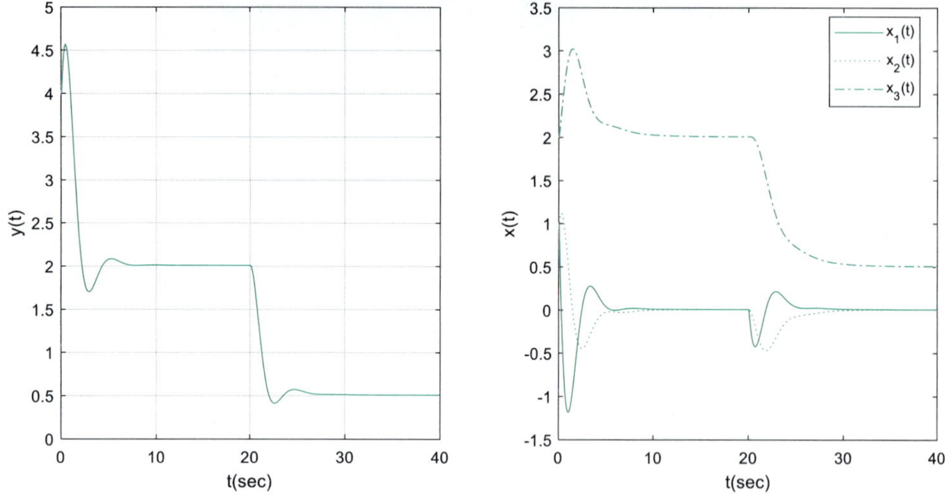

그림 5.14 **상태함수 모델의 계단응답 곡선(왼쪽: 출력, 오른쪽: 상태변수).**

5.2 1차 공정의 펄스(pulse) 응답

5.2.1 임펄스 응답

전달함수가 $G(s) = \dfrac{Y(s)}{X(s)} = \dfrac{K}{\tau s + 1}$로 주어지는 1차 공정에서 단위 임펄스(unit impulse) 입력이 도입되었을 경우 입력의 라플라스 변환은 $X(s) = 1$이므로

$$Y(s) = \frac{K}{\tau s + 1} = \frac{K/\tau}{s + 1/\tau}$$

따라서

$$y(t) = \frac{K}{\tau} e^{-t/\tau} \tag{5.16}$$

이로부터 $y(0) = \dfrac{K}{\tau}$, $y(\infty) = 0$임을 알 수 있다.

5.2.2 블록펄스 응답

크기가 H이고 지속시간이 T인 블록펄스(block pulse) 입력형태는 그림 5.15에 보인 바와 같다.

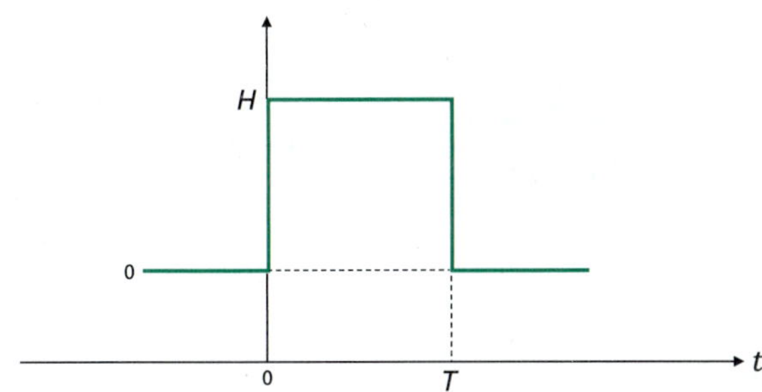

그림 5.15 블록펄스 입력신호(크기: H).

그림에 보인 블록펄스 입력신호를 나타내는 전달함수는 라플라스 변환으로부터

$$X(s) = \frac{H}{s}(1 - e^{-Ts}) \tag{5.17}$$

임을 알 수 있다. 1차 공정의 전달함수는 $G(s) = \dfrac{K}{\tau s + 1}$이므로

$$Y(s) = G(s)X(s) = \frac{KH}{s(\tau s + 1)}(1 - e^{-Ts})$$

이를 역 라플라스 변환시키면 다음 관계를 얻는다.

$$Y(t) = KH\left[1 - e^{-\frac{t}{\tau}} - \left\{1 - e^{-\frac{(t-T)}{\tau}}\right\}u(t - T)\right] \tag{5.18}$$

보기 5.7

그림 5.16(가)에 보인 1차 반응이 일어나는 연속교반 반응기에서 유량 q는 일정하며 $V = 4\ \text{m}^3$, $q = 2\ \text{m}^3/\text{min}$, $k = 0.5\ \text{min}^{-1}$이다. 이 반응공정에서 유입액 농도 c_i가 그림 5.16(나)와 같은 블록펄스 변화를 보였을 때 응답 $c(t)$를 구하여라.

풀이

유량 q가 일정하게 유지되는 경우 공정의 모델식은 다음과 같이 주어진다:

$$V\frac{dc}{dt} = q(c_i - c) - kVc = qc_i - (q + kV)c \tag{5.19}$$

이를 다시 쓰면 $\tau\dfrac{dc}{dt} + c = Kc_i$. 여기에서 $\tau = \dfrac{V}{q + kV}$, $K = \dfrac{q}{q + kV}$이다. 정상상태에서는

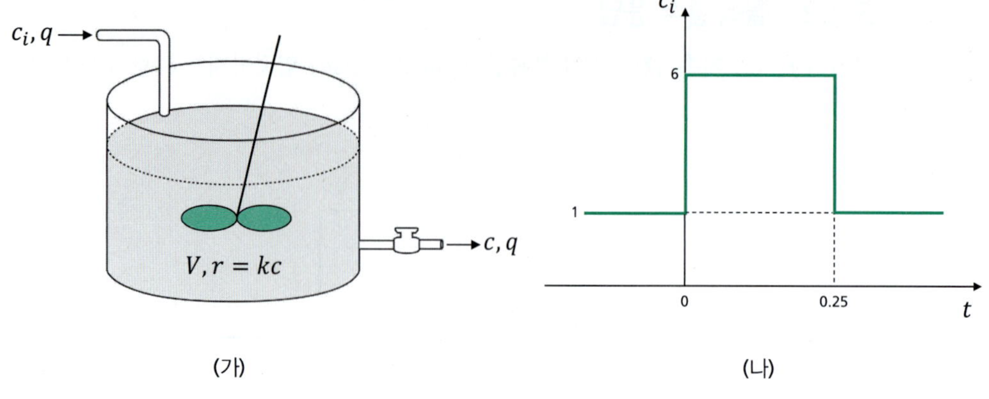

그림 5.16 연속교반 반응기.

$$\tau \frac{dc_s}{dt} + c_s = Kc_{is} \tag{5.20}$$

위의 두 관계로부터 $\tau \frac{d\bar{c}}{dt} + \bar{c} = K\bar{c_i}$. 따라서

$$\frac{\bar{c}(s)}{\bar{c_i}(s)} = \frac{K}{\tau s + 1} \tag{5.21}$$

위에서 $\bar{c} = c - c_s$, $\bar{c_i} = c_i - c_{is}$이다. 주어진 데이터로부터

$$\tau = \frac{4}{2 + (0.5)(4)} = 1 \text{ min}, \qquad K = \frac{2}{2 + (0.5)(4)} = 0.5$$

이므로 $\frac{\bar{c}(s)}{\bar{c_i}(s)} = \frac{0.5}{s+1}$이다. 그림 5.17로부터 유입액 농도 c_i는 $c_{is} = 1$ kgmol/m^{3}이고 $H = 5$, $T = 0.25$인 펄스이므로 $\bar{c_i}(s) = \frac{5}{s}(1 - e^{-0.25s})$이다. 따라서

$$\bar{c}(s) = \frac{2.5}{s(s+1)}(1 - e^{-0.25s})$$

이를 역 라플라스 변환시키면

$$\bar{c}(t) = 2.5[1 - e^{-t} - \{1 - e^{-(t-0.25)}\}u(t - 0.25)] \tag{5.22}$$

한편 (5.21)로부터 $c_s = Kc_{is} = (0.5)(1) = 0.5$ kgmol/m^{3}이므로

$$\begin{aligned} c(t) &= \bar{c}(t) + c_s = 3 - 2.5\left[e^{-t} + \{1 - e^{-(t-0.25)}\}u(t - 0.25)\right] \\ &= \begin{cases} 3 - 2.5e^{-t} : 0 \le t < 0.25 \\ 0.5 + 0.71e^{-t} : 0.25 \le t \end{cases} \end{aligned}$$

위의 결과로부터 시간이 무한히 흐르면 $c(t)$는 0.5의 정상상태 값으로 유지될 것임을 알 수 있다.

MATLab

1차 공정의 임펄스 응답

임펄스 응답은 impulse 명령어를 사용하여 쉽게 얻을 수 있다. impulse의 수행에 필요한 입력요소들은 공정의 전달함수(즉 분자와 분모)와 응답시간이다. 전달함수가 $\dfrac{3}{2s+1}$인 1차 공정의 impulse 응답곡선을 구해 보자. 응답시간은 [0, 10]으로 한다. MATLAB 프로그램 및 출력은 다음과 같다.

```
>> num = 3; den = [2 1]; t = [0:0.1:10]; y = impulse(num, den, t); plot(t, y),
grid
>> title('1차 공정의 impulse응답'), xlabel('t(초)'), ylabel('응답 y(t)')
```

MATLAB 명령어들의 기능은 앞의 계단응답에서와 같으며 impulse 응답곡선은 그림 5.17에 보인 바와 같다.

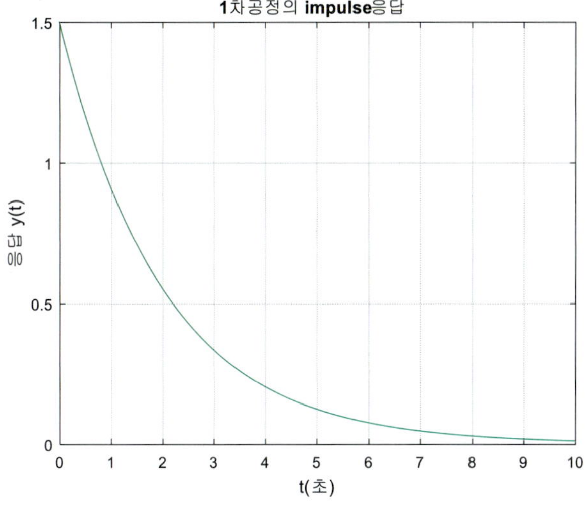

그림 5.17 1차 공정의 impulse 응답곡선.

5.3 1차 공정의 경사함수 응답

입력변수가 시간에 대하여 기울기 A인 1차의 선형변화(경사함수)를 보인 경우

$$X(t) = Atu(t) \tag{5.23}$$

로 나타낼 수 있다. 이를 라플라스 변환시키면 $X(s) = \dfrac{A}{s^2}$이므로

$$Y(s) = G(s)X(s) = \frac{KA}{s^2(\tau s + 1)} = \frac{KA\tau^2}{\tau s + 1} - \frac{KA\tau}{s} + \frac{KA}{s^2}$$

이를 역 라플라스 변환시키면

$$Y(t) = KA(t + \tau e^{-t/\tau} - \tau) \tag{5.24}$$

시간이 무한히 지나면 $e^{-t/\tau}$ 항은 무시할 수 있으므로

$$Y(\infty) = KA(t - \tau) \tag{5.25}$$

이들 관계는 그림 5.18에 보인 바와 같다.

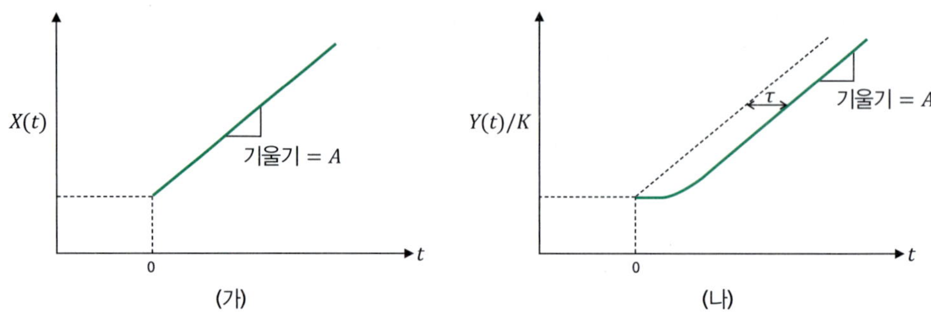

그림 5.18 (가) 경사입력함수, (나) 선형응답.

보기 5.8

다음 그림 5.19는 유출유량이 펌프에 의해 일정하게 유지되고 있는 액체 저장탱크를 보인 것이다. 유입량 $q(t)$가 기울기 1인 1차의 선형변화를 보였을 때 $h(t)$를 구하여라.

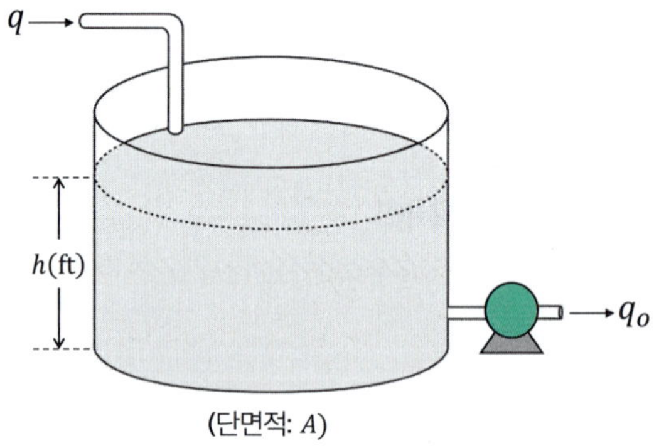

그림 5.19 유출량이 일정한 액위탱크.

풀이

액체의 밀도가 일정하다면 그림으로부터 $A\dfrac{dh}{dt} = q - q_0$. 편차변수 $\bar{h} = h - h_s$, $\bar{q} = q - q_s$를 도입하고 라플라스 변환시킨 다음 전달함수를 구하면 $\dfrac{H(s)}{Q(s)} = \dfrac{1}{As}$. 이제 유입액이 기울기 1인 1차의 선형변화를 보였다면 $Q(t) = tu(t)$이므로 $Q(s) = \dfrac{1}{s^2}$. 따라서 $H(s) = \dfrac{1}{As}Q(s) = \dfrac{1}{As^3}$. 그러므로 $\bar{h}(t) = \dfrac{1}{2A}t^2$이다. 이로부터 $h(t) = h_s + \bar{h}(t) = h_s + \dfrac{1}{2A}t^2$

MATLab

1차 공정의 선형응답

1차 공정에 선형입력(시간 t의 1차함수)이 도입되는 경우의 응답은 lsim 명령어를 사용하여 쉽게 얻을 수 있다. lsim의 수행에 필요한 입력요소들은 공정의 전달함수(즉 분자와 분모)와 입력형태 및 응답시간이다. 전달함수가 $\frac{3}{2s+1}$인 1차 공정에 $x(t) = 1.2t$와 같은 선형입력이 도입되는 경우의 응답곡선을 구해 보자. 응답시간은 [0, 10]으로 한다. MATLAB 프로그램 및 출력은 다음과 같다.

```
>> num = 3; den = [2 1]; t = [0:0.1:10]; x = 1.2 * t; y = lsim(num, den, x, t);
>> plot(t, y), grid, title('1차 공정의 선형응답'), xlabel('t(초)'), ylabel('응답 y(t)')
```

MATLAB 명령어들의 기능은 앞에서와 같으며 응답곡선은 그림 5.20에 보인 바와 같다.

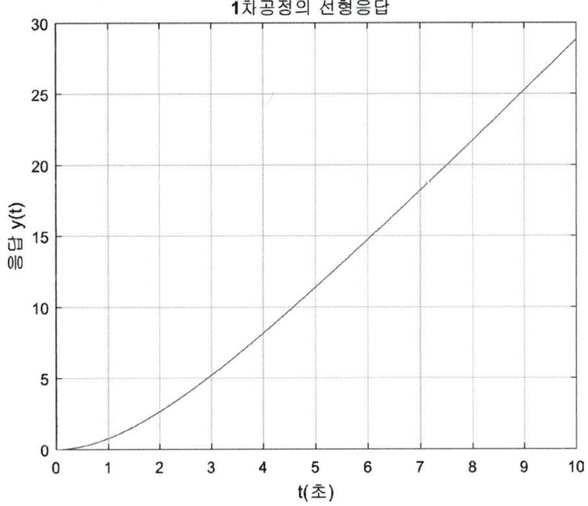

그림 5.20 1차 공정의 선형응답곡선.

5.4 1차 공정의 sine 함수 응답

입력변수가 sine 함수 모양의 변화를 보이는 경우

$$X(t) = A\sin(\omega t)u(t) \tag{5.26}$$

이를 라플라스 변환시키면 $X(s) = \frac{A\omega}{s^2 + \omega^2}$. 따라서

$$Y(s) = G(s)X(s) = \frac{KA\omega}{(\tau s + 1)(s^2 + \omega^2)} \tag{5.27}$$

위의 식을 다시 쓰면

$$Y(s) = \frac{KA}{1+\tau^2\omega^2}\left(\frac{\tau^2\omega}{\tau s+1} - \frac{\tau\omega s}{s^2+\omega^2} + \frac{\omega}{s^2+\omega^2}\right)$$

이를 역 라플라스 변환시키면

$$Y(t) = \frac{KA\omega\tau}{1+\tau^2\omega^2}e^{-t/\tau} + \frac{KA}{\sqrt{1+\tau^2\omega^2}}\sin(\omega t+\phi) \quad \textbf{(5.28)}$$

위에서 ϕ는 위상각으로서 $a\sin\theta + b\cos\theta = \sqrt{a^2+b^2}\sin(\theta+\phi)$, $\phi = \tan^{-1}\left(\frac{b}{a}\right)$인 관계를 이용하면 ϕ는 다음과 같이 정의된다.

$$\phi = \tan^{-1}(-\tau\omega) \quad \textbf{(5.29)}$$

시간이 무한히 흐르면 응답 $Y(t)$는 일정한 진동과 진폭을 가진 sine 곡선으로 나타난다. 즉 식 (5.28)로부터

$$Y(\infty) = \frac{KA}{\sqrt{1+\tau^2\omega^2}}\sin(\omega t+\phi) \quad \textbf{(5.30)}$$

이러한 진동에서 진동주기는 $T = \frac{2\pi}{\omega}$로 주어진다. 진동의 주파수는 일반적으로 헤르츠(Hz, 매 초당 사이클 수)로 나타내는데, 여기에서는 단위시간당 라디안으로 주어지는 ω로 표시하기로 한다.

MATLab

1차 공정의 sine 응답

그림 5.21에 보인 교반탱크에서 $q = 100\ \text{m}^3/\text{h}$, $V = 1\ \text{m}^3$이며 정상상태에서 유입액 및 유출액의 농도는 $C_{Ais} = C_{A1s} = 50$ ppm으로 유지되고 있다. 어느 시점에서 유입액의 농도에 $C_{Ai}(t) = C_{Ais} + 5\sin(0.1t)$와 같은 sine 변화가 도입되었다. $0 \le t \le 500(s)$에서 $C_{A1}(t)$의 변화를 그래프로 나타내어 보자. 유출액 농도의 진폭은 유입액 농도의 진폭에 비해 어떻게 달라졌는가?

모델식을 세워 보면 $\left(\frac{V}{q}\right)\frac{dC_A}{dt} = C_{Ai} - C_A$, $C_{Ai}(t) = C_{Ais} + K\sin(\omega t)$. 출력 $C_A(t)$는 라플라스 변환을 이용하지 않고 모델식을 직접 적분하여 얻을 수 있다. 스크립트 sinintank는 $0 \le t \le 500$에서 주어진 데이터를 이용하여 $C_A(t)$를 계산하고 그 결과를 $C_{Ai}(t)$와 함께 그림 5.22에 보인 바와 같이 그래프로 나타내어 준다. 모델을 나타내는 미분 방정식은 함수 sintd에 의해 정의된다.

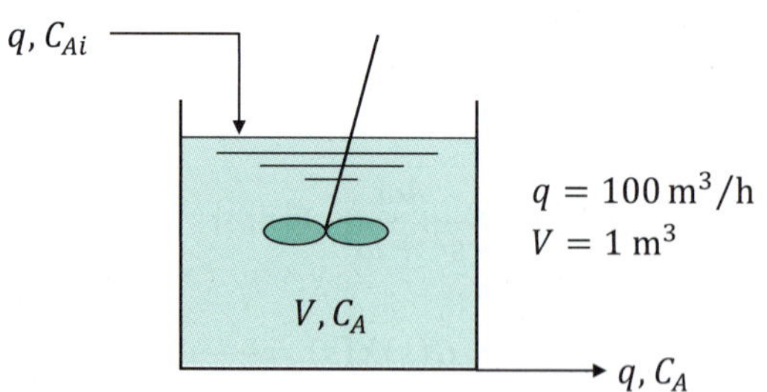

그림 5.21 교반탱크.

```
% sinintank.m
clear all;
tspan = [0 500]; q = 100/3600; V = 1; w = 0.1; K = 5; Cais = 50; C0 = 50;
[t C] = ode45(@sintd,tspan,C0,[],q,V,w,K,Cais);
Cai = Cais + K*sin(w*t);
plot(t,Cai,':',t,C), ylim([45 55]), xlabel('t'), ylabel('C(ppm)'), legend
('C_{Ai}(t)','C_{A}(t)')

function dC = sintd(t,C,q,V,w,K,Cais)
Cai = Cais + K*sin(w*t); dC = (q/V)*(Cai - C);
end
```

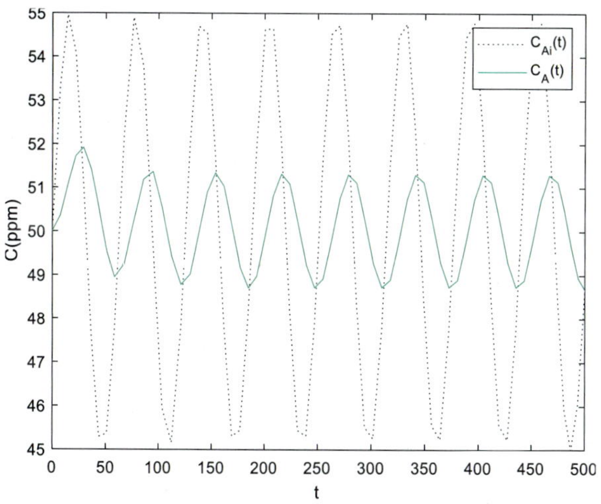

그림 5.22 교반탱크의 sine 응답.

그래프로부터 유출액의 농도의 주파수는 유입액 농도의 주파수와 동일하지만 진폭은 상당히 줄어들었음을 알 수 있다.

MATLab

1차 공정의 sine 응답: lsim의 이용

1차 공정에 sine 곡선 모양의 입력이 도입되는 경우의 응답 역시 lsim 명령어를 사용하여 쉽게 얻을 수 있다. 전달함수가 $\frac{3}{2s+1}$인 1차 공정에 $u = \sin(3t)$와 같은 sine 입력이 도입되는 경우의 응답곡선을 구해 보자. 응답곡선에 입력도 같이 나타내도록 한다. 응답시간은 [0, 10]으로 한다. MATLAB 프로그램 및 출력은 그림 5.23에 보인 바와 같다.

```
>> num = 3; den = [2 1]; G = tf(num,den); t = [0:0.1:10]; u = sin(3*t); z =
t*0; y = lsim(G,u,t);
```

```
>> plot(t,y,t,u,':'), legend('Output y(t)','Input u(t)'), hold on
>> plot(t,z), hold off, xlabel('t(초)'), ylabel('응답 y(t)'), title('1차 공정의 sine 응답')
```

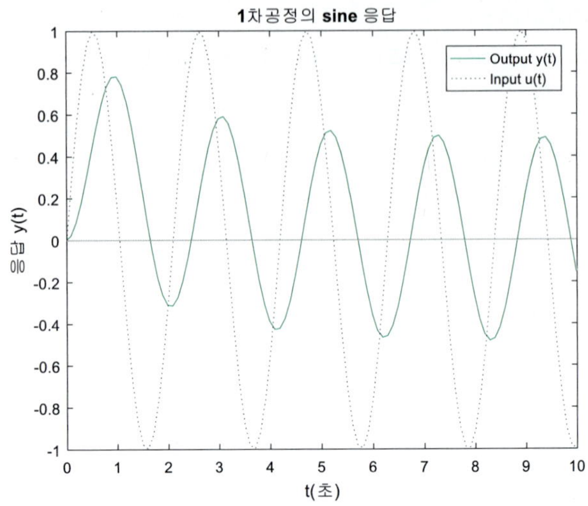

그림 5.23 1차 공정의 sine 응답곡선.

5.5 기타 입력에 대한 1차 공정의 응답

입력함수가 어느 특정된 함수가 아니고 어떤 곡선 형태를 지니는 경우 입력함수를 근사적으로 블록펄스들의 조합으로 나타낼 수 있다. 즉 그림 5.24(가)에 보인 곡선 형태의 입력은 그림 5.24(나)에 보인 바와 같이 간격이 일정한(여기에서는 T) 블록펄스들을 이용하여 근사적으로 나타낼 수 있다.

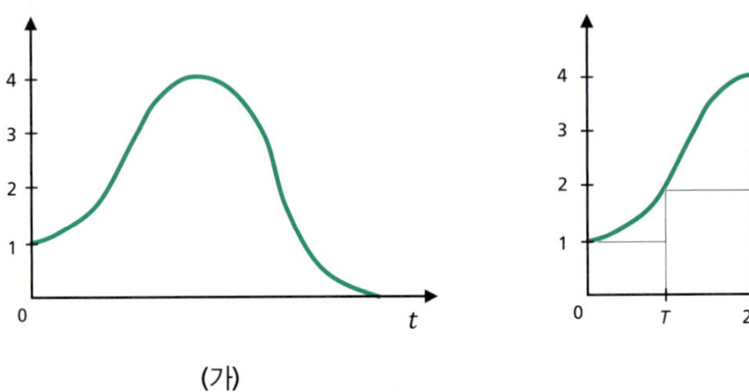

그림 5.24 곡선 형태의 입력함수.

블록펄스들의 조합은 일반적으로 계단함수들의 합으로 나타낼 수 있다. 예를 들면 그림 5.24(나)의 블록펄스들은 다시 그림 5.25에 보인 바와 같이 일련의 계단함수들의 합으로 표현할 수 있다. 그림에 보인 전달함수를 이용하면 입력 $x(t)$의 라플라스 변환된 형태는 $T = 1$이라고 할 때

$$X(s) = \frac{1}{s} + \frac{e^{-s}}{s} + \frac{2e^{-s}}{s} - \frac{2e^{-3s}}{s} - \frac{2e^{-4s}}{s} = \frac{1}{s}(1 + e^{-s} + 2e^{-2s} - 2e^{-3s} - 2e^{-4s})$$

와 같이 주어진다. 즉

$$x(t) = u(t) + u(t-1) + 2u(t-2) - 2u(t-3) - 2u(t-4)$$

와 같다. 따라서 1차 공정 $G(s) = \frac{Y(s)}{X(s)} = \frac{K}{\tau s + 1}$에 위와 같은 입력이 도입되었다면 출력 $y(t)$는

$$\begin{aligned} Y(s) &= \frac{K}{s(\tau s + 1)}(1 + e^{-s} + 2e^{-2s} - 2e^{-3s} - 2e^{-4s}) \\ &= K\left(\frac{1}{s} - \frac{1}{s + 1/\tau}\right)(1 + e^{-s} + 2e^{-2s} - 2e^{-3s} - 2e^{-4s}) \end{aligned}$$

의 역 라플라스 변환으로부터 쉽게 얻을 수 있다.

그림 5.25를 이용하면 단위계단 입력에 대한 응답을 알고 있을 경우 다양한 형태의 입력에 대한 응답을 쉽게 얻을 수 있다.

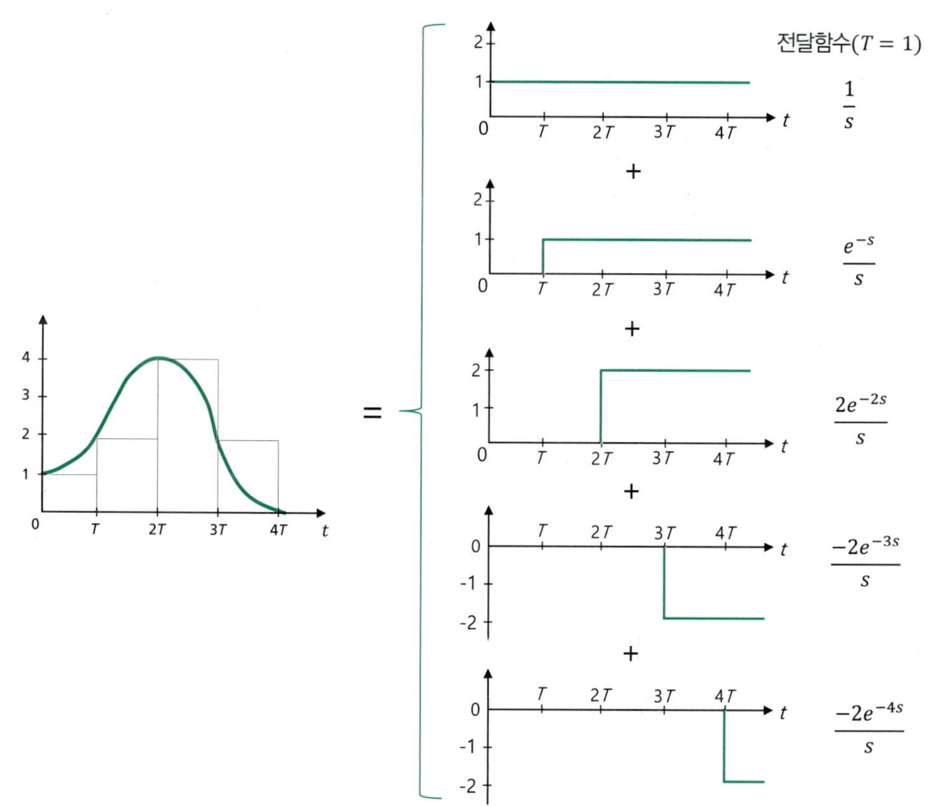

그림 5.25 계단함수들의 합으로 나타낸 입력함수.

보기 5.9

전달함수를 알 수 없는 어떤 공정에 단위계단 입력을 도입하여 다음과 같은 응답을 얻었다:

t(sec)	0	1	2	3	4	5	6	7	8
y	0	0.2	1.5	3.6	4.5	4.8	5.0	5.0	5.0

이제 동일한 공정에 그림 5.26에 보인 바와 같은 입력을 도입한다면 어떤 응답이 얻어지겠는가?

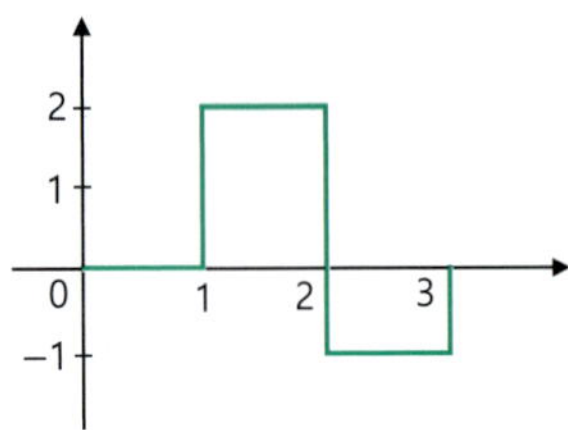

그림 5.26 계단형 입력함수.

풀이

입력함수는 $x(t) = 2u(t-1) - 3u(t-2) + u(t-3)$으로 주어진다. 따라서 위의 표로부터 다음 결과를 얻는다.

t(sec)	0	1	2	3	4	5	6	7	8
단위계단 응답	0	0.2	1.5	3.6	4.5	4.8	5.0	5.0	5.0
$2u(t-1)$에 대한 응답		0	0.4	3.0	7.2	9.0	9.6	10.0	10.0
$-3u(t-2)$에 대한 응답			0	−0.6	−4.5	−10.8	−13.5	−14.4	−15.0
$u(t-3)$에 대한 응답				0	0.2	1.5	3.6	4.5	4.8
$x(t)$에 대한 응답		0	0.4	2.4	2.9	−0.3	−0.3	0.1	−0.2

MATLab

툴박스 함수 ltiview의 이용

MATLAB 툴박스(toolbox)에는 다양한 응답을 보여주는 ltiview 함수가 포함되어 있다. ltiview('step',G)로부터는 전달함수 G에 대한 계단응답 곡선이 얻어진다. ltiview 함수를 이용하여 전달함수가 $G(s) = \dfrac{3}{2s+1}$와 같은 1차 공정의 단위계단 응답 및 임펄스 응답곡선을 구해 보자. 그림 5.27은 단위계단 응답을 보인 것이다.

```
>> num = 3; den = [2 1]; G = tf(num,den);
>> ltiview('step',G)
```

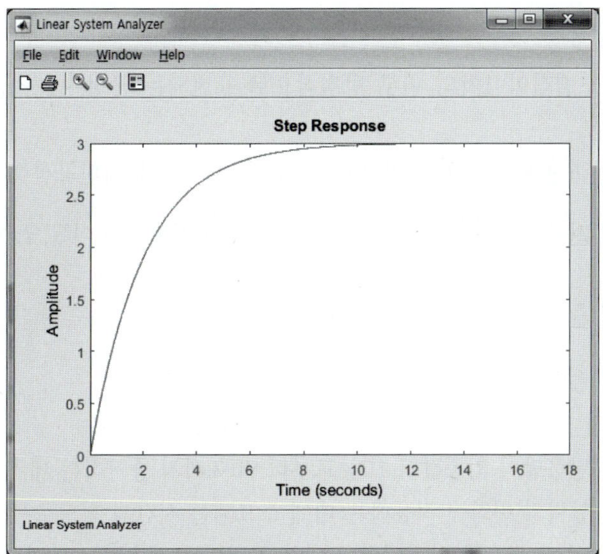

그림 5.27 ltiview 함수를 이용한 계단응답.

계단응답과 임펄스 응답을 그림 5.28에 보인 바와 같이 하나의 그림 창에 나타낼 수도 있다:

```
>> num = 3; den = [2 1]; G = tf(num,den);
>> ltiview({'step';'impulse'},G)
```

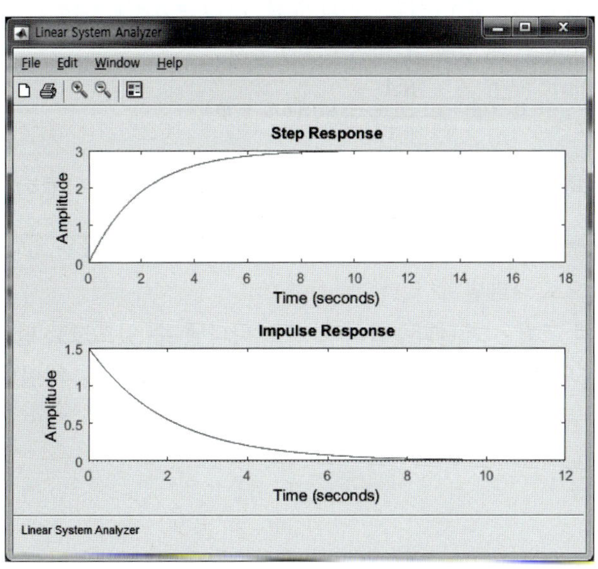

그림 5.28 ltiview 함수를 이용한 계단응답과 임펄스 응답.

5.6 요약

- 1차 공정: 모델식이 1차의 미분 방정식으로 표현되는 공정—1차 공정의 전달함수의 분모는 s의 1차식
- 일반적인 입력형태: 계단형 입력, 임펄스 입력, 경사입력, 사인곡선형 입력
- 1차 공정의 전달함수: $\frac{Y(s)}{X(s)} = G(s) = \frac{K}{\tau s + 1}$ (K: 정상상태 이득, τ: 시간상수)
- 적분공정의 출력: $y(t) = K' \int_0^t x(t)dt$
- 1차 공정의 계단응답: $\bar{T}(t) = A(1 - e^{-t/\tau})$
- $t = 0$에서의 1차 공정 계단응답의 기울기의 역수는 시간상수
- 1차 공정 계단응답이 최종값의 10%로부터 90%까지 증가하는 데에 걸리는 시간: $T_r = 2.2\tau$
- τ는 공정이 입력의 변화에 적응하는 데에 소요되는 시간의 척도로서 공정의 응답속도와 밀접한 관계: 시간상수가 클수록 입력변화에 대한 공정의 응답속도는 느려진다.
- 어떤 입력변화에 대하여 공정이 빠른 응답을 보인다면 그 공정의 시간상수는 상대적으로 작다.
- 1차 공정의 단위 임펄스 응답: $y(t) = \frac{K}{\tau} e^{-t/\tau}$
- 1차 공정의 블록펄스(크기: H, 지속시간: T) 응답:
  $Y(t) = KH\left[1 - e^{-\frac{t}{\tau}} - \left\{1 - e^{-\frac{(t-T)}{\tau}}\right\} u(t - T)\right]$
- 1차 공정의 선형 경사함수(기울기: A) 응답: $Y(t) = KA(t + \tau e^{-t/\tau} - \tau)$
- 1차 공정의 sine 함수(진폭: A, 주파수: ω) 응답:
  $Y(t) = \frac{KA\omega\tau}{1 + \tau^2\omega^2} e^{-\frac{t}{\tau}} + \frac{KA}{\sqrt{1 + \tau^2\omega^2}} \sin(\omega t + \phi)$
- 위상각 $\phi = \tan^{-1}(-\tau\omega)$, 진동주기: $T = \frac{2\pi}{\omega}$, 정상상태에서는 $Y(\infty) = \frac{KA}{\sqrt{1 + \tau^2\omega^2}} \sin(\omega t + \phi)$
- 입력함수가 특정 함수가 아니고 어떤 곡선 형태를 지니는 경우 입력함수를 근사적으로 블록펄스들의 조합으로 나타낼 수 있다.
- 블록펄스들의 조합은 계단함수들의 합으로 나타낼 수 있으므로 단위계단 입력에 대한 응답을 알고 있을 경우 다양한 형태의 입력에 대한 응답을 쉽게 얻을 수 있다.

점/검/문/제

5.1 1차 공정을 나타내는 전달함수의 표준 형태는 어느 것인가?

① $\frac{K}{s+\tau}$ ② $\frac{1}{\tau s+1}$ ③ $\frac{K}{s+1}$ ④ $\frac{K}{\tau s+1}$

5.2 1차계에 대한 다음 설명 중 잘못된 것은?

① 1차계는 항상 위상의 지연이 생긴다.

② 1차계의 사인응답(sinusoidal response)은 시간이 무한히 지나면 소멸된다.

③ 1차계는 중첩의 원리가 적용되지 않는다.

④ 1차계의 입력함수와 출력함수간의 관계는 선형 1차 미분방정식으로 표시된다.

5.3 1차 공정의 계단응답에서 시간상수 τ만큼의 시간이 경과하면 응답은 최종응답의 몇 %에 도달하는가?

① 60.1% ② 63.2% ③ 73.3% ④ 83.4%

5.4 전달함수가 $G(s) = \frac{2}{s+1}$인 1차계의 단위 임펄스 응답은?

① e^{-t} ② $2e^{-t}$ ③ $2(1-e^{-t})$ ④ e^{-2t}

5.5 1차계의 시간상수 τ를 잘못 설명한 것은?

① 일반적으로 시간의 단위를 갖는다.

② 계의 저항과 용량(capasitance)과의 곱과 같다.

③ τ값이 큰 계일수록 출력함수의 응답이 느리다.

④ 입력이 계단함수일 때 응답이 최종치의 100%에 도달하는 데 걸리는 시간과 같다.

5.6 시간상수와 공정의 응답속도 사이의 관계에 대해 옳지 못한 것은?

① 시간상수가 작으면 응답이 빠르다.

② 시간상수가 작은 경우 응답은 무시할 수 있다.

③ 응답이 느린 경우는 시간상수가 크다는 것을 의미한다.

④ 응답속도와 시간상수는 반비례 관계를 보인다.

5.7 단면적이 3 ft^2인 액체 저장탱크에서 유출유량 q_1은 $q_1 = 8\sqrt{h-2}$로 주어진다. 정상상태 액위는 $h_s = 9$ ft일 때 이 계의 시간상수(τ)는 약 몇 분이겠는가?

① 2 min ② 3 min ③ 4 min ④ 5 min

5.8 시간상수가 20 sec인 1차계에서 계단변화에 대한 응답을 고려할 때 응답이 최종변화의 95%까지 변화하는 데 걸리는 시간은 몇 초인가?

① 50 sec ② 60 sec ③ 70 sec ④ 80 sec

5.9 어떤 계의 단위 계단응답에 대한 출력이 $1-e^{-2t}$로 나타난다면 전달함수는?

① $\dfrac{1}{s+2}$ ② $-\dfrac{2}{s+2}$ ③ $\dfrac{2}{s+2}$ ④ $-\dfrac{1}{s+2}$

5.10 어떤 계의 단위 임펄스 응답에 대한 출력이 e^{-3t}로 나타났다. 이 계의 전달함수는?

① $\dfrac{1}{s+1}$ ② $\dfrac{1}{s-1}$ ③ $\dfrac{1}{s-3}$ ④ $\dfrac{1}{s+3}$

5.11 어떤 계의 단위계단 응답이 $1-e^{t}$이다. 이 계의 단위 임펄스 응답은?

① 0 ② 1 ③ $-e^{t}$ ④ e^{-t}

5.12 이득(gain)이 1이고 시간상수가 1분인 1차계로 나타내어지는 수은 온도계가 0℃를 가리키고 있다. 어느 순간에 이 온도계를 항온조 속에 넣었을 때 1분이 경과한 후 온도계는 31.6℃를 가리켰다. 이 항온조의 온도는 몇 ℃인가?

① 30℃ ② 40℃ ③ 50℃ ④ 60℃

5.13 시간상수가 1 min, 이득(gain)이 1인 1차계에서 단위계단 응답이 최종치의 10%에서 90%까지 이르는 데 필요한 시간을 상승시간(t_r)이라고 정의한다면 t_r 값은 얼마인가?

① 1.195 min ② 3.196 min ③ 2.197 min ④ 5.198 min

5.14 어떤 공정에 단위계단 입력을 도입하여 다음과 같은 응답을 얻었다:

t(sec)	0	1	2	3	4	5	6
y	0	0.4	1.2	1.8	2.0	2.0	2.0

이제 동일한 공정에 다음 그림에 보인 바와 같은 입력을 도입한다면 어떤 응답이 얻어지겠는가?

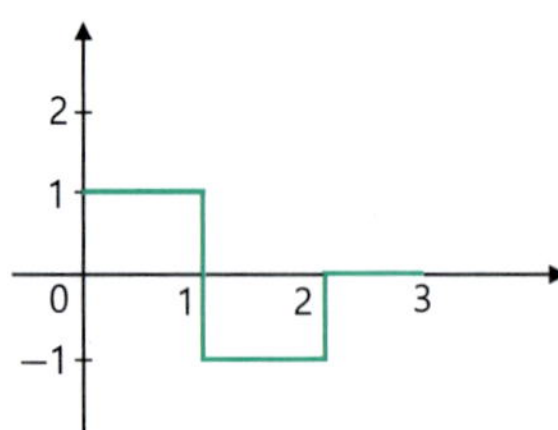

그림 5.29 계단형 입력함수.

t	0	1	2	3	4	5	6
① $y(t)$	0	0.4	0.4	−0.2	−0.4	−0.2	0
② $y(t)$	0	0.8	0.8	−0.6	−1.2	−2.2	0.2
③ $y(t)$	0	0.4	0.6	−0.8	−0.8	−0.4	0.2
④ $y(t)$	0	−0.4	−0.4	0.2	0.8	0.4	0

점검 문제 해답

5.1 ④ 5.2 ③

5.3 ② 풀이 1차 공정: $G(s)=\dfrac{C(s)}{R(s)}=\dfrac{1}{\tau s+1}$, $R(s)=\mathcal{L}\{A\cdot u(t)\}=\dfrac{A}{s}$, $C(s)=\dfrac{A}{s(\tau s+1)}$

$c(t)=\mathcal{L}^{-1}\{C(s)\}=A(1-e^{-t/\tau})$. 최종응답: $\lim_{t\to\infty}c(t)=\lim_{s\to 0}s\cdot C(s)=A$,

$c(\tau)=A(1-e^{-1})=0.632A$

5.4 ② 풀이 $G(s)=\dfrac{C(s)}{R(s)}=\dfrac{2}{s+1}$, $R(s)=\mathcal{L}\{f(t)\}=1$,

$C(s)=\dfrac{2}{s+1}\rightarrow C(t)=\mathcal{L}^{-1}\left\{\dfrac{2}{s+1}\right\}=2e^{-t}$

5.5 ④ 5.6 ②

5.7 ① 풀이 $3\dfrac{dh}{dt}=q-8\sqrt{h-2}$, $8\sqrt{h-2}\approx 8\sqrt{7}+\dfrac{8}{2\sqrt{7}}(h-9)$

따라서 $3\dfrac{dh}{dt}=q-8\sqrt{7}+\dfrac{72}{2\sqrt{7}}-\dfrac{8}{2\sqrt{7}}h.$

정상상태에서는 $3\dfrac{dh_s}{dt}=q_s-8\sqrt{7}+\dfrac{72}{2\sqrt{7}}-\dfrac{8}{2\sqrt{7}}h_s$. 이로부터 $3\dfrac{d\bar{h}}{dt}=\bar{q}-\dfrac{8}{2\sqrt{7}}\bar{h}.$

그러므로 시간상수는 $\tau=\dfrac{3\cdot 2\sqrt{7}}{8}\cong 1.98\text{ min}$

5.8 ② 풀이 $Y(t)=A(1-e^{-t/\tau})$, $(0.95)A=A(1-e^{-t/\tau})$, $e^{-t/\tau}=0.05$,

$t\cong 3\cdot\tau=(3)(20)=60\text{ sec}$

5.9 ③ 풀이 $Y(t)=1-e^{-2t}$, $Y(s)=\dfrac{1}{s}-\dfrac{1}{s+2}=\dfrac{2}{s(s+2)}$, $X(s)=\dfrac{1}{s}$,

$G(s)=\dfrac{\mathrm{Y(s)}}{\mathrm{X(s)}}=\dfrac{2}{s+2}$

5.10 ④ 풀이 $Y(t)=e^{-3t}$, $X(t)=\delta(t)$, $Y(s)=\dfrac{1}{s+3}$, $X(s)=1$, $G(s)=\dfrac{Y(s)}{X(s)}=\dfrac{1}{s+3}$

5.11 ③ 풀이 $Y(s)=G(s)X(s)=\dfrac{G(s)}{s}=\mathcal{L}\{1-e^{t}\}=\dfrac{1}{s}-\dfrac{1}{s-1}=\dfrac{-1}{s(s-1)}$.

따라서 $G(s)=\dfrac{-1}{s-1}$. 단위임펄스이므로 $X(s)=1$. 그러므로 $Y(t)=-e^{t}$.

별해 $Y(s)|_{\text{단위임펄스}}=sY(s)|_{\text{단위계단}}=G(s)$.

역변환하면 $Y(t)|_{\text{단위임펄스}}=\dfrac{d}{dt}\left[\mathrm{Y(s)}|_{\text{단위계단}}\right]$. 따라서 $\dfrac{d}{dt}(1-e^{t})=-e^{-t}$

5.12 ③ 풀이 $31.6=A(1-e^{-1/1})$, $A=\dfrac{31.6}{1-e^{-1}}\cong 50$

5.13 ③ 풀이 $Y(t)=1-e^{-t}$, $Y(\infty)=1$, $t_r=\ln(0.1)^{-1}-\ln(0.9)^{-1}\cong 2.197\text{ min}$

5.14 ① 풀이 입력함수는 $x(t) = u(t) - 2u(t-1) + u(t-2)$로 주어진다. 따라서 다음 결과를 얻는다.

t(sec)	0	1	2	3	4	5	6
단위계단 응답	0	0.4	1.2	1.8	2.0	2.0	2.0
$-2u(t-1)$에 대한 응답		0	−0.8	−2.4	−3.6	−4.0	−4.0
$u(t-2)$에 대한 응답			0	0.4	1.2	1.8	2.0
$x(t)$에 대한 응답	0	0.4	0.4	−0.2	−0.4	−0.2	0

MATLAB을 이용하면 다음 결과를 얻는다:

```
>> yu = [0 0.4 1.2 1.8 2.0 2.0 2.0]; y0 = zeros(1,7); y1 = y0; y2 = y0;
>> y1(1,2:7) = -2*yu(1,1:6); y2(1,3:7) = yu(1,1:5); y = yu + y1 + y2
y =
         0    0.4000    0.4000   -0.2000   -0.4000   -0.2000         0
```

연/습/문/제

5.1 다음 그림은 액체 가열탱크를 보인 것이다. 가열코일의 총괄 열전달 면적은 A, 총괄 열전달 계수는 U이다. 이 공정의 전달함수를 구하여라. 시간상수는 어떻게 표현되는가?

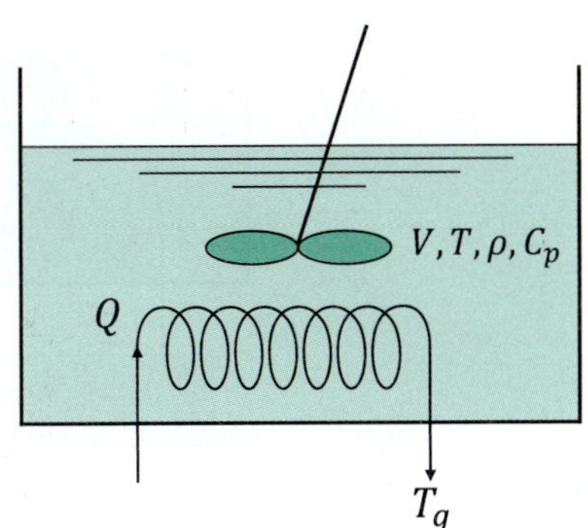

그림 P5.1

5.2 1차 공정의 전달함수 $G(s) = \dfrac{K}{\tau s + 1}$에서 시간상수($\tau$)와 이득($K$)을 실험적으로 어떻게 결정할 수 있는지 설명하여라.

5.3 다음 그림은 어떤 기체 용기를 보인 것이다. 온도는 일정하고 유출밸브를 통한 기체의 유량 q는 $q = \dfrac{P - P_2}{R_v}$로 주어지며 기체는 이상기체라고 가정한다.

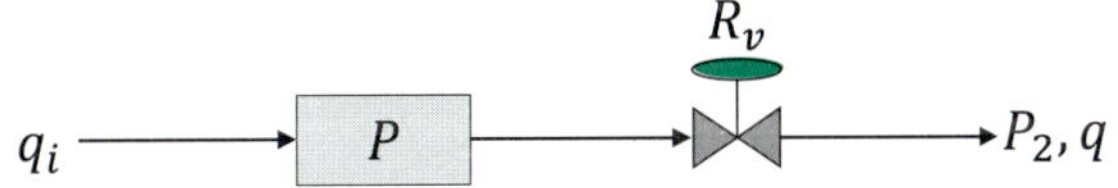

그림 P5.3

(1) 이 시스템에 대한 모델식과 전달함수를 구하여라.

(2) 유입유량 q_i에 크기 A인 계단변화가 야기되었을 때 응답 $P(t)$를 구하여라.

5.4 연속교반 가열탱크에서 유입액의 유량은 200 lb/min, 액체의 비열과 밀도는 각각 0.32 Btu/lb/°F, 62.4 lb/ft^{3}이며 탱크의 부피는 1.6 ft^{3}이다. 가열기로부터의 유입열량 Q는 2400 Btu/min, 유입온도는 90°F로서 일정하게 유지되고 있다. 어느 순간에 유입온도가 갑자기 80°F로 떨어졌다. 이 경우 유출온도의 응답 $T(t)$를 구하여라.

5.5 그림에 보인 연속교반 가열시스템에서 유입액과 유출액의 유량 w는 500 kg/hr로 일정하며 가열탱크의 부피는 4 m^3, 탱크 내 액체의 밀도는 900 kg/m^3, 비열은 1 cal/(g·℃)이다. 유입온도는 100℃이고 유출온도는 150℃로서 정상상태로 유지되고 있다.

(1) 정상상태에서 가열기로부터 유입되는 열량은 얼마인가?

(2) 가열기로부터 유입열량이 갑자기 +50%만큼 증가한다면 유출온도가 새로운 정상상태(즉 정상상태의 99% 이상)에 도달하는 데 얼마나 걸리겠는가? 그리고 유출온도는 얼마인가?

(3) 유입온도가 어느 순간 갑자기 100℃에서 120℃로 증가한다면 유출온도가 150℃에서 160℃로 증가하는 데 걸리는 시간은 얼마인가?

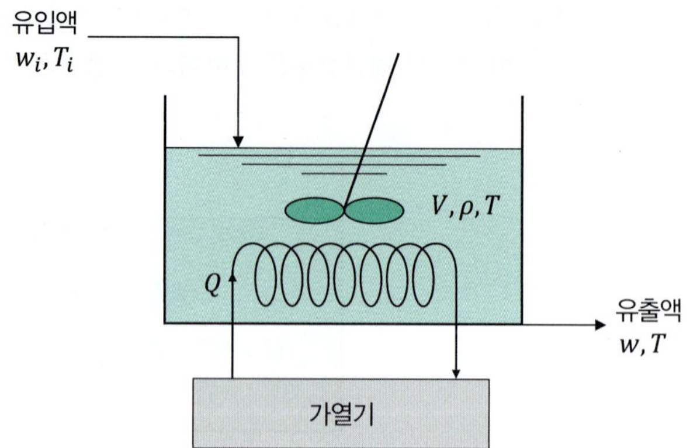

그림 P5.5

5.6 다음과 같은 시스템을 고려해 보자.

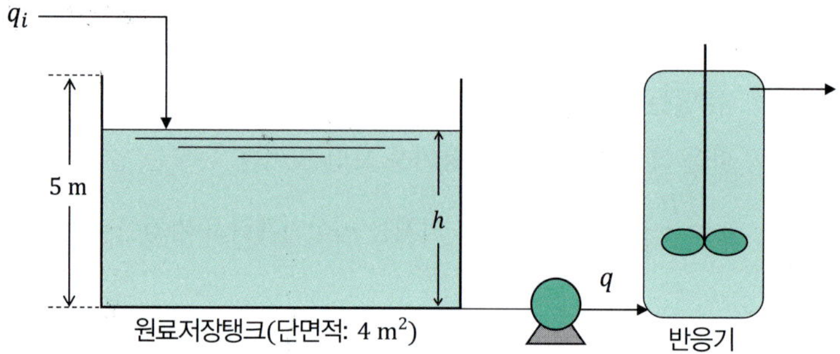

그림 P5.6

정상상태에서 원료 저장탱크의 액위는 2 m이고 탱크의 유입 및 유출유량은 0.02 m^3/s로서 일정하다.

(1) 어느 순간 유입유량이 갑자기 0으로 변화한 경우 원료 저장탱크가 완전히 비워지는 데 걸리는 시간은 얼마인가?

(2) 어느 순간 유입유량이 갑자기 0.1 m^3/s로 증가할 경우 원료 저장탱크가 완전히 채워지는 데 걸리는 시간은 얼마인가?

5.7 어떤 연속교반 가열탱크에서 $w = w_i = 200$ lb/min이고 C_p, ρ는 일정하며 가열탱크의 부피 $V = 1.6$ ft^3, 액체의 비열은 0.32 Btu/(lb · °F), 밀도는 62.4 lb/ft^{3}이다. 가열기로부터의 유입열량 Q는 1680 Btu/min, 유입온도는 80°F로서 일정하게 유지된다.

(1) 유입온도가 어느 순간에 갑자기 65°F로 감소한 경우 응답을 구하여라.

(2) 어느 순간 유입온도가 95°F로 증가하고 동시에 유입열량은 1400 Btu/min으로 감소한 경우 응답을 구하여라.

5.8 어떤 1차 공정에 단위계단 입력이 도입되었을 때 그림에 보인 바와 같은 응답 $y(t)$가 얻어졌다. 이 공정의 전달함수를 구하여라.

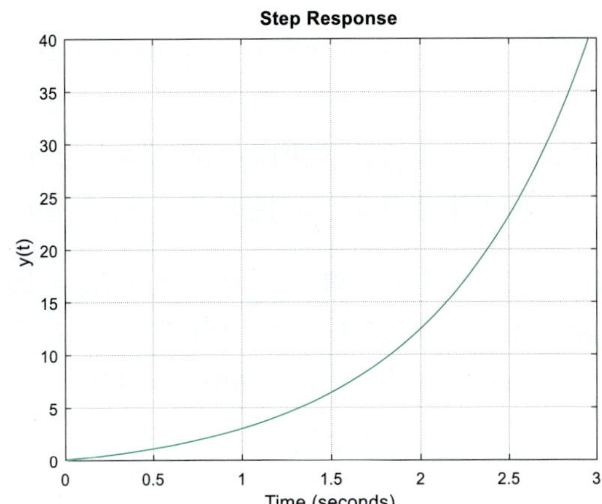

그림 P5.8

5.9 1차 공정에 대한 모델식 $a\dfrac{dy}{dt} + by = cx(t)$에서 b의 값이 0일 경우 공정의 전달함수는 $G(s) = \dfrac{K}{s}$로 표현되며($K = c/a$), 이러한 시스템을 적분공정(혹은 순수용량 공정)이라고 한다. 이득(K)이 1.0인 경우에 대하여

(1) 단위 임펄스 입력에 대한 응답을 구하여라.

(2) 입력변화가 발생하여 변화가 유지되는 시간이 5인 단위블록 펄스 입력에 대한 응답을 구하여라.

(3) 입력이 sine 함수(즉 sin $0.5t$)로 주어지는 경우의 응답을 구하여라.

5.10 어떤 연속교반반응기의 동특성을 나타내는 전달함수는 다음과 같다.

$$\frac{\bar{C}(s)}{\bar{C}_i(s)} = \frac{0.5}{4s + 1}$$

위에서 $\bar{C}$, $\bar{C}_i$는 각각 편차변수로서 유출 및 유입액 농도(mol/L)를 나타낸다. 유입액 농도 $C_i(t)$가 다음과 같은 변화를 보였을 때 유출액 농도 $C(t)$를 구하고 대략적인 그래프를 그려 보라. 정상상태에서 $C(t) = C_s = 5$ mol/L이다.

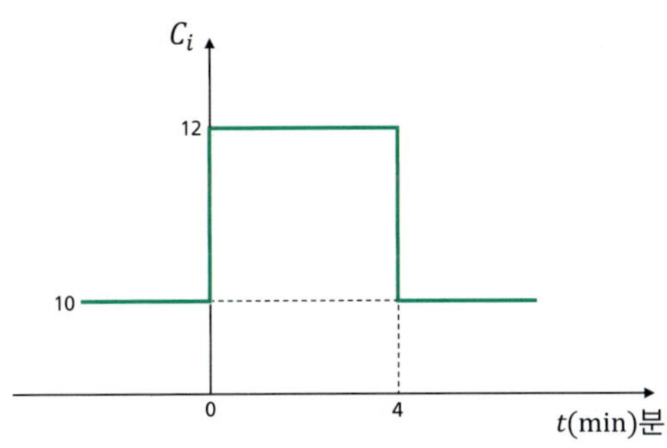

그림 P5.10

5.11 연속교반 가열탱크 내의 온도를 열전대(thermocouple)를 이용해 측정하고 있다. 열전대의 질량은 1 g, 열용량은 0.25 cal/(g℃), 그리고 열전달 계수는 20 cal/(cm^2·hr·℃)이며 열전달 면적은 3 cm^{2}이다.

(1) 열전대의 주위온도의 변화에 대한 열전대로부터의 출력온도를 나타내어 주는 전달함수를 구하여라. 열전대 자체 내에서의 온도 기울기와 물성치 변화는 무시한다.

(2) 25℃의 상온에 있던 열전대를 80℃의 온수 중에 20초 동안 담가 두었다가 다시 상온 중으로 꺼내었다. 열전대의 출력온도의 최대값은 얼마인가?

5.12 그림 P5.12(가)에 보인 액체 저장탱크에서 $q_{1s} = 10$ cfm, $q_{2s} = 5$ cfm, $h_s = 4$ ft이다(하첨자 s는 정상상태 값을 의미함). 탱크의 단면적은 28.72 ft^{2}이며 액체의 밀도는 60 lb$_m$/ft^{3}이다. 펌프를 이용하여 일정한 유량(q cfm)으로 액체를 뽑아내고 있다.

(1) 전달함수 $G(s) = \dfrac{H(s)}{Q_1(s)}$를 구하여라.

(2) 유입액 q_1에 그림 P5.12(나)와 같은 변화가 야기되었을 때 $h(t)$를 구하여라. h의 새로운 정상상태 값은 얼마인가?

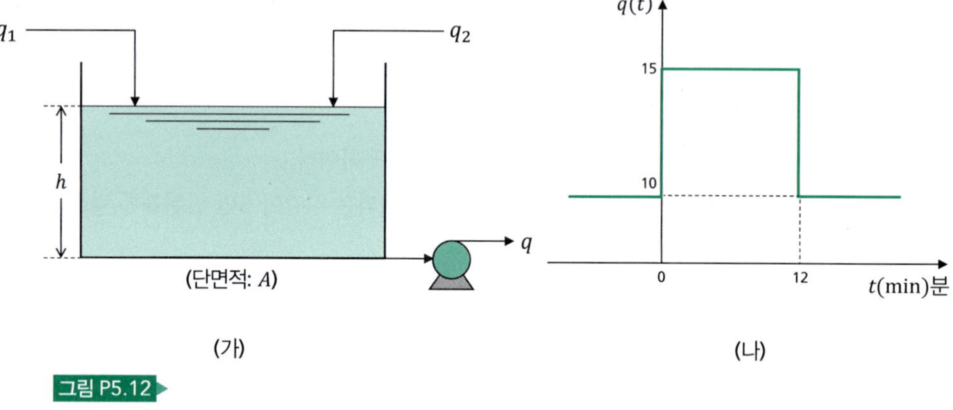

그림 P5.12

5.13 다음 그림 P5.13(가)에 보인 반응기에서 1차반응(반응속도식: $r = kC$)이 일어나고 있으며 반응속도 상수 k는 일정하다. 그림에서 $V = 2$ m^3, $q = 1$ m^3/min, $k = 0.5$ min^{-1}이다. 반응기 유입액의 농도 C_i는 1 kgmol/m^{3}로 유지되고 있다가 어느 순간에 그림 P5.13(나)의 그래프에 보인 블록펄스 변화를 보였다. 이 때 유출액의 농도 $C(t)$를 구하여라.

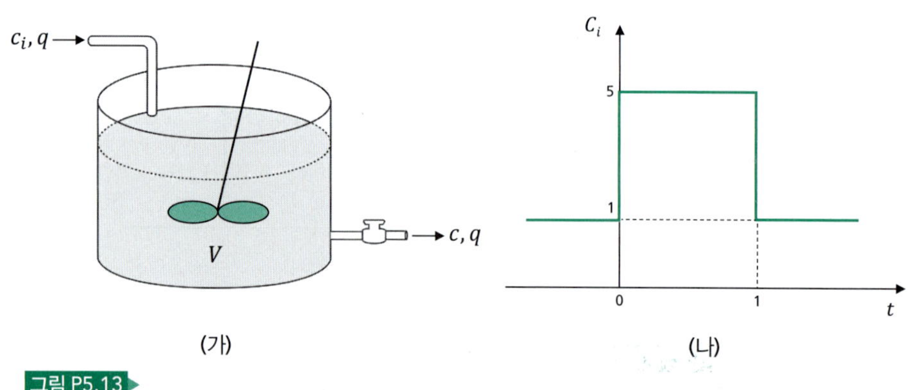

그림 P5.13

5.14 시간지연이 존재하는 1차 공정의 전달함수는 $G(s) = \dfrac{Y(s)}{X(s)} = \dfrac{Ke^{-\theta s}}{\tau s + 1}$ (θ: 시간지연)과 같이 나타낼 수 있다. 이와 같은 공정에 다음 그림에 보인 바와 같은 입력 변화가 도입되었을 경우 응답 $Y(t)$를 구하여라. X, Y는 편차변수를 의미한다.

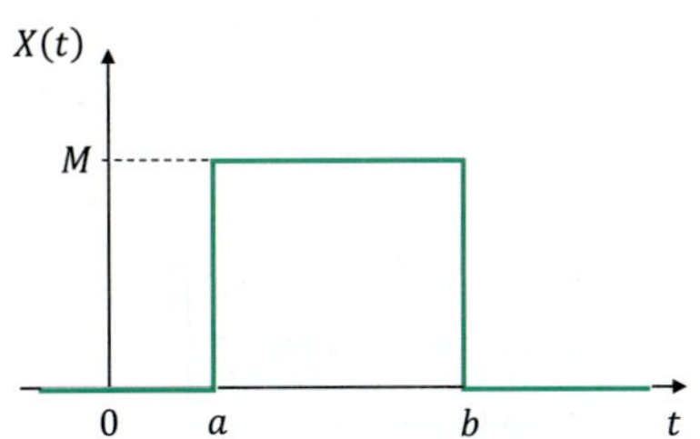

그림 P5.14

5.15 시간상수가 1 min이며 이득이 1인 1차계의 특성을 갖는 수은 온도계를 100°F의 오일중탕에 담근 후 정상상태에 도달할 때까지 충분한 시간 동안 방치하였다. 어느 순간($t = 0$)에 수은 온도계를 꺼내어 110°F의 다른 오일중탕에 1 min 동안 담가둔 다음 다시 꺼내어 100°F 온도로 유지되는 본래의 오일중탕으로 옮겼다.

(1) 시간에 따라 변화하는 온도계의 눈금을 나타내는 식을 구하고 그림으로 나타내어라.

(2) $t = 0.5$ min과 $t = 2$ min에서 온도계의 눈금은 얼마인가?

5.16 어떤 공정에 다음 그림과 같은 입력변수의 변화가 도입되었다.

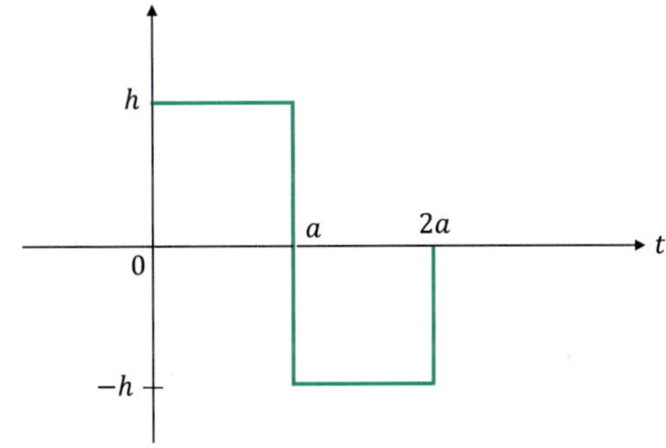

그림 P5.16

(1) 위에 보인 입력변수의 라플라스 변환을 구하여라.

(2) 공정의 전달함수가 $\dfrac{K}{\tau s + 1}$일 때 응답을 구하여라.

(3) 공정의 전달함수가 $\dfrac{K}{s}$일 때 응답을 구하여라.

5.17 다음 그림 P5.17(가)에 보인 액체가열 탱크에서 $\rho = 0.8\ \text{g/cm}^3$, $V = 500\ \text{cm}^3$, $C_p = 0.5\ \text{cal/(g}\cdot\text{°C)}$이며 가열 코일의 총괄 열전달 면적은 $20\ \text{cm}^2$, 총괄 열전달 계수는 $10\ \text{cal/(cm}^2\cdot\text{hr}\cdot\text{°C)}$이다. 코일 내부로는 뜨거운 오일이 T_q의 온도로 흐르고 있다. 어느 순간에 오일의 온도가 그림 P5.17(나)에 보인 바와 같은 변화를 보였을 때 유체의 온도 $T(t)$를 구하여라. 가열 코일 벽면과 오일 사이의 온도차는 무시하기로 한다.

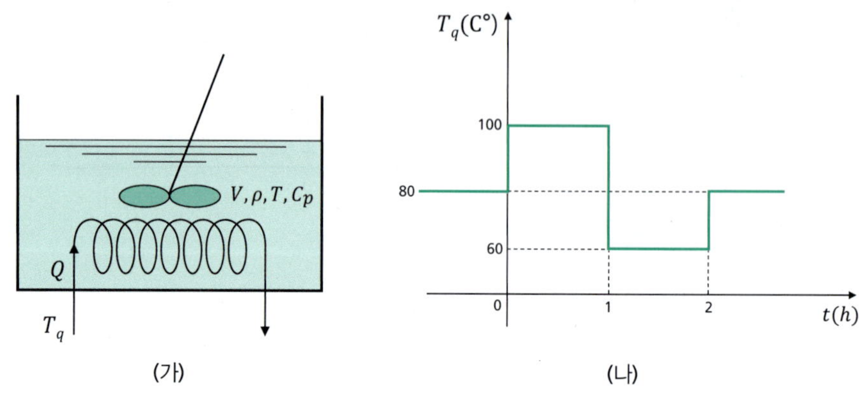

그림 P5.17

5.18 전달함수 $G(s)$가 다음과 같은 공정이 있다.

$$G(s) = \frac{Y(s)}{X(s)} = \frac{10}{s+1}$$

입력변수 $x(t)$가 $x(t) = 1 + t$와 같은 변화를 보였을 때 출력변수 $y(t)$를 구하여라. $x(0) = 1$, $y(0) = 2$이며 X, Y는 각각 편차변수를 나타낸다.

5.19 시간상수(τ)가 1.0이고 이득(K)이 1.0인 1차계에 시간에 따라 선형적으로 증가하는 입력변화(즉 $X(t) = t$)가 도입되었다.

(1) 응답을 구하여라.

(2) 입력과 출력 사이의 최대 차이값을 구하여라.

5.20 1차 동특성을 보이는 어떤 수은 온도계에서 시간상수는 0.4 min이며 온도계는 오일중탕에 오랫동안 놓여 있어서 열적 평형상태가 유지되고 있다고 가정한다.

(1) 어느 순간에 오일중탕의 온도가 2 °F/min의 상승속도로 선형적으로 증가한다면 변화가 시작된 후 1 min이 경과했을 때 수은 온도계의 눈금과 오일중탕 온도 사이의 차이는 얼마인가?

(2) 수은 온도계의 눈금과 오일중탕 온도 사이의 최대 온도차는 얼마인가?

5.21 시간상수(τ)가 0.5이고 이득(K)이 1.0인 1차 시스템에서

(1) sine함수($\sin 0.5t$)의 입력이 도입되었을 때 응답을 구하여라.

(2) 위에서 시간이 충분히 경과한 후($t \to \infty$)의 응답을 구하여라.

5.22 단면이 그림 P5.22에 보인 바와 같은 수은 온도계에서 온도계를 둘러싸고 있는 유체와 수은 사이의 열전달을 고려해 보기로 한다. 이 경우 열전달은 유리관 안과 밖의 전열저항을 무시하고 총괄전열계수(U)를 사용하여 나타낼 수 있다.

(1) 유체의 온도(T_f)와 수은 온도(T) 사이의 전달함수를 구함으로써 이 시스템은 1차계임을 밝혀라.

(2) 위에서 얻은 1차계의 시간상수는 0.1 min이며 수은 온도계는 200°F의 오일중탕에 오랫동안 놓여 있어서 열적 평형상태가 유지되고 있다고 가정한다. 어느 순간 오일중탕의 온도가 200°F의 평균값을 중심으로 4°F의 진폭을 갖는 sine 함수 형태의 변화를 나타내었다. 진동수(f)가 $\frac{20}{\pi}$ cycles/min인 경우 위상각(Φ)을 구하고 시간이 충분히 경과한 후의 온도계의 온도를 시간의 함수로 나타내어라.

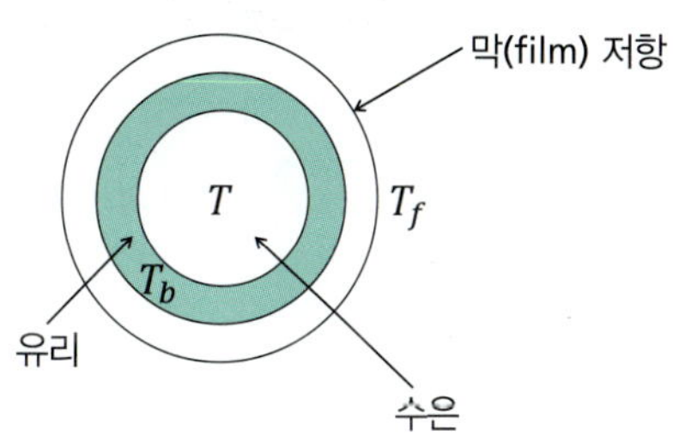

그림 P5.22

A_s = 유리벌브 내부와 외부의 평균 열전달 면적
m = 유리벌브 내의 수은의 질량
C = 수은의 비열
U = 유체와 수은 사이의 총괄 열전달 계수
T = 수은 온도
T_f = 주위 유체의 온도

5.23 어떤 공정에 단위계단 입력을 도입하여 다음과 같은 응답을 얻었다:

t(sec)	0	1	2	3	4	5	6
y	0	0.4	1.2	1.8	2.0	2.0	2.0

이제 동일한 공정에 다음 그림에 보인 바와 같은 입력을 도입한다면 어떤 응답이 얻어지겠는가?

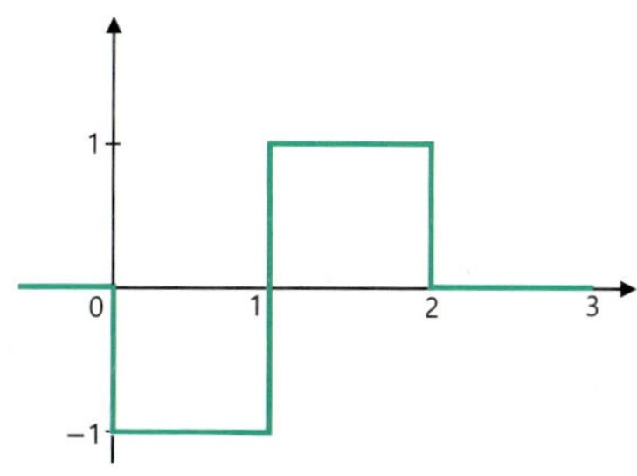

그림 P5.23

5.24 어떤 1차 공정에 단위계단 입력변화 $u(t)$를 도입하여 표에 보인 바와 같은 응답을 얻었다.

t	0	1	2	3	4	5	6	7	8	9
y(t)	0	1.2	1.9	2.3	2.6	2.8	2.85	2.9	2.95	2.97

이 공정에 $x(t) = u(t) + 2u(t-1) - 3u(t-2) + u(t-3) - 2u(t-4)$와 같은 입력 변화가 도입되었을 때 시간 $t = 5$일 때의 응답 $y(5)$은 얼마인가? 또 시간 $t = 8$일 때의 응답 $y(8)$은 얼마인가?

5.25 그림 P5.25(가)는 recycle이 있는 교반 반응기를 보인 것이다. 반응물 농도 C_i에 그림 P5.25(나)와 같은 변화가 도입되었을 때 반응생성물 농도 $c(t)$(편차변수가 아님)를 구하여라.

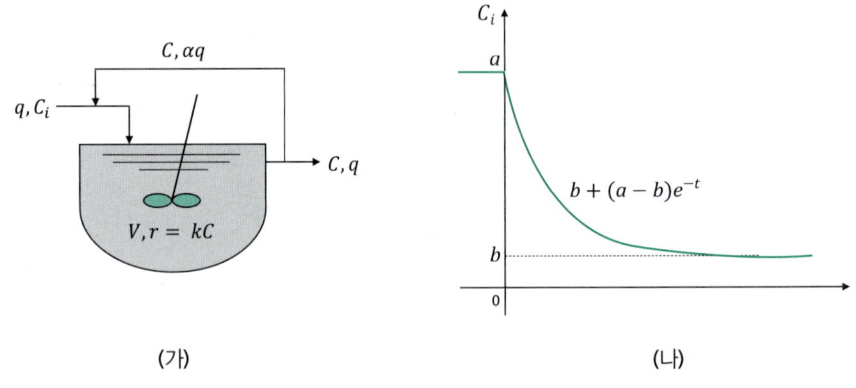

그림 P5.25

* MATLAB 활용 문제

5.26 전달함수가 $G(s) = \dfrac{1}{2s+1}$인 공정에 $x(t) = 2\sin\omega t$와 같은 sine 입력이 도입되었을 때의 응답을 구해 보자. 주파수 ω를 0.5, 2, 10와 같이 변화시키면서 응답이 어떤 차이를 보이는지 그래프를 통하여 비교해 보라.

5.27 전달함수가 $G(s) = \dfrac{Y(s)}{X(s)} = \dfrac{2.1}{1.5s+1}$과 같은 공정에 $X(t) = 1 + 2e^{-t}$와 같은 입력변화가 도입되었을 때의 응답을 그래프로 나타내어 보라.

5.28 전달함수가 각각 $G(s) = \dfrac{1}{2s+1}$ 및 $G(s) = \dfrac{1}{2s-1}$인 두 공정에 단위계단 입력이 도입되었다. Simulink를 이용하여 두 공정으로부터의 응답을 함께 scope에 나타내어 보고 비교해 보라.

제 6 장

2차 공정의 동특성

2차 공정은 공정의 모델식이 2차의 미분 방정식으로 주어지는 공정이다. 따라서 2차 공정의 전달함수의 분모는 s의 2차식이 된다. 그림 5.1에 보인 것과 같은 다양한 형태의 입력변수의 변화에 대한 출력변수의 시간에 따른 변화는 1차 공정에서와 같은 방법으로 구할 수 있다.

6.1 비간섭계와 간섭계

2차 이상의 공정은 간섭계와 비간섭계로 구분할 수 있다. 직렬로 연결된 두 액체 탱크를 통하여 이들 각각에 대해 알아보기로 한다.

6.1.1 비간섭계

그림 6.1에 보인 직렬연결된 2개의 액체탱크 시스템에서 변수 q_i와 q_o의 변화에 대한 액위 h_2의 변화를 나타내는 전달함수를 구해 보기로 하자.

액체의 밀도 ρ는 일정하며 q_1과 q_2는 각각 다음과 같이 주어진다고 가정한다:

$$q_1 = k_1\sqrt{h_1}, \quad q_2 = k_2\sqrt{h_2} \tag{6.1}$$

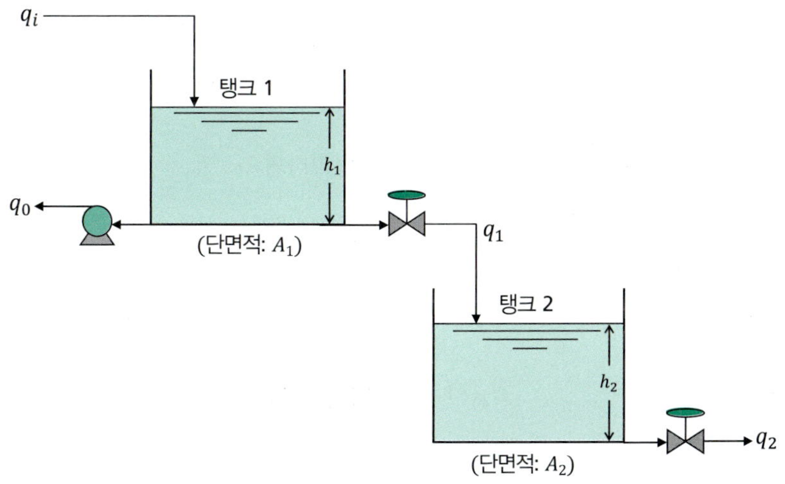

그림 6.1 **비간섭 액체탱크.**

각각의 탱크에 대한 물질수지식을 구해 보면 다음과 같다:

$$\rho A_1 \frac{dh_1}{dt} = \rho(q_i - q_1 - q_o) \tag{6.2}$$

$$\rho A_2 \frac{dh_2}{dt} = \rho(q_1 - q_2) \tag{6.3}$$

식 (6.1)을 위의 두 식에 각각 대입하고 정리하면

$$A_1 \frac{dh_1}{dt} = q_i - q_o - k_1\sqrt{h_1} \tag{6.4}$$

$$A_2 \frac{dh_2}{dt} = k_1\sqrt{h_1} - k_2\sqrt{h_2} \tag{6.5}$$

정상상태에서 식 (6.4)와 (6.5)의 우변이 0임을 이용하면 선형화로부터 다음 관계를 얻는다.

$$A_1 \frac{d(h_1 - h_{1s})}{dt} \cong (q_i - q_{is}) - (q_o - q_{os}) - \frac{k_1}{2\sqrt{h_{1s}}}(h_1 - h_{1s})$$

$$A_2 \frac{d(h_2 - h_{2s})}{dt} \cong \frac{k_1}{2\sqrt{h_{1s}}}(h_1 - h_{1s}) - \frac{k_2}{2\sqrt{h_{2s}}}(h_2 - h_{2s})$$

위에서 하첨자 s는 정상상태에서의 값을 의미한다. 편차변수와 시간상수 및 이득을 다음과 같이 정의하기로 한다.

$$\overline{q_i} = q_i - q_{is},\ \ \overline{q_o} = q_o - q_{os},\ \ \overline{h_1} = h_1 - h_{1s},\ \ \overline{h_2} = h_2 - h_{2s},$$

$$K_1 = \frac{2\sqrt{h_{1s}}}{k_1},\ \ K_2 = \frac{k_1}{k_2}\sqrt{\frac{h_{2s}}{h_{1s}}},\ \ \tau_1 = \frac{2A_1\sqrt{h_{1s}}}{k_1},\ \ \tau_2 = \frac{2A_2\sqrt{h_{2s}}}{k_2} \tag{6.6}$$

이들을 이용하면 앞에서 얻은 선형화된 식은 다음과 같이 정리된다.

$$\tau_1 \frac{d\overline{h_1}}{dt} + \overline{h_1} = K_1(\overline{q_i} - \overline{q_o}) \tag{6.7}$$

$$\tau_2 \frac{d\overline{h_2}}{dt} + \overline{h_2} = K_2\overline{h_1} \tag{6.8}$$

이들 식의 양변을 라플라스 변환시키고 정리하면

$$H_1(\mathrm{s}) = \frac{K_1}{\tau_1 s + 1}\{Q_i(s) - Q_o(s)\},\ \ H_2(\mathrm{s}) = \frac{K_2}{\tau_2 s + 1}H_1(\mathrm{s})$$

따라서

$$H_2(s) = \frac{K}{(\tau_1 s + 1)(\tau_2 s + 1)}\{Q_i(s) - Q_o(s)\} \tag{6.9}$$

위에서 $K = K_1K_2 = \frac{2}{k_2}\sqrt{h_{2s}}$이다.

식 (6.9)로 주어진 전달함수는 2차 전달함수, 또는 2차지연이라 통칭된다. 식 (6.9)는 두 개의 1차 전달함수의 곱으로 이루어진 것임을 앞의 유도과정으로부터 쉽게 알 수 있다. h_1과 h_2는 상호간에 영향을 미치지 않으므로(즉 간섭작용이 없으므로) 그림 6.1에 보인 시스템은 비간섭계라고 일컫는다. 비간섭 액체탱크 시스템을 블럭선도로 나타내면 그림 6.2와 같다. 그림에서 (가)와 (나)는 서로 대등한 관계이다.

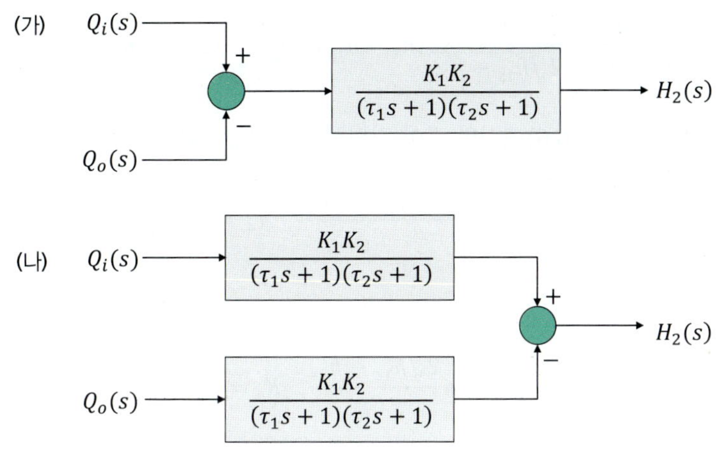

그림 6.2 비간섭 액체탱크의 블록선도.

6.1.2 간섭계

그림 6.3에 보인 바와 같이 직렬로 연결된 두 액체탱크에서 유량 q_1은

$$q_1 = C_1\sqrt{h_1 - h_2} \tag{6.10}$$

로 주어지며 q_2는 식 (6.1)로 주어진다. 즉 q_1은 두 탱크의 액위에 따라 좌우되며 h_1은 h_2에, h_2는 h_1에 각각 영향을 미치는 상호 간섭작용이 존재하므로 이 시스템은 전형적인 간섭계이다.

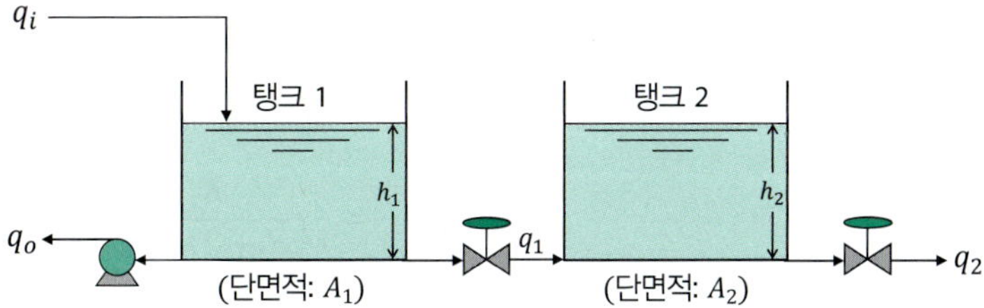

그림 6.3 간섭 액체탱크.

앞의 비간섭계에서와 마찬가지로 그림에 보인 간섭계에 대한 전달함수를 구해 보기로 한다. 액체의 밀도가 일정한 경우 각 탱크에 대한 물질수지식은 식 (6.2)와 (6.3)으로 주어지며 q_1과 q_2는 각각 식 (6.10)과 (6.1)로 나타내어지므로 이들 관계를 정리하면

$$A_1\frac{dh_1}{dt} = q_i - q_o - C_1\sqrt{h_1 - h_2} \tag{6.11}$$

$$A_2\frac{dh_2}{dt} = C_1\sqrt{h_1 - h_2} - k_2\sqrt{h_2} \tag{6.12}$$

이들을 선형화시키면

$$A_1\frac{dh_1}{dt} \cong (q_i - q_{is}) - (q_o - q_{os}) - \frac{C_1}{2\sqrt{h_{1s} - h_{2s}}}(h_1 - h_{1s}) + \frac{C_1}{2\sqrt{h_{1s} - h_{2s}}}(h_2 - h_{2s})$$

$$A_2\frac{dh_2}{dt} \cong \frac{C_1}{2\sqrt{h_{1s} - h_{2s}}}(h_1 - h_{1s}) - \frac{C_1}{2\sqrt{h_{1s} - h_{2s}}}(h_2 - h_{2s}) - \frac{k_2}{2\sqrt{h_{2s}}}(h_2 - h_{2s})$$

편차변수를 식 (6.6)에서와 같이 정의하고 시간상수와 이득을

$$\tau_3 = \frac{2A_1\sqrt{h_{1s} - h_{2s}}}{C_1},\quad \tau_4 = \frac{A_2}{\dfrac{C_1}{2\sqrt{h_{1s} - h_{2s}}} + \dfrac{k_2}{2\sqrt{h_{2s}}}},$$

$$K_3 = \frac{2\sqrt{h_{1s} - h_{2s}}}{C_1},\quad K_4 = \frac{\dfrac{C_1}{2\sqrt{h_{1s} - h_{2s}}}}{\dfrac{C_1}{2\sqrt{h_{1s} - h_{2s}}} + \dfrac{k_2}{2\sqrt{h_{2s}}}} \tag{6.13}$$

와 같이 두면 다음 관계를 얻는다.

$$\tau_3\frac{d\overline{h_1}}{dt} = K_3(\overline{q_i} - \overline{q_o}) + \overline{h_2} - \overline{h_1},\quad \tau_4\frac{d\overline{h_2}}{dt} = K_4\overline{h_1} - \overline{h_2}$$

위 식의 양변을 라플라스 변환시키고 정리하면

$$H_1(\mathrm{s}) = \frac{1}{\tau_3 s + 1}H_2(\mathrm{s}) + \frac{K_3}{\tau_3 s + 1}\{Q_i(s) - Q_o(s)\},\quad H_2(\mathrm{s}) = \frac{K_4}{\tau_4 s + 1}H_1(\mathrm{s})$$

위의 두 식으로부터 $H_1(s)$를 소거하면

$$H_2(\mathrm{s}) = \frac{K_3K_4}{(\tau_3 s + 1)(\tau_4 s + 1) - K_4}\{Q_i(s) - Q_o(s)\} \tag{6.14}$$

2차 공정의 전달함수는 일반적으로 다음과 같은 형태로 표현된다.

$$G(s) = \frac{Y(s)}{X(s)} = \frac{K}{\tau^2 s^2 + 2\tau\zeta s + 1} \tag{6.15}$$

식 (6.15)의 형태는 2차 공정 모델의 일반식이며 τ는 시간상수, ζ는 제동비이다. 비간섭계의 경우 식 (6.9)로부터

$$G(s) = \frac{H_2(\mathrm{s})}{Q_i(s)} = -\frac{H_2(\mathrm{s})}{Q_o(s)} = \frac{K}{\tau^2 s^2 + 2\tau\zeta s + 1} \tag{6.16}$$

로 쓸 수 있으며 여기에서 $\tau = \sqrt{\tau_1\tau_2}$, $\zeta = \dfrac{\tau_1 + \tau_2}{2\sqrt{\tau_1\tau_2}}$, $K = K_1K_2$이다. 한편 간섭계의 경우는 식 (6.14)로부터

$$G(s)=\frac{K'}{\tau'^2s^2+2\tau'\zeta's+1} \tag{6.17}$$

이며 여기에서 $K'=\dfrac{K_3K_4}{1-K_4}$, $\tau'=\sqrt{\dfrac{\tau_3\tau_4}{1-K_4}}$, $\zeta'=\dfrac{\tau_3+\tau_4}{2\sqrt{\tau_3\tau_4(1-K_4)}}$로 주어진다.

보기 6.1

간섭 액체탱크와 비간섭 액체탱크 시스템을 나타내어 주는 전달함수의 시간상수를 구해 보라. 각각의 경우에서 두 탱크의 단면적은 A로서 서로 같다고 가정한다.

풀이

비간섭계의 경우 식 (6.6)과 (6.16)으로부터

$$\tau=\sqrt{\tau_1\tau_2}=\sqrt{\frac{4A^2\sqrt{h_{1s}h_{2s}}}{k_1k_2}}$$

정상상태에서는 식 (6.5)로부터 $k_1\sqrt{h_{1s}}-k_2\sqrt{h_{2s}}=A\dfrac{dh_{2s}}{dt}=0$이므로 $k_1k_2=k_2^2\sqrt{\dfrac{h_{2s}}{h_{1s}}}$이다. 따라서 $\tau=\sqrt{\dfrac{4A^2h_{1s}}{{k_2}^2}}=\dfrac{2A}{k_2}\sqrt{h_{1s}}$. 간섭계의 경우에는 (6.13)과 (6.17)로부터

$$\tau'=\sqrt{\frac{\tau_3\tau_4}{1-K_4}}=2A\sqrt{\frac{\sqrt{h_{2s}(h_{1s}-h_{2s})}}{C_1k_2}}$$

정상상태에서는 식 (6.12)로부터 $C_1\sqrt{h_{1s}-h_{2s}}-k_2\sqrt{h_{2s}}=0$이므로 $\dfrac{\sqrt{h_{2s}}}{C_1}=\dfrac{\sqrt{h_{1s}-h_{2s}}}{k_2}$이다. 이를 이용하면 $\tau'=\dfrac{2A}{k_2}\sqrt{h_{1s}-h_{2s}}$를 얻는다.

보기 6.2

그림 6.1에 보인 비간섭 액체탱크 시스템에서 $q_o=0$이고 액체의 밀도는 일정하며 $A_1=A_2=A$이다. q_1과 q_2는 각각 $q_1=\dfrac{h_1}{R_1}$, $q_2=\dfrac{h_2}{R_2}$로 주어질 때 이 시스템의 전달함수를 구하여라.

풀이

물질수지식은

$$A\frac{dh_1}{dt}=q_i-q_1,\qquad A\frac{dh_2}{dt}=q_1-q_2$$

주어진 q_1과 q_2의 관계를 각각 대입하면

$$A\frac{dh_1}{dt} = q_i - \frac{h_1}{R_1}, \qquad A\frac{dh_2}{dt} = \frac{h_1}{R_1} - \frac{h_2}{R_2}$$

편차변수를 이용하여 이를 다시 쓰면

$$A\frac{d\overline{h_1}}{dt} = \overline{q_i} - \frac{\overline{h_1}}{R_1}, \qquad A\frac{d\overline{h_2}}{dt} = \frac{\overline{h_1}}{R_1} - \frac{\overline{h_2}}{R_2}$$

위에서 $\overline{q_i} = q_i - q_{is}$, $\overline{h_1} = h_1 - h_{1s}$, $\overline{h_2} = h_2 - h_{2s}$이다. 위 식의 양변을 라플라스 변환시키고 정리하면

$$H_1(s) = \frac{R_1}{\tau_1 s + 1}Q_i(s), \qquad H_2(s) = \frac{R_2/R_1}{\tau_2 s + 1}H_1(s)$$

위에서 $\tau_1 = R_1 A$, $\tau_2 = R_2 A$이다. 따라서

$$\frac{H_2(s)}{Q_i(s)} = \frac{R_2}{(\tau_1 s + 1)(\tau_2 s + 1)} = \frac{R_2}{\tau_1\tau_2 s^2 + (\tau_1 + \tau_2)s + 1}$$

보기 6.3

그림 6.3에 보인 간섭 액체탱크 시스템에서 $q_o = 0$이고 액체의 밀도는 일정하며 $A_1 = A_2 = A$이고 q_1과 q_2는 각각 $q_1 = \dfrac{h_1 - h_2}{R_1}$, $q_2 = \dfrac{h_2}{R_2}$로 주어진다. 전달함수를 구하고 비간섭계의 경우와 비교하여라.

풀이

물질수지식은

$$A\frac{dh_1}{dt} = q_i - q_1, \qquad A\frac{dh_2}{dt} = q_1 - q_2$$

주어진 q_1과 q_2의 관계를 각각 대입하면

$$A\frac{dh_1}{dt} = q_i - \frac{h_1 - h_2}{R_1}, \qquad A\frac{dh_2}{dt} = \frac{h_1 - h_2}{R_1} - \frac{h_2}{R_2}$$

편차변수를 도입하고 양변을 라플라스 변환시켜 정리하면

$$\frac{H_2(s)}{Q_i(s)} = \frac{R_2}{\tau_1\tau_2 s^2 + (\tau_1 + \tau_2 + AR_2)s + 1} = \frac{R_2}{\tau_1\tau_2 s^2 + (\tau_1 + 2\tau_2)s + 1}$$

위에서 $\tau_1 = AR_1$, $\tau_2 = AR_2$이다. 위에서 얻은 전달함수를 앞의 보기 6.2에서 얻은 비간섭계와 비교하면 전달함수의 분모의 s 항의 계수가 간섭계의 경우가 AR_2만큼 크다는 것을 알 수 있다.

이는 각각의 전달함수를 식 (6.15)의 표준형으로 나타냈을 때 간섭계의 경우가 ζ값이 크다는 것을 의미한다.

만일 $\tau_1 = \tau_2$라면(즉 두 탱크가 서로 동일) 비간섭계의 경우

$$\frac{H_2(s)}{Q_i(s)} = \frac{R_2}{(\tau s + 1)^2} = \frac{R_2}{\tau^2 s^2 + 2\tau s + 1}$$

로서 시간상수의 합은 2τ이다. 간섭계의 경우에는

$$\frac{H_2(s)}{Q_i(s)} = \frac{R_2}{\tau^2 s^2 + 3\tau s + 1} = \frac{R_2}{(0.38\tau s + 1)(2.62\tau s + 1)}$$

이며 시간상수의 합은 3τ로서 비간섭계보다 크다. 이는 간섭계의 응답이 비간섭계의 응답보다 더 느려짐을 의미한다. 아울러 $0.38\tau \ll 2.62\tau$이므로 간섭계의 응답은 시간상수가 2.62τ인 1차 공정의 응답에 근접하게 됨을 알 수 있다.

6.2 2차 공정의 보기

6.2.1 마노미터

그림 6.4에 보인 간단한 마노미터(manometer)를 고려해 보자. 마노미터의 직경은 D, 유체의 밀도는 ρ이며 액체와 접촉하는 튜브 부분의 길이는 L이다. 초기에는 양쪽 튜브에 작용하는 압력이 서로 같아서 양쪽 액면은 동일하게 기준면에 위치한다. 시간 $t = 0$에서 양쪽 튜브에 압력차(즉 $\Delta P = P_1 - P_2$)가 발생하였다고 하자. 압력차 ΔP와 마노미터 눈금 h 사이의 관계를 나타내는 전달함수를 구해 보기로 한다.[1]

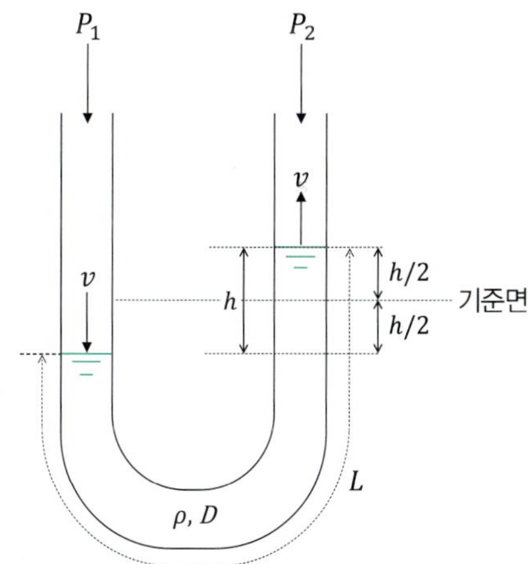

그림 6.4 마노미터.

1. Donald R. Coughanowr and Steven E. LeBlanc, *Process systems analysis and control*, 3rd ed., McGraw-Hill, 2009, pp.138.

마노미터 내의 유체에 대한 에너지 수지로부터

(시간에 따른 모멘텀의 변화) =
(운동을 유발시키는 압력에 의한 힘) − (운동에 저항하는 마찰력)

을 얻는다. 모멘텀 보정인자를 β라고 하면 시간에 따른 모멘텀의 변화는 다음과 같이 나타낼 수 있다:

$$(\text{시간에 따른 모멘텀의 변화}) = \frac{d}{dt}(\text{질량} \times \text{속도} \times \text{모멘텀 보정인자}) = \frac{d}{dt}\left(\frac{\pi D^2 L}{4}\rho v \beta\right)$$

운동을 유발시키는 압력에 의한 힘은 다음과 같이 주어진다:

$$(\text{운동을 유발시키는 압력에 의한 힘}) = \left(\frac{\pi D^2}{4}(P_1 - P_2) - \frac{\pi D^2}{4}\rho g h\right) = \frac{\pi D^2}{4}(\Delta P - \rho g h)$$

한편 운동에 저항하는 마찰력은 다음과 같다:

$$(\text{운동에 저항하는 마찰력}) = \tau_w(\pi D L) = \frac{8\mu v}{D}(\pi D L)$$

이들 관계로부터

$$\frac{d}{dt}\left(\frac{\pi D^2 L}{4}\rho v \beta\right) = \frac{\pi D^2}{4}(\Delta P - \rho g h) - \frac{8\mu v}{D}(\pi D L)$$

위에서 유속 v는 튜브 내 유체의 평균속도, 즉 계면의 속도로서 $v = \frac{1}{2}\frac{dh}{dt}$로 주어지며 층류 흐름의 경우 $\beta = \frac{4}{3}$이다. 이를 이용하면[2]

$$\frac{\pi D^2 \rho L}{6}\frac{d^2 h}{dt^2} = \frac{\pi D^2}{4}(\Delta P - \rho g h) - 4\pi\mu L\frac{dh}{dt}$$

이를 정리하면

$$\left(\frac{2L}{3g}\right)\frac{d^2 h}{dt^2} + \left(\frac{16\mu L}{\rho g D^2}\right)\frac{dh}{dt} + h = \frac{\Delta P}{\rho g} \quad \textbf{(6.18)}$$

이제

$$\tau^2 = \frac{2L}{3g}, \qquad 2\tau\zeta = \frac{16\mu L}{\rho g D^2}, \qquad x(t) = \frac{\Delta P}{\rho g}, \qquad y(t) = h$$

로 두면

$$\tau^2\frac{d^2 y}{dt^2} + 2\tau\zeta\frac{dy}{dt} + y = x \quad \textbf{(6.19)}$$

2. Donald R. Coughanowr and Steven E. LeBlanc, *Process systems analysis and control*, 3rd ed., McGraw-Hill, 2009, pp.139–140.

이는 전형적인 2차 공정의 모델식이다. 초기에는 $x = 0$(즉 $\Delta P = 0$)이므로 액면의 움직임은 없으며 $\frac{dy}{dt} = 0$이고 따라서 $y = 0$이다. 위의 식에 대한 라플라스 변환으로부터

$$\tau^2 s^2 Y(s) + 2\tau\zeta s Y(s) + Y(s) = X(s) \rightarrow \frac{Y(s)}{X(s)} = \frac{1}{\tau^2 s^2 + 2\tau\zeta s + 1}$$

6.2.2 교반냉각공정

그림 6.5는 냉각수를 이용한 냉각공정을 보인 것이다. 교반탱크로 유입되는 더운 유체는 탱크 외부의 재킷을 흐르는 냉각수에 의해 냉각되어 탱크로부터 유출된다. 액체유량 q, 그리고 냉각수와 탱크 내 유체의 비열 및 밀도는 일정하다고 가정하고 유입액의 온도 T_i와 냉각수 유량 q_c, 그리고 유입 냉각수 온도 T_{ci}의 변화에 대한 유출액 온도 T의 변화를 나타내어 주는 전달함수를 구해 보기로 한다.

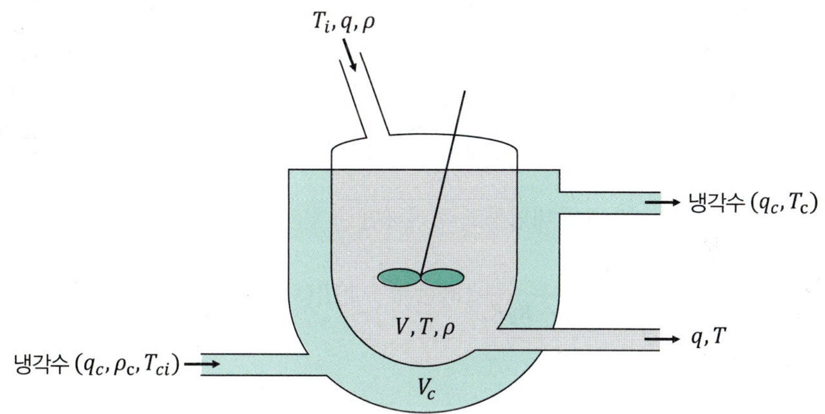

그림 6.5 교반냉각공정.

탱크 내 액체에 대한 에너지 수지는 다음과 같이 쓸 수 있다.

$$\rho C_p V \frac{dT(t)}{dt} = q\rho C_p\{T_i(t) - T(t)\} - UA\{T(t) - T_c(t)\} \quad \textbf{(6.20)}$$

위에서 U는 총괄 열전달 계수이고 A는 열전달 면적이다. 냉각재킷에 대한 에너지 수지는

$$\rho_c C_{pc} V_c \frac{dT_c(t)}{dt} = q_c(t)\rho_c C_{pc}\{T_{ci}(t) - T_c(t)\} + UA\{T(t) - T_c(t)\} \quad \textbf{(6.21)}$$

편차변수를 다음과 같이 정의하기로 한다.

$$\overline{T_i} = T(t) - T_{is},\ \ \overline{T} = T(t) - T_s,\ \ \overline{T_c} = T_c(t) - T_{cs},\ \ \overline{Q_c} = q_c(t) - q_{cs},\ \ \overline{T_{ci}} = T_{ci}(t) - T_{cis}$$

위에서 하첨자 s는 정상상태에서의 값을 의미한다. 이를 이용하면 식 (6.20)으로부터

$$\rho C_p V \frac{d\overline{T}}{dt} = q\rho C_p \overline{T_i} - (UA + q\rho C_p)\overline{T} + UA\overline{T_c} \quad \textbf{(6.22)}$$

식 (6.21)의 우변은 비선형이므로 이를 선형화시키면

$$\rho_c C_{pc} V_c \frac{d\overline{T_c}}{dt} \cong \rho_c C_{pc}(T_{cis} - T_{cs})\overline{Q_c} + \rho_c C_{pc} q_{cs} \overline{T_{ci}} - \rho_c C_{pc} q_{cs} \overline{T_c} + UA(\bar{T} - \overline{T_c})$$

$$= \rho_c C_{pc}(T_{cis} - T_{cs})\overline{Q_c} + \rho_c C_{pc} q_{cs} \overline{T_{ci}} - \left(UA + \rho_c C_{pc} q_{cs}\right)\overline{T_c} + UA\bar{T} \tag{6.23}$$

식 (6.22)와 (6.23)의 양변을 라플라스 변환시키고 정리하면 다음 관계를 얻는다.

$$\bar{T}(s) = \frac{1}{\tau_1 s + 1}\{K_1 \overline{T_i}(s) + K_2 \overline{T_c}(s)\} \tag{6.24}$$

$$\overline{T_c}(s) = \frac{1}{\tau_2 s + 1}\{K_3 \overline{T_{ci}}(s) + K_4 \bar{T}(s) + K_5 \overline{Q_c}(s)\} \tag{6.25}$$

위에서

$$\tau_1 = \frac{\rho C_p V}{UA + q\rho C_p},\ K_1 = \frac{\rho q C_p}{UA + q\rho C_p},\ K_2 = \frac{UA}{UA + q\rho C_p},\ \tau_2 = \frac{\rho_c C_{pc} V_c}{UA + \rho_c C_{pc} q_{cs}},$$

$$K_3 = \frac{\rho_c C_{pc} q_{cs}}{UA + \rho_c C_{pc} q_{cs}},\ K_4 = \frac{\mathrm{UA}}{UA + \rho_c C_{pc} q_{cs}},\ K_5 = \frac{\rho_c C_{pc}(T_{cis} - T_{cs})}{UA + \rho_c C_{pc} q_{cs}}$$

식 (6.25)를 (6.24)에 대입하고 정리하면

$$\bar{T}(s) = \frac{1}{(\tau_1 s + 1)(\tau_2 s + 1) - K_2 K_4}\{K_1(\tau_2 s + 1)\overline{T_i}(s) + K_2 K_3 \overline{T_{ci}}(s) + K_2 K_5 \overline{Q_c}(s)\}$$

$$= \frac{\left(\frac{1}{1 - K_2 K_4}\right)}{\left(\frac{\tau_1 \tau_2}{1 - K_2 K_4}\right)s^2 + \left(\frac{\tau_1 + \tau_2}{1 - K_2 K_4}\right)s + 1}\{K_1(\tau_2 s + 1)\overline{T_i}(s) + K_2 K_3 \overline{T_{ci}}(s) + K_2 K_5 \overline{Q_c}(s)\} \tag{6.26}$$

따라서

$$\frac{\bar{T}(s)}{\overline{T_i}(s)} = \frac{K_1'(\tau_2 s + 1)}{\tau^2 s^2 + 2\tau\zeta s + 1} \tag{6.27}$$

$$\frac{\bar{T}(s)}{\overline{T_{ci}}(s)} = \frac{K_2'}{\tau^2 s^2 + 2\tau\zeta s + 1} \tag{6.28}$$

$$\frac{\bar{T}(s)}{\overline{Q_c}(s)} = \frac{K_3'}{\tau^2 s^2 + 2\tau\zeta s + 1} \tag{6.29}$$

위에서

$$\tau = \sqrt{\frac{\tau_1 \tau_2}{1 - K_2 K_4}},\ \zeta = \frac{\tau_1 + \tau_2}{2\sqrt{(1 - K_2 K_4)\tau_1 \tau_2}},\ K_1' = \frac{K_1}{1 - K_2 K_4},\ K_2' = \frac{K_2 K_3}{1 - K_2 K_4},\ K_3' = \frac{K_2 K_5}{1 - K_2 K_4}$$

교반냉각공정의 블록선도는 앞에서 구한 전달함수들을 이용해 구성할 수 있다. 그림 6.6의 (가)는 식 (6.24)와 (6.25)를 이용하여 나타낸 블록선도이고, (나)는 식 (6.26)을 이용하여 구성한 블록선도이다.

6.3 2차 공정의 응답특성

2차 공정의 전달함수는 일반적으로 식 (6.15)와 같은 형태로 나타낸다.

$$G(s) = \frac{Y(s)}{X(s)} = \frac{K}{\tau^2 s^2 + 2\tau\zeta s + 1} \tag{6.15}$$

위에서 K는 단위계단 입력변화에 대한 공정의 정상상태 응답이며 τ는 1차 공정의 경우와 마찬가지로 시간상수를 나타내는데, 2차 공정의 경우에는 고유진동주기라고도 일컫는다. ζ는 감쇠비(혹은 제동비, damping ratio)로서 응답의 진동현상의 존재 유무와 그 정도를 나타낸다.

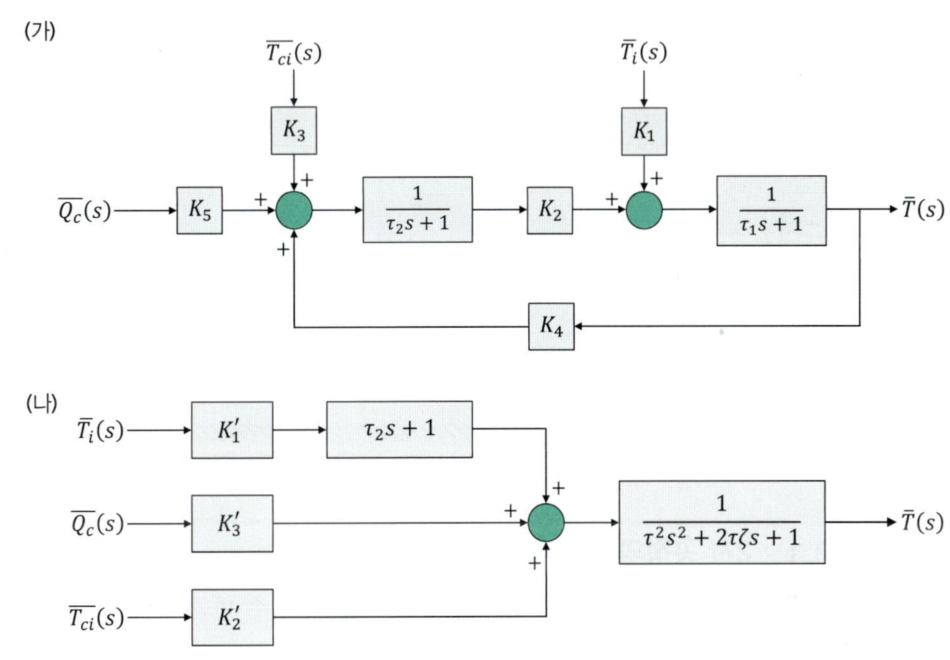

그림 6.6 교반냉각공정의 블록선도.

MATLab

2차 공정 전달함수의 생성

MATLAB 함수 rmodel을 이용하여 계수가 랜덤수로 나타나는 테스트 전달함수를 생성할 수 있다. [num, den] = rmodel(n)으로부터는 n차의 단일변수 전달함수가 생성되며 [A,B,C,D] = rmodel(n)으로부터는 n차의 단일변수 상태함수 모델이 생성된다. 테스트용 2차 전달함수와 2차의 상태함수 모델을 생성해 보자:

```
>> [num, den] = rmodel(2)
num =
        0    0.7015    0.1949
den =
    1.0000    6.2532    9.0629

>> [A, B, C, D] = rmodel(2)
A =
   -0.9752   -0.2047
   -0.2047   -0.3224
B =
   -0.2620
   -1.7502
C =
   -0.2857         0
D =
     0
```

함수 ord2는 주어진 고유진동수와 감쇠비에 대한 2차 공정의 전달함수를 생성해 준다. [num, den] = ord2(wn, zeta)는 고유진동수가 wn이고 감쇠비가 zeta인 공정에 대한 전달함수를 생성하며 [A,B,C,D] = ord2(wn, zeta)는 고유진동수가 wn이고 감쇠비가 zeta인 공정에 대한 상태함수 모델을 생성한다. 고유진동수가 10이고 감쇠비가 0.6인 2차 공정에 대한 전달함수와 상태함수 모델을 생성하여 보자:

```
>> [num, den] = ord2(10, 0.6)
num =
     1
den =
     1    12    100
>> [A, B, C, D] = ord2(10, 0.6)
A =
      0      1
   -100    -12
B =
     0
     1
C =
     1     0
D =
     0
```

6.3.1 2차 공정의 계단응답

1차 공정의 경우에서와 마찬가지로 여러 형태의 입력변수 변화에 대한 응답 $Y(s)$를 알아보기로 한다. 입력변수가 단위계단 변화를 보인 경우 $X(s)=\dfrac{1}{s}$이므로 식 (6.15)로부터

$$Y(s)=\frac{K}{s(\tau^2s^2+2\tau\zeta s+1)}=\frac{K}{\tau^2 s(s-r_1)(s-r_2)}=\frac{K}{\tau^2}\left(\frac{A}{s}+\frac{B}{s-r_1}+\frac{C}{s-r_2}\right) \quad \textbf{(6.30)}$$

위에서

$$r_1=\frac{-\zeta+\sqrt{\zeta^2-1}}{\tau},\ r_2=\frac{-\zeta-\sqrt{\zeta^2-1}}{\tau},\ A=\frac{1}{r_1r_2},\ B=\frac{1}{r_1(r_1-r_2)},\ C=\frac{1}{r_2(r_2-r_1)}$$

2차 공정의 전달함수의 분모를 0으로 둔 방정식의 근 r_1과 r_2로부터 응답 $Y(t)$는 감쇠비 ζ의 값에 따라 좌우됨을 짐작할 수 있다. 이제 ζ가 1보다 클 때와 작을 때, 그리고 1과 같을 경우의 세 가지

로 나누어 각각의 응답 모양을 알아보기로 한다.

(1) $\zeta < 1$: 이 경우 r_1과 r_2는 허근임을 알 수 있다. 식 (6.30)의 양변을 역 라플라스 변환시키면 다음 관계를 얻는다.

$$Y(t) = K\left\{1 - e^{-\zeta t/\tau}\left(\cos\frac{\sqrt{1-\zeta^2}}{\tau}t + \frac{\zeta}{\sqrt{1-\zeta^2}}\sin\frac{\sqrt{1-\zeta^2}}{\tau}t\right)\right\} \qquad \textbf{(6.31)}$$

이를 다시 정리하면

$$Y(t) = K\left\{1 - \frac{1}{\sqrt{1-\zeta^2}}e^{-\zeta t/\tau}\sin\left(\frac{\sqrt{1-\zeta^2}}{\tau}t + \phi\right)\right\}, \qquad \phi = \tan^{-1}\left(\frac{\sqrt{1-\zeta^2}}{\zeta}\right) \qquad \textbf{(6.32)}$$

$Y(t)$의 그래프는 그림 6.7에 보인 바와 같다.

그림으로부터 알 수 있듯이 응답은 진동을 보이는데 이러한 형태의 응답을 갖는 시스템을 과소감쇠된(underdamped) 시스템이라고 일컫는다. ζ가 작아질수록 진동의 폭은 커짐을 알 수 있다.

(2) $\zeta = 1$: 이 경우에는 $r_1 = r_2$로서 중근이 되며 응답 $Y(t)$는 식 (6.30)의 역 라플라스 변환으로부터 다음과 같이 얻어진다.

$$Y(t) = K\left\{1 - \left(1 + \frac{t}{\tau}\right)e^{-t/\tau}\right\} \qquad \textbf{(6.33)}$$

그림 6.8에서 알 수 있는 바와 같이 응답 $Y(t)$는 진동을 보이지 않으면서 정상상태 값에 가장 빠르게 도달한다. $\zeta = 1$인 경우는 임계감쇠된(critically damped) 시스템이라고 한다.

(3) $\zeta > 1$: 이 경우 r_1과 r_2는 서로 다른 두 개의 실근이 되며 응답 $Y(t)$는 식 (6.30)의 역 라플라스 변환으로부터 다음과 같이 주어진다.

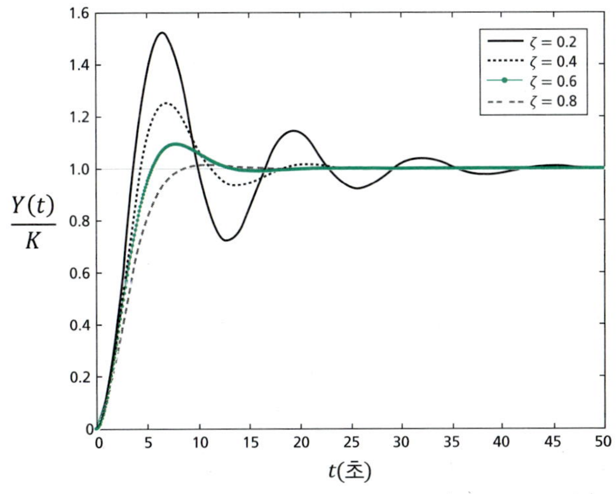

그림 6.7 과소감쇠된 시스템의 계단응답.

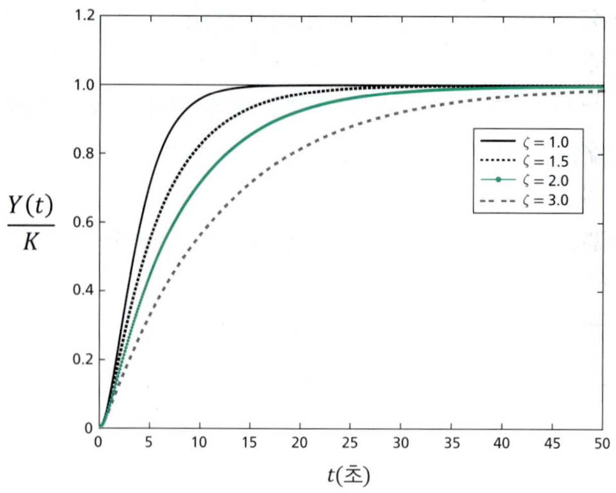

그림 6.8 과도감쇠된 시스템의 계단응답.

$$Y(t) = K\left[1 - \frac{1}{2}e^{-\zeta t/\tau}\left\{\left(1 + \frac{\zeta}{\sqrt{\zeta^2-1}}\right)e^{\frac{\sqrt{\zeta^2-1}}{\tau}t} + \left(1 - \frac{\zeta}{\sqrt{\zeta^2-1}}\right)e^{-\frac{\sqrt{\zeta^2-1}}{\tau}t}\right\}\right] \quad \textbf{(6.34)}$$

그림 6.8에 보인 바와 같이 이 경우의 응답은 진동을 보이지는 않으나 $\zeta = 1$인 경우보다는 느리게 정상상태 값에 도달한다. 이러한 시스템을 과도감쇠된(overdamped) 시스템이라 일컫는다.

그림 6.7과 6.8로부터 2차 공정의 계단응답 특성을 다음과 같이 정리해 볼 수 있다:

① 시간상수 τ가 작으면 응답이 빠르다.
② $\zeta < 1$일 때에만 진동이 나타난다.
③ ζ가 커질수록 응답이 느려진다.
④ 진동이 없으면서 가장 빠른 응답은 $\zeta = 1$일 때 얻어진다.

그림 6.7과 6.8에 보인 형태의 응답은 공정제어에서 매우 중요한 의미를 갖는다. 대체적으로 제어 시스템의 응답은 그림 6.7과 6.8에 보인 응답 가운데 어느 한 가지 형태를 지니는데 대부분의 실제 화학공정의 열린루프(open-loop) 응답은 임계감쇠, 또는 과도감쇠 시스템의 응답과 유사하다. 즉 실제 화학공정의 열린루프 응답이 진동을 보이는 경우는 매우 드물다. 그러나 제어 회로가 구성되어 닫힌루프(closed-loop) 시스템이 되면 진동현상이 나타날 수 있다.

입력변수의 계단변화에 대하여 제5장에서 다룬 1차 공정과 앞의 2차 공정이 보이는 응답 특성을 비교해 볼 필요가 있다. 우선 2차 공정의 응답에서 나타날 수 있는 진동 현상이 1차 공정의 경우에는 일어나지 않는다는 것을 알 수 있다. 보다 두드러진 차이는 기울기가 최대인 시점이 1차 공정 응답의 경우에는 응답이 나타나기 시작하는 시점이었는데 비해 2차 공정 응답의 경우에는 응답이 나타나고 나서 어느 정도의 시간이 지난 후라는 점이다.

2차 공정에서 제동 정도를 나타내는 파라미터 ζ와 시간상수 τ는 공정의 물리적 특성에 따라 좌우된다. ζ가 1보다 작은 과소감쇠 공정의 응답 특성은 그림 6.7에서와 같이 진동을 보인다. 대부분의 닫힌루프 시스템의 응답은 이와 유사한 양상을 보이기 때문에 과소감쇠 시스템의 응답을 분

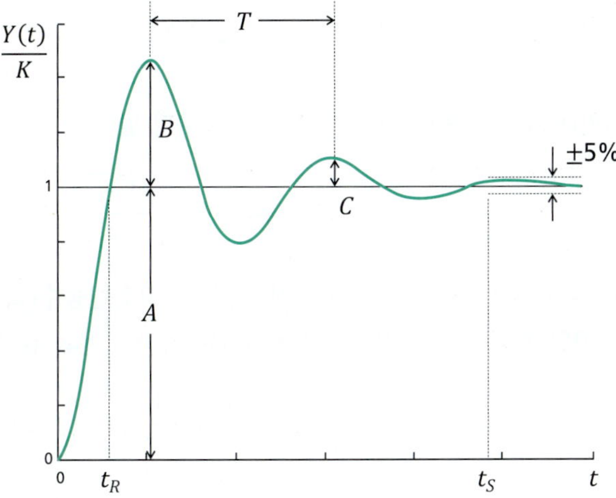

그림 6.9 과소감쇠된 공정의 계단응답.

석해 보는 일이 중요하다. 그림 6.9는 $\zeta < 1$일 때의 2차 공정의 계단응답을 다시 나타낸 것이다. 이 응답곡선으로부터 중요하게 이용되는 몇 가지 용어들을 정의해 보기로 한다.

(1) 오버슈트(overshoot): 오버슈트는 응답이 정상상태 값을 초과하는 정도를 나타내는 양이며 다음과 같이 정의된다.

$$(\text{오버슈트}) = O_s = \frac{B}{A} = \exp\left(-\frac{\pi\zeta}{\sqrt{1-\zeta^2}}\right) \tag{6.35}$$

만일 오버슈트 $O_s(0 < O_s < 1)$가 주어졌다면 위의 관계로부터

$$\zeta = \frac{\ln(1/O_s)}{\sqrt{\pi^2 + \ln^2(1/O_s)}} = \frac{-\ln(O_s)}{\sqrt{\pi^2 + \ln^2(O_s)}}$$

와 같이 ζ를 얻을 수 있다.

(2) 쇠퇴비(decay ratio): 쇠퇴비는 연이은 두 진동의 진폭이 줄어드는 비율을 의미하며 다음과 같이 정의된다.

$$(\text{쇠퇴비}) = \frac{C}{B} = \exp\left(-\frac{2\pi\zeta}{\sqrt{1-\zeta^2}}\right) = (\text{오버슈트})^2 \tag{6.36}$$

(3) 주기: 진동의 주기 T는 다음과 같이 주어진다.

$$T = \frac{2\pi\tau}{\sqrt{1-\zeta^2}} \tag{6.37}$$

(4) 진동수(혹은 주파수): 주파수 f는 주기 T의 역수로서 진동응답의 시간당 주파수를 나타낸다.

$$f = \frac{1}{T} = \frac{\sqrt{1-\zeta^2}}{2\pi\tau} \qquad \textbf{(6.38)}$$

한편 라디안(radian) 주파수 ω는 다음 관계로부터 얻어진다.

$$\omega = 2\pi f = \frac{\sqrt{1-\zeta^2}}{\tau} \qquad \textbf{(6.39)}$$

(5) 고유진동주기와 고유진동수: 고유진동주기와 고유진동수(혹은 자연주파수, natural frequency)는 $\zeta = 0$일 때의 주기와 진동수를 의미하며 각각 다음과 같이 주어진다.

$$T_n = 2\pi\tau, \;\; f_n = \frac{1}{T_n} = \frac{1}{2\pi\tau}, \;\; \omega_n = 2\pi f_n = \frac{1}{\tau} \qquad \textbf{(6.40)}$$

(6) 상승시간(rise time, t_R): 상승시간 t_R은 응답이 최초로 최종값(정상상태 값)에 도달하는 데 걸린 시간을 말하며 응답의 빠르기를 나타내는 지표이다. 상승시간은 응답이 최종값의 10%로부터 90%까지 증가하는 데에 걸리는 시간으로 정의하기도 한다.

(7) 안정시간(settling time, t_s): 안정시간 t_s는 응답이 최종값의 ±5(때로는 ±2%~±5% 범위) 이내에 위치하기 시작할 때까지 걸린 시간을 의미한다.

(8) 최초 진동의 피크에 도달하는 시간(t_p): 식 (6.32)에서 $\dfrac{dY(t)}{dt} = 0$으로부터

$$t_p = \frac{\pi\tau}{\sqrt{1-\zeta^2}} \qquad \textbf{(6.41)}$$

로 주어진다.

쇠퇴비와 오버슈트는 ζ만의 함수로서 그림 6.10과 같이 나타낼 수 있다.

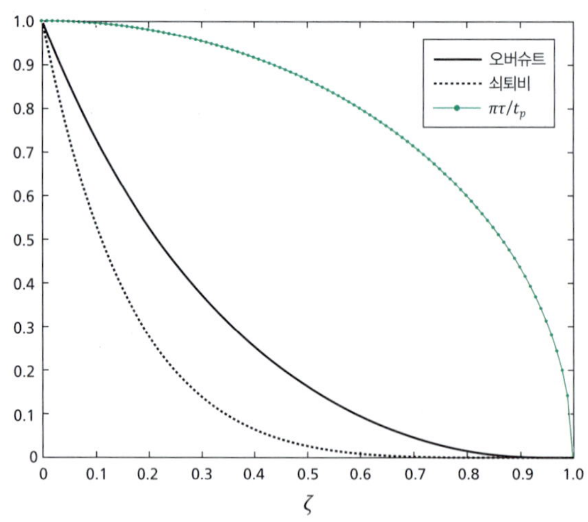

그림 6.10 **오버슈트와 쇠퇴비.**

6.3.2 2차 공정의 sine 응답

2차 공정에의 입력변수가 진폭 A인 sine 함수 $X(t) = A\sin(\omega t)$이면 $X(s) = \dfrac{A\omega}{s^2 + \omega^2}$이므로 식 (6.15)로부터

$$Y(s) = \frac{KA\omega}{(s^2 + \omega^2)(\tau^2 s^2 + 2\tau\zeta s + 1)}$$

를 얻는다. 이를 역 라플라스 변환시키면

$$Y(t) = e^{-\zeta t/\tau}\left(C_1 \cos\frac{\sqrt{1-\zeta^2}}{\tau}t + C_2 \sin\frac{\sqrt{1-\zeta^2}}{\tau}t\right) + \frac{KA}{\sqrt{(1-\tau^2\omega^2)^2 + (2\tau\zeta\omega)^2}}\sin(\omega t + \phi) \quad \textbf{(6.42)}$$

위에서 C_1과 C_2는 상수이며 ϕ는

$$\phi = -\tan^{-1}\left(\frac{2\tau\zeta\omega}{1 - \tau^2\omega^2}\right)$$

으로 주어진다.

시간이 상당히 흐르면 식 (6.42)에서 $e^{-\zeta t/\tau}$ 항은 0에 가까워지므로 응답 $Y(t)$는 일정한 진동을 가지는 sine 곡선이 된다. 즉

$$\lim_{t\to\infty} Y(t) = \frac{KA}{\sqrt{(1-\tau^2\omega^2)^2 + (2\tau\zeta\omega)^2}}\sin(\omega t + \phi) \quad \textbf{(6.43)}$$

식 (6.43)과 같이 일정한 진동을 가지는 응답을 시스템의 진동응답이라고 부른다. 진폭비(amplitude ratio, AR)는 입력변수의 진폭 A에 대한 출력변수의 진폭의 비로서 식 (6.43)으로부터 다음과 같이 얻어진다.

$$(\text{진폭비}) = AR = \frac{K}{\sqrt{(1-\tau^2\omega^2)^2 + (2\tau\zeta\omega)^2}} \quad \textbf{(6.44)}$$

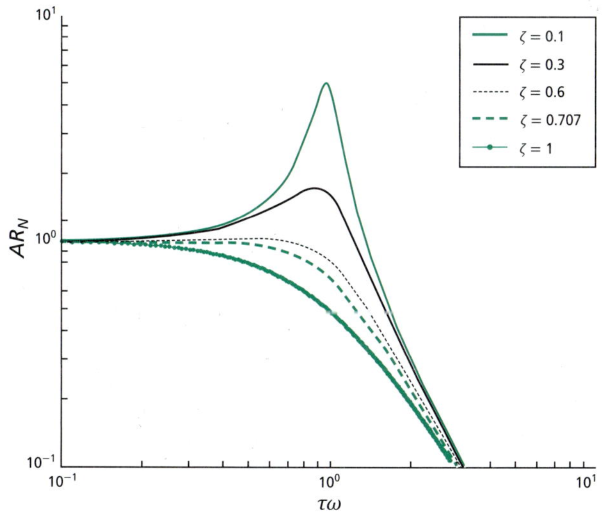

그림 6.11 2차 공정의 sine 응답의 정규 진폭비.

정규 진폭비 AR_N은 진폭비 AR을 공정의 정상상태 이득 K로 나눈 것으로서 다음과 같다:

$$AR_N = \frac{AR}{K} = \frac{1}{\sqrt{(1-\tau^2\omega^2)^2 + (2\tau\zeta\omega)^2}} \quad \textbf{(6.45)}$$

그림 6.11은 $\tau\omega$에 따른 AR_N의 변화를 나타낸 것이다. 그림에서 AR_N은 어떤 ζ의 범위에서 최대값을 가짐을 알 수 있다. AR_N의 최대값은 식 (6.45)를 ω에 대해 미분한 다음 0으로 놓음으로써 구할 수 있다. 이를 풀어 보면 AR_N이 최대일 경우

$$\tau\omega = \sqrt{1-2\zeta^2} \quad \textbf{(6.46)}$$

이며 이 때의 AR_N 값은

$$AR_{N,max} = \frac{1}{2\zeta\sqrt{1-\zeta^2}} \quad \textbf{(6.47)}$$

이다. 위에서 ζ의 범위는 $0 < \zeta < 0.707$이다.

보기 6.4

그림 6.5의 교반냉각공정에서 탱크 유입액 온도 T_i와 냉각수 유입온도 T_{ci}는 일정하게 유지되고 있으며 탱크 유출액의 온도 T는 80°C이다. 냉각수의 유량 q_c는 0.5 m^3/sec로 유지되다가 갑자기 0.4 m^3/sec로 줄어들었다. 이때 유출액의 온도 변화를 측정해 본 결과 약간의 진동을 보임을 알았다. 온도값은 시간이 600 sec일 때 85°C로서 극대값을 보였으며 1800 sec일 때 다시 84.2°C로서 극대값을 보였다. 상당한 시간이 흐른 다음 유출액의 온도는 84°C로서 일정한 값을 유지하였다.

(1) 이 공정의 이득(gain)을 구하여라.
(2) 전달함수를 구하여라.
(3) 상승시간을 구하여라.

풀이

(1) $(\text{공정의 이득}) = \dfrac{(\text{출력변수 변화})}{(\text{입력변수 변화})}$인 관계로부터

$$K_3' = \frac{84-80}{0.4-0.5} = \frac{4}{-0.1} = -40°\text{C}\cdot\text{sec/m}^3$$

(2) 2차 공정이므로 전달함수는 식 (6.29)의 형태를 갖는다. 이득 K_3'는 앞에서 구하였으므로 τ와 ζ를 구하면 된다. ζ는 식 (6.35)로부터 오버슈트를 이용해 구할 수 있다. 오버슈트는

$$(\text{overshoot}) = \frac{85-84}{84-80} = \frac{1}{4} = 0.25$$

식 (6.35)로부터

$$\zeta = \sqrt{\frac{\{\ln(\text{overshoot})\}^2}{\pi^2 + \{\ln(\text{overshoot})\}^2}} = \sqrt{\frac{(\ln 0.25)^2}{\pi^2 + (\ln 0.25)^2}} = 0.4$$

τ는 식 (6.37)로부터 구한다. 주기 T는 $T = 1800 - 600 = 1200$ sec. 따라서 식 (6.37)로부터

$$\tau = \frac{T\sqrt{1-\zeta^2}}{2\pi} = \frac{(1200)\sqrt{1-(0.4)^2}}{2\pi} = 175 \text{ sec}$$

이들로부터 전달함수는 식 (6.29)로부터

$$\frac{\bar{T}(s)}{\overline{Q_c}(s)} = \frac{-40}{30625s^2 + 140s + 1}$$

(3) 상승시간은 응답이 처음으로 정상상태 값과 같아지는 시간이다. 상승시간 t_R은 식 (6.31)로부터 구할 수 있다. $t = t_R$이면 식 (6.31)에서 $Y(t) = K$이므로

$$\cos\frac{\sqrt{1-\zeta^2}}{\tau}t_R + \frac{\zeta}{\sqrt{1-\zeta^2}}\sin\frac{\sqrt{1-\zeta^2}}{\tau}t_R = 0 \qquad \textbf{(i)}$$

이를 풀면

$$t_R = \frac{\tau}{\sqrt{1-\zeta^2}}(n\pi - \cos^{-1}\zeta) \quad (n = 1, 2, 3, \cdots)$$

이로부터 식 (i)의 근이 수없이 존재함을 알 수 있다. 상승시간은 $n = 1$인 경우이며 $\tau = 175$ sec, $\zeta = 0.4$이므로 $t_R = 379$ sec이다.

보기 6.5

어떤 2차 공정에서 입력값이 10℃로 유지되다가 14℃로 급격히 증가했을 때의 응답은 그림 6.12에 보인 바와 같다.

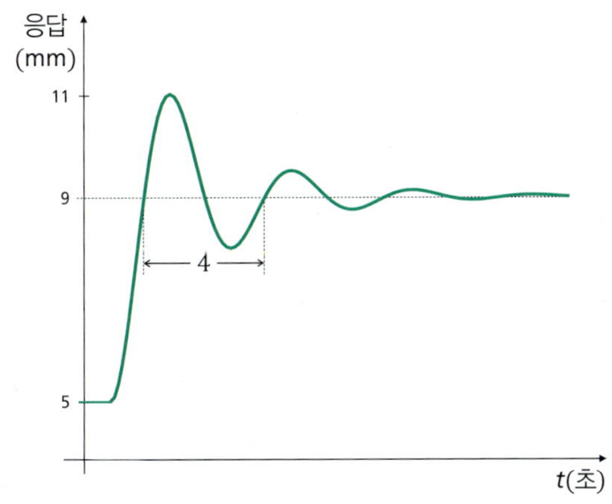

그림 6.12 **2차 공정의 응답.**

(1) 이 공정의 이득 K와 시간상수 τ, 감쇠비 ζ를 각각 구하여라.

(2) 이 공정의 모델식을 편차변수가 아닌 실제 변수를 이용한 미분방정식으로 나타내어라.

풀이

(1) $K = \dfrac{9-5}{4} = 1\left(\dfrac{\text{mm}}{°\text{C}}\right)$. $(\text{overshoot}) = 2/4 = 0.5 = \exp\left(-\dfrac{\pi\zeta}{\sqrt{1-\zeta^2}}\right) \rightarrow \zeta = 0.215 \text{ sec}$

$$T = 4 = \frac{2\pi\tau}{\sqrt{1-\zeta^2}} \quad \rightarrow \quad \tau = 0.622 \text{ sec}$$

(2) $\dfrac{Y(s)}{X(s)} = \dfrac{1}{0.387s^2 + 0.267s + 1} \rightarrow 0.387Y'' + 0.267Y' + Y = X$

$$X = x - x_s = x - 10,\ Y = y - y_s = y - 5 \quad \rightarrow \quad Y' = y',\ Y'' = y''$$

따라서

$$0.387y'' + 0.267y' + y = x - 5$$

보기 6.6

식 (6.15)로 주어지는 2차 공정에 크기 M인 임펄스(impulse) 입력변화가 도입되었다.

(1) 응답 $Y(t)$를 구하여라.

(2) $\zeta < 1$인 경우 응답 $Y(t)$의 최대값을 구하여라.

풀이

$$\frac{Y(s)}{X(s)} = \frac{K}{\tau^2 s^2 + 2\tau\zeta s + 1},\quad X(s) = M \quad \rightarrow \quad Y(s) = \frac{KM}{\tau^2 s^2 + 2\tau\zeta s + 1}$$

(1) i) $\zeta < 1$: $Y(t) = \dfrac{KM}{\tau\sqrt{1-\zeta^2}} e^{-\zeta t/\tau} \sin\left(\dfrac{\sqrt{1-\zeta^2}}{\tau} t\right)$

ii) $\zeta = 1$: $Y(t) = \dfrac{KM}{\tau^2} t e^{-t/\tau}$

iii) $\zeta > 1$: $Y(t) = \dfrac{KM}{\tau\sqrt{\zeta^2 - 1}} e^{-\zeta t/\tau} \sinh\left(\dfrac{\sqrt{\zeta^2-1}}{\tau} t\right)$

(2) $\zeta < 1$인 경우 위의 결과로부터 다음을 얻는다:

$$Y(t)|_{max} = \frac{KM}{\tau} \exp\left[-\frac{\zeta}{\sqrt{1-\zeta^2}} \tan^{-1}\left(\frac{\sqrt{1-\zeta^2}}{\zeta}\right)\right]$$

보기 6.7

그림 6.13은 간단한 액위공정을 보인 것이다. 유체의 밀도는 일정하고 $m(t)$는 펌프의 회전속도를 조절하는 제어기로부터의 출력신호(%)이며 유출유량 q_o와 $m(t)$ 사이의 관계는 $\tau_p \dfrac{dq_o}{dt} + q_o = K_p m(t)$로 나타내어진다.

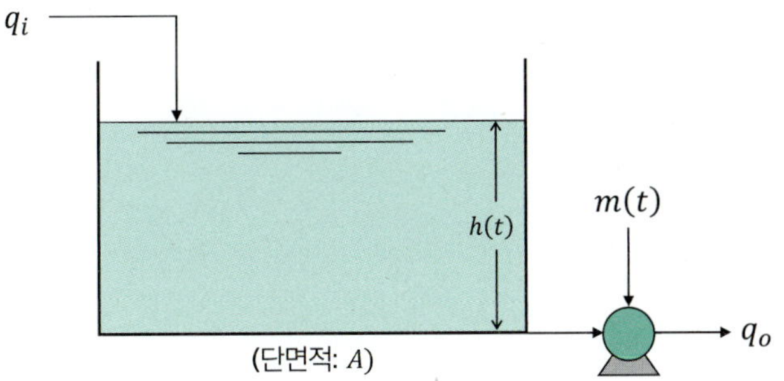

그림 6.13 액위탱크.

(1) 전달함수 $G_1 = \dfrac{H(s)}{Q_i(s)}$, $G_2 = \dfrac{H(s)}{M(s)}$를 구하여라.

(2) q_i는 일정하며 $m(t)$에 크기 B인 step 변화가 도입되었을 때 응답 $H(t)$를 구하여라($H(t)$는 편차변수).

풀이

(1) $A\dfrac{dh}{dt} = q_i - q_o \;\rightarrow\; H = \dfrac{1}{As}(Q_i - Q_o)$. 한편 $\tau_p \dfrac{dq_o}{dt} + q_o = K_p m \;\rightarrow\; \dfrac{Q_o}{M} = \dfrac{K_p}{\tau_p s + 1}$

$$\therefore\; H = \frac{1}{As}Q_i - \frac{Q_o}{As} = \frac{1}{As}Q_i - \frac{K_p}{As(\tau_p s + 1)}M \;\rightarrow\; G_1 = \frac{1}{As},\; G_2 = -\frac{K_p}{As(\tau_p s + 1)}$$

(2) $M = \dfrac{B}{s} \;\rightarrow\; H = \dfrac{-K_p B}{As^2(\tau_p s + 1)} = -\dfrac{K_p B}{A}\left(-\dfrac{\tau_p}{s} + \dfrac{1}{s^2} + \dfrac{\tau_p}{s + 1/\tau_p}\right)$.

$$\therefore\; H(t) = \frac{K_p B}{A}\left(\tau_p - t - \tau_p e^{-t/\tau_p}\right)$$

MATLab

2차 공정이 계단응답

2차 공정의 계단응답은 1차 공정에서와 마찬가지로 step 명령어를 사용해 쉽게 얻는다. step의 수행에 필요한 입력요소들은 공정의 전달함수(즉 분자와 분모)와 응답시간이다.

전달함수가 $\dfrac{1}{\tau^2 s^2 + 2\tau\zeta s + 1}$인 2차 공정에서 $\tau = 0.5$, $\zeta = 0.6$일 때의 단위계단 응답은 전달함수가 $G(s) = \dfrac{1}{0.25s^2 + 0.6s + 1}$이므로 다음과 같이 step 함수를 이용하여 쉽게 얻을 수 있다:

```
>> num = 1; den = [0.25 0.6 1];
>> step(num,den), grid
```

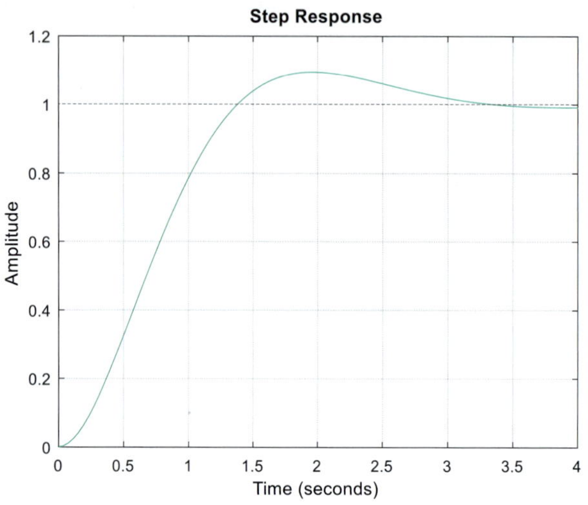

그림 6.14 2차 공정의 단위계단응답.

ζ가 0.5, 1.0, 1.5일 때 각각의 경우에 대한 단위계단 응답곡선을 구하고 서로 비교해 보자. 응답시간은 [0, 10]으로 한다. MATLAB 프로그램과 응답곡선은 다음과 같다.

```
% stepres2nd.m: step response of 2nd-order process
tau = 0.5; z1 = 0.5; z2 = 1; z3 = 1.5; t = [0:0.1:10]; num = 1;
den1 = [tau*tau 2*tau*z1 1]; den2 = [tau*tau 2*tau*z2 1]; den3 = [tau*tau
2*tau*z3 1];
y1 = step(num, den1, t); y2 = step(num, den2, t); y3 = step(num, den3, t);
plot(t, y1, ':', t, y2, '--', t, y3), grid, xlabel('t(sec)'), ylabel('y(t)')
legend('Underdamped', 'Critically damped', 'Overdamped','location','best');
```

Simulink를 사용하여 2차 공정에서 $\zeta = 0.3$인 경우의 계단응답을 구해 보기로 한다. $\tau = 0.5$이므로 전달함수는 $G(s) = \dfrac{1}{0.25s^2 + 0.3s + 1}$이다. 제5장에서 소개한 방법에 따라 MATLAB Simulink에서 다음 그림 6.16과 같이 블록들을 연결한다. "Transfer Fcn" 블록을 더블클릭하여 전달함수의 분모와 분자를 주어진 값들로 설정하고 "Step" 블록을 더블클릭하여 "Step time"을 0으로 설정한다. 편집창의 Simulation 메뉴에서 "Model Configuration Parameters" 항목을 선택한 다음 계산시간을 10(초)으로 설정하고 Simulation 메뉴의 "Run"을 선택하거나 모델창의 메뉴바에서 "Run" 아이콘(▶)을 클릭하면 계단응답이 얻어진다. Scope를 더블클릭하면 그림 6.17의 결과가 나타난다.

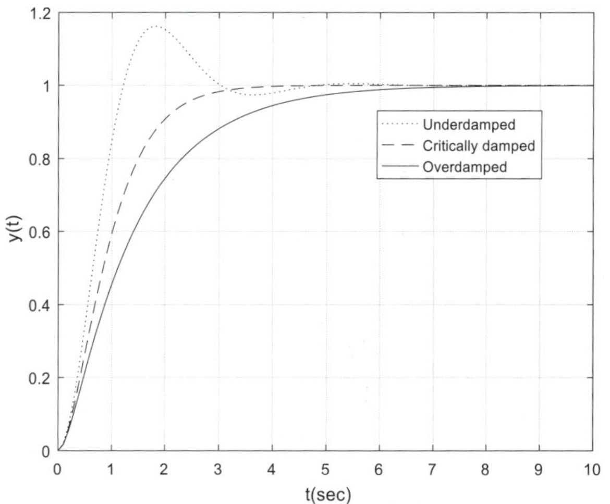

그림 6.15 2차 공정의 계단응답.

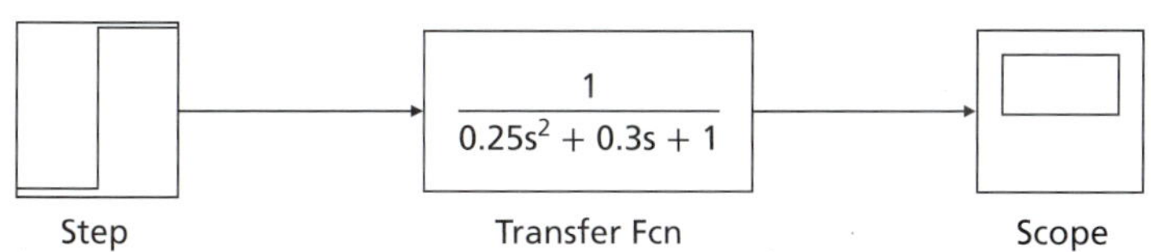

그림 6.16 2차 공정의 Simulink 블록선도.

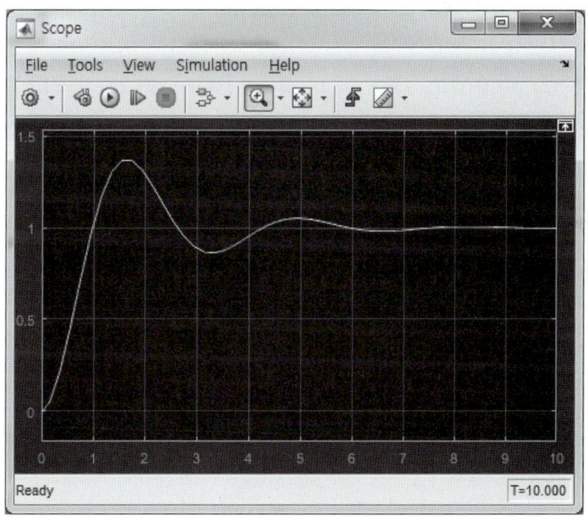

그림 6.17 Simulation Scope에 나타난 2차 공정의 단위계단 응답($\zeta = 0.3$).

MATLab

마노미터의 동특성

마노미터의 동특성은

$$\frac{Y(s)}{X(s)} = \frac{1}{\tau^2 s^2 + 2\tau\zeta s + 1}$$

와 같은 2차 공정으로 나타낼 수 있다. 위에서

$$\tau = \sqrt{\frac{2L}{3g}}, \qquad 2\tau\zeta = \frac{16\mu L}{\rho g D^2}, \qquad x(t) = \frac{\Delta P}{\rho g}, \qquad y(t) = h$$

이다. 액체와 접촉하는 튜브 부분의 길이는 $L = 200$ cm이며 마노미터 액체의 점도와 밀도는 각각 $\mu = 0.01$ g/(cm · s) 및 $\rho = 1$ g/cm^{2}이고 중력가속도 $g = 980$ cm/sec^{2}이다. 마노미터의 직경 D가 0.11 cm, 0.21 cm 그리고 0.31 cm와 같은 경우 각각에 대하여 $x(t)$가 다음과 같은 계단변화를 보였을 때 마노미터의 응답을 구해 보기로 한다.[3]

$$x(t) = \frac{\Delta P}{\rho g} = \begin{cases} 0 \text{ cm}: t < 0 \\ 1 \text{ cm}: t \geq 0 \end{cases}$$

주어진 데이터로부터 $D = 0.11$ cm, 0.21 cm, 그리고 0.31 cm일 때 ζ는 각각 3.6581, 1.00377 및 0.4606이며, 얻어지는 응답은 각각 과소감쇠(underdamped), 임계감쇠(critically damped) 및 과도감쇠(overdamped) 응답이 될 것임을 알 수 있다.

```
% stepmano.m: 마노미터의 계단응답
clear all;
L = 200; g = 980; mu = 0.01; rho = 1; D = [0.11 0.21 0.31]; n = length(D); %
data
tau = sqrt(2*L/3/g); zeta = 16*mu*L./(rho*g*D.^2)/(2*tau);
t = linspace(0,10,1000); num = 1;
d1 = [tau^2 2*tau*zeta(1) 1]; d2 = [tau^2 2*tau*zeta(2) 1]; d3 = [tau^2
2*tau*zeta(3) 1];
s1 = tf(num,d1); s2 = tf(num,d2); s3 = tf(num,d3);
y1 = step(s1,t); y2 = step(s2,t); y3 = step(s3,t);
plot(t,y1,t,y2,':',t,y3,'--'), xlabel('t(s)'), ylabel('h(t)'), grid
legend('과도감쇠',' 임계감쇠',' 과소감쇠','location','best')
```

3. Donald R. Coughanowr and Steven E. LeBlanc, *Process systems analysis and control*, 3rd ed., McGraw-Hill, 2009, pp.144–146.

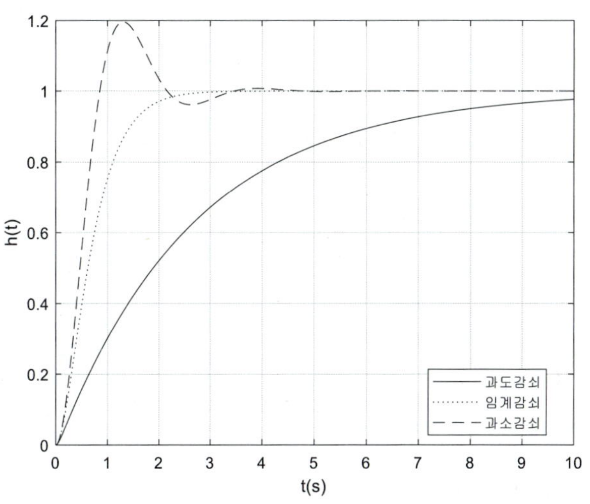

그림 6.18 **마노미터의 단위계단응답.**

MATLab

2차 공정의 임펄스 응답

2차 공정의 임펄스(impulse) 응답 역시 1차 공정에서와 마찬가지로 impulse 명령어를 사용하여 쉽게 얻는다. impulse의 수행에 필요한 입력요소들은 공정의 전달함수(즉 분자와 분모)와 응답시간이다.

전달함수가 $\dfrac{1}{\tau^2 s^2 + 2\tau\zeta s + 1}$인 2차 공정에서 $\tau = 0.5$이다. ζ가 0.5, 1.0, 1.5일 때 각각의 경우에 대한 임펄스 응답곡선을 구해 보자. 응답시간은 [0, 10]으로 한다. MATLAB 프로그램 및 출력은 다음과 같다.

```
% imp2nd.m
tau = 0.5; z1 = 0.5; z2 = 1.0; z3 = 1.5; t = [0:0.1:10]; num = 1;
den1 = [tau*tau 2*tau*z1 1]; den2 = [tau*tau 2*tau*z2 1]; den3 = [tau*tau
2*tau*z3 1];
y1 = impulse(num, den1, t); y2 = impulse(num, den2, t); y3 = impulse(num,
den3, t);
plot(t, y1, ':', t, y2, '--', t, y3), grid, xlabel(' t(sec)'), ylabel(' y(t)')
legend('zeta = 0.5', 'zeta = 1.0', 'zeta = 1.5')
```

MATLAB 명령어들의 기능은 앞에서와 같으며 응답곡선은 다음 그림과 같다.

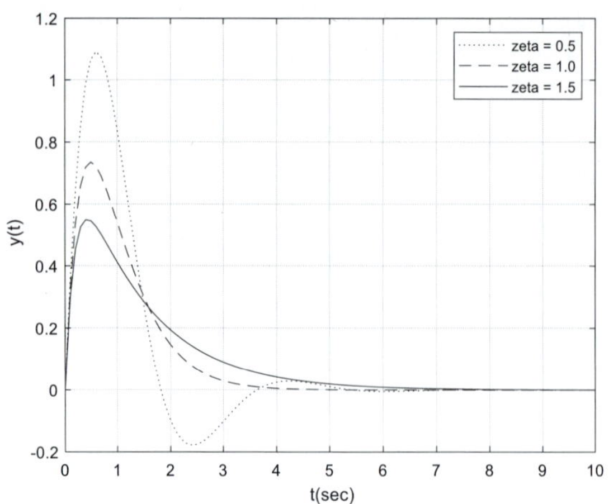

그림 6.19 2차 공정의 impulse 응답.

MATLab

유출유량이 일정한 2-탱크 액위 변화

그림에 보인 2-탱크 액위계에서 $q_1 = \dfrac{h_1}{R_1}$, $q_2 = \dfrac{h_2}{R_2}$로 주어진다. 밸브는 닫혀 있으며 각 탱크의 액위는 $h_1 = h_{10}$, $h_2 = h_{20}$로 유지되고 있다가 어느 순간에 밸브가 완전히 열리고 두 탱크들로부터 액체가 유출되기 시작하였다. $0 \le t \le 40$ (sec)의 범위에서 각 탱크의 액위 $h_1(t)$ 및 $h_2(t)$의 변화를 그래프로 나타내어 보자. $A_1 = A_2 = 15\ \text{ft}^2$, $h_{10} = h_{20} = 10\ \text{ft}$, $R_1 = R_2 = 0.5\ \text{sec}^{-1}$이다. 만일 R_2가 R_1의 2배(즉 $R_2 = 2R_1$)이면 $h_2(t)$는 어떤 변화를 보이겠는가?

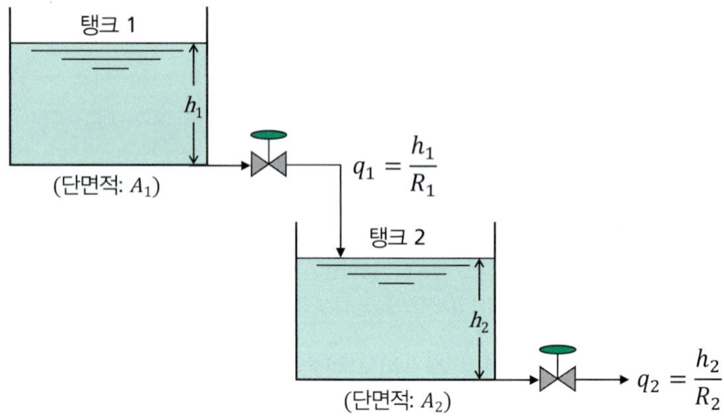

그림 6.20 2-탱크 액위계.

모델식은 다음과 같이 나타낼 수 있다:

$$A_1 \frac{dh_1}{dt} = -q_1 = -\frac{h_1}{R_1},\quad A_2 \frac{dh_2}{dt} = q_1 - q_2 = \frac{h_1}{R_1} - \frac{h_2}{R_2} \quad \rightarrow \quad \frac{dh_1}{dt} = -\frac{h_1}{\tau_1},\quad \frac{dh_2}{dt} = \frac{h_1}{A_2 R_1} - \frac{h_2}{\tau_2}$$

위에서 $\tau_1 = A_1R_1$, $\tau_2 = A_2R_2$이다. 위의 모델식은 다음과 같이 함수 htank로 정의할 수 있다:

```
function dh = htank(t,h,tau1,tau2,R1,A2)
dh = [-h(1)/tau1;
      h(1)/(R1*A2) - h(2)/tau2];
end
```

스크립트 levelt는 내장함수 ode45를 이용하여 htank로 정의된 미분방정식 시스템의 해를 구하고 그래프를 작성해 준다.

```
% levelt.m
clear all;
A1 = 15; A2 = 15; R1 = 0.5; R2 = 0.5; Rs = 2*R1; h10 = 10; h20 = 10; tf =
40; % data
tau1 = A1*R1; tau2 = A2*R2; taus = A2*Rs; tspan = [0 tf]; h0 = [h10 h20];
[t h] = ode45(@htank,tspan,h0,[],tau1,tau2,R1,A2);
[t hs] = ode45(@htank,tspan,h0,[],tau1,taus,R1,A2);
subplot(1,2,1), plot(t,h(:,1),':',t,h(:,2)), xlabel('t(sec)'), ylabel('h(t)'),
legend('h_1(t)','h_2(t): R_2=R_1')
subplot(1,2,2), plot(t,hs(:,1),':',t,hs(:,2)), xlabel('t(sec)'), yla
bel('h(t)'), legend('h_1(t)','h_2(t): R_2=2R_1')
```

$R_2 = 2R_1$이면 두 번째 탱크의 시간상수는 첫 번째 탱크보다 커지게 되고 $h_2(t)$는 초기에 잠시 증가하는 현상을 보임을 알 수 있다. 이러한 응답은 역응답이라고 불리며 제7장에서 다루게 될 것이다.

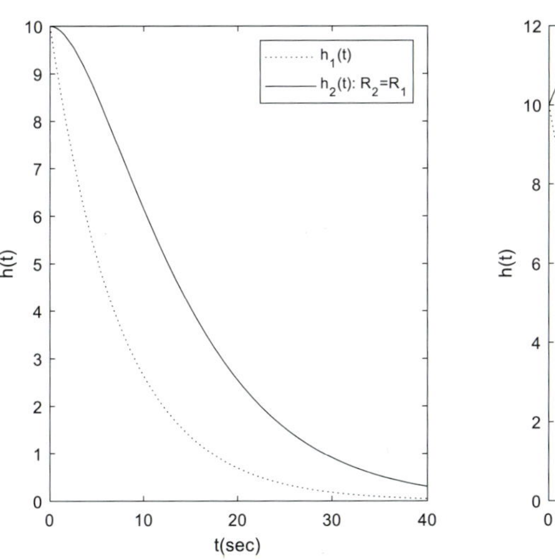

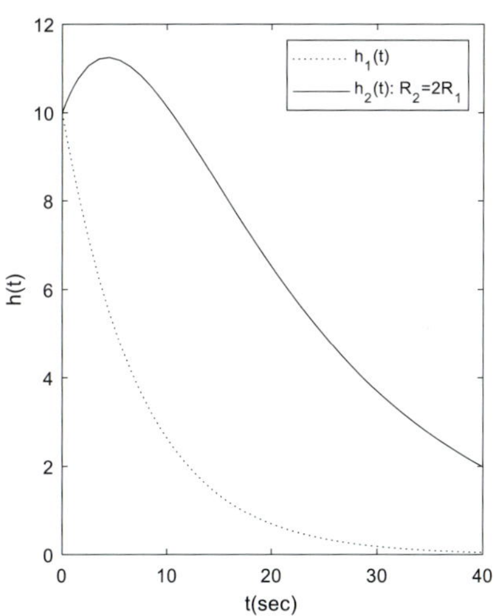

그림 6.21 **시간에 따른 각 탱크의 액위 변화.**

MATLab

2차 공정의 응답: lsim 함수의 활용

lsim 함수를 이용하면 임의의 입력에 대한 응답을 얻을 수 있다. 전달함수가 $G(s) = \frac{Y(s)}{X(s)} = \frac{2s+1}{0.3s^2+0.4s+1}$인 공정을 고려해 보자. $0 \le t \le 10$의 범위에서 입력이 $x(t) = \sin(t)$와 같은 sine 변화를 보인 경우의 응답은 다음과 같이 얻는다:

```
>> num = [2 1]; den = [0.3 0.4 1];  G = tf(num,den); % 먼저 전달함수를 정의
>> t = [0:0.1:10]'; x = sin(t); % 시간범위: 열벡터로 설정한다. x: 입력벡터
>> [y t] = lsim(G,x,t);  % 함수 lsim을 사용: 출력벡터의 형태에 유의
>> plot(t,y), grid, xlabel('t(sec)'), ylabel('y(t)')
```

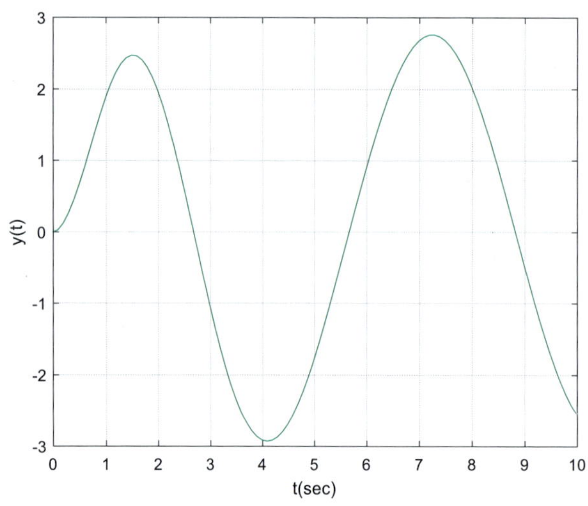

그림 6.22 2차 공정의 sine 응답.

$0 \le t \le 40$의 범위에서 입력 $x(t)$가

$$x(t) = \begin{cases} 2 : 0 \le t < 20 \\ 0.5 : 20 \le t \end{cases}$$

와 같은 변화를 보인 경우의 응답은 다음과 같이 구할 수 있다.

```
>> num = [2 1]; den = [0.3 0.4 1];  G = tf(num,den); % 먼저 전달함수를 정의
>> dt = 0.1; t = [0:dt:40]'; n = length(t); % dt: 시간간격, n: 시간 열벡터의 원소 수
>> x(1:20/dt) = 2*ones(20/dt,1); x(20/dt+1:n) = 0.5*ones(n-20/dt,1); % 입력변수의
정의
>> [y t] = lsim(G,x,t); plot(t,y), grid, xlabel('t(sec)'), ylabel('y(t)');
```

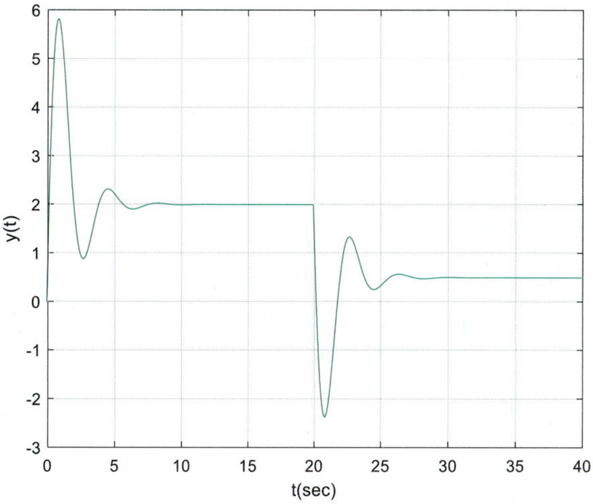

그림 6.23 2차 공정의 계단변화 응답.

6.4 요약

- 2차 공정: 모델식이 2차의 미분 방정식으로 주어지는 공정—전달함수의 분모는 s의 2차식
- 2차 이상의 공정은 간섭계와 비간섭계로 구분 가능
- 2차 공정의 전달함수: $G(s) = \dfrac{Y(s)}{X(s)} = \dfrac{K}{\tau^2 s^2 + 2\tau\zeta s + 1}$
- K: 단위계단 입력변화에 대한 공정의 정상상태 응답, τ: 시간상수, ζ: 감쇠비
- 2차 공정의 단위계단 응답:

$$\zeta < 1:\ \ Y(t) = K\left\{1 - \frac{1}{\sqrt{1-\zeta^2}} e^{-\zeta t/\tau} \sin\left(\frac{\sqrt{1-\zeta^2}}{\tau} t + \phi\right)\right\},\ \ \phi = \tan^{-1}\left(\frac{\sqrt{1-\zeta^2}}{\zeta}\right)$$

$$\zeta = 1:\ \ Y(t) = K\left\{1 - \left(1 + \frac{t}{\tau}\right) e^{-t/\tau}\right\}$$

$$\zeta > 1:\ \ Y(t) = K\left[1 - \frac{1}{2} e^{-\zeta t/\tau} \left\{\left(1 + \frac{\zeta}{\sqrt{\zeta^2 - 1}}\right) e^{\frac{\sqrt{\zeta^2-1}}{\tau} t} + \left(1 - \frac{\zeta}{\sqrt{\zeta^2 - 1}}\right) e^{-\frac{\sqrt{\zeta^2-1}}{\tau} t}\right\}\right]$$

- 2차 공정의 계단응답 특성: 1) 시간상수 τ가 작으면 응답이 빠르다. 2) $\zeta < 1$일 때에만 진동이 나타난다. 3) ζ가 커질수록 응답이 느려진다. 4) 진동이 없으면서 가장 빠른 응답은 $\zeta = 1$일 때 얻어진다.
- 오버슈트(O_s): 응답이 정상상태 값을 초과하는 정도를 나타내는 양. $O_s = \dfrac{B}{A} = \exp\left(-\dfrac{\pi\zeta}{\sqrt{1-\zeta^2}}\right)$
- $O_s(0 < O_s < 1)$가 주어졌다면 $\zeta = \dfrac{\ln(1/O_s)}{\sqrt{\pi^2 + \ln^2(1/O_s)}} = \dfrac{-\ln(O_s)}{\sqrt{\pi^2 + \ln^2(O_s)}}$

- 쇠퇴비: 연이은 두 진동의 진폭이 줄어드는 비율. (쇠퇴비) $= \dfrac{C}{B} = \exp\left(-\dfrac{2\pi\zeta}{\sqrt{1-\zeta^2}}\right) =$ (오버슈트)^2
- 진동의 주기 T: $T = \dfrac{2\pi\tau}{\sqrt{1-\zeta^2}}$
- 주파수 f: 주기 T의 역수로서 진동응답의 시간당 진동수. $f = \dfrac{1}{T} = \dfrac{\sqrt{1-\zeta^2}}{2\pi\tau}$
- 라디안 주파수 ω: $\omega = 2\pi f = \dfrac{\sqrt{1-\zeta^2}}{\tau}$
- 고유진동주기와 고유진동수: $\zeta = 0$일 때의 주기와 진동수.

  $T_n = 2\pi\tau,\ f_n = \dfrac{1}{T_n} = \dfrac{1}{2\pi\tau},\ \omega_n = 2\pi f_n = \dfrac{1}{\tau}$
- 상승시간 t_R: 응답이 최초로 최종값에 도달하는 데 걸린 시간으로서 응답의 빠르기를 나타내는 지표
- 안정시간 t_s: 응답이 최종값의 ±5%(때로는 ±2%~±5% 범위) 이내에 위치하기 시작할 때까지 걸린 시간
- 최초 진동의 피크에 도달하는 시간(t_p): $t_p = \dfrac{\pi\tau}{\sqrt{1-\zeta^2}}$
- 2차 공정의 sine 응답:

  $$Y(t) = e^{-\zeta t/\tau}\left(C_1\cos\frac{\sqrt{1-\zeta^2}}{\tau}t + C_2\sin\frac{\sqrt{1-\zeta^2}}{\tau}t\right) + \frac{KA}{\sqrt{(1-\tau^2\omega^2)^2 + (2\tau\zeta\omega)^2}}\sin(\omega t + \phi)$$

  (입력진폭: A, 주파수: ω, C_1과 C_2: 상수, $\phi = -\tan^{-1}\left(\dfrac{2\tau\zeta\omega}{1-\tau^2\omega^2}\right)$)
- 진폭비(AR): 입력변수의 진폭 A에 대한 출력변수의 진폭의 비. $AR = \dfrac{K}{\sqrt{(1-\tau^2\omega^2)^2 + (2\tau\zeta\omega)^2}}$
- 정규 진폭비 AR_N: AR을 공정의 정상상태 이득 K로 나눈 것.

  $$AR_N = \frac{AR}{K} = \frac{1}{\sqrt{(1-\tau^2\omega^2)^2 + (2\tau\zeta\omega)^2}}$$
- AR_N이 최대일 경우: $\tau\omega = \sqrt{1-2\zeta^2}$, $AR_{N,max} = \dfrac{1}{2\zeta\sqrt{1-\zeta^2}}$ $(0 < \zeta < 0.707)$

점/검/문/제

6.1 전달함수가 $G(s) = \dfrac{1}{s^2+1}$인 계의 단위 임펄스 응답은?

① $\sin(t)$ ② $\cos(t)$ ③ $1+\sin(t)$ ④ e^{-t}

6.2 전달함수가 $G(s) = \dfrac{1}{s^2+2s+1}$로 표시되는 2차계의 단위계단 응답은?

① $1-2te^{-t}-e^{-t}$ ② $1-te^{-2t}-e^{-2t}$ ③ $1-te^{-t}$ ④ $1-te^{-t}-e^{-t}$

6.3 2차계의 진동응답에서 다음 중 오버슈트가 가장 크게 일어나는 경우의 감쇠비(ζ)는?

① $\zeta=1$ ② $\zeta=10$ ③ $\zeta=0.01$ ④ $\zeta=0.5$

6.4 전달함수가 $G(s) = \dfrac{144}{s^2+10s+144}$로 주어지는 2차계의 감쇠비($\zeta$)는?

① 0.42 ② 0.52 ③ 0.62 ④ 0.72

6.5 미분 방정식 $\dfrac{d^2y}{dt^2}+5\dfrac{dy}{dt}+9y=9x(t)$로 표시되는 계의 시간상수($\tau$)는 얼마인가? $y(0)=\dfrac{dy}{dt}(0)=0$이다.

① 0.23 ② 0.33 ③ 0.43 ④ 0.53

6.6 전달함수가 $G(s) = \dfrac{10}{s^2+1.6s+4}$와 같은 2차계에 크기 4인 계단 변화가 도입되었다. 상승시간(t_R)은 얼마인가?

① 1.081 ② 2.081 ③ 3.081 ④ 4.081

6.7 그림 6.24와 같은 비간섭 액체 탱크 시스템에서 어느 순간 갑자기 탱크 1에 크기 A인 계단변화가 도입되었다. 탱크 2의 응답이 임계감쇠 시스템을 나타낸다고 할 때 탱크의 단면적의 비가 $\dfrac{A_1}{A_2}=2$이면 $\dfrac{R_1}{R_2}$는 얼마인가? 유출유량은 각각 $q_1=\dfrac{h_1}{R_1}$, $q_2=\dfrac{h_2}{R_2}$로 주어진다.

① $\dfrac{1}{2}$ ② $\dfrac{1}{3}$ ③ $\dfrac{1}{4}$ ④ $\dfrac{1}{5}$

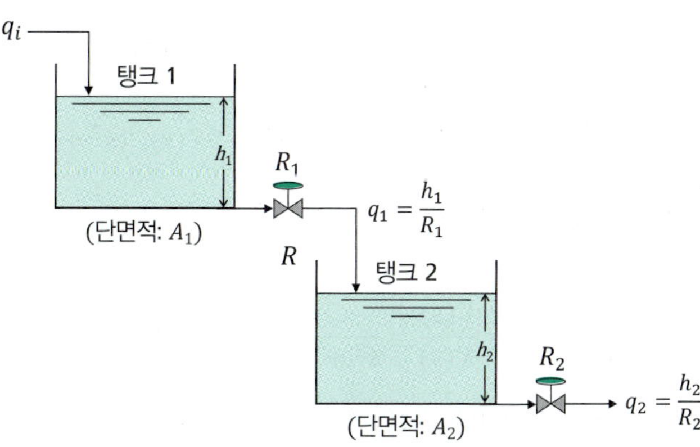

그림 6.24 **2-탱크 공정.**

6.8 전달함수가 $G(s) = \dfrac{8}{2s^2 + 3s + 9}$와 같은 2차계에 크기가 0.1인 계단변화가 도입되었다. 응답 $Y(t)$의 최대값은 얼마인가?

① 0.116 ② 1.116 ③ 2.116 ④ 3.116

6.9 다음 2차계들 중에서 어느 것이 1차계 두 개가 연속적으로 직렬연결된 시스템(비간섭 시스템)에 대응되는가?

① $G(s) = \dfrac{1}{s^2 + 3s + 2}$ ② $G(s) = \dfrac{1}{s^2 + s + 2}$

③ $G(s) = \dfrac{1}{s^2 + 3s + 3}$ ④ $G(s) = \dfrac{1}{s^2 + 2s + 2}$

6.10 두 개의 액체 저장탱크가 비간섭적으로 직렬연결되어 있다. 각각의 시간상수는 $\tau_1 = 0.5$, $\tau_2 = 1$이고 탱크 2의 저항 $R_2 = 1$일 때($q_j = \dfrac{h_j}{R_j}$; $j = 1, 2$) 탱크 1에 단위계단 입력이 도입되었다면 탱크 2의 응답은?

① $H_2(t) = 1 - (2e^{-2t} - e^{-t})$ ② $H_2(t) = 1 - (2e^{-t} - e^{-2t})$

③ $H_2(t) = 1 - (2e^{-0.5t} - e^{-t})$ ④ $H_2(t) = 1 - (2e^{-2t} - e^{-0.1t})$

점검 문제 해답

6.1 ① **풀이** $G(s) = \dfrac{Y(s)}{X(s)} = \dfrac{1}{s^2+1}$, $X(s) = 1, Y(s) = \dfrac{1}{s^2+1} \cdot 1$,

$Y(t) = \mathcal{L}^{-1}\{Y(s)\} = \sin(t)$

6.2 ④ **풀이** $X(s) = \dfrac{1}{s}$, $Y(s) = \dfrac{1}{s^2 + 2s + 1} \cdot \dfrac{1}{s} = \dfrac{1}{s(s+1)^2} = \dfrac{1}{s} - \dfrac{1}{(s+1)^2} - \dfrac{1}{s+1}$.

$Y(t) = \mathcal{L}^{-1}\{Y(s)\} = 1 - te^{-t} - e^{-t}$

6.3 ③ **풀이** 오버슈트는 응답이 정상상태 값을 초과하는 정도를 나타내는 양으로 정의되며 $\zeta < 1$의 경우 ζ가 작을수록 오버슈트는 커진다.

6.4 ① **풀이** $G(s) = \dfrac{144}{s^2 + 10s + 144} = \dfrac{1}{\left(\frac{1}{144}\right)s^2 + \left(\frac{10}{144}\right)s + 1}$,

$\tau^2 = \dfrac{1}{144} \rightarrow \tau = \dfrac{1}{12}$, $2\tau\zeta = \dfrac{10}{144} \rightarrow \zeta = \dfrac{5}{12} \cong 0.4167$

6.5 ② **풀이** $s^2Y(s) + 5sY(s) + 9Y(s) = 9X(s)$, $(s^2 + 5s + 9)Y(s) = 9X(s)$

$\dfrac{Y(s)}{X(s)} = \dfrac{9}{s^2 + 5s + 9} = \dfrac{1}{\left(\frac{1}{9}\right)s^2 + \left(\frac{5}{9}\right)s + 1}$, $\tau^2 = \dfrac{1}{9} \rightarrow \tau = \dfrac{1}{3}$, $2\tau\zeta = \dfrac{5}{9} \rightarrow \zeta = \dfrac{5}{6}$

6.6 ① **풀이** $G(s) = \dfrac{Y(s)}{X(s)} = \dfrac{10}{s^2 + 1.6s + 4} = \dfrac{2.5}{0.25s^2 + 0.4s + 1}$,

$\tau^2 = 0.25 \rightarrow \tau = 0.5$, $2\tau\zeta = 0.4 \rightarrow \zeta = 0.4(< 1)$. $X(t) = 4u(t)$, $X(s) = \dfrac{4}{s}$. 식 (6.32)로부터

$$Y(t) = K\left\{1 - \frac{1}{\sqrt{1-\zeta^2}} e^{-\zeta t/\tau} \sin\left(\frac{\sqrt{1-\zeta^2}}{\tau} t + \tan^{-1}\left(\frac{\sqrt{1-\zeta^2}}{\zeta}\right)\right)\right\}$$

위 식에서 $K = (2.5)(4) = 10$. 상승시간에서, 즉 $t = t_R$에서 $Y(t_R) = 10$.

따라서 $\sin\left(\frac{\sqrt{1-\zeta^2}}{\tau} t_R + \tan^{-1}\left(\frac{\sqrt{1-\zeta^2}}{\zeta}\right)\right) = 0.$

$$\frac{\sqrt{1-\zeta^2}}{\tau} t_R + \tan^{-1}\left(\frac{\sqrt{1-\zeta^2}}{\zeta}\right) = n\pi \quad (n = 0, 1, 2, \cdots)$$

$n = 0$이면 t_R은 음(−)의 값을 갖고, $n = 1$일 때 t_R은 가장 작은 값을 갖는다.

$$t_R = \frac{\tau}{\sqrt{1-\zeta^2}}\left[\pi - \tan^{-1}\left(\frac{\sqrt{1-\zeta^2}}{\zeta}\right)\right] = \frac{0.5}{\sqrt{1-(0.4)^2}}\left[\pi - \tan^{-1}\left(\frac{\sqrt{1-(0.4)^2}}{0.4}\right)\right]$$

$\cong 1.081$ (time unit)

6.7 ① **풀이** $\frac{H_1(s)}{Q_i(s)} = \frac{R_1}{\tau_1 s + 1}$ $(\tau_1 = A_1 R_1)$, $\frac{H_2(s)}{H_1(s)} = \frac{R_2/R_1}{\tau_2 s + 1}$ $(\tau_2 = A_2 R_2)$

$\frac{H_2(s)}{Q(s)} = \frac{R_2}{(\tau_1 s + 1)(\tau_2 s + 1)} = \frac{R_2}{\tau_1 \tau_2 s^2 + (\tau_1 + \tau_2)s + 1}$. $\tau_1 \tau_2 = \tau^2$, $\tau_1 + \tau_2 = 2\tau\zeta$.

임계감쇠 시스템이므로 $\zeta = 1$, $\tau_1 + \tau_2 = 2\tau$. 위 식으로부터 τ_1과 τ_2의 관계식은 $(\tau_1 - \tau_2)^2 = 0$이다.

$\therefore \tau_1 = \tau_2$. 즉 $A_1 R_1 = A_2 R_2 \rightarrow \frac{R_1}{R_2} = \frac{A_2}{A_1} = \frac{1}{2}$.

6.8 ① **풀이** $G(s) = \frac{Y(s)}{X(s)} = \frac{8}{2s^2 + 3s + 9}$, $X(s) = \frac{0.1}{s}$, $Y(s) = \frac{0.8/9}{s\left(\frac{2}{9}s^2 + \frac{1}{3}s + 1\right)}$,

$\tau^2 = \frac{2}{9} \rightarrow \tau = \frac{\sqrt{2}}{3} \cong 0.4714$, $2\tau\zeta = \frac{1}{3} \rightarrow \zeta = \frac{1}{3} \cdot \frac{3}{2\sqrt{2}} \cong 0.3536$, $K = \frac{0.8}{9} \cong 0.0889$.

$$Y(t) = K\left\{1 - \frac{1}{\sqrt{1-\zeta^2}} e^{-\zeta t/\tau} \sin\left(\frac{\sqrt{1-\zeta^2}}{\tau} t + \tan^{-1}\left(\frac{\sqrt{1-\zeta^2}}{\zeta}\right)\right)\right\}$$

$Y(t)$의 최종값(A)은 $A = \lim_{t\to\infty} Y(t) = K = 0.0889$, 오버슈트 $= \frac{B}{A} = \exp\left(\frac{-\pi\zeta}{\sqrt{1-\zeta^2}}\right) \cong 0.305$,

$B = (0.305)(0.0889) \cong 0.0271$, $Y(t)$의 최대값은 $A + B = 0.0889 + 0.0271 = 0.1160$.

6.9 ① **풀이** 2차계의 전달함수 $G(s) = \frac{1}{(s - r_1)(s - r_2)}$에서 r_1과 r_2가 실수인 경우 1차계가 연속적으로 2개 연결된 시스템과 동등하다. 따라서

①: $r_1 \,\&\, r_2 = \frac{-3 \pm \sqrt{9-8}}{2} = -2 \,\&\, -1$ ②: $r_1 \,\&\, r_2 = \frac{-1 \pm \sqrt{1-8}}{2} = \frac{-1 \pm i\sqrt{7}}{2}$

③: $r_1 \,\&\, r_2 = \frac{-3 \pm \sqrt{9-12}}{2} = \frac{-3 \pm i\sqrt{3}}{2}$ ④: $r_1 \,\&\, r_2 = \frac{-2 \pm \sqrt{4-8}}{2} = -1 \pm i$

6.10 ② **풀이** $\dfrac{Q_1(s)}{Q_i(s)}=\dfrac{1}{\tau_1 s+1}\ (\tau_1=A_1R_1),\ \dfrac{H_2(s)}{Q_1(s)}=\dfrac{R_2}{\tau_2 s+1}\ (\tau_2=A_2R_2).$

$\dfrac{H_2(s)}{Q_i(s)}=\dfrac{R_2}{(\tau_1 s+1)(\tau_2 s+1)},\ Q_i(s)=\dfrac{1}{s}\rightarrow H_2(s)=\dfrac{R_2}{s(\tau_1 s+1)(\tau_2 s+1)}$. 따라서

$H_2(t)=R_2\left[1-\dfrac{\tau_1\tau_2}{\tau_1-\tau_2}\left(\dfrac{1}{\tau_2}e^{-\frac{t}{\tau_1}}-\dfrac{1}{\tau_1}e^{-\frac{t}{\tau_2}}\right)\right]=(1)\left[1-\dfrac{0.5}{0.5-1}\left(\dfrac{1}{1}e^{-\frac{t}{0.5}}-\dfrac{1}{0.5}e^{-\frac{t}{1}}\right)\right]$

$=1-(2e^{-t}-e^{-2t})$

연/습/문/제

6.1 어떤 공정의 모델식이 다음과 같이 얻어졌다.

$$\frac{d^2y}{dt^2} + K\frac{dy}{dt} + 4y = x(t), \qquad y(0) = y'(0) = 0$$

(1) 전달함수를 구하여라.

(2) K가 0에서 10 사이에서 변할 때 K의 값에 따른 단위계단 응답의 개략적인 형태를 그려 보아라.

6.2 어떤 공정의 모델식이 다음과 같다.

$$\frac{d^2y}{dt^2} = -W^2\frac{dy}{dt} - \frac{KV}{W}y + Qx^{3/2}$$

전달함수를 구하고 시간상수와 감쇠비를 W, K 및 V로 나타내어라.

6.3 어떤 2차 공정의 전달함수는 다음과 같이 주어진다:

$$G(s) = \frac{Y(s)}{X(s)} = \frac{2}{s^2 + 0.5s + 1}$$

이 공정에 단위계단 입력이 도입되었을 때의 응답은 그림 P6.3에 보인 바와 같다.

(1) 오버슈트는 몇 %인가?

(2) 쇠퇴비는 얼마인가?

(3) 상승시간은 대략 몇 초인가?

(4) 진동주기는 얼마인가?

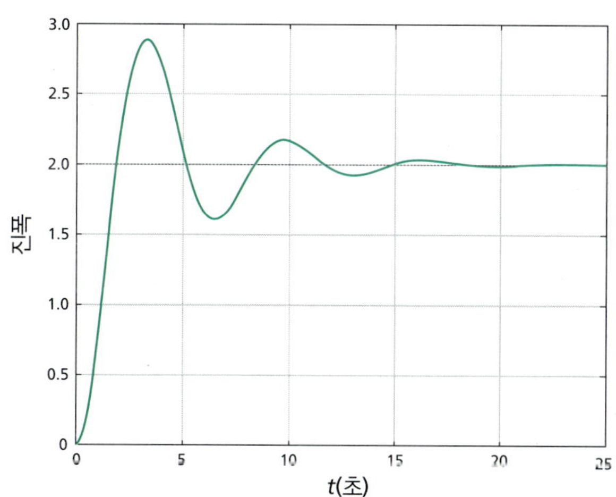

그림 P6.3 **2차 공정의 단위계단응답.**

6.4 전달함수가 다음과 같은 시스템이 있다.

$$\frac{Y(s)}{X(s)} = \frac{18}{s^2 + 3s + 9}$$

(1) $X(t) = 3u(t)$와 같은 계단입력 변화가 도입되었을 때 $Y(t)$의 정상상태 값을 구하여라.

(2) $Y(t)$는 10보다 작아야 한다고 할 때 입력변수에서 허용 가능한 최대 계단변화는 얼마인가?

6.5 그림은 실제 압력이 15 psi에서 31 psi로 급격히 증가했을 때 압력 측정계로부터 얻은 측정결과(단위: mm)이다.

(1) 압력 측정기가 2차의 동특성을 보인다고 가정할 때 이득 K와 시간상수 τ, 감쇠비 ζ를 구하여라.

(2) 이 측정계의 모델식을 편차변수가 아닌 실제 변수를 이용한 미분방정식으로 나타내어라.

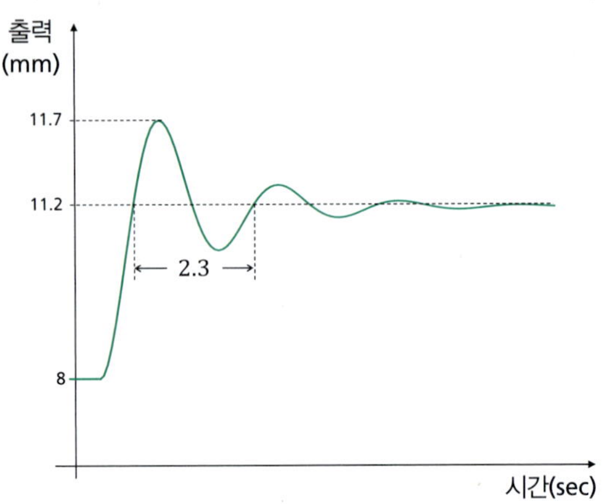

그림 P6.5

6.6 그림에 보인 액위 탱크에서 $A_1 = A_2 = 10\ \text{ft}^2$, $R_1 = 0.1$ ft/cfm, $R_2 = 0.35$ ft/cfm이다. 정상상태에서 q는 20 cfm으로 유지되고 있다. 이제 어느 순간 $t = 0$에서 첫번째 탱크에 10 ft^3의 물을 갑자기 주입시켰다. $H_2(t)$의 최대값과 이때의 시간을 구하여라. 첫 번째 탱크와 두 번째 탱크로부터의 유출유량은 각각 $q_1 = \dfrac{h_1}{R_1}$, $q_2 = \dfrac{h_2}{R_2}$로 주어진다.

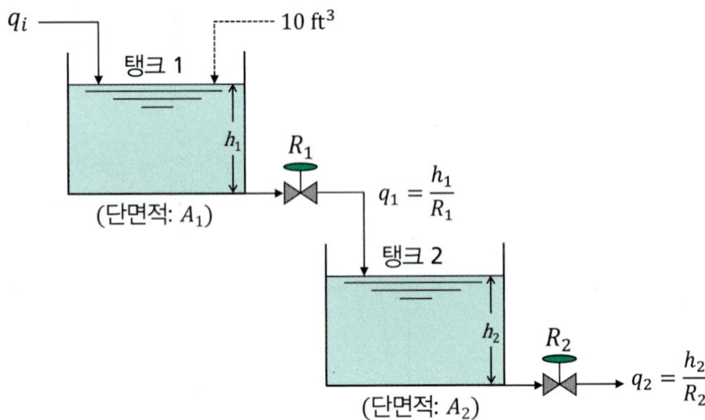

그림 P6.6

6.7 전달함수 $G(s) = \dfrac{Y(s)}{X(s)}$가 다음과 같은 2차 공정에서 입력변수 $X(t)$에 단위계단 변화가 도입되었을 때 응답 $Y(t)$를 구하여라.

(1) $\dfrac{25(s+1)}{s^2+2s+25}$ (2) $\dfrac{4s+8}{4s^2+0.8s+1}$

6.8 전달함수가 다음과 같은 2차 공정에 크기 3인 계단변화가 도입되었다. 응답의 오버슈트와 진동수를 구하여라.

$$G(s) = \frac{Y(s)}{X(s)} = \frac{10}{2s^2 + 0.3s + 0.5}$$

6.9 전달함수가 다음과 같은 2차 공정에 단위계단 입력변화가 도입되었다.

$$G(s) = \frac{Y(s)}{X(s)} = \frac{\tau s + 1}{2s^2 + 3s + 1}$$

출력 $Y(t)$가 최대, 또는 최소인 때의 시간 t를 구하고 이 결과로부터 $Y(t)$가 최대, 또는 최소값을 갖기 위한 τ의 조건을 구하여라.

6.10 그림에 보인 간섭 액위탱크에서 $q_1 = \dfrac{h_1 - h_2}{R_1}$, $q_2 = \dfrac{h_2}{R_2}$로 주어지며 $A_1 = 1\ \text{ft}^2$, $A_2 = 1.25\ \text{ft}^2$, $R_1 = 1\ \text{ft/cfm}$, $R_2 = 0.8\ \text{ft/cf}$이고 정상상태에서 $q_i = q_2 = 10\ \text{cfm}$이다. 어느 순간에 유입유량 q_i가 11 cfm으로 갑자기 증가하여 그대로 유지되고 있을 때 두 번째 탱크의 액위 $h_2(t)$를 구하여라.

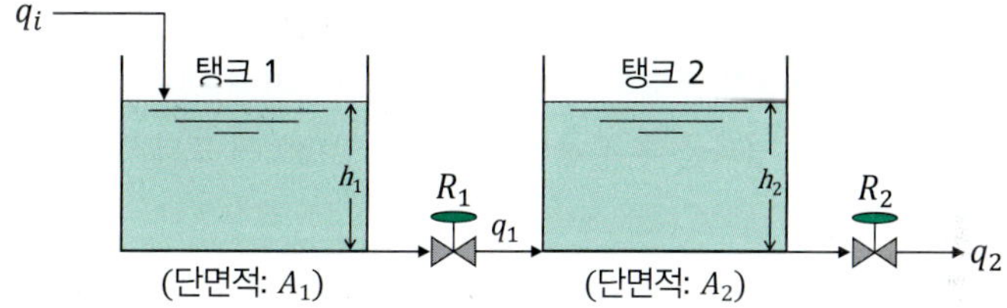

그림 P6.10

6.11 전달 함수가 $\dfrac{Y(s)}{X(s)} = \dfrac{10}{s^2 + 2s + 4}$와 같은 2차 공정에 대하여 크기가 5인 계단변화가 도입되었다. 다음을 구하여라.

(1) 오버슈트 (2) 상승시간 (3) $Y(t)$의 최대값 (4) $Y(t \to \infty)$ (5) 진동주기

6.12 그림에 보인 액체탱크 시스템에서 $q_1 = k_1\sqrt{h_1}$, $q_2 = k_2\sqrt{h_2}$로 주어진다. 어느 순간에 첫 번째 탱크 1에 크기가 A인 계단변화가 도입되었으며 탱크 2로부터 임계감쇠된 응답이 나타났다.

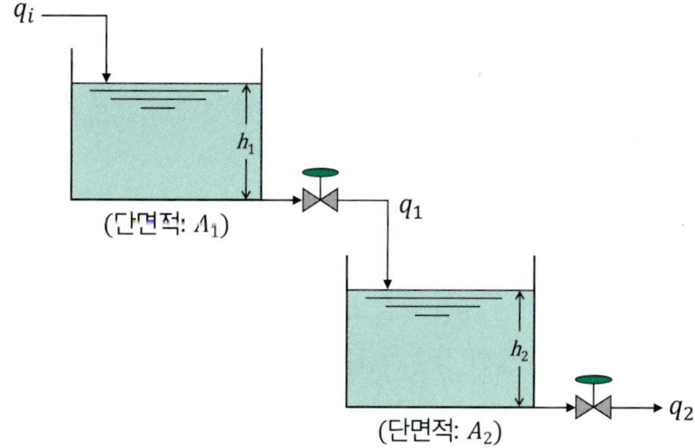

그림 P6.12

(1) 탱크 2에서 최대 액위 변화량의 50%에 도달하는 데 1.0분이 걸린다고 한다. 각 탱크의 시간상수 τ_1및 τ_2를 구하여라.

(2) 탱크 1에서 최대 액위 변화량의 90%에 도달하는 데에는 시간이 얼마나 걸리겠는가?

6.13 앞 문제의 그림 P6.12에 보인 액체탱크 시스템에서 $q_1 = \frac{h_1}{R_1}$, $q_2 = \frac{h_2}{R_2}$로 주어진다. $A_1R_1 = 5$ sec, $A_2R_2 = 10$ sec이다. 입력변수 q_i가 진동변화(sine 함수)를 보였을 때 어느 정도의 시간의 흐른 뒤의 출력값(h_2)은 50 sec의 주기로 200과 205 사이에서 계속적인 진동을 나타내었다.

(1) 이 공정의 시간상수 τ와 감쇠비 ζ를 구하여라.

(2) 응답의 진동수 w를 구하여라.

(3) 이 공정의 정상상태 이득(K)이 1.0이라면 입력변수의 진폭은 얼마인가?

6.14 어떤 2차 공정에 계단입력 변화가 도입되었을 때 과도감쇠된($\zeta > 1$) 응답이 나타났다. 다음과 같은 입력변화에 대하여 응답의 시간에 따른 변화와 정상상태에서의 거동을 구하여라.

(1) 단위 임펄스

(2) 지속시간이 5분인 블록펄스

(3) $\sin(2t)$

6.15 그림에 보인 교반냉각공정에서 운전이 정상상태로 유지되고 있을 때 냉각수 유량은 0.4 kg/sec이고 유출액의 온도는 100℃였다. 어느 순간에 냉각수 유량이 0.5 kg/sec로 증가된 다음 충분한 시간이 경과한 후 유출액의 온도는 102℃에 도달하였다.

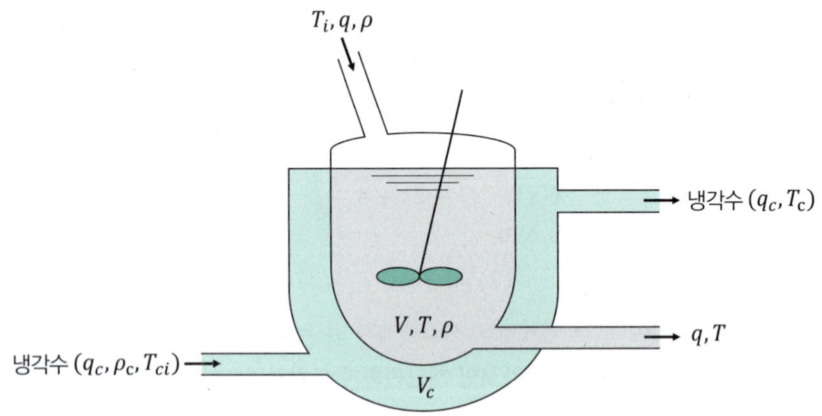

그림 P6.15

(1) 냉각수 유량의 입력변화에 따른 유출액의 온도응답을 나타내는 전달함수의 이득은 얼마인가?

(2) 냉각수 유량에 변화가 일어난 후 유출액의 온도는 초기에 약간의 진동현상을 나타내었으며 진동의 최대값은 처음 1000 sec에서 102.5℃, 그 후 3060 sec에서 102.1℃이었다. 냉각수 유량의 입력변화에 대한 유출액의 온도응답을 나타내는 전달함수를 구하여라.

(3) 위에서 응답의 상승시간은 얼마인가?

6.16 어떤 2차 공정에 단위계단 입력이 도입되었을 때 그림에 보인 바와 같은 응답이 얻어졌다. 이 공정의 전달함수를 구하여라.

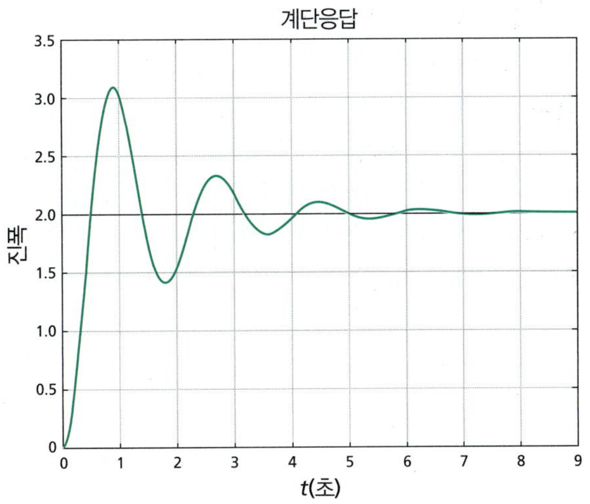

그림 P6.16

6.17 전달함수가 $G(s) = \dfrac{s-3}{s^2+3s+2}$로 주어지는 공정에 단위계단 입력변화가 도입되었다. 응답이 극값(최대, 혹은 최소값)을 가질 수 있는지를 근거를 들어 설명하여라. 응답이 극값을 갖는다면 그 때의 시간 t는 얼마인가?

6.18 전달함수가 $\dfrac{Y(s)}{X(s)} = \dfrac{\tau s+1}{(s+1)(2s+1)}$과 같이 주어지는 어떤 2차 공정의 입력 $X(s)$에 단위계단 변화가 도입되었다.

(1) 응답 $Y(t)$가 국부적인 극값(local maximum, 혹은 local minimum)을 가지기 위해 τ가 만족해야 할 조건을 구하여라.

(2) τ가 위의 조건을 만족할 경우 극값을 τ의 함수로 나타내어라.

* MATLAB 활용 문제

6.19 $0 \le t \le 50$(sec)의 범위에서 여러가지 ζ값에 따른 두 2차계 $G(s) = \dfrac{s+1}{\tau^2 s^2 + 2\tau\zeta s + 1}$ 및 $G(s) = \dfrac{s-1}{\tau^2 s^2 + 2\tau\zeta s + 1}$의 단위계단 응답을 그래프로 나타내고 비교해 보라. $\tau = 2$이며 $\zeta = 0.2, 0.4, 0.6, 0.8$에 대하여 응답을 구해 본다.

6.20 규격이 동일한 두 액체탱크가 서로 연결되어 있으며 $\tau_1 = \tau_2 = \tau$이다(그림 6.1 및 6.3 참조). 두 탱크들 사이에 상호 간섭작용이 없도록 연결된 경우 전달함수는

$$G(s) = \frac{H_2(s)}{Q_i(s)} = \frac{1}{(\tau s+1)^2} = \frac{1}{\tau^2 s^2 + 2\tau s + 1}$$

와 같이 주어지며 두 탱크들 사이에 상호 간섭작용이 있도록 연결된 경우에는 전달함수는

$$G(s) = \frac{H_2(s)}{Q_i(s)} = \frac{1}{\tau^2 s^2 + 3\tau s + 1}$$

와 같이 주어진다. $\tau = 1.2$일 때 각 경우에 있어서 유입유량 Q_i에 단위계단 변화가 도입되었을 때 $0 \le t \le 10$(sec)의 범위에서 응답 H_2를 하나의 그래프에 나타내고 서로 비교해 보라.

6.21 그림에 보인 바와 같이 서로 연결된 가상적인 두 간섭 액체탱크를 고려해 보자. 첫 번째 탱크로 오염물이 함유된 폐수가 q_i(m^3/day)의 유량으로 유입되며 q_1(m^3/day)의 유량으로 배출된다. 유입폐수 중의 오염물의 농도는 C_i(ppm)이며 두 탱크 내에서의 오염물의 농도는 각각 C_1(ppm) 및 C_2(ppm)이다. 오염물은 탱크로부터 대기중으로 증발되는데 각 탱크로부터의 증발속도는 오염물의 농도에 비례하며 각각 kV_1C_1(ppm/day) 및 kV_2C_2(ppm/day)로 주어진다. V_1(m^3)과 V_2(m^3)는 각각 첫 번째 탱크와 두 번째 탱크의 폐수용액의 부피이다. 두 탱크 사이의 유량 q(m^3/h)는 $q = \alpha\sqrt{h_1 - h_2}$로 주어진다($h_1 \ge h_2$). h_1(m) 및 h_2(m)는 각각 두 탱크의 액위이다. 주어진 데이터를 이용하여 $0 \le t \le 40$(days)에서 h_1, h_2, C_1 및 C_2의 변화를 그래프로 나타내어 보라.

데이터: $q_i = 112{,}000\ m^3/day$, $q_1 = 112{,}000\ m^3/day$, $k = 2.1\ m^{-3}/day$,
$\alpha = 205\ m^{2.5}/day$, $A_1 = 4800\ m^2$, $A_2 = 4800\ m^2$, $C_i = 1.8$ ppm

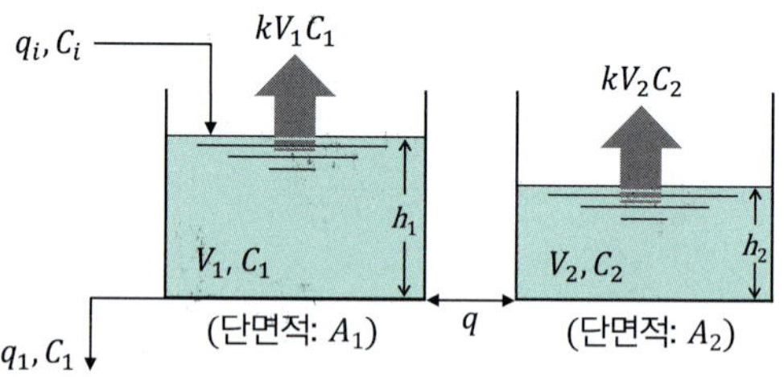

그림 P6.21 **가상적인 두 액체탱크.**

6.22 그림에 보인 시스템에서 입력 X에 단위계단 변화가 도입되었으며 U에는 $U(t) = 0.8\sin(1.2t)$와 같은 sine 변화가 도입되었다. Simulink를 이용하여 응답 Y를 그래프로 나타내어라. $\tau_2 = 1.5$이며 $\tau = 1.2$, $\zeta = 0.5$이다(단위 생략).

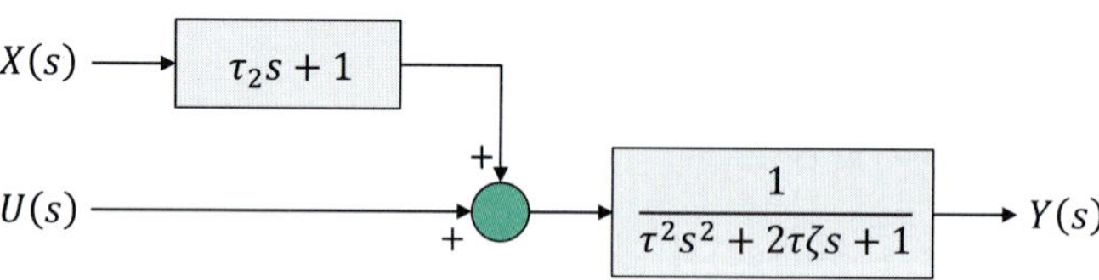

그림 P6.22

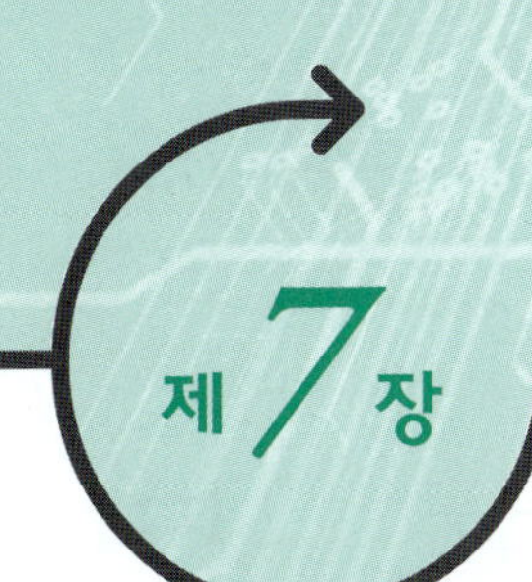

복합공정의 동특성

복합공정은 3차 이상의 고차 공정이나 시간지연이 존재하는 1차나 2차 공정, 또는 복잡한 특성을 보이는 공정을 통칭한다. 고차 공정의 동특성은 앞에서 다룬 1차나 2차 공정의 경우를 그대로 이용하면 된다. 실제의 화학공정이 단순한 1차나 2차 모델식으로 표현되는 경우는 거의 없으며 대개 시간지연이 존재하는 고차의 복잡한 특성을 지닌다.

7.1 고차 공정의 동특성

고차 공정은 입력변수와 출력변수 사이의 관계가 3차 이상의 미분 방정식으로 표현되는 공정으로서 전달함수의 분모가 s의 3차 이상의 급수식이 된다. 1차 공정이 직렬로 연결되어 있는 경우는 대표적인 고차 공정이다. 그림 7.1에 보인 바와 같이 3개의 액체탱크가 직렬로 연결되어 있는 경우를 살펴보기로 한다.

각 탱크로부터의 유출유량이 $q_i = \dfrac{h_i}{R_i}$ $(i = 1, 2, 3)$로 주어진다면

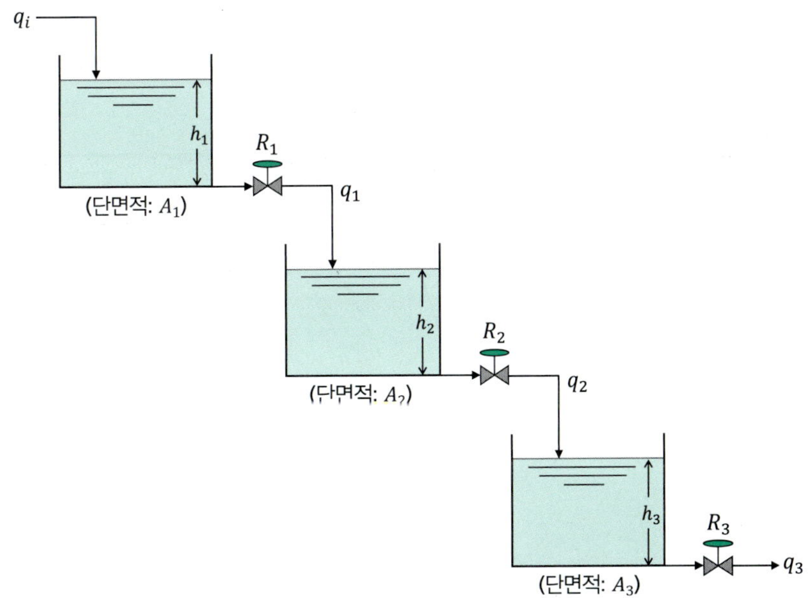

그림 7.1 비간섭 액체탱크.

$$\frac{H_1(s)}{Q_i(s)} = G_1(s) = \frac{K_1}{\tau_1 s + 1},\ \frac{H_2(s)}{H_1(s)} = G_2(s) = \frac{K_2}{\tau_2 s + 1},\ \frac{H_3(s)}{H_2(s)} = G_3(s) = \frac{K_3}{\tau_3 s + 1} \quad \textbf{(7.1)}$$

위에서 $K_1 = R_1, K_2 = \frac{R_2}{R_1}, K_3 = \frac{R_3}{R_2}$이다. 따라서

$$\frac{H_3(s)}{Q_i(s)} = \frac{H_1(s)}{Q_i(s)} \cdot \frac{H_2(s)}{H_1(s)} \cdot \frac{H_3(s)}{H_2(s)} = \frac{K_1 K_2 K_3}{(\tau_1 s + 1)(\tau_2 s + 1)(\tau_3 s + 1)} \quad \textbf{(7.2)}$$

n개의 탱크가 연결되어 있다면 전달함수는 다음의 형태를 갖는다.

$$G(s) = \frac{H_n(s)}{Q_i(s)} = \prod_{i=1}^{n} G_i(s) = \frac{K}{\prod_{i=1}^{n}(\tau_i s + 1)} \quad \textbf{(7.3)}$$

위에서 $K = \prod_{i=1}^{n} K_i$이다.

이제 유입액에 단위계단 변화가 도입된 경우의 응답을 구해 보기로 한다. $Q_i(s) = \frac{1}{s}$이므로 식 (7.3)으로부터

$$H_n(s) = \frac{1}{s} \cdot \frac{K}{\prod_{i=1}^{n}(\tau_i s + 1)}$$

이를 역 라플라스 변환시키면

$$H_n(t) = K\left[1 - \sum_{i=1}^{n} \frac{{\tau_i}^{n-1} e^{-t/\tau_i}}{\prod_{j=1(j\neq i)}^{n}(\tau_i - \tau_j)}\right] \quad \textbf{(7.4)}$$

그림 7.2는 $K = 1, \tau_i = 2\ (i = 1, 2, \cdots)$인 경우의 고차 공정의 단위계단 응답을 보인 것이다.

고차 공정의 일반적인 형태는 다음과 같이 나타낼 수 있다.

$$G(s) = \frac{Y(s)}{X(s)} = \frac{K\prod_{j=1}^{m}(\tau_{dj} s + 1)}{\prod_{i=1}^{n}(\tau_{gi} s + 1)} \quad (n > m) \quad \textbf{(7.5)}$$

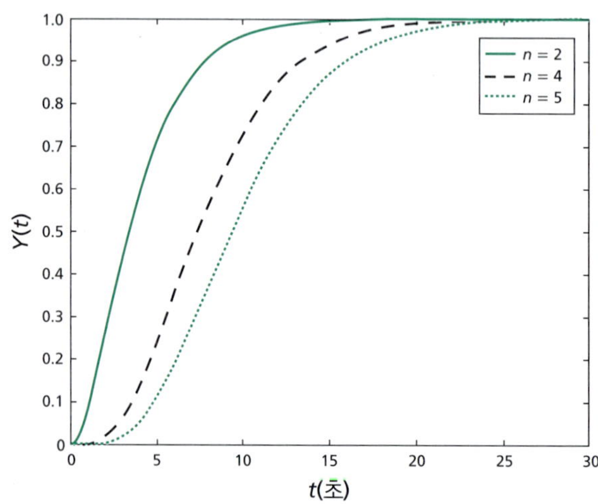

그림 7.2 고차 공정의 단위계단 응답.

입력변수의 단위계단 변화($X(s) = 1/s$)에 대한 응답은 역 라플라스 변환으로부터 다음 식으로 주어진다.

$$Y(t) = K\left[1 - \sum_{i=1}^{n} \frac{\prod_{j=1}^{m}(\tau_{gi} - \tau_{dj})\,{\tau_{gi}}^{n-m-1}}{\prod_{j=1(j\neq i)}^{n}(\tau_{gi} - \tau_{gj})} e^{-t/\tau_{gi}}\right] \tag{7.6}$$

식 (7.3)은 (7.5)에서 $\tau_{dj} = 0$인 경우이다. 식 (7.5)에서와 같이 전달함수에 존재하는 분자항(즉 $\tau_{dj} \neq 0$)은 공정의 응답을 가속화시키는 역할을 한다. 이에 관해서는 이후의 역응답 부분에서 다시 다루게 되지만 이해를 위해 다음의 두 가지 경우를 고려해 보기로 하자:

$$G_1(\mathrm{s}) = \frac{Y_1(s)}{X(s)} = \frac{1}{(\tau_{g1}s + 1)(\tau_{g2}s + 1)(\tau_{g3}s + 1)}$$

$$G_2(\mathrm{s}) = \frac{Y_2(s)}{X(s)} = \frac{\tau_d s + 1}{(\tau_{g1}s + 1)(\tau_{g2}s + 1)(\tau_{g3}s + 1)}$$

단위계단 입력변화를 생각하면 $X(s) = 1/s$이므로

$$Y_1(\mathrm{s}) = \frac{1}{s(\tau_{g1}s + 1)(\tau_{g2}s + 1)(\tau_{g3}s + 1)} \tag{7.7}$$

$$Y_2(\mathrm{s}) = \frac{\tau_d s + 1}{s(\tau_{g1}s + 1)(\tau_{g2}s + 1)(\tau_{g3}s + 1)} \tag{7.8}$$

위의 두 식을 역 라플라스 변환시키면 다음 결과를 얻는다.

$$\begin{aligned} Y_1(t) = 1 &- \frac{{\tau_{g1}}^2}{(\tau_{g1} - \tau_{g2})(\tau_{g1} - \tau_{g3})} e^{-t/\tau_{g1}} - \frac{{\tau_{g2}}^2}{(\tau_{g2} - \tau_{g1})(\tau_{g2} - \tau_{g3})} e^{-t/\tau_{g2}} \\ &- \frac{{\tau_{g3}}^2}{(\tau_{g3} - \tau_{g1})(\tau_{g3} - \tau_{g2})} e^{-t/\tau_{g3}} \end{aligned} \tag{7.9}$$

$$\begin{aligned} Y_2(t) = 1 &- \frac{\tau_{g1}(\tau_{g1} - \tau_d)}{(\tau_{g1} - \tau_{g2})(\tau_{g1} - \tau_{g3})} e^{-t/\tau_{g1}} - \frac{\tau_{g2}(\tau_{g2} - \tau_d)}{(\tau_{g2} - \tau_{g1})(\tau_{g2} - \tau_{g3})} e^{-t/\tau_{g2}} \\ &- \frac{\tau_{g3}(\tau_{g3} - \tau_d)}{(\tau_{g3} - \tau_{g1})(\tau_{g3} - \tau_{g2})} e^{-t/\tau_{g3}} \end{aligned} \tag{7.10}$$

그림 7.3은 $\tau_{g1} = 1$, $\tau_{g2} = 2$, $\tau_{g3} = 3$, $\tau_d = 1$일 때 위의 두 응답을 비교한 것이다. 그림에서 보아 알 수 있듯이 $\tau_d \neq 0$일 때(식 (7.10)) 좀 더 빠른 응답을 보이고 있다.

식 (7.5)의 고차 공정에서 흥미로운 경우는 $m = n = 1$일 때이다. 이 경우는

$$G(s) = \frac{Y(s)}{X(s)} = \frac{\tau_d s + 1}{\tau_g s + 1} \tag{7.11}$$

이때 $\dfrac{1}{\tau_g s + 1}$은 1차 lag, $\tau_d s + 1$은 1차 lead라고 통칭되며 $G(s)$는 lead/lag이라 부른다. 단위계단 입력변화를 생각하면 응답 $Y(t)$는 식 (7.11)의 역 라플라스 변환으로부터

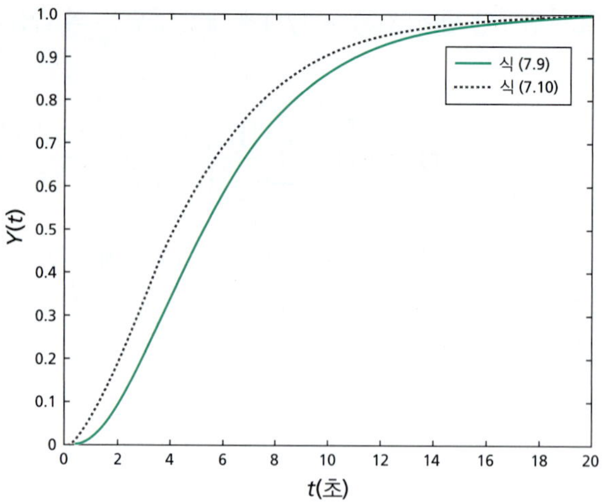

그림 7.3 3차 공정의 계단응답.

$$Y(t) = 1 + \left(\frac{\tau_d}{\tau_g} - 1\right) e^{-t/\tau_g} \tag{7.12}$$

그림 7.4는 $\tau_g = 1$일 때 $\frac{\tau_d}{\tau_g}$에 응답 $Y(t)$를 나타낸 것이다. 그림으로부터 초기의 응답은 $\frac{\tau_d}{\tau_g}$의 크기에 따라 좌우되지만 동일한 정상상태에 도달하게 됨을 알 수 있다.

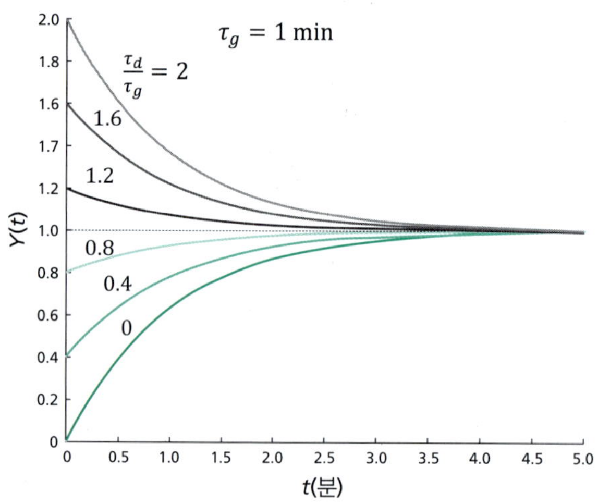

그림 7.4 Lead/lag의 단위계단 응답.

보기 7.1

동일한 n개의 액체탱크가 직렬로 연결되어 있다. 각각의 탱크는 시간상수가 $\frac{\tau}{n}$인 1차 공정이다. $K = 1$, $\tau = 2$일 때 입력변수의 단위계단 변화에 대한 응답을 구해 보라.

풀이

전달함수는 식 (7.3)으로부터

$$G(s) = \frac{K}{\left(\frac{\tau}{n}s+1\right)^n} = \frac{1}{\left(\frac{2}{n}s+1\right)^n}$$

이를 역 라플라스 변환시키면

$$Y(t) = K\left\{1 - e^{-\frac{nt}{\tau}}\sum_{i=0}^{n-1}\frac{\left(\frac{nt}{\tau}\right)^i}{i!}\right\} = 1 - e^{-\frac{nt}{2}}\sum_{i=0}^{n-1}\frac{\left(\frac{nt}{2}\right)^i}{i!}$$

n에 따른 $Y(t)$를 그림 7.5에 나타내었다. n이 무한히 커짐에 따라 $G(s)$는 $Ke^{-\tau s} = e^{-2s}$에 접근함을 알 수 있다.

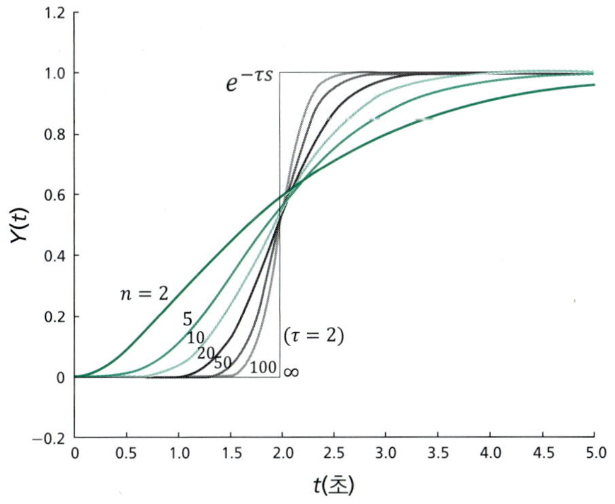

그림 7.5 **고차 공정의 계단응답.**

보기 7.2

어떤 교반냉각공정에서 탱크벽에 의한 열전달 저항을 고려하면 온도분포는 다음 그림 7.6과 같이 나타낼 수 있다. 그림에서 T_m은 탱크벽의 온도, h는 열전달 계수, A는 열전달 면적이며 하첨자 i는 탱크 내부 경계층, o는 탱크 외부 경계층, 그리고 m은 탱크 자체를 의미한다. 이 경우에 대한 전달함수를 구하여라. 탱크로 유입되는 액체의 유량과 온도는 각각 q(일정) 및 T_i, 그리고 냉각재킷으로 유입되는 냉각수의 유량과 온도는 각각 q_c와 T_{ci}라고 간주한다.

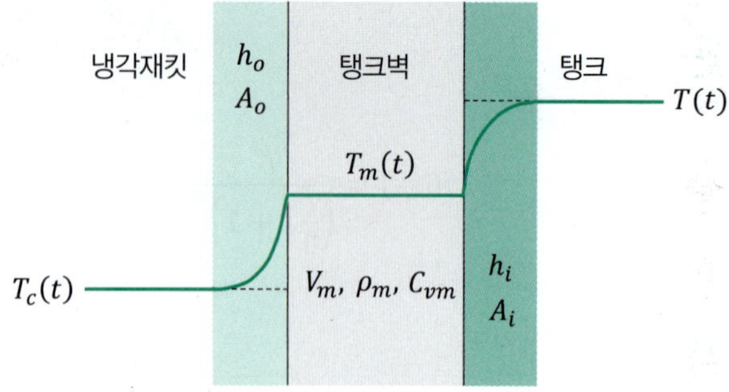

그림 7.6 **탱크 벽에 의한 열전달 저항.**

풀이

탱크 내 액체의 에너지 수지는

$$\rho C_p V \frac{dT(t)}{dt} = \rho q C_p\{T_i(t) - T(t)\} - h_i A_i\{T(t) - T_m(t)\} \quad \text{(i)}$$

탱크 자체의 에너지 수지는

$$\rho_m C_{vm} V_m \frac{dT_m(t)}{dt} = h_i A_i\{T(t) - T_m(t)\} - h_o A_o\{T_m(t) - T_c(t)\} \quad \text{(ii)}$$

냉각재킷의 에너지 수지는

$$\rho_c C_{pc} V_c \frac{dT_c(t)}{dt} = \rho_c q_c(t) C_{pc}\{T_{ci}(t) - T_c(t)\} + h_o A_o\{T_m(t) - T_c(t)\} \quad \text{(iii)}$$

편차변수를 이용하면 식 (i)과 (ii)는 다음과 같이 쓸 수 있다.

$$\rho C_p V \frac{d\overline{T}}{dt} = \rho q C_p(\overline{T_i} - \overline{T}) - h_i A_i(\overline{T} - \overline{T_m}) \quad \text{(iv)}$$

$$\rho_m C_{vm} V_m \frac{d\overline{T_m}}{dt} = h_i A_i(\overline{T} - \overline{T_m}) - h_o A_o(\overline{T_m} - \overline{T_c}) \quad \text{(v)}$$

위에서 $\overline{T_m} = T_m(t) - T_{ms}$이다. 식 (iii)의 우변에서 부피유량 q_c는 일반적으로 비선형이므로 이를 선형화시켜 정리하면

$$\rho_c C_{pc} V_c \frac{d\overline{T_c}}{dt} \cong \rho_c C_{pc}(T_{cis} - T_{cs})\overline{Q_c} + \rho_c C_{pc} q_{cs}\overline{T_{ci}} - (h_o A_o + \rho_c C_{pc} q_{cs})\overline{T_c} + h_o A_o \overline{T_m} \quad \text{(vi)}$$

식 (iv)~(vi)의 양변을 라플라스 변환시키고 정리하면

$$\overline{T}(s) = \frac{1}{\tau_3 s + 1}\{K_6 \overline{T_i}(s) + K_7 \overline{T_m}(s)\} \quad \text{(vii)}$$

$$\overline{T_m}(s) = \frac{1}{\tau_4 s + 1}\{K_8 \bar{T}(s) + K_9 \bar{T_c}(s)\} \quad \textbf{(viii)}$$

$$\bar{T_c}(s) = \frac{1}{\tau_5 s + 1}\{K_{10}\overline{T_{ci}}(s) + K_{11}\overline{T_m}(s) + K_{12}\overline{Q_c}(s)\} \quad \textbf{(ix)}$$

위에서

$$\tau_3 = \frac{\rho C_p V}{h_i A_i + \rho q C_p},\ K_6 = \frac{\rho q C_p}{h_i A_i + \rho q C_p},\ K_7 = \frac{h_i A_i}{h_i A_i + \rho q C_p},\ \tau_4 = \frac{\rho_m C_{vm} V_m}{h_i A_i + \rho q C_p},$$

$$K_8 = \frac{h_i A_i}{h_i A_i + h_o A_o},\ K_9 = \frac{h_o A_o}{h_i A_i + h_o A_o},\ \tau_5 = \frac{\rho_c C_{pc} V_c}{h_o A_o + \rho_c C_{pc} q_{cs}},\ K_{10} = \frac{\rho_c C_{pc} q_{cs}}{h_o A_o + \rho_c C_{pc} q_{cs}},$$

$$K_{11} = \frac{h_o A_o}{h_o A_o + \rho_c C_{pc} q_{cs}},\ K_{12} = \frac{\rho_c C_{pc}(T_{cis} - T_{cs})}{h_o A_o + \rho_c C_{pc} q_{cs}}$$

식 (vii)~(ix)에서 $\overline{T_m}(s)$를 소거하고 정리하면

$$\bar{T}(s) = \frac{1}{(\tau_3 s + 1)(\tau_4 s + 1) - K_7 K_8}\{K_6(\tau_4 s + 1)\bar{T_i}(s) + K_7 K_9 \bar{T_c}(s)\}$$

$$\bar{T_c}(s) = \frac{1}{(\tau_4 s + 1)(\tau_5 s + 1) - K_9 K_{11}}\{K_{10}(\tau_4 s + 1)\overline{T_{ci}}(s) + K_8 K_{11}\bar{T}(s) + K_{12}(\tau_4 s + 1)\overline{Q_c}(s)\}$$

위의 관계로부터 $\bar{T_c}(s)$를 소거하면 다음 결과를 얻는다.

$$\bar{T}(s) = \frac{1}{a_3 s^3 + a_2 s^2 + a_1 s + a_0}\{(b_2 s^2 + b_1 s + b_0)\bar{T_i}(s) + K_7 K_9 K_{10}\overline{T_{ci}}(s) + K_7 K_9 K_{12}\overline{Q_c}(s)\}$$

위에서

$a_0 = 1 - K_7 K_8 - K_9 K_{11}$, $a_1 = \tau_3 + \tau_4 + \tau_5 - K_9 K_{11}\tau_3 - K_7 K_8 \tau_5$, $a_2 = \tau_3\tau_5 + \tau_4\tau_5 + \tau_3\tau_4$,

$a_3 = \tau_3\tau_4\tau_5$, $b_0 = K_6(1 - K_9 K_{11})$, $b_1 = K_6(\tau_4 + \tau_5)$, $b_2 = K_6\tau_4\tau_5$

보기 7.3

크기와 모양이 같은 두 개의 등온 교반반응기가 그림 7.7에 보인 바와 같이 직렬로 연결되어 있으며 반응기 내에서는 1차 비가역 반응(반응식: $r = kC$)이 일어나고 있다.

(1) 유입액의 농도 C_0가 단위계단 변화를 보였을 때 $C_2(t)$를 구하여라. C_0, C_2는 각각 편차변수이다.

(2) 위와 같은 반응기 n개를 직렬로 연결하였을 경우 C_0가 단위 임펄스 변화를 보였을 때 $C_n(t)$를 구하여라.

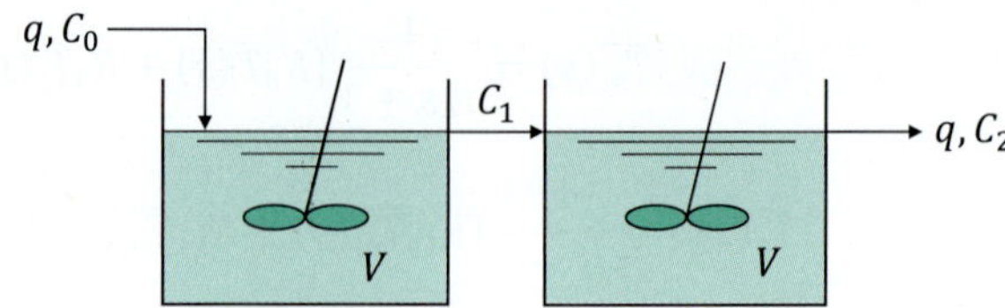

그림 7.7 등온교반 반응기.

풀이

(1) 모델식을 세우면

$$V\frac{dC_1}{dt} = qC_0 - qC_1 - kC_1V, \qquad V\frac{dC_2}{dt} = qC_1 - qC_2 - kC_2V$$

이들을 정리하고 라플라스 변환시키면

$$C_1(s) = \frac{K}{\tau s+1}C_0(s), \qquad C_2(s) = \frac{K}{\tau s+1}C_1(s) = \frac{K^2}{(\tau s+1)^2}C_0(s)$$

위에서 $\tau = \dfrac{V}{q+kV}, K = \dfrac{q}{q+kV}$이다. 한편 $C_0(s) = \dfrac{1}{s}$이므로

$$C_2(s) = \frac{K^2}{s(\tau s+1)^2} = K^2\left\{\frac{1}{s} - \frac{\tau}{\tau s+1} - \frac{\tau}{(\tau s+1)^2}\right\}$$

따라서

$$C_2(t) = K^2\left(1 - \frac{t}{\tau}e^{-t/\tau} - e^{-t/\tau}\right) = K^2\left\{1 - \left(1+\frac{t}{\tau}\right)e^{-t/\tau}\right\}$$

(2) $C_0(s) = 1$이므로 $C_n(s) = \dfrac{K^n}{(\tau s+1)^n}C_0(s) = \dfrac{K^n}{(\tau s+1)^n}$. 따라서

$$C_n(t) = \left(\frac{K}{\tau}\right)^n \frac{t^{n-1}e^{-t/\tau}}{(n-1)!} = \left(\frac{q}{V}\right)^n \frac{t^{n-1}e^{-t/\tau}}{(n-1)!}$$

보기 7.4

Lead/lag(식 (7.11))을 미분 방정식의 형태로 나타내어라.

풀이

$$G(s) = \frac{Y(s)}{X(s)} = \frac{\tau_d s+1}{\tau_g s+1} \rightarrow (\tau_g s+1)Y(s) = (\tau_d s+1)X(s)$$

양변을 역 라플라스 변환시키면 $y(0) = x(0) = 0$이라고 할 때

$$\tau_g \frac{dy}{dt} + y = \tau_d \frac{dx}{dt} + x$$

MATLab

고차 공정의 계단응답

고차 공정의 계단응답은 1차, 또는 2차 공정에서와 마찬가지로 step 명령어를 사용하여 쉽게 얻는다. step의 수행에 필요한 입력요소들은 공정의 전달함수(즉 분자와 분모)와 응답시간이다. 전달함수가 $\frac{1}{(2s+1)^2}$, $\frac{1}{(2s+1)^4}$, $\frac{1}{(2s+1)^5}$인 2차, 4차, 5차 공정의 계단응답곡선을 구해 보자. 응답시간은 [0, 20]으로 한다. 스크립트 srhigh를 실행하면 그림 7.8에 보인 바와 같은 응답곡선이 얻어진다.

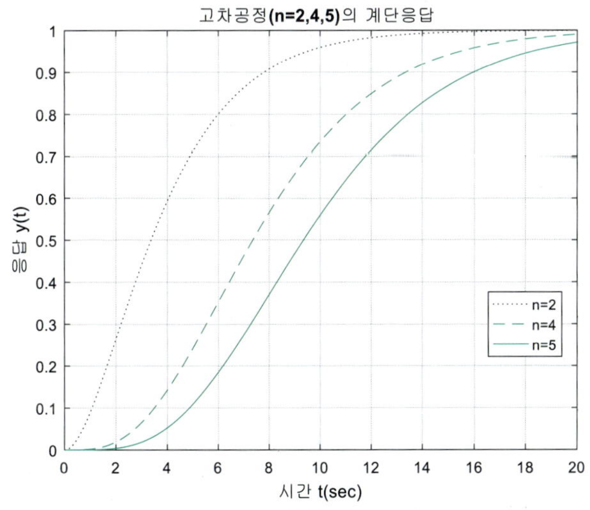

그림 7.8 고차 공정의 계단응답.

```
% srhigh.m
num = 1; den1 = conv([2 1],[2 1]); den2 = conv(den1,den1); den3 = con
v(den2,[2 1]);
t = [0:0.1:20]; y1 = step(num, den1, t); y2 = step(num, den2, t); y3 = step
(num, den3, t);
plot(t,y1,':', t,y2,'--', t,y3), grid, xlabel('시간 t(sec)'), ylabel('응답
y(t)')
title('고차 공정(n=2,4,5)의 계단응답'), legend('n=2','n=4','n=5','loca
tion','best')
```

MATLab

Lead/lag 요소의 계단응답

Lead/lag 요소의 계단응답은 앞에서와 마찬가지로 step 명령어를 사용하여 쉽게 얻는다. step의 수행에 필요한 입력요소들은 공정의 전달함수(즉 분자와 분모)와 응답시간이다. 전달함수가 $\frac{\tau s+1}{s+1}$과 같은 lead/lag 요소의 계단응답곡선을 구해 보자. τ가 각각 0, 0.5, 1.0, 1.5, 2일 때의 응답곡선을 구해 보기로 한다. 응답시간은 [0, 10]으로 한다. 스크립트 dghigh를 실행하면 그림 7.9에 보인 바와 같은 그래프가 얻어진다.

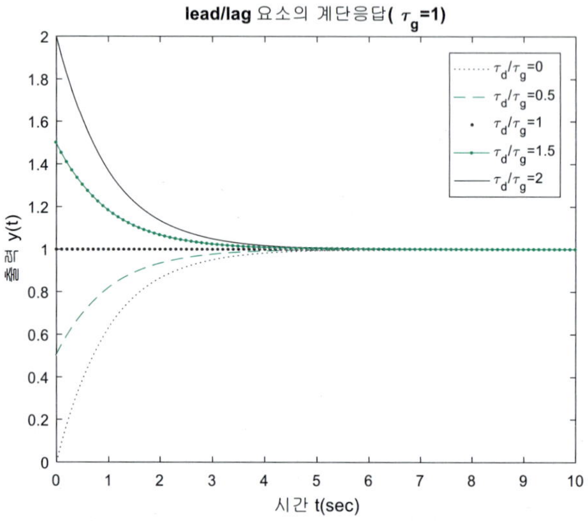

그림 7.9 Lead/lag 요소의 계단응답.

```
% dghigh.m
tau1 = 0; tau2 = 0.5; tau3 = 1; tau4 = 1.5; tau5 = 2; t = [0:0.1:10];
den = [1 1]; num1 = [tau1 1]; num2 = [tau2 1]; num3 = [tau3 1]; num4 = [tau4 1];
num5 = [tau5 1];
y1 = step(num1,den,t); y2 = step(num2,den,t); y3 = step(num3,den,t);
y4 = step(num4,den,t); y5 = step(num5,den,t);
plot(t,y1,':', t,y2,'--', t,y3,'.', t,y4,'.-', t,y5);
xlabel('시간 t(sec)'), ylabel('출력 y(t)'), title('lead/lag 요소의 계단응답(\tau_
g=1)')
legend('\tau_d/\tau_g=0', '\tau_d/\tau_g=0.5', '\tau_d/\tau_g=1', '\tau_d/\
tau_g=1.5', '\tau_d/\tau_g=2')
```

7.2 시간지연

7.2.1 시간지연의 특성

공정 출력변수의 측정이 지연되어 공정의 제어에 이용되는 정보가 이미 오래된 정보인 경우들이 있다. 이를테면 성분의 분석에 크로마토그래피를 이용하는 경우 어느 정도의 긴 시간이 소요되므로 각 성분들의 조성에 대한 정보는 상당한 시간이 흐른 뒤에야 확보가 가능하다. 또한 공정정보의 측정에 이용하는 센서가 정보를 얻고자 하는 위치로부터 좀 멀리 떨어진 곳에 설치되어 있는 경우 이 센서로부터 얻는 공정정보에는 원하는 위치로부터 센서 위치까지의 유체의 흐름에 따른 지연된 조건이 반영되어 있으므로 정확한 정보가 될 수 없다.

그림 7.10은 액체 교반공정을 보인 것이다. 그림에서 $G(s) = \dfrac{\bar{T}(s)}{\bar{T}_i(s)} = \dfrac{1}{\tau s + 1}$이며 $\tau = \dfrac{V}{q}$이다. 액체 중의 성분농도 C(mol/L)는 일정(즉 $C = C_i = C_o$)하다고 간주하고 그림의 ① 위치에서 ② 위치에 이르는 유출 파이프는 잘 단열되어 있으며 난류 흐름을 가정한다. 유입온도나 외부온도가 변하면 탱크 내부의 온도 T가 변하게 되는데, T의 변화는 어느 시간이 지난 후에 유출온도 T_o의 변화로 나타난다. 이 경우 T가 변화되기 시작한 순간부터 T_o에 변화가 일어나기까지의 시간을 시간지연, 또는 수송지연이라고 한다. 이 시간을 θ로 나타내면 위의 액체 교반공정에서 θ는 다음 식으로 얻어진다.

$$\theta = \frac{L}{q/A} = \frac{LA}{q} \tag{7.13}$$

액체 탱크가 잘 단열되어 있다고 할 때 유입액 온도에 크기 M인 계단 변화가 도입되었을 경우 T_o는

$$T_o(t) = T(t - \theta) \tag{7.14}$$

로 주어진다. T 및 T_o의 응답곡선은 그림 7.11에 보인 바와 같다.

시간지연은 어느 화학공정에나 거의 필연적으로 존재하므로 전달함수에 포함되어야 한다. 시간지연의 라플라스 변환 식 (2.12)를 이용하면 식 (7.14)로부터 편차변수를 적용하여

$$\frac{\bar{T}_o(s)}{\bar{T}(s)} = e^{-\theta s} \tag{7.15}$$

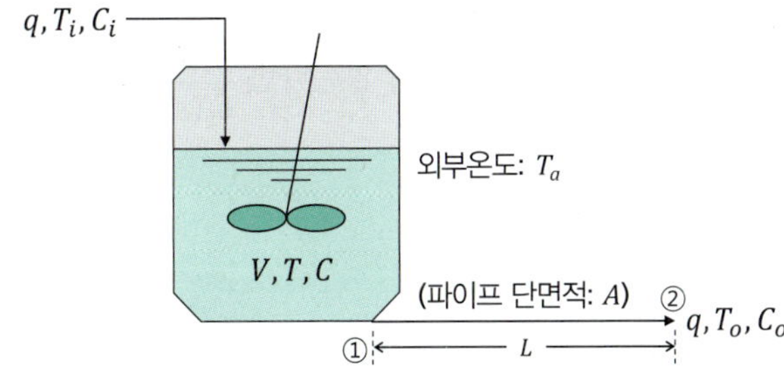

그림 7.10 액체 교반공정.

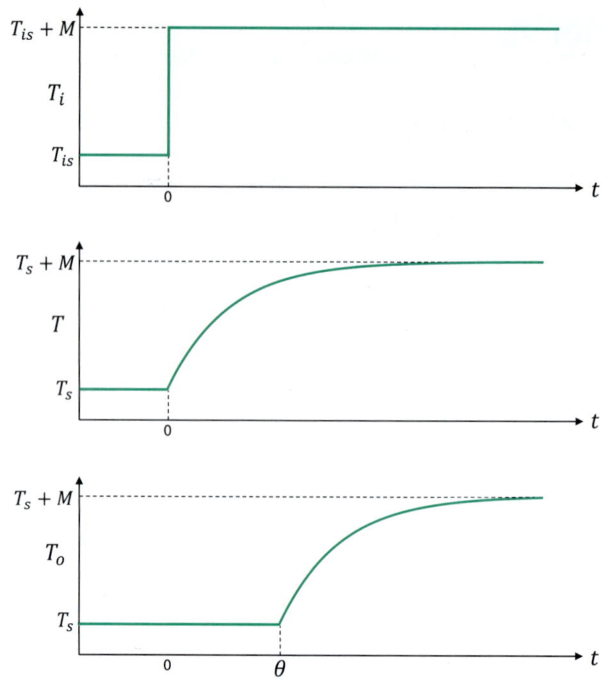

그림 7.11 시간 변화에 따른 유출액 온도의 응답곡선.

탱크가 잘 단열된 경우를 생각하면 다음 관계를 얻는다.

$$\frac{\bar{T}_o(s)}{\bar{T}_i(s)}=\frac{\bar{T}(s)}{\bar{T}_i(s)}\cdot\frac{\bar{T}_o(s)}{\bar{T}(s)}=\frac{e^{-\theta s}}{\tau s+1} \tag{7.16}$$

화학공정에서 시간지연은 여러 공정 자체에 내재하고 있는데 정확한 시간지연을 구하는 일은 일반적으로 쉽지 않으며 이를 정량적으로 계산하는 것은 매우 어렵다. 시간지연은 제어 시스템의 성능에 지대한 영향을 미치며, 공정의 시간지연이 크면 클수록 제어 작용은 그만큼 어려워진다.

간혹 시간상수와 시간지연을 혼동하는 경우가 있는데 이들은 완전히 다른 성질을 나타내는 서로 다른 개념이다. 그림 7.10에서 온도는 일정(즉 $T_i = T_o$)하게 유지되며 유입액의 농도 C_i에 크기 ΔC인 계단변화가 일어나는 경우를 고려해 보자. 액체탱크 내에서 교반이 완벽하게 이루어진다면 $\dfrac{\bar{C}(s)}{\bar{C}_i(s)}=\dfrac{1}{\tau s+1}$이며 시간지연은 0이다(유출 파이프는 고려하지 않음을 유의하자). 그러나 탱크 내에서 교반이 전혀 이루어지지 않는다면 $\dfrac{\bar{C}(s)}{\bar{C}_i(s)}=e^{-\tau s}$로서 시간지연은 τ가 되고 시간상수는 0이 된다.

보기 7.5

그림 7.12에 보인 바와 같이 파이프 내를 흐르는 유체를 고려해 보기로 한다.

그림 7.12 파이프 내의 유체흐름.

① 위치와 ② 위치에서의 유체의 농도는 각각 c_1과 c_2이다. ①에서 일어난 변화는 지연시간 θ가 경과한 후에 ②에서 감지된다고 할 때 전달함수 $G(s) = \dfrac{C_2(s)}{C_1(s)}$를 구하여라($c_1$, c_2: 편차변수).

풀이

시간지연 관계로부터 $c_2(t+\theta) = c_1(t)$. 이를 다시 쓰면 $c_2(t) = c_1(t-\theta)$. 정상상태에서는 $c_2 = c_{1s}$ 편차변수를 이용하면 라플라스 변환으로부터 $G(s) = \dfrac{C_2(s)}{C_1(s)} = e^{-\theta s}$와 같은 전달함수를 얻는다.

MATLab

시간지연 공정의 응답

그림 7.13에 보인 탱크 및 파이프 라인에서 $q = 100\ \text{m}^3/\text{h}$, $L = 5\ \text{m}$, $A = 0.2\ \text{m}^2$, $V = 1\ \text{m}^3$이다. 정상상태에서 유입액 및 유출액의 농도는 $C_{Ais} = C_{A1s} = C_{A2s} = 50\ \text{ppm}$으로 유지되고 있다. 어느 시점에서 유입액의 농도에 $C_{Ai}(t) = C_{Ais} + 5\sin(0.1t)$와 같은 sine 변화가 도입되었다. $0 \le t \le 500(s)$에서 $C_{A1}(t)$와 $C_{A2}(t)$의 변화를 그래프로 나타내어 보자. 유출액 농도의 진폭은 유입액 농도의 진폭에 비해 어떻게 달라졌는가?

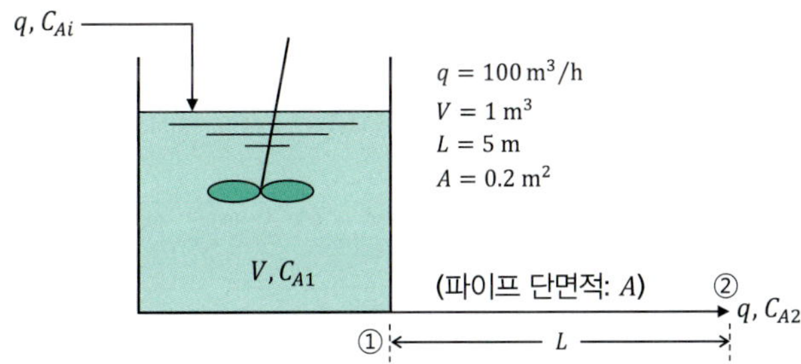

그림 7.13 시간지연 공정.

모델식을 세워 보면

$$\left(\frac{V}{q}\right)\frac{dC_{A1}}{dt} = C_{Ai} - C_{A1},\ \ C_{A2} = C_{A1}(t-\theta),\ \ \theta = \frac{LA}{q}$$

$C_{Ai}(t) = C_{Ais} + K\sin(\omega t)$이므로 라플라스 변환으로부터

$$C_{Ai}(s) = \frac{K\omega}{s^2+\omega^2},\ \ C_{A1}(s) = \frac{1}{\tau s+1}C_{Ai}(s),\ \ C_{A2}(s) = e^{-\theta s}C_{A1}(s) = \frac{e^{-\theta s}}{\tau s+1}\cdot\frac{K\omega}{s^2+\omega^2}$$

역 라플라스 변환으로부터

$$C_{A2}(t) = C_{A2s} + \frac{K\omega}{1+\tau^2\omega^2}\left\{\tau e^{-(t-\theta)/\tau} - \tau\cos\omega(t-\theta) + \frac{1}{\omega}\sin\omega(t-\theta)\right\}$$

스크립트 tdtank는 $0 \le t \le 500$에서 주어진 데이터를 이용하여 $C_{A1}(t)$와 $C_{A2}(t)$를 계산하고 그 결과를 그래프로 나타내어 준다.

```
% tdtank.m
clear all;
L = 5; A = 0.2; q = 100/3600; V = 1; w = 0.1; S = 50; K = 5; t = 0:500; % 데이터
 Cais = S; Ca1s = S; Ca2s = S; tau = V/q; td = L*A/q; n = length(t); kw =
 K*w/(1+(tau*w)^2);
for k = 1:n
    Cai(k) = Cais + K*sin(w*t(k));
    Ca1(k)  =  Ca1s  +  kw*(tau*exp(-t(k)/tau)  -  tau*cos(w*t(k))  +  (1/
    w)*sin(w*t(k))); % Ca1(t)
    if t(k) < td, Ca2(k) = Ca2s;
    else, Ca2(k) = Ca2s + kw*(tau*exp(-(t(k)-td)/tau) - tau*cos(w*(t(k)-td))
    + (1/w)*sin(w*(t(k)-td)));
    end
end
subplot(3,1,1), plot(t,Cai),axis([0,t(end),40,60]),grid,xlabel('t(s)'),yla
bel('C_{Ai}(t)')
subplot(3,1,2), plot(t,Ca1),axis([0,t(end),40,60]),grid,xlabel('t(s)'),yla
bel('C_{A1}(t)')
subplot(3,1,3), plot(t,Ca2),axis([0,t(end),40,60]),grid,xlabel('t(s)'),yla
bel('C_{A2}(t)')
```

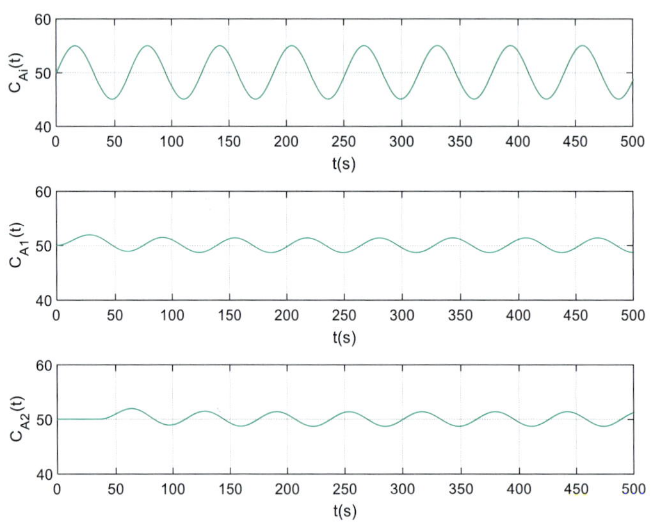

그림 7.14 시간지연 공정의 sine 응답.

대부분의 고차 공정의 계단응답은 시간지연이 존재하는 1차나 2차 공정의 계단응답과 유사한 형태를 보인다. 즉 식 (7.3)의 고차 공정에서 계단응답은 다음과 같이 시간지연이 존재하는 2차 공정의 전달함수로 근사적으로 나타낼 수 있다.

$$G(s) = \frac{K}{\prod_{i=1}^{n}(\tau_i s + 1)} \cong \frac{Ke^{-\theta s}}{(\tau_a s + 1)(\tau_b s + 1)} \tag{7.17}$$

7.2.2 시간지연의 근사식

시간지연을 나타내는 전달함수 $e^{-\theta s}$는 그 자체로는 수학적인 처리가 어려울 때가 많다. 따라서 이를 다른 급수함수의 형태로 근사적으로 나타내는 방법이 흔히 이용된다. $e^{-\theta s}$의 Taylor 전개로부터

$$e^{-\theta s} = 1 - \theta s + \frac{\theta^2 s^2}{2!} - \frac{\theta^3 s^3}{3!} + \frac{\theta^4 s^4}{4!} - + \cdots \tag{7.18}$$

s의 2차항 이상을 무시할 수 있다고 하면

$$e^{-\theta s} \approx 1 - \theta s \tag{7.19}$$

이는 시간지연에 대한 Taylor 근사이다. 한편 $e^{-\theta s} = \dfrac{e^{-\theta s/2}}{e^{\theta s/2}}$이므로 분모와 분자에 식 (7.19)의 관계를 적용하면

$$e^{-\theta s} = G_1(s) \cong \frac{1 - \frac{\theta}{2}s}{1 + \frac{\theta}{2}s} \tag{7.20}$$

식 (7.20)은 시간지연이 분모와 분자가 각각 s의 1차식인 형태로 근사될 수 있을 의미하며 이를 시간지연에 대한 1차, 또는 1/1 Pade 근사라고 부른다. 이에 비해 다음의 식 (7.21)과 같이 시간지연이 분모와 분자가 각각 s의 2차식으로 나타내어지는 경우는 2차, 또는 2/2 Pade 근사라고 한다.

$$e^{-\theta s} = G_2(s) \cong \frac{1 - \frac{\theta s}{2} + \frac{\theta^2 s^2}{12}}{1 + \frac{\theta s}{2} + \frac{\theta^2 s^2}{12}} \tag{7.21}$$

보기 7.6

1차 및 2차 Pade 근사의 단위계단 응답을 구하여라.

풀이

1차 Pade 근사의 경우 식 (7.20)으로부터

$$Y(s) = G_1(s)X(s) \cong \frac{1 - \frac{\theta s}{2}}{s\left(1 + \frac{\theta s}{2}\right)} \tag{7.22}$$

이를 역 라플라스 변환시키면

$$Y(t) = 1 - 2e^{-2t/\theta} \tag{7.23}$$

2차 Pade 근사의 경우에는 식 (7.21)로부터

$$Y(s) = G_2(s)X(s) \cong \frac{1 - \frac{\theta s}{2} + \frac{\theta^2 s^2}{12}}{s\left(1 + \frac{\theta s}{2} + \frac{\theta^2 s^2}{12}\right)}$$

이를 역 라플라스 변환시키면

$$Y(t) = 1 - 4\sqrt{3}e^{-3t/\theta}\sin\left(\frac{\sqrt{3}}{\theta}t\right) \tag{7.24}$$

이들의 그래프는 그림 7.15에 보인 바와 같다.

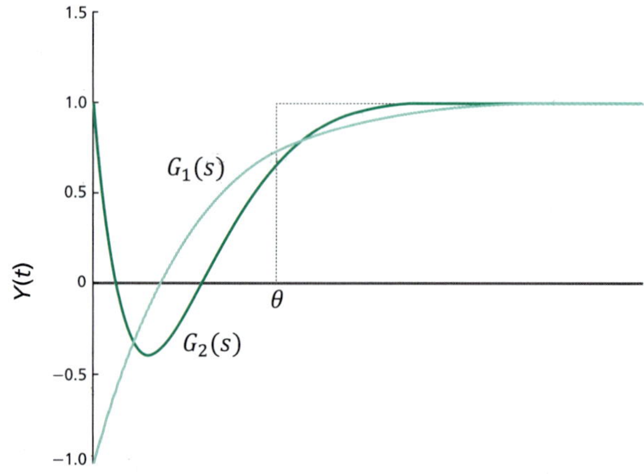

그림 7.15 Pade 근사의 단위계단 응답.

7.2.3 시간지연이 존재하는 공정

시간지연은 거의 모든 화학공정에 존재한다. 또한 고차 공정은 이미 앞에서 언급한 바와 같이 시간지연이 존재하는 1차나 2차의 모델식으로 나타낼 수 있다. 공정 모델식에 나타나는 시간지연 항은 앞의 1차나 2차 Pade 근사방법을 써서 처리할 수 있다.

보기 7.7

그림 7.16에 보인 두 교반탱크에서 각 탱크 내 액체의 부피 V, 유체의 비열 C_p와 밀도 ρ는 모두 일정하다. 그림에서 B에서의 온도를 T_B, D에서의 온도를 T_D, E에서의 온도를 T_E라 할 때 전달함수 $\frac{T(s)}{T_i(s)}$를 구하여라. 각 파이프 부분의 시간지연은 다음과 같다.

파이프 부분	시간지연
탱크연결부분(A → B)	θ_1
유출 파이프(C → D)	θ_2
재순환 파이프(D → E)	θ_3

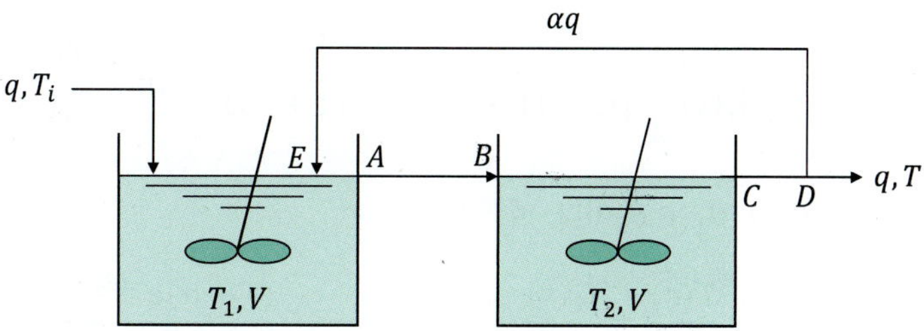

그림 7.16 교반탱크.

풀이

각 탱크에 대한 에너지 수지로부터

$$\rho C_p V \frac{dT_1}{dt} = \rho C_p q T_i + \rho C_p \alpha q T_E - \rho C_p (1+\alpha) q T_1$$

$$\rho C_p V \frac{dT_2}{dt} = \rho C_p (1+\alpha) q (T_B - T_2)$$

이를 다시 쓰면

$$\tau \frac{dT_1}{dt} = T_i + \alpha T_E - (1+\alpha) T_1 \tag{7.25}$$

$$\tau \frac{dT_2}{dt} = (1+\alpha)(T_B - T_2) \tag{7.26}$$

위에서 $\tau = \dfrac{V}{q}$이다. 한편

$$T_B = T_1(t-\theta_1), \quad T = T_2(t-\theta_2), \quad T_E = T(t-\theta_3) = T_2(t-\theta_2-\theta_3) \tag{7.27}$$

이를 이용하여 식 (7.25)와 (7.26)을 다시 쓰면

$$\tau \frac{dT_1}{dt} = T_i + \alpha T_2(t-\theta_2-\theta_3) - (1+\alpha) T_1 \tag{7.28}$$

$$\tau \frac{dT_2}{dt} = (1+\alpha) T_1(t-\theta_1) - (1+\alpha) T_2 \tag{7.29}$$

라플라스 변환으로부터

$$T_1(s) = \frac{1}{\tau s + (1+\alpha)}\left[T_i(s) + \alpha e^{-(\theta_2+\theta_3)s}T_2(s)\right]$$

$$T_2(s) = \frac{1+\alpha}{\tau s + (1+\alpha)}e^{-\theta_1 s}T_1(s), \qquad T(s) = e^{-\theta_2 s}T_2(s)$$

이를 정리하면

$$\frac{T_2(s)}{T_i(s)} = \frac{(1+\alpha)e^{-\theta_1 s}}{[\tau s + (1+\alpha)]^2 - \alpha(1+\alpha)e^{-\theta s}}, \qquad \frac{T(s)}{T_2(s)} = e^{-\theta_2 s}$$

위에서 $\theta = \theta_1 + \theta_2 + \theta_3$이다. 따라서

$$\frac{T(s)}{T_i(s)} = \frac{T_2(s)}{T_i(s)}\cdot\frac{T(s)}{T_2(s)} = \frac{(1+\alpha)e^{-(\theta_1+\theta_2)s}}{[\tau s + (1+\alpha)]^2 - \alpha(1+\alpha)e^{-\theta s}} \tag{7.30}$$

MATLab

Pade 근사

MATLAB의 pade 함수를 이용하여 시간지연 $e^{-\theta s}$에 대한 임의 차수의 Pade 근사를 구할 수 있다. [num, den] = pade(theta, n)으로부터 시간지연 theta에 대한 n차의 Pade 근사 전달함수에 대한 계수벡터(분자의 계수벡터 = num, 분모의 계수벡터 = den)가 얻어진다. 전달함수는 G = tf(num, den)으로부터 얻을 수 있다. $\theta = 2$일 때 1차, 2차 및 3차 Pade 근사를 나타내는 전달함수를 구하고 각 함수에 대한 단위계단 응답의 그래프를 작성해 보자.

스크립트 paderes에서는 먼저 각 차수의 Pade 근사에 대한 전달함수를 구한 다음 각 전달함수를 이용하여 단위계단 응답을 계산하고 그림 7.17에 보인 바와 같이 그래프로 나타낸다.

```
% paderes.m: Pade 근사의 응답
clear all;
theta = 2; [n1,d1] = pade(theta,1); [n2,d2] = pade(theta,2); [n3,d3] =
pade(theta,3);
G1 = tf(n1,d1), G2 = tf(n2,d2), G3 = tf(n3,d3)
[y1,t1] = step(G1); [y2,t2] = step(G2); [y3,t3] = step(G3);
plot(t1,y1,t2,y2,':',t3,y3,'--'),grid,xlabel('t(sec)'),ylabel('y(t)')
legend('1st-order','2nd-order','3rd-order')
```

스크립트 paderes를 수행하면 다음 결과가 얻어진다.

```
>> paderes
G1 =
 -s + 1
 --------
  s + 1
```

```
Continuous-time transfer function.
G3 =
  -s^3 + 6 s^2 - 15 s + 15
  -------------------------
   s^3 + 6 s^2 + 15 s + 15
```

```
Continuous-time transfer function.
G2 =
 s^2 - 3 s + 3
 ---------------
 s^2 + 3 s + 3
```

```
Continuous-time transfer function.
```

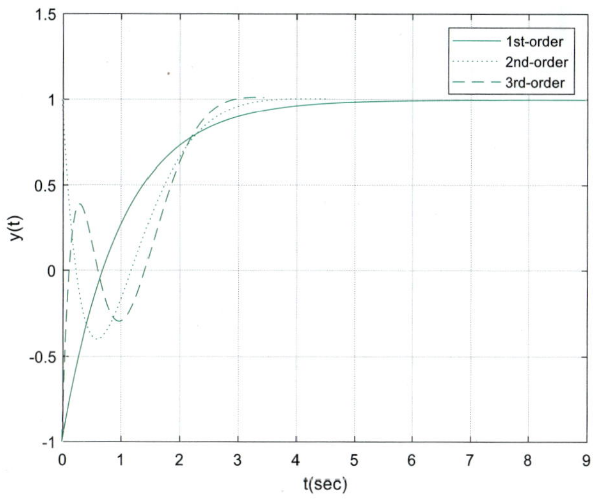

그림 7.17 1차, 2차 및 3차 Pade 근사의 단위계단 응답.

MATLab

시간지연이 존재하는 공정의 응답

다음과 같은 시간지연이 있는 1차 공정의 단위계단 응답을 그래프로 나타내어보자.

$$G_1(s) = \frac{Y(s)}{X(s)} = \frac{3e^{-1.6s}}{3s+1}$$

위에서 얻은 응답을 전달함수가 다음과 같은 공정의 단위계단 응답곡선과 비교하여 보자.

$$G_2(s) = \frac{Y(s)}{X(s)} = \frac{3}{(0.1s+1)(0.5s+1)(s+1)(3s+1)}$$

MATLAB 프로그램(스크립트 delpro) 및 이로부터의 출력은 그림 7.18에 보인 바와 같다.

```
% delpro.m
clear all;
G1 = tf(3, [3 1]); delay = 1.6; set(G1,'iodelay',delay);
G2 = tf(3, conv(conv([0.1 1], [0.5 1]), conv([1 1], [3 1])));
step(G1); hold on; step(G2, ':'); legend('G1', 'G2'), grid, hold off
```

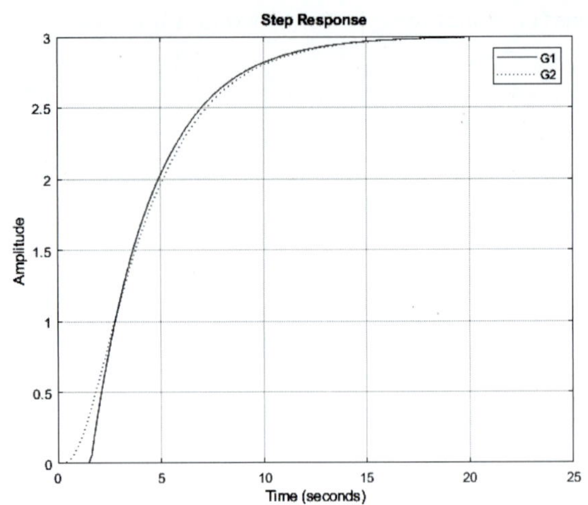

그림 7.18 시간지연이 있는 공정의 계단응답.

$G_2(s)$의 계단응답은 비록 시간지연이 없는 응답이지만 시간지연이 존재하는 1차 공정의 응답과 거의 유사함을 알 수 있다. 다시 말하면 고차 공정은 근사적으로 시간지연이 존재하는 1차 공정으로 나타낼 수 있음을 알 수 있다. 실제로 많은 복잡한 화학공정들은 시간지연이 존재하는 1차 공정 모델의 형태로 아주 효과적으로 나타낼 수 있으며 이러한 모델이 컴퓨터를 이용하는 제어에 널리 이용되기도 한다.

7.3 역응답

공정의 전달함수 $G(s)$는 일반적으로 분모와 분자가 각각 s의 멱급수 형태를 갖는다.

$$G(s) = \frac{b_m s^m + b_{m-1}s^{m-1} + \cdots b_1 s + b_0}{a_n s^n + a_{n-1}s^{n-1} + \cdots + a_1 s + a_0} \tag{7.31}$$

이를 다시 쓰면

$$G(s) = \frac{b_m(s-z_1)(s-z_2)\cdots(s-z_m)}{a_n(s-p_1)(s-p_2)\cdots(s-p_n)} \tag{7.32}$$

위에서 $z_1, z_2, \cdots, z_m$은 각각 $G(s)$의 분자를 0으로 해주는 값들로서 $G(s)$의 zero라고 불린다. 마찬가지로 $p_1, p_2, \cdots, p_n$은 $G(s)$의 분모를 0이 되게 하는 근들로서 $G(s)$의 pole이라고 한다. 식 (7.8)과 같은 3차 공정의 경우 zero는 1개, pole은 3개이다. 공정 모델식에서의 zero의 존재는 응답 형태에 상당한 영향을 미친다. 이미 앞에서 우리는 식 (7.11) 및 (7.12)를 통하여 zero와 pole이 하나씩인 경우의 응답 형태는 그림 7.4에서와 같이 pole과 zero의 비에 따라 달라짐을 알았다.

보기 7.8

하나의 zero가 존재하는 다음과 같은 2차 공정에 크기 M인 계단입력 변화가 도입되었을 때의 응답을 구하여라. 아울러 $\tau_1 = 4$, $\tau_2 = 1$일 때 τ_a의 변화에 따른 응답 모양을 그래프로 나타내어 보라.

$$G(s) = \frac{Y(s)}{X(s)} = \frac{K(\tau_a s + 1)}{(\tau_1 s + 1)(\tau_2 s + 1)} \tag{7.33}$$

풀이

$X(s) = \frac{M}{s}$ 이므로

$$Y(s) = \frac{KM(\tau_a s + 1)}{s(\tau_1 s + 1)(\tau_2 s + 1)}$$

표 2.1을 이용하여 이를 역 라플라스 변환시키면

$$Y(t) = KM\left(1 + \frac{\tau_a - \tau_1}{\tau_1 - \tau_2} e^{-t/\tau_1} + \frac{\tau_a - \tau_2}{\tau_2 - \tau_1} e^{-t/\tau_2}\right) \tag{7.34}$$

$\tau_1 = 4, \tau_2 = 1$이면

$$Y(t) = KM\left(1 + \frac{\tau_a - 4}{3} e^{-0.25t} - \frac{\tau_a - 1}{3} e^{-t}\right)$$

응답 $Y(t)$는 τ_a의 크기에 따라 달라진다. 그림 7.19는 τ_a를 −3에서 15까지 변화시켰을 때의 응답 모양을 그린 것이다.

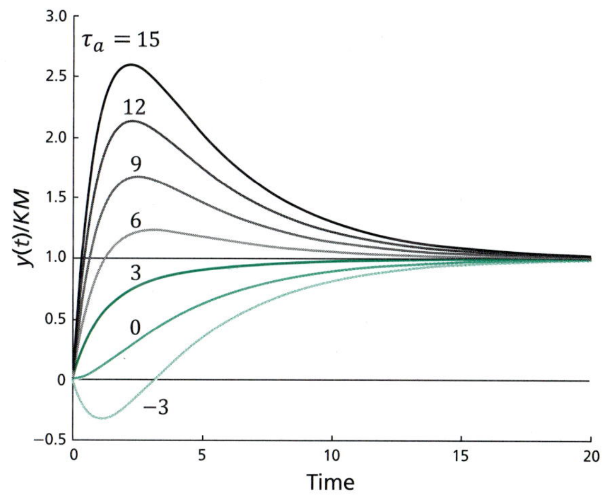

그림 7.19 **Zero가 하나인 2차 공정의 계단응답.**

그림 7.19에서 τ_a가 0보다 작을 경우에는 응답이 처음에는 아래쪽으로 처지다가 다시 정상상태 값으로 근접함을 알 수 있는데 이러한 형태의 응답을 역응답(inverse response)이라고 한다. 그림 7.19에 나타난 응답 형태를 정리하면 다음과 같다:

τ_a의 크기	응답 모양
$\tau_a > \tau_1$	overshoot가 나타남
$0 \le \tau_a \le \tau_1$	1차 공정과 유사한 응답
$\tau_a < 0$	역응답

$\tau_a < 0$이면 공정의 zero는 양의 값을 갖는다. 따라서 공정의 zero가 양이면 역응답이 나타남을 알 수 있다. 공정이 여러 개의 zero들을 갖는 경우 양인 zero들의 수가 홀수이면 역응답이 나타나지만 짝수인 경우에는 역응답이 나타나지 않을 수 있다.

역응답은 공정의 출력변수에 서로 반대 방향으로 영향을 미치는 두 물리적 작용의 결과로 나타난다. 역응답이 나타나는 공정의 제어는 까다로운 문제를 야기시킬 수 있다. 역응답을 예상하지 못한 제어기로부터 올바른 제어명령을 공정에 전달했을 때 공정이 역응답을 보이고 있는 상태라면 제어기가 잘못된 제어명령을 내린 것으로 인식될 수 있다. 이 때문에 역응답이 나타나는 공정의 feedback 제어에서는 어느 한계 이상의 제어성능을 얻을 수 없다.

보기 7.9

두 개의 1차 공정이 그림 7.20과 같이 병렬 연결된 경우 역응답이 나타나기 위한 조건을 구하여라. 그림에서 $\tau_1 > \tau_2$이다.

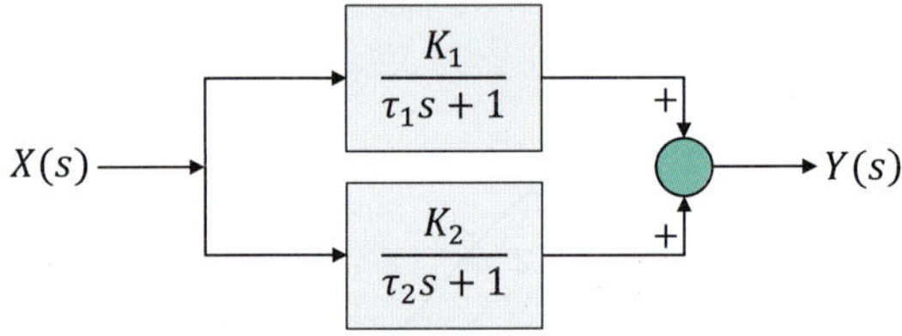

그림 7.20 **1차 공정의 병렬연결.**

풀이

그림에서

$$\frac{Y(s)}{X(s)} = \frac{K_1}{\tau_1 s + 1} + \frac{K_2}{\tau_2 s + 1} = \frac{(K_1\tau_2 + K_2\tau_1)s + (K_1 + K_2)}{(\tau_1 s + 1)(\tau_2 s + 1)} = \frac{(K_1 + K_2)\left(\frac{K_1\tau_2 + K_2\tau_1}{K_1 + K_2}s + 1\right)}{(\tau_1 s + 1)(\tau_2 s + 1)} \tag{7.35}$$

위의 식에서 $K = K_1 + K_2$, $\tau_a = \frac{K_1\tau_2 + K_2\tau_1}{K_1 + K_2}$로 두면 식 (7.35)는 (7.33)과 같은 형태이다. (7.33)에서 $\tau_a < 0$일 때 역응답이 나타났으므로 식 (7.35)에서 역응답이 존재하기 위한 조건은

$$\frac{K_1\tau_2 + K_2\tau_1}{K_1 + K_2} < 0$$

이다. 이를 K_1에 대한 K_2의 그래프로 나타내면 그림 7.21에 보인 바와 같다. 그림으로부터 $K_1K_2 < 0$, 즉 K_1과 K_2의 부호는 서로 반대여야 함을 알 수 있다.

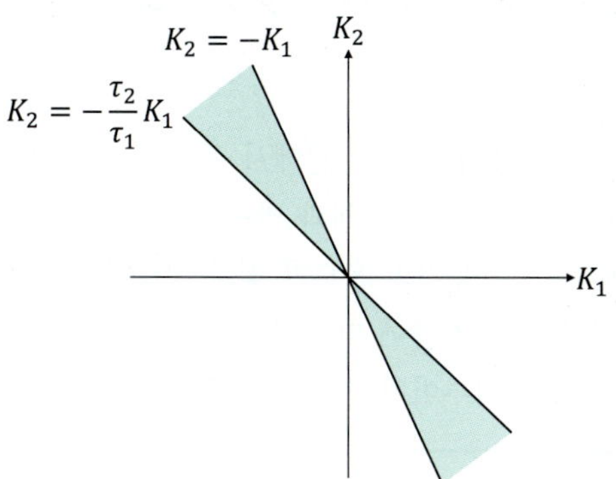

그림 7.21 **역응답이 나타나기 위한 조건.**

보기 7.10

그림 7.22에 보인 보일러 시스템에서 실제로 역응답이 어떻게 나타날 수 있는지 살펴보라.

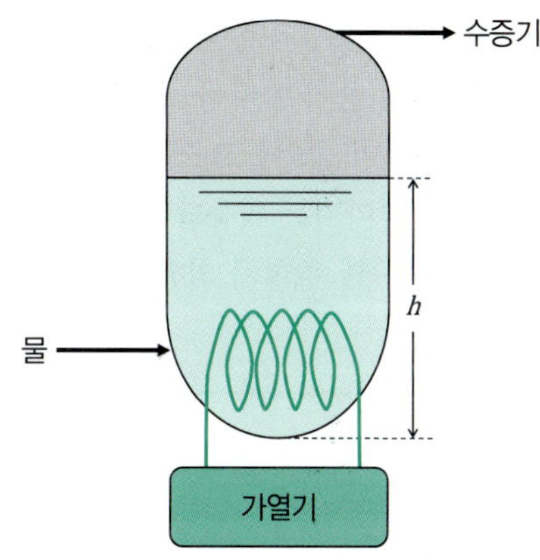

그림 7.22 **보일러.**

풀이

보일러에 주입되는 물의 양이 증가하면 액위 h는 처음에는 감소하다가 다시 증가하는 역응답을 보인다. 그 이유를 살펴보면 우선 주입되는 물의 양이 증가하면 보일러 내의 온도가 낮아지며, 이로 인해 보일러 내의 액체 중에 함유된 증기 기포의 부피가 감소한다. 따라서 액위가 감소하게 된다. 다음에 가열기로부터 도입되는 열량이 일정하게 유지된다면 수증기의 발생량 역시 일정하므로 액위 h는 다시 증가하게 된다.

보기 7.11

발열반응이 수반되는 관형 촉매 반응기에서 원료 흐름의 반응물 온도가 증가할 경우, 반응기 출구에서 생성물의 온도는 역응답을 보인다. 그 이유를 설명하여라.

풀이

유입온도의 증가는 반응기 입구 부근에서 전환율을 증가시키며, 짧은 시간 동안 출구 쪽으로 흘러갈 반응물을 고갈시킨다. 이 결과 반응기 출구 쪽의 온도가 순간적으로 감소된다. 그러나 반응이 진행됨에 따라 반응기의 온도가 점차 상승하게 되며 (발열 반응이므로) 고온의 반응물과 생성물이 출구 쪽으로 흐름에 따라 전체 반응기의 온도가 상승하게 되고 결과적으로 반응기 출구 쪽의 온도 상승이 이루어진다.

보기 7.12

액위 제어를 사용하지 않을 경우 증류탑 재비기(reboiler) 부근에서 액위 변화는 역응답을 보인다. 그 이유를 설명하여라.

풀이

재비기로 유입되는 열량을 증가시키면 탑 내부로의 증기 증발량이 많아져서 액위는 감소해야 하지만 처음에는 기포가 많이 생성되어 액위가 증가하는 일시적인 역응답 현상이 나타난다. 아울러 재비기로의 열 유입량의 증가에 따라 증기 발생량이 증가하게 되면 일시적으로는 각 단에서 액체가 넘쳐 액체 holdup이 줄어들고 기체와 액체 사이의 접촉이 감소되며 단의 효율이 저하되고 탑상제품의 순도가 낮아지는 역응답이 발생할 수 있다. 그러나 운전이 계속되어 정상상태에 이르게 되면 새로운 기-액 평형에 의해 증발되는 액체의 양이 조절되며 궁극적으로 재비기의 액위는 감소하게 된다.

보기 7.13

하나의 zero를 갖는 다음과 같은 2차 공정에서 $K > 0,\ \tau_1 > 0,\ \tau_2 > 0$이다.

$$G(s) = \frac{Y(s)}{X(s)} = \frac{K(\tau_a s + 1)}{(\tau_1 s + 1)(\tau_2 s + 1)}$$

시간 $t = 0$일 때 이 공정의 계단응답의 기울기의 부호는 τ_a의 부호에 따름을 보여라.

풀이

$X(s) = \dfrac{M}{s}$ (즉 계단입력 변화)라면

$$Y(s) = \frac{KM(\tau_a s + 1)}{s(\tau_1 s + 1)(\tau_2 s + 1)}$$

$Y(t)$의 미분 $\dfrac{dY(t)}{dt}$의 라플라스 변환은 $sY(s)$이므로 라플라스 변환의 초기치 정리에 따라

$$\lim_{t\to 0}\frac{dY(t)}{dt} = \lim_{s\to\infty}[s^2Y(s)] = \lim_{s\to\infty}\frac{sKM(\tau_a s+1)}{(\tau_1 s+1)(\tau_2 s+1)} = \lim_{s\to\infty}KM\cdot\frac{\left(\tau_a+\frac{1}{s}\right)}{\left(\tau_1+\frac{1}{s}\right)\left(\tau_2+\frac{1}{s}\right)} = \frac{KM\tau_a}{\tau_1\tau_2}$$

이로부터 $\lim_{t\to 0}\dfrac{dY(t)}{dt}$의 부호는 τ_a의 부호에 따라 좌우됨을 알 수 있다.

MATLab

역응답

전달함수가 $G(s) = \dfrac{s+\tau_a}{(s+1)(s+3)}$와 같은 공정을 고려해 보자. $\tau_a < 0$이면 양의 zero를 가지므로 역응답이 나타날 것이다. $\tau_a = -2$, 0, 2일 때 이 공정에 대한 단위계단 응답을 각각 구하고 그래프로 나타내어 서로 비교해 보자. 다음 스크립트 zeroeff로부터 그림 7.23에 보인 결과를 얻을 수 있다.

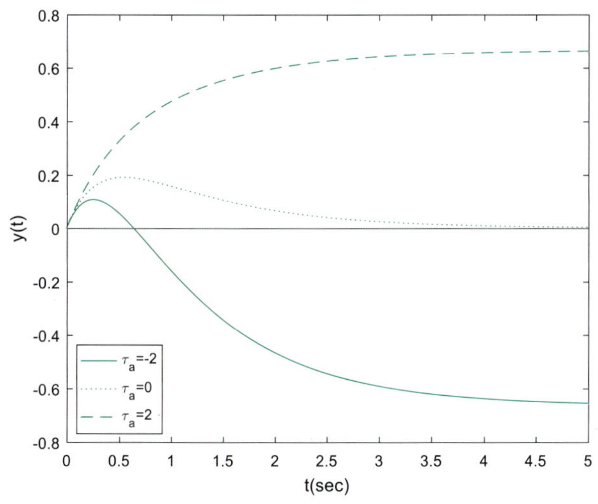

그림 7.23 역응답.

```
% zeroeff.m
clear all;
den = conv([1 3],[1 1]); n1 = [1 -2]; n2 = [1 0]; n3 = [1 2];
G1 = tf(n1,den); G2 = tf(n2,den); G3 = tf(n3,den);
[y1 t1] = step(G1); [y2 t2] = step(G2); [y3 t3] = step(G3);
plot(t1,y1,t2,y2,':',t3,y3,'--',t3,t3*0), xlabel('t(sec)'), ylabel('y(t)')
legend('\tau_a=-2','\tau_a=0','\tau_a=2','location','best'), axis([0 5 -0.8
0.8])
```

7.4 요약

- 복합공정: 3차 이상의 고차 공정이나 시간지연이 존재하는 1차나 2차 공정, 또는 복잡한 특성을 보이는 공정
- 고차 공정: 입력변수와 출력변수 사이의 관계가 3차 이상의 미분 방정식으로 표현되는 공정으로서 전달함수의 분모는 s의 3차 이상의 급수식
- n개의 탱크가 연결된 공정: $G(s) = \dfrac{K}{\prod_{i=1}^{n}(\tau_i s + 1)}, K = \prod_{i=1}^{n} K_i$
- 유입액에 단위계단 변화가 도입된 경우: $H_n(t) = K\left[1 - \sum_{i=1}^{n} \dfrac{{\tau_i}^{n-1} e^{-t/\tau_i}}{\prod_{j=1(j\neq i)}^{n}(\tau_i - \tau_j)}\right]$
- 고차 공정의 일반적인 형태: $G(s) = \dfrac{Y(s)}{X(s)} = \dfrac{K\prod_{j=1}^{m}(\tau_{dj}s + 1)}{\prod_{i=1}^{n}(\tau_{gi}s + 1)} \quad (n > m)$
- 입력변수의 단위계단 변화에 대한 응답:

$$Y(t) = K\left[1 - \sum_{i=1}^{n} \frac{\prod_{j=1}^{m}(\tau_{gi} - \tau_{dj})\,{\tau_{gi}}^{n-m-1}}{\prod_{j=1(j\neq i)}^{n}(\tau_{gi} - \tau_{gj})} e^{-t/\tau_{gi}}\right]$$

- lead/lag: $G(s) = \dfrac{Y(s)}{X(s)} = \dfrac{\tau_d s + 1}{\tau_g s + 1}$, $\dfrac{1}{\tau_g s + 1}$: 1차 lag, $\tau_d s + 1$: 1차 lead
- 시간지연(수송지연): 입력의 변화가 출력에 나타날 때까지 걸리는 시간
- 시간지연의 전달함수: $e^{-\theta s}, \theta = \dfrac{L}{q/A} = \dfrac{LA}{q}$
- 고차 공정의 계단응답은 시간지연이 존재하는 1차나 2차 공정의 계단응답과 유사
- 시간지연의 근사: $e^{-\theta s} \approx 1 - \theta s$ (Taylor 근사), $e^{-\theta s} \cong \dfrac{1 - \frac{\theta}{2}s}{1 + \frac{\theta}{2}s}$ (1/1 Pade 근사),

$$e^{-\theta s} \cong \frac{1 - \frac{\theta s}{2} + \frac{\theta^2 s^2}{12}}{1 + \frac{\theta s}{2} + \frac{\theta^2 s^2}{12}} \text{ (2/2 Pade 근사)}$$

- Pole과 zero: $G(s) = \dfrac{b_m(s - z_1)(s - z_2)\cdots(s - z_m)}{a_n(s - p_1)(s - p_2)\cdots(s - p_n)}$($z_1, z_2, \cdots, z_m$: zero, $p_1, p_2, \cdots, p_n$: pole)
- 역응답: 응답이 처음에는 아래쪽으로 처지다가 다시 정상상태 값으로 근접하는 경우
- 공정의 zero가 양이면 역응답: zero가 다수인 경우 양인 zero들의 수가 홀수이면 역응답이 나타나지만 짝수인 경우에는 역응답이 나타나지 않을 수 있다.
- 역응답은 공정의 출력변수에 서로 반대 방향으로 영향을 미치는 두 물리적 작용의 결과

점/검/문/제

7.1 부피가 V로서 동일한 n개의 저장탱크가 배열되어 있는데 첫 번째 탱크로부터 초과된 액체는 두 번째 탱크로 유입되며 이와 같은 과정이 계속적인 순서로 이루어진다. 첫 번째 탱크로의 유입액 농도에 크기 A인 계단변화가 도입되었을 때 최종탱크로부터의 유출농도를 나타내는 식은?

① $C_n(s) = \dfrac{A}{s(\tau s+1)^n}$ ② $C_n(s) = \dfrac{-A}{s^n(\tau s+1)^n}$

③ $C_n(s) = \dfrac{A}{(\tau s+1)^n}$ ④ $C_n(s) = \dfrac{A}{s^n(\tau s+1)^n}$

7.2 전달함수가 $G(s) = \dfrac{2s-1}{s^2+4s+3}$인 공정에 단위계단 입력변화가 도입되었다. 응답의 초기값과 최종값이 바르게 짝지어진 것은?

① 초기값 = 1/3, 최종값 = 0 ② 초기값 = 0, 최종값 = −1/3

③ 초기값 = −1/3, 최종값 = 1/3 ④ 초기값 = 0, 최종값 = 0

7.3 그림에 보인 액위계에서 전달함수 $\dfrac{H_3(s)}{Q_i(s)}$를 구하여라. $q_1 = \dfrac{h_1}{R_1}$, $q_2 = \dfrac{h_2}{R_2}$로 주어지며 세 번째 탱크로부터 유량은 펌프에 의해 b로 일정하게 유지된다.

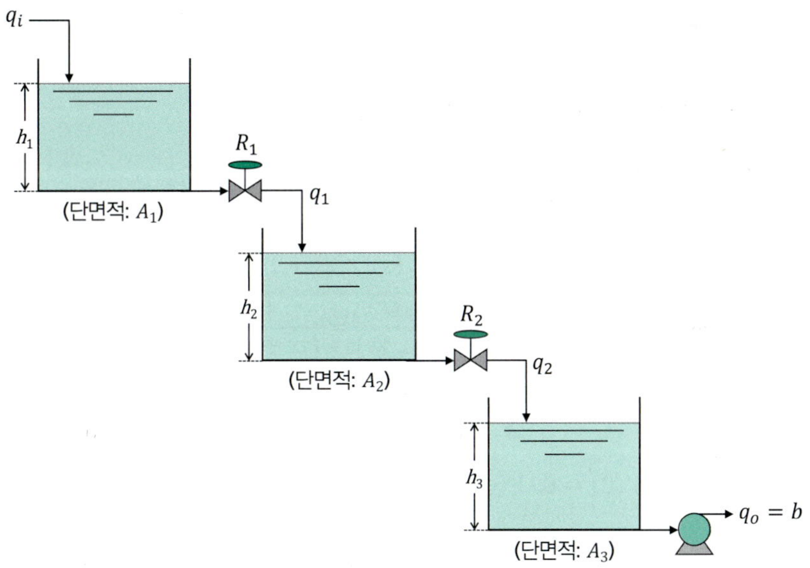

그림 7.24 3-탱크 공정.

① $\dfrac{R_1R_2}{(A_3R_2)(A_1R_1s+1)(A_2R_2s+1)}$ ② $\dfrac{R_2}{(A_3R_2s)(A_1R_1s+1)(A_2R_2s+1)}$

③ $\dfrac{R_1}{(A_3R_2s)(A_1R_1s+1)(A_2R_2s+1)}$ ④ $\dfrac{R_1R_2}{(A_3R_2s)(A_1R_2s+1)(A_2R_1s+1)}$

7.4 그림에서 $G_1(s) = \frac{-2}{s+5}$, $G_2(s) = \frac{1}{s+2}$이다. 입력 X에 단위계단 변화가 도입되었을 경우 응답 $Y(t)$가 최소값을 나타낼 때의 시간을 구하면?

① 0.15 ② 0.58 ③ 0.46 ④ 0.23

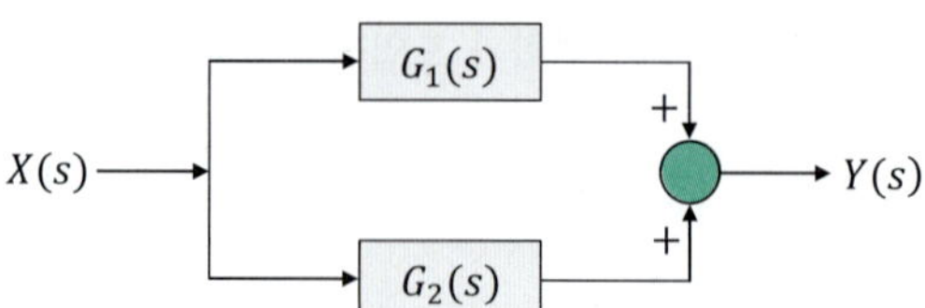

그림 7.25 **병렬공정.**

7.5 지연시간이 t_0인 공정(즉 공정의 전달함수는 $G(s) = e^{-t_0 s}$)의 단위계단 응답을 1차 Pade 근사식을 사용해 구하면?

① $y(t) = 1 - 2e^{-t/t_0}$ ② $y(t) = 1 - 2e^{-2t/t_0}$

③ $y(t) = 1 - 3e^{-3t/t_0}$ ④ $y(t) = 1 - 4e^{-4t/t_0}$

7.6 어떤 공정의 전달함수가 두 1차계의 합 $G(s) = \frac{K_1}{\tau_1 s+1} - \frac{K_2}{\tau_2 s+1}$로 주어지며 $K_1 = 2$, $K_2 = 1$, $\tau_1 = 3$이다. 이 경우 역응답이 나타나기 위해 τ_2가 만족해야 하는 조건은?

① $\tau_2 < 1.5$ ② $\tau_2 < 1$ ③ $\tau_2 < 0.5$ ④ $\tau_2 < 0.1$

점검 문제 해답

7.1 ① **풀이** $V\frac{dC_1}{dt} = qC_0 - qC_1$, $V\frac{dC_i}{dt} = qC_{i-1} - qC_i$.

따라서 $\frac{C_1(s)}{C_0(s)} = \frac{1}{\tau s+1}$, $\frac{C_i(s)}{C_{i-1}(s)} = \frac{1}{\tau s+1}$ $\left(\tau = \frac{V}{q}, i = 1, 2, \cdots, n\right)$. 그러므로

$\frac{C_n(s)}{C_0(s)} = \frac{C_1(s)}{C_0(s)} \cdot \frac{C_2(s)}{C_1(s)} \cdots \frac{C_n(s)}{C_{n-1}(s)} = \frac{1}{(\tau s+1)^n}$. $C_0(s) = \frac{A}{s}$ 이므로 $C_n(s) = \frac{A}{s(\tau s+1)^n}$

7.2 ② **풀이** $Y(s) = \frac{3/2}{s+1} - \frac{7/6}{s+3} - \frac{1/3}{s} \rightarrow Y(t) = \frac{3}{2}e^{-t} - \frac{7}{6}e^{-3t} - \frac{1}{3}$.

따라서 $Y(0) = 0$, $Y(\infty) = -\frac{1}{3}$

7.3 ② **풀이** $A_1\frac{dh_1}{dt} = q_i - \frac{h_1}{R_1} \rightarrow \frac{H_1}{Q_i} = \frac{R_1}{A_1R_1s+1}$, $A_2\frac{dh_2}{dt} = \frac{h_1}{R_1} - \frac{h_2}{R_2} \rightarrow \frac{H_2}{H_1} = \frac{R_2/R_1}{A_2R_2s+1}$,

$A_3\frac{dh_3}{dt} = \frac{h_2}{R_2} - b \rightarrow \frac{H_3}{H_2} = \frac{1}{A_3R_2s}$ $\therefore \frac{H_3}{Q_i} = \frac{R_2}{(A_3R_2s)(A_1R_1s+1)(A_2R_2s+1)}$

7.4 ④ **풀이** $Y(s) = \frac{1-s}{s(s+2)(s+5)} = \frac{1/10}{s} - \frac{1/2}{s+2} + \frac{2/5}{s+5}$.

따라서 $Y(t) = \frac{1}{10} - \frac{1}{2}e^{-2t} + \frac{2}{5}e^{-5t} \rightarrow \frac{dY(t)}{dt} = e^{-2t} - 2e^{-5t} = 0 \rightarrow t = 0.231$

7.5 ② **풀이** 1차 Pade 근사식 $G_1(s) = \dfrac{1 - t_0 s/2}{1 + t_0 s/2}$. $Y(s) = G_1(s)X(s) = \dfrac{1 - t_0 s/2}{s(1 + t_0 s/2)}$.

따라서 $y(t) = 1 - 2e^{-2t/t_0}$

7.6 ① **풀이** $\dfrac{K_1\tau_2 - K_2\tau_1}{K_1 - K_2} < 0 \rightarrow \tau_2 < \dfrac{3}{2}$

연/습/문/제

7.1 그림 7.1과 같이 3개의 탱크로 구성된 시스템에서 첫 번째 탱크로 유입되는 유량은 5 ft/min으로 유지되고 있다. 이 유량이 크기 5인 계단변화를 보였을 때(즉 $q_i(t) = 5u(t) + 5$) $h_3(t)$를 구하여라. 탱크의 단면적은 각각 $A_1 = 1\ \text{ft}^2$, $A_2 = A_3 = 2\ \text{ft}^2$, 유출부의 저항 $R_1 = 1$ ft/cfm, $R_2 = 1.5$ ft/cfm, $R_3 = 2$ ft/cfm이며 탱크로부터의 유출량과 액위의 관계는 $q_1 = \dfrac{h_1}{R_1}$, $q_2 = \dfrac{h_2}{R_2}$, $q_3 = \dfrac{h_3}{R_3}$로 주어진다.

7.2 그림에 보인 액체 저장 시스템에서 유량 q_1(cfm)과 q_2(cfm)는 각각 다음과 같이 표현된다:

$$q_1 = 3.3\sqrt{2 + h_1},\ \ q_2 = 2(h_1 - h_2)$$

정상상태에서는 유량 $q_{is} = 10$ cfm이며 각 탱크의 직경은 모두 5 ft이다. 전달함수 $\dfrac{H_1(s)}{Q_i(s)}$를 구하여라.

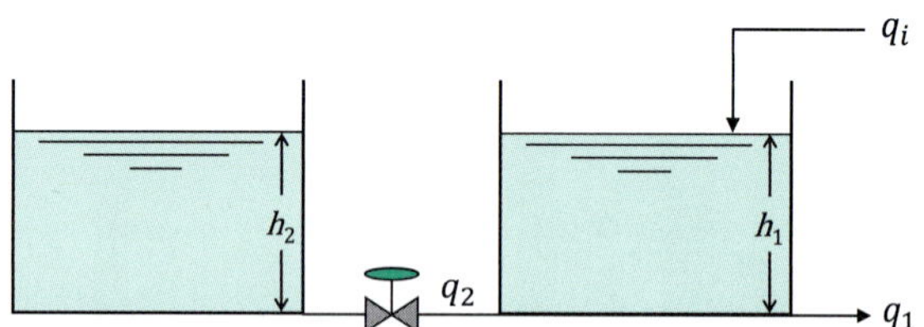

그림 P7.2

7.3 다음에 보인 그림은 직렬로 연결된 서로 동일한 n개의 교반탱크를 보인 것이다. 탱크 한 개의 부피는 V ft^{3}이며 i번째 탱크에서의 용질의 농도는 x_i lbmol/ft^{3}이고 유량 q는 일정하게 유지된다. 첫 번째 탱크로 순수한 용질 m (lbmol/min)이 주입되고 있다.

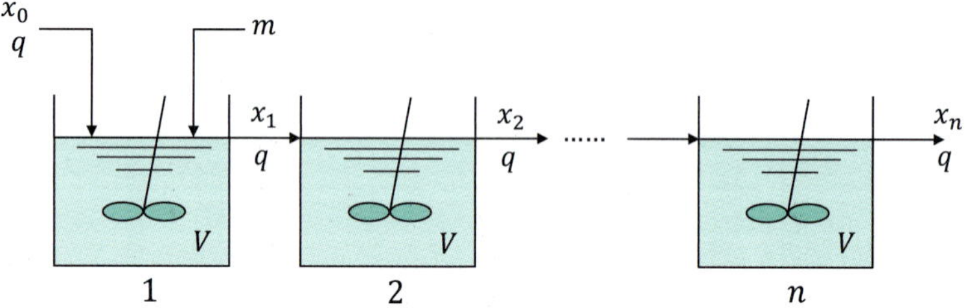

그림 P7.3

(1) $x_0 = 0$으로 유지되고 m이 크기 a인 impulse 변화를 보였을 때 $x_n(t)$를 구하여라.

(2) 용질의 주입을 중단하고($m = 0$) x_0를 0으로부터 b로 계단변화시켰을 때의 응답 $x_n(t)$를 구하여라.

7.4 5개의 동일한 액체 교반탱크가 직렬로 연결되어 있다. 각 탱크의 부피는 50 L이고 유량은 5 L/min으로서 일정하다. 어느 순간에 첫 번째 탱크로 유입되는 용액의 농도 c_0가 0.7 mol/L에서 0.85 mol/L로 증가하였다.

(1) 다섯 번째 탱크로부터의 유출액 중의 용액농도 $c_5(t)$를 시간의 함수로 나타내어라(c_5는 편차변수가 아니다).

(2) 시간 $t = 30$ min일 때 $c_1, c_2, \cdots, C_5$를 각각 구하여라.

7.5 전달함수가 $G(s) = \dfrac{-0.6s + 1}{(2s + 1)(s + 1)}$로 주어지는 공정이 있다. 이와 대등한 동특성을 갖도록 2개의 1차 공정을 병렬연결시켰을 때 각각의 1차 공정에 대한 전달함수를 구하여라.

7.6 그림 P7.6에 보인 것과 같이 3개의 탱크로 구성된 계가 있다. 각 탱크로부터의 유량은 각각 $q_1 = \dfrac{h_1 - h_2}{R_1}$, $q_2 = \dfrac{h_2}{R_2}$, $q_3 = \dfrac{h_3}{R_3}$로 주어진다.

(1) 전달함수 $\dfrac{H_2(s)}{Q(s)}$와 $\dfrac{H_3(s)}{Q(s)}$을 구하여라. 이 때 H_2, H_3, Q는 모두 편차변수들이다.

(2) q에 단위계단 변화가 도입되었을 때(즉 $Q(s) = 1/s$) $H_3(0)$와 $H_3(\infty)$를 구하여라.

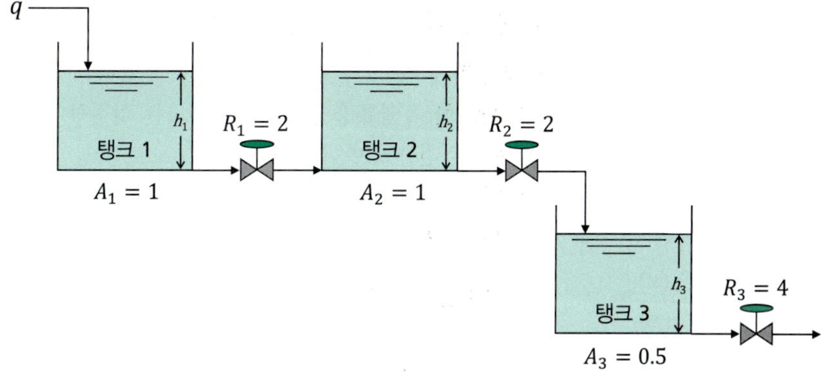

그림 P7.6

7.7 전달함수가 $G(s) = \dfrac{3s - 1}{2s + 1}$로 주어지는 lead/lag 공정에 크기 1, 지속시간 $T = 1$인 블록펄스 입력이 도입되었다. 응답 $Y(t)$를 구하여라.

7.8 어떤 공정의 동특성은 1차계로 표현될 수 있으며 정상상태 이득은 0.66, 시간상수는 6.7 min이고 시간지연은 2.65 min이다. 이 공정의 전달함수와 단위계단응답을 구하여라.

7.9 전달함수가 $G(s) = \dfrac{Y(s)}{X(s)} = \dfrac{1.5e^{-3s}}{(20s + 1)(10s + 1)}$로 주어지는 공정에서 입력변수에 크기 3인 계단변화가 야기되었을 때 응답 $Y(t)$를 구하여라.

7.10 다음 그림은 교반공정을 보인 것이다. 액체의 밀도는 일정하며 유입 및 유출유량의 변화는 없는 것으로 간주한다. 그림에서 $L = 20$ cm, $S = 1$ cm^2, $q = 10$ cm^3/sec, $V = 40$ cm^{3}이다. 유입 온도 T_i가 40°C로 유지되다가 갑자기 45°C로 증가되었다. 1st-order Pade 근사식을 이용하여 유출액의 온도 $T_o(t)$를 시간의 함수로 나타내어라(T_o는 온도계에 의해 얻어지는 값).

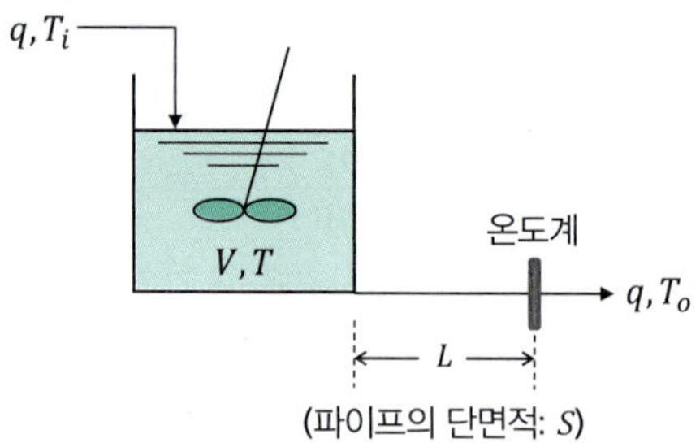

그림 P7.10

7.11 시간지연이 존재하는 어떤 공정의 전달함수는 $G(s) = \dfrac{Y(s)}{X(s)} = \dfrac{2e^{-9.6s}}{24s^2 + 6s + 1}$와 같다. 이 공정에 단위계단 입력변화가 도입되었을 경우 시간지연을 Taylor 근사, 1차 Pade 근사, 그리고 2차 Pade 근사로 나타내었을 때의 응답 $Y(s)$를 구하여라.

7.12 다음 그림에 보인 반응기에서는 1차 반응이 일어나며 반응속도상수 k는 일정하다. 미반응된 반응물은 재순환되며 반응물 유입유량 q와 재순환비 α는 일정하다. 파이프 내에서 일어나는 반응은 무시할 수 있으며 완전한 교반이 이루어지는 것으로 가정한다. 반응기로부터 ① 위치까지의 시간지연은 θ_1이며 ①로부터 ②에 이르는 재순환 파이프에 의한 시간지연은 θ_2이다. 유입 반응물 농도를 c_1, ① 위치에서의 반응물 농도를 c_i, ②에서의 반응물 농도를 c_2라 할 때 전달함수 $\dfrac{C_1(s)}{C_i(s)}$를 구하여라. 아울러 c_i에 크기 1000 kg/m^{3}인 계단변화가 야기되었다고 했을 때 c_1을 구하여라. 정상상태에서 $c_i = c_{is} = 2000$ kg/m^{3}이며, 그림에서 $V = 5$ m^3, $a = 12$, $q = 0.05$ m^3/min, $k = 0.04$ min^{-1}, $\theta_1 = 0.9$ min, $\theta_2 = 1.1$ min이다.

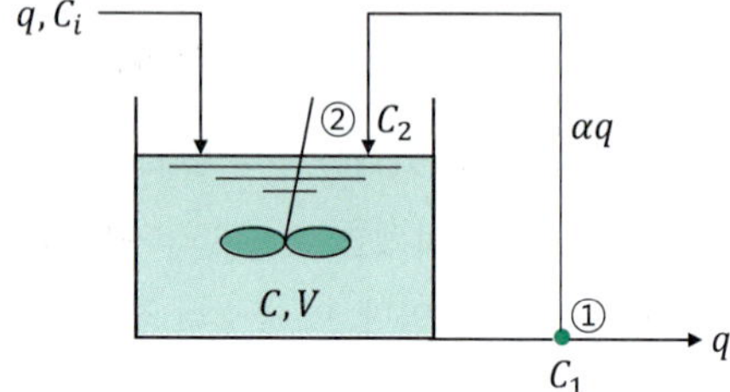

그림 P7.12

7.13 $G(s) = \dfrac{Y(s)}{X(s)} = \dfrac{K(\tau_d s + 1)}{\tau_g s + 1}$로 주어지는 lead/lag에서 크기 M인 계단입력 변화가 도입되었다.

(1) $Y(t)$를 구하여라.

(2) $\tau_g = 1$일 때 역응답이 일어나기 위한 τ_d의 범위를 구하여라.

7.14 전달함수가 $G(s) = \dfrac{Y(s)}{X(s)} = \dfrac{\tau_a s + 1}{(0.3s + 1)(s + 1)}$로 주어지는 2차 공정에 단위계단 입력변화가 도입되었다.

(1) 응답 $y(t)$를 시간의 함수로 나타내어라.

(2) τ_a의 값이 1, −1, 그리고 2일 때 응답 형태를 구해 보라. τ_a가 얼마일 때 역응답이 나타나는가?

7.15 전달함수가 $G(s) = \dfrac{Y(s)}{X(s)} = \dfrac{K(\tau_d s + 1)}{(\tau_1 s + 1)(\tau_2 s + 1)}$ $(\tau_1 > \tau_2)$로 주어지는 2차 공정에 크기 M인 계단입력 변화가 도입되었다.

(1) $Y(t)$는 $\dfrac{1 - \tau_d/\tau_2}{1 - \tau_d/\tau_1} > 1$일 때 최대, 또는 최소값을 가질 수 있음을 보여라.

(2) Overshoot가 일어나기 위한 조건을 구하여라.

(3) 역응답은 $\tau_d < 0$일 때에만 일어남을 보여라.

7.16 전달함수 $G(s) = \dfrac{-3s + 1}{(2s + 1)(5s + 1)}$에 단위 계단변화가 가해질 때 역응답이 일어난다. 이를 증명하고 역응답이 바뀌는 점(turnaround)에 도달되는 시간을 결정하여라.

7.17 2개의 전달함수 $G_1(s)$와 $G_2(s)$가 각각 다음과 같을 때 단위계단 변화에 대하여 동특성을 구하고 역응답이 나타나는지를 확인하여라. 역응답이 일어나는 경우 응답이 변화하는 방향이 바뀌는 점(turnaround)에 도달되는 시간을 정하여라.

$$G_1(s) = \frac{3s + 1}{(2s + 1)(s + 1)}, \quad G_2(s) = \frac{-3s + 1}{(2s + 1)(s + 1)}$$

7.18 다음은 두 1차 공정을 병렬연결한 것이다. 그림에서 $\tau_1 = 1$, $\tau_2 = 2$이다. K_1을 가로축, K_2를 세로축으로 하는 그래프상에 역응답이 나타나기 위한 영역을 나타내어라. 그림에서 $G_1(s) = \dfrac{K_1}{\tau_1 s + 1}$, $G_2(s) = \dfrac{-K_2}{\tau_2 s + 1}$이다.

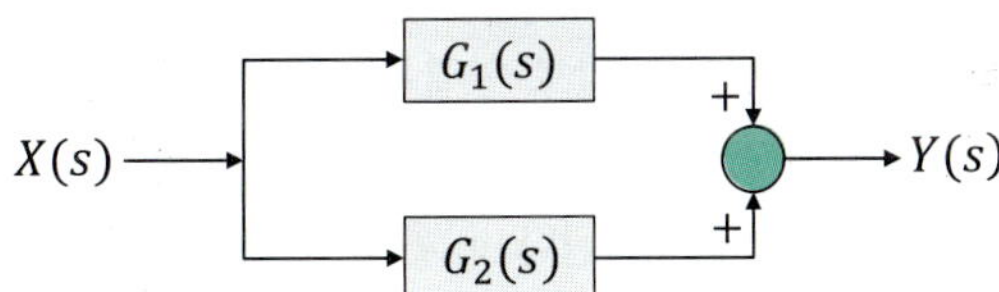

그림 P7.18

7.19 다음과 같은 2차 공정에 단위계단 변화가 도입되었다. $Y(t)$가 역응답을 나타낼 조건을 구하여라. K, τ_d, 그리고 τ_g는 양과 음의 모든 값을 취할 수 있다고 가정한다.

$$G(s) = \frac{Y(s)}{X(s)} = \frac{K(\tau_d s + 1)}{(\tau_g s + 1)(2s + 1)}$$

7.20 전달함수가 $G(s) = \dfrac{K_1 e^{-\theta_1 s}}{\tau_1 s + 1} - \dfrac{K_2 e^{-\theta_2 s}}{\tau_2 s + 1}$로 주어지는 공정에서 단위계단입력 변화가 도입되었을 때 역응답이 일어나기 위한 조건을 구하여라. $K_1 > K_2$, $\theta_2 - \theta_1 = 1$이다.

7.21 전달함수가 $G(s) = \dfrac{Y(s)}{X(s)} = \dfrac{K_1}{\tau_1{}^2 s^2 + 2\tau_1 \zeta s + 1} - \dfrac{K_2}{\tau_2 s + 1}$ $(K_1 > K_2)$로 주어지는 시스템에서 입력 X에 단위계단 변화가 도입되었다.

(1) $\zeta = 2$일 때 역응답이 일어나기 위한 조건을 구하여라.

(2) $\zeta < 1$인 경우 위 시스템의 응답을 구하여라.

7.22 그림에 보인 교반탱크에서 $A = 10\ \text{cm}^2$, $L = 10\ \text{cm}$, $q = 50\ \text{cm}^3/\text{sec}$, $V = 100\ \text{cm}^3$이다.

(1) 유입온도 T_i의 변화에 대한 유출온도 T_1의 변화를 나타내는 전달함수를 구하여라.

(2) 유입온도 T_i에 단위계단 변화가 도입되었다. 길이 L인 파이프로 인해 시간지연이 존재하는데, 1차 Pade 근사를 이용하면 양의 zero가 도입되게 되므로 역응답이 나타날 수 있다. 이 경우 시간 t가 얼마일 때 역응답의 크기가 최대가 되는가?

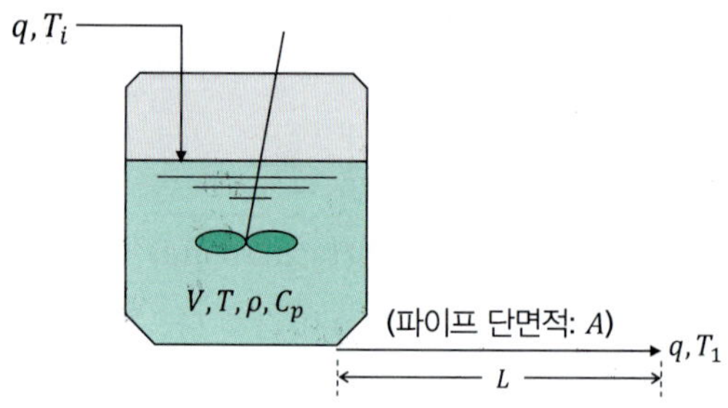

그림 P7.22

∗ MATLAB 활용 문제

7.23 시간지연이 존재하는 어떤 공정의 전달함수는 $G(s) = \dfrac{Y(s)}{X(s)} = \dfrac{2e^{-9.6s}}{24s^2 + 6s + 1}$와 같다. 이 공정에 단위계단 입력변화가 도입되었을 경우 시간지연을 Taylor 근사, 1차 Pade 근사, 그리고 2차 Pade 근사로 나타내었을 때의 응답을 각각 그래프로 나타내고 이를 시간지연을 근사식으로 나타내지 않은 경우와 비교해 보라.

7.24 다음에 보인 그림은 직렬로 연결된 서로 동일한 3개의 교반탱크를 보인 것이다. 탱크 한 개의 부피는 $V = 10\ \text{ft}^3$이며 i번째 탱크에서의 용질의 농도는 x_i lbmol/ft^{2}이고 유량 q는 $q = 5\ \text{ft}^3/\text{min}$으로 일정하게 유지된다. x_0를 0으로부터 1.2 lbmol/ft^{3}로 계단변화시켰을 때 시간에 따른 $x_i(t)$ $(i = 1, 2, 3)$의 변화를 그래프로 나타내어라.

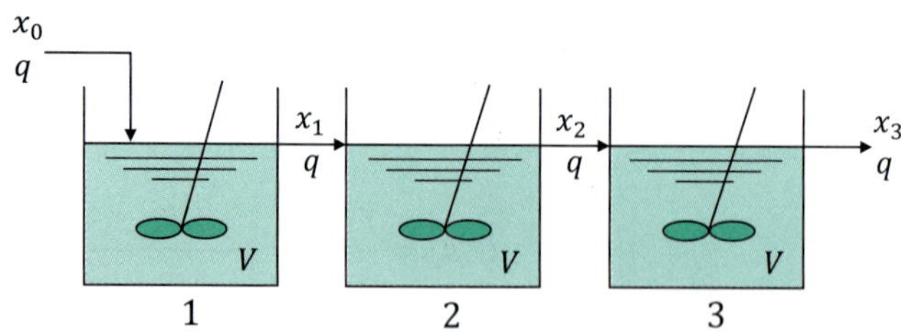

그림 P7.24

7.25 다음은 두 공정을 병렬연결한 것이다. 그림에서 $G_1(s) = \dfrac{1}{2s+1}$, $G_2(s) = \dfrac{s-2}{2s^2+3s+1}$이다. 입력 $X(t)$에 단위계단 변화가 도입되었을 때 Simulink를 이용하여 응답 $Y(t)$를 그래프로 나타내어라.

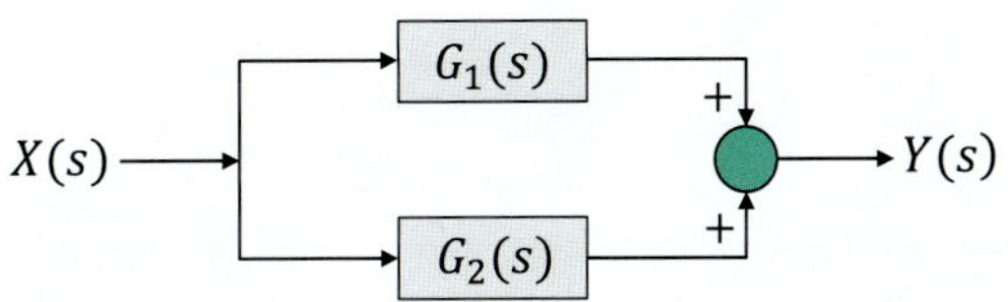

그림 P7.25

공정변수의 측정

공정의 제어에서는 먼저 변수값을 측정하고 이를 토대로 제어기 출력값을 결정한 다음 실제 제어작용을 취하게 된다. 공정변수들의 측정에는 센서(sensor)가 이용되며 측정된 변수들은 전송기에 의해 제어장치로 전달된다. 여기에서는 온도, 유량, 액위, 압력 등과 같은 주요 공정변수들의 측정에 이용되는 센서에 대해 간략히 살펴보기로 한다.

8.1 측정신호와 전환기

센서는 유량, 압력, 온도, 액위, 농도 등과 같은 주요 공정변수들을 측정하는 장치이며, 전환기(transmitter)는 센서에 의해 측정된 값을 제어기로 이송시킬 수 있는 신호로 바꾸어 주는 기능을 수행한다. 센서는 언제나 전환기와 결합되어 사용되며 이들을 합하여 전송기(transducer), 또는 발신기라고 부르기도 한다. 센서, 전환기, 제어기, 및 제어밸브로 구성되는 제어 시스템을 서로 연결하는 신호로는 전기신호가 가장 적절하다. 1950년대에 제어설비가 처음 화학공정에 도입되었을 때에는 공기압력 신호를 사용하였으나 갑작스런 정전이 발생하였을 때 공기 압축기가 가동되지 않고 따라서 공기압력이 유지될 수 없기 때문에 현재는 공기압력 신호는 거의 기본 신호로 사용되지 않고 있다.

전류신호는 전자기 유도잡음의 영향을 상대적으로 적게 받으며 제어기기 사이의 거리와는 무관하게 신호의 크기가 유지되기 때문에 현재 기본 신호로 널리 이용되고 있으며 모든 제어장치들에서는 4~20 mA의 전류신호가 표준으로 사용되고 있다. 0%의 신호에 대응하는 전류를 0 mA가 아닌 4 mA로 정한 것은 센서/전환기의 고장진단을 쉽게 하고 낮은 신호 영역에서도 잡음에 대한 신호의 비(signal-to-noise (S/N) ratio)를 높이기 위함이다. 그러나 제어기기 사이의 거리가 1 km 이상인 경우에는 전류신호의 연결이 문제가 되므로 디지털 기기를 이용한 광통신에 의한 신호연결 방식을 사용하기도 한다. 1960년대의 일부 제어기기는 10~50 mA의 전류신호를 사용하기도 하였으나 상대적으로 큰 전류를 사용하기 때문에 전류 공급원의 부하가 크다는 단점이 있으므로 현재는 사용되지 않고 있다.

제어장치로부터 최종 제어요소(제어밸브)로 전달되는 출력신호는 대개 4~20 mA의 전류신호이다. 전압이 아닌 전류신호가 이용되는 것은 전류가 전압에 비해 전자기 유도잡음의 영향을 적게 받기 때문이다. 제어밸브로서 공기의 압력으로 작동되는 공압식(pneumatic) 밸브가 이용되는 경우 전류신호는 공기압력으로 전환되어야 하며, 이를 위해 전류-공압 변환기(current-to-pneumatic pressure (I/P) transducer)가 사용된다. 전류-공압 변환기는 20~30 psig 압력범위의 건

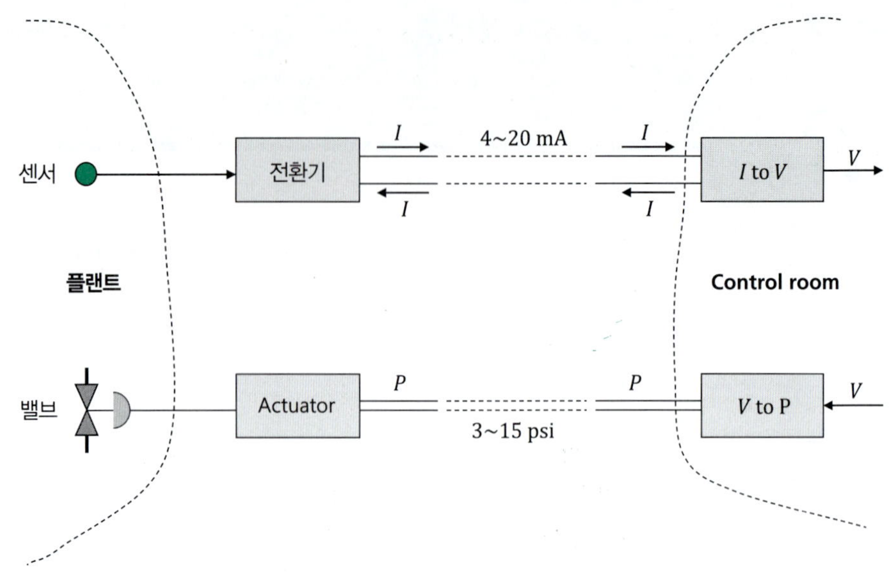

그림 8.1 제어신호 전달계통.

조공기를 공급받아 4~20 mA의 전류신호에 대응하는 3~15 psig (20~100 kPa) 압력범위의 공기를 밸브로 내보낸다. 또 250 Ω의 저항을 중간에 연결하여 4~20 mA의 전류신호로부터 저항 양단에서 1~5 V의 전압신호를 간단히 얻을 수 있으므로 신호변환이 매우 간단하다. 제어장치들

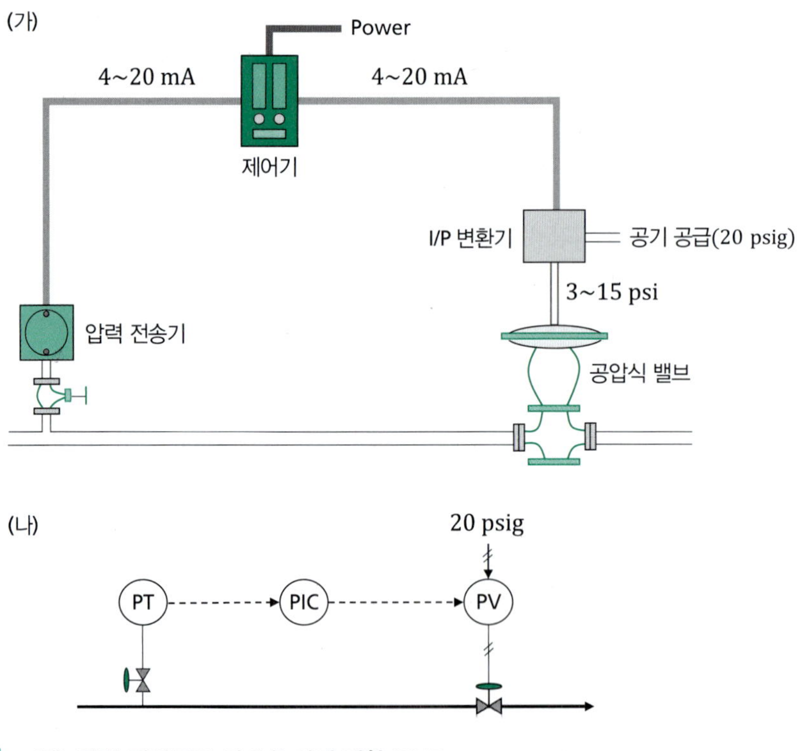

그림 8.2 (가) 압력 제어구조 및 (나) 이에 대한 P&ID.

에서는 일반적으로 24 V의 직류전원을 기본적으로 사용한다. 이 경우 제어장치에서 요구되는 최저 저항값이 존재하므로 이 값에 맞는 저항을 직렬로 연결하여 사용해야 한다. 그림 8.1은 이러한 제어신호들의 전달계통을 보인 것이다.

제어구조는 일반적으로 공정 계장계측도(Process and Instrumentation Diagram, P&ID) 상에 나타낸다. 그림 8.2는 압력 제어구조(그림 8.2(가)) 및 이에 대한 P&ID(그림 8.2(나))를 보인 것이다. 이 그림에 보인 압력 전송기(PT)와 제어기(PIC)로부터의 출력은 전기신호(점선으로 표시)로서 이 신호는 I/P 변환기에 의해 공기압 신호로 전환된다. 근래 들어 앞에서 언급한 아날로그 전송기는 점차 스마트(smart) 전송기로 대체되고 있다. 스마트 전송기는 자체의 중앙처리장치(CPU)를 지니고 있어서 측정된 신호값을 디지털 신호로 변환시키거나 간단한 제어기능 및 데이터 처리와 자기진단, 혹은 자기보정기능 등을 수행할 수 있다.

8.2 측정과 오차

8.2.1 입력신호와 출력신호 사이의 관계

측정에 있어서 감도는 계측기가 어느 정도 민감한가를 표시하는 정량적인 지표로서 입력신호에 대한 출력신호의 미소변화 비율로 표시한다:

$$S = \frac{dM}{dI} \quad (S\text{: 감도, } I\text{: 입력신호, } M\text{: 출력신호}) \tag{8.1}$$

계측기에서는 출력신호가 입력신호에 대하여 선형적으로 변화하는 것이 이상적이다. 그러나 많은 경우 그림 8.3에 보인 바와 같이 입출력 신호의 관계는 비선형성을 나타낸다.

출력신호 M에 대한 비선형성은 $\frac{\Delta M}{2M} \times 100\%$로 표시된다. 선형성이 유지되는 경우에는 측정되는 변수와 측정결과 간의 관계를 선형관계로 나타낼 수 있다:

$$c_m = mc + c_0 \tag{8.2}$$

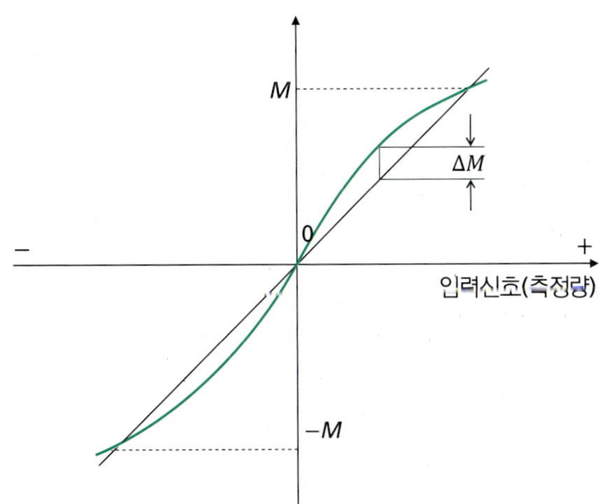

그림 8.3 비선형 입출력 관계.

위에서 c_m은 측정 결과이며 c는 측정되는 변수값이고 m은 기울기를 나타내며 c_0은 선형식의 절편이다.

8.2.2 히스테리시스 오차

측정이 여러 번 반복되는 경우 일반적으로 센서는 주어진 입력에 대하여 동일한 출력을 제시하지 않는다. 이러한 출력의 변동현상은 측정장치의 재현성에 어떤 제한을 부여하는 고유의 불확실성에 기인하며 측정에 따라 다르고 예측이 불가능하다. 히스테리시스(hysteresis)는 어떤 특정한 측정에서 입력이 높은 값으로부터 낮은 값으로 변할 때와 낮은 값으로부터 높은 값으로 변할 때에 대한 센서의 출력이(즉 측정결과가) 서로 다른 현상을 말한다.

그림 8.4(가)에서 A는 입력이 낮은 값으로부터 높은 값으로 변할 때의 센서의 출력이며 B는 입력이 높은 값으로부터 낮은 값으로 변할 때의 센서의 출력이다. 히스테리시스 오차는 계측기의 측정량(입력)을 증가시킬 때와 감소시킬 때 동일 측정량에 대한 지시값(출력)의 차이로 나타난다. 그 발생요인으로 계측기의 기계적/전기적 재료의 특성, 요소들 간의 마찰, 백 래쉬(back-lash) 등을 들 수 있다. 백 래쉬는 서로 맞물린 기어 한 쌍에서 접촉면 사이의 간극을 의미한다.

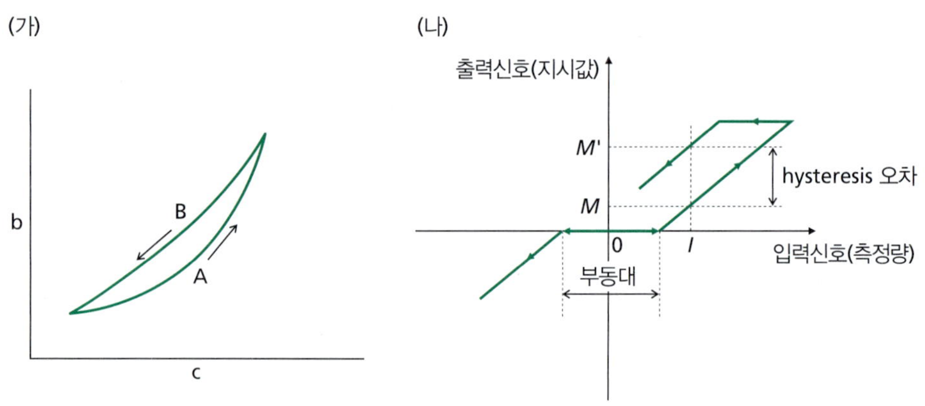

그림 8.4 (가) Hystersis 현상과 (나) Hystersis 오차.

8.2.3 측정값의 통계적 의미

동일조건하에서 얻어진 모든 측정값들의 집합을 모집단이라고 하면 모평균 m은 모집단에 대한 평균이다. 표본평균 $\overline{x}$는 n개의 측정값 x_i가 있을 때 $\overline{x} = \frac{1}{n}\sum_{i=1}^{n} x_i$로 계산되며 편차는 측정값 − 모평균 $= x_i - m$로 주어진다. 한편 잔차는 측정값 − 표본평균 $= x_i - \overline{x}$로 계산되며 치우침은 모평균 − 참값 $= m - T$로 주어진다. 표준편차는

$$\sigma = \sqrt{\frac{1}{n}\sum_{i=1}^{n}(x_i - m)^2} \qquad \mathbf{(8.3)}$$

로부터 얻어진다. 측정에 있어서 정확도(accuracy)는 참값에 대한 치우침이 작음을 의미하며 정

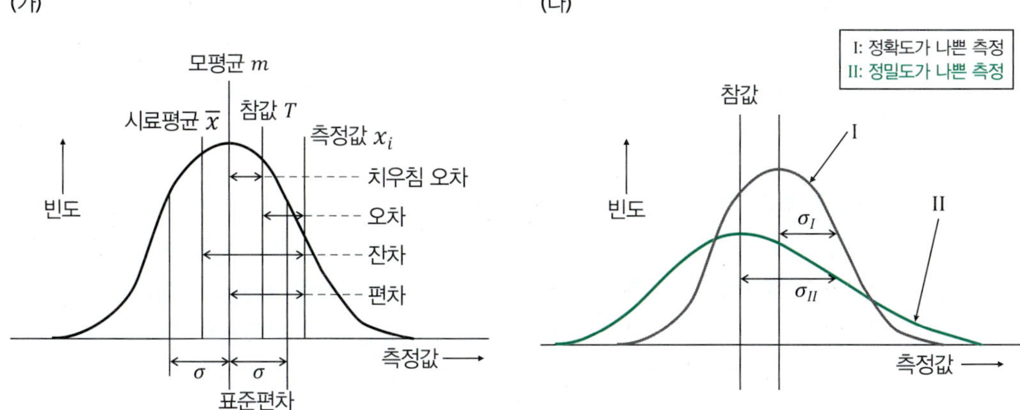

그림 8.5 (가) 측정값의 통계적 의미와 (나) 정확도와 정밀도.

밀도(precision, 또는 정도(精度))는 측정값의 흩어짐이 작음을 나타낸다(그림 8.5 참조).

정확도와 정밀도의 특성은 다음 표 8.1에 보인 바와 같이 요약해 볼 수 있다.

표 8.1 정확도와 정밀도

구분	정확도(accuracy)	정밀도(precision)
정의	한쪽으로 치우침이 작은 정도	흩어짐이 작은 정도
양적인 표시법	모평균-참값	모표준 편차
원인	계통적 오차	우연오차

정밀도는 측정장치로부터 기대되는 최대 오차의 설정에 이용한다.

- 측정 변수의 정밀도: 어떤 온도 측정에서 정밀도가 ±1°C라면 측정된 온도값은 1°C의 불확실성을 내포한다.
- 장치의 전역(full-scale, FS) 눈금의 %: 전역 범위가 5 V인 장치에서 정밀도가 ±0.5% FS라면 측정의 불확실성 정도는 (5)(±0.005) = ±0.025 V이다.
- 장치 스팬(span)의 %(장치 측정용량 범위의 %): 20~50 psi 압력범위에 대한 스팬의 ±3%를 측정하는 장치라면 정밀도는 (±0.03)(50 − 20) = ±0.9 psi이다.
- 실제 눈금의 %: 볼트미터 눈금의 ±2% 정밀도라면 측정치가 2 V일 때 정밀도는 (±0.02)(2) = ±0.04 V가 된다.

8.3 신호의 처리

8.3.1 아날로그 신호처리

아날로그(analog) 신호처리는 아날로그 신호를 제어루프의 다른 요소들과 접속에 용이한 형태로 전환시키는 조작을 말한다. 이 경우 입력되는 신호와 처리된 출력신호는 모두 아날로그 신호이다.

공정변수를 나타내는 어떤 전압의 레벨(level)과 바이어스(bias, 0점)를 조정하는 것은 가장 널리 이용되는 신호처리 방법의 하나이다. 0점 전이(zero shift)는 0점을 조정하는 것을 말하며 증폭(amplification)은 출력을 증폭시키는 조작이고 감쇠(attenuation)는 센서의 출력을 더 작게 하는 것을 의미한다.

휘트스톤 브리지(Wheatstone bridge). 휘트스톤 브리지는 1833년에 새뮤얼 헌터 크리스티에 의해 고안된 신호처리 장치로서 후일 1843년 찰스 휘트스톤 경에 의해 개선되었다. 휘트스톤 브리지는 4개의 저항이 정사각형을 이루는 회로로서 일반적으로 미지의 저항값을 구하기 위해서 사용된다. 브리지 회로들은 임피던스(impedance) 변동을 전압 변동으로 전환시킨다. 이 회로는 생성되는 전압이 0 근처에서 변하도록 디자인할 수 있다는 장점을 지닌다. 즉 증폭(amplification)을 이용해 전압 수준을 증폭시킴으로써 임피던스의 변동에 대한 감도를 높일 수 있다. 직류(DC) 휘트스톤 브리지는 공정변수 변화에 따라 센서 저항이 변하는 경우의 신호처리에 이용된다.

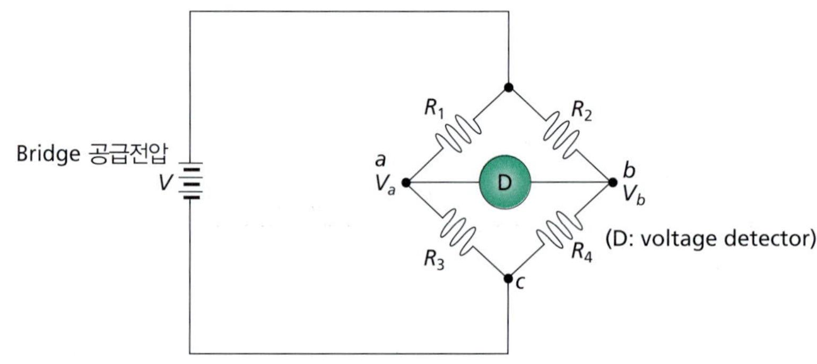

그림 8.6 휘트스톤 브리지.

그림 8.6에서 D는 점 a와 b에서의 포텐셜 비교에 이용되는 전압 검출기(voltage detector)이다. 검출기의 임피던스는 ∞라고 가정한다. 이는 곧 개방회로임을 의미한다. a와 b 사이의 전위차는 $\Delta V = V_a - V_b$로 주어진다. 여기에서 V_a는 c에 대한 점 a의 포텐셜이며 V_b는 c에 대한 점 b의 포텐셜이다. 브리지 공급전압을 V라 하면

$$V_a = V(\frac{R_3}{R_1 + R_3}), \qquad V_b = V(\frac{R_4}{R_2 + R_4})$$

따라서

$$\Delta V = V(\frac{R_3}{R_1 + R_3} - \frac{R_4}{R_2 + R_4}) = V\frac{R_3R_2 - R_1R_4}{(R_1 + R_3)(R_2 + R_4)} \tag{8.4}$$

위에서 $R_3R_2 = R_1R_4$이면 $\Delta V = 0$로서 검지기 null(detector null)이라 칭한다.

RC 회로(RC circuit). 커패시터(capacitor, 축전기, 혹은 콘덴서)가 충전되지 않은 상태의 RC 회로에서 스위치를 A에 놓아 직류전원을 연결시킨 직후의 전류 변화는 Kirchhoff의 법칙에 따른다. 그림 8.7은 간단한 RC 회로를 보인 것이다.

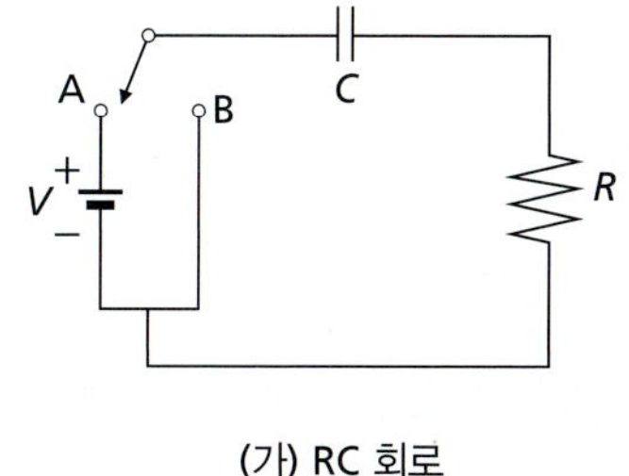

(가) RC 회로

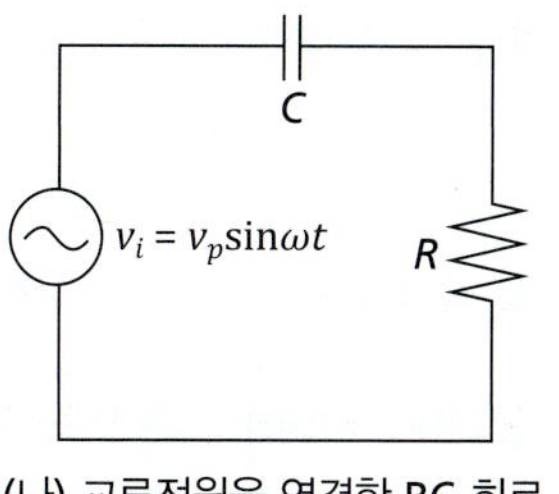

(나) 교류전원을 연결한 RC 회로

그림 8.7 **RC 회로.**

그림 8.7(가)의 회로에 Kirchhoff 법칙을 적용하면 $V = R\,i + \frac{q}{C}$와 같다. 이를 시간에 대하여 미분하면

$$0 = R\frac{di}{dt} + \frac{i}{C} \;\rightarrow\; \frac{di}{i} = -\frac{1}{RC}dt \;\rightarrow\; i\,(t) = A\,e^{-t/RC} \tag{8.5}$$

시간 $t = 0$에서 커패시터는 충전되지 않았으므로 $q = 0$이다. 따라서

$$i\,(t = 0) = A\,e^{-\frac{0}{RC}} = A = \frac{V}{R} \;\rightarrow\; i\,(t) = \frac{V}{R}\,e^{-t/RC} \tag{8.6}$$

저항에 걸리는 전압은 $V_R(t) = i\,R = V\,e^{-t/RC}$이고 커패시터 양단의 전압은 $V_C(t) = V - V_R = V(1 - e^{-t/RC})$와 같다. V_R은 지수함수적으로 감소하며 V_C는 지수함수적으로 증가함을 알 수 있다. 어떤 양이 지수함수적으로 감소할 때 최초값의 $e^{-1} = 0.368$, 혹은 최종값의 $1 - e^{-1} = 0.632$에 도달하기까지 걸리는 시간은 시간상수(혹은 시간상수, 시정수) τ라고 통칭됨을 우리는 알고 있으며 $Ve^{-\tau/RC} = Ve^{-1}$로부터 $\tau = RC$가 된다. 시간이 충분히 지나면 커패시터는 완전히 충전되며 이 경우 $V_C = V$이다. 이 때 RC 회로의 스위치를 B로 돌려 전원 전압이 0이 되도록 한 다음 Kirchhoff의 법칙을 적용하면 V가 0이므로 $0 = Ri + \frac{q}{C}$이다. 이를 t로 미분하면

$$0 = R\frac{di}{dt} + \frac{i}{C} \;\rightarrow\; i(t) = ke^{-t/RC}$$

$t = 0$일 때

$$q = CV, \qquad i(0) = -\frac{q}{RC} = -\frac{CV}{RC} = -\frac{V}{R} = ke^{0} = k$$

따라서

$$i\,(t) = -\frac{V}{R}\,e^{-t/RC} \tag{8.7}$$

이다. 위에서 − 부호는 전류가 충전할 때와 반대 방향으로 흐르는 것을 의미한다. 그러므로

$$V_R\,(t) = i\,R = -V\,e^{-t/RC} \tag{8.8}$$

이며 $V = 0 = V_C(t) + V_R(t)$로부터

$$V_C\,(t) = -V_R\,(t) = V\,e^{-t/RC} \tag{8.9}$$

이다. 즉 V_R과 V_C 모두 지수함수적으로 감소한다.

RC 필터(RC filter). 측정치로부터 원치 않는 잡음(noise) 신호를 제거하려면 회로들을 이용하여 어떤 주파수나 주파수 밴드(band)들을 차단한다. 이를 위한 필터에서는 어떤 주파수, 혹은 주파수 밴드를 차단시키는 회로의 사용이 필요하다. 그림 8.7(나)에 보인 바와 같이 RC 회로에 교류전원 $v(t) = V_p \sin\omega t$를 연결한 경우를 고려해 보자. Kirchhoff 법칙을 적용하면 $V(t) = R\,i + \frac{q}{C} = V_p\,\sin\omega t$이고, 이를 한 번 미분하면 $R\frac{di}{dt} + \frac{i}{C} = \omega V_p\,\cos\omega t$이다. 이 회로에 흐르는 전류를 $i\,(t) = I_p\sin(\omega t + \varphi)$라 가정하면 $\frac{di}{dt} = I_p w\cos(wt + \varphi)$이므로

$$\omega R I_p \cos(\omega t + \varphi) + \frac{1}{C} I_p \sin(\omega t + \varphi) = \omega V_p\,\cos\omega t$$

삼각함수의 덧셈공식을 이용하여 위의 삼각함수를 전개하면

$$wRI_p(\cos wt\,\cos\varphi - \sin wt\,\sin\varphi) + \frac{I_p}{C}(\sin wt\,\cos\varphi + \cos wt\,\sin\varphi) = wV_p\cos wt$$

양변에서 $\cos\omega t$와 $\sin\omega t$의 계수를 비교하면

$$\omega RI_p\cos\varphi + \frac{I_p}{C}\,\sin\varphi = \omega V_p, \qquad -\omega RI_p\sin\varphi + \frac{I_p}{C}\,\cos\varphi = 0$$

이로부터

$$\varphi = \arctan\frac{1}{\omega\,R\,C}, \qquad I_p = \frac{V_p}{\sqrt{R^2 + (\frac{1}{\omega C})^2}}$$

위의 관계로부터 전류는

$$i\,(t) = I_p\sin(wt + \varphi) = \frac{V_p}{\sqrt{R^2 + (\frac{1}{\omega C})^2}}\,\sin(\omega t + \varphi), \qquad \varphi = \arctan\frac{1}{\omega RC} \tag{8.10}$$

이 경우 저항과 커패시터 양단의 전압은 각각

$$V_R(t) = i(t)\,R = V_p\frac{R}{\sqrt{R^2 + (\frac{1}{\omega\,C})^2}}\,\sin(\omega t + \varphi) \tag{8.11}$$

$$V_C\,(t) = \frac{1}{C}\int i\,(t)\,dt = -V_p\frac{\frac{1}{\omega C}}{\sqrt{R^2 + (\frac{1}{\omega C})^2}}\,\cos(\omega t + \varphi) \tag{8.12}$$

와 같다. $y = M\,\sin wt$라고 할 때 y의 RMS(Root mean square) 값 y_{rms}는

$$y_{rms} = \sqrt{\frac{1}{2\pi}\int_0^{2\pi} M^2\sin^2(wt)d(wt)} = \frac{M}{\sqrt{2}}$$

$V(t)$, $V_R(t)$, $V_C(t)$에 대한 RMS 값은

$$V_{rms} = \frac{V_p}{\sqrt{2}},\ V_{R,rms} = \frac{RV_p}{\sqrt{2\{R^2 + (\frac{1}{wC})^2\}}},\ V_{C,rms} = -\frac{V_p/(wC)}{\sqrt{2\{R^2 + (\frac{1}{wC})^2\}}} \tag{8.13}$$

이다. 전압 간의 비 $\frac{V_{R,rms}}{V_{rms}}$, $\frac{V_{C,rms}}{V_{rms}}$를 취하면

$$\frac{V_{R,rms}}{V_{rms}} = \frac{R}{\sqrt{R^2 + (\frac{1}{\omega C})^2}} = \frac{1}{\sqrt{1 + (\frac{1}{\omega RC})^2}},\quad \frac{V_{C,rms}}{V_{rms}} = \frac{\frac{1}{\omega C}}{\sqrt{R^2 + (\frac{1}{\omega C})^2}} = \frac{1}{\sqrt{1 + (\omega RC)^2}}$$

를 얻는다. $\frac{V_{R,rms}}{V_{rms}} = \frac{1}{\sqrt{2}}$가 되는 half-power 주파수(임계 주파수) f_c는 $\omega_c RC = 2\pi f_c RC = 1$로부터 $f_c = \frac{1}{2\pi RC}$, $RC = \frac{1}{wC} \rightarrow wRC = w \cdot \frac{1}{w_c} = \frac{w}{w_c} = \frac{f}{f_c}$임을 알 수 있다. Half-power 주파수 f_c에서는 $\frac{V_C}{V}$ 역시 $\frac{1}{\sqrt{2}}$이다.

고주파 통과필터(high-pass RC filter). V를 입력신호, V_R을 출력신호로 간주하자. 만약 입력신호에 주파수가 다른 여러 신호가 들어오면 주파수가 f_o보다 작은 신호는 상당히 작아져서 출력에 전달되는 한편 주파수가 큰 신호는 거의 크기가 줄지 않고 출력에 나타나게 된다. 따라서 저항 양단에서 출력을 뽑을 때의 RC 회로는 입력에 걸린 신호들 중 주파수가 높은 신호들만을 선별적으로 출력에 나타나게 하는 기능을 수행하는데, 이는 고주파 통과 필터로서 그림 8.8에 보인 바와 같이 고주파 신호를 통과시키고 저주파 신호를 차단한다. 전압비는 다음과 같이 주어진다:

$$|\frac{V_{out}}{V_{in}}| = \frac{f/f_c}{\sqrt{1 + (f/f_c)^2}} \tag{8.14}$$

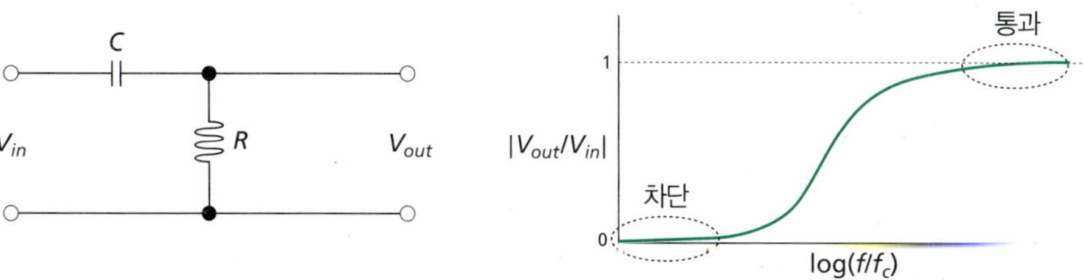

그림 8.8 고주파 통과필터.

저주파 통과필터(low-pass RC filter). 같은 RC 회로에서 커패시터를 출력 단자로 사용하면 저주파 통과 필터 기능을 수행한다. 이 필터는 그림 8.9에 보인 바와 같이 고주파 신호를 차단하고 저주파 신호를 통과시킨다. 임의의 신호 주파수에 대한 전압비는

$$\left|\frac{V_{out}}{V_{in}}\right| = \frac{V_C}{V} = \frac{1}{\sqrt{1+(f/f_c)^2}} \quad \textbf{(8.15)}$$

이다. 필터의 설계에서는 설계기준을 만족시키는 임계주파수 f_c를 규명한 다음 R과 C를 구한다.

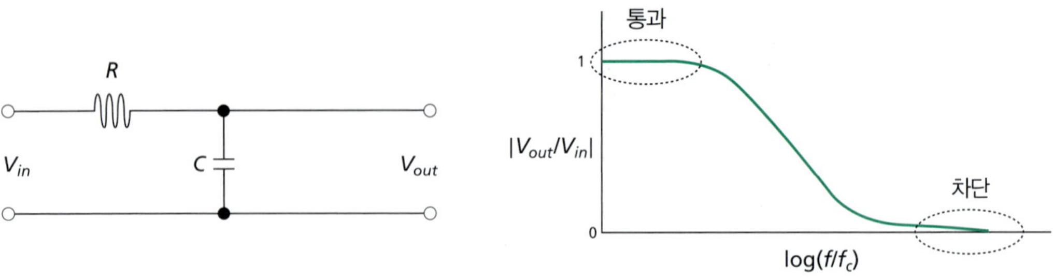

그림 8.9 **저주파 통과필터.**

밴드패스 필터(band-pass RC filter). 어떤 범위의 주파수 신호만을 통과시키고 그 범위 밖의 신호는 차단하는 필터로서 저주파 통과필터와 고주파 통과필터의 단순한 연결이다. 그림 8.10에서

$$f_L = \frac{1}{2\pi R_H C_H},\quad f_H = \frac{1}{2\pi R_L C_L},\quad \left|\frac{V_{out}}{V_{in}}\right| = \frac{f_H f}{\sqrt{(f^2 - f_H f_L)^2 + (f_L + (1+r) f_H)^2 f^2}} \quad \textbf{(8.16)}$$

로 주어진다.

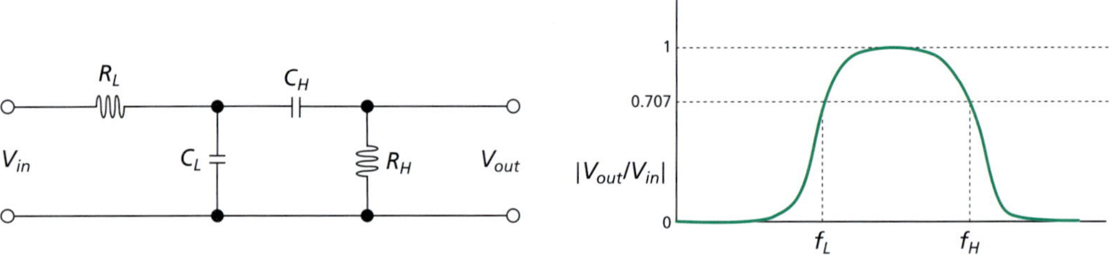

그림 8.10 **밴드패스 필터.**

8.3.2 디지털 신호처리

아날로그 공정정보를 디지털 포맷으로 표현하는 경우에는 0과 1(binary, 이진수)의 두 가지 상태로 나타낸다.

Digital-to-Analog Converter (D/A, DAC). DAC는 디지털 정보를 아날로그 전압으로 변환시키는 장치이다. 디지털 정보는 2진수로 표시된다. 예를 들면 10110110은 8-bit 워드(word)이다. 모든 bit가 0이면 아날로그 출력은 0이고 모든 bit가 1이면 아날로그 출력은 어떤 최대값을 갖는다. 입력 워드가 $b_1 b_2 \cdots b_n$(2진수)일 때 아날로그 출력전압은

$$V_{\text{out}} = V_R(b_1 2^{-1} + b_2 2^{-2} + \cdots + b_n 2^{-n}) \quad (V_R\text{: 기준 전압})$$

4-bit 워드의 경우 최대출력은

$$V_{max} = V_R(1 \cdot 2^{-1} + 1 \cdot 2^{-2} + 1 \cdot 2^{-3} + 1 \cdot 2^{-4}) = 0.9375V_R$$

8-bit 워드의 경우에는

$$V_{max} = V_R(1 \cdot 2^{-1} + 1 \cdot 2^{-2} + \cdots + 1 \cdot 2^{-7} + 1 \cdot 2^{-8}) = 0.9961V_R$$

DAC 입력의 십진수 표기값을 N이라 하면 2진수 $b_1b_2 \cdots b_n$의 경우

$$N = b_n2^0 + b_{n-1}2^1 + b_{n-2}2^2 + \cdots + b_12^{n-1}$$

이므로

$$\frac{N}{2^n} = b_12^{-1} + b_22^{-2} + \cdots + b_{n-1}2^{1-n} + b_n2^{-n} = \frac{V_{out}}{V_R}$$

따라서

$$V_{out} = V_R(b_12^{-1} + b_22^{-2} + \cdots + b_n2^{-n}) = \frac{N}{2^n}V^R \quad \textbf{(8.17)}$$

전환 해상도(conversion resolution)는

$$\Delta V_{out} = \frac{V_{out}}{N} = \frac{V_R}{2^n} = 2^{-n}V_R \quad \textbf{(8.18)}$$

로 주어진다.

Analog-to-Digital Converter (A/D, ADC). ADC에서는 입력전압과 기준전압에 가장 근접한 2진수를 규명한다. 아날로그 입력전압 V_{in}, n bit의 출력 $b_1b_2 \cdots b_n$에 대하여

$$b_12^{-1} + b_22^{-2} + \cdots + b_n2^{-n} \le V_{in}/V_R$$

불확실성 정도는

$$\Delta V = V_R2^{-n} \quad \textbf{(8.19)}$$

로 표시된다.

제어신호용 전환기. 제어기를 컴퓨터로 사용하는 경우에는 표준신호인 4~20 mA의 전류신호를 디지털 신호로 전환하여 컴퓨터에 입력하고 컴퓨터에서 계산된 값을 다시 4~20 mA의 전류신호로 전환시킬 필요가 있는데 이때에는 각각 위에서 다룬 A/D 전환기와 D/A 전환기가 사용된다. A/D 전환기는 전압신호를 표준으로 하고 있으나 전류신호에서 전압신호로의 변환은 앞에서 언급한 저항을 연결하여 간단히 해결할 수 있다. 시판되는 A/D 전환기는 대부분 고속 전환용이기 때문에 신호에 부가된 잡음의 영향을 많이 받으므로 1초간 10회 이내의 신호입력이 필요한 경우는 적분형이나 시그마 델타형 A/D 전환기를 이용하는 것이 좋다. A/D 전환기는 아날로그 신호의 디지털화 정도에 따라 비트 수가 결정되는 데 보통 12비트용 전환기이면 적당하다. D/A 전환기의 경우는 보통 표준 전류신호인 4~20 mA의 출력이 가능하므로 제어기기에 직접 연결하여 사용이 가능하다.

8.4 온도의 측정

온도는 열 에너지를 나타내는 척도이다. 에너지 측정의 단위는 주울(joule)로서 물질의 크기에 따라 달라진다. 에너지의 경우 보통 물질 분자당 평균 에너지를 정의하여 이용한다. 1592년 갈릴레이가 최초로 온도 측정기를 발명하였으며 1700년대 초 네덜란드의 Gabriel Fahrenheit가 반복도가 좋은 수은 온도계를 고안하였다. 이후 1742년 Anders Celcius가 물을 기준으로 하는 새로운 온도 척도(0~100도)를 제안하였다. 1948년 1기압에서 물의 융해점을 0도, 끓는점을 100도로 정한 척도가 섭씨 눈금으로 공식 채용되었다.

8.4.1 금속저항과 온도의 관계

온도의 전기적 측정에서는 물질의 전기저항 변화를 이용한다. 두 가지 기본적인 측정 형태로서 RTD(저항-온도 감지기, 온도 변화에 따른 금속 저항의 변동에 근거)와 써미스터(thermistor, 온도변화에 따른 반도체 저항의 변동에 근거)를 들 수 있다. 전자가 물질을 통해 이동하면 물질 내에서 정지하고 있는 다른 원자나 분자들과 충돌하게 된다. 물질 내에 열 에너지가 존재하고 원자가 진동하면 전자들이 진동하는 원자들과 충돌할 기회가 더 많아진다. 이에 따라 전자들의 움직임이 방해를 받게 되고 전자들은 에너지의 일부를 흡수한다. 즉 금속은 전류흐름에 대한 저항을 지닌다. 금속의 저항은 원자들의 진동(즉 온도)의 함수로서 온도가 증가하면 전자끼리의 충돌이 가속화되어 저항이 증가한다.

일정온도 T에서 저항 R은 $R = \dfrac{\rho l}{A}$(l: 길이, A: 단면적, ρ: 밀도)로 주어지므로

$$\frac{R(T)}{R(25°\mathrm{C})} = \frac{\rho(T)l/A}{\rho(25°\mathrm{C})l/A} = \frac{\rho(T)}{\rho(25°\mathrm{C})} \tag{8.20}$$

임을 알 수 있다. 저항과 온도 사이의 선형근사 관계는 $T_1 < T < T_2$일 때

$$R(T) = R(T_0)[1 + \alpha_0(T - T_0)], \quad \alpha_0 = \frac{1}{R(T_0)}\left(\frac{R_2 - R_1}{T_2 - T_1}\right) \tag{8.21}$$

와 같으며 2차 근사관계는

$$R(T) = R(T_0)[1 + \alpha_1(T - T_0) + \alpha_2(T - T_0)^2] \tag{8.22}$$

와 같다. 그림 8.11은 대표적인 금속의 온도-저항 사이의 관계를 보인 것이다.

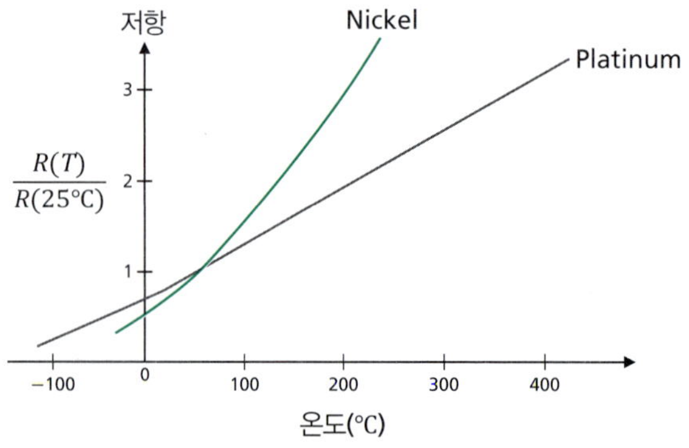

그림 8.11 대표적인 금속의 온도-저항 사이의 관계.

0°C에서의 명목 저항은 백금필름 RTD의 경우 100~1000 Ω 범위이다. 백금에 대한 저항과 온도 사이의 관계(2차 및 3차 근사식)는 다음과 같이 주어진다:

$$T < 0°C:\ R_T = R_0[1 + aT + bT^2 + cT^3(T - 100)],\ \ T > 0\,°C:\ R_T = R_0[1 + aT + bT^2]$$

Callendar–Van Dusen 보정식은

$$R_T = R_0 + R_0\alpha\{T - \delta(\frac{T}{100} - 1)(\frac{T}{100}) - \beta(\frac{T}{100} - 1)(\frac{T^3}{100})\} \quad \textbf{(8.23)}$$

이며 백금의 경우 $\alpha = 0.00392, \delta = 1.48, \beta = 0(T > 0), 0.1(T < 0)$이다.

보기 8.1

온도에 따른 어떤 금속의 저항을 측정하여 다음 표를 얻었다. 60°F와 90°F 범위에서 저항과 온도 사이의 관계를 나타내는 선형식을 구하여라.

표 8.2 온도에 따른 저항 변화

T(°F)	R(Ω)
60	106.0
65	107.6
70	109.1
75	110.2
80	111.1
85	111.7
90	112.2

풀이

75°F가 중간이므로 $T_0 = 75$°F로 한다. $R(T_0) = 110.2\ \Omega$이므로

$$\alpha_0 = \frac{1}{110.2}(\frac{112.2 - 106.0}{90 - 60}) = 0.001875$$

따라서 $R(T) = 110.2[1 + 0.001875(T - 75)]$

8.4.2 저항온도 감지기

모든 물질은 온도 변화에 따라 전기저항이 변하므로 이론적으로는 어떤 물질도 온도 감지기로 사용이 가능하다. 실제로는 몇 가지 금속과 반도체가 온도측정에 사용된다. 저항온도 감지기(Resistance Temperature Detector, RTD)로서 주로 금속온도 감지소자가 이용되며 서미스터로서 반도체 온도감지 소자가 이용된다. Humphrey Davy는 금속의 저항이 온도에 의존한다는 사실을 발

표하였다. 이후 William Siemens는 저항온도 소자로 백금의 사용을 제안하였으며 1932년 C. H. Meyers는 백금사용 저항온도 감지기를 제작하였다. 오늘날 백금 저항온도 감지기(PRTD)는 산소 비등점(−182.96°C)에서 안티몬의 융점(630.74°C)까지의 보간 표준기로 사용된다.

RTD는 저항이 온도의 함수로 감지되는 간단한 와이어(wire) 형태가 보통이다. 와이어를 어떤 형태에 코일로 감아서 전체 크기를 작게 하고 열 전도도를 향상시켜 응답시간이 감소되도록 한 구조가 일반적이다. 특히 백금선을 가는 유리막대나 세라믹 막대에 감아 사용하는 형태가 가장 보편적으로 사용된다. 코일을 감는 것은 자기잡음을 최소로 하기 위해 유효 밀폐 단면적을 감소시키기 위한 것이다. 금속 필름형 RTD는 백금이나 유리-금속 슬러리 필름을 작고 얇은 세라믹 기판에 증착시켜 에칭(etching)시킨 후 밀폐시킨 구조이다. 필름형 RTD는 조립시간이 짧고 크기에 비해 큰 저항을 가지며 크기가 작아 온도의 계단변화에 신속하게 응답한다. RTD는 안정성이 우수하고 다른 전자온도 센서에 비해 선형성이 가장 우수하다. 아울러 응답이 느리고 감도가 낮다.

8.4.3 써미스터

써미스터(thermistor, thermally sensitive resistor)는 물질 저항의 변화를 통해 온도를 측정하는 또 다른 부류의 온도센서이다. 써미스터는 저항이 온도에 따라 변한다는 측면에서 RTD와 유사하다. 써미스터의 특성은 RTD와는 매우 다르며 온도에 대한 반도체 저항이 보이는 비선형적 거동에 의존한다. 써미스터는 유리나 에폭시에 싸인 금속 산화물 반도체 물질로 구성되며 감도가 높다. 예로서 2252 W 써미스터는 실온에서 −100 W/°C의 감도를 보이는 데에 비해 100 W RTD의 감도는 0.4 W/°C이다. 그러나 써미스터는 사용온도 범위가 작다.

정온도 계수(Positive Temperature Coefficient, PTC)는 온도가 증가하면 저항도 증가하는 현상을 나타내며, 부온도 계수(Negative Temperature Coefficient, NTC)는 온도가 증가하면 저항이 감소하는 현상을 나타내는데 대부분의 써미스터가 이에 해당된다. 재질로서는 Ni, Mn, Co, Fe, Cu 산화물 압축/소결한 반도체 등이 이용되며 측정범위는 −100~300°C이다. 대부분의 써미스터의 온도−저항 특성은 Steinhart–Hart 식으로 표현된다:

$$\frac{1}{T} = A + B\ln R + C(\ln R)^3 \quad \textbf{(8.24)}$$

위에서 T는 절대온도(K), R은 써미스터의 저항, 그리고 A, B, C는 곡선의 보정계수이다. 일반적인 곡선보정계수로서

$$A = 1.1252 \times 10^{-3}/K,\ \ B = 2.3478 \times 10^{-4}/K,\ \ C = 8.5262 \times 10^{-8}/K$$

를 이용한다.

써미스터는 온도계수가 크며 응답속도가 빠르고 경제적이다. 또한 국부측정이 가능하고 극소형화가 가능하다. 특히 비저항이 크기 때문에 정확한 온도 측정이 가능하고 RTD에서와 같이 4선식 저항측정은 필요하지 않다. 그러나 써미스터는 열전대나 RTD보다 손상되기 쉬우므로 사용에 주의를 요한다. 써미스터는 또한 재현성이 나쁘고 고온 측정이 부적당하며 자기가열, 또는 흡습성으로 오차가 발생한다. 그림 8.12는 대표적인 100 W RTD 온도곡선과 비교한 써미스터 온도곡선을 보인 것이다.

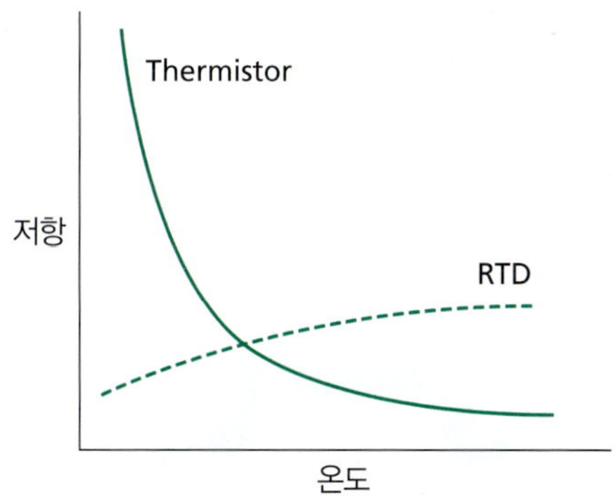

그림 8.12 대표적인 써미스터(thermistor) 온도곡선.

8.4.4 Thermoelectric 효과

금속의 양쪽에 온도차가 발생하면 원자의 진동과 전자의 운동이 영향을 받아서 포텐셜 차이가 발생한다. 뜨거운 쪽의 전자들이 차가운 쪽보다 더 많은 열에너지를 지니므로 전자들은 차가운 쪽으로 흐른다. 이러한 전자의 흐름은 같은 온도에서 열전도도의 차이로 인해 금속에 따라 달라진다. 양 끝을 다른 전도체를 통해 연결하는 회로를 구성하면 전류가 흐른다. Joule 가열(heating)은 전기 에너지가 열에너지로 전환되는 과정으로서 전류가 도선을 흐르면 열이 발생하며 전자들은 금속의 뜨거운 쪽에서 차가운 쪽으로 확산된다. 전도체의 양 끝부분의 온도가 서로 다르면 더 높은 열속을 지닌 뜨거운 쪽의 전자들이 차가운 쪽으로 확산되며 이러한 전자의 운동은 전류를 생성한다. 이러한 현상은 Seebeck 효과라고 알려져 있으며 1821년 Thomas Johann Seeback이 발견하였다. 그는 금속막대의 한쪽 끝을 다른 쪽보다 더 뜨겁게 하거나 차갑게 하면 양쪽 사이에 전위차가 생성됨을 발견하였다. 전자 확산에 따른 전류에 의해 회로에 자기장이 생성되어 전위차가 변화된다(그림 8.13 참조).

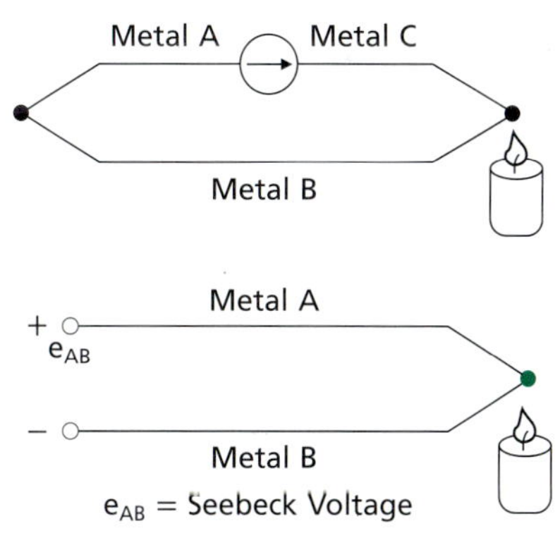

그림 8.13 Thomas Johann Seeback과 Seeback 효과.

그림 8.14에 보인 바와 같이 서로 다른 두 금속 A와 B가 회로를 구성한다고 하자. 자유전자의 밀도가 서로 다른 두 종류의 금속도체의 양단을 전기적으로 접속시켜 폐회로를 만들어 양단에 온도차를 주면 회로에 전류가 흐른다. 발생된 emf(electromotive force)는 두 접점 사이의 온도차에 비례한다.

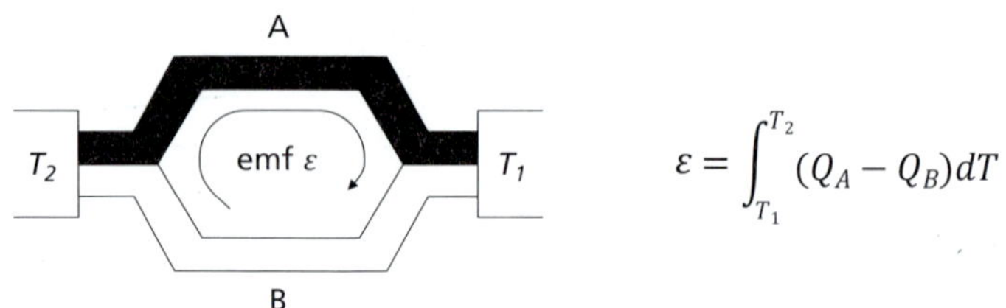

그림 8.14 Seeback 효과.

위에서 Q_A, Q_B는 두 금속의 열전달 상수들이다. 일반적으로 Q_A, Q_B는 거의 온도와 무관하며 따라서 $\varepsilon = \alpha(T_2 - T_1)$로 쓸 수 있다. 위에서 α는 재질의 Seebeck 계수(V/K)이다. $T_1 > T_2$이면 전자는 T_1 쪽으로 흐른다.

보기 8.2

두 접점온도가 20°C 및 100°C일 때 $\alpha = 50\ \mu V/°C$인 물질에 대한 Seebeck emf를 구하여라.

풀이

$$\varepsilon = \alpha(T_2 - T_1) = \left(50\frac{\mu V}{°C}\right)(100°C - 20°C) = 4\ \text{mV}$$

8.4.5 열전대

열전대의 특성. 열전대(thermocouple)는 Seebeck 효과를 이용하는 온도측정 장치이다. 측온접점은 온도를 측정하려는 유체나 매체에 노출되며 기준접점은 측정계기에 연결되는 부분이다. 측온접점과 기준접점 사이에 온도차가 존재하면 회로에 전류가 생성하며 흐르는 전류에 의해 발생하는 열 기전력을 측정한다. 기준접점은 보통 0°C로 일정하게 유지된다. 실험실의 경우 얼음통, 산업공정의 경우 냉장고, 오일조, 오븐 등을 사용한다. 측온접점은 기준접점이 위치한 전압계로부터 때로는 수백미터 떨어진 곳에 위치시킨다.

열전대는 응답이 빠르고 시간지연에 의한 오차가 비교적 적다. 적절한 열전대를 선정하면 0~2500°C 온도 범위의 측정이 가능하다. 아울러 특정 지점이나 좁은 장소의 온도 측정이 가능하다. 온도가 열 기전력으로써 검출되므로 측정, 조절, 증폭, 변환 등의 정보처리가 용이하다. 그러나 측정 분위기에 따른 열전대의 제약이 있다. 측정온도의 ±0.2% 정도 이상의 높은 정확도는 어렵다. 기준접점이 필요하며 열전대와 계기간 연결에 보상도선이 필요하다. 또한 분위기에 따른 열화가 있고 정기적인 교정 및 시험이 필요하며 수명에 한계가 있다.

열 기전력의 측정. 열전대의 열 기전력은 측온접점과 기준접점 사이의 온도차에 의해 정해진다. 열 기전력은 가동 코일형, 또는 전자관식 자동 평형형 계기, 전위차계 등으로 측정한다. 측온접점은 서로 다른 종류의 금속 A, B를 접합시킨 점 n이며 기준접점은 n과 반대편에 위치한 m 점이라고 할 때 측온접점 n에서의 온도 T_2와 n과 기준접점 m 점에서의 온도 T_1 사이의 온도차 $T_2 - T_1$에 의해 열 기전력 $V_{AB}(T_2, T_1)$가 생성된다. 이는 바로 Seeback 효과이다. 보통 기준접점 온도 T_1을 일정하게 하고 측정되는 열 기전력 $V_{AB}(T_2, T_1)$에 의해 측온접점의 온도 T_2를 규명한다(그림 8.15 참조).

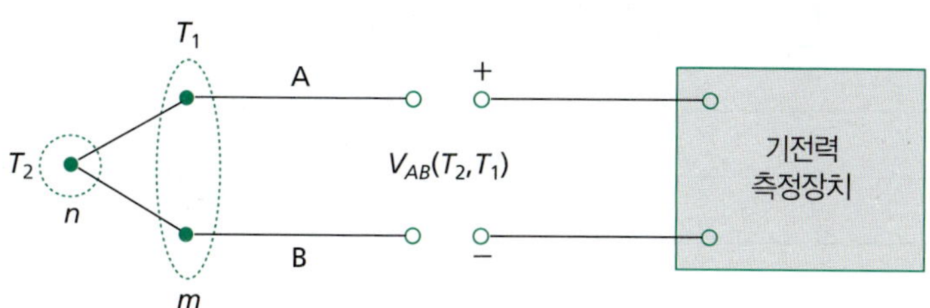

그림 8.15 **열 기전력의 측정.**

열 기전력 표는 온도에 따라 열전대에서 발생하는 기전력을 나타낸 표이다. 표에 나타나 있지 않은 기전력 측정값에 대한 온도의 계산은 다음 관계를 이용한다:

$$T_m = T_l + (\frac{T_h - T_l}{V_h - V_l})(V_m - V_l) \qquad \textbf{(8.25)}$$

위에서 T_m는 온도, V_h, V_l는 열 기전력 표에서 측정된 기전력 V_m 바로 위(V_h)와 아래(V_l)의 기전력 값, T_h, T_l는 각각 V_h 및 V_l에 해당되는 온도이다.

열전대로부터 기전력이 주어진 경우 온도는 다음과 같은 다항식으로 근사할 수 있다:

$$T = a_0 + a_1 x + a_2 x^2 + \cdots + a_n x^n$$

위에서 T는 온도(℃), x는 열전대로부터 측정된 기전력(volt), a_i는 열전대 형태에 따른 계수, 그리고 n은 다항식의 차수이다. n이 커질수록 정확도는 증가한다. $n = 9$일 때 정확도는 대략 ±1℃ 정도이다.

열전대의 형식 및 구조. 표 8.3은 열전대의 형식과 재질을 보인 것이다.

B **열전대**(70% **백금** · rhodium 30%–94% **백금** · rhodium 6%). + 쪽에 Rh 30%를 포함한 백금 Rh와 − 쪽에 Rh 6%를 포함한 백금 Rh 합금을 사용한다. 백금에 Rh의 함유량을 증가함에 따라 융점 및 기계적인 강도가 상승한다. 이 열전대는 순백금(Pt)의 사용 중에 생기는 + 쪽으로부터 − 쪽으로의(Rh) 확산에 의한 열 기전력 특성의 열화를 방지하는 것을 목적으로 한 열전대이다. 중성 분위기 중에서의 연속 사용이 가능하며 환원성 분위기에서도 보통의 R 열전대에 비해 수명이 길다. R, S 열전대에 비해 고온에서 사용되는 반면 저온에서는 열 기전력이 극히 작기 때문에 정도는 떨어진다. 고온에 있어서 정밀측정과 내구성이 요구되는 경우에 이 열전대를 권장한다.

표 8.3 열전대의 형식과 재질

열전대 형식기호	재질		사용온도(°C)
	양극	음극	
B	70% 백금 + 30% 로듐	94% 백금 + 6% 로듐	0~1820
E	크로멜	콘스탄탄	−100~1260
J	철	콘스탄탄	−190~760
K	크로멜	알루멜	−190~1260
R	87% 백금 + 13% 로듐	백금	0~1482
S	90% 백금 + 10% 로듐	백금	0~1482
T	구리	콘스탄탄	−200~371

R 열전대(백금−13% rhodium. 87% 백금). + 쪽에 Pt, Rh(13%) 합금과 − 쪽에 순 Pt를 사용한다. 고순도 백금(99.999~99.9999%)의 귀금속을 사용하고 있기 때문에 KS 규격에 의한 ±0.25%의 오차를 충분히 만족시키는 고정도를 갖는다. 이 열전대를 진공 및 환원성 분위기, 금속증기 분위기에서 직접 사용하는 것은 피해야 한다. 보호관 및 절연관에는 철 함유량이 낮은 고순도 알루미늄 재질을 사용한다. 열전대 자체의 취급에도 주의를 요하며 손의 땀이나 기름으로 오손되지 않도록 알콜, 벤젠 등으로 오염을 제거하는 것이 중요하다.

S 열전대(백금−10% rhodium. 90% 백금). + 쪽에 Pt, Rh(10%)을 함유한 합금과 − 쪽에 순 Pt를 사용한 열전대로서 1886년에 르샤틀리에(Le Châtelier)에 의해서 개발되었다. IPTS(국제 실용 온도 목성)에서는 안티몬의 용융점(630.74°C)으로부터 금의 용융점(1064.43°C)까지의 온도표준으로 사용된다. 1981년의 KS 개정에 의해 KS화되었다. 사용할 때에는 R 열전대와 같은 주의가 필요하다.

K 열전대(chromel−alumel). + 쪽에 Cr을 약 10% 포함한 Ni−Cr 합금(chromel)과 − 쪽에 Al, Mn을 포함한 Ni 합금(alimel)을 사용한다. 미국 호스킨스 사에서 1906년 A. L. Marsh에 의해서 개발되었다. 현재 공업용의 열전대로서 가장 널리 사용되며 신뢰성이 높다. 이 열전대는 고온(약 1200°C)까지 가능하며 기전력 특성의 직선성이 양호하고 비교적 내열, 내식성이 높다. 또한 금속증기, 공기 및 O_2, N_2, CO_2 가스 중에서는 기전력이 안정되어 있다. 그러나 환원성(H_2, Co) 가스, 또는 산소분압이 낮은 조건에 대해서는 크로멜(chromel) 선의 열화 'Green Rot'라 불리는 Cr 선택 산화현상으로 기전력 차가 크게 저하하여 큰 오차가 생길 수 있다.

E 열전대(chromel−constantan). + 쪽에 K 열전대와 같은 Ni−Cr 합금(chromel)과 − 쪽에 Cu-Ni 합금(constantan)을 사용한다. 공업용 열전대로서는 기전력 특성이 가장 높아서 수요가 날로 증대하며 대형 화력 원자력 발전 등에서 채용되고 있다. 현재 사용되고 있는 열전대 중에서는 전기저항이 가장 높으므로 사용 계기의 선택에는 충분한 주의가 필요하다.

J 열전대(iron–constantan). + 쪽에 순철(Fe)과 – 쪽에 Cu–Ni 합금(constantan)을 사용한다. 환원성 분위기 중에서의 사용에 적절하고 기전력 특성이 E 열전대에 이어서 높다. 또한 비교적 값이 싸기 때문에 손쉽게 측정을 할 경우에 편리하다. 그러나 수분을 포함한 산화 분위기 중에서는 산화가 심하므로 사용할 때에는 충분한 주의가 필요하다.

T 열전대(copper–constantan). + 쪽에 순동(Cu)과 – 쪽에 Cu–Ni 합금(constantan)을 사용한다. 그러나 호칭이 같아도 + 쪽의 종류에 따라 Cu-Ni 합금의 배합비를 변화시켜 열 기전력 특성을 조정한다. 따라서 이들 열전대 선의 – 쪽의 호환성은 없으므로 주의해야 한다.

8.4.6 바이메탈 온도계

고체분자의 진동은 열에너지가 클수록 진폭과 진동수가 커진다. 이는 그림 8.16에 보인 바와 같이 고체부피의 팽창으로 나타난다.

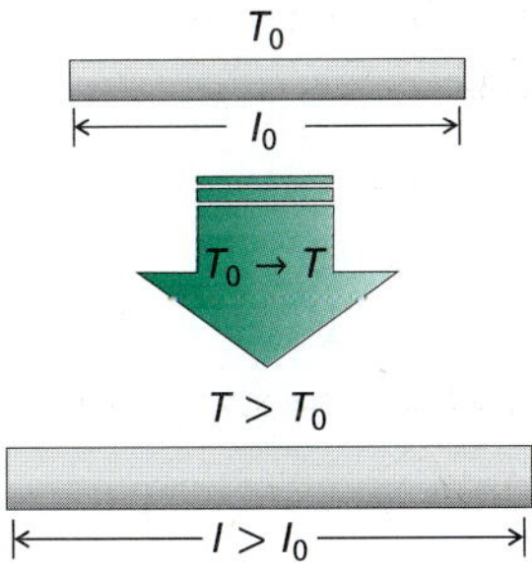

그림 8.16 **열팽창.**

길이는 $l = l_0[1 + \gamma(T - T_0)] = l(1 + \gamma\Delta T)$로 주어진다. 여기에서 γ는 선형 열팽창 계수이다. 표 8.4는 주요 금속의 선형 열팽창 계수를 보인 것이다.

표 8.4 주요 금속의 선형 열팽창 계수

재질	열팽창 계수(/°C)
알루미늄	25×10^{-6}
구리	16.6×10^{-6}
강철	6.7×10^{-6}
베릴륨/구리	9.3×10^{-6}

바이메탈 온도계(bimetal strip)는 금속의 온도에 따른 열팽창을 이용하는 온도계로서 선형 열팽창 계수가 서로 다른 금속을 접촉시킨 바이메탈을 온도변화에 노출시키면 팽창계수가 작은 쪽으로 바이메탈이 휜다. 바이메탈 온도계는 비교적 부정확하고 히스테리시스(hystersis)가 존재

하며 시간응답이 비교적 느리다. 그러나 비용이 저렴하며 연속 제어가 아닌 ON/OFF 제어가 요구되는 경우에 특히 유용하다.

바이메탈 온도계는 연속적인 기온의 변동을 자동적으로 자기 기록지에 기록하기 위한 온도계로 많이 이용되었다. 이 경우 팽창계수가 서로 다른 두 종류의 쌍금속판을 밀착시켜 활 모양으로 휘게 하여 한쪽은 고정시키고 다른 한쪽은 지렛대에 연결해 펜 축에 작용토록 함으로써 원통형 시계에 부착되어 있는 자기 기록지에 기록되도록 한다. 사용하는 바이메탈은 보통 은 황동-앰버(니켈 36%의 니켈강), 철-니켈 합금 등의 조합이다. 온도계의 눈금범위는 보통 −20~150°C 이내이나 고온용의 것도 있다. 판상(板狀) 바이메탈의 한쪽 끝을 고정하고 다른쪽 끝의 움직임을 지레로 확대해서 기록시키는 기상용 자기온도계나 보호관에 나선형 · 코일형 바이메탈을 넣은 공업용 온도계 등이 이용된다.

보기 8.3

20°C에서 길이가 10 m인 알루미늄 막대의 온도가 0°C에서 100°C로 변할 때 길이의 변화는 얼마인가? 알루미늄의 열팽창 계수는 25 × 10^{-6}/°C이다.

풀이

0°C에서의 막대의 길이는 $l_0 = (10)[1 + (2.5 \times 10^{-5})(0 - 20)] = 9.995 \text{ m}$
100°C에서의 막대의 길이는 $l_{100} = (10)[1 + (2.5 \times 10^{-5})(100 - 20)] = 10.02 \text{ m}$
따라서 막대의 팽창된 길이는 $l_{100} - l_0 = 0.025 \text{ m} = 25 \text{ mm}$

8.4.7 봉입형 온도계

봉입형 온도계는 유체의 온도변화에 따른 열팽창을 이용하여 온도를 측정하는 장치이다. 봉입유체로는 액체 및 기체가 이용된다. 온도가 증가하면 유체가 팽창하고 이 팽창력이 부르돈 관에 전달되어 코일이 펴지려는 힘에 의해 온도계 지침이 구동된다. 기체 봉입형 온도계에서 기체의 체적이 일정하면 기체의 압력과 온도의 비는 일정하다.

수은 온도계는 모세관에 봉입한 수은의 열팽창을 이용하는 온도계이다. 측정범위는 −35~350°C이며 질소가스를 충전하는 경우 15기압에서 500°C, 50 기압에서 700°C까지 측정 가능하다. 유기액체 온도계에서 감온액으로 알코올(−100°C~), 톨루엔(−190°C~), 석유에틸(−190°C~), 펜탄(−200°C~) 등이 이용된다. 대개 감온액을 적색으로 착색하여 측정한다. 측정범위는 −200 ~ 100°C이다. 표 8.5는 봉입형 온도계의 등급 및 특징을 보인 것이다.

표 8.5 봉입형 온도계 등급 및 특징

<table>
<tr><th rowspan="2">SAMA 등급</th><th rowspan="2">온도보상 형식</th><th colspan="2">사용온도(°C)</th><th rowspan="2">봉입 유체</th><th rowspan="2">선형도</th><th rowspan="2">응답 속도</th><th rowspan="2">측정범위 초과능력</th><th rowspan="2">장점</th><th rowspan="2">단점</th></tr>
<tr><th>최소</th><th>최대</th></tr>
<tr><td>I</td><td>없음</td><td rowspan="3">−87</td><td rowspan="3">371</td><td rowspan="3">액체</td><td rowspan="3">선형
(저온부
제외)</td><td rowspan="3">6~7초</td><td rowspan="3">150%</td><td rowspan="3">밸브 크기가
작음
좁은 측정범위
가격이 저렴</td><td rowspan="3">캐필러리 길이
가 짧음
온도보상이 어
려움</td></tr>
<tr><td>IA</td><td>완전보상</td></tr>
<tr><td>IB</td><td>케이스 보상</td></tr>
<tr><td>IIA</td><td rowspan="4">요구 안 됨</td><td colspan="2">주위온도~343</td><td rowspan="4">수증기</td><td rowspan="4">고온부
눈금증대</td><td rowspan="4">4~5초</td><td rowspan="4">없음</td><td rowspan="4">긴 캐필러리
이용 가능
주위온도
보상 불필요
빠른 응답속도</td><td rowspan="4">비선형 스케일
측정범위
초과기능
없음</td></tr>
<tr><td>IIB</td><td colspan="2">−184~주위온도</td></tr>
<tr><td>IIC</td><td colspan="2">주위온도 부근</td></tr>
<tr><td>IID</td><td colspan="2">주위온도 부근</td></tr>
<tr><td>IIIA</td><td>완전보상</td><td rowspan="2">−268</td><td rowspan="2">760</td><td rowspan="2">기체</td><td rowspan="2">선형
(저온부
제외)</td><td rowspan="2">4~7초</td><td rowspan="2">150~300%</td><td rowspan="2">수두 영향 없음
최대 온도 측정
범위</td><td rowspan="2">밸브 크기가 큼
넓은 눈금폭
요구
제어소자로
부적합</td></tr>
<tr><td>IIIB</td><td>케이스 보상</td></tr>
<tr><td>VA</td><td>완전보상</td><td rowspan="2">−40</td><td rowspan="2">649</td><td rowspan="2">수은</td><td rowspan="2">선형</td><td rowspan="2">4~5초</td><td rowspan="2">150%</td><td rowspan="2">선형 스케일
온도보상 용이
제어소자로 사
용 최적</td><td rowspan="2">파손시 수은
누출</td></tr>
<tr><td>VB</td><td>케이스 보상</td></tr>
</table>

8.4.8 비접촉식 온도계

비접촉식 온도계는 방사방출 에너지를 이용하여 온도를 측정한다는 특징을 갖는다. 표 8.6은 비접촉식 온도계의 온도범위 특징을 보인 것이다.

표 8.6 비접촉식 온도계의 온도범위

온도계 종류	사용온도(°C)		상용온도(°C)	
	하한	상한	하한	상한
광 고온계	700	3000	900	2000
방사 온도계	50	3000	100	2000
색 온도계	600	2500	800	2000

압력식 온도계는 열에 의해 체적이 팽창할 때 압력이 증가되는 원리를 이용한다. 액체 팽창시 압력 온도계의 경우 감온액으로 수은, 알코올, 아닐린 등을 이용하며 지침, 섹터기어, 감압부, 도압부, 감온부 등으로 구성된다. 이 온도계는 감온부(체적 변화) → 감압부(변위량 감지) → 섹터기어(확대) → 지침표시의 순서로 작동되며 감도가 우수하고 원격측정(50 m)이 가능하다. 기체 팽창식 압력 온도계의 경우 감온기체로서 프레온, 에틸렌, 톨루엔, 아닐린 등이 이용된다. 이 온도계는 원격측정(50~90 m)이 가능하며 측정범위는 −130~500°C 범위이다.

8.5 압력의 측정

압력은 공정으로부터 직접 측정할 수 있는 변수이다. 압력 측정방법은 측정계통의 요건, 요구되는 정확도, 공정의 특성(정특성, 동특성, 물리적 특성)을 고려해 결정한다. 압력센서는 압력을 기계/전기적 신호로 전환시킨다. 표 8.7은 압력 측정장치의 종류와 특성을 요약한 것이다.

표 8.7 압력 측정장치의 종류와 특성

종류	측정범위	정도	용도
단관식	10~2,500 mmAq(수두)	0.1 mmAq	게이지압, 지시압, 표준정압
경사관식	10~50 mmAq	0.05 mmAq	게이지압, 진공도, 지시용정압
U자관식	10~2,500 mmAq	0.1 mmAq	지시용정압, 표준압, 절대압
마노미터	0.5~30 mmAq	0.5%	게이지압, 유량측정용 차압
환상 평형식	20~2,500 mmAq	1%	게이지압, 통풍력, 원격지시용
침종식	5~300 mmAq	1~2%	게이지압, 통풍력, 유량측정용
부르동관식	0.5~3,000 kg/cm^2	1~2%	게이지압, 전송기록용, 원격지시용
다이어프램	10 mmAq~2 kg/cm^2	1~2%	게이지압, 진공도, 전송기록용
벨로스식	10 mmAq~10 kg/cm^2	1~2%	게이지압, 통풍력, 전송기록용
분동식	2~4,000 kg/cm^2	0.1%	표준압력, 게이지압,검정 · 교정용
전기저항식	1,000 kg/cm^2	2%	게이지압, 전송기록용
전기압전기식	5~1,000 kg/cm^2	2%	게이지압, 전송기록용, 원격지시용
맥로드진공계	10^{-4} mmHg		진공압력, 교정용

8.5.1 마노미터

정지유체 압력은 유체 밀도와 깊이에 의해 결정된다. 밀도가 ρ인 유체의 표면에서 깊이 h인 곳에서의 압력을 고려해 보자. 단면적 A, 깊이 h인 유체에 작용하는 지구의 중력은 $F = \text{mg} = (\rho V)\text{g} = (\rho Ah)\text{g}$ 로 주어지며 깊이 h인 유체에 작용하는 압력은 $P = F/A = \text{mg} = (\rho Ah)g/A = \rho gh$로 주어진다. 유체에 작용하는 총 압력은 $P_0 + \rho Ah$가 된다(P_0: 유체 표면에 작용하는 대기압).

마노미터(manometer)는 가장 보편적인 압력 측정기기로서 보통 1개, 혹은 2개의 투명관으로 구성된다. 어느 한 쪽의 액체 면에 압력을 가하면 다른 쪽의 액체 면이 상승하는 구조로 되어 있으며 사용 액체로는 수은, 물이 대부분이다. 기본 형태로서 U 튜브형, 경사형, 수조형이 있다. 유체가 들어있는 용기 내의 압력 측정에 이용되는 마노미터에서 용기에 부착된 마노미터의 U 튜브는 마노미터 유체로 채워진다. 그림 8.17은 마노미터의 형태를 보인 것이다.

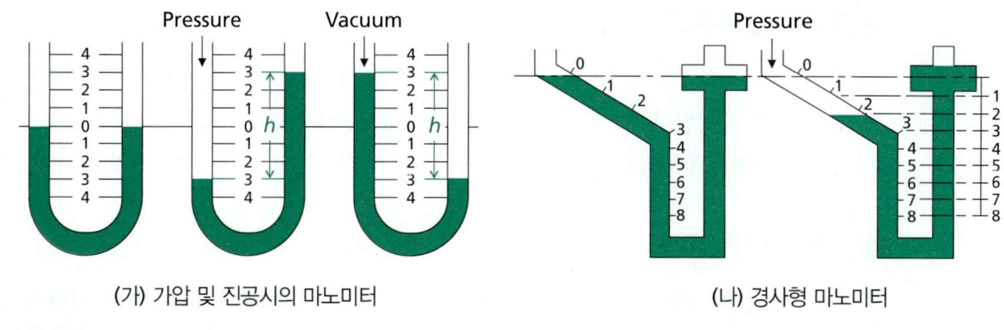

그림 8.17 마노미터.

마노미터는 응답이 느리므로 압력변동이 심할 경우 사용이 불가능하다. U 튜브 마노미터의 경우 h를 얻기 위해 두 가지 측정값을 동시에 측정해야 한다. 압력차이가 작을 경우 측정이 어려우며 정확한 측정을 위해서는 온도와 밀도 사이의 관계를 알아야 한다. 그러나 마노미터는 구조가 간단하고 보정이 불필요하다는 장점을 지닌다.

8.5.2 압력 게이지

압력 게이지와 스위치는 플랜드에서 가장 많이 이용되는 세기이나. 플랜트에서는 가급석 보다 적은 수의 신뢰도가 높은 우수한 게이지를 사용해야 한다. 게이지 고장의 두 가지 주요 원인으로 파이프의 진동과 물의 응축을 들 수 있다. 압력 게이지는 정밀도에 따라 grade 4A (허용오차: span의 0.1%)에서 grade D (5% 오차)로 분류된다.

8.5.3 다이어프램

다이어프램(diaphragm)은 압력정보를 물리적인 변위로 전환시키는 장치로서 다이어프램 상,하면 압력차에 의한 변위를 이용한다. 그림 8.18은 다이어프램의 작용을 나타낸 것이다. 그림에서 알짜 힘은 $F = (P_2 - P_1)A$ (A: 단면적)이다. 다이어프램은 저압측정에 가장 적합한 압력측정 소자로서 작은 압력변화에 민감하다. 다이어프램 소자로는 금속이나 비금속이 이용되는데 주로 고무, 스테인레스강, 황동, 인청동 등이 사용된다. 측정범위는 금속재의 경우 10~20,000 mmAq, 비금속재의 경우 1~2,000 mmAq 범위이다. 다이어프램은 주로 저압 측정 및 공기압식 자동제어의 압력 검출기 등으로 사용된다.

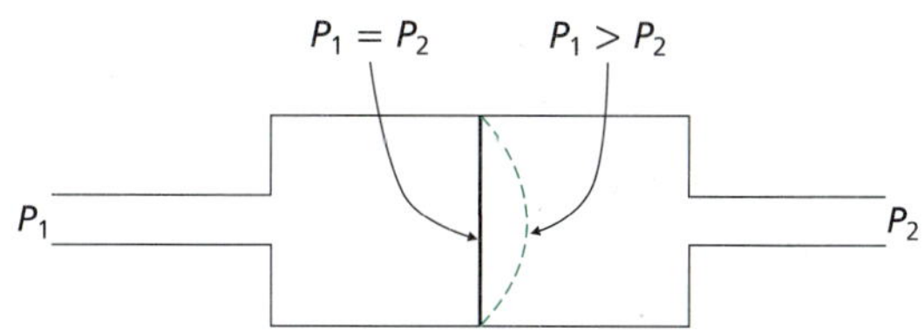

그림 8.18 다이어프램.

8.5.4 벨로우즈

벨로우즈(bellows)는 원형 주름통 형태의 압력측정 소자이다. 압력이 가해지면 벨로우즈가 팽창하여 변위가 발생한다. 벨로우즈는 벨로우즈(재질: 인청동, 스테인레스 강), 보조스프링으로 구성되며 측정범위는 10 mmAq~10 kg/cm^2 이고 주로 공압식 자동 제어기의 요소로 사용된다.

8.5.5 버든 튜브

1849년 Eugene Bourdon은 프랑스에서 버든 튜브(bourdon tube) 압력 게이지 특허를 획득하였으며 1852년 미국의 Edward Ashcroft는 Eugene Bourdon의 미국 특허권을 구입하였다. 버든 튜브는 튜브의 한 쪽을 막고 납작하게 한 다음 이를 코일처럼 둥글게 말아놓은 형태의 압력소자로서 압력이 가해지면 코일이 감긴 방향의 반대 방향으로 코일이 펴지려고 하는 힘을 받게 되어 가해진 압력에 비례하는 변위가 발생한다. 버든 튜브에는 C형, 나선형 및 헬리컬형이 있다. 버든 튜브는 수증기, 물, 공기를 비롯한 다양한 액체 및 기체의 압력측정에 널리 사용된다. 측정범위는 100,000 psi까지 가능(0.5~3,000 kg/cm^2)하고 재질로서는 황동, 베릴륨-구리, 4130 합금강, 316, 403 스테인레스 강, k-Monel, Monel 등이 사용된다. 그림 8.19는 압력과 진공 게이지가 조합된 형태를 보인 것이다.

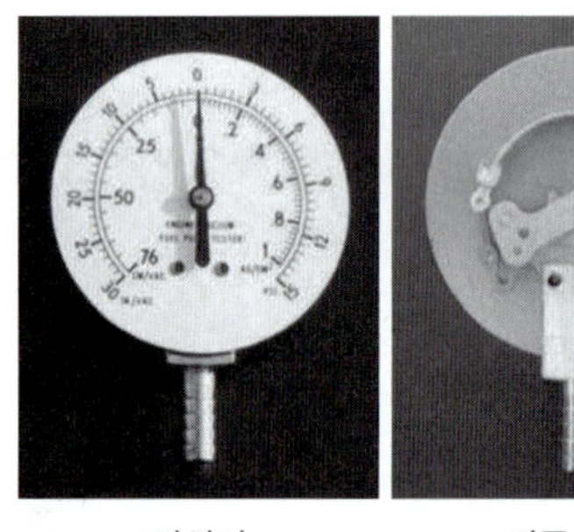
지시기 버든 튜브

그림 8.19 버든 튜브.

8.6 레벨의 측정

레벨은 일반적으로 레벨이 측정되는 장치(탱크, 호퍼(hopper) 등) 내의 물질과 관련된다. 정확한 레벨 측정은 공정산업의 핵심으로서 플랜트의 운전에서는 각종 용기나 탱크에 저장된 액체, 분말, 슬러리, 고체의 레벨 측정이 필요하다.

8.6.1 외부 관측형 레벨 감지기

관측경(sight glass). 유리를 통해 탱크 내의 액체 레벨을 관측할 수 있도록 탱크나 용기에 부착하는 장치로서 튜브형과 평면형이 있다. 평면형에서 반사형은 무점성, 무색 액체의 측정에 사용되며 투명형은 유색, 점성, 부식성 액체의 레벨 측정에 사용된다. 보수 관리를 위해 차단밸브와 배수밸브를 설치해야 하며 1829년 John Rastrick이 처음으로 증기기관차에 설치하였다. 관측경(sight glass)으로는 플라스틱이나 유리 튜브가 사용되는데 오늘날에는 대부분 정교한 부유 스위치들로 대체되었다.

부유 테이프(tape float). 부유 테이프는 가장 간단한 직접레벨 장치로서 부표(float), 부표 테이프(float tape), 추로 구성된다. 액면상에 부표를 띄워 부표의 위치를 직접 측정하는데 부표가 액체 레벨의 변화에 따라 상승/하강하면 연결된 추에 의하여 와이어 로프가 드럼에 감기면서 드럼이 회전하고 변위 검출기 등으로 변위를 측정한다. 개방형, 폐쇄형, 일반수조 등을 일반적으로 사용하며 여러 종류의 액체 레벨을 검출 가능하다. 또한 구조가 견고하고 수명이 길며 고온, 고압의 액체에도 사용 가능하다.

부력식 레벨 게이지. 부력식 레벨 게이지는 아르키메데스의 원리를 이용하는 장치이다. 부력은 $B = W_d = \rho g V$로 주어진다. 여기에서 W_d는 물체가 밀어낸 액체의 무게, ρ는 액체의 밀도, 그리고 V는 밀어낸 물의 부피이다. 물체가 액체 속에 완전히, 혹은 일부분만 잠기면 물체가 밀어낸 액체의 무게와 같은 크기의 부력이 물체에 작용한다. 액체 내에 잠입된 부력기(displacer, 치환기)에 의해 발생하는 부력을 측정하면 액체의 레벨을 결정하는 것이 가능하다. 부력기는 액체 내에 완전히 잠기거나 부분적으로 잠긴다는 점이 액체 표면에 위치하는 부표와의 차이이다. 액체 레벨이 부력기보다 낮은 경우에는 부력기 전체의 무게가 전송기에 전달된다. 부력기가 액체에 잠기기 시작하면 부력이 증가해 부력기 무게가 감소하여 부력기의 겉보기 무게와 레벨 사이에 선형비례 관계가 성립된다. 이 장치는 구조가 간단하고 견고하며 고온/고압에서 사용이 가능하고 완충 효과가 있어서 안정적인 검출이 용이하다.

8.6.2 압력이나 차압을 이용한 레벨 측정

차압식 레벨 측정. 가장 보편적인 방법의 하나로서 $P = \rho g h = kh$ (즉 압력은 level에 비례)에 의해 압력을 측정하면 레벨을 알 수 있다. 탱크의 하부에 압력센서를 설치하면 액체의 액위에 따라 탱크 하단의 압력이 변화하는데, 액위는 높이와 비중에 비례하므로 비중만 알면 액위의 측정이 가능하다. 고압/고온에서 사용 가능하며 밀폐 탱크의 액위를 측정하는 것도 가능하다. 그러나 액체의 밀도가 변화하면 측정 오차가 유발된다.

거품기(bubbler)형 레벨 측정. 끝부분이 개방된 직경이 가는 튜브를 탱크 내에 수직으로 삽입하고 튜브 끝부분은 탱크 바닥으로부터 몇 인치 정도 떨어지도록 설치한 다음 튜브를 통해 공기나 불활성 가스를 주입하면 기포가 발생되고 가스가 튜브 끝부분을 빠져나갈 때의 압력은 액체의 정압과 동일하다. 따라서 액체 레벨이 변하면 튜브 내 가스압력도 변화하므로 가스의 압력을 측정하여 레벨을 추정한다. 퍼지용 가스로는 주로 공기, 질소를 사용하는데 공기, 또는 불활성 가스가 측정 액체에 영향을 줄 수 있다. 고온, 부식성, 고형물이 있는 액체에서도 측정이 가능하다.

다이어프램(diaphragm) 레벨 감지기. 다이어프램 레벨 감지기는 유체에 의한 압력을 다이어프램으로 감지한다. 다이어프램 레벨 스위치는 수직 파이프를 이용하여 설치한다. 레벨이 상승하면 다이어프램 아래의 수직 파이프 내에 포획된 공기의 압력이 증가하여 일정 압력치에 설정되어 있는 압력 스위치를 작동시킨다.

8.6.3 전기식 레벨 측정

정전용량형(capacitance type) 레벨 측정. 커패시티(capacity, 용량)는 절연체로 분리된 2개의 도체(극판)로 구성된다. 유전체는 두 극판 사이에 삽입된 절연체이다. 커패시티의 용량은 Farad로 표시(1 farad: 1 volt의 전압을 가하여 1 coulomb의 전하를 축적한 경우)한다. 병렬극판형 커패시티의 정전용량은 $C = K\varepsilon_0 \frac{A}{d}$로 주어진다. 여기에서 A는 극판의 면적(m^2), d는 극판 간의 거리(m), K는 유전상수(혹은 상대유전율), 그리고 ε_0는 절대유전율이다. 공기, 혹은 진공의 절대유전율은 $8.85 \times 10^{-12}\ F/m = 8.85\ pF/m$이다. 병렬연결 커패시티는 $C_t = C_1 + C_2 + \cdots + C_n$, 직렬연결 커패시티는 $\frac{1}{C_t} = \frac{1}{C_1} + \frac{1}{C_2} + \cdots + \frac{1}{C_n}$과 같다. 극판 사이의 재료 특성이 변하면 유전상수가 변하므로 커패시티의 용량이 변화한다. 이를 이용하여 탱크 내의 액체 레벨을 측정한다. 탱크 내부에 전극(커패시티 탐침)을 삽입하면 액위에 따라 전극과 탱크 사이에 정전용량이 변화한다. 정전용량은 액면이 상승하면 증가하고 액면이 하강하면 감소하므로 정전용량의 변화를 검출하여 액위를 측정한다. 정전용량의 변화는 전자회로로 측정하고 눈금이 레벨로 교정된 레벨계기로 액체의 레벨을 측정한다. 그림 8.20은 정전용량형 레벨 측정 장치의 개요를 보인 것이다.

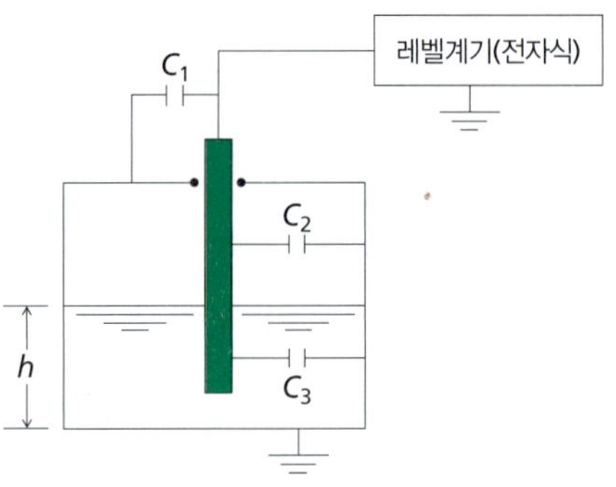

그림 8.20 **정전용량형 레벨 측정.**

공정 액체 레벨의 변화에 따른 커패시티의 변화는 레벨계기 내의 전자회로에 의해 측정된다. 탐침은 커패시티의 한 극이 되고 용기의 벽이 커패시티의 다른 한 극을 구성하여 두 극 사이의 공정물질이 유전체가 된다. C_1은 계통의 표류정전용량으로서 레벨 변화에 영향을 받지 않는다. C_2는 액체 상부의 증기부분의 정전용량이며 C_3는 공정 액체 부분의 정전용량이다. 총 정전용량은 $C_e = C_1 + C_2 + C_3$로 주어진다. 도전성 액체의 레벨 측정에는 테프론으로 코팅된 절연형 탐침을 사용한다. 그림 8.21은 표준형 액체레벨 센서를 보인 것이다.

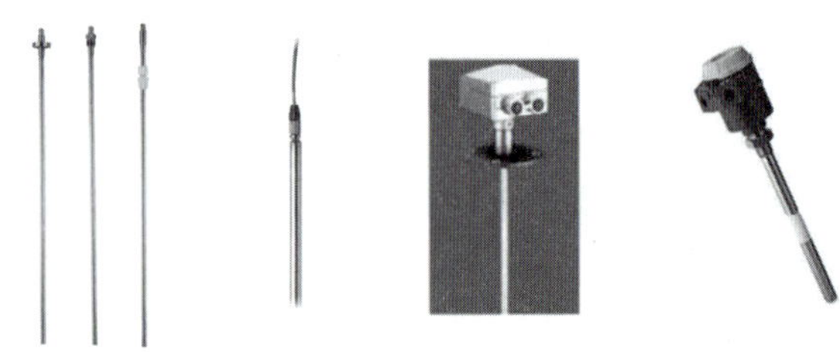

그림 8.21 **표준형 액체 레벨 센서.**

보기 8.4

정전용량형 레벨 측정장치를 이용하여 에틸알콜의 레벨을 0~5 m 범위에서 측정하고자 한다. 에틸알콜의 경우 $K = 26$(공기의 경우 $K = 1$)이고 실린더 간격 $d = 0.5$ cm이며 판 면적은 $A = 2\pi RL$로 주어진다. 여기에서 평균반경 $R = 5.75$ cm이며 L은 실린더 축에 따른 거리(=5 m)이다. 알콜의 레벨이 0으로부터 5 m까지 변화할 때 커패시티의 변동범위를 구하여라.

풀이

$$A = 2\pi RL = 2\pi(0.0575\ \mathrm{m})(5\ \mathrm{m}) = 1.806\ \mathrm{m}^2$$

$K = 26$이므로 알콜이 들어 있지 않은 실린더(공기의 경우 $K = 1$)에 대한 커패시티를 구한 다음 26을 곱하면 된다. 즉 $C = K\varepsilon_0 \dfrac{A}{d} = (1)\left(8.85\dfrac{pF}{\mathrm{m}}\right)\dfrac{1.806\ \mathrm{m}^2}{0\ 005\ \mathrm{m}} = 3196\ pF \approx 0.0032\ \mu F.$ 따라서 $C = (26)(0.0032\ \mu F) = 0.0832\ \mu F.$

전도도형(conductivity type) 레벨 측정. 전도도형 레벨 측정에서는 대부분의 액체가 전도성이라는 사실을 이용한다. 2개의 탐침을 사용하는 경우에는 하나의 탐침만이 액체와 접촉한다. 액체 중에 함입된 탐침과 접지된 탱크 사이에 전도 경로가 형성되어 레벨 스위치를 작동하는데, 두 전극에 전압을 가하여 전극의 선단에 도전성 액체가 접촉하면 전기적 폐회로가 구성되고 전류가 통하면서 릴레이(relay)를 구동한다. 스위치의 작동에 따라 부하 계전기가 닫히고 펌프, 솔레노이드, 기타 기기들을 동작시킨다. 이 장치는 전도성 유체에서만 사용 가능한다. 또한 이 장치는 레벨 스위치 기능만 유지되며 전류제어 회로가 필요하고 탱크의 상부에만 설치해 사용한다. 부식성 유체에서는 전극이 손상될 수 있다.

저항형(resistance type) 레벨 측정. 레벨 측정 소자는 301 스테인리스강과 나선 형태로 감은 니크롬의 2개 요소로 구성된다. 이 요소를 폴리에스터와 같은 절연체로 한 쪽을 개방시켜 탱크 상부로부터 수직으로 삽입한다. 액체 레벨이 상승하면 액체 압력에 의해 2개의 저항전극이 단락되어 전체적인 전기저항 값이 감소한다. 저항값을 전자회로를 이용하여 측정하고, 이로부터 레벨을 추정한다.

8.6.4 비접촉 레벨 측정

초음파 레벨센서. 용기 내의 기준점으로부터 액체 레벨 상부까지의 거리를 초음파를 이용하여 측정한다. 탱크 상부에서 초음파를 발사하면 발사된 초음파는 대상의 면에서 반사되어 되돌아온다. 이로부터 반사파의 왕복 시간을 측정하여 탱크의 액위를 규명한다. 즉 레벨센서로부터 초음파 신호를 발생하여 신호가 발생된 시점과 용기 내의 액체 표면으로부터 반사된 신호의 입수시점 간의 경과시간을 측정하여 연속적인 레벨 측정이 가능하다. 레벨은

$$L = \frac{vt}{2}, \qquad v = 331.4 + 0.6T \tag{8.26}$$

와 같이 주어진다. 위에서 L은 레벨, v는 음속, t는 왕복 소요시간, 그리고 T는 온도(℃)이다. 그림

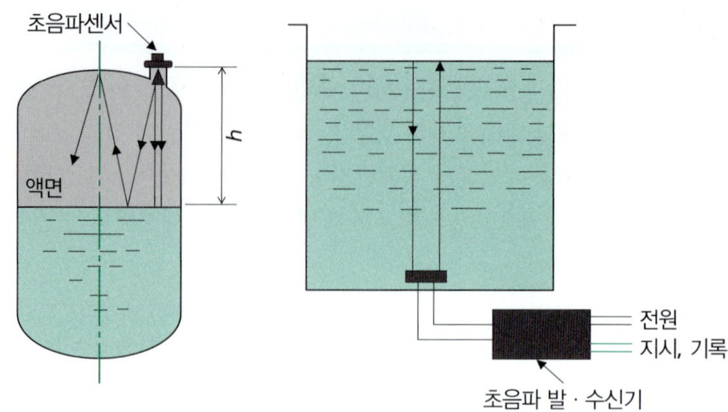

그림 8.22 **초음파 레벨 측정 센서.**

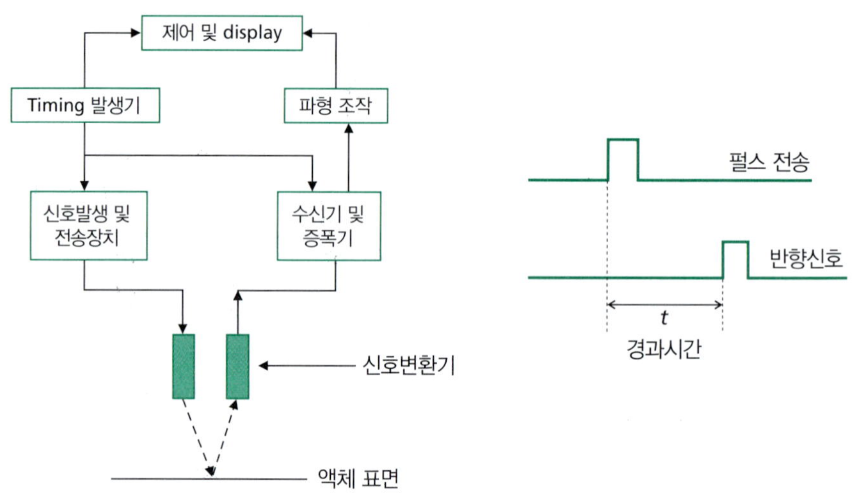

그림 8.23 **초음파 레벨 측정 센서의 기능.**

8.22는 초음파 레벨 측정 센서를 보인 것이며 그림 8.23은 초음파 레벨 측정 센서의 기능을 나타낸 것이다.

액체 표면에서 반사되는 음파에너지의 양은 탱크 내의 물질과 초음파 주파수에 의존한다. 레벨센서 동작주파수 범위는 20~40 kHz이다. 초음파 레벨 측정 센서는 오일, 그리스, 라텍스, 슬러리, 시멘트, 모래, 쌀, 플라스틱 입자 등의 레벨 측정에 이상적이다. 공기 중에서 음속은 습도 및 온도에 따라 달라지므로 초음파 레벨센서 역시 용기 내의 습도, 온도 및 압력에 의해 영향을 받는다. 난류, 거품, 수증기, 화학증기, 그리고 공정물질 농도의 변화 등도 초음파 센서에 영향을 미친다.

복사(radiation) 레벨센서. 복사 레벨센서는 방사선 동위원소에서 방사되는 방사선이 투과할 때 흡수되는 에너지를 이용하는 센서이다. 용기 내의 액체나 고체 레벨 측정을 위해 방사성 동위원소인 세슘 137, 또는 코발트 60으로부터의 방사선을 이용한다. 주로 탱크 외벽에 방사선원을 위치시키고 강한 투과력에 의해 탱크벽을 투과하는 방사선량을 측정하는 방식을 이용한다. 측정물질과 접촉되지 않으므로 일반적인 액체, 고체, 슬러리, 고온이나 저온물질, 마모성이나 부식성 물질, 고점도 물질 등의 레벨 측정에 적합하다. 레벨센서로는 고에너지, 짧은 파장, 높은 투과력을 갖는 감마선을 이용한다. 액체레벨 변화에 따라 측정소자에 도달되는 방사선 에너지의 총 양이 변화하며 원격지시나 제어용으로 전송이 가능하다.

마이크로웨이브/레이더(microwave/radar) 레벨센서. 마이크로웨이브 센서는 습한 환경, 기상, 온도가 변하는 환경, 그리고 분진 상황에서 이상적인 센서이다. 마이크로웨이브는 온도나 증기층을 투과하며 전자기적 에너지로서 에너지 전달을 위해 공기입자가 불필요하므로 진공에서도 사용 가능하다. 마이크로웨이브 주파수를 연속적으로 가변하여 탱크 내부에 발사하고 탱크 내 액체에서 반사되어 되돌아오는 마이크로웨이브와 발사된 마이크로웨이브의 주파수 차이를 측정하여 액위를 결정한다. 신호처리 기법으로 시영역 반사율 측정기(time-domain reflectometry, TDR)를 이용하는데 초음파 레벨센서에서와 유사하게 마이크로파의 이동시간을 광속으로 나눈다. 도플러(Doppler) 시스템은 FMCW 기법을 이용한다. 사용 주파수는 1~30 GHz 범위이며 주파수가 높을수록 더 정확하고 비용이 높다. 마이크로 프로세서를 이용하여 신호처리, 모니터링, 제어, 데이터 교환, 진단기능을 수행한다. 마이크로웨이브 센서는 탱크 내 공기나 증기, 또는 거품의 영향을 받지 않는다. 또한 고정밀 측정이 가능하며 모든 종류의 액위 및 가혹한 공정조건에서 사용 가능하다. 아울러 압력, 또는 가스의 성질에 영향을 받지 않는다.

8.6.5 고체레벨 측정

회전패들(rotating paddle)형 레벨센서. 탱크 내부에 회전 패들을 설치하고 저 토크, 저속 모터를 연결한다. 패들을 회전시키기 위해 요구되는 전력이 증가하며 때로는 패들이 고체에 묻혀 회전이 정지될 수도 있다. 모터의 토크를 측정하여 용기 내 고체의 유무를 판단한다. 많은 입자 및 과립형 물질 및 분말 물질들에 사용 가능하다.

틸트(tilt) 레벨 스위치. 수은 스위치나 마이크로 스위치를 저장탱크 꼭대기에 달아맨 형식이다. 고체 레벨이 상승하여 틸트 스위치에 도달하면 스위치가 기울어져 접점이 닫힌다.

탄성 다이어프램 레벨센서. 압력에 민감한 탄성 다이어프램을 이용하여 벌크 고체의 존재 유무를 판단할 수 있다. 고체가 다이어프램 주위에 위치하면 그 압력에 의해 다이어프램이 밀려 선형적 움직임이 발생한다. 이에 따라 다이어프램에 부착된 자석이 밀리면 마이크로 스위치와 연결된 외부 자석에 반발력을 가하여 스위치를 구동시킨다. 레벨이 낮아지면 다이어프램과 구동자석은 다시 원래 위치로 복귀한다.

진동식 레벨센서. 기계식과 반도체식의 두 가지가 있다. 기계식은 구동코일에 의해 유도된 진동이 측정장치의 접촉부 끝에 위치한 영구자석을 가진 2차 코일의 진동에 의해 감지되고 비교된다. 반도체식에서는 전기적 펄스에 의해 진동이 발생하는 집적형 주파수 진동자가 존재한다. 센서 끝에 고체물질이 존재하지 않으면 센서 양단의 진동이 동일하지만 센서 끝에 고체물질이 존재하면 센서 양단의 진동이 불균일해지므로 릴레이가 작동된다.

열(thermal) 레벨센서. 벌크 고체 접촉점에 저전력 열원을 갖는 직류회로를 채택한다. 고체물질은 공기보다 열전달 계수가 크므로 고체물질이 센서 주위에 존재하면 센서의 접촉소자 온도가 하강한다. 이 때 온도 저항체를 이용하여 하강온도를 저항변화로 감지하고 제어회로에 필요한 on-off 신호를 구동시킨다.

무게형(weight type) 레벨센서. 저장탱크 내의 고체 레벨과 탱크 내의 고체 중량 사이에는 직접적인 관계가 있다. 용기 내 총 중량 변화를 감지하기 위해 기계식, 유압식, 전자식 힘 감지계통을 이용한다. 벌크 고체를 포함한 탱크 중량은 로드 셀(load cell)에 의해 측정되어 고체 레벨로 환산된다. 이 경우 탱크 자체의 중량은 무시되도록 교정이 필요하다. 로드 셀은 스트레인 게이지를 포함하는 신호 변환기로서 가해지는 중량에 비례하는 전기적 출력을 발생한다.

연추형(plumb bob) 레벨센서. 이 센서는 연추를 이용한 원격 고체용량 지시용 레벨 측정장치이다. 제어 패널로부터 스위치를 동작시켜 모터에 의해서 연추를 하강시키고 하강 길이를 레벨 지시계에 표시한다. 연추가 원료 표면까지 하강하면 모터와 레벨 지시계는 정지하고 다시 원위치로 추가 복귀된다. 하강 동안에 제어 패널에서는 고체의 양이나 깊이를 관측한다. 연추가 고체 상부에 이르러 케이블이 느슨해지면 이를 감지하여 관측작용을 정지시키고 모터를 역전시켜 추의 위치를 원래대로 복귀시킨다. 탱크 내의 고체 레벨은 추의 이동거리, 또는 시간과 관련된다.

8.7 유량의 측정

8.7.1 차압식 유량 측정법

유량 측정 방법에는 차압법, 유속법, 체적법, 질량법 등이 이용된다. 차압식 유량계는 공정배관 내 유량 제한 소자를 설치하여 유입구와 유출구 양단의 차압으로부터 유량을 추정하는 장치이다. 유속법 유량계는 유속을 측정하고 단면적을 곱하여 유량을 결정하며 터빈 미터, 보텍스 미터, 자기 유량계, 도플러식 초음파 유량계 등이 이에 해당된다. 체적식 유량계는 유체의 체적을 직접 측정하며 로터리 베인, 오벌 기어(oval gear), 회전 디스크식 유량계 등이 이에 해당된다. 질량 유량계는 유체의 질량을 직접 측정하며 콜리올리스(Coliolis) 질량 유량계가 이에 해당된다.

차압유량식. 유체 흐름을 제한하는 장치를 인위적으로 배관 내에 설치하고 이로부터 발생되는 압력 강하를 측정하여 유량을 추정한다. 유동 제한 요소를 이용하는 장치에는 오리피스, 벤튜리관 등이 있다. 그림 8.24는 유동 제한 요소를 보인 것이다. 그림에서

$$A_1 v_1 = A_0 v_2 \ \rightarrow \ v_1 = v_2 \frac{A_0}{A_1} = v_2 \frac{4\pi d^2}{4\pi D^2} = v_2 \frac{d^2}{D^2}$$

이다. 운동에너지의 변화는 차압으로 인한 에너지와 같으며 운동에너지의 변화는 $\frac{mv_2^2}{2} - \frac{mv_1^2}{2}$이고 차압으로 인한 에너지는 $(\varDelta P)AL = (\Delta \mathrm{P})V$ (V: 체적)이므로

$$\frac{mv_2^2}{2} - \frac{mv_1^2}{2} = (\Delta P)V = (\Delta P)\frac{m}{\rho} \ \rightarrow \ v_2^2 - v_1^2 = \frac{2\Delta P}{\rho}$$

그런데 $v_1 = v_2 \frac{d^2}{D^2}$로부터 $v_1^2 = v_2^2 \frac{d^4}{D^4}$이므로

$$v_2^2 - v_2^2(\frac{d^4}{D^4}) = \frac{2\Delta P}{\rho} \quad \rightarrow \quad v_2^2[1 - \frac{d^4}{D^4}] = \frac{2\Delta P}{\rho} \tag{8.27}$$

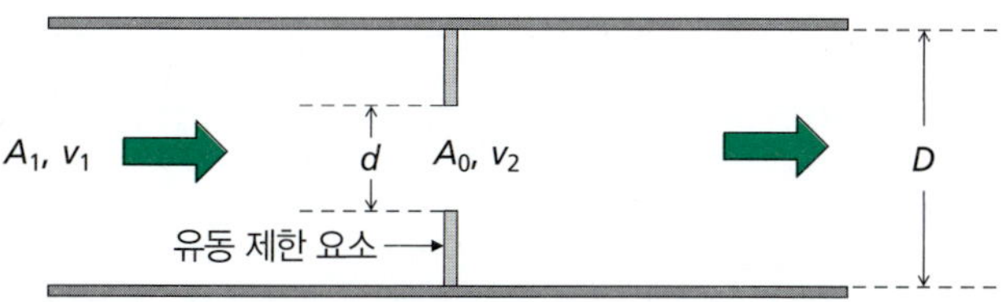

그림 8.24 **유동 제한 요소.**

오리피스에서 측정하는 유체의 속도는

$$v = v_2 = \sqrt{\frac{2\Delta P}{\rho[1 - \frac{d^4}{D^4}]}}$$

로 주어진다. ΔP를 제외한 모든 항은 상수이므로 $v = C\sqrt{\Delta P}$, 즉 유동제한요소를 통과하는 유체의 유속은 양측 차압의 제곱근에 비례한다. 베타율을 $\beta = \frac{d}{D}$(대개 0.2 ~ 0.65)로 정의하면 유속은

$$v = \sqrt{\frac{2\Delta P}{\rho(1 - \beta^4)}} \tag{8.28}$$

와 같다.

오리피스판. 오리피스판을 배관 내에 설치하고 이로부터 발생되는 차압을 측정하여 유량을 결정할 수 있다. 오리피스판은 가격이 저렴하고 정확한 제작이 가능하며 설치나 교체가 용이하다. 또한 액체, 기체, 수증기에 적용 가능하며 높은 신뢰도를 갖는 유량측정이 가능하다. 동심형(concentric) 오리피스판은 중앙에 동심의 구멍이 뚫려있는 원형디스크로서 스테인레스강이 일반적으로 사용된다. 두께는 1/8~1/2 in 정도이다. 편심형(eccentric) 오리피스판은 구멍이 중심으로부터 벗어나도록 제작된 것이다. 부분원형(segmental) 오리피스는 부분원 모양의 오리피스이다. 차압측정을 위해 오리피스 양쪽에 차압 전송기용 탭을 설치한다. 2 in 이상의 관에서는 오리피스 판 설치용 플랜지에 구멍을 내어 탭을 설치하는 플랜지 탭 방식을 주로 사용한다. 정상상태, 비압축성 층류 흐름에서 마찰손실을 무시할 수 있다면 두 위치에서 에너지 보존을 나타내는 Bernoulli 식으로부터

$$P_1 + \frac{1}{2}\rho_1 V_1^2 = P_2 + \frac{1}{2}\rho_2 V_2^2 \quad \rightarrow \quad P_1 - P_2 = \frac{1}{2}\rho_2 V_2^2 - \frac{1}{2}\rho_1 V_1^2$$

위에서 $V = Q/A$이다. 아울러 $Q_1 = Q_2$이므로 $v_1 = \frac{Q_1}{A_1}, V_2 = \frac{Q_2}{A_2} = \frac{Q_1}{A_2}$이다. 따라서

$$P_1 - P_2 = \frac{1}{2}\rho_1(\frac{Q_1}{A_2})^2 - \frac{1}{2}\rho_1(\frac{Q_1}{A_1})^2$$

이를 Q_1에 대하여 풀면

$$Q_1 = A_2\sqrt{\frac{2(P_1 - P_2)/\rho_1}{1-(A_2/A_1)^2}} = A_2\sqrt{\frac{1}{1-(A_2/A_1)^2}}\sqrt{2(P_1 - P_2)/\rho_1} \quad \textbf{(8.29)}$$

베타인자 $\beta = d_2/d_1$ 및 배출계수 C_d를 도입하면 $Q_1 = C_d A_2\sqrt{\frac{1}{1-\beta^4}}\sqrt{2(P_1 - P_2)/\rho_1}$를 얻는다. 미터계수 C를 $C = \frac{C_d}{\sqrt{1-\beta^4}}$로 정의하고 기체의 압축성을 나타내는 팽창인자 Y와 미터계수 C를 도입하면

$$Q_1 = CYA_2\sqrt{2(P_1 - P_2)/\rho_1} \quad \textbf{(8.30)}$$

와 같다. 유체의 질량유량은 위의 부피유량에 밀도를 곱하여 얻는다:

$$\dot{m} = \rho_1 Q_1 = CYA_2\sqrt{2\rho_1(P_1 - P_2)} \quad \textbf{(8.31)}$$

팽창인자 Y는 이상기체가 단열 팽창할 때 밀도변화를 나타낸다($r = P_2/P_1$).

$$Y = \sqrt{r^{2/k}(\frac{k}{k-1})(\frac{1-r^{(k-1)/k}}{1-r})(\frac{1-\beta^4}{1-\beta^4 r^{2/k}})} \quad \textbf{(8.32)}$$

벤튜리관. 벤튜리관의 유입구는 속도수두를 증가시키고 압력수두를 감소시키는, 단면적이 점차 가늘어지는 깔때기 모양이다. 벤튜리관의 목 부분은 단면적이 일정하며 출구부는 유속을 감소시켜 압력을 회복시키는 확장된 깔때기 모양을 갖는다. 차압측정용 탭으로 유입구로부터 배관직경(D)의 $D/2$만큼 상류 측에 하나를 설치하고 직경이 일정하며 좁은 원주형 목 부분에 하나를 설치한다. 벤튜리관에서는 압력변화나 유속변화가 크게 발생하지 않는다. 또한 단면적이 급격하게 변하는 부분이 없다. 그러나 가격이 높고 설치비용이 많이 든다. 목 부분의 유속과 유량은

$$V_2 = \frac{1}{\sqrt{1-m^2}}\sqrt{2g\frac{P_1 - P_2}{r}}\ [\mathrm{m/s}] \quad \textbf{(8.33)}$$

$$Q_2 = A_2 V_2 = \frac{A_2}{\sqrt{1-m^2}}\sqrt{2gh}\ (\text{이론유량})\ [\mathrm{m^3/s}] \quad \textbf{(8.34)}$$

$$Q_2 = \frac{CA_2}{\sqrt{1-m^2}}\sqrt{2gh}\ (\text{실제유량})\ [\mathrm{m^3/s}] \quad \textbf{(8.35)}$$

와 같다. 위에서 V_2, A_2는 목 부분 속도 및 단면적[m/s, m^2], P_1, P_2는 교축 전후 압력[kg/m^2], h는 교축 전후의 압력차[m], m은 교축 전후 면적비($A_2/A_1 = (d/D)^2$), C는 배출계수(0.97~0.99), 그리고 r은 비중량[kg/m^3]이다. 그림 8.25는 벤튜리관에서의 흐름을 나타낸 것이며, 그림 8.26은 시판되는 벤튜리관을 보인 것이다.

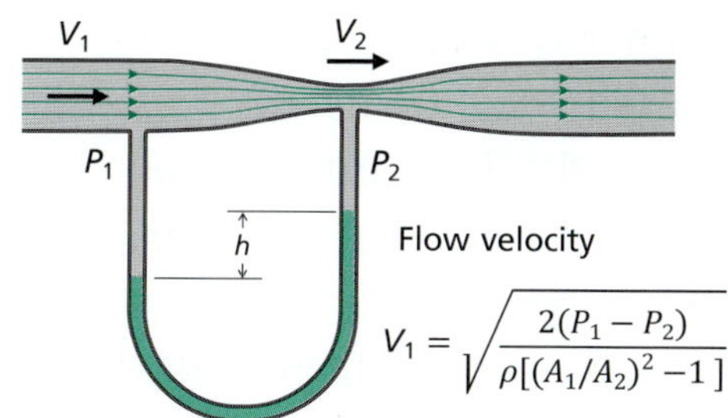

그림 8.25 **벤튜리관에서의 흐름.**

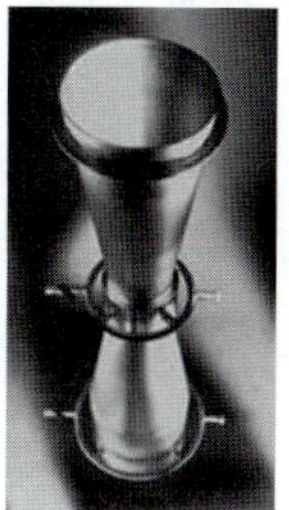

그림 8.26 **벤튜리관.**

유량 노즐. 목 단면이 포물선 형태로 작아지다가 끝부분이 원주 모양의 좁은 목을 갖는 유동제한 장치로서 수증기, 혹은 마모성이 있는 빠른 유속의 유량측정에 널리 사용된다. 표준크기는 1/8″~60″이며 스테인레스강, 탄소강, fiberglass, PVC 등이 사용된다. ISA 1932 노즐은 1932년 International Federation of the National Standardizing Associations (후에 International Organization for Standardization (ISO)로 이어짐)에 의해 개발되었다. Long radius nozzle은 ISA 1932 노즐의 변형된 형태이다. Venturi nozzle은 ISA 1932 nozzle와 유사한 수렴 단면을 갖는 수렴 부분과 종래의 벤튜리 튜브와 유사한 발산 부분을 갖는 복합형이다. 차압은 $P_1 - P_2$로 주어지며 일반적으로 파이프 직경이 5~50 cm인 경우에 사용된다. Reynolds 수가 10^4~10^7 범위일 때 가장 정확하다.

피토관(pitot tube). 피토관은 공기 유량 측정에 널리 사용된다. 튜브를 상류 쪽으로 향하게 하고 피토관에 의해 감지된 압력과 주위 공기 흐름 압력과의 차이를 구하여 유속을 추정한다.

8.7.2 유속식 유량계

유속을 측정하여 유량을 결정하며 터빈유량계, 보텍스(vortex)형 유량계, 자기 유량계, 초음파 유량계 능이 있다.

터빈유량계. 배관 내에 터빈 회전자를 설치한다. 유체가 유입되면 유체의 선속도에 비례하는 각속도로 회전자가 회전한다. 이 때 회전자의 회전속도를 픽업코일로 측정하여 특정 범위 내에서 체적유량에 비례하는 펄스신호를 발생시킨다. 물, 천연가스, 화학공정, 극저온 공정, 우유, 음료, 항공, 생의학 등에서 사용되며 유량계 몸체는 SUS 304 등이 사용된다. 상하류의 확산기는 3개 이상의 평판, 혹은 튜브형 구조로 지지된다. 점도범위는 10^{-4} m^2s^{-1}, 혹은 100 cSt까지 사용 가능하지만, 10^{-5} m^2s^{-1} 혹은 10 cSt일 때 가장 좋은 결과를 얻는다. 크기(내경)는 6~760 mm (1/4~30 in.), 최대 측정용량은 기체의 경우 0.025~25,500 Am^3/hr (0.015~15,000 ACFM) (A는 실제값을 나타냄), 액체의 경우 0.036~13,000 m^3/hr (0.16~57,000 gpm 혹은 82,000 barrels/hr) 정도이다. 선형 특성이 적용되는 유량비는 대개 10:1~100:1 정도이다. 운전온도 범위는 −270°C~650°C (−450°F~1200°F)이며, 운전압력 범위는 약한 진공~ 414 MPa (60,000 psi)이다. 최대 유량에서의 압력강하는 기체의 경우 ~0.3 kPa (0.05 psi), 액체의 경우 ~70 kPa (10 psi)이다.

보텍스형 유량계. 유로 내에 유속을 감쇄시키는 충돌체를 설치하는 유량측정 장치이다. 유속이 낮은 유체가 충돌체를 지나면 유체가 유선형을 유지한다. 유속이 증가하면 유체가 충돌체 양쪽으로 분리되어 하류측에 소용돌이(와류)가 형성된다. 이 때 형성되는 소용돌이의 양은 유속에 비례한다. 소용돌이 생성에 의한 충돌체 하류쪽 압력은 충돌체에 설치되는 압력 감지기로 측정하고 이를 유량신호로 교정한다. 와류발생 주파수를 f라 하면 $f = \frac{S_t \cdot v}{d}$로 주어진다. 여기에서 S_t는 Strouhal 수로서 와류 발생체의 모양과 크기에 따라 결정되며 v는 유속, 그리고 d는 흐름 폭이다. 와류 발생체에 대한 S_t를 미리 알고 f를 측정하면 유속(유량)을 알 수 있다.

자기유량계. 자장 내에 도체가 어떤 각을 이루고 움직이면 도체에 전압이 생성된다. 유도전압의 크기는 도체의 이동속도와 자장의 세기에 비례한다. 자기유량계는 변형된 교류발전기의 형태이며 적용되는 유체는 전도도를 지니고 있어야 한다. 유체는 도체와 같은 작용을 한다. 유량계 내부직경을 D, 자장의 세기를 B, 계기상수를 C, 평균유속을 V라 할 때 유체도체에 생성되는 전압 E는 부피유량 Q에 비례한다. 즉

$$E = \frac{BDQ}{C} \quad \rightarrow \quad Q = \frac{CE}{DB} \tag{8.36}$$

그림 8.27은 시판되는 자기 유량계들을 보인 것이다.

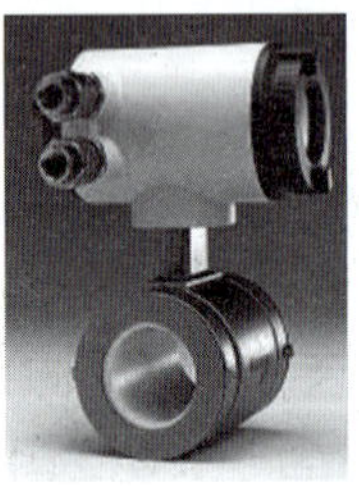

그림 8.27 **상용 자기 유량계.**

초음파 유량계(ultrasonic flowmeter). 배관 내를 흐르는 유체를 통과하는 음속을 측정하여 유량을 측정하는 장치이다. 음파를 발생하여 초음파 전송기로 보내며 수신기에서 수신되도록 한다. 수신기는 압전 결정(티탄산 바륨, 지르코늄-티탄산 납)을 이용해 만들어진다.

그림 8.28은 초음파 유량계를 보인 것이다. 주파수 차를 이용하는 경우 배관 내의 유속을 v, 전송기-수신기 쌍의 거리를 d, 유체를 통과하는 초음파의 속도를 v_s, 음파진행 각도를 α라 하면 전송기 A에서 수신기 A까지의 음속은 $v_s + v\cos\alpha$이며 전송기 A에서 수신기 A까지의 음파의 주파수는 $f_a = \dfrac{v_s + v\cos\alpha}{d}$이다. 전송기 B에서 수신기 B로의 음속은 $v_s - v\cos\alpha$이며 전송기 B에서 수신기 B로의 음파의 주파수는 $f_b = \dfrac{v_s - v\cos\alpha}{d}$이다. 따라서 주파수의 차이는 $\Delta f = f_a - f_b = \dfrac{2v\cos\alpha}{d}$로 주어진다. α와 d는 일정하므로 주파수 차이로부터 유속을 추정할 수 있다:

$$v = \frac{d\Delta f}{2\cos\alpha} \tag{8.37}$$

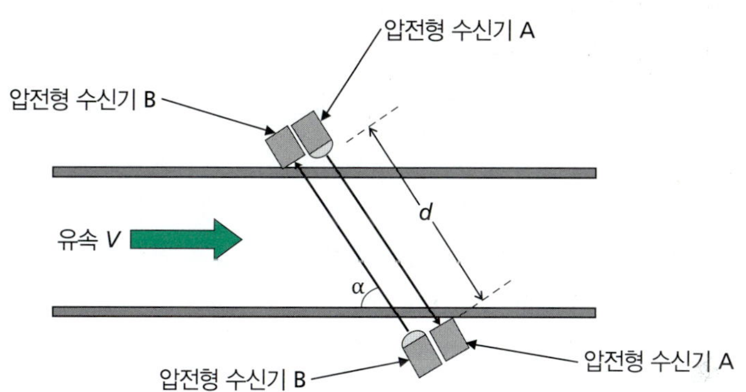

그림 8.28 **초음파 유량계.**

시간차를 이용하는 경우 전송기 A에서 수신기 A까지의 음파 전파시간은 $t_{12} = \dfrac{d}{v_s + v\cos\alpha}$이며, 전송기 B에서 수신기 B로의 음파 전파시간은 $t_{21} = \dfrac{d}{v_s - v\cos\alpha}$이므로, 전파시간의 차이는

$$\Delta t = t_{21} - t_{12} = \frac{d}{v_s - v\cos\alpha} - \frac{d}{v_s + v\cos\alpha} = \frac{2vd\cos\alpha}{{v_s}^2 - v^2\cos^2\alpha} \tag{8.38}$$

와 같다. $v_s \gg v$이므로 $\Delta t \approx \dfrac{2vd\cos\alpha}{{v_s}^2}$이다. α와 d는 일정하므로 전파시간의 차이로부터 유속을 추정한다:

$$v = \frac{vs^2\Delta t}{2d\cos\alpha} \tag{8.39}$$

초음파 유량계는 물, 세척수, 공정수, 오일, 그리고 다른 균질 액체들에 사용이 가능하다. 그러나 유체 내에서 초음파 진행이 가능해야 하며, 흐름축을 중심으로 대칭 흐름이어야 한다. 부식 및 유체가 미치는 다른 영향은 센서의 성능과 무관하다. 사용범위는 파이프 직경은 0.5 in(13 mm)~20 ft(6 m), 유체온도는 40°F(4.4°C)~392°F(200°C), 유속은 1.0 ft/s(0.3 m/s)~106 ft/s(32 m/s) 범위이다. 측정의 정확도는 유량의 1% 정도이고 반응속도는 1 s 정도이다. 아울

러 마이크로프로세서 기반 전환기 및 그래픽 디스플레이를 지니며, 키패드를 통해 유량 데이터 처리, 경향의 제시, 파라미터 설정 등이 가능하다. 충전 가능한 배터리를 지니며 보통 연속적으로 5시간 동안 운전이 가능하다. 그림 8.29는 초음파 유량계를 보인 것이다.

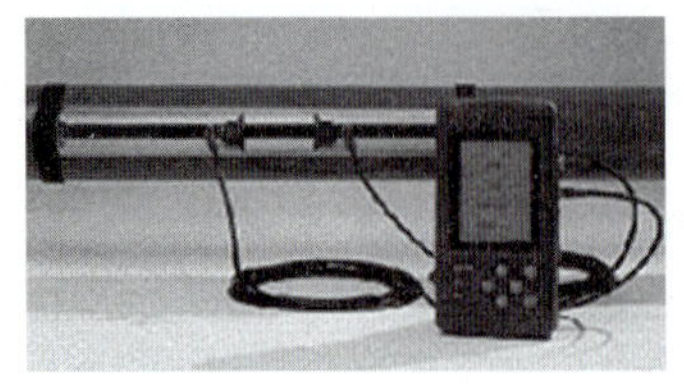

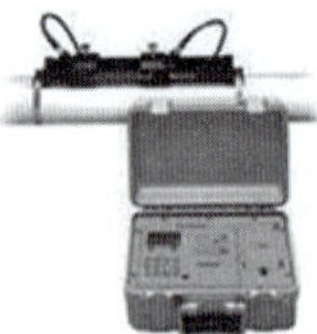

그림 8.29 ▸ 초음파 유량계.

8.7.3 용적식 유량계

용적식 유량계(positive-displacement flowmeter)는 유량계를 통과한 총 유량을 측정하는 장치이다. 이미 알고 있는 양의 유체를 포획하여 유체의 포획 횟수와 포획되는 유체의 체적을 이용하여 유체의 양을 측정한다. 이 장치는 물, 탄화수소 액체, 초저온 액체, 화학물질 등의 유량측정에 주로 이용된다. 그러나 기체 거품이 있는 액체에는 사용을 억제해야 한다. 또한 점도가 증가할 경우 유발되는 압력강하가 허용범위 이내인지 확인해야 한다. 초기 설치비용이 비교적 저렴하고 점성흐름에도 사용이 가능하지만 유지관리비용이 높으며 압력강하가 크고 또한 유량이 작을 경우에는 부적합하다. 아울러 슬러리 흐름에도 부적합(100 μm 이상의 입자는 미리 걸러내야 함)하다.

로터리베인 용적식 유량계(rotary-vane PD flowmeter). 정확도가 크게 중요하지 않은 유량측정에 널리 사용된다. 포획된 유체의 양을 유량계를 통과한 유량에 비례하는 회전 속도로 변환시키는 장치이다. 유체의 힘에 의해 유량계 내의 회전날개가 중심축 주위로 회전한다.

타원 기어형 용적식 유량계(oval gear PD flowmeter). 점도가 큰 유체에 사용된다. 유체의 힘이 한 쌍의 타원기어에 작용하여 이들을 회전시킨다. 최대 허용점도는 1,000 cp이다.

회전판형 유량계(nutating-disk PD flowmeter). 정확도가 중요하지 않은 수량측정용 저가형 유량계로서 회전판의 회전운동을 이용해 유량을 추정한다.

8.7.4 기타 유량측정장치

콜리올리 질량 유량계(coliolis mass flowmeter). 양단이 고정된 흐름관은 일정한 고유 진동수로 공진된다. 유체가 흐름관 내로 흐를 때 각 유입 및 유출지점에 반대 방향의 힘(즉 Coriolis force)이 작용하여 흐름관에 진동의 반 사이클 지점에서 뒤틀림 현상이 발생한다. 뒤틀림 현상은 흐름관 내의 질량유량에 비례하며, 이를 양측에 부착된 전자 픽업 코일에 의하여 질량유량에 비례한 위상차 신호로 검출한다. Coriolis force는 $F = 2mw\mathrm{V}$로 주어진다. 여기에서 F는 Coriolis force, m은 유체의 질량, ω는 흐름관 내의 각속도, 그리고 V는 유속이다. 유체의 Coliolis 가속도에 의한 힘을 이용하여 질량유량을 직접 측정할 수 있다. 이 장치는 매우 정확하며 측정되는 매체의 변동에 둔

감하다. 점도가 낮은 액체로부터 중간 점도의 액체, 슬러리, 화학약품, 식품 등에 주로 사용된다.

로터미터(rotameter). 로터미터는 경사진 계기관과 계기관 내부를 상하로 자유롭게 움직일 수 있는 부표(float)로 구성되는 가변 면적식 유량계이다. 유체가 흐르지 않을 경우에는 부표는 자체 무게로 인해 계기관 바닥에 정지한다. 유체가 흐를 때에는 부표는 유체에 의한 부력으로 상승한다. (부표의 무게와 부력의 차)와 (유체 흐름에 의해 위쪽으로 작용하는 압력) 사이에 평형이 유지되는 위치에서 부표는 정지하게 된다.

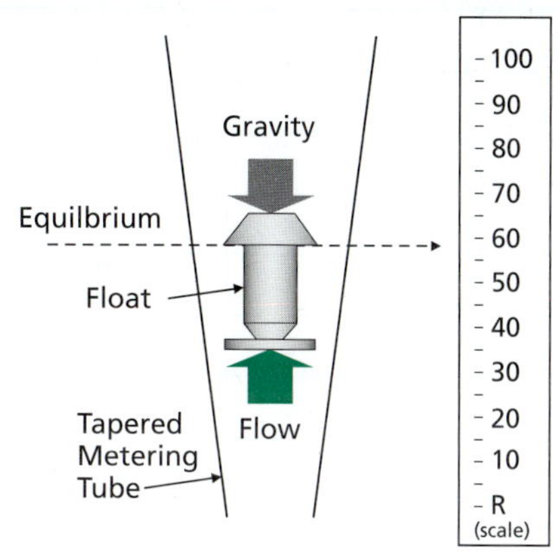

그림 8.30 로터미터.

그림 8.30에서 유량이 상승하면 부표의 위치가 상승하고 유량이 감소하면 부표가 하강하므로 부표의 위치에 의하여 유량을 추정한다. 기본식은

$$Q = CA\sqrt{\frac{\rho_F - \rho_f}{\rho_f}} \tag{8.40}$$

이다. 위에서 C는 계기 유량계수, A는 튜브와 부표 사이의 환상면적, ρ_F는 부표의 밀도, 그리고 ρ_f는 유체의 밀도이다. 최대/최소 유량비가 10:1인 범위에서 압력강하는 거의 일정(대개 1 psi 미만)하다. 일반적으로 4,000 gpm까지의 유량을 측정하며 자가세정 기능을 갖는다. 공정산업에서 널리 사용되는 대표적인 로터미터 형태로서 저용량 미터(A), 고용량 "표준"미터(B), 대용량 금속관 로터미터(C), 그리고 퍼징을 포함하는 저유량 미터(D) 등이 있다(그림 8.31 참조).

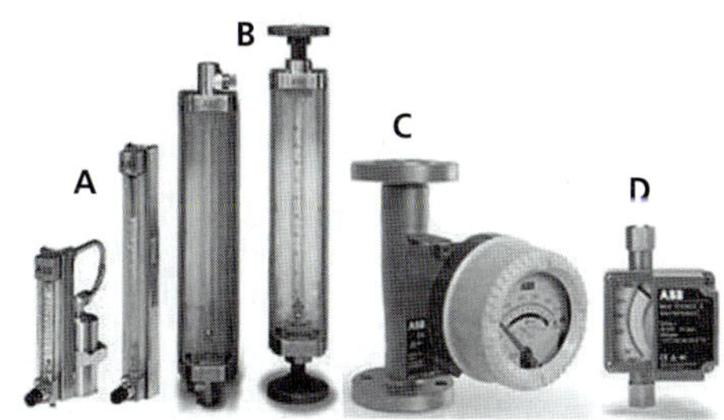

그림 8.31 로터미터.

8.7.5 유량계의 선정기준

표 8.8은 측정유체에 따른 유량계의 선정 기준을 정리한 것이다.

표 8.8 측정유체에 따른 유량계의 선정 기준(○: 적합, △: 보통, ×: 부적합)

측정유체	기체	증기	기름	물	특수유체			
					200°C	400°C	부식	슬러리
전자기 유량계	×	×	×	○	△	×	○	○
초음파 유량계	○	○	○	○	○	△	○	△
와류 유량계	○	○	○	○	○	△	△	△
용적 유량계	○	×	○	○	○	△	△	×
터빈 유량계	○	×	○	○	○	△	○	×
차압 유량계	○	○	○	○	○	○	○	△
면적 유량계	○	○	○	○	○	△	△	△
질량 유량계	△	△	○	○	○	△	○	○

8.8 물성 및 조성의 측정

물성이나 조성의 측정 목적은 공정유체의 화학적 성분에 관한 정보를 제공하기 위한 것이다. 화학적 성분은 특히 화학공정의 제어 및 특성 향상에 중요하게 활용된다.

8.8.1 수소이온 농도(pH)의 측정

16세기 연금술사 Leonard Thurneysser는 자주색 수액의 색이 황이나 황산을 첨가하면 달라지는 것을 발견하였으며, 이후 수세기 동안 이 방법은 산을 검지하는 데에 이용되었다. 1880년대 Arrhenius가 이온 이론을 소개한 이후 산과 염기의 전리에 관한 이론이 출현하였다. 산과 염기는 수소이온을 주거나 받을 수 있는 물질이라고 생각한 Bronsted는 이 개념을 정립하였다. 1904년 Hans Friedenthal은 14개의 지시약을 사용하여 서로 다른 수소이온 농도에 해당하는 색의 변화와 전도도에 따라 약산에 대한 전리 상수를 결정함으로써 산의 분류를 위한 척도를 설정하였다. Friedenthal의 계산 결과는 너무 작고 처리가 힘들어서 Lauritz Sorensen은 이 수들에 대한 음의 로그의 사용을 제안하였는데 그는 이를 'hydrogen exponent', 혹은 'pondus Hydrogennii'라고 불렀다. 이로부터 pH 척도가 생겨났다. 1889년 Walter Nernst는 그의 이름을 딴 법칙 Nernst 방정식을 소개하였다.

$$E = E_0 + (RT/nF)\log[H^+]$$

pH는 수소이온 농도를 나타내는 척도로서 용액의 산도와 염기도를 나타낸다. 용액에 특별한 전극을 사용하여 발생하는 전위를 측정하고 이로부터 수소이온 농도를 추정할 수 있다.

pH 측정 시스템에는 3가지의 기본적인 요소가 요구된다. pH 측정센서는 용액 중의 수소이온 농도에 해당하는 전압을 제공하며 pH 미터는 전극전위를 증폭시키고 이론적인 온도 효과를 보정하며 셀의 개별적 속성들을 조정하여 측정값을 제시한다. 아울러 센서와 공정의 접속장치가 필요하다. 기본적인 pH 전극센서는 독립적인 두 반전지(half-cell)들로 구성된다. 대개 용액의 pH에 비례하여 전위차를 생성하는 전극을 사용한다. 기준전극은 pH가 7(중성)인 완충용액(대개 KCl 용액)으로서 다공성 분리 막을 통해 공정 용액과 이온교환이 가능하다. 첫 번째 반전지(측정 반전지)는 수소이온 활동도에 따른 전위차를 검지하며 두 번째 반전지(기준전지)는 센서 외부의 공정 용액의 전위를 검지한다.

$[H^+]$를 구하고자 하는 용액의 퍼텐셜을 pH를 알고 있는 기준용액의 퍼텐셜과 비교하게 되는데 pH 미터는 전위차의 변화를 측정하고 Nernst 방정식을 이용하여 미지용액의 $[H^+]$를 결정한다.

$$E = E_0 + (2.3RT/nF)\log\{\text{unknown}[H^+]/\text{internal}[H^+]\} \tag{8.41}$$

위에서 E는 총 전위차(mV), E_0는 기준전위, R은 기체상수, T는 온도(K), n은 전자 수, F는 Faraday 상수, 그리고 $[H^+]$는 수소이온 농도이다. pH는 온도의 함수이며 일반적으로 1 pH unit은 25°C에서 59.16 mV에 해당한다. 전극전압은 0.0°C에서 54.20 mV/pH unit로 감소하고 100.0°C에서 74.04 mV/pH unit으로 증가한다. pH 전극과 측정은 온도에 민감하다. 온도보상 시스템이 기기 내에 포함되어 수동이나 자동으로 온도보상을 수행한다. 수동보상에서는 pH 측정기에서 적당한 온도를 수동으로 입력한다. 자동보상에서는 분리된 온도 탐침으로부터 신호가 pH 측정기로 공급되고 그 온도에서 시료의 정확한 pH 값을 측정한다. pH 측정기의 회로는 전극반응을 일반적으로 수학적으로 기술한 Nernst 방정식을 이용한다. 이 방정식에 따르면 25도에서 59.16 mV의 전위를 획득한다. 한 용액에서 온도의 변화에 따라 pH 전극의 mV 출력이 변화된다.

8.8.2 밀도 및 비중 측정

밀도는 단위부피당 질량을 나타내며 단위로서 g/cm^3, 혹은 lb/ft^{3}을 이용한다. 밀도는 온도에 따라 달라진다(기체의 경우에는 온도와 압력에 따라 달라짐). 밀도 기준온도는 고체의 경우 32°F(0°C), 액체의 경우 60°F(15.6°C), 기체의 경우 32°F(압력: 29.921 in Hg) (혹은 0°C 및 760 mmHg, 또는 101.325 kPa)이다. 기체밀도의 측정에서는 내부체적을 알고 있는 가볍고 강한 적정 크기의 용기를 완전히 비우고 무게를 잰 다음 기체 샘플을 채우고 다시 무게를 잰다. 밀도 측정기(densitometer, 혹은 gravitometer)는 흐르는 액체나 기체의 밀도를 지시한다. 회전하는 프로펠러는 장치의 유입 및 유출부 사이의 압력차를 생성하며 이는 흐르는 유체의 밀도에 비례한다. 회전자(혹은 vibrator)에서 샘플의 밀도는 진동 튜브의 공명 주파수 변화와 연관된다. 이 진동수는 튜브와 그 내용물의 질량의 제곱근에 반비례한다. 주어진 온도에서 밀도를 알고 있는 매체로 튜브를 보정하여 미지용액의 밀도를 결정한다.

자기식 방법(magnetic method). 이 방법에서는 자장 덴시미터(magnetic densimeter)를 사용한다. 덴시미터는 유리나 플라스틱 재킷에 싸인 가느다란 실린더가 센서가 있는 회로의 서보 시스템으로 조절되는 솔레노이드에 의해 매체 내에 정확한 높이로 위치하고 있는 장치이다. 재킷과 자장 물질은 부표(buoy)를 구성하며 솔레노이드는 부표에서 전류에 비례하는 자기 모멘트 M을 유도한다. 부표에 대한 총 자기력은 M과 dH/dz(H: 자장의 강도, z: 솔레노이드 중심으로부터의 수직

거리)의 곱이며 자기력은 전류의 제곱에 비례한다.

$$M\left(\frac{dH}{dz}\right) = kI^2 \quad (k\text{: 비례상수})$$

부표에 대한 부력이 부표를 띄우기에 충분하다면 솔레노이드에 의해 생성된 힘은 아래를 향하며 중력과 합쳐진다.

$$M\left(\frac{dH}{dz}\right) = gV_B\rho - gV_B\rho_B = gV_B(\rho - \rho_B) \tag{8.42}$$

위에서 V_B는 부표의 부피이고 ρ, ρ_B는 각각 용액 및 부표의 밀도이다.

하이드로미터(hydrometer). 하이드로미터는 액체의 비중을 측정하는 장치이다. 비중은 같은 부피의 물의 질량에 대한 액체 질량의 비를 의미하며 전통적으로 비중은 4°C(순수한 물의 밀도가 최대가 되는 온도)에서의 물의 밀도를 이용해 측정된다. 오늘날 수질 테스트에 이용되는 대부분의 하이드로미터는 60°F의 기준온도로 보정된다. 하이드로미터의 눈금은 측정되는 액체에 따라 다르다. 보통 비례눈금이 새겨진 소직경 막대가 있는 중량부자(weight float)로 구성된 단순한 휴대용 하이드로미터를 널리 사용한다. 사용에 있어서는 먼저 유리 실린더를 샘플 물로 채우고 하이드로미터를 넣는다. 다음에 하이드로미터가 실린더 벽에 닿지 않도록 하고 눈금을 읽는다. 광전식 하이드로미터는 연속적인 비중 측정이 가능하다.

전해액의 비중을 측정하여 납 축전지의 방전 상태를 점검할 수 있다. 물의 비중은 1이고 황산의 비중은 1.835이며 완전히 충전된 납 축전지에서 황산과 물 혼합물의 비중은 70°F에서 1.280이다. 납 축전지의 전해액 비중이 1.150으로 내려가면 완전히 방전된 상태가 된다. 납 축전지의 개방회로 전압은 $V = S_g + 0.84$(volt)로 주어진다. 비중 $S_g = 1.28$이라면 전압은 1.28 + 0.84 = 2.12 V이다.

보기 8.5

6셀 납 축전지의 비중이 1.22로 측정되었다. 축전지의 무부하 전압은 얼마인가?

풀이

$V = S_g + 0.84 = 1.22 + 0.84 = 2.06$ (V). 따라서 무부하 전압은 $V = (6)(2.06) = 12.36$ (V)

고정 체적법(fixed volume method)**을 이용한 밀도 측정**. 고정체적을 이용한 보편적인 연속밀도 측정 장치로는 변위식 계기가 사용된다. 액체 중에 잠겨 있는 부력기가 있는 격실을 통해 액체가 흐르면 부력기에 의해 밀려난 액체의 무게에 따른 부력이 변위자에 작용한다(그림 8.32 참조). 비중이 증가하면 부력기와 빔(beam)의 왼쪽 끝에 위쪽 방향으로의 힘이 발생한다. 이에 따라 빔의 오른쪽 끝이 노즐로 더 접근하게 되어 평행 벨로즈에서 감지되는 노즐압력이 증가하고 벨로즈가 팽창한다. 벨로즈가 팽창하면 빔의 오른쪽 끝이 노즐로부터 멀어진다. 아울러 배플(baffle)이 노즐 팁으로부터 멀어져 공기 계통의 압력을 감소시킨다. 벨로즈가 약간 달라진 압력과 새로운 위치, 혹은 토크 평형상태로 재설정되도록 이동하여 발생하는 출력신호를 밀도나 비중단위로 측정한다.

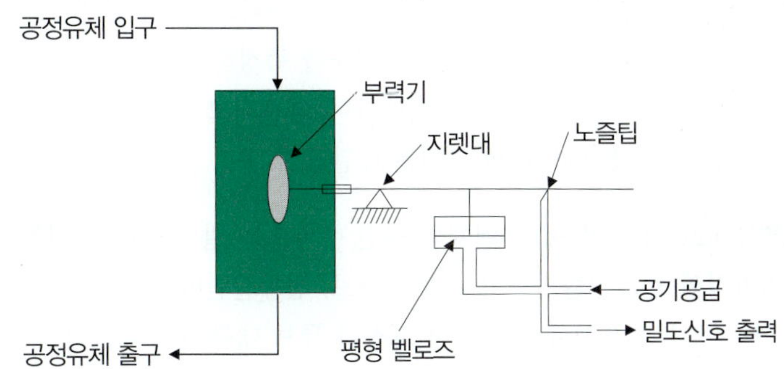

그림 8.32 **변위식 연속밀도 측정장치.**

차압법(differential method)을 이용한 밀도 측정. 이 방법은 액체의 고정 수두에 의해 발생되는 압력변화에 기초한다. 수면 아래 2개 지점의 높이 간의 차압은 2개 지점에서의 압력수두의 차 H와 같다. 액체의 비중이 변하면 두 지점 간의 차압이 변화한다. 먼저 어떤 최대값($S_{g,max}$)과 최소값($S_{g,min}$) 사이에서의 비중변화로 야기되는 수두변화를 측정한다:

$$\Delta P = H(S_{g,max} - S_{g,min}) \tag{8.43}$$

차압의 측정에는 일반적인 차압 전송기를 사용한다. 액체밀도의 변화범위 추정에서는 예상되는 최소 비중값에서의 압력 수두차에 차압 전송기의 영점을 맞추고 전송기의 전동작 범위가 최대 밀도변화에 의한 차압을 지시하도록 한다.

공기퍼지(purge) 장치를 이용한 차압식 밀도 측정기. 2개의 기포장치를 설치하고 하나의 기포장치 튜브 끝이 다른 기포장치 튜브 끝보다 낮도록 설치한다(그림 8.33 참조). 액체에 기포를 발생시키는 데에 요구되는 압력은 기포장치 튜브 끝에서의 유체정압과 동일하다. 두 튜브 끝 높이차만큼의 압력차가 발생하는데 두 지점 간의 차압변화를 직접 액체의 밀도로 나타나게 할 수 있다.

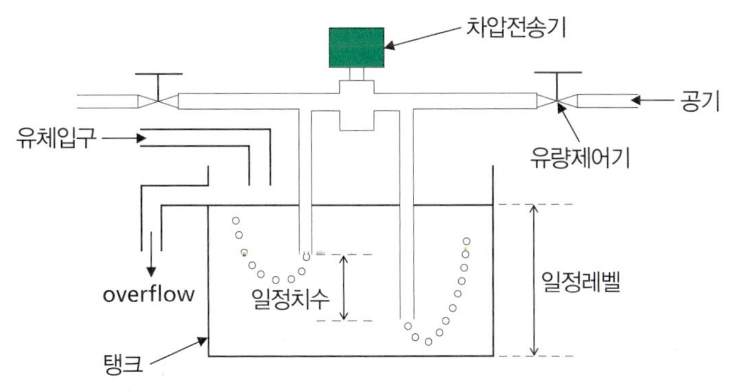

그림 8.33 **공기 퍼지를 이용한 차압법.**

방사선법(nuclear method). 이 방법은 측정하는 물질의 밀도에 따라 감마방사선의 흡수량이 증가하는 원리를 이용한다. 측정장치는 배관벽에 설치된 라듐, 세슘, 코발트 등의 일정한 감마선 발생기와 반대쪽에 설치된 방사선 감지기로 구성된다. 방사선 발생기로부터 방출된 감마선은 배관을 통과하여 감지기에 도달한다. 배관에 밀도를 측정하려는 물질이 흐르면 이 물질에 의하여 흡수되는 방사선의 양은 물질의 밀도에 비례한다. 흡수되고 남은 방사선의 양이 감지기에 의해 측정되므로 측정되는 방사선 에너지의 크기는 배관을 흐르는 공정유체의 밀도에 반비례한다.

진동법(vibration method). 액체의 공진 주파수는 밀도에 따라 변화하는 사실을 이용하는 방법이다. 일반적인 신호변환기로서 진동 U튜브, 진동실린더, 진동 베인, 진동단일관(혹은 진동쌍관)을 이용한다. 진동 U튜브에서 체적이 고정된 튜브 내를 통과하는 공정유체의 밀도가 변할 때 진동의 진폭이 변화한다. 이 변화를 기계적/전자적 장치로 측정하여 밀도를 추정한다. 진동실린더는 감지기 하우징 내 동심으로 위치한 얇은 벽의 실린더로 구성되며, 공정유체가 이 실린더를 흐르면 유체의 질량에 의해 원주 방향으로의 진동이 발생한다. 진동주파수는 유체의 질량에 따라 변화한다.

8.8.3 습도의 측정

습도는 일정기체 내에 포함된 수분의 양을 나타낸다. 절대습도는 단위 체적에 존재하는 수증기의 양이며 상대습도는 공기가 물질을 적시거나 건조시킬 수 있는 능력으로서 어느 온도에서 공기에 포함될 수 있는 최대 수증기 양에 대한 공기 내에 실제로 포함된 수증기 양의 비이다. 이상기체를 가정하면 절대습도는

$$H_a = \frac{W_v}{W_g} = \frac{P_v V/(R_v T)}{P_g V/(R_g T)} = \frac{R_g P_v}{R_v P_g} \tag{8.44}$$

로 주어진다. 위에서 W는 성분기체의 중량, P는 성분기체의 절대분압, V는 체적, T는 절대온도, R은 기체상수이며, 아래첨자 v는 수증기, g는 기체를 의미한다. 수증기 밀도는 단위체적당 수증기의 무게로서 $D_v = \frac{P_v}{R_v T}$로 주어지며 상대습도는 $H_r = \frac{P_v}{P_{sat}} \cong \frac{D_v}{P_{sat}}$로 주어진다. 기체나 공기의 혼합물의 습도측정에는 건습구 습도계를 사용한다. 기체 혼합물의 건구온도는 일반적인 온도측정 소자로 측정하며 습구온도는 수증기에 완전히 젖은 심지(wick)로 둘러싸인 온도측정 소자로 측정한다. 건구온도와 습구온도의 차이는 습구감온(depression)이라 칭한다. 표 8.9는 주요 습도 측정방법을 요약한 것이며 표 8.10은 습도계의 종류와 특성을 요약한 것이다.

8.8.4 가스의 분석

가스의 정성분석에서는 가스 누설, 불순물 혼입 여부를 측정하며 정량분석에서는 혼입 가스함유량을 측정(체적백분율)한다. 표 8.11은 화학가스 분석계의 특성을 보인 것이며 표 8.12는 물리적 가스 분석계의 특성을 보인 것이다.

표 8.9 주요 습도 측정방법

측정법	센서	출력	원리
건습구식	건구와 습구	온도	물의 증발에 따르는 습구의 온도 변화량은 습도에 관련
냉각 노점식	거울 또는 수정	온도	냉각에 의해 표면에 이슬(또는 서리)이 생겼을 때의 온도를 측정
염화 리튬식	염화 리튬액과 전극	온도	포화 염화 리튬액과 기체중의 수증기와의 평형온도가 노점에 대응
고분자식	고분자막	저항 또는 정전용량	수증기의 흡탈착에 의한 변화
세라믹식	세라믹소자	저항	수증기의 흡탈착에 의한 변화
산화 알루미늄식	산화 알루미늄막	정전용량	수증기의 흡탈착에 의한 변화
지르코니아식	지르코니아 산소 센서	전압	수증기압의 변화에 따라 공기 중의 산소분압이 변화 또한 연소 배기가스용에서는 수증기의 전기분해에 의해 발생하는 산소량을 검출.
서미스터식	가열서미스터	저항	공기 중의 수증기에의 한열전도율의 변화
적외선 흡수식	적외선검지기	전기량	기체 중의 수증기에의 한적외선의 흡수
신축식	모발, 나일론 리본 등	길이	기체의 상대습도와 신축량이 대응

표 8.10 습도계의 종류와 특성

종류	장점	단점	비고
모발 습도계	구조, 자기장치 등 취급 간단, 재현성 양호, 저온 지역 유리	응답 지연, 정도 불량	실내 조절용, 연속지시, 유효기간: 2년
냉각식노점계	구조, 휴대 용이, 저습도 측정용	냉각 필요, 정도 불량	에테르로 냉각
건습구 습도계	구조, 취급 간단, 휴대용이며 경제적	오차 발생요인 많음, 지시시간 지연	간이형과 통풍형, 3~5 m/s 통풍 속도 필용
저항식 건습구 습도계	조절기와 접속 용이, 연속기록, 원격측정, 자동제어에 사용, 시간 지연 없음	저습도 측정 난이, 정밀도가 불량, 물이 소요	감도 양호, 좁은 범위 측정용
광전관 노점습도계	저습도 측정, 상온, 저온 정도 우수, 연속기록, 원격측정, 자동제어용	기구 복잡, 냉각 장치 필요	이슬량 증감으로 인한 광전효과
듀셀 노점계	고압에 사용, 상온, 저온 정도 양호, 연속기록, 원격 측정 자동제어용	저습도 응답 지연, 조열 필요, 경년 변화	염화리듐, 교류전압 사용
전기 저항식 습도계	강도 높음, 저온에서 측정 가능, 연속기록, 원격 측정, 자동제어 가능	경년 변화, 온도 계수 큼	염화리듐, 교류전압 사용

표 8.11 화학가스 분석계의 특성

구분	측정법	측정대상	정량범위	비고
화학반응	자동 오르사트법	흡수되는 기체 (CO_2, CO, O_2)	0.5~50%	자동화학식 CO_2계 간헐 자동측정식
	연소열법	가연성 기체와 O_2 (CO_2, CO, C_mH_n)	10^{-2}~25%	미연소가스계(CO_2 + H_2계) 연소식가스계(O_2계)

표 8.12 물리적 가스 분석계

구분	측정법	측정대상	정량범위	비고
물리 정수 측정	밀도법	밀도 다른 혼합기체 (연도가스 중 CO_2)	1~100%	
	열전도율법	열전도율 다른 혼합기체 (연도가스 중 CO_2)	0.01~100%	전기식 CO_2 계
	가스 크로마토그래피법	기체, 비등점 300°C 이하 액체	몰 비 0.01~100%	간헐 자동측정식
전기	도전율법	용해되어 도전율 변하는 기체	1 ppm~100%	저온가스 측정
	세라믹법	O_2 가스	0.1 ppm~100%	질코니아식
자기	자화율법	O_2 가스	0.1 ppm~100%	자기식 산소계
광학	적외선흡수법	H_2, O_2, N_2 이외 가스	10 ppm~100%	

적외선 가스 분석계. 가스가 지니는 고유의 적외선 스펙트럼 차이를 이용하여 분석하는 장치이다. 분석 가능한 기체는 CO, CO_2, CH_4 등이며 분석 불가능한 기체는 대칭성 2원자 분자(H_2, N_2, O_2, Cl_2, He, Ar 등)들이다. 선택성이 우수하고 측정 농도범위가 넓으며 저농도 가스분석에 적합하다.

분진입자의 측정. 일반적으로 광투과법에 의하여 측정하며 오파시미터(opacimeter)를 가장 널리 사용한다. 오파시미터는 공장 굴뚝에 빛을 투과시켜 분진입자를 측정하는데 광원과 감지기는 굴뚝 반대편의 반사체와 함께 동일한 구조에 위치한다(그림 8.34 참조). 2개의 광 경로 계기는 50 ft 거리까지 측정이 가능하다.

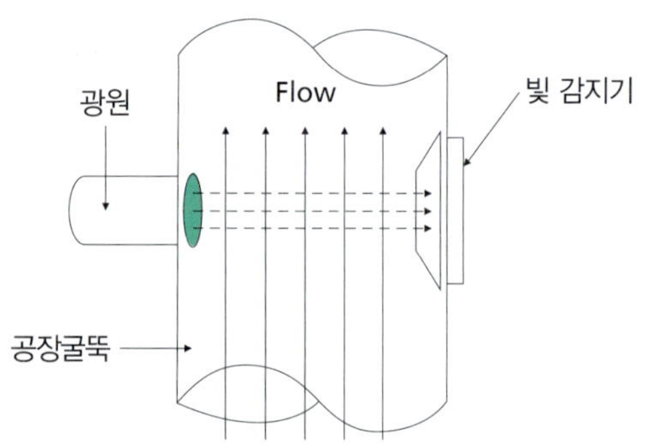

그림 8.34 오파시미터(opacimeter).

8.8.5 크로마토그래피를 이용한 분석

크로마토그래피는 기체, 또는 액체를 구성하는 각 성분이 특정한 고체(액체인 경우도 있음)와의 사이에 친화력의 차이가 있는 것을 이용해 각 성분을 분리하는 방법이다. 이는 활성탄으로 냉장고 냄새를 제거하는 것과 같은 원리이다. 크로마토그래피는 1906년 러시아의 식물학자 트베이트(Tsvet)에 의해 최초로 발표되었다. 트베이트는 원통에 탄산칼슘을 넣고 여러 가지 식물색소를 용해시킨 석유를 통과시켰다. 석탄이 탄산칼슘 층을 통과했을 때 각 색소는 탄산칼슘과의 친화력 차이에 따라 분리되어 결과적으로 4가지 색의 띠를 원통축 방향의 다른 위치에서 획득한다. 크로마토그래프는 크로마토그래피의 원리에 의거해 만들어진 장치이다. 일반적인 크로마토그래프로서 가스 크로마토그래프와 액체 크로마토그래프가 있다. 이외에도 페이퍼 크로마토그래프, 박막 크로마토그래프, 이온 크로마토그래프, 초임계 유체 크로마토그래프 등이 있다.

크로마토그래프 내부에는 측정 대상 가스에 적합한 분리제를 넣은 가늘고 긴 튜브(칼럼)가 설치되어 있다. 측정 시에는 우선 분리제와 친화력이 없는 가스(캐리어 가스; H_2, He, Ar, N_2 등)를 칼럼에 흐르게 하고 여기에 측정하려는 가스를 순간적으로 아주 약간 투입한다. 측정대상 가스의 각 성분은 분리제에 의해 일시적으로 흡착되어 캐리어 가스에 의해 바로 분리된다(탈착). 가스의 각 성분은 칼럼 내에서 흡착과 탈착을 반복하며 캐리어 가스에 밀려 칼럼 밖으로 배출된다. 이 과정에서 분리제와의 친화력이 약한 성분은 바로 유출되고 친화력이 강한 성분은 늦게 유출된다. 출구가스 농도를 열전도형 CO_2 측정계로 검출하여 분석한다. 여러 종류의 혼합가스 분석이 가능하며 비등점 300°C 이하의 액체 시료분석이 가능하다.

열전도도 검출기(thermal conductivity detector, TCD). 캐리어 가스의 성분가스 농도에 의해 혼합가스의 열전도도가 변하므로 이에 의해 성분가스의 농도를 알 수 있다. 금속 필라멘트의 전기저항 변화를 브리지 회로로 검출한다. TCD는 캐리어가스와 열전도율이 다른 기체이면 모두 측정할 수 있으므로 적용범위가 넓다. 감도는 별로 높지 않지만 특정한 물질에 대한 선택적 특성은 가지고 있지 않으므로 오히려 유리한 경우도 있다.

수소염 이온화 검출기(flame ionization detector, FID). 수소염에 유기 화합물을 넣으면 이것이 이온화되어 이온량에 비례하는 전류가 노즐과 컬렉터 사이에 흐른다. 탄화수소의 경우 검출감도는 탄소수에 비례하여 상승한다. 탄화수소의 미량분석에 적합하며 무기가스에는 적합하지 않다. 캐리어 가스로는 질소나 헬륨이 주로 사용된다.

염광 광도 검출기(flame photometric detector, FPD). 수소염에 유황, 유기인, 유기주석 등을 넣으면 물질에 따른 파장의 빛이 발생한다. 이 빛을 광학 필터 경유 광전자 증배관에서 검출한다. 유황에는 394 nm, 인에는 526 nm, 주석에는 600 nm의 필터를 사용한다.

광이온 검출기(photo ionization detector, PID). 시료성분 물질에 그 이온화 전압보다 높은 에너지를 가진 자외선을 조사하면 물질이 이온화된다. 그 이온전류를 측정하여 물질의 농도를 규명한다. 보통 고압의 직류전압에 의해 희가스 내에 방전시켜 원자외선을 발생시킨다. 사용하는 램프에 따라 자외선의 에너지가 다르므로 방전관의 선택에 의해 검출할 수 있는 성분이 다르다. 헬륨, 네온 이외의 모든 가스를 고감도(TCD의 약 50배)로 검출할 수 있다.

전자포획 검출기(electron capture detector, ECD). 니켈의 방사성 동위원소 63Ni를 β선원으로 사용하여 캐리어 가스(질소)를 이온화시킨다. 이에 의해 전극 사이에 이온전류가 흐른다. 캐리어 가스에 할로겐 화합물이나 니트로 화합물 등이 들어가면 이온전류가 감소하므로 이를 통해 분석값을 얻는다. 이를 이용하여 할로겐 화합물이나 유기 수은 등을 고감도로 검출할 수 있다.

질량분석계. 가스 크로마토그래프는 시료의 각 성분을 분리하는 능력 면에서는 우수하지만 얻은 크로마토그램의 각 피크가 어떤 성분에 대응하는지는 바로 알 수 없다. 조성을 이미 알고 있는 시료에 의해 교정, 혹은 다른 측정수단에 의한 결과와 비교해 볼 수 있다. 질량분석계는 직접 질량/전하수를 획득한다. 가스 크로마토그래프와 질량 분석계를 결합시킨 가스 크로마토그래프 질량분석계(GC/MS)는 양자의 장점을 합친 분석계이다.

8.9 요약

- 전환기(transmitter): 센서에 의해 측정된 값을 제어기로 이송시킬 수 있는 신호로 바꾸어 주는 기능을 수행
- 전류신호는 전자기 유도잡음의 영향을 상대적으로 적게 받으며 제어기기 사이의 거리와는 무관하게 신호의 크기가 유지: 기본 신호로 널리 이용
- 제어장치들에서는 4~20 mA의 전류신호가 표준으로 사용
- 전류-공압 변환기: 20~30 psig 압력범위의 건조공기를 공급받아 4~20 mA의 전류신호에 대응하는 3~15 psig (20~100 kPa) 압력범위의 공기를 밸브로 이송
- 히스테리시스: 어떤 특정한 측정에서 입력이 높은 값으로부터 낮은 값으로 변할 때와 낮은 값으로부터 높은 값으로 변할 때에 대한 센서의 출력이(즉 측정결과가) 서로 다른 현상
- 정확도(accuracy): 참값에 대한 치우침이 작음, 정밀도(precision, 또는 정도(精度)): 측정값의 흩어짐이 작음
- 필터: 측정치로부터 원치 않는 잡음(noise) 신호를 제거하려면 회로들을 이용하여 어떤 주파수나 주파수 밴드(band)들을 차단
- High-pass 필터: 고주파 신호를 통과시키고 저주파 신호를 차단
- Low-pass 필터: 고주파 신호를 차단하고 저주파 신호를 통과
- Band-pass 필터: 어떤 범위의 주파수 신호만을 통과시키고 그 범위 밖의 신호는 차단
- D/A, DAC: 디지털 정보를 아날로그 전압으로 변환
- A/D, ADC: 입력전압과 기준전압에 가장 근접한 2진수를 규명
- RTD: 안정성이 우수하고 다른 전자온도 센서에 비해 선형성이 우수
- 정온도 계수: 온도가 증가하면 저항도 증가하는 현상, 부온도 계수: 온도가 증가하면 저항이 감소하는 현상
- 써미스터: 온도계수가 크며 응답속도가 빠르고 경제적이며 국부측정이 가능하고 극소형화가 가능
- Seebeck 효과: 전도체의 양 끝부분의 온도가 서로 다르면 더 높은 열속을 지닌 뜨거운 쪽의 전자들이 차가운 쪽으로 확산되며 이러한 전자의 운동은 전류를 생성
- 열전대: Seebeck 효과를 이용, 측온접점은 온도를 측정하려는 유체나 매체에 노출되며 기준접

점은 측정계기에 연결
- 바이메탈 온도계: 금속의 온도에 따른 열팽창을 이용하는 온도계
- 봉입형 온도계: 유체의 온도변화에 따른 열팽창을 이용하여 온도를 측정
- 비접촉식 온도계: 방사방출 에너지를 이용하여 온도를 측정
- 압력식 온도계: 열에 의해 체적이 팽창할 때 압력이 증가되는 원리를 이용
- 마노미터: 한 쪽의 액체면에 압력을 가하면 다른 쪽의 액체면이 상승하는 구조. 수은, 물을 주로 사용
- 다이어프램: 압력정보를 물리적인 변위로 전환시키는 장치
- 벨로우즈: 원형 주름통 형태의 압력측정 소자
- Bourdon tube: 튜브의 한쪽을 막고 납작하게 한 다음 이를 코일처럼 둥글게 말아 놓은 형태의 압력소자
- Sight glass: 유리를 통하여 탱크 내의 액체 레벨을 관측할 수 있도록 탱크나 용기에 부착하는 장치
- Tape float: 간단한 직접레벨 장치로서 부표(float), 부표 테이프(float tape), 추로 구성
- 부력식 레벨 게이지: 아르키메데스의 원리를 이용하는 장치
- 차압식 레벨 측정: 압력을 측정하여 레벨을 규명
- 거품기(bubbler)형 레벨 측정: 액체 레벨이 변하면 튜브 내 가스압력도 변하는 성질을 이용하여 가스의 압력을 측정하여 레벨을 추정
- 다이어프램(diaphragm) 레벨 감지기: 유체에 의한 압력을 다이어프램으로 감지
- 정전용량형(capacitance type) 레벨 측정: 탱크 내부에 전극을 삽입하고 정전용량의 변화를 검출하여 액위를 측정
- 전도도형 레벨 측정: 액체 중에 함입된 탐침과 접지된 탱크 사이에 전도 경로가 형성되어 레벨 스위치를 작동
- 저항형 레벨 측정: 액체 레벨이 상승하여 감소하는 전기저항 저항값을 전자회로를 이용하여 측정하고 이로부터 레벨을 추정
- 초음파 레벨센서: 용기 내의 기준점으로부터 액체 레벨 상부까지의 거리를 초음파를 이용하여 측정
- 회전패들(rotating paddle)형 레벨센서: 패들을 회전시키기 위해 요구되는 모터의 토크를 측정하여 용기 내 고체의 유무를 판단
- 차압식 유량측정: 유체 흐름을 제한하는 장치를 인위적으로 배관 내에 설치하고 이로부터 발생되는 압력 강하를 측정하여 유량을 추정: 오리피스, 벤튜리관
- 유량 노즐: 목 단면이 포물선 형태로 작아지다가 끝부분이 원주 모양의 좁은 목을 갖는 유동제한 장치로서 수증기, 혹은 마모성이 있는 빠른 유속의 유량측정에 이용
- 유속식 유량계: 유속을 측정하여 유량을 결정. 터빈유량계, 보텍스(vortex)형 유량계, 자기 유량계, 초음파 유량계 등
- 초음파 유량계(ultrasonic flowmeter): 배관 내를 흐르는 유체를 통과하는 음속을 측정하여 유량을 측정
- pH 미터: 전극전위를 증폭시키고 이론적인 온도 효과를 보정하며 셀의 개별적 속성들을 조정

하여 측정값을 제시

- 밀도측정기(densitometer): 흐르는 액체나 기체의 밀도를 지시
- 하이드로미터: 액체의 비중을 측정
- 건습구 습도계: 기체나 공기의 혼합물의 습도를 측정
- 적외선 가스 분석계: 가스가 지니는 고유의 적외선 스펙트럼 차이를 이용하여 분석
- 분진입자의 측정: 일반적으로 광투과법을 이용하며 오파시미터(opacimeter)를 널리 사용
- 크로마토그래피: 기체, 또는 액체를 구성하는 각 성분이 특정한 고체(혹은 액체)와의 사이에 친화력의 차이가 있는 것을 이용하여 각 성분을 분리

점/검/문/제

8.1 제어기에서 이용되는 표준 전류신호의 범위는?

① 0~4 mA ② 3~15 mA ③ 6~16 mA ④ 4~20 mA

8.2 제어운전에서 전기신호로서 전류를 이용하는 주된 이유는 무엇인가?

① 전류는 전압보다 다루기가 쉽다.

② 전류는 다른 신호로의 변환이 편리하다.

③ 전류 공급원의 부하는 전압의 경우보다 작다.

④ 전류는 전자기 유도잡음의 영향을 적게 받는다.

8.3 공압식 밸브를 사용하는 제어구조에서 이용되는 공기압력 범위는?

① 4~20 kg/cm^2 ② 4~20 psig ③ 3~15 kg/cm^2 ④ 3~15 psig

8.4 온도가 20~120°C 범위에서 변함에 따라 센서의 저항은 100~180 Ω 범위에서 선형적으로 변화한다. 온도와 저항 사이의 관계를 나타내는 식으로 맞는 것은 어느 것인가?

① $R = \frac{1}{8}T + 84$ ② $R = -8T + 84$ ③ $R = 84T + 0.8$ ④ $R = 0.8T + 84$

8.5 인체 혈액의 밀도는 약 1060 kg/m^{3}이다. 키가 2미터인 사람의 발바닥과 머리 끝 사이의 압력 차이는 얼마인가?

① 10,600 Pa ② 20,000 Pa ③ 30,600 Pa ④ 40,000 Pa

점검 문제 해답

8.1 ④ **8.2** ④ **8.3** ④

8.4 ④ 풀이 $R = mT + R_0$. $100 = 20m + R_0$, $180 = 120m + R_0$.
이로부터 $m = 0.8$, $R_0 = 84$. 따라서 $R = 0.8T + 84$.

8.5 ② 풀이 $\rho gh = 1060\ \text{kg/m}^3 \times 9.8\ \text{m/s}^2 \times 2\ \text{m} = 20{,}000\ \text{Pa}$. 이 값은 대기압의 1/5에 해당하는 값으로서 매우 크다. 따라서 사람들은 오래 서 있으면 피곤을 느낀다.

연/습/문/제

8.1 어떤 압력/전환기 장치의 측정범위는 0~200 psig, 출력범위는 4~20 mA로 조정되어 있다. 이 장치의 gain을 구하여라.

8.2 어떤 측정장치의 출력이 0.01 mV에서 0.05 mV 범위에서 변화함에 따라 이 장치의 디스플레이에 연결된 지시바늘은 전체 눈금범위(0~4 in) 내에서 움직인다(즉 출력이 0.01 mV이면 지시계의 바늘은 0 in를 가리키며 출력이 0.05 mV이면 지시계의 바늘은 4 in를 가리킴). 이 측정장치는 선형의 동특성을 보이며 시간지연은 무시할 수 있다고 가정한다.
(1) 이 측정장치에 대한 감도(in/mV)는 얼마인가?
(2) 정상상태 출력값이 0.0244 mV일 때 지시바늘의 눈금은 얼마(몇 in)를 가리키겠는가?

8.3 어떤 온도센서의 측정범위는 20~250°C이다. 어떤 측정결과 55°C의 값을 얻었다.
(1) 정밀도가 ±0.5% FS라면 오차는 얼마인가?
(2) 정밀도가 span의 ±0.75%라면 오차는 얼마인가?
(3) 정밀도가 읽혀진 눈금의 ±0.8%라면 오차는 얼마인가?

위의 각 경우에서 실제 온도는 어느 범위에 있는가?

8.4 공정변수가 측정범위에서 변함에 따라 어떤 센서의 출력전압은 0.2~0.6 V를 나타낸다고 하자. 이 센서의 출력이 연결되는 장치는 동일한 공정변수 변화에 대하여 0~5 V의 전압을 필요로 한다. 이 센서의 신호에 대한 0점 전이(zero shift)와 증폭처리(amplification)를 수행하여라.

8.5 그림 8.6에 보인 바와 같은 휘트스톤 브리지에서 $R_1 = 1000\ \Omega$, $R_2 = 842\ \Omega$, $R_3 = 500\ \Omega$일 때 검지기 null이 이루어진다(즉 검지기를 통한 전압이 0). R_4는 얼마인가?

8.6 어떤 온도센서로부터의 측정값은 이 센서에 연결된 증폭기에 의해 증폭되어 디스플레이 된다. 이 증폭기의 출력전압은 증폭기로 입력되는 센서 측정값의 20배이며 이 증폭기의 입력저항은 10 kΩ이다. 온도센서로부터의 측정값은 측정되는 온도에 비례하는 전압으로 나타나며 비례상수는 15 mV/°C이다. 실제 온도가 60°C일 때 증폭기로부터의 출력전압은 9 V였다. 이 센서의 출력저항은 얼마인가?

8.7 어떤 측정신호의 주파수는 1 kHz 미만이지만 약 1 MHz 정도의 원치 않는 잡음이 도입되고 있다. 이 잡음을 1%로 줄여주는 저주파 필터를 디자인하여라. 측정신호의 주파수가 1 kHz라면 어떤 결과를 얻는가? 커패시터로는 0.01 μF의 커패시터를 이용한다고 간주한다.

8.8 어떤 측정신호의 주파수는 2 kHz 미만이지만 약 2 MHz 정도의 원치 않는 잡음이 도입되고 있다.
(1) 이 잡음을 1.2%로 줄여주는 low-pass filter를 디자인하여라. 저항 R로는 1.5 kΩ을 이용한다고 간주한다. (즉 capacitor C를 구한다.)
(2) 측정신호의 주파수가 1 kHz 및 3 kHz라면 데이터는 각각 몇 % 축소되겠는가? 임계 주파수 f_c는 앞에서와 동일하다고 간주한다.

8.9 어떤 모터에 대한 펄스가 2000 Hz로 전송되고 있다. 60 Hz 잡음은 줄이면서 펄스는 3 dB 이상 줄이지 않는 필터를 고안하여라. 커패시터로는 0.01 μF의 커패시터를 이용한다고 간주한다.

8.10 어떤 제어밸브는 0~5 V의 입력 전압변화에 대하여 선형적인 열림(opening)을 나타낸다. 컴퓨터의 출력은 4-bit DAC를 이용하여 밸브전압을 생성함으로써 4-bit word로서 밸브를 제어하고 있다.

(1) 완전개방(full open) 밸브(5V)를 얻기 위한 기준(reference) 전압은 얼마인가?
(2) 입력에 1-bit 변화가 생겼을 때 % 밸브 열림(opening)을 구하여라.

8.11 어떤 제어밸브는 0~10 V의 입력 전압변화에 대하여 선형적인 열림(opening)을 나타낸다. 컴퓨터의 출력은 8-bit DAC를 이용하여 밸브전압을 생성함으로써 8-bit word로서 밸브를 제어하고 있다.

(1) 완전개방(full open) 밸브(10 V)를 얻기 위한 기준 전압은 얼마인가?
(2) 입력에 1-bit 변화가 생겼을 때 % 밸브 열림(opening)을 구하여라.

8.12 출력이 0.02 V/°C인 센서를 이용하여 온도를 측정하고 있다. 0.1°C의 해상도(resolution)로 0°C~100°C 범위를 측정하기 위해 요구되는 ADC 기준(reference)과 워드(word) 크기를 구하여라.

8.13 어떤 금속의 열팽창 계수는 1×10^{-5}/°C이다. 50°C에서 이 금속막대의 길이는 10 m이었다. 이 금속막대의 온도가 0°C에서 100°C로 변할 때 길이는 몇 미터만큼 늘어나겠는가?

8.14 온도계수가 $\alpha = 0.004/0°C$이고 20°C에서 저항이 120 Ω인 백금저항 온도계의 100°C에서의 저항을 구하여라.

8.15 온도에 따른 어떤 금속의 저항을 측정하여 다음 표를 얻었다. 50°F와 90°F 범위에서 저항과 온도 사이의 관계를 나타내는 선형식을 구하여라.

T(°F)	50	60	70	80	90
R(Ω)	93	97	100	103	105

8.16 온도에 따른 어떤 금속의 저항을 측정하여 다음 표를 얻었다. 60°F와 90°F 범위에서 저항과 온도 사이의 관계를 나타내는 2차 근사식을 구하여라.

표 P8.8 온도에 따른 저항변화.

T(°F)	*R*(Ω)
60	106.0
65	107.6
70	109.1
75	110.2
80	111.1
85	111.7
90	112.2

8.17 T = 100°C에서 백금 RTD의 저항은 얼마인가? Callendar-Van Dusen 보정식을 이용하여 구해 보라.

8.18 Steinhart-Hart 식을 이용하여 써미스터의 저항이 4000 Ω일 때 온도를 구하여라.

8.19 어떤 탱크에 물이 담겨 있다. 물의 깊이를 알아보기 위해 탱크 바닥의 압력을 측정해 보았더니 5 psi임을 알았다. 물의 깊이는 몇 ft인가? 물의 밀도는 1000 kg/m^3이다.

8.20 그림은 U튜브 마노미터를 보인 것이다. 직경의 비를 $\beta = \dfrac{d}{D}$라고 하자. d가 D와 같을 때(즉 $\beta = 1$)의 높이 z를 z_1이라고 하자. d가 D의 절반(즉 $\beta = \dfrac{1}{2}$)으로 되면 높이 z는 z_1의 몇 배가 되겠는가? 압력차 $P_1 - P_2$는 일정하다고 가정한다.

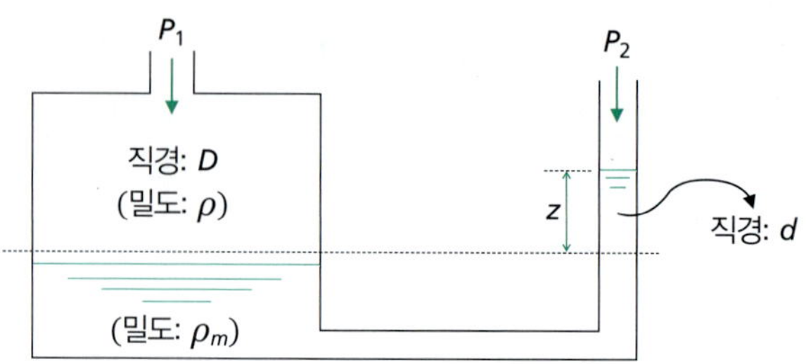

그림 P8.20

8.21 비응축성 유체가 압력수두 16 in에서 12 in 배관을 흐르고 있다. 유체의 속도와 체적유량을 구하여라.

8.22 전송기와 수신기 사이의 각도가 45도이고 음파경로(d)가 12인치일 때 초음파 유량계의 주파수차(Δf)가 100 cps로 측정되었다면 유속은 얼마인가?

Feedback 제어구조

최신 공정제어공학 MATLAB의 활용과 실습

제어계의 구성요소

제어계는 기본적으로 제어하고자 하는 공정 이외에 센서, 전환기, 제어기, 그리고 최종 제어요소들로 구성된다. 공정의 제어기능은 변수값을 측정하고 이를 토대로 제어기 출력값을 결정한 다음 실제 제어작용을 취하는 세 단계로 구분된다. 최종 제어요소로는 제어밸브가 가장 보편적이다. 여기에서는 제어계를 구성하는 각 요소들에 대하여 간략히 살펴보고 제어밸브의 기능과 제어기의 형태에 대해서 알아보기로 한다.

9.1 센서와 전환기

이전의 공정변수의 측정에서 언급한 바와 같이 전환기는 센서로부터의 출력을 제어기에의 입력 신호로 전환시켜 주는 기능을 수행한다. 예를 들면 온도를 측정하는 센서와 전환기의 기능은 다음의 그림 9.1과 같이 나타낼 수 있다.

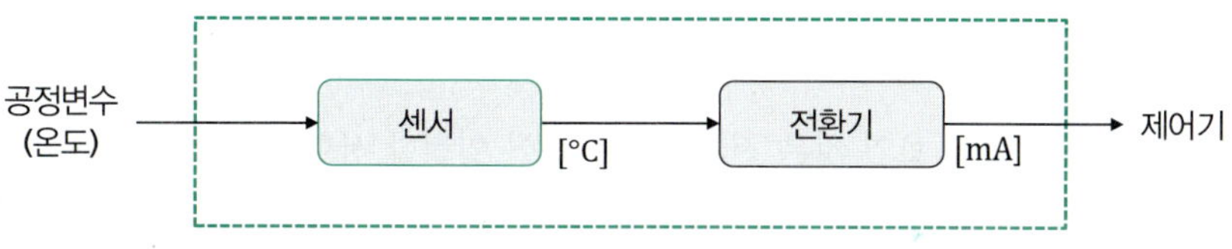

그림 9.1 온도측정 센서와 전환기.

전환기로의 입력 범위는 조정이 가능하도록 되어 있다. 그림 9.1에 보인 온도 측정용 센서와 전환기에서 전환기로의 온도입력 범위가 50°C에서 200°C이고 이에 해당되는 전환기로부터의 출력 범위는 4 mA에서 20 mA라면 전환기의 입력과 출력 관계는 그림 9.2와 같은 그래프로 나타낼 수 있다.

전환기의 입력의 최저 한계는 제로(zero)라고 하며 이 경우는 50°C가 된다. 입력의 최고 및 최저 한계의 차는 스팬(span)이라 부르는데 위의 경우 스팬은 200°C − 50°C = 150°C가 된다. 그림 9.2에서 입출력 변수 사이의 관계를 구해 보면

$$Y = \frac{(20-4)\ \text{mA}}{(200-50)\text{°C}}(X - 50\text{°C}) + 4\ \text{mA} = \left(0.107\ \frac{\text{mA}}{\text{°C}}\right)X - 1.33\ \text{mA} = K_m X + C$$

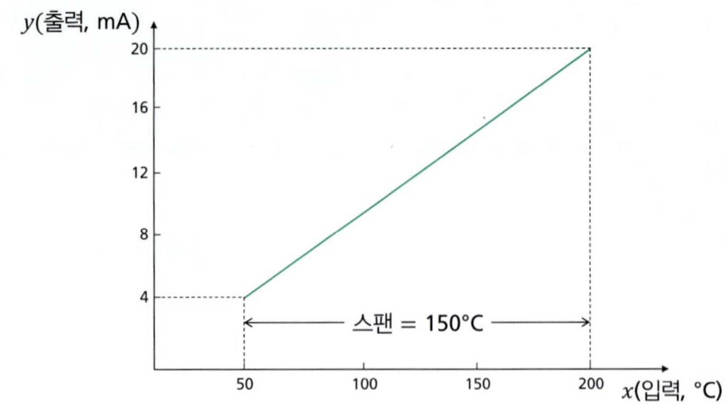

그림 9.2 전환기의 입력과 출력.

위의 식에서 기울기 K_m은 전환기의 이득(gain)으로서 다음과 같이 정의된다.

$$K_m = \frac{(\text{전환기의 출력범위})}{(\text{전환기의 입력범위})} \tag{9.1}$$

보기 9.1

어떤 압력/전환기 장치의 측정범위는 0~200 psig, 출력범위는 4~20 mA로 조정되어 있을 때 이 장치의 이득을 구하여라.

풀이

이득 K_m은 식 (9.1)에 의하여 $K_m = \dfrac{(20-4)\text{ mA}}{(200-0)\text{ psig}} = 0.08\text{ mA/psig}$가 된다.

그림 9.2에 보인 것은 전환기의 이득이 일정한 선형인 경우이지만 이득이 비선형으로 나타나는 장치들도 있는데 압력차를 이용한 유량측정 장치가 좋은 보기이다. 대부분의 센서/전환기 장치의 응답은 공정의 응답보다 빠르기 때문에 그의 동특성은 무시할 수 있으며 전달함수는 이득만으로 주어진다. 그러나 때로는 동특성을 무시할 수 없는 경우가 있는데 이 경우 그 전달함수는 1차나 2차 공정의 모델식 형태로 나타나는 것이 보통이다.

최근에는 전동식 제어밸브가 많이 보급되고 있으나 정전의 경우에 대비하는 기능이 없기 때문에 화학공정의 경우에는 대부분 공기압식 제어밸브가 사용되고 있다. 그러나 제어용 기기의 표준신호가 전류신호이므로 제어밸브에 사용하는 공기압력으로 신호전환을 할 필요가 있는데 이때 전류/공기압 전환기가 사용된다. 전환기는 전기자석을 이용하는 비교적 간단한 구조를 갖는다. 제어밸브에 사용하는 공기의 압력범위가 3~15 psig이므로 밸브 작동용 공급공기의 압력은 18 psig 이상이며 전환기로부터는 전류신호에 상당하는 공기압력이 출력된다.

9.2 제어밸브

밸브는 유체의 흐름을 원하는 수준으로 유지시키기 위해 사용되는 장치이다. 공정제어 구조에서 제어밸브는 가장 중요한 최종 제어요소이다. 이제 제어밸브의 기능과 특성에 대하여 알아보기로 한다.

9.2.1 제어밸브의 기능

밸브는 제어기로부터 출력신호를 받아 공정으로 유입되는 물질이나 에너지의 양을 변화시킴으로써 조절변수의 값을 조정하는 기능을 수행한다. 제어밸브는 공기압, 수력, 전기력, 혹은 외부의 어떤 다른 힘으로 구동되는 작동장치로서 밸브가 제어기기로부터 전달되는 신호에 의하여 지시되는 위치에 이르기까지 밸브를 자동적으로 완전히, 혹은 부분적으로 열거나 닫아주는 장치이다. 밸브의 내부는 장시간 동안 유지관리를 하지 않고도 높은 유속과 난류흐름에 견딜 수 있어야 한다. 공정의 조업 중에 사고가 발생했을 때 먼저 해야 할 일은 밸브를 조작하여 유체의 흐름을 차단하거나 열어주는 일이다. 예를 들어 사고가 발생했을 경우 반응기에 공급되는 증기의 경우는 차단해야 하고, 냉각기에 공급되는 냉각수는 열어주어야 한다. 사고의 처리나 예방을 위해 밸브를 잠가 주어야 할 경우는 FC(Fail-Closed) 밸브이고 반대의 경우는 FO(Fail-Open) 밸브이다.

밸브의 개폐동작은 전기 모터나 공기압 장치에 의해 이루어지는데 전기 모터는 흔히 대규모 밸브에 이용되며 실제 공정의 제어에서는 제어기에 의해 조절되는 공기압의 변화에 의해 개폐동작이 이루어지는 공압식 밸브가 널리 이용된다. 공기압의 증가에 따라 열리는 밸브는 AO(Air-to-Open, 공기압 열림), 그 반대의 경우는 AC(Air-to-Close, 공기압 닫힘) 밸브라 하는데 보통 FO는 AC에, FC는 AO에 해당된다. AC형은 이와 반대로 작동공기가 격막 위로 공급되고 격막 아래에 작동스프링이 설치되어 있다. 또 유체의 압력이 클 경우 플러그에 역으로 힘이 가해져 제어밸브에 공급된 계산된 공기의 압력과 다르게 밸브가 열리므로 이를 보정하기 위해 실제 플러그의 위치를 측정하는 위치계(positioner)를 설치하여 밸브 열림을 조정하는 설비를 부착하는 경우도 있다.

제어밸브로서 선형밸브와 로터리식 밸브가 널리 이용되는데 선형밸브로는 밸브의 열림과 닫힘이 플러그의 상하 수직운동에 의해 이루어지는 글로브(globe) 밸브가 널리 사용된다.

그림 9.3은 글로브 밸브의 개략적인 형태(그림 9.3(가))와 구조(그림 9.3(나))를 보인 것이다.

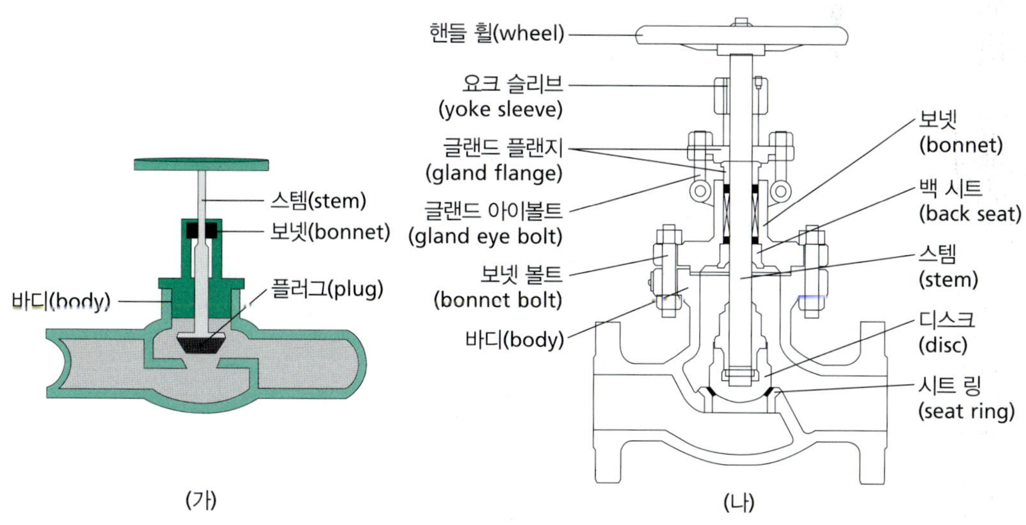

그림 9.3 글로브(globe) 밸브의 개략적인 형태(가)와 구조(나).

보기 9.2

다음 그림 9.4는 열 교환기 제어구조를 보인 것이다. 밸브는 제어기에 의한 공기압의 변화에 의해 조작된다. 만일 밸브의 구동을 위해 공급되는 공기의 공급관에 이상이 생겼다면 밸브가 어떻게 움직이도록 해야 할 것인지를 생각해 보라.

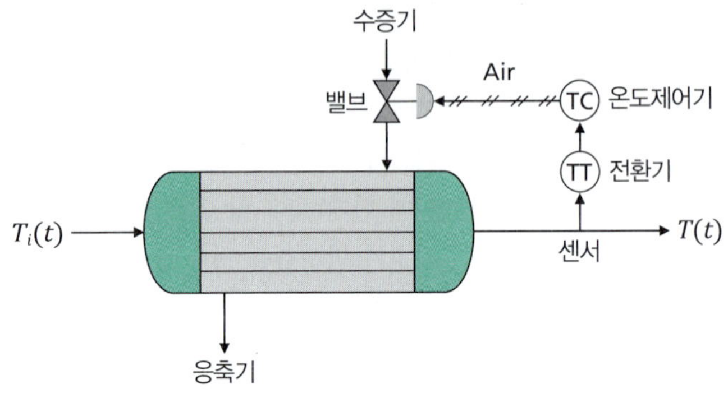

그림 9.4 **열 교환기 제어구조.**

풀이

당연히 밸브는 가장 안전한 위치로 움직이도록 해 주어야 할 것이다. 안전한 경우란 정상적인 조업조건 하에서는 수증기 공급이 차단되는 경우이므로 밸브는 닫혀져야 할 것이다. 다시 말하면 FC 밸브가 사용되어야 함을 의미한다. 그러나 고분자 중합반응기 제어의 경우에는 온도가 떨어지게 되면 고분자 물질이 굳어져서 문제를 야기하게 되므로 위와는 반대의 경우가 될 것이다.

9.2.2 제어밸브의 특성

제어밸브의 크기와 형태를 결정하는 데에는 유체의 특성과 함께 밸브계수 C_v가 중요한 요소가 된다. 밸브계수 C_v는 1 psi의 압력차에서 밸브를 완전히 열었을 때 흐르는 물의 유량(gallon/min)으로 정의된다. C_v는 다음 식에서와 같이 유량 q와 밸브 스템(stem)의 이동거리 비율 $x(0 \le x \le 1)$를 관련지어 주는 비례상수이다.

$$q = C_v f(x) \sqrt{\frac{\Delta P_v}{\rho}} \tag{9.2}$$

$f(x)$는 흐름 특성함수, ΔP_v는 밸브를 통한 압력차, 그리고 ρ는 유체의 비중이다. 밸브 스템의 위치(혹은 리프트(lift))를 z라 하고 밸브가 완전히 열렸을 때의 밸브 스템의 위치를 z_{max}라고 하면 밸브 스템의 이동거리 비율 x는 $x = z/z_{max}$와 같이 정의된다.

밸브가 완전히 열렸을 때의 유량을 q_{max}라 하고 유량비 r을 $r = q/q_{max}$와 같이 정의하면 흐름 특성함수 $f(x)$는

$$f(x) = f\left(\frac{z}{z_{max}}\right) = \frac{q}{q_{max}} = r$$

과 같이 나타낼 수 있다. 밸브 특성의 형태는 밸브의 민감도(sensitivity)를 이용해 정의할 수 있다. 밸브의 민감도는 밸브 상/하류의 압력이 고정되어 있는 경우 밸브 스템의 이동거리 비율 x의 변화에 대한 유량비 r의 변화(즉 $f(x)$의 변화)로서 df/dx와 같이 나타낼 수 있다. 민감도가 일정한 밸브는

$$\frac{df}{dx} = k$$

와 같이 쓸 수 있다. 위에서 k는 상수이다. $x = 0$일 때 $f = r = 0$라 하고 $x = 1$이면 $q = q_{max}$로부터 $f = r = 1$이므로 위의 식을 적분하면

$$\int_0^1 df = k\int_0^1 dx \quad \rightarrow \quad k = 1$$

따라서

$$\frac{df}{dx} = k = 1 \quad \rightarrow \quad f(x) = x$$

즉 $f(x)$는 x와 선형 관계를 가지며 이러한 특성을 갖는 밸브를 선형밸브라고 칭한다. 한편 민감도가 유량비 r(즉 $f(x)$)에 비례하는 경우에는

$$\frac{df}{dx} = k'f$$

로 나타낼 수 있다. 위에서 k'은 비례상수이다. 밸브를 통하는 최소 유량(즉 $x = 0$일 때의 유량)을 q_{min}라 하면 $x = 0$일 때 $f = r = r_{min} = q_{min}/q_{max}$이므로 위의 식을 적분하면

$$\int_{r_{min}}^{f} \frac{df}{f} = k'\int_0^x dx \quad \rightarrow \quad \ln\left(\frac{f}{r_{min}}\right) = k'x$$

앞에서와 마찬가지로 $x = 1$이면 $q = q_{max}$로부터 $f = 1$이므로

$$\ln\left(\frac{1}{r_{min}}\right) = k'$$

따라서

$$\ln\left(\frac{f}{r_{min}}\right) = k'x = x\ln\left(\frac{1}{r_{min}}\right) = \ln\left(\frac{1}{r_{min}}\right)^x \quad \rightarrow \quad f = r_{min}\left(\frac{1}{r_{min}}\right)^x = r_{min}{}^{1-x}$$

밸브의 영역 특성을 나타내는 파라미터 R을 $R = \frac{q_{max}}{q_{min}}$와 같이 정의하면 $r_{min} = R^{-1}$이므로 위의 식으로부터

$$f(x) = R^{x-1}$$

이러한 특성을 갖는 밸브는 등비(equal percentage)밸브라고 칭한다.

밸브의 형태는 밸브의 흐름 특성함수 $f(x)$에 따라 정해지는데 $f(x)$는 위에서 소개한 두 가지 특성들을 포함하여 다음과 같은 세 가지 형태를 갖는다.

$$f(x) = \begin{cases} x\text{: 선형(linear)} \\ \sqrt{x}\text{: 급속열림(혹은 급속개방, quick opening)} \\ R^{x-1}\text{: 등비(equal percentage)} \end{cases} \qquad \textbf{(9.3)}$$

위에서 밸브의 영역 특성을 나타내는 파라미터 R은 20~50 범위의 값을 갖는다. 그림 9.5는 식 (9.3)의 관계를 나타낸 것이며(등비 특성에서 $R = 40$), 그림 9.6은 글로브(globe) 밸브에 대한 대표적인 트림(trim) 형태를 보인 것이다.

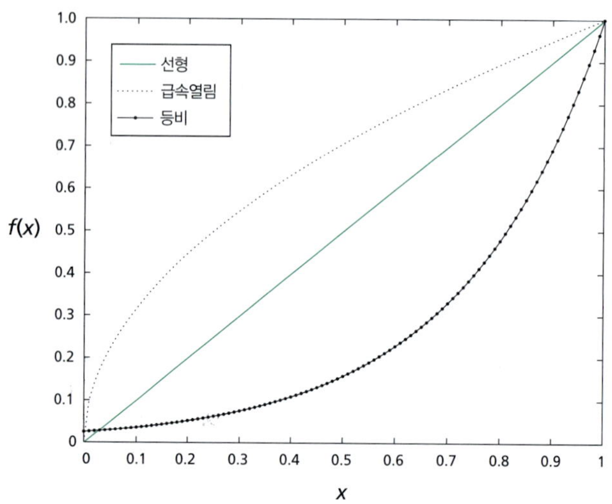

그림 9.5 **제어밸브의 특성곡선.**

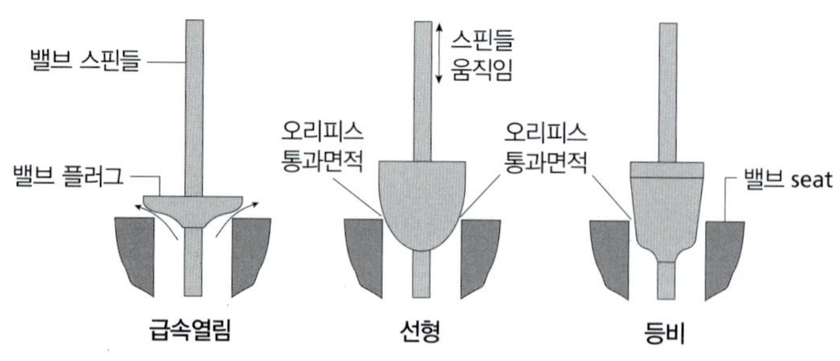

그림 9.6 **글로브 밸브에 대한 대표적인 트림(trim) 형태.**

선형(linear) 특성 밸브에서는 유량은 밸브의 스템(stem)의 위치 x에 비례한다. 선형밸브는 액위제어계, 또는 밸브를 통한 압력강하가 거의 일정한 공정에 많이 이용되며 급속열림(quick opening) 밸브는 밸브가 열림과 동시에 많은 유량이 요구되는 on-off 제어계에서 주로 사용된다.

실제 운전에서는 등비(equal percentage) 특성 밸브가 가장 널리 사용된다. 등비밸브에서는 밸브 스템이 처음에 움직이기 시작하면 유량은 매우 조금씩 변하다가 밸브가 열려짐에 따라 유량이 상당한 비율로 증가하는데, 여기에서 등비란 밸브 스템의 변화 정도에 따른 유량 변화의 정도가 일정한 비율임을 의미한다.

밸브가 닫혀 있을 경우 밸브를 통한 압력차 ΔP_v는 최대($\Delta P_{v,max}$)가 되며, 밸브가 열림에 따라 ΔP_v는 대개 유량 q의 제곱에 비례하여 감소된다. 즉

$$\Delta P_v = \Delta P_{v,max} - kq^2 \tag{9.4}$$

의 형태로 나타낼 수 있다. 이로부터 유량 q가 최대일 때(즉 $q = q_{max}$) ΔP_v는 최소($\Delta P_{v,min}$)가 될 것임을 알 수 있다. 따라서

$$q^2 = \frac{1}{k}\left(\Delta P_{v,max} - \Delta P_v\right), \qquad {q_{max}}^2 = \frac{1}{k}\left(\Delta P_{v,max} - \Delta P_{v,min}\right)$$

이로부터

$$\frac{q^2}{{q_{max}}^2} = \frac{\Delta P_{v,max} - \Delta P_v}{\Delta P_{v,max} - \Delta P_{v,min}}$$

을 얻는다. 한편 식 (9.2)에서 $f(x) = 1$일 때 $q = q_{max}$이므로

$$\frac{q}{q_{max}} = \frac{C_v f(x)\sqrt{\Delta P_v/\rho}}{C_v\sqrt{\Delta P_{v,min}/\rho}} = f(x)\sqrt{\frac{\Delta P_v}{\Delta P_{v,min}}} \tag{9.5}$$

따라서

$$\frac{q^2}{{q_{max}}^2} = f^2(x)\frac{\Delta P_v}{\Delta P_{v,min}} \quad \rightarrow \quad \Delta P_v = \frac{\Delta P_{v,min}}{f^2(x)}\left(\frac{q}{q_{max}}\right)^2 \tag{9.6}$$

이를 앞의 관계에 대입하면

$$\left(\frac{q}{q_{max}}\right)^2\left(\Delta P_{v,max} - \Delta P_{v,min}\right) = \Delta P_{v,max} - \Delta P_v = \Delta P_{v,max} - \frac{\Delta P_{v,min}}{f^2(x)}\left(\frac{q}{q_{max}}\right)^2$$

이로부터

$$\frac{q}{q_{max}} = \frac{1}{\sqrt{1 + \left(\frac{\Delta P_{v,min}}{\Delta P_{v,max}}\right)\left(\frac{1}{f^2(x)} - 1\right)}} \tag{9.7}$$

을 얻는다.

보기 9.3

어떤 공정의 유량조절에 사용되는 등비밸브는 유량을 최고 20 gpm까지 내보낼 수 있다. 정상 상태에서는 10 gpm의 유체가 흐르고 밸브 스템의 위치는 50%이다. 이 밸브를 통해 15 gpm으로 유체를 보내려고 할 때 밸브 스템의 위치를 구하여라.

풀이

유량변화% $= \dfrac{15-10}{20-0} \times 100 = 25\%$. 따라서 밸브도 25% 변해야 하며 최종밸브의 위치는 $50\% + 25\% = 75\%$이다.

보기 9.4

등비 특성을 갖는 제어밸브를 통하는 최대 유량은 100 cm^3/min이다. 밸브의 영역성이 35(즉 $R = 35$)이며 차압이 일정하다면 상승이 0%로부터 10%씩 증가하는 경우 밸브를 통하는 유량은 각각 얼마가 되겠는가? 또한 이전 유량으로부터의 증가율은 몇 %인가?

풀이

$\dfrac{q}{q_{max}} = R^{x-1}$로부터 $q = q_{max} \cdot R^{x-1} = 100 \cdot 35^{x-1}$. 스템 상승 x가 0부터 0.1, 0.2, ⋯, 0.9, 1.0까지 증가함에 따라 유량 q를 구하고 이전 유량으로부터 얼마나 증가하는가를 살펴본다. 계산 결과는 표 9.1에 보인 바와 같다.

표 9.1 일정한 차압에서 등비특성에 대한 유량 및 밸브상승의 변화

밸브 상승(x)	유량(q cm^3/min)	이전 유량으로부터의 증가율(%)
0.0	2.8571	
0.1	4.0770	42.7%
0.2	5.8176	42.7%
0.3	8.3014	42.7%
0.4	11.8457	42.7%
0.5	16.9031	42.7%
0.6	24.1197	42.7%
0.7	34.4175	42.7%
0.8	49.1119	42.7%
0.9	70.0799	42.7%
1.0	100.0000	42.7%

9.2.3 제어밸브의 규격결정

제어밸브의 크기결정(sizing)은 제어밸브와 연관되는 공정장치들에 따라 좌우되는데 밸브에 의하여 야기되는 압력강하를 가능한 대로 낮춤으로써 펌프 소요비용을 최소화시키도록 해야 한다. 밸브의 크기결정은 밸브계수 C_v를 구하고, 이를 이용하여 제어밸브 제작회사의 자료를 토대로 밸브의 규격을 정하는 과정으로 이루어진다. C_v는 식 (9.2)로부터 다음과 같이 주어진다.

$$C_v = \frac{q}{f(x)}\sqrt{\frac{\rho}{\Delta P_v}} \tag{9.8}$$

보기 9.5

다음 그림 9.7에 보인 열 교환기 제어밸브를 고려해 보기로 한다.

그림 9.7 **열 교환기 제어밸브.**

그림에서 제어밸브는 선형 특성을 가지며 $P_0 = 30$ psig, P_2는 대기압으로서 일정하다. 제어밸브가 절반이 열린 상태에서 유량이 185 gpm(gal/min)일 때 열 교환기에 의한 압력강하 ΔP_h는 20 psi가 되도록 설계되었다고 할 때 밸브계수 C_v를 구하여라. 유체의 밀도는 편의상 1이라고 가정한다.

풀이

$\Delta P_h = P_0 - P_1 = 20$ psi이므로 열 교환기로부터의 유출압력 $P_1 = 10$ psi이다. 따라서 제어밸브를 통한 압력강하 ΔP_v는 10 psi가 되며 유체의 밀도를 1이라고 하면 제어밸브가 절반이 열린 조건(즉 그림 9.5에서 $f(x) = x = 0.5$)에서 식 (9.8)로부터

$$C_v = \frac{185}{0.5}\sqrt{\frac{1}{10}} = 117$$

보기 9.6

앞의 보기 9.5에서 열 교환기에 의한 압력강하 ΔP_h는 유량 q의 제곱에 비례한다고 가정하자. 설계유량 185 gpm의 110%에서 완전히 열리도록 한 등비밸브를 사용하는 경우 밸브계수 C_v를 구하여라.

풀이

$\Delta P_h = kq^2$로 두면 $q = 185$ gpm일 때 $\Delta P_h = 20$ ps이므로 $k = \frac{20}{185^2}$이고, 따라서 $\Delta P_h = 20\left(\frac{q}{185}\right)^2$가 된다. 그러므로 제어밸브에 의한 압력강하는

$$\Delta P_v = P_0 - \Delta P_h = 30 - 20\left(\frac{q}{185}\right)^2$$

설계유량 185 gpm의 110%(즉 203.5 gpm)에서 완전히 열리도록 한 등비밸브를 사용한다면

$\Delta P_v = 30 - 20\left(\frac{203.5}{185}\right)^2 = 5.8$ psi. 식 (9.3)으로부터 $x = 1$일 때 $f(x) = R^{1-1} = 1$이므로 식 (9.8)로부터 $C_v = 203.5\sqrt{\frac{1}{5.8}} = 84.5$가 된다.

보기 9.7

등비 특성을 갖는 밸브가 설치된 파이프를 통해 물이 저장탱크로부터 이송되고 있다(그림 9.8 참조). 밸브의 특성곡선은 $f(x) = 50^{x-1}$로 주어진다. 밸브가 완전히 닫혔을 경우 압력 게이지로부터 측정된 압력(게이지 압력)은 4 bar였으며 밸브가 완전히 열렸을 때의 압력은 1 bar이고 이 때의 유량은 12 m^3/h이었다. 파이프 라인에서의 압력강하 ΔP_L은 유량의 제곱에 비례한다고 간주한다(즉 $\Delta P_L = kq^2$). 밸브가 50%만큼 열렸을 때

(1) 밸브를 통한 유량은 얼마가 되겠는가?

(2) 밸브를 통한 압력강하는 얼마인가?

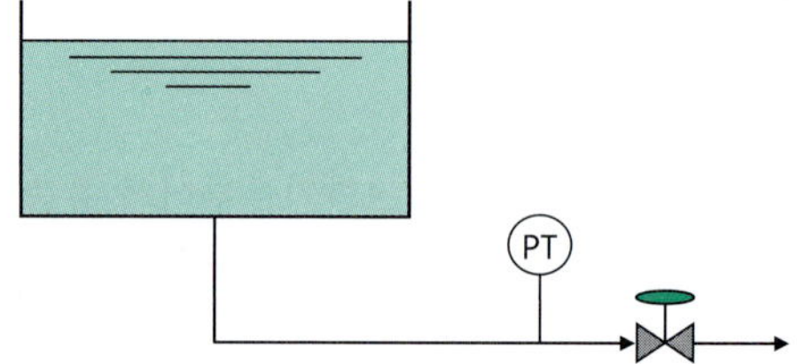

그림 9.8 파이프를 통한 액체의 이송.

풀이

(1) 밸브가 완전히 열렸을 경우($x = 1$) $\Delta P_L = \Delta P_0 - \Delta P_v = 4 - 1 = 3$ bar이며 $\Delta P_v = 1$ bar. $\Delta P_L = kq^2$로부터 $k = \frac{\Delta P_L}{q^2} = \frac{3}{12^2} = 0.0208$. 한편 $q = C_v f(x)\sqrt{\frac{\Delta P_v}{\rho}} = af(x)\sqrt{\Delta P_v}$ ($a \equiv C_v/\sqrt{\rho}$)이며 $f(x) = 50^{1-1} = 1, \Delta P_v = 1$이므로 $a = \frac{q}{f(x)\sqrt{\Delta P_v}} = \frac{12}{1 \times \sqrt{1}} = 12$.

한편 $\Delta P_v = \frac{q^2}{a^2\{f(x)\}^2}$, $\Delta P_L = kq^2$, $\Delta P_L + \Delta P_v = \Delta P_0 = 4$로부터 $\left[\frac{1}{a^2\{f(x)\}^2} + k\right]q^2 = 4$. 밸브가 50%만큼 열렸다면 $f(x) = 50^{0.5-1} = 0.1414$. 따라서 유량은

$$q = \sqrt{\frac{4}{\frac{1}{a^2\{f(x)\}^2} + k}} = \sqrt{\frac{4}{\frac{1}{12^2 0.1414^2} + 0.0208}} = 3.297 \text{ m}^3/\text{h}$$

(2) 밸브가 50%만큼 열린 경우 $\Delta P_L = kq^2 = 0.0208 \times 3.297^2 = 0.226$ bar. 따라서 $\Delta P_v = \Delta P_0 - \Delta P_L = 4 - 0.226 = 3.774$ bar. 이는 총 압력강하의 94%에 해당함을 알 수 있다.

9.3 Feedback 제어모드

9.3.1 제어기의 기능

제어기는 전환기로부터의 공정신호(제어변수)를 설정점(set point)과 비교한 다음 제어변수가 설정점으로 유지되도록 적절한 제어 신호를 제어밸브로 보내주는 기능을 수행한다. 그림 9.9에 보인 열 교환기의 제어에 있어서 유출온도 T가 설정점보다 커지면 제어기는 수증기 밸브를 닫아 주어야 한다. 이를 위하여 AO 밸브인 경우 제어기는 밸브로 보내는 제어신호의 크기를 줄여주게 된다. 즉 제어기로 도입되는 입력신호의 증가에 대해서 제어기로부터의 출력신호는 감소된다.

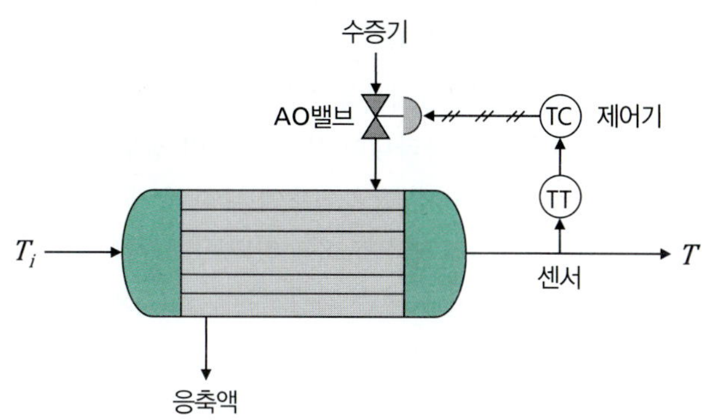

그림 9.9 열 교환기 제어구조.

그림 9.10에 보인 액위제어의 경우에 있어서는 만일 액위가 설정점 이상으로 높아지면 제어기는 밸브를 열어주는 기능을 해야 할 것이다. 이를 위해서 AO 밸브인 경우 제어기는 밸브로 보내는 제어신호의 크기를 증가시켜야 한다. 즉 제어기로 도입되는 입력신호의 증가에 대해서 제어기로부터의 출력신호 역시 증가된다. 결국 제어기의 기능은 제어하고자 하는 공정과 제어밸브의 형태에 따라 좌우된다.

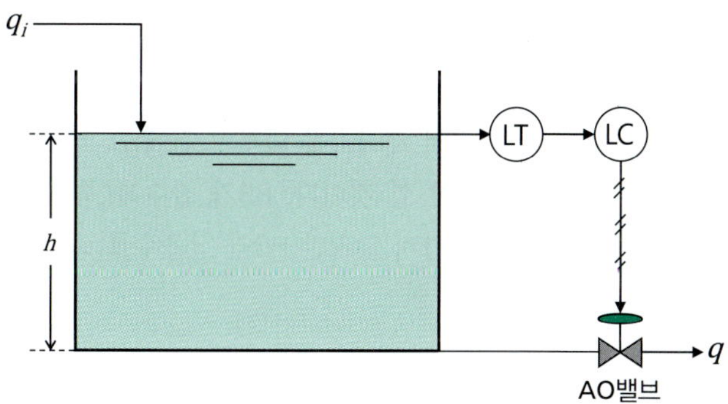

그림 9.10 액위제어구조.

9.3.2 제어모드

(1) 비례(proportional, P) 제어기

비례 제어기는 제어기로부터의 출력신호가 설정점과 측정된 변수값의 차이에 비례하는 제어기이다. 즉 제어기로부터의 출력신호 $m(t)$는

$$m(t) = m_b + K_c[r(t) - c_m(t)] = m_b + K_c e(t) \quad \textbf{(9.9)}$$

로 주어진다. 위에서 $r(t)$는 설정값, $C_m(t)$는 센서/전환기에 의해서 측정되는 제어변수, $e(t)$는 설정값과 제어변수의 차이로 정의되는 오차신호, K_c는 제어기의 이득(gain)으로서 양, 또는 음의 값을 가지며 m_b는 오차신호 $e(t)$가 0일 때의 제어기 출력신호 값으로서 조정이 가능하다. m_b는 바이어스(bias) 신호라고도 불리며 정상상태에서의 제어기 출력신호 값으로 간주할 수 있다. 제어기 및 제어밸브에 따라 $m(t)$의 단위는 psig나 mA이다. 실제에 있어서 $m(t)$는 무한히 커지거나 작아질 수 없으며 어떤 물리적인 한계값을 갖는다. 상용 제어기에서는 $m(t)$, 설정점(set point), 그리고 공정의 출력을 대개 %로 나타내어 사용한다. 이 경우 각 변수들의 범위는 0~100%가 된다.

제어기의 이득 K_c는 주어진 오차신호에 대하여 제어기의 출력신호가 얼마나 변할 것인지를 결정하는 파라미터로서 그 크기와 부호를 임의로 조절해 줄 수 있다. K_c는 대개 양의 값을 가지며 단위는 $m(t)$ 및 $e(t)$의 단위에 따라 결정되는데 $m(t)$와 $e(t)$의 단위가 같다면 K_c는 무차원이다. 조절해 주어야 할 제어기 파라미터가 K_c 하나뿐이라는 점이 비례 제어기의 장점이다. 비례 제어기의 단점은 정상상태에서 언제나 오차가 존재한다는 사실이다. 정상상태에서의 오차는 잔류편차(offset)라 하며 제10장에서 다시 다루게 될 것이다.

많은 경우 제어기의 이득 K_c 대신에 비례밴드(비례폭, 혹은 비례대, Proportional Band, PB)라는 양을 사용한다. PB는 100%의 제어기 출력변화에 필요한 오차의 변화율을 나타낸다. 즉 PB는 제어기의 출력신호가 최소값에서 최대값으로 변화(즉 제어출력이 100% 변화)하는 데에 필요한 % 제어오차 신호를 의미한다. K_c가 무차원인 경우 PB는 다음과 같이 K_c의 역수로 정의된다.

$$PB(\%) = \frac{100}{K_c} \quad \textbf{(9.10)}$$

위에서 K_c와 PB는 서로 반비례 관계임을 쉽게 알 수 있다. PB를 이용하는 경우

$$m(t) = m_b + \frac{100}{\text{PB}} e(t)$$

로 주어짐을 알 수 있다. 따라서 제어기를 다루기 전에 그 제어기가 K_c를 이용하는지, 아니면 비례밴드를 이용하는지를 확인해야 할 것이다. PB가 클수록(즉 K_c가 작을수록) 제어기 출력 $m(t)$는 제어오차에 따라 민감하게 변하지 않지만 PB가 작을수록(즉 K_c가 클수록) $m(t)$는 제어오차에 따라 민감하게 변한다.

보기 9.8

그림 9.9에 보인 열 교환기 제어구조에서 피제어변수(출력온도 측정값)의 범위는 100~300℃이고 설정값은 200℃라고 하자. 이 경우 PB에 따른 제어변수의 변화와 제어기 출력신호 사이

의 관계를 그래프로 나타내어라. 단, 제어기로부터의 출력은 3~15 psig와 4~20 mA의 범위에 있다.

풀이

100% PB가 의미하는 것은 피제어변수 값이 그 범위의 100% 내에서 변할 때(즉 100~300℃ 이내에서 변할 때) 제어기의 출력신호는 그 허용범위의 100% 내에서 변하게 된다는 것이다. 50% PB인 경우는 피제어변수 값이 그 범위의 50% 내에서 변할 때 제어기의 출력신호는 그 허용범위의 100% 내에서 변하게 됨을 의미한다. 즉

$$\%\text{PB} = \frac{\Delta(\text{피제어변수, \%})}{\Delta(\text{제어기 출력, \%})} \cdot 100 \quad \textbf{(9.11)}$$

으로 주어진다. 그림 9.11은 피제어변수의 변화와 제어기 출력신호 사이의 관계를 PB에 따라 나타낸 것이다.

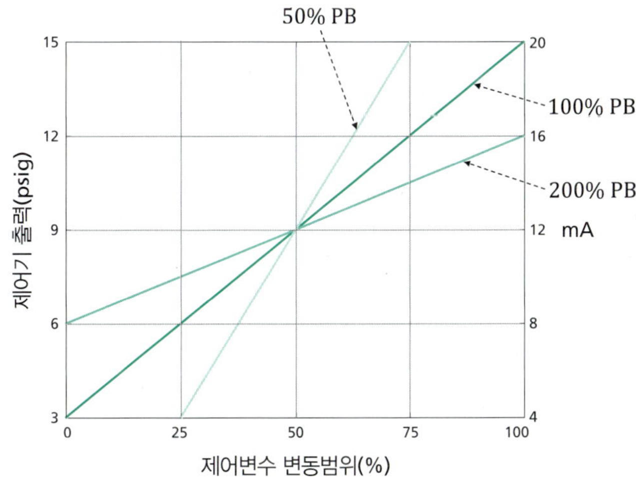

그림 9.11 PB에 따른 피제어변수와 출력신호의 변화.

보기 9.9

어떤 P 제어구조에서 $m_b = 70\%$, PB = 40%, 그리고 설정점 r은 80%로 설정되었다. 제어기 출력 $m(t)$ 및 공정출력 $y(t)$의 범위를 구하여라.

풀이

$e(t) = r - y(t)$이므로

$$m(t) = m_b + K_c e(t) = m_b + \frac{100}{\text{PB}}\{r - y(t)\} = 70 + \frac{100}{40}\{80 - y(t)\}$$

$0 \le m(t) \le 100(\%)$인 조건으로부터 $68 \le y(t) \le 100(\%)$임을 알 수 있다. $y(t) = 68\%$이

면 $m(t) = 100\%$, $y(t) = 100\%$이면 $m(t) = 20\%$이므로 제어기 출력의 범위는 $20 \le m(t) \le 100(\%)$이다. 공정출력 $y(t)$가 $68\% \le y(t) \le 100\%$의 범위를 벗어나면 $m(t)$는 포화되어 변동되지 않으므로 제어작용이 불가능해진다.

비례 제어기의 전달함수는 식 (9.6)으로부터 얻을 수 있다. 정상상태에서는 식 (9.9)로부터

$$m_s = m_b + K_c e_s$$

식 (9.9)에서 위의 식을 빼면

$$m(t) - m_s = K_c\{e(t) - e_s\}$$

편차변수 $\bar{m}(t)$와 $\bar{e}(t)$를 각각

$$\bar{m}(t) = m(\mathrm{t}) - m_s, \qquad \bar{e}(t) = e(t) - e_s$$

와 같이 정의하면

$$\bar{m}(t) = K_c \bar{e}(t)$$

위의 양변을 라플라스 변환시켜서 다음 관계를 얻는다.

$$\frac{M(s)}{E(s)} = G_c(\mathrm{s}) = K_c \tag{9.12}$$

이산(discrete)모델 표현을 이용하는 경우 현재시간 $t = nT$에서 제어기 출력신호 $m(t) = m(nT) = m_n$은 $m_n = m_b + K_c e_n$으로 주어진다. $t = (n-1)T$에서는 $m_{n-1} = m_b + K_c e_{n-1}$이므로

$$\Delta m_n = m_n - m_{n-1} = K_c(e_n - e_{n-1}) = K_c \Delta e_n$$

을 얻는다.

보기 9.10

P 제어기로 도입되는 오차에 단위계단 변화가 야기되었을 때 제어기로부터의 출력 $m(t)$를 구해 보라.

풀이

$E(s) = 1/s$이므로 식 (9.12)로부터

$$M(s) = K_c E(s) = \frac{K_c}{s}$$

따라서 $\bar{m}(\mathrm{t}) = K_c u(t)$. $\therefore m(t) = K_c u(t) + m_s = K_c u(t) + m_b$

이 관계는 그림 9.12에 보인 바와 같다.

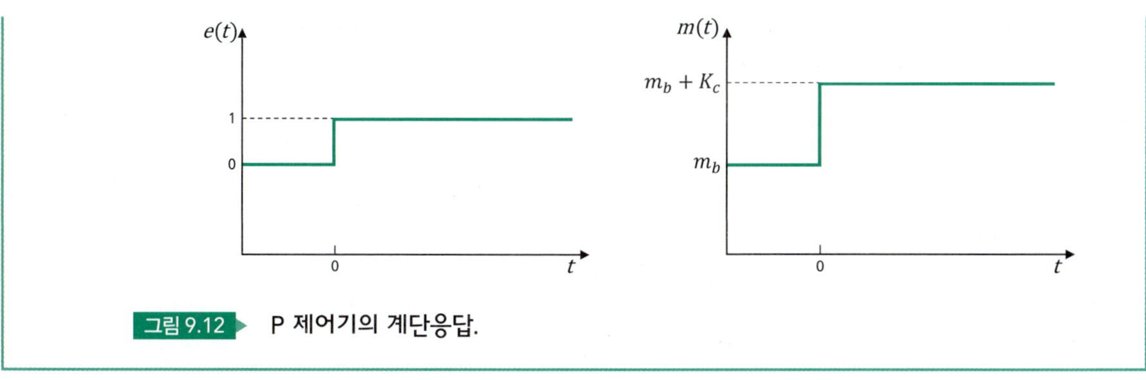

그림 9.12 P 제어기의 계단응답.

(2) 비례-적분(Proportional-Integral, PI) 제어기

비례 제어기의 큰 단점은 정상상태에서의 오차, 즉 잔류편차의 존재임은 앞에서 언급한 바와 같다. 잔류편차가 존재한다는 것은 제어변수가 설정점으로 유지되지 못하고 있음을 의미하는 것이므로 제어 목적이 충족되지 않는 경우가 된다. 잔류편차를 없애 주기 위해서 앞의 비례 제어기에 다음 식 (9.10)과 같이 적분기능을 추가로 붙인 것이 비례-적분(PI) 제어기이다.

$$m(t) = m_b + K_c e(t) + \frac{K_c}{\tau_I}\int e(t)dt \tag{9.13}$$

위에서 τ_I는 적분시간을 나타내는 파라미터로서 리셋 타임(reset time)이라고도 칭한다. 때로는 τ_I 대신에 τ_I의 역수인 $\tau_{IR} = 1/\tau_I$을 이용하기도 한다. 위의 식으로부터 알 수 있듯이 PI 제어기의 조절변수는 K_c와 τ_I의 두 개이며 τ_I가 작을수록 K_c/τ_I는 커지므로 적분에 더 큰 가중치가 가해지는 셈이 된다. 식 (9.13)을 미분하면

$$\frac{dm(t)}{dt} = K_c\frac{de(t)}{dt} + \frac{K_c}{\tau_I}e(t) \tag{9.14}$$

이로부터 제어기 출력의 변화율은 제어오차의 변화율 및 크기에 비례하므로 제어오차가 0이 될 때까지는 제어기 출력, 따라서 공정의 출력이 계속 변할 것임을 알 수 있다. 비록 크기가 작더라도 오차가 존재하기만 하면 비례 및 적분기능이 계속 유지되어 공정의 출력이 설정점에 이르게 된다. 이 경우 $e(t) = 0$이며, 이 시점에서의 제어기 출력 $m(t)$는 공정 출력을 설정점으로 유지시켜 주는 m_b가 된다. 이는 바이어스 m_b를 새로 설정해 주는 결과가 되기 때문에 적분기능을 재설정(reset) 모드라고 부르기도 한다. PI 제어에서는 제어오차의 크기 및 제어오차의 적분에 비례하여 제어기 출력이 얻어지므로 제어작용이 느려지게 된다. 정상상태에서는 식 (9.13)으로부터

$$m_s = m_b + K_c e_s + \frac{K_c}{\tau_I}\int e_s dt$$

위의 관계를 (9.13)으로부터 뺀 다음 P 제어기에서와 마찬가지로 편차변수 $\bar{m}(t)$와 $\bar{e}(t)$를 도입하면

$$\bar{m}(t) = K_c\bar{e}(t) + \frac{K_c}{\tau_I}\int \bar{e}(t)dt$$

위 식의 양변을 라플라스 변환시키고 정리하여 다음과 같은 PI 제어기의 전달함수를 얻는다.

$$G_c(s) = \frac{M(s)}{E(s)} = K_c\left(1 + \frac{1}{\tau_I s}\right) \tag{9.15}$$

PI 제어기에 대한 이산모델은 $m(t)$의 미분으로부터 얻을 수 있다. $m(t)$의 미분을 나타내는 식 (9.14)로부터

$$\frac{m_n - m_{n-1}}{T} = K_c\left(\frac{e_n - e_{n-1}}{T}\right) + \frac{K_c e_n}{\tau_I}$$

이로부터

$$\Delta m_n = m_n - m_{n-1} = K_c \Delta e_n + \left(\frac{K_c T}{\tau_I}\right) e_n \tag{9.16}$$

을 얻는다. 위에서 T는 제어기 스캔 간격을 나타낸다.

보기 9.11

PI 제어기로 도입되는 오차에 단위계단 변화가 야기되었을 때 제어기로부터의 출력 $m(t)$를 구해 보라.

풀이

$E(s) = \frac{1}{s}$이므로 식 (9.15)로부터 $M(s) = K_c\left(1 + \frac{1}{\tau_I s}\right)\frac{1}{s} = K_c\left(\frac{1}{s} + \frac{1}{\tau_I s^2}\right)$. 따라서 $\overline{m}(t) = K_c\left(1 + \frac{t}{\tau_I}\right)u(t)$. 그러므로 $m(t) = m_b + K_c\left(1 + \frac{t}{\tau_I}\right)u(t)$. 이를 그래프로 나타내면 그림 9.13과 같다. $t = \tau_I$이면 $m(t) = m_b + 2K_c$, $t = 2\tau_I$이면 $m(t) = m_b + 3K_c$, $t = k\tau_I$이면 $m(t) = m_b + (1 + k)K_c$임을 알 수 있다. 즉 t가 τ_I만큼 증가할 때마다 제어기 출력은 P 제어작용에 의한 출력 K_c만큼 증가된다. 따라서 $\tau_{IR} = \frac{t}{\tau_I}$은 단위시간(보통 분)마다 P 제어작용의 몇 배만큼 제어기 출력을 생성시키는가를 나타낸다.

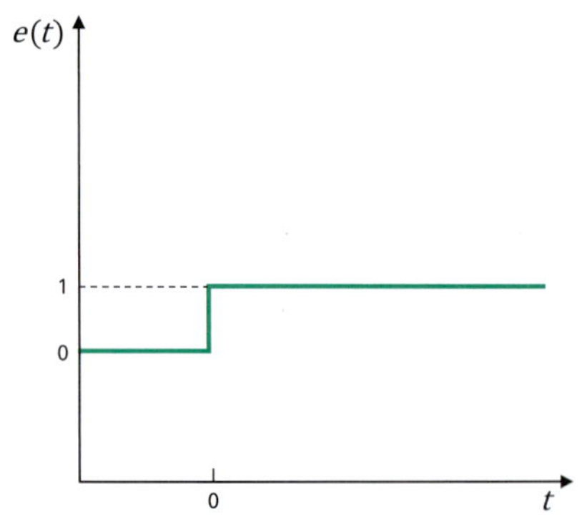

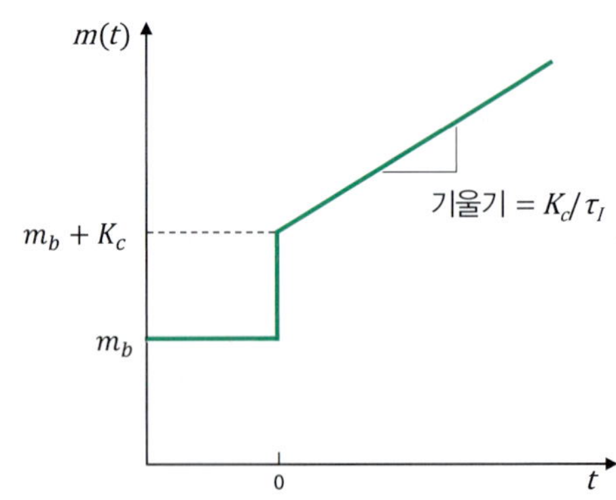

그림 9.13 PI 제어기의 계단응답.

(3) Reset windup

Reset windup은 적분제어 작용에서 나타나는 현상으로서 적분제어의 주요한 결점으로 지적된다. 식 (9.13)의 적분제어 작용을 보면 오차 $e(t)$가 0보다 클 경우 $e(t)$의 적분값은 시간이 갈수록 점점 커지게 된다. 실제로 사용되는 제어기의 출력값은 물리적으로 한계가 있으며 $e(t)$의 적분으로 인한 $m(t)$ 값은 결국 최대 허용치에서 머물게 될 것이다. 이 경우 제어 밸브는 완전히 열리거나 닫힌 상태로 유지될 것이다. 제어기 출력 $m(t)$가 최대 허용치에서 머물고 있음에도 불구하고 $e(t)$의 적분값은 계속 증가되는데 이 현상을 windup이라 칭한다. 제어기 출력이 한계에 이르렀음에도 불구하고 $e(t)$의 적분값이 계속 커지는 것은 당연히 바람직하지 않은 현상이다. 일단 reset windup 현상이 발생하게 되면 누적된 제어오차 적분값이 감소하며 reset windup이 제거될 때까지 공정의 제어기능은 상실되고 공정의 출력은 큰 변동을 보이게 된다.

실제로 공장에서 사용되는 제어기들은 이러한 경우 적분작용을 중지시키는 기능을 지니고 있는데 이와 같은 reset windup 문제를 억제시키는 기능을 anti-reset windup이라고 한다. 그림 9.14는 anti-reset windup 기능을 수행하는 한 가지 보기로서 외부 feedback PI 제어구조를 보인 것이다.

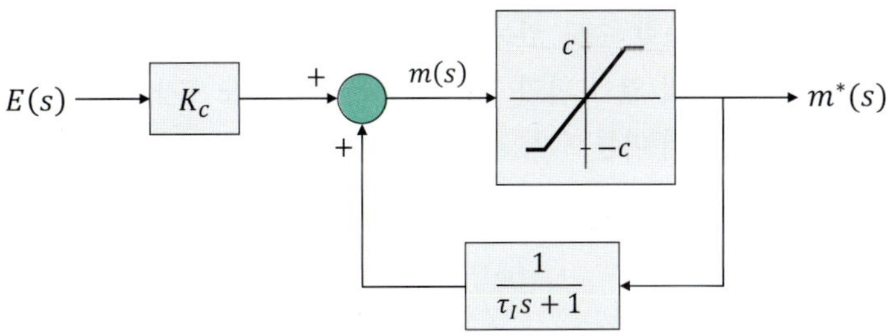

그림 9.14 Anti-reset windup 기능을 수행하는 외부 feedback PI 제어구조.

그림에서 $m^*(s) = m(s)$이면

$$\frac{m^*(s)}{E(s)} = \frac{m(s)}{E(s)} = \frac{K_c}{1 - \dfrac{1}{\tau_I s + 1}} = K_c\left(1 + \frac{1}{\tau_I s}\right)$$

한편 $m^*(s) = h$ ($h = c$, 혹은 $-c$)로서 일정하면

$$m(s) = K_c E(s) + \frac{m^*(s)}{\tau_I s + 1} = K_c E(s) + \frac{h}{\tau_I s + 1}$$

임을 알 수 있다. 이 경우 제어기 출력은 어떤 한정된 값에 도달하게 되므로 reset windup 현상의 발생이 억제될 수 있다.

(4) 비례-미분(Proportional-Derivative, PD) 제어기

비례-미분(PD) 제어기는 비례 제어기에 다음과 같이 오차의 미분항을 추가한 것이다.

$$m(t) = m_b + K_c e(t) + K_c \tau_D \frac{de(t)}{dt} \tag{9.17}$$

위에서 τ_D는 미분시간이다. 즉 비례-미분 제어기로부터의 출력 $m(t)$는 오차 신호의 변화율에 비례한다. 정상상태를 고려한 다음 편차변수를 도입하고 라플라스 변환시켜 정리하면 다음과 같은 전달함수를 얻는다.

$$G_c(s) = \frac{M(s)}{E(s)} = K_c(1 + \tau_D s) \tag{9.18}$$

경우에 따라 어떤 파라미터를 도입하여 PD 제어기의 전달함수를 다음과 같이 근사적으로 나타내기도 한다.

$$G_c(s) = \frac{M(s)}{E(s)} = K_c\left(1 + \frac{\tau_D s}{1 + \alpha\tau_D s}\right)$$

위에서 필터 파라미터 α의 값으로 대개 0.1을 취한다.

오차의 미분기능의 추가는 공정이 향후에 변화해 가는 추세를 감안함을 의미한다. 이를테면 오차가 존재하지만 그 증가속도는 빠르지 않다면 오차의 미분 결과에 따라 제어신호의 크기가 감소하게 되므로 가능할 수도 있는 과도한 제어 작용을 피할 수 있으며 제어되는 공정이 안정화될 수 있다. 그림 1.3의 열 교환기 제어에서 유출액 온도 T가 다음 그림 9.15의 왼쪽과 같은 변화를 보였다고 하자. 이에 따른 오차 $e(t) = T_R - T$의 변화는 오른쪽 그림에 나타내었다.

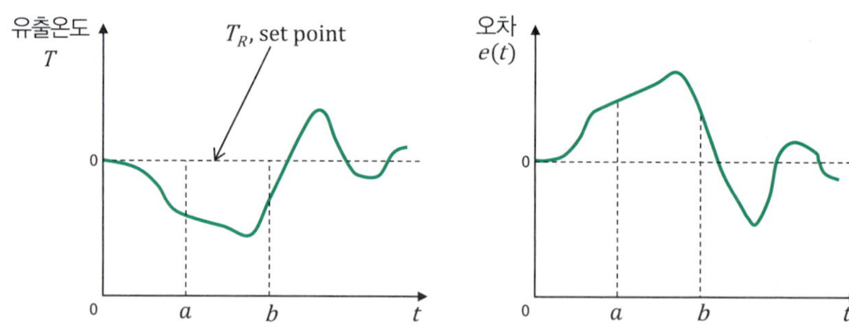

그림 9.15 출력변수와 오차 변화.

시간 $t = a$에서 오차 $e(t)$는 비교적 작은 양의 값을 가진다. 그러나 $t = a$에서 $e(t)$의 미분값은 상당히 큰 양의 값을 가지며 식 (9.17)에 의한 PD 제어기로부터의 출력변수 $m(t)$의 값을 크게 변화시킨다. 시간 $t = b$에서는 $e(t)$는 여전히 양이지만 그의 미분은 상당히 큰 음의 값을 가진다. 이는 곧 오차가 감소하고 있음을 의미하며 (9.17)에 의한 $m(t)$ 값은 작아진다. 아울러 미분기능에 의해 PD 제어구조의 응답은 빨라진다.

전달함수가 식 (9.18)로 표현되는 PD 제어기는 측정되는 오차의 직접적인 미분을 필요로 하므로 빠르게 변동하는 측정잡음에 매우 민감하며 실제 운전에서는 적용하기가 어렵다. 특히 측정잡음이 빈번하게 발생하는 액위나 유량 및 압력제어에서는 대개 미분기능이 사용되지 않는다.

보기 9.12

PD 제어기로 경사(ramp) 변화의 오차가 도입되었을 때 제어기로부터의 출력 $m(t)$를 구하여라.

풀이

$E(s) = \frac{1}{s^2}$이므로 식 (9.18)로부터 $G_c(s) = K_c(1 + \tau_D s)\frac{1}{s^2} = K_c\left(\frac{1}{s^2} + \frac{\tau_D}{s}\right)$. 따라서 $\overline{m}(t) = K_c(t + \tau_D)u(t)$. $\therefore m(t) = m_b + K_c(t + \tau_D)u(t) = m_b + K_c t u(t) + K_c \tau_D u(t)$. 이로부터 $t = \tau_D$에 도달했을 때 비례기능에 의한 제어 출력은 미분기능에 의한 제어 출력과 같아짐을 알 수 있다. 이는 곧 미분기능이 비례기능보다 τ_D만큼 미리 제어기능을 수행함을 의미한다.

MATLab

필터가 있는 미분모드의 응답

필터 파라미터 α가 이용되는 미분(D) 제어모드에서 $\alpha = 0.05,\ 0.1,\ 1$일 때의 미분 제어모드의 단위계단응답을 구해 보자:

$$G_c(s) = \frac{M(s)}{E(s)} = \frac{\tau_D s}{1 + \alpha\tau_D s}$$

```
% Dfilter.m
clear all; tauD = 1; alpa = [0.05 0.1 1];
for k = 1:length(alpa)
    num = [tauD 0]; den = [alpa(k)*tauD 1]; G = tf(num,den);
    [y,t] = step(G,1); n = length(y); m(1:n,k) = y;
end
mt = m(1:n,:); plot(t,mt(:,1),':',t,mt(:,2),'.-',t,mt(:,3))
xlabel('t'), ylabel('m(t)'), title('\tau_D=1'), legend('\alpha=0.05','\al
pha=0.1','\alpha=1')

>> Dfilter
```

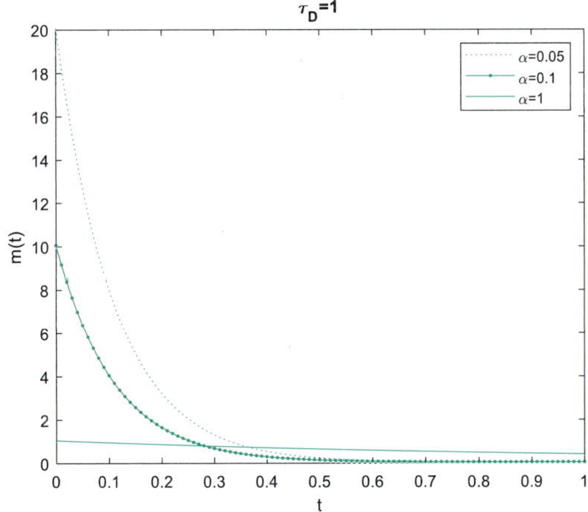

그림 9.16 필터 파라미터에 따른 미분 제어모드의 단위계단응답.

(5) 비례-적분-미분(Proportional-Integral-Derivative, PID) 제어기

비례-적분-미분(PID) 제어기는 비례 제어기에 적분기능과 미분 기능을 추가한 형태로서 다음 식으로 나타낼 수 있다.

$$m(t) = m_b + K_c e(t) + \frac{K_c}{\tau_I}\int_0^t e(\tau)d\tau + K_c\tau_D\frac{de(t)}{dt} \tag{9.19}$$

위의 식에서 알 수 있듯이 PID 제어기는 K_c, τ_I, τ_D 세 개의 조절 파라미터를 갖는다. 이 파라미터들은 제어되는 공정의 특성에 따라 적절히 조절되어야 한다. PID 제어기에서는 오차의 크기뿐만 아니라 오차가 변화하는 추세와 오차의 누적된 양까지도 감안하고 있음을 알 수 있다. PID 제어기는 시간상수가 비교적 큰 온도 및 농도 제어에 널리 이용된다. PID 제어기의 전달함수는 식 (9.19)로부터 정상상태를 고려하고 편차변수를 도입한 다음 라플라스 변환으로부터 다음과 같이 얻어진다.

$$G_c(s) = \frac{M(s)}{E(s)} = K_c\left(1 + \frac{1}{\tau_I s} + \tau_D s\right) \tag{9.20}$$

위의 PID 제어기에 대한 이산모델을 구해 보기로 한다. $t = nT$에서 식 (9.19)의 적분항과 미분항은 각각

$$\int_0^t e(\tau)d\tau \approx \sum_{k=1}^{n} e_k T, \qquad \frac{de}{dt} \approx \frac{e_n - e_{n-1}}{T} \tag{9.21}$$

와 같이 근사할 수 있다. 위에서 $e_k = e(kT)$를 의미한다. PID 제어기의 이산모델은 위치형태(position form)와 속도형태(velocity form)의 두 가지 형태를 갖는다.

식 (9.21)을 식 (9.19)에 적용하면

$$m(t) = m_n \approx m_b + K_c\left[e_n + \frac{T}{\tau_I}\sum_{k=1}^{n} e_k + \frac{\tau_D}{T}(e_n - e_{n-1})\right] \tag{9.22}$$

를 얻는다. 이는 위치형태 PID 제어기를 나타낸다.

식 (9.22)로부터

$$\Delta m_n = m_n - m_{n-1} = K_c\left[(e_n - e_{n-1}) + \frac{T}{\tau_I}e_n + \frac{\tau_D}{T}(e_n - 2e_{n-1} + e_{n-2})\right] \tag{9.23}$$

이는 속도형태(velocity form) PID 제어기를 나타낸다.

한편 사다리꼴 규칙을 적용하면

$$\int_0^t e(\tau)d\tau \approx \sum_{k=1}^{n} \frac{T}{2}(e_k + e_{k-1})$$

이를 식 (9.19)에 적용하고 미분항에 대하여 Euler 근사를 이용하면

$$m_n \approx m_b + K_c\left[e_n + \frac{T}{\tau_I}\sum_{k=1}^{n}\left(\frac{e_k + e_{k-1}}{2}\right) + \frac{\tau_D}{T}(e_n - e_{n-1})\right]$$

를 얻는다. 이로부터

$$\Delta m_n = m_n - m_{n-1} = K_c\left[(e_n - e_{n-1}) + \frac{T}{2\tau_I}(e_n + e_{n-1}) + \frac{\tau_D}{T}(e_n - 2e_{n-1} + e_{n-2})\right] \tag{9.24}$$

식 (9.22)의 위치형태에서 $\sum_{k=1}^{n} e_k$ 항은 매우 커질 수 있다(windup). 이에 따라 제어기 출력 m_n은 점차 증가되다가 어느 한계치에 이르게 됨으로써 제어기의 포화상태를 야기하게 된다. 이 경우 오차 $e_n = 0$이라면 식 (9.22)에서 $m_n = m_b$이어야 하나 포화된 제어기는 그 상태 그대로 유지가 될 것이므로 심각한 제어오차가 발생하게 된다. 그러나 속도형태(식 (9.23))에서는 합을 나타내는 항이 존재하지 않으므로 windup에 따른 포화문제가 발생하지 않는다. 따라서 속도형태가 위치형태보다 널리 이용된다.

한편 오차 e_k가 급격한 변화를 보인다면 $e_n - e_{n-1}$의 값 역시 크게 변하게 되고, 이로 인해 제어기 출력이 또한 급격한 변화를 나타낸다(미분 kick). 따라서 대부분의 경우 미분항에는 오차 e_n 대신 제어변수의 측정값을 이용한다. 즉 b_n을 제어되는 변수의 측정값이라 하면 $e_n = r_n - b_n$ (r_n: 설정값)이므로 r_n이 일정할 경우

$$e_n - e_{n-1} = (r_n - b_n) - (r_{n-1} - b_{n-1}) = -(b_n - b_{n-1})$$

따라서 위치형태의 경우 식 (9.22)로부터

$$m_n = m_b + K_c\left[e_n + \frac{T}{\tau_I}\sum_{k=1}^{n} e_k - \frac{\tau_D}{T}(b_n - b_{n-1})\right] \tag{9.25}$$

속도형태의 경우 $e_n - 2e_{n-1} + e_{n-2} = -(b_n - 2b_{n-1} + b_{n-2})$의 관계를 이용하면 식 (9.23)으로부터

$$\Delta m_n = K_c\left[-(b_n - b_{n-1}) + \frac{T}{\tau_I}e_n - \frac{\tau_D}{T}(b_n - 2b_{n-1} + b_{n-2})\right] \tag{9.26}$$

를 얻는다.

식 (9.22)의 위치형태에서는 제어기 출력의 초기값 m_b를 필요로 하는데 이 값은 실제로는 알 수 없는 경우가 많다. 그러나 식 (9.23)의 속도형태에서는 m_b가 불필요하다. 또한 속도형태에서는 제어기 출력의 변화량 Δm_n만을 구하기 때문에 제어운전을 수행하는 컴퓨터에 이상이 있을 경우에도 제어기 출력은 m_{n-1}로 유지되어 어쨌든 제어작용은 이루어진다. 그러나 위치형태에서는 이러한 백업 작용이 불가능하다.

PID 제어기는 그림 9.17에 보인 바와 같이 병렬형태나 직렬형태로 나타내기도 한다. 병렬형태의 경우

$$M(s) = K_c\left(1 + \frac{1}{\tau_I s} + \tau_D s\right)E(s)$$

로 주어지며 직렬형태의 경우에는

$$M(s) = K_c'\left(1 + \frac{1}{\tau_I' s}\right)(1 + \tau_D' s)E(s)$$

와 같다.

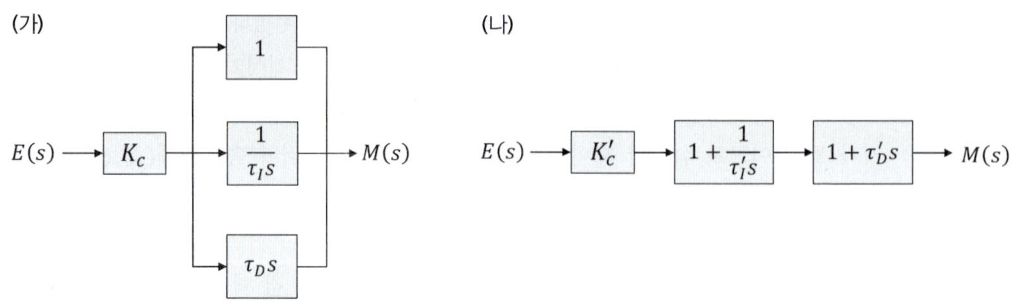

그림 9.17 PID 제어기의 형태: (가) 병렬형태; (나) 직렬형태.

보기 9.13

그림 9.17에 보인 병렬형태와 직렬형태의 PID 제어기에서 직렬형태의 제어기 파라미터 K_c', τ_I', 그리고 τ_D'를 병렬형태 PID 제어기의 파라미터 K_c, τ_I 및 τ_D의 함수로 나타내어라.

풀이

두 형태의 전달함수를 같게 두면

$$\frac{M(s)}{E(s)} = K_c\left(1 + \frac{1}{\tau_I s} + \tau_D s\right) = K_c'\left(1 + \frac{1}{\tau_I' s}\right)(1 + \tau_D' s)$$

$$= K_c'\left(1 + \frac{\tau_D'}{\tau_I'}\right)\left\{1 + \left(\frac{\tau_I'\tau_D'}{\tau_I' + \tau_D'}\right)s + \frac{1}{(\tau_I' + \tau_D')s}\right\}$$

이로부터 $K_c = K_c'\left(1 + \frac{\tau_D'}{\tau_I'}\right), \tau_D = \frac{\tau_I'\tau_D'}{\tau_I' + \tau_D'}, \tau_I = \tau_I' + \tau_D'$. 따라서

$$\tau_D' = \frac{\tau_I}{2}\left(1 + \sqrt{1 - \frac{4\tau_D}{\tau_I}}\right),\ \tau_I' = \frac{2\tau_D}{1 + \sqrt{1 - \frac{4\tau_D}{\tau_I}}},\ K_c' = \frac{2K_c\tau_D}{\tau_I\left(1 + \sqrt{1 - \frac{4\tau_D}{\tau_I}}\right)}.$$

위에서 $1 - \frac{4\tau_D}{\tau_I} \geq 0$인 조건으로부터 $\frac{\tau_D}{\tau_I} \leq \frac{1}{4}$임을 알 수 있다. $\frac{\tau_D}{\tau_I} = \frac{1}{4}$이면 $\sqrt{1 - \frac{4\tau_D}{\tau_I}} = 0$이므로 $\frac{\tau_D'}{\tau_I'} = \frac{\tau_I/2}{2\tau_D} = \frac{1}{4}\frac{\tau_I}{\tau_D} = 1$.

이전에 언급한 미분기능에 따른 문제점을 극복하기 위하여 PID 제어기의 미분항 $\tau_D s$에 1차 필터를 추가한 형태를 사용하기도 하는데 이 경우 PID 제어기의 전달함수는 다음과 같은 lead/lag 형태로 나타내기도 한다.

$$G_c(s) = K_c\left(1 + \frac{1}{\tau_I s}\right)\left(\frac{\tau_D s + 1}{\alpha\tau_D s + 1}\right) \quad \textbf{(9.27)}$$

위에서 α는 미분기능에 의한 측정잡음의 증폭을 감소시키는 작용을 하며 0.05~0.2 범위의 값을 가지는데 0.1을 취하는 것이 보통이다. $\alpha = 1$이면 미분기능이 완전히 사라지고 PI 제어기로 전환됨을 알 수 있다. 경우에 따라서는 미분기능을 향상시키기 위하여 다음과 같은 형태의 전달함수가 이용되기도 한다.

$$G_c(s) = K_G\left(1 + \frac{1}{\tau_I s} + \frac{\tau_D s}{\alpha\tau_D s + 1}\right) \quad \textbf{(9.28)}$$

위에서 $K_G = K_c$, 혹은 $K_G = \dfrac{100}{\text{PB}}$이다. 제어기 파라미터 K_c, τ_I, τ_D들을 조정하는 방법은 제13장에서 다루게 될 것이다.

식 (9.19)의 미분항은 오차 $e(t)$에 따라 때로는 음, 또는 양의 큰 값을 가지게 되는데 이는 공정의 운전에 치명적인 영향을 미칠 수 있다. 대부분의 화학공정 운전에서 설정값 $r(t)$는 일정하게 유지된다. 설정값이 R로서 일정하다면

$$\frac{de(t)}{dt} = \frac{d}{dt}[r(t) - y(t)] = \frac{d}{dt}[R - y(t)] = -\frac{dy}{dt} \quad \textbf{(9.29)}$$

따라서 식 (9.19)로부터

$$m(t) = m_b + K_c e(t) + \frac{K_c}{\tau_I}\int e(t)dt - K_c\tau_D\frac{dy}{dt} \quad \textbf{(9.30)}$$

이 식의 라플라스 변환으로부터

$$M(s) = K_c\left[\left(1 + \frac{1}{\tau_I s}\right)E(s) - \tau_D s Y(s)\right] \quad \textbf{(9.31)}$$

실제에 있어서는 흔히 다음과 같은 형태의 전달함수가 이용된다.

$$M(s) = K_c\left[\left(1 + \frac{1}{\tau_I s}\right)E(s) - \left(\frac{\tau_D s}{\alpha\tau_D s + 1}\right)Y(s)\right] \quad \textbf{(9.32)}$$

그림 9.18은 식 (9.32)로 나타낸 PID 제어기의 블록선도이다.

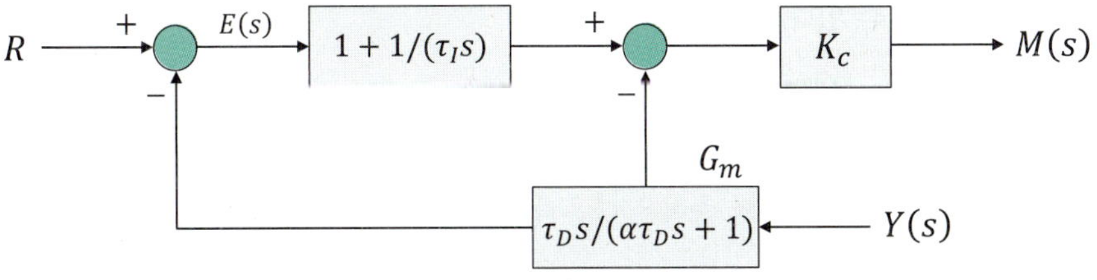

그림 9.18 **공정변수 미분형 PID 제어기의 블록선도.**

표 9.2 PID 제어기 전달함수

형태	제어기 전달함수 $G_c(s)=\dfrac{M(s)}{E(s)}$
비간섭 PID	$K_c\left(1+\dfrac{1}{\tau_I s}+\tau_D s\right)$
비간섭 PID: 미분이득 한계	$K_c\left(1+\dfrac{1}{\tau_I s}+\dfrac{\tau_D s}{1+\alpha\tau_D s}\right)$
비간섭 PID: 피제어변수 미분	$M(s)=K_c\left\{\tau_D sY(s)+\left(1+\dfrac{1}{\tau_I s}\right)E(s)\right\}$
비간섭 PID: 피제어변수 비례 미분	$M(s)=K_c\left\{(1+\tau_D s)Y(s)+\dfrac{1}{\tau_I s}E(s)\right\}$
간섭 PID	$K_c\left(1+\dfrac{1}{\tau_I s}\right)(1+\tau_D s)$
간섭 PID: 피제어변수 미분	$M(s)=K_c\left\{\left(\dfrac{\tau_D}{\tau_I}+\tau_D s\right)Y(s)+\left(1+\dfrac{1}{\tau_I s}\right)E(s)\right\}$
	$M(s)=K_c\left\{\left(1+\dfrac{1}{\tau_I s}\right)R(s)+\left(1+\dfrac{1}{\tau_I s}\right)(\tau_D s-1)Y(s)\right\}$
간섭 PID: 피제어변수 비례 미분	$M(s)=K_c\left\{\left(1+\dfrac{\tau_D}{\tau_I}+\tau_D s\right)Y(s)+\dfrac{1}{\tau_I s}E(s)\right\}$
간섭 PID: 미분이득 한계	$K_c\left(1+\dfrac{1}{\tau_I s}\right)\left(\dfrac{1+\tau_D s}{1+\alpha\tau_D s}\right)$
간섭 PID: 미분이득 한계, 피제어변수 미분	$K_c\left\{\left(1+\dfrac{1}{\tau_I s}\right)R(s)+\left(1+\dfrac{1}{\tau_I s}\right)\left(\dfrac{\tau_D s-1}{\alpha\tau_D s-1}\right)Y(s)\right\}$
간섭 PID: 미분이득 한계, 피제어변수 비례미분	$K_c\left\{\dfrac{1}{\tau_I s}R(s)+\left(1+\dfrac{1}{\tau_I s}\right)\left(\dfrac{\tau_D s-1}{\alpha\tau_D s-1}\right)Y(s)\right\}$

표 9.2는 다양한 형태의 PID 제어기 전달함수들을 보인 것이다. 전달함수에서 미분시간 τ_D 및 적분시간 τ_I가 서로 독립적으로 존재하면 비간섭 PID, 그렇지 않고 이들 간의 곱셈이나 나눗셈으로 관련되는 경우에는 간섭 PID로 구분한다. PID 제어기를 이용하는 경우 일반적으로 닫힌루프 공정은 열린루프 공정보다 빠른 응답을 보이며 제어기 파라미터들을 적절히 조정함으로써 감쇄 정도를 조절할 수 있다.

(6) On-off 제어기

On-off 제어기는 간단한 공정이나 실험실 및 가정용 기기에서 널리 이용되고 있는 간단한 제어기이다. On-off 제어기의 출력은 다음과 같이 두 가지 값을 갖는다.

$$m(t)=\begin{cases} m_u : e(t)\geq 0 \\ m_l : e(t)<0 \end{cases} \qquad \textbf{(9.33)}$$

예를 들어 공기압을 이용하는 on-off 제어기의 경우 m_u = 15 psi, m_l =3 psi로 정할 수 있을 것이다. On-off 제어는 또한 bang-bang 제어라고도 불린다. On-off 제어기의 단점으로는 제어변수에 나타나는 지속적인 진동과 최종 제어요소의 빈번한 작동에 따른 마모 등을 들 수 있다.

(7) 제어모드의 선택

측정된 변수값에 잡음이 많이 포함되어 있는 경우에는 미분값이 비정상적으로 큰 양이나 음의 값을 가질 수 있으므로 미분제어 모드를 사용하는 것은 적절하지 않다. 반면에 온도와 같이 시간에 따른 변화가 크지 않은 측정변수의 제어에는 미분모드가 사용될 수 있다. 표 9.3은 주요 변수에 따른 적절한 제어모드를 보인 것이다.

표 9.3 주요 변수에 따른 제어모드의 선택

측정변수	변수의 특성	적절한 제어모드
온도	동특성이 느림, 측정잡음이 존재 가능	PID
액위	잡음제거가 어려움	P, PI
압력	동특성이 빠름, 측정잡음이 존재 가능	PI
유량	동특성이 빠름, 측정잡음이 존재 가능	PI

MATLab

PID 제어기의 생성

MATLAB의 pid 함수는 PID 제어기를 생성해 준다. Gc = pid(Kp, Ki, Kd)로부터는

$$G_c(s) = K_P + \frac{K_I}{s} + K_D s$$

형태의 PID 제어기가 생성되며 Gc = pid(Kp, Ki, Kd, Tf)로부터는 1차미분 필터가 수반되는

$$G_c(s) = K_P + \frac{K_I}{s} + \frac{K_D s}{\tau_F s + 1}$$

형태의 PID 제어기가 생성된다. 위에서 K_p, K_I, K_D는 각각 비례, 적분 및 미분 이득이며 T_F는 1차 미분 필터의 시간상수이다. 비례이득 K_p = 2, 적분이득 K_I = 5, 미분이득 K_D = 0.4인 PID 제어기를 생성하여 보자. 아울러 시간상수가 τ_F = 0.2인 1차미분 필터가 수반되는 PID 제어기를 생성해 보자:

```
>> Gc = pid(2, 1.5, 0.4)
Gc =
              1
  Kp + Ki * ----- + Kd * s
              s
with Kp = 2, Ki = 1.5, Kd = 0.4
Continuous-time PID controller in parallel form.
```

```
>> Gc = pid(2, 1.5, 0.4, 0.2)
Gc =
              1              s
  Kp + Ki * ----- + Kd * --------
              s            Tf*s+1
with Kp = 2, Ki = 1.5, Kd = 0.4, Tf = 0.2
Continuous-time PIDF controller in parallel form.
```

한편 pidstd 함수는 표준형태의 PID 제어기를 생성해 준다. Gc = pidstd(Kc, Ti, Td)로부터는

$$G_c(s) = K_c\left(1 + \frac{1}{T_i s} + T_D s\right)$$

형태의 PID 제어기가 생성된다. 또한 Gc = pidstd(Kc, Ti)를 입력하면 $G_c(s) = K_c\left(1 + \frac{1}{T_i s}\right)$와 같은 PI 제어기가 생성된다. 아울러 Gc = pidstd(Kc, Ti, Td, N)로부터는 미분필터가 수반되는

$$G_c(s) = K_c\left(1 + \frac{1}{T_i s} + \frac{T_D s}{\left(\frac{T_D}{N}\right)s + 1}\right)$$

형태의 PID 제어기가 생성된다. $K_c = 2, T_i = 1.5, T_D = 0.3$인 PID 제어기를 생성해 보자.

```
>> Gc = pidstd(2, 1.5, 0.3)
Gc =
              1      1
  Kp * (1 + ----- * --- + Td * s)
              Ti     s
with Kp = 2, Ti = 1.5, Td = 0.3
Continuous-time PID controller in standard form
```

MATLab

PI 제어기의 계단응답

전달함수가 $G_c(s) = K_P + \frac{K_I}{s} = 2 + \frac{1.2}{s}$와 같은 PI 제어기의 단위계단 응답을 구해 보자:

```
>> Gc = pid(2, 1.2)
Gc =
             1
  Kp + Ki * ---
             s
with Kp = 2, Ki = 1.2
Continuous-time PI controller in parallel form.
>> step(Gc)
```

이로부터 그림 9.19에 보인 결과가 얻어진다.

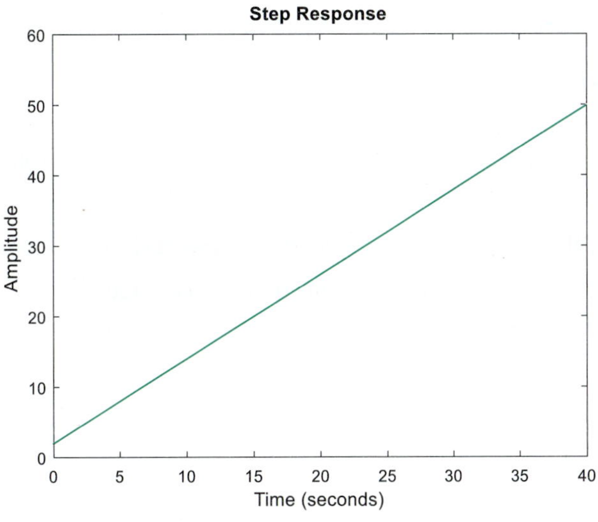

그림 9.19 PI 제어기의 단위계단 응답.

9.4 요약

- 제어계는 제어하고자 하는 공정과 센서, 전환기, 제어기, 최종 제어요소들로 구성
- 공정의 제어기능은 변수값을 측정하고 이를 토대로 제어기 출력값을 결정한 다음 실제 제어작용을 취하는 세 단계로 구분
- 최종 제어요소로는 제어밸브가 보편적
- 공압식 제어밸브는 3~15 psig의 공기압력으로 작동
- 전환기의 입력의 최저 한계는 제로(zero), 입력의 최고 및 최저 한계의 차는 스팬(span)
- 전환기의 이득: $K_m = \dfrac{(\text{전환기의 출력범위})}{(\text{전환기의 입력범위})}$
- 사고의 처리나 예방을 위해 밸브를 잠가 주어야 할 경우는 FC(Fail-Closed) 밸브이고 반대의 경우는 FO(Fail-Open) 밸브
- 공기압의 증가에 따라 열리는 밸브는 AO(Air-to-Open, 공기압 열림), 그 반대의 경우는 AC(Air-to-Close, 공기압 닫힘) 밸브
- 보통 FO는 AC에, FC는 AO에 해당
- 밸브계수 C_v는 1 psi의 압력차에서 밸브를 완전히 열었을 때 흐르는 물의 유량(gpm, gallon/min)으로 정의
- 밸브를 통한 유량: $q = C_v f(x) \sqrt{\dfrac{\Delta P_v}{\rho}}$

- 흐름 특성함수 $f(x)$: $f(x) = f\left(\frac{z}{z_{max}}\right) = \frac{q}{q_{max}} = r$
- 밸브 특성의 형태는 밸브의 민감도(sensitivity) $\frac{df}{dx}$를 이용하여 정의
- 선형밸브: $\frac{df}{dx} = k = 1 \quad \rightarrow \quad f(x) = x$
- 등비(equal percentage)밸브: 민감도가 유량비 r(즉 $f(x)$)에 비례, $f(x) = R^{x-1}$
- 밸브의 특성함수 $f(x) = \begin{cases} x\text{: 선형(linear)} \\ \sqrt{x}\text{: 급속개방(혹은 급속열림, quick opening)} \\ R^{x-1}\text{: 등비(equal percentage)} \end{cases}$
- 밸브를 통한 압력차 ΔP_v는 대개 유량 q의 제곱에 비례하여 감소: $\Delta P_v = \Delta P_{v,max} - kq^2$
- $\frac{q}{q_{max}} = \frac{1}{\sqrt{1+\left(\frac{\Delta P_{v,min}}{\Delta P_{v,max}}\right)\left(\frac{1}{f^2(x)} - 1\right)}}$
- 밸브계수: $C_v = \frac{q}{f(x)}\sqrt{\frac{\rho}{\Delta P_v}}$
- 비례 제어기: $m(t) = m_b + K_c[r(t) - c_m(t)] = m_b + K_c e(t)$
- 비례밴드(PB): 100%의 제어기 출력변화에 필요한 오차의 변화율
- K_c가 무차원인 경우 $PB(\%) = \frac{100}{k_c}$
- 비례 제어기의 전달함수: $\frac{M(s)}{E(s)} = G_c(s) = K_c$
- 이산모델 표현: $\Delta m_n = m_n - m_{n-1} = K_c(e_n - e_{n-1}) = K_c \Delta e_n$
- 비례제어에서는 잔류편차가 존재
- 비례-적분(PI) 제어기: $m(t) = m_b + K_c e(t) + \frac{K_c}{\tau_I}\int e(t)dt$
- PI 제어에서는 제어오차의 크기 및 제어오차의 적분에 비례하여 제어기 출력이 얻어지므로 제어작용이 느려진다.
- PI 제어기의 전달함수: $G_c(s) = \frac{M(s)}{E(s)} = K_c\left(1 + \frac{1}{\tau_I s}\right)$
- PI 제어기에 대한 이산모델: $\Delta m_n = m_n - m_{n-1} = K_c \Delta e_n + \left(\frac{K_c T}{\tau_I}\right) e_n$
- Windup: 제어기 출력이 최대 허용치에서 머물고 있음에도 불구하고 $e(t)$의 적분값은 계속 증가되는 현상
- Reset windup 현상이 발생하면 누적된 제어오차 적분값이 감소하며 reset windup이 제거될 때까지 공정의 제어기능은 상실되고 공정의 출력은 크게 변동
- Anti-reset windup: reset windup 문제를 억제시키는 기능
- 비례-미분(PD) 제어기: $m(t) = m_b + K_c e(t) + K_c \tau_D \frac{de(t)}{dt}$

- PD 제어기의 전달함수: $G_c(s) = \dfrac{M(s)}{E(s)} = K_c(1 + \tau_D s)$
- 측정잡음이 빈번하게 발생하는 액위나 유량 및 압력제어에서는 대개 미분기능의 사용을 억제
- 비례-적분-미분(PID) 제어기: $m(t) = m_b + K_c e(t) + \dfrac{K_c}{\tau_I}\displaystyle\int_0^t e(\tau)d\tau + K_c\tau_D \dfrac{de(t)}{dt}$
- PID 제어기의 전달함수: $G_c(s) = \dfrac{M(s)}{E(s)} = K_c\left(1 + \dfrac{1}{\tau_I s} + \tau_D s\right)$
- 위치형태 PID 이산모델: $m(t) = m_n \approx m_b + K_c\left[e_n + \dfrac{T}{\tau_I}\displaystyle\sum_{k=1}^{n} e_k + \dfrac{\tau_D}{T}(e_n - e_{n-1})\right]$
- 속도형태 PID 이산모델:

$$\Delta m_n = m_n - m_{n-1} = K_c\left[(e_n - e_{n-1}) + \frac{T}{\tau_I}e_n + \frac{\tau_D}{T}(e_n - 2e_{n-1} + e_{n-2})\right]$$

- On-off 제어기(bang-bang 제어)의 출력: $m(t) = \begin{cases} m_u : & e(t) \geq 0 \\ m_l : & e(t) < 0 \end{cases}$
- 측정된 변수값에 잡음이 많이 포함되어 있는 경우에는 미분값이 비정상적으로 큰 양이나 음의 값을 가질 수 있으므로 미분제어 모드를 사용하는 것은 부적절
- 온도와 같이 시간에 따른 변화가 크지 않은 측정변수의 제어에는 미분모드를 사용 가능

점/검/문/제

9.1 성분 A의 농도가 0.01 lb mole/ft^{3}에서 0.05 lb mole/ft^{3}으로 변화함에 따라 농도 측정장치의 펜이 전체 눈금 위(0~4 in)로 움직인다고 하자. 농도 측정장치는 선형의 동특성을 보이며 시간 지연은 무시할 수 있다고 가정한다. 이 측정장치를 나타내는 식은 다음 중 어느 것인가? b는 펜 변위의 작은 위치에서의 펜 눈금이며 C는 A의 농도이다.

① $b = 1.44 + K_m(C - 0.0244)$　② $b = 1.44 + K_m(0.0244 - C)$
③ $b = K_m + 1.44(C - 0.0244)$　④ $b = K_m + 1.44(0.0244 - C)$

9.2 어떤 공정의 유량조절에 사용되는 등비밸브는 유량을 최고 25 gpm까지 내보낼 수 있다. 정상상태에서는 10 gpm의 유체가 흐르고 밸브 스템의 위치는 40%이다. 이 밸브를 통해 20 gpm으로 유체를 보내려고 할 때 밸브 스템의 위치를 구하면?

① 60%　② 70%　③ 80%　④ 90%

9.3 등비밸브의 흐름 특성함수 $f(x)$는 어떻게 주어지는가?

① $f(x) = \alpha^{x-1}$ (α: 파라미터)　② $f(x) = x^{\alpha}$ (α: 파라미터)
③ $f(x) = \sqrt{x}$　④ $f(x) = x$

9.4 그림에 보인 바와 같은 특성곡선을 보이는 밸브는 어떤 형태의 밸브인가?

① 선형밸브　② 등비밸브　③ 급속열림 밸브　④ 등속열림 밸브

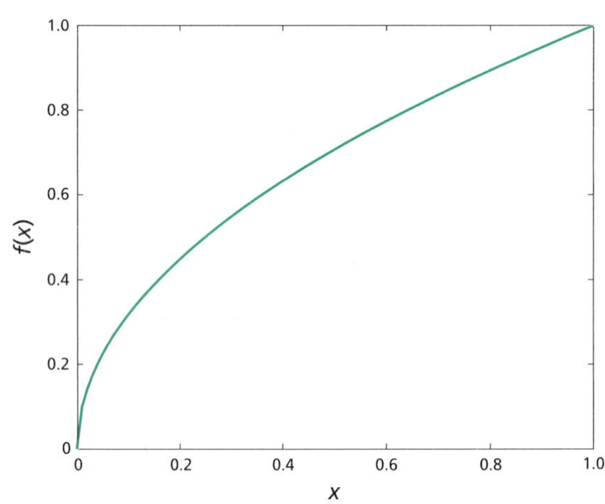

그림 9.20 **밸브 특성곡선.**

9.5 비례제어기를 이용하여 60°F에서 100°F 범위 내에서 온도를 조절하고 있다. 측정온도가 상수를 갖는 설치점에서 71°F로부터 75°F로 변화할 때 제어기의 출력은 3 psi(밸브전개)에서 15 psi(밸브전폐)까지 변화한다. 비례밴드(PB, 비례대)는 얼마인가?

① 5%　② 10%　③ 15%　④ 20%

9.6 비례제어 구조에서 바이어스(m_b) = 40%, PB = 60%, 설정점(set point) = 80%로 설정되었다. 공정출력 y(%)의 범위는 얼마인가?

① $0 \leq y \leq 104$ ② $94 \leq y \leq 104$ ③ $94 \leq y \leq 100$ ④ $0 \leq y \leq 94$

9.7 비례제어 구조에서 바이어스(m_b) = 60%, PB = 50%, 설정점(set point) = 70%로 설정되었다. 제어기 출력 m(%)의 범위는 어떻게 주어지는가?

① $0 \leq m \leq 50$ ② $60 \leq m \leq 70$ ③ $0 \leq m \leq 100$ ④ $70 \leq m \leq 100$

9.8 다음의 제어기 중에서 잔류편차(offset)는 없어지지 않으나 최종값에 도달하는 시간이 단축되는 것은 어느 것인가?

① PI 제어기 ② PD 제어기 ③ PID 제어기 ④ P 제어기

9.9 다음의 제어기 중에서 offset은 없앨 수가 있으나 제어시간은 여전히 오래 걸리는 제어기는 어느 것인가?

① P 제어기 ② PI 제어기 ③ PD 제어기 ④ PID 제어기

9.10 다음의 제어기 중에서 offset을 없애주고 reset 시간도 단축시키는 가장 이상적인 제어방법은 어느 것인가?

① P 제어기 ② PI 제어기 ③ PD 제어기 ④ PID 제어기

9.11 다음은 각 제어기의 특성을 설명한 것이다. 옳지 않은 것은 어느 것인가?

① P 제어기는 제어시스템의 응답을 가속화시키나 순수용량(capacity)공정을 제외하고는 정상상태에서 0이 아닌 잔류편차를 나타낸다.

② PI 제어기는 P 제어기에서 발생되는 잔류편차를 없앨 수 있으나 공정응답에 진동이 심해진다.

③ PD 제어기는 P 제어기와 마찬가지로 순수용량공정을 제외하고 정상상태에서 잔류편차가 0으로 되지 않으나 미분모드로 인해 응답이 안정화되며 예상제어가 가능하다.

④ PID 제어기는 적분모드가 정상상태의 잔류편차을 없애주며 미분모드에 의해 진동하는 불안정성을 없애주고 외부로부터 잡음이 미치는 영향도 증폭시키지 않고 없애준다.

9.12 제어기의 특성을 고려하여 적절한 제어기를 선택할 경우에 이용될 수 있는 지침으로서 다음 중 옳지 못한 것은?

① 정상상태의 잔류편차가 그리 크지 않거나 그 효과가 중요하지 않은 경우, 또한 순수용량 시스템의 공정에는 P 제어기를 사용한다.

② 잔류편차의 영향이 큰 문제가 되지 않는 경우 PI 제어기를 사용한다.

③ 전체 공정의 응답이 둔감할 경우, 혹은 공정이 외부 잡음으로부터 자유로울 경우 PID 제어기의 사용이 권장된다.

④ PD 제어기는 산업계에서 거의 사용되지 않으며 정상상태 잔류편차가 적은 경우에는 PD 제어기 대신 P제어기를 사용할 수 있다.

점검 문제 해답

9.1 ① 풀이 $K_m = \frac{b-1.44}{C-0.0244}$로부터 $b = 1.44 + K_m(C-0.0244)$이다.

9.2 ③ 풀이 유량변화% $= \frac{20-10}{25-0} \times 100 = 40\%$. 따라서 밸브도 40% 변해야 하며, 최종밸브의 위치는 40% + 40% = 80%이다.

9.3 ① **9.4** ③

9.5 ② 풀이 Δ(제어변수, %) $= \left(\frac{75-71}{100-60}\right) * 100 = 10\%$, Δ(제어기출력,%) = 100%.

따라서 %PB $= \frac{10}{100} * 100 = 10\%$.

9.6 ③ 풀이

$$m = 40 + \frac{100}{60}(80-y) = \frac{1040}{6} - \frac{10}{6}y,\ \ 0 \le m \le 100 \quad \rightarrow \quad 94 \le y \le 100\ (\because y \le 100).$$

9.7 ③ 풀이 $m = 60 + \frac{100}{50}(70-y) = 200 - 2y,\ \ 0 \le m \le 100 \quad \rightarrow \quad 50 \le y \le 100.$

$y = 50$일 때 $m = 100$, $y = 100$일 때 $m = 0$. 따라서 $0 \le m \le 100$.

9.8 ② **9.9** ② **9.10** ④

9.11 ④ 풀이 PID 제어기는 외부로부터 잡음이 미치는 영향을 바로 없애주지 못하며 이를 증폭시키는 경향이 있다.

9.12 ②

연/습/문/제

9.1 어떤 유량전환기의 입력범위는 0~200 gpm, 이에 해당하는 출력범위는 3~15 psig이다. 이 전환기의 gain 및 입력과 출력간의 관계식을 구하여라.

9.2 어떤 압력전환기의 입력범위는 5~30 inHg이고 이에 해당하는 출력범위는 4~20 mA이다. 이 전환기의 gain 및 입력과 출력간의 관계식을 구하여라.

9.3 오리피스를 이용하여 유량을 측정하고자 한다. 오리피스를 통한 압력강하는 $\Delta P = \left(\frac{q}{q_0}\right)^2$($q$: 유량, q_0: 오리피스의 특성과 유체의 성질에 따른 유량)로 주어진다. 압력강하로부터 이에 해당되는 유량을 유추하기 위해 전환기가 이용되는데 전환기의 출력 P(psig)는 $P = P_0 + k\Delta P$와 같이 주어진다. 유량의 범위는 0~100 gpm이며 이에 해당되는 전환기의 출력범위는 3~15 psig로 조절되어 있다. 전환기의 입력 q와 출력 P 사이의 관계식을 구하여라.

9.4 어떤 열 교환기에서 압력강하는 유량의 제곱에 비례하며 유량이 100 gpm일 때 압력강하는 25 psi이다. 제어밸브는 $R = 30$인 등비(equal percentage) 밸브로서 유량이 100 gpm일 때 $f(x) = 0.5$이다. 밸브를 통한 압력강하가 10 psi일 때 유량과 밸브 stem의 이동거리 x 사이의 관계를 구하여라. 유체의 비중은 1.2이다.

9.5 등비 특성을 갖는 밸브의 특성곡선은 $f(x) = 50^{x-1}$로 주어지며 밸브계수 $C_v = 10$이다. 이 밸브를 통하는 유량 q는 $q = C_v f(x)\sqrt{\frac{\Delta P_v}{\rho/\rho_w}} = C_v f(x)\sqrt{\frac{\Delta P_v}{s_g}}$로 주어진다($\rho_w$: 물의 밀도, s_g: 비중). 밸브가 50% 열렸을 때 파이프를 통해 분당 8갤런의 물을 이송할 수 있으며, 이 경우 밸브 상류부분과 밸브 하류부분 사이의 총 압력강하는 60 psi이다. 파이프의 나머지 부분(밸브로부터 밸브 하류부분 사이)에서의 압력강하는 얼마인가?

9.6 반응기로부터 반응 생성물을 증류탑의 원료로 공급하고 있다. 반응기 유출부의 압력은 3 barg이며 증류탑 유입부의 압력은 2.3 barg이다. 두 장치를 연결하는 파이프 라인에는 선형특성 밸브가 설치되어 있으며 파이프 라인에서의 압력강하 ΔP_L은 유량의 제곱에 비례한다(즉 $\Delta P_L = kq^2$). 아울러 밸브를 통하는 유량 q는 $q = C_v f(x)\sqrt{\frac{\Delta P_v}{\rho/\rho_w}} = C_v f(x)\sqrt{\frac{\Delta P_v}{s_g}}$로 주어진다($\rho_w$: 물의 밀도, s_g: 비중). 밸브가 완전히 열렸을 때 파이프를 통해 시간당 12 m^3의 원료를 이송할 수 있으며, 밸브가 50% 열렸을 때에는 파이프를 통해 시간당 9 m^3의 원료가 이송된다. 원료공급 파이프 라인의 용량을 증가시키기 위해 그림 P9.6에서 점선 바이패스(bypass) 라인으로 표시한 바와 같이 기존 밸브 주위에 동일한 밸브를 추가로 설치하기로 하였다. 이 경우 달성할 수 있는 최대 공급유량은 얼마인가?

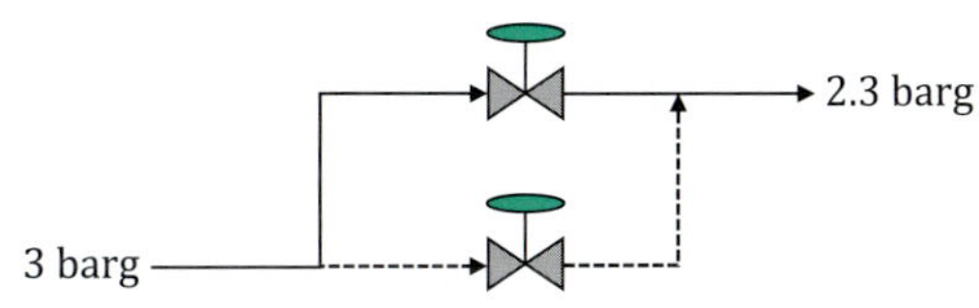

그림 P9.6 추가밸브의 설치.

9.7 차가운 유체의 출력 온도를 60°F에서 100°F까지의 범위로 유지하기 위하여 비례제어기를 사용하고 있다. 제어기는 설정점이 일정한 값으로 고정된 상태에서 측정된 온도가 71°F에서 75°F로 변할 때에 출력압력이 3 psi(밸브가 완전히 닫힘)에서 15 psi (밸브가 완전히 열림)까지 도달하도록 조정되어 있다.

(1) 제어기의 이득(K_c)을 구하여라.

(2) 제어기의 이득이 0.4 psi/°F라고 가정하자. 이 때 밸브가 완전히 열린 상태에서 완전히 닫힌 상태로 되게 하는 온도변화값(온도 오차범위)을 구하여라.

9.8 50~100°F 범위에서 변하는 온도의 제어에 비례 제어기를 이용하고 있다. 온도의 측정값이 60~65°F일 때 제어기의 출력값은 3~15 psi로 나타나도록 조정되어 있다. 제어기의 이득과 비례밴드(PB)를 구하여라.

9.9 압력을 조절하는 제어기에서 제어기의 출력범위는 4~20 mA이며 가능한 운전압력 범위는 10~50 psi이다.

(1) 비례밴드가 20%라면 압력의 최대 측정값과 최소 측정값의 차이(즉 측정압력 범위)는 얼마인가?

(2) 압력이 10 psi일 때 제어기의 출력은 8 mA이며, 압력이 50 psi일 때 제어기의 출력은 16 mA이라면 비례밴드는 몇 %인가?

9.10 비례 제어기가 이용되는 어떤 반응공정에서 반응기 운전온도 범위는 150~400°C이며 반응온도 제어기의 출력범위는 3~15 psig이다. 반응기 온도가 200°C에서 300°C까지 변했을 때 제어기로부터의 출력은 8 psig로부터 12 psig로 변하였다. 이 제어기의 PB는 얼마인가?

9.11 PI 제어기 $G_c(s) = \dfrac{M(s)}{E(s)} = K_c\left(1 + \dfrac{1}{\tau_I s}\right)$로 도입되는 오차가 시간 $t = 0$에서 크기 6인 계단변화를 보였다. 제어기로부터의 출력 $\overline{m}(t)$를 구하여라. $K_c = 2$, $\tau_I = 3$이다.

9.12 PI 제어기에 아래 그림에 보인 바와 같은 오차가 도입되었다. 이 제어기로부터의 출력을 시간 t의 함수로 나타내어라. 제어기의 이득과 적분시간은 각각 $K_c = 5$, $\tau_I = 1$ sec이며 $m_b = 20\%$이다.

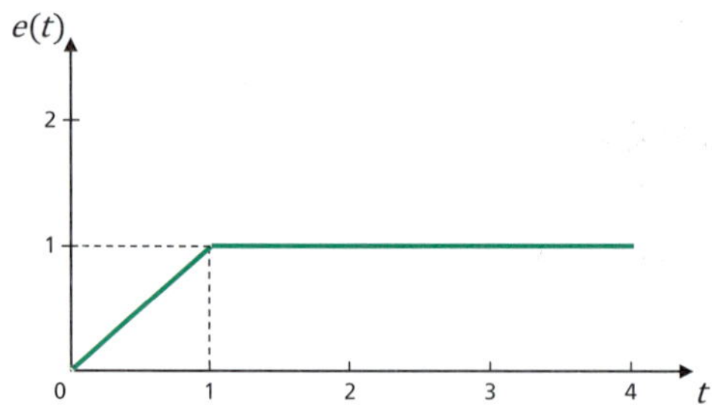

그림 P9.12

9.13 아래 그림과 같은 오차가 PI 제어기로 도입될 때 제어기의 응답을 구하여라. $K_c = 3$, $\tau_I = 1.0$ min이다.

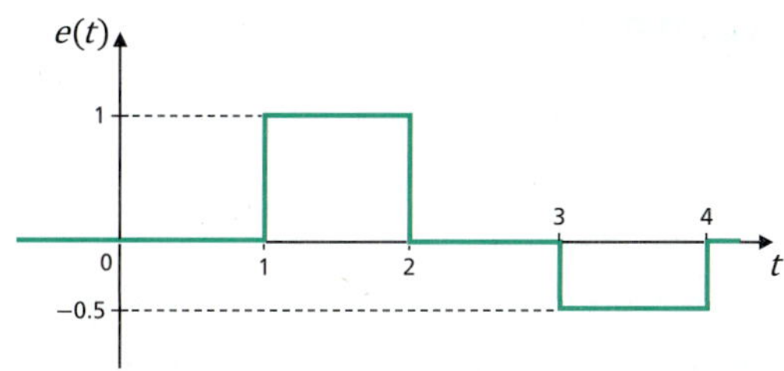

그림 P9.13

9.14 어떤 PD 제어기(gain = K_c, 미분시간 = τ_D)에서 설정점(set point)가 일정하게 유지되고 있다. 이제 output이 갑자기 단위계단 변화를 보였다면 제어기의 출력 $m(t)$는 시간 t의 함수로 어떻게 표시되겠는가? ($m(t)$는 편차변수이다.)

9.15 어떤 PD 제어기의 전달함수는 다음과 같다. 오차 $e(t)$에 단위계단 변화가 도입되었을 때의 응답 $M(t)$를 구하여라.

$$G_c(s) = \frac{M(s)}{E(s)} = K_c\left\{\frac{\tau_D s + 1}{\left(\frac{\tau_D}{\alpha}\right)s + 1}\right\}$$

9.16 어떤 PD 제어기의 전달함수가 $G_c(s) = \dfrac{M(s)}{E(s)} = K_c\left(\dfrac{\tau_D s + 1}{\alpha\tau_D s + 1}\right)$와 같이 주어지며 $\tau_D = 2$이다 $(0 < \alpha < 1)$. 제어기로 도입되는 제어오차에 $E(t) = 1 + e^{-t}$와 같은 변화가 도입되었다($E(t)$는 편차변수). 제어기로부터의 출력 $M(t)$가 어떤 국부적인 극값(local extremum)을 보일 때의 시간 t를 α의 함수로 나타내어라.

9.17 제어오차 $E(t)$에 진폭 A, 진동수 ω인 sine 곡선 모양의 변화가 도입되었다. 다음 각각에 대하여 제어기 출력 $M(t)$를 구하여라.

(1) PI 제어기: 전달함수는 $G_c(s) = \dfrac{M(s)}{E(s)} = K_c\left(1 + \dfrac{1}{s}\right)$

(2) PD 제어기: 전달함수는 $G_c(s) = \dfrac{M(s)}{E(s)} = K_c(1 + s)$

9.18 PID 제어기로 단위계단변화의 오차가 도입되었다. 만약 $K_c = 15$, $\tau_I = 1.5$, $\tau_D = 1$이라면 제어기의 응답 $m(t)$는 어떻게 주어지는가?

9.19 PID 제어기가 배출압력 20 psig에서 정상상태를 이룬다. 제어기로 도입되는 오차는 $\epsilon(t) = -0.8\ t$(t: 분)이며 $K_c = 4$ psi/in, $\tau_I = 2$ min, $\tau_D = 1$ min이다. 배출압력과 시간과의 관계를 나타내어라.

9.20 전달함수가 $G_c(s) = K_c\left(1 + \dfrac{1}{\tau_I s}\right)\left(\dfrac{\tau_D s + 1}{\alpha\tau_D s + 1}\right)$와 같은 Lead/Lag 형태를 갖는 PID 제어기에 단위 임펄스 변화가 도입되었을 때 제어기로부터의 출력 $m(t)$를 구하여라.

* MATLAB 활용 문제

9.21 앞에서 살펴본 바와 같이 Gc = pid(Kp, Ki, Kd, Tf)로부터는 1차미분 필터가 수반되는 $G_c(s) = K_P + \frac{K_I}{s} + \frac{K_D s}{T_F s + 1}$ 형태의 PID 제어기가 생성된다. 여기에서 K_p, K_I, K_D는 각각 비례, 적분 및 미분 이득이며 T_F는 1차 미분필터의 시간상수이다. $K_p = 1.2$, $K_I = 0.3$, $K_D = 2$, $T_F = 0.4$인 PID 제어기를 생성하고 piddata를 이용하여 설정된 제어기 파라미터 값들을 확인해 보라(예: [Kp,Ki,Kd,Tf] = piddata(Gc)). 위에서 생성된 PID 제어기에 단위 임펄스 입력이 도입되었을 때 제어기의출력을 그래프로 나타내어라.

9.22 어떤 제어기의 전달함수는 $G_c(s) = \frac{M(s)}{E(s)} = 1.5\left(\frac{1.2s + 1}{0.96s + 1}\right)$와 같이 주어진다. 제어기로 도입되는 제어오차에 $E(t) = 1 + 0.87e^{-0.9t}$와 같은 변화가 도입되었을 때($E(t)$는 편차변수) $0 \le t \le 10$의 범위에서 제어기로부터의 출력 $M(t)$를 그래프로 나타내어라.

9.23 9.23 전달함수가 $G_c(s) = 2\left(1 + \frac{1}{1.2s}\right)\left(\frac{0.6s + 1}{0.6\alpha s + 1}\right)$와 같은 형태를 갖는 PID 제어기에 단위 계단 변화가 도입되었다. $0 \le t \le 2$의 범위에서 $\alpha = 0.2$일 때와 $\alpha = 0.8$일 때의 제어기로부터의 출력 $m(t)$를 그래프로 나타내고 서로 비교해 보라.

Feedback 제어루프의 동특성

앞에서 우리는 feedback 제어계의 주요 구성요소들과 제어기들을 살펴보았다. 이들 최종 제어요소와 제어기, 그리고 제어되는 공정과 측정장치들을 모두 조합시켜서 제어작용이 실제로 이루어지도록 한 것이 feedback 제어루프이다. Feedback 제어루프는 대개 블록선도로 나타내는데 총괄 전달함수를 구하여 제어루프의 동특성을 규명할 수 있다.

10.1 Feedback 제어루프의 블록선도

공정제어 구조를 이루는 제어기, 센서/전환기, 제어밸브, 그리고 제어되는 공정들은 모두 하나의 블록으로 표현할 수 있으며 그 기능은 각각의 전달함수를 해당되는 블록 내에 표시함으로써 나타낼 수 있다.

그림 10.1에서 제어의 목적은 유입온도 T_i의 변화에도 불구하고 유출온도 T를 원하는 온도 T_R(즉 설정값)로 유지시키는 것이다. 이를 위하여 센서/전환기에 의해 측정되는 T는 제어기에 도입되어 T_R과 비교된다. 공압식 제어밸브가 이용되는 경우 4~20 mA 범위의 제어기 출력변수를 제어밸브에 도입시키기 전에 제어밸브를 움직일 수 있는 공기압의 변화로 바꾸어 주어야 한다. 이를 위해 전류/압력(I/P) 변환기가 설치되어 있다. 이제 전체 제어구조의 블록선도를 얻기 위해 그림 10.1의 각 성분에 대한 전달함수를 구해 보기로 한다.

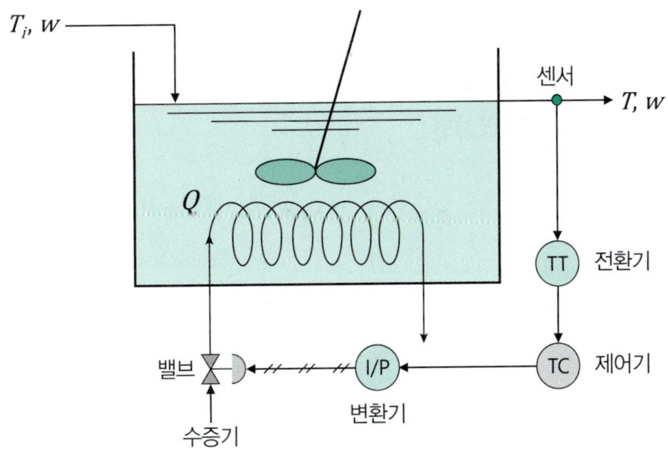

그림 10.1 연속교반 가열기 제어구조.

10.1.1 가열공정

연속교반 가열공정의 모델식은 제3장에서 살펴본 바와 같다. 수증기 가열관으로부터의 열 전달량 Q는 가열관의 외부 열전달 계수와 외부 열전달 면적을 각각 h_q, A_q라 하고 가열관 벽의 온도를 T_q라 할 때 $h_qA_q(T_q - T)$로 주어지므로 유입 및 유출유량이 w로서 일정하다면 모델식은 다음과 같이 쓸 수 있다.

$$\rho C_p V \frac{dT}{dt} = C_p w(T_i - T) + h_q A_q (T_q - T) \tag{10.1}$$

한편 수증기 가열관 내부의 열전달 계수와 열전달 면적을 각각 h_s, A_s라 하고 수증기의 온도를 T_h, 그리고 수증기 관 자체의 밀도를 ρ_q, 관 자체의 부피를 V_q, 비열을 C_{pq}라 할 때 가열관 자체의 모델식은 다음과 같다.

$$\rho_q C_{pq} V_q \frac{dT_q}{dt} = h_s A_s (T_h - T_q) - h_q A_q (T_q - T) \tag{10.2}$$

가열관 자체의 온도 T_q는 수증기 온도 T_h에 따라 매우 빠르게 변한다고 가정하면 식 (10.2)로 표현되는 가열관 자체의 동특성은 무시할 수 있으므로

$$0 = h_s A_s (T_h - T_q) - h_q A_q (T_q - T) \tag{10.3}$$

이 식을 T_q에 대하여 풀면 다음 관계를 얻는다.

$$T_q = \frac{h_s A_s T_h + h_q A_q T}{h_s A_s + h_q A_q} \tag{10.4}$$

이를 식 (10.1)에 대입하면 다음 결과를 얻는다.

$$\rho C_p V \frac{dT}{dt} = C_p w(T_i - T) + U(T_h - T) \tag{10.5}$$

위에서 $U = \dfrac{h_s h_q A_s A_q}{h_s A_s + h_q A_q}$로서 총괄 열전달 계수이다. 포화 수증기의 경우 온도 T_h는 수증기 응축 압력 P_h에 비례한다고 가정하면 다음과 같이 나타낼 수 있다.

$$T_h = a + bP_h \tag{10.6}$$

이를 식 (10.5)에 대입하면

$$\rho C_p V \frac{dT}{dt} = C_p w(T_i - T) + U(a + bP_h - T) \tag{10.7}$$

정상상태에서는

$$\rho C_p V \frac{dT_s}{dt} = 0 = C_p w(T_{is} - T_s) + U(a + bP_{hs} - T_s) \tag{10.8}$$

식 (10.7)로부터 (10.8)을 빼면

$$\rho C_p V \frac{d(T-T_s)}{dt} = C_p w\{(T_i - T_{is}) - (T - T_s)\} + U\{b(P_h - P_{hs}) - (T - T_s)\} \quad \textbf{(10.9)}$$

편차변수를 도입하고 정리하면

$$\left(\frac{\rho C_p V}{C_p w + U}\right)\frac{d\bar{T}}{dt} + \bar{T} = \left(\frac{C_p w}{C_p w + U}\right)\bar{T_i} + \left(\frac{bU}{C_p w + U}\right)\overline{P_h} \quad \textbf{(10.10)}$$

위에서 $\bar{T} = T - T_s$, $\bar{T_i} = T_i - T_{is}$, $\overline{P_h} = P_h - P_{hs}$이다. 식 (10.10)을 라플라스 변환시키면 다음 결과를 얻는다.

$$\bar{T}(s) = \frac{K_1}{\tau s + 1}\bar{T_i}(s) + \frac{K_2}{\tau s + 1}\overline{P_h}(s) \quad \textbf{(10.11)}$$

위에서

$$\tau = \frac{\rho C_p V}{C_p w + U}, \qquad K_1 = \frac{C_p w}{C_p w + U}, \qquad K_2 = \frac{bU}{C_p w + U}$$

식 (10.11)의 관계는 다음 그림 10.2와 같이 블록선도로 나타낼 수 있다.

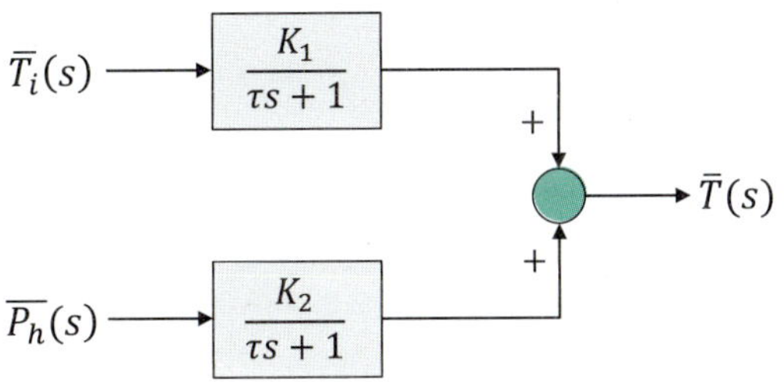

그림 10.2 가열공정의 블록선도.

10.1.2 센서/전환기

연속교반 가열공정의 온도는 열전대(thermocouple)에 의해 측정되며 열전대/전환기의 동특성은 1차 공정으로 나타낼 수 있다고 가정하면 열전대/전환기의 라플라스 변환은 편차변수를 도입하여 다음 식으로 표현된다.

$$\frac{\overline{T_m}(s)}{\bar{T}(s)} = \frac{K_m}{\tau_m s + 1} \quad \textbf{(10.12)}$$

위에서 K_m과 τ_m은 각각 열전대/전환기의 gain과 시간상수이다. 식 (10.12)에서 K_m의 단위는 mA/℃이며, 따라서 $\overline{T_m}(s)$는 mA의 단위를 갖는다. 식 (10.12)의 블록선도는 그림 10.3과 같다.

$\bar{T}(s)$ → $\frac{K_m}{\tau_m s + 1}$ → $\overline{T_m}(s)$

그림 10.3 센서/전환기의 블록선도.

10.1.3 제어기

제어기의 전달함수는 앞의 제9장에서 다룬 바와 같다. PI 제어기를 이용하는 경우에는

$$G_c(s) = \frac{M(s)}{E(s)} = K_c\left(1 + \frac{1}{\tau_I s}\right)$$

PID 제어기인 경우에는

$$G_c(s) = \frac{M(s)}{E(s)} = K_c\left(1 + \frac{1}{\tau_I s} + \tau_D s\right)$$

위에서 오차 $E(s)$는

$$E(s) = \overline{T_{RA}}(s) - \overline{T_m}(s) \tag{10.13}$$

으로 주어진다. $\overline{T_{RA}}(s)$는 mA로 나타낸 설정값의 라플라스 변환으로서 온도로 주어지는 설정값에 센서/전환기의 전달함수 (10.12)에서의 이득 K_m을 곱하여 얻어진다. 즉

$$\overline{T_{RA}}(s) = G_R(s)\overline{T_R}(s) = K_m\overline{T_R}(s) \tag{10.14}$$

제어기와 식 (10.13)에 의한 오차, 그리고 식 (10.14)의 관계는 그림 10.4와 같이 블록선도로 나타낼 수 있다.

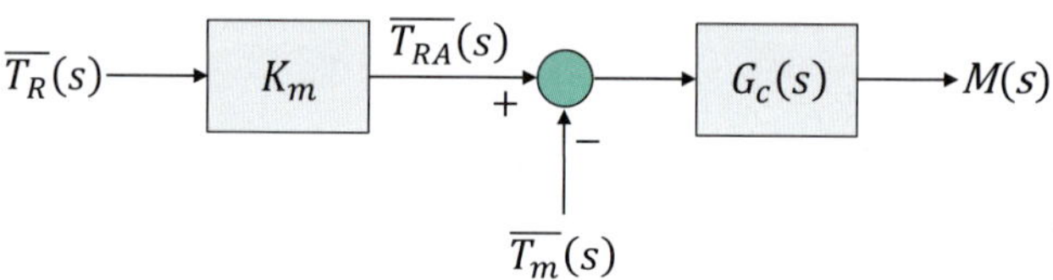

그림 10.4 ▶ 제어기의 블록선도.

10.1.4 전류-압력(I/P) 변환기

제어기로부터의 출력신호는 보통 전류의 변화로 나타나는데 공기압을 이용하는 제어밸브를 작동시키기 위해서는 이를 공기압의 변화로 바꾸어 주어야 한다. 이러한 기능을 수행하는 것은 전류-압력(Current-to-Pressure, I/P) 변환기인데 이의 동특성은 무시할 수 있으며 단순히 정상상태의 이득(gain) K_T만으로 나타낸다.

$$G_T(s) = \frac{P_T(s)}{M(s)} = K_T \tag{10.15}$$

위의 관계를 블록선도로 나타내면 그림 10.5에 보인 바와 같다.

$M(s)$, mA → K_T → $P_T(s)$, psi

그림 10.5 ▶ 전류-압력(I/P) 변환기의 블록선도.

10.1.5 제어밸브

공기압을 이용하는 제어밸브의 동특성은 대체로 다음과 같이 1차 공정 모델로 나타낼 수 있다.

$$G_v(s) = \frac{P_h(s)}{P_T(s)} = \frac{K_v}{\tau_v s + 1} \tag{10.16}$$

이를 블록선도로 나타내면 그림 10.6과 같다.

$$P_T(s) \longrightarrow \boxed{\frac{K_v}{\tau_v s + 1}} \longrightarrow P_h(s)$$

그림 10.6 **제어밸브의 블록선도.**

10.2 닫힌루프 전달함수

앞의 그림 10.2에서 그림 10.6까지에 보인 바와 같은 주요 feedback 제어루프 구성요소들의 전달함수와 블록선도들을 조합하면 그림 10.7에 보인 바와 같은 닫힌루프 feedback 제어구조에 대한 블록선도를 얻는다.

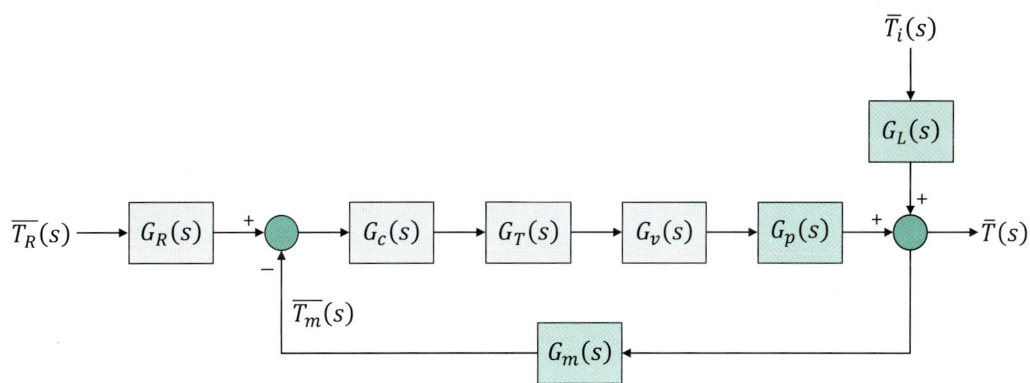

그림 10.7 **닫힌루프 feedback 제어구조.**

그림 10.7에서 각 블록의 전달함수는 다음과 같다. 제어기로는 PI 제어기가 이용된다고 가정한다:

$$G_R(s) = K_m,\ \ G_c(s) = K_c\left(1 + \frac{1}{\tau_I s}\right),\ \ G_T(s) = K_T,\ \ G_v(s) = \frac{K_v}{\tau_v s + 1},$$
$$G_p(s) = \frac{K_2}{\tau s + 1},\ \ G_L(s) = \frac{K_1}{\tau s + 1},\ \ G_m(s) = \frac{K_m}{\tau_m s + 1}$$

그림 10.7에서 설정값을 R, 출력변수를 C, 외부교란변수를 L이라고 두면 제어 루프를 다시 그림 10.8과 같이 나타낼 수 있다.

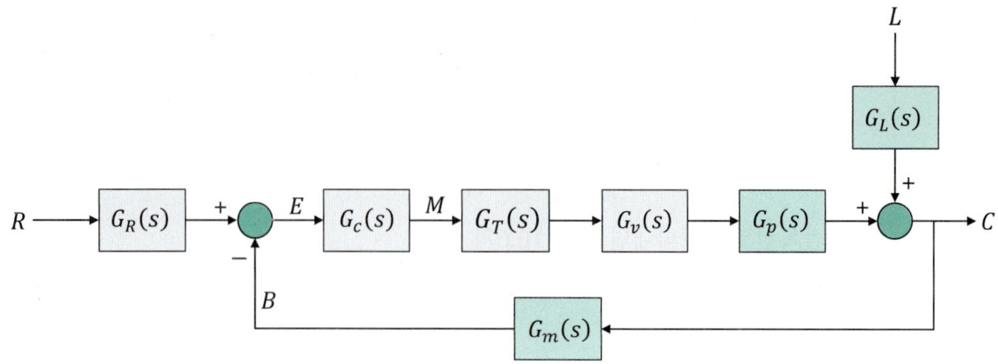

그림 10.8 닫힌루프 제어구조.

제4장에서 다룬 블록선도의 관계를 이용하면 그림 10.8로부터

$$E = G_R R - B, \quad M = G_c E, \quad C = G_p G_v G_T M + G_L L, \quad B = G_m C$$

이들로부터 다음 관계를 얻을 수 있다.

$$C(s) = \frac{G_R G_c G_v G_T G_p}{1 + G_c G_v G_T G_p G_m} R(s) + \frac{G_L}{1 + G_c G_v G_T G_p G_m} L(s) \tag{10.17}$$

보기 10.1

그림 10.9의 블록선도로 나타나는 제어시스템의 총괄 전달함수를 구하여라.

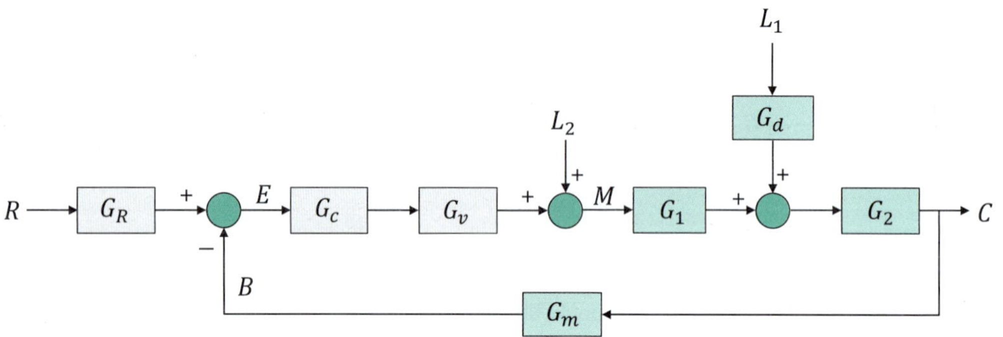

그림 10.9 두 교란변수를 갖는 닫힌루프 제어구조.

풀이

블록선도의 관계를 구하면

$$E = G_R R - B, \quad M = L_2 + G_v G_c E, \quad C = (G_d L_1 + G_1 M) G_2, \quad B = G_m C$$

이들로부터

$$C = G_d G_2 L_1 + G_1 G_2 L_2 + G_1 G_2 G_v G_c G_R R - G_1 G_2 G_v G_c G_m C$$

$$C = \frac{G_d G_2}{1 + G_1 G_2 G_v G_c G_m} L_1 + \frac{G_1 G_2}{1 + G_1 G_2 G_v G_c G_m} L_2 + \frac{G_1 G_2 G_v G_c G_R}{1 + G_1 G_2 G_v G_c G_m} R$$

그림 10.8에 보인 제어구조에서 외부교란변수 L은 변화가 없고 설정값 R만 변화하는 경우 $L(s) = 0$이므로(C와 R 및 L은 모두 편차변수임을 상기할 것) 식 (10.17)로부터

$$\frac{C(s)}{R(s)} = \frac{G_R(s)G_c(s)G_v(s)G_T(s)G_p(s)}{1 + G_{OL}(s)} \quad \textbf{(10.18)}$$

과 같은 전달함수를 얻는다. 위에서 $G_{OL}(s)$은 열린루프 전달함수로서

$$G_{OL}(s) = G_c(s)G_v(s)G_T(s)G_p(s)G_m(s) \quad \textbf{(10.19)}$$

이다. 위와 같이 외부교란변수의 변화는 없고 설정값만 변하는 경우의 공정제어는 설정값 추적제어 문제라고 부른다.

앞에서와 달리 설정값은 일정하게 유지되고(즉 $R(s) = 0$) 외부교란변수의 변화만 야기되는 경우에는 식 (10.17)로부터 다음과 같은 전달함수를 얻는다.

$$\frac{C(s)}{L(s)} = \frac{G_L(s)}{1 + G_{OL}(s)} \quad \textbf{(10.20)}$$

이 경우는 조정기 제어(regulator control) 문제가 된다.

10.3 1차 공정의 닫힌루프 응답특성

공정의 제어에 있어서 설정값과 외부교란변수가 동시에 변하는 것이 일반적이겠지만 여기에서는 설정값의 변화와 외부교란변수의 변화를 각각 따로따로 고려하여 1차 공정을 제어대상으로 하는 경우의 제어기 형태에 따른 응답특성을 살펴보기로 한다. 화학공정에서 설정값이 변하는 경우는 흔치 않으며 외부교란변수의 변화가 도입되는 경우가 일반적이다.

10.3.1 제어 루프의 구성

1차 공정인 경우 전달함수 $G_p(s)$는 다음과 같이 쓸 수 있다.

$$G_p(s) = \frac{K_p}{\tau s + 1} \quad \textbf{(10.21)}$$

그림 10.8의 제어구조에서 각 블록의 전달함수를 다음과 같이 가정한다.

$$G_R(s) = G_m(s) = K_m,\ G_T(s) = 1,\ G_v(s) = K_v,\ G_L(s) = G_p(s) \quad \textbf{(10.22)}$$

즉 제어밸브와 센서의 동특성은 무시하며 외부교란변수의 영향은 1차공정과 같은 것으로 간주하기로 한다. 이를 이용하면 식 (10.17)은 다음과 같이 쓸 수 있다.

$$C(s)=\frac{\dfrac{K_pK_mK_vG_c}{\tau s+1}}{1+\dfrac{K_pK_mK_vG_c}{\tau s+1}}R(s)+\frac{\dfrac{K_p}{\tau s+1}}{1+\dfrac{K_pK_mK_vG_c}{\tau s+1}}L(s)$$
$$=\frac{K_pK_mK_vG_c}{\tau s+1+K_pK_mK_vG_c}R(s)+\frac{K_p}{\tau s+1+K_pK_mK_vG_c}L(s) \tag{10.23}$$

이제 제어기의 형태에 따라서 설정값에 변화가 도입되었을 때와 외부교란변수에 변화가 도입되었을 때의 응답특성을 알아보기로 한다.

10.3.2 비례 제어기의 경우

제어기로서 비례 제어기를 사용하는 경우에는 $G_c(s)=K_c$이므로 식 (10.23)으로부터

$$C(s)=\frac{K_pK_mK_vK_c}{\tau s+1+K_pK_mK_vK_c}R(s)+\frac{K_p}{\tau s+1+K_pK_mK_vK_c}L(s)$$
$$=\frac{K_{OL}}{\tau s+(1+K_{OL})}R(s)+\frac{K_p}{\tau s+(1+K_{OL})}L(s) \tag{10.24}$$

위에서 $K_{OL}=K_pK_mK_vK_c$으로서 열린루프 이득이다.

(1) 설정값의 변화

설정값에만 변화가 도입되면 식 (10.24)에서

$$C(s)=\frac{K_{OL}}{\tau s+(1+K_{OL})}R(s)=\frac{\left(\dfrac{K_{OL}}{1+K_{OL}}\right)}{\left(\dfrac{\tau}{1+K_{OL}}\right)s+1}R(s) \tag{10.25}$$

설정값에 크기 A인 계단변화가 도입되었다면 $R(s)=\dfrac{A}{s}$ 이므로

$$C(s)=\frac{A\left(\dfrac{K_{OL}}{1+K_{OL}}\right)}{s\left\{\left(\dfrac{\tau}{1+K_{OL}}\right)s+1\right\}}$$

이를 역 라플라스 변환시키면

$$C(t)=\frac{AK_{OL}}{1+K_{OL}}\{1-e^{-(1+K_{OL})t/\tau}\} \tag{10.26}$$

시간이 충분히 지난 뒤에는

$$C(\infty)=\frac{AK_{OL}}{1+K_{OL}} \tag{10.27}$$

식 (10.26)의 응답은 그림 10.10에 나타나 있다.

성상상태 오자인 산류편자(혹은 잔류오자, offset)는 다음과 같이 정상상태 제어오차로 정의된다.

$$(\text{offset}) = E(\infty) = R(\infty) - C(\infty) \tag{10.28}$$

위에서 $R(\infty) = R = A$이고 $C(\infty)$는 식 (10.27)로 주어지므로 잔류편차는

$$(\text{offset}) = A - \frac{AK_{OL}}{1 + K_{OL}} = \frac{A}{1 + K_{OL}} \tag{10.29}$$

이 된다.

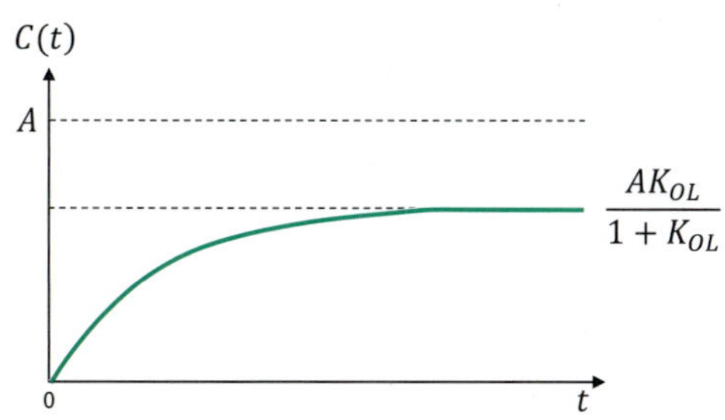

그림 10.10 **비례제어구조의 설정값 계단응답곡선.**

비례제어기를 사용하는 경우 식 (10.29)로 주어지는 잔류편차는 피할 수 없다. 잔류편차가 0이 되도록 하는 방법, 즉 정상상태 응답 $C(\infty)$가 정확하게 설정값 R과 일치되도록 하는 방법은 식 (10.29)에서 K_{OL}이 ∞가 되도록 하는 것이며, 따라서 제어기의 이득 K_c를 무한히 크게 잡아 주어야 하는데 이는 명백히 물리적으로 불가능한 일이다.

보기 10.2

그림 10.11은 액위제어 구조를 보인 것이다. $A = 1\ \text{m}^2$, $R = 5\ \text{min/m}^2$이며 센서/전환기는 0.6 m 변화에 대하여 3~15 psi의 출력범위를 갖는다. 아울러 제어밸브의 gain $K_v = 0.01\ \text{m}^3/(\text{min}\cdot\text{psi})$이다. 설정값에 단위계단 변화가 도입되었을 경우 응답 $H(t)$를 구하여라. $q_o = \frac{h}{R}$이고 액체의 밀도는 일정하며 센서/전환기와 제어밸브의 동특성은 무시하고 제어기로는 비례제어기를 사용한다고 가정한다(즉 $G_R = G_m = K_m$, $G_T = 1$, $G_v = K_v$, $G_c = K_c$).

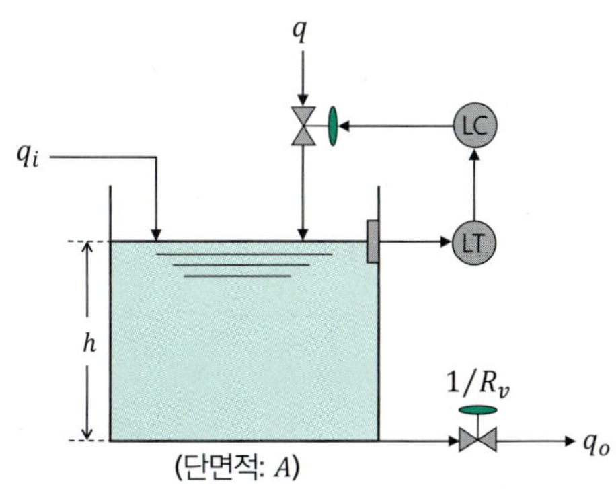

그림 10.11 **액위제어 구조.**

풀이

그림에서 $q_o = \dfrac{h}{R_v}$이고 액체의 밀도가 일정하다면

$$\mathrm{A}\frac{dh}{dt} = q_i + q - \frac{h}{R_v}$$

정상상태에서는

$$\mathrm{A}\frac{dh_s}{dt} = 0 = q_{is} + q_s - \frac{h_s}{R_v}$$

위의 두 관계로부터

$$\mathrm{A}\frac{dH}{dt} = Q_i + Q - \frac{H}{R_v} \tag{10.30}$$

위에서 $H = h - h_s$, $Q_i = q_i - q_{is}$, $Q = q - q_s$이다. 식 (10.30)의 라플라스 변환으로부터

$$H(s) = \frac{K_p}{\tau s + 1}Q_i(s) + \frac{K_p}{\tau s + 1}Q(s) \tag{10.31}$$

위에서 $\tau = AR, K_p = R_v$이다. 센서/전환기와 제어밸브의 동특성은 무시할 수 있으며 비례 제어기를 사용하므로 $G_m(s) = G_R(s) = K_m$, $G_T(s) = 1$, $G_v(s) = K_v$, $G_c(s) = K_c$이다. 따라서 위의 액위 제어구조의 닫힌루프 블록선도는 그림 10.12와 같이 나타낼 수 있다. 그림에서 (가)와 (나)는 완전히 동일한 관계를 나타낸다.

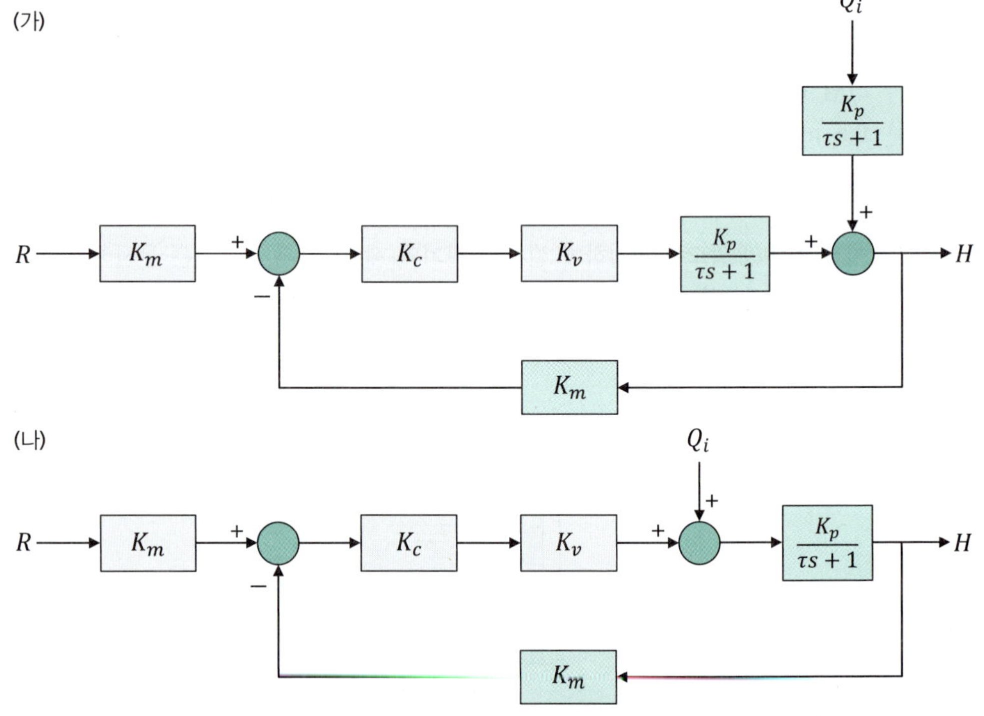

그림 10.12 액위제어 구조의 블록선도.

총괄전달함수는 식 (10.24)로 주어진다. 이제 $A = 1\ \text{m}^2$, $R_v = 5\ \text{min/m}^2$이며 센서/전환기는 0.6 m 변화에 대하여 3~15 psi의 출력범위를 갖는다면 $K_m = \dfrac{15-3}{0.6} = 20\ \text{psi/m}$이다. 제어밸브의 이득 $K_v = 0.01\ \text{m}^3/(\text{min·psi})$, $K_p = R_v = 5\ \text{min/m}^2$이고 $\tau = AR_v = 5\ \text{min}$이므로, $K_{OL} = K_pK_mK_vK_c = (0.01)(5)(20)K_c = K_c$이다. 설정값에 단위계단 변화가 도입되었을 경우 응답 $H(t)$는 식 (10.26)으로부터

$$H(t) = \frac{K_c}{1+K_c}\{1 - e^{-(1+K_c)t/5}\} \tag{10.32}$$

가 된다. 한편 잔류편차는 식 (10.29)로부터

$$(\text{offset}) = 1 - \frac{K_c}{1+K_c} = \frac{1}{1+K_c}$$

따라서 비례 제어기의 이득 K_c를 증가시킴에 따라 잔류편차는 감소됨을 알 수 있다. 그러나 앞에서 이미 언급했듯이 이득을 무한히 크게 하는 것은 불가능한 일이며, 어느 수준 이상으로 이득을 증가시키면 응답에 진동이 나타나거나 전체 제어계가 불안정하게 되는 결과가 초래된다.

라플라스 변환을 이용하지 않고 모델식으로부터 직접 잔류편차를 구할 수도 있다. 식 (10.30)의 모델식에서 $Q_i = 0$이며 설정값을 H_R이라고 하면 비례제어의 경우

$$Q(t) = K_c \cdot K_mK_v\{H_R - H(t)\}$$

이므로 식 (10.30)으로부터

$$A\frac{dH(t)}{dt} = Q_i(t) + Q(t) - \frac{H(t)}{R_v} = K_cK_mK_v\{H_R - H(t)\} - \frac{H(t)}{R_v}$$

이를 정리하면

$$\left(\frac{A}{K_cK_mK_v + 1/R_v}\right)\frac{dH}{dt} + H = \left(\frac{K_cK_mK_v}{K_cK_mK_v + 1/R_v}\right)H_R$$

설정값 H_R에 단위계단 변화가 도입되었다고 가정하면 $H_R = 1$이므로 위의 미분방정식의 해는 주어진 데이터를 대입하면

$$H(t) = \left(\frac{K_cK_mK_v}{K_cK_mK_v + 1/R_v}\right)\left\{1 - e^{-\left(\frac{K_cK_mK_v + 1/R_v}{A}\right)t}\right\} = \frac{K_c}{1+K_c}\{1 - e^{-(1+K_c)t/5}\}$$

와 같이 얻어지는데 이는 식 (10.32)와 동일하다.

보기 10.3

그림 10.8의 제어구조에서 $G_R(s) = G_m(s) = K_m$, $G_T(s) = 1$, $G_v(s) = K_v$이며 공정은 적분공정으로서 $G_p(s) = \dfrac{K_p}{s}$이다. 외부교란 변수는 변화가 없으며 설정값에 단위계단 변화가 도입되었다. 비례제어기가 이용되는 경우 잔류편차는 얼마인가?

풀이

$$C(s) = \frac{K_p K_m K_v K_c}{1 + K_p K_m K_v K_c / s} R(s) = \frac{K_p K_m K_v K_c}{s(s + K_p K_m K_v K_c)}$$

따라서 $C(\infty) = \lim_{s \to 0} sC(s) = 1$. 이로부터 (offset) $= R(\infty) - C(\infty) = 1 - 1 = 0$. 즉 비례제어기를 이용하여 적분공정을 제어하는 경우 설정값의 변화에 대해서는 잔류편차가 발생하지 않는다.

(2) 외부교란변수의 변화

외부교란변수에만 변화가 도입되면 식 (10.24)로부터

$$C(s) = \frac{K_p}{\tau s + (1 + K_{OL})} L(s) = \frac{\left(\frac{K_p}{1 + K_{OL}}\right)}{\left(\frac{\tau}{1 + K_{OL}}\right) s + 1} L(s) \tag{10.33}$$

외부교란변수 L에 크기 A인 계단변화가 도입되면 $L = \frac{A}{s}$이므로

$$C(s) = \frac{A\left(\frac{K_p}{1 + K_{OL}}\right)}{s\left\{\left(\frac{\tau}{1 + K_{OL}}\right) s + 1\right\}}$$

이를 역 라플라스 변환시키면

$$C(t) = \frac{AK_p}{1 + K_{OL}} \{1 - e^{-(1 + K_{OL})t/\tau}\} \tag{10.34}$$

시간이 충분히 지나면

$$C(\infty) = \frac{AK_p}{1 + K_{OL}} \tag{10.35}$$

식 (10.34)의 응답은 그림 10.13에 나타나 있다. 잔류편차는

$$(\text{offset}) = 0 - \frac{AK_p}{1 + K_{OL}} = -\frac{AK_p}{1 + K_{OL}} \tag{10.36}$$

위의 잔류편차는 최종치 정리를 이용하면 보다 쉽게 얻을 수 있다. 즉 최종치 정리로부터

$$C(\infty) = \lim_{s \to 0} sC(s) = \lim_{s \to 0} s \cdot \frac{A\left(\frac{K_p}{1 + K_{OL}}\right)}{s\left\{\left(\frac{\tau}{1 + K_{OL}}\right) s + 1\right\}} = \frac{AK_p}{1 + K_{OL}}$$

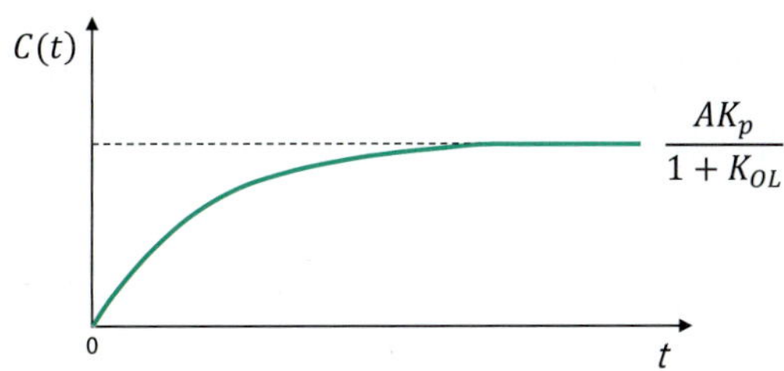

그림 10.13 비례제어구조의 외부교란 계단응답곡선.

비례 제어기는 액위제어에 효율적으로 이용될 수 있지만 시간지연이 비교적 큰 공정에 외부 교란변수의 변화가 도입되는 경우 비례제어기의 사용은 적절하지 않다.

보기 10.4

앞의 보기 10.2에서 설정값은 변화가 없고 외부교란변수 L이 크기 0.2 m^3/min인 계단변화를 보였을 때 $H(t)$와 잔류편차를 구하여라.

풀이

식 (10.34)로부터

$$H(t) = \frac{1}{1+K_c}\{1-e^{-(1+K_c)t/5}\} \tag{10.37}$$

이고 잔류편차는 식 (10.36)으로부터 $-\frac{1}{1+K_c}$이다. 따라서 앞에서와 마찬가지로 K_c를 증가시키면 잔류편차가 감소됨을 알 수 있다.

MATLab

Closed-loop 제어구조의 응답(1차공정, 비례제어기)

보기 10.2의 액위제어 구조에서 총괄 전달함수는 $\frac{C(s)}{R(s)} = \frac{K_c}{5s+1+K_c}$라고 하자. 이제 설정값 R에 단위 계단 변화가 도입되었을 경우 비례제어기의 이득 K_c가 각각 5, 20, 50일 때의 응답곡선을 구해 보자. 응답시간은 [0, 10]으로 한다. MATLAB 프로그램 및 출력은 다음과 같다.

```
% fstpcon.m
Kc1 = 5; Kc2 = 20; Kc3 = 50; num1 = Kc1; num2 = Kc2; num3 = Kc3;
den1 = [5 1+Kc1]; den2 = [5 1+Kc2]; den3 = [5 1+Kc3]; t = [0:0.01:5];
y1 = step(num1,den1,t); y2 = step(num2,den2,t); y3 = step(num3,den3,t);
plot(t,y1,':', t,y2,'--', t,y3), xlabel('t(sec)'), ylabel('y(t)')
legend('Kc = 5','Kc = 20','Kc = 50','location','best')
```

MATLAB 명령어들의 기능은 앞에서와 같으며 응답곡선은 그림 10.14에 보인 바와 같다. 그림에서 보아 알 수 있듯이 제어기 이득의 값이 커질수록 잔류편차는 줄어든다.

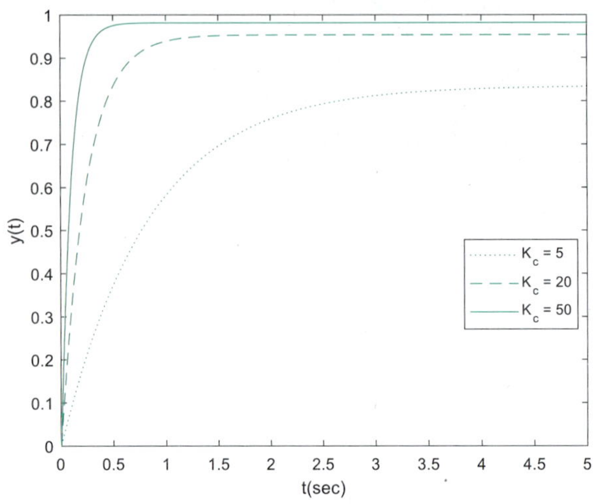

그림 10.14 1차공정 비례제어구조의 계단응답.

MATLab

Closed-loop 제어구조의 응답(1차공정, 비례제어기): Simulink의 이용

보기 10.2(그림 10.11 및 그림 10.12)에 나타낸 액위제어 구조에서 공정의 전달함수는 $Gp(s) = \frac{5}{5s+1}$, 제어밸브의 이득 $K_v = 0.01$, 센서/전환기의 이득 $K_m = 20$이다. Simulink를 이용하여 설정값 R에 단위계단 변화가 도입되었을 경우 비례제어기의 이득 K_c가 10일 때의 응답곡선을 구해 보자. 응답시간은 [0, 10]으로 한다.

Simulink 블록선도 및 Scope 출력은 각각 그림 10.15 및 10.16에 보인 바와 같다. Gain 및 전달함수의 파라미터 설정은 각 블록을 더블클릭하여 나타나는 편집창에서 적절한 값을 입력하여 수행한다.

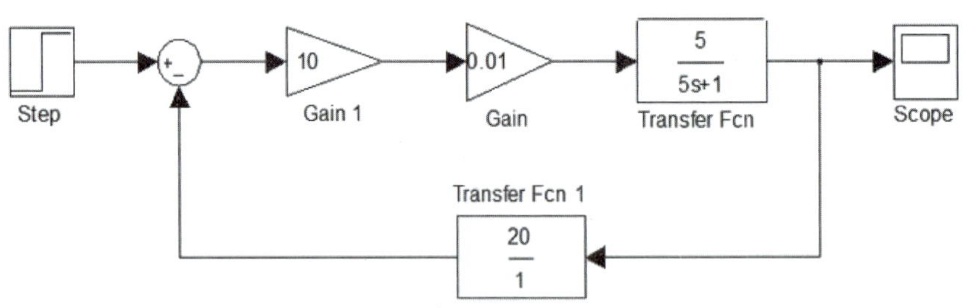

그림 10.15 1차공정 비례제어구조의 Simulink 블록선도.

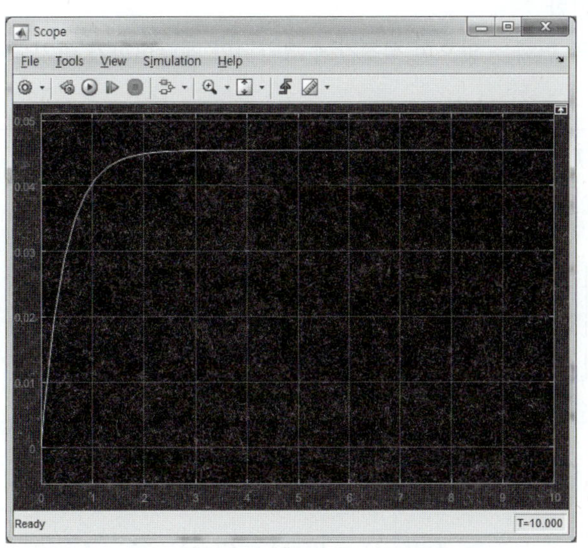

그림 10.16 Simulation Scope에 나타난 1차공정 비례제어구조의 계단응답.

10.3.3 비례적분(PI) 제어기의 경우

PI 제어기의 전달함수는 $G_c(s) = K_c\left(1 + \dfrac{1}{\tau_I s}\right)$와 같다. 센서/전환기와 제어밸브의 동특성을 무시하고 외부교란 변수의 영향은 공정과 같은 전달함수로 나타낼 수 있다고 가정하면 1차 공정의 경우 식 (10.17)로부터 다음 관계를 얻는다.

$$C(s) = \frac{K_p K_m K_v K_c\left(1 + \frac{1}{\tau_I s}\right)\frac{1}{\tau s + 1}}{1 + K_p K_m K_v K_c\left(1 + \frac{1}{\tau_I s}\right)\frac{1}{\tau s + 1}} R(s) + \frac{\frac{K_p}{\tau s + 1}}{1 + K_p K_m K_v K_c\left(1 + \frac{1}{\tau_I s}\right)\frac{1}{\tau s + 1}} L(s)$$

$$= \frac{K_{OL}(\tau_I s + 1)}{\tau_I \tau s^2 + \tau_I(1 + K_{OL})s + K_{OL}} R(s) + \frac{K_p \tau_I s}{\tau_I \tau s^2 + \tau_I(1 + K_{OL})s + K_{OL}} L(s)$$

$$= \frac{\tau_I s + 1}{\tau_1{}^2 s^2 + 2\tau_1\zeta_1 s + 1} R(s) + \frac{K_2 s}{\tau_1{}^2 s^2 + 2\tau_1\zeta_1 s + 1} L(s) \tag{10.38}$$

위에서

$$\tau_1 = \sqrt{\frac{\tau_I \tau}{K_{OL}}},\quad \zeta_1 = \frac{1 + K_{OL}}{2\sqrt{K_{OL}}}\sqrt{\frac{\tau_I}{\tau}},\quad K_2 = \frac{K_p \tau_I}{K_{OL}} \tag{10.39}$$

τ_I는 닫힌루프 공정의 시간상수와 감쇄 거동에 영향을 미는데 τ_I가 증가하는 경우에는 닫힌루프 공정의 응답은 느려진다. 한편 τ_I가 감소하게 되면 상승시간은 작아지고 오버슈트는 증가한다.

(1) 설정값의 변화

외부교란변수의 변화는 없으며 설정값에 크기 A인 계단변화가 야기되면 식 (10.38)로부터

$$C(s) = \frac{A(\tau_I s + 1)}{s(\tau_1{}^2 s^2 + 2\tau_1\zeta_1 s + 1)} = \frac{A\tau_I}{\tau_1{}^2 s^2 + 2\tau_1\zeta_1 s + 1} + \frac{A}{s(\tau_1{}^2 s^2 + 2\tau_1\zeta_1 s + 1)} \tag{10.40}$$

$0 < \zeta_1 < 1$인 경우 위의 식을 역 라플라스 변환시키면

$$C(t) = A\left[1 - e^{-\zeta_1 t/\tau_1}\left\{\left(\frac{\zeta_1}{\sqrt{1-\zeta_1{}^2}} - \frac{\tau_1}{\tau_1\sqrt{1-\zeta_1{}^2}}\right)\sin\frac{\sqrt{1-\zeta_1{}^2}}{\tau_1}t + \cos\frac{\sqrt{1-\zeta_1{}^2}}{\tau_1}t\right\}\right] \tag{10.41}$$

시간이 무한히 흐르면 $C(\infty) = A$이므로 잔류편차는

$$(\text{offset}) = R(\infty) - C(\infty) = A - A = 0$$

이 된다.

(2) 외부교란변수의 변화

설정값에는 변화가 없고 외부교란변수에 크기 A인 계단변화가 도입되었다면 식 (10.38)로부터 $R(s) = 0$이고 $L(s) = \dfrac{A}{s}$이므로

$$C(s) = \frac{K_2 A}{\tau_1{}^2 s^2 + 2\tau_1\zeta_1 s + 1} \tag{10.42}$$

이를 역 라플라스 변환시키면 $0 < \zeta_1 < 1$인 경우

$$C(t) = \frac{K_2 A}{\tau_1\sqrt{1-\zeta_1{}^2}} e^{-\zeta_1 t/\tau_1}\sin\frac{\sqrt{1-\zeta_1{}^2}}{\tau_1}t \tag{10.43}$$

시간이 무한히 흐르면 $C(\infty) = 0$이므로 잔류편차는

$$(\text{offset}) = R(\infty) - C(\infty) = 0 - 0 = 0$$

이다.

보기 10.5

그림 10.17에 보인 1차 공정의 닫힌루프 feedback 제어 시스템에서 설정값 R에 단위계단 변화가 도입되었을 때의 응답 $C(t)$를 구하여라. 그림에서 $G_m = G_v = 1$이고 제어기는 적분 제어기로서 $G_c(s) = \dfrac{K_c}{s}$이며 $G_p(s) = \dfrac{K}{\tau_p s + 1}$이다.

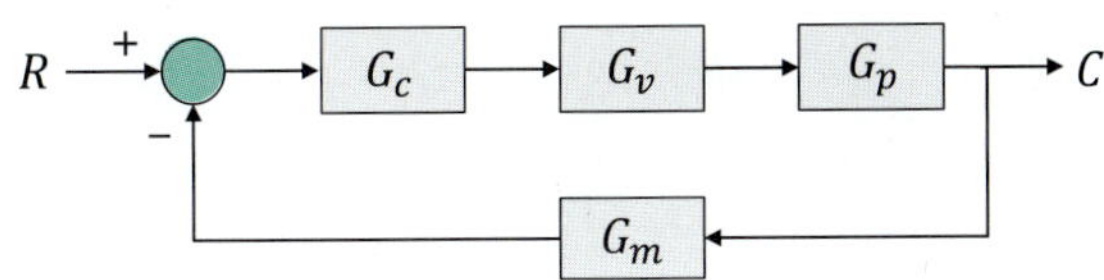

그림 10.17 **1차공정의 제어구조.**

풀이

총괄 전달함수는

$$\frac{C(s)}{R(s)} = \frac{G_c G_v G_p}{1 + G_c G_v G_p G_m} = \frac{\dfrac{KK_c}{s(\tau_p s + 1)}}{1 + \dfrac{KK_c}{s(\tau_p s + 1)}} = \frac{1}{\left(\dfrac{\tau_p}{KK_c}\right) s^2 + \left(\dfrac{1}{KK_c}\right) s + 1} = \frac{1}{\tau^2 s^2 + 2\tau\zeta s + 1}$$

위에서 $\tau = \sqrt{\dfrac{\tau_p}{KK_c}}$, $\zeta = \dfrac{1}{2\sqrt{KK_c \tau_p}}$이다. 따라서 $C(s) = \dfrac{1}{s(\tau^2 s^2 + 2\tau\zeta s + 1)}$이며, 응답 $C(t)$는 2차공정의 계단응답 형태로서 제6장에서 이미 다룬 바와 같다. 아울러 $\dfrac{\zeta}{\tau} = \sqrt{\dfrac{KK_c}{\tau_p}} \dfrac{1}{2\sqrt{KK_c \tau_p}} = \dfrac{1}{2\tau_p}$임을 알 수 있다.

i) $0 \le \zeta < 1$인 경우: $0 \le \dfrac{1}{2\sqrt{KK_c \tau_p}} < 1$ 이므로 $\dfrac{1}{4} < KK_c \tau_p$이다. 따라서 $C(t)$는

$$\begin{aligned} C(t) &= 1 - e^{-\zeta t/\tau}\left(\cos\frac{\sqrt{1-\zeta^2}}{\tau} t + \frac{\zeta}{\sqrt{1-\zeta^2}} \sin\frac{\sqrt{1-\zeta^2}}{\tau} t\right) \\ &= 1 - e^{-t/(2\tau_p)}\left(\cos\frac{\sqrt{4KK_c{\tau_p}^{-1}}}{2\tau_p} t + \frac{1}{\sqrt{4KK_c{\tau_p}^{-1}}} \sin\frac{\sqrt{4KK_c{\tau_p}^{-1}}}{2\tau_p} t\right) \\ &= 1 - e^{-t/(2\tau_p)}\left(\cos\omega t + \frac{1}{2\omega\tau_p} \sin\omega t\right) \end{aligned}$$

위에서 $\omega = \dfrac{\sqrt{4KK_c \tau_p - 1}}{2\tau_p}$이다. $\tau_p = 1$인 경우에 대한 응답이 그림 10.18에 나타나 있다.

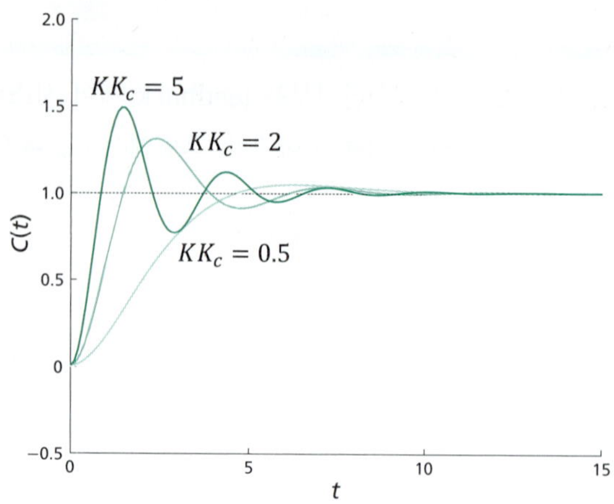

그림 10.18 **1차공정의 적분제어 응답**$(0 \le \zeta < 1)$.

ii) $\zeta = 1$인 경우: $\dfrac{\zeta}{\tau} = \dfrac{1}{2\tau_p}$로부터 $\tau = 2\tau_p$이므로

$$C(t) = 1 - \left(1 + \frac{t}{\tau}\right)e^{-\frac{t}{\tau}} = 1 - \left(1 + \frac{t}{2\tau_p}\right)e^{-t/(2\tau_p)}$$

$\zeta = 1$인 경우에 대한 응답은 그림 10.19에 나타낸 바와 같다.

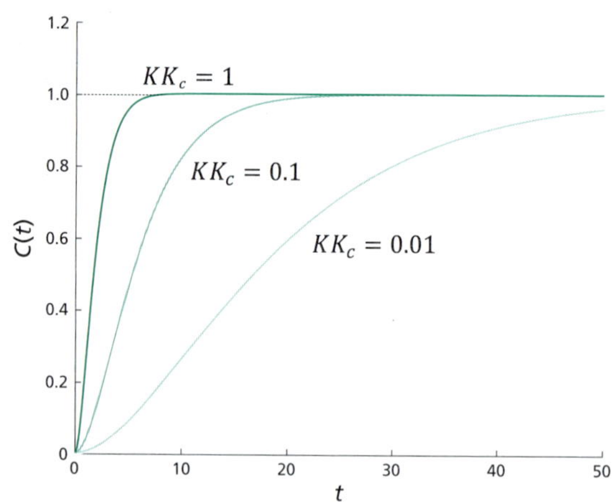

그림 10.19 **1차공정의 적분제어 응답**$(\zeta = 1)$.

iii) $\zeta > 1$인 경우: $\dfrac{1}{2\sqrt{KK_c\tau_p}} > 1$이므로 $KK_c\tau_p < \dfrac{1}{4}$이다. 따라서 $C(t)$는

$$C(t) = 1 - \frac{1}{2}e^{-\zeta t/\tau}\left\{\left(1 + \frac{\zeta}{\sqrt{\zeta^2 - 1}}\right)e^{\frac{\sqrt{\zeta^2-1}}{\tau}t} + \left(1 - \frac{\zeta}{\sqrt{\zeta^2 - 1}}\right)e^{-\frac{\sqrt{\zeta^2-1}}{\tau}t}\right\}$$

$$= 1 - \frac{1}{2}e^{-\zeta t/\tau}\left\{\left(1 + \frac{1}{\sqrt{1 - 4KK_c\tau_p}}\right)e^{\frac{\sqrt{1-4KK_c\tau_p}}{2\tau_p}t} + \left(1 - \frac{1}{\sqrt{1 - 4KK_c\tau_p}}\right)e^{-\frac{\sqrt{1-4KK_c\tau_p}}{2\tau_p}t}\right\}$$

보기 10.6

앞의 보기 10.2의 액위제어 구조에서 PI 제어기를 사용하는 경우 응답 $C(t)$를 구하여라. PI-제어기에서 $\tau_I = 0.2$ min, $K_c = 1$이다.

풀이

보기와 주어진 값들로부터 $K_{OL} = 1$, $\tau = 5$ min이므로 식 (10.39)로부터 $\tau_1 = \dfrac{1}{\sqrt{K_c}} = 1$, $\zeta_1 = \dfrac{1+K_c}{2\sqrt{K_c}}\sqrt{\dfrac{0.2}{5}} = 0.2$, $K_2 = \dfrac{(5)(0.2)}{K_c} = 1$이다. 설정값에서의 단위계단변화를 고려하면 $A = 1$이므로 식 (10.41)로부터

$$C(t) = 1 - e^{-0.2t}\left\{\left(\frac{0.2}{\sqrt{1-0.04}} - \frac{1}{\sqrt{1-0.04}}\right)\sin\sqrt{1-0.04}t + \cos\sqrt{1-0.04}t\right\}$$

$$= 1 - e^{-0.2t}(\cos 0.98t - 0.812\sin 0.98t)$$

보기 10.7

그림 10.20에 보인 제어 구조에서 제어기 G_c는 PID 제어기로서 $\tau_D = \tau_I = 1$, $K_c = 2$이다. 외부교란 변수 L에 단위계단 변화가 도입되었을 때의 잔류편차를 구하여라.

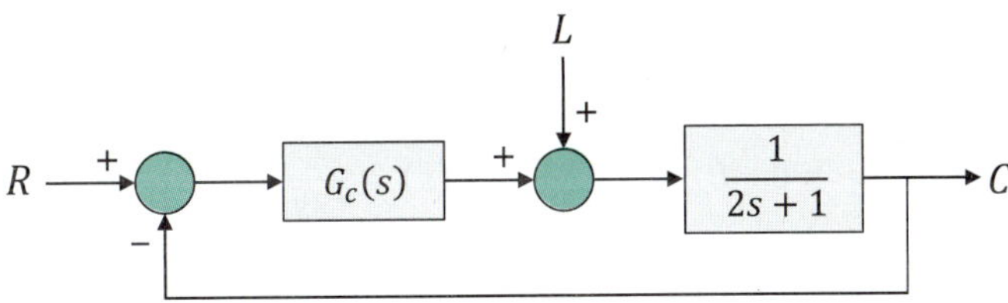

그림 10.20 1차공정의 PID 제어구조.

풀이

$$(\text{offset}) = R(\infty) - C(\infty) = -C(\infty) = -\lim_{s\to 0} sC(s)$$

$$\frac{C(s)}{L(s)} = \frac{\frac{1}{2s+1}}{1+\frac{G_c(s)}{2s+1}} = \frac{1}{2s+1+2\left(1+s+\frac{1}{s}\right)} = \frac{s}{4s^2+3s+2}$$

$L(s) = \dfrac{1}{s}$이므로 $\displaystyle\lim_{s\to 0} sC(s) = \lim_{s\to 0}\frac{s}{4s^2+3s+2} = 0$. 따라서 잔류편차 = 0이다.

보기 10.8

그림 10.21은 두 개의 교란변수가 도입되고 있는 feedback 제어구조를 보인 것이다. 다음 각각의 경우에 대하여 잔류편차를 구하여라.

(1) L_2에는 변화가 없으며 L_1에 단위계단 변화가 야기

(2) L_1에는 변화가 없으며 L_2에 단위계단 변화가 야기

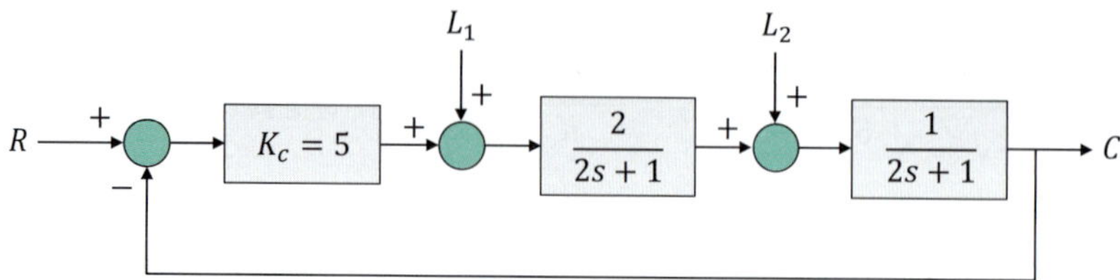

그림 10.21 두 교란변수가 도입되는 1차공정의 제어.

풀이

$$C(s) = \frac{1}{1 + \dfrac{10}{(2s+1)^2}} \left\{ \frac{10}{(2s+1)^2} R + \frac{2}{(2s+1)^2} L_1 + \frac{1}{2s+1} L_2 \right\}$$

(1) $R = 0,\ \ L_2 = 0,\ \ L_1 = \dfrac{1}{s} \quad \rightarrow \quad C(s) = \dfrac{2}{(2s+1)^2 + 10} \dfrac{1}{s}.$

$$\therefore\ (\text{offset}) = 0 - C(\infty) = -\lim_{s \to 0} sC(s) = -\frac{2}{11}.$$

(2) $R = 0,\ \ L_1 = 0,\ \ L_2 = \dfrac{1}{s} \quad \rightarrow \quad C(s) = \dfrac{2s+1}{(2s+1)^2 + 10} \dfrac{1}{s}.$

$$\therefore\ (\text{offset}) = 0 - C(\infty) = -\lim_{s \to 0} sC(s) = -\frac{1}{11}.$$

MATLab

Closed-loop 제어구조의 응답(1차공정, 비례적분제어기)

전달함수가 $G_p(s) = \dfrac{0.8}{5s+1}$인 공정을 PI 제어기 $G_c(s) = K_c\left(1 + \dfrac{1}{\tau_I s}\right)$를 이용하여 제어하고 있다($K_c = 1,\ \tau_I = 10$). 설정값에 단위계단 변화가 도입되었을 때의 응답곡선을 구해 보자.

```
>> Kc = 1; taui = 10; Gc = tf(Kc*[taui 1], [taui 0]); Gp = tf(0.8, [5 1]);
>> Gcl = feedback(Gc*Gp, 1); step(Gcl), grid
```

응답곡선은 그림 10.22에 보인 바와 같다.

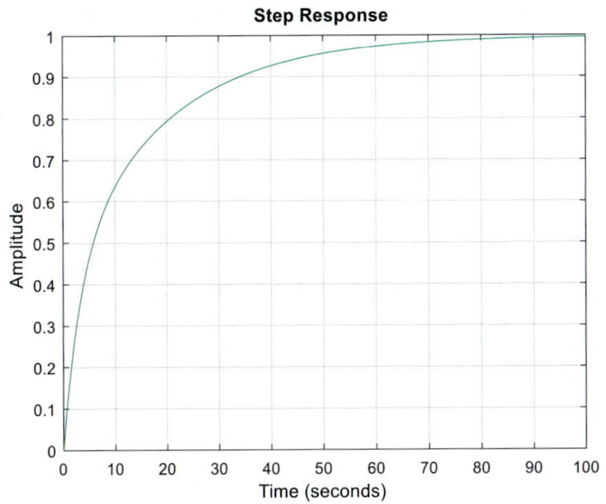

그림 10.22 PI 제어기를 이용한 1차공정의 제어응답.

MATLab

Closed-loop 제어구조의 응답(1차공정, 비례적분제어기): Simulink의 이용

PI 제어기를 이용하는 액위제어 구조에서 유입유량에 크기 1인 단위계단 변화가 도입되었을 때 다양한 제어기의 이득 K_c에 따른 응답을 구해 보자. 공정의 전달함수는 $G_p(s) = \dfrac{2}{4.8s+1}$, 밸브의 이득은 0.08이며, 적분시간 $\tau_I = 2$이고, PI 제어기의 이득은 $K_c = 3, 10, 20, 60$과 같이 변한다.

먼저 Simulink 블록선도에 PID 제어기를 도입한다. 이를 위하여 Simulink Library Browser에서 Simulink → Continuous 부메뉴로부터 PID 블록을 취한다. 아울러 그림 10.23에 보인 바와 같이 블록선도를 구성한다.

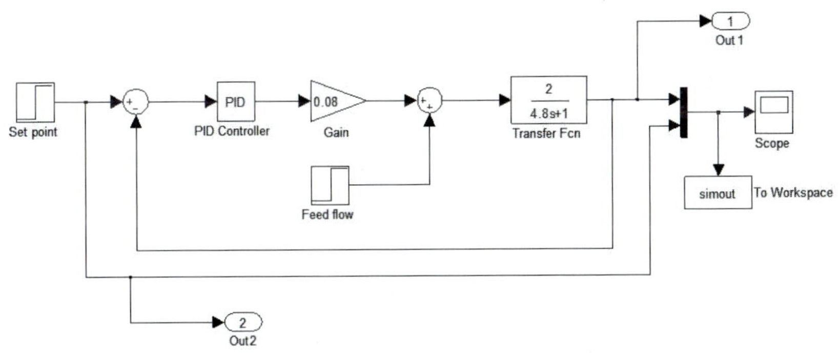

그림 10.23 PI 제어구조의 Simulink 블록선도(loadstep1st.mdl).

PID 블록을 더블클릭하여 그림 10.24에 보인 바와 같이 비례, 미분 및 적분시간 파라미터를 설정하고 필터 계수 N은 0으로 둔다. 여기에서는 PI 제어기이므로 미분시간을 0으로 둔다. Set point에는 변함이 없고 유입유량(즉 외부교란)에만 크기 1의 계단변화가 도입되었으므로 Simulink 블록선도에서 Set point 블록을 더블클릭하여 Final value를 0으로, Feed flow 블록을 더블클릭하여 Step time을 0으로, Final value를 1로 설정한다.

그림 10.24 PID 제어기 파라미터의 설정.

구성된 Simulink 블록선도에서 Set point 블록을 클릭하고 최종값을 0으로 둔다. 구성된 Simulink 블록은 다음과 같이 별도로 작성된 m-파일 simcloop.m에서 호출하여 다양한 제어기 이득에 따른 응답을 구한다.

```
% simcloop.m
clear all;
h = {'-', ':', '*', '.'}; tau = 2; gn = [3 10 20 60];
for i = 1:4
    Kc = gn(1,i); [t,x,y] = sim('loadstep1st',50); plot(t,y(:,1),h{i}), hold on
end
grid, hold off, legend('K_c = 3','K_c = 10', 'K_c = 20', 'K_c = 60')
xlabel('Time(min)'), ylabel('Output, y(t)')
```

명령 창에서 스크립트 simcloop를 실행하면 그림 10.25에 보인 바와 같이 적분시간이 $\tau_I = 2$일 때 PI 제어기의 이득 $K_c = 3$, 10, 20, 60에 따른 응답이 얻어진다.

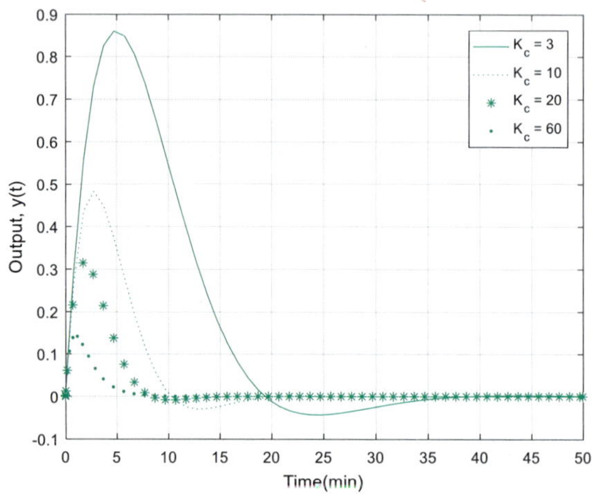

그림 10.25 PI 제어구조의 교란변수 변화에 따른 응답.

MATLab

Closed-loop 제어구조의 응답(1차공정, PID 제어기): 미분시간 τ_D의 영향

PID 제어기($K_c = 2.6$, $\tau_I = 5$)를 이용하는 어떤 1차공정의 닫힌루프 전달함수는 다음과 같이 주어진다:

$$\frac{Y(s)}{L(s)} = G_{OL}(s) = \frac{1.3s}{(6 + 4.5\tau_D)s^2 + 6.4s + 1}$$

교란변수 $L(s)$에 단위계단 변화가 도입되었다고 하자. 미분시간 τ_D가 1, 10, 25, 40으로 변할 때 응답을 구해 보자. 응답시간은 [0, 300]으로 한다. 계산을 수행하는 스크립트 파일(파일명: tauD.m)은 다음과 같다. 이 스크립트에서는 임의의 입력에 대한 시스템의 응답을 계산해 주는 lsim 명령어를 이용하고 있다.

```
% tauD.m: 미분시간의 영향
tD = [1 10 25 40]; n = length(tD); t = [0:0.1:300]; num = [1.3 0];
u = 1+0*t; % 단위계단 입력
gtype = {'-','--',':','.-'}; % 곡선 모양
for k = 1:n
        den = [6+4.5*tD(k) 6.4 1]; G = tf(num,den); y = lsim(G,u,t);
plot(t,y,gtype{k}), hold on
end
y0 = 0*t; plot(t,y0); hold off; legend('\tau_D=1','\tau_D=10','\tau_D=25','\
tau_D=40')
xlabel('time(s)'), ylabel('y(t)')
```

스크립트 tauD의 수행으로부터 그림 10.26에 보인 바와 같은 그래프가 얻어진다. 미분시간 τ_D가 커질수록 안정시간(정상상태 도달시간)이 증가하고 응답 속도가 느려짐을 알 수 있다.

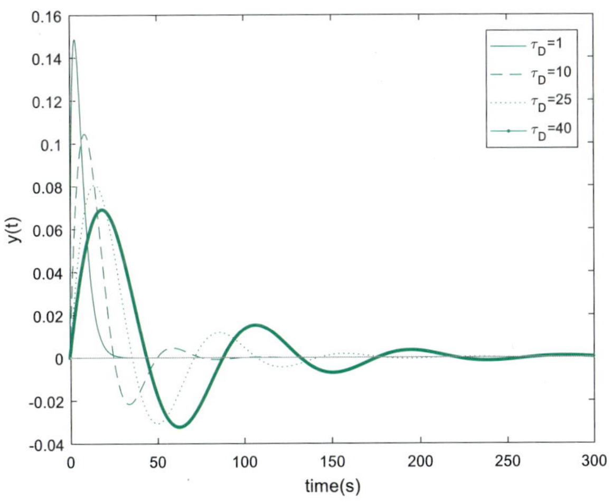

그림 10.26 PID 제어구조의 미분시간 변화에 따른 응답.

MATLab

Closed-loop 제어구조의 응답(1차공정, PID제어기): 적분시간 τ_I의 영향

PID 제어기($K_c = 2.6$, $\tau_D = 10$)를 이용하는 어떤 1차공정의 닫힌루프 전달함수는 다음과 같이 주어진다:

$$\frac{Y(s)}{L(s)} = G_{OL}(s) = \frac{\tau_I s/2.6}{11.5s^2 + 1.4\tau_I s + 1}$$

교란변수 $L(s)$에 단위계단 변화가 도입되었다고 하자. 적분시간 τ_I가 1, 5, 20, 40으로 변할 때 응답을 구하여 보자. 응답시간은 [0, 200]으로 한다. 계산을 수행하는 스크립트 파일(파일명: tauI.m)은 다음과 같다.

```
% tauI.m: 적분시간의 영향
tI = [1 5 20 40]; n = length(tI); t = [0:0.1:200]; u = 1+0*t;
gtype = {'-','--',':','.-'}; % 곡선 모양
for k = 1:n
        num = [tI(k)/2.6 0]; den = [11.5 1.4*tI(k) 1]; G = tf(num,den); y =
        lsim(G,u,t);
        plot(t,y,gtype{k}), hold on
end
y0 = 0*t; plot(t,y0); hold off; legend('\tau_I=1','\tau_I=5','\tau_I=20','\
tau_I=40')
xlabel('time(s)'), ylabel('y(t)')
```

스크립트 tauI의 수행으로부터 그림 10.27과 같은 그래프가 얻어진다. 적분시간 τ_I가 커질수록 진동현상은 점차 없어지지만 안정시간(정상상태 도달시간)이 증가하고 응답 속도가 느려짐을 알 수 있다.

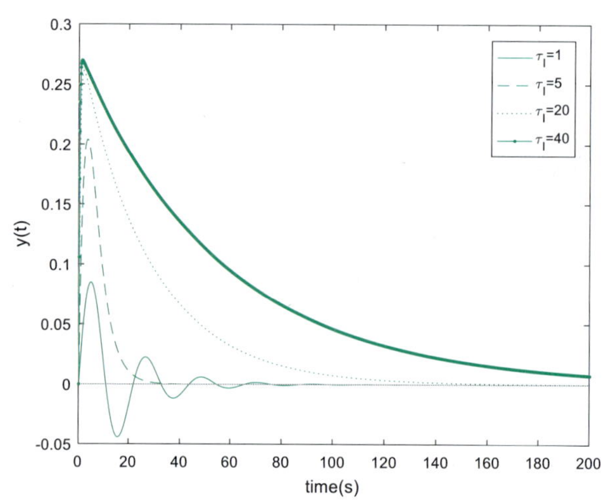

그림 10.27 PID 제어구조의 적분시간 변화에 따른 응답.

10.4 2차 공정의 닫힌루프 응답특성

2차공정의 닫힌루프 응답특성은 1차공정의 경우와 유사하며 공정의 전달함수만을 2차공정의 전달함수로 대체하여 살펴보면 된다. 2차공정의 전달함수가

$$G(s) = \frac{K_p}{\tau^2 s^2 + 2\tau\zeta s + 1}$$

로 주어졌다고 하자. 앞에서와 마찬가지로 그림 10.8의 제어구조에서 각 블록의 전달함수를 다음과 같이 가정한다.

$$G_R(s) = G_m(s) = K_m, \quad G_T(s) = 1, \quad G_v(s) = K_v, \quad G_L(s) = G_p(s)$$

즉 제어밸브의 동특성은 무시하며 외부교란변수의 영향은 2차공정과 같은 것으로 간주하기로 한다. 이를 이용하면 식 (10.17)은 다음과 같이 쓸 수 있다.

$$C(s) = \frac{\dfrac{K_p K_m K_v G_c(s)}{\tau^2 s^2 + 2\tau\zeta s + 1}}{1 + \dfrac{K_p K_m K_v G_c(s)}{\tau^2 s^2 + 2\tau\zeta s + 1}} R(s) + \frac{\dfrac{K_p}{\tau^2 s^2 + 2\tau\zeta s + 1}}{1 + \dfrac{K_p K_m K_v G_c(s)}{\tau^2 s^2 + 2\tau\zeta s + 1}} L(s) \tag{10.44}$$

제어기로서 P 및 PI 제어기를 사용하는 경우 설정값에 변화가 도입되었을 때의 응답특성을 알아보기로 한다(즉 $L = 0$). 외부교란변수에 변화가 도입되었을 때에도 유사한 과정으로 응답 특성을 알아볼 수 있다.

10.4.1 비례 제어기의 경우

제어기로서 비례 제어기를 사용하는 경우에는 $G_c(s) = K_c$이므로 식 (10.44)으로부터

$$C(s) = \frac{\dfrac{K_p K_m K_v K_c}{\tau^2 s^2 + 2\tau\zeta s + 1}}{1 + \dfrac{K_p K_m K_v K_c}{\tau^2 s^2 + 2\tau\zeta s + 1}} R(s) = \frac{K_{OL}}{\tau^2 s^2 + 2\tau\zeta s + (1 + K_{OL})} R(s)$$

설정값에 크기 A인 계단변화가 도입되었다면 $R(s) = \dfrac{A}{s}$ 이므로

$$C(s) = \frac{AK_{OL}}{s\{\tau^2 s^2 + 2\tau\zeta s + (1 + K_{OL})\}} \tag{10.45}$$

시간이 충분히 지난 뒤에는 라플라스 변환의 최종치 정리로부터

$$C(\infty) = \lim_{s \to 0} sC(s) = \frac{AK_{OL}}{1 + K_{OL}}$$

이는 1차공정에서와 동일하다. 잔류편차는

$$(\text{잔류편차}) = A - \frac{AK_{OL}}{1 + K_{OL}} = \frac{A}{1 + K_{OL}}$$

와 같다.

10.4.2 비례적분(PI) 제어기의 경우

PI 제어기의 전달함수는 $G_c = K_c\left(1+\dfrac{1}{\tau_I s}\right)$ 이므로

$$C(s) = \frac{\dfrac{K_pK_mK_vK_c}{\tau^2s^2+2\tau\zeta s+1}\left(1+\dfrac{1}{\tau_I s}\right)}{1+\dfrac{K_pK_mK_vK_c}{\tau^2s^2+2\tau\zeta s+1}\left(1+\dfrac{1}{\tau_I s}\right)}R(s) = \frac{K_{OL}(\tau_I s+1)}{\tau_I\tau^2s^3+2\tau_I\tau\zeta s^2+\tau_I(1+K_{OL})s+K_{OL}}R(s) \tag{10.46}$$

설정값에 크기 A인 계단변화가 도입되었다면 $R(s)=\dfrac{A}{s}$ 이므로

$$C(s) = \frac{AK_{OL}(\tau_I s+1)}{s\{\tau_I\tau^2s^3+2\tau_I\tau\zeta s^2+\tau_I(1+K_{OL})s+K_{OL}\}} \tag{10.47}$$

시간이 충분히 지난 뒤에는

$$C(\infty) = \lim_{s\to 0} sC(s) = \frac{AK_{OL}}{K_{OL}} = A$$

따라서 잔류편차는

$$(\text{잔류편차}) = A - A = 0$$

와 같다. 즉 1차공정에서와 마찬가지로 PI 제어기를 사용하면 잔류편차가 제거된다.

MATLab

Closed-loop 제어구조의 응답(2차공정, 비례제어기)

전달함수가 $G(s) = \dfrac{0.5}{s(0.5s+1)}$인 2차 공정을 비례 제어기를 사용하여 제어하고자 한다. 설정값에 단위계단 변화가 도입되었을 경우 비례제어기의 이득 K_c가 각각 0.5, 1, 2일 때의 응답곡선을 구해 보자. $K_v = K_m = 1$이며 응답시간은 [0, 10]으로 한다. 계산을 수행하는 스크립트 파일(파일명: secpro.m)은 다음과 같이 작성할 수 있다.

```
% secpro.m : 비례제어기를 이용한 2차공정의 제어(Kc=0.5, 1, 2)
Kc = [0.5 1 2]; t = [0:0.1:10]; lineshape = {'--',':','.-'};
for k = 1:length(Kc)
    num = 0.5*Kc(k); den = [0.5 1 0.5*Kc(k)];
    y = step(num, den, t); plot(t,y,lineshape{k}); grid; % ´단위계단응답
    hold on
end
hold off, title('비례제어기를 이용한 2차공정의 제어');
xlabel('t(sec)'); ylabel('C(t)'); legend('K_c=0.5','K_c=1','K_c=2')
```

응답곡선은 그림 10.28에 보인 바와 같다. 그림에서 보아 알 수 있듯이 제어기 이득의 값이 커지면 잔류편차는 사라지지만 오버슈트가 나타나기 시작함을 알 수 있다. 이는 곧 K_c가 어느 수준 이상으로 커지는 경우 닫힌회로 전달함수의 제동비 ζ가 1보다 작아짐을 의미한다.

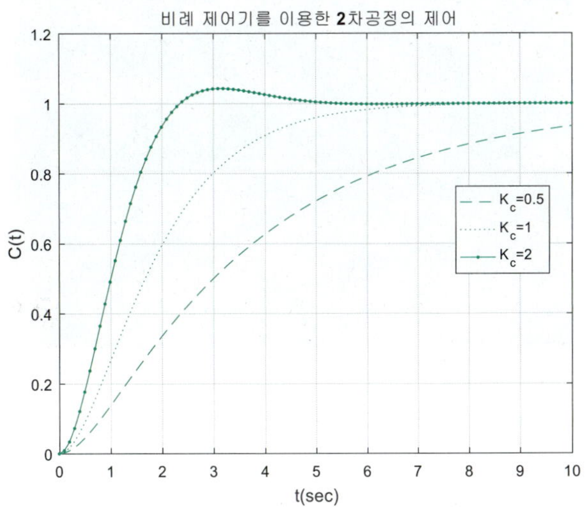

그림 10.28 2차공정 비례제어구조의 계단응답.

MATLab

Closed-loop 제어구조의 응답(2차공정, 비례적분제어기): Simulink의 이용

PI 제어기를 이용하는 어떤 제어구조에서 공정의 전달함수는 $G_p(s) = \dfrac{5}{(s+1)(2s+1)}$, 제어밸브의 이득 $K_v = 0.01$, 센서/전환기의 이득 $K_m = 20$이다. Simulink를 이용하여 설정값 R에 단위계단 변화가 도입되었을 경우 응답곡선을 구해 보자. PI 제어기의 전달함수는 $G_c(s) = 2\left(1 + \dfrac{1}{5s}\right)$이며 응답시간은 [0, 30]으로 한다. Simulink 블록선도 및 Scope 출력은 각각 그림 10.29 및 10.30에 보인 바와 같다.

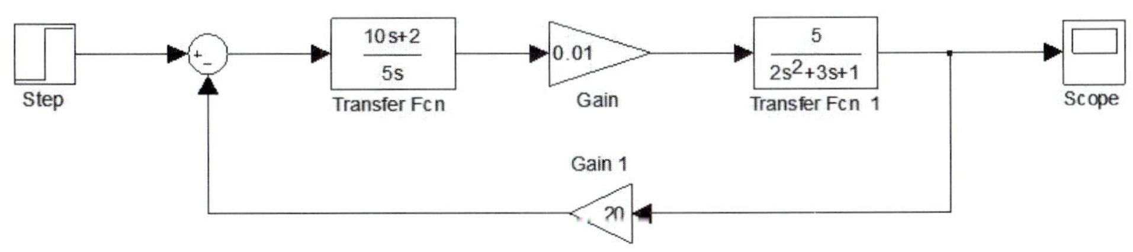

그림 10.29 2차공정 PI 제어구조의 Simulink 블록선도.

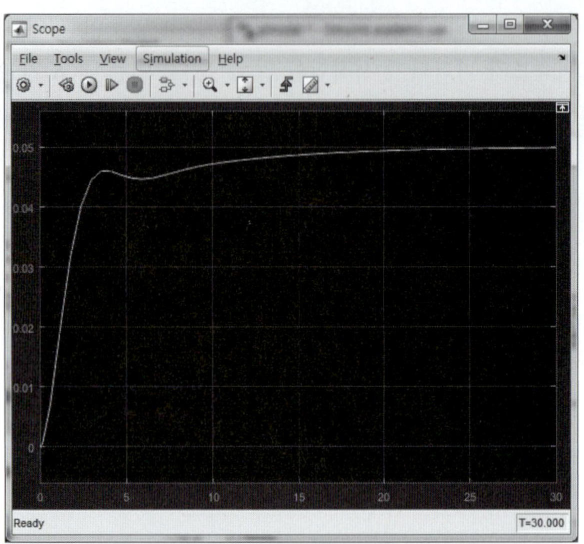

그림 10.30 Simulation Scope에 나타난 2차공정 PI 제어구조의 계단응답.

10.5 요약

- 닫힌 루프 전달함수: $C(s) = \dfrac{G_R G_c G_v G_T G_p}{1 + G_c G_v G_T G_p G_m} R(s) + \dfrac{G_L}{1 + G_c G_v G_T G_p G_m} L(s)$
- 설정값만 변화: $\dfrac{C(s)}{R(s)} = \dfrac{G_R(s) G_c(s) G_v(s) G_T(s) G_p(s)}{1 + G_{OL}(s)}, G_{OL}(s) = G_c(s) G_v(s) G_T(s) G_p(s) G_m(s)$
- 외부교란변수만 변화: $\dfrac{C(s)}{L(s)} = \dfrac{G_L(s)}{1 + G_{OL}(s)}$
- 잔류편차: $(\text{offset}) = E(\infty) = R(\infty) - C(\infty)$
- 비례제어기를 사용하는 경우 잔류편차가 존재
- 잔류편차가 0이 되도록 하려면 제어기의 이득 K_c를 무한히 크게 설정: 물리적으로 불가능
- 비례 제어기는 액위제어에 효율적이지만 시간지연이 비교적 큰 공정에 외부교란변수의 변화가 도입되는 경우에는 부적절
- 1차공정, 2차공정에서 PI 제어기를 사용하면 잔류편차가 소멸

점/검/문/제

10.1 1차공정의 제어에서 비례제어기를 사용하는 경우 잔류편차(offset)는 피할 수 없다. 잔류편차가 이론적으로 0이 되도록 하는 방법은 어느 것인가?

① 제어기의 이득(gain) K_c를 무한히 크게 정해준다.

② 제어기의 이득(gain) K_c를 무한히 작게 정해준다.

③ 공정의 이득(gain) K_p를 무한히 크게 정해준다.

④ 공정의 이득(gain) K_p를 무한히 크게 정해준다.

10.2 비례제어기가 이용되는 어떤 1차공정의 제어에서 설정값(set point)의 변화는 없고 외부교란변수에만 계단변화가 도입되었을 때 그림에 보인 바와 같은 응답을 얻었다.

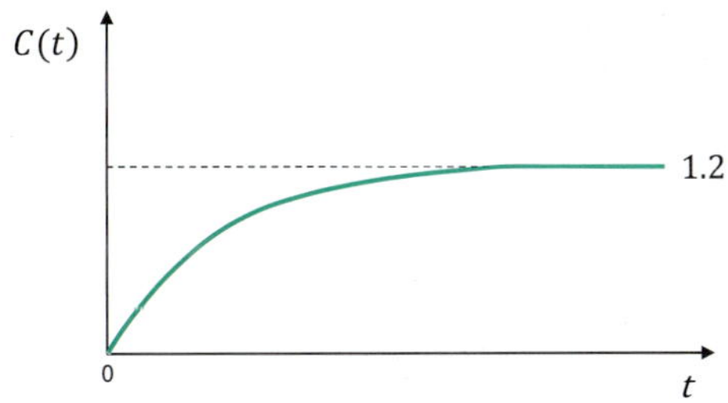

그림 10.31 1차공정의 외부교란 계단응답.

잔류편차(offset)는 얼마인가?

① 0.2 ② −0.2 ③ 1.2 ④ −1.2

10.3 그림에 보인 feedback 제어구조에서 $G_c = K_c = 1.6$, $G_p = \dfrac{5}{(s+1)(2s+1)}$, $G_m = 1$이다. 설정값 R에 크기 0.1인 계단변화가 도입되었다.

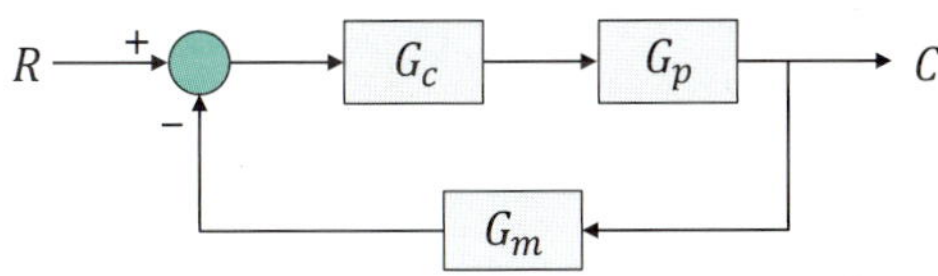

그림 10.32 Feedback 제어구조.

잔류편차(offset)를 구하면 다음 중 어느 것인가?

① $\dfrac{1}{30}$ ② $\dfrac{1}{60}$ ③ $\dfrac{1}{90}$ ④ $\dfrac{1}{120}$

10.4 1차공정의 제어에서 비례-적분(PI) 제어기가 사용되고 있다. 닫힌루프 제어구조에서 공정을 제외한 센서, 밸브 등의 동특성은 무시할 수 있다고 가정한다. 정상상태에서의 잔류편차(offset)에 대하여 바르게 언급한 것은?

① 정상상태에서 잔류편차는 무한히 증가한다.

② 정상상태에서 잔류편차는 없어진다.

③ 정상상태에서 잔류편차는 무한히 감소한다.

④ 정상상태에서 잔류편차는 어느 일정한 음의 값에 수렴한다.

10.5 다음 그림에 나타낸 닫힌루프 제어계에서 $G_c(s) = K_c\left(1 + \tau_D s + \frac{1}{\tau_I s}\right)$이며 $\tau_D = \tau_I = 1$이다.

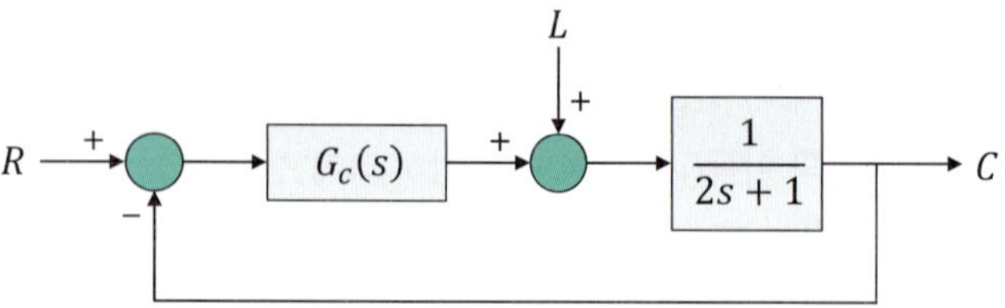

그림 10.33 Feedback 제어구조.

K_c가 무한히 증가한다면 제동비 ζ는 얼마인가?

① 1 ② $\frac{1}{2}$ ③ $\frac{1}{3}$ ④ $\frac{1}{4}$

10.6 비례제어기가 이용되는 어떤 2차공정의 제어에서 설정값(set point)에 양의 계단변화가 도입되었다. 닫힌루프 제어구조에서 공정을 제외한 센서, 밸브 등의 동특성은 무시할 수 있다고 가정한다. 정상상태에서의 잔류편차(offset)에 대해 바르게 설명한 것은?

① 정상상태에서 잔류편차는 무한히 증가한다.

② 정상상태에서 잔류편차는 없어진다.

③ 정상상태에서 잔류편차는 어느 일정한 양의 값에 수렴한다.

④ 정상상태에서 잔류편차는 어느 일정한 음의 값에 수렴한다.

10.7 다음은 PD 제어기를 이용하는 feedback 제어구조를 보인 것이다.

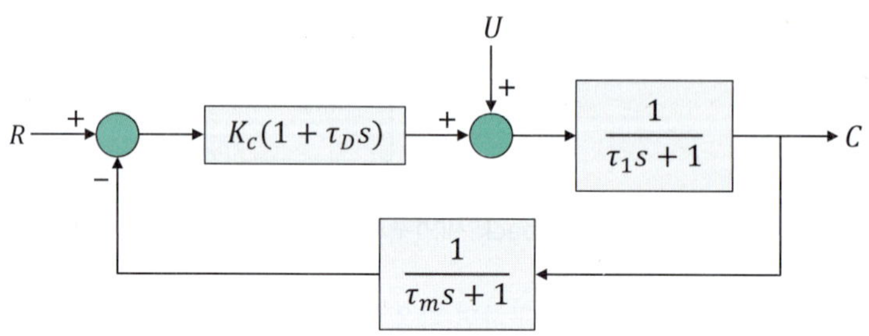

그림 10.34 Feedback 제어구조.

$\tau_1 = 1$ min, $\tau_D = 0$이고 $\tau_m = 10$ sec이면 설정값 R이나 외부교란변수 U의 변화에 따른 응답특성을 나타내는 전달함수에서 $\zeta = 0.7$일 때 K_c는 얼마인가?

① 1.17 ② 2.17 ③ 3.17 ④ 4.17

점검 문제 해답

10.1 ① **풀이** 공정의 이득 K_p는 사용자가 조절할 수 없다.

10.2 ④ **풀이** (offset) $= R(\infty) - C(\infty) = 0 - 1.2 = -1.2$

10.3 ③ **풀이** (offset) $= R(\infty) - C(\infty) = 0.1 - \dfrac{8}{90} = \dfrac{1}{90}$.

10.4 ②

10.5 ② **풀이** $\dfrac{C}{R} = \dfrac{G_c/(2s+1)}{1 + G_c/(2s+1)} = \dfrac{s^2 + s + 1}{\left(\dfrac{2+K_c}{K_c}\right)s^2 + \left(\dfrac{1+K_c}{K_c}\right)s + 1}$.

$\zeta = \dfrac{1}{2}\sqrt{\dfrac{(1+K_c)^2}{{K_c}^2 + 2K_c}} = \dfrac{1}{2}\sqrt{1 + \dfrac{1}{{K_c}^2 + 2K_c}}$. 명백히 K_c가 증가하면 ζ는 감소.

그러므로 $K_c \to \infty$이면 $\zeta = \dfrac{1}{2}$.

10.6 ③

10.7 ③ **풀이** $R = 0$인 경우

$$\frac{C}{U} = \frac{\dfrac{1}{\tau_1 s + 1}}{1 + K_c(1 + \tau_D s)\cdot\dfrac{1}{\tau_1 s + 1}\cdot\dfrac{1}{\tau_m s + 1}} = \frac{\tau_m s + 1}{\tau_1\tau_m s^2 + (\tau_1 + \tau_m + K_c\tau_D)s + (1 + K_c)}$$

$\tau^2 = \dfrac{\tau_1\tau_m}{1+K_c}$으로 놓으면 $2\tau\zeta = \dfrac{\tau_1 + \tau_m + K_c\tau_D}{1 + K_c}$. $\therefore\ \tau = \sqrt{\dfrac{\tau_1\tau_m}{1+K_c}}$.

그리고 $\zeta = \dfrac{\tau_1 + \tau_m + K_c\tau_D}{2\sqrt{\tau_1\tau_m(1+K_c)}}$. $\tau_1 = 1\text{ min} = 60\text{ sec}$, $\tau_m = 10\text{ sec}$. $\zeta = 0.7$이므로

$\tau_D = 0$인 경우에는 $0.7 = \dfrac{60 + 10}{2 \times \sqrt{60 \times 10 \times (1 + K_c)}}$. $\therefore\ K_c = 3.17$

연/습/문/제

10.1 다음 각각의 경우에 대하여 R에 단위계단 변화가 도입되었을 때의 응답 $C(t)$를 구하여라.

(1) $G_c(s) = 1 + \frac{1}{s}$, $G_p(s) = 1$

(2) $G_c(s) = K_c$, $G_p(s) = \frac{1}{s+1}$

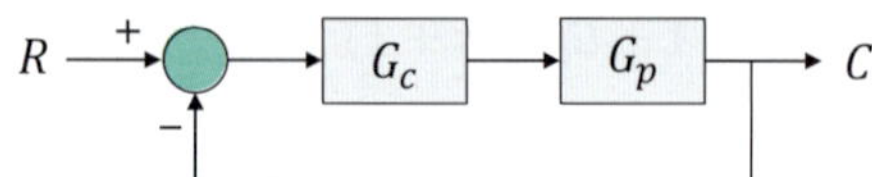

그림 P10.1

10.2 다음 그림은 어떤 feedback 제어구조를 보인 것이다.

(1) 전달함수 $G_L(s) = \frac{C(s)}{L(s)}$를 구하여라.

(2) 외부교란변수 L에 크기가 −2인 계단변화가 도입되었을 때 잔류편차가 0.4 이하가 되기 위한 제어기의 이득 K_c의 범위를 구하여라. 그림에서 $G_1 = \frac{1}{s+1}$, $G_2 = \frac{1}{4s+1}$, $G_3 = \frac{1}{5s+1}$, $K_m = 1$이다.

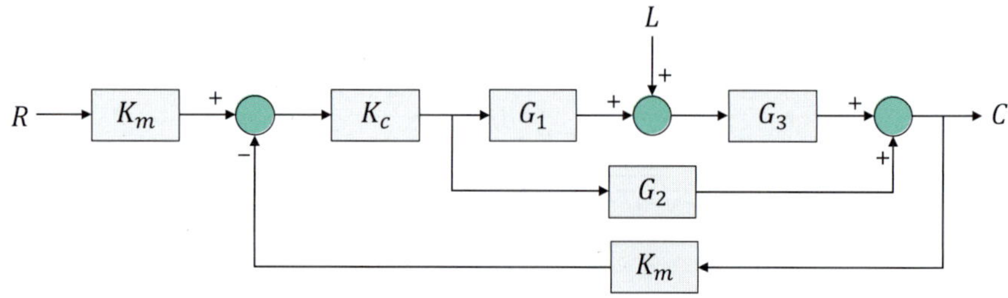

그림 P10.2

10.3 그림에 보인 가열공정에서 유량 w = 10 kg/sec, 탱크부피 V = 20 m^3, 유체의 밀도 ρ = 1 kg/m^3, 열용량 C_p = 1 kcal/(kg·°C)이며 가열코일에서 탱크 내의 유체로 전달되는 열량은 $Q = aP_h$로 주어진다. P_h(psig)는 수증기의 압력이며 a = 20 kcal/(psi·sec)이다. 설정값(set point) T_R = 80°C이며 외부 교란 및 수증기 압력의 변화가 없는 상태에서 유입온도 T_i는 80°C, 수증기의 압력 P_h는 3 psig로 유지되고 있다. 제어기로는 비례제어기(gain: K_c)가 사용되고 있으며 제어밸브와 센서의 동특성은 무시하기로 한다($\tau_v = \tau_m = 0$, $K_v = K_m = 1$).

(1) 공정의 모델식을 구하여라.

(2) 정상상태에서 탱크의 온도 $T = T_S$는 몇 도인가?

(3) 이 제어시스템의 closed-loop 전달함수를 구하여라.

(4) 외부교란 변수에는 변화가 없고 설정값에 크기 5°C인 계단변화가 도입되었다. 잔류편차를 구하여라.

(5) 설정값에는 변화가 없고 외부교란 변수(T_i)에 크기 3°C인 계단변화가 도입되었다. 잔류편차를 구하여라.

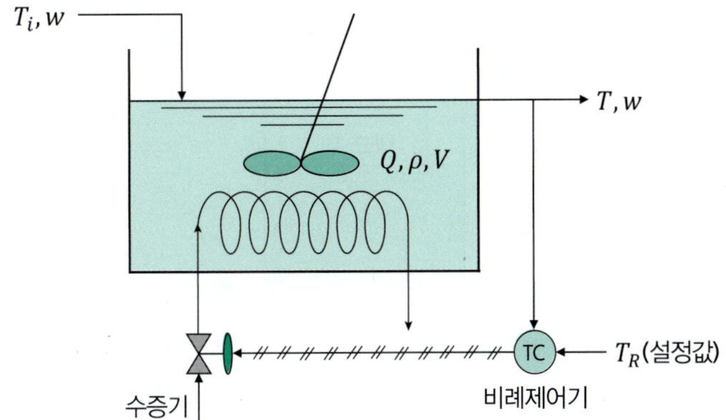

그림 P10.3

10.4 다음 그림에 보인 제어구조에서 설정값에 크기 0.1인 계단변화가 도입되었다. 그림에서 $G_c = K_c$, $G_p = \dfrac{4}{(s+1)(2s+1)}$, $G_m = 1$이다.

(1) 잔류편차를 구하여라.

(2) $K_c = 1.5$일 때 응답의 진동주기 T를 구하여라.

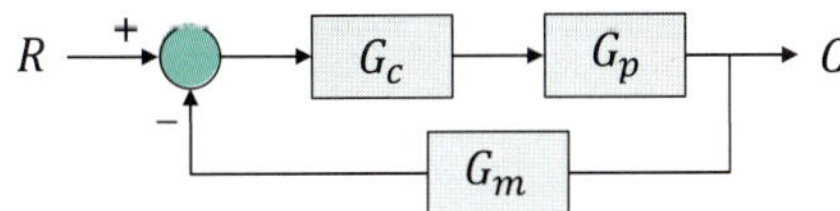

그림 P10.4

10.5 다음 그림과 같은 제어시스템에서 설정값이 0.5 unit만큼 변화하였을 때 잔류편차를 구하여라.

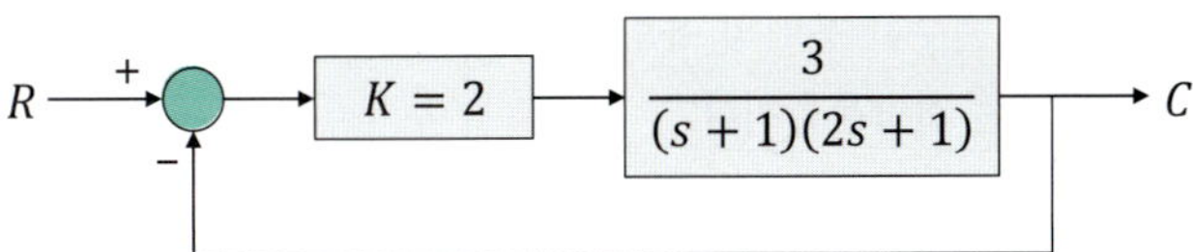

그림 P10.5

10.6 두 비간섭 액위탱크 공정에서 첫 번째 탱크로 유입되는 액체의 유량을 조절하여 두 번째 탱크의 액위를 원하는 수준으로 유지하고자 한다. 제어기로는 비례제어기(이득은 K_c)가 이용되고 있으며 $A_1 = 2\ \text{cm}^2$, $A_2 = 3\ \text{cm}^2$, $R_1 = \dfrac{1}{2}\ \text{s/cm}^2$, 그리고 $R_2 = \dfrac{1}{3}\ \text{s/cm}^2$이다. 정상상태에서 $q_i = 12\ \text{cm}^3/\text{s}$이다.

(1) 정상상태에서 각 탱크의 액위는 얼마인가?

(2) 이 제어구조를 블록선도로 나타내고 총괄 전달함수 $G(s) = \dfrac{H_2(s)}{H_R(s)}$를 구하여라. $H_R(s)$는 설정값 h_R의 라플라스 변환이다.

(3) 원하는 두 번째 탱크의 액위값 h_R에 임펄스 변화가 도입되었을 때 $h_2(t)$를 구하여라. $K_c = 1$이라고 가정한다.

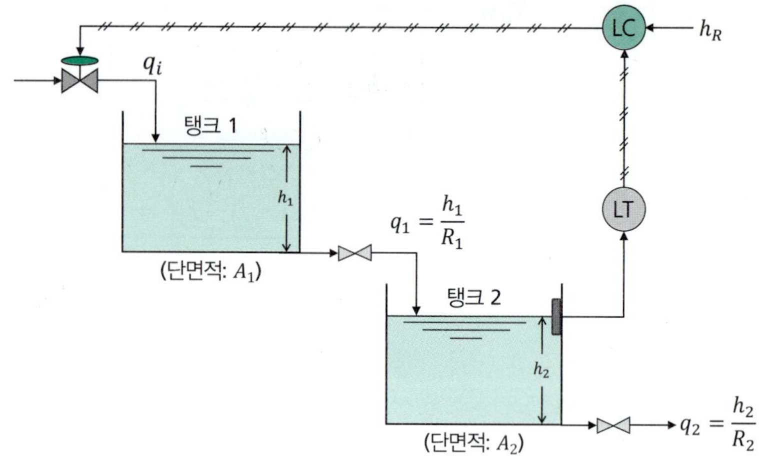

그림 P10.6 **비간섭 액위제어공정.**

10.7 그림에 보인 피드백 제어구조에서 $G_p(s) = 3 - \dfrac{2}{s+1} = \dfrac{3s+1}{s+1}$이다. 설정값 R에 단위계단 변화가 도입되었을 때 잔류편차가 5%가 되도록 K_c를 정하여라.

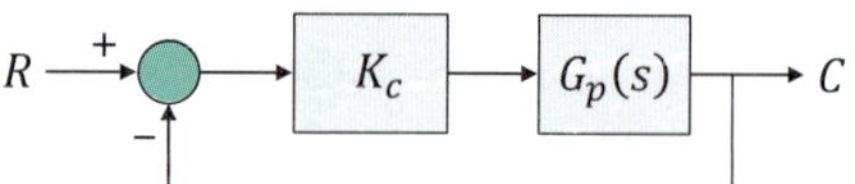

그림 P10.7 **피드백 제어구조.**

10.8 그림은 바이패스 경로가 설치되어 있는 혼합공정의 제어구조를 보인 것이다. 유입되는 순수한 용질 A의 질량유량 m_A(kg/s)을 조절하여 유출용액의 농도를 원하는 값으로 제어하고 있다. 유입되는 순수한 용매의 유량 q_0(kg/s)는 일정하며 제어기로서는 비례 제어기가 이용되고 있다. 농도 x는 질량분율이다.

(1) 이 공정을 나타내는 모델식을 구하여라.

(2) 모델식을 선형화시킨 다음 전달함수 $G(s) = \dfrac{\bar{X}_{A2}(s)}{\bar{M}_A(s)}$를 구하여라. $\bar{X}$ 및 $\bar{M}$은 편차변수이다.

(3) $m_A = m_{As} + K_c(x_{AR} - x_{A2})$를 이용하여 총괄 전달함수 $G_{CL}(s) = \dfrac{\bar{X}_{A2}(s)}{\bar{X}_{AR}(s)}$를 구하여라.

$\alpha = 0.5$, $\rho = 1000\ \text{kg/m}^3$, $V = 0.01\ \text{m}^3$, $q_0 = 4$ kg/s, $K_c = 4$이며 정상상태에서 $m_{As} = 1$ kg/s이다.

(4) 위에 주어진 데이터를 이용하여 x_{A2}의 설정점 x_{AR}에 크기 0.1인 계단변화가 도입되었을 때 $x_{A2}(t)$를 구하여라. 잔류오차는 얼마인가?

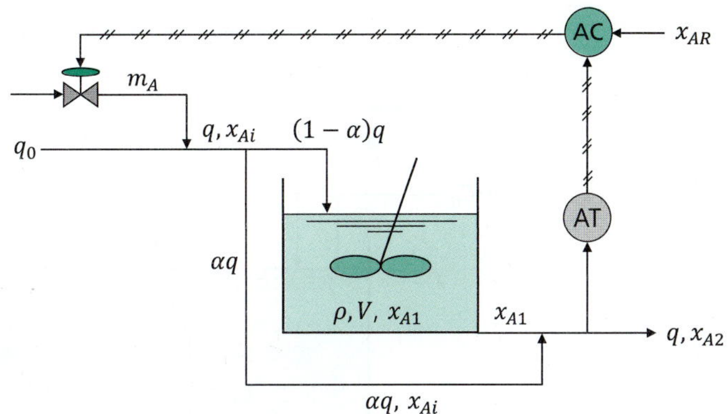

그림 P10.8 **바이패스가 있는 혼합공정 제어.**

10.9 P 제어기를 사용하는 다음과 같은 제어 시스템의 블록선도에서 $\zeta = 0.5$일 때 gain K_c를 결정하여라. 그림에서 $\tau_1 = \tau_2 = 1$이며 $K_v = 0.1$이다.

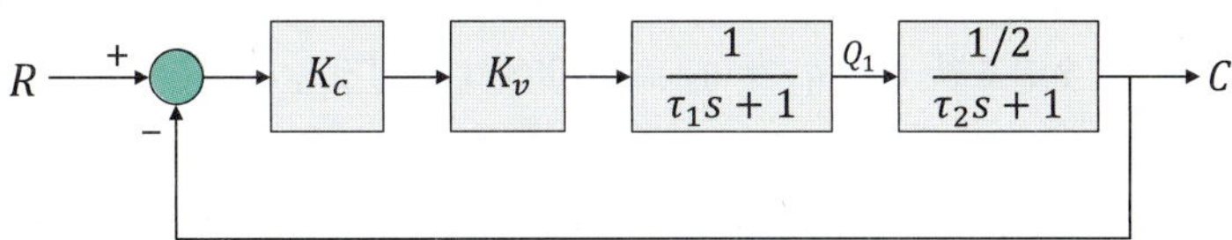

그림 P10.9

10.10 그림에 보인 제어 시스템에서 $G_p(s) = \dfrac{3}{s(2s+1)}$, $G_c(s) = K_c$이며 $G_L(s) = G_p(s)$이다.

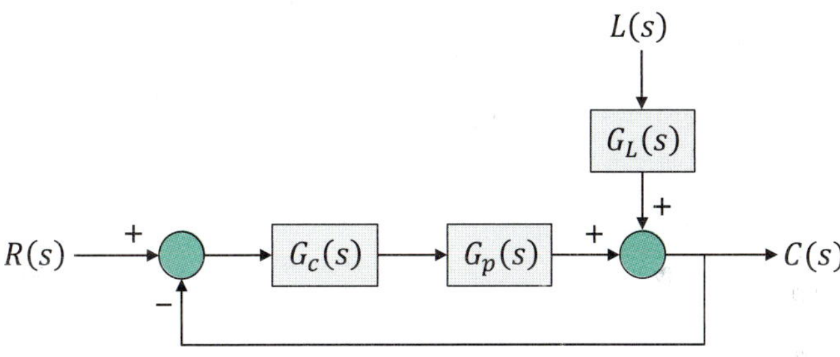

그림 P10.10

(1) 설정값(set point)에는 변화가 없고 외부교란변수(L)에 단위계단 변화가 도입되었을 때 잔류편차(offset)을 구하여라.

(2) 제동비(damping ratio)가 $\dfrac{1}{2}$이라면 비례제어기의 이득 K_c는 얼마인가?

10.11 다음 그림은 A의 1차 분해반응이 일어나고 있는 CSTR의 제어구조를 보인 것이다. 이 제어구조에 대한 블록선도를 작성하고 각 블록의 전달함수를 구하여라.

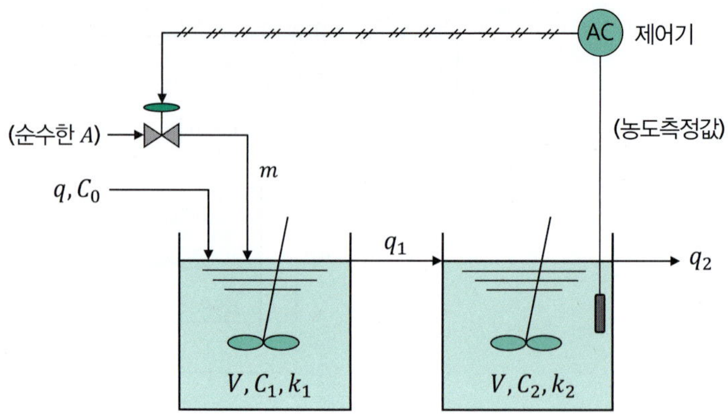

그림 P10.11

반응: A → B, $r = kC$, $k_1 = \frac{1}{2}\ \text{min}^{-1}$, $k_2 = \frac{3}{4}\ \text{min}^{-1}$

정상상태 조건: $m = m_s = 1$ lbmol/min, $C_0 = C_{0s} = 0.1$ lbmol/ft^3

운전조건: $q \cong q_1 = q_2 = 100$ cfm = 일정, $V = 200$ ft^3, ρ_A(A의 밀도) = 0.8 lbmol/ft^3

제어밸브: 3~15 psig의 압력변화에 대하여 0~2 cfm의 유량변화를 나타낸다.

센서/전환기: A의 농도가 0.01~0.05 lbmol/ft^{3}의 범위에서 변할 때 3~15 psig의 압력신호를 내보낸다.

제어기: 비례제어기로서 이득은 K_c이다.

10.12 아래 그림은 액위 제어구조를 나타낸 것이다. 유출유량 $q_3 = \frac{h}{R}$로 주어지고 제어기로는 PI 제어기를 사용하며 제어 valve와 센서/전환기의 동특성은 무시하기로 한다. 그림에서 $A = 2.5$ ft^2, $R = 1$ min/ft^2, $K_v = 0.25$ cfm/psi, $K_m = 1.0$ psi/ft, $K_c = 4$, $\tau_I = 2.5$ min이다. 정상상태에서 액위 h는 설정값인 3 ft로 유지되고 있다. 설정값을 갑자기 4 ft로 증가시켰을 때 액위 h가 3.5 ft에 도달할 때까지 걸리는 시간은 얼마인가?

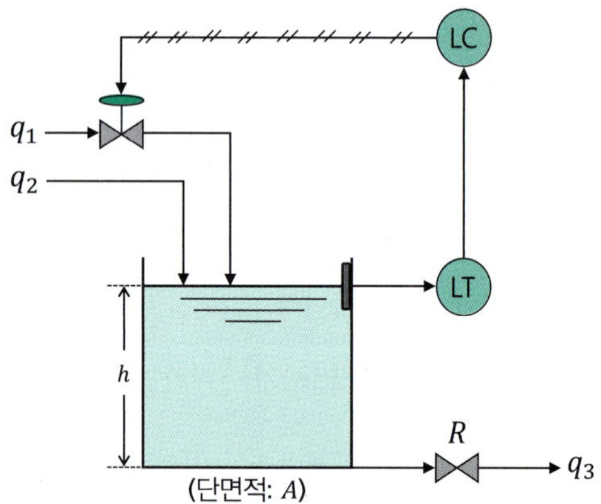

그림 P10.12

10.13 아래 그림은 feedback 제어구조를 보인 것이다. 그림에서 제어기는 PD 제어기로서 $G_c + K_c$ $(1 = \tau_D s)$이며, $G_v = \dfrac{1}{\tau_v s + 1}$, $G_p = \dfrac{K_p}{\tau_p s + 1}$이다. 또한 $\tau_D = 2$, $\tau_v = 4$, $\tau_p = 1$(단위는 각각 sec)이며 $K_p = 1$이다.

(1) 총괄 전달함수 $G(s) = \dfrac{C(s)}{R(s)}$를 구하여라.

(2) $\zeta = 1.5$가 되도록 $K_c(> 0)$를 정하여라.

(3) 설정값의 단위계단 변화에 대하여 야기되는 잔류편차를 구하여라.

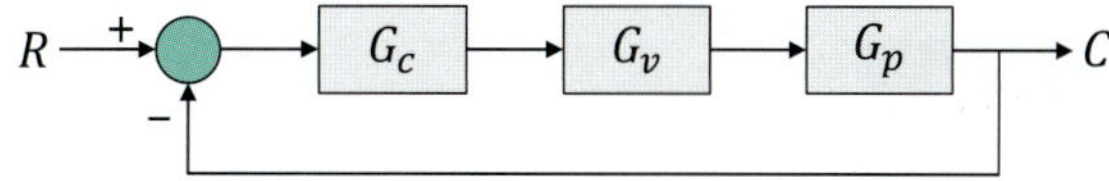

그림 P10.13

10.14 공정이 1차이며 측정지연을 갖는 제어시스템에 PD 제어기가 사용되고 있다. 설정값 R은 변화가 없으며 $\tau_1 = 1$ min, $\tau_m = 10$ sec, $\tau_D = 3$ sec일 때 $\zeta = 0.7$이 되도록 K_c를 구하여라.

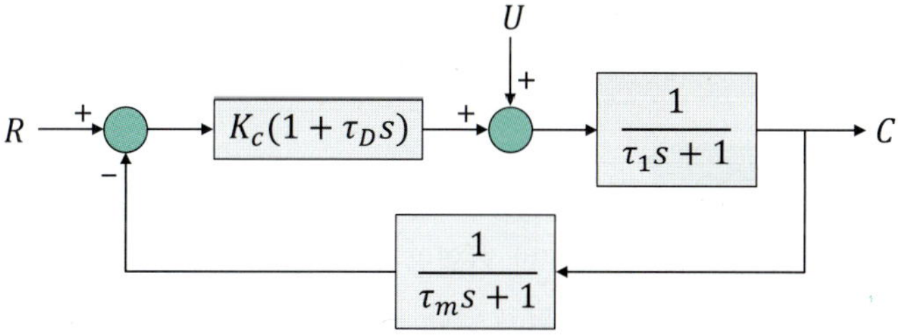

그림 P10.14

10.15 다음 그림에 보인 공정은 PD 제어기에 의해 제어된다. 제어기에서 1 psi의 변화가 생기면 열량 q는 500 Btu/min으로 바뀐다. 입력흐름의 온도는 변할 수 있으며 측정장치에 시간지연은 존재하지 않는다. 주어진 데이터를 이용하여

(1) 유입온도에는 변화가 없고 설정값에만 변화가 도입되었을 때 설정값에 대한 세 번째 탱크의 온도를 나타내는 총괄 전달함수를 결정하여라.

(2) $K_c = 3$ psi/°F, $\tau_D = 0.5$이며 설정값은 변화가 없고 유입온도에 단위계단변화가 도입되었을 때 잔류편차를 구하여라.

데이터: $W = 250$ lb/min, $\rho = 62.5$ lb/ft^3, $C_p = 1$ Btu/lb·°F, $V_1 = 4$ ft^3,
$V_2 = 5$ ft^3, $V_3 = 6$ ft^3

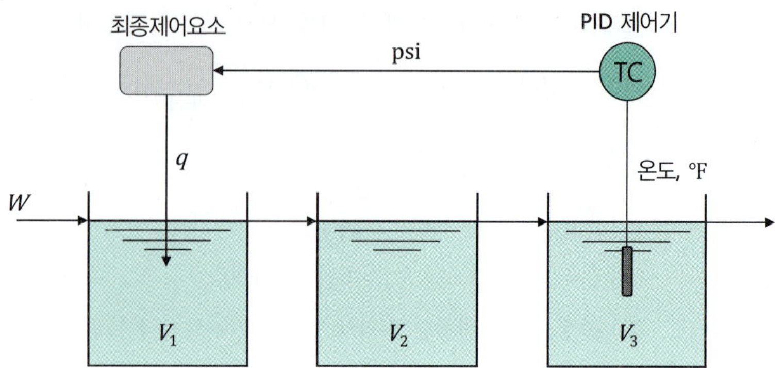

그림 P10.15

10.16 그림에 보이는 블록선도는 PID 제어기를 포함하고 있다. 닫힌회로의 총괄 전달함수에서 분모는 s의 2차식으로 나타난다. 이 경우 τ와 ζ를 K_c, τ_D, τ_I, τ_1로 나타내어라. 아울러 $K_c = 3$, $\tau_D = 1$, $\tau_I = 1$, $\tau_1 = 2$일 때 τ와 ζ의 값을 각각 구하여라.

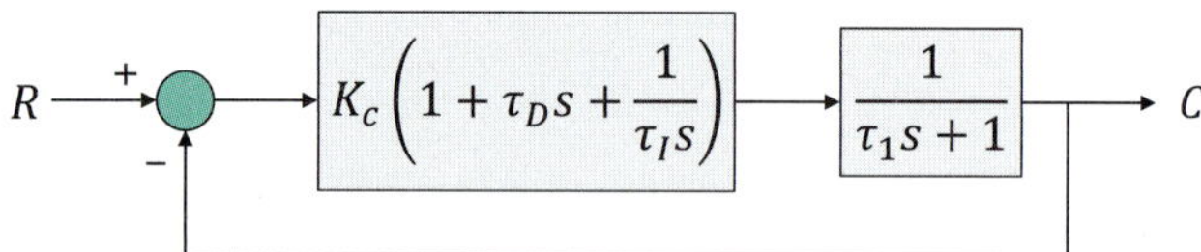

그림 P10.16

10.17 다음 그림은 연속교반 가열공정을 보인 것이다. 탱크 내의 액체는 수증기에 의해 가열되며 PID 제어기가 이용되고 있다. 정상상태에서 유입 유량은 15 ft^3/min이고 유입액의 온도 T_i는 100°F이다. 유출액 온도 T를 150°F로 유지시키고자 할 때 다음에 주어진 자료와 조건들을 이용하여 closed-loop feedback 제어구조의 블록선도를 그리고 전달함수를 구해 보라.

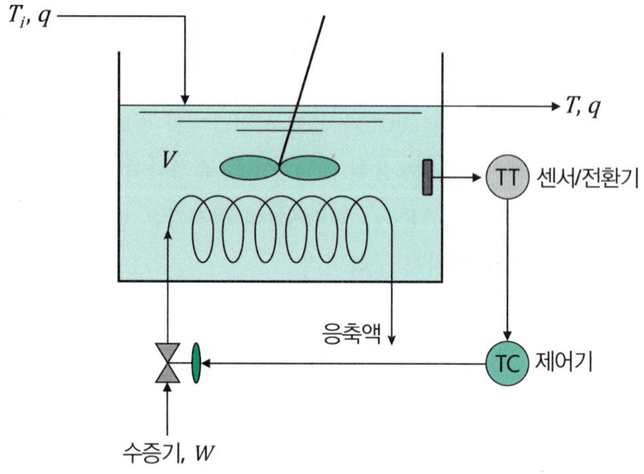

그림 P10.17

데이터:

유입액: $\rho = 65.5\ \text{lb}_m/\text{ft}^3$, $C_p = 0.91\ \text{Btu}/(\text{lb}_m\cdot°\text{F})$

탱크 내 액체의 부피: $V = 110\ \text{ft}^3$, 정상상태 유량 $q_s = 15\ \text{ft}^3/\text{min}$

수증기 가열코일: 길이 = 200 ft, 질량 $m_c = 11\ \text{lb}_m/\text{ft}$, 비열 $C_c = 0.15\ \text{Btu}/(\text{lb}_m\cdot°\text{F})$,
총괄 열전달계수 $U = 2.2\ \text{Btu}/(\text{min}\cdot\text{ft}^2\cdot°\text{F})$(겉면에 근거)
(4in-schedule 40 steel pipe (외경 4.5 in))

수증기: 응축열 $\lambda = 966$ Btu/lbm, 30 psia, 포화 수증기(온도 T_w)

센서/전환기: gain $K_m = 1\%/°\text{F}$, 시간상수 $\tau_m = 0.75$ min

제어밸브: 등비밸브, 1차모델(이득 $K_v = 1.2\ \text{lb}_m/(\%\cdot\text{min})$, 시간상수 $\tau_c = 0.2$ min)

✱ MATLAB 활용 문제

10.18 다음 그림에 보인 블록선도에서

$$G_c = K_c = 3,\ \ G_p = \frac{0.002}{(s+1)(0.8s+1)},\ \ G_L = \frac{0.2}{(s+1)(0.8s+1)},\ \ G_m = 300,\ \ G_v = 0.133$$

이다. 다음 각각의 경우에 대한 응답을 Simulink를 이용하여 Scope 그래프로 나타내어라.

(1) 설정점의 변화는 없고 외부교란 변수에 크기 1.2인 계단변화가 도입

(2) 외부교란 변수의 변화는 없고 설정점에 크기 1.2인 계단변화가 도입

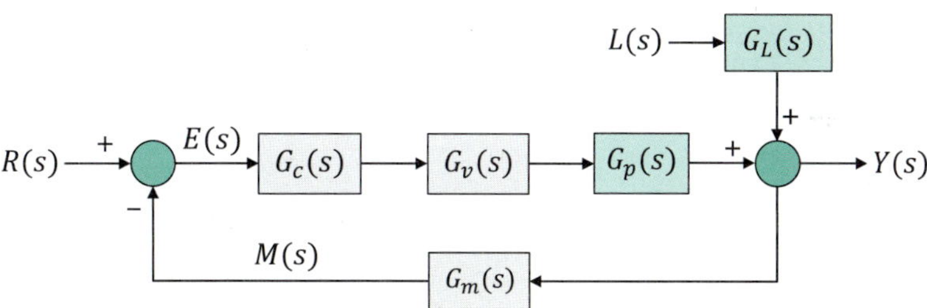

그림 P10.18

10.19 다음 그림에 보인 블록선도에서 제어기 G_c는 PID 제어기이며 $G_w(s) = \dfrac{s+1.8}{2s^2+3s+1}$, $G_v = \dfrac{3}{0.2s+1}$, $G_m = \dfrac{1.5}{0.01s+1}$이다. 설정점에 크기 1.5인 계단변화가 도입되었을 때의 응답 $\bar{T}(t)$를 Simulink를 이용하여 Scope 그래프로 나타내어라. 제어기는 Simulink의 Continuous 부메뉴에서 PID controller 블록을 선택한다. 이로부터 얻어지는 PID 제어기의 형태는 $K_p + \dfrac{K_I}{s} + \dfrac{K_D f}{1+\dfrac{f}{s}}$와 같다($f$: 필터 계수). $K_p = 2,\ K_I = 3,\ K_D = 1.28,\ f = 50$으로 설정한다.

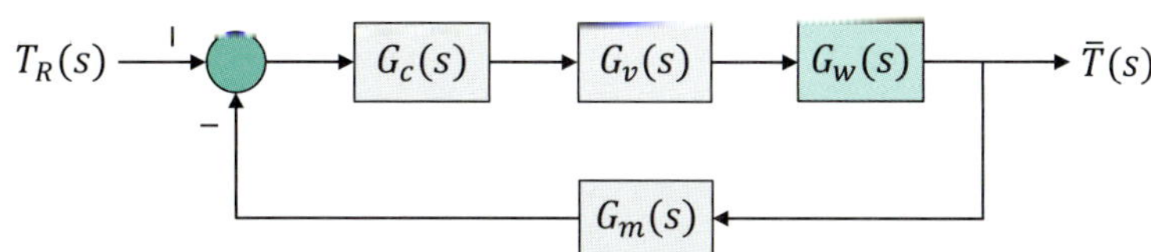

그림 P10.19

10.20 다음 그림은 직렬로 연결된 교반가열 탱크를 나타내는 블록선도이다. 다음 각 경우에서 Simulink를 이용하여 $\bar{T}_1$, $\bar{T}_2$, $\bar{T}_3$를 그래프로 나타내어라(Simulation 메뉴의 Model Configuration Parameters를 클릭하여 Stop time을 30으로 설정한다). 제어기는 PI 제어기로서 $G_c(s) = 3\left(1 + \frac{1}{2s}\right)$ 와 같이 주어진다.

(1) 유입온도 $\bar{T}_i$에는 변화가 없고 설정값 T_R에만 크기 5의 계단변화가 도입

(2) 설정값 T_R에는 변화가 없고 유입온도 $\bar{T}_i$에만 크기 5의 계단변화가 도입

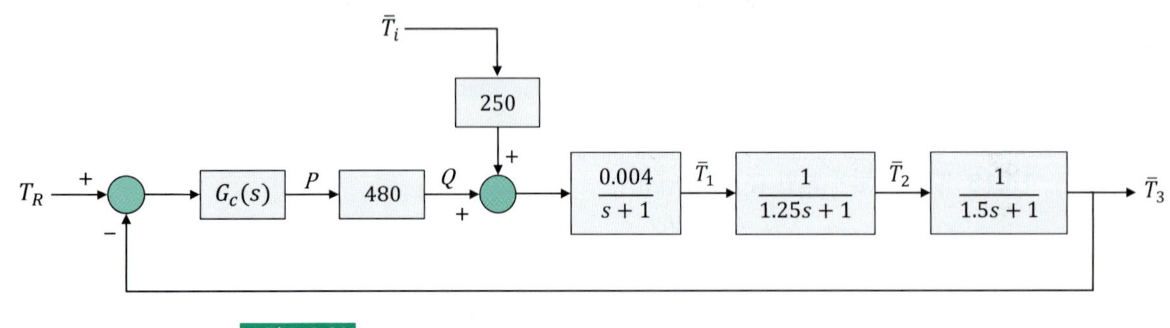

그림 P10.20

제 11 장 제어구조의 안정성

Feedback 제어루프의 응답은 흔히 진동을 나타낸다. 나타나는 진동의 진폭이 시간에 따라 감소되면 별 문제가 없지만 진폭이 점점 증가되어서 닫힌루프(closed-loop) 시스템이 불안정해지는 경우도 있다. 즉 공정이 안정한지의 여부 자체만으로는 실제 운전에 있어서는 불충분하며 안정한 공정이라고 하더라도 닫힌루프 제어시스템이 불안정성에 얼마나 근접한지, 그리고 동적 응답의 형태가 어떠한지를 알아야 제어 성능을 가늠할 수 있다. 닫힌루프 제어 시스템의 안정성 여부를 규명하고 안정성 조건을 밝히는 것은 매우 중요한 일이다. 여기에서는 제어 시스템의 안정성 조건을 살펴보고 주어진 제어 시스템의 안정성을 판별할 수 있는 방법을 알아보기로 한다.

11.1 Feedback 제어시스템의 안정성

11.1.1 안정성의 의미

대부분의 화학공정들은 feedback 제어구조를 설치하지 않은 그 자체로서 안정하다. 이를 열린루프(open loop) 안정성, 또는 자기조정(self-regulating)성이라 일컫는다. 이러한 공정에서는 입력변수에 변화가 야기되면 출력변수는 새로운 정상상태에 도달한다. 그러나 그 자체로서 불안정한 공정도 있는데 연속교반 발열반응기가 그 대표적인 예이다. 연속교반 발열 반응기에서 온도가 높아지면 반응속도가 빨라지고 이에 따라 반응열의 발생이 증가되어 온도의 상승을 초래하게 된다. 이러한 공정은 열린루프 불안정성을 보이는 경우에 해당되는데 적당한 제어장치를 이용하지 않는다면 그 조업이 극히 어렵다. 일반적으로 공정의 안정성은 다음과 같이 정의할 수 있다:

> 제한된 범위를 갖는 입력변수의 변동에 대해서 출력변수가 제한된 범위 내에 존재할 때 그 공정은 안정하다.

이는 제한입력-제한출력(Bounded-Input, Bounded Output, BIBO) 안정성 정의이다. 제한된 범위를 갖는 입력변수의 변동이란 계단변화, sine, 또는 cosine 함수와 같이 일정한 상한과 하한이 있는 함수가 어떤 제한된 범위 내에서 시간에 따라 변하는 것을 의미한다. 그러나 $x(t) = -t$나 $x(t) = e^t$와 같이 시간에 따라 계속 감소하거나 계속 증가하는 함수는 존재 범위가 제한되지 않는 함수들이다.

보기 11.1

그림 11.1에 보인 액체 저장탱크에서는 펌프를 이용하여 일정한 양의 액체를 뽑아내고 있다. 유입액 q_i에 단위계단 변화가 도입되었을 때 $h(t)$를 구하여라. 탱크의 단면적과 액체의 밀도는 일정하다.

풀이

모델식을 세워 보면 단면적과 밀도가 일정한 경우 $A\dfrac{dh}{dt} = q_i - q$.

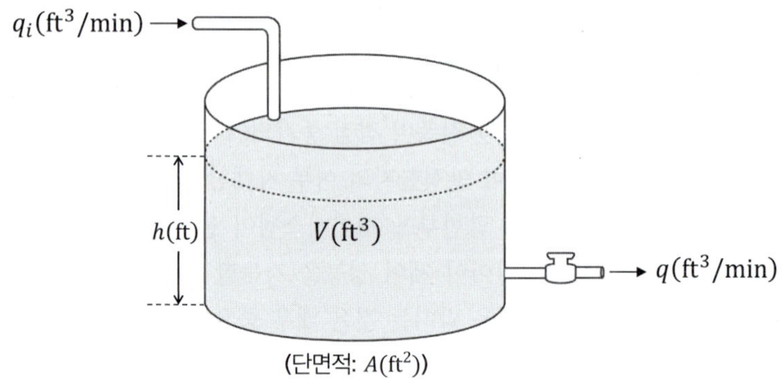

그림 11.1 액체 저장탱크.

정상상태에서는 $A\dfrac{dh_s}{dt} = 0 = q_{is} - q_s$이다. q는 일정하므로 $q = q_s$. 따라서 편차변수 $\bar{h} = h - h_s$, $\bar{q_i} = q_i - q_{is}$를 이용하면 $A\dfrac{d\bar{h}}{dt} = \bar{q_i}$. 이로부터

$$\frac{H(s)}{Q_i(s)} = \frac{1}{As} \tag{11.1}$$

q_i에 단위계단변화가 야기되었으므로 $Q_i(s) = \dfrac{1}{s}$. 따라서 $H(s) = H(s) = \dfrac{1}{As^2}$.

$$\therefore\ H(t) = \frac{t}{A} \quad \rightarrow \quad h(t) = h_s + \frac{t}{A} \tag{11.2}$$

즉 액위는 시간에 따라서 선형적으로 증가하는 불안정한 변화를 보인다.

11.1.2 닫힌루프 특성방정식의 근과 안정성

그림 11.2에 보인 바와 같은 닫힌루프 feedback 제어시스템의 총괄 전달함수는

$$C = \frac{G_R G_c G_v G_T G_p}{1 + G_c G_v G_T G_p G_m} R + \frac{G_L}{1 + G_c G_v G_T G_p G_m} L$$

로 주어진다(제10장 참조). 이 식의 분모를 0으로 둔 방정식, 즉

$$1 + G_c G_v G_T G_p G_m = 1 + G_{OL} = 0 \tag{11.3}$$

을 특성방정식(characteristic equation)이라 한다. 특성방정식은 s의 급수함수 형태로 주어지는데 특성방정식의 근에 따라 시스템의 안정성이 좌우된다.

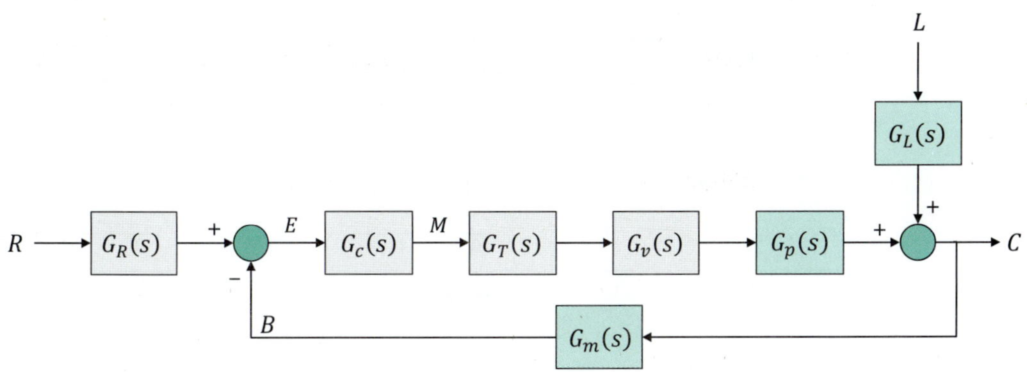

그림 11.2 닫힌루프 제어구조.

특성방정식 (11.3)이 서로 다른 n개의 근 r_1, r_2, ..., r_n을 갖는다고 가정하면 식 (11.3)은 다음과 같이 쓸 수 있다.

$$(s - r_1)(s - r_2)\cdots(s - r_n) = 0 \tag{11.4}$$

제어시스템에서 설정값의 변화는 없고 외부교란변수에 단위계단 변화가 야기되었다면 $R = 0$이고 $L = 1/s$이므로 식 (11.4)를 이용하면

$$C = \frac{G_L}{s(1 + G_{OL})} = \frac{G_L{}'}{s(s - r_1)(s - r_2)\cdots(s - r_n)} = \frac{a_0}{s} + \frac{a_1}{s - r_1} + \frac{a_2}{s - r_2} + \cdots + \frac{a_n}{s - r_n}$$

이를 역 라플라스 변환시키면

$$C(t) = a_0 + a_1 e^{r_1 t} + a_2 e^{r_2 t} + \cdots + a_n e^{r_n t} \tag{11.5}$$

이제 n개의 근 가운데 어느 하나를 r이라고 하면 다음 관계를 쉽게 알 수 있다.

(1) r이 실수인 경우:
$r < 0$이면 $t \to \infty$일 때 $e^{rt} \to 0$이다.
$r > 0$이면 $t \to \infty$일 때 $e^{rt} \to \infty$이다.

(2) r이 복소수인 경우: $r = \sigma + i\omega$로 두면 $e^{rt} = e^{\sigma t}(\cos\omega t + i\sin\omega t)$이므로
$\sigma < 0$이면 $t \to \infty$일 때 $e^{\sigma t} \to 0$이므로 $e^{rt} \to 0$이다.
$\sigma > 0$이면 $t \to \infty$일 때 $e^{\sigma t} \to \infty$이므로 $e^{rt} \to \infty$이다.

위의 관계는 그림 11.3과 같이 나타낼 수 있다. 이로부터 닫힌루프 feedback 제어 시스템의 안정성은 다음과 같이 요약할 수 있다:

> Feedback 제어 시스템의 특성방정식의 근 가운데 어느 하나라도 양, 또는 양의 실수부를 갖는다면 그 시스템은 불안정하다.

즉 닫힌루프 feedback 제어 시스템의 특성방정식의 모든 근들이 음의 실수부를 가질 때에만 제어 시스템은 안정하다.

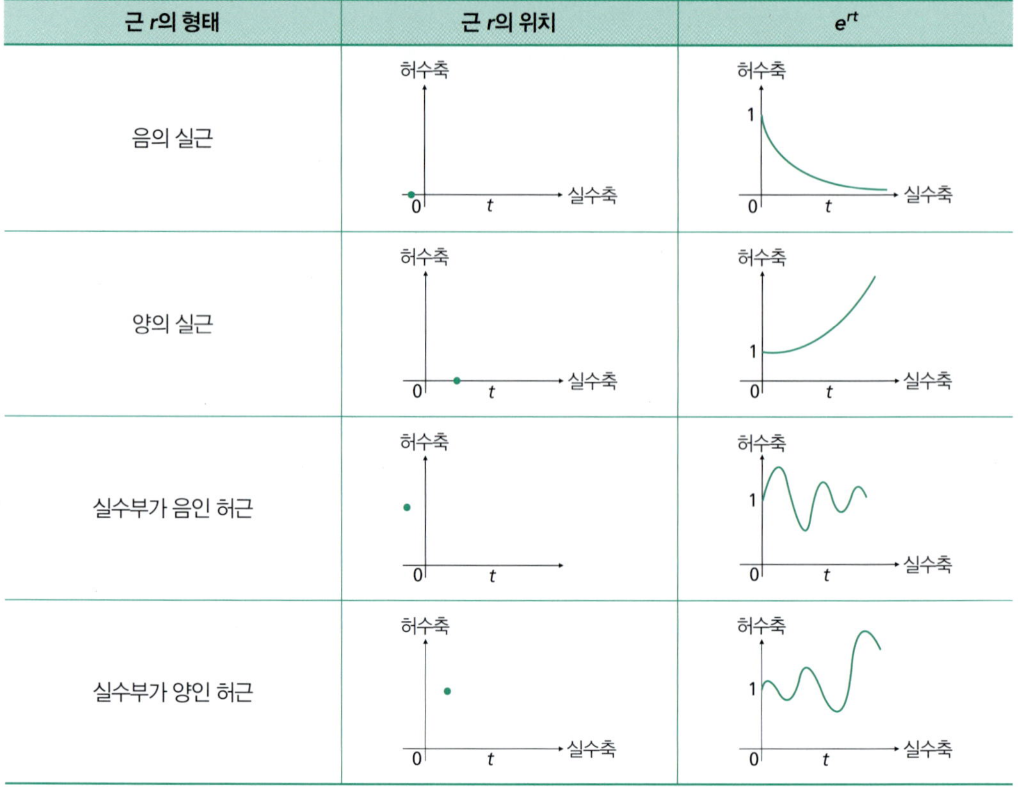

그림 11.3 특성방정식의 근의 위치에 따른 응답 모양.

즉 그림 11.4에 보인 바와 같이 특성방정식의 근이 복소평면(s-평면) 상에서 허수축을 기준으로 하여 왼쪽 평면상에 존재하면 제어 시스템은 안정하며 오른쪽 평면상에 존재하면 제어 시스템은 불안정하다.

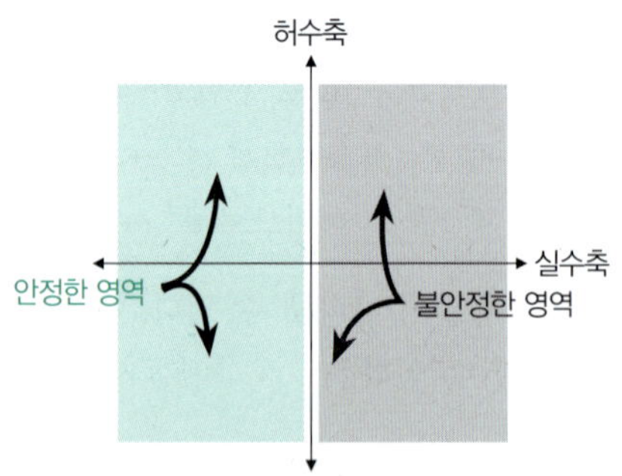

그림 11.4 s-평면상에서의 근의 위치에 따른 안정성.

보기 11.2

그림 11.2에서 $G_m = G_R = G_T = 1$이며 $G_v = K_v$, $G_p = G_L = \frac{K_p}{\tau s + 1}$이고 비례제어기를 사용하는 경우 이 제어 시스템이 안정하기 위한 조건을 구하여라.

풀이

총괄 전달함수의 분모(식 (11.3))로부터

$$1 + G_c G_v G_T G_p G_m = 1 + \frac{K_v K_p}{\tau s + 1} G_c = 0$$

비례 제어기를 사용하므로 $G_c = K_c$이다. 따라서

$$1 + \frac{K_c K_v K_p}{\tau s + 1} = 0$$

이를 정리하면 $\tau s + (1 + K_c K_v K_p) = 0$이므로

$$s = -\frac{1 + K_c K_v K_p}{\tau}$$

위의 근 s가 음이면 제어 시스템은 안정하다. s가 음이기 위한 조건은

$$-\frac{1 + K_c K_v K_p}{\tau} < 0$$

시간상수 τ는 언제나 양이므로 시스템이 안정하기 위한 조건은

$$1 + K_c K_v K_p > 0$$

즉 $K_c K_v K_p > -1$이다. 그러므로 안정하기 위한 조건은 $K_v K_p > 0$인 경우에는 $K_c > \frac{-1}{K_v K_p}$ 이어야 하며, $K_v K_p < 0$이면 $K_c < \frac{-1}{K_v K_p}$ 이어야 한다.

보기 11.3

그림 11.2에서 $G_m = G_R = G_T = 1$이며 $G_p = G_L = \frac{1}{5s + 1}$, $G_v = \frac{1}{2s + 1}$이고, 제어기로는 비례 제어기(즉 $G_c = K_c$)를 사용하는 경우 이 제어 시스템이 안정하기 위한 제어기의 이득 K_c의 범위를 구하여라.

풀이

주어진 조건들로부터 특성방정식은

$$1 + G_c G_v G_T G_p G_m = 1 + \frac{K_c}{(2s+1)(5s+1)} = 0$$

이를 정리하면 $10s^2 + 7s + (1 + K_c) = 0$이므로

$$s = \frac{-7 \pm \sqrt{49 - 40(1 + K_c)}}{20}$$

만일 $49 - 40(1 + K_c) < 0$, 즉 $K_c > 0.225$이면 허근을 갖는데 이 경우 실수부는 음이므로 시스템은 안정하지만 응답은 진동을 보이게 된다. 한편 위의 근이 음의 실근이라면 $49 - 40(1 + K_c) \geq 0$, $\sqrt{49 - 40(1 + K_c)} < 7$이어야 하므로 $-1 < K_c \leq 0.225$.

따라서 K_c를 -1보다 크게 정해 주면 위의 시스템은 안정함을 알 수 있다. 만일 진동응답이 허용되지 않는다면 $-1 < K_c \leq 0.225$이어야 할 것이다.

보기 11.4

그림 11.5에 보인 제어 루프가 안정하기 위한 비례 제어기의 이득 K_c의 범위를 구하여라.

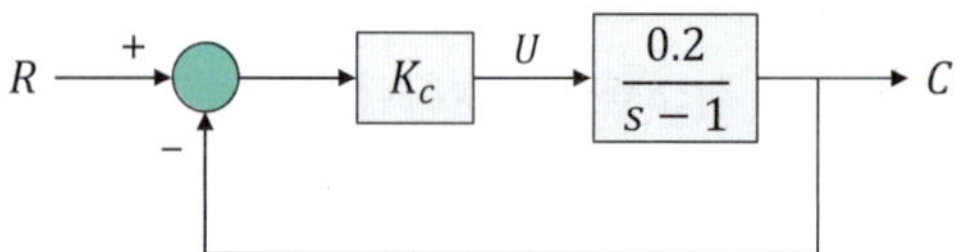

그림 11.5 Feedback 제어루프.

풀이

공정의 전달함수가 $\frac{0.2}{s-1}$이므로 U가 단위계단 변화를 보일 때의 열린루프 응답은 $C/U = 0.2/(s-1)$인 관계로부터 $C(s) = \frac{0.2}{s(s-1)} = 0.2\left(-\frac{1}{s} + \frac{1}{s-1}\right)$이므로 $C(t) = 0.2(-1 + e^t)$이다. 즉 공정은 시간에 따라 응답이 무한히 증가하는 불안정한 공정이다. 그림에 보인 닫힌루프 제어구조에서 특성 방정식은 $1 + \frac{0.2K_c}{s-1} = 0$이다.

$$s + (0.2K_c - 1) = 0 \quad \rightarrow \quad s = 1 - 0.2K_c$$

s가 음이기 위해서는 $1 - 0.2K_c < 0$. 그러므로 $K_c > 5$. 즉 K_c를 5보다 크게 해 주어야 한다.

11.1.3 상태공간에서의 안정성

제4장에서 다룬 상태공간 모델은

$$\dot{x} = Ax + Bu, \qquad y = Cx$$

로 주어지며 총괄 전달함수는

$$G(s) = \frac{Y(s)}{U(s)} = C(sI - A)^{-1}B$$

로 주어진다. 이 경우 특성방정식은

$$|sI - A| = 0$$

과 같다. 특성방정식의 근은 행렬 A의 고유치와 동일하다. 위의 특성방정식에 대한 근을 구하고 이 근들의 s평면 상에서의 위치를 파악함으로써 안정성을 판별할 수 있다.

MATLab

특성방정식의 근

MATLAB을 이용하면 특성방정식의 근을 쉽게 구할 수 있으므로 시스템의 안정성 판별이 아주 쉽다. 즉 MALTAB을 이용해 구한 특성방정식의 근들의 실수부가 양인지, 혹은 음인지를 살펴보면 된다. 근들 가운데 어느 하나라도 양의 실수부를 갖는다면 불안정한 시스템이 된다. 불안정한 시스템의 응답은 closed-loop 전달함수로부터 도입되는 입력변화에 대한 출력변화를 구한 다음 이를 그래프로 나타나도록 하면 된다. 특성방정식이 다음과 같은 시스템의 안정성을 규명해 보자.

$$s^4 + 5s^3 + 3s^2 + 1 = 0$$

MATLAB 프로그램 및 출력은 다음과 같다. MATLAB 명령문 roots를 이용한다.

```
>> p = [1 5 3 0 1]; roots(p)
ans =
  -4.2876 + 0.0000i
  -1.0000 + 0.0000i
   0.1438 + 0.4610i
   0.1438 - 0.4610i
```

특성방정식의 근 들 가운데 두 근의 실수부가 양이므로 이 시스템은 불안정하다.

MATLab

불안정한 시스템의 응답

출력 $y(t)$가 $y(t) = 2.5t\sin(1.8t^2)$ 와 같이 주어진다면 $y(t)$는 시간 t에 따라 증가하므로 불안정한 시스템이 된다. $y(t)$의 그래프를 그려보자.

```
>> t = [0:0.01:5]; y = 2.5*t.*sin(1.8*t.^2);
>> plot(t,y), grid, xlabel('t(sec)'), ylabel('y(t)'), title('불안정한 시스템의 응답')
```

응답곡선은 그림 11.6에 보인 바와 같다.

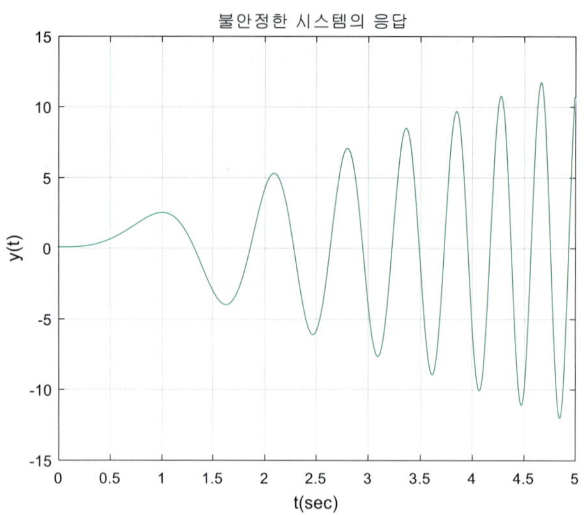

그림 11.6 불안정한 시스템의 응답.

MATLab

상태공간 모델의 응답

어떤 공정에 대한 상태방정식이 파라미터 k의 함수로 다음과 같이 주어진다고 하자:

$$\frac{d}{dt}\begin{bmatrix}x_1\\x_2\end{bmatrix}=\begin{bmatrix}-2.6-k & -1.5\\1 & -0.4-k\end{bmatrix}\begin{bmatrix}x_1\\x_2\end{bmatrix}+\begin{bmatrix}1\\0\end{bmatrix}u(t),\qquad \begin{bmatrix}x_1(0)\\x_2(0)\end{bmatrix}=\begin{bmatrix}0\\0\end{bmatrix}$$

파라미터 k의 값에 따라 이 공정의 단위계단 응답이 어떻게 달라지는지 살펴보기로 하자. 보기로서 k의 값이 각각 2.5, −2.5, 그리고 −1.8인 경우의 응답을 구하여 그래프로 나타내어 보기로 한다.

응답의 계산에는 lsim 명령어를 이용하면 편리하다. lsim은 임의의 입력에 따른 출력변화의 계산에 유용하게 이용할 수 있다. MATLAB 프로그램은 다음과 같으며 이로부터 그림 11.7에 보인 결과가 얻어진다.

```
% ssres.m: 파라미터의 변화에 따른 상태방정식의 응답
k = [2.5 -2.5 -1.8]; % 파라미터
ktitle = {'k=2.5','k=-2.5','k=-1.8'}; % 그래프 타이틀 텍스트
x0 = [0; 0]; % 초기조건
B = [1; 0]; C = eye(2); D = [0; 0]; % y=x
tmax = 20; t = [0:0.1:tmax]'; % 시간구간(열벡터로 정의)
u = ones(length(t),1); % 단위계단 입력
for n = 1: length(k)
        p = k(n); A = [-2.6-p -1.5;1 -0.4-p]; G = ss(A,B,C,D); % 상태함수 모델
        을 구성
        [y,t] = lsim(G,u,t,x0); % y는 x와 동일
        subplot(2,2,n), plot(t,y(:,1),t,y(:,2),':'), legend('x_1(t)','x_2(t)',
        'location','best')
```

```
        xlabel('t'), ylabel('x(t)'), title(ktitle(n))
end
```

얻어진 그래프로부터 알 수 있듯이 k의 값이 2.5인 경우에는 안정한 응답이 얻어지지만 k의 값이 −2.5 및 −1.8인 경우에는 응답은 발산하며 불안정한 상태에 이르게 됨을 알 수 있다. 다음의 스크립트 파일 sseig.m을 이용하여 k의 값에 따른 행렬 A의 고유치(eigenvalue)를 계산해 볼 수 있다.

```
% sseig.m: 파라미터의 변화에 따른 A의 고유치
k = [2.5 -2.5 -1.8]; % 파라미터
for n = 1: length(k)
        p = k(n); A = [-2.6-p -1.5;1 -0.4-p]; fprintf('k = %g\n',p), eigen
        value = eig(A)
end
```

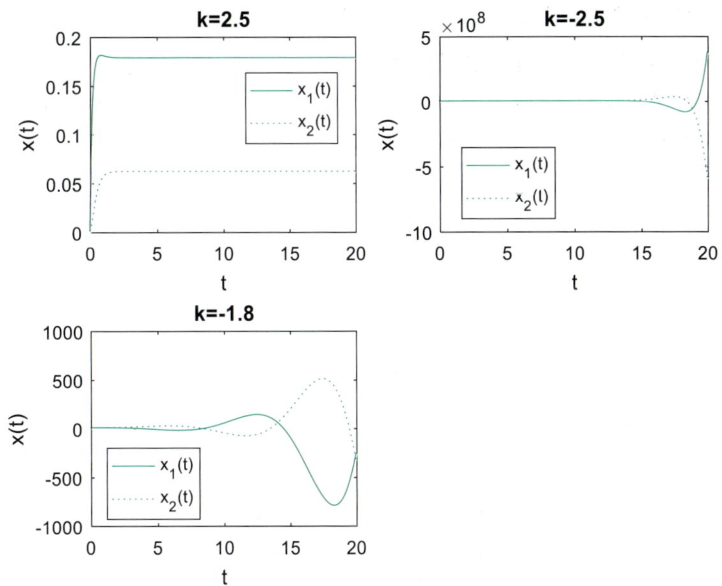

그림 11.7 **상태방정식 모델의 파라미터 변화에 따른 단위계단 응답.**

스크립트 파일 sseig.m의 수행결과는 다음과 같다.

```
>> sseig
k = 2.5
eigenvalue =
  -4.0000 + 0.5385i
  -4.0000 - 0.5385i
k = -2.5
eigenvalue =
   1.0000 + 0.5385i
   1.0000 - 0.5385i
k = -1.8
eigenvalue =
   0.3000 + 0.5385i
   0.3000 - 0.5385i
```

불안정한 응답이 얻어지는 경우는 고유치의 실수부가 양인 경우임을 알 수 있다.

11.2 Routh의 안정성 판별법

앞에서 우리는 제어 시스템이 안정하기 위해서는 특성 방정식의 모든 근이 음의 실수부를 가져야 함을 알았다. 그러나 특성 방정식은 일반적으로 s의 고차 방정식이기 때문에 이를 풀어서 근을 하나하나 구하기에는 많은 시간과 노력이 소모된다. Routh는 주어진 멱급수 방정식의 근이 양의 실수부를 갖는지의 여부를 판별할 수 있는 방법을 제안했는데 이는 제어구조의 안정성 규명에 그대로 적용될 수 있다. 만일 특성 방정식에 시간지연 항이 포함되어 있는 경우에는 이를 Pade 근사식으로 대체시킴으로써 근사적으로 Routh 방법을 적용하는 것이 가능하다.

총괄 전달함수의 분모를 0으로 둔 특성 방정식은 다음과 같은 형태로 정리할 수 있다.

$$a_n s^n + a_{n-1}s^{n-1} + \cdots + a_1 s + a_0 = 0 \tag{11.6}$$

위에서 $a_n > 0$이다. $a_n < 0$이면 특성 방정식의 양변에 -1을 곱해 준다. 제어 시스템이 안정하기 위한 첫 번째 필요조건은 식 (11.6)의 계수가 모두 양이어야 한다(첫 번째 필요조건). 만일 계수 가운데 어느 하나라도 음의 값을 가지거나 0이면 (11.6)의 근 가운데 적어도 하나는 복소평면 상의 오른쪽이나 허수축 상에 위치하며 따라서 제어 시스템은 불안정하다. Routh의 안정성 판별방법에서는 우선 방정식 (11.6)의 모든 계수들을 이용하여 다음과 같은 Routh 배열을 구성한다.

		열				
		1	2	3	4	⋯
	1	a_n	a_{n-2}	a_{n-4}	a_{n-6}	⋯
	2	a_{n-1}	a_{n-3}	a_{n-5}	a_{n-7}	⋯
행	3	b_1	b_2	b_3	⋯	
	4	c_1	c_2	c_3	⋯	
	⋮	⋮	⋮	⋯		
	⋮	⋮	⋮	⋯		
	n	d_1	d_2			
	$n+1$	e_1				

즉 제1행과 2행에는 식 (11.6)의 계수를 내림차순으로 하나씩 건너서 1행과 2행에 적은 다음 제3행부터 각각의 원소를 다음과 같이 계산한다.

$$b_1 = \frac{a_{n-1}a_{n-2} - a_n a_{n-3}}{a_{n-1}}, \quad b_2 = \frac{a_{n-1}a_{n-4} - a_n a_{n-5}}{a_{n-1}}, \cdots$$

$$c_1 = \frac{b_1 a_{n-3} - a_{n-1}b_2}{b_1}, \quad c_2 = \frac{b_1 a_{n-5} - a_{n-1}b_3}{b_1}, \cdots$$

$$\vdots$$

위에서 얻은 Routh 배열로부터의 안정성 판정은 다음과 같은 기준에 따른다: 특성방정식의 모든 근이 음의 실수부를 갖기 위해서는 Routh 배열의 첫 번째 열의 모든 원소들이 양이어야 한다. 이는 두 번째 필요조건이다.

Routh 안정성 판별방법에서 안정하기 위한 필요충분 조건은 다음과 같이 요약할 수 있다.

1) 특성방정식의 모든 계수들은 양수이다.
2) Routh 배열의 첫 번째 열의 모든 원소들은 양수이다.

보기 11.5

특성방정식이 다음과 같은 시스템의 안정성을 규명하여라:

$$s^4 + 5s^3 + 3s^2 + 1 = 0$$

풀이

이 방정식에서 s의 1차 항의 계수는 0이므로 모든 계수는 양이어야 한다는 첫 번째 안정성 조건에 어긋나게 되어서 이 시스템은 불안정하다. 이를 Routh 배열을 이용하여 확인해 보기로 한다.

1	1	3	1
2	5	0	0
3	b_1	b_2	
4	c_1		

$$b_1 = \frac{5 \cdot 3 - 1 \cdot 0}{5} = 3, \quad b_2 = \frac{5 \cdot 1 - 1 \cdot 0}{5} = 1, \quad c_1 = \frac{3 \cdot 0 - 5 \cdot 1}{3} = -\frac{5}{3}$$

제1열의 원소 가운데 $c_1 < 0$이므로 이 시스템은 불안정함을 알 수 있다.

보기 11.6

특성방정식이 다음과 같은 시스템이 안정하기 위한 제어기의 이득 K_c의 범위를 구하여라:

$$10s^3 + 17s^2 + 8s + 1 + K_c = 0$$

풀이

Routh 배열을 구성하면

1	10	8
2	17	$1 + K_c$
3	b_1	b_2
4	c_1	

$$b_1 = \frac{17 \cdot 8 - 10(1 + K_c)}{17} = \frac{126 - 10K_c}{17}, \quad b_2 = 0, \quad c_1 = \frac{b_1 \cdot (1 + K_c) - 0}{b_1} = 1 + K_c$$

따라서 안정하기 위한 조건은

$$b_1 = \frac{126 - 10K_c}{17} > 0 \ \rightarrow \ K_c < 12.6, \qquad c_1 = 1 + K_c > 0 \ \rightarrow \ K_c > -1$$

$$\therefore \ -1 < K_c < 12.6$$

보기 11.7

전달함수가 다음과 같은 공정을 비례제어기로 제어할 수 있겠는가? 가능하다면 제어 시스템이 안정하기 위한 범위는 어떻게 되는가? G_v, G_T, G_m들은 모두 1로 가정한다.

$$G(s) = \frac{-0.6s + 1}{(2s + 1)(s + 1)}$$

풀이

비례제어기를 사용할 때 닫힌루프 제어구조의 특성방정식은

$$1 + \frac{K_c(-0.6s + 1)}{(2s + 1)(s + 1)} = 0$$

이므로 특성방정식은 다음과 같이 정리된다.

$$2s^2 + (3 - 0.6K_c)s + (1 + K_c) = 0$$

Routh 배열을 구성하면

1	2	$1 + K_c$
2	$3 - 0.6K_c$	
3	$1 + K_c$	

안정하기 위한 조건은 $3 - 0.6K_c > 0$, $1 + K_c > 0$이므로 이들로부터

$$-1 < K_c < 5$$

보기 11.8

그림 11.8에 보인 제어 시스템이 안정하기 위한 제어기의 이득 K_c의 범위를 구하여라. 제어기는 비례제어기로서 $G_c = K_c$이고 $G_v = K_v = 2$이며 $G_m = K_m = 0.25$ 그리고 $G_p = \frac{4e^{-s}}{5s+1}$이다.

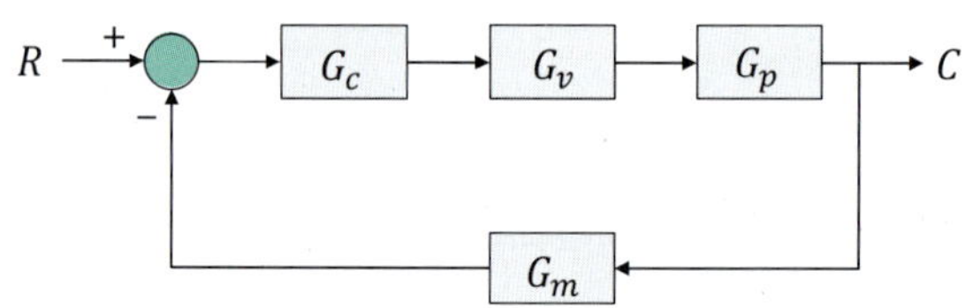

그림 11.8 Feedback 제어루프.

풀이

특성방정식은

$$1+G_cG_vG_pG_m = 1+K_c\cdot 2\cdot 0.25\cdot\frac{4e^{-s}}{5s+1} = 1+\frac{2K_ce^{-s}}{5s+1} = 0 \quad\rightarrow\quad 5s+1+2K_ce^{-s}=0$$

시간지연을 1차 Pade 식으로 근사하면

$$e^{-s}\cong\frac{1-\frac{1}{2}s}{1+\frac{1}{2}s}$$

이므로 특성방정식은 다음과 같다:

$$5s^2+(11-2K_c)s+(2+4K_c)=0$$

Routh 배열을 구성하면

1	5	$2+4K_c$
2	$11-2K_c$	
3	$2+4K_c$	

안정하기 위한 조건은 $11-2K_c>0$, $2+4K_c>0$이므로 이들로부터

$$-\frac{1}{2}<K_c<\frac{11}{2}$$

Routh 배열을 이용한 안정성 판별방법은 이용이 간편하지만 특성방정식이 s의 다항식인 경우에만 적용이 가능하다는 단점이 있다.

11.3 직접 치환법

제어 시스템이 안정하기 위해서는 특성방정식의 근이 그림 11.4의 복소평면 상의 왼쪽에 존재해야 하며, 만일 특성방정식의 근이 복소평면 상의 오른쪽에 존재하면 제어 시스템은 불안정함을 알았다. 만일 특성방정식의 근이 허수축 상에 존재한다면 제어 시스템은 안정과 불안정성의 경계 상에 놓이게 될 것이므로(이 경우 경계안정(marginally stable) 상태라고 일컫는다), 직접 허수축 상에 존재하는 근을 대입하여 이로부터 한계조건에 있는 제어기 매개변수를 계산할 수 있다. 특성방정식의 근이 허수축 상에 위치하면 근의 실수부는 0이므로 $r_{1,2}=\pm i\omega_u$로 쓸 수 있으며 응답 $C(s)$는

$$C(s)=\frac{As+B}{s^2+{\omega_u}^2}+(\cdots) \tag{11.7}$$

의 형태가 된다. 따라서 $C(s)$를 역 라플라스 변환시키면

$$C(t) = M\sin(\omega_u t + \phi) + (\cdots) \quad \textbf{(11.8)}$$

의 형태가 되어 응답은 진폭 M이고 주파수 ω_u인 일정한 진동이 감쇄되거나 증폭되지 않고 반복됨을 알 수 있다. 이때 주파수 ω_u를 한계 주파수(ultimate frequency, 혹은 crossover 주파수), 그리고 주기 $T_u = \dfrac{2\pi}{\omega_u}$를 한계주기(ultimate period)라고 한다.

그림 11.9는 특성방정식이 복소근을 가져 진동하는 경우에 대하여 근의 실수부가 0보다 작아 안정한 응답을 나타내는 경우(가), 근의 실수부가 0이어서 한계 진동하는 경우(나) 및 근의 실수부가 0보다 커서 불안정한 응답을 나타내는 경우(다)를 나타낸 것이다.

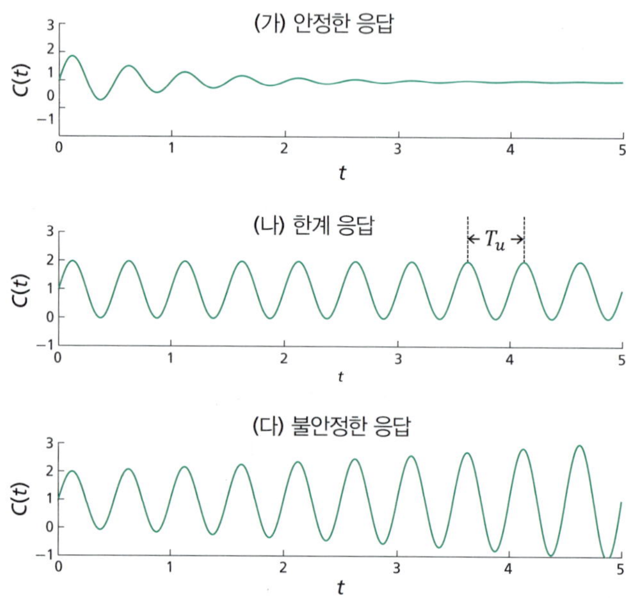

그림 11.9 **안정한 응답과 불안정한 응답.**

직접 치환법은 제어 시스템의 특성방정식에 있는 s를 $i\omega_u$로 치환하여 실수부 = 0, 허수부 = 0으로 놓고 이를 풀어서 한계조건에서의 제어기 이득 K_c와 주파수 ω_u를 구하는 방법이다.

보기 11.9

특성방정식이 다음과 같은 경우 직접 치환법을 이용하여 제어 시스템이 안정하기 위한 조건을 구하여라:

$$10s^3 + 17s^2 + 8s + 1 + K_c = 0$$

풀이

s 대신 $i\omega_u$를 대입하면

$$-10i\omega_u{}^3 - 17\omega_u{}^2 + 8i\omega_u + 1 + K_c = 0$$

$$(\text{실수부}) = -17\omega_u^2 + 1 + K_c = 0, \quad (\text{허수부}) = -10i\omega_u^3 + 8i\omega_u = 0$$

이로부터 $\omega_u = \pm 0.894$일 때 $K_c = 12.6$, $\omega_u = 0$일 때 $K_c = -1$이다. 이때 얻은 제어기 gain K_c는 허용 가능한 최소 및 최대 K_{cu}값이며 따라서 K_c의 범위는 $-1 < K_c < 12.6$이다. 한편 한계주기 T_u는 $T_u = \dfrac{2\pi}{\omega_u} = \dfrac{2\pi}{0.894} = 7.03$이다.

보기 11.10

직접 치환법을 사용하여 보기 11.8을 다시 풀어 보라.

풀이

특성방정식은 $5s + 1 + 2K_c e^{-s} = 0$이므로 s 대신 $i\omega_u$를 대입하면

$$5i\omega_u + 1 + 2K_c e^{-i\omega_u} = 0$$

Euler 관계로부터 $e^{-i\omega} = \cos\omega - i\sin\omega$이므로 이를 대입하면

$$1 + 2K_c\cos\omega_u + i(5\omega_u - 2K_c\sin\omega_u) = 0$$

$$(\text{실수부}) = 1 + 2K_c\cos\omega_u = 0, \quad (\text{허수부}) = 5\omega_u - 2K_c\sin\omega_u = 0$$

이 식을 연립으로 풀면 $\tan\omega_u = -5\omega_u$, $K_c = -1/(2\cos\omega_u)$로부터 여러 개의 근이 나오는데 $\omega_u > \pi$인 ω_u는 주기적 성질에 의해 무용한 해이다. $\tan\omega_u + 5\omega_u = 0$로부터 $\omega_u = 0,\ 1.6887$을 얻는다(MATLAB을 이용한다면 `x=fzero (@(x) tan(x)+5*x, [0 4])`).

$$\omega_u = 0 \ \rightarrow\ K_c = K_{cu} = -0.5, \qquad \omega_u = 1.6887 \ \rightarrow\ K_c = K_{cu} = 4.2517$$

한편 한계주기 T_u는 $T_u = \dfrac{2\pi}{\omega_u} = \dfrac{2\pi}{1.6887} = 3.7207$이다.

11.4 근 궤적도

특성방정식의 근은 닫힌루프 제어 시스템의 안정성을 좌우하므로 복소평면 상에 특성방정식의 근을 나타내어 본다면 시스템의 안정성 범위를 보다 뚜렷이 알 수 있을 것이다. 제어구조의 구성에 있어서 시스템이 안정하기 위한 제어기의 이득 K_c의 범위를 알고자 하는 경우에는 K_c를 여러 가지로 변화시켜 가면서 특성방정식의 근을 구한 다음 이를 복소평면 상에 표시하여 근이 K_c에 따라 이동하는 추세를 파악함으로써 제어 시스템이 안정하기 위한 K_c의 범위를 결정할 수 있다. K_c의 변화에 따른 근의 이동상황을 복소평면 상에 표시한 그림을 근 궤적도(root locus)라고 한다.

보기 11.11

특성방정식이 다음과 같은 시스템에서 K_c의 변화에 따른 근 궤적을 그려보라.

$$s^3 + 6s^2 + 11s + 6 + 2K_c = 0$$

풀이

이 방정식의 근은 3개이며 K_c의 크기에 따라 각각의 근도 달라질 것이다. K_c값의 변화에 따른 복소평면 상의 근의 위치를 그림 11.10에 나타내었다. $K_c = 0$이면 $s = -1, -2, -3$이며 그림에는 일부 K_c값들에 따른 근들이 점으로 표시되어 있다.

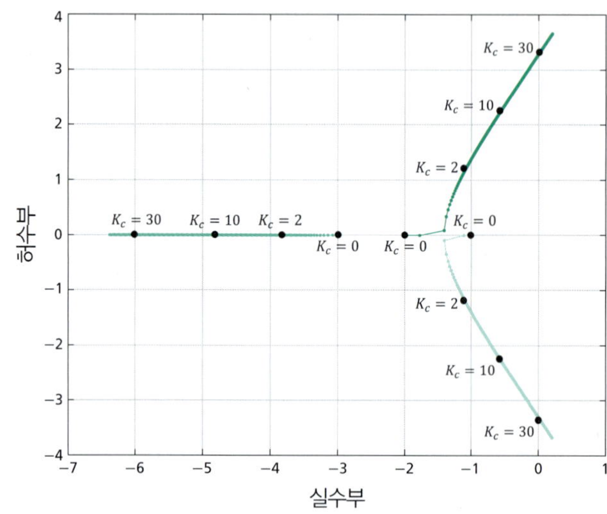

그림 11.10 3차계의 근 궤적도.

그림 11.10으로부터 K_c가 증가함에 따라 근 가운데 하나는 음의 실수부 쪽으로 계속 감소해 가며 다른 두 근은 각각 허수축을 지나 불안정한 영역으로 발산해 감을 알 수 있다. $K_c = 30$일 때에는 하나의 음의 실근(−6)을 제외한 나머지 두 근들은 허수축 상에 위치하며 따라서 K_c의 허용범위는 $K_c < 30$이다. 한편 K_c가 감소하여 $K_c = 3$이 되면 특성방정식은 $s(s^2 + 6s + 11) = 0$이 되어 원점에 근이 놓이게 되고 $K_c < -3$이면 양의 실수축 상에 근이 놓여 불안정하게 된다.

근 궤적도를 이용하는 방법의 단점은 시간지연이 존재할 경우의 처리가 어려운 점과 파라미터가 K_c 이외에 더 존재할 경우 계산이 매우 복잡해진다는 점이다.

보기 11.12

그림 11.11에 보인 제어 시스템에서 제어기 이득 K_c의 변화에 따른 근 궤적도를 그려 보라. 그림에서 $G_p(s) = \dfrac{1}{(2s+1)(s+1)}$이고 $G_m = 1$이다.

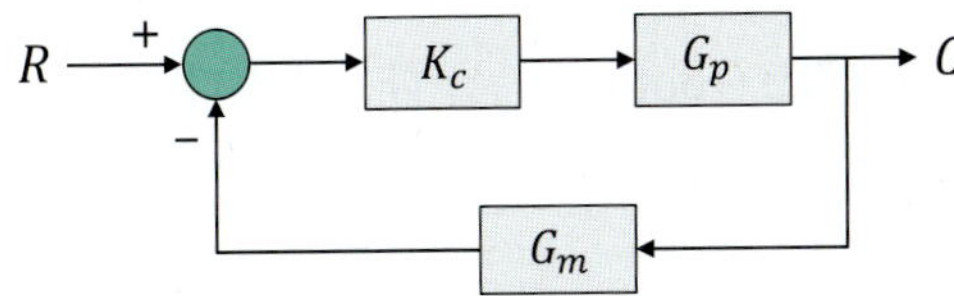

그림 11.11 Feedback 제어구조.

풀이

특성방정식은

$$K_c G_p G_m + 1 = 2s^2 + 3s + (1 + K_c) = 0$$

근을 구하면 $r_{1,2} = \dfrac{-3 \pm \sqrt{1 - 8K_c}}{4}$. K_c가 0일 때는 $r_{1,2} = -1, -\dfrac{1}{2}$이다. K_c가 증가하여 1/8이 될 때까지는 음의 실수축 상에 근이 존재한다. $K_c > 1/8$이면 특성방정식의 허수부는 변하지만 실수부는 $-3/4$으로 일정하므로 안정함을 알 수 있다. K_c의 변화에 따른 근의 변화를 복소평면 상에 나타내면 그림 11.12와 같다.

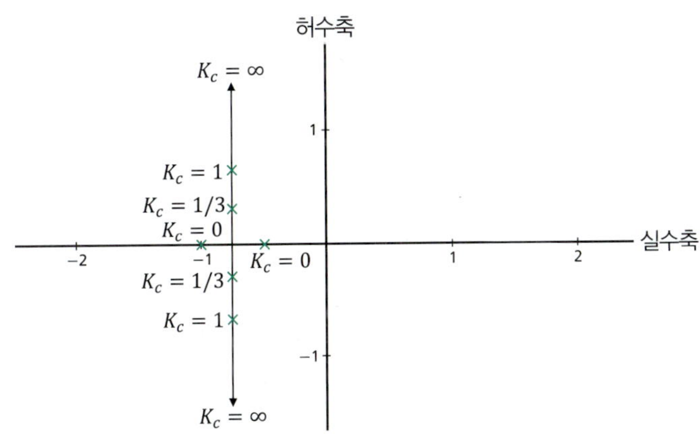

그림 11.12 제어기 gain에 따른 근의 변화.

MATLab

제어기 이득에 따른 근의 궤적

이미 앞에서 다룬 바와 같이 제어 시스템이 안정하기 위한 제어기의 이득 K_c의 범위를 규명하고자 하는 경우에는 K_c를 여러 가지로 변화시켜 가면서 특성방정식의 근을 구한 다음 이를 복소평면 상에 표시함으로써 근이 K_c에 따라 이동하는 추세를 쉽게 파악할 수 있다. 이와 같이 하여 얻은 근 궤적도로부터 제어 시스템이 안정하기 위한 K_c의 범위를 결정할 수 있다. 특성방정식이 다음과 같은 시스템에서 K_c의 변화에 따른 근의 궤적을 그려 보자.

$$s^3 + 6s^2 + 11s + 6 + 2K_c = 0$$

이를 수행하는 MATLAB 스크립트(rootloc.m)는 다음과 같다.

```
% rootloc.m
Kc = [0:1:40];
for i = 1:length(Kc),                % Kc 원소의 수만큼 반복계산
   pol = [1 6 11 6+2*Kc(i)]; sol = roots(pol);
   for j = 1:length(sol)             % 근의 개수만큼 반복
      r(i,j) = sol(j);
   end
end
plot(r, '*'), grid, ylabel('허수부'), xlabel('실수부'), title('근 궤적도 (Kc = 1 ~ 40)')
```

스크립트 rootloc의 수행결과로 얻어지는 그림 11.13에는 K_c값이 나타나 있지 않으나 K_c가 30보다 커지면 근의 궤적이 양의 실수부 영역에 존재한다.

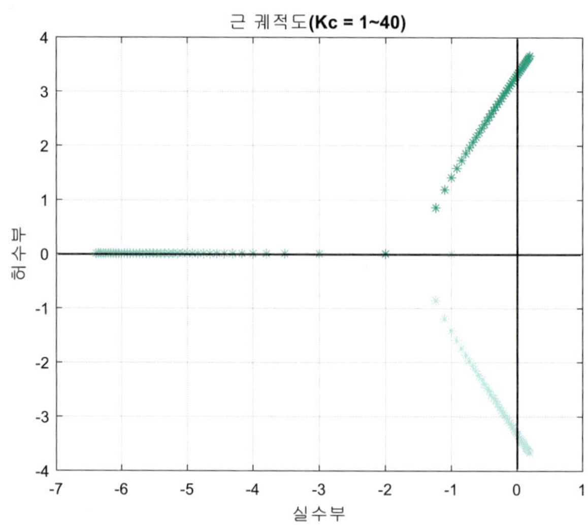

그림 11.13 제어기 gain에 따른 근의 변화.

MATLab

근 궤적도

MATLAB의 rlocus 함수를 이용함으로써 근 궤적도를 손쉽게 얻을 수 있다. rlocus의 입력 데이터는 열린루프 전달함수의 분모, 분자가 된다. 닫힌루프 특성방정식이 $1 + \frac{K(s+3)}{s^2+2s} = 0$과 같은 경우 근 궤적도를 그려보자. 열린루프 전달함수의 분자는 $s+3$, 분모는 s^2+2s이므로 MATLAB 프로그램은 다음과 같다.

```
>> num = [1 3]; den = [1 2 0]; rlocus(num, den);
>> grid, title('근 궤적도'), xlabel('실수축'), ylabel('허수축')
```

MATLAB은 자동적으로 *K*값의 범위를 정하여 그림 11.14에 보인 것과 같은 그래프를 작성한다.

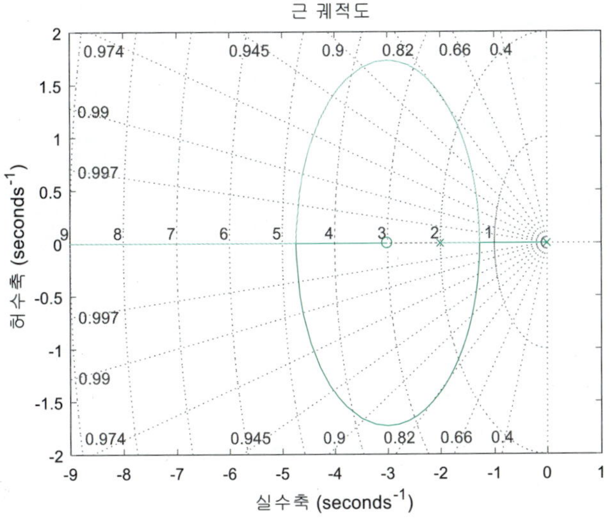

그림 11.14 **근 궤적도.**

MATLab

피드백 시스템의 근 궤적

그림에 보인 간단한 피드백 제어시스템을 고려하여 보자.

$$R(s) \xrightarrow{+} \bigcirc \rightarrow \boxed{\frac{K(s^2-5s+16)}{s^2+8s+12}} \rightarrow C(s)$$

그림 11.15 **피드백 시스템.**

근 궤적도를 작성하고 근 궤적이 허수축과 교차할 때의 이득은 얼마인지 알아보자. 아울러 근 궤적이 $\zeta = 0.5$의 제동비 선과 교차할 때의 이득이 얼마인지 그래프로부터 확인해 보자.

```
>> n = [1 -5 16]; d = [1 8 2]; G = tf(n,d); zet = 0.5;
>> subplot(1,2,1), rlocus(G); subplot(1,2,2), rlocus(G), sgrid(zet,0)
```

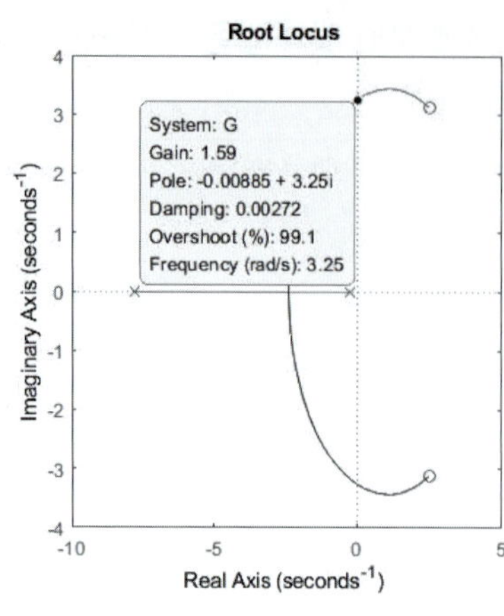

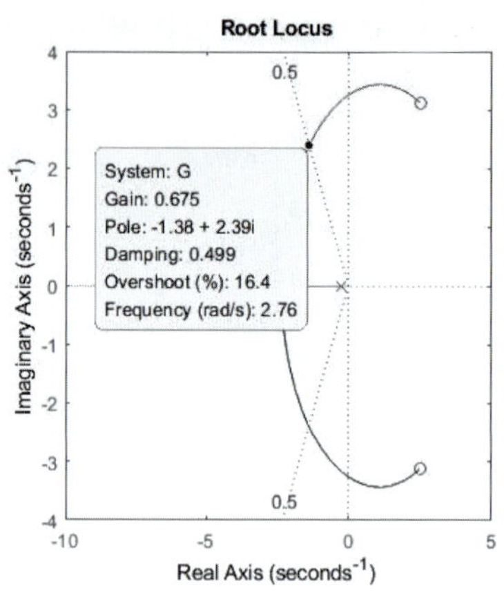

그림 11.16 **피드백 제어구조의 근 궤적도.**

이득은 근 궤적도 상에서 마우스를 원하는 위치로 이동한 다음 왼쪽 버튼을 클릭하여 나타나는 태그로부터 확인할 수 있다. 근 궤적이 허수축과 교차할 때의 이득은 약 1.59이며, 근 궤적이 $\zeta = 0.5$의 제동비 선과 교차할 때의 이득은 0.675임을 알 수 있다.

MATLab

PID 제어루프의 근 궤적도

PID 제어기에서 $K_c = K_P$, $K_c\tau_D = K_D$, $\dfrac{K_c}{\tau_I} = K_I$라 두면 제어기의 전달함수는

$$G_c(s) = \frac{M(s)}{E(s)} = K_P + \frac{K_I}{s} + K_D s = \frac{K_D s^2 + K_P s + K_I}{s}$$

가 된다. 공정의 전달함수가 $G_p(s) = \dfrac{1}{s^2}$일 때 임의의 조절 파라미터 값들에 대한 근 궤적도를 그려보자. 이를 수행하는 MATLAB 스크립트(rootPID.m)는 다음과 같다. 열린루프 전달함수는 명령어 conv를 이용하여 구성한다.

```
% rootPID.m : PID 제어 loop의 근 궤적도
nump = 1; denp = [1 0 0]; % % 공정의 전달함수
% 제어기 tuning parameters의 입력
Kd = input('Enter Kd: '); Kp = input('Enter Kp: '); Ki = input('Enter Ki: ');
numc = [Kd Kp Ki]; denc = [1 0]; % PID 제어기
numol = conv(numc,nump); denol = conv(denc,denp); % open-loop 전달함수
rlocus(numol, denol); % 근 궤적도
grid, title('PID 제어 loop의 근 궤적도');
```

K_D, K_P, K_I를 각각 2.5, 2.2, 3.8로 설정하는 경우의 스크립트의 수행결과는 다음과 같다.

```
>> rootPID
Enter Kd = 2.5
Enter Kp = 2.2
Enter Ki = 3.8
```

근 궤적도는 그림 11.17에 보인 바와 같다.

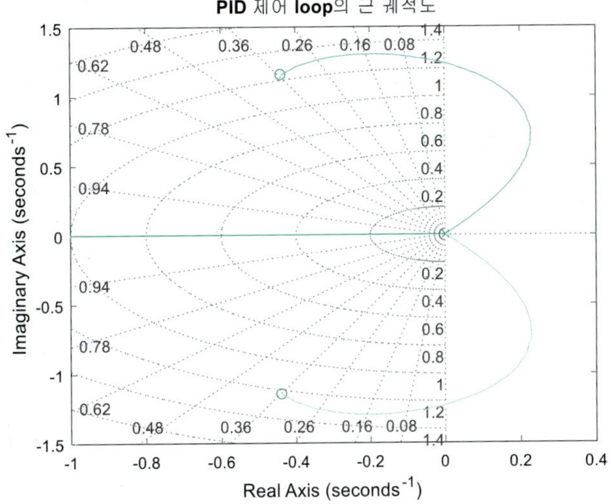

그림 11.17 PID 제어루프의 근 궤적도.

11.5 요약

- 열린루프 안정성, 또는 자기조정(self-regulating)성: 대부분의 화학공정들은 feedback 제어구조를 설치하지 않은 그 자체로서 안정
- 제한입력-제한출력(bounded-input, bounded output, BIBO) 안정성: 제한된 범위를 갖는 입력변수의 변동에 대해서 출력변수가 제한된 범위 내에 존재할 때 그 공정은 안정
- 특성방정식: 총괄전달함수의 분모를 0으로 둔 방정식 $1 + G_c G_v G_T G_p G_m = 1 + G_{OL} = 0$
- Feedback 제어 시스템의 특성방정식의 근 가운데 어느 하나라도 양, 또는 양의 실수부를 갖는다면 그 시스템은 불안정
- 특성방정식의 근이 복소평면(s-평면) 상에서 허수축 왼쪽 평면상에 존재하면 제어 시스템은 안정하며 오른쪽 평면상에 존재하면 제어 시스템은 불안정
- 상태공간 모델 $\dot{x} = Ax + Bu,\ y = Cx$의 특성방정식: $|sI - A| = 0$
- 특성방정식의 모든 근이 음의 실수부를 갖기 위해서는 Routh 배열의 첫 번째 열의 모든 원소들이 양이어야 한다.
- 특성방정식의 근이 허수축 상에 존재하면 제어 시스템은 안정과 불안정성의 경계 상에 위치: 허수축 상에 존재하는 근을 직접 대입하여 이로부터 한계조건에 있는 제어기 매개변수를 계산
- 일정한 진동이 감쇄되거나 증폭되지 않고 반복되는 경우의 주파수 ω_u는 한계 주파수, 주기 $T_u = \dfrac{2\pi}{\omega u}$는 한계주기
- 근 궤적도(root locus): K_c의 변화에 따른 근의 이동상황을 복소평면 상에 표시한 그림
- 근 궤적도에서는 시간지연이 존재할 경우의 처리가 어려우며 파라미터가 K_c 이외에 더 존재할 경우 계산이 매우 복잡

점/검/문/제

11.1 특성방정식이 $1 + \frac{K_v K_p}{\tau s + 1} G_c = 0$와 같이 주어지는 시스템을 비례제어기를 사용하여 제어하고자 한다. 다음 중 어느 경우에 시스템이 안정한가?

① $K_p = -1,\ K_v = 1,\ K_c = 1$ ② $K_p = 1,\ K_v = 1,\ K_c = -1$
③ $K_p = 1,\ K_v = -1,\ K_c = -1$ ④ $K_p = 1,\ K_v = -1,\ K_c = 1$

11.2 특성방정식이 $1 + \frac{G_c(s)}{(2s+1)(5s+1)} = 0$와 같은 시스템을 비례제어기를 이용하여 제어할 때 진동응답이 나타나는 것은 어느 경우인가?

① $K_c = -2$ ② $K_c = -1$ ③ $K_c = 0$ ④ $K_c = 1$

11.3 특성방정식이 $10s^3 + 17s^2 + 8s + 1 + K_c = 0$와 같은 시스템을 안정하게 해주는 제어기의 이득 K_c는 다음 중 어느 것인가?

① −20 ② −10 ③ 10 ④ 20

11.4 그림에 보인 시스템에서 제어기는 비례제어기로서 $G_c = K_c$이고 $G_v = 2$, $G_m = 0.25$, 그리고 $G_p = \frac{4e^{-s}}{5s+1}$ 이다. 제어기의 한계이득(K_{cu})을 구하여라.

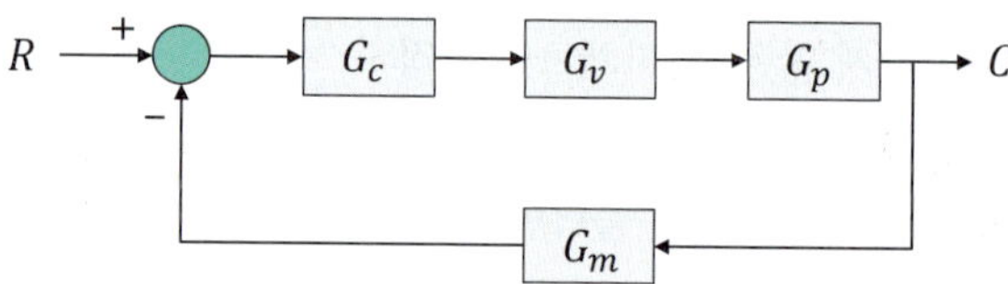

그림 11.18 비례제어루프.

① 3.25 ② 3.75 ③ 4.252 ④ 4.75

11.5 다음과 같은 제어구조의 특성방정식은 어느 것인가?

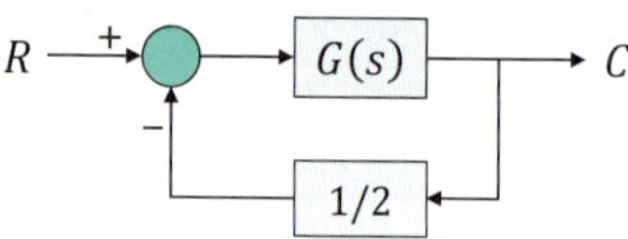

그림 11.19 Feedback 제어루프.

① $1 + 2G(s) = 0$ ② $1 - 2G(s) = 0$ ③ $2 - G(s) = 0$ ④ $2 + G(s) = 0$

11.6 특성방정식이 $10s^3 + 17s^2 + 8s + 1 + K_c = 0$와 같을 때 시스템의 한계이득(ultimate gain, K_{cu})과 한계주기(ultimate period, T_u)는 얼마인가?

① $K_{cu} = 12.6,\ T_u = 7.0248$　② $K_{cu} = 12.6,\ T_u = 0.8944$

③ $K_{cu} = 13.6,\ T_u = 7.0248$　④ $K_{cu} = 13.6,\ T_u = 0.8944$

11.7 특성방정식의 근이 다음에 나타낸 복소평면의 어느 부분에 위치해야 닫힌루프 시스템이 안정한가?

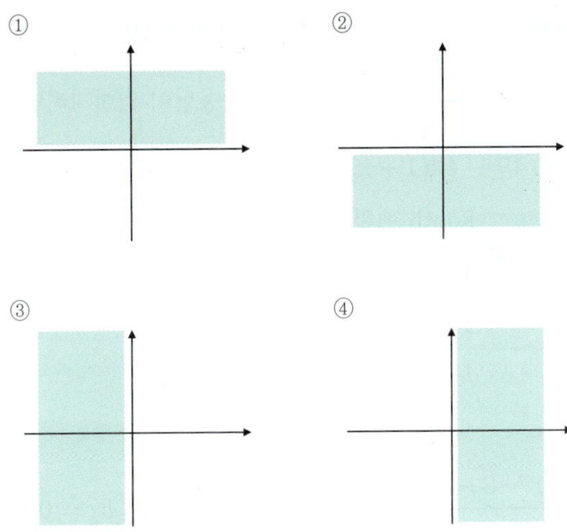

11.8 닫힌루프 시스템의 안정성에 대한 다음 설명 중 맞는 것은?

① 제한된 범위를 갖는 입력변수의 변동에 대하여 출력변수가 제한된 범위 내에 존재해야 한다.

② 모든 입력변수 변동에 대하여 출력변수가 제한된 범위 내에 존재해야 한다.

③ 특성방정식의 근은 모두 양, 또는 양의 실수부를 가져야 한다.

④ 특성방정식의 근 가운데 어느 하나라도 음, 또는 음의 실수부를 가져야 한다.

11.9 특성방정식이 $a_n s^n + a_{n-1}s^{n-1} + \cdots + a_1 s + a_0 = 0$와 같을 때 안정하기 위한 조건으로 틀린 것은? (단 $a_n > 0$)

① 계수들은 모두 음이 아니어야 한다.

② 계수들은 모두 양이어야 한다.

③ 계수들 중에 0인 항이 있으면 안 된다.

④ Routh 조합의 제1열의 모든 원소들은 양이어야 한다.

11.10 다음 특성방정식 가운데 불안정한 시스템은 어느 것인가?

① $s^4 + 4s^3 + 7s^2 + 4s + 7 = 0$

② $s^4 + 4s^3 + 7s^2 + 4s + 5 = 0$

③ $s^4 + 4s^3 + 7s^2 + 4s + 3 = 0$

④ $s^4 + 4s^3 + 7s^2 + 4s + 1 = 0$

점검 문제 해답

11.1 ③ **풀이** 비례 제어기를 사용하므로 $G_c = K_c$이다. 따라서 특성방정식은 $\tau_s + 1 + K_cK_vK_p = 0$이다. 이로부터 $s = -\dfrac{1 + K_cK_vK_p}{\tau}$이 근 s가 음이면 제어시스템은 안정하다. s가 음이기 위한 조건은 $-\dfrac{1 + K_cK_vK_p}{\tau} < 0$. 시간상수 τ는 언제나 양이므로 시스템이 안정하기 위한 조건은 $1 + K_cK_vK_p > 0$, 즉 $K_cK_vK_p > -1$이다.

11.2 ④ **풀이** $G_c = K_c$를 대입하고 정리하면 $10s^2 + 7s + (1 + K_c) = 0$이므로 $s = \dfrac{-7 \pm \sqrt{49 - 40(1 + K_c)}}{20}$ 진동응답이 얻어지려면 $\sqrt{49 - 40(1 + K_c)}$이 복소수가 되어야 하므로 $49 - 40(1 + K_c) < 0 \rightarrow K_c > 9/40$.

11.3 ③ **풀이** Routh 배열을 구성하면

1	10	8
2	17	$1 + K_c$
3	b_1	b_2
4	c_1	

$$b_1 = \frac{17 \cdot 8 - 10(1 + K_c)}{17} = \frac{126 - 10K_c}{17}, \quad b_2 = 0, \quad c_1 = \frac{b_1 \cdot (1 + K_c) - 0}{b_1} = 1 + K_c.$$

따라서 안정하기 위한 조건은

$$b_1 = \frac{126 - 10K_c}{17} > 0 \rightarrow K_c < 12.6, \quad c_1 = 1 + K_c > 0 \rightarrow K_c > -1. \quad \therefore -1 < K_c < 12.6$$

11.4 ③ **풀이** 특성방정식은 $1 + G_cG_vG_pG_m = 1 + K_c \cdot 2 \cdot 0.25 \cdot \dfrac{4e^{-s}}{5s + 1} = 1 + \dfrac{2K_ce^{-s}}{5s + 1} = 0$ 이므로 s 대신 iw를 대입하면 $5iw + 1 + 2K_ce^{-iw} = 0$. Euler 식에서 $e^{-iw} = \cos w - i \sin w$ 이므로 이를 대입하면 $1 + 2K_c \cos w + i(5w - 2K_c \sin w) = 0$. (실수부) $= 1 + 2K_c \cos w = 0$, (허수부) $= 5w - 2K_c \sin w = 0$. 이 식을 연립으로 풀면 $\tan w = -5w$, $K_c = -1/2 \cos w$ 로부터 여러 개의 근이 나오는데 $w > \pi$인 w는 주기적 성질에 의해 무용한 해이다.

$w = 1.6887 \rightarrow K_c = K_{cu} = 4.2512$. 한편 한계주기 T는 $T = \dfrac{2\pi}{w} = \dfrac{2\pi}{1.6887} = 3.7207$이다.

11.5 ④ **풀이** $1 + 0.5G(s) = 0$로부터 $2 + G(s) = 0$

11.6 ① **풀이** s 대신 iw_u를 대입하면 $-10iw_u{}^3 - 17w_u{}^2 + 8iw_u + 1 + K_c = 0$
(실수부) $= -17w_u{}^2 + 1 + K_c = 0$, (허수부) $= -10w_u{}^3 + 8w_u = 0$
이로부터 $w_u{}^2 = 0.8$, $w_u = 0.8944$일 때 $K_c = 12.6$이므로 한계주기 T_u는

$$T_u = \frac{2\pi}{w_u} = \frac{2\pi}{0.8944} = 7.0248$$

11.7 ③ **11.8** ① **11.9** ③

11.10 ① **풀이**

1	1	7	7
2	4	4	
3	b_1	b_2	
4	c_1		

$$b_1 = \frac{4 \cdot 7 - 1 \cdot 4}{4} = 6, \quad b_2 = \frac{4 \cdot 7 - 1 \cdot 0}{4} = 7, \quad c_1 = \frac{6 \cdot 4 - 4 \cdot 7}{6} = -\frac{2}{3}$$

연/습/문/제

11.1 어떤 공정에 대한 상태함수 모델식은 다음과 같다:

$$\frac{d}{dt}\begin{bmatrix}x_1\\x_2\end{bmatrix} = \begin{bmatrix}-5 & -1.5\\1 & -3\end{bmatrix}\begin{bmatrix}x_1\\x_2\end{bmatrix} + \begin{bmatrix}1\\0\end{bmatrix}u(t), \qquad y(t) = \begin{bmatrix}1 & 0\end{bmatrix}\begin{bmatrix}x_1(0)\\x_2(0)\end{bmatrix}$$

특성방정식의 근을 구하고 이로부터 이 공정이 안정한지의 여부를 판별해 보라.

11.2 다음에 보인 제어구조의 특성방정식을 구하고 Routh 배열을 구성하여 제어 시스템이 안정하기 위한 제어기의 이득 K_c의 범위를 구하여라.

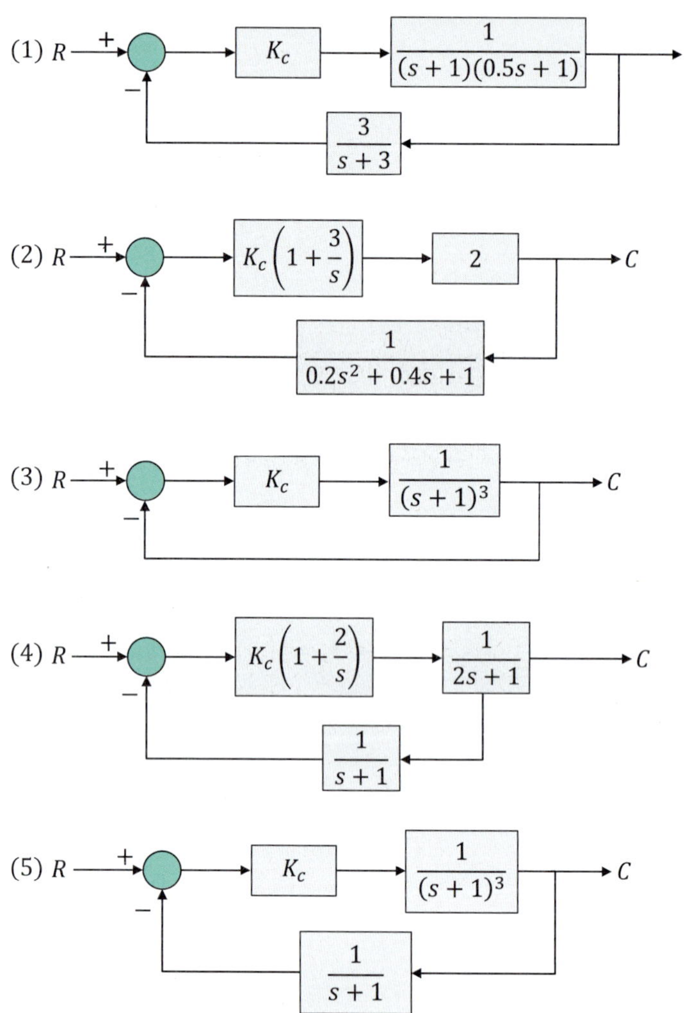

11.3 전달함수가 $G_p(s) = \dfrac{2}{s-4}$와 같은 1차공정을 제어하고자 한다. $G_m = G_v = 1$이라 가정한다.

(1) P 제어기를 사용하는 경우 제어 시스템이 안정하기 위한 제어기의 이득 K_c의 범위를 구하여라.

(2) PI 제어기(적분시간 = 1)를 사용하는 경우 제어 시스템이 안정하기 위한 제어기의 이득 K_c의 범위를 구하여라.

11.4 시간지연이 존재하는 어떤 닫힌루프 제어시스템의 특성방정식이

$$1 + \frac{K_c e^{-4s}}{3s+1} = 0$$

와 같이 주어져 있다. 1차 Pade 근사를 이용하여 위의 제어 시스템이 안정하기 위한 제어기의 이득 K_c의 범위를 구하여라.

11.5 다음에 보인 제어 시스템이 안정하기 위한 제어기의 이득 K_c의 범위를 구하여라. 1차 Pade 근사를 이용한다.

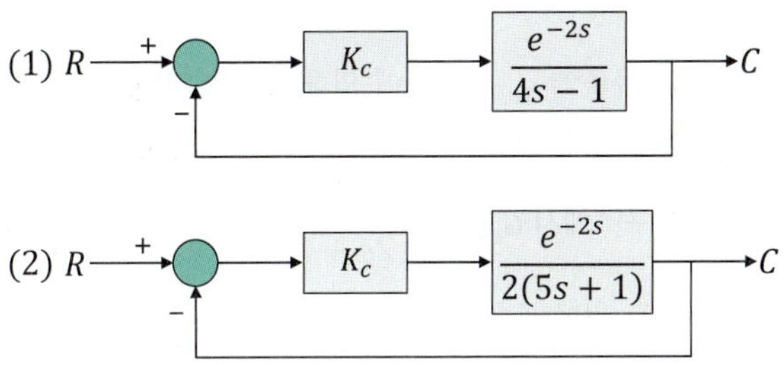

11.6 그림에 보인 feedback 제어 시스템에서 $G_c = K_c(1+2s)$, $G_v(s) = \frac{1}{s+1}$, $G_p(s) = \frac{3}{(2s+1)^2}$, $G_m(s) = \frac{1}{5s+1}$이다. 이 제어 시스템이 안정하기 위한 제어기의 이득 K_c의 범위를 구하여라.

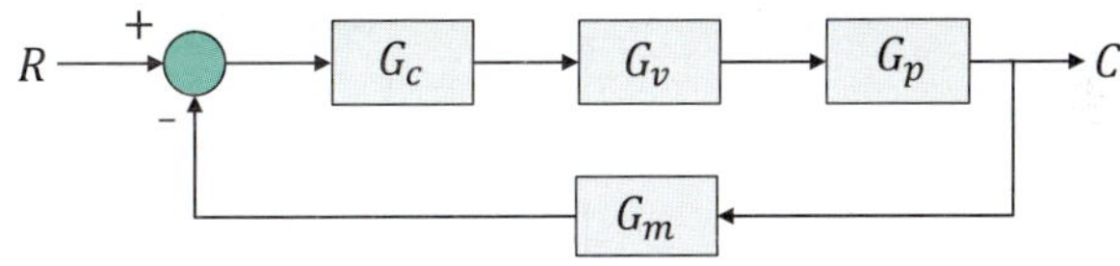

그림 P11.6

11.7 보기 11.8의 시스템에서 지수항을 2차 Pade 식으로 근사할 경우 제어기 이득의 안정한계를 구하여라. 또한 이 결과를 보기 11.8 및 보기 11.10과 비교해 보라.

11.8 Routh 배열을 계산하다 보면 어떤 행의 첫 번째 열의 원소값이 0이 되는 경우가 있는데 이때에는 다음의 방법을 적용하여 안정성을 판별할 수 있다.

1) 0인 요소를 작은 수 ϵ로 대치하고 계산한 후 $\epsilon \to 0$을 취해 부호변화를 관찰한다.
2) 원래의 다항식에 $s + \alpha$를 곱해 계산을 다시 한다.
3) 원래의 다항식의 s를 $1/x$로 대치하여 정리한 후 계산을 다시 한다.

특성방정식이 $s^4 + s^3 + 2s + 5 = 0$일 때 앞의 세 가지 방법을 적용해 보라. 또한 $s^3 + 2s^2 + 2s + 2 = 0$의 안정성을 판별하여라.

11.9 Routh 배열을 계산하다 보면 한 행의 모든 원소가 0인 경우가 생길 수 있는데, 이때에는 바로 앞 행의 계수를 갖는 보조방정식을 취하고, 이를 미분하여 0이 되는 행에 대치한 다음 계산을 계속해 나가면 된다. 다음과 같은 특성방정식에 대하여 이를 확인해 보라.

(1) $(s+1)(s-1)(s^2+25)(s+2) = 0$　　(2) $s^3 + 6s^2 + 11s + 66 = 0$

11.10 다음의 블록선도는 연속교반 가열공정에서의 온도제어구조를 보인 것이다. 수증기의 유량변화에 대한 가열공정의 이득은 50 ℃/(kg/s)이고 시간상수는 30초이며, 센서/전환기의 시간

상수는 10초이고 보정범위는 50~150℃이다. 제어밸브는 시간상수가 3초이고 이득이 0.016 (kg/s)/%인 선형밸브이다. 제어기로서 비례제어기를 사용할 경우 이 제어구조가 안정하기 위한 제어기의 이득 K_c의 범위를 구하여라.

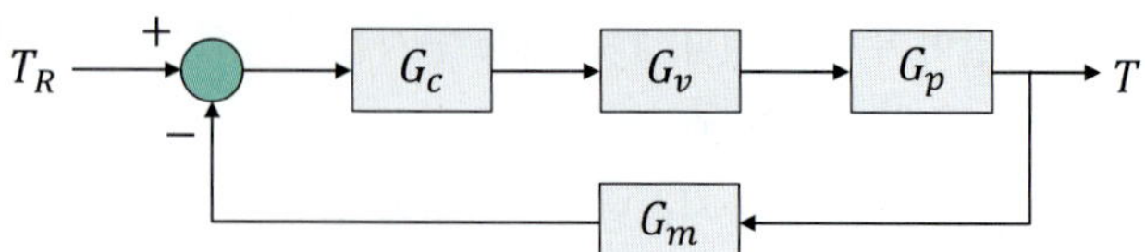

그림 P11.10

11.11 그림에 보인 탱크로부터의 유출액 q_o는 펌프에 의해 일정하게 유지되고 있으며 탱크의 단면적 A는 2(단위생략), $h(0) = 0$이다. 이 액위공정에 대한 feedback 제어구조는 아래의 블록선도에 나타낸 바와 같다. 제어구조에서 $G_c(s) = \dfrac{0.5}{2s+1}$이다.

(1) 이 제어구조가 안정하기 위한 K_c의 범위를 구하여라.

(2) K_c가 얼마일 때 제어 응답이 임계거동(critically damped behavior)을 보이는가?

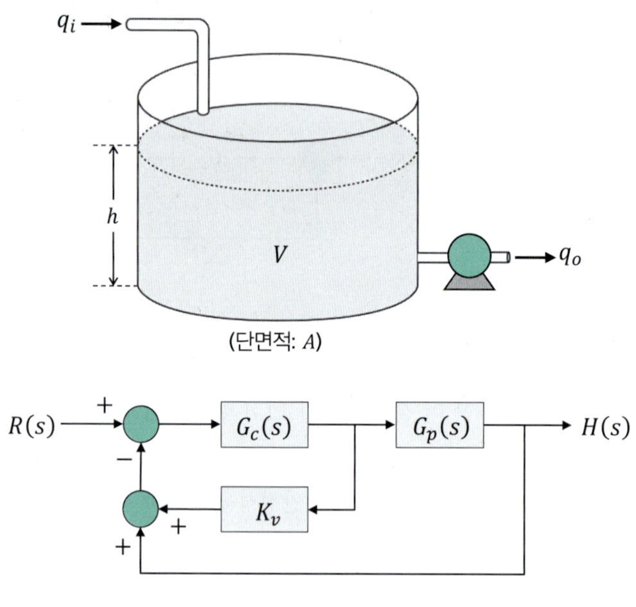

그림 P11.11

11.12 다음은 P 제어기를 사용하는 feedback 제어구조를 보인 것이다. 이 제어 시스템이 안정하기 위한 제어기의 이득 K_c와 τ의 범위를 구하여라.

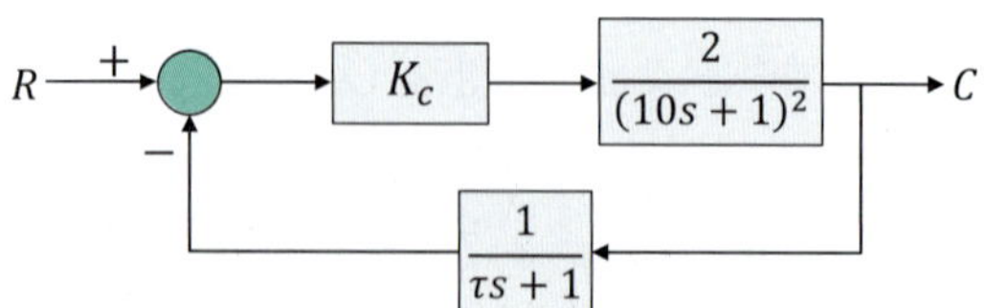

그림 P11.12

11.13 다음에 보인 feedback 제어 시스템이 안정하기 위한 제어기의 이득 K_c와 τ_D의 범위를 구하여라.

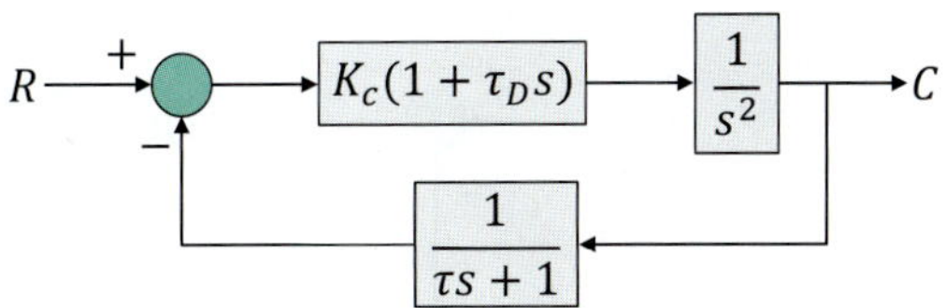

그림 P11.13

11.14 $G(s) = \dfrac{K}{s-a}$, $K > 0,\ a > 0$인 열린루프 불안정 공정에 PID 제어기를 사용한다면 제어기 파라미터의 조건은 어떻게 한정되는가?

11.15 공정의 전달함수가 $G(s) = \dfrac{K(\tau_a s+1)}{(\tau_1 s+1)(\tau_2 s+1)}$와 같은 시스템에서 비례제어기를 사용한다면 τ_a의 부호에 따라 K_c의 범위는 어떻게 달라지겠는가? $K > 0$이며 밸브 및 측정장치의 동특성은 무시한다.

11.16 어떤 공정의 전달함수는 $G_p(s) = \dfrac{K}{s-2}$로 주어지며 feedback 제어시스템의 특성방정식은 $1 + G_c(s)G_p(s) = 0$과 같다.

(1) $G_c(s) = 3(1 + \tau_D s)$ (즉 PD 제어기)일 때 이 제어 시스템이 안정하기 위한 조건을 구하여라(단 τ_D는 양수).

(2) $G_c(s) = K_c\left(1+\dfrac{1}{2s}\right)$(즉 PI 제어기)일 때 이 제어 시스템이 안정하기 위한 조건을 구하여라.

11.17 그림에 보인 제어구조에서 $G_1(s) = \dfrac{1}{s-1}$, $G_2(s) = \dfrac{1}{s+1}$, $G_m(s) = \dfrac{1}{2s+1}$이며 사용되는 제어기로는 PI 제어기로서 $G_c(s) = K_c\left(1+\dfrac{1}{\tau_I s}\right)$이다.

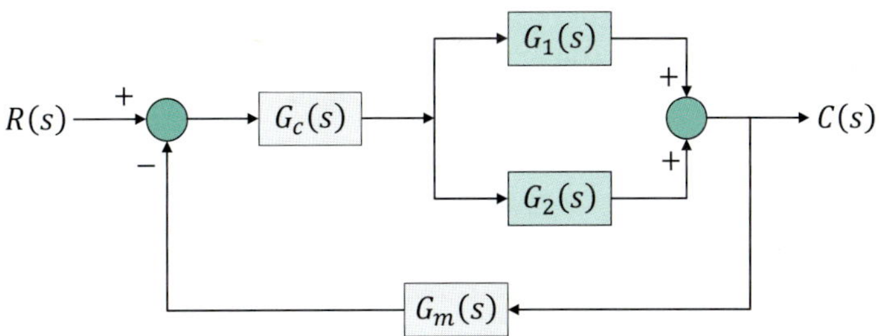

그림 P11.17

(1) 설정값(set point) R에 단위계단 변화가 도입되었을 때 잔류오차(offset)를 구하여라.

(2) 이 제어 시스템이 안정하기 위한 K_c와 τ_I의 범위를 구하여라.

11.18 그림에 보인 제어구조에서 $G_c(s) = K_c(1 + \tau_D s)$, $G_p(s) = \dfrac{1}{s}$, $G_m(s) = \dfrac{1}{s+1}$이다.

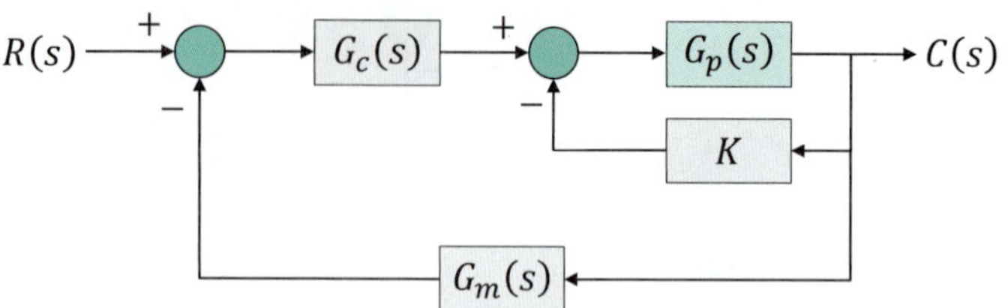

그림 P11.18

(1) 설정값(set point) R에 단위계단 변화가 도입되었다. $K = 2$일 때 잔류오차(offset)를 구하여라.

(2) $K = -2$일 때 이 제어 시스템이 안정하기 위한 K_c의 범위를 구하여라.

✱ MATLAB 활용 문제

11.19 그림과 같은 제어시스템에서 제어기의 이득 K_c의 변화에 따른 근 궤적을 작성하고 복소평면상에 나타내어라. 그림에서 $G_p(s) = \dfrac{2}{(3s+1)(s+1)}$, $G_m(s) = \dfrac{0.5}{0.5s+1}$이다.

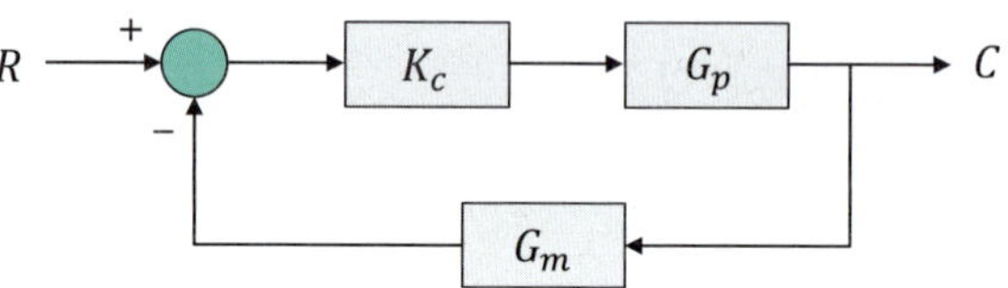

그림 P11.19

11.20 다음에 보인 제어시스템에서 제어기 이득 K_c의 변화에 따른 근 궤적도를 작성하고 안정성에 대해 언급하여라. 그림에서 $G_p(s) = \dfrac{2}{(3s+1)(s+1)}$, $G_c(s) = K_c(0.2s+1)$ 이고 $G_m(s) = \dfrac{1}{2}$이다.

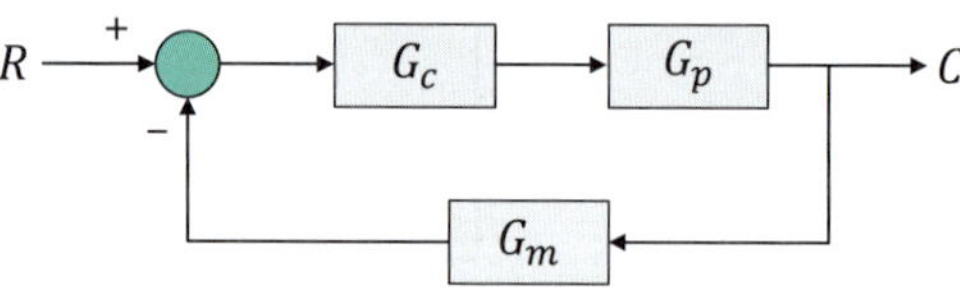

그림 P11.20

11.21 그림 P11.21은 두 개의 탱크들로 이루어진 혼합공정을 나타낸 것이다. 생성물 중의 A 성분 농도를 원하는 수준으로 유지하기 위하여 첫 번째 탱크로 도입되는 순수한 A 성분의 유량을 제어하고 있다. 제어기로는 PI 제어기 $\left(G_c(s) = K_c\left(1 + \dfrac{1}{\tau_I s}\right)\right)$가 이용되고 있으며 2-탱크 혼합

공정의 전달함수는 $G_p(s) = \dfrac{1}{(1.2s+1)(2.3s+1)}$과 같다. 농도측정센서 및 밸브의 동특성은 무시하기로 한다(즉 $K_m = K_v = 1$).

(1) 닫힌루프 feedback 제어구조의 특성방정식을 구하여라.

(2) 제어기의 이득과 적분시간이 각각 다음과 같을 때 특성방정식의 근을 구하고 제어 시스템이 안정한지의 여부를 판별하여라:

(가) $K_c = 0.2,\ \tau_I = 1.3$ (나) $K_c = 2.1,\ \tau_I = 0.2$

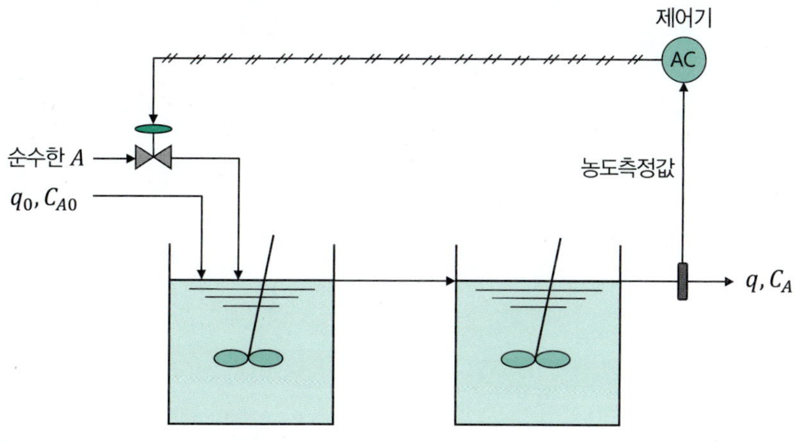

그림 P11.21 2-탱크 혼합공정.

최신 공정제어공학 MATLAB의 활용과 실습

공정의 규명과 표현

우리가 제어하고자 하는 공정은 일반적으로 매우 복잡하며 대부분 비선형이기 때문에 그에 대한 정확한 수학적 모델을 구하는 것은 매우 어려운 일이다. 따라서 실험 데이터나 조업 자료를 근거로 하여 공정을 보다 다루기 쉽고 간편한 1차나 2차의 모델식으로 근사하여 공정의 전달함수를 다음과 같은 형태로 나타내는 방법이 널리 이용된다.

$$G_p(s) = \frac{K_p e^{-\theta s}}{\tau s + 1}$$

$$G_p(s) = \frac{K_p e^{-\theta s}}{\tau^2 s^2 + 2\tau\zeta s + 1}$$

$$G_p(s) = \frac{K_p(\tau_3 s + 1)e^{-\theta s}}{(\tau_1 s + 1)(\tau_2 s + 1)}$$

실제로 많은 화학공정들은 시간지연이 존재하는 1차 모델식(First-Order Plus Dead Time, FOPDT)으로 적절히 나타낼 수 있음이 알려져 있다. 컴퓨터 활용 기술이 발달한 최근에는 많은 양의 데이터를 다양한 방법으로 처리함으로써 좀더 정확한 공정 모델을 구할 수 있다.

12.1 시간지연을 갖는 모델식을 이용한 공정의 표현

12.1.1 계단입력의 이용: 공정반응곡선

Feedback 제어구조는 그림 12.1(가)에 보인 바와 같이 여러 요소들로 구성된다. 그림에서 제어변수의 측정값 C_m만을 고려한다면 (가)는 (나)와 같이 다시 정리하여 나타낼 수 있다.

그림 12.1(나)에서 $G(s) = G_v(s)G_p(s)G_m(s)$는 제어되는 공정과 제어밸브 및 센서/전환기를 모두 고려한 전달함수이다. 일반적으로 닫힌루프를 구성하는 전달함수에서 제어기 전달함수를 제외한 전달함수 $G(s)$를 열린루프(open loop) 전달함수라고 한다. 공정의 계단응답은 제어기 출력 M이 계단변화하여 전달함수에 도입될 때 나타나는 측정변수 C_m의 변화를 의미한다. 공정의 계단응답을 구하기 위해서는 우선 그림 12.2에 보인 바와 같이 제어회로를 차단시키고(open-loop) 제어기로부터 공정으로 도입되는 제어기 출력변수 $m(t)$에 인위적으로 계단변화를 가한다. 이때 센서/전환기로부터 얻는 출력값을 그래프로 나타내면 응답곡선을 얻을 수 있는데 이 경우 가급적 외부로부터 교란변수가 도입되지 않도록 해야 한다.

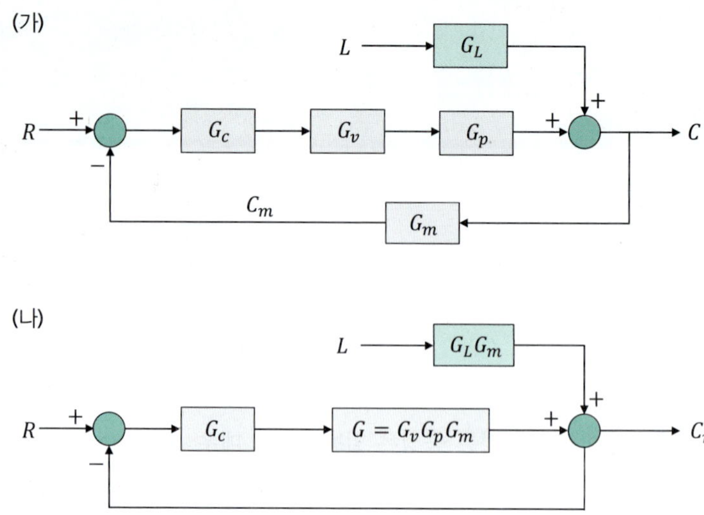

그림 12.1 Feedback 제어구조.

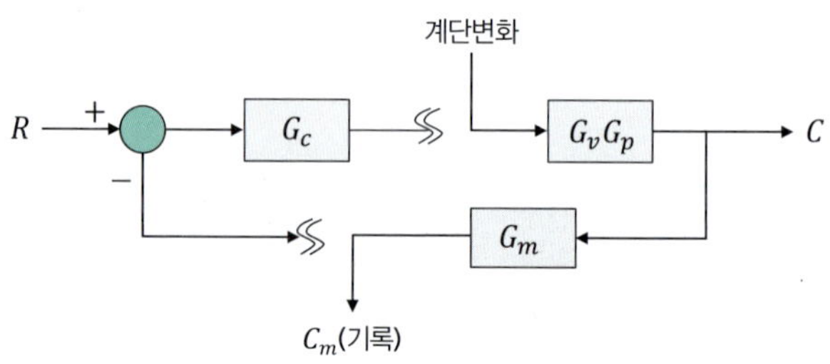

그림 12.2 Open-loop 제어회로.

위에서 얻은 응답곡선은 공정(공정+밸브+센서/전환기)의 계단응답곡선, 또는 공정반응곡선(process reaction curve)이라고 부른다. 계단입력은 공정에 지속적인 자극을 가하지 않으므로 공정반응곡선으로부터 공정의 동특성에 관한 완전한 정보를 얻을 수는 없다. 크기가 Δm인 계단변화가 도입되었을 경우 화학공정의 반응곡선은 일반적으로 그림 12.3과 같이 얻어진다.

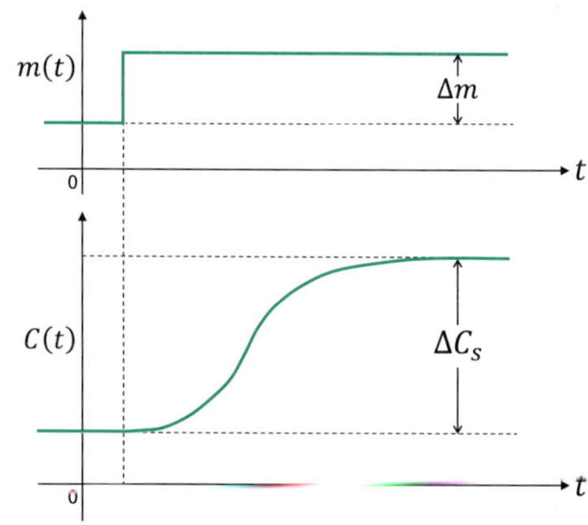

그림 12.3 공정 반응곡선.

12.1.2 시간지연이 존재하는 1차 모델식을 이용한 공정의 표현

열린루프 전달함수 $G(s)$가 시간지연이 존재하는 1차식이라면 그의 계단응답은 그림 12.3과 비슷한 형태를 갖는다. 즉 그림 12.3에 보인 바와 같은 응답 형태는 근사적으로 다음과 같이 시간지연이 존재하는 1차 모델식으로 나타낼 수 있다.

$$G_p(s) = \frac{K_p e^{-\theta s}}{\tau s + 1} \tag{12.1}$$

따라서 그림 12.1의 공정모델 $G(s) = G_v(s)G_p(s)G_m(s)$을 구하는 일은 식 (12.1)의 이득(gain) k_p와 시간상수 τ 및 시간지연 θ를 구하는 일로 귀착된다.

(1) 공정이득 K_p의 계산

열린루프에서 크기 Δm인 계단입력을 공정 $G_p(s)$에 가하였다면 $M(s) = \Delta m/s$이므로 식 (12.1)로부터

$$C(s) = M(s)G_p(s) = \frac{K_p \Delta m e^{-\theta s}}{s(\tau s + 1)}$$

이를 역 라플라스 변환시키면

$$C(t) = c(t) - c_s = K_p \Delta m \{1 - e^{-(t-\theta)/\tau}\} u(t - \theta) \tag{12.2}$$

그림 12.3의 응답곡선에서 새로운 정상상태에 도달하면 $C(\infty) = \Delta C_s$이다. 한편 식 (12.2)로부터 $\lim_{t\to\infty} C(t) = K_p \Delta m$이므로

$$\Delta C_s = K_p \Delta m \quad \rightarrow \quad K_p = \frac{\Delta C_s}{\Delta m} \tag{12.3}$$

즉 공정의 이득 K_p는 입력변수의 변화에 대한 정상상태에서의 출력변수 변화의 비로 주어진다.

(2) 시간상수와 시간지연의 계산

계단입력을 가하여 얻은 공정 반응곡선(그림 12.3)으로부터 시간상수와 시간지연을 구하는 방법은 많이 있으나 다음의 세 가지 방법이 주로 사용된다.

① 방법 1: 접선의 이용

공정 반응곡선의 기울기가 최대인 시점에서 접선을 그어 그로부터 시간상수와 시간지연을 구하는 방법이다. 기울기가 최대인 시점은 그림 12.4에서 알 수 있는 바와 같이 $t = \theta$일 때이다. 이때의 기울기는 식 (12.2)와 (12.3)으로부터 $t = \theta$일 때

$$\left.\frac{dC(t)}{dt}\right|_{t=\theta} = \frac{K_p \Delta m}{\tau} = \frac{\Delta C_s}{\tau} \tag{12.4}$$

즉 그림 12.4의 응답곡선으로부터 θ는 출력변수의 변화가 눈에 띄게 나타나는 시점이고 τ는 $t = \theta$에서 그은 접선이 정상상태에서의 출력변수 값과 만나는 시점에서 θ를 뺀 값으로 주어진다. 그림

12.5는 이러한 과정에 의해서 얻어진 모델식의 응답과 실제 반응곡선을 나타낸 것인데 모델식의 응답과 실제의 공정응답과는 다소 차이가 있음을 알 수 있다. 이는 접선을 긋는 방법에 따라 시간상수 값이 많이 달라질 수 있기 때문이다. 접선을 이용하는 방법은 간편하며 손쉽게 사용할 수 있으나 정확도를 기하기가 매우 어렵다는 단점이 있다.

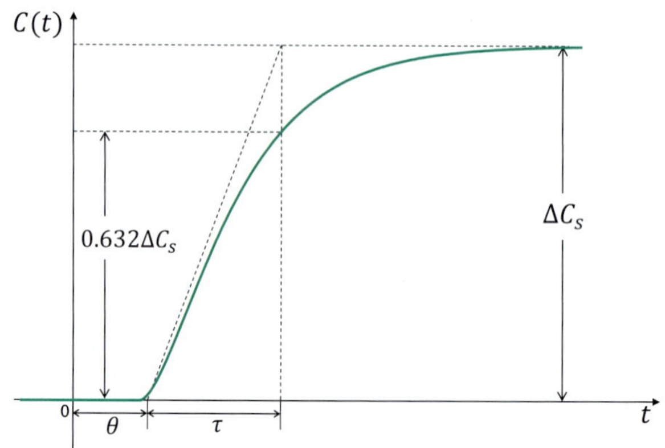

그림 12.4 1차공정 모델식의 계단응답과 접선.

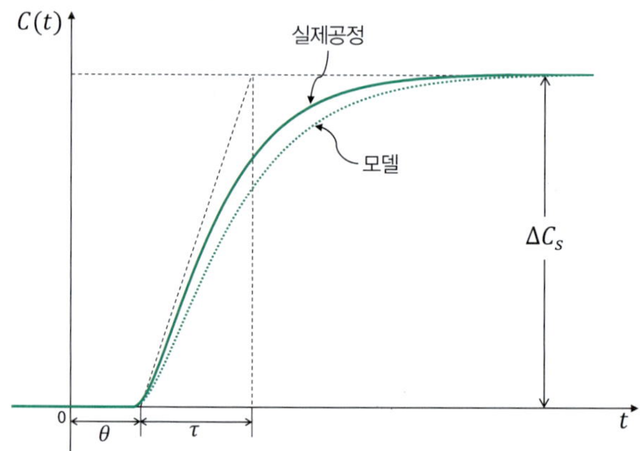

그림 12.5 1차공정 모델식과 실제공정의 응답.

② 방법 2: 시간상수에서의 응답값을 이용

시간지연을 구하는 것은 앞에서와 같으나 시간상수는 실제 공정의 응답값을 이용해 구한다. $t = \tau$에서 공정의 응답이 정상상태 값의 63.2%에 도달함은 이미 제5장에서 1차공정의 동특성으로부터 살펴본 바와 같다. 식 (12.2)로부터 $t = \theta + \tau$일 때 $C(\theta + \tau) = 0.632K\Delta m = 0.632\Delta C_s$이므로 실제 공정의 반응곡선(그림 12.3)에서 응답이 정상상태 값의 0.632배에 도달하는 시점(그림 12.4 참조)을 찾아 θ와 τ를 결정한다. 이 과정은 그림 12.6에 보인 바와 같다.

③ 방법 3: 모델과 실제값의 일치관계를 이용

응답곡선의 변화가 심한 영역에서 임의의 두 시점을 선택하고 이 시점에서 1차 모델식의 값과 실

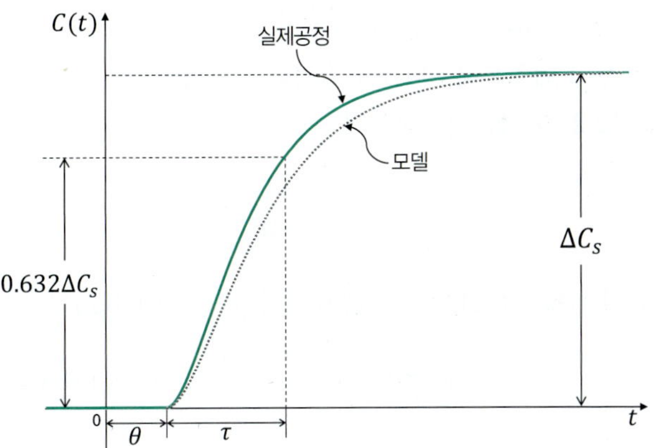

그림 12.6 **시간상수 응답값의 이용.**

제 응답값이 일치하는 것으로 간주한 다음 이 관계로부터 시간상수와 시간지연을 구한다. Smith[1]는 두 시점으로 $\theta = \tau/3$과 $\theta + \tau$를 제시하고 있다. 즉 식 (12.2)로부터 $t = \theta + \tau/3$에서

$$C(t) = C\left(\theta + \frac{\tau}{3}\right) = K_p \Delta m\left(1 - e^{-\frac{1}{3}}\right) = 0.283K\Delta m = 0.283\Delta C_s$$

이고 $t = \theta + \tau$에서

$$C(t) = C(\theta + \tau) = K_p \Delta m(1 - e^{-1}) = 0.632K\Delta m = 0.632\Delta C_s$$

따라서 그림 12.3의 실제 계단응답 곡선으로부터 응답이 정상상태 값 ΔC_s의 0.283배와 0.632배가 되는 시간 t_1과 t_2를 각각 읽는다. 그러면 $t_1 = \theta + \frac{\tau}{3}$, $t_2 = \theta + \tau$이므로

$$\tau = \frac{3}{2}(t_2 - t_1), \qquad \theta = \frac{1}{2}(3t_1 - t_2) \tag{12.5}$$

위의 과정은 그림 12.7에 보인 바와 같다.

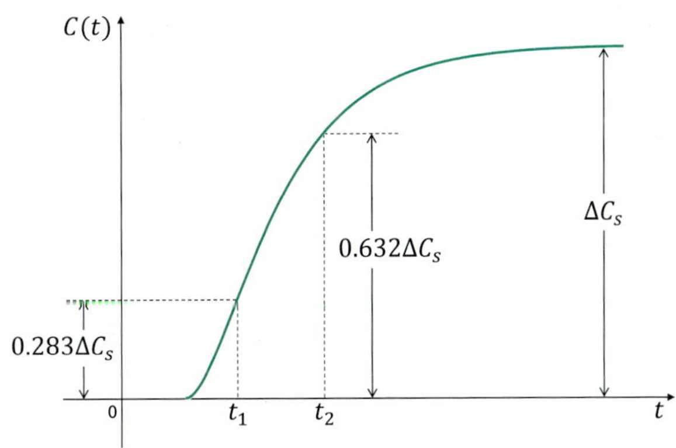

그림 12.7 **모델과 실제값의 일치관계의 이용.**

1. Smith, C. L.; *Digital Computer process Control*, Scranton, PA, Intext Educational Publishers, 1972.

한편 Krishnaswamy[2]는 응답이 정상상태 값 ΔC_s의 0.353배와 0.853배가 되는 시간을 각각 t_1과 t_2로 두고 이로부터 θ와 τ를 결정하는 방법을 제시하였다. t_1과 t_2가 모두 θ보다 크다고 간주하면 식 (12.2)와 (12.3)으로부터

$$\frac{C(t)}{\Delta C_s} = 1 - e^{-\frac{t-\theta}{\tau}}$$

이므로 t_1과 t_2에서 $C(t)/\Delta C_s$의 값이 각각 0.353과 0.853이라면

$$0.353 = 1 - e^{-\frac{t_1-\theta}{\tau}}, \qquad 0.853 = 1 - e^{-\frac{t_2-\theta}{\tau}}$$

위의 관계를 θ와 τ에 대하여 정리하면

$$\tau = 0.675(t_2 - t_1), \qquad \theta = 1.294t_1 - 0.294t_2 \tag{12.6}$$

를 얻는다.

위와 같은 방법으로부터 얻어지는 모델 파라미터 K_p, θ 및 τ들은 공정의 운전 및 시험조건과 계단입력변수의 크기 등에 따라 달라질 수 있다.

보기 12.1

그림 12.8에 보인 feedback 제어구조를 살펴보기로 한다.

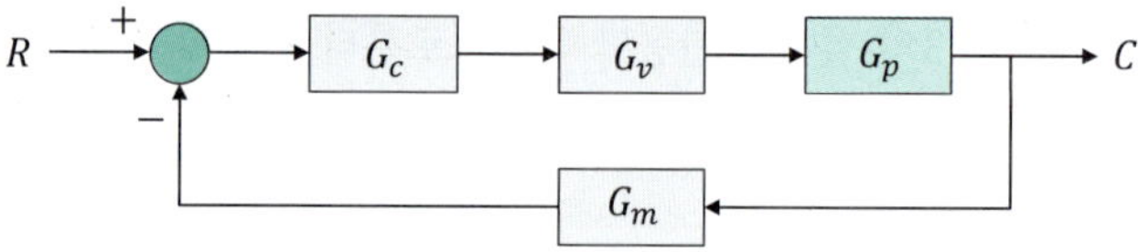

그림 12.8 Feedback 제어구조.

위에서 $G_v = \dfrac{1}{10s+1}, G_p = \dfrac{40}{20s+1}, G_m = \dfrac{0.02}{3s+1}$이다. 그림 12.9는 제어기와 제어밸브 사이를 차단하고 제어밸브로 도입되는 입력 $M(s)$에 크기 $\Delta m = 5\%$인 계단변화를 가했을 때 얻어지는 공정의 반응곡선이다. 앞에서 다룬 방법들을 이용하여 열린루프 전달함수 $G(s) = G_v(s)G_p(s)G_m(s)$를 근사적으로 나타내는 FOPDT 모델(즉 시간지연이 존재하는 1차 모델)을 구하여라.

풀이

블럭선도로부터 $G(s) = G_v(s)G_p(s)G_m(s) = \dfrac{0.8}{(10s+1)(20s+1)(3s+1)}$임을 알 수 있다. 먼저 공정의 이득 K_p는 $K_p = \dfrac{\Delta C_s}{\Delta m} = \dfrac{4}{5} = 0.8$이다. 이제 θ와 τ를 앞의 세 가지 방법에 따라 구해 보기로 한다.

2. Krishnaswamy, P. R. and Rangaiah, G. P., *Ind. Eng. Chem. Res.*, Vol.33, 1867 (1994).

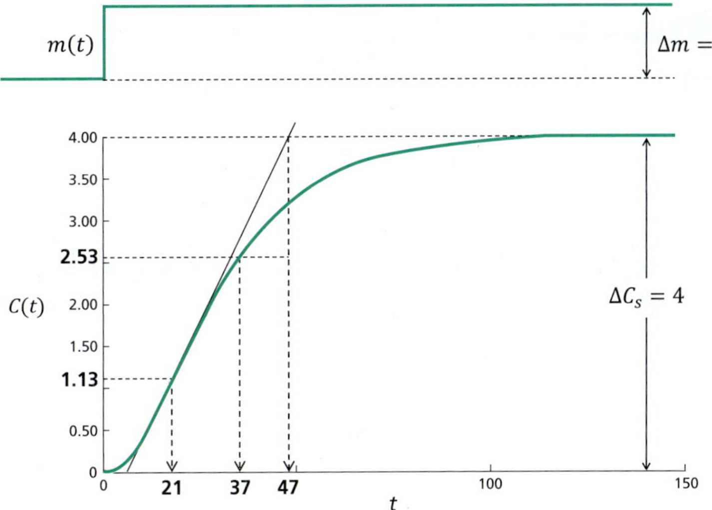

그림 12.9 **공정반응곡선.**

i) 방법 1: 그림 12.9의 반응곡선으로부터 $\theta = 8$ sec를 얻는다. 한편 반응곡선에 접선을 그으면 이 접선이 정상상태의 출력값 ΔC_s와 만나는 시점에서 $t = 47$이므로 $\tau = t - \theta = 47 - 8 = 39$ sec이다. 따라서 모델식은 다음과 같이 주어진다.

$$G(s) = \frac{0.8e^{-8s}}{39s + 1}$$

ii) 방법 2: $\theta = 8$ sec이고 그림 12.9의 반응곡선으로부터 응답이 최종값 $\Delta C_s = 4$의 0.632배, 즉 (4)(0.632) = 2.53이 되는 시점은 $t = 37$ sec이다. 따라서 $\tau = t - \theta = 37 - 8 = 29$ sec이고 모델식은 다음과 같이 주어진다.

$$G(s) = \frac{0.8e^{-8s}}{29s + 1}$$

iii) 방법 3: 반응곡선으로부터 응답이 최종값 $\Delta C_s = 4$의 0.283배, 즉 (4)(0.283) = 1.13이 되는 시점은 $t_1 = 21$ sec이고 응답이 최종값의 0.632배가 되는 시점은 앞에서 $t_2 = 37$ sec이므로 식 (12.5)로부터

$$\tau = (1.5)(37 - 21) = 24 \text{ sec}, \qquad \theta = (0.5)\{(3)(21) - 37\} = 13 \text{ sec}$$

따라서

$$G(s) = \frac{0.8e^{-13s}}{24s + 1}$$

위에서 얻은 세 가지 모델식 가운데에서 방법 2와 방법 3에 의한 모델식이 비교적 실제 공정과 유사한 결과를 제시해 준다. 어느 모델식을 이용하는가 하는 문제는 실제 공정에 얼마나 근접한 값을 제시해 주는지의 여부에 달려 있다.

보기 12.2

다음과 같은 2차 공정을 고려해 보기로 한다.

$$G_p(s) = \frac{K_p}{(\tau_1 s + 1)(\tau_2 s + 1)}, \qquad \tau_1 \gg \tau_2$$

이 공정의 응답을 근사적으로 나타낼 수 있는 1차 모델식 $G_p(s) = \dfrac{K_p e^{-\theta s}}{\tau s + 1}$을 앞의 방법 3에 의해 구하여라.

풀이

단위계단 입력변화를 생각하면 $M(s) = \dfrac{1}{s}$이므로

$$C(s) = G_p(s)M(s) = \frac{K_p}{s(\tau_1 s + 1)(\tau_2 s + 1)} = \frac{K_p}{s} - \left(\frac{K_p \tau_1}{\tau_1 - \tau_2}\right)\frac{1}{s + 1/\tau_1} + \left(\frac{K_p \tau_2}{\tau_1 - \tau_2}\right)\frac{1}{s + 1/\tau_2}$$

이를 역 라플라스 변환시키면

$$C(t) = K_p\left\{1 - \left(\frac{\tau_1}{\tau_1 - \tau_2}\right)e^{-\frac{t}{\tau_1}} + \left(\frac{\tau_2}{\tau_1 - \tau_2}\right)e^{-\frac{t}{\tau_2}}\right\} \qquad \textbf{(12.7)}$$

한편 $\Delta m = 1$이며 $\lim_{t\to\infty} C(t) = K_p = \Delta C_s$이다. 식 (12.2)와 (12.7)로부터 $t = \theta + \tau/3$이면

$$C\left(\theta + \frac{\tau}{3}\right) = (1 - e^{-1/3})K_p = K_p\left\{1 - \left(\frac{\tau_1}{\tau_1 - \tau_2}\right)e^{-\frac{\theta + \frac{\tau}{3}}{\tau_1}} + \left(\frac{\tau_2}{\tau_1 - \tau_2}\right)e^{-\frac{\theta + \frac{\tau}{3}}{\tau_2}}\right\}$$

한편 $t = \theta + \tau$이면

$$C(\theta + \tau) = (1 - e^{-1})K_p = K_p\left\{1 - \left(\frac{\tau_1}{\tau_1 - \tau_2}\right)e^{-\frac{\theta + \tau}{\tau_1}} + \left(\frac{\tau_2}{\tau_1 - \tau_2}\right)e^{-\frac{\theta + \tau}{\tau_2}}\right\}$$

이를 다시 쓰면

$$\left(\frac{\tau_1 - \tau_2}{\tau_1}\right)e^{-1/3} = e^{-\frac{\theta + \frac{\tau}{3}}{\tau_1}} - \left(\frac{\tau_2}{\tau_1}\right)e^{-\frac{\theta + \frac{\tau}{3}}{\tau_2}}, \qquad \left(\frac{\tau_1 - \tau_2}{\tau_1}\right)e^{-1} = e^{-\frac{\theta + \tau}{\tau_1}} - \left(\frac{\tau_2}{\tau_1}\right)e^{-\frac{\theta + \tau}{\tau_2}}$$

위의 두 식을 풀어서 θ와 τ를 구한다. 예를 들어 $x = e^{-\frac{\theta + \tau/3}{\tau_1}}$, $y = e^{-\frac{\theta + \tau}{\tau_1}}$으로 두면 위의 두 식은

$$\left(\frac{\tau_1 - \tau_2}{\tau_1}\right)e^{-1/3} = x - \left(\frac{\tau_2}{\tau_1}\right)x^{\frac{\tau_1}{\tau_2}}, \qquad \left(\frac{\tau_1 - \tau_2}{\tau_1}\right)e^{-1} = y - \left(\frac{\tau_2}{\tau_1}\right)y^{\frac{\tau_1}{\tau_2}}$$

가 되며 이로부터 x와 y를 구하면 θ와 τ는 각각 $\theta = \dfrac{1}{2}\tau_1 \ln\dfrac{y}{x^3}$, $\tau = -\dfrac{3}{2}\tau_1 \ln\dfrac{y}{x}$로부터 얻어진다.

12.1.3 시간지연이 존재하는 2차 모델식을 이용한 공정의 표현

공정의 특성을 보다 정확히 나타내기 위해서 시간지연이 존재하는 2차 모델식을 이용하기도 한다. 2차 모델식의 일반적인 형태는 $G(s) = \dfrac{K_p e^{-\theta s}}{(\tau_1 s+1)(\tau_2 s+1)}$, 혹은 $G(s) = \dfrac{K_p e^{-\theta s}}{\tau^2 s^2 + 2\tau\zeta s + 1}$와 같이 나타낼 수 있다.

이 식들의 매개변수들도 공정반응곡선으로부터 구할 수 있다. 공정이득 K_p와 시간지연 θ는 1차계에서와 같은 방법으로 구한다. Overshoot가 없는 경우에는 Harriott 방법, Smith 방법을 이용해 τ_1, τ_2를 구할 수 있으나 1차 + 시간지연으로 나타내어도 큰 무리는 없다. 그러나 overshoot가 있으면 $\zeta < 1$임을 나타내므로 제6장에서 설명한 방법으로 τ와 ζ를 구한다.

12.1.4 고차공정 전달함수의 근사

고차공정의 전달함수는 간단한 관계들을 이용하여 유사한 특성을 나타내는 식 (12.1)의 형태로 근사할 수 있다. 시간지연을 나타내는 전달함수 $e^{-\theta s}$는 근사적으로

$$e^{-\theta s} \approx \frac{1}{\theta s+1}, \qquad e^{-\theta s} \approx 1-\theta s \tag{12.8}$$

와 같은 두 가지 형태로 나타낼 수 있다. 전달함수가

$$G_p(s) = \frac{K_p(\tau_0 s+1)}{(\tau_1 s+1)(\tau_2 s+1)(\tau_3 s+1)(\tau_4 s+1)}$$

로 주어지는 4차 공정을 고려해 보기로 한다. 먼저 분자항의 경우

$$\tau_0 s + 1 \approx e^{\tau_0 s}$$

로 근사할 수 있다. 다음에 분모의 시간상수들 가운데 가장 큰 값을 취하여 τ로 둔다. 즉

$$\tau = \max_{i=1,2,3,4} \tau_i$$

이제 $\dfrac{1}{\tau s+1}$을 제외한 나머지 항들에 대하여 $\dfrac{1}{\tau_i s+1} \approx e^{-\tau_i s}$의 관계를 적용하면

$$G_p(s) \approx \frac{K_p e^{\tau_0 s} \prod_{i \neq i_{max}} e^{-\tau_i s}}{\tau s+1} = \frac{K_p e^{-\theta s}}{\tau s+1}$$

와 같이 쓸 수 있다.

보기 12.3

전달함수가 $G(s) = \dfrac{4(0.2s+1)}{(4s+1)(s+1)(0.5s+1)}$로 주어지는 공정을 $G_m(s) = \dfrac{K_p e^{-\theta s}}{\tau s+1}$의 형태로 근사적으로 나타내어라.

풀이

분자의 경우 $0.2s+1 \approx e^{0.2s}$로 근사할 수 있다. 분모에서 가장 큰 시간상수는 4이므로 $\frac{1}{4s+1}$을 제외한 나머지 항들을 $e^{-\theta s}$의 형태로 근사한다. 즉

$$\frac{1}{s+1} \approx e^{-s}, \qquad \frac{1}{0.5s+1} \approx e^{-0.5s}$$

따라서

$$G_m(s) \approx \frac{4e^{0.2s}e^{-s}e^{-0.5s}}{4s+1} = \frac{4e^{-1.3s}}{4s+1}$$

MATLab

2차공정의 근사

2차 공정의 전달함수가 $G_p(s) = \frac{3}{(s+1)(2s+1)}$와 같을 때 이 공정을 근사적으로 나타내는 시간지연이 존재하는 1차 모델식(First-Order Plus Dead Time, FOPDT) $G(s) = \frac{K_p e^{-\theta s}}{\tau s+1}$을 구해 보자. $K_p = 3$이므로 θ와 τ를 구하면 된다. 다음에 보인 함수 sopapp는 FOPDT 근사모델의 θ와 τ를 구하고 주어진 2차공정과 근사모델의 단위계단 응답을 그래프로 나타내어 준다. 이 함수에서는 내장함수 fsolve를 이용하여 보기 12.2의 비선형 연립방정식에 대한 해를 구한다.

```
function [td, tc] = sopapp(K,t1,t2)
% t1 = tau1, t2 = tau2, x(1) = theta(td), x(2) = tau(tc)
f = @(x) [exp(-(x(1)+x(2)/3)/t1) - (t2/t1)*exp(-(x(1)+x(2)/3)/t2) - ((t1-t2)/
    t1)*exp(-1/3);
    exp(-(x(1)+x(2))/t1) - (t2/t1)*exp(-(x(1)+x(2))/t2) - ((t1-t2)/t1)*
    exp(-1)];
x0 = [1 1]'; x = fsolve(f,x0); td = x(1); tc = x(2);
Gp = tf(K,conv([t1 1],[t2 1])); Ga = tf(K,[tc 1]); set(Ga,'iodelay',td);
[yp,tp] = step(Gp); [ya,ta] = step(Ga);
plot(tp,yp), hold on, plot(ta,ya,':'), grid, hold off, xlabel('t(sec)'), yla
bel('y(t)')
legend('2nd-order process','FOPDT model','location','best')
end
```

이 함수의 실행결과는 다음과 같다.

```
>> [td,tc] = sopapp(3,1,2)
td =
     0.6955
tc =
     2.4745
```

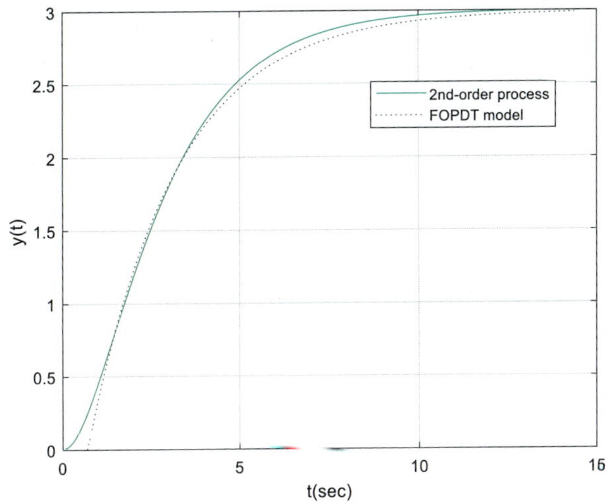

그림 12.10 2차공정과 근사모델의 계단응답.

즉 얻어지는 FOPDT 근사모델은 $G(s)=\dfrac{3e^{-0.6955s}}{2.4745s+1}$로 쓸 수 있다.

MATLab

고차공정과 근사모델의 계단응답 비교

단위계단 응답곡선을 이용하여 전달함수가 $G(s)=\dfrac{4(0.2s+1)}{(4s+1)(s+1)(0.5s+1)}$로 주어지는 고차공정과 이를 시간지연이 존재하는 1차공정 모델(First-Order Plus Dead Time, FOPDT)로 근사적으로 나타낸 경우를 비교해 보자. 시간지연이 존재하는 1차공정 모델은 $G_m(s)\approx\dfrac{4e^{-1.3s}}{4s+1}$로 얻어졌다고 하자(보기 12.3).

```
% hamstep.m
Gd = tf(4, [4 1]); set(Gd,'iodelay',1.3); Gn = tf(conv(4,[0.2 1]), conv([4 1],
conv([1 1],[0.5 1])));
[yd td] = step(Gd); [yn tn] = step(Gn);
plot(td,yd,':'), hold on, plot(tn,yn), grid, xlabel('t(sec)'), ylabel('y(t)'),
legend('FOPDT','Transfer fun.')
```

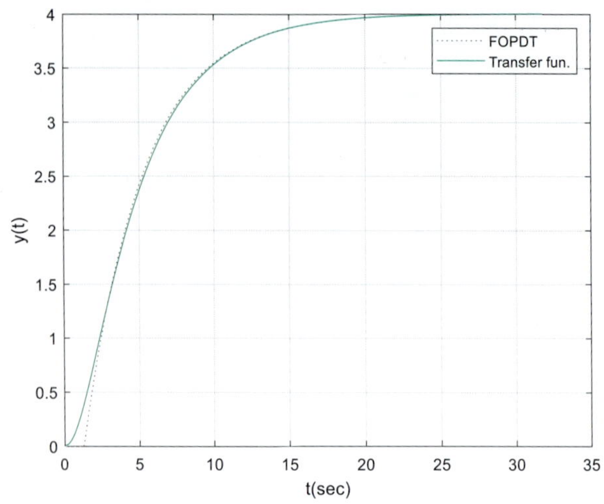

그림 12.11 고차공정과 근사모델의 계단응답.

12.1.5 공정의 규명: 펄스 및 정현파 입력의 이용

앞에서 우리는 공정의 규명(인식)을 위해 계단입력 변화를 공정에 도입하여 얻는 공정반응곡선으로부터 공정의 모델을 얻는 과정을 살펴보았다. 실제로는 불규칙한 시간간격으로 계단변화가 반복되는 의사랜덤 이진수열(pseudo-random binary sequence, PRBS)이 공정의 인식실험에 간혹 이용된다. 공정의 규명을 위해서는 이러한 입력변화들 외에도 펄스, 더블릿(doublet), 혹은 정현파(sinusoidal wave) 입력변화가 이용될 수 있다.

펄스나 더블릿 입력변화를 이용하는 방법은 공정의 운전에 상대적으로 크게 영향을 미치지 않으며 얻어지는 공정의 출력이 과도기 후에 정상상태로 비교적 신속하게 도달한다는 특징을 갖는다. 정현파를 이용하는 방법에서는 일정 주파수를 갖는 사인곡선 모양의 입력변화를 공정에 도입하여 얻어지는 주파수 응답을 이용한다. 화학공정의 경우 시간에 따른 변수들의 변동이 비교적 완만하기 때문에 높은 주파수의 정현파를 사용하기는 어려우며 저주파의 정현파를 이용해야 하며 조절변수에 정현파 신호의 변화가 유지되기 위해서는 제어밸브의 특성이 선형이어야 한다. 주파수 응답에 대해서는 제14장과 15장에서 다루고 있다. 표 12.1은 여러 공정규명 방법들의 특징을 요약한 것이다.

12.2 최소자승법을 이용한 공정의 표현

실험이나 실제 조업으로부터 얻은 자료를 가장 잘 표현할 수 있는 함수를 찾는 것은 매우 중요한 일이다. 대개는 주어진 데이터를 계수들에 대하여 선형인 관계식으로 나타낼 수 있는 함수를 찾는 것이 일반적이다. 최소자승법은 미리 정한 함수 $p(x)$와 실제 데이터와의 차이가 최소가 되도록 계수들(a_0, a_1, ⋯ , a_m)을 결정하는 방법을 말한다. $p(x)$는 다음과 같은 형태를 갖는다.

표 12.1 공정규명 방법들의 특징

입력변화 테스트		특징
계단 테스트		적용이 간편하며 공정 출력이 원래의 정상상태로 유지되지 않는다.
펄스 테스트		공정 출력이 과도기 후에 원래의 정상상태 부근으로 유지된다.
더블릿 테스트		공정 출력이 과도기 후에 비교적 신속하게 원래의 정상상태 부근으로 되돌아간다.
정현파 테스트		넓은 주파수 범위에 대한 출력 데이터가 필요하며 고주파수의 정현파는 화학공정에서 적용이 어렵다.

$$p(x) = a_0\phi_0(x) + a_1\phi_1(x) + \cdots + a_m\phi_m(x) = \sum_{k=0}^{m} a_k\phi_k(x) \tag{12.9}$$

여기서 $\phi_0, \phi_1, \cdots, \phi_m$은 서로 다른 임의의 함수이다. 이제 n개의 주어진 데이터 (x_1,f_1), (x_2,f_2), (x_3,f_3), $\cdots$,(x_n,f_n)을 m개의 함수로 이루어진 함수 $p(x)$로 나타내어 보자. 최소자승법은 다음과 같은 함수 Q의 값이 최소가 되는 선형함수의 계수들을 찾는 일로 이루어진다.

$$Q(f,p) = \sum_{i=1}^{n} [f_i - p(x_i)]^2 \tag{12.10}$$

$f_i - p(x_i)$는 그림 12.12에 보인 바와 같이 실제 데이터와 함수 값과의 차이, 즉 오차이다. 그러므로 각 데이터 값에서 오차의 제곱의 합을 최소화함으로써 원하는 함수 $p(x)$의 계수들을 구할 수 있다.

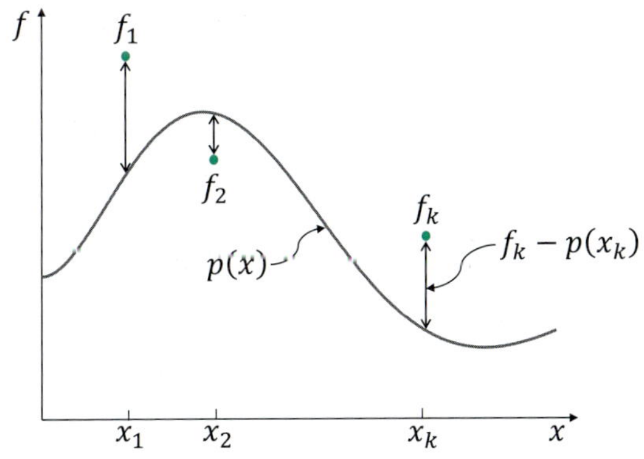

그림 12.12 데이터와 함수값의 오차.

식 (12.10)에 식 (12.9)를 대입하면 각 계수들(a_0, a_1, ⋯ , a_m)에 대하여 2차이고, 아래로 볼록하므로 최소가 되려면 a_j (j = 0, 1, ⋯ , m)에 대한 편미분이 0이 되어야 한다.

$$\frac{\partial}{\partial a_j}Q(f,p) = -2\sum_{i=1}^{n}\left(f_i - \sum_{k=0}^{m} a_k\phi_k(x_i)\right)\phi_j(x_i) = 0 \quad (j = 0, 1, \cdots, m)$$

이들을 풀어 쓰고 i와 k의 합 순서를 바꾸면 다음과 같은 결과 식을 얻는다.

$$\sum_{k=0}^{m}\left(\sum_{i=1}^{n}\phi_k(x_i)\phi_j(x_i)\right)a_k = \sum_{i=1}^{n}\phi_j(x_i)f_i \quad (j = 0, 1, \cdots, m)$$

이 식은 m차 연립방정식으로서 벡터와 행렬을 이용하여 간단하게 나타낼 수 있다. 즉

$$A = \begin{bmatrix} \phi_0(x_1) & \phi_1(x_1) & \cdots & \phi_m(x_1) \\ \phi_0(x_2) & \phi_1(x_2) & \cdots & \phi_m(x_2) \\ \vdots & \vdots & \ddots & \vdots \\ \phi_0(x_n) & \phi_1(x_n) & \cdots & \phi_m(x_n) \end{bmatrix}, \quad X = \begin{bmatrix} a_0 \\ a_1 \\ \vdots \\ a_m \end{bmatrix}, \quad F = \begin{bmatrix} f_1 \\ f_2 \\ \vdots \\ f_n \end{bmatrix} \qquad \textbf{(12.12)}$$

로 두면 위의 식은

$$(A^TA)X = A^TF \qquad \textbf{(12.13)}$$

로 표현된다. 이의 해는 다음과 같다.

$$X = (A^TA)^{-1}A^TF \qquad \textbf{(12.14)}$$

이 관계를 멱급수 형태의 선형함수에 적용해 보자.

먼저 $\phi_0 = 1$이고 ϕ_1, ⋯ , $\phi_m = 0$이라면 $p(x) = a_0\phi_0 = a_0$이므로 식 (12.10)로부터 다음 관계를 얻는다.

$$Q(f,p) = \sum_{i=1}^{n}(f_i - a_0)^2 = \sum_{i=1}^{n}(f_i^2 - 2f_ia_0 + a_0^2) = na_0^2 - 2a_0\left(\sum_{i=1}^{n}f_i\right) + \sum_{i=1}^{n}f_i^2$$

위의 식은 a_0에 대해서 2차이며 a_0^2의 계수가 양이므로 최소값을 갖는 곡선이다. Q가 최소일 때 Q의 미분값은 0이므로 다음과 같이 a_0를 구할 수 있다.

$$\frac{d}{da_0}Q(f,p) = 2na_0 - 2\sum_{i=1}^{n}f_i = 0 \quad \rightarrow \quad a_0 = \frac{1}{n}\sum_{i=1}^{n}f_i$$

또는 벡터와 행렬을 사용한 식 (12.12)로부터 $\phi_0(x_i) = 1$이므로

$$A^TA = [1 \quad 1 \quad \cdots \quad 1]\begin{bmatrix} 1 \\ 1 \\ \vdots \\ 1 \end{bmatrix} = n, \qquad A^TF = [1 \quad 1 \quad \cdots \quad 1]\begin{bmatrix} f_1 \\ f_2 \\ \vdots \\ f_n \end{bmatrix} = \sum_{i=1}^{n}f_i$$

따라서

$$X = [a_0] = (A^T A)^{-1} A^T F = \frac{1}{n}\sum_{i=1}^{n} f_i$$

로서 같은 결과가 된다. 이는 f_i들의 평균을 구하는 것을 의미한다. 그림 12.13은 데이터의 수(n)가 6일 때의 $p(x)$를 나타낸 것이다.

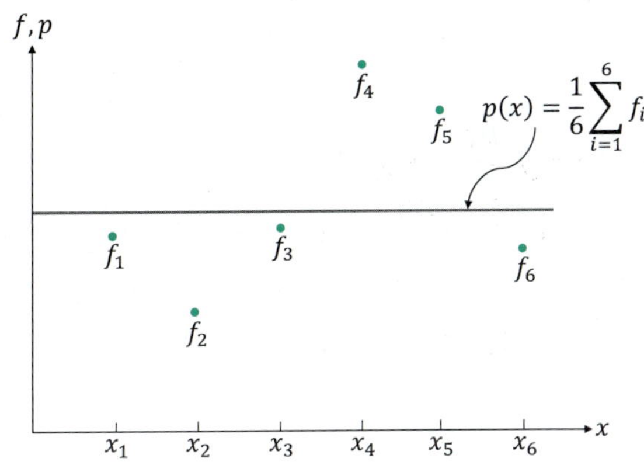

그림 12.13 **최소자승법에 의한 근사함수**(m = 0, n = 6).

한편 $\phi_0(x) = x$이고 $\phi_1 = \cdots = \phi_m = 0$이라면 $p(x) = a_0\phi_0(x) = a_0 x$이므로 원점을 통과하는 직선으로 데이터들을 표현하는 것이 된다. 즉 식 (12.12)로부터 $\phi_0(x_i) = x_i$이므로

$$A^T A = [x_1 \quad x_2 \quad \cdots \quad x_n]\begin{bmatrix} x_1 \\ x_2 \\ \vdots \\ x_n \end{bmatrix} = \sum_{i=1}^{n} x_i^2, \quad A^T F = [x_1 \quad x_2 \quad \cdots \quad x_n]\begin{bmatrix} f_1 \\ f_2 \\ \vdots \\ f_n \end{bmatrix} = \sum_{i=1}^{n} x_i f_i$$

따라서

$$X = [a_0] = (A^T A)^{-1} A^T F = \frac{\sum_{i=1}^{n} x_i f_i}{\sum_{i=1}^{n} x_i^2}$$

보기 12.4

유출유량이 펌프에 의해 일정하게 유지되는 액체 저장시스템의 모델식이

$$\frac{dh}{dt} = K(q_i - q)$$

와 같다고 하자. 이 공정은 새로운 정상상태에 도달하지 않는 적분공정이므로 입력과 출력의 변화량으로부터 이득 K를 구할 수는 없다. 다음의 데이터는 유입유량이 1000 cm^3/min 증가했을 때 액위를 기록한 것이다. 최소자승법으로 이득 K를 구하여라.

i	시간(min)	액위(cm)
1	0	30
2	1	36
3	2	40
4	3	44
5	4	50

풀이

편차변수를 고려하면 $\dfrac{dH}{dt} = KQ_i$, 즉 $H(s) = \dfrac{K}{s}Q_i(s)$이다. Q_i에 크기 M인 계단 입력이 들어오면 $Q_i(s) = \dfrac{M}{s}$이므로 $H(s) = \dfrac{KM}{s^2}$. 이의 역 라플라스 변환으로부터 $H = h - h_s = KMt$를 얻는다. 이는 식 (12.9)에서 $\phi_0 = t$, $f = h - h_s$, $a_0 = KM$인 경우에 해당하므로 액위의 편차값과 시간의 데이터로부터 KM을 구할 수 있다. 주어진 데이터로부터

$$A^TA = [t_1 \quad t_2 \quad \cdots \quad t_5]\begin{bmatrix} t_1 \\ t_2 \\ \vdots \\ t_5 \end{bmatrix} = \sum_{i=1}^{5} t_i^2 = 30,\ \ A^TF = [t_1 \quad t_2 \quad \cdots \quad t_5]\begin{bmatrix} f_1 \\ f_2 \\ \vdots \\ f_5 \end{bmatrix} = \sum_{i=1}^{5} t_i f_i = 148$$

$$X = [a_0] = (A^TA)^{-1}A^TF = \frac{\sum_{i=1}^{5} t_i f_i}{\sum_{i=1}^{5} {t_i}^2} = \frac{148}{30} = 4.93$$

즉 $4.93 = K \times 1{,}000$이므로 이득 K는 0.00493이고 단면적($= 1/K$)은 200.3 cm^2이다.

보기 12.5

1차계에 단위계단 입력이 도입될 때의 해는 $y(t) = K(1 - e^{-t/\tau})$이다. τ를 최소자승법으로 구할 수 있겠는가? 최소자승법을 적용하려면 어떤 절차를 밟아야 하는가? 다음의 데이터에 적용해 보라.

시간 t (min)	1	2	3	4	5
응답 y/K	0.632	0.865	0.950	0.982	0.993

풀이

이 경우에는 지수항 속에 미지의 매개변수 τ가 들어 있어 비선형 형태이므로 직접 최소자승법을 적용할 수는 없다. 따라서 위의 식을 먼저 다음과 같이 변형시킨다:

$$1 - \frac{y(t)}{K} = e^{-t/\tau}$$

양변에 자연로그를 취하면

$$\ln\left(1-\frac{y(t)}{K}\right)=-\frac{1}{\tau}t$$

이제 $f = \ln\left(1-\frac{y(t)}{K}\right)$, $\phi_0 = t$로 놓으면 식 (12.12)의 A와 F를 구성할 수 있다. 따라서 식 (12.14)로부터

$$X=[a_0]=\left[-\frac{1}{\tau}\right]=(A^TA)^{-1}A^TF=\frac{\sum t_i \ln\left(1-\frac{y_i}{K}\right)}{\sum t_i^2}$$

에서 시간상수 τ를 결정할 수 있다. 주어진 데이터로부터

$$-\frac{1}{\tau}=\frac{1\ln(0.368)+2\ln(0.135)+3\ln(0.050)+4\ln(0.018)+5\ln(0.007)}{1^2+2^2+3^2+4^2+5^2}=-0.998$$

즉 $\tau = 1$이다.

만일 $\phi_0(x) = 1, \phi_1(x) = x$이고 $\phi_2(x) = \cdots = \phi_m(x) = 0$이라면, $p(x) = a_0\phi_0 + a_1\phi_1 = a_0 + a_1x$이므로 데이터들을 일차함수인 직선으로 나타냈을 때 절편과 기울기를 구하는 문제가 된다. 이때는 식 (12.13)으로부터 다음 관계들이 얻어진다:

$$a_0 n + a_1\sum_{i=1}^{n}x_i=\sum_{i=1}^{n}f_i,\qquad a_0\sum_{i=1}^{n}x_i+a_1\sum_{i=1}^{n}x_i^2=\sum_{i=1}^{n}x_if_i$$

이들로부터 a_0와 a_1을 구하면 다음과 같다.

$$a_0=\frac{\begin{vmatrix}\sum_{i=1}^n f_i & \sum_{i=1}^n x_i\\ \sum_{i=1}^n x_if_i & \sum_{i=1}^n x_i^2\end{vmatrix}}{\begin{vmatrix} n & \sum_{i=1}^n x_i\\ \sum_{i=1}^n x_i & \sum_{i=1}^n x_i^2\end{vmatrix}}=\frac{\sum_{i=1}^n f_i\sum_{i=1}^n x_i^2-\sum_{i=1}^n x_i\sum_{i=1}^n x_if_i}{n\sum_{i=1}^n x_i^2-\sum_{i=1}^n x_i\sum_{i=1}^n x_i},$$

$$a_1=\frac{\begin{vmatrix} n & \sum_{i=1}^n f_i\\ \sum_{i=1}^n x_i & \sum_{i=1}^n x_if_i\end{vmatrix}}{\begin{vmatrix} n & \sum_{i=1}^n x_i\\ \sum_{i=1}^n x_i & \sum_{i=1}^n x_i^2\end{vmatrix}}=\frac{n\sum_{i=1}^n x_if_i-\sum_{i=1}^n f_i\sum_{i=1}^n x_i}{n\sum_{i=1}^n x_i^2-\sum_{i=1}^n x_i\sum_{i=1}^n x_i}\qquad \textbf{(12.15)}$$

보기 12.6

실험데이터가 다음과 같이 주어졌을 때 이를 가장 잘 나타낼 수 있는 1차함수($m = 1$)를 최소자승법에 의해 구하여라.

i	x_i	f_i
1	0	0
2	1	2
3	2	1
4	3	2

풀이

주어진 데이터로부터 $n = 4, \sum_{i=1}^{4} x_i = 6, \sum_{i=1}^{4} x_i^2 = 14, \sum_{i=1}^{4} f_i = 5, \sum_{i=1}^{4} x_i f_i = 10$

$$\begin{cases} 4a_0 + 6a_1 = 5 \\ 6a_0 + 14a_1 = 10 \end{cases} \rightarrow \ a_0 = \frac{5 \cdot 14 - 6 \cdot 10}{4 \cdot 14 - 6 \cdot 6} = \frac{10}{20}, \ \ a_1 = \frac{4 \cdot 10 - 6 \cdot 5}{4 \cdot 14 - 6 \cdot 6} = \frac{10}{20}$$

또는 식 (12.12)로부터

$$A^T A = \begin{bmatrix} 1 & 1 & 1 & 1 \\ 0 & 1 & 2 & 3 \end{bmatrix} \begin{bmatrix} 1 & 0 \\ 1 & 1 \\ 1 & 2 \\ 1 & 3 \end{bmatrix} = \begin{bmatrix} 4 & 6 \\ 6 & 14 \end{bmatrix}, \ \ A^T F = \begin{bmatrix} 1 & 1 & 1 & 1 \\ 0 & 1 & 2 & 3 \end{bmatrix} \begin{bmatrix} 0 \\ 2 \\ 1 \\ 2 \end{bmatrix} = \begin{bmatrix} 5 \\ 10 \end{bmatrix}$$

$$(A^T A)^{-1} = \frac{1}{\det(A^T A)} \begin{bmatrix} 14 & -6 \\ -6 & 4 \end{bmatrix}, \ \ X = \begin{bmatrix} a_0 \\ a_1 \end{bmatrix} = (A^T A)^{-1} A^T F = \frac{1}{20} \begin{bmatrix} 14 & -6 \\ -6 & 4 \end{bmatrix} \begin{bmatrix} 5 \\ 10 \end{bmatrix} = \begin{bmatrix} 0.5 \\ 0.5 \end{bmatrix}$$

따라서 $p(x) = 0.5 + 0.5x$이다. $p(x)$와 데이터들은 그림 12.14에 나타내었다.

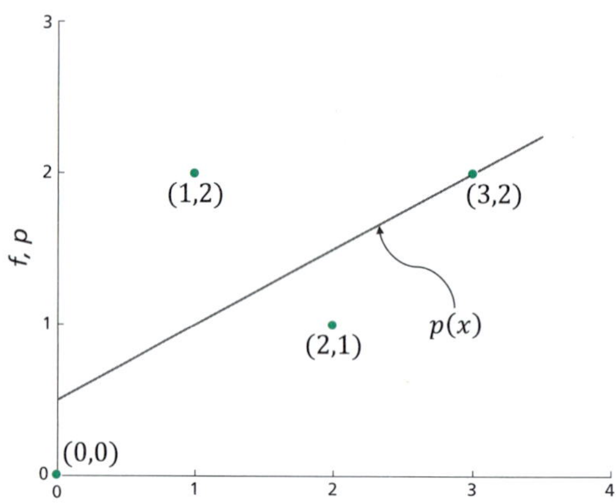

그림 12.14 최소자승법에 의한 1차 근사식.

보기 12.7

실험데이터가 다음과 같이 주어졌을 때 이를 가장 잘 나타낼 수 있는 2차함수($m = 2$)를 최소자승법에 의해 구하여라.

i	x	f_i
1	−2	0
2	−1	1
3	0	2
4	1	1
5	2	0

풀이

이차함수는 $p(x) = a_0 + a_1x + a_2x^2$이므로 $\phi_0(x) = 1, \phi_1(x) = x, \phi_2(x) = x^2$이다. 따라서 식 (12.14)로부터

$$A^TA = \begin{bmatrix} 1 & 1 & 1 & 1 & 1 \\ -2 & -1 & 0 & 1 & 2 \\ 4 & 1 & 0 & 1 & 4 \end{bmatrix}\begin{bmatrix} 1 & -2 & 4 \\ 1 & -1 & 1 \\ 1 & 0 & 0 \\ 1 & 1 & 1 \\ 1 & 2 & 4 \end{bmatrix} = \begin{bmatrix} 5 & 0 & 10 \\ 0 & 10 & 0 \\ 10 & 0 & 34 \end{bmatrix} = \begin{bmatrix} 5 & \sum_{i=1}^{5} x_i & \sum_{i=1}^{5} {x_i}^2 \\ \sum_{i=1}^{5} x_i & \sum_{i=1}^{5} {x_i}^2 & \sum_{i=1}^{5} {x_i}^3 \\ \sum_{i=1}^{5} {x_i}^2 & \sum_{i=1}^{5} {x_i}^3 & \sum_{i=1}^{5} {x_i}^4 \end{bmatrix}$$

$$A^TF = \begin{bmatrix} 1 & 1 & 1 & 1 & 1 \\ -2 & -1 & 0 & 1 & 2 \\ 4 & 1 & 0 & 1 & 4 \end{bmatrix}\begin{bmatrix} 0 \\ 1 \\ 2 \\ 1 \\ 0 \end{bmatrix} = \begin{bmatrix} 4 \\ 0 \\ 2 \end{bmatrix} = \begin{bmatrix} \sum_{i=1}^{5} f_i \\ \sum_{i=1}^{5} x_i f_i \\ \sum_{i=1}^{5} {x_i}^2 f_i \end{bmatrix}$$

$$X = \begin{bmatrix} a_0 \\ a_1 \\ a_2 \end{bmatrix} = (A^TA)^{-1}A^TF = \frac{1}{\det(A^TA)}\begin{bmatrix} 10\cdot 34 - 0\cdot 0 & -(0\cdot 34 - 0\cdot 10) & 10\cdot(-10) - 0\cdot 0 \\ 0\cdot 34 - 0\cdot 10 & 5\cdot 34 - 10\cdot 10 & -(5\cdot 0 - 0\cdot 10) \\ 0\cdot 0 - 10\cdot 10 & -(5\cdot 0 - 0\cdot 10) & 5\cdot 10 - 0\cdot 0 \end{bmatrix}\begin{bmatrix} 4 \\ 0 \\ 2 \end{bmatrix}$$

$$= \frac{1}{10(5\cdot 34 - 10\cdot 10)}\begin{bmatrix} 340 & 0 & -100 \\ 0 & 70 & 0 \\ -100 & 0 & 50 \end{bmatrix}\begin{bmatrix} 4 \\ 0 \\ 2 \end{bmatrix} = \begin{bmatrix} 58/35 \\ 0 \\ -3/7 \end{bmatrix}$$

따라서 $p(x) = -\frac{3}{7}x^2 + \frac{58}{35}$. 위에서 구한 $p(x)$와 데이터들을 그림 12.15에 나타내었다.

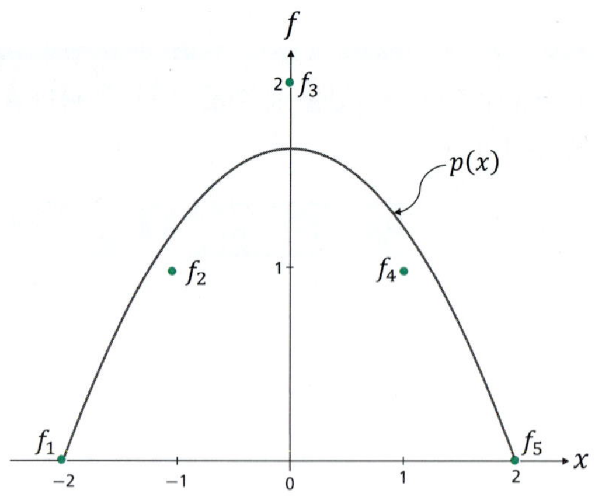

그림 12.15 최소자승법에 의한 2차 근사식.

MATLab

멱급수 함수의 표현

멱급수 함수는 MATLAB의 polyval 함수를 이용하여 쉽게 나타낼 수 있다. $-2 \le x \le 4$의 범위에서 멱급수 $p(x) = x^3 - 3.6x^2 + 6x - 9$를 그래프로 나타내어 보자. x의 범위는 MATLAB 명령어 linspace를 이용하여 정한다. 결과는 그림 12.16에 보인 바와 같다.

```
>> p = [1 -3.6 6 -9]; x = linspace(-2, 4); v = polyval(p, x);
>> plot(x, v), title(' 3차 함수의 그래프'), xlabel('x'), ylabel('p(x)'), grid
```

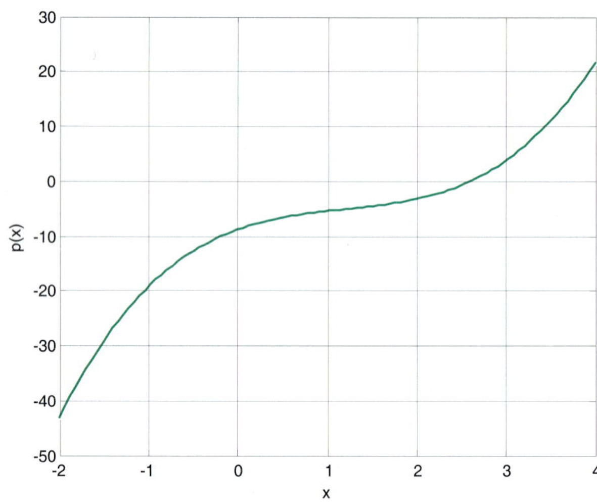

그림 12.16 3차함수의 그래프.

MATLab

최소자승법을 이용한 데이터의 표현

최소자승법을 이용한 데이터의 표현에는 MATLAB 함수 polyfit을 이용한다. 최소자승법으로부터 얻어지는 멱습수의 차수를 미리 정하여 polyfit의 입력변수로 입력시킨다. 데이터가 다음과 같이 주어졌을 때 이를 가장 잘 나타내는 4차의 멱급수를 구해 보자.

x	0	0.1	0.2	0.3	0.4	0.5	0.6	0.7	0.8	0.9	1
y	−0.447	1.978	3.28	6.16	7.08	7.34	7.66	9.56	9.48	9.30	11.2

MATLAB 프로그램 및 출력은 다음과 같다. 원하는 차수 n은 polyfit의 입력변수로서 입력되며 polyfit의 실행결과 p는 구한 멱급수의 계수벡터가 된다. 그림 12.17은 데이터와 4차 다항식에 의한 계산결과를 보인 것이다.

```
% polyres.m
x = [0 0.1 0.2 0.3 0.4 0.5 0.6 0.7 0.8 0.9 1.0];
y = [-0.447 1.978 3.28 6.16 7.08 7.34 7.66 9.56 9.48 9.30 11.2];
n = 4; xi = linspace(0,1,100); p = polyfit(x,y,n); yi = polyval(p,xi);
plot(x,y,'o', xi,yi,':'), xlabel('x'), ylabel('y = f(x)')
legend('데이터','4차 멱급수 표현','location','best'), title('최소자승법에 의한 데이터의 표현')
p

p =
   22.0571   -28.0385    -6.3531    23.8103    -0.4516
```

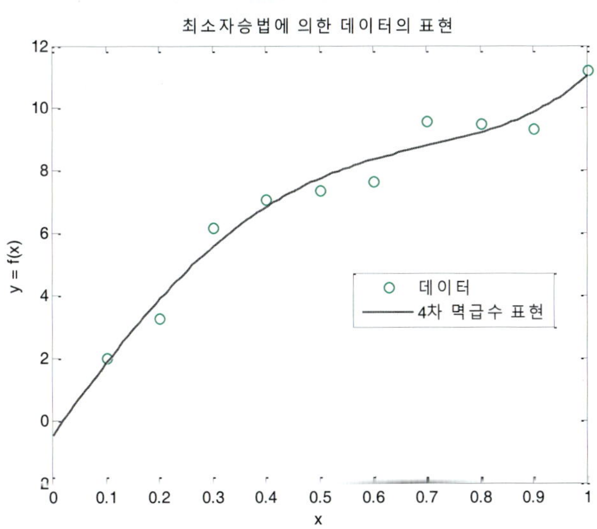

그림 12.17 4차 멱급수 함수의 그래프.

얻어진 4차의 멱급수 함수는 앞의 polyval 함수를 이용하여 나타낼 수 있다. 얻은 결과로부터 데이터를 나타내는 4차 멱급수 함수는

$$p(x) = 22.0571x^4 - 28.0385x^3 - 6.3531x^2 + 23.8103x - 0.4516$$

가 된다.

MATLab

데이터의 다항식 표현

토지의 면적에 따른 가격이 다음과 같이 주어졌을 때 이를 적절한 다항식 곡선으로 나타내어 보자.

면적(100 m^2)	12	15	17.5	20	22.5	25	27.5	30	35	40
가격(백만 원)	135	142	156	165	170	220	225	275	300	450

MATLAB 프로그램 및 출력은 다음과 같다. 4차의 다항식으로 접합해 본다. MATLAB으로부터 얻어진 함수의 그래프는 그림 12.18에 보인 바와 같다.

```
% polynom.m
clear all
area = [12 15 17.5 20 22.5 25 27.5 30 35 40]*100; % 면적
price = [135 142 156 165 170 220 225 275 300 450]; % 가격(백만 원)
p = polyfit(area, price, 4); x = [1200:10:4000];
y = p(1)*x.^4 + p(2)*x.^3 + p(3)*x.^2 + p(4)*x + p(5);
plot(x,y,area,price,'o'), xlabel('면적'), ylabel('가격(백만 원)')
title('토지면적에 따른 가격'), axis([1200 4000 135 450])
```

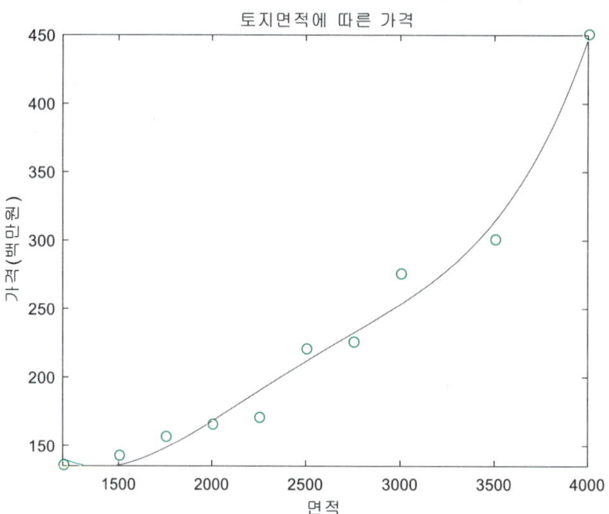

그림 12.18 토지가격의 곡선접합.

MATLab

최소자승 풀이

MATLAB의 백슬래쉬 연산자(\)는 일반적인 최소자승 풀이를 수행한다. MATLAB의 lscov 함수는 백슬래쉬와 같은 최소자승 풀이를 수행함은 물론 얻어진 해의 오차와 표준편차까지도 계산해 준다. 어떤 실험결과로부터 두 입력변수 x_1과 x_2의 변화에 따른 출력변수 y를 얻었다고 하자.

x_1	0.18	0.51	0.59	0.83	1.02	1.14
x_2	0.09	0.28	0.41	1.01	1.09	1.42
y	0.16	0.27	0.28	0.22	0.26	0.35

lscov 함수를 이용하여 위의 데이터에 대한 입력변수와 출력변수 사이의 관계 $y = a_0 + a_1x_1 + a_2x_2$를 구해 보자. 이는 $CA = y$의 해 A를 구하는 문제가 되며 $A = \begin{bmatrix} a_0 \\ a_1 \\ a_1 \end{bmatrix}$이다.

```
>> x1 = [0.18 0.51 0.59 0.83 1.02 1.14]'; x2 = [0.09 0.28 0.41 1.01 1.09 1.42]';
>> y = [0.16 0.27 0.28 0.22 0.26 0.35]'; C = [ones(size(x1)) x1 x2]; [A, seA, mse]
= lscov(C,y); A
A =
    0.1081
    0.3888
   -0.1788
```

12.3 재귀 최소자승 방법

예를 들어 온도 t(℃)와 저항 $R(\Omega)$ 사이의 관계가 $c_1t + c_2 = R$과 같이 주어진다고 가정하자. 시점 $i = 1, \cdots, k$에서 확보한 측정 데이터 $\{(t_1, R_1), (t_2, R_2), \cdots, (t_k, R_k)\}$로부터 계수 c_1, c_2를 추정해야 하는데 이는 overdetermined 문제에 해당된다.

이제

$$A_k = \begin{bmatrix} t_1 & 1 \\ t_2 & 1 \\ \vdots & \vdots \\ t_k & 1 \end{bmatrix}, \qquad x_k = \begin{bmatrix} c_{1,k} \\ c_{2,k} \end{bmatrix}, \qquad b_k = \begin{bmatrix} R_1 \\ R_2 \\ \vdots \\ R_k \end{bmatrix}$$

로 두면 식 $A_kx_k \approx b_k$를 푸는 문제가 된다. 식 (12.14)로부터

$$x_k = [A_k^T A_k]^{-1} A_k^T b_k \tag{12.16}$$

이제 새로운 실험 데이터 (t_{k+1}, R_{k+1})이 주어졌다고 가정하자. 최소자승 방법에 의해 이전의 x_k를 버리고 새로운 x_{k+1}을 계산한다면 식 (12.14)로부터

$$x_{k+1} = [A_{k+1}^T A_{k+1}]^{-1} A_{k+1}^T b_{k+1}$$

를 얻는다. 위에서

$$A_{k+1} = \begin{bmatrix} t_1 & 1 \\ t_2 & 1 \\ \vdots & \vdots \\ t_k & 1 \\ t_{k+1} & 1 \end{bmatrix}, \quad x_{k+1} = \begin{bmatrix} c_{1,k+1} \\ c_{2,k+1} \end{bmatrix}, \quad b_{k+1} = \begin{bmatrix} R_1 \\ R_2 \\ \vdots \\ R_k \\ R_{k+1} \end{bmatrix}$$

이다. 그러나 매번 새로운 실험데이터가 확보될 때마다 위와 같은 계산을 수행한다면 행렬 A의 크기가 점점 커지게 되어 궁극적으로는 계산불능을 초래하게 된다.

재귀 최소자승(Recursive Least-Squares, RLS) 방법은 새로운 데이터가 추가될 때마다 이전의 추정치에 단순히 보정항만을 더해 줌으로써 새로운 추정치를 계산하는 방법이다. 이제 새로운 실험 데이터 (t_{k+1}, R_{k+1})이 주어졌다고 가정하고

$$A_k = \begin{bmatrix} t_1 & 1 \\ t_2 & 1 \\ \vdots & \vdots \\ t_k & 1 \end{bmatrix}, \; a_{k+1} = \begin{bmatrix} t_{k+1} \\ 1 \end{bmatrix}, \; A_{k+1} = \begin{bmatrix} A_k \\ a_{k+1}^T \end{bmatrix}, \; b_k = \begin{bmatrix} R_1 \\ R_2 \\ \vdots \\ R_k \end{bmatrix}, \; b_{k+1} = \begin{bmatrix} b_k \\ R_{k+1} \end{bmatrix}, \; P_k = [A_k^T \; A_k]^{-1}$$

로 두면 새로운 측정 데이터 (t_{k+1}, R_{k+1})를 이용하여 다음과 같이 행렬 P_{k+1}을 보정할 수 있다.

$$P_{k+1} = [A_{k+1}^T A_{k+1}]^{-1} = \left[[A_k^T \, a_{k+1}] \begin{bmatrix} A_k \\ a_{k+1}^T \end{bmatrix} \right]^{-1} = \left[A_k^T \; A_k + a_{k+1} a_{k+1}^T\right]^{-1} = \left[P_k^{-1} + a_{k+1} a_{k+1}^T\right]^{-1}$$

이제 잘 알려져 있는 다음과 같은 행렬 전위 명제(matrix inversion lemma)를 도입하기로 한다:

$$[A + BCD]^{-1} = A^{-1} - A^{-1}B[C^{-1} + DA^{-1}B]^{-1}DA^{-1} \tag{12.17}$$

위의 명제를 이용하면$(A = P_k^{-1}, B = a_{k+1}, C = 1, D = a_{k+1}^T)$

$$P_{k+1} = P_k - P_k a_{k+1}[1 + a_{k+1}^T P_k a_{k+1}]^{-1} a_{k+1}^T P_k \tag{12.18}$$

위에서 $[1 + a_{k+1}^T P_k a_{k+1}]^{-1}$은 스칼라이므로 역행렬 계산이 불필요하다.

계수벡터의 새로운 추정치는

$$\begin{aligned} x_{k+1} &= [A_{k+1}^T A_{k+1}]^{-1} A_{k+1}^T b_{k+1} = P_{k+1} A_{k+1}^T b_{k+1} = P_{k+1}[A_k^T \, a_{k+1}] \begin{bmatrix} b_k \\ R_{k+1} \end{bmatrix} \\ &= P_{k+1}\left[A_k^T b_k + a_{k+1} R_{k+1}\right] = P_{k+1}\left[A_k^T A_k x_k + a_{k+1} R_{k+1}\right] \end{aligned} \tag{12.19}$$

그런데 $A_{k+1}^T A_{k+1} = \left[A_k^T a_{k+1}\right] \begin{bmatrix} A_k \\ a_{k+1}^T \end{bmatrix} = A_k^T A_k + a_{k+1} a_{k+1}^T$인 관계로부터

$$A_k^T A_k = A_{k+1}^T A_{k+1} - a_{k+1} a_{k+1}^T$$

아울러 $P_{k+1} = [A_{k+1}^T \; A_{k+1}]^{-1}$로부터 $A_{k+1}^T A_{k+1} = P_{k+1}^{-1}$. 따라서

$$\begin{aligned} x_{k+1} &= P_{k+1}[(A_{k+1}^T A_{k+1} - a_{k+1} a_{k+1}^T) x_k + a_{k+1} R_{k+1}] \\ &= P_{k+1}\left[P_{k+1}^{-1} x_k - a_{k+1} a_{k+1}^T x_k + a_{k+1} R_{k+1}\right] = x_k + P_{k+1} a_{k+1}(R_{k+1} - a_{k+1}^T x_k) \end{aligned} \tag{12.20}$$

위에서 $P_{k+1}a_{k+1}(R_{k+1} - a_{k+1}^T x_k)$ 항은 현 추정치 벡터 x_k에 대한 보정항이 된다.

$K_{k+1} = P_{k+1}a_{k+1}$ (이득행렬)로 두면

$$x_{k+1} = x_k + K_{k+1}(R_{k+1} - a_{k+1}^T x_k)$$

보정 관계식 $P_{k+1} = P_k - P_k a_{k+1}[1 + a_{k+1}^T P_k a_{k+1}]^{-1} a_{k+1}^T P_k$를 이용하면

$$\begin{aligned} K_{k+1} &= P_{k+1}a_{k+1} = [P_k - P_k a_{k+1}[1 + a_{k+1}^T P_k a_{k+1}]^{-1} a_{k+1}^T \ P_k]a_{k+1} \\ &= P_k a_{k+1}[a_{k+1}^T P_k a_{k+1} + 1]^{-1}([a_{k+1}^T P_k a_{k+1} + 1] - a_{k+1}^T P_k a_{k+1}) \\ &= P_k a_{k+1}[a_{k+1}^T P_k a_{k+1} + 1]^{-1} \end{aligned} \tag{12.21}$$

이 관계를 이용하면

$$P_{k+1} = P_k - P_k a_{k+1}[1 + a_{k+1}^T P_k a_{k+1}]^{-1} a_{k+1}^T P_k = P_k - K_{k+1} a_{k+1}^T P_k \tag{12.22}$$

이상과 같은 재귀 최소자승 방법은 다음과 같이 요약해 볼 수 있다:

$$\begin{aligned} K_{k+1} &= P_k a_{k+1}[a_{k+1}^T P_k a_{k+1} + 1]^{-1} \\ x_{k+1} &= x_k + K_{k+1}(R_{k+1} - a_{k+1}^T x_k) \\ P_{k+1} &= P_k - K_{k+1} a_{k+1}^T P_k \end{aligned}$$

위에서 P의 초기값은 대개 대각행렬(보통 항등행렬(identity matrix)에 10, 100 등과 같은 적절한 스칼라를 곱한 형태)의 형태를 갖는다. x의 초기값은 zero 벡터나 임의의 상수벡터가 보통이다.

MATLab

재귀 최소자승 방법

실제 시스템은 $y = 2x + 1 = [x \ \ 1]\begin{bmatrix}2\\1\end{bmatrix}$이며 측정치는 $\hat{y} = 2x + 1 + \epsilon_k = [x \ \ 1]\begin{bmatrix}2\\1\end{bmatrix} + \epsilon_k$로 주어진다고 가정하자($\epsilon_k$: 시간 k에서의 측정잡음). 재귀 최소자승 방법을 이용하여 측정치를 나타내어 주는 계수벡터를 규명해 보자$\left(\hat{y} = c_1\hat{x} + c_2 = [\hat{x} \ \ 1]\begin{bmatrix}c_1\\c_2\end{bmatrix}\right)$. 계수벡터의 초기값은 $\begin{bmatrix}0\\0\end{bmatrix}$, P 행렬의 초기값은 대각원소가 모두 100인 대각행렬로 한다.

재귀 최소자승의 수행은 함수 rlsup를 이용한다. 스크립트 useRLS.m은 함수 rlsup를 이용하여 재귀 최소자승 방법을 수행한다.

```
function [x,K,P] = rlsup(ak1, bk1, x, P)
K = P*ak1'/(ak1*P*ak1' + 1);
x = x + K*(bk1 - ak1*x);
P = P - K*ak1*P;
end

% useRLS.m
x0 = [2 1]';                % 미지 계수벡터의 실제값
nx = length(x0); x = zeros(nx,1);          % 계수벡터의 초기값
P = 100*eye(nx,nx);        % P 행렬의 초기값
```

```
for k = 1:100
    Ak = [k*0.01 1];  % A_k
    bk = Ak*x0 + 0.3*rand;  % 종속변수 측정값
    [x,K,P] = rlsup(Ak,bk,x,P);
end
display('최종 파라미터 추정치: '), x  % 최종 파라미터 추정치
display('실제 파라미터값: '), x0
```

스크립트 useRLS.m을 실행하면 다음과 같은 결과를 얻는다.

```
>> useRLS
최종 파라미터 추정치:
x =
    1.9653
    1.1612
실제 파라미터값:
x0 =
     2
     1
```

12.4 주성분 분석

화학공장이 점차 복잡해지고 각종 계기장치들의 설치가 증가함에 따라 얻어지는 운전 데이터의 양이 더욱 커지게 된다. 이에 따라 대규모 데이터의 압축과 필요한 공정 정보의 추출문제가 점차 그 중요성을 더해 가고 있다. 주성분 분석(Principal Component Analysis, 이하 PCA로 표시)은 데이터 압축과 정보의 추출을 위한 수학적 도구로서 공장 운전데이터의 분석에 흔히 이용되고 있다.

PCA는 공정 데이터의 공분산, 혹은 상관행렬의 고유벡터(eigenvector) 분해를 기반으로 한다. 공정 데이터를 나타내는 행렬을 X'이라 하자. 변수들의 수가 n이고 데이터 점들의 수가 m이라면 행렬 X'는 $m \times n$ 행렬이 된다. 행렬 X'의 각 열로부터 그 열들의 평균을 뺀 행렬을 X라 하면 X는 평균으로부터의 편차를 나타내는 편차행렬이 된다. X의 공분산, 혹은 상관행렬 S는

$$S = \frac{1}{m-1} X^T X \tag{12.23}$$

와 같이 정의된다. 상관행렬 S의 고유치 분해는

$$S = P \Lambda P^T$$

로 나타낼 수 있다. 여기에서 P는 고유벡터들로 이루어지는 행렬로서 로딩(loading) 행렬이라고 불리며, Λ는 내림차순으로 정리된 고유치들을 원소로 갖는 대각행렬이다. 로딩행렬의 i번째 열 p_i는 단위벡터(즉 $|p_i| = 1$)로서 데이터 행렬이 표현되는 좌표계를 구성한다. 데이터를 새로운 좌표계로 사영(project)하면 스코어(score) 벡터 t_i를 얻는다. 즉 t_i는 샘플들 상호간의 상관 정도에

대한 정보를 포함하며 p_i 방향으로의 거리를 나타낸다. 각 주성분 방향에 따른 분산의 양은 상응하는 고유치(eigenvalue)에 비례한다. 따라서 가장 큰 값을 갖는 첫 번째 고유치와 연관되는 첫 번째 고유벡터 방향 p_1에 대부분의 분산이 반영된다. 첫 번째 스코어 벡터 t_1은 측정변수들의 선형 조합으로부터 얻어진다:

$$t_1 = p_{11}x_1 + p_{21}x_2 + \cdots + p_{n1}x_n \tag{12.24}$$

위에서 p_{i1}는 로딩행렬 P의 해당 열로부터 취한 값들이다. 두 번째로 큰 고유치와 연관되는 두 번째 주성분 방향은

$$t_2 = p_2^T X \tag{12.25}$$

와 같이 정의된다.

PCA에서는 데이터 행렬 X를 다음과 같이 스코어벡터 t_i와 로딩벡터 p_i의 외적과 잔류오차 E의 합으로 분해한다:

$$X = t_1p_1^T + t_2p_2^T + \cdots + t_kp_k^T + E = \sum_{i=1}^{k} t_ip_i^T + E = TP^T + E \quad (k < \min(m, n)) \tag{12.26}$$

MATLab

PCA 방법

두 변수 x와 y에 대한 측정데이터가 다음과 같이 주어져 있다고 하자:

x	2.5	0.5	2.2	1.9	3.1	2.3	2	1	1.5	1.1
y	2.4	0.7	2.9	2.2	3.0	2.7	1.6	1.1	1.6	0.9

이 경우 $m = 10$, $n = 2$이다.

먼저 각 데이터 값으로부터 해당 변수 측정값의 평균을 뺀 편차집합 $\hat{X}$을 구성한다. 변수 x에 대한 측정값의 평균은 $\bar{x} = 1.81$, 변수 y에 대한 측정값들의 평균은 $\bar{y} = 1.91$이므로 x의 모든 값에서 1.81, y의 모든 값에서 1.91을 뺀다.

$x - \bar{x}$	0.69	−1.31	0.39	0.09	1.29	0.49	0.19	−0.81	−0.31	−0.71
$y - \bar{y}$	0.49	−1.21	0.99	0.29	1.09	0.79	−0.31	−0.81	−0.31	−1.01

위에서 $x - \bar{x}$는 행렬 $\hat{X}$의 첫 번째 열, $y - \bar{y}$는 두 번째 열이 된다.

다음 단계로서 공분산 행렬을 구한다. $S = \dfrac{1}{m-1}\hat{X}^T\hat{X}$로부터

$$S = \begin{bmatrix} 0.6166 & 0.6154 \\ 0.6154 & 0.7188 \end{bmatrix}$$

를 얻는다. 공분산 행렬의 대각선상 외의 원소값들이 양이므로 x와 y는 함께 증가하는 것으로 간주할 수 있다.

공분산 행렬의 고유치(λ_i)와 고유벡터(v_i)를 구해 보면

$$\lambda_1 = 1.284, \qquad \lambda_2 = 0.049, \qquad v_1 = \begin{bmatrix} 0.6779 \\ 0.7352 \end{bmatrix}, \qquad v_2 = \begin{bmatrix} -0.7352 \\ 0.6779 \end{bmatrix}$$

위에서 $\|v_1\| = \|v_2\| = 1$임을 알 수 있다. 주성분(principal component)은 가장 큰 고유치에 해당하는 고유벡터가 된다. 중요도가 떨어지는 성분들은 무시할 수 있는데 고유치가 작다면 이렇게 무시해도 손실되는 정보는 많지 않다. $n = 2$개의 고유치와 고유벡터들로부터 크기 순으로 k개의 고유벡터 들만 남기고 나머지는 무시한다면 데이터의 차원은 n으로부터 k로 축소된 셈이다.

고유벡터들로부터 로딩행렬 P를 구성하면

$$\mathrm{P} = [v_1 \quad v_2 \quad \cdots \quad v_n] = [v_1 \quad v_2] = \begin{bmatrix} 0.6779 & -0.7352 \\ 0.7352 & 0.6779 \end{bmatrix}$$

작은 고유치에 해당되는 요소들을 무시한다면

$$\mathrm{P} = [v_1] = \begin{bmatrix} 0.6779 \\ 0.7352 \end{bmatrix}$$

새로운 데이터 집합 Y를 $Y = P^T \hat{X}^T$와 같이 구성한다. 즉 서로 수직인 x축과 y축으로 이루어진 원래 데이터를 서로 수직인 두 고유벡터들로 표현한다.

변환된 x	0.828	−1.778	0.992	0.274	1.676	0.913	−0.099	−1.145	−0.438	−1.224
변환된 y	−0.175	0.143	0.384	0.130	−0.209	0.175	−0.350	0.046	0.018	−0.163

원래 데이터는 $Y = P^T \hat{X}^T$로부터

$$\hat{X} = (P^{-1}Y)^T = (P^T Y)^T = Y^T P, \qquad X = \hat{X} + \bar{X}$$

와 같이 얻을 수 있다.

이들 계산과정은 스크립트 pcaex.m에 의해 수행된다.

```
% pcaex.m: PCA 계산의 보기
% Step 1: raw data
rawx = [2.5 0.5 2.2 1.9 3.1 2.3 2 1 1.5 1.1]'; rawy = [2.4 0.7 2.9 2.2 3.0 2.7 1.6
1.1 1.6 0.9]';
X = [rawx rawy]; % 데이터 행렬 (10x2행렬)
subplot(2,2,1), plot(rawx,rawy,'*'), axis([-1 4 -1 4]), title('두 변수의 측정데이터')
% Step 2:
xm = mean(rawx); ym = mean(rawy); % 평균
xd = rawx - xm; yd = rawy - ym; Xhat = [xd yd] % 편차행렬
% Step 3:
cm = cov(xd,yd) % 공분산 행렬
% Step 4:
```

```
[V S] = eig(cm) % 고유치와 고유벡터를 계산

x1 = [-1:0.1:4]; s1 = V(2,2)/V(1,2); s2 = V(2,1)/V(1,1); y1 = s1*x1; y2 = s2*x1;
subplot(2,2,2), plot(xd,yd,'*'), hold on
plot(x1,y1,':', x1,y2,'.-'), hold off, axis([-2 2 -2 2]), title('주성분 벡터')
% Step 5:
P = [V(:,2) -V(:,1)];
% Step 6:
Y = P'*(Xhat')
subplot(2,2,3), plot(Y(1,:),Y(2,:),'*'), axis([-2 2 -2 2]), title('변환 데이터 집
합')
% 원래 데이터의 획득
Xr = Y'*P; Xr = [Xr(:,1)+xm Xr(:,2)+ym]
```

스크립트 pcaex의 수행결과는 다음과 같으며 그림 12.19는 주성분 벡터와 변환 데이터를 그래프로 나타낸 것이다.

```
>> pcaex
Xhat =
    0.6900    0.4900
   -1.3100   -1.2100
    0.3900    0.9900
    0.0900    0.2900
    1.2900    1.0900
    0.4900    0.7900
    0.1900   -0.3100
   -0.8100   -0.8100
   -0.3100   -0.3100
   -0.7100   -1.0100
cm =
    0.6166    0.6154
    0.6154    0.7166
V =
   -0.7352    0.6779
    0.6779    0.7352
S =
    0.0491         0
         0    1.2840
```

```
Y =
0.8280  -1.7776   0.9922   0.2742   1.6758
0.9129  -0.0991  -1.1446  -0.4380  -1.2238
0.1751  -0.1429  -0.3844  -0.1304   0.2095
-0.1753   0.3498  -0.0464  -0.0178   0.1627
Xr =
    2.5000    2.4000
    0.5000    0.7000
    2.2000    2.9000
    1.9000    2.2000
    3.1000    3.0000
    2.3000    2.7000
    2.0000    1.6000
    1.0000    1.1000
    1.5000    1.6000
    1.1000    0.9000
```

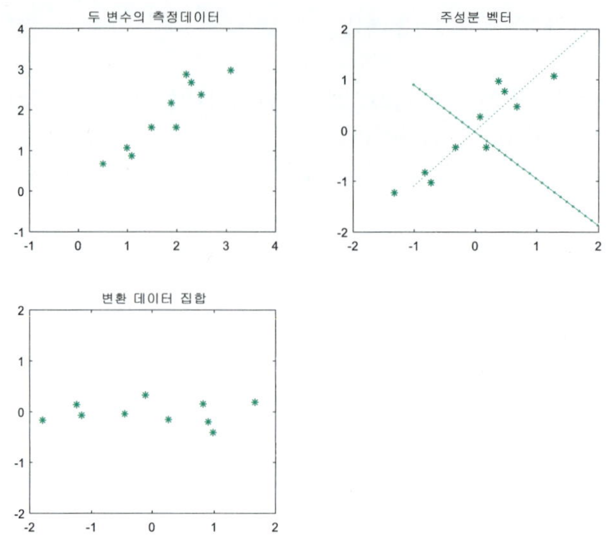

그림 12.19 PCA 수행결과의 보기.

MATLab

내장함수 pca의 이용

MATLAB은 PCA 계산들을 수행하는 함수 pca를 지니고 있다. 이 함수는 다음과 같이 사용한다.

```
[coeff, score, latent] = pca(X);   % X 데이터의 주성분들을 계산
```

고유벡터들은 변수 coeff에 저장되며 고유치들은 latent에, 그리고 변환된 데이터(새로운 PC 축 상에 투영된 데이터)는 score에 저장된다. 다음에 주어진 데이터를 이용하여 함수 pca에 의해 PCA를 수행하여 보자.

x	2.5	0.5	2.2	1.9	3.1	2.3	2	1	1.5	1.1
y	2.4	0.7	2.9	2.2	3.0	2.7	1.6	1.1	1.6	0.9

```
>> rawx = [2.5 0.5 2.2 1.9 3.1 2.3 2 1 1.5 1.1]';
>> rawy = [2.4 0.7 2.9 2.2 3.0 2.7 1.6 1.1 1.6 0.9]';
>> X = [rawx rawy]; % 데이터 행렬 (10x2행렬)
>> [coeff,score,latent] = pca(X)
coeff =
    0.6779    0.7352
    0.7352   −0.6779
score =
    0.8280    0.1751
   −1.7776   −0.1429
    0.9922   −0.3844
    0.2742   −0.1304
    1.6758    0.2095
    0.9129   −0.1753
   −0.0991    0.3498
   −1.1446   −0.0464
   −0.4380   −0.0178
   −1.2238    0.1627
latent =
    1.2840
    0.0491
```

12.5 MATLAB 내장함수를 이용한 공정모델의 규명

12.5.1 데이터 접합 툴을 이용한 다항식 접합

데이터의 다항식 접합은 MATLAB에 내장된 접합 툴(tool)을 이용하여 수행될 수 있다. 보기로서 MATLAB의 접합 툴을 이용하여 다음과 같은 *x*(독립변수) 및 *y*(종속변수) 데이터를 잘 나타내어 주는 다항식을 구해 보자.

x	13	11	15	18	21	20	23	26	27	31
y	14	19	21	20	23	25	29	33	31	33

먼저 다음과 같이 *x*와 *y*의 그래프를 작성한다. 이로부터 생성되는 그래프의 상부 메뉴 바에서 툴(T) 메뉴를 클릭(그림 12.20)하면 부메뉴들이 나타난다. 여기에서 “기본 피팅(F)” 옵션을 선택하면 그림 12.20의 오른쪽에 보인 바와 같은 기본 피팅 창이 나타난다.

```
>> x = [13  11  15  18  21  20  23  26  27  31];
>> y = [14  19  21  20  23  25  29  33  31  33];
>> plot(x, y), grid on
```

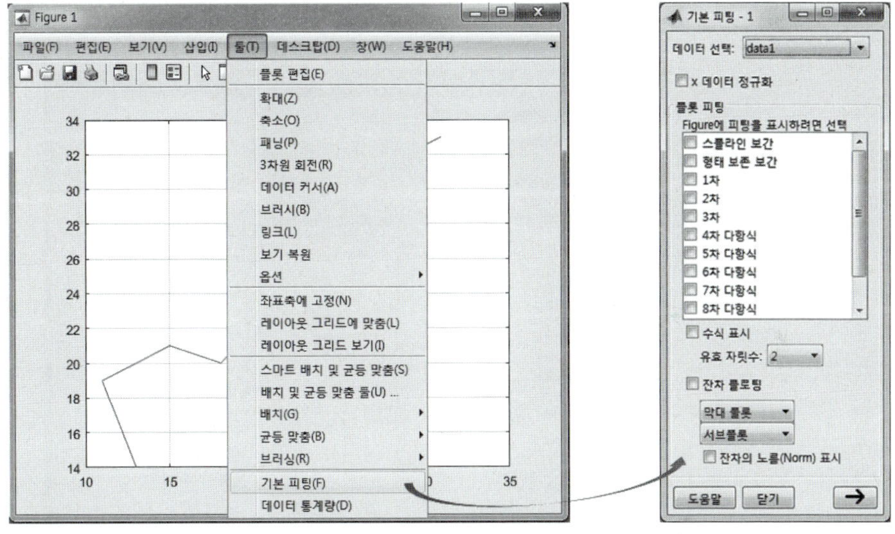

그림 12.20 데이터의 그래프 그림창에서 툴 메뉴를 선택.

그림 12.20에 보인 기본 피팅 창 오른쪽 아래 구석의 화살표 버튼(→)을 클릭하여 그림 12.21에 보인 바와 같이 창을 확장시킨다.

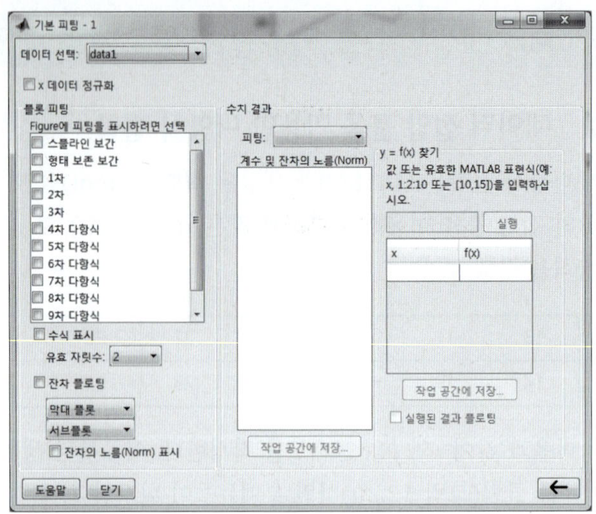

그림 12.21 확장된 기본 피팅 창.

확장된 기본 피팅 창의 왼쪽 "플롯 피팅" 메뉴에서 접합하고자 하는 다항식의 차수를 선택한다. 4차 다항식을 선택하였다면 그림 12.22 및 12.23에 보인 결과가 얻어진다. 그림 12.22의 중앙에 나타나는 창에는 4차 다항식의 계수가 제시된다.

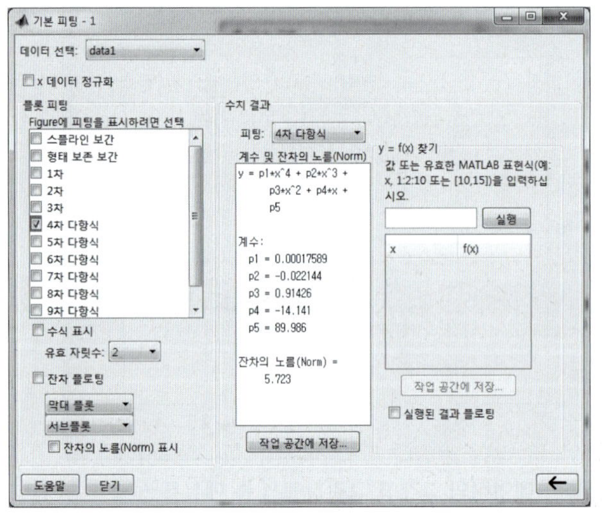

그림 12.22 4차 다항식 접합결과.

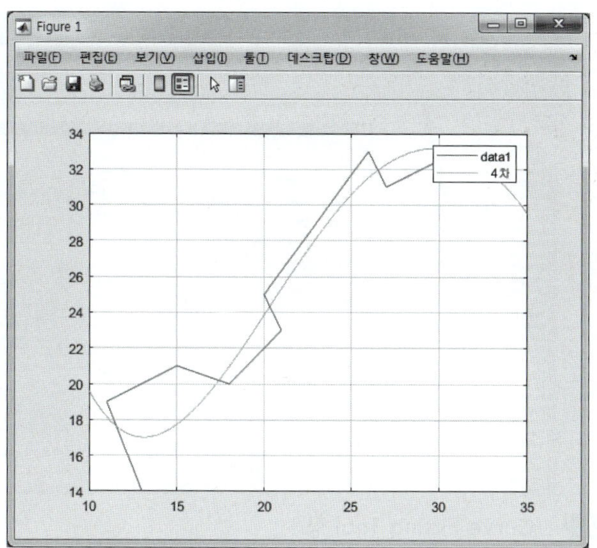

그림 12.23 4차 다항식 접합결과의 그래프.

12.5.2 앱의 Curve Fitting Tool을 이용한 모델의 규명

MATLAB에서 제공되는 Curve Fitting 앱을 이용하여 데이터 접합을 수행할 수 있다. MATLAB을 시작할 때 나타나는 상단부의 메뉴 바에는 "홈", "플롯", "앱" 등의 메뉴들이 있다. 이 메뉴들 가운데 "앱" 메뉴를 이용하여 공정 데이터를 잘 나타내어 주는 모델을 규명할 수 있다. 보기로서 Curve Fitting 앱을 이용하여 다음 데이터를 나타내는 모델식을 구해 보기로 한다. x는 입력변수(독립변수)이며 y는 출력변수(종속변수)이다.

x	1	2	3	4	5	6	7	8
y	2.9	3.5	3.8	4.0	4.4	4.7	4.8	5.0

위의 데이터를 가장 잘 나타내어 주는 모델의 형태를

$$y = a + b\ln(1 + cx)$$

라 하고 앱을 이용하여 이 모델식의 파라미터 a, b, c를 구해 보기로 한다.

먼저 명령 창에서 데이터 x와 y를 정의한다:

```
>> x = 1:8;
>> y = [2.9, 3.5, 3.8, 4.0, 4.4, 4.7, 4.8, 5.0];
```

MATLAB 상단 메뉴 바의 "앱"을 선택한 다음 "Curve Fitting"을 클릭하면 다음 그림에 보인 바와 같은 Curve Fitting Tool 창이 나타난다.

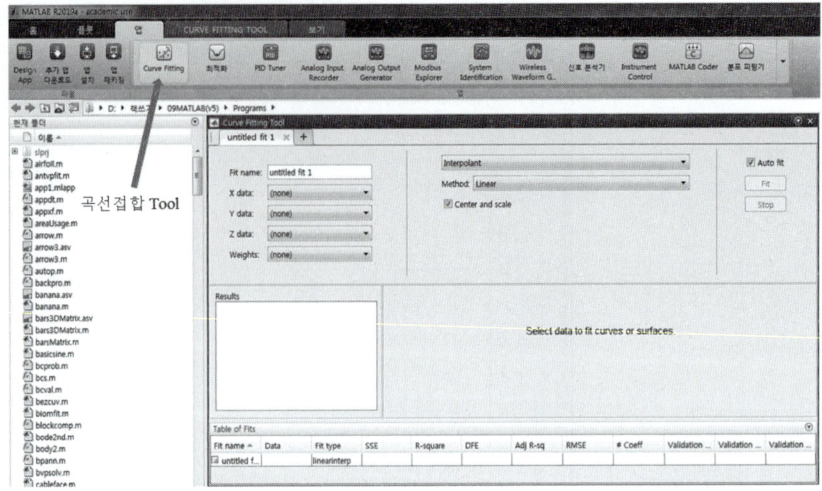

그림 12.24 Curve Fitting Tool 창.

그림 12.25에 보인 바와 같이 Curve Fitting Tool 창의 왼쪽 메뉴에서 “X data” 메뉴의 화살표를 클릭하고 데이터로 “x”를 선택한다(그림 12.25의 ①). 마찬가지로 “Y data”에서는 “y”를 선택한다(그림 12.25의 ②). 다음에 오른쪽 상단부 메뉴를 클릭하고 나타나는 옵션들로부터 “Custom Equation”을 선택한다(그림 12.25의 ③).

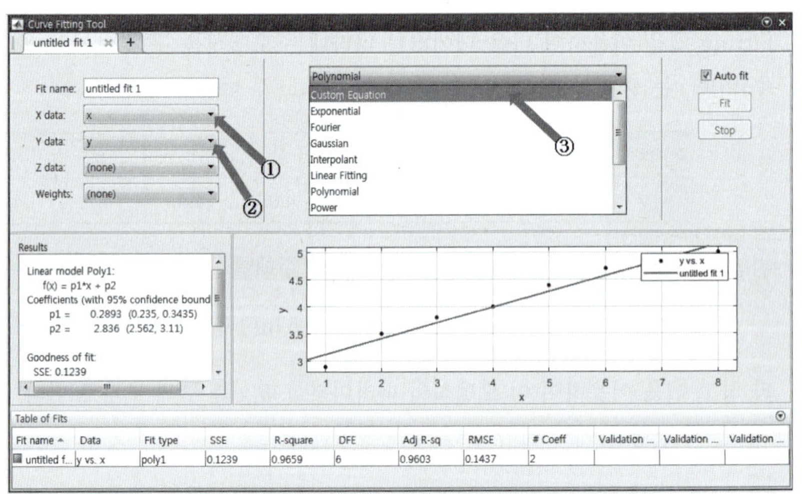

그림 12.25 Curve Fitting Tool 창에서 데이터와 접합식의 선택.

이로부터 그림 12.26에 보인 Custom Equation 편집창이 나타난다. 이 창에서 그림에 보인 바와 같이 “a+b*log(1+c*x)”를 타이프한 다음 Enter 키를 누르면 그림 12.26의 왼쪽 하단부 “Results” 창에 접합 결과가 제시된다. 이 창에는 얻어진 모델식의 파라미터 값들은 물론 SSE 및 RMSE를 비롯한 접합성능 결과들이 제시된다. 이로부터 $a = 2.247$, $b = 1.77$, $c = 0.4693$이 얻어졌음을 알 수 있다. 그림 12.27은 이로부터 얻은 모델식과 데이터를 그래프로 나타낸 것이다.

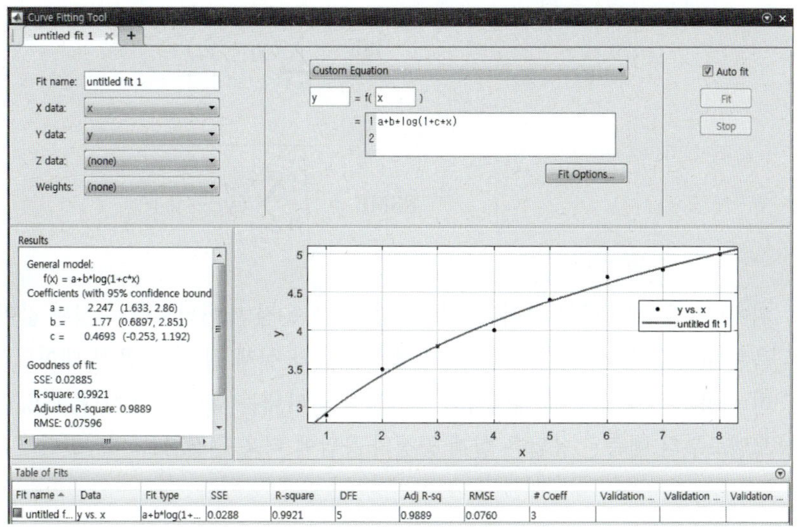

그림 12.26 모델식 편집과 접합결과.

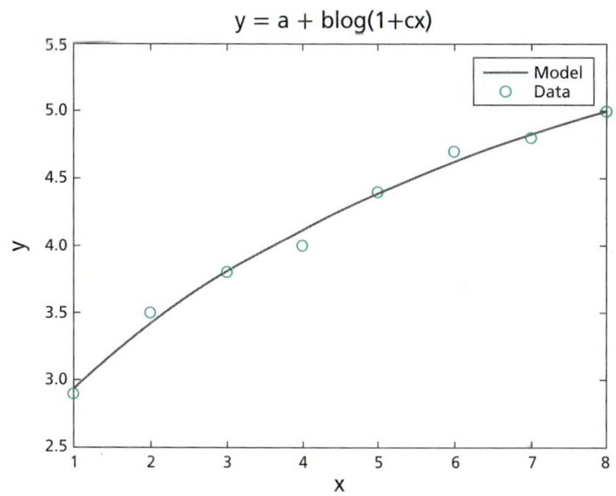

그림 12.27 모델과 데이터의 비교.

12.6 모델의 검증

얻어진 공정모델을 평가하는 간단한 방법은 동일한 입력변수들에 대하여 측정된 실제 공정으로부터의 출력값들과 모델을 이용하여 계산된 출력값(즉 모델 예측값)들을 그래프 등을 통하여 서로 비교해 보는 것이다. 이들 간에 어느 수준 이상의 큰 차이가 보이지 않으면 모델은 신뢰할 수 있는 것으로 간주될 수 있다. 얻어진 모델에 대한 보다 정량적인 평가는 적절한 성능기준을 이용하여 이루어질 수 있다. 이 경우 일반적으로 모델의 인식에 이용되지 않은 실험 및 운전 데이터를 사용하여 모델의 예측성능을 평가하는 교차검증 방법이 널리 이용된다. 모델의 평가에 이용되는 성능기준으로서는 제곱오차 적분(ISE)이나 평균 제곱근 오차(Root Mean Square Error, RMSE)가 널리 이용된다.

$$\text{ISE} = \sum_{i=1}^{n}(y_i - \hat{y}_i)^2 \tag{12.27}$$

$$\text{RSME} = \sqrt{\frac{1}{n}\sum_{i=1}^{n}(y_i - \hat{y}_i)^2} \tag{12.28}$$

위에서 n은 데이터의 수이고 y_i는 실험, 혹은 운전 데이터로서 측정된 값이며 $\hat{y}_i$는 모델로부터 예측된 값이다. RMSE는 모델로부터 예측된 값과 실제 실험 및 운전 데이터 간의 차이를 다룰 때 흔히 사용하는 척도로서 데이터의 정밀도를 나타내는 데에 적절하다. ISE, 혹은 RMSE가 작을수록 모델로부터 예측된 응답은 실제 공정의 응답에 더욱 근접함을 의미한다.

12.7 요약

- 많은 화학공정들은 시간지연이 존재하는 1차모델(FOPDT) $G(s) = \dfrac{Ke^{-\theta s}}{\tau s + 1}$으로 적절히 표현 가능
- 공정 반응곡선: 열린루프의 계단응답 곡선
- 시간지연이 존재하는 1차모델식의 Δm인 계단입력에 대한 응답: $C(t) = K\Delta m\{1 - e^{-(t-\theta)/\tau}\}u(t-\theta)$
- 공정의 이득: $K = \dfrac{\Delta C_s}{\Delta m}$(입력변수의 변화에 대한 정상상태에서의 출력변수 변화의 비)
- 공정 반응곡선으로부터 시간상수와 시간지연을 구하는 방법: 접선의 이용, 시간상수에서의 응답값을 이용, 모델과 실제값의 일치관계를 이용
- 모델과 실제값의 일치관계: 실제 계단응답 곡선으로부터 응답이 정상상태 값 ΔC_s의 0.283배와 0.632배가 되는 시간 t_1과 t_2를 각각 읽은 후 $\tau = \dfrac{3}{2}(t_2 - t_1)$, $\theta = \dfrac{1}{2}(3t_1 - t_2)$
- 시간지연이 존재하는 2차 모델식: $G(s) = \dfrac{Ke^{-\theta s}}{(\tau_1 s + 1)(\tau_2 s + 1)}$, $G(s) = \dfrac{Ke^{-\theta s}}{\tau^2 s^2 + 2\tau\zeta s + 1}$
- 모델규명 방법으로 의사랜덤 이진수열(PRBS), 펄스, 더블릿, 정현파 입력변화 등을 이용
- 시간지연을 나타내는 전달함수 $e^{-\theta s}$의 근사: $e^{-\theta s} \approx \dfrac{1}{\theta s + 1}$, $e^{-\theta s} \approx 1 - \theta s$
- 최소자승법: $(A^T A)X = A^T F \rightarrow X = (A^T A)^{-1} A^T F$
- 재귀 최소자승(RLS) 방법: $K_{k+1} = P_k a_{k+1}[a_{k+1}{}^T P_k a_{k+1} + 1]^{-1}$, $x_{k+1} = x_k + K_{k+1}(R_{k+1} - a_{k+1}{}^T x_k)$, $P_{k+1} = P_k - K_{k+1} a_{k+1}{}^T P_k$
- 주성분 분석(PCA): 단순한 좌표변환 기법으로서 공장 운전데이터의 분석에 효과적으로 이용 가능
- 모델의 평가에 이용되는 성능기준: $\text{ISE} = \sum_{i=1}^{n}(y_i - \hat{y}_i)^2$, $\text{RSME} = \sqrt{\frac{1}{n}\sum_{i-1}^{n}(y_i - \hat{y}_i)^2}$

점/검/문/제

12.1 다음과 같은 시스템에서 공정반응곡선(process reaction curve)을 구하고자 할 때 입력의 변화는 어느 위치에서 주어야 하는가?

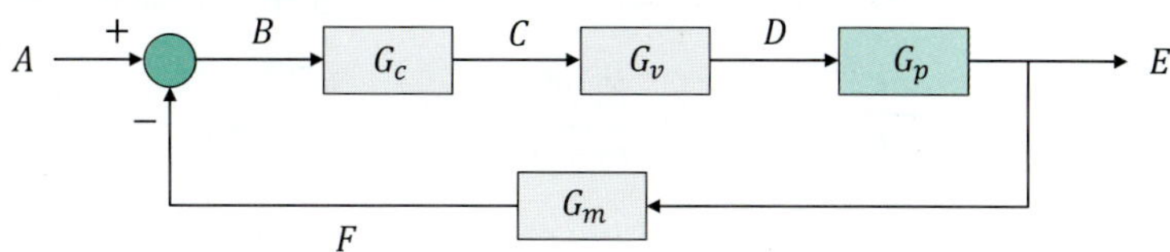

그림 12.28 Feedback 제어구조.

① A ② B ③ C ④ D

12.2 어느 공정의 제어기 출력(m)이 계단변화를 보였을 때 다음과 같은 응답곡선(C)이 얻어졌다. 공정이득(process gain) K_p를 구하는 식은 어느 것인가?

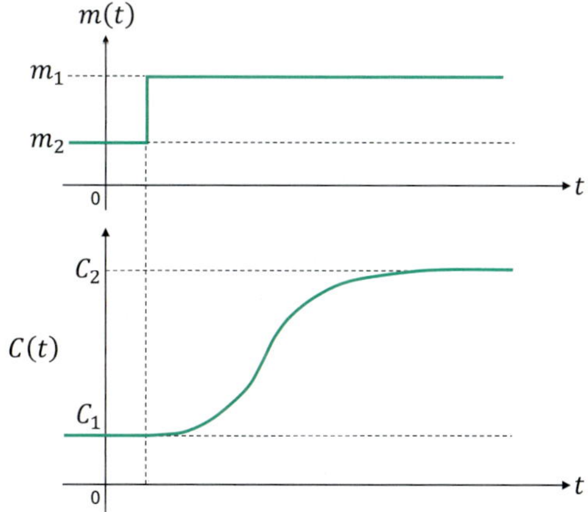

그림 12.29 계단응답곡선.

① $K_p = \dfrac{m_2}{C_2}$ ② $K_p = \dfrac{C_2}{m_2}$ ③ $K_p = \dfrac{m_2 - m_1}{C_2 - C_1}$ ④ $K_p = \dfrac{C_2 - C_1}{m_2 - m_1}$

12.3 공정반응곡선을 이용하여 공정모델을 구하는 방법에서 변곡점에서의 기울기가 초기 정상상태 값과 최종 정상상태 값에서 만나는 시간을 각각 t_1, t_2라 할 때 옳은 것은 어느 것인가?

① 시간지연은 t_1이고 시간상수(시정수)는 $t_2 - t_1$이다.

② 시간지연은 t_1이고 시간상수(시정수)는 $t_2 + t_1$이다.

③ 시간지연은 t_2이고 시간상수(시정수)는 $t_2 - t_1$이다.

④ 시간지연은 t_2이고 시간상수(시정수)는 $t_2 + t_1$이다.

12.4 공정반응곡선을 이용하여 공정모델을 구하는 방법에서 옳은 것은?

① 최종 정상상태 값의 63.2%에 도달하는 시간을 시간상수(시정수)로 간주한다.

② 최종 정상상태 값의 63.2%에 도달하는 시간을 시간상수(시정수)와 시간지연의 합으로 본다.

③ 최종 정상상태 값과 초기 정상상태 값의 차이의 63.2%에 도달하는 시간을 시간상수(시정수)로 본다.

④ 최종 정상상태 값과 초기 정상상태 값의 차이의 63.2%에 도달하는 시간을 시간상수(시정수)와 시간지연의 합으로 본다.

12.5 어떤 4차 공정을 근사적으로 가장 잘 나타낼 수 있는 모델은 어느 것인가?

① $\frac{e^{\theta s}}{K_p(\tau s+1)}$ ② $\frac{K_p e^{\theta s}}{\tau s+1}$ ③ $\frac{e^{-\theta s}}{K_p(\tau s+1)}$ ④ $\frac{K_p e^{-\theta s}}{\tau s+1}$

12.6 최소자승법(least square method)을 사용하여 주어진 자료 $(x_i,\ f_i)$를 $g(x)=a+bx$ 형태의 1차식으로 나타내고자 할 때 사용되는 식으로서 옳은 것은?

① $\min\sum_{i=1}^{n}\{f_i-(a+bx_i)\}^2$ ② $\min\sum_{i=1}^{n}\{f_i+(a+bx_i)\}^2$

③ $\max\sum_{i=1}^{n}\{f_i-(a+bx_i)\}^2$ ④ $\max\sum_{i=1}^{n}\{f_i+(a+bx_i)\}^2$

12.7 실험데이터가 다음과 같이 주어진 경우 이를 가장 잘 나타낼 수 있는 1차함수를 최소자승법에 의해 구하였을 때 옳은 것은 어느 것인가?

i	x	f_i
1	0	0
2	1	2
3	2	1
4	3	2

① $0.5+2x$ ② $2+0.5x$ ③ $0.5+0.5x$ ④ $2+2x$

12.8 1차계에 단위계단 입력이 도입되었을 때의 해는 $y(t)=K\left\{1-\exp\left(-\frac{t}{\tau}\right)\right\}$이다. 다음 데이터로부터 구한 K와 τ로서 옳은 것은 어느 것인가?

시간 t (min)	0	1	2	3	4	5
응답 y/k	0	0.1580	0.2162	0.2375	0.2455	0.2482

① $K=0.5,\ \tau=0.5$ ② $K=0.25,\ \tau=0.5$

③ $K=0.5,\ \tau=1$ ④ $K=0.25,\ \tau=1$

▶ 점검 문제 해답

12.1 ③ **12.2** ④ **12.3** ① **12.4** ④ **12.5** ④ **12.6** ①

12.7 ③ 풀이 주어진 데이터로부터

$$n = 4, \quad \sum_{i=1}^{4} x_i = 6, \quad \sum_{i=1}^{4} x_i^2 = 14, \quad \sum_{i=1}^{4} f_i = 5, \quad \sum_{i=1}^{4} x_i f_i = 10$$

$$\begin{cases} 4a_0 + 6a_1 = 5 \\ 6a_0 + 14a_1 = 10 \end{cases} \rightarrow \quad a_0 = \frac{5 \cdot 14 - 6 \cdot 10}{4 \cdot 14 - 6 \cdot 6} = \frac{10}{20}, \quad a_1 = \frac{4 \cdot 10 - 6 \cdot 5}{4 \cdot 14 - 6 \cdot 6} = \frac{10}{20}$$

또는 식 $X = (A^T A)^{-1} A^T F$를 이용하면

$$A^T A = \begin{bmatrix} 1 & 1 & 1 & 1 \\ 0 & 1 & 2 & 3 \end{bmatrix} \begin{bmatrix} 1 & 0 \\ 1 & 1 \\ 1 & 2 \\ 1 & 3 \end{bmatrix} = \begin{bmatrix} 4 & 6 \\ 6 & 14 \end{bmatrix}, \quad A^T F = \begin{bmatrix} 1 & 1 & 1 & 1 \\ 0 & 1 & 2 & 3 \end{bmatrix} \begin{bmatrix} 0 \\ 2 \\ 1 \\ 2 \end{bmatrix} = \begin{bmatrix} 5 \\ 10 \end{bmatrix}$$

$$(A^T A)^{-1} = \frac{1}{\det(A^T A)} \begin{bmatrix} 14 & -6 \\ -6 & 4 \end{bmatrix}, \quad X = \begin{bmatrix} a_0 \\ a_1 \end{bmatrix} = (A^T A)^{-1} A^T F = \frac{1}{20} \begin{bmatrix} 14 & -6 \\ -6 & 4 \end{bmatrix} \begin{bmatrix} 5 \\ 10 \end{bmatrix} = \begin{bmatrix} 0.5 \\ 0.5 \end{bmatrix}$$

따라서 $p(x) = 0.5 + 0.5x$이다.

12.8 ④ 풀이 먼저 공정이득 K는 $K = \dfrac{0.2482}{1} \cong 0.25$이고 식을 변형하고 양변에 대수를 취하면

$\ln\left(1 - \dfrac{y(t)}{K}\right) = -\dfrac{1}{\tau} t$이다. 이제 $f = \ln\left(1 - \dfrac{y(t)}{K}\right)$, $\phi_0 = t$로 놓고 최소자승법을 적용하기 위한 X와 F를 구성하면 slope로부터 시간상수를 결정할 수 있다.

$A = [a_0] = \left[-\dfrac{1}{\tau}\right] = (X^T X)^{-1} X^T F = \dfrac{\sum t_i \ln(1 - y_i/K)}{\sum t_i^2}$. 주어진 자료에 대하여는

$$-\frac{1}{\tau} = \frac{1\ln(0.368) + 2\ln(0.135) + 3\ln(0.05) + 4\ln(0.018) + 5\ln(0.007)}{1^2 + 2^2 + 3^2 + 4^2 + 5^2} = -0.998$$

즉 $\tau = 1$이다.

연/습/문/제

12.1 어떤 액위탱크에서 액위 h는 5.5 ft, 유입액의 유량 q_i는 29.4 ft^3/min로 유지되고 있다. 유입액의 유량을 갑자기 10% 증가시켰을 때 시간에 따른 액위의 변화를 측정한 결과는 다음 표와 같다. 액위 탱크는 1차 모델식으로 나타낼 수 있다고 할 때 모델의 이득 K와 시간상수 τ를 구하여라.

시간(min)	액위(ft)	시간(min)	액위(ft)
0.0	5.50	1.4	6.37
0.2	5.75	1.6	6.40
0.4	5.93	1.8	6.43
0.6	6.07	2.0	6.45
0.8	6.18	3.0	6.50
1.0	6.26	4.0	6.51
1.2	6.32	5.0	6.52

12.2 어떤 열 교환기에 단위계단 입력변화를 도입하였을 때 다음과 같은 그래프가 얻어졌다. 보기 12.1의 방법을 이용하여 열 교환기에 대한 근사모델식(시간지연이 존재하는 1차식)을 구하여라. 또한 보기 12.5의 방법을 사용하여 모델식을 구하라.

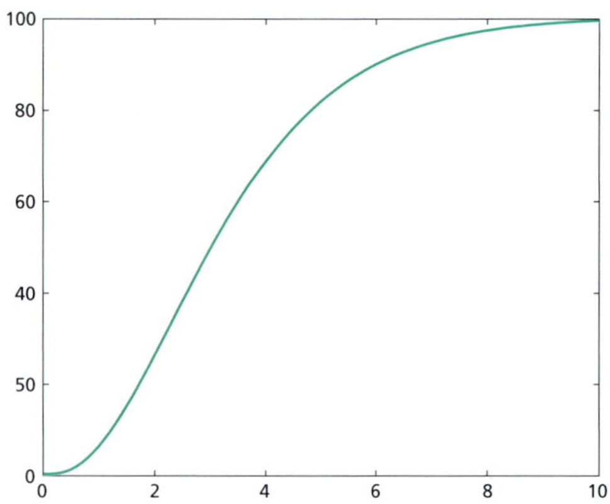

그림 P12.2

12.3 다음 표는 처음에 가해지던 40 volt의 전압을 100 volt로 승압하였을 때 항온조의 온도를 측정한 결과이다. 보기 12.1의 방법을 이용하여 항온조의 근사모델식을 구하여라. 또한 보기 12.5의 방법을 사용하여 모델식을 구하여라.

시간	온도(°C)	시간	온도(°C)
0	78	60	130
10	88	70	132
20	102	80	135
30	113	90	136
40	120	100	138
50	126	120	139

12.4 다음 그래프는 교반기에서 유입액 농도의 단위계단 입력변화에 대한 시간에 따른 유출액의 농도를 나타낸 것이다. 보기 12.1의 방법을 이용하여 이 교반공정에 대한 근사 모델식을 구하여라.

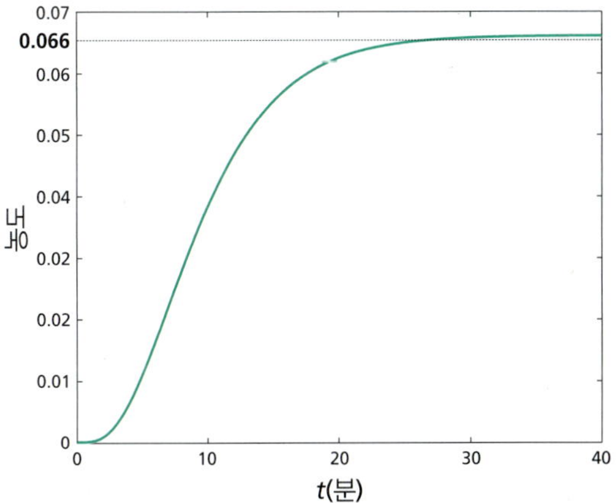

그림 P12.4

12.5 어떤 증류탑의 16번 Tray의 온도가 환류량에 의해 조절된다. 정상상태에서 온도와 환류량은 각각 380°F와 25,000 lb/hr이다. 환류량이 27,500 lb/hr로 변한 계단 테스트 결과 다음 표가 얻어졌을 때 시간지연이 존재하는 1차모델을 구하여라.

time(hr)	0.0	1.0	2.9	3.0	4.0	5.0	6.0	7.0	8.0	10.0	12.0	14.0
16번 Tray 온도(°F)	380	383.1	387.8	391.2	392.4	393.4	394.0	394.4	394.7	394.9	394.9	395

12.6 어떤 공정에 크기 2인 계단입력 변화를 도입하여 다음 결과를 얻었다:

시간(t)	0	1	2	3	4	5	6	7	8	9	10	11
y(출력)	4	4	4	4.1	4.8	5.6	6.5	7.2	7.6	7.8	8	8

공정의 전달함수가 $G_p(s) = \dfrac{K_p e^{-\theta s}}{\tau s + 1}$의 형태를 갖는다고 할 때 K_p, τ, θ를 각각 구하여라.

12.7 어떤 2차공정의 전달함수는 $G_p(s) = \dfrac{3}{(s+1)(s+2)}$와 같다.

(1) 이 공정을 시간지연이 존재하는 1차공정의 모델식 $G(s) = \dfrac{K_p e^{-\theta s}}{\tau s + 1}$로 나타내어라.

(2) 입력에 단위계단 변화가 도입되었다. 시간 $t = 1.5$일 때 위의 2차공정 $G_p(s)$로부터의 응답과 모델 $G(s)$로부터의 응답을 비교하여라. 차이는 얼마나 되는가?

12.8 그림에 보인 feedback 제어 시스템에서 $G_p(s) = \dfrac{K_p}{s^2}$이다. K_p를 구하기 위해 제어기로서 비례 제어기(즉 $G_c(s) = K_c$)를 이용하고자 한다. 비례 제어기의 이득(gain) K_c를 적절히 선택하고 R에 계단변화를 도입하였을 때 얻어지는 응답은 일정한 진동을 보였으며 진동수는 2였다(단위는 생략). 사용된 제어기의 이득 $K_c = 2$였다면 K_p는 얼마인가?

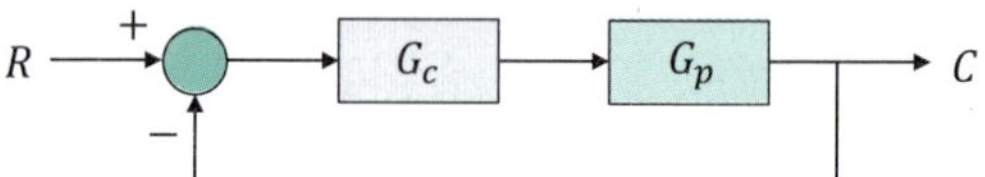

그림 P12.8

✱ MATLAB 활용 문제

12.9 벤젠의 증기압(mmHg)과 온도(°C)의 관계가 다음과 같이 주어졌다. 이 식이 Clapeyron 식 $\log(P) = A + \dfrac{B}{T}$을 따른다고 할 때 A와 B를 결정하여라. T는 절대온도이다.

온도 t(°C)	7.6	15.4	42.2	80.1
압력 P(mmHg)	40	60	200	760

12.10 어떤 액위탱크에서 액위 h는 5.5 ft, 유입액의 유량 q_i는 29.4 ft^3/min로 유지되고 있다. 유입액의 유량을 갑자기 10% 증가시켰을 때 시간에 따른 액위의 변화를 측정한 결과는 다음 표와 같다. 액위 탱크는 1차 모델식으로 나타낼 수 있다고 할 때 MATLAB을 이용하여 모델의 이득 K와 시간상수 τ를 구하여라. 아울러 최소자승법을 이용하여 시간상수를 구하여라.

시간(min)	액위(ft)	시간(min)	액위(ft)
0.0	5.50	1.4	6.37
0.2	5.75	1.6	6.40
0.4	5.93	1.8	6.43
0.6	6.07	2.0	6.45
0.8	6.18	3.0	6.50
1.0	6.26	4.0	6.51
1.2	6.32	5.0	6.52

12.11 온도 T에 따른 열용량 C_p의 데이터가 다음 표와 같이 주어져 있다.

T	222	284	308.5	333	358	411	477	518	880	1080	1259
C_p*10	1.282	2.308	2.65	3.12	3.547	4.53	5.556	6.154	8.932	9.103	9.316

C_p 데이터를 나타내는 적절한 모델식으로 다음과 같은 형태가 제안되었다:

$$C_p = \left(\frac{a}{T}\right)^2 \frac{e^{-a/T}}{(1 - e^{-a/T})^2}$$

위에서 a는 모델식의 파라미터이다. MATLAB "앱"의 "Curve Fitting"을 이용하여 파라미터 a를 구하고 모델식에서 얻어지는 C_p와 주어진 데이터를 그래프에 나타내어라.

최신 공정제어공학 MATLAB의 활용과 실습

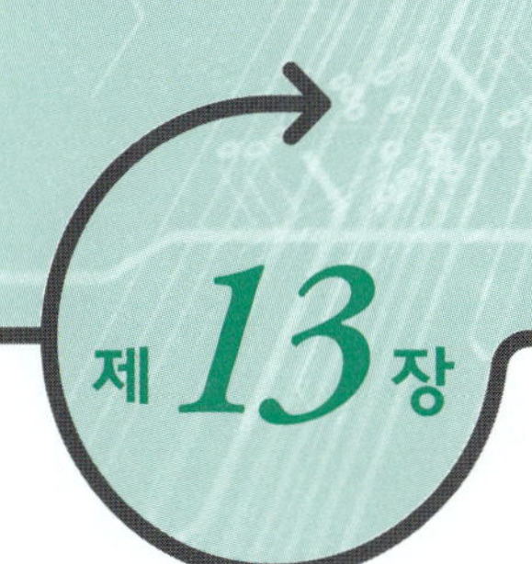

제 13 장 제어기의 조정과 합성

제어기의 조정은 원하는 닫힌회로 응답을 얻기 위해 feedback 제어기의 파라미터들을 조절하는 과정을 의미한다. 비례 제어기의 경우에는 조절해야 할 파라미터가 제어기의 이득뿐이어서 문제가 간단하지만 PID 제어기의 경우에는 제어기의 이득, 적분시간, 및 미분시간 등 조절해야 할 파라미터가 3개이므로 그 조정이 쉽지 않다. 조업 현장에서의 PID 조정은 여전히 경험과 시행착오에 의존하는 경우가 대부분이다. PID 제어기의 일차적인 초기 조정방법으로서 닫힌루프 제어구조의 안정성에 근거하는 한계이득법과 공정의 모델에 근거하는 방법이 이용된다. 여기에서는 제어기 파라미터의 조정에 널리 이용되는 몇 가지 방법들을 살펴보고 아울러 원하는 출력을 미리 설정한 다음 이의 달성을 위하여 제어기를 합성하는 방법을 알아보기로 한다.

13.1 한계이득법

13.1.1 한계이득과 한계주기

1942년 Ziegler와 Nichols는 열린루프에 근거하는 제어기 조정방법을 제안하였다.[1] 이들이 제안한 한계이득법(ultimate gain method)은 실시간 조정, 또는 연속 진동법이라고도 한다. 이 방법에서는 앞의 제11장에서 다룬 한계주기와 한계이득값을 이용하는데 이들은 다음 과정에 따라 구할 수 있다:

(1) 제어기를 비례 제어기로 대체한다.
(2) 제어되는 출력변수의 응답이 일정한 진폭을 지닌 연속적인 진동을 보일 때까지 비례 제어기의 이득을 조금씩 증가시킨다.
(3) 이 때 얻어지는 제어기 이득은 한계이득 K_{cu}이며 진동주기는 한계주기 T_u이다.

한계진동응답은 그림 13.1에 보인 바와 같다. 만일 공정의 특성방정식을 알고 있다면 한계이득과 한계주기는 앞의 제11장에서 소개한 직접 치환법을 이용하여 계산에 의해 구할 수도 있다.

적분공정이 아닌 자체조정(self-regulating) 공정의 경우 공정의 동특성을 알고 있다면 K_{cu}와 T_u는 다음 관계들로부터 얻을 수 있다:

1. Ziegler, J. G. and Nichols, N. B., Optimum settings for automatic controllers, Transactions of the ASME, Vol. 64, pp.759–768 (1942).

$$K_p K_{cu} \cos\left(\frac{2\pi\theta}{T_u}\right) + 1 = 0, \qquad \frac{2\pi\tau}{T_u} + \tan\left(\frac{2\pi\theta}{T_u}\right) = 0$$

적분공정(integrating process)의 경우에는

$$K_{cu} = \frac{\pi}{2K_p\theta}, \qquad T_u = 4\theta$$

로 취할 수 있다.

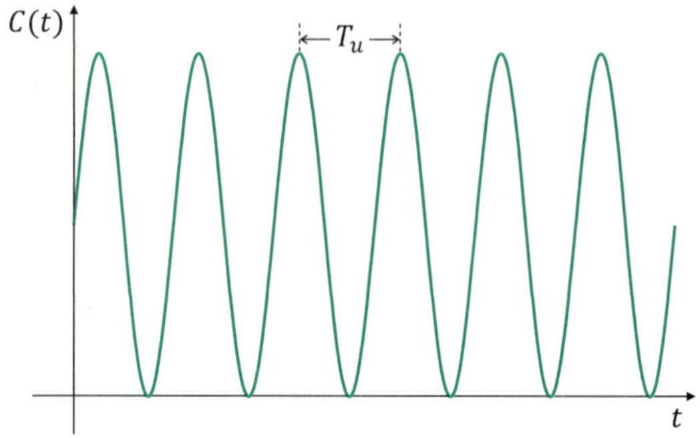

그림 13.1 한계진동응답.

제어기 파라미터의 조정기준으로서 Ziegler와 Nichols는 출력변수의 쇠퇴비(decay ratio)가 1/4이 되는 경우를 고려하였다. 즉 출력변수 $C(t)$의 쇠퇴비가 그림 13.2에 보인 바와 같이 1/4이 되도록 제어기의 파라미터들을 조정하도록 한 것이다.

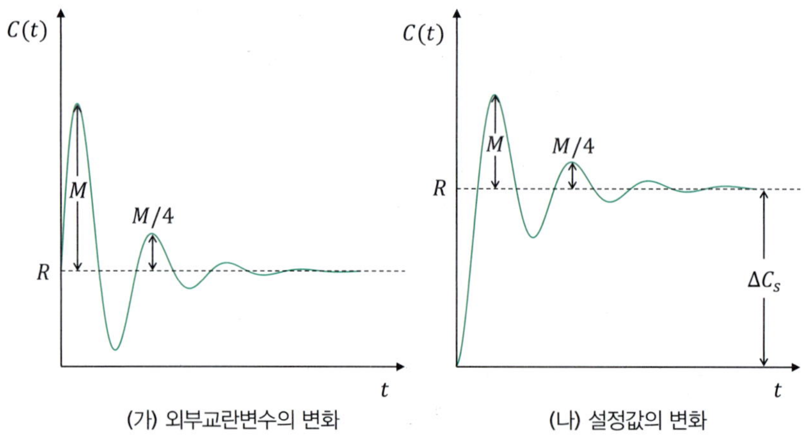

그림 13.2 쇠퇴비가 1/4인 출력변수 응답.

각 제어기의 형태에 따른 제어 파라미터의 조정은 한계이득 K_{cu}와 한계주기 T_u를 이용하여 표 13.1에 보인 바와 같이 정한다.

표 13.1 한계이득법에 의한 제어기의 조정(1/4 쇠퇴비 응답)

제어기 형태	제어기전달함수	이득	적분시간	미분시간
비례제어기	K_c	$K_c = \dfrac{K_{cu}}{2}$		
비례-적분제어기	$K_c\left(1+\dfrac{1}{\tau_I s}\right)$	$K_c = \dfrac{K_{cu}}{2.2}$	$\tau_I = \dfrac{T_u}{1.2}$	
비례-적분-미분제어기	$K_c'\left(1+\dfrac{1}{\tau_I' s}\right)(\tau_D' s+1)$	$K_c' = \dfrac{K_{cu}}{1.7}$	$\tau_I' = \dfrac{T_u}{2}$	$\tau_D' = \dfrac{T_u}{8}$

위의 표에서 PID 제어기의 경우 전달함수는 $G_c(s) = K_c'\left(1+\dfrac{1}{\tau_I' s}\right)\left(\dfrac{\tau_D' s+1}{\alpha\tau_D' s+1}\right)$에서 $\alpha = 0$인 경우이다. 이를 표준형태의 PID 제어기 전달함수인 $G_c(s) = K_c\left(1+\dfrac{1}{\tau_I s}+\tau_D s\right)$와 비교해 보면 $K_c = K_c'\left(1+\dfrac{\tau_D'}{\tau_I'}\right)$, $\tau_I = \tau_I' + \tau_D'$, $\tau_D = \dfrac{\tau_I'\,\tau_D'}{\tau_I' + \tau_D'}$임을 알 수 있다.

Luyben and Luyben은 앞에 보인 Ziegler와 Nichols의 조정방법과는 달리 표 13.2에 보인 바와 같은 조정방법을 제시하였다.[2]

표 13.2 한계이득법에 의한 제어기의 조정(Luyben and Luyben 방법)

제어기 형태	제어기전달함수	이득	적분시간	미분시간
비례-적분제어기	$K_c\left(1+\dfrac{1}{\tau_I s}\right)$	$K_c = 0.31K_{cu}$	$\tau_I = 2.2T_u$	
비례-적분-미분제어기	$K_c'\left(1+\dfrac{1}{\tau_I' s}\right)(\tau_D' s+1)$	$K_c' = 0.31K_{cu}$	$\tau_I' = 2.2T_u$	$\tau_D' = \dfrac{T_u}{6.3}$

보기 13.1

비례 제어기를 이용하는 어떤 제어구조의 특성 방정식이 다음과 같은 경우 PID 제어기 파라미터들을 정하여라.

$$0.387s^4 + 3.272s^3 + 7.859s^2 + 6.043s + (0.617 + 1.205K_c) = 0$$

풀이

한계이득과 한계주기는 직접 치환법에 의하여 구할 수 있다. $s = i\omega$를 대입하고 실수부와 허수부로 구분하면

실수부: $0.387\omega^4 - 7.859\omega^2 + (0.617 + 1.205K_c) = 0$

2. Luyben, W. L. and M. L. Luyben, *Essentials of Process Control*, McGraw-Hill, New York, 1997.

허수부: $-3.272\omega^3 + 6.043\omega = 0$

허수부 식으로부터 $\omega = \omega_u = 1.36$(rad/min)를 얻는다. 이를 실수부에 대입하면 $K_c = K_{cu} = 10.44$ (%/%). 따라서 한계이득은 10.44이고 한계주기는 $T_u = \frac{2\pi}{\omega} = \frac{2\pi}{1.36} = 4.62$ (min)이다. 그러므로 표 13.1을 이용하면 PID 제어기의 경우

$$K_c' = \frac{K_{cu}}{1.7} = \frac{10.44}{1.7} = 6.14\left(\frac{\%}{\%}\right),\ \tau_I' = \frac{T_u}{2} = \frac{4.62}{2} = 2.31\ (\text{min}),\ \tau_D' = \frac{T_u}{8} = \frac{4.62}{8} = 0.58\ \text{min}$$

을 얻는다. 표준형태 PID 제어기의 경우

$$K_c = 6.14\left(1 + \frac{0.58}{2.31}\right) = 7.68,\ \tau_I = 2.31 + 0.58 = 2.89,\ \tau_D = \frac{(2.31)(0.58)}{2.31 + 0.58} = 0.46$$

와 같다.

13.1.2 릴레이 피드백에 의한 한계주기 및 한계이득 계산

앞 절의 방법에서 임계점에 도달할 때까지 이득을 증가시키는 과정에서는 시스템이 불안정해질 우려가 있다. 이러한 단점을 보완하기 위해 고안된 방법이 릴레이 피드백에 의한 방법으로서 통상 자동조정(auto-tuning)법이라고도 한다. 이 방법은 시판되는 대부분의 PID 제어기에서 사용되고 있다. 제어기의 모드를 자동조정으로 놓으면 다음 그림 13.3과 같이 블록선도가 구성된다. 이때 설정값이 변하지 않는다면 릴레이의 출력은 제어기로 들어오는 오차신호에 따라 다음과 같이 변하여 공정에 가해진다:

$$m(t) = \begin{cases} d : e(t) = -c(t) > 0 \\ -d : e(t) = -c(t) < 0 \end{cases}$$

그러면 공정출력 $c(t)$는 일정한 진폭 A와 한계주기 T_u를 가진 그림 13.1과 같은 진동응답을 나타내는데 이로부터 한계이득 K_{cu}는[3]

$$K_{cu} = \frac{4d}{\pi A}$$

로 계산된다.

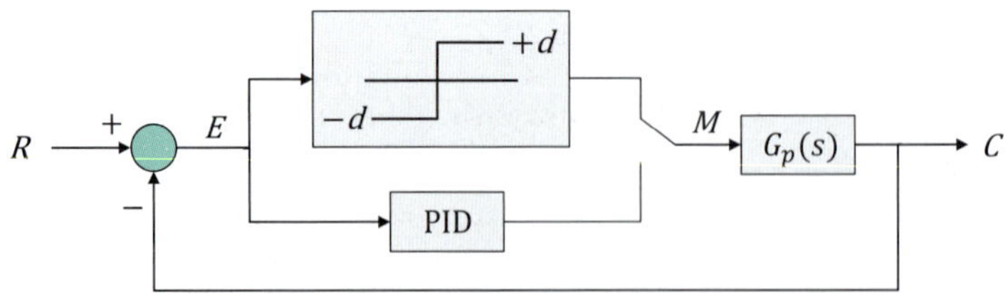

그림 13.3 자동조정(auto-tuning)을 위한 블록선도.

3. Astrom, K. and T. Hagglund, Automatic Tuning of PID Controllers, ISA, Research Triangle Park, NC, 1998.

13.1.3 한계이득과 한계주기를 이용한 모델의 인식

한계이득과 한계주기를 이용하여 간단한 전달함수로 표현되는 공정의 모델을 추정할 수 있다.[4] 시간지연이 존재하는 적분공정 $G_p(s) = \dfrac{K_p e^{-\theta s}}{s}$의 경우 이득과 시간지연은 각각 $K_p = \dfrac{2\pi}{K_{cu}T_u}$, $\theta = \dfrac{T_u}{4}$와 같이 추정할 수 있으며 시간지연이 존재하는 1차공정 $G_p(s) = \dfrac{K_p e^{-\theta s}}{\tau s + 1}$의 경우 시간상수는 $\tau = \dfrac{T_u}{2\pi}\tan\left[\dfrac{\pi(T_u - 2\theta)}{T_u}\right]$로부터 얻을 수 있다.

13.2 1차 모델식의 이용

앞의 12장에서 우리는 계단입력 변화를 가하여 얻어지는 열린루프 공정반응곡선을 다루었다. 아울러 공정반응곡선을 나타낼 수 있는 근사식으로 시간지연이 존재하는 1차 모델식(First-Order Plus Dead-Time, FOPDT)을 이용할 수 있음도 알았다.

$$G_p(s) = \frac{K_p e^{-\theta s}}{\tau s + 1} \tag{12.1}$$

13.2.1 Ziegler와 Nichols 방법

Ziegler와 Nichols는 앞에서 소개한 한계이득법 이외에 시간지연이 존재하는 1차공정 모델식의 시간상수와 이득 및 시간지연을 이용한 제어기 조정방법을 제안하였는데 이는 표 13.3에 보인 바와 같다.

표 13.3 Ziegler-Nichols 제어기 조정방법(1/4 쇠퇴비 응답, $1 < \dfrac{\tau}{\theta} < 10$)

제어기 형태	제어기전달함수	이득	적분시간	미분시간
비례제어기	K_c	$K_c = \dfrac{1}{K_p}\left(\dfrac{\tau}{\theta}\right)$		
비례-적분제어기	$K_c\left(1 + \dfrac{1}{\tau_I s}\right)$	$K_c = \dfrac{0.9}{K_p}\left(\dfrac{\tau}{\theta}\right)$	$\tau_I = 3.33\theta$	
비례-적분-미분제어기	$K_c'\left(1 + \dfrac{1}{\tau_I' s}\right)(\tau_D' s + 1)$	$K_c' = \dfrac{1.2}{K_p}\left(\dfrac{\tau}{\theta}\right)$	$\tau_I' = 2\theta$	$\tau_D' = 0.5\theta$

위의 표로부터 제어기의 이득 K_c는 $\dfrac{\tau}{\theta}$와 비례관계로 설정됨을 알 수 있다. 즉 시간지연 θ가 클수록 K_c는 작아진다. 공정응답곡선의 1차 모델식을 이용하는 제어기 조정방법의 이점으로는 단지 열린 루프의 계단입력 시험만이 필요하며 제어기 파라미터의 조정계산이 용이하다는 것을 들 수 있다. 그러나 1차 모델식을 어떻게 구하는가에 따라 파라미터의 조정이 많이 좌우되며, 또한 열린 루프 응답이 진동을 보이는 경우에는 그 사용이 곤란하다는 단점이 있다.

4. Yu, C., C., *Autotuning of PID Controllers*, Springer-Verlag, New York, 1999.

13.2.2 Cohen과 Coon의 방법

1953년 Cohen과 Coon은 시간지연이 존재하는 1차 모델식을 이용한 제어기 파라미터의 조정방법을 제안하였다. 이들이 제안한 방법은 공정반응곡선 방법이라고도 불리며 표 13.4에 보인 바와 같다. 이 방법에서도 닫힌회로 응답의 쇠퇴비가 1/4이 되도록 파라미터들을 조정한다. 이 방법을 이용하려면 시간지연이 존재하는 1차공정 모델식을 먼저 구해야 하는데 이를 위해서는 열린루프 조건에서 테스트를 수행해야 한다.

표 13.4 Cohen-Coon 제어기 조정방법($q = \dfrac{\theta}{\tau}$)

제어기 형태	제어기 전달함수	K_c	τ_I	τ_D
비례제어기	K_c	$\dfrac{1}{K_p q}\left(1+\dfrac{q}{3}\right)$		
비례-적분제어기	$K_c\left(1+\dfrac{1}{\tau_I s}\right)$	$\dfrac{1}{K_p q}\left(0.9+\dfrac{q}{12}\right)$	$\dfrac{\theta(30+3q)}{9+20q}$	
비례-적분-미분제어기	$K_c\left(1+\dfrac{1}{\tau_I s}+\tau_D s\right)$	$\dfrac{1}{K_p q}\left(\dfrac{4}{3}+\dfrac{q}{4}\right)$	$\dfrac{\theta(32+6q)}{13+8q}$	$\dfrac{4\theta}{11+2q}$

13.3 최소오차 기준법

공정제어 운전의 기본적인 목적은 출력변수가 원하는 설정값으로 유지되도록 하는 것이다. 설정값이 일정하고 외부로부터 교란변수가 도입되는 경우 출력변수가 외부교란변수의 영향에도 불구하고 설정값으로 유지되도록 제어기를 조정해 주어야 하며, 설정값을 바꾸어 주었다면 출력변수가 변화된 설정값에 이르도록 제어기를 또한 조정해 주어야 한다. 이러한 기능을 수행하는 공정제어 시스템의 설계에서는 원하는 제어성능 기준을 충족시키는 것을 목표로 한다. 제어성능 기준은 시간에 따른 닫힌회로 응답을 이용하거나 닫힌회로의 주파수 응답을 이용해 나타내는 것이 보통이다. 시간에 따른 응답을 이용하는 경우에는 대개 응답의 속도나 정확도 및 허용 가능한 제어오차와 같은 제어 시스템의 동특성을 감안해 준다. 이용하는 제어성능 기준에 따라 제어구조가 달라질 수 있다.

제어오차는 설정값과 측정되는 출력변수값의 차이로 정의되며 시간의 함수이다. 따라서 제어가 제대로 이루어진다면 제어오차는 줄어들 것이고 제어가 잘 이루어지지 않을 경우에는 제어오차는 당연히 큰 값을 가질 것이다. 그러므로 제어오차의 크기에 의해 사용되는 제어기의 성능을 판단할 수 있다. 이를 근거로 하여 제어오차가 최소가 되도록 제어기 파라미터들을 조정해 주는 방법을 생각할 수 있다. 그런데 제어오차는 경우에 따라 +, 또는 −의 값을 가지므로 단순히 제어오차의 합만을 생각한다면 실제의 제어오차의 크기를 제대로 감안할 수 없다. 따라서 제어오차의 절대값이나 제곱의 합, 또는 이들의 시간에 따른 적분값을 바탕으로 하여 제어기 조정방법을 고안할 수 있다.

제어오차의 절대값의 적분을 IAE(Integral of Absolute value of the Error)라고 표시하며 다음과 같이 정의한다.

$$IAE = \int_0^\infty |e(t)|dt \tag{13.1}$$

설정값의 변화 및 외부교란변수(disturbance)의 변화에 대한 IAE는 그림 13.4에서 빗금친 부분의 면적이 된다.

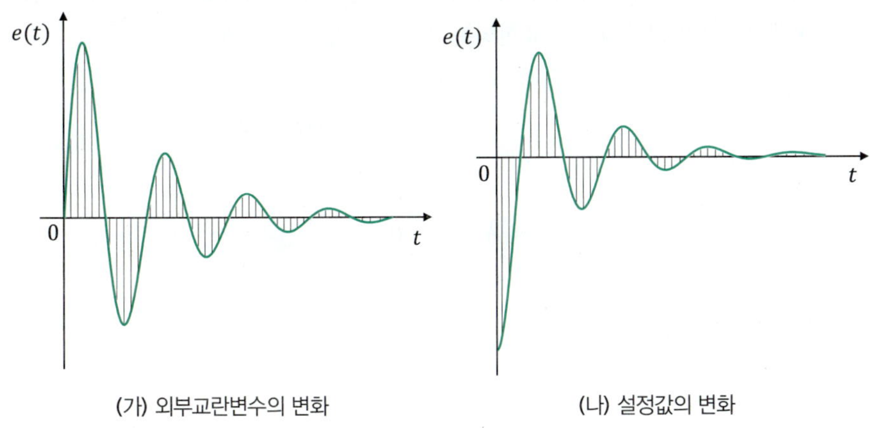

그림 13.4 **제어오차의 절대값의 적분(IAE).**

제어오차의 제곱의 적분은 ISE(Integral of the Square of the Error)라고 표시하며 다음과 같이 나타낸다.

$$ISE = \int_0^\infty e^2(t)dt \tag{13.2}$$

시간이 많이 흐른 뒤에도 여전히 제어오차가 존재한다면 제어성능이 좋지 않음을 의미한다. 따라서 제어오차의 절대값이나 제곱에 시간을 곱한 함수의 적분을 제어기 조정의 기준으로 잡기도 한다. 제어오차의 절대값에 시간을 곱한 함수의 적분은 ITAE(Integral of the Time-weighted Absolute value of the Error)라고 표시하며 다음과 같이 나타낸다.

$$ITAE = \int_0^\infty t|e(t)|dt \tag{13.3}$$

한편 제어오차의 제곱에 시간을 곱한 함수의 적분은 ITSE(Integral of the Time-weighted Square of the Error)라고 표시하며 다음과 같이 표시한다.

$$ITSE = \int_0^\infty te^2(t)dt \tag{13.4}$$

최소오차 기준법은 식 (13.1)~(13.4)에 의하여 정의된 제어오차 적분값들이 최소가 되도록 제어기 파라미터를 조정하는 방법이다. 그러나 제어기 파라미터 값들은 위의 제어오차 적분값뿐만 아니라 야기된 입력변수의 종류(설정값이거나 외부교란변수)와 그 변화 형태(계단함수, 1차함수, 펄스함수 등)에 따라 달라지므로 그 조정은 복잡한 양상을 띤다. 제어오차가 작을 경우 제어오차의 제곱은 때로는 0에 가까운 매우 작은 값이 될 수 있으므로 가중치로서 시간을 곱해주는 이점이 사라진다. 이러한 경우에는 조정기준으로서 ITAE가 효율적으로 이용될 수 있다. 입력변수의 변화 형태는 화학공정의 경우 계단함수가 가장 일반적이므로 외부교란변수와 설정값의 계단변화에 대해서 제어기 파라미터의 조정방법을 알아보기로 한다.

Lopez 등[5]은 그림 13.5에 보인 제어구조에서 외부교란변수에 변화가 야기되었을 경우 IAE를 최소로 해주기 위한 제어기 파라미터 조정방법을 제시하였다. 이들의 방법은 공정이 시간지연이 존재하는 1차 모델식으로 표현되는 경우를 바탕으로 하였다.

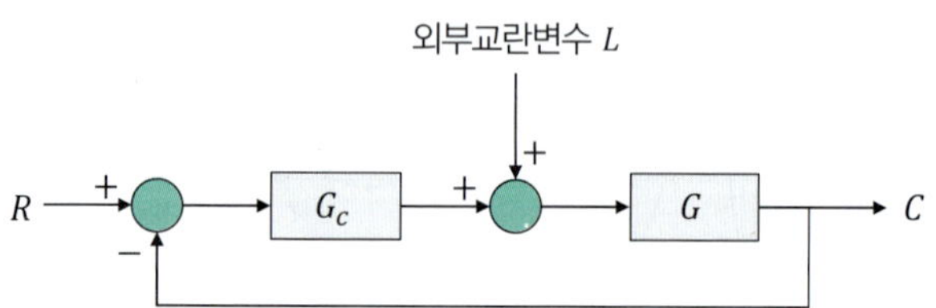

그림 13.5 Feedback 제어구조.

설정값의 변화에 대하여 IAE를 최소로 해주기 위한 제어기 조정방법은 Rovira 등[6]이 제안하였다. 이들의 조정방법 역시 시간지연이 존재하는 1차공정 모델식에 근거하고 있는데 제어오차의 크기에 따라 ISE 값은 시간에 따른 큰 진동현상을 보이기도 하기 때문에 ISE를 기준으로 하는 제어기 조정방법은 다루지 않고 있다.

Lopez 등과 Rovira 등에 의한 조정방법은 표 13.5~13.9에 보인 바와 같다. 표에서 K_p는 공정이득이며 $q = \dfrac{\theta}{\tau}$이다.

표 13.5 외부교란변수의 변화에 대한 제어기 조정방법(IAE의 최소화, $q = \theta/\tau$)

제어기	제어기전달함수	K_c	τ_I	τ_D
P	K_c	$\dfrac{0.902}{K_p}q^{-0.985}$		
PI	$K_c\left(1+\dfrac{1}{\tau_I s}\right)$	$\dfrac{0.984}{K_p}q^{-0.986}$	$\dfrac{\tau}{0.608}q^{0.707}$	
PID	$K_c\left(1+\dfrac{1}{\tau_I s}+\tau_D s\right)$	$\dfrac{1.435}{K_p}q^{-0.921}$	$\dfrac{\tau}{0.878}q^{0.749}$	$0.482\tau q^{1.137}$

5. Lopez, A. M., P. W. Murrill and C. L. Smith: "Controller tuning relationships based on integral performance criteria," Instrumentation Technology, Vol. 14, No.11, p.57 (1967).

6. Rovira, A. A., Ph.D. Dissertation, Dept. of Chemical Engineering, Louisiana State University, Baton Rouge, 1981.

표 13.6 설정값의 변화에 대한 제어기 조정방법(IAE의 최소화, $q = \theta/\tau$)

제어기	제어기전달함수	K_c	τ_I	τ_D
PI	$K_c\left(1+\dfrac{1}{\tau_I s}\right)$	$\dfrac{0.758}{K_p}q^{-0.861}$	$\dfrac{\tau}{1.02-0.323q}$	
PID	$K_c\left(1+\dfrac{1}{\tau_I s}+\tau_D s\right)$	$\dfrac{1.086}{K_p}q^{-0.869}$	$\dfrac{\tau}{0.74-0.130q}$	$0.348\tau q^{0.914}$

표 13.7 외부교란변수의 변화에 대한 제어기 조정방법(ISE의 최소화, $q = \theta/\tau$)

제어기	제어기전달함수	K_c	τ_I	τ_D
P	K_c	$\dfrac{1.411}{K_p}q^{-0.917}$		
PI	$K_c\left(1+\dfrac{1}{\tau_I s}\right)$	$\dfrac{1.305}{K_p}q^{-0.959}$	$\dfrac{\tau}{0.492}q^{0.739}$	
PID	$K_c\left(1+\dfrac{1}{\tau_I s}+\tau_D s\right)$	$\dfrac{1.495}{K_p}q^{-0.945}$	$\dfrac{\tau}{1.101}q^{0.771}$	$0.56\tau q^{1.006}$

표 13.8 외부교란변수의 변화에 대한 제어기 조정방법(ITAE의 최소화, $q = \theta/\tau$)

제어기	제어기전달함수	K_c	τ_I	τ_D
P	K_c	$\dfrac{0.49}{K_p}q^{-1.084}$		
PI	$K_c\left(1+\dfrac{1}{\tau_I s}\right)$	$\dfrac{0.859}{K_p}q^{-0.977}$	$\dfrac{\tau}{0.674}q^{0.68}$	
PID	$K_c\left(1+\dfrac{1}{\tau_I s}+\tau_D s\right)$	$\dfrac{1.357}{K_p}q^{-0.947}$	$\dfrac{\tau}{0.842}q^{0.738}$	$0.381\tau q^{0.995}$

표 13.9 설정값의 변화에 대한 제어기 조정방법(ITAE의 최소화, $q = \theta/\tau$)

제어기	제어기전달함수	K_c	τ_I	τ_D
PI	$K_c\left(1+\dfrac{1}{\tau_I s}\right)$	$\dfrac{0.586}{K_p}q^{-0.916}$	$\dfrac{\tau}{1.03-0.165q}$	
PID	$K_c\left(1+\dfrac{1}{\tau_I s}+\tau_D s\right)$	$\dfrac{0.965}{K_p}q^{-0.855}$	$\dfrac{\tau}{0.796-0.147q}$	$0.308\tau q^{0.929}$

보기 13.2

시간지연이 존재하는 1차 모델식이 $G_p(s) = \dfrac{0.8e^{-11.2s}}{33.8s+1}$와 같이 얻어졌다. 외부교란변수에 변화가 야기되었을 경우 최소오차 기준법(IAE의 최소화)에 의하여 제어기 파라미터를 결정하여라.

풀이

$K_p = 0.8, \tau = 33.8, \theta = 11.2$이므로 우선 P-제어기의 경우 표 13.5로부터

$$K_c = \frac{0.902}{K_p}\left(\frac{\theta}{\tau}\right)^{-0.985} = \frac{0.902}{0.8}\left(\frac{11.2}{33.8}\right)^{-0.985} = 3.39$$

PI 제어기와 PID 제어기의 경우에도 표 13.5를 이용하여 마찬가지 방법으로 제어기 파라미터들을 결정할 수 있다.

보기 13.3

아래 그림에 보인 바와 같이 PI 제어기를 이용하는 feedback 제어구조에서 $G_c = K_c\left(1+\dfrac{1}{\tau_I s}\right)$, $G_p = G_L = \dfrac{K_p}{\tau_1 s+1}$이다. 외부교란변수 L에 단위계단변화가 도입되었을 때 ISE를 구하여라.

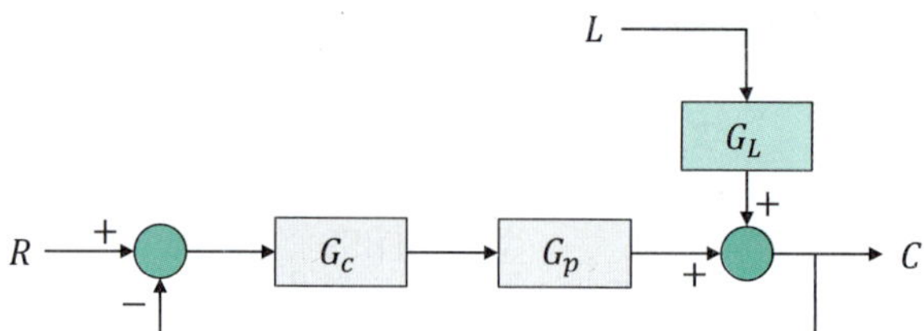

그림 13.6 PI 제어구조.

풀이

그림으로부터

$$\frac{C}{L} = \frac{\dfrac{K_p}{\tau_1 s+1}}{1+K_cK_p\left(1+\dfrac{1}{\tau_I s}\right)\dfrac{1}{\tau_1 s+1}} = \frac{\left(\dfrac{\tau_I}{K_c}\right)s}{\left(\dfrac{\tau_I\tau_1}{K_cK_p}\right)s^2+\tau_I\left(1+\dfrac{1}{K_cK_p}\right)s+1} = \frac{as}{\tau^2s^2+2\tau\zeta s+1}$$

위에서 $\tau^2 = \dfrac{\tau_I\tau_1}{K_cK_p}, \zeta = \dfrac{\tau_I}{2\tau}\left(1+\dfrac{1}{K_cK_p}\right), a = \dfrac{\tau_I}{K_c}$이다. 한편 $L(s) = \dfrac{1}{s}$이므로 위의 관계로부터 $C = \dfrac{a}{\tau^2s^2+2\tau\zeta s+1}$가 된다. $e = R - C(t) = -C(t)$이므로 식 (13.2)로부터

$$ISE = \int_0^\infty \{C(t)\}^2 dt$$

$\zeta < 1$ 이라고 가정하면

$$C(t) = L^{-1}\left[\frac{a}{\tau^2 s^2 + 2\tau\zeta s + 1}\right] = \frac{a}{\tau}\frac{1}{\sqrt{1-\zeta^2}}e^{-\zeta t/\tau}\sin\left(\frac{\sqrt{1-\zeta^2}}{\tau}t\right)$$

따라서

$$ISE = \int_0^\infty \frac{a^2}{\tau^2(1-\zeta^2)}e^{-2\zeta t/\tau}\sin^2\left(\frac{\sqrt{1-\zeta^2}}{\tau}t\right)dt = \frac{a^2}{\tau^2\zeta} = \frac{\tau_I^2}{K_c^2}\frac{K_cK_p}{\tau_I\tau_1}\frac{2}{\tau_I\left(1+\frac{1}{K_cK_p}\right)}\sqrt{\frac{\tau_I\tau_1}{K_cK_p}}$$

$$= \frac{2}{\tau_1(1+K_cK_p)}\sqrt{\frac{\tau_I\tau_1K_p^3}{K_c}}$$

제어기의 이득 K_c를 증가시키면 ISE는 작아짐을 쉽게 알 수 있다.

MATLab

제어오차 성능기준의 계산

그림에 보인 PI 제어구조에서 설정점 R에 크기 M인 계단변화가 도입되었다.

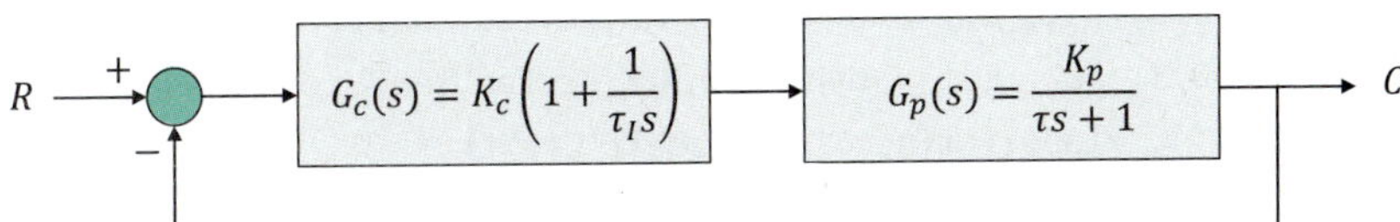

그림 13.7 PI 제어구조.

이 경우 총괄 전달함수는

$$\frac{C(s)}{R(s)} = \frac{K_c\left(1+\frac{1}{\tau_I s}\right)\frac{K_p}{\tau s+1}}{1+K_c\left(1+\frac{1}{\tau_I s}\right)\frac{K_p}{\tau s+1}} = \frac{K_cK_p(\tau_I s+1)}{\tau_I\tau s^2+\left(1+K_cK_p\right)\tau_I s+K_cK_p}$$

이며 $R(s) = \frac{M}{s}$이므로 닫힌회로 응답 $C(t)$ 및 제어오차 $e(t)$는

$$C(s) = \frac{MK_cK_p}{\tau_I\tau}\cdot\frac{\tau_I s+1}{s(s-r_1)(s-r_2)} = \frac{MK_cK_p}{\tau_I\tau}\left(\frac{A_1}{s}+\frac{A_2}{s-r_1}+\frac{A_3}{s-r_2}\right)$$

로부터

$$C(t) = \frac{MK_cK_p}{\tau_I\tau}(A_1 + A_2e^{r_1t} + A_3e^{r_2t}), \qquad e(t) = M - C(t)$$

로 주어진다. 위에서

$$r_1 = \frac{1}{2}\left\{-\left(\frac{1+K_cK_p}{\tau}\right) + \sqrt{\left(\frac{1+K_cK_p}{\tau}\right)^2 - \frac{4K_cK_p}{\tau_I\tau}}\right\}$$

$$r_2 = \frac{1}{2}\left\{-\left(\frac{1+K_cK_p}{\tau}\right) - \sqrt{\left(\frac{1+K_cK_p}{\tau}\right)^2 - \frac{4K_cK_p}{\tau_I\tau}}\right\}$$

이며 상수 A_1, A_2, A_3는 각각 $A_1 = \frac{1}{r_1r_2}$, $A_2 = \frac{\tau_Ir_1+1}{r_1(r_1-r_2)}$, $A_3 = \frac{\tau_Ir_2+1}{r_2(r_2-r_1)}$와 같다.

이제 $K = 0.2$, $\tau = 8$, $M = 1$일 때 다음 두 가지 경우에 대하여 $C(t)$를 그래프로 나타내고 ISE, IAE 및 ITAE를 각각 구해 보자($0 \le t \le 40$):

제어기 1: $K_c = 10$, $\tau = 0.5$

제어기 1: $K_c = 30$, $\tau = 0.3$

$C(t)$와 $e(t)$를 구하고 이로부터 각 오차기준들을 계산하는 과정은 다음에 보인 함수 errcrit에 의해 수행된다. 이 함수는 다른 함수 dynerr을 호출하여 출력 $C(t)$와 $e(t)$를 구한 다음 그래프를 작성하고 수치적분을 수행하는 내장함수 trapz를 이용하여 각 오차기준들을 계산한다.

```
function errcrit
% errcrit.m: 오차기준 계산
t= 0:0.1:40; M = 1; % 단위계단 변화
K = 0.2; tau = 8;
Kc = 10; tauI = 0.5; [C1, E1] = dynerr(t,M,K,Kc,tau,tauI); % 제어기 1
Kc = 30; tauI = 0.3; [C2, E2] = dynerr(t,M,K,Kc,tau,tauI); % 제어기 2
plot(t,C1,t,C2,':'), xlabel('t(sec)'), ylabel('C(t)')
legend('제어기 1','제어기 2')
ISE1 = trapz(E1.^2); IAE1 = trapz(abs(E1)); ITAE1 = trapz(t.*abs(E1));
ISE2 = trapz(E2.^2); IAE2 = trapz(abs(E2)); ITAE2 = trapz(t.*abs(E2));
fprintf('제어기 1: ISE = %g, IAE = %g, ITAE = %g\n', ISE1, IAE1, ITAE1);
fprintf('제어기 2: ISE = %g, IAE = %g, ITAE = %g\n', ISE2, IAE2, ITAE2);
end

function [C, E] = dynerr(t,M,K,Kc,tau,tauI)
b = (1+Kc*K)/tau; c = Kc*K/(tauI*tau);
r1 = (-b + sqrt(b^2 - 4*c))/2; r2 = (-b - sqrt(b^2 - 4*c))/2;
A1 = 1/(r1*r2); A2 = (tauI*r1+1)/(r1*(r1-r2)); A3 = (tauI*r2+1)/(r2*(r2-r1));
C = (M*Kc*K/(tauI*tau))*(A1 + A2*exp(r1*t) + A3*exp(r2*t));
E = (M+0*t) - C;  % 제어오차
end
```

함수 errcrit의 수행결과는 다음과 같다:

```
>> errcrit
제어기 1:  ISE = 13.7542, IAE = 33.9985, ITAE = 178.758
제어기 2:  ISE = 5.76252, IAE = 14.5509, ITAE = 33.4992
```

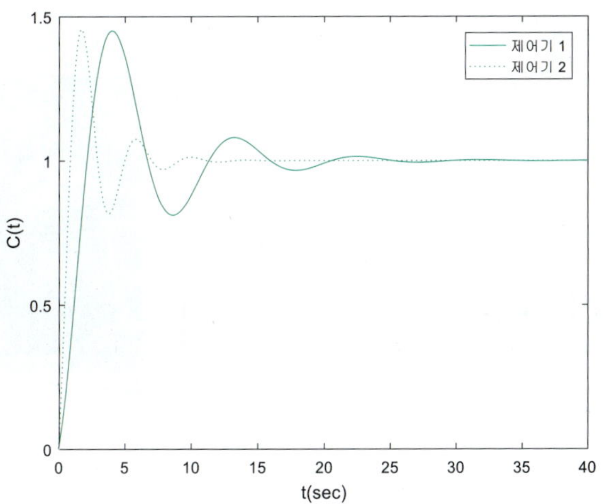

그림 13.8 제어기 파라미터 설정에 따른 응답.

MATLab

ISE, ITAE, IAE의 계산

그림 13.9에 보인 바와 같은 feedback 제어구조를 고려해 보기로 한다. 제어기로는 PI 제어기가 이용되며 $K_c = 5$, $\tau_I = 3$이다. 설정치 R에 단위계단 변화가 도입되었을 때 Simulink를 이용하여 $0 \le t \le 40$의 범위에서 IAE, ITAE 및 ISE를 구해 보기로 하자.

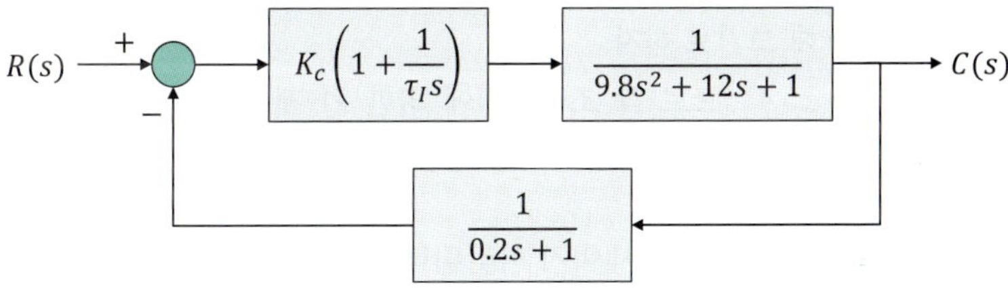

그림 13.9 간단한 feedback 제어구조.

먼저 그림 13.10의 왼쪽에 보인 바와 같이 Simulink 모델을 구성한다. IAE 및 ITAE의 계산에서 요구되는 제어오차의 절대값을 계산하는 블록은 Simulink의 Math Operations 라이브러리에서 “Abs” 블록을 취한다. ITAE 계산을 위해서는 Sources 라이브러리에서 “Clock” 블록을 선택하여 “Product” 블록에 연결한다. ISE 계산을 위해서는 Simulink의 Math Operations 라이브러리에서 “Math Function” 블록을 취한 다음 이를 더블클릭하여 나타나는 Function 메뉴에서 “square”를 선택한다. Simulation 메뉴의 “Model Configuration Parameters” 메뉴에서 “Stop time”을 40으로 설정(Clock 블록에서도 마찬가지로 설정)한 다음 simulation을 수행하면 모델 블록의 오른편 “ITAE value”, “IAE value” 및 “ISE value”에 각각 ITAE, IAE 및 ISE 값이 나타난다. 제어 결과는 그림 13.10의 오른쪽에 보인 바와 같이 Scope에 제시된다.

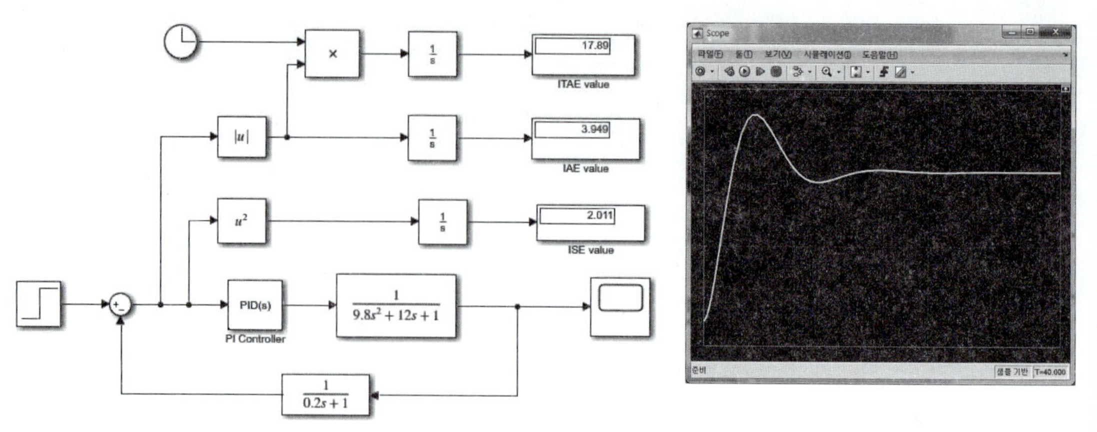

그림 13.10 PI 제어구조에서의 IAE, ITAE 및 ISE 계산.

MATLab

제어기 튜닝방법의 비교

어떤 공정을 시간지연이 존재하는 1차 모델식 $G_p(s) = \dfrac{1.2e^{-9.6s}}{26.4s+1}$으로 나타낼 수 있는 것으로 밝혀졌다. 이 공정의 제어를 위해 PI 제어기를 이용하고자 한다. 외부교란 변수가 공정에 미치는 영향을 나타내는 전달함수는 $G_L(s) = \dfrac{1}{18s+1}$로 주어지며 센서의 동특성은 $G_m(s) = \dfrac{1}{0.2s+1}$로 주어져 있다고 가정한다. 외부교란 변수에 단위계단 변화가 도입되었을 때 1차공정 모델식에 근거하는 세 가지 제어기 조정방법에 의한 응답을 비교해 보기로 하자.

$K_p = 1.2,\ \theta = 9.6,\ \tau = 26.4$이므로 각 조정방법에 의한 PI 제어기 파라미터들의 값은 다음 표에 보인 바와 같이 정해진다.

표 13.10 1차공정 모델식에 근거한 PI 제어기 파라미터 조정($q = \theta/\tau$)

제어기 파라미터	Ziegler–Nichols 방법	Cohen–Coon 방법	IAE의 최소화 방법
K_c	$\dfrac{0.9}{K_p q}$	$\dfrac{1}{K_p q}\left(0.9 + \dfrac{q}{12}\right)$	$\dfrac{0.984}{K_p} q^{-0.986}$
τ_I	3.33θ	$\dfrac{\theta(30+3q)}{9+20q}$	$\dfrac{\tau}{0.608} q^{0.707}$

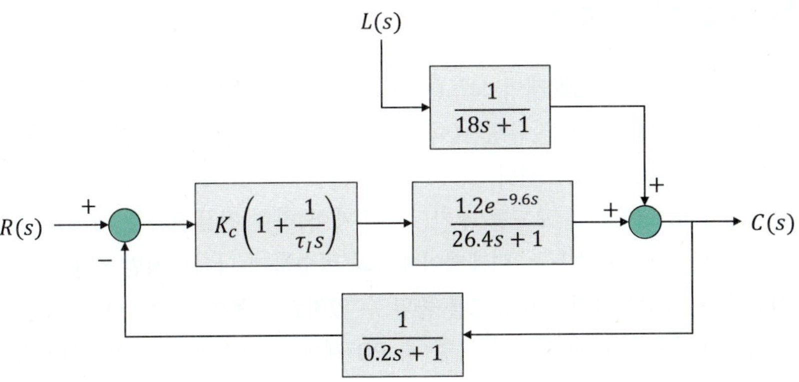

그림 13.11 **시간지연이 있는 1차공정의 PI 제어.**

그림에서 $\frac{C(s)}{L(s)} = \frac{G_L(s)}{1 + G_c(s)G_p(s)G_m(s)}$이다. 스크립트 tuncomp는 각 제어기 조정방법에 따른 출력 C(t)를 계산하고 그래프로 나타내어 준다.

```
% tuncomp.m
clear all; K = 1.2; theta = 9.6; tau = 26.4; q = theta/tau;
Kcz = 0.9/K/q; tauIz = 3.33*theta; % Ziegler-Nichols 조정방법
Kcc = (1/K/q)*(0.9 + q/12); tauIc = theta*(30 + 3*q)/(9 + 20*q); % Cohen-Coon 
조정방법
Kcr = (0.984/K)*q^(-0.986); tauIr = (tau/0.608)*q^0.707; % min IAE 조정방법
Gp = tf(1.2, [26.4 1], 'iodelay',9.6); Gl = tf(1,[18 1]); Gm = tf(1,[0.2 1]);
Gcz = Kcz*tf([tauIz 1],[tauIz 0]); % Ziegler-Nichols 조정방법에 의한 PI 제어기
Gcc = Kcc*tf([tauIc 1],[tauIc 0]); % Cohen-Coon 조정방법에 의한 PI 제어기
Gcr = Kcr*tf([tauIr 1],[tauIr 0]); % min IAE 조정방법에 의한 PI 제어기
Cz = Gl/(1 + Gcz*Gp*Gm); Cc = Gl/(1 + Gcc*Gp*Gm); Cr = Gl/(1 + Gcr*Gp*Gm);
[yz, tz] = step(Cz); [yc, tc] = step(Cc); [yr, tr] = step(Cr);
plot(tz,yz,tc,yc,'--',tr,yr,':'), grid, axis([0 200 -0.3 0.6])
xlabel('t'), ylabel('C(t)'), legend('Ziegler-Nichols','Cohen-Coon','min IAE')
```

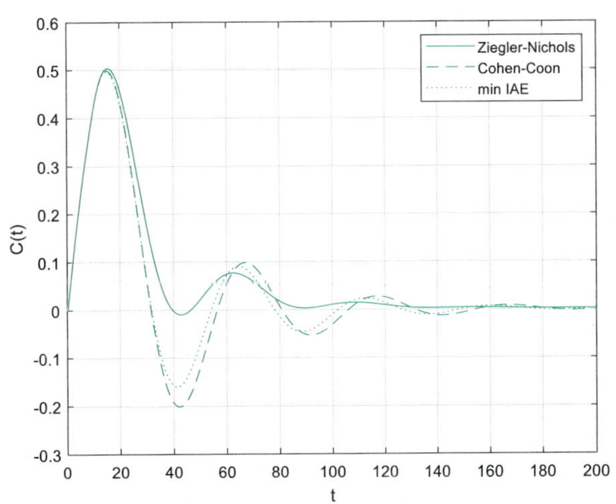

그림 13.12 **제어기 조정방법에 따른 출력.**

13.4 제어모드의 특성

제어기 조정에 있어서 비례제어 모드(즉 P 제어)의 제어기의 이득 K_c를 증가시키면 상승시간이 짧아져서 응답이 빨라지며 잔류편차(즉 정상상태 제어오차)를 줄여준다. K_c를 감소시키면 응답은 느려지면서 오버슈트는 감소된다.

비례제어 모드에 적분 모드를 추가(즉 PI 제어)하면 잔류편차를 제거할 수 있지만 응답의 진동이 심해진다. 즉 오버슈트는 비례제어에서와 비슷하게 나타나지만 진동의 주기는 더 길어진다. 적분시간 τ_I를 감소시키면 오버슈트를 줄일 수 있지만 진동이 증가한다.

비례제어 모드에 미분 모드를 포함(즉 PD 제어)시키면 상승시간이 짧아져서 응답은 더욱 빨라지고 진동은 훨씬 줄어들게 된다. 즉 비례제어에 비해 오버슈트는 더 작아지고 진동주기는 더욱 짧아지며 잔류편차는 더욱 줄어든다. 미분시간 τ_D를 변화시켜서 오버슈트를 크게 감소시킬 수는 없지만 미분 작용을 증가시켜서 응답속도를 증가시킬 수 있다.

따라서 공정의 차수가 작을 경우(1차나 2차) 공정의 제어운전에서 잔류편차가 허용되지 않는다면 PI 제어기를 사용한다. 어느 정도의 잔류편차가 허용된다면 P나 PD 제어기를 사용할 수 있지만 실제에 있어서는 이들은 PI 제어기만큼 널리 사용되지는 않는다. 공정의 차수가 비교적 클 경우에는 오버슈트를 줄이고 안정시간을 짧게 하기 위해 대개 PID 제어기를 사용한다. 다양한 제어 모드의 특성들은 다음 표와 같이 요약할 수 있다. 표에 보인 제어모드의 특성은 일반적인 양상으로서 경우에 따라 다른 특성이 나타날 수 있음을 유의하자.

표 13.11 제어모드의 특성

제어기 파라미터	상승시간	오버슈트	안정시간	잔류편차
K_c를 증가	감소	조금 변화	조금 변화	감소
τ_I를 증가	증가	증가	감소	제거
τ_D를 증가	감소	감소	감소	조금 변화

앞에서 소개한 Ziegler와 Nichols의 제어기 조정방법은 제어기 파라미터들에 대한 초기의 추정값으로 간주되어야 할 것이다. 실제 운전에서 시도해 볼 만한 한 가지 조정방법은 K_c를 약간 감소시키고 τ_I와 τ_D를 어느 정도 증가시키는 것이다. 그러나 τ_D를 증가시키거나 감소시키는 경우 응답에 진동 현상이 나타날 수 있다. τ_D를 감소시키면 적분기능의 비중이 커지므로 τ_D의 감소에 따른 진동현상은 과도한 적분작용에 기인한다.

MATLab

제어기 파라미터의 영향

아래 그림에 보인 간단한 제어구조에서 $G_p(s) = \dfrac{3}{4s^2 + s + 1}$이며 제어기로는 PID 제어기 $G_c(s) = K_c \left(1 + \dfrac{1}{\tau_I s} + \tau_D s\right)$가 이용되고 있다. 설정값 R에 단위계단 변화가 도입되었을 때 제어기의 파라미터 K_c, τ_I, τ_D를 증가시켜가면서 응답 C가 어떻게 달라지는지 비교해 보자.

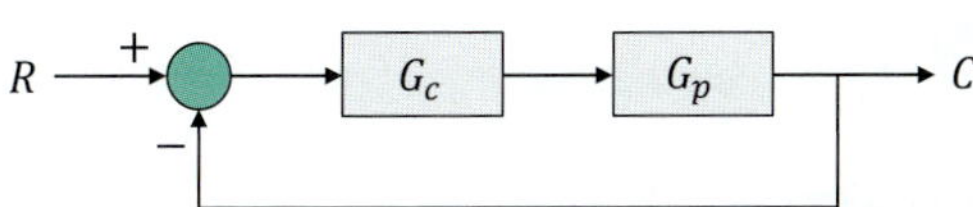

그림 13.13 **간단한 제어구조.**

스크립트 contpar는 내장함수 step을 이용하여 파라미터 변화에 따른 계단응답을 구하고 그래프를 작성해 준다.

```
% contpar.m
clear all;
t = 0:0.01:20; Kc = [1 5 10 30]; n = length(Kc); gp = {'-',':','-.','--'};
for k = 1:n
      M = Kc(k); num = 3*M*[1 2 1]; den = [8 2+3*M 2+6*M 3*M];
      G = tf(num,den); [y t] = step(G,t); plot(t,y,gp{k}), hold on
end
hold off, xlabel('t(sec)'), ylabel('y(t)'), title('PID 제어(\tau_I=2, \tau_
D=0.5)')
legend('K_c=1','K_c=5','K_c=10','K_c=30','location','best')
axis([0 20 -0.2 1.6]), set(gca,'xtick',0:4:20)
```

미분시간과 적분시간을 일정하게 두고 이득만을 변화시킬 때의 응답 모양은 그림 13.14에 보인 바와 같다. 그림으로부터 표 13.11에 보인 특성들을 확인할 수 있다.

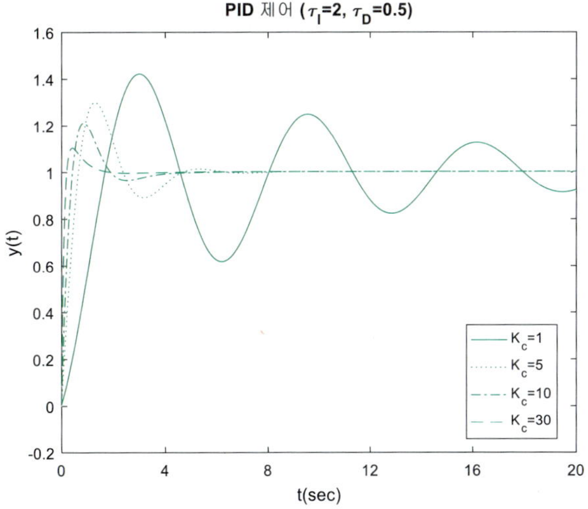

그림 13.14 **제어기 조정 파라미터의 영향.**

13.5 제어기의 합성

13.5.1 제어기의 설정

이제까지는 제어회로에서 주어진 제어기의 파라미터들을 조정하는 방법을 다루었다. 그러나 우리가 원하는 닫힌루프 출력변수의 응답을 미리 설정해 두고 이를 충족시키기 위한 제어기를 구성할 수도 있다.

그림 13.15에 보인 feedback 제어구조에서 전달함수는

$$G(s) = \frac{C}{R} = \frac{G_c G_v G_p}{1 + G_c G_v G_p G_m}$$

로 주어진다.

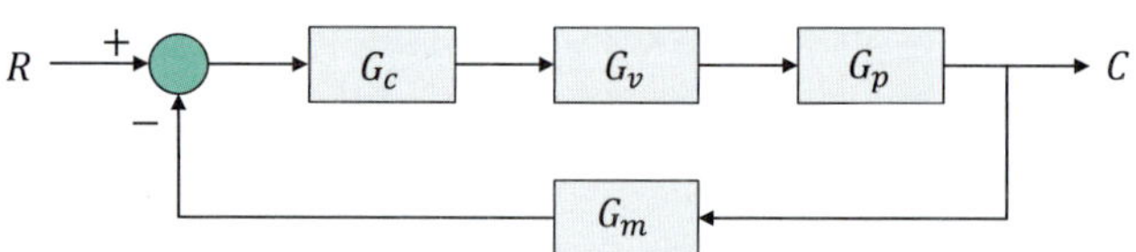

그림 13.15 Feedback 제어구조.

$G_m = 1$, $G = G_v G_p$로 두면 위의 식은 다음과 같다.

$$\frac{C}{R} = \frac{G_c G}{1 + G_c G} \tag{13.5}$$

이를 제어기 G_c에 대하여 풀면

$$G_c = \frac{1}{G}\left(\frac{C/R}{1 - C/R}\right) \tag{13.6}$$

우리가 원하는 전달함수를 $\left(\frac{C}{R}\right)_d$로 미리 설정해 두고 총괄 전달함수 $\frac{C}{R}$를 $\left(\frac{C}{R}\right)_d$로 대체시키면

$$G_c = \frac{1}{G}\left\{\frac{\left(\frac{C}{R}\right)_d}{1 - \left(\frac{C}{R}\right)_d}\right\} \tag{13.7}$$

와 같다. 위의 식은 미리 설정된 원하는 출력 특성이 얻어지도록 제어기 G_c를 구하는 관계식이다. 즉 G_c의 구성을 위해서는 원하는 전달함수 $\left(\frac{C}{R}\right)_d$가 미리 설정되어야 하며 아울러 공정의 전달함수 $G = G_v G_p$의 역 $1/G$가 요구된다. G가 알려져 있지 않으면 G의 모델식 $\tilde{G}$를 사용한다.

만일 제어기의 작용이 시작되자마자 제어되는 변수가 설정값에 이른다면 $\frac{C}{R} = 1$로서 완벽한 제어가 이루어짐을 의미하나 식 (13.6)에서 보아 알 수 있듯이 이는 불가능하다. 만일

$$G_c = \frac{K_c}{G} \tag{13.8}$$

로 정하였다면 식 (13.5)로부터

$$\frac{C}{R} = \frac{G \cdot \frac{K_c}{G}}{1 + G \cdot \frac{K_c}{G}} = \frac{K_c}{1 + K_c} \tag{13.9}$$

따라서 $K_c \to \infty$, 즉 제어기의 이득을 매우 크게 잡아 주면 거의 완벽한 제어작용을 얻을 수 있음을 알 수 있다.

보기 13.4

1차 및 2차 공정에서 식 (13.8)에 의한 제어가 가능한지의 여부를 규명하여라. 제어밸브의 전달함수 $G_v(s) = 1$로 간주한다.

풀이

1차 공정의 경우 $G(s) = \dfrac{K_p}{\tau s + 1}$ 이므로 식 (13.8)로부터 $G_c = \dfrac{K_c}{G} = \dfrac{K_c}{K_p}(\tau s + 1)$이 되는데 이는 비례미분 제어기의 형태이다. 2차 공정의 경우 $G(s) = \dfrac{K_p}{(\tau_1 s + 1)(\tau_2 s + 1)}$이라면 식 (13.8)로부터

$$G_c = \frac{M(s)}{E(s)} = \frac{K_c}{G} = \frac{K_c}{K_p}\{\tau_1\tau_2 s^2 + (\tau_1 + \tau_2)s + 1\}$$

위에서 $E(s)$는 제어기의 입력, $M(s)$는 제어기로부터의 출력이다. 따라서

$$M(s) = \frac{K_c}{K_p}\{\tau_1\tau_2 s^2 + (\tau_1 + \tau_2)s + 1\}E(s)$$

이를 역 라플라스 변환시키면

$$M(t) = \frac{K_c}{K_p}\left\{\tau_1\tau_2\frac{d^2E(t)}{dt^2} + (\tau_1 + \tau_2)\frac{dE(t)}{dt} + 1\right\}$$

즉 제어기의 작용은 도입되는 오차신호를 두 번 미분하는 결과가 되는데 실질적으로 이러한 제어 작용은 실현이 불가능하다.

13.5.2 시간지연이 없는 공정

우리가 원하는 닫힌루프 전달함수 $\left(\dfrac{C}{R}\right)_d$를 1차식으로 정하였다면

$$\left(\frac{C}{R}\right)_d = \frac{1}{\tau_c s + 1} \tag{13.10}$$

이 된다. 이는 설정값에 계단변화가 야기되면 출력변수 C는 1차계의 응답과 같은 응답을 보이도록 $\left(\frac{C}{R}\right)_d$를 미리 설정해 줌을 의미한다. 이를 식 (13.7)에 대입하면

$$G_c = \frac{1}{G}\frac{\frac{1}{\tau_c s+1}}{1-\frac{1}{\tau_c s+1}} = \frac{1}{\tau_c s G} \tag{13.11}$$

이 된다. 위의 식에서 $\frac{1}{\tau_c s}$는 적분제어 작용을 나타내므로 잔류편차가 나타나지 않을 것임을 알 수 있다. 이하에서 $G_v(s) = 1$이라고 가정한다.

식 (13.11)에서 τ_c는 흔히 λ로 나타내는데 이에 따라 얻어지는 제어기 조정방법을 λ-조정방법이라고 칭한다. λ-조정방법에 대해서는 뒤에서 다시 다루기로 한다.

(1) 1차공정의 경우:

$G(s) = \frac{K_p}{\tau s+1}$이므로 식 (13.11)로부터

$$G_c = \frac{1}{\tau_c s}\cdot\frac{\tau s+1}{K_p} = \frac{\tau}{K_p\tau_c}\left(1+\frac{1}{\tau s}\right) \tag{13.12}$$

이는 비례-적분(PI) 제어기의 형태이다. 즉 PI 제어기를 이용하여 1차 공정을 제어하는 경우 원하는 응답이 1차식 형태가 되도록 하려면 적분시간 τ_I를 1차 공정의 시간상수와 같도록 설정해 주면 된다.

(2) 2차공정의 경우:

$G(s) = G_p(s) = \frac{K_p}{(\tau_1 s+1)(\tau_2 s+1)}$이면 식 (13.11)로부터

$$G_c = \frac{1}{\tau_c s}\frac{\tau_1\tau_2 s^2+(\tau_1+\tau_2)s+1}{K_p} = \frac{(\tau_1+\tau_2)}{K_p\tau_c}\left[1+\frac{1}{(\tau_1+\tau_2)s}+\frac{\tau_1\tau_2}{(\tau_1+\tau_2)}s\right] \tag{13.13}$$

이는 표준형태의 비례-적분-미분(PID) 제어기의 형태이다. 즉 $G_c(s) = K_c\left(1+\frac{1}{\tau_I s}+\tau_D s\right)$에서 $K_c = \frac{\tau_1+\tau_2}{K\tau_c}, \tau_I = \tau_1+\tau_2,\ \tau_D = \frac{\tau_1\tau_2}{\tau_1+\tau_2}$에 해당된다. 이 경우 $\tau_1 \gg \tau_2$라면 $\tau_D = \frac{\tau_2}{1+\tau_2/\tau_1} \cong \tau_2$이므로 미분시간은 짧은 시간상수 τ_2와 같아진다.

만일 PID 제어기의 전달함수가 $G_c(s) = K_c'\left(1+\frac{1}{\tau_I' s}\right)\left(\frac{\tau_D' s+1}{\alpha\tau_D' s+1}\right)$로 주어지며 $\alpha = 0$이라면 식 (13.13)과 비교하여

$$K_c'\left(\frac{\tau_I'+\tau_D'}{\tau_I'}\right) = \frac{\tau_1+\tau_2}{K_p\tau_c},\quad \frac{1}{\tau_I'+\tau_D'} = \frac{1}{\tau_1+\tau_2},\quad \frac{\tau_I'\,\tau_D'}{\tau_I'+\tau_D'} = \frac{\tau_1\tau_2}{\tau_1+\tau_2}$$

를 얻는다. 이로부터 $K_c' = \frac{\tau_1}{K\tau_c}$, $\tau_I' = \tau_1$, $\tau_D' = \tau_2$임을 알 수 있다.

보기 13.5

전달함수가 $G(s) = G_p(s) = \dfrac{K_p}{\tau^2 s^2 + 2\tau\zeta s + 1}$와 같이 주어지는 2차 공정에 대하여 닫힌루프 응답의 전달함수가 1차식이 되도록 제어기 상수를 결정하여라.

풀이

닫힌루프 응답이 1차공정이 되려면 제어기의 형태가 식 (13.11)이 되어야 하므로

$$G_c = \frac{1}{\tau_c s G(s)} = \frac{1}{\tau_c s}\frac{\tau^2 s^2 + 2\tau\zeta s + 1}{K_p} = \frac{2\tau\zeta}{K\tau_c}\left(1 + \frac{1}{2\tau\zeta s} + \frac{\tau}{2\zeta}s\right)$$

이는 표준형태 비례-적분-미분(PID) 제어기의 형태이다. 즉 $G_c(s) = K_c\left(1 + \dfrac{1}{\tau_I s} + \tau_D s\right)$에서 $K_c = \dfrac{2\tau\zeta}{K\tau_c}, \tau_I = 2\tau\zeta, \tau_D = \dfrac{\tau}{2\zeta}$에 해당된다.

한편 우리가 원하는 닫힌루프 전달함수 $\left(\dfrac{C}{R}\right)_d$를 2차식으로 정하였다면

$$\left(\frac{C}{R}\right)_d = \frac{1}{\tau_c^2 s^2 + 2\tau_c\zeta_c s + 1} \tag{13.14}$$

이다. 이는 설정값에 계단변화가 야기되면 출력변수 C는 2차계의 응답과 같아지도록 $\left(\dfrac{C}{R}\right)_d$를 미리 설정해 줌을 의미한다. 열린루프 전달함수가 $G(s) = \dfrac{K_p}{(\tau_1 s + 1)(\tau_2 s + 1)}$이라면 이를 다음과 같이 식 (13.7)에 대입하여 제어기 전달함수를 계산할 수 있다:

$$G_c = \frac{1}{G}\left\{\frac{\left(\frac{C}{R}\right)_d}{1 - \left(\frac{C}{R}\right)_d}\right\} = \frac{(\tau_1 s + 1)(\tau_2 s + 1)}{K_p s\tau_c(\tau_c s + 2\zeta_c)}$$

여기서 $\alpha = \dfrac{\tau_c}{2\zeta_c}$, $\beta = 2K_p\tau_c\zeta_c$라 두면 $G_c = \dfrac{(\tau_1 s + 1)(\tau_2 s + 1)}{\beta s(\alpha s + 1)}$이다. 분모에 있는 항을 제거하기 위하여 α를 열린루프 전달함수의 시간상수 중 하나와 같게 놓으면(예로서 $\alpha = \dfrac{\tau_c}{2\zeta_c} = \tau_2$)

$$G_c = \frac{\tau_1 s + 1}{\beta s} = \frac{\tau_1}{\beta}\left(1 + \frac{1}{\tau_1 s}\right) \Rightarrow K_c = \frac{\tau_1}{\beta}, \tau_I = \tau_1$$

이 되어 PI 형태의 제어기가 얻어진다. 이 제어기는 먼저 닫힌루프 응답에 오버슈트를 있게 할 것인지($\zeta_c < 1$), 오버슈트를 없게 할 것인지를 결정하면 그에 따라 닫힌루프 응답의 원하는 시간상수(τ_c)가 결정되고 또한 PI 제어기의 상수들이 결정된다.

보기 13.6

전달함수가 $G(s)=\dfrac{2}{(4s+1)(6s+1)}$와 같이 표현되는 2차 공정에 대하여 닫힌루프 전달함수가 식 (13.14)가 되도록 제어기를 정하여라. 아울러 닫힌루프의 감쇄비가 $\zeta_c=0.5$일 때와 1.5일 때, 또한 α를 빠른 시간상수, 또는 늦은 시간상수와 같게 할 경우에 대하여 제어기 상수를 결정하여라.

풀이

원하는 닫힌루프 전달함수가 $\left(\dfrac{C}{R}\right)_d=\dfrac{1}{\tau_c^2s^2+2\tau_c\zeta_c s+1}$와 같으며 제어 시스템의 열린루프 전달함수가 $G(s)=\dfrac{K_p}{(\tau_1 s+1)(\tau_2 s+1)}$인 경우 제어기는 보기 13.5로부터

$$G_c(s)=\frac{(\tau_1 s+1)(\tau_2 s+1)}{\beta s(\alpha s+1)},\quad \alpha=\frac{\tau_c}{2\zeta_c},\quad \beta=2K_p\tau_c\zeta_c$$

여기에서 $K_p=2$, $\tau_1=4$, $\tau_2=6$이다. 따라서 $\alpha=\tau_1$이라면 $G_c(s)=\dfrac{\tau_2 s+1}{\beta s}=\dfrac{\tau_2}{\beta}\left(1+\dfrac{1}{\tau_2 s}\right)$. $\alpha=\tau_2$라면 $G_c(s)=\dfrac{\tau_1 s+1}{\beta s}=\dfrac{\tau_1}{\beta}\left(1+\dfrac{1}{\tau_1 s}\right)$이다. 이들은 모두 $G_c(s)=K_c\left(1+\dfrac{1}{\tau_I s}\right)$와 같은 PI 제어기의 형태임을 알 수 있다. $\alpha=4=\tau_1$, $\zeta_c=0.5$인 경우 $\tau_c=2\zeta_c\alpha=2\cdot0.5\cdot4=4$, $\beta=2K_p\tau_c\zeta_c=2\cdot2\cdot4\cdot0.5=8$, $K_c=\dfrac{\tau_2}{\beta}=\dfrac{6}{8}$, $\tau_I=\tau_2=6$이다. 각 경우에 대하여 제어기 파라미터 값들은 표 13.12에 보인 바와 같다.

표 13.12 제어기 파라미터

ζ_c	α	τ_c	β	K_c	τ_I
0.5	4	4	8	3/4	6
	6	6	12	1/3	4
1.5	4	12	72	1/12	6
	6	18	108	1/27	4

MATLab

제어기 파라미터 변화에 따른 계단응답

비교를 위해 앞의 보기 13.6에서 얻은 제어기 파라미터 값들에 따른 단위계단 응답을 계산하고 그래프로 나타내어 보자. 단위계단 응답의 계산 및 그래프 작성은 스크립트 parstep에 의해 수행되며 결과는 그림 13.16에 보인 바와 같다.

```
% parstep.m
clear all;
t = 0:0.1:100; y0 = 1 + 0*t; tauI = [6 4 6 4]; Kc = [3/4 1/3 1/12 1/27]; n =
length(Kc);
gp = {'-',':','-.','--'};
for i = 1:n
      K = Kc(i); tI = tauI(i);
      num = 2*K*[tI 1]; den = [24*tI 10*tI tI*(1+2*K) 2*K];
      G = tf(num,den); [y t] = step(G,t); plot(t,y,gp{i}), hold on
end
plot(t,y0,'k-'), hold off, xlabel('t(sec)'), ylabel('y(t)')
legend('K_c=3/4, \tau_I=6','K_c=1/3, \tau_I=4','K_c=1/12, \tau_I=6','K_c=1/27,
\tau_I=4','location','best')
axis([0 100 0 1.4]), set(gca,'xtick',0:20:100)
```

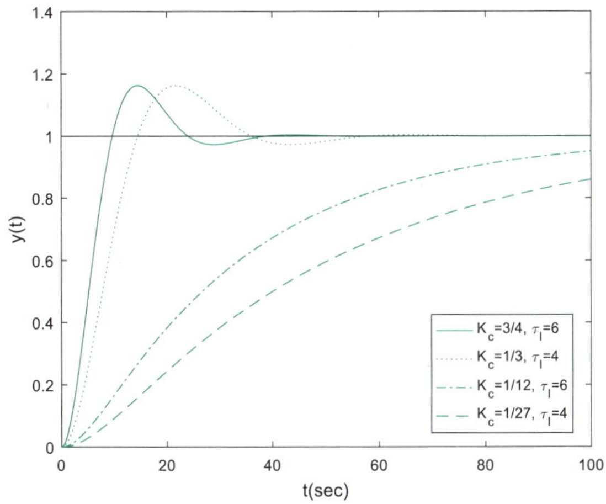

그림 13.16 제어기 파라미터에 따른 단위계단 응답.

원하는 시간상수 τ_c는 제어기 디자인에 있어서 중요한 파라미터가 된다. τ_c를 선택하기 위한 몇 가지 지침들이 알려져 있는데 이에 따르면 τ_c는 $\frac{\tau_c}{\theta} > 0.8$ 및 $\tau_c > 0.1\tau$, 혹은 $\tau > \tau_c > \theta$의 조건을 충족하도록, 또는 $\tau_c = \theta$로 선택할 수 있다.[7]

13.5.3 시간지연이 있는 공정

시간지연이 존재하는 공정에서는 닫힌루프 응답도 시간지연만큼 지연될 것이므로 설정해 줄 수 있는 가능한 최선의 닫힌루프 전달함수 $\left(\frac{C}{R}\right)_d$는

$$\left(\frac{C}{R}\right)_d = \frac{e^{-\theta s}}{\tau_c s + 1} \tag{13.15}$$

7. D. E. Seborg et. el., *Process Dynamics and Control*, 3rd ed., John Wilet & Sons, Inc., 2011.

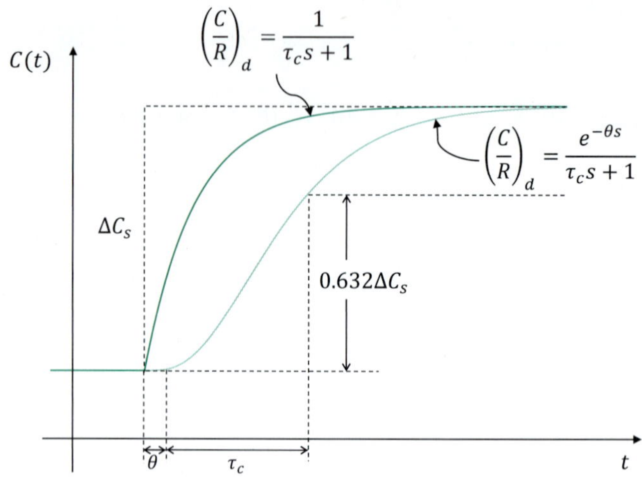

그림 13.17 원하는 공정응답의 설정.

이다. 식 (13.10)의 전달함수와 비교할 때 θ만큼 응답이 지연된 형태이며 그림 13.17에서 그 차이를 보다 분명히 알 수 있다.

식 (13.15)를 식 (13.7)에 대입하면

$$G_c(s) = \frac{1}{G}\frac{e^{-\theta s}}{\tau_c s + 1 - e^{-\theta s}} \tag{13.16}$$

분모에 있는 지수항을 Taylor 급수의 1차항까지로 근사하면 $e^{-\theta s} \cong 1 - \theta s$이므로 이 관계를 식 (13.16)의 분모에 적용하면 다음과 같이 쓸 수 있다.

$$G_c(s) = \frac{1}{G}\frac{e^{-\theta s}}{(\tau_c + \theta)s} \tag{13.17}$$

(1) 1차 공정의 경우:

$G(s) = G_p(s) = \dfrac{K_p e^{-\theta s}}{\tau s + 1}$이면 식 (13.17)으로부터

$$G_c(s) = \frac{\tau s + 1}{K_p e^{-\theta s}}\frac{e^{-\theta s}}{(\tau_c + \theta)s} = \frac{\tau}{K_p(\tau_c + \theta)}\left(1 + \frac{1}{\tau s}\right) \tag{13.18}$$

이는 $K_c = \dfrac{\tau}{K(\tau_c + \theta)}, \tau_I = \tau$인 비례-적분(PI) 제어기의 형태이다.

(2) 2차 공정의 경우:

$G(s) = G_p(s) = \dfrac{K_p e^{-\theta s}}{(\tau_1 s + 1)(\tau_2 s + 1)}$ 이면 식 (13.17)로부터

$$G_c(s) = \frac{(\tau_1 s + 1)(\tau_2 s + 1)}{K_p e^{-\theta s}}\frac{e^{-\theta s}}{(\tau_c + \theta)s} = \frac{\tau_1 + \tau_2}{K_p(\tau_c + \theta)}\left(1 + \frac{1}{(\tau_1 + \tau_2)s} + \frac{\tau_1\tau_2}{\tau_1 + \tau_2}s\right) \tag{13.19}$$

이는 PID 제어기의 형태로서 $G_c(s) = K_c\left(1 + \frac{1}{\tau_I s} + \tau_D s\right)$에서

$$K_c = \frac{\tau_1 + \tau_2}{K_p(\tau_c + \theta)},\ \ \tau_I = \tau_1 + \tau_2,\ \ \tau_D = \frac{\tau_1 \tau_2}{\tau_1 + \tau_2}$$

에 해당된다.

보기 13.7

전달함수가 $G(s) = \frac{K_p e^{-\theta s}}{\tau^2 s^2 + 2\tau\zeta s + 1}$와 같이 표현되는 2차공정에 대하여 원하는 닫힌루프 응답의 전달함수가 시간지연이 있는 1차식이 되도록 제어기 상수를 결정하여라.

풀이

닫힌루프 응답이 시간지연이 있는 1차공정이 되려면 제어기의 형태가 식 (13.17)이 되어야 하므로

$$G_c(s) = \frac{\tau^2 s^2 + 2\tau\zeta s + 1}{K_p e^{-\theta s}} \frac{e^{-\theta s}}{(\tau_c + \theta)s} = \frac{2\tau\zeta}{K_p(\tau_c + \theta)}\left(1 + \frac{1}{2\tau\zeta s} + \frac{\tau}{2\zeta} s\right)$$

이는 비례-적분-미분(PID) 제어기의 형태이다. 즉 $G_c(s) = K_c\left(1 + \frac{1}{\tau_I s} + \tau_D s\right)$에서

$$K_c = \frac{2\tau\zeta}{K_p(\tau_c + \theta)},\ \ \tau_I = 2\tau\zeta,\ \ \tau_D = \frac{\tau}{2\zeta}$$

에 해당된다.

13.5.4 불안정한 공정

식 (13.8)의 제어기로부터 $G_c G = K_c$이므로 공정모델식 G의 pole들은 제어기의 zero들과, 그리고 G의 zero들은 제어기의 pole들과 서로 상쇄된다. 그러나 공정에 시간지연이 포함되어 있거나 G의 pole 수가 zero의 수보다 많은 경우에는 G_c는 현실적으로 불가능한 제어기가 된다. 또한 G의 zero가 복소평면상의 오른쪽 평면상에 위치한다면 G_c의 pole은 마찬가지로 복소평면상의 오른쪽에 위치하게 되므로 제어기는 불안정한 제어기가 된다.

제어기 G_c를 실현 가능하도록 하기 위해 공정 G의 불안정한 요소들을 상쇄시켜줄 필요가 있다. 이를 위하여 먼저 공정 $G(s)$를 안정한 요소들을 포함하는 G^*와 불안정한 요소들(시간지연이나 양의 zero를 포함하는 항)을 포함하는 $\bar{G}$로 나누어 나타낸다. 즉 공정의 전달함수를 $G(s) = G^*(s)\bar{G}(s)$와 같이 표시한다. 여기에서 $\bar{G}(s)$의 이득은 1이 되도록 한다. 원하는 응답의 새로운 전달함수를 $\left(\frac{C}{R}\right)_d^* = \bar{G}(s)\left(\frac{C}{R}\right)_d$로 설정하면 제어기의 전달함수는 다음과 같이 주어진다:

$$G_c(s) = \frac{1}{G}\left\{\frac{\left(\frac{C}{R}\right)_d^*}{1-\left(\frac{C}{R}\right)_d^*}\right\} = \frac{1}{G^*\bar{G}}\left\{\frac{\bar{G}\left(\frac{C}{R}\right)_d}{1-\left(\frac{C}{R}\right)_d^*}\right\} = \frac{1}{G^*}\left\{\frac{\left(\frac{C}{R}\right)_d}{1-\left(\frac{C}{R}\right)_d^*}\right\} \tag{13.20}$$

보기 13.8

그림 13.15의 제어구조에서 $G = G_vG_p = \frac{4(1-2s)e^{-2s}}{3s^2+4s+1}$, $G_m = 1$이다. 닫힌루프 응답이 $\left(\frac{C}{R}\right)_d = \frac{1}{3s+1}$이 되도록 제어기 G_c를 구하여라.

풀이

주어진 $G(s)$로부터 $\bar{G} = (1-2s)e^{-2s}$, $G^* = \frac{4}{3s^2+4s+1}$임을 알 수 있다. 따라서 $\left(\frac{C}{R}\right)_d^* = \bar{G}(s)\left(\frac{C}{R}\right)_d = \frac{(1-2s)e^{-2s}}{3s+1}$. 1차 Pade 근사를 이용하면

$$G_c = \frac{1}{G^*}\left\{\frac{\left(\frac{C}{R}\right)_d}{1-\left(\frac{C}{R}\right)_d^*}\right\} = \frac{3s^2+4s+1}{4}\cdot\frac{\frac{1}{3s+1}}{1-\frac{(1-2s)e^{-2s}}{3s+1}} = \frac{s+1}{4\{3s+1-(1-2s)e^{-2s}\}} \cong \frac{s+1}{4s(s+7)}$$

이는 분모의 차수가 분자의 차수보다 크므로 실현 가능한 제어기이다.

MATLab

PID 제어 시스템의 응답

그림 13.18에 보인 간단한 제어구조에서 $G_p(s) = \frac{3}{4s^2+s+1}$이며 제어기로는 PID 제어기 $G_c(s) = K_c\left(1+\frac{1}{\tau_I s}+\tau_D s\right)$가 이용되고 있다. 설정값 R에 단위계단 변화가 도입되었을 때 제어기의 파리미터 τ_I와 τ_D를 증가시켜 가면서 응답 C가 어떻게 달라지는지 비교해 보자.

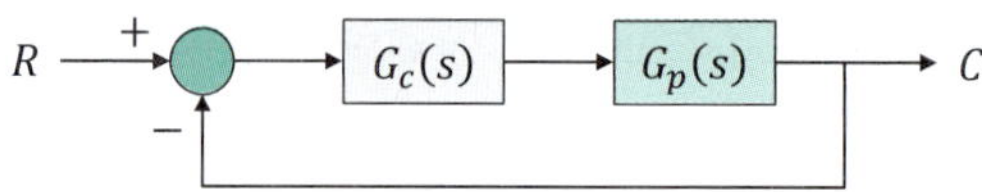

그림 13.18 Feedback 제어구조.

τ_D를 변화시키는 경우에 대한 MATLAB 프로그램은 다음과 같다. τ_I를 변화시키는 경우에도 유사하게 MATLAB 프로그램을 구성할 수 있다. PID 제어기의 이득 K_c를 일정하게 두고 미분시간과 적분시간을 변화시킬 때의 응답 모양은 그림 13.19(가)(tunpidTd.m의 수행결과) 및 (나)(tunpidTi.m의 수행결과)에 보인 바와 같다. 그림으로부터 표 13.11에 보인 특성들을 확인할 수 있다.

```
% tunpidTd.m
tau = 2; zeta = 0.25; Kp = 3; Kc = 5; tauI = 1; h = {'- ',': ','-.','--'};
t0 = 0; delt = 0.1; fint = 20; ms = 1; tauD = [0.5 1 5 10];
for i = 1:length(tauD)
    num = Kc*Kp*[tauI*tauD(i) tauI 1];
    d1 = tauI*tau^2; d2 = 2*tauI*tau*zeta+Kc*Kp*tauI*tauD(i);
    d3 = tauI*(1+Kc*Kp); d4 = Kc*Kp; den = [d1 d2 d3 d4];
    [y,t] = stepnp(num,den,t0,delt,fint,ms); plot(t,y,h{i}), hold on
end
st = 1+0*t; plot(t,st); hold off
legend('\tau_D = 0.5','\tau_D = 1','\tau_D = 5','\tau_D = 10','loca
tion','best')
xlabel('Time(min)'), ylabel('Output, y(t)'), title('PID control(Kc=5,\tau_I=1)')

% tunpidTi.m
tau = 2; zeta = 0.25; Kp = 3; Kc = 5; tauD = 0.5; h = {'- ',': ','-.','--'};
t0 = 0; delt = 0.1; fint = 20; ms = 1; tauI = [0.5 1 5 10];
for i = 1:length(tauI)
      num = Kc*Kp*[tauI(i)*tauD tauI(i) 1];
      d1 = tauI(i)*tau^2; d2 = 2*tauI(i)*tau*zeta+Kc*Kp*tauI(i)*tauD;
      d3 = tauI(i)*(1+Kc*Kp); d4 = Kc*Kp; den = [d1 d2 d3 d4];
      [y,t] = stepnp(num,den,t0,delt,fint,ms); plot(t,y,h{i}), hold on
end
st = 1+0*t; plot(t,st); hold off
legend('\tau_I=0.5','\tau_I=1','\tau_I=5','\tau_I=10','location','best')
xlabel('Time(min)'), ylabel('Output, y(t)'), title('PID control(Kc=5,\tau_
D=0.5)')
```

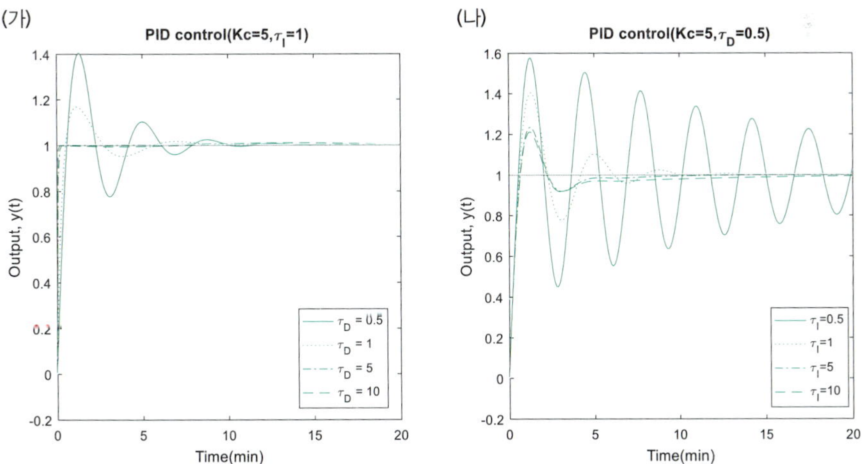

그림 13.19 PID 조절 파라미터의 영향: (가) 미분시간의 영향; (나) 적분시간의 영향.

위의 스크립트에서 이용되는 함수 stepnp는 단일변수 시스템의 계단응답을 그래프로 작성해 주는 함수이다.

```
function [y,t] = stepnp(num, den, t0, delt, fint, ms);
% proper SISO system의 step 응답 계산
% inputs:
%    num, den: 전달함수의 분자 및 분모의 계수
%    t0: unit step input이 도입된 시간
%    delt: time step
%    fint: 응답계산 종료시간
%     ms: step size
% outputs:
%    y, t: step 응답
% 전달함수*(step input)의 partial fraction(r: residue 벡터, p: pole 벡터, k: 상수벡터)
[r, p, k] = residue(num, conv(den, [1 0]));
% 계산시간 구간의 설정
t = t0 : delt : fint;
% pole의 multiplicity 규명
for i = 1 : size(p)
    n = 1;
    for i = 1 : size(p)
        if p(j) == p(i)
            if (i ~= j), n = n+1; end
        end
    end
    mult(:, j) = n;
end
% step 응답의 계산: inverse Laplace 변환을 이용
y = zeros(size(t)); j = 1;
while j <= size(p, 1)
  for i = 1 : mult(:, j), y = y + r(j+i-1)*((t-t0).^(i-1)).*exp(p(j)*(t-t0))/
  factorial(i-1); end
  j = j + i;
end
y = ms*y;
end
```

MATLab

Closed-loop 제어구조의 응답

그림에 보인 closed-loop 제어 시스템에서

$$G_f(s) = \frac{1}{s+1},\ G_v(s) = 1,\ G_p(s) = \frac{2}{2s^2+3s+1},\ G_m(s) = \frac{1}{0.2s+1}$$

이며 제어기는 PID 제어기(병렬형태, parallel form)로서

$$G_c(s) = K_p + \frac{K_I}{s} + \frac{K_D s}{T_F s + 1} = 1.5 + \frac{2}{s} + \frac{0.6s}{0.1s+1}$$

로 주어진다. 제9장에서 보인 바와 같이 MATLAB의 pid 함수를 이용하여 위와 같은 형태의 PID 제어기를 생성할 수 있다. 위에서 K_p, K_I, K_D는 각각 비례, 적분 및 미분 이득이며 T_F는 1차 미분필터의 시간 상수이다. 이 제어 시스템의 설정값(set point)에 단위계단 변화가 도입되었을 때의 응답을 구해 보자.

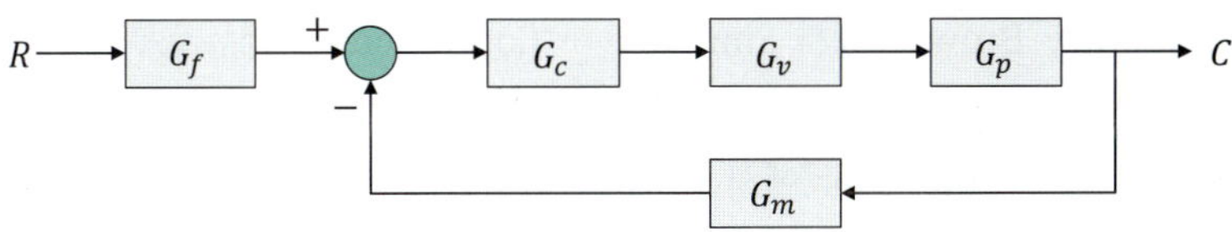

그림 13.20 Closed-loop 제어시스템.

```
>> Gf = tf(1,[1 1]); Gp = tf(2,[2 3 1]); Gm = tf(1,[0.2 1]); Gc =
pid(1.5,2,0.6,0.1);
>> Gcloop = feedback(Gp*Gc,Gm)*Gf; step(Gcloop)
```

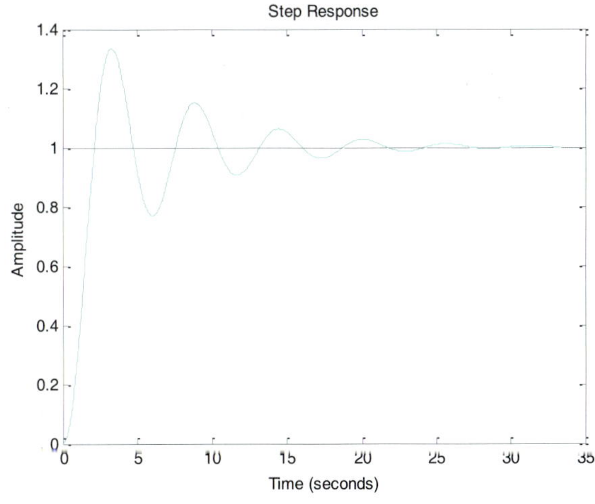

그림 13.21 PID 제어기를 이용하는 closed-loop 제어시스템의 계단응답.

MATLab

PID 제어 시스템의 응답: Simulink의 이용

PID 제어기를 이용하는 2-탱크 액위제어 구조에서 첫 번째 탱크로의 유입유량에 크기 1인 단위계단 변화가 도입되었을 때 PID 제어기의 파라미터들의 변화에 따른 응답을 살펴보자. 공정의 전달함수는 $G_p(s) = \dfrac{H_2(s)}{Q_i(s)} = \dfrac{3}{4s^2 + 2.4s + 1}$, 밸브의 이득은 1이며 제어기의 전달함수는

$$G_c(s) = K_P\left(1 + \frac{K_I}{s} + \frac{K_D K_F}{1 + \frac{K_F}{s}}\right) = K_c\left(1 + \frac{1}{\tau_I s} + \frac{\tau_D s}{1 + \frac{s}{\tau_F}}\right)$$

와 같은 형태를 갖는다. 위에서 τ_F는 필터의 계수로서 $\tau_F \to \infty$이면 일반형태의 PID 제어기 전달함수가 된다.

먼저 그림 13.22에 보인 바와 같이 Simulink 블록선도를 구성하고 PID 제어기를 도입한다. 이를 위하여 Simulink Library Browser에서 Simulink → Continuous 부메뉴로부터 PID 블록을 취하고 마우스로 끌어오면 된다. 이 블록을 더블클릭하여 그림 13.23에 보인 바와 같이 비례, 미분 및 적분시간 파라미터를 설정한다. 먼저 "Controller"에서 "PID"를 선택하고 "Form"에서 "Ideal"을 선택한다. 이로부터 제어기 전달함수는 "compensator formula" 형태로 제시된다. 필터 계수 tauF를 포함하는 제어기 파라미터 Kc, tauI, tauD들은 별도의 스크립트에서 그 값들이 지정된다. Set point에는 변함이 없고 유입유량(즉 외부교란)에만 크기 1의 계단변화가 도입되었으므로 Simulink 블록선도에서 Set point 블록을 더블클릭하여 Final value를 0으로, Feed flow 블록을 더블클릭하여 Step time을 0으로, Final value를 1로 설정한다.

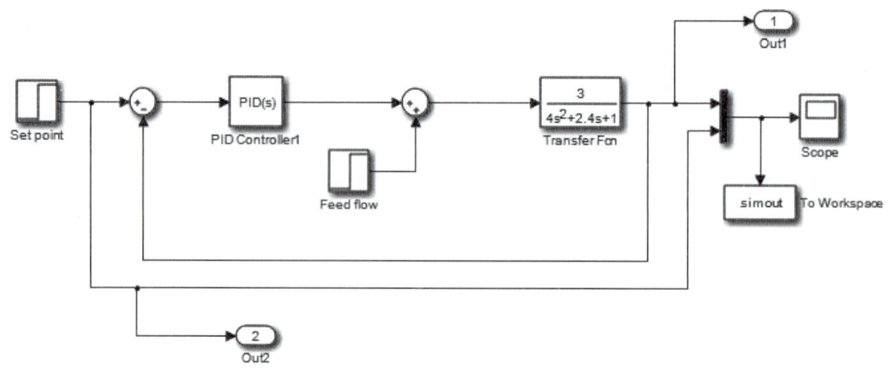

그림 13.22 PI 제어구조의 Simulink 블록선도(pidmodel.mdl).

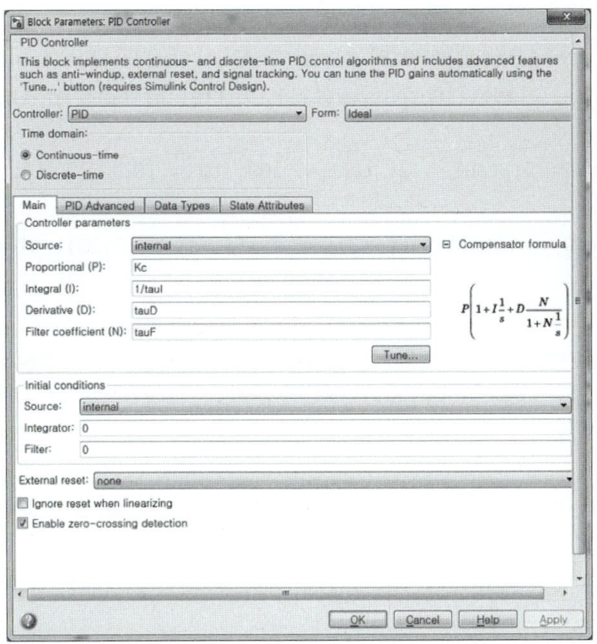

그림 13.23 PID 제어기 파라미터의 설정.

구성된 Simulink 블록선도에서 Set point 블록을 클릭하고 최종값을 0으로 둔다. 구성된 Simulink 블록은 별도의 m-파일 simcloop.m에서 호출하여 다양한 제어기 이득에 따른 응답을 구한다. 기본 파라미터 값은 $K_c = 5$, $\tau_I = 2$, $\tau_D = 0.8$, $\tau_F = 100$로 두고 각 파라미터 값들을 $K_c = [5, 10, 20, 40]$, $\tau_I = [0.5, 1, 4, 8]$, $\tau_D = [0.1\ 1\ 2\ 4]$, $\tau_F = [1\ 20\ 100\ 200]$과 같이 변화시켜 가면서 각 경우에 따른 응답곡선을 비교해 보자. 파라미터 값들을 설정하고 응답곡선을 작성하는 스크립트 simpid.m은 다음과 같이 구성한다.

```
% simpid.m: PID 제어기의 튜닝
clear;
h = {'-',':','.','--'};

% 비례이득(Kc)의 영향
subplot(2,2,1); tauI = 2; tauD = 0.8; tauF = 100; gn = [5 10 20 40];
for i = 1:4
    Kc = gn(1,i); [t,x,y] = sim('pidmodel',20); plot(t,y(:,1),h{i}), hold on
end
grid, hold off; legend('K_c=5','K_c=10','K_c=20','K_c=40')
xlabel('Time(min)'), ylabel('Output, y(t)'), title('Effects of K_c');

% 적분시간의 영향
subplot(2,2,2); gn = 5; tauD = 0.8; tauF = 100; tI = [0.5 1 4 8];
for i = 1:4
      Kc = gn; tauI = tI(1,i); [t,x,y] = sim('pidmodel',20); plot(t,y(:,1),h{i}),
      hold on
```

```
end
grid, hold off; legend('\tau_I=0.5','\tau_I=1','\tau_I=4','\tau_I=8')
xlabel('Time(min)'), ylabel('Output, y(t)'), title('Effects of \tau_I');
% 미분시간의 영향
subplot(2,2,3); gn = 5; tauI = 2; tauF = 100; tD = [0.1 1 2 4];
for i = 1:4
      Kc = gn; tauD = tD(1,i); [t,x,y] = sim('pidmodel',20); plot(t,y(:,1),h{i}),
      hold on
end
grid, hold off; legend('\tau_D=0.1','\tau_D=1','\tau_D=2','\tau_D=4')
xlabel('Time(min)'), ylabel('Output, y(t)'), title('Effects of \tau_D');

% 필터계수의 영향
subplot(2,2,4); gn = 5; tauI = 2; tauD = 0.8; tF = [1 20 100 200];
for i = 1:4
      Kc = gn; tauF = tF(1,i); [t,x,y] = sim('pidmodel',20); plot(t,y(:,1),h{i}),
      hold on
end
grid, hold off; legend('\tau_F=1','\tau_F=20','\tau_F=100','\tau_F=200')
xlabel('Time(min)'), ylabel('Output, y(t)'), title('Effects of \tau_F');
```

명령 창에서 스크립트 simpid를 실행하면 다음 그림에 보인 바와 같이 각 경우에 따른 응답곡선이 얻어진다.

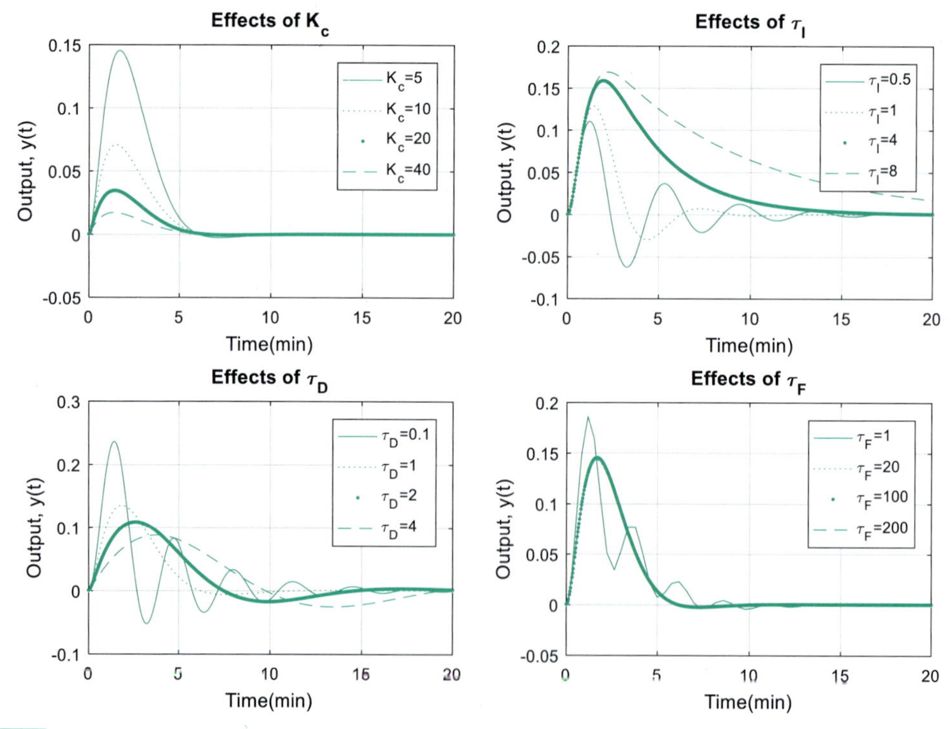

그림 13.24 PID 액위제어구조의 교란변수 변화에 따른 응답.

MATLab

Pidtune 함수를 이용한 제어기의 조정

MATLAB에서 제공하는 제어시스템 툴박스(control system toolbox)에는 제어기의 디자인 및 조정에 대한 다양한 함수들이 포함되어 있다. pidtune 함수는 주어진 공정에 대한 제어기(PI, PID 등)를 생성해 준다. 이를테면 pidtune(G,'pi')로부터는 병렬 형태의 PI 제어기(즉 $G_c(s) = K_P + \frac{K_I}{s}$)가 얻어지며 pidtune(G,'pid')로부터는 병렬 형태의 PID 제어기(즉 $G_c(s) = K_P + \frac{K_I}{s} + K_D s$), 그리고 pidtune(G,'pidf')로부터는 1차미분 필터를 포함하는 PID 제어기가 얻어진다. 공정의 전달함수가

$$G(s) = \frac{3(s+2)e^{-2s}}{(s+1)(s+2)(s+4)}$$

와 같이 주어져 있다고 하자. pidtune 함수를 이용하여 병렬 형태의 PI 제어기와 1차미분 필터를 포함하는 PID 제어기를 생성해 보기로 하자.

```
>> G = tf([3 6],conv(conv([1 1],[1 3]),[1 4])); set(G,'iodelay',2);
>> Gc = pidtune(G,'pi')
Gc =
              1
  Kp + Ki * ---
              s
with Kp = 0.566, Ki = 0.519
Continuous-time PI controller in parallel form.
>> Gcf = pidtune(G,'pidf')
Gcf =
             1                s
  Kp + Ki * --- + Kd * --------
             s              Tf*s+1
with Kp = 0.955, Ki = 0.552, Kd = -0.727, Tf = 3.25
Continuous-time PIDF controller in parallel form.
```

이로부터 얻어진 1차미분 필터를 포함하는 PID 제어기를 이용하는 feedback 제어시스템의 단위계단 응답을 구해 보자:

```
>> Gcl = feedback(Gcf*G,1); step(Gcl)
```

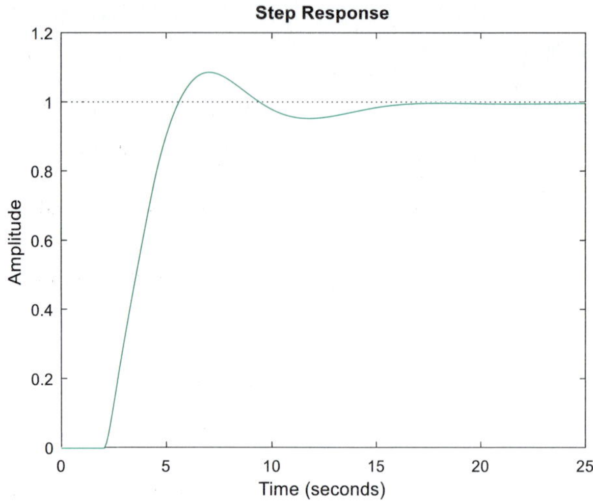

그림 13.25 Pidtune 함수에 의한 제어 시스템의 계단응답.

MATLab

Pidtool 함수를 이용한 제어기의 조정

제어시스템 툴박스(control system toolbox)의 pidtool 함수를 이용하면 제어기(PI, PID 등)의 파라미터들을 조정하여 설정값이나 교란변수의 계단입력 변화에 대한 원하는 응답을 얻을 수 있다. 공정의 전달함수가

$$G(s) = \frac{3(s+2)e^{-2s}}{(s+1)(s+2)(s+4)}$$

와 같이 주어져 있다고 하자. pidtool 함수를 이용하여 파라미터 조정에 따라 응답이 어떻게 변화하는지 살펴보기로 하자.

```
>> G = tf([3 6],conv(conv([1 1],[1 3]),[1 4])); set(G,'iodelay',2), pidtool(G,'pid')
```

이를 수행하면 그림 13.26에 보인 창이 나타난다. 이 창의 그래프에 보인 응답은 pid 제어기의 기본 설정에 따른 응답이다. 마우스를 이용하여 창 상부에 위치한 “Response Time”이나 “Transient Behavior”를 표시하는 버튼을 좌우로 드래그하면 그래프 상의 응답곡선이 변화한다. 그래프 오른쪽 하단부에는 나타난 응답에 따른 PID 제어기 파라미터들의 값이 제시된다.

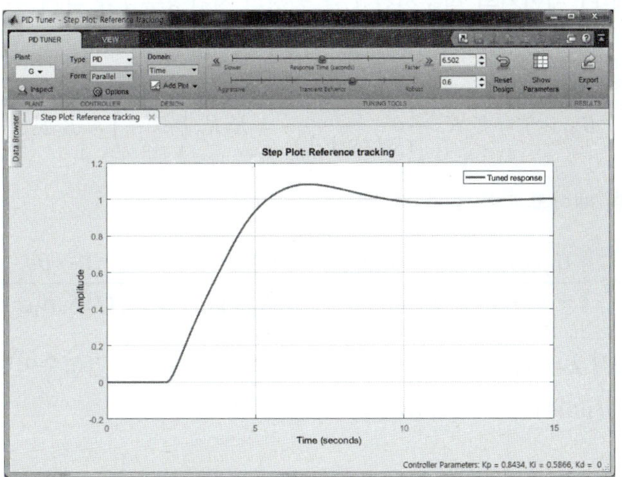

그림 13.26 **Pidtool을 이용한 제어기의 조정.**

위의 그림에 보인 조정창은 pidTuner 명령어를 이용해 얻을 수도 있다. 즉

```
>> pidTuner (G,'pid')
```

로부터 위의 그림에 보인 것과 동일한 창이 나타난다.

13.5.5 λ-조정방법

그림 13.27에 보인 간단한 feedback 제어구조에서 제어되는 공정은 시간지연이 존재하는 1차 모델 $G_p(s) = \dfrac{K_p e^{-\theta s}}{\tau s + 1}$로 표현된다고 하자. 닫힌루프의 총괄 전달함수에서 특성방정식의 근, 즉 닫힌루프의 극점을 사전에 원하는 값으로 설정함으로써 제어기의 파라미터 값들을 정할 수 있다. 이러한 방법은 극점 배치(pole assignment) 방법에 해당된다. 제어기로서 PI와 PID 제어기를 고려하여 보기로 한다.

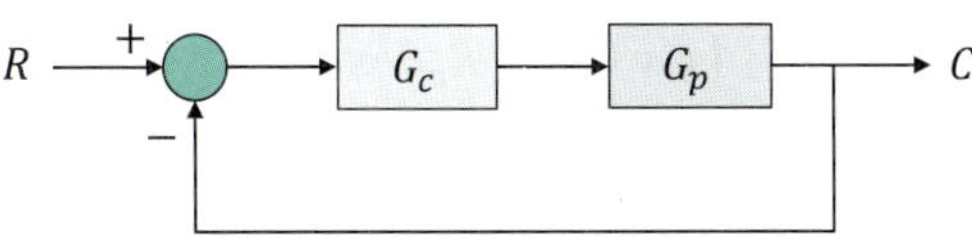

그림 13.27 **간단한 feedback 제어구조.**

(1) PI 제어기

PI 제어기 $G_c(s) = K_c\left(1 + \dfrac{1}{\tau_I s}\right)$가 이용되는 경우 열린루프 전달함수 $G_{OL}(s)$는

$$G_{OL}(s) = G_c(s)G_p(s) = K_c\left(1 + \frac{1}{\tau_I s}\right)\frac{K_p e^{-\theta s}}{\tau s + 1} = K_c K_p \frac{(1 + \tau_I s)e^{-\theta s}}{\tau_I s(\tau s + 1)}$$

와 같다. 이제 PI 제어기의 적분시간 τ_I를 공정의 시간상수 τ와 같게 두고 $e^{-\theta s} \approx 1 - \theta s$를 이용하면

$$G_{OL}(s) = K_c K_p \frac{(1+\tau_I s)e^{-\theta s}}{\tau_I s(\tau s+1)} = K_c K_p \left(\frac{e^{-\theta s}}{\tau s}\right) \approx K_c K_p \left(\frac{1-\theta s}{\tau s}\right)$$

이를 이용하면 제어루프의 총괄 전달함수는

$$G(s) = \frac{G_{OL}(s)}{1+G_{OL}(s)} = \frac{K_c K_p(1-\theta s)}{K_c K_p + (\tau - K_c K_p \theta)s} = \frac{1-\theta s}{1+\{\tau/(K_c K_p) - \theta\}s} = \frac{1-\theta s}{1+\lambda s}$$

와 같다. 위에서 $\lambda = \tau/(K_c K_p) - \theta$는 닫힌루프 전달함수의 시간상수이다. 특성방정식의 근, 즉 닫힌루프의 극점(pole)은 $1 + \{\tau/(K_c K_p) - \theta\}s = 0$으로부터

$$s = -\frac{1}{\tau/(K_c K_p) - \theta} = -\frac{1}{\lambda}$$

임을 알 수 있다. 닫힌루프의 시간상수 λ를 원하는 어떤 값으로 미리 설정한다고 하자. 이는 원하는 닫힌루프 극점 $s = -1/\lambda$를 미리 설정하는 것을 의미한다. 이 경우 λ는 주어진 값이므로 $\lambda = \tau/(K_c K_p) - \theta$로부터 PI 제어기의 이득 K_c는

$$K_c = \frac{1}{K_p}\left(\frac{\tau}{\lambda + \theta}\right) \tag{13.21}$$

과 같이 주어진다. 공정의 시간상수 τ가 매우 큰 공정인 경우에는 적분시간 τ_I를 공정의 시간상수 τ와 같게 두는 것이 곤란하다. 앞에서와 같이 $e^{-\theta s} \approx 1 - \theta s$로 두면 열린루프 전달함수 $G_{OL}(s)$는

$$G_{OL}(s) = G_c(s)G_p(s) = K_c K_p \frac{(1+\tau_I s)e^{-\theta s}}{\tau_I s(\tau s+1)} \approx K_c K_p \frac{(1+\tau_I s)(1-\theta s)}{\tau_I s(\tau s+1)}$$

와 같이 쓸 수 있다. 이를 이용하면 제어루프의 총괄 전달함수는

$$G(s) = \frac{G_{OL}(s)}{1+G_{OL}(s)} = \frac{K_c K_p(1+\tau_I s)(1-\theta s)}{\tau_I s(\tau s+1) + K_c K_p(1+\tau_I s)(1-\theta s)}$$

$$= \frac{K_c K_p(1+\tau_I s)(1-\theta s)}{(\tau_I \tau - \tau_I K_c K_p \theta)s^2 + (\tau_I + \tau_I K_c K_p - K_c K_p \theta)s + K_c K_p}$$

특성방정식은

$$\left(\frac{\tau_I \tau}{K_c K_p} - \tau_I \theta\right)s^2 + \left(\tau_I + \frac{\tau_I}{K_c K_p} - \theta\right)s + 1 = 0$$

과 같다. 원하는 닫힌루프 시간상수를 λ라 정하고 원하는 특성방정식을

$$\lambda^2 s^2 + 2\lambda\zeta s + 1 = 0$$

와 같이 정했다고 하자. 이는 원하는 닫힌루프 극점을 $s = \frac{-\zeta \pm \sqrt{\zeta^2 - 1}}{\lambda}$와 같이 설정하는 것과

같다. 예를 들어 $\zeta = 1.5$, $\lambda = 3$으로 정했다면 특성방정식은 $9s^2 + 9s + 1 = 0$과 같으며 원하는 닫힌루프 극점은 $s = -0.127, -0.873$이 된다. 제어시스템이 안정하기 위해서 닫힌루프 극점이 복소평면의 왼쪽 반평면에 위치하도록 ζ와 λ를 정해야 함을 유의하자. 제어구조의 특성방정식과 원하는 닫힌루프 특성방정식을 서로 같게 두고 동차항끼리 계수비교하면

$$\lambda^2 = \frac{\tau_I \tau}{K_c K_p} - \tau_I \theta, \qquad 2\lambda\zeta = \tau_I + \frac{\tau_I}{K_c K_p} - \theta$$

이로부터 적분시간 τ_I와 제어기의 이득 K_c는 각각

$$\tau_I = \frac{2\lambda\zeta\tau + \theta\tau - \lambda^2}{\tau + \theta}, \qquad K_c = \frac{1}{K_p}\left(\frac{2\lambda\zeta\tau + \theta\tau - \lambda^2}{\lambda^2 + 2\lambda\zeta\theta + \theta^2}\right) \tag{13.22}$$

와 같이 얻어진다. ζ와 λ를 적절히 선택하여 τ_I와 K_c를 정할 수 있는데 공정의 시간상수 τ가 매우 큰 경우이므로 λ를 시간지연 θ에 비례하는 값으로 정해 주는 것이 적절하다.

(2) PID 제어기

제어기로서 직렬형태의 PID 제어기(그림 9.17 참조) $G_c(s) = K_c'\left(1 + \frac{1}{\tau_I' s}\right)(1 + \tau_D' s)$가 이용된다고 하자. 공정 모델의 시간지연 항 $e^{-\theta s}$를 1차 Pade 근사를 이용하여 나타낸다면

$$G_p(s) = \frac{K_p e^{-\theta s}}{\tau s + 1} \approx \frac{K_p}{\tau s + 1}\left(\frac{1 - \theta s/2}{1 + \theta s/2}\right)$$

와 같다. PID 제어기의 적분시간을 공정의 시간상수와 같도록 $\tau_I' = \tau$로 설정하고 미분시간은 시간지연의 절반으로 하여 $\tau_D' = \theta/2$와 같이 설정한다면 열린루프 전달함수는

$$G_{OL}(s) = G_c(s)G_p(s) = K_c'\left(1 + \frac{1}{\tau s}\right)(1 + \theta s/2)\frac{K_p}{\tau s + 1}\left(\frac{1 - \theta s/2}{1 + \theta s/2}\right) = K_c' K_p\left(\frac{1 - \theta s/2}{\tau s}\right)$$

와 같으며 총괄 전달함수는

$$G(s) = \frac{G_{OL}(s)}{1 + G_{OL}(s)} = \frac{K_c' K_p(1 - \theta s/2)}{(\tau - K_c' K_p \theta/2)s + K_c' K_p}$$

와 같다. 따라서 특성방정식의 근은 $(\tau - K_c' K_p \theta/2)s + K_c' K_p = 0$으로부터

$$s = -\frac{1}{\tau/(K_c' K_p) - \theta/2}$$

와 같다. 원하는 닫힌루프 극점을 $s = -\frac{1}{\lambda}$이라고 하면 $\lambda = \tau/(K_c' K_p) - \theta/2$로부터

$$K_c' = \frac{\tau}{K_p(\lambda + \theta/2)}$$

를 얻는다. 즉 PID 제어기의 파라미터들은

$$\tau_I' = \tau, \qquad \tau_D' = \frac{\theta}{2}, \qquad K_c' = \frac{\tau}{K_p(\lambda + \theta/2)} \tag{13.23}$$

와 같이 정해진다. 표준형 PID 제어기 $G_c(s) = K_c\left(1 + \frac{1}{\tau_I s} + \tau_D s\right)$와 비교하면(보기 9.13을 참조)

$$K_c = K_c'\left(1 + \frac{\tau_D'}{\tau_I'}\right) = \frac{\tau}{K_p(\lambda + \theta/2)} \frac{\theta/2 + \tau}{\tau} = \frac{1}{K_p}\left(\frac{\theta/2 + \tau}{\theta/2 + \lambda}\right)$$

$$\tau_I = \tau_I' + \tau_D' = \frac{\theta}{2} + \tau$$

$$\tau_D = \frac{\tau_I' \tau_D'}{\tau_I' + \tau_D'} = \frac{\tau\theta/2}{\theta/2 + \tau} = \frac{\tau\theta}{2\tau + \theta}$$

임을 알 수 있다.

λ-조정방법을 요약하면 다음 표 13.13에 보인 바와 같다.

표 13.13 λ-조정방법

제어기	K_c	τ_I	τ_D	비고
PI $G_c(s) = K_c\left(1 + \frac{1}{\tau_I s}\right)$	$\frac{1}{K_p}\left(\frac{\tau}{\lambda + \theta}\right)$	τ		
	$\frac{1}{K_p}\left(\frac{2\lambda\zeta\tau + \theta\tau - \lambda^2}{\lambda^2 + 2\lambda\zeta\theta + \theta^2}\right)$	$\frac{2\lambda\zeta\tau + \theta\tau - \lambda^2}{\tau + \theta}$		τ가 클 때
PID $G_c(s) = K_c\left(1 + \frac{1}{\tau_I s} + \tau_D s\right)$	$\frac{1}{K_p}\left(\frac{\theta/2 + \tau}{\theta/2 + \lambda}\right)$	$\frac{\theta}{2} + \tau$	$\frac{\tau\theta}{2\tau + \theta}$	

13.6 요약

- 제어기의 조정: 원하는 닫힌회로 응답을 얻기 위해 feedback 제어기의 파라미터들을 조절하는 과정
- PID 제어기의 경우 제어기의 이득, 적분시간, 및 미분시간 등 조절해야 할 파라미터가 3개이므로 그 조정이 쉽지 않다.
- 한계이득법: 1) 제어기를 비례 제어기로 대체, 2) 제어되는 출력변수의 응답이 일정한 진폭을 지닌 연속적인 진동을 보일 때까지 비례 제어기의 이득을 조금씩 증가, 3) 이때 얻어지는 제어기 이득은 한계이득 K_{cu}이며 진동주기는 한계주기 T_u
- 적분공정이 아닌 자체조정(self-regulating) 공정의 경우 공정의 동특성을 알고 있다면 $K_p K_{cu} \cos\left(\frac{2\pi\theta}{T_u}\right) + 1 = 0$, $\frac{2\pi\tau}{T_u} + \tan\left(\frac{2\pi\theta}{T_u}\right) = 0$로부터 K_{cu}와 T_u를 계산
- 적분공정(integrating process)의 경우: $K_{cu} = \frac{\pi}{2K_p\theta}$, $T_u = 4\theta$
- 제어기 파라미터의 조정기준으로서 Ziegler와 Nichols는 출력변수의 쇠퇴비(decay ratio)가

1/4이 되도록 제어기의 파라미터들을 조정

- 자동조정(auto-tuning)법(릴레이 피드백 방법): 임계점에 도달할 때까지 이득을 증가시키는 과정에서 시스템이 불안정해지는 단점을 보완하기 위해 고안
- 공정 모델의 추정: $G(s) = \dfrac{Ke^{-\theta s}}{s}$의 경우 $K = \dfrac{2\pi}{K_{cu}T_u}, \theta = \dfrac{T_u}{4}, G(s) = \dfrac{Ke^{-\theta s}}{\tau s + 1}$의 경우 $\tau = \dfrac{T_u}{2\pi}\tan\left[\dfrac{\pi(T_u - 2\theta)}{T_u}\right]$
- 1차 모델식 $G(s) = \dfrac{Ke^{-\theta s}}{\tau s + 1}$의 시간상수, 이득, 시간지연을 이용한 제어기 조정: K_c는 $\dfrac{\tau}{\theta}$와 비례 관계로 설정
- 제어오차의 절대값의 적분: $IAE = \int_0^{\infty} |e(t)|dt$
- 제어오차의 제곱의 적분: $ISE = \int_0^{\infty} e^2(t)dt$
- 제어오차의 절대값에 시간을 곱한 함수의 적분: $ITAE = \int_0^{\infty} t|e(t)|dt$
- 제어오차의 제곱에 시간을 곱한 함수의 적분: $ITSE = \int_0^{\infty} te^2(t)dt$
- K_c가 증가: 상승시간이 짧아져서 응답이 빨라지며 잔류편차는 감소
- K_c가 감소: 응답은 느려지면서 오버슈트는 감소
- 적분 모드를 추가: 잔류편차를 제거할 수 있지만 응답의 진동이 증가
- 적분시간 τ_I를 감소: 오버슈트를 줄일 수 있지만 진동이 증가
- 미분 모드를 추가: 상승시간이 짧아져서 응답은 더욱 빨라지고 진동은 훨씬 감소
- 미분시간 τ_D를 변화시켜서 오버슈트를 크게 감소시킬 수는 없지만 미분 작용을 증가시켜서 응답속도를 증가
- 실제 운전에서 한 가지 조정방법은 K_c를 약간 감소시키고 τ_I와 τ_D를 어느 정도 증가
- τ_D를 증가시키거나 감소시키는 경우 응답에 진동 현상
- τ_D를 감소시키면 적분기능의 비중이 커지므로 τ_D의 감소에 따른 진동현상은 과도한 적분작용에 기인
- $G_c = \dfrac{1}{G}\left\{\dfrac{\left(\frac{C}{R}\right)_d}{1 - \left(\frac{C}{R}\right)_d}\right\}$ ($\left(\frac{C}{R}\right)_d$: 원하는 전달함수)
- 불안정한 공정: 공정 $G(s)$를 안정한 요소들을 포함하는 G^*와 불안정한 요소들(시간지연이나 양의 zero를 포함하는 항)을 포함하는 $\bar{G}$로 나누어 표현($G(s) = G^*\bar{G}(s)$)
- 원하는 응답의 새로운 전달함수를 $\left(\frac{C}{R}\right)_d^* = \bar{G}(s)\left(\frac{C}{R}\right)_d$로 설정: 불안정한 공정에 대한 제어기의 전달함수는 $G_c(s) = \dfrac{1}{G^*}\left\{\dfrac{\left(\frac{C}{R}\right)_d}{1 - \left(\frac{C}{R}\right)_d^*}\right\}$
- λ-조정방법: 원하는 닫힌루프 극점을 미리 정하고 이를 충족시키는 제어기 파라미터를 규명

점/검/문/제

13.1 Ziegler와 Nichols가 제안한 한계이득법으로 한계이득 K_{cu}와 한계주기 T_u를 구하는 과정에 대한 설명 중 옳지 않은 것은 어느 것인가?

① 제어기의 출력을 단위계단 변화시킨다.

② 제어기를 비례 제어기로 대체한다.

③ 제어되는 출력변수의 응답이 일정한 진폭으로 연속적인 진동을 보일 때까지 비례 제어기의 이득을 조금씩 증가시킨다.

④ 출력변수의 응답이 일정한 진폭으로 연속적인 진동을 보일 때의 제어기 이득이 한계이득 K_{cu}이며 이 때의 진동주기가 한계주기 T_u이다.

13.2 릴레이 피드백에 의한 방법(auto-tuning법)을 이용하여 제어기를 조정하고자 할 때 제어기의 출력 $m(t)$는 어떻게 변하는가? $e(t)$는 제어기로 들어오는 오차신호이고 $c(t)$는 공정 출력이며 d는 제어기에 내부적으로 결정해 놓은 양의 상수이다.

① $m(t)=\begin{cases} d: e(t)=-c(t)>0 \\ -d: e(t)=-c(t)<0 \end{cases}$ ② $m(t)=\begin{cases} d: e(t)=c(t)>0 \\ -d: e(t)=c(t)<0 \end{cases}$

③ $m(t)=\begin{cases} -d: e(t)=-c(t)>0 \\ d: e(t)=-c(t)<0 \end{cases}$ ④ $m(t)=\begin{cases} -d: e(t)=c(t)>0 \\ d: e(t)=c(t)<0 \end{cases}$

13.3 최소오차 기준법에서 제어기 파라미터 조정에 사용되지 않는 적분식은 어느 것인가?

① $\int_0^\infty e(t)\,dt$ ② $\int_0^\infty |e(t)|\,dt$ ③ $\int_0^\infty e^2(t)\,dt$ ④ $\int_0^\infty te^2(t)\,dt$

13.4 최소오차 기준법으로 제어기 파라미터를 구하고자 할 때 고려하지 않아도 되는 것은 어느 것인가?

① 입력변수의 변동이 일어나는 위치(설정점, 또는 부하)

② 제어기의 종류(P, PI, PID)

③ 제어오차의 적분방법

④ 응답의 형태(1차, 2차)

13.5 Feedback 제어시스템에서 열린루프 전달함수를 G라고 할 때 원하는 응답($(C/R)_d$)을 얻기 위해 제어기(G_c)를 합성하는 경우 이용하는 식은 어느 것인가?

① $G_c=\frac{1}{G}\left\{\frac{(C/R)_d}{1-(C/R)_d}\right\}$ ② $G_c=\frac{1}{G}\left\{\frac{(C/R)_d}{1+(C/R)_d}\right\}$

③ $G_c=G\left\{\frac{(C/R)_d}{1-(C/R)_d}\right\}$ ④ $G_c=G\left\{\frac{(C/R)_d}{1+(C/R)_d}\right\}$

13.6 전달함수가 $G(s)=\frac{3}{6s+1}$와 같은 1차공정에 대하여 원하는 닫힌루프 전달함수의 응답이 $(C/R)_d=\frac{1}{2s+1}$가 되도록 제어기 상수를 결정한 것으로서 맞는 것은 어느 것인가?

① $K_c = \frac{1}{3}$, $\tau_I = 2$ ② $K_c = 1$, $\tau_I = 2$

③ $K_c = \frac{1}{3}$, $\tau_I = 6$ ④ $K_c = 1$, $\tau_I = 6$

13.7 전달함수가 $G(s) = \frac{4}{9s^2 + 9s + 1}$와 같이 표현되는 2차공정에 대하여 원하는 닫힌루프 전달함수의 응답이 $(C/R)_d = \frac{1}{2s+1}$와 같은 1차식이 되도록 제어기 상수를 결정한 것으로서 맞는 것은 어느 것인가?

① $K_c = \frac{8}{9}$, $\tau_I = 9$, $\tau_D = 1$ ② $K_c = \frac{8}{9}$, $\tau_I = 3$, $\tau_D = 1$

③ $K_c = \frac{9}{8}$, $\tau_I = 3$, $\tau_D = 1$ ④ $K_c = \frac{9}{8}$, $\tau_I = 9$, $\tau_D = 1$

13.8 전달함수가 $G(s) = \frac{3}{(4s+1)(8s+1)}$와 같이 주어지는 2차공정에 대하여 원하는 닫힌루프 전달함수가 $(C/R)_d = \frac{1}{4s+1}$와 같은 1차식이 되도록 제어기 상수를 결정한 것으로서 맞는 것은 어느 것인가?

① $K_c = 1/3$, $\tau_I = 12$, $\tau_D = 4/3$ ② $K_c = 1$, $\tau_I = 12$, $\tau_D = 4/3$

③ $K_c = 1/3$, $\tau_I = 12$, $\tau_D = 8/3$ ④ $K_c = 1$, $\tau_I = 12$, $\tau_D = 8/3$

13.9 전달함수가 $G(s) = \frac{3}{(4s+1)(8s+1)}$와 같은 2차공정에 대하여 원하는 닫힌루프 전달함수가 $(C/R)_d = \frac{1}{16s^2 + 4s + 1}$과 같은 2차식이 되도록 비례적분 제어기(PI)의 상수를 결정한 것으로서 맞는 것은 어느 것인가?

① $K_c = 2/3$, $\tau_I = 8$ ② $K_c = 1/6$, $\tau_I = 6$

③ $K_c = 1/2$, $\tau_I = 4$ ④ $K_c = 1/6$, $\tau_I = 4$

13.10 시간지연이 존재하는 공정($G(s)$)에서 원하는 닫힌루프 전달함수가 $(C/R)_d = \frac{e^{-\theta_c s}}{\tau_c s + 1}$가 되도록 제어기를 설계하고자 한다. 제어기 설계식으로 맞는 것은 어느 것인가? 제어기의 분모에 있는 지수항은 Taylor 급수의 제1차 항까지로 근사할 수 있으며 시간지연 $\theta_c = \theta$라고 가정한다.

① $G_c = \frac{1}{G}\frac{e^{-\theta s}}{(\tau_c + \theta)s}$ ② $G_c = \frac{1}{G}\frac{e^{\theta s}}{(\tau_c + \theta)s}$ ③ $G_c - G\frac{e^{-\theta s}}{(\tau_c + \theta)s}$ ④ $G_c - G\frac{e^{\theta s}}{(\tau_c + \theta)s}$

13.11 비례(P), 적분(I), 미분(D) 기능이 조합된 PID 제어기에서 미분기능에 대한 설명으로 틀린 것은?

① 미분시간 τ_D를 증가시키면 응답에 진동이 나타날 수 있다.

② 미분시간 τ_D를 감소시키면 응답에 진동이 나타날 수 있다.

③ 미분기능의 영향으로 적분기능의 영향이 축소되어 제어성능이 저하된다.

④ 센서에 측정잡음이 도입되면 미분기능에 의해 피제어변수에 큰 변화가 야기될 수 있다.

점검 문제 해답

13.1 ① **13.2** ① **13.3** ① **13.4** ④ **13.5** ①

13.6 ④ 풀이 닫힌 루프 응답이 1차 공정의 형태가 되기 위한 제어기의 형태는

$$G_c = \frac{1}{G(s)}\frac{\frac{1}{\tau_c s+1}}{1-\frac{1}{\tau_c s+1}} = \frac{1}{\tau_c sG(s)} = \frac{1}{\tau_c s}\frac{\tau s+1}{K} = \frac{\tau}{K\tau_c}\left[1+\frac{1}{\tau s}\right]$$

이는 비례-적분(PI) 제어기의 형태이다. 즉 $G_c = K_c\left(1+\frac{1}{\tau_I s}\right)$이므로 이 공정에서는 $K=3$, $\tau=6$이고 $\tau_c=2$일 때 $K_c=\frac{\tau}{K\tau_c}=1$, $\tau_I=\tau=6$을 얻는다.

13.7 ④ 풀이 닫힌 루프 응답이 1차 공정의 형태가 되기 위한 제어기의 형태는

$$G_c = \frac{1}{G(s)}\frac{\frac{1}{\tau_c s+1}}{1-\frac{1}{\tau_c s+1}} = \frac{1}{\tau_c sG(s)} = \frac{1}{\tau_c s}\frac{\tau^2s^2+2\tau\zeta s+1}{K} = \frac{2\tau\zeta}{K\tau_c}\left[1+\frac{1}{2\tau\zeta s}+\frac{\tau}{2\zeta}s\right]$$

이는 비례-적분-미분(PID) 제어기로서 $G_c = K_c\left(1+\frac{1}{\tau_I s}+\tau_D s\right)$의 형태이다. $K=4$, $\tau=3$, $\zeta=1.5$이고 $\tau_c=2$ 이므로 $K_c=\frac{2\tau\zeta}{K\tau_c}=\frac{9}{8}$, $\tau_I=2\tau\zeta=9$, $\tau_D=\frac{\tau}{2\zeta}=1$을 얻는다.

13.8 ④ 풀이 닫힌 루프 응답이 1차 공정의 형태가 되기 위한 제어기의 형태는

$$G_c = \frac{1}{G(s)}\frac{\frac{1}{\tau_c s+1}}{1-\frac{1}{\tau_c s+1}} = \frac{1}{\tau_c sG(s)} = \frac{1}{\tau_c s}\frac{\tau_1\tau_2s^2+(\tau_1+\tau_2)s+1}{K}$$

$$= \frac{\tau_1+\tau_2}{K\tau_c}\left[1+\frac{1}{(\tau_1+\tau_2)s}+\frac{\tau_1\tau_2}{(\tau_1+\tau_2)}s\right]$$

이는 비례-적분-미분(PID) 제어기로서 $G_c = K_c\left(1+\frac{1}{\tau_I s}+\tau_D s\right)$의 형태이다. $K=3$, $\tau_1=4$, $\tau_2=8$이고 $\tau_c=4$이므로 $K_c=\frac{\tau_1+\tau_2}{K\tau_c}=1$, $\tau_I=\tau_1+\tau_2=12$, $\tau_D=\frac{\tau_1\tau_2}{(\tau_1+\tau_2)}=\frac{8}{3}$이 된다.

13.9 ① 풀이 닫힌루프 응답이 2차공정의 형태가 되기 위한 제어기의 형태는

$$G_c = \frac{1}{G(s)}\frac{\frac{1}{\tau^2s^2+2\zeta s+1}}{1-\frac{1}{\tau^2s^2+2\zeta s+1}} = \frac{(\tau_1 s+1)(\tau_2 s+1)}{K}\frac{1}{\tau^2s^2+2\zeta s}$$

$$= \frac{32s^2+12s+1}{3}\cdot\frac{1}{16s^2+4s} = \frac{2}{3}\left(1+\frac{1}{8s}\right).$$ 이로부터 $K_c=\frac{2}{3}$, $\tau_I=8$.

13.10 ① **13.11** ③

연/습/문/제

13.1 그림에 보인 feedback 제어 시스템에서 $G_p(s) = \dfrac{3e^{-s}}{4s+1}$이며 제어기로는 비례제어기(즉 $G_c(s) = K_c$)가 사용되고 있다. 직접 치환법을 이용하여 제어기의 한계이득값(ultimate gain) K_{cu}를 구하여라.

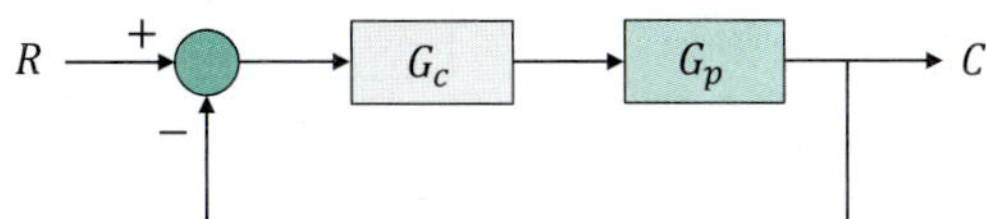

그림 P13.1

13.2 다음은 간단한 feedback 제어구조를 보인 것이다.

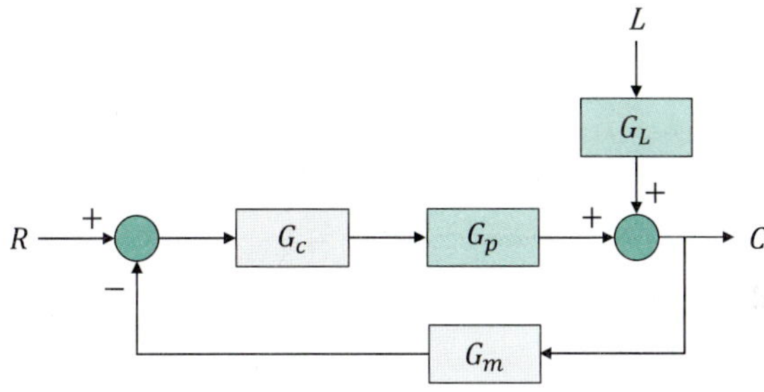

그림 P13.2

(1) $G_p(s) = G_L(s) = \dfrac{s-1}{s+1}$, $G_m(s) = \dfrac{1}{2s+1}$이고 $G_c(s) = K_c$일 때 제어시스템이 안정하기 위한 K_c의 범위를 구하여라.

(2) $G_p(s) = G_L(s) = \dfrac{s-1}{s+1}$, $G_m(s) = \dfrac{1}{2s+1}$이고 $G_c(s) = K_c(1 + 2s)$일 때 제어시스템이 안정하기 위한 K_c의 범위를 구하여라.

(3) $G_p(s) = \dfrac{1}{(s+1)(2s+1)(3s+1)}$, $G_L(s) = G_m(s) = 1$이고 $G_c(s) = K_c$일 때 한계이득과 한계주기를 구하여라.

13.3 다음 그림에 보인 feedback 제어구조에서 제어기 G_c로서 PID 제어기를 이용하는 경우 한계이득법을 이용하여 PID 제어기의 parameter를 구하여라. 그림에서 $G_v(s) = \dfrac{1}{s+1}$, $G_p(s) = \dfrac{3}{(s+1)(2s+1)}$이다.

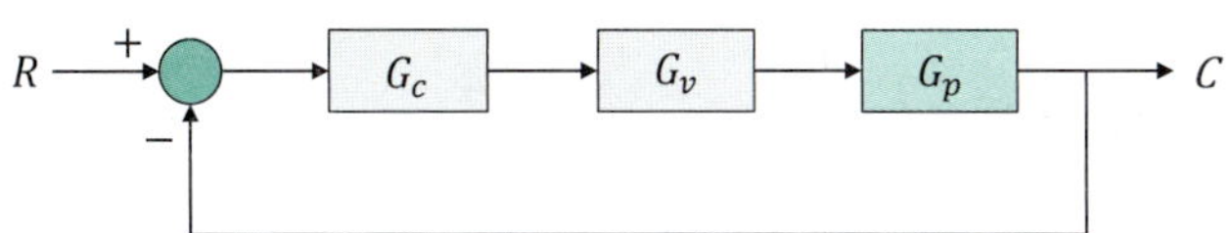

그림 P13.3

13.4 다음 제어구조에서 한계이득법에 의한 제어기 조정방법에 따라 PID 제어기의 파라미터들을 결정하여라. 그림에서 $G_p(s) = \dfrac{1}{(s+1)(s+2)}$, $G_m(s) = \dfrac{1}{2s+1}$이며 제어기는 PID 제어기로서 $G_c(s) = K_c\left(1 + \dfrac{1}{\tau_I s} + \tau_D s\right)$이다.

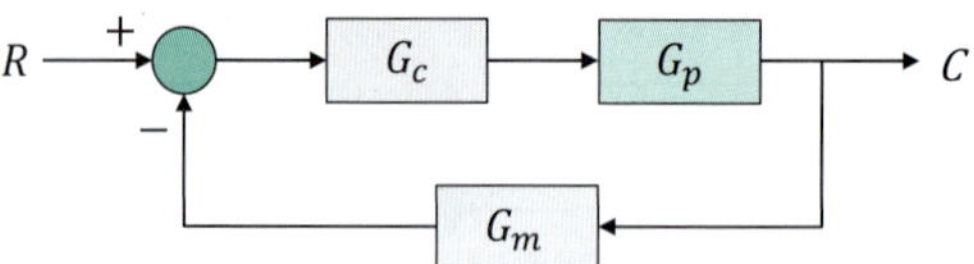

그림 P13.4

13.5 전달함수가 $G_p(s) = \dfrac{3}{(s+1)(s+2)}$인 공정에 단위계단 변화가 도입되었다. 이때 얻어지는 응답을 $G(s) = \dfrac{Ke^{-\theta s}}{\tau s + 1}$로 근사적으로 나타낼 수 있다고 한다.

(1) K, τ, θ,를 각각 구하여라.

(2) Ziegler−Nichols 제어기 조정방법에 따라 PID 제어기의 파라미터들을 정하여라.

13.6 다음 그림에 보인 제어구조에서 적절한 방법을 이용하여 PID 제어기의 파라미터 K_c, τ_I, τ_D를 각각 정하여라.

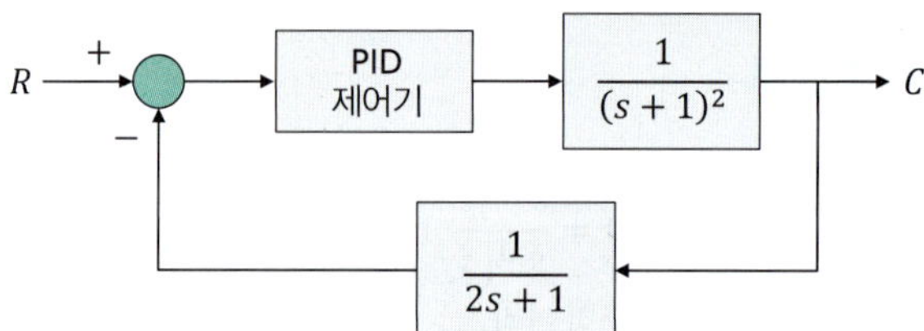

그림 P13.6

13.7 그림에 보인 제어구조에서 설정값 R에는 변화가 없고 교란변수 L에 단위계단 변화가 도입되었다. ISE를 구하고 이를 최소로 해주는 제어기의 이득 K_c를 구하여라.

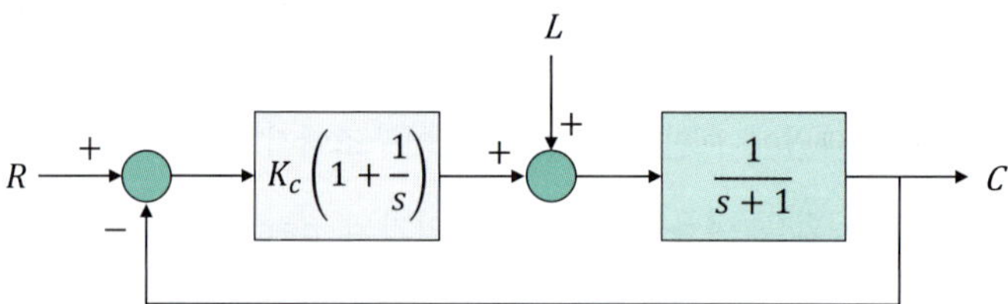

그림 P13.7

13.8 전달함수 $G(s)$가 $G(s) = \dfrac{4}{(10s+1)(2s+1)}$와 같은 공정이 있다. 이 공정의 제어를 위해서 PI 제어기를 사용하고자 한다.

(1) 이 공정의 단위계단응답을 근사적으로 나타내어 주는 1차 모델식 $G'(s) = \dfrac{Ke^{-\theta s}}{\tau s+1}$를 구하여라.

(2) 설정값에 변화가 야기되었을 때 IAE의 최소화에 의한 제어기 파라미터 K_c와 τ_I를 구하여라(표 13.6을 이용).

13.9 다음 그림은 PI 제어기를 사용하는 feedback 제어구조를 보인 것이다.

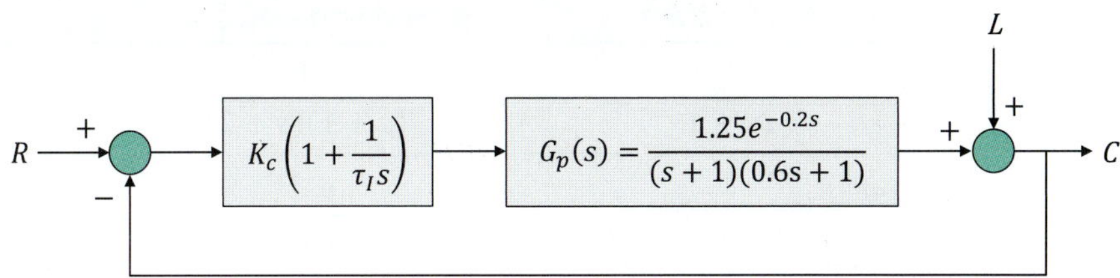

그림 P13.9

(1) 위 공정의 전달함수 $G_p(s)$를 근사적으로 나타내어 주는 1차모델식 $G_p'(s) = \dfrac{Ke^{-\theta s}}{\tau s+1}$를 구하여라.

(2) 외부교란 변수에 변화가 도입되는 경우 IAE의 최소화에 의한 제어기 파라미터 K_c와 τ_I를 각각 구하여라(표 13.4를 이용).

13.10 제10장의 그림 10.1에 나타낸 공정에 대하여 증기압력 P_s를 갑자기 18에서 20 psig로 바꾸었을 때 다음 표와 같은 온도 데이터가 얻어졌다. 정상적인 운전조건에서 제어밸브와 전류-공기압 변환기는 각각 $K_v = 0.9$ psi/psi 및 $K_{IP} = 0.75$ psi/mA의 이득을 갖는다.

(1) 원하는 응답모양을 $(C/R)_d = \dfrac{e^{-\theta_c s}}{\tau_c s+1}$로 했을 때의 직접합성법($\tau_c = 0.5\tau$, $\theta_c = \theta$로 설정)

(2) Cohen−Coon 방법

(3) 외부교란 변수의 변화에 따른 IAE 기준방법(표 13.5)

을 사용해 적절한 PID제어기를 설정하여라.

t(min)	0	1	2	3	4	5	6	7	8	9	10	11	12
T(mA)	12.0	12.0	12.5	13.1	14.0	14.8	15.4	16.1	16.4	16.8	16.9	17.0	16.9

13.11 그림은 간단한 feedback 제어구조를 보인 것이다. 이 제어구조의 닫힌루프 전달함수가 $C/R = (C/R)_d = \dfrac{1}{s+1}$이 되도록 제어기를 정하고자 한다.

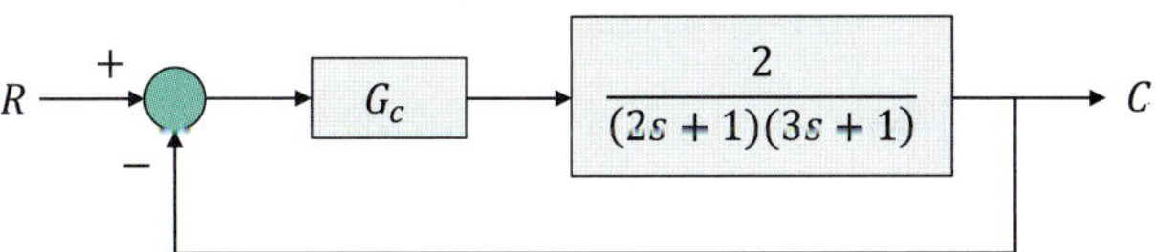

그림 P13.11

(1) 제어기의 전달함수 G_c를 구하여라.

(2) 위에서 얻은 G_c는 PI, PD, PID 가운데 어느 것에 해당되는지 그 이유를 들어 밝혀라(제어기 파라미터들 간의 상관관계를 밝힐 것).

13.12 전달함수가 $G_v(s) = K_v = 60\ \text{ft}^3/\text{min}$, $G_m(s) = 1$, $G_p(s) = \dfrac{0.347}{0.75s+1}$인 공정에 대하여 $(C/R)_d = \dfrac{1}{s+1}$일 때와 $(C/R)_d = \dfrac{1}{0\ 5s+1}$일 경우 제어기를 구하고 서로 비교 설명하여라.

13.13 다음 표의 빈 칸을 채워라.

공정의 전달함수	원하는 closed-loop 응답형태	제어기의 전달함수
(1) $\dfrac{1}{2s+1}$	$\dfrac{1}{(s+1)(s+2)}$	
(2) $\dfrac{1}{(2s+1)(3s+1)}$	$\dfrac{e^{-2s}}{s+1}$	

13.14 열린루프 전달함수가 $G(s) = \dfrac{K}{\tau s - 1}$인 불안정한 공정으로부터 offset이 없는 닫힌루프 응답을 얻기 위해서는 1차 lead/2차 lag 형태의 닫힌루프 설계방정식을 사용해야 한다. 1차 lead/2차 lag 형태의 closed-loop 설계방정식은 $(C/R)_d = \dfrac{\eta_c s + 1}{(\tau_{c1}s+1)(\tau_{c2}s+1)}$로 주어진다. 이에 대응하는 제어기 상수를 구하여라.

13.15 원하는 닫힌루프 전달함수 $(C/R)_d$를 식 (13.14)와 같이 2차식으로 정하였을 때 $G(s) = \dfrac{K}{(\tau_1 s+1)(\tau_2 s+1)(\tau_3 s+1)}$에 대한 제어기의 파라미터들을 결정하여라.

13.16 시간지연이 존재하는 1차공정 $G(s) = \dfrac{Ke^{-\theta s}}{\tau s+1}$의 원하는 닫힌루프 전달함수를 $(C/R)_d = \dfrac{e^{-\theta s}}{\tau_c s+1}$로 설정하였을 때의 제어기는 $G_c = \dfrac{1}{G(s)}\left(\dfrac{e^{-\theta s}}{\tau_c s+1-e^{-\theta s}}\right)$로 주어진다. 이러한 제어기 전달함수의 분모에 있는 지수항을 1/1 Pade 식으로 근사할 때의 제어기를 구하고 이로부터 전달함수가 $G_c(s) = K_c\left(1+\dfrac{1}{\tau_I s}\right)\left(\dfrac{\tau_D s+1}{\alpha\tau_D s+1}\right)$와 같은 PID 제어기의 파라미터 K_c, τ_I, τ_D, 그리고 α를 구하여라.

13.17 열린루프 전달함수가 $G(s) = \dfrac{K}{\tau s - 1}$로 주어지는 불안정한 공정으로부터 잔류편차(offset)가 없는 닫힌루프 응답을 얻기 위해서는 원하는 닫힌루프 응답이 1차 lead/2차 lag 형태(즉 $(C/R)_d = \dfrac{\eta_c s+1}{(\tau_{c1}s+1)(\tau_{c2}s+1)}$)로 주어져야 한다. 이 제어구조에서 이득(gain)이 $K_c = 20$인 비례제어기가 이용되며 전달함수에서 $K = 0.2$, $\tau = 1$(즉 $G(s) = \dfrac{0.2}{s-1}$)이라고 하자. 닫힌루프의 설정점(set point)이 단위계단으로 변하였을 때 잔류편차(offset)는 얼마인가?

* MATLAB 활용 문제

13.18 열린루프의 전달함수가 $G(s) = \frac{0.2}{s-1}$로서 불안정한 공정의 제어구조에서 닫힌루프의 설정점이 단위계단으로 변하였다. 이 경우 offset이 없는 닫힌루프 응답을 얻기 위해서는 1차 lead/2차 lag 형태의 닫힌루프 설계방정식을 사용해야 한다. 1차 lead/2차 lag 형태의 closed-loop 설계방정식은 $(C/R)_d = \frac{\eta_c s + 1}{(\tau_{c1} s + 1)(\tau_{c2} s + 1)}$로 주어진다.

(1) 연습 문제 13.14의 결과를 이용하여 $\tau_{c1} = 1,\ \tau_{c2} = 0.5$일 때 제어기의 파라미터들을 구하여라.

(2) 각 경우에 대한 응답을 그래프로 나타내어라.

제 4 부

진동응답

진동응답의 분석

공정으로부터 중요한 정보를 얻어내기 위한 한 가지 방법은 공정에 어떤 특정한 입력변화를 도입하고 얻어지는 출력신호의 변화 양상이 이미 알고 있는 어떤 특성들과 일치하는지의 여부를 살펴보는 것이다. 진동응답은 공정에 대한 입력변화로서 주파수와 진폭을 알고 있는 sine 곡선 형태를 이용할 때 정상상태에서 나타나는 출력변수 응답을 일컫는다. 공정이 선형인 경우 진동응답은 입력변화와 유사한 sine 곡선 형태로 나타난다. 이 경우 출력신호는 입력신호가 도입된 시점보다 뒤쳐져서 나타나며 주파수는 입력신호의 주파수와 동일하지만 진폭은 입력신호와 다르다. 즉 진동응답의 특성은 도입된 입력변수의 주파수에 따라 좌우된다. 진동응답 분석방법은 전달함수를 이용하여 공정 특성을 규명하는 방법의 하나로서 시스템의 동특성 규명과 제어기의 설계에 효율적으로 이용된다.

14.1 1차 공정의 진동응답

14.1.1 진동응답 시험

공정의 진동응답은 그림 14.1에 보인 블록선도에서와 같이 얻는다. 제어루프를 제어밸브 전과 전환기 다음에서 차단시킨 다음 진동 발생기를 이용하여 제어밸브로의 입력변수에 $x(t) = A\sin\omega t$ 인 변화를 가한다. 전환기 출력부에 기록계를 연결하여 응답을 기록하면 여기서 얻어지는 것이 진동응답이다.

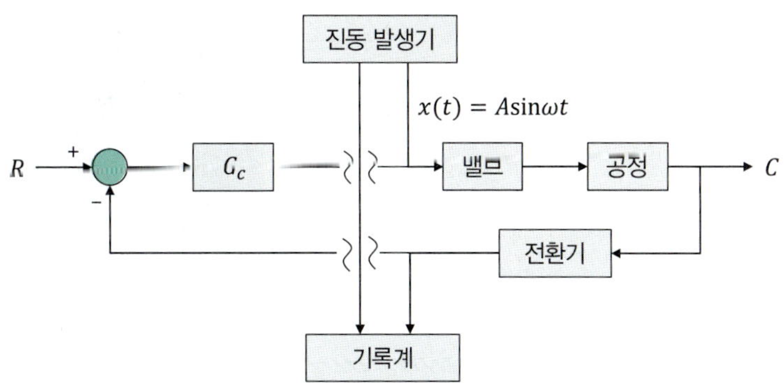

그림 14.1 진동응답 시험구조.

기록계에 입력신호와 출력신호를 같이 기록하면 두 변수의 차이를 잘 알 수 있다. 각 변수의 특성은 그림 14.2에 보인 것과 같다.

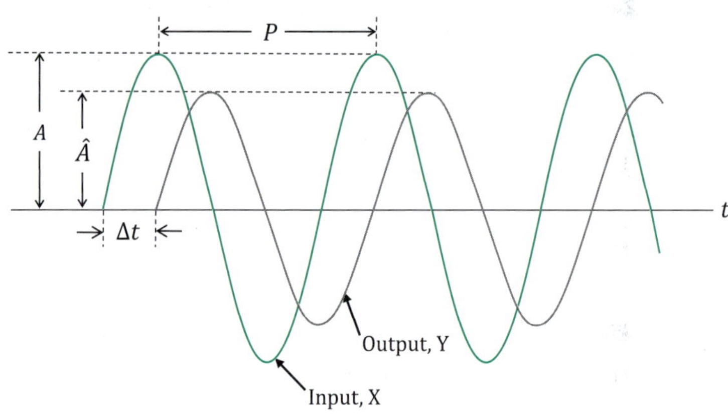

그림 14.2 진동입력과 진동응답 곡선.

MATLab

입출력 신호의 비교

Simulink를 이용하여 1차 공정 $G(s) = \dfrac{Y(s)}{X(s)} = \dfrac{1}{0.12s+1}$에 $x(t) = 2\sin(10t)$와 같은 정현파 입력이 도입되었을 때 응답을 구하고 scope에 입력과 출력을 함께 나타내어 보기로 하자.

다음 그림의 왼쪽에 보인 바와 같이 모델 블록을 구성하고 Simulation 메뉴의 Model Configuration Parameter 부메뉴에서 Stop time을 2로 설정한 다음 모사를 수행하면 그림의 오른쪽에 보인 바와 같이 입력 및 출력신호가 scope에 나타난다.

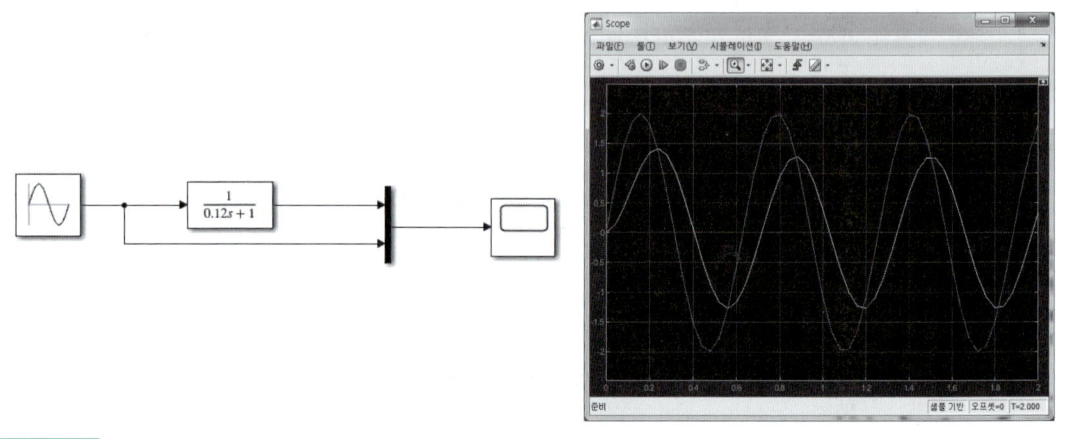

그림 14.3 입출력 신호의 비교.

14.1.2 1차 공정의 진동응답 특성

전달함수가 $G(s)=\frac{Y(s)}{X(s)}=\frac{K}{\tau s+1}$로 주어지는 경우 입력변수 $X(s)$에 진폭 A이고 주파수 ω인 sine 변화가 도입되었다면

$$x(t) = A\sin\omega t \tag{14.1}$$

이고

$$X(s)=\frac{A\omega}{s^2+\omega^2}$$

이므로

$$Y(s)=G(s)X(s)=\frac{KA\omega}{(\tau s+1)(s^2+\omega^2)}=\frac{KA}{\tau^2\omega^2+1}\left(\frac{\tau^2\omega}{\tau s+1}-\frac{\tau\omega s}{s^2+\omega^2}+\frac{\omega}{s^2+\omega^2}\right)$$

이를 역 라플라스 변환시키면

$$Y(t)=\frac{KA}{\tau^2\omega^2+1}\left(\tau\omega e^{-t/\tau}-\tau\omega\cos\omega t+\sin\omega t\right) \tag{14.2}$$

위의 식은 삼각함수의 성질을 이용하여 다음과 같이 다시 쓸 수 있다.

$$Y(t)=\frac{KA\tau\omega}{\tau^2\omega^2+1}e^{-t/\tau}+\frac{KA}{\sqrt{\tau^2\omega^2+1}}\sin\left(\omega t+\phi\right) \tag{14.3}$$

위에서 $\phi=-\tan^{-1}(\tau\omega)$로서 위상각이라 하며 그림 14.2에서 Δt로 나타낸 바와 같이 응답의 뒤처짐을 나타낸다. 시간이 많이 지나면 식 (14.3)의 지수항은 무시할 수 있으므로

$$Y(t)|_{t\to\infty}=\frac{KA}{\sqrt{\tau^2\omega^2+1}}\sin(\omega t+\phi)=\hat{A}\sin(\omega t+\phi) \tag{14.4}$$

식 (14.4)는 그림 14.1의 기록계에 기록되는 진동응답이다. 주파수는 ω로서 입력신호의 주파수와 같으나 진폭은 $\hat{A}=\frac{KA}{\sqrt{\tau^2\omega^2+1}}$로서 입력신호의 진폭 A와 그 크기가 다르다. 입력변수의 진폭에 대한 출력변수의 진폭의 비는 진폭비(Amplitude Ratio, AR)라고 하며 다음과 같이 정의된다:

$$AR=\frac{\hat{A}}{A}=\frac{K}{\sqrt{\tau^2\omega^2+1}} \tag{14.5}$$

위 식의 양변을 공정의 이득 K로 나누면 정규화된 진폭비 AR_N을 얻는다:

$$AR_N=\frac{AR}{K}=\frac{1}{\sqrt{\tau^2\omega^2+1}} \tag{14.6}$$

보기 14.1

다음 그림에 보인 액체탱크에서 정상상태의 경우 $q_s = q_{is} = 0.4\ \mathrm{m^3/sec}$, $h_s = 4\ \mathrm{m}$이고 단면적 $\mathrm{B} = 5\ \mathrm{m^2}$이며 $\mathrm{R} = 10\ \mathrm{sec/m^2}$이다. 어느 순간 입력 q_i에 진폭 $0.1\ \mathrm{m^3/sec}$이고 주파수가 0.002 cycle/sec인 변화가 도입되었을 경우 시간이 상당히 흐른 뒤의 응답 특성을 구하여라.

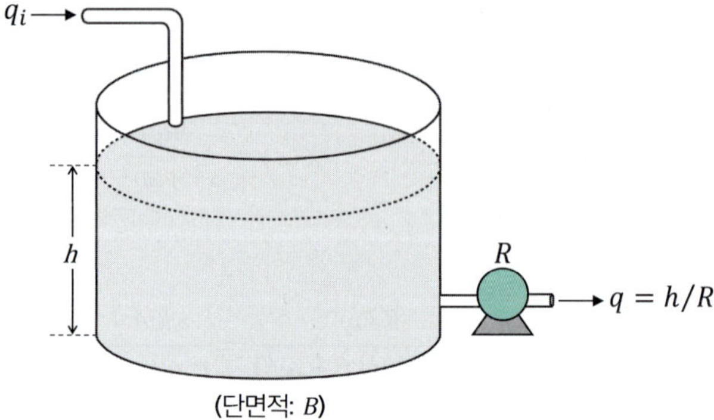

그림 14.4 액위탱크.

풀이

모델식은 $B\dfrac{dh}{dt} = q_i - \dfrac{h}{R}$이고 전달함수는

$$\frac{H(s)}{Q_i(s)} = \frac{K}{\tau s + 1} \quad (K = R = 10\ \mathrm{sec/m^2},\ \tau = BR = 50\ \mathrm{sec})$$

와 같다. 주어진 데이터로부터 라디안 주파수 ω는

$$\omega = (0.002\ \mathrm{cycles/sec})\,(6.28\ \mathrm{rad/cycle}) = 0.0126\ \mathrm{rad/sec}$$

이므로 $Q_i(t) = 0.1\sin\,(0.0126t)$이며 시간이 상당히 지난 뒤에는 응답의 진폭 $\hat{A}$는

$$\hat{A} = \frac{KA}{\sqrt{\tau^2\omega^2 + 1}} = \frac{(10)(0.1)}{\sqrt{(50)^2(0.0216)^2 + 1}} = 0.85\ \mathrm{m}$$

따라서 식 (14.4)로부터

$$H(\infty) = \hat{A}\sin(\omega t + \phi) = 0.85\sin(0.0126t + \phi) \quad (\phi = -\tan^{-1}(\tau\omega) = -\tan^{-1}0.63 = -0.562)$$

이다. 이로부터

$$h(t) = H(t) + h_s = 4 + 0.85\sin(0.0126t + \phi)$$

즉 $h(t)$는 4.85 m와 3.15 m의 최대 및 최소값을 갖는 진동을 보인다. 주파수 ω가 작아져서 거의 0에 가까운 값을 갖는다면 $\hat{A} \cong KA = (10)(0.1) = 1$이지만 $\sin(\omega t + \phi) \approx 0$이므로 $h(t)$는 거의 변화를 보이지 않을 것이다.

14.1.3 n차 공정의 진동응답 특성

안정한 n차 공정의 전달함수를

$$G(s)=\frac{Y(s)}{X(s)}=\frac{N(s)}{(s-r_1)(s-r_2)\cdots(s-r_n)}$$

라면 진동입력 $X(s)=\dfrac{A\omega}{s^2+\omega^2}$에 대한 응답 $Y(t)$는 다음과 같다.

$$Y(s)=G(s)X(s)=G(s)\cdot\frac{A\omega}{s^2+\omega^2}=\frac{N(s)}{(s-r_1)(s-r_2)\cdots(s-r_n)}\cdot\frac{A\omega}{s^2+\omega^2}$$

$$=\frac{a_1}{s-r_1}+\frac{a_2}{s-r_2}+\cdots+\frac{a_n}{s-r_n}+\frac{c_s+D}{s^2+\omega^2} \quad \textbf{(14.7)}$$

위의 식 (14.7)을 역 라플라스 변환시키면

$$Y(t)=a_1e^{r_1t}+a_2e^{r_2t}+\cdots+a_ne^{r_nt}+C\cos\omega t+\frac{D}{\omega}\sin\omega t \quad \textbf{(14.8)}$$

안정한 공정이므로 모든 근 $r_1, r_2, \cdots, r_n$의 실수부는 음이다. 따라서 시간이 어느 정도 지나면 진동을 나타내는 cosine 및 sine 항만 남는다. 이제 식 (14.8)의 상수 C와 D를 구해 보기로 한다. 시간이 어느 정도 흐른 다음에는 식 (14.7)은 근사적으로

$$Y(s)=G(s)X(s)=G(s)\ \frac{A\omega}{s^2+\omega^2}=\frac{Cs+D}{s^2+\omega^2} \quad \textbf{(14.9)}$$

로 쓸 수 있으며 응답은

$$Y(t)=C\cos\omega t+\frac{D}{\omega}\sin\omega t \quad \textbf{(14.10)}$$

가 된다. 식 (14.9)의 오른쪽 두 항들의 양변에 $s^2+\omega^2$를 곱하면

$$G(s)A\omega=Cs+D$$

이의 양변에 s대신 $i\omega$를 대입하면

$$G(s)|_{s=i\omega}A\omega=C\omega i+D$$

따라서

$$G(i\omega)=\frac{1}{A\omega}(C\omega i+D)=\frac{D}{A\omega}+\frac{C}{A}i=R+iI$$

위에서 R은 $G(i\omega)$의 실수부, I는 $G(i\omega)$의 허수부로서

$$R=\frac{D}{A\omega},\ \ I=\frac{C}{A} \quad \textbf{(14.11)}$$

가 되며 이로부터

$$C = AI, \ D = A\omega R \tag{14.12}$$

따라서 응답 $Y(t)$는 식 (14.10)과 (14.12)로부터 다음과 같이 쓸 수 있다.

$$\begin{aligned} Y(t) &= AI\cos\omega t + \frac{A\omega R}{\omega}\sin\omega t = A(I\cos\omega t + R\sin\omega t) \\ &= A\sqrt{R^2+I^2}\sin(\omega t+\phi) = \hat{A}\sin(\omega t+\phi) \end{aligned} \tag{14.13}$$

위에서 $\hat{A} = A\sqrt{R^2+I^2}, \phi = \tan^{-1}\left(\frac{I}{R}\right)$이다. 따라서 진폭비는

$$AR = \frac{\hat{A}}{A} = \frac{A\sqrt{R^2+I^2}}{A} = \sqrt{R^2+I^2} = |G(i\omega)| \tag{14.14}$$

즉 진폭비는 전달함수 $G(s)$에서 s대신 $i\omega$를 대입해 얻는 복소수의 크기가 된다. 진동응답을 얻는 과정을 요약하면 다음과 같다.

(1) 전달함수 $G(s)$에서 s대신 $i\omega$를 대입한다.
(2) 위에서 얻은 복소수 $G(i\omega)$의 실수부 R과 허수부 I를 구한다.
(3) 응답의 진폭은 $\hat{A} = A\sqrt{R^2+I^2}$, 위상각은 $\phi = \measuredangle G(i\omega) = \tan^{-1}\left(\frac{I}{R}\right)$이다.

공정의 전달함수가

$$G(s) = \frac{G_a(s)G_b(s)G_c(s)\cdots}{G_1(s)G_2(s)G_3(s)\cdots}$$

와 같이 복잡한 형태를 지니는 경우 s대신 $i\omega$를 대입하면

$$G(i\omega) = \frac{G_a(i\omega)G_b(i\omega)G_c(i\omega)\cdots}{G_1(i\omega)G_2(i\omega)G_3(i\omega)\cdots}$$

따라서 복소수의 성질로부터

$$|G(i\omega)| = \frac{|G_a(i\omega)||G_b(i\omega)||G_c(i\omega)|\cdots}{|G_1(i\omega)||G_2(i\omega)||G_3(i\omega)|\cdots} \tag{14.15}$$

$$\measuredangle G(i\omega) = \measuredangle G_a(i\omega) + \measuredangle G_b(i\omega) + \measuredangle G_c(i\omega) + \cdots - \measuredangle G_1(i\omega) - \measuredangle G_2(i\omega) - \measuredangle G_3(i\omega) - \cdots \tag{14.16}$$

보기 14.2

1차 공정 $G(s) = \frac{K}{\tau s+1}$의 진동응답을 구하여라.

풀이

$G(s) = \frac{K}{\tau s+1}$ 이면

$$G(i\omega)=\frac{K}{\tau\omega i+1}=\frac{K(1-\tau\omega i)}{\tau^2\omega^2+1}=\frac{K}{\tau^2\omega^2+1}+i\left(-\frac{K\tau\omega}{\tau^2\omega^2+1}\right)$$

따라서 $G(i\omega)$의 실수부는 $R=\frac{K}{\tau^2\omega^2+1}$, 허수부는 $I=-\frac{K\tau\omega}{\tau^2\omega^2+1}$이다. 그러므로 진폭비 AR은

$$AR=|G(i\omega)|=\sqrt{R^2+I^2}=\sqrt{\left(\frac{K}{\tau^2\omega^2+1}\right)^2+\left(-\frac{K\tau\omega}{\tau^2\omega^2+1}\right)^2}=\frac{K}{\tau^2\omega^2+1} \quad \textbf{(14.17)}$$

위상각은

$$\phi=\measuredangle G(i\omega)=\tan^{-1}\left(\frac{I}{R}\right)=\tan^{-1}(-\tau\omega)=-\tan^{-1}(\tau\omega) \quad \textbf{(14.18)}$$

로 주어진다.

보기 14.3

시간지연 $e^{-\theta s}$의 진동응답을 구하여라.

풀이

$G(s)=e^{-\theta s}$이므로 $G(i\omega)=e^{-\theta\omega i}$. 따라서

$$AR=|G(i\omega)|=\left|e^{-\theta\omega i}\right|=1 \quad \textbf{(14.19)}$$

$$\phi=\measuredangle G(i\omega)=-\theta\omega \quad \textbf{(14.20)}$$

와 같다.

보기 14.4

적분기 $G(s)=\frac{1}{s}$의 진동응답을 구하여라.

풀이

$G(i\omega)=\frac{1}{\omega i}=-\frac{i}{\omega}$ 이므로

$$AR=|G(i\omega)|=\frac{i}{\omega} \quad \textbf{(14.21)}$$

$$\phi=\measuredangle G(i\omega)=\tan^{-1}\left(\frac{-1/\omega}{0}\right)=-\tan^{-1}(\infty)=-\frac{\pi}{2} \quad \textbf{(14.22)}$$

와 같다.

보기 14.5

전달함수가 $G(s) = \dfrac{K}{\tau^2 s^2 + 2\tau\zeta s + 1}$와 같은 2차 공정의 진동응답을 구하여라.

풀이

$$G(i\omega) = \frac{K}{(1-\tau^2\omega^2) + 2\tau\zeta\omega i} = \frac{K\{(1-\tau^2\omega^2) - 2\tau\zeta\omega i\}}{(1-\tau^2\omega^2)^2 + (2\tau\zeta\omega)^2}$$

$$\therefore\ AR = |G(i\omega)| = \frac{K}{\sqrt{(1-\tau^2\omega^2)^2 + (2\tau\zeta\omega)^2}}$$

$$\phi = \measuredangle G(i\omega) = \tan^{-1}\left(\frac{-2\tau\zeta\omega}{1-\tau^2\omega^2}\right) = -\tan^{-1}\left(\frac{2\tau\zeta\omega}{1-\tau^2\omega^2}\right)$$

보기 14.6

전달함수가 $G(s) = \dfrac{K\prod_{j=1}^{m}(\tau_j s + 1)e^{-\theta s}}{s^k \prod_{j=1}^{n}(\tau_j s + 1)}$와 같은 고차 공정의 진동응답을 구하여라.

풀이

$$G(\omega i) = \frac{K\prod_{j=1}^{m}(\tau_j \omega i + 1)e^{-\theta\omega i}}{(\omega i)^k \prod_{j=1}^{n}(\tau_j \omega i + 1)}$$

식 (14.15)의 관계를 이용하면

$$AR = |G(i\omega)| = \frac{K\prod_{j=1}^{m}|\tau_j\omega i + 1||e^{-\theta\omega i}|}{|\omega i|^k \prod_{j=1}^{n}|\tau_j\omega i + 1|} = \frac{K\prod_{j=1}^{m}\sqrt{1+\tau_j{}^2\omega^2}}{\omega^k \prod_{j=1}^{n}\sqrt{1+\tau_j{}^2\omega^2}}$$

아울러 식 (14.16)으로부터

$$\phi = \measuredangle G(i\omega) = \sum_{j=1}^{m}\tan^{-1}(\tau_j\omega) - \theta\omega - \sum_{j=1}^{n}\tan^{-1}(\tau_j\omega) - \frac{\pi}{2}k$$

14.2 Bode 선도

Bode 선도는 $G(i\omega)$로부터 얻어지는 진폭비 AR과 위상각 ϕ를 ω의 함수로서 log–log와 semilog 그래프에 나타낸 그림이다. 일반적으로 진폭비와 ω의 관계는 log–log 그래프로, 위상각과 ω의 관계는 semilog 그래프로 나타낸다. 진폭비는 흔히 다음과 같이 정의되는 데시벨(decibel, dB) 단위로 나타내기도 한다.

$$AR_{dB} = 20\log_{10}|G(i\omega)|$$

데시빌 단위로 나타낸 진폭비는 공정제어 분야에서는 별로 적용되지 않으며 주로 전자통신이나 음향이론 분야에서 널리 이용된다. 위상각은 라디안으로 얻어지는데 bode 선도에서는 도(°)로 나타내므로 ϕ에 $180/\pi$를 곱해준 다음 그래프에 표시한다. 이제 몇 가지 기본적인 전달함수의 Bode 선도를 구해 보기로 한다.

1) 공정이득

전달함수가 $G(s) = K$와 같이 공정의 이득만으로 주어지는 경우 $AR = K$, $\phi = 0°$이므로 ω와 무관한 값을 갖는다. $K = 2$인 경우의 Bode 선도는 그림 14.5에 보인 바와 같다.

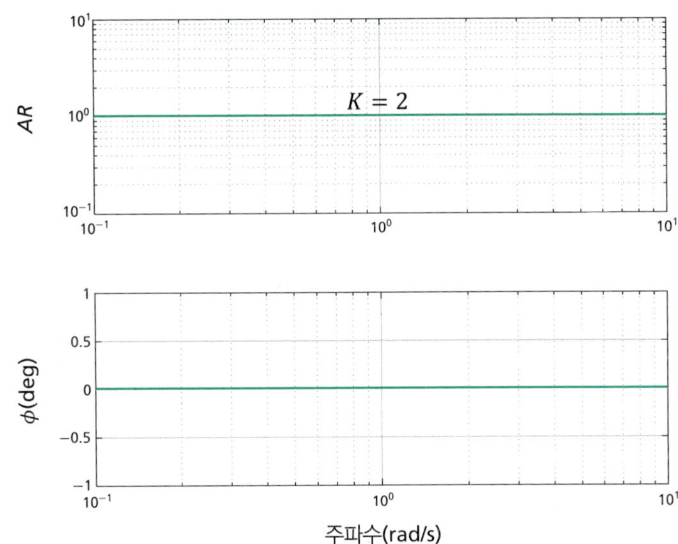

그림 14.5 공정이득의 Bode 선도.

2) 1차 공정

식 (14.17)과 (14.18)로부터

$$AR_N = \frac{AR}{K} = \frac{1}{\sqrt{\tau^2\omega^2 + 1}}, \ \phi = -\tan^{-1}(\tau\omega) \ (°)$$

이므로 $\log AR_N = -\frac{1}{2}\log(\tau^2\omega^2 + 1)$이다. 이들로부터 다음 사실을 알 수 있다.

$$(1)\ \omega \to 0: \begin{cases} AR_N \to 1, \ \log AR_N \to 0 \\ \phi \to 0° \end{cases} \quad \textbf{(14.23)}$$

$$(2)\ \omega \to \infty: \begin{cases} AR_N \to \dfrac{1}{\tau\omega}, \ \log AR_N \to -\log\tau\omega \\ \phi \to -90° \end{cases} \quad \textbf{(14.24)}$$

즉 log-log 그래프 상에서 $\omega \to 0$일 때는 기울기 0인 직선에 접근하며 $\omega \to \infty$일 때는 기울기가 -1인 직선에 접근한다. 위의 두 관계는 점근선을 의미하는데 Bode 선도를 구할 때에는 ω의 극한값에 따른 점근선을 이용하는 것이 매우 편리하다. 1차 공정의 Bode 선도는 그림 14.6에 나타낸 바와 같은 형태를 갖는다.

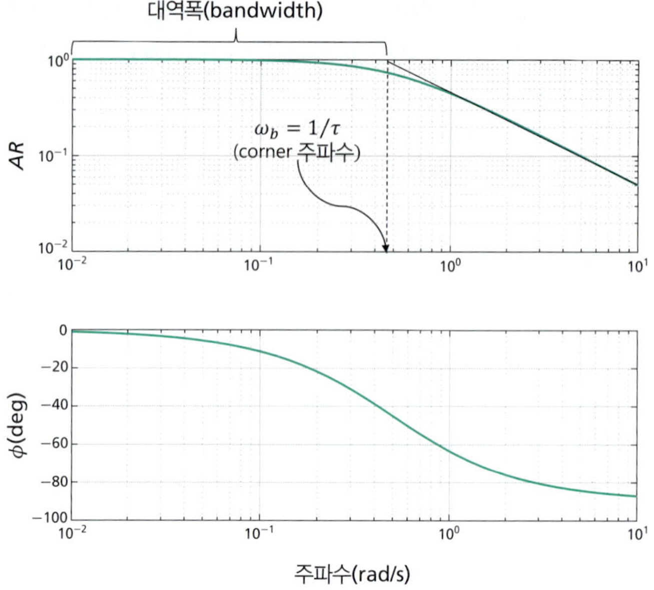

그림 14.6 1차 공정의 Bode 선도.

그림 14.6에서 $\omega \to 0$일 때와 $\omega \to \infty$일 때 얻은 두 점근선의 연장이 만나는 시점은 $\tau\omega = 1$, 즉 $\omega = \omega_b = 1/\tau$일 때이며 이 때의 주파수 ω_b를 corner 주파수, 또는 crossover 주파수라고 부른다(때로는 break 주파수라고도 칭함). 주파수 구간 $[0, \omega_b]$는 대역폭(bandwidth)이라고 부른다. 1차 공정의 경우 위의 bode 선도에서 알 수 있듯이 낮은 주파수에서는 진폭비가 큰 변화를 보이지 않지만 주파수가 대역폭을 벗어나 corner 주파수보다 큰 영역에서는 진폭비는 급격하게 작아진다. 이에 따라 1차 공정을 종종 로우패스 필터(low-pass filter)라고도 부른다.

Corner 주파수에서의 진폭비와 위상각은 다음과 같다:

$$AR_N = \left.\frac{1}{\sqrt{\tau^2\omega^2+1}}\right|_{\tau\omega=1} = \frac{1}{\sqrt{2}} = 0.707 \ \to AR = 0.707K$$

$$\phi|_{\tau\omega=1} = -\tan^{-1}(1) = -45°$$

3) 2차 공정

$G(s) = \dfrac{K}{\tau^2 s^2 + 2\tau\zeta s + 1}$인 경우 AR_N과 ϕ는 다음과 같다:

$$AR_N = \frac{AR}{K} = \frac{1}{\sqrt{(1-\tau^2\omega^2)^2 + (2\tau\zeta\omega)^2}}, \quad \phi = -\tan^{-1}\left(\frac{2\tau\zeta\omega}{1-\tau^2\omega^2}\right)\ (°) \qquad \textbf{(14.25)}$$

따라서 다음 관계를 알 수 있다:

(1) $\omega \to 0$: $\begin{cases} AR_N \to 1, \ \log AR_N \to 0 \\ \phi \to 0° \end{cases}$

(2) $\omega \to \infty$: $\begin{cases} AR_N \to \dfrac{1}{\tau^2\omega^2}, \ \log AR_N \to -2\log\tau\omega \\ \phi \to -\tan^{-1}(0) = -180° \end{cases}$

즉 log−log 그래프 상에서 $\omega \to 0$일 때에는 기울기 0인 직선에 접근하며 $\omega \to \infty$일 때는 기울기가 −2인 직선에 접근한다. 그림 14.7은 $\zeta \geq 1$일 때의 Bode 선도를 보인 것이고 그림 14.8은 $\zeta < 1$일 때의 Bode 선도를 보인 것이다.

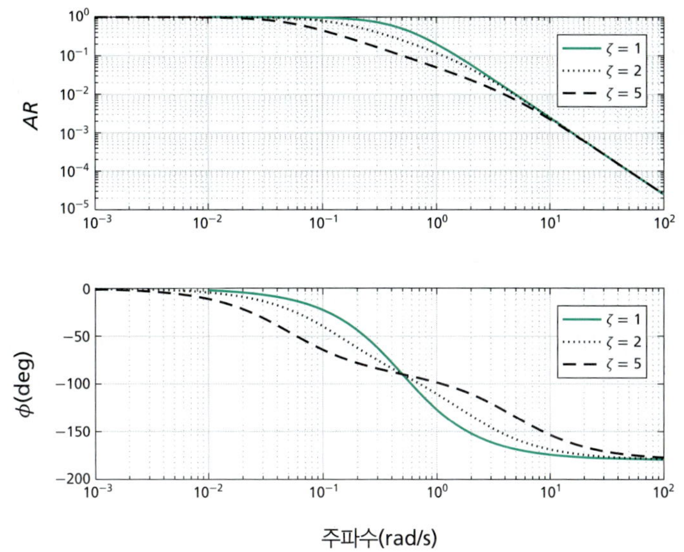

그림 14.7 2차 공정의 Bode 선도($\zeta \geq 1$).

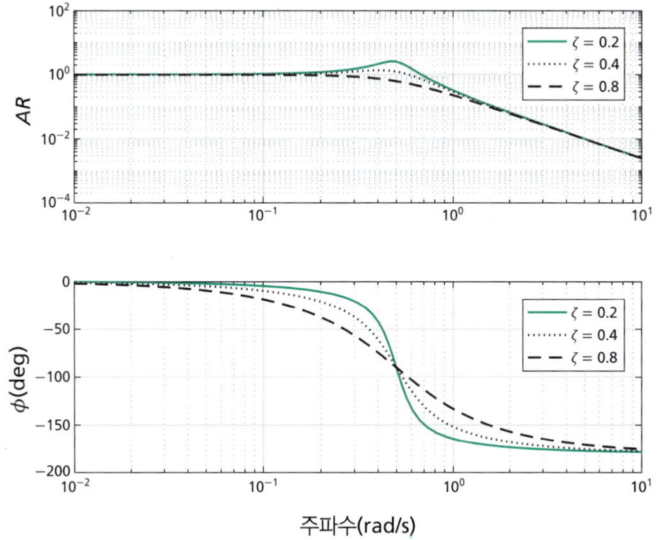

그림 14.8 2차 공정의 Bode 선도($\zeta < 1$).

그림 14.8에 보인 바와 같이 $\zeta < 1$인 경우에는 AR_N은 최대값을 갖는다. AR_N이 최대값을 가질 때의 주파수는 식 (14.25)로부터 구할 수 있다. 즉 AR_N이 최대이면

$$\frac{dAR_N}{d\omega} = 0 = \frac{1}{(1-\tau^2\omega^2)^2 + (2\tau\zeta\omega)^2} \cdot \left[0 - \frac{1}{2\sqrt{(1-\tau^2\omega^2)^2 + (2\tau\zeta\omega)^2}}\{2(1-\tau^2\omega^2)(-2\tau^2\omega) + 2(2\tau\zeta\omega)2\tau\zeta\}\right]$$

$$\rightarrow \ \omega(2\zeta^2 - 1 + \tau^2\omega^2) = 0 \ \rightarrow \ \omega = 0, \ \omega^2 = \frac{1-2\zeta^2}{\tau^2}$$

따라서

$$\omega = \omega_r = \frac{\sqrt{1-2\zeta^2}}{\tau} \tag{14.26}$$

위에서 $1-2\zeta^2 > 0$, 즉 $\zeta < \frac{\sqrt{2}}{2} = 0.707$이다.

식 (14.26)의 주파수 ω_r은 공명주파수(resonant frequency)라고 한다. $\omega = \omega_r$일 때 AR은 최대이고 출력변수는 입력변수보다 큰 진폭을 갖는 진동을 나타낸다. $\omega = \omega_r$일 때 진폭비 AR_N의 값은 식 (14.25)로부터

$$AR_N|_{\omega=\omega_r} = \frac{1}{\sqrt{(2\zeta^2)^2 + 4\zeta^2(1-2\zeta^2)}} = \frac{1}{2\zeta\sqrt{1-\zeta^2}} \tag{14.27}$$

임을 알 수 있다. 식 (14.26)과 (14.27)의 관계는 ζ의 함수로서 그림 14.9와 같이 나타낼 수 있다.

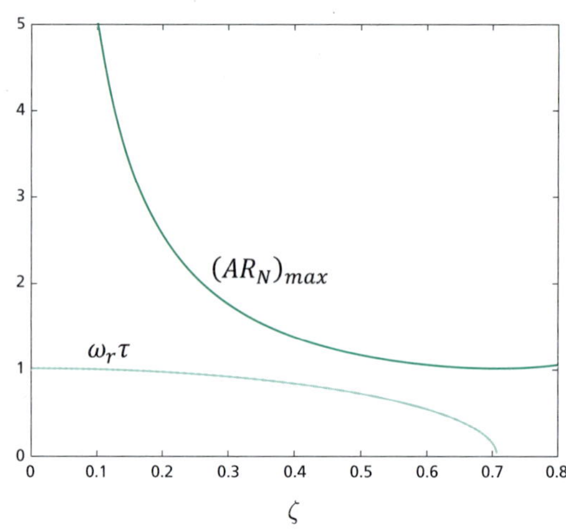

그림 14.9 ζ의 변화에 따른 최대 진폭비와 공명주파수.

보기 14.7

전달함수가 $G(s) = \dfrac{2}{(10s+1)(2.5s+1)}$와 같은 2차 공정의 Bode 선도를 작성해 보라.

풀이

위의 공정은 다시 $G(s) = G_1(s)G_2(s)G_3(s) = G_4(s)$와 같이 쓸 수 있다. 여기에서 $G_1(s) = 2$, $G_2(s) = \dfrac{1}{10s+1}$, $G_3(s) = \dfrac{1}{2.5s+1}$이다. 따라서

$$AR = |G(i\omega)| = |G_1(i\omega)||G_2(i\omega)||G_3(i\omega)| = 2 \cdot \frac{1}{\sqrt{(10\omega)^2+1}} \cdot \frac{1}{\sqrt{(2.5\omega)^2+1}}$$

$$\phi = \measuredangle G_1(i\omega) + \measuredangle G_2(i\omega) + \measuredangle G_3(i\omega) = 0 - \tan^{-1}(10\omega) - \tan^{-1}(2.5\omega)$$

ω의 변화에 따른 AR의 값, 또는 $AR_N = AR/2$의 값과 ϕ의 값을 계산하여 그래프 용지에 표시해 나가면 Bode 선도가 얻어지는데 이미 앞에서 살펴본 바와 같이 $\omega \to 0$일 때와 $\omega \to \infty$일 때의 점근선을 이용하면 보다 손쉽게 Bode 선도를 얻을 수 있다. 그림 14.10은 위의 공정의 Bode 선도를 보인 것이다(그림에서 $G_4 = G$).

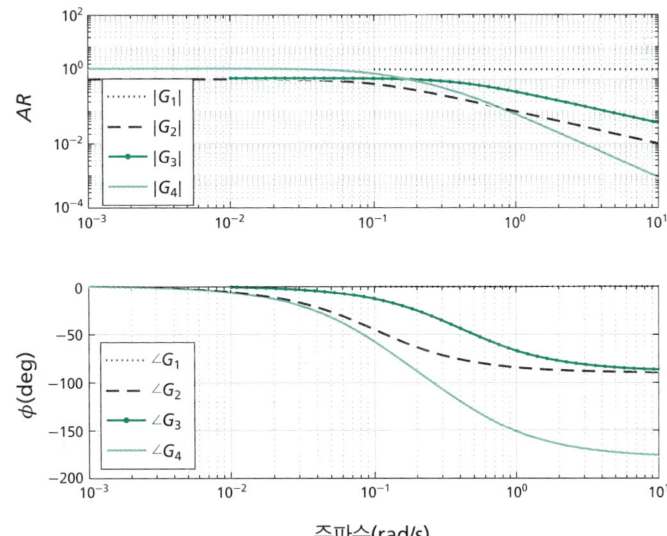

그림 14.10 2차계의 Bode 선도.

한편 주어진 공정의 전달함수는

$$G(s) = \frac{2}{(10s+1)(2.5s+1)} = \frac{2}{25s^2+12.5s+1}$$

와 같이 쓸 수 있으므로 앞에서와 같이 $G_1, G_2, \cdots$ 들로 나누지 않고 식 (14.25)를 바로 이용할 수 있다. 즉 이 경우에는 $\tau = 5$, $\zeta = 1.25$이므로

$$AR = \frac{2}{\sqrt{(1-25\omega^2)^2 + (12.5\omega)^2}}, \quad \phi = -\tan^{-1}\left(\frac{12.5\omega}{1-25\omega^2}\right) \ (°)$$

이를 이용해 Bode 선도를 그리면 그림 14.10의 G_4의 Bode 선도와 동일한 그래프를 얻는다.

보기 14.8

전달함수가 $G(s) = s^n$인 공정의 Bode 선도를 그려라. 여기서 n은 정수이다.

풀이

$G(i\omega) = \omega^n i^n$이므로 $AR = \omega^n$이고 $\phi = 90n$ (°)이다. 따라서 이 공정의 Bode 선도에서 AR은 기울기가 n값에 비례하는 직선으로 나타나며 ϕ는 ω에 관계없이 일정한 값을 가진다. 그림 14.11은 n이 각각 1, −1, −2일 때의 Bode 선도를 보인 것이다.

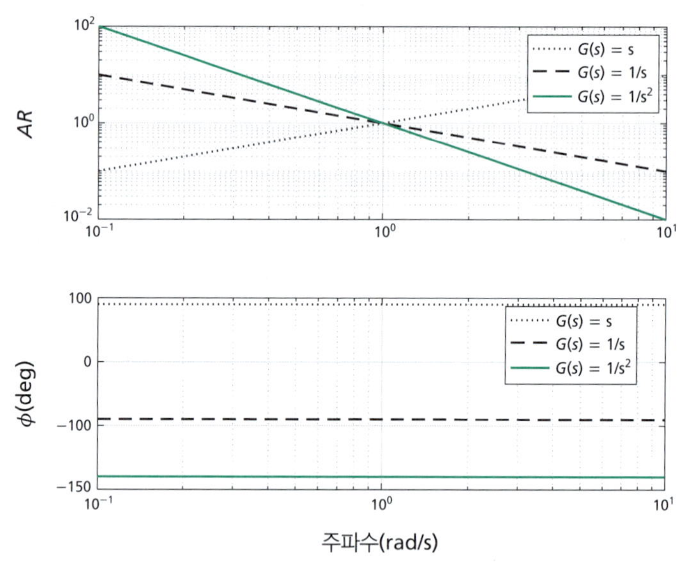

그림 14.11 $G(s) = s^n$ (n = 1, −1, −2)의 Bode 선도.

보기 14.9

시간지연 $G(s) = e^{-\theta s}$의 Bode 선도를 그려라.

풀이

시간지연의 진동응답은 식 (14.19)와 (14.20)으로부터 $AR = 1$, $\phi = -\theta\omega$이므로 AR은 ω에 관계없이 일정하며 ϕ는 ω에 따라 선형적으로 변한다. $\theta = 1$일 때의 Bode 선도는 그림 14.12에 보인 바와 같다.

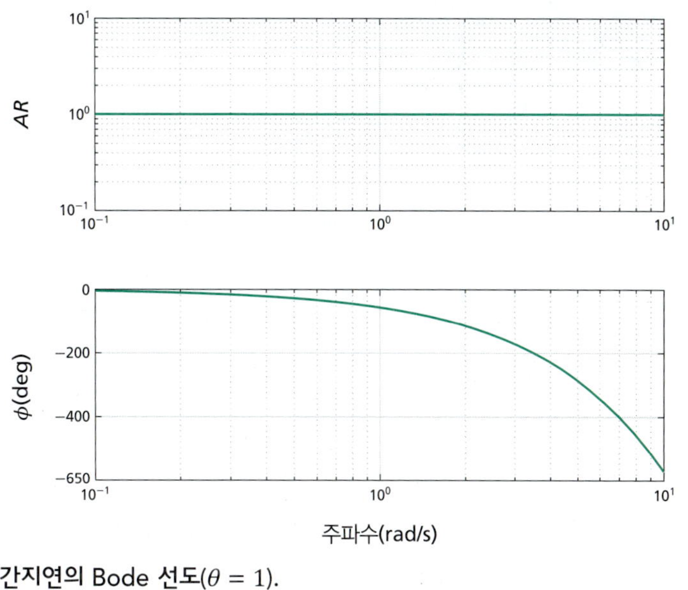

그림 14.12 시간지연의 Bode 선도($\theta = 1$).

4) 제어기의 진동응답

널리 쓰이는 feedback 제어기들의 진동응답을 알아보기로 한다. Feedback 제어기로는 비례(P), 비례-적분(PI), 비례-미분(PD), 비례-적분-미분(PID) 제어 형태가 이용된다.

(1) 비례 제어기

$G_c(s) = K_c$이므로 $AR = K_c$이고 위상각은 0°이다.

(2) 비례-적분 제어기

$G_c(s) = K_c\left(1 + \frac{1}{\tau_I s}\right)$이므로

$$AR = |G_c(i\omega)| = \left|K_c\left(1 + \frac{1}{\tau_I i\omega}\right)\right| = K_c\sqrt{1 + \frac{1}{{\tau_I}^2\omega^2}} \tag{14.28}$$

$$\phi = \measuredangle G_c(i\omega) = -\tan^{-1}\left(\frac{1}{\tau_I\omega}\right)\ (°) \tag{14.29}$$

그림 14.13은 $K_c = 2$, $\tau_I = 10$일 때의 PI 제어기의 Bode 선도를 보인 것이다.

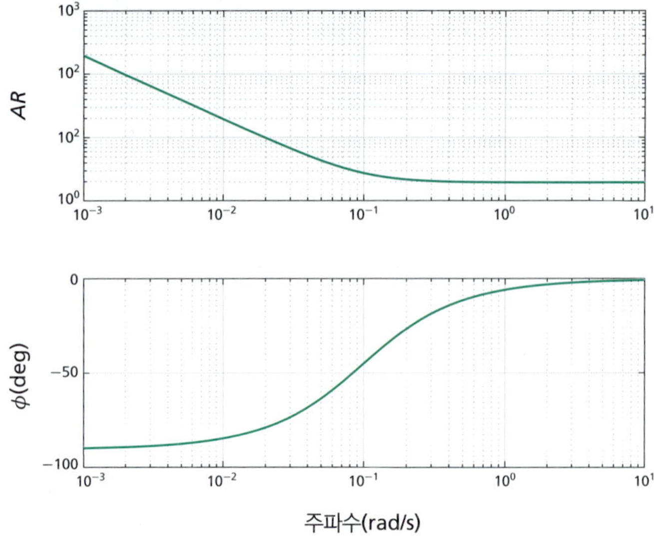

그림 14.13 PI 제어기의 Bode 선도($K_c = 2,\ \tau_I = 10$).

(3) 비례-미분 제어기

$G_c(s) = K_c(1 + \tau_{DS})$이므로

$$AR = |G_c(i\omega)| = K_c\sqrt{1 + \tau_D{}^2\omega^2} \quad \textbf{(14.30)}$$

$$\phi = \measuredangle G_c(i\omega) = \tan^{-1}(\tau_D\omega)\ (°) \quad \textbf{(14.31)}$$

$\omega \to \infty$이면 $AR \to \infty$, $\phi \to 90°$임을 쉽게 알 수 있다. $K_c = 2$이고 $\tau_D = 4$인 경우의 PD 제어기의 Bode 선도는 그림 14.14에 보인 바와 같다.

(4) 비례-적분-미분 제어기

$G_c(s) = K_c\left(1 + \dfrac{1}{\tau_I s} + \tau_D s\right)$ 이므로

$$G_c(i\omega) = K_c\left(1 + \frac{1}{\tau_I i\omega} + \tau_D i\omega\right) = K_c\left\{1 + \left(\tau_D\omega - \frac{1}{\tau_I\omega}\right)i\right\}$$

따라서

$$AR = |G_c(i\omega)| = K_c\sqrt{1 + \left(\tau_D\omega - \frac{1}{\tau_I\omega}\right)^2} \quad \textbf{(14.32)}$$

$$\phi = \measuredangle G_c(i\omega) = \tan^{-1}\left(\tau_D\omega - \frac{1}{\tau_I\omega}\right)\ (°) \quad \textbf{(14.33)}$$

그림 14.15는 $K_c = 2,\ \tau_I = 10,\ \tau_D = 4$일 때의 PID 제어기의 Bode 선도를 보인 것이다. PID 제어기의 Bode 선도는 PD 제어기와 PI 제어기의 Bode 선도를 합친 것과 같다.

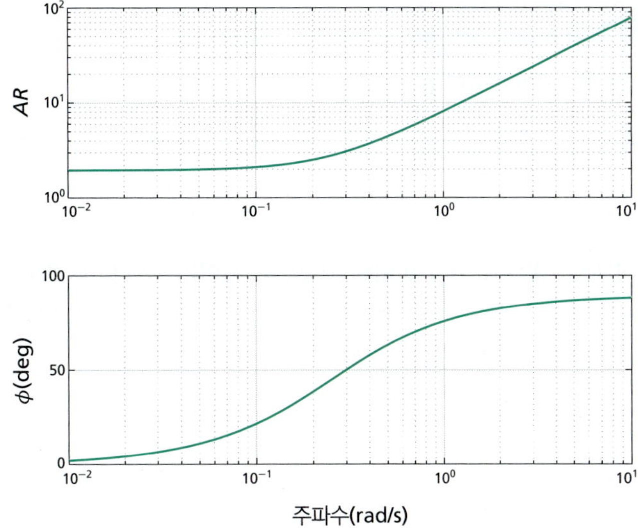

그림 14.14 PD 제어기의 Bode 선도($K_c = 2$, $\tau_D = 4$).

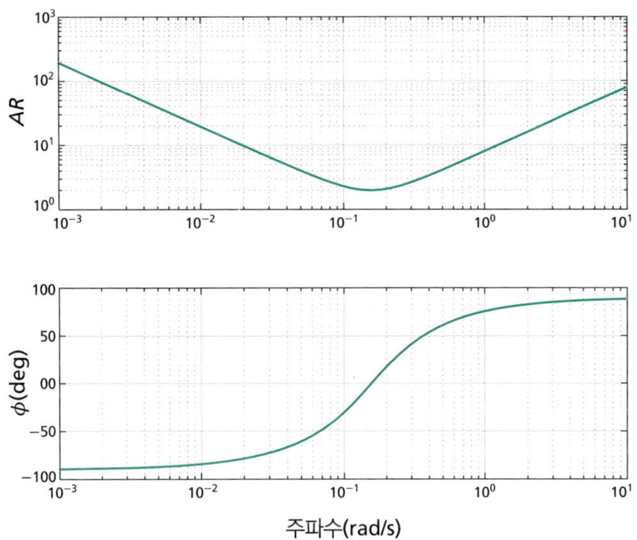

그림 14.15 PID 제어기의 Bode 선도($K_c = 2$, $\tau_I = 10$, $\tau_D = 4$).

보기 14.10

제어기는 PI 제어기이며 $G_v = G_m = 1$이고 $G_p = \dfrac{5}{(s+1)(0.5s+1)}$인 feedback 제어 시스템에서 제어기가 전체 시스템의 진동응답에 미치는 영향을 살펴 보아라.

풀이

그림 14.16의 A는 G_p만의 Bode 선도이다. 제어기에서 $K_c = 0.4$, $\tau_I = 0.2$로 정해 주었을 때의 열린루프 전달함수의 Bode 선도는 그림 14.16의 B와 같다. 그림에서 위상각이 $-180°$일 때 진폭비는 1보다 커짐을 알 수 있다.

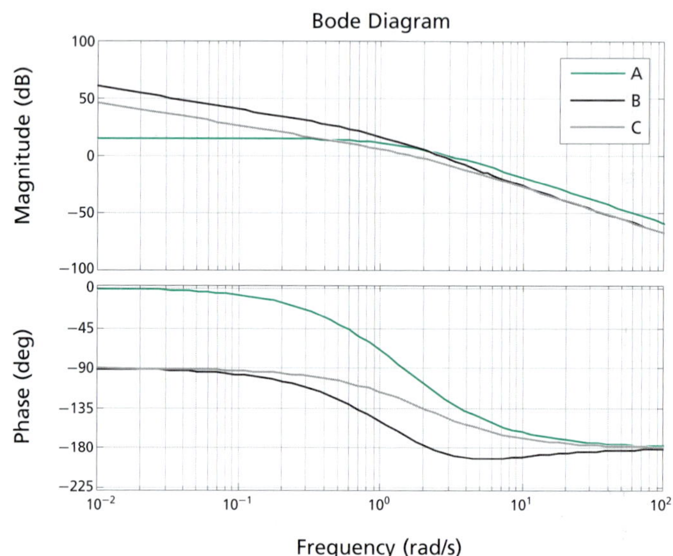

그림 14.16 PI 제어 loop의 Bode 선도.

한편 τ_I를 증가시켜서 1로 하였을 때의 Bode 선도는 그림 14.16의 C와 같다. τ_I를 증가시킴으로써 위상각은 $-180°$보다 커짐을 알 수 있다.

MATLab

Bode 선도(1)

Bode 선도는 MATLAB의 bode 명령어를 이용하여 쉽게 구할 수 있다. bode 명령어에서는 진폭비와 위상각을 계산해 준다. 2차 공정 $G(s) = \dfrac{2}{(10s+1)(2.5s+1)}$의 Bode 선도를 그려보자. 스크립트 bode2nd는 bode 선도를 작성해 준다.

```
% bode2nd.m
clear all;
w = logspace(-2, 1, 300); % 진동수 w 영역의 설정
num = 2; den = conv([10 1], [2.5 1]); % 전달함수
% 진폭비 및 위상각의 계산
[ar, phase] = bode(num,den,w); lar = 20*log10(ar);
% plot results
subplot(211), semilogx(w, lar,'k-','LineWidth',1.2); grid
ylabel('AR(dB)'), xlabel('w(rad/s)')
subplot(212), semilogx(w, phase,'k-','LineWidth',1.2); grid
ylabel('\phi(deg)'), xlabel('w(rad/s)')
```

logspace(−2, 1, 300)에서 −2, 1은 각각 10^{-2}, 10^{1}을 의미하며 300은 radian 주파수 ω의 범위 10^{-2}~10^{1}를 300등분함을 의미한다. bode의 수행으로부터 얻어진 진폭비 벡터 ar은 단위를 dB로 바꾸어 lar에 저장한다. 그래프 작성에서는 subplot 명령어를 이용하여 그래프 영역을 세로로 2등분한 다음 위쪽에는 진폭비, 아래쪽에는 위상각을 나타낸다. 아울러 x축은 radian 주파수의 로그로 나타내어야 하므로 semilogx 명령어를 사용한다(y축만을 로그로 나타내는 semi로그 그래프의 경우에는 semilogy를 사용).

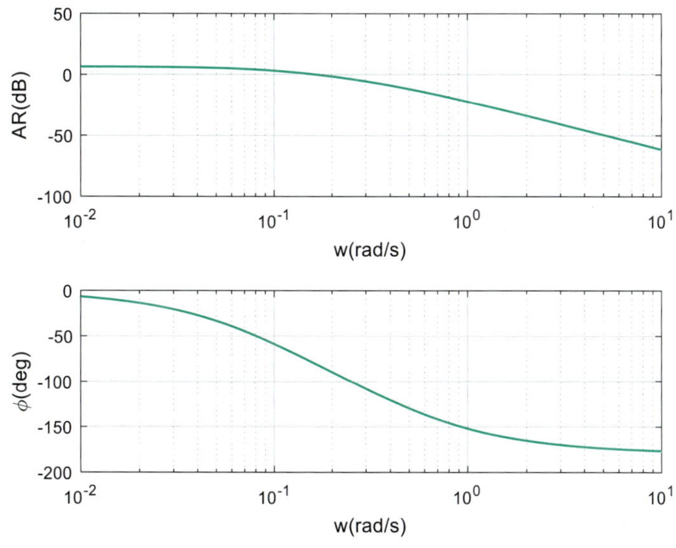

그림 14.17 2차 공정의 Bode 선도.

MATLab

Bode 선도(2)

2차 공정 $G(s) = \dfrac{1}{2.25s^2 + 3\zeta s + 1}$에서 ζ가 각각 0, 0.25, 0.5, 0.75, 1일 때의 Bode 선도를 그려 보자. 스크립트 bodezeta는 bode 선도를 작성해 준다.

```
% bodezeta.m
w = logspace(-2,1,300); zeta = [0:0.25:1]; num = 1;
for i = 1:length(zeta),
     den = [2.25 3*zeta(i) 1]; [ar, phase] = bode(num, den, w); lar = 20*log10(ar);
     semilogx(w, lar); hold on
end
hold off, xlabel('w(rad/min)'), ylabel('AR'), title('Damping이 있는 2차 공정의 응답')
text(0.8,20,'zeta=0'), text(0.4,-10,'zeta=1')
```

Bode 선도의 작성에서는 ζ를 변화시켜 가면서 계산된 진폭비를 semilog 그래프 상에 겹쳐 나타낸다.

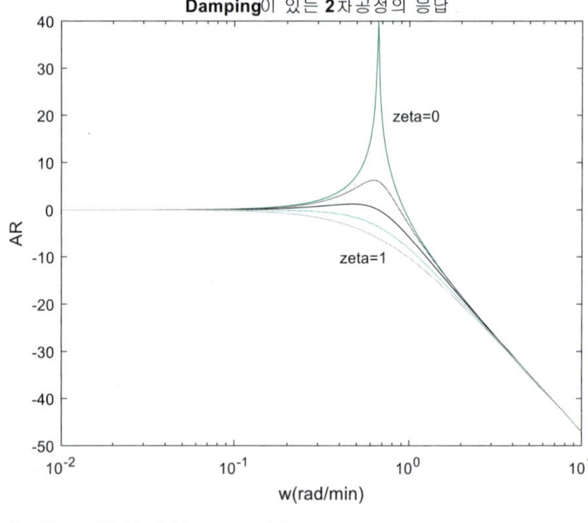

그림 14.18 Damping이 있는 2차 공정의 Bode 선도.

MATLab

Bode 선도(3)

시간지연이 존재하는 다음과 같은 3차 공정에 대한 Bode 선도를 그려보자:

$$G(s) = \frac{(0.4s + 1)e^{-0.2s}}{(0.3s + 1)(s + 1)^2}$$

MATLAB 프로그램 및 출력은 다음과 같다.

```
% delaybode.m
clear all;
num = [0.4 1]; den = conv([0.3 1], conv([1 1],[1 1]));
G = tf(num,den,'iodelay',0.2); [mag,phase,w] = bode(G);
subplot(2,1,1), loglog(w,squeeze(mag),'k-','LineWidth',1.2), grid, ylabel('AR')
subplot(2,1,2), semilogx(w,squeeze(phase),'k-','LineWidth',1.2), grid
ylabel('\phi(deg)'), xlabel('주파수(rad/s)')
```

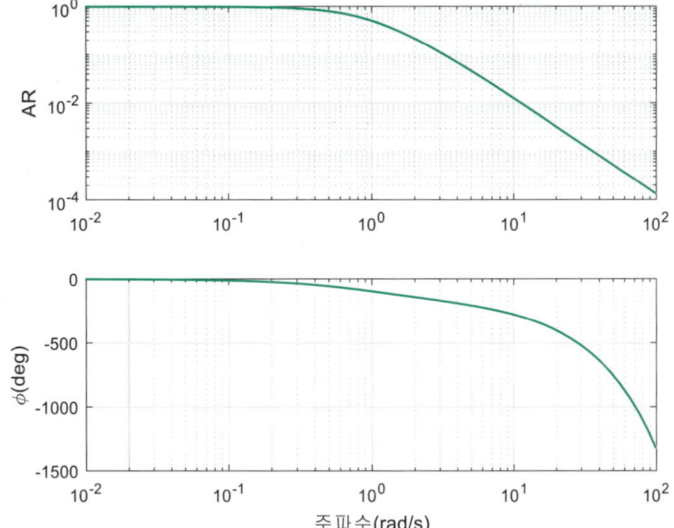

그림 14.19 시간지연 공정의 Bode 선도.

MATLab

필터가 있는 미분모드의 주파수 응답

필터 파라미터 α가 이용되는 미분(D) 제어모드에서 $\alpha = 0.05, 0.1, 1$일 때의 미분 제어모드의 Bode 선도를 작성해 보자:

$$G_c(s) = \frac{M(s)}{E(s)} = \frac{\tau_D s}{1 + \alpha\tau_D s}$$

진폭비 AR은 각각 $\frac{1}{\alpha} = 20, 10, 1$로 수렴함을 알 수 있다.

```
% Dalpabode.m
clear all;
tauD = 1; alpa = [0.05 0.1 1];
n1 = [tauD 0]; d1 = [alpa(1)*tauD 1]; G1 = tf(n1,d1);
n2 = [tauD 0]; d2 = [alpa(2)*tauD 1]; G2 = tf(n2,d2);
n3 = [tauD 0]; d3 = [alpa(3)*tauD 1]; G3 = tf(n3,d3);
[mg1,ph1,w1] = bode(G1); [mg2,ph2,w2] = bode(G2); [mg3,ph3,w3] = bode(G3);
subplot(2,1,1), loglog(w1,squeeze(mg1),':',w2,squeeze(mg2),w3,squeeze(mg3),'.',
'LineWidth',1.2)
grid, ylabel('AR'), legend('\alpha=0.05','\alpha=0.1','\alpha=1','loca
tion','best')
subplot(2,1,2), semilogx(w1,squeeze(ph1),':',w2,squeeze(ph2),w3,squeeze(ph3),
'.','LineWidth',1.2)
grid, legend('\alpha=0.05','\alpha=0.1','\alpha=1','location','best')
set(gca,'ytick',-100:20:0), ylabel('\phi(deg)'), xlabel('주파수(rad/s)')

>> Dalpabode
```

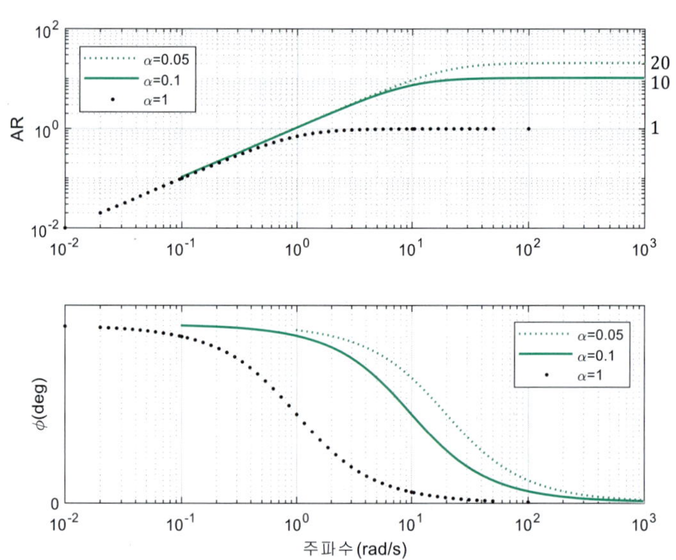

그림 14.20 필터 파라미터에 따른 미분 제어모드의 Bode 선도.

14.3 Nyquist 선도

제어시스템의 진동응답을 그래프로 나타내는 또 하나의 방법으로 Nyquist 선도가 있다. Nyquist 선도는 주파수 ω가 0에서부터 무한히 증가함에 따라 변하는 $G(i\omega)$를 복소평면 상에 도시한 것이다. 즉 주파수 ω에 따라 주어지는 벡터 $G(i\omega)$는 크기와 위상각을 갖는데, 벡터의 시발점은 원점이며 위상각은 양의 실수축을 기준으로 한다. 이제 기본적인 공정들의 Nyquist 선도를 구해 보기로 한다.

1) 1차 공정

진폭비와 위상각은 식 (14.17)과 (14.18)로부터

$$AR = \frac{K}{\sqrt{\tau^2\omega^2 + 1}}, \quad \phi = -\tan^{-1}(\tau\omega)\ (°)$$

$\omega = 0$이면 $AR = K$이고 $\phi = 0°$이다. ω가 점차 증가하여 $\omega = 1/\tau$이면 $AR = \frac{K}{\sqrt{1+1}} = 0.707K$이고 $\phi = -\tan^{-1}(1) = -45°$이다. ω가 무한히 증가하여 $\omega \to \infty$이면 $AR = 0$이고 $\phi = -\tan^{-1}(\infty) = -90°$이다. 이들을 복소평면 상에 도시해 보면 그림 14.21과 같다($K = 2$, $\tau = 3$). 그림에서 점선 부분은 ω가 $-\infty$에서 0으로 변화할 때의 경우이다.

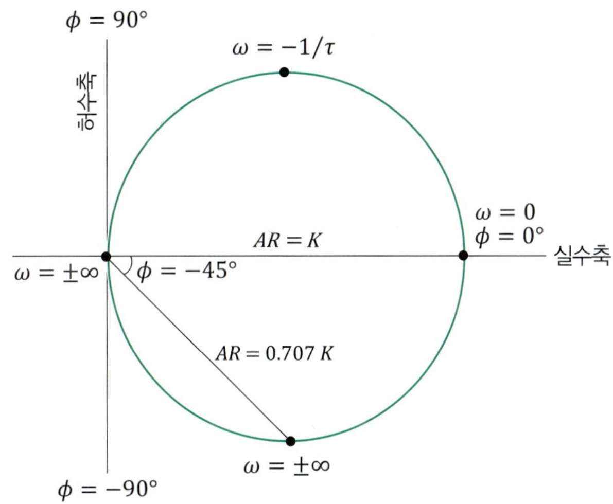

그림 14.21 1차 공정 $\left(G(s) = \frac{2}{3s+1}\right)$의 Nyquist 선도.

2) 2차 공정

2차 공정의 진동응답은 식 (14.25)로부터

$$AR = \frac{K}{\sqrt{(1-\tau^2\omega^2)^2 + (2\tau\zeta\omega)^2}},\quad \phi = -\tan^{-1}\left(\frac{2\tau\zeta\omega}{1-\tau^2\omega^2}\right)\ (°)$$

$\omega = 0$이면 $AR = K$이고 $\phi = 0°$이다. ω가 점차 증가하여 $\omega = 1/\tau$이면 $AR = \frac{K}{2\zeta}$이고 $\phi = -\tan^{-1}(\infty) = -90°$이다. ω가 무한히 증가하여 $\omega \rightarrow \infty$이면 $AR = 0$이고 $\phi = -\tan^{-1}(0) = -180°$이다. 이들을 복소평면 상에 도시해 보면 그림 14.22와 같다.

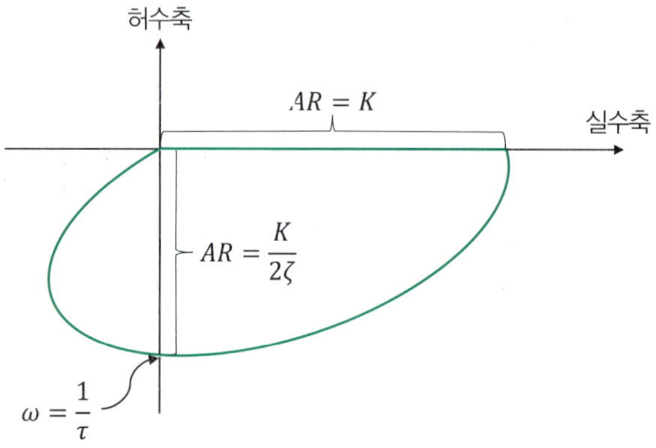

그림 14.22 2차 공정의 Nyquist 선도.

3) 시간지연

시간지연 $G(s) = e^{-\theta s}$의 진동응답은 $AR = 1$, $\phi = -\theta\omega$ (°)이므로 복소평면 상에서 반지름 1인 단위원이 된다.

보기 14.11

1차 공정 $G(s) = \frac{1}{2s+1}$의 Nyquist 선도를 그려보라.

풀이

$\tau = 2$, $K = 1$이므로 진동응답은

$$AR = \frac{1}{\sqrt{2^2\omega^2 + 1}},\quad \phi = -\tan^{-1}(2\omega)\ (°)$$

이다. ω의 변화에 따라 AR과 ϕ를 계산하여 복소평면 상에 나타내면 그림 14.23과 같은 Nyquist 선도를 얻는다.

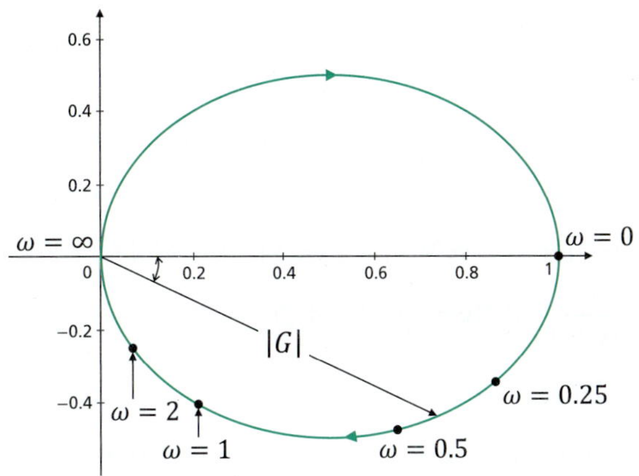

그림 14.23 1차 공정의 Nyquist 선도.

보기 14.12

시간지연이 존재하는 2차 공정 $G(s) = \dfrac{5(0.5s+1)e^{-0.5s}}{(20s+1)(4s+1)}$의 Nyquist 선도를 그려보라.

풀이

진동응답은

$$AR = \frac{5\sqrt{0.5^2\omega^2+1}}{\sqrt{20^2\omega^2+1}\sqrt{4^2\omega^2+1}},\quad \phi = \tan^{-1}(0.5\omega) - 0.5\omega - \tan^{-1}(20\omega) - \tan^{-1}(4\omega)\ (°)$$

이므로 ω의 변화에 따라 AR과 ϕ를 계산하여 복소평면 상에 나타냄으로써 그림 14.24와 같은 Nyquist 선도를 얻는다.

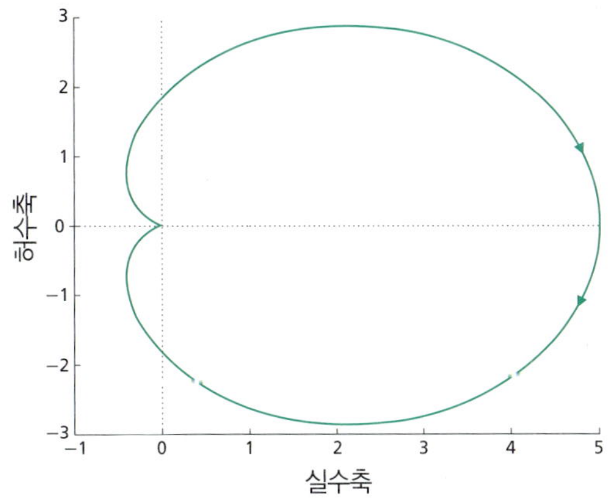

그림 14.24 2차 공정의 Nyquist 선도.

MATLab

Nyquist 선도(1)

MATLAB을 이용해 Nyquist 선도를 그리는 방법에는 polar 명령어를 사용하는 방법과 Nyquist 명령어를 사용하는 방법의 두 가지가 있다. polar 명령어를 사용하는 방법에서는 bode 명령어로 먼저 크기와 위상각을 구한 다음 이를 극좌표에 나타낸다. 이 경우 위상각의 단위는 도(degree)이다. 2차 공정 $G(s)=\dfrac{2}{(10s+1)(2.5s+1)}$의 Nyquist 선도를 그려보자.

(1) polar 명령어를 사용하는 경우:

```
>> w = logspace(-2,1,300); num = 2; den = conv([10 1],[2.5 1]);
>> [x,p] = bode(num,den,w); polar((pi/180)*p,x), title('2차 공정의 polar plot')
```

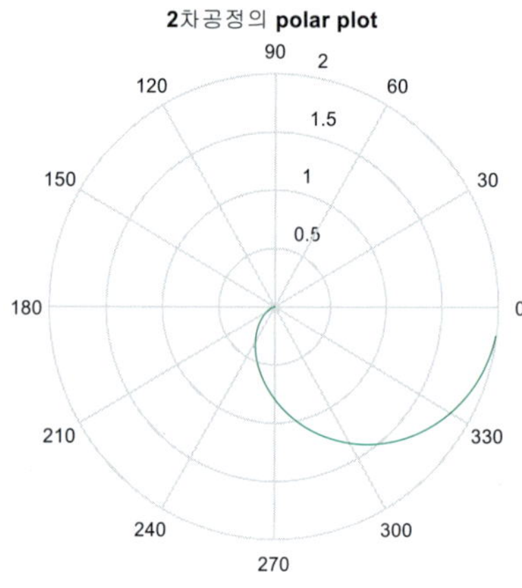

그림 14.25 2차 공정의 Nyquist 선도(1).

(2) nyquist 명령어를 사용하는 경우:

```
>> w = logspace(-2,1,300); num = 2; den = conv([10 1],[2.5 1]);
>> nyquist(num, den)
```

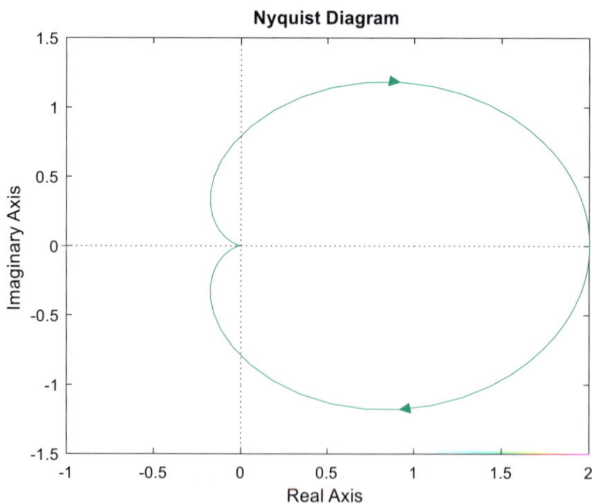

그림 14.26 2차 공정의 Nyquist 선도(2).

nyquist 명령어의 실행결과를 plot 명령어를 사용하여 그래프로 나타내어도 Nyquist 선도가 얻어진다.

MATLab

Nyquist 선도(2)

3차 공정 $G(s) = \frac{1}{s^3+2s^2+2s+1}$의 Nyquist 선도를 그려보자. MATLAB 프로그램 및 출력은 다음과 같다.

```
>> num = 1; den = [1 2 2 1]; [r, i, w] = nyquist(num, den);
>> plot(r, i), grid, xlabel('실수축'), ylabel('허수축'), title('3차 공정의 Nyquist 선도')
```

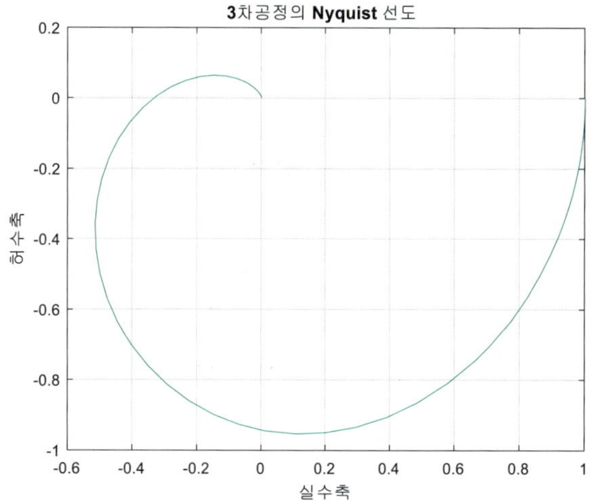

그림 14.27 3차 공정의 Nyquist 선도.

MATLab

Nyquist 선도(3)

시간지연이 존재하는 공정 $G(s) = \frac{12.76e^{-s}}{5s+1}$의 Nyquist 선도를 그려보자. MATLAB 프로그램 및 출력은 다음과 같다.

```
>> G = tf(12.76,[5 1]); set(G,'iodelay',1); nyquist(G)
>> xlabel('실수축'), ylabel('허수축'), title('시간지연공정의 Nyquist 선도')
```

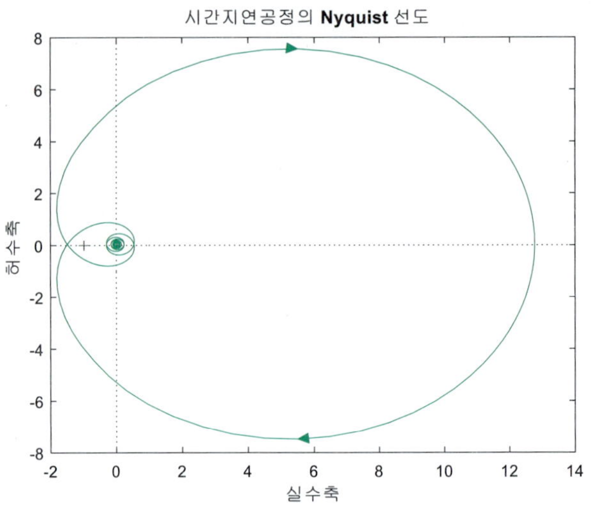

그림 14.28 시간지연이 존재하는 공정의 Nyquist 선도.

MATLab

Nichols 선도

Nichols 선도는 Bode 선도에서와는 달리 하나의 그래프에 진폭비와 위상각을 동시에 나타낸 그래프이다. MATLAB에서는 nichols 명령어를 사용하여 쉽게 Nichols 선도를 얻을 수 있다. 2차 공정 $G(s) = \dfrac{2}{(10s+1)(2.5s+1)}$의 Nichols 선도를 그려보자. MATLAB 프로그램 및 출력은 다음과 같다.

```
>> num = 2; den = conv([10 1], [2.5 1]); w = logspace(-2, 1, 300);
>> nichols(num, den, w); ngrid
```

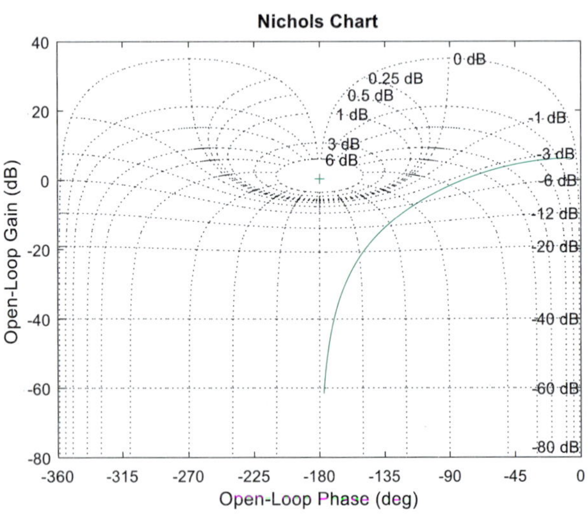

그림 14.29 2차 공정의 Nichols 선도.

14.4 요약

- 진동응답: 입력으로서 주파수와 진폭을 알고 있는 sine 곡선 형태를 이용할 때 정상상태에서 나타나는 출력변수 응답
- 공정이 선형인 경우 진동응답은 입력변화와 유사한 sine 곡선 형태: 출력신호는 입력신호가 도입된 시점보다 뒤쳐져서 나타나며 주파수는 입력신호의 주파수와 동일하지만 진폭은 입력신호와 상이
- 진동응답 특성은 도입된 입력변수의 주파수에 따라 좌우
- 1차 공정의 진동응답 특성: $x(t) = A\sin\omega t$,

  $Y(t)|_{t\to\infty} = \dfrac{KA}{\sqrt{\tau^2\omega^2+1}}\sin(\omega t+\phi) = \hat{A}\sin(\omega t+\phi)$
- 진폭비(AR): 입력변수의 진폭에 대한 출력변수의 진폭의 비, $AR = \dfrac{\hat{A}}{A} = \dfrac{K}{\sqrt{\tau^2\omega^2+1}}$
- 정규화된 진폭비: $AR_N = \dfrac{AR}{K} = \dfrac{1}{\sqrt{\tau^2\omega^2+1}}$
- 진동응답을 얻는 과정: 1) 전달함수 $G(s)$에서 s대신 $i\omega$를 대입, 2) 위에서 얻은 복소수 $G(i\omega)$의 실수부 R과 허수부 I를 계산, 3) 응답의 진폭은 $\hat{A} = A\sqrt{R^2+I^2}$, 위상각은

  $\phi = \measuredangle G(i\omega) = \tan^{-1}\left(\dfrac{I}{R}\right)$
- Bode 선도: 진폭비 AR과 위상각 ϕ를 ω의 함수로서 log–log와 semilog 그래프에 나타낸 그림
- 진폭비와 ω의 관계는 log–log 그래프로, 위상각과 ω의 관계는 semilog 그래프로 도시
- 1차 공정 Bode 선도에서 두 점근선의 연장이 만나는 시점: $\tau\omega = 1$, 즉 $\omega = \omega_b = 1/\tau$일 때이며, 이 때의 주파수는 corner 주파수, 또는 crossover 주파수, 주파수 구간 $[0, \omega_b]$는 대역폭(bandwidth)
- 1차 공정의 경우 낮은 주파수에서는 진폭비가 큰 변화를 보이지 않지만 주파수가 대역폭을 벗어나 corner 주파수보다 큰 영역에서는 진폭비는 급격하게 감소: 로우패스 필터(low-pass filter)
- Corner 주파수에서의 진폭비와 위상각: $AR_N = 0.707$, $AR = 0.707K$, $\phi|_{\tau\omega=1} = -45°$
- 2차 공정의 Bode 선도에서 $\omega = \omega_r = \dfrac{\sqrt{1-2\zeta^2}}{\tau}$(공명주파수)일 때 AR은 최대이고 출력변수는 입력변수보다 큰 진폭을 갖는 진동을 보이며 진폭비는 $AR_N|_{\omega=\omega_r} = \dfrac{1}{2\zeta\sqrt{1-\zeta^2}}$
- Nyquist 선도: 주파수 ω가 0에서부터 무한히 증가함에 따라 변하는 $G(i\omega)$를 복소평면 상에 도시한 그림
- 시간지연 $G(s) = e^{-\theta s}$의 진동응답은 $AR = 1$, $\phi = -\theta\omega$ (°)이므로 Nyquist 선도는 복소평면 상에서 반지름 1인 단위원

점/검/문/제

14.1 다음 설명 중 진동응답에 대해 바르게 설명한 것은 무엇인가?

① 진동응답은 열린루프의 응답이 진동을 나타낼 때를 의미한다.

② 진동응답은 닫힌루프의 응답이 진동을 나타낼 때를 의미한다.

③ 진동응답은 sine 곡선 형태의 입력에 대한 정상상태 응답을 의미한다.

④ 진동응답은 계단입력에 대한 응답이 진동현상을 보이는 것을 의미한다.

14.2 다음 설명 중 진동응답의 특성을 바르게 설명하지 못한 것은 무엇인가?

① 입력과 출력의 주파수가 같다.

② 입력과 출력의 위상차가 없다.

③ 위상각은 $\measuredangle G(iw)$로 나타난다.

④ 진폭비는 $|G(iw)|$로 나타난다.

14.3 전달함수가 $G(s) = \dfrac{10}{50s+1}$인 공정에 진폭이 0.1이고 주파수가 0.002 cycle/sec인 변화가 도입되었을 경우 시간이 어느 정도 지난 뒤의 응답 특성은 무엇인가?

① $0.85\sin(0.0126t + 0.562)$　　② $0.995\sin(0.0126t + 0.562)$

③ $0.85\sin(0.002t + 0.562)$　　④ $0.85\sin(0.0126t + 0.997)$

14.4 n차 공정의 전달함수 $G(iw)$의 실수부를 R, 허수부를 I라 할 때 진동응답의 진폭비와 위상각을 바르게 짝지은 것은?

① $\sqrt{R^2+I^2},\ \tan^{-1}(R/I)$　　② $\sqrt{I/R},\ \tan^{-1}(I/R)$

③ $2\sqrt{RI},\ \tan^{-1}(I/R)$　　④ $\sqrt{R^2+I^2},\ \tan^{-1}(I/R)$

14.5 시간지연이 있는 1차 공정에 대한 진동응답의 진폭비와 위상각을 바르게 짝지은 것은?

① $\dfrac{K}{\sqrt{\tau^2w^2+1}}+1,\ \dfrac{-\tan^{-1}(\tau w)}{\theta w}$　　② $\dfrac{K}{\sqrt{\tau^2w^2+1}},\ -\tan^{-1}(\tau w)-\theta w$

③ $\dfrac{K}{\sqrt{\tau^2w^2+1}},\ \dfrac{-\tan^{-1}(\tau w)}{\theta w}$　　④ $\dfrac{K}{\sqrt{\tau^2w^2+1}},\ -\tan^{-1}(\tau w)+\theta w$

14.6 다음 공정의 Bode 선도에서 직선이 나타나지 않는 경우는 어느 경우인가?

① 공정의 이득　② 시간지연　③ 적분기　④ 1차 공정

14.7 2차 공정의 Bode 선도가 보이는 특성을 잘못 설명한 것은 무엇인가?

① Bode 선도 상의 모든 선은 주파수의 증가에 따라 단순 감소한다.

② 위상각의 변화 범위는 0도에서 −180도까지이다.

③ 제동비가 1보다 작은 경우 위상각은 공명주파수에서 가장 크게 변화한다.

④ 제동비가 1보다 큰 경우 정규화된 진폭비의 크기는 1이다.

14.8 다음과 같은 전달함수를 갖는 공정의 Nyquist 선도 가운데 주파수의 증가에 따른 진행 방향이 다른 것들과 다른 것은 무엇인가?

① $G(s) = \dfrac{1}{2s+1}$ ② $G(s) = e^{-0.5s}$ ③ $G(s) = \dfrac{1}{2s-1}$ ④ $G(s) = \dfrac{1}{(5s+1)(2s+1)}$

14.9 다음 공정의 Nyquist 선도 가운데 좌표축과 가장 많이 교차하는 것은 무엇인가?

① 1차 공정 ② 2차 공정 ③ 3차 공정 ④ 시간지연

14.10 1차공정의 Nyquist 선도에 대해 잘못 설명하고 있는 것은 무엇인가?

① 출발점 좌표의 실수값은 공정의 이득과 같다.
② Nyquist 선도는 반원을 형성한다.
③ 주파수의 증가에 따라 반시계 방향으로 진행한다.
④ 원점에서 선상의 각 점까지의 거리는 이득과 같다.

점검 문제 해답

14.1 ③ **14.2** ② **풀이** 진동응답에서 입력과 출력 간의 위상차를 위상각으로 나타낸다.

14.3 ① **풀이** 주파수 w = (0.002 cycle/sec)(6.28 rad/cycle) = 0.0126 rad/sec이므로 입력변수는 $x(t) = 0.1\sin(0.0126t)$이다. 시간이 어느 정도 지난 후의 응답은 정상상태 응답을 의미한다. 진동응답의 진폭은 $\hat{A} = \dfrac{KA}{\sqrt{\tau^2 w^2+1}} = \dfrac{(10)(0.1)}{\sqrt{(50)^2(0.0126)^2+1}} = 0.85$이고 위상각은 $\phi = -\tan^{-1}(0.63) = 0.562$이므로 $Y(\infty) = 0.85\sin(0.0126t + 0.562)$이다.

14.4 ④ **풀이** 진동응답의 진폭비는 $|G(iw)|$이고 위상각은 $\measuredangle G(iw)$이다. 전달함수가 $G(iw) = R + iI$이므로 진폭비는 $|G(iw)| = \sqrt{R^2+I^2}$이고 위상각은 $\measuredangle G(iw) = \tan^{-1}(I/R)$이다.

14.5 ② **풀이** $G(s) = \dfrac{Ke^{-\theta s}}{\tau s+1}$이므로 $G_1(s) = \dfrac{K}{\tau s+1}$이고 $G_2(s) = e^{-\theta s}$이라 하면 $G(s) = G_1(s)G_2(s)$로 쓸 수 있다. 이 경우 진폭비는 $|G(iw)| = |G_1(iw)||G_2(iw)|$이고 위상각은 $\measuredangle G(iw) = \measuredangle G_1(iw) + \measuredangle G_2(iw)$이다. 전달함수로부터 구한 각 단위요소의 진폭비와 위상각은 각각 $|G_1(iw)| = \dfrac{K}{\sqrt{\tau^2w^2+1}}$, $\measuredangle G_1(iw) = -\tan^{-1}(\tau w)$, $|G_2(iw)| = 1$, $\measuredangle G_2(iw) = -\theta w$이므로 시간지연이 있는 1차 공정의 진폭비는 $|G(iw)| = \dfrac{K}{\sqrt{\tau^2w^2+1}}$이고 위상각은 $\measuredangle G(iw) = -\tan^{-1}(\tau w) - \theta w$이다.

14.6 ④ **풀이** 1차 공정의 Bode 선도는 corner 주파수에서 꺾이는 선이 나타난다.

14.7 ① **풀이** 제동비가 0.707보다 작은 경우 진폭비를 나타내는 선은 공명주파수에서 최대값을 보인다.

14.8 ③ **풀이** 다른 공정들의 Nyquist 선도는 모두 시계 방향으로 진행하는 데 비해 $G(s) = \dfrac{1}{2s-1}$의 Nyquist 선도는 반시계 방향으로 진행한다.

14.9 ④ **풀이** 시간지연공정의 위상각은 $\measuredangle G_1(iw) = -\theta w$로서 주파수의 증가에 따라 한없이 작아지므로 좌표축과 무한히 교차하게 된다.

14.10 ③ **풀이** 1차 공정의 Nyquist 선도는 시계 방향으로 진행한다.

연/습/문/제

14.1 열린루프(open-loop) 전달함수 $G(s)$가 $G(s) = \dfrac{4(3s+1)e^{-2s}}{s(10s+1)}$와 같은 공정의 AR과 ϕ를 w의 함수로 나타내어라.

14.2 어떤 1차 공정의 입력변수 $x(t)$에 $x(t) = 2\sin(3t)$와 같은 변화가 도입되었을 때 얻어진 정상상태 응답은 $y(t) = \sin\left(3t - \dfrac{\pi}{3}\right)$였다. 이 공정의 전달함수를 구하여라.

14.3 어떤 PID 제어기에서 $K_c = 2$, $\tau_I = 10$, $\tau_D = 4$이다. 이 제어기의 AR과 ϕ를 w의 함수로 나타내어라.

14.4 어떤 feedback 제어 시스템의 닫힌회로 특성방정식은 $1 + \dfrac{7.5e^{-0.35s}}{(6.12s^2 + 6.3s + 1)} = 0$로 주어진다.

(1) $w = 0.8$ rad/min일 때 Bode 그래프 상에 나타나는 진폭비의 크기는 얼마인가?

(2) $w = 0.8$ rad/min일 때 Bode 그래프 상에 나타나는 위상지연(도)을 구하여라.

* MATLAB 활용 문제

14.5 전달함수가 $G(s) = \dfrac{1}{(10s+1)(5s+1)(s+1)}$와 같은 공정의 Bode 선도를 그려보라.

14.6 전달함수가 $G(s) = \dfrac{5(0.5s+1)e^{-0.5s}}{(20s+1)(4s+1)}$와 같은 공정의 Bode 선도를 구하여라.

14.7 그림은 feedback 제어구조를 보인 것이다. 그림에서 $G_v(s) = \dfrac{0.016}{3s+1}$, $G_m(s) = \dfrac{1}{10s+1}$이다.

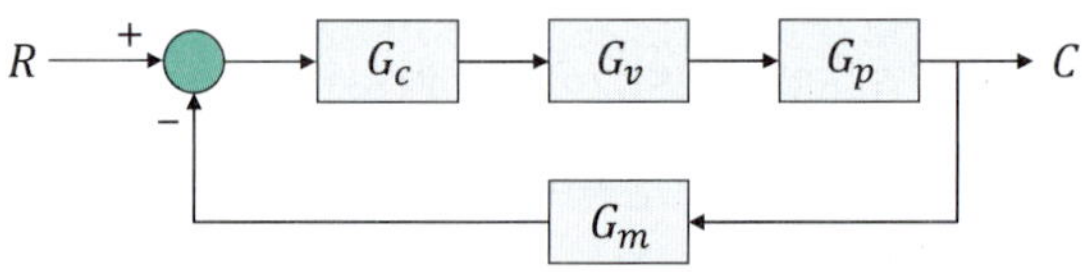

그림 P14.7

(1) $G_c(s) = K_c$(비례 제어기), $G_p(s) = \dfrac{50}{30s+1}$일 때 $K_c = 2$인 경우 open-loop 전달함수의 Bode 선도를 구하여라.

(2) 위의 (1)에서 공정에 크기 2인 시간지연이 존재하는 경우, 즉 $G_p(s) = \dfrac{50e^{-2s}}{30s+1}$일 때의 Bode 선도를 구하여라.

(3) 위의 (1)에서 제어기로서 $G_c(s) = K_c\left(\dfrac{1+15s}{1+1.5s}\right)$와 같은 형태를 사용할 때 Bode 선도를 구하여라.

14.8 다음 그림에 보인 feedback 제어구조에서 open-loop 전달함수의 Bode 선도를 그려보라. 그림에서 $G_c(s) = K_c\left(\dfrac{2s+1}{0.1s+1}\right)$, $G_v(s) = \dfrac{2}{0.5s+1}$, $G_p(s) = \dfrac{0.4}{s(5s+1)}$, $G_L(s) = \dfrac{3}{5s+1}$이며 $K_c = 1.5$이다.

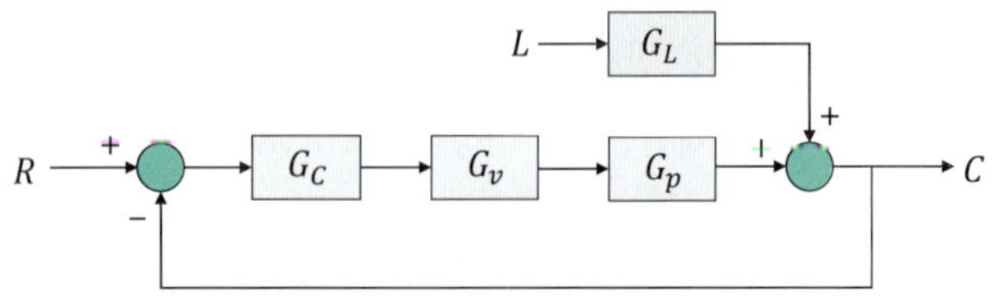

그림 P14.8

14.9 다음에 보인 feedback 제어구조에서 열린루프 전달함수의 Bode 선도를 그려보라. 그림에서 $G_c(s) = K_c$, $G_v(s) = \dfrac{-10}{s+1}$, $G_p(s) = \dfrac{1.5}{10s+1}$, $G_L(s) = \dfrac{2}{6s+1}$, $G_m(s) = e^{-0.5s}$이며 $K_c =$ 2이다.

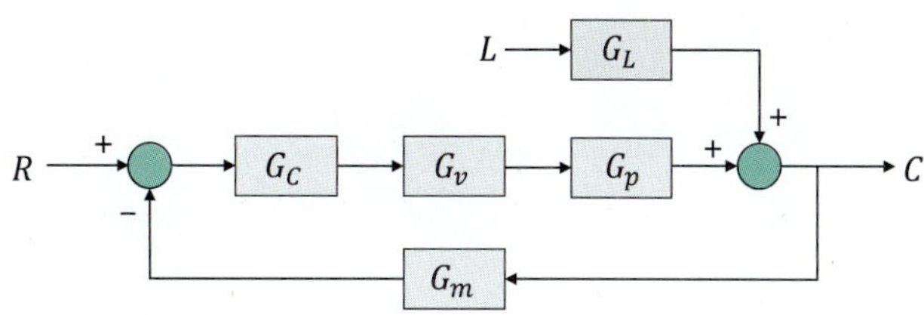

그림 P14.9

14.10 Open-loop 전달함수가 다음과 같은 공정에 대한 Nyquist 선도를 그려 보라.

(1) $G(s) = \dfrac{(1-0.25s)}{(2s+1)(s+1)}$

(2) $G(s) = \dfrac{1}{(2s+1)(1-s)}$

(3) $G(s) = \dfrac{1}{(s+1)(1-s)}$

(4) $G(s) = \dfrac{2e^{-s}}{2s+1}$

(5) $G(s) = \dfrac{2}{2s-1}$

주파수 응답을 이용한 제어기의 조정

앞의 13장에서 우리는 공정의 반응곡선을 주로 이용한 제어기 조정방법을 다루었다. 이들 방법은 이용이 간편하기는 하지만 공정이 시간지연이 존재하는 1차 모델식으로 표현되는 것으로 간주하기 때문에 그 사용에 제약을 받는다. 공정의 주파수 응답을 이용한 제어기의 조정은 Bode 선도나 Nyquist 선도의 활용을 바탕으로 하는데, 공정 모델식의 차수에 무관하며 제어기 파라미터 값들의 안정성 범위를 명료하게 제시할 수 있는 이점이 있다. 제어기의 1차적인 역할은 전체 시스템의 안정성의 보장이다. 따라서 여기에서는 우선 Bode 선도와 Nyquist 선도에서의 안정성 기준을 알아보고 feedback 제어기의 주파수 응답 특성 및 제어기의 형태에 따른 열린루프 주파수 응답과 닫힌루프 주파수 응답의 성질을 살펴보고자 한다.

15.1 Bode와 Nyquist 안정성 기준

15.1.1 Bode 안정성 기준

Bode 선도에서 위상각 ϕ가 $-180°$일 때의 주파수 $\omega = \omega_c$를 임계 주파수(혹은 위상 교차(phase crossover) 주파수)라고 한다. Bode 안정성 기준은 임계 주파수에서의 진폭비 값을 근거로 하여 다음과 같이 요약할 수 있다:

> 열린루프 전달함수의 주파수 응답의 진폭비가 임계 주파수에서 1보다 크면 닫힌루프 제어 시스템은 불안정하다.

Bode 선도에서 열린루프 전달함수는 $G_{OL} = G_c G_v G_p G_m$으로서 Bode의 안정성 기준은 G_{OL}이 안정한 경우에만 적용된다. 임계 주파수에서 진폭비가 1인 경우, 즉 $\phi = -180°$에서 $AR = 1$인 경우 제어 시스템의 응답은 한계응답에서와 같은 일정한 진동을 보인다.

보기 15.1

제어기는 비례 제어기로서 $G_c = K_c$이고 $G_v = 0.1$, $G_p = \dfrac{2}{(0.5s+1)^3}$, $G_m = 10$인 경우 Bode 안정성 기준을 이용하여 $K_c = 1, 4, 20$일 때의 닫힌루프 시스템의 안정성을 규명하여라.

> 풀이

$$G_{OL} = G_c G_v G_p G_m = K_c \cdot (0.1) \cdot \frac{2}{(0.5s+1)^3} \cdot 10 = \frac{2K_c}{(0.5s+1)^3}$$

위에서 K_c가 변함에 따라 주파수 응답의 진폭비 AR 역시 변하지만 위상각은 $\measuredangle K_c = 0$ 이므로 변하지 않는다. $\phi = -3\tan^{-1}(0.5\omega)$ (°) 이므로 임계 주파수는

$$\phi = -180° = -3\tan^{-1}(0.5\omega) \rightarrow \tan^{-1}(0.5\omega) = 60° \rightarrow \omega = \omega_c = 2\sqrt{3} = 3.464$$

Bode 선도는 그림 15.1에 보인 바와 같다. 그림에서 $K_c = 4$보다 클 때 ω_c에서 AR은 1보다 커지며 따라서 제어 시스템은 불안정해진다. 따라서 제어 시스템은 K_c가 1인 경우에만 안정함을 알 수 있다.

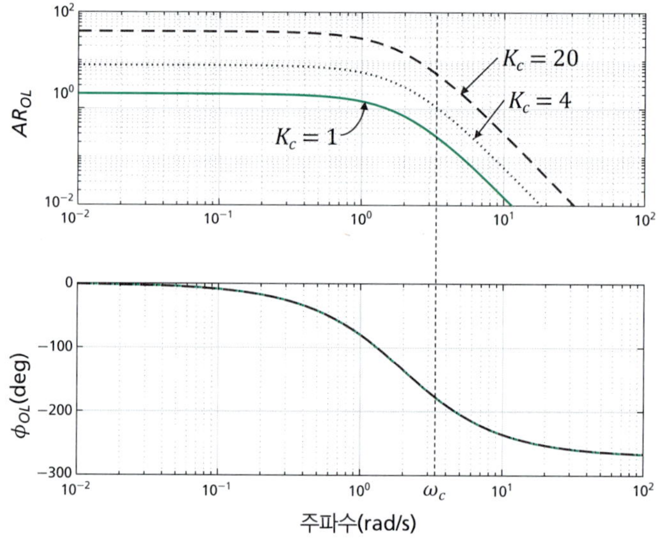

그림 15.1 K_c에 따른 3차계의 Bode 선도.

MATLab

제어기 이득에 따른 주파수 응답

시간지연이 존재하는 3차 공정 $G(s) = \dfrac{2K_c e^{-s}}{(0.5s+1)^3}$에서 K_c가 각각 1, 4, 20일 때의 Bode 선도를 그려 보자. MATLAB 스크립트 m파일 프로그램 및 수행결과는 다음과 같다.

```
% g3rc.m : 제어기 gain에 따른 3차 공정의 진동응답
clear all;
```

```
den = conv([0.5 1],conv([0.5 1],[0.5 1])); Kc = [1 4 20]; lp = {'-',':','--'}; n
= length(Kc);
subplot(2,1,1)
for k = 1:n
      num = [2*Kc(k)]; G = tf(num,den,'iodelay',1); [mag,phase,w] = bode(G);
      loglog(w,squeeze(mag),lp{k},'LineWidth',1.2), hold on
end
hold off, axis([10^-2 10^2 10^-2 10^2]), grid, ylabel('AR')
legend('K_c = 1','K_c = 4','K_c = 20')
subplot(2,1,2)
for k = 1:n
      num = [2*Kc(k)]; G = tf(num,den,'iodelay',1); [mag,phase,w] = bode(G);
      semilogx(w,squeeze(phase),lp{k},'LineWidth',1.2), hold on
end
hold off, grid, ylabel('\phi(deg)'),xlabel('주파수(rad/s)')
```

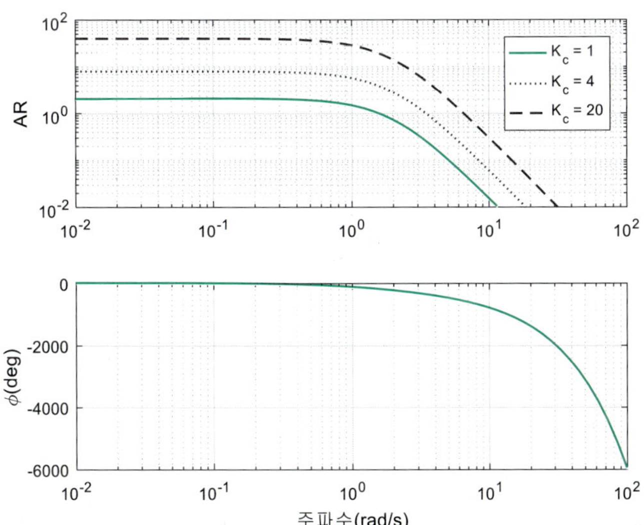

그림 15.2 **제어기 gain에 따른 3차 공정의 Bode 선도.**

시간지연이 존재하는 경우 진폭비에는 변화가 없으나 위상각은 주파수가 증가함에 따라 제한없이 $-\infty$로 감소함을 알 수 있다(그림 15.1 참조).

15.1.2 Nyquist 안정성 기준

Nyquist 안정성 기준은 열린루프 응답이 불안정한 시스템에도 적용할 수 있다는 점에서 Bode 안정성 기준에 비해 보다 일반적이라고 할 수 있다. Nyquist 안정성 기준은 다음과 같이 요약된다:

> 열린루프 전달함수의 Nyquist 선도가 점 (−1,0)을 감싸지 않는다면 닫힌루프 공정은 안정하다.

열린루프 전달함수의 pole 가운데 복소평면의 오른쪽 영역(불안정한 영역)에 존재하는 pole의 수를 P라고 할 때 Nyquist 선도가 점 (−1,0)를 시계 방향으로 감싸는 횟수를 N이라 하면 열린루프 특성 방정식의 근 가운데 불안정한 근의 수 Z는 $Z = N + P$개이다.

Nyquist 선도가 점 (−1, 0)을 시계 방향으로 감싸는 경우는 그림 15.2에 보인 바와 같다. 열린루프 시스템이 안정한 경우에는 $P = 0$이므로 $Z = N$이다. 따라서 Nyquist 선도가 점 (−1, 0)을 한번만이라도 시계 방향으로 감싼다면 닫힌루프 시스템은 불안정하다. Nyquist 선도가 점 (−1, 0)을 시계 반대 방향으로 감싼다면 N은 음의 값을 가진다.

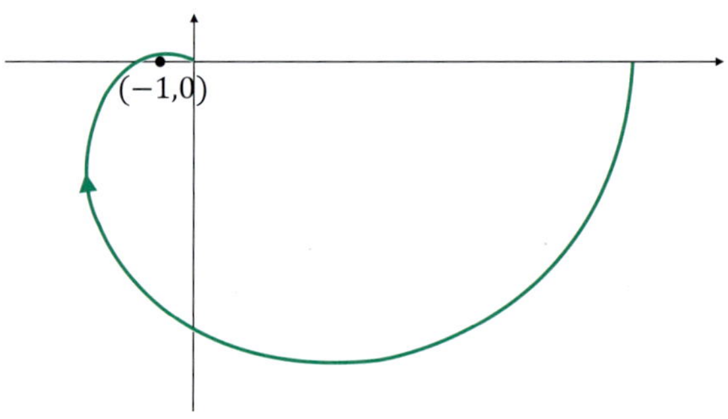

그림 15.3 Nyquist 선도에서의 불안정성.

보기 15.2

보기 15.1에서 살펴보았던 시스템에 Nyquist 안정성 기준을 적용해 보아라.

풀이

제어시스템의 Nyquist 선도는 그림 15.4와 같다. 공정의 열린루프 전달함수의 pole들이 모두 안정한 영역에 있고 Nyquist 선도가 (−1, 0)점을 시계 방향으로 감싸는 수 N은 K_c가 1인 경우 0이고 K_c가 4와 20인 경우 1이다. 즉 Z의 값은 각각 0, 0, 1이다. 따라서 K_c가 1인 경우에만 시스템이 안정함을 알 수 있다. 이는 앞서 보기 15.1에서 얻은 결과와 같다.

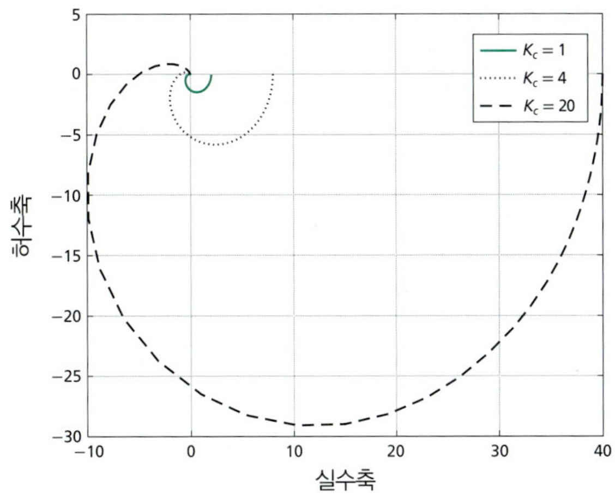

그림 15.4 보기 15.1 제어시스템의 Nyquist 선도.

보기 15.3

그림에 보인 제어 시스템에서 $G_c = K_c, G_v = 2,\ G_p = \dfrac{4e^{-s}}{5s+1},\ G_m = \dfrac{1}{4}$이다.

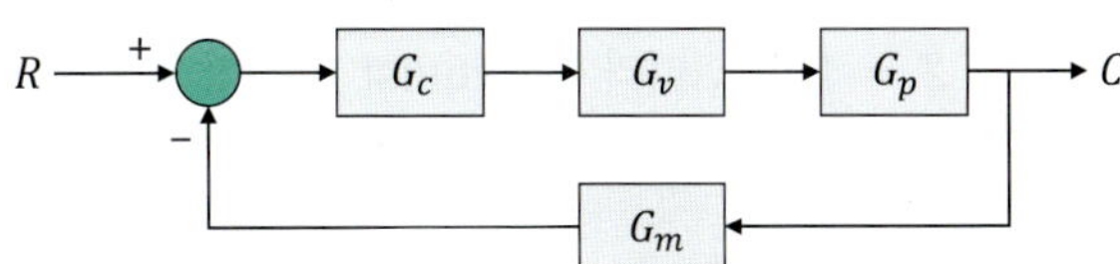

그림 15.5 Feedback 제어구조.

이제 이 시스템의 임계 주파수를 Bode 선도에 의해 구해 보고 아울러 Nyquist 선도를 그려 보아라.

풀이

열린루프 전달함수는 $G_{OL} = G_c G_v G_p G_m = \dfrac{2K_c e^{-s}}{5s+1}$이다. Bode 선도는 그림 15.6에 나타낸 바와 같다. 그림에서 $AR_{OL} = \dfrac{AR}{K_c}$이다.

그림에서 위상각이 $-180°$일 때의 주파수 ω_c는 1.69 rad/s이며 이 때의 진폭비는 $\dfrac{AR}{K_c} = 0.235$이다. 따라서 위상각이 $-180°$일 때 진폭비 AR이 1이 되는 경우는 $K_c = \dfrac{1}{0.235} = 4.25$일 때이다. 이 때의 제어기 이득을 한계이득 K_{cu}라 하며 앞의 11.3절에서 다룬 바와 같다. 한계이득에서는 제어 시스템이 안정성과 불안정성의 중간에 위치하므로 K_c는 언제나 K_{cu}보다 작게 정해 주어야 한다.

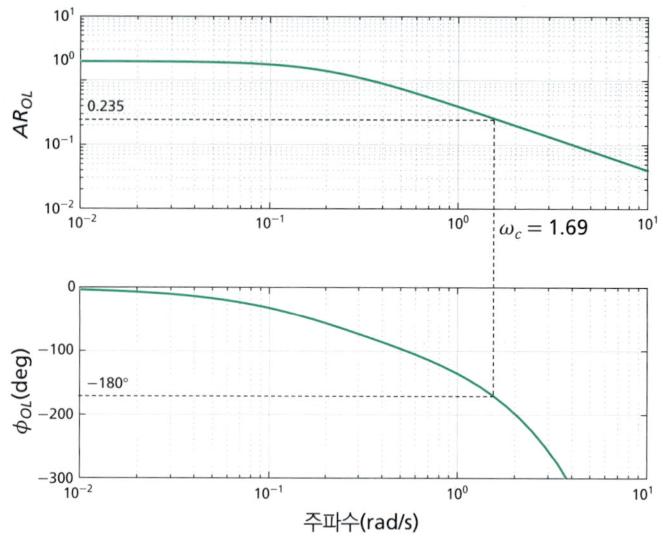

그림 15.6 $K_c = 1$**일 때의** G_{OL}**의 Bode 선도.**

이제 불안정한 경우에서의 Nyquist 선도를 그려보기 위해서 제어기 이득 K_c를 한계이득 $K_{cu} = 4.25$의 1.5배로 정해 주었다고 하자. 그러면 $K_c = (4.25)(1.5) = 6.38$이고 이때의 G_{OL}의 Nyquist 선도는 그림 15.7에 보인 바와 같다. G_{OL}과 그림 15.7에서 알 수 있듯이 $P = 0$이고 $N = 1$이므로 $Z = 1$이다. 따라서 Nyquist 안정성 기준에 의해 제어 시스템은 불안정함을 알 수 있다.

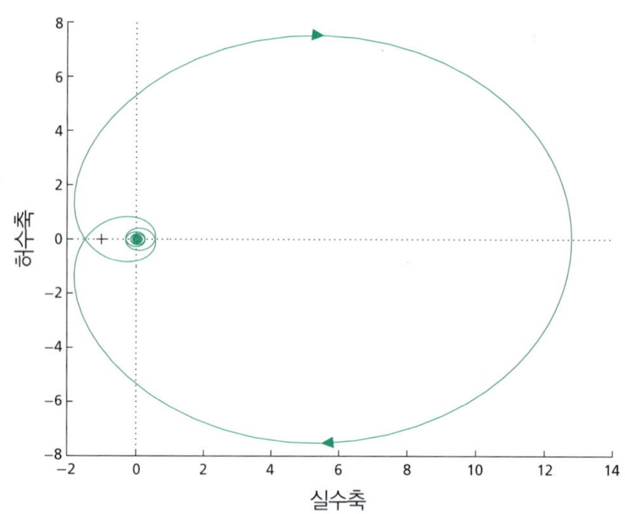

그림 15.7 $K_c = 1.5K_{cu}$**에서의 Nyquist 선도.**

보기 15.4

그림의 제어 시스템에서 $G_c = K_c$, $G_v = \dfrac{0.02}{3s+1}$, $G_p = \dfrac{40}{30s+1}$, $G_m = \dfrac{1}{10s+1}$이다.

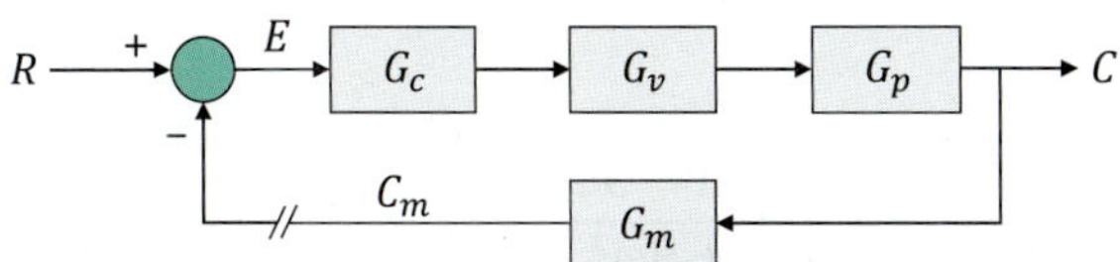

그림 15.8 Feedback 제어구조.

한계이득을 구하고 제어기 이득을 한계이득보다 약간 크게 정했을 때 닫힌루프 제어 시스템이 왜 불안정해지는지 규명하여라.

풀이

열린루프 전달함수는 $G_{OL} = G_c G_v G_p G_m = \dfrac{0.8K_c}{(3s+1)(30s+1)(10s+1)}$이므로

$$AR_N = \frac{AR}{0.8K_c} = \frac{1}{\sqrt{(3\omega)^2+1}\sqrt{(30\omega)^2+1}\sqrt{(10\omega)^2+1}}$$

$$\phi = -\tan^{-1}(3\omega) - \tan^{-1}(30\omega) - \tan^{-1}(10\omega)$$

이다. 이의 Bode 선도로부터 위상각 $\phi = -180°$일 때의 주파수(임계 주파수)는 0.22 rad/sec 이며 이 때의 진폭비 AR_N은 0.052임을 알 수 있다. 즉 $\dfrac{AR}{0.8K_c} = 0.052$이다. $AR = 1$이라면 한계 이득은 $K_c = \dfrac{1}{(0.8)(0.052)} = 24.0 = K_{cu}$와 같다. 즉 $K_c = K_{cu} = 24.0$이면 $\omega = 0.22$ rad/sec 일 때 $AR = 1$, $\phi = -180°$이다. 즉 입력과 출력변수의 진폭의 변화는 없고 위상각만 180° 차이가 난다. 만일 설정값이 $R = M\sin(0.22t)$인 변화를 보인다면 측정되는 출력변수 C_m은 진폭비가 1이고 위상각이 −180°이므로

$$C_m = M\sin(0.22t - \pi) = -M\sin(0.22t)$$

C_m을 연결하여 닫힌루프를 구성한 다음 설정값 $R = 0$으로 하면 제어오차 E는

$$E = R - C_m = 0 - \left(-M\sin(0.22t)\right) = M\sin(0.22t)$$

즉 똑같은 진동이 계속 되풀이된다. 만일 제어기의 gain K_c를 약간 크게 하여 25.0으로 정했다면 $AR = (0.052)(0.8K_c)$이므로 처음에 측정되는 C_m은

$$C_m = -1.04M\sin(0.22t)$$

이고 두 번째 측정되는 C_m은

$$C_m = (-1.04)^2 M\sin(0.22t)$$

이다. 따라서 시간이 지남에 따라 C_m의 진폭은 점점 증폭되어 닫힌루프 시스템은 불안정하게 된다.

보기 15.5

열린루프 전달함수가 $G_{OL}(s) = \frac{K_c}{3s-1}$인 시스템의 안정성을 Bode 안정성 기준과 Nyquist 안정성 기준에 의해 규명하여라.

풀이

$G_{OL}(i\omega) = \frac{K_c}{3i\omega - 1} = \frac{K_c(-1-3\omega i)}{1+9\omega^2}$이므로 $AR = \frac{K_c}{\sqrt{(3\omega)^2+1}}$, $\phi = \tan^{-1}(3\omega)$이다. 이 경우 ω가 0일 때 $AR = K_c$이고 $\phi = 0(°)$이다. 또한 ω가 ∞일 때 $AR = 0$이고 $\phi = 90(°)$이다. 즉 위상각 ϕ가 $-180°$가 되는 경우가 없으므로 Bode 안정성 기준은 적용되지 않는다. 이는 열린루프 전달함수의 pole이 불안정한 영역에 존재하기 때문이다. 즉 $P = 1$이기 때문이다. 그림 15.9는 이 공정의 Nyquist 선도를 보인 것이다. 그림 15.9에서 알 수 있듯이 Nyquist 선도는 $(-K_c,\ 0)$인 점에서 시작하여 반시계 방향으로 돌아서 원점으로 향한다. 먼저 K_c가 1보다 작은 경우 Nyquist 선도는 $(-1,\ 0)$점을 감싸지 않으므로 $N = 0$, $P = 1$이며 $Z = 1$이 된다. 따라서 K_c가 1보다 작은 경우 제어시스템은 불안정하게 된다. 그러나 K_c가 1보다 커지는 경우 Nyquist 선도가 $(-1,\ 0)$점을 반시계 방향으로 감싸게 되어 $N = -1$, $P = 1$이 되어 $Z = 0$이 된다. 따라서 제어시스템은 안정하게 된다.

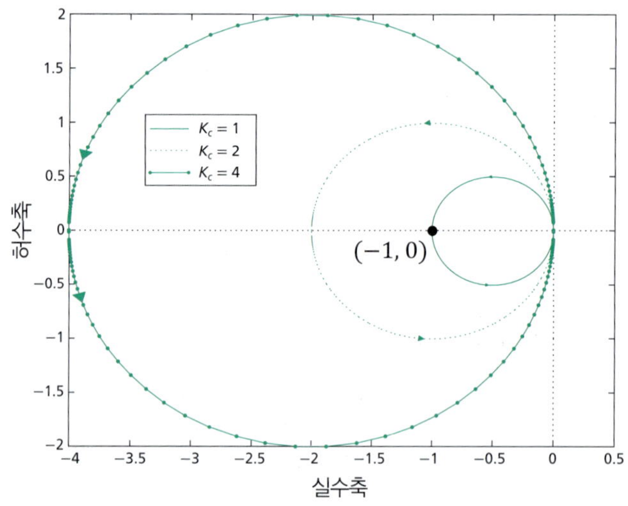

그림 15.9 불안정한 열린루프 전달함수의 Nyquist 선도.

15.2 이득마진과 위상마진

앞의 11.3절과 보기 15.3에서 언급한 제어기의 한계이득 K_{cu}는 닫힌루프 제어시스템이 불안정해지는 경계점이다. 따라서 제어기의 gain K_c를 K_{cu}에 가깝게 정해 주었다면 그만큼 닫힌루프 시스템이 불안정해지기 쉽다는 부담이 생기게 된다. Bode 선도에서 제어 시스템의 안정성의 상대적인 척도를 나타내는 파라미터로서 이득마진(gain margin, GM)과 위상마진(phase margin, PM)을 흔히 사용한다.

$\phi = -180°$일 때의 주파수(임계 주파수) ω_c에서의 진폭비를 AR_c라 하고 진폭비가 1일 때의 주파수 ω_g에서의 위상각을 ϕ_g라고 할 때 GM과 PM은 각각 다음과 같이 정의된다. 이들은 그림 15.10에 보인 바와 같다.

$$GM = \frac{1}{AR_c} \tag{15.1}$$

$$PM = 180 + \phi_g \tag{15.2}$$

제어기는 GM이 대략 1.7~4.0, PM이 대략 30~45° 범위의 값을 갖도록 조정된다.

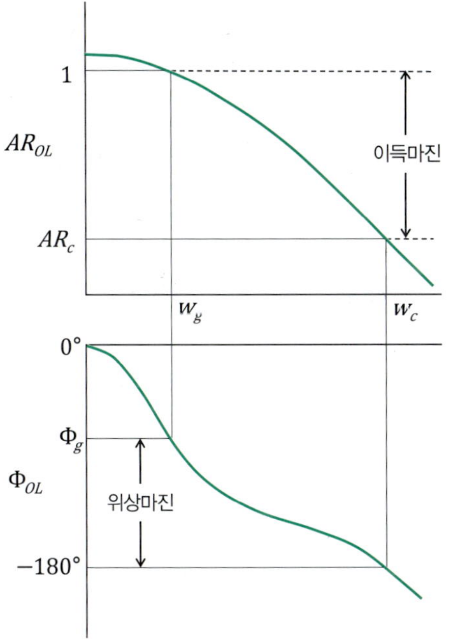

그림 15.10 **이득마진과 위상마진.**

GM과 PM이 작을수록 제어 시스템은 안정성 영역의 한계에 그만큼 가까이 다다르는 셈이므로 닫힌루프 응답은 점점 더 큰 진동을 보일 것이다. 제어기 이득은 한계이득 K_{cu}를 이용하여 다음 관계에 의해 얻어진다.

$$K_c = \frac{K_{cu}}{GM} \tag{15.3}$$

위상마진과 감쇠인자 ζ 사이의 관계를 구해 보기로 한다. 다음 그림에 보인 간단한 피드백 루프를 고려해 보자.

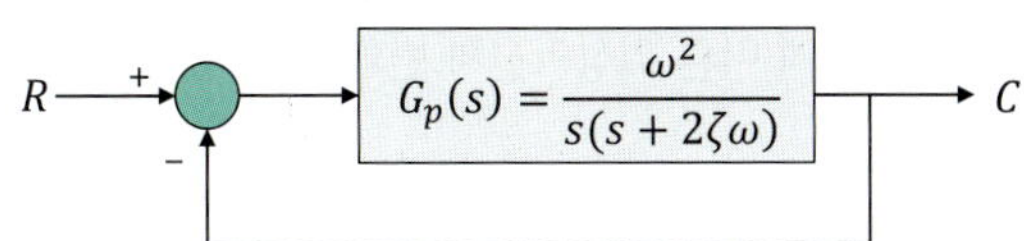

그림 15.11 **2차 피드백 루프.**

그림으로부터 총괄 전달함수는

$$G(s) = \frac{C}{R} = \frac{G_p(s)}{1 + G_p(s)} = \frac{\dfrac{\omega^2}{s(s+2\zeta\omega)}}{1 + \dfrac{\omega^2}{s(s+2\zeta\omega)}} = \frac{\omega^2}{s^2 + 2\zeta\omega s + \omega^2}$$

위상마진을 얻기 위해 $|G_p(i\omega_p)| = 1$인 주파수 ω_p를 구한다:

$$|G_p(i\omega_p)| = 1 = \left|\frac{\omega^2}{-\omega_p{}^2 + 2\zeta\omega\omega_p i}\right| = \frac{\omega^2}{\sqrt{\omega_p{}^4 + 4\zeta^2\omega^2\omega_p{}^2}} \ \rightarrow\ \omega_p{}^4 + 4\zeta^2\omega^2\omega_p{}^2 = \omega^4$$

이로부터 $\omega_p = \omega\sqrt{-2\zeta^2 + \sqrt{1+4\zeta^4}}$를 얻는다. 그러므로 ω_p에서의 위상각은

$$\phi_g = \measuredangle G_p(i\omega_p) - \tan^{-1}\left(\frac{\omega_p}{2\zeta\omega}\right) = -90° - \tan^{-1}\left(\frac{\sqrt{-2\zeta^2 + \sqrt{1+4\zeta^4}}}{2\zeta}\right)$$

따라서 위상마진은 다음과 같이 ζ만의 함수로 얻어진다:

$$\mathrm{PM} = 180° + \phi_g = 90° - \tan^{-1}\left(\frac{\sqrt{-2\zeta^2 + \sqrt{1+4\zeta^4}}}{2\zeta}\right)$$

그림 15.12는 감쇠인자 ζ와 위상마진 *PM* 사이의 관계를 나타낸 것이다.[1]

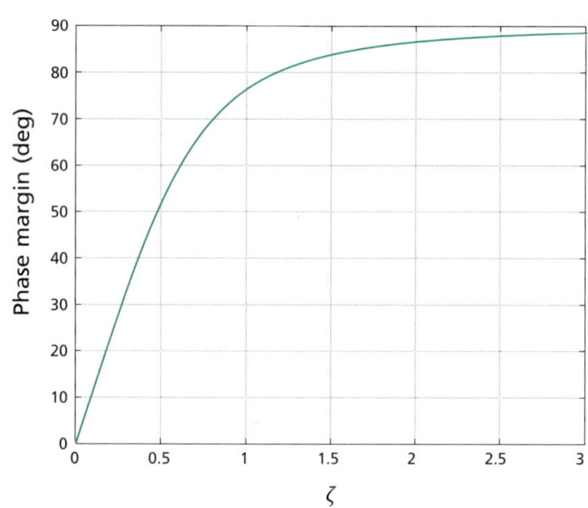

그림 15.12 **감쇠인자에 따른 위상마진의 변화.**

1. 이 그래프는 MATLAB을 이용해 다음과 같이 생성할 수 있다:

```
>> zet = 0:0.01:3; Pm = pi/2 - atan(sqrt(-2*zet.^2 + sqrt(1 + 4*zet.^4))./(2*zet)); Pm = Pm*180/pi;
>> plot(zet,Pm), grid, xlabel('\zeta'), ylabel('Phase margin (deg)')
```

보기 15.6

앞의 보기 15.4에서 $GM = 1.5$, $PM = 45°$가 되도록 제어기를 조정하여라.

풀이

$K_{cu} = 24.0$이므로 식 (15.3)에 의해

$$K_c|_{GM=1.5} = \frac{K_{cu}}{1.5} = \frac{24.0}{1.5} = 16.0 \tag{i}$$

한편 $PM = 45°$이면 식 (15.2)로부터 $\phi_g = 45° - 180° = -135°$이어야 한다. 그런데 $\phi = -\tan^{-1}(3\omega) - \tan^{-1}(30\omega) - \tan^{-1}(10\omega)$로 주어지므로 $\phi = \phi_g = -135°$이면 위의 관계로부터 $\omega \cong 0.105$ rad/sec를 얻으며 이 때의 진폭비 AR_N은 $AR_N = \dfrac{AR}{0.8K_c} = 0.2$이다. 따라서

$$K_c|_{\mathrm{PM}\,=\,45°} = \frac{AR}{(0.8)(0.2)} = \frac{1}{(0.8)(0.2)} = 6.25 \tag{ii}$$

GM과 PM은 서로 다른 두 개의 제어기 조정기준이다. 위에서 얻은 두 개의 제어기 gain (i)과 (ii) 중 어느 것을 기준으로 제어기를 조정하느냐 하는 문제는 제어되는 공정과 조업 상황에 따라 좌우된다.

보기 15.7

다음 그림에 보인 바와 같은 제어 시스템의 임계 주파수를 구하여라. 그림에서 $G_c(s) = 20\left(1 + \dfrac{1}{2.5s} + s\right)$, $G_p(s) = \dfrac{e^{-0.3s}}{(9s+1)(11s+1)}$이다.

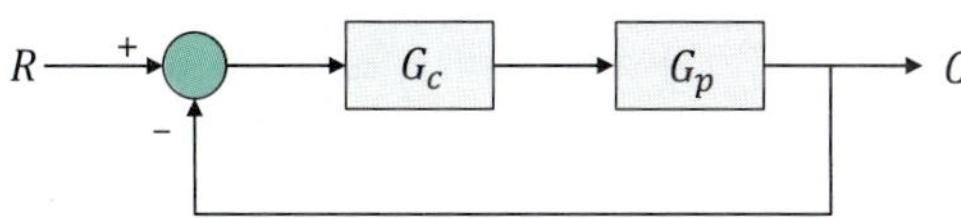

그림 15.13 Feedback 제어구조.

풀이

그림 15.14에 보인 Bode 선도로부터 위상각 ϕ는 $-180°$를 세 번 지남을 알 수 있다. 즉 임계 주파수는 세 개가 존재하며, 따라서 Bode의 안정성 기준은 적용이 불가능하다.

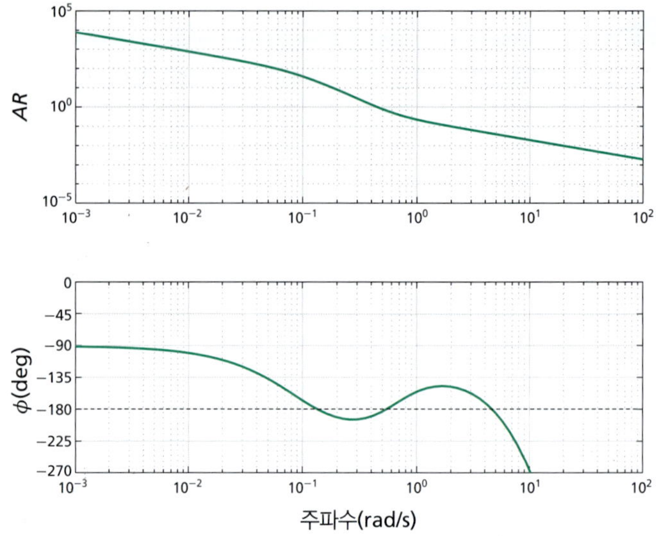

그림 15.14 불안정한 공정의 진동응답.

보기 15.8

아래 그림은 간단한 feedback 제어구조를 보인 것이다.

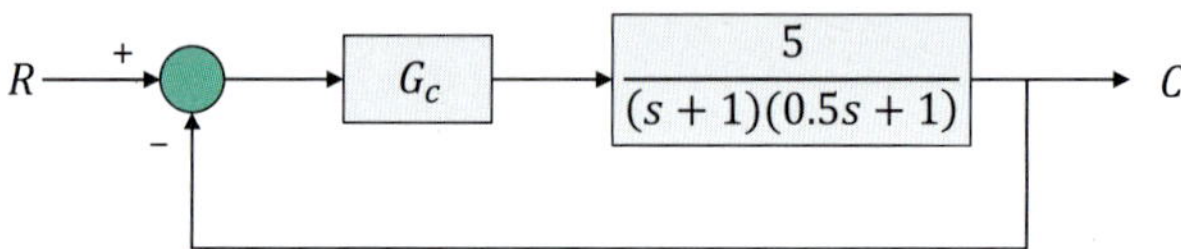

그림 15.15 Feedback 제어구조.

(1) 제어기로서 P 제어기를 사용하는 경우 제어기의 한계이득 K_{cu}는 얼마인가?

(2) 제어기로서 PI 제어기를 사용하며 $\tau_I = 0.2$로 하는 경우 한계이득 K_{cu}는 얼마인가?

풀이

(1) Bode 선도를 그려보면 위상각은 −180° 이하로 내려가지 않음을 알 수 있다. 따라서 K_{cu}는 존재하지 않는다. 즉 $K_{cu} = \infty$이다.

(2) $G_{OL} = \dfrac{5K_c(1+\frac{5}{s})}{(s+1)(\frac{s}{2}+1)}$, $AR = \dfrac{5K_c\sqrt{1+25/\omega^2}}{\sqrt{1+\omega^2}\sqrt{1+\omega^2/4}}$

$$\phi = -\tan^{-1}\left(\frac{5}{\omega}\right) - \tan^{-1}(\omega) - \tan^{-1}\left(\frac{\omega}{2}\right) = -180^\circ \rightarrow \omega = \omega_c = 2.3$$

이 때 $AR = 3.13K_c = 1 \rightarrow K_{cu} = 0.32$.

MATLab

이득마진과 위상마진(1)

이득마진과 위상마진은 margin 명령어를 이용하여 얻는다. P 제어기가 이용되는 어떤 feedback 제어 구조에서 특성방정식은 다음과 같다고 가정하자:

$$1 + \frac{K_c}{(s+1)(s+2)(s+3)} = 0$$

margin 함수를 이용하여 한계이득을 구해 보자. MATLAB 프로그램 및 출력은 다음과 같다.

```
>> G = tf(1, conv([1 1], conv([1 2], [1 3])));
>> margin(G)
```

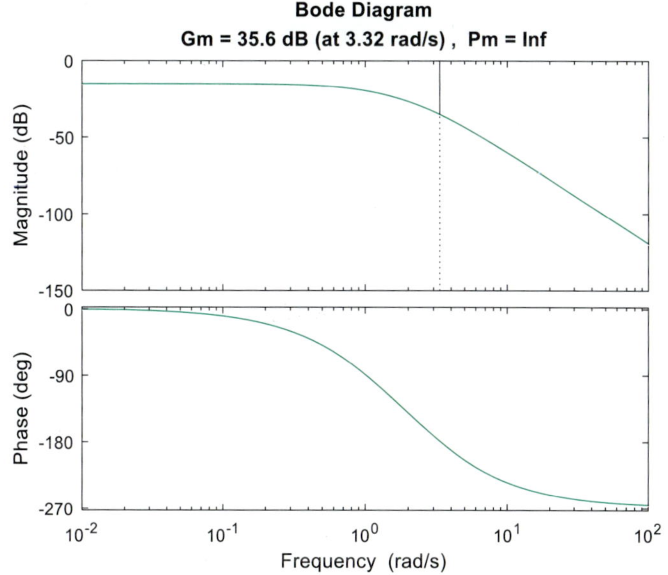

그림 15.16 마진의 규명.

그림으로부터 한계 주파수 $\omega_{cu} = 3.32$에서 한계이득 $K_{cu} = 35.6$임을 알 수 있다.

MATLab

이득마진과 위상마진(2)

그림에 보인 간단한 피드백 제어시스템을 고려해 보자.

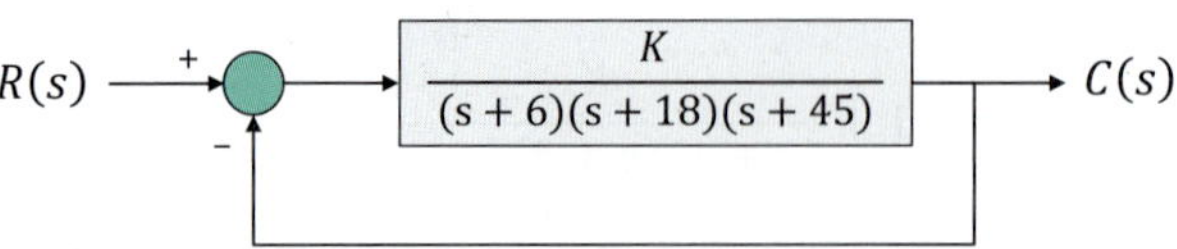

그림 15.17 **피드백 시스템.**

Bode 선도로부터 $K = 10000$일 때 이득마진과 위상마진을 각각 구해 보자. 먼저 다음과 같이 bode 선도를 작성한다:

```
>> K = 10000; n = K; d = conv([1 6],conv([1 18],[1 45])); G = tf(n,d); bode(G), grid
```

얻어지는 그래프 상에 마우스를 위치시키고 오른쪽 버튼을 클릭한 다음 “Characteristics” 메뉴를 선택한다. 이 메뉴에서 “All Stability Margins”를 클릭하면 그림에 보인 바와 같이 이득마진(dB)과 위상마진(°) 및 해당되는 주파수(rad/s)들을 얻을 수 있다.

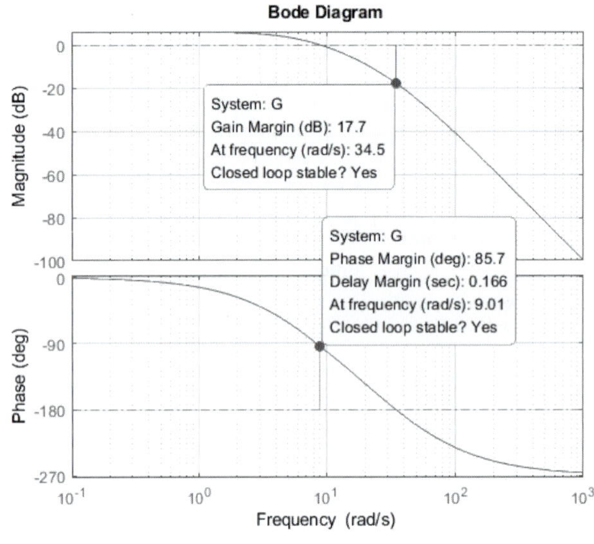

그림 15.18 **이득마진과 위상마진.**

그림으로부터 이득마진은 17.7 dB, 위상마진은 85.7°임을 알 수 있다.

MATLab

한계이득과 마진

비례 제어기가 이용되는 어떤 feedback 제어구조에서 특성방정식은 다음과 같다:

$$1 + K_c \frac{0.8e^{-2s}}{5s+1} = 0$$

한계이득을 구해 보자. MATLAB 프로그램 및 출력은 다음과 같다.

```
>> G = tf(0.8,[5 1]); delay = 2;[m,p,w] = bode(G);
>> Mag = m(1,:); Phase = p(1,:) - ((180/pi)*delay*w');
>> [Gm,Pm,Wcg,Wcp] = margin(Mag, Phase, w)

Gm =
   5.7221
Pm =
   Inf
Wcg =
    0.8932
Wcp =
   NaN
```

즉 한계이득 $K_{cu} = 5.7221$, 한계 주파수 $\omega_{cu} = 0.8932$를 얻는다. 마진을 나타내는 그래프는 다음과 같이 얻는다.

```
>> G = tf(0.8, [5 1]); theta = 2; set(G, 'iodelay', theta);
>> margin(G)
```

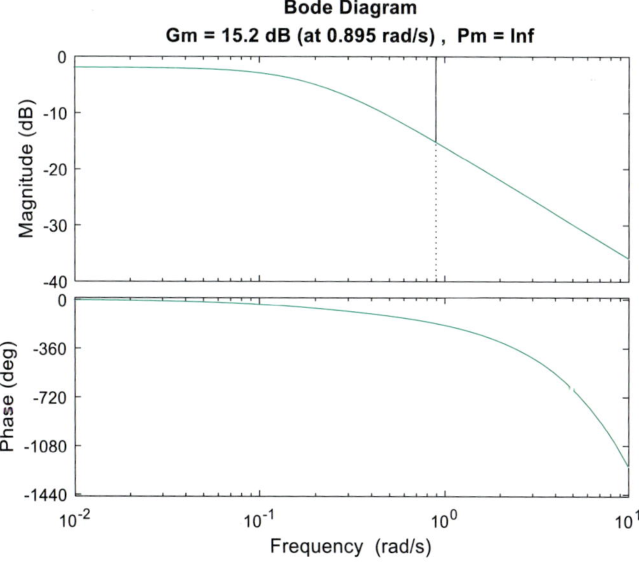

그림 15.19 시간지연이 있는 공정의 마진.

15.3 요약

- 공정의 주파수 응답을 이용한 제어기의 조정은 Bode 선도나 Nyquist 선도를 활용
- 임계 주파수(위상교차 주파수): Bode 선도에서 위상각 ϕ가 $-180°$일 때의 주파수 $\omega = \omega_c$
- Bode의 안정성 기준: 열린루프 전달함수의 주파수 응답의 진폭비가 임계 주파수에서 1보다 크면 닫힌루프 제어 시스템은 불안정하다.
- Bode의 안정성 기준은 G_{OL}이 안정한 경우에만 적용
- 임계 주파수에서 진폭비가 1인 경우($\phi = -180°$에서 $AR = 1$) 제어 시스템의 응답은 한계응답에서와 같은 일정한 진동을 보인다.
- Nyquist 안정성 기준: 열린루프 전달함수의 Nyquist 선도가 점 $(-1, 0)$을 감싸지 않는다면 닫힌루프 공정은 안정하다.
- Nyquist 안정성 기준은 열린루프 응답이 불안정한 시스템에도 적용할 수 있다는 점에서 Bode 안정성 기준에 비해 보다 일반적
- 이득마진: $GM = \dfrac{1}{AR_c}$, 위상마진: $PM = 180 + \phi_g$ (AR_c: $\phi = -180°$일 때의 주파수, ϕ_g: 진폭비가 1일 때의 주파수 ω_g에서의 위상각)
- 제어기는 GM이 대략 1.7~4.0, PM이 대략 30~45° 범위의 값을 갖도록 조정
- GM과 PM이 작을수록 제어 시스템은 안정성 영역의 한계에 그만큼 가까이 다다르는 셈이므로 닫힌루프 응답은 점점 더 큰 진동을 보인다.
- 제어기 이득: $K_c = \dfrac{K_{cu}}{GM}$ (K_{cu}: 한계이득)

점/검/문/제

15.1 다음 중 임계주파수를 바르게 설명한 것은 무엇인가?

① 임계주파수란 Bode 선도에서 위상각이 −180도일 때의 주파수이다.

② 임계주파수란 1차공정의 Bode 선도에서 진폭비를 나타내는 선의 기울기가 변화하는 주파수를 의미한다.

③ 임계주파수란 진폭비가 1일 때의 주파수를 의미한다.

④ 임계주파수는 시간상수의 역수값을 갖는다.

15.2 다음 진폭비와 위상각의 조합 중 한계응답을 보이는 경우는 무엇인가?

① $AR = 1,\quad \phi = -90°$ ② $AR = K,\quad \phi = -180°$

③ $AR = K,\quad \phi = 0°$ ④ $AR = 1,\quad \phi = -180°$

15.3 $G_c(s) = K_c$, $G_v(s) = 0.1$, $G_p(s) = \dfrac{2}{(0.5s+1)^3}$, $G_m(s) = 10$인 시스템의 임계주파수는 얼마인가?

① 1.732 ② 2.0 ③ 3.464 ④ ∞

15.4 열린루프 전달함수가 $G_{OL}(s) = \dfrac{K_c K_p}{\tau_o s - 1}$인 공정의 닫힌루프 시스템의 안정성에 대한 설명 중 맞는 것은 무엇인가?

① 모든 K_c값에 대해 안정하다. ② $K_c > \dfrac{1}{K_p}$일 때 안정하다.

③ $K_c < \dfrac{1}{K_p}$일 때 안정하다. ④ 모든 K_c값에 대해 불안정하다.

15.5 제어기의 특성에 대한 다음 설명 가운데 틀린 것은 무엇인가?

① 비례제어기의 위상각은 주파수에 관계없이 일정하다.

② 주파수가 작은 경우 비례-적분제어기는 시스템의 안정성을 향상시킨다.

③ 미분제어기는 시스템의 안정성을 향상시킨다.

④ 주파수가 작은 경우 비례-적분제어기는 신호를 증폭시킨다.

15.6 다음 중 불안정한 시스템은 무엇인가?

① 진폭비가 1일 때의 위상각이 −200°인 경우

② 임계주파수에서 진폭비가 0.8인 경우

③ 이득마진이 1.7인 경우

④ ④ 위상마진이 30°인 경우

15.7 $G_{OL}(s) = \dfrac{10K_c}{(3s+1)(0.5s+1)}$인 시스템의 한계이득은 얼마인가?

① 0.5 ② 1.0 ③ 3.0 ④ ∞

15.8 한계이득이 24.0인 시스템에서 이득마진을 2.0으로 하면 이득은 얼마가 되는가?

① 2.0 ② 12.0 ③ 24.0 ④ 48.0

15.9 $K_c = 5.0$인 3차계의 임계주파수가 2.2 rad이며 이 때의 진폭비가 1.38이라면 허용 가능한 이득의 최대값(한계이득)은 얼마인가?

① 0.72 ② 1.38 ③ 3.6 ④ 5.0

15.10 열린루프 전달함수가 $G_{OL}(s) = \dfrac{10K_c}{(3s+1)(0.5s+1)}$인 시스템에 대한 다음 설명 중 틀린 것은 무엇인가?

① Nyquist 선도는 $(10K_c, 0)$점에서 출발한다.

② Nyquist 선도는 $(-1, 0)$점을 싸고돈다.

③ 위상각은 0도부터 $-180°$ 사이에 분포한다.

④ 임계주파수는 ∞이다.

점검 문제 해답

15.1 ① **15.2** ④ **풀이** 한계응답은 임계주파수에서 진폭비가 1인 경우이다.

15.3 ③ **풀이** $G_{OL}(s) = G_c(s)G_v(s)G_p(s)G_m(s) = K_c \cdot (0.1) \cdot \dfrac{2}{(0.5s+1)^3} \cdot 10 = \dfrac{2K_c}{(0.5s+1)^3}$. 이 경우 K_c가 변함에 따라 주파수 응답의 진폭비는 변하지만 위상각은 $\measuredangle K_c = 0°$이므로 변하지 않는다. 위상각은 $\phi = -3\tan^{-1}(0.5w)$ (°)이므로 임계 주파수는 $\phi = -180° = -3\tan^{-1}(0.5w)$ $\rightarrow \tan^{-1}(0.5w) = 60° \rightarrow w = w_c = 2\sqrt{3} = 3.464$

15.4 ② **풀이** Nyquist 선도는 원점에서 출발하여 반시계 방향으로 지름이 K_cK_p인 원을 그린다. 또한 복소평면의 오른쪽 영역에 pole이 하나 존재하므로 $-K_cK_p < -1$. 즉 $K_c > \dfrac{1}{K_p}$일 때 $Z = P + N = 1 + (-1) = 0$이 되어 안정해진다.

15.5 ② **풀이** 비례-적분제어기에서 주파수가 작은 경우 신호의 크기는 증폭되며 위상각은 -90도에 접근한다. 이는 시스템이 Nyquist 선도 상의 임계점인 $(-1, 0)$점으로 접근됨을 의미하므로 시스템의 안정성은 나빠지게 된다.

15.6 ① **풀이** 한계응답은 진폭비가 1이고 위상각이 -180도인 경우이다. Nyquist 안정성 기준을 적용하면 임계주파수에서 진폭비가 1보다 작거나 진폭비가 1일 때 위상각이 -180도보다 작아야 시스템은 안정하다.

15.7 ④ **풀이** 이와 같은 2차 시스템의 Bode 선도나 Nyquist 선도를 그려보면 위상각은 0도부터 -180도 사이에 분포함을 알 수 있다. 이는 시스템이 이득에 관계없이 안정함을 의미하므로 한계이득은 존재하지 않는다.

15.8 ② **풀이** $K_c = \dfrac{\text{한계이득}}{\text{이득마진}} = \dfrac{24.0}{2.0} = 12.0$

15.9 ③ **풀이** 이 경우 이득마진이 $GM = \dfrac{1}{1.38} = 0.72$이다. 따라서 이득의 최대값은 $K_{c,max} = (0.72)(5.0) = 3.6$

15.10 ② **풀이** 이는 안정한 2차계이므로 $(-1, 0)$점을 싸고돌지 않는다.

연/습/문/제

15.1 어떤 feedback 제어 시스템의 닫힌회로 특성방정식은 $1+\dfrac{7.5e^{-0.35s}}{6.12s^2+6.3s+1}=0$로 주어진다.

(1) $w=0.8$ rad/min일 때 Bode 그래프 상에 나타나는 진폭비의 크기는 얼마인가?

(2) $w=0.8$ rad/min일 때 Bode 그래프 상에 나타나는 위상지연(도)을 구하여라.

15.2 아래 그림에 보인 feedback 제어구조에서

$G_c(s)=K_c\left(1+\dfrac{1}{5s}\right)$, $G_p(s)=G_L(s)=\dfrac{5e^{-2s}}{10s+1}$, $G_m(s)=\dfrac{1}{s+1}$이다.

(1) 열린루프 시스템에 대한 AR과 ϕ를 w의 함수로 나타내어라.

(2) 위의 결과를 이용하여 이 제어 시스템이 안정하기 위한 K_c의 범위를 구하여라.

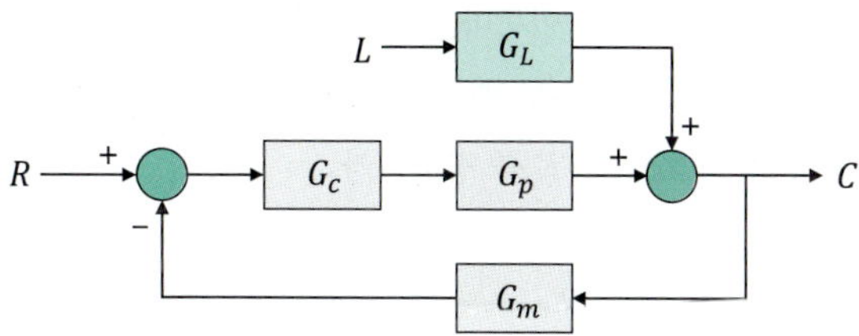

그림 P15.2

15.3 그림에 보인 제어구조에서 공정의 전달함수는 $G_c=\dfrac{1}{(s+1)(2s+1)}$이며 제어기로는 적분시간이 0.5로 설정된 PI 제어기를 이용하고 있다. 닫힌루프 제어구조가 안정하기 위한 PI 제어기의 이득 K_c의 범위를 구하여라.

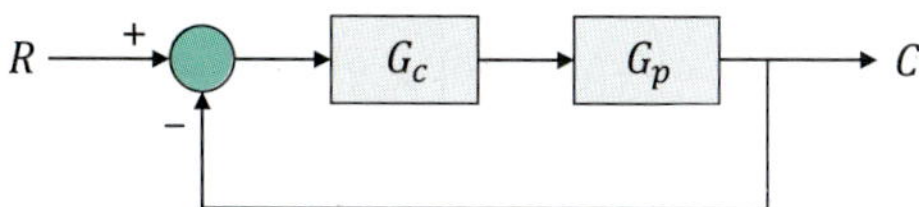

그림 P15.3

15.4 서로 비간섭 관계인 두 개의 액위탱크가 연결된 액위 시스템을 PID 제어기를 이용하여 제어하고자 한다. 제어기의 적분시간은 3분, 미분시간은 40초이며 두 탱크의 시간상수는 각각 10분과 20분이다. 한편 센서/전환기의 동특성은 이득이 1 psi/ft이고 시간상수가 30초인 1차식으로 표현된다. Nyquist 선도를 이용하여 닫힌루프 제어구조가 안정하기 위한 K_c의 범위를 구하여라.

15.5 어떤 제어구조에서 open-loop 전달함수는 $G_{OL}(s)=\dfrac{(s-1)e^{-2s}}{(s+1)(2s+1)}$로 주어진다.

(1) 임계진동수를 구하여라.

(2) 이득마진(gain margin)은 얼마인가?

15.6 $G_p(s)=\dfrac{2e^{-s}}{10s-1}$인 공정을 비례제어기를 이용하여 제어하려 한다.

(1) 한계이득과 한계주파수를 구하여라.

(2) 위상마진이 45°일 때의 제어기의 이득 K_c를 구하여라.

15.7 다음에 보인 그림은 PI 제어기를 이용한 feedback 제어구조를 보인 것이다. 그림에서 $G_c(s) = K_c\left(1+\frac{1}{5s}\right)$, $G_p(s) = G_L(s) = \frac{5e^{-2s}}{10s+1}$, $G_m(s) = \frac{1}{s+1}$이다.

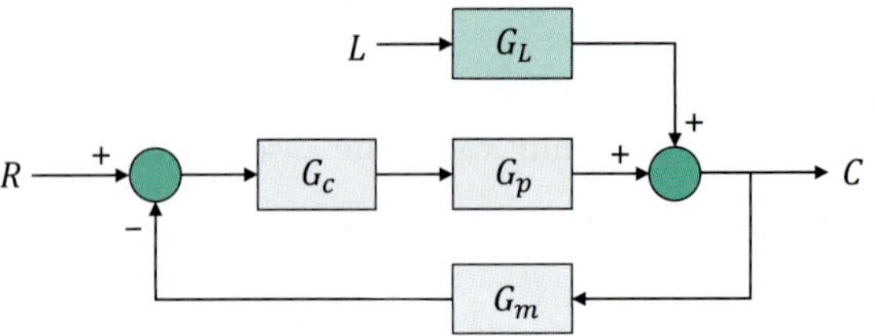

그림 P15.7

(1) $K_c = 0.2$일 때의 위상마진을 구하여라.

(2) K_c가 얼마일 때 이득마진이 1.7이 되는가?

15.8 다음에 보인 feedback 제어구조에서 PI 제어기의 적분시간은 0.5분이다. 위상마진이 40°가 되도록 제어기의 이득 K_c를 정하여라.

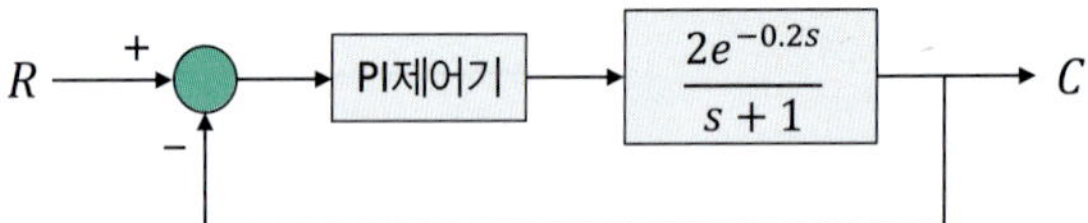

그림 P15.8

15.9 다음 그림은 어떤 feedback 제어구조를 나타낸 것이다. 그림에서 $g_f(s) = \frac{1}{s+2}$, $g(s) = \frac{1}{s+3}$, $g_m(s) = \frac{1}{s+1}$, $g_d(s) = g(s)$이다.

(1) 제어기로서 이득(gain)이 K_c인 비례 제어기를 사용하는 경우(즉 $g_c(s) = K_c$) 이 제어구조가 안정하기 위한 제어기의 이득 K_c의 범위를 구하여라.

(2) 이득마진(gain margin, GM)을 1.7로 하였을 때 아주 작은 위상마진(phase margin, PM)이 얻어졌다. 위상마진이 대략 45~50° 범위가 되도록 하려면 제어기의 이득 K_c를 얼마로 해야 하는가?

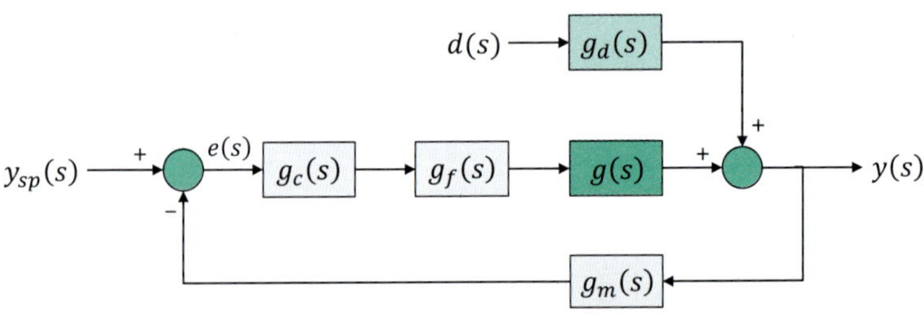

그림 P15.9

15.10 그림은 직렬로 연결된 두 개의 가열탱크 제어구조에 대한 블록선도이다. 가열기로는 전기히터가 이용되고 있으며 첫 번째 가열기의 전압 V_1을 조절하여 온도를 제어하고 있다. 제어되는 변수는 두 번째 탱크의 온도이다. 외부교란 변수는 유입유량 Q_i와 두 번째 탱크의 전기히터 전압 V_2이다. 블록선도에서 $K_m = 0.15\ V/\text{C}°$, $t_d = 0.5$ min, $G_2(s) = \dfrac{4°\text{C}/V}{s+1}$, $G_3(s) = \dfrac{-5e^{-0.5s}°\text{C/gpm}}{(10s+1)(s+1)}$, $G_4(s) = \dfrac{2.5°\text{C}/V}{10s+1}$, $G_5(s) = \dfrac{1°\text{C}/°\text{C}}{10s+1}$이다. 제어기로서 비례 제어기를 사용하고자 한다. 원하는 이득마진(gain margin)이 2라면 제어기의 이득(gain)은 얼마가 되어야 하는가?

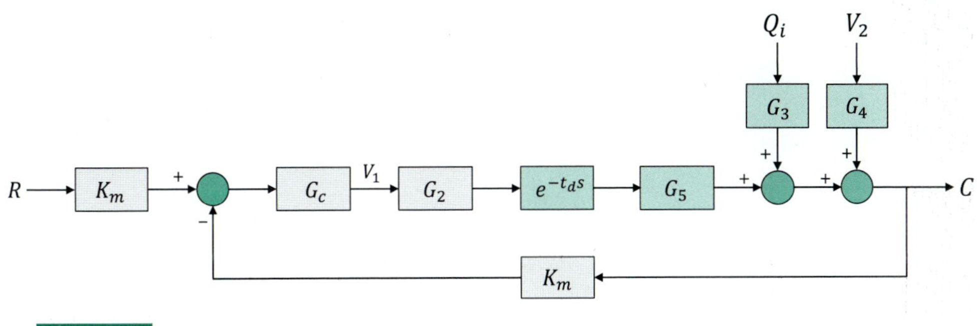

그림 P15.10

* MATLAB 활용 문제

15.11 Nyquist 선도를 이용하여 그림에 보인 feedback 제어 시스템이 안정하기 위한 K_c의 범위를 구하여라.

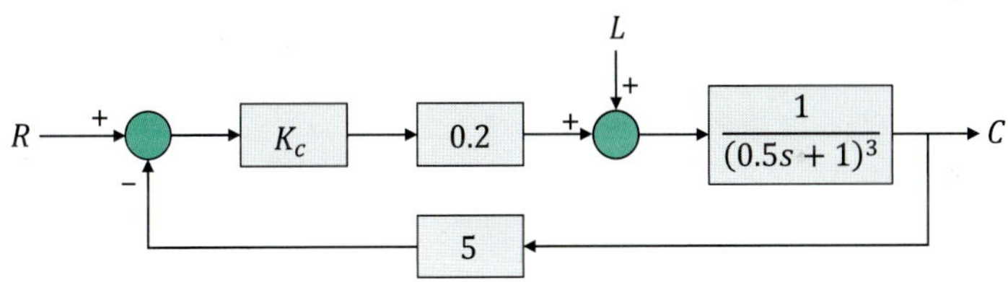

그림 P15.11

15.12 공정의 전달함수가 $G_p(s) = \dfrac{1}{(s+1)(s+5)(s-0.5)}$인 시스템을 비례제어기를 이용하여 제어하려 한다. 제어시스템이 안정하기 위한 제어기의 이득 K_c의 범위를 구하여라. $K_c = 2, 5, 14$일 때 Nyquist 선도를 작성하여 앞에서 얻은 결과를 확인해 보라

최신 공정제어공학 MATLAB의 활용과 실습

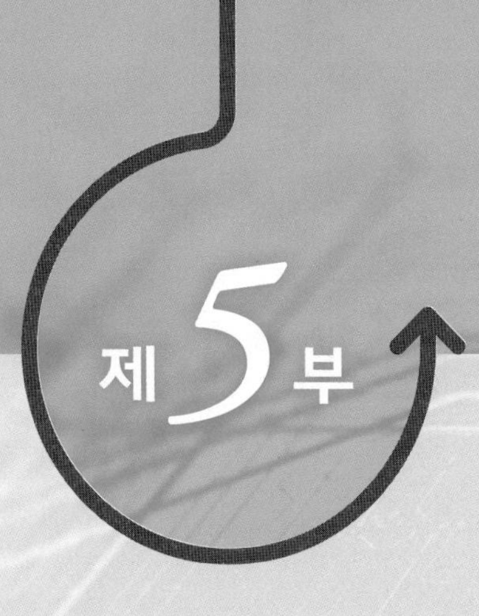

고급제어기법

최신 공정제어공학 MATLAB의 활용과 실습

Feedforward 제어와 Cascade 제어

Feedback 제어의 주요 장점은 다음과 같이 요약해 볼 수 있다:

1) 제어되는 변수가 설정치로부터 벗어나는 즉시 보정작용이 이루어진다.
2) 제어되는 공정의 모델을 알 필요가 없다.

아울러 feedback 제어의 단점은 다음과 같다:

1) 제어되는 변수에 변화가 일어나기 전에는 제어작용이 이루어지지 않는다.
2) 외부교란 변수의 영향을 사전에 억제할 수 있는 능력이 없다.
3) 시간상수가 매우 크거나 시간지연이 큰 공정에는 부적합하다.
4) 제어되는 변수의 측정값이 직접 제어기로 도입되지 않는 경우에는 부적합하다.

Feedforward 제어는 외부교란 변수를 사전에 측정하여 제어에 이용함으로써 외부교란 변수가 공정에 미치는 영향을 미리 보정해 주도록 하는 제어를 말한다. Feedforward 제어기는 측정된 외부교란 변수값들을 이용하여 제어되는 변수가 설정치로부터 벗어나기 전에 조절변수를 미리 조정한다. Feedback 제어기와는 달리 Feedforward 제어기는 공정의 출력을 이용하지 않는다. 일반적으로 feedforward 제어기는 feedback 제어기와 결합되어 사용되며 이로써 feedforward 제어와 feedback 제어가 지니는 장점들을 모두 취할 수 있다.

한편 공정의 제어구조에서 하나의 제어루프로부터 흡족한 제어성능을 얻지 못하는 경우, 혹은 측정 가능한 2차 공정변수가 존재할 경우 cascade 제어구조를 도입하여 제어성능을 높일 수 있다.

16.1 Feedforward 제어구조

Feedback 제어와 feedforward 제어구조를 간략히 나타내면 그림 16.1과 같다.

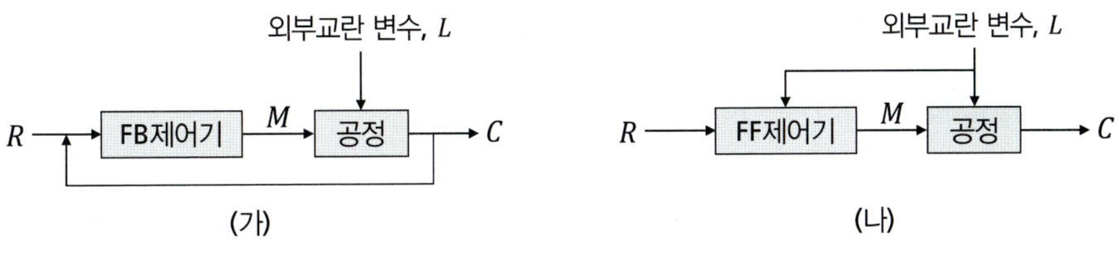

그림 16.1 (가) Feedback (FB) 제어와 (나) Feedforward (FF) 제어구조.

Feedforward 제어에 있어서는

1) 외부교란 변수의 측정이 가능해야 한다.
2) 공정모델이 필요하다—feedforward 제어의 성능은 모델의 정확도에 따라 좌우된다.
3) 이상적인 feedforward 제어기는 설치가 불가능한 경우도 있다.

예로서 그림 16.2에 보인 바와 같은 연속교반가열기의 제어에 있어서는 제어되는 변수는 탱크 유출액의 온도이며 조절되는 변수는 수증기이고 제어목적은 유출액의 온도를 원하는 수준으로 유지하는 것이다.

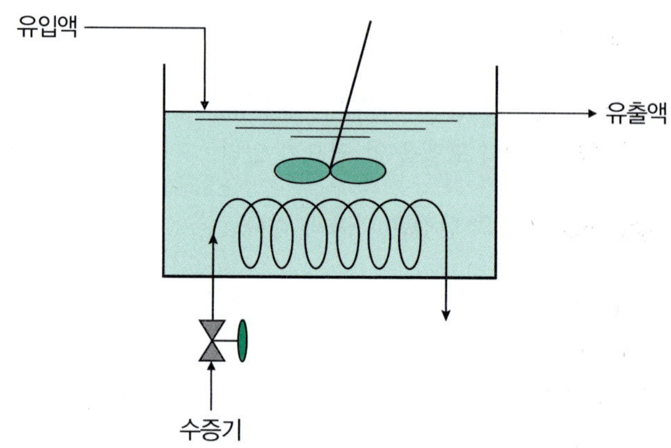

그림 16.2 연속교반 가열기(CSTH).

이 공정의 feedback 제어에서는 그림 16.3에 보인 바와 같이 가열기 내 액체의 온도를 측정하여 설정치와의 차이(제어오차)에 따라 수증기 밸브를 조절한다.

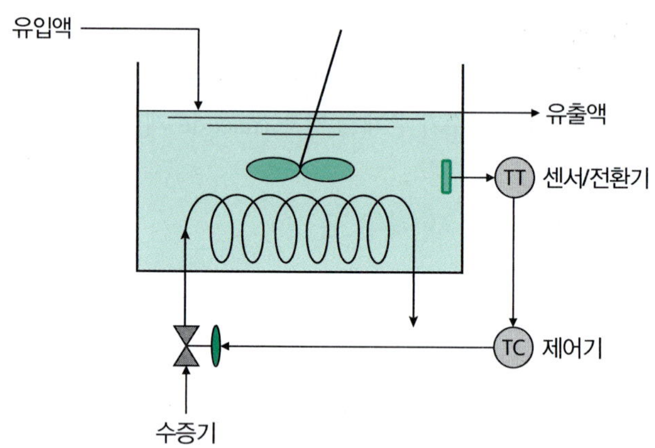

그림 16.3 CSTH의 feedback 제어.

그러나 유입액의 온도(원료의 온도)가 그림 16.4에 보인 바와 같이 크기 L의 예기치 않은 계단변화를 보였다면 유출온도는 곡선 A와 같은 변화를 보일 것이다. 이는 설정치 B로부터 상당히 이탈하고 있다.

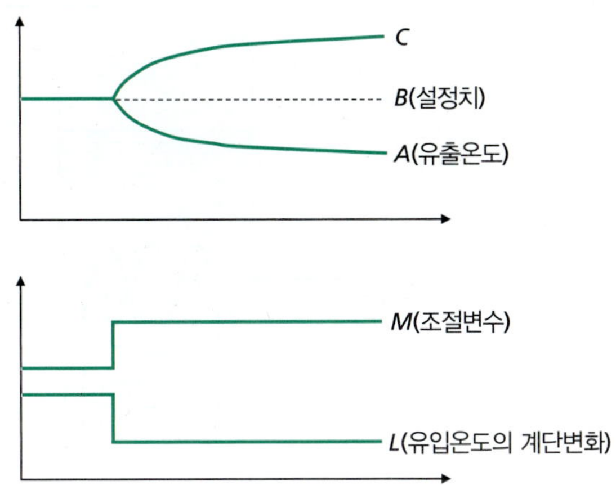

그림 16.4 CSTH에서의 유입온도 변화에 따른 feedforward 제어.

이 경우 유입온도 변화는 외부교란 변수에 해당한다. 유출온도가 B로 유지되도록 하는 것이 목적인데 이를 위해 수증기 밸브(조절변수)를 조절하여 유출온도 곡선이 C로 되게 하면 외부교란 변수의 영향이 상쇄되어 유출온도는 설정치 B로 유지될 것이다. 즉 곡선 C는 유출온도에 대한 조절변수의 영향을 나타낸 것이며 A와 C를 더하면 B가 되어 그림 16.5에 보인 바와 같은 feedforward 제어가 된다.

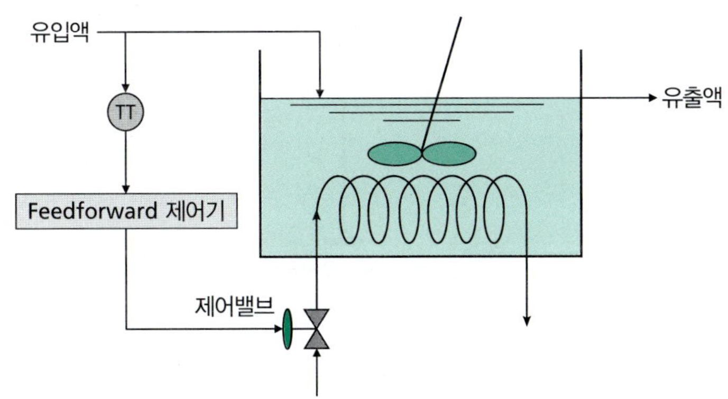

그림 16.5 연속교반 가열기의 feedforward 제어.

보기 16.1

그림 16.6에 보인 보일러 드럼의 제어에서 제어되는 변수와 조절되는 변수 및 외부교란 변수를 구별하고 feedforward 제어구조를 구성하여라.

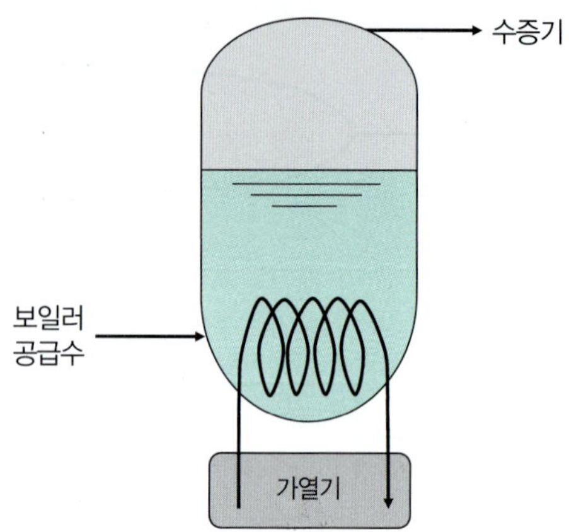

그림 16.6 보일러 드럼.

풀이

제어되는 변수는 드럼의 액위이고 조절되는 변수는 공급수이며 외부교란 변수는 수증기 유량(수요에 따라 변동)이 된다. 이 공정의 feedback 제어에서는 드럼의 액위를 측정하여 보일러 공급수의 조절에 이용한다(그림 16.7). 그러나 feedforward 제어에서는 수증기 유량을 측정하여 보일러 공급수 제어에 이용한다(그림 16.8).

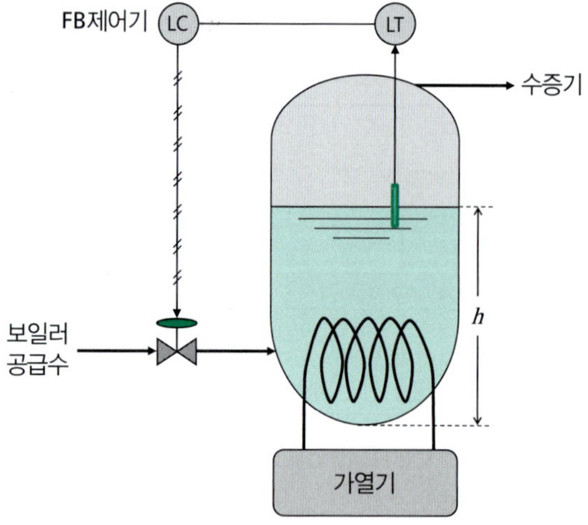

그림 16.7 보일러 드럼의 feedback 제어.

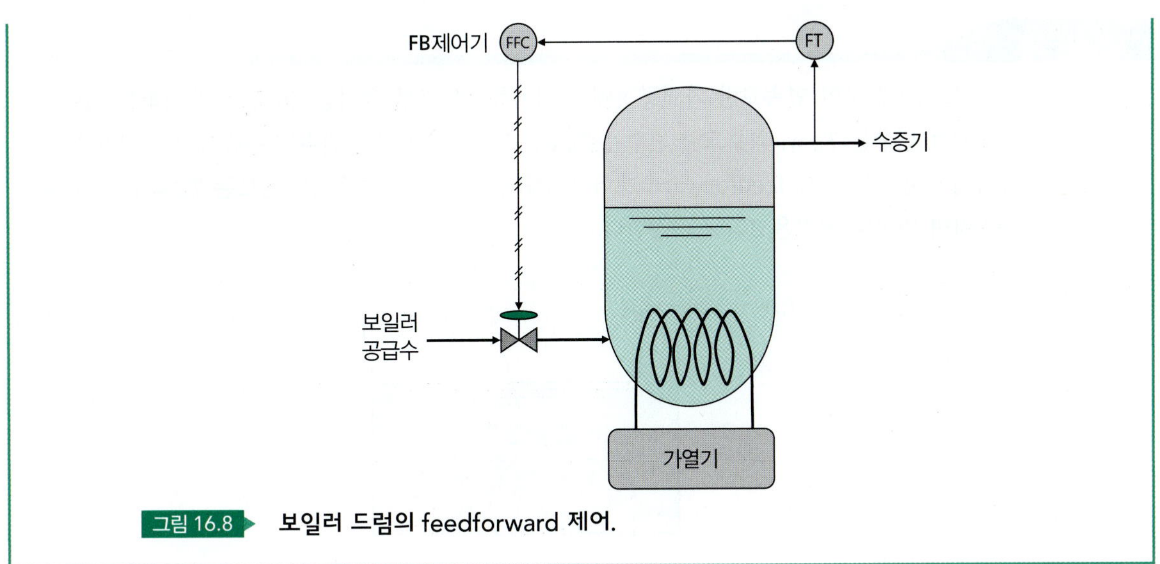

그림 16.8 보일러 드럼의 feedforward 제어.

16.1.1 정상상태 모델을 이용한 feedforward 제어기의 설계

그림 16.9에 보인 증류공정에서 원료의 유량 F와 조성 z의 변화에도 불구하고 y를 원하는 수준으로 유지하기 위해 D를 조절한다고 하자.

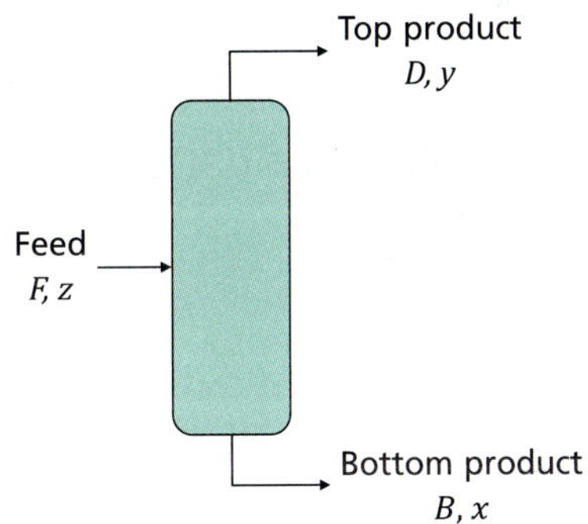

그림 16.9 증류공정.

정상상태 물질수지는 $F = D + B,\ Fz = Dy + Bx$이다. 이로부터 B를 소거하면

$$D = F\left(\frac{z - x}{y - x}\right) \tag{16.1}$$

x와 y의 측정이 불가능할 경우에는 식 (16.1)에서 x와 y를 원하는 값(설정치) x_d와 y_d로 대체시킨다. 즉

$$D = F\left(\frac{z - x_d}{y_d - x_d}\right) \tag{16.2}$$

식 (16.2)에서 F와 z의 변화는 일반적으로 비선형이므로 이 식에 따른 제어작용 역시 비선형이 된다.

보기 16.2

그림 16.10에 보인 연속교반 가열공정에서 제어목적은 T를 원하는 값 T_{sp}로 유지하는 것이며 측정되는 변수는 T_i, w, 외부교란 변수는 T_i, w, 그리고 제어되는 변수는 수증기 압력 P이다. 이 공정에 대한 정상상태 feedforward 제어구조를 구성하여라. 수증기의 온도는 $T_w = a + bP$로 주어지며 열전달 면적은 A라고 가정한다.

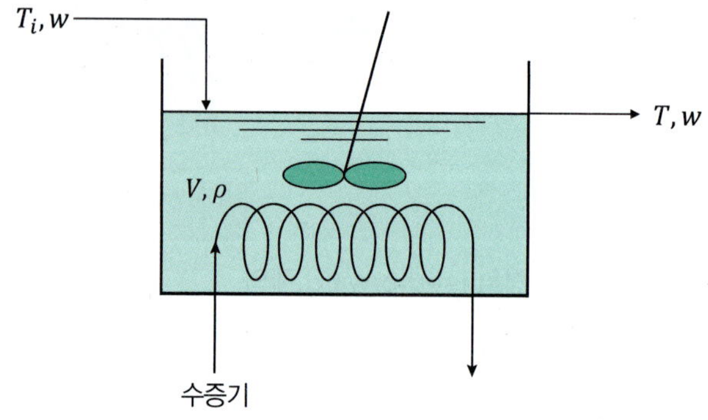

그림 16.10 **연속교반 가열공정.**

풀이

온도 T는 측정이 불가능하며 V는 일정하다고 하면 정상상태 에너지수지(하첨자 s는 정상상태 값을 의미)는

$$\rho C_p V \frac{dT_s}{dt} = 0 = w_s C_p (T_{is} - T_s) + UA(T_{ws} - T_s) = w_s C_p (T_{is} - T_s) + UA(a + bP_s - T_s) \tag{16.3}$$

이로부터

$$P_s = \frac{1}{bUA}\left[UA(T_s - a) + w_s C_p (T_s - T_{is})\right] = \left(\frac{1}{b}\right) T_s + \left(\frac{C_p}{bUA}\right) w_s T_s - \left(\frac{C_p}{bUA}\right) w_s T_{is} - \left(\frac{a}{b}\right) \tag{16.4}$$

식 (16.4)에서 T_{is}, w_s를 각각 측정값 T_i, w로 대체하고 T_s는 원하는 값(설정치) T_{sp}로 대체하면 요구되는 수증기 압력 P는 식 (16.4)로부터

$$P = K_1 T_{sp} + K_2 w T_{sp} - K_2 w T_i - K_3 \tag{16.5}$$

와 같이 주어진다. 여기에서 $K_1 = \frac{1}{b}$, $K_2 = \frac{C_p}{bUA}$, $K_3 = \frac{a}{b}$이다. Feedforward 제어구조는 그림 16.11에 보인 바와 같다.

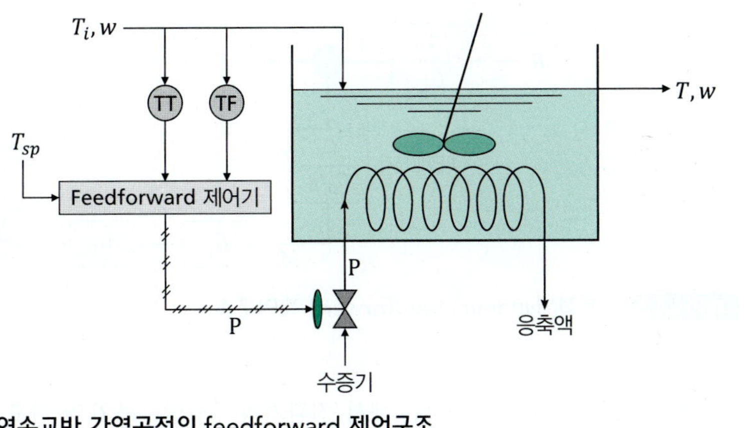

그림 16.11 연속교반 가열공정의 feedforward 제어구조.

16.1.2 동적모델을 이용한 feedforward 제어기

그림 16.12는 외부교란 변수가 도입되는 경로를 보인 것이다.

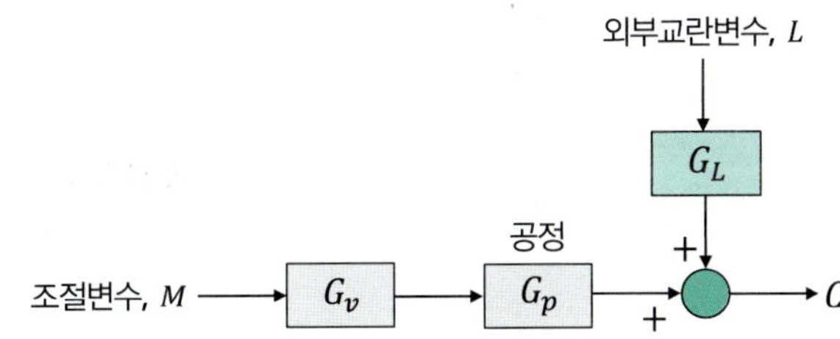

그림 16.12 외부교란 변수의 도입.

그림에서

$$C = G_L L + G_v G_p M$$

출력 C가 설정치 R로 유지된다면

$$R = G_L L + G_v G_p M$$

이로부터

$$M = \frac{1}{G_v G_p}(R - G_L L) = \frac{G_L}{G_v G_p}\left(\frac{R}{G_L} - L\right) \tag{16.6}$$

이 관계를 블록선도로 나타내면 그림 16.13과 같다.

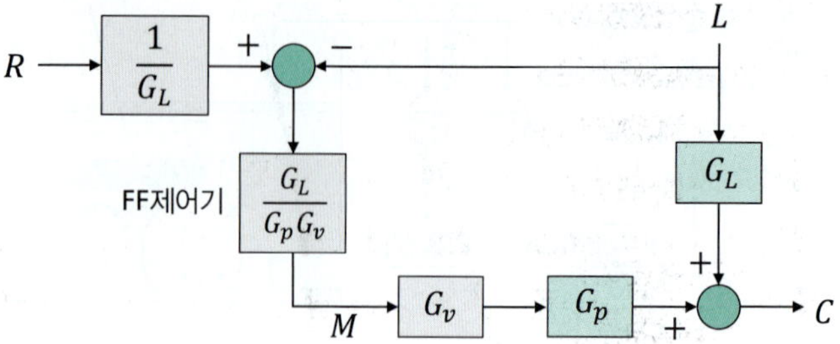

그림 16.13 동적(dynamic) feedforward 제어구조.

외부교란 변수 L을 측정하는 센서/전환기의 전달함수를 G_t라 하고 $G_R = \dfrac{1}{G_L}, G_f = \dfrac{G_L}{G_v G_p}$라 두면 위의 제어구조는 다시 다음 그림과 같이 나타낼 수 있다.

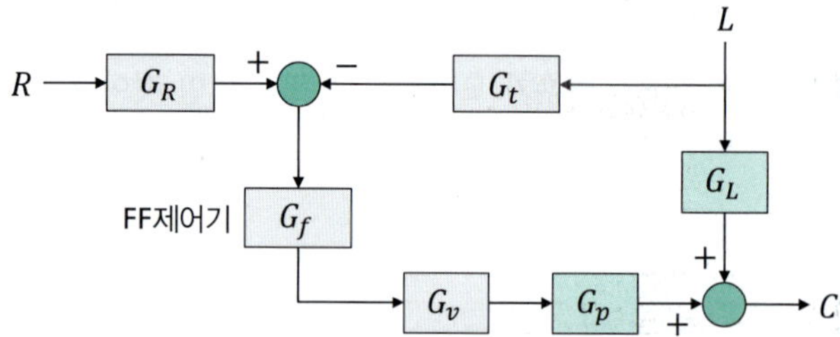

그림 16.14 Feedforward 제어구조.

위의 그림으로부터

$$C = G_L L + (G_R R - G_t L)G_f G_v G_p = G_R G_f G_v G_p R + \left(G_L - G_t G_f G_v G_p\right)L \qquad \textbf{(16.7)}$$

출력 C가 외부교란 변수 L의 영향을 받지 않으려면 $G_L - G_t G_f G_v G_p = 0$이어야 한다. 즉

$$G_f = \frac{G_L}{G_t G_v G_p} \qquad \textbf{(16.8)}$$

이는 동적(dynamic) feedforward 제어기를 나타낸다. 이 경우 식 (16.7)로부터

$$C = G_R G_f G_v G_p R + 0 \cdot L = \frac{1}{G_L} \cdot \frac{G_L}{G_t G_v G_p} \cdot G_v G_p R = \frac{R}{G_t} \qquad \textbf{(16.9)}$$

따라서 $G_t = 1$이면 출력 C는 설정치 R과 같아진다.

보기 16.3

어떤 공정에서 $G_L = \dfrac{K_L}{\tau_L s + 1}$, $G_p = \dfrac{K_p}{\tau_p s + 1}$, $G_t = K_t$, $G_v = K_v$일 때 동적 feedforward 제어기를 구하여라.

풀이

식 (16.8)로부터

$$G_f = \frac{K_L}{\tau_L s+1}\cdot\frac{1}{K_t K_v}\cdot\frac{\tau_p s+1}{K_p} = \left(\frac{K_L}{K_t K_v K_p}\right)\left(\frac{\tau_p s+1}{\tau_L s+1}\right)$$

를 얻는다. 이는 lead-lag 형태의 제어기이다.

보기 16.4

어떤 공정에서 $G_L = \dfrac{K_L}{\tau_L s+1}$, $G_p = \dfrac{K_p e^{\theta s}}{\tau_p s+1}$, $G_t = K_t$, $G_v = K_v$일 때 feedforward 제어기를 나타내는 식을 구하고 물리적인 실현 가능성 여부를 판별하여라.

풀이

식 (16.8)로부터

$$G_f = \left(\frac{K_L}{K_t K_v K_p}\right)\left(\frac{\tau_p s+1}{\tau_L s+1}\right)e^{\theta s}$$

$e^{\theta s}$는 미래의 예측값을 의미하므로 이 feedforward 제어기는 물리적으로 실현 불가능하다.

MATLab

Feedforward 제어

그림에 보인 feedforward 제어구조에서 교란변수 L에 단위계단 변화가 도입되었을 때 응답을 구해 보자. 그림에서 $G_t = 0.65, K_m = 0.8, G_v = 0.8, G_p = \dfrac{2}{s+1}, G_L = \dfrac{1}{(2s+1)^2}$이며, 이 경우 feedforward 제어기는 $G_f = \dfrac{1}{(0.65)(0.8)(2)}\left(\dfrac{s+1}{2s+1}\right) = \dfrac{0.96(s+1)}{2s+1}$이다.

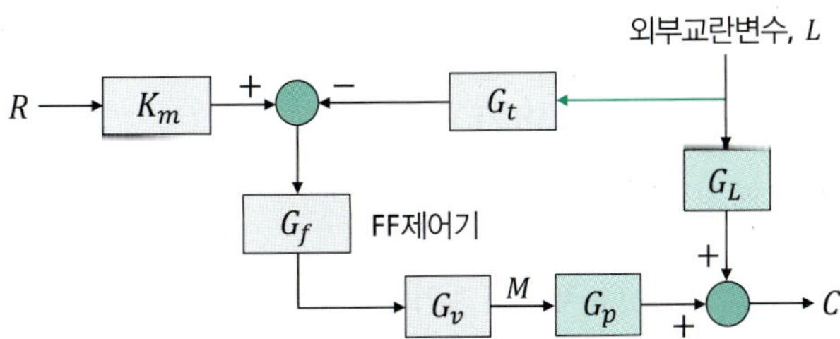

그림 16.15 Feedforward 제어구조.

MATLAB Simulink를 이용하여 응답을 구할 수 있다. 다음 그림과 같이 Simulink 블록을 구성한다. 설정값의 변화가 없는 상태에서 교란변수 L의 단위계단 변화에 대한 응답은 블록선도의 Scope를 더블클릭하여 알아볼 수 있다.

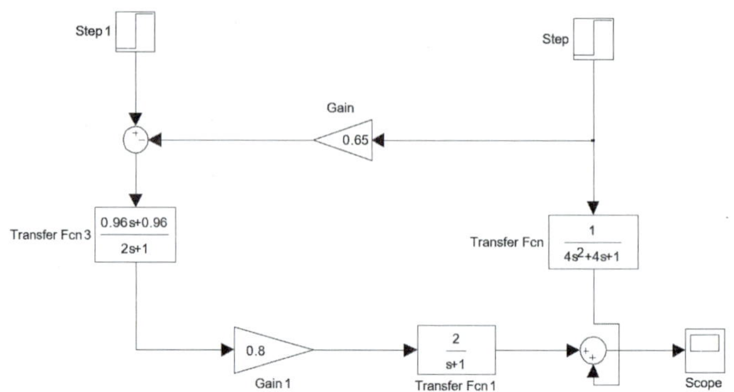

그림 16.16 Feedforward 제어구조의 Simulink 블록(ffcontrol.mdl).

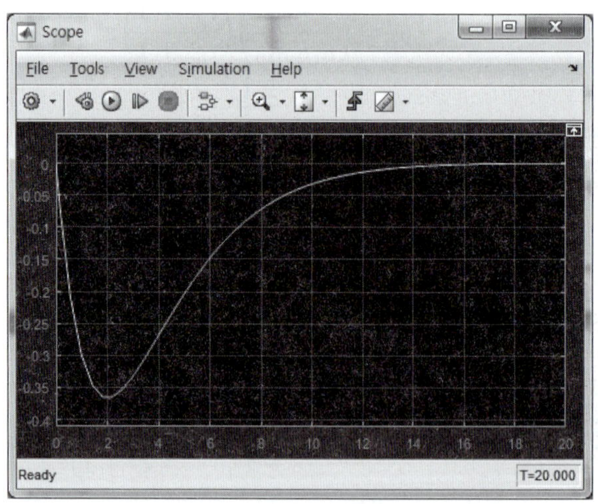

그림 16.17 Feedforward 제어구조의 교란변수 단위계단 변화에 대한 응답.

16.1.3 Feedforward 제어기 설계기준

Feedforward 제어가 요구되는 경우는

(1) Feedback 제어로부터 적절한 제어효과를 얻지 못할 때
(2) 측정 가능한 외부교란 변수가 존재할 때

이다. 한편 feedforward 변수(외부교란 변수)가 만족해야 하는 기준은 다음과 같이 요약할 수 있다:

(1) 중요한 교란의 발생을 나타내 주어야 한다.
(2) 조절변수와 feedforward 변수들 간에 상관관계가 없어야 한다.
(3) 교란변수의 동특성은 조절변수-출력변수의 동특성보다 빠르면 안된다. 즉 외부교란 변수의 동특성이 매우 빠를 때에는 feedforward 제어기는 이용하지 않아야 한다.

표 16.1은 feedback과 feedforward 제어의 장단점을 정리한 것이다.

표 16.1 Feedback과 feedforward 제어의 장단점

구분	Feedforward 제어	Feedback 제어
장점	• 공정출력이 영향을 받기 전에 교란변수의 영향을 보정시켜 준다. • 제어시스템의 안정성과는 무관하다. • 공정의 동특성이 느린 경우에 유리하다.	• 공정의 모델이 불필요하다. • 교란변수의 측정이 불필요하다. • 모든 종류의 교란에 대해 효과적이다.
단점	• 정상상태 offset을 제거시킬 수 없다. • 교란을 인식하고 측정해야 한다. • 측정되지 않는 교란에 대해서는 적용할 수 없다. • 교란 동특성 모델과 공정의 모델을 필요로 한다.	• 공정출력이 설정치로부터 벗어나기 전에는 제어작용을 하지 않는다. • 닫힌루프 제어시스템의 안정성에 영향을 미친다. • 공정의 동특성이 느리거나 변수들 간에 간섭이 존재하는 경우에 불리하다.

16.1.4 Feedforward/feedback 제어구조

일반적으로 feedforward는 feedback과 결합되어 사용된다. 결합된 feedforward/ feedback(FF/FB) 제어구조는 그림 16.18에 보인 바와 같다.

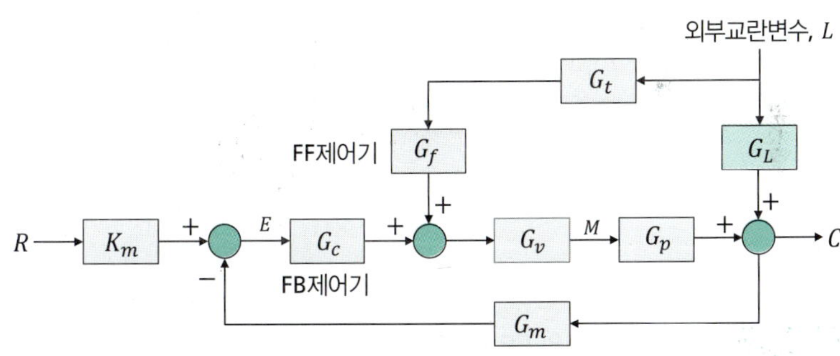

그림 16.18 Feedforward/ feedback(FF/FB) 제어구조.

외부교란 변수(L)의 변화만 도입되는 경우(즉 설정치 $R = 0$) 전달함수는

$$\frac{C}{L} = \frac{G_L + G_t G_f G_v G_p}{1 + G_c G_m G_v G_p} \tag{16.10}$$

L의 변화에도 불구하고 C의 변화가 없으려면(즉 $C = 0$)

$$\frac{C}{L} = 0 \;\rightarrow\; G_L + G_t G_f G_v G_p = 0 \;\rightarrow\; G_f = -\frac{G_L}{G_t G_v G_p} \tag{16.11}$$

특성방정식은 식 (16.10)의 분모로부터

$$1 + G_c G_m G_v G_p = 0$$

이는 G_f와 무관하다. 즉 feedforward 제어기는 닫힌루프 제어시스템의 안정성에 아무런 영향을 미치지 않는다.

보기 16.5

그림 16.7과 16.8의 두 제어구조를 합하여 보일러 드럼의 feedforward/ feedback (FF/FB) 제어구조를 구성하여라.

풀이

Feedforward 제어구조와 feedback 제어구조를 결합하면 다음 그림에 보인 바와 같은 제어구조를 얻는다.

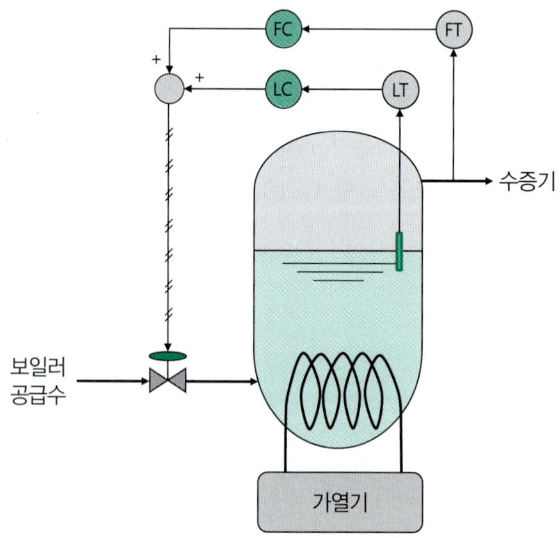

그림 16.19 보일러 드럼의 FF/FB 제어.

MATLab

Feedforward/feedback 제어

그림 16.20에 보인 feedforward/feedback 제어구조에서 교란변수 L에 단위계단 변화가 도입되었을 때 응답을 구해 보자.

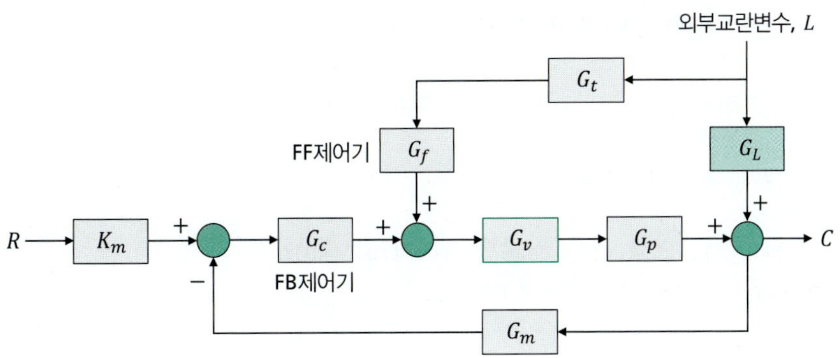

그림 16.20 FF/FB 제어구조.

제어구조에서 $G_L = \dfrac{1}{(s+1)^2(2s+1)}$, $G_t = 0.8, G_v = 1.5, G_p = \dfrac{1}{(s+1)^2}$, $G_m = K_m = 0.9$이다. 이 경우 feedforward 제어기는

$$G_f = -\frac{G_L}{G_t G_v G_p} = -\frac{0.833}{2s+1}$$

로 주어진다. Feedback 제어기로는 $G_c(s) = K_c\left(1 + \dfrac{1}{\tau_I s}\right)$와 같은 PI 제어기가 이용되고 있다고 가정한다. 이 경우 $\tau_I = 1$이며 이득 K_c가 1, 2, 8, 20의 값을 가진다고 할 때 각 경우에 대한 응답을 비교해 보자.

MATLAB Simulink를 이용하여 응답을 구할 수 있다. 다음 그림과 같이 Simulink 블록을 구성한다. 설정값의 변화가 없는 상태에서 교란변수 L의 단위계단 변화에 대한 응답은 블록선도의 Scope를 더블클릭하여 알아볼 수 있다.

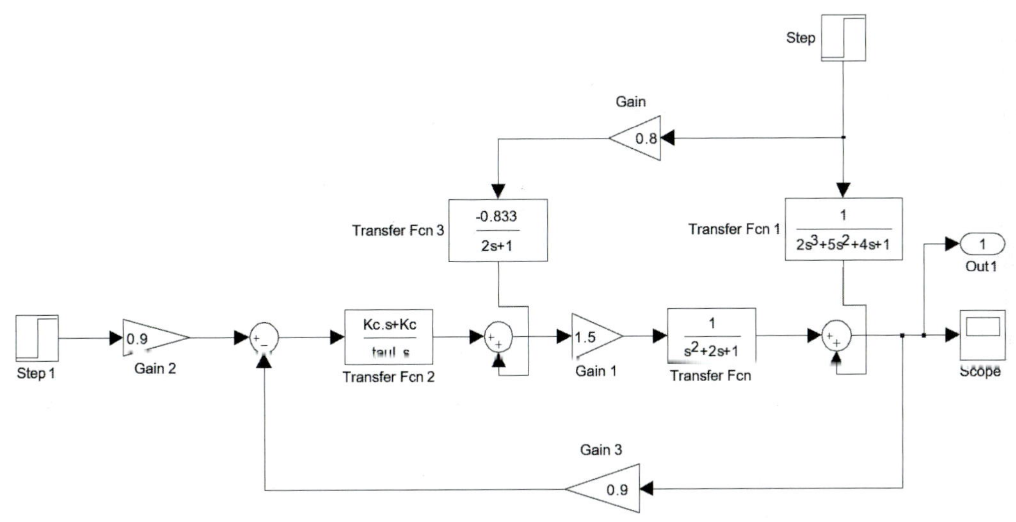

그림 16.21 FF/FB 제어구조의 Simulink 블록(fffbcontrol.mdl).

```
% fffbconloop.m: feedforward/feedback 제어구조
clear
h(1,:) = '--'; h(2,:) = ': '; h(3,:) = '-.'; h(4,:) = '- '
tauI = 1;  % 적분시간
gn = [1 2 8 20]; % 제어기 이득
for i = 1:4
      Kc = gn(1,i); [t,x,y] = sim('fffbcontrol',40);
      plot(t,y(:,1),h(i,:)), hold on
end
grid, hold off
legend('Kc = 1','Kc = 2', 'Kc = 8', 'Kc = 20')
xlabel('Time(min)'), ylabel('Output, y(t)')
```

명령어 창에서 fffbconloop.m 파일을 수행하면 그림 16.22에 보인 바와 같은 그래프를 얻는다. 그림에서 알 수 있듯이 제어기의 이득을 증가시킴에 따라 피크가 줄어들어 더욱 우수한 응답을 얻게 되지만 이득이 너무 커지면(즉 $K_c > 10$) 불규칙한 진동이 나타남을 알 수 있다.

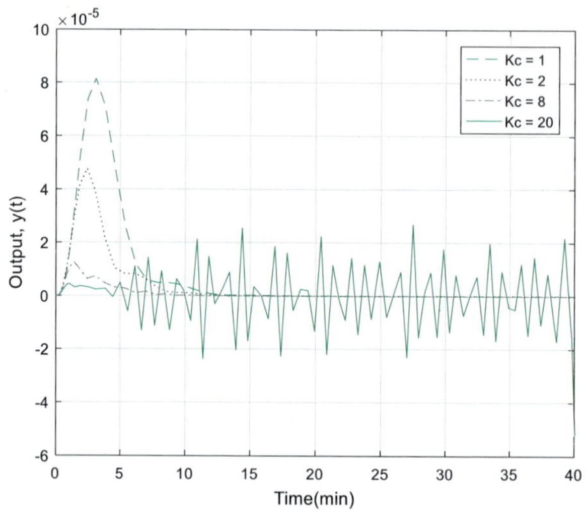

그림 16.22 FF/FB 제어구조의 교란변수 단위계단 변화에 대한 응답.

16.1.5 Feedforward 제어기의 조정

Feedforward 제어기는 컴퓨터를 통한 디지털 모드로 이용되는 것이 일반적이다. Lead/lag 형태의 feedforward 제어기 $G_f = K_f\left(\frac{\beta s+1}{\alpha s+1}\right)$에서 K_f의 초기값 설정은 정상상태 이득의 비

$$K_f = -\frac{K_L}{K_t K_v K_p} \tag{16.12}$$

로 정하며 α와 β의 초기값으로는 대개 $\alpha = \tau_L$, $\beta = \tau_p$를 취한다.

Lead/lag 요소를 다시 쓰면

$$\frac{Y(s)}{X(s)} = K_f\left(\frac{\beta s + 1}{\alpha s + 1}\right) \rightarrow (\alpha s + 1)Y(s) = K_f(\beta s + 1)X(s)$$

이를 역 라플라스 변환시키고 미분방정식 형태로 전환하면

$$\alpha\frac{dY(t)}{dt} + Y(t) = K_f\beta\frac{dX(t)}{dt} + K_f X(t)$$

를 얻는다. 여기에 미분의 근사관계

$$\frac{dY}{dt} \approx \frac{Y_n - Y_{n-1}}{\Delta t} = \frac{Y_n - Y_{n-1}}{T},\ \frac{dX}{dt} \approx \frac{X_n - X_{n-1}}{\Delta t} = \frac{X_n - X_{n-1}}{T}$$

를 적용하면

$$\frac{\alpha(Y_n - Y_{n-1})}{T} + Y_n = K_f\beta\frac{(X_n - X_{n-1})}{T} + K_f X_n$$

가 된다. 이를 정리하면

$$Y_n = \left(\frac{\alpha/T}{\alpha/T + 1}\right)Y_{n-1} + K_f\left(\frac{\beta/T + 1}{\alpha/T + 1}\right)X_n - \left(\frac{K_f\beta/T}{\alpha/T + 1}\right)X_{n-1} \qquad \textbf{(16.13)}$$

시간지연이 θ인 경우 $\Gamma = \theta/T$로 두면

$$Y_n = \left(\frac{\alpha/T}{\alpha/T + 1}\right)Y_{n-1} + K_f\left(\frac{\beta/T + 1}{\alpha/T + 1}\right)X_{n-\Gamma} - K_f\left(\frac{\beta/T}{\alpha/T + 1}\right)X_{n-\Gamma-1}$$

Feedforward/ feedback 제어기의 조정에서는

- 어느 제어기를 먼저 조정해도 무방하다.
- Feedforward 제어기 파라미터의 조정에는 G_p와 G_L이 필요하다.
- 단순한 계단형태의 교란은 거의 없으므로 통계적인 방법을 써서 G_L을 얻는다.
- $\beta \gg \alpha$인 경우 $\frac{\beta s + 1}{\alpha s + 1} \cong \beta s + 1$로 둘 수 있으므로 잡음이 크게 증폭될 수 있다. 대개 β와 α의 비는 2:1을 넘지 않도록 한다.

보기 16.6

다음 그림은 가열기에서 유출액(product)의 온도를 제어하는 feedback 제어구조를 보인 것이다. 이 공정에서는 원료유량(feed)의 변동이 주요 교란변수이다. Feedforward/feedback 제어구조를 구성하여라.

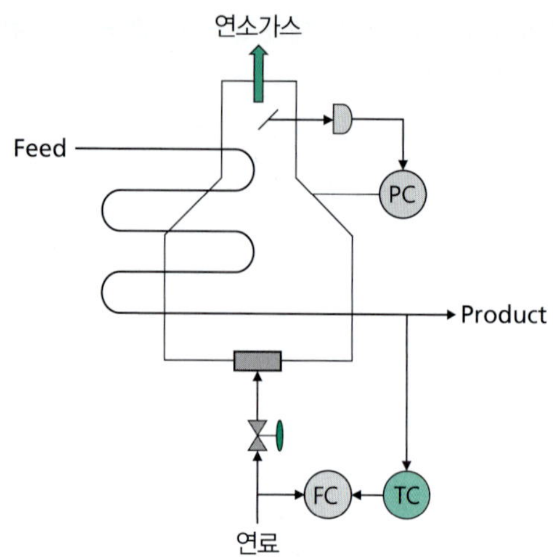

그림 16.23 Fired heater.

풀이

Feedforward/feedback 제어구조는 다음 그림과 같이 구성할 수 있다.

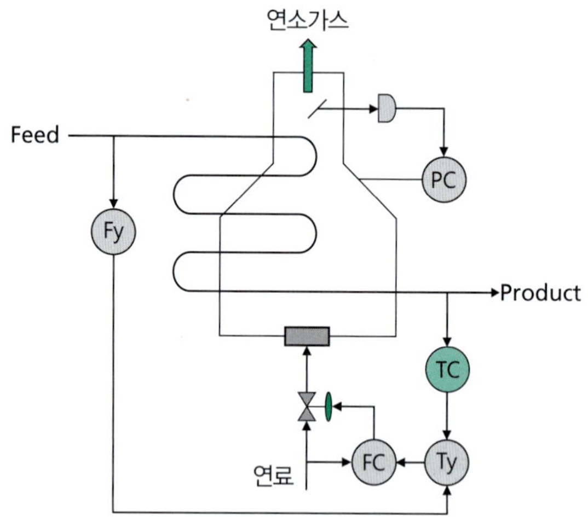

그림 16.24 가열기의 feedforward/ feedback 제어구조.

16.2 비율제어(Ratio 제어)

비율제어(Ratio 제어)는 feedforward 제어의 특수한 형태로서 두 변수값의 비를 원하는 값으로 유지시키기 위한 제어방법이다. 즉 두 변수를 M, L이라 하면 이들의 비 $Ra = M/L$을 제어한다. 비율제어가 이용되는 보기를 들어보면 다음과 같다:

1) 증류탑의 재비기(reboiler)에서 원료 유량과 수증기 유량의 비를 일정하게 유시
2) 증류탑에서 환류비(reflux ratio)를 일정하게 유지
3) 반응기로 유입되는 두 반응물의 비를 원하는 값으로 유지

4) 혼합물 조성을 일정한 값으로 유지하기 위해 두 혼합흐름의 유량비를 제어
5) 연소기의 연료-공기 비율을 최적값으로 유지
6) 흡수탑에서 기상과 액상의 유량비를 일정하게 유지

비율제어에서는 두 가지 방법이 이용된다. 그림 16.25에 보인 방법 I에서는

1) 두 흐름의 유량을 측정하여 L_m과 M_m을 얻는다.
2) 나눔 계산기를 이용하여 두 측정값의 비 $R_m = M_m/L_m$을 구한다.
3) R_m을 원하는 비 R_d와 비교하여 주 흐름 M을 조절한다.

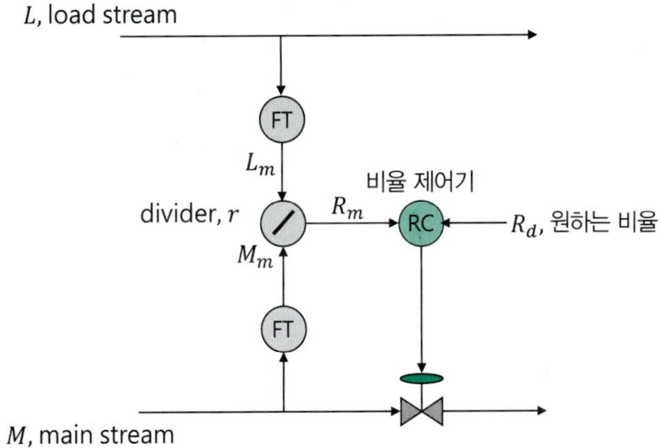

그림 16.25 **비율제어방법 I.**

이 방법의 장점은 두 변수비의 실제값 R_m이 얻어진다는 점이다. 그러나 나눔 계산기의 기능은 L_m에 대해 비선형($R_m = M_m/L_m$)이며, 센서의 오류나 고장으로 인해 측정이 되지 않을 경우(L_m = 0) 처리가 곤란하다.

그림 16.26에 보인 방법 II에서는 부하 흐름의 유량을 측정(L_m)한다: $L_m = K_l L$

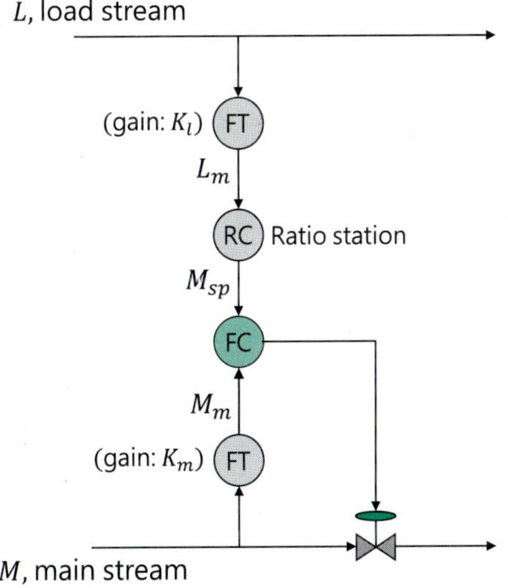

그림 16.26 **비율제어방법 II.**

측정된 부하흐름값 L_m에 미리 설정된 이득(즉 원하는 이득) $K_R = \left.\frac{M_m}{L_m}\right|_{desired}$ 을 곱하여 M_{sp}를 얻는다. 즉

$$M_{sp} = K_R L_m = K_R K_l L \quad \textbf{(16.14)}$$

이로부터 얻어지는 M_{sp}는 원하는 주 흐름 유량이 되며 M_{sp}와 M의 측정값 $M_m(= K_m M)$을 비교하여 M을 조절한다. 즉 $M_m = M_{sp}$이어야 하므로 $K_m M = K_R K_l L$이다. 따라서

$$K_m\left(\frac{M}{L}\right) = K_R K_l$$

위에서 M/L을 원하는 비율 $R_d = \left(\frac{M}{L}\right)_{desired}$ 로 대체하면

$$K_R = R_d\left(\frac{K_m}{K_l}\right) \quad \textbf{(16.15)}$$

이러한 방법 II는 이전의 방법 I보다 널리 이용된다.

보기 16.7

암모니아 합성 반응기로 유입되는 원료 N_2와 H_2를 당량비로 유지하고자 한다:

$$3H_2 + N_2 \Leftrightarrow 2NH_3$$

유량 전환기의 측정범위는 N_2의 경우 15 liter/min, H_2의 경우 30 liter/min이다. 비율제어구조를 구하고 ratio station 이득 K_R을 구하여라.

풀이

H_2 흐름을 부하흐름으로 정한다. 원하는 실제 비는 $R_d = \frac{M}{L} = \frac{1}{3}$과 같다. 한편 $K_l = \frac{C}{30}$, $K_m = \frac{C}{15}$ (C: 상수)이므로 식 (16.15)에 의하여

$$K_R = R_d\left(\frac{K_m}{K_l}\right) = \frac{1}{3}\left(\frac{C/15}{C/30}\right) = \frac{2}{3}$$

16.3 Cascade 제어

Cascade 제어는 주 feedback 제어기 외에 2차적인 feedback 제어기를 추가시켜서 교란변수의 영향을 소거시키고자 하는 제어방법으로서 단일루프 제어 시스템의 성능을 높일 수 있는 가장 능률적인 방법의 하나이다. Cascade 제어는 교란변수 응답에 있어서의 최대 편차와 누적오차를 감소시켜 주며 요구되는 계산이 간단하고 설치가 쉽다. 그러나 기존의 단일루프에 비해 추가의 공정변수 측정이 필요하다. 적절한 추가 공정변수의 선정은 cascade 제어기의 성패에 극히 중요하다.

16.3.1 Cascade 제어시스템의 구성

연속교반 가열기의 온도제어에서 단일루프 온도제어 구조는 그림 16.27에 보인 바와 같다. 이 공정에서 제어목적은 유출물의 온도를 원하는 수준(설정치)으로 유지하는 것이다.

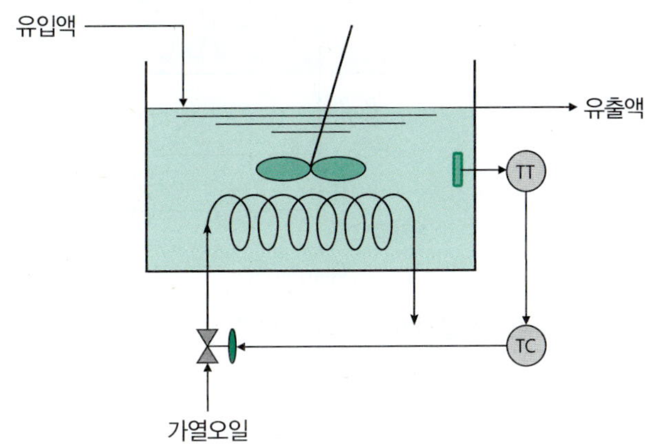

그림 16.27 **연속교반 가열기의 제어구조.**

보통의 경우 이용되는 PI 제어기와 같은 통상적인 feedback 제어기는 특히 계단형태의 교란변수 변화가 있을 때 정상상태 offset을 0이 되도록 해준다. 그러나 연속교반 가열기에서 가열오일의 압력변화는 빈번히 야기될 수 있는 큰 교란변수가 될 수 있다. 즉 가열오일의 압력이 증가하면 오일의 유량 및 열 전달량이 증가하고 따라서 유출물의 온도가 증가한다. 이 경우 유출물 온도의 증가에 따라 기존에 설치되어 있는 feedback 제어기가 작동하게 되지만 이미 유출온도가 변화된 이후에 작동하는 것이므로 제어성능이 저하된다.

Cascade 제어에서는 가열오일의 압력변화와 같이 제어성능에 큰 영향을 미치는 교란변수의 영향을 미리 보정해 준다. 이를 위해 교란변수 변동을 나타내어 주는 "2차" 공정변수를 측정해야 한다. 연속교반 가열기의 경우 가열오일의 압력변화를 잘 나타내어 주는 변수는 오일의 유량이므로 이를 2차 공정변수로 취한다.

Cascade 제어에서는 두 개의 feedback(대개 PID) 제어기를 이용한다. 그림 16.28에서 주 제어기(primary 제어기)인 온도 제어기(TC)의 출력은 secondary 제어기(유량제어기, FC)의 설정치가 된다.

가열오일의 압력이 변하는 순간 오일유량도 변하는데 이는 즉시 유량측정기(FT)에 의해 감지되어 유량제어기(FC)에 의해 유량변화의 억세를 위한 제어작용이 이루어진다. 이 cascade 구조에서 온도제어기보다는 유량제어기 FC의 동특성이 매우 빠르다. Secondary 제어기(FC)의 응답이 더 빠르지 않다면 cascade 구조의 이점은 사라진다. 주 제어기(primary 제어기)는 다음과 같은 기능을 수행한다:

(1) 2차 루프에서도 완전히 제거되지 않은 교란변수의 영향을 보정
(2) Cascade 루프 이외의 다른 부분에서 도입될 수 있는 교란의 영향을 보정
(3) 주 설정치(연속교반 가열기의 경우 T_{sp}) 변화에 대처

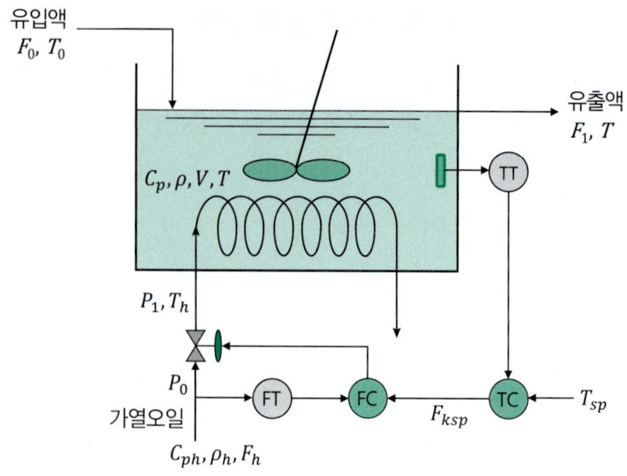

그림 16.28 **연속교반 가열기의 cascade 제어.**

Cascade 제어에 이용되는 feedback 제어기의 명칭은 다음 표에 보인 바와 같다.

표 16.2 Cascade 제어기의 명칭

온도	유량
primary 제어기	secondary 제어기
outer	inner
master	slave

한 가지 제어목적의 달성을 위해 두 개의 제어기를 사용한다는 것이 일면 부적절할 것 같으나 자유도를 분석해 보면 자유도가 증가하지 않음을 알 수 있다. 앞의 연속교반 가열기에 대하여 관련식들을 살펴보면 다음과 같다.

물질수지: $F_0 = F_1$

열 수지: $\rho C_p V \dfrac{dT}{dt} = \rho C_p F_1(T_0 - T) - f(F_h, C_{ph})(T - T_h)$

오일 유량과 밸브위치 관계식: $F_h = C_v v \sqrt{\dfrac{P_0 - P_1}{\rho_h}}$

온도 제어식: $F_{hsp} = K_{c1}\left[\left(T_{sp} - T\right) + \dfrac{1}{\tau_{I1}}\displaystyle\int_0^t \left(T_{sp} - T\right) dt'\right] + I_{F_h}$

유량 제어식: $v = K_{c2}\left[\left(F_{hsp} - F_h\right) + \dfrac{1}{\tau_{I2}}\displaystyle\int_0^t \left(F_{hsp} - F_h\right) dt'\right] + I_v$

이로부터

변수의 수: $F_1, F_h, T, F_{hsp}, v \rightarrow$ 5개(미지변수)

외부변수: F_0, T_0, T_h, T_{sp}

파라미터: $V, \rho, C_p, \rho_h, C_{ph}, C_v, P_0, P_1, K_{c1}, K_{c2}, \tau_{I1}, \tau_{I2}, I_{F_h}, I_v$ → 고정

따라서 자유도는 F = (변수의 수) − (식의 수) = 5 − 5 = 0이다.

16.3.2 Cascade 제어구조의 설계기준

Cascade 제어가 요구되는 경우는 다음과 같은 경우이다:

(1) 단일루프 제어로부터 흡족한 제어성능을 얻지 못하는 경우
(2) 측정 가능한 2차 공정변수가 존재할 경우

Cascade 제어에서 2차 공정변수가 만족해야 할 기준은 다음과 같다:

(1) 중요한 교란의 발생을 나타내어 주어야 한다.
(2) 조절변수와의 사이에 상호 관계가 존재해야 한다.
(3) 응답특성이 주 공정변수 변수의 동특성보다 빨라야 한다(대개 3배 정도).

2차 루프의 임계 진동수가 보통 1차 루프의 경우보다 3배 정도 이상일 때 cascade를 이용한다.

보기 16.8

연속교반 반응기에 대한 간단한 feedback 제어구조는 그림 16.29에 보인 바와 같다. 이 제어구조에서는 냉각수의 유량을 조절하여 반응기 온도 T를 원하는 값으로 유지한다. 이 제어구조에서 냉각수 유입온도에 변화가 야기될 때에는 제어성능이 저하된다. 이를 보정하여 주기 위한 제어구조를 고안하여라.

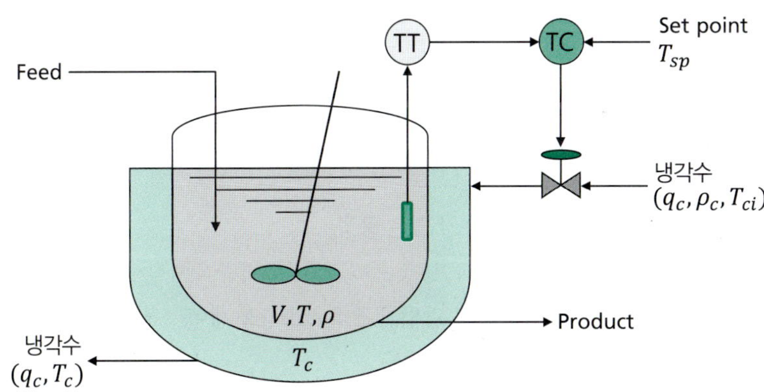

그림 16.29 연속교반 반응기의 단일루프 feedback 제어.

풀이

반응기 냉각재킷으로 유입되는 냉각수의 예기치 않는 온도변화가 반응기 온도에 영향을 미치기 전에 보정해 줄 필요가 있다. 이를 위한 cascade 제어구조는 다음 그림에 보인 바와 같다.

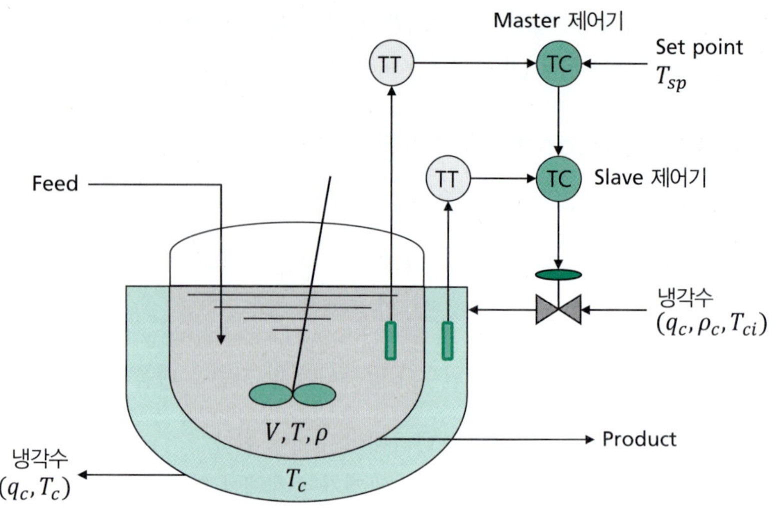

그림 16.30 연속교반 반응기의 cascade 제어.

그림에서 master 제어기의 출력은 slave 제어기의 설정치가 된다. 2차 제어루프(slave제어기)가 주 제어루프(master 제어기) 내에 위치하고 있음을 알 수 있다.

16.3.3 Cascade 제어구조와 안정성

그림 16.31에 보인 바와 같이 2가지의 외부교란 변수가 도입되는 공정을 고려해 보기로 한다.

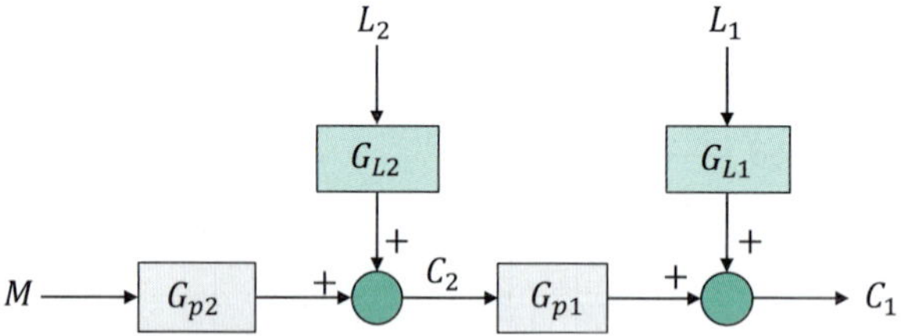

그림 16.31 두 외부교란 변수가 있는 공정.

이와 같은 공정에 대한 종래의 단일루프 feedback 제어구조는 그림 16.32에 보인 바와 같다.

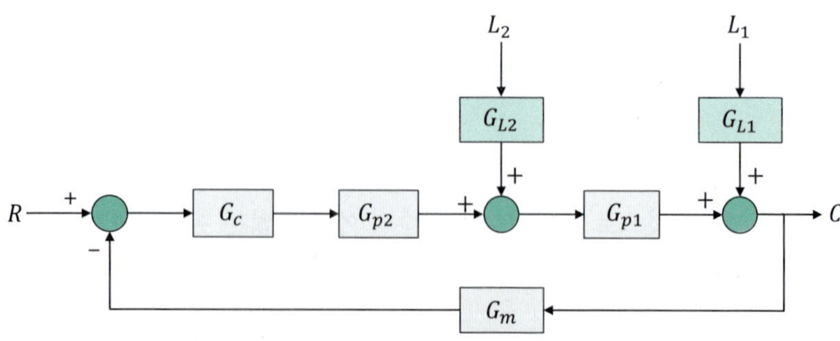

그림 16.32 두 외부교란 변수가 있는 공정의 단일루프 feedback 제어.

위의 공정에 대한 그림 16.33의 cascade 제어구조에서 하첨자 1은 주 제어루프(master 제어기), 하첨자 2는 2차 제어루프(slave 제어기)를 의미한다.

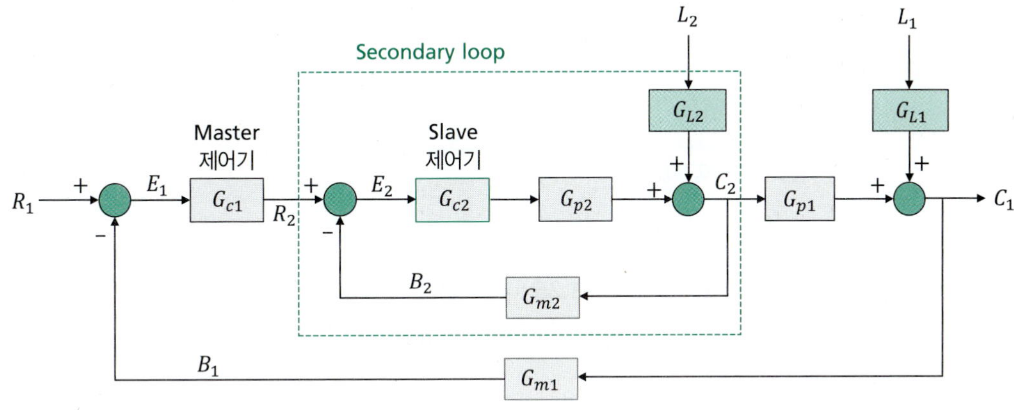

그림 16.33 두 외부교란 변수가 있는 공정의 cascade 제어.

2차 제어루프로 도입되는 교란변수 L_2는 주 공정 G_{p1}에 그 영향을 미치기 전에 slave 제어기 G_{c2}에 의해 보정된다. 총괄 전달함수는 다음과 같이 얻어진다.

2차 루프:
$$C_2 = \frac{G_{c2}G_{p2}R_2 + G_{L2}L_2}{1 + G_{c2}G_{p2}G_{m2}} \quad \textbf{(16.16)}$$

총괄:
$$C_1 = \frac{G_{c1}G_{c2}G_{p1}G_{p2}R_1 + G_{L2}G_{p1}L_2 + G_{L1}(1 + G_{c2}G_{p2}G_{m2})L_1}{1 + G_{c2}G_{p2}G_{m2} + G_{c1}G_{c2}G_{p1}G_{p2}G_{m1}} \quad \textbf{(16.17)}$$

이로부터 특성방정식은 다음과 같다:

$$1 + G_{c2}G_{p2}G_{m2} + G_{c1}G_{c2}G_{p1}G_{p2}G_{m1} = 0 \quad \textbf{(16.18)}$$

보기 16.9

그림 16.33의 블록선도에서 $G_{p1} = \dfrac{4}{(2s+1)(4s+1)}$, $G_{p2} = \dfrac{5}{s+1}$, $G_{L1} = \dfrac{1}{3s+1}$, $G_{L2} = 1$, $G_{m1} = 0.05$이며 $G_{c2} = K_{c2} = 4$이다. 이 제어 시스템이 안정하기 위한 master 제어기(비례 제어기를 이용한)이 이득 K_{c1}의 범위를 구하여라. 아울러 이를 master 제어기만이 이용되는 경우(즉 단일루프 feedback 제어)의 K_{c1}의 범위와 비교하여라.

풀이

식 (16.18)의 특성방정식으로부터

$$1 + (4)\left(\frac{5}{s+1}\right)(0.2) + K_{c1}(4)\left(\frac{5}{s+1}\right)\frac{4}{(2s+1)(4s+1)}(0.05) = 0$$

이를 정리하면

$$8s^3 + 46s^2 + 31s + (5 + 4K_{c1}) = 0$$

Routh 테스트 결과는 다음과 같다:

①	8	31
②	46	$5 + 4K_{c1}$
③	$30.1 - 0.7K_{c1}$	
④	$5 + 4K_{c1}$	

이로부터 $K_{c1} < 43,\ K_{c1} > -1.25 \implies -1.25 < K_{c1} < 43$. 따라서 한계이득은 $K_{c1,u} = 43$.

단일루프 제어의 경우 $G_{c2} = 1,\ G_{m2} = 0$ 이므로 특성방정식으로부터

$$8s^3 + 14s^2 + 7s + (1 + K_{c1}) = 0$$

Routh 테스트 결과는 다음과 같다:

①	8	7
②	14	$1 + K_{c1}$
③	$6.43 - 0.57K_{c1}$	
④	$1 + K_{c1}$	

이로부터 $K_{c1} < 11.28,\ K_{c1} > -1 \implies -1 < K_{c1} < 11.28$. 즉 한계이득은 $K_{c1,u} = 11.28$. 따라서 cascade의 경우보다 선택범위가 줄어들었음을 알 수 있다. 만일 L_2에 단위계단 변화가 야기되었다면 식 (16.17)에서 $L_1 = 0,\ R_1 = 0$일 때

$$\frac{C_1}{L_2} = \frac{G_{L2}G_{p1}}{1 + G_{c2}G_{p2}G_{m2} + G_{c1}G_{c2}G_{p1}G_{p2}G_{m1}}$$

이로부터

$$C_1 = \frac{4(s+1)}{8s^3 + 46s^2 + 31s + (5 + 4K_{c1})} \cdot \frac{1}{s}$$

따라서

$$C_1(\infty) = \lim_{s \to 0} sC_1 = \frac{4}{5 + 4K_{c1}} \ \rightarrow\ \text{offset} = R_\infty - C_\infty = 0 - \frac{4}{5 + 4K_{c1}} = -\frac{4}{5 + 4K_{c1}}$$

16.3.4 Cascade 제어기의 조정

제어기로는 통상 PID가 이용된다. 2차루프 제어기는 비례모드를 반드시 포함해야 하며 적분 모드는 필수는 아니지만 흔히 포함된다. 조정은 2차루프 제어기로부터 먼저 시작한다. 조정방법은

Ziegler–Nichols 방법이나 Cohen–Coon 방법과 같은 통상의 조정방법들을 이용한다.

1차루프 공정과 2차루프 공정의 전달함수가 각각 $G_{p1}(s) = \frac{K_1\theta_1}{\tau_1 s + 1}$, $G_{p2}(s) = \frac{K_2\theta_2}{\tau_2 s + 1}$와 같이 얻어졌다면 주 제어기의 튜닝은 Austin[1] 및 Lopez[2]가 제안한 방법을 이용하여 수행할 수 있다. 이들이 제안한 방법은 표 16.3에 나타나 있다.

표 16.3 공정 모델을 이용한 주 제어기의 튜닝.

2차 제어기	주 제어기$\left(z = \frac{\tau_2}{\tau_1},\ w = \frac{\theta_2}{\theta_1}\right)$	
	PI	PID
P	$K_{c1} = \frac{\tau_1 z^{-1.3965} w^{0.2767}}{8.2048 K_1 \theta_1}$ $\tau_{I1} = \tau_1 z^{-0.0018} w^{0.2097}$ 적용범위: $0.1 \le z,\ w \le 0.7$	$K_{c1} = \frac{\tau_1 z^{-1.1312} w^{-0.0966}}{5.2416 K_1 \theta_1}$ $\tau_{I1} = \tau_1 z^{-0.0655} \left(\frac{\theta_1}{\tau_1}\right)^{0.5342}$ $\tau_{D1} = \theta_1 z^{1.4397} \left(\frac{\theta_1}{\tau_1}\right)^{-1.6551}$ 적용범위: $0.1 \le z, w \le 0.7,\ \ 0.2 \le \frac{\theta_1}{\tau_1} \le 1.0$
PI	$K_{c1} = \frac{z^{-0.3857} w^{-0.0995}}{2.4468 K_1} \left(\frac{\theta_1}{\tau_1}\right)^{-0.4485}$ $\tau_{I1} = 0.8693 \tau_1 z^{-0.3022} w^{-0.1334} \left(\frac{\theta_1}{\tau_1}\right)^{0.4195}$ 적용범위: $0.1 \le z, w \le 0.7,\ \ 0.2 \le \frac{\theta_1}{\tau_1} \le 1.0$	$K_{c1} = \frac{\tau_1 z^{-1.1312} w^{-0.0966}}{5.2416 K_1 \theta_1}$ $\tau_{I1} = 1.1581 \tau_1 z^{-0.0393} w^{0.1538}$ $\tau_{D1} = 0.6722 \theta_1 z^{-0.0905} w^{0.2750}$ 적용범위: $0.1 \le z,\ w \le 0.7$

MATLab

Cascade 제어

다음 그림에 보인 블록선도에서 $G_{p1} = G_{p2} = \frac{1}{s+1}$, $G_L = 1, G_{m1} = G_{m2} = 1$이며 slave 제어기 $G_{c2} = K_{c2} = 8$이다. Master 제어기로서는 PI-제어기 $G_c(s) = K_c\left(1 + \frac{1}{\tau_I s}\right)$가 이용되고 있으며 $\tau_I = 2$이다. 외부교란 변수 L에 단위계단 변화가 도입될 때 제어기의 이득이 $K_c = 0.1,\ 0.2,\ 1,\ 2$와 같이 변하는 경우 각각의 응답을 비교해 보자.

1. Austin, V. D., Ph. D. Dissertation, Dept. of Chemical Engineering, University of South Florida, Tampa, FL, 1986.
2. Lopez, R. J., MS Thesis, Universidad del Norte, Barranquilla, Colombia, 2003.

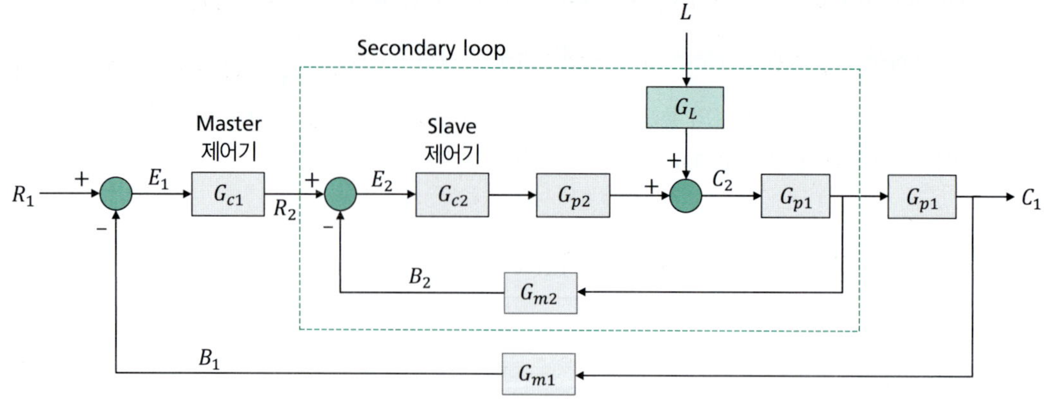

그림 16.34 Cascade 제어구조.

MATLAB Simulink를 이용하여 응답을 구할 수 있다. 다음 그림과 같이 Simulink 블록을 구성한다.

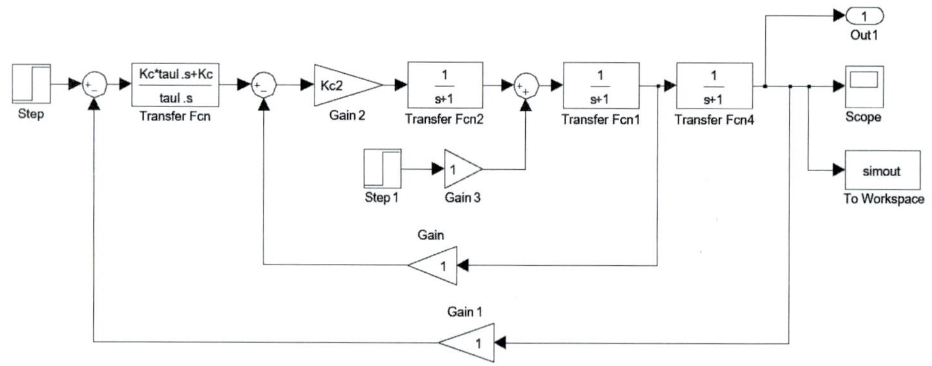

그림 16.35 Cascade 제어구조의 Simulink 블록(cascadeload.mdl).

```
% cascadeloadloop.m: Cascade 제어구조
clear
h(1,:) = '--'; h(2,:) = ': '; h(3,:) = '-.'; h(4,:) = '- ';
Kc2 = 8;  % slave 제어기
tauI = 2; % 적분시간
gn = [0.1 0.2 1 2]; % 제어기 gain
for i = 1:4
      Kc = gn(1,i); [t,x,y] = sim('cascadeload',60);
      plot(t,y(:,1),h(i,:)), hold on
end
grid, hold off
legend('Kc = 0.1','Kc = 0.2', 'Kc = 1', 'Kc = 2')
xlabel('Time(min)'), ylabel('Output, y(t)')
```

명령어 창에서 cascadeloadloop.m 파일을 수행하면 그림 16.36에 보인 바와 같은 그래프를 얻는다. 그림에서 알 수 있듯이 제어기의 이득을 증가시킴에 따라 안정시간이 상당히 줄어드는 것을 알 수 있다.

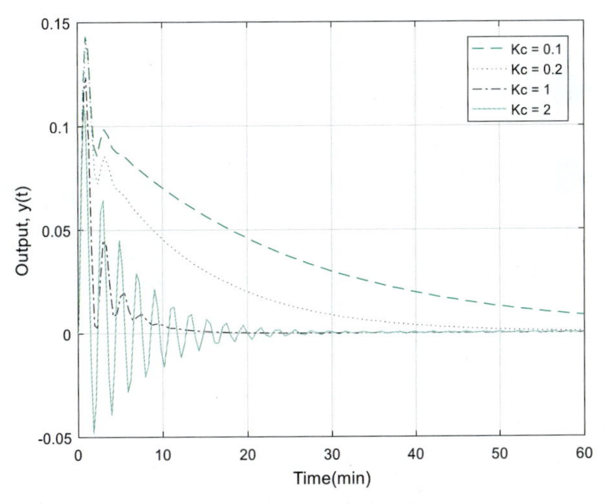

그림 16.36 Cascade 제어구조의 교란변수 단위계단 변화에 대한 응답.

16.4 선택제어

제어되는 변수의 수가 조절변수의 수보다 많을 경우 선택자(selector)를 사용한다. 선택자의 기능은 여러 측정값들 가운데 최대나 최소값, 혹은 평균값을 선택하는 것이다.

보기 16.10

그림 16.37에 보인 제어구조에서는 액위 제어기(LC)에 의해 슬러리 유출량이 조절된다. 그러나 슬러리 유출속도가 너무 낮으면 슬러리 중의 모래가 파이프 내에 쌓여서 파이프가 막히게 된다. 따라서 슬러리 유량을 어느 수준 이상으로 유지시켜 주어야 한다.

선택제어에서는 정상조업의 경우 액위 제어기에 의해 펌프가 제어되나 슬러리 유량이 허용 최저한계에 이르면 유량제어기(FC)가 펌프를 제어한다. 그림 16.37에 보인 슬러리 공정의 선택제어 구조에 대한 블록선도는 그림 16.38에 나타낸 바와 같다.

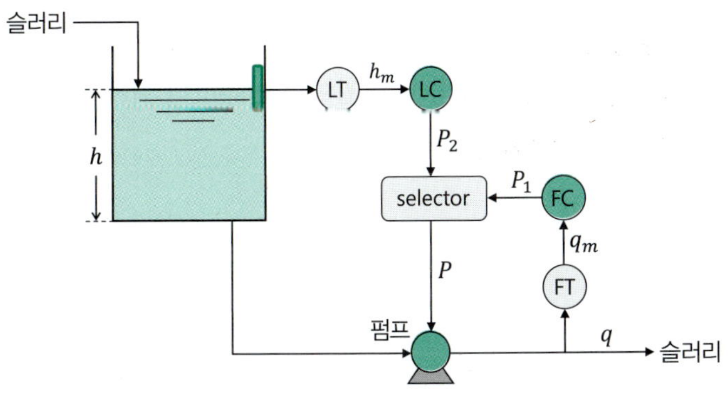

그림 16.37 슬러리 공정의 선택제어.

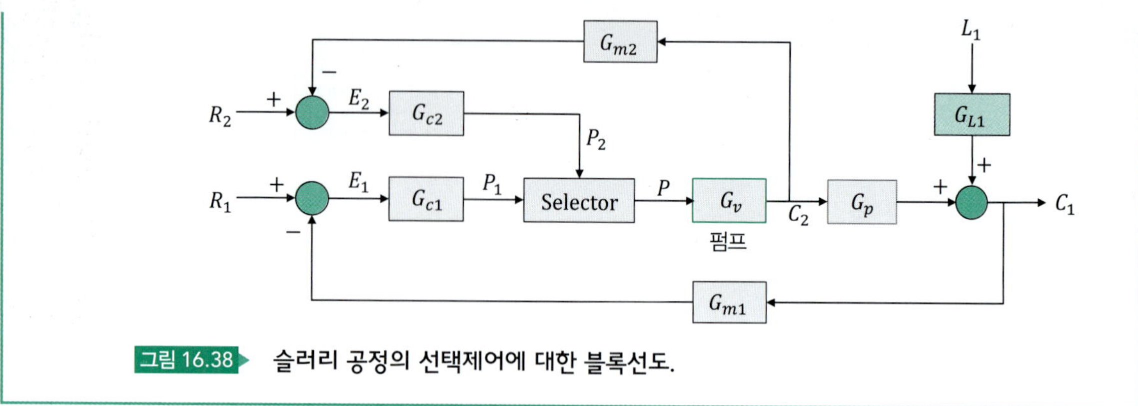

그림 16.38 슬러리 공정의 선택제어에 대한 블록선도.

선택자가 이용되는 다른 선택제어 방법으로서 override 제어방법이 있다. 이 제어방법은 변수의 상한값(High Selector Switch, HSS)이나 하한값(Low Selector Switch, LSS)을 이용하는 선택제어 방법이다. 일반적으로 모든 변수들은 조업범위를 갖는다(예: 10 atm < P < 100 atm, 5 cfm < F < 8 cfm). 그런데 어떤 변수가 조업범위를 벗어나면 사고가 발생하는 경우 다른 변수에 앞서 그 변수를 먼저 제어해야 한다. 이는 override 제어방법의 가장 큰 특징이다.

보기 16.11

촉매로 충진된 관형 반응기에서 발열반응이 일어나고 있다. 반응기 내의 온도분포는 그림 16.39에 보인 바와 같이 반응기의 길이에 따라 달라진다.

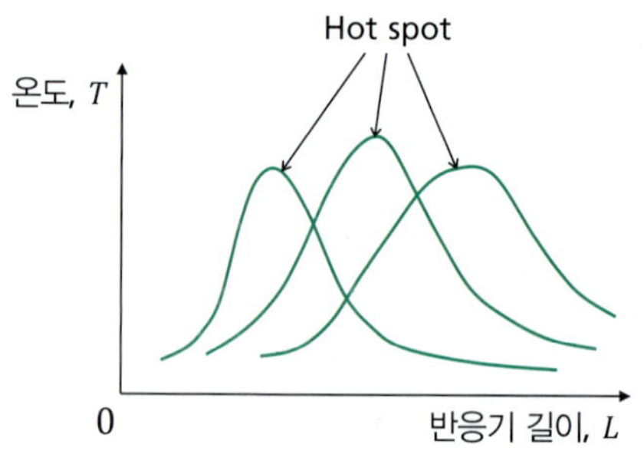

그림 16.39 관형 반응기 내의 온도분포.

이 경우 제어목적은 hot spot의 온도를 어느 정해진 상한값 이하로 유지시켜 주는 것이다. 이를 위해 그림 16.40에 보인 바와 같이 hot spot의 위치를 열전대를 이용해 알아내고, 이들 가운데 최고값을 선택하여 냉각수로 제어한다.

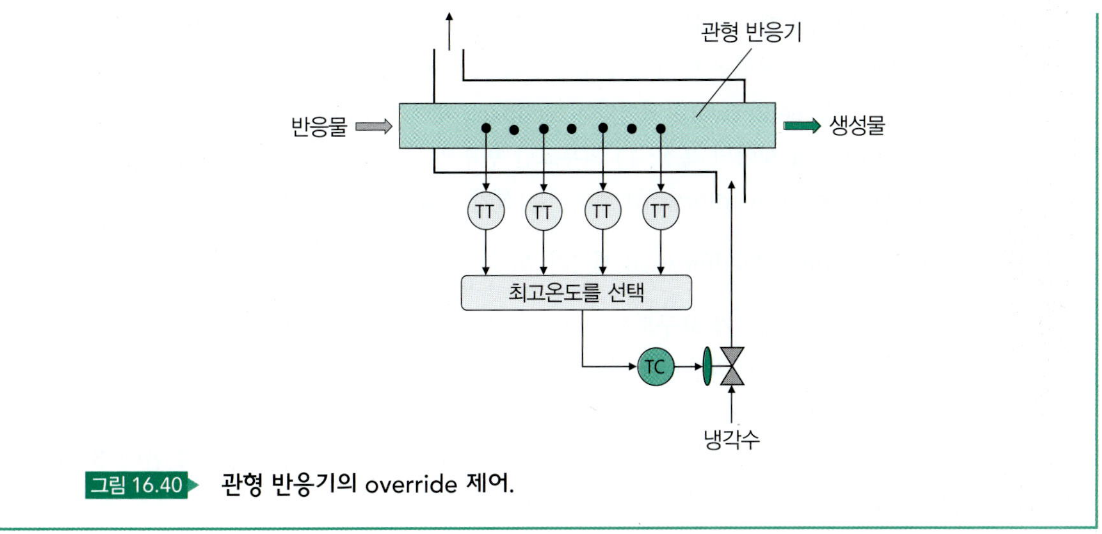

그림 16.40 관형 반응기의 override 제어.

제어되어야 하는 변수는 1개이나 조절 가능한 변수가 여러 개일 경우 조절변수들에 대한 적절한 조작을 통해 제어변수를 제어한다. 다음 그림 16.41에 보인 기상 반응기의 경우 제어목적은 반응기 내의 압력을 조절하는 것이다. 이를 위해 밸브 V_1과 V_2를 적절히 조작한다.

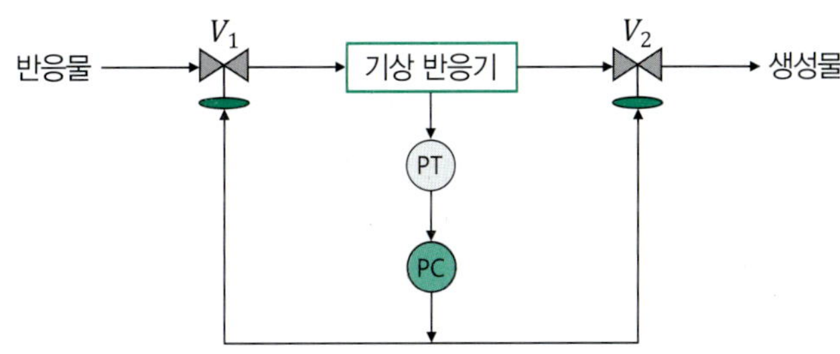

그림 16.41 기상 반응기의 영역구분 제어.

반응기 압력이 정상상태로부터 서서히 증가하는 경우에는 V_1은 완전히 열어둔 채 V_2를 서서히 열면 반응기 압력은 점차 감소한다. 반응기 압력이 크게 증가하는 경우 V_2를 완전히 열어둔 채 V_1을 서서히 닫기 시작하면 반응기 압력은 점차 감소한다.

16.5 요약

- Feedback 제어의 장점: 1) 제어되는 변수가 설정치로부터 벗어나는 즉시 보정작용이 이루어진다. 2) 제어되는 공정의 모델을 알 필요가 없다.
- Feedback 제어의 단점: 1) 제어되는 변수에 변화가 일어나기 전에는 제어작용이 이루어지지 않는다. 2) 외부교란 변수의 영향을 사전에 억제할 수 있는 능력이 없다. 3) 시간상수가 매우 크거나 시간지연이 큰 공정에는 부적합하다. 4) 제어되는 변수의 측정값이 직접 제어기로 도입되지 않는 경우에는 부적합하다.

- Feedforward 제어: 외부교란 변수를 사전에 측정하여 제어에 이용함으로써 외부교란 변수가 공정에 미치는 영향을 미리 보정해 주도록 하는 제어
- 일반적으로 feedforward 제어기는 feedback 제어기와 결합되어 사용
- Feedforward 제어의 특징: 1) 외부교란 변수의 측정이 가능해야 한다. 2) 공정모델이 필요하다. 3) 이상적인 feedforward 제어기는 설치가 불가능한 경우도 있다.
- 동적(dynamic) feedforward 제어기: $G_f = \dfrac{G_L}{G_t G_v G_p}$
- Feedforward 제어가 요구되는 경우: 1) Feedback 제어로부터 적절한 제어효과를 얻지 못할 때, 2) 측정 가능한 외부교란 변수가 존재할 때
- Feedforward 변수(외부교란 변수)가 만족해야 하는 기준: 1) 중요한 교란의 발생을 나타내 주어야 한다. 2) 조절변수와 feedforward 변수들 간에 상관관계가 없어야 한다. 3) 교란변수의 동특성은 조절변수-출력변수의 동특성보다 빠르면 안된다.
- Feedback 제어의 장점: 공정의 모델이 불필요, 교란변수의 측정이 불필요, 모든 종류의 교란에 대하여 효과적
- Feedforward 제어의 장점: 공정출력이 영향을 받기 전에 교란변수의 영향을 보정, 제어시스템의 안정성과는 무관, 공정의 동특성이 느린 경우에 유리
- Feedback 제어의 단점: 공정출력이 설정치로부터 벗어나기 전에는 제어작용을 하지 않음, 닫힌루프 제어시스템의 안정성에 영향, 공정의 동특성이 느리거나 변수들 간에 간섭이 존재하는 경우에 불리
- Feedforward 제어의 단점: 정상상태 offset을 제거시킬 수 없음, 교란을 인식하고 측정해야 함, 측정되지 않는 교란에 대해서는 적용할 수 없음, 교란 동특성 모델과 공정의 모델을 필요
- 결합된 feedforward/feedback(FF/FB) 제어구조의 특성방정식: $1 + G_c G_m G_v G_p = 0$
- Feedforward 제어기는 닫힌루프 제어시스템의 안정성에 아무런 영향을 미치지 않는다.
- Lead/lag 형태의 feedforward 제어기: $G_f = K_f \left(\dfrac{\beta s + 1}{\alpha s + 1} \right)$, $K_f = -\dfrac{K_L}{K_t K_v K_p}$, $\alpha = \tau_L$, $\beta = \tau_p$
- Feedforward/feedback 제어기의 조정: 어느 제어기를 먼저 조정해도 무방, fedforward 제어기 파라미터의 조정에는 G_p와 G_L이 필요, 단순한 계단 형태의 교란은 거의 없으므로 통계적인 방법을 써서 G_L을 규명, β와 α의 비는 2:1을 넘지 않도록 한다.
- 비율제어(Ratio 제어): feedforward 제어의 특수한 형태로서 두 변수값의 비를 원하는 값으로 유지시키기 위한 제어방법
- 비율제어방법 I: 두 측정값의 비 $R_m = M_m/L_m$을 구하고 R_m을 원하는 비 R_d와 비교하여 주 흐름 M을 조절—센서의 오류나 고장으로 인해 측정이 되지 않을 경우($L_m = 0$) 처리가 곤란
- 비율제어방법 II: 측정된 부하흐름값 L_m에 미리 설정된 이득 $K_R = \left. \dfrac{M_m}{L_m} \right|_{desired}$ 을 곱하여 M_{sp}를 얻고, M_{sp}와 M의 측정값 $M_m(= K_m M)$을 비교하여 M을 조절
- Cascade 제어: 주 feedback 제어기 외에 2차적인 feedback 제어기를 추가시켜서 교란변수의 영향을 소거시키고자 하는 제어방법—기존의 단일루프에 비해 추가의 공정변수 측정이 필요
- Cascade 제어에서는 제어성능에 큰 영향을 미치는 교란변수의 영향을 미리 보정: 교란변수 변

동을 나타내어 주는 "2차" 공정변수를 측정

- Cascade 제어에서는 두 개의 feedback(대개 PID) 제어기를 이용: 주 제어기(primary 제어기)와 secondary 제어기
- 주 제어기(primary 제어기)의 기능: 2차 루프에서도 완전히 제거되지 않은 교란변수의 영향을 보정, cascade 루프 이외의 다른 부분에서 도입될 수 있는 교란의 영향을 보정, 주 설정치 변화에 대처
- Cascade 제어가 요구되는 경우: 단일루프 제어로부터 흡족한 제어성능을 얻지 못하는 경우, 측정 가능한 2차 공정변수가 존재할 경우
- Cascade 제어에서 2차 공정변수가 만족해야 할 기준: 1) 중요한 교란의 발생을 나타내어 주어야 한다. 2) 조절변수와의 사이에 상호 관계가 존재해야 한다. 3) 응답특성이 주 공정변수 변수의 동특성보다 빨라야 한다(대개 3배 정도).
- 2차 루프의 임계 진동수가 보통 1차 루프의 경우보다 3배 정도 이상일 때 cascade를 이용
- Cascade 제어기로는 통상 PID를 이용: 2차루프 제어기는 비례모드를 반드시 포함해야 하며 적분 모드는 필수는 아니지만 흔히 포함
- Cascade 제어기의 조정은 2차루프 제어기로부터 시작, 조정방법은 Ziegler–Nichols 방법이나 Cohen–Coon 방법과 같은 통상의 조정방법들을 이용
- 선택제어: 제어되는 변수의 수가 조절변수의 수보다 많을 경우 선택자(selector)를 사용
- 선택자의 기능: 여러 측정값들 가운데 최대나 최소값, 혹은 평균값을 선택

점/검/문/제

16.1 Feedforward 제어의 가장 큰 특징은?

① 외부교란 변수의 영향을 사전에 억제할 수 있다.
② 공정의 모델이 불필요하다.
③ 외부교란 변수를 측정할 필요가 없다.
④ 외부교란 변수가 제어변수에 영향을 미친 후에 보정작용이 이루어진다.

16.2 Feedforward 제어에 해당되지 않는 것은?

① 외부교란 변수의 측정이 가능해야 한다.
② 공정의 모델이 필요하다.
③ 이상적인 feedforward 제어기는 설치가 불가능한 경우도 있다.
④ 공정모델의 정확도는 feedforward 제어기의 성능과 큰 관련이 없다.

16.3 Feedforward 제어구조에서 외부교란 변수가 만족해야 하는 기준이 아닌 것은?

① 중요한 교란의 발생을 나타내 주어야 한다.
② 외부교란 변수가 공정에 미치는 동특성은 구할 필요가 없다.
③ 조절변수와 외부교란 변수들 간에 상관관계가 없어야 한다.
④ 교란변수의 동특성은 조절변수 및 출력변수의 동특성보다 빠르면 안된다.

16.4 Cascade 제어의 특징이 아닌 것은?

① 단일루프 제어 시스템의 성능을 높일 수 있는 가장 능률적인 방법의 하나이다.
② 교란변수 응답에 있어서의 최대 편차와 누적오차를 감소시켜 준다.
③ 추가 공정변수의 선정은 cascade 제어기의 성능에 큰 영향을 미치지 않는다.
④ 기존의 단일루프에 비해 추가의 공정변수 측정이 필요하다.

16.5 Cascade 제어에서 2차 공정변수가 만족해야 할 기준이 아닌 것은?

① 중요한 교란의 발생을 나타내어 주어야 한다.
② 설정치의 변동을 나타내어 주어야 한다.
③ 조절변수와의 사이에 상호 관계가 존재해야 한다.
④ 응답특성이 주 공정변수 변수의 동특성보다 빨라야 한다.

16.6 Override 제어에 대한 설명으로 맞는 것은?

① 변수의 상한값이나 하한값을 이용하는 선택제어 방법이다.
② 외부교란 변수의 측정값을 이용하는 제어이다.
③ 제어되는 변수를 나타내는 제3의 측정치를 이용한다.
④ 공정에 대한 모델이 요구된다.

▷ 점검 문제 해답

16.1 ① **16.2** ④ **16.3** ② **16.4** ③ **16.5** ② **16.6** ①

연/습/문/제

16.1 열 교환기의 feedforward 제어구조를 고안해 보라.

16.2 증류탑의 경우 제어목적은 탑상/탑저 제품의 농도를 원하는 수준으로 유지하는 것이다. 증류탑에 대한 feedforward 제어구조를 고안해 보라.

16.3 연속교반 반응기(CSTR)의 운전에서 제어목적은 반응기 내의 조성과 온도를 원하는 수준으로 유지하는 것이다. 이러한 반응기에 대한 feedforward 제어구조를 구성해 보라.

16.4 그림은 연속교반 가열공정을 보인 것이다.

(1) 에너지 수지를 구하고 선형화시켜라.

(2) 선형화된 모델식의 라플라스 변환으로부터 요구되는 수증기 압력을 구하는 식을 유도하여라. 요구되는 수증기의 압력은 온도를 설정치 온도값으로 대체하여 얻는다.

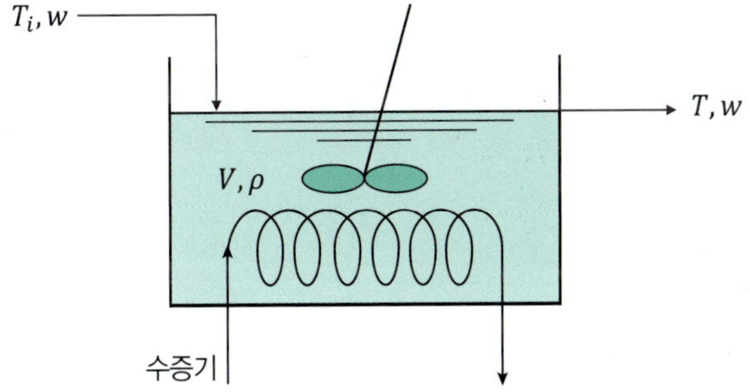

그림 P16.4

16.5 어느 공정에서 $G_L = \dfrac{K_L}{\tau_L s + 1}, G_p = \dfrac{K_p}{(\tau_{p1} s + 1)(\tau_{p2} s + 1)}, G_t = K_t, G_v = K_v$일 때 feedforward 제어기 식을 구하고 물리적 실현 가능성을 판별하여라.

16.6 다음 그림에 보인 CSTH의 feedforward 제어구조에서 feedforward 제어기 G_{f1}과 G_{f2}를 구하여라. 그림에서 $G_{t1} = \dfrac{80}{20s+1}$, $G_{t2} = \dfrac{0.16}{20s+1}$, $G_v = \dfrac{2.5}{5s+1}$, $G_p = \dfrac{0.128}{60s+1}$, $G_{L1} = -\dfrac{197.4}{60s+1}$, $G_{L2} = \dfrac{0.868}{60s+1}$ 이다.

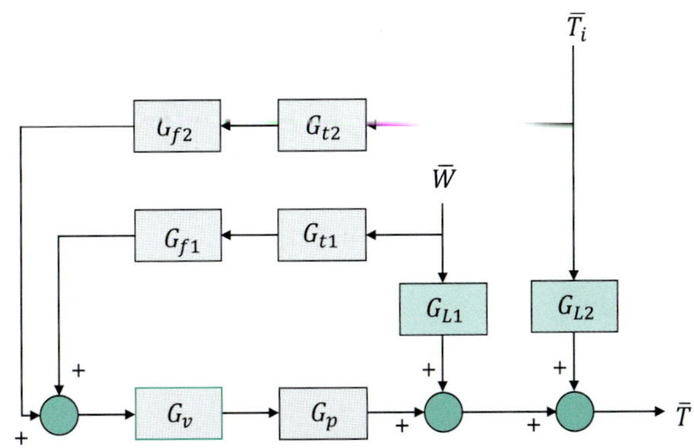

그림 P16.6

16.7 그림에 보인 충진탑의 운전에서 제어목적은 반응물의 예열과정을 조정함으로써 유출농도를 설정치로 유지하는 것이다. Feedback 제어구조가 이용되는 경우는 다음 그림에 보인 바와 같다. 이제 feed 조성의 변화가 중요한 교란변수로 대두되었다고 가정하자. Feed 조성의 측정이 가능할 경우 이를 feedforward 변수(L)로 할 수 있다. 이 경우 교란변수와 공정 및 센서와 밸브의 동특성을 $G_L = \dfrac{0.3e^{-18s}}{35s+1}, G_p = \dfrac{-0.19e^{-20s}}{50s+1}, G_t = G_v = 1$이라고 할 때 이 공정에 대한 feedforward 제어구조를 구성하여라.

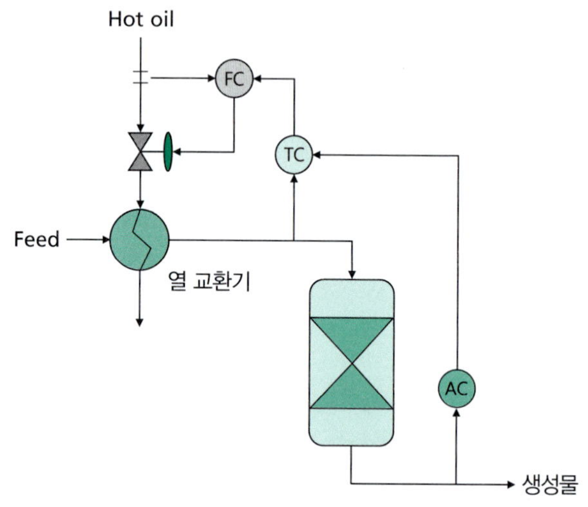

그림 P16.7

16.8 그림에 보인 연속교반 가열기에서 액체의 밀도 ρ는 일정하며 탱크의 단면적은 A이다. 변수 Q를 조절하여 유출액의 온도 T를 원하는 값 T_R로 유지하고자 한다.

(1) 물질수지와 에너지 수지를 구하여라.

(2) 정상상태 feedforward 제어기를 구하여라(즉 정상상태에서 $T = T_R$로 유지하기 위한 조절변수 Q를 구한다).

(3) 동적 feedforward 제어기를 위한 식(즉 $Q'(s)$; Q'는 편차변수)을 구하여라.

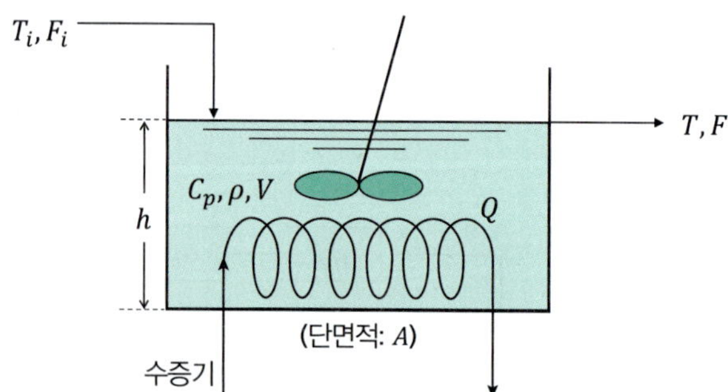

그림 P16.8

16.9 다음 그림은 어떤 feedforward-feedback 제어 시스템을 보인 것이다. 그림에서

$$G_p = \frac{1}{(s+1)(2s+1)(3s+1)},\ G_L = \frac{2}{(s+1)(4s+1)},\ G_c = K_c \text{이다.}$$

(1) Feedforward 제어기 G_f를 구하여라.

(2) 이 feedforward 제어기가 실현 가능한지의 여부에 대해 설명하여라.

(3) 이 제어시스템이 안정하기 위한 제어기의 이득 K_c의 범위를 구하여라.

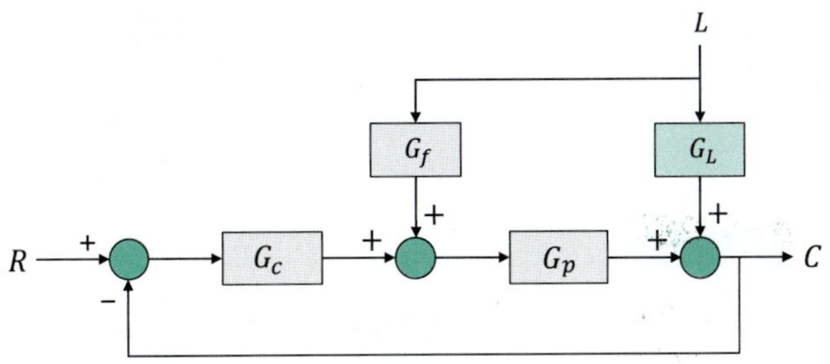

그림 P16.9

16.10 다음은 feedforward/feedback 제어구조를 보인 것이다. 그림에서

$$G_p = \frac{s-1}{(s+1)(2s+1)},\ G_L = \frac{1}{(s+1)(3s+1)},\ G_c = K_c \text{ (즉 P-제어기)이다.}$$

(1) Feedforward 제어기 G_f를 구하여라.

(2) 이 제어시스템이 안정하기 위한 제어기의 gain K_c의 범위를 구하여라.

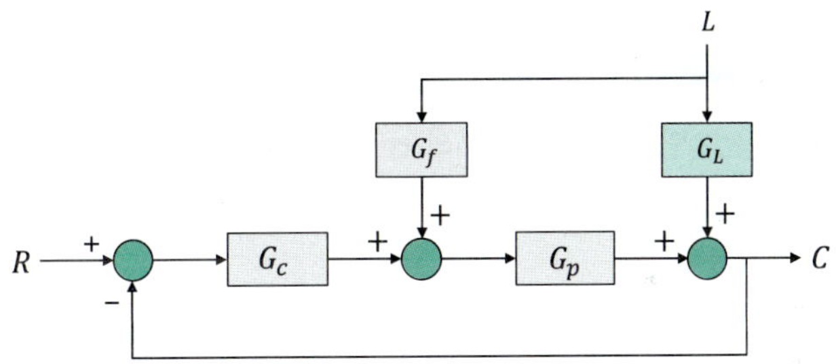

그림 P16.10

16.11 연소로 공정의 일반적인 단일루프 feedback 제어구조는 다음 그림에 보인 바와 같다. 단일루프 feedback 제어의 경우 cold oil의 온도나 유량변화에는 잘 대응한다. 그러나 fuel의 유량이 변할 경우 hot oil의 온도 유지가 어렵다(이 경우 느리고 뒤쳐지는 응답이 나타남). 이러한 상황에 대처하기 위한 cascade 제어구조를 고안하여라.

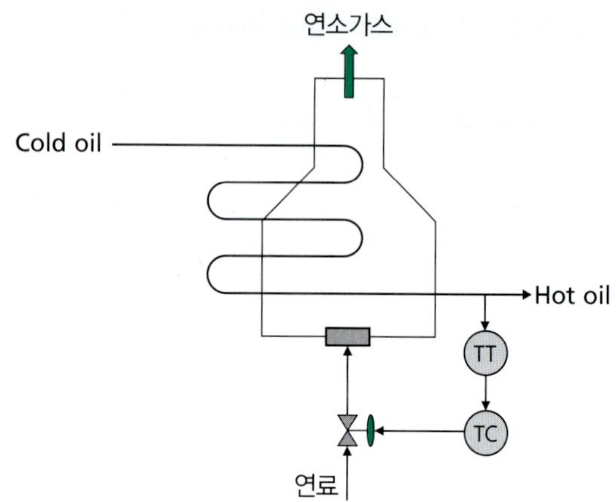

그림 P16.11

16.12 다음 그림은 흐름 2의 유출온도를 원하는 값으로 유지하기 위한 열 교환기의 단일루프 제어를 보인 것이다. 흐름 1의 유입유량 변화에 대처하기 위한 cascade 제어구조를 구성하여라.

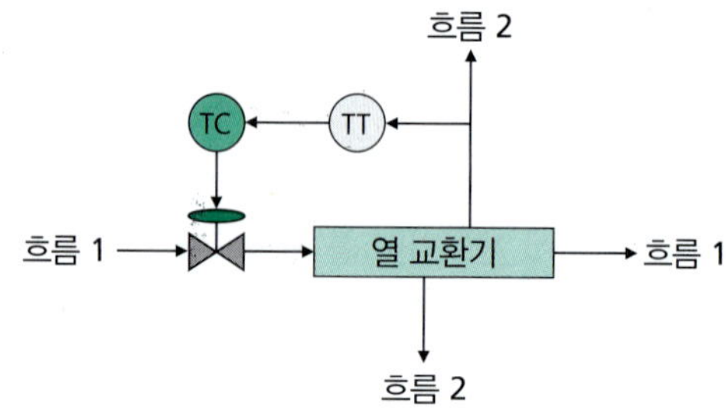

그림 P16.12

16.13 다음 그림은 증류탑 상부의 reflux 부분을 나타낸 것이다. Reflux 흐름의 예기치 않은 유량변화에 대처하기 위한 cascade 제어구조를 구성하여라.

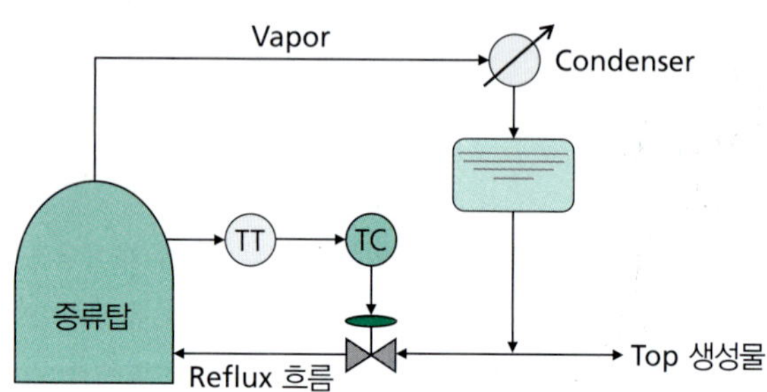

그림 P16.13

16.14 그림에 보인 cascade 제어구조의 블록선도에서 $G_{c1} = K_{c1}\left(1 + \frac{1}{s}\right)$, $G_{c2} = K_{c2}$,

$G_{p1} = \frac{1}{(2s+1)(3s+1)}$, $G_{p2} = \frac{1}{s+1}$, $G_{m1} = G_{m2} = 1$, $G_{L1} = G_{L2} = \frac{1}{3s+1}$이다.

(1) Cascade 구조를 이용하지 않을 때(즉 $G_{c2} = 1$, $G_{m2} = 0$) 위의 제어시스템이 안정하기 위한 제어기의 이득 K_{c1}의 범위를 구하여라.

(2) Cascade 구조에서 $K_{c2} = 5$로 하였다. 이 제어구조가 안정하기 위한 제어기의 이득 K_{c1}의 범위를 구하여라($K_{c1} > 0$으로 간주함).

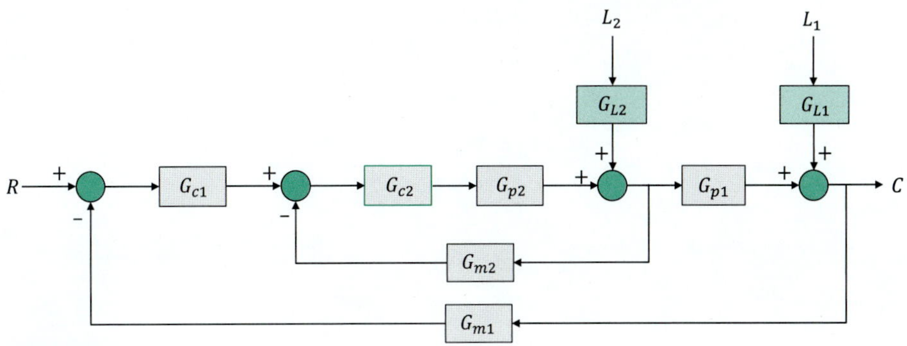

그림 P16.14

16.15 그림에 보인 cascade 제어구조에서 $G_{c1} = K_{c1}\left(1+\frac{1}{s}\right)$, $G_{c2} = K_{c2}, G_{p1} = \frac{s-1}{2s+1}$, $G_{p2} = \frac{1}{s+1}$이다. $K_{c2} = 2$일 때 이 제어구조가 안정하기 위한 K_{c1}의 범위를 구하여라.

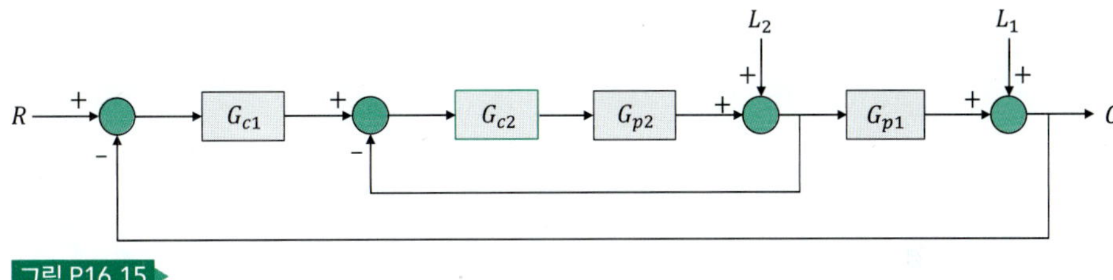

그림 P16.15

* MATLAB 활용 문제

16.16 다음 그림에 보인 블록선도에서 $G_{p1} = G_{p2} = \frac{1}{s+1}$, $G_L = 1$, $G_{m1} = G_{m2} = 1$이며 slave 제어기 $G_{c2} = K_{c2} = 10$이다. Master 제어기로서는 PI-제어기 $G_c(s) = K_c\left(1+\frac{1}{\tau_I s}\right)$가 이용되고 있다. 설정값(set point)에는 변화가 없고 외부교란 변수 L에 단위계단 변화가 도입되는 경우 cascade 제어를 이용하지 않는 경우(즉 $G_{c2} = 1, G_{m2} = 0$)와 cascade 제어구조가 이용되는 경우의 응답을 비교해 보라. Cascade 제어구조에서 PI 제어기의 이득은 $K_c = 1$, 적분시간은 $\tau_I = 0.6$이며 cascade를 이용하지 않은 feedback 제어에서는 PI 제어기의 이득은 $K_c = 3$, 적분시간은 $\tau_I = 5$라고 가정한다.

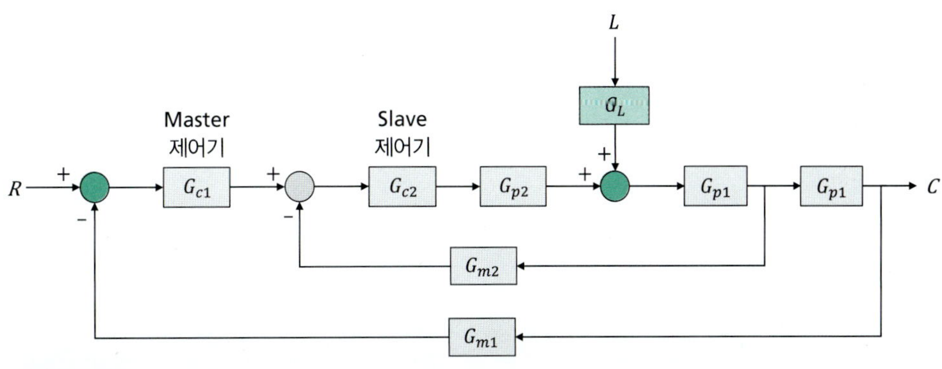

그림 P16.16 Cascade 제어구조.

최신 공정제어공학 MATLAB의 활용과 실습

다변수 공정의 제어

공정의 제어구조에서 피제어변수와 조절변수가 각각 1개씩인 경우는 단일변수(Single-Input Single-Output, SISO) 제어시스템이며 그림 17.1에 보인 바와 같이 피제어변수와 조절변수가 각각 여러 개이면 다변수(Multi-Input Multi-Output, MIMO) 제어시스템이다.

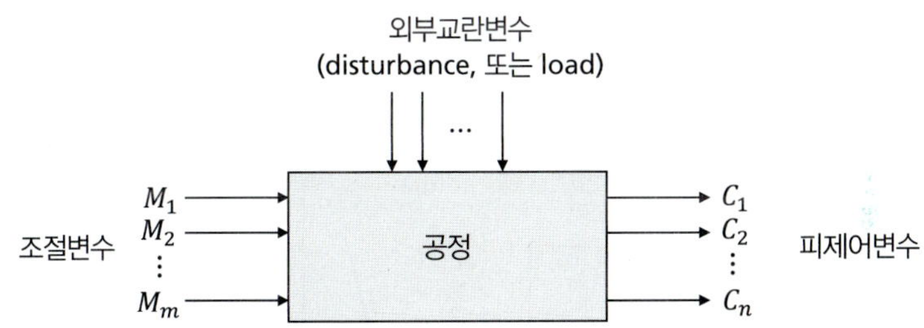

그림 17.1 다변수 공정.

대부분의 화학공정은 입력변수와 출력변수들이 여러 개인 다변수 공정으로서 변수들 상호간의 간섭작용으로 인하여 다변수 공정의 제어문제는 단일변수 제어문제와 달리 다각적인 고찰을 필요로 한다. 변수들 간의 상호 간섭작용은 제어되는 공정의 안정성과 제어성능에 영향을 미친다. 다변수 공정의 제어구조에서는 특히 피제어 변수들과 조절변수들 간의 짝짓기(pairing)가 중요한 문제가 된다.

17.1 다변수 공정의 구조

17.1.1 다변수 공정의 제어구조

다변수 공정의 보기로서 그림 17.2와 같은 액위 및 온도제어 공정을 살펴보기로 한다.

그림에서 주요 출력변수는 액위 L, 온도 T, 그리고 농도 C이다. 제어의 목적은 L, T, C를 각각의 설정치로 유지시키는 것이다. 다변수 공정의 제어에 있어서는 다음과 같은 2가지 방법을 생각할 수 있다.

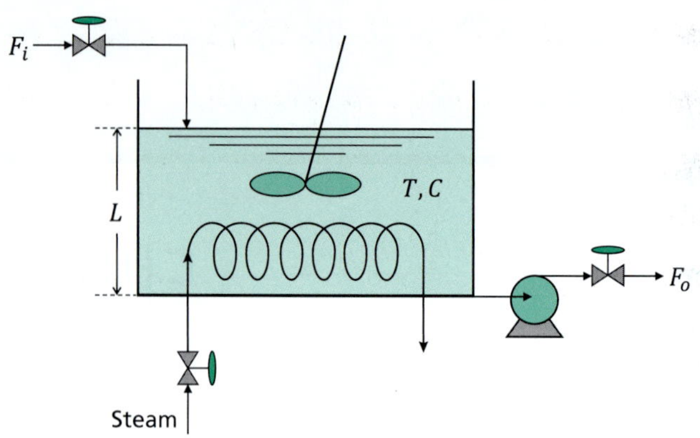

그림 17.2 액위 및 온도제어 공정.

(1) 다중루프 제어

피제어변수와 조절변수를 하나씩 짝지어서 단일루프를 구성함으로써 다수의 단일루프를 형성하여 제어하는 방법이다.

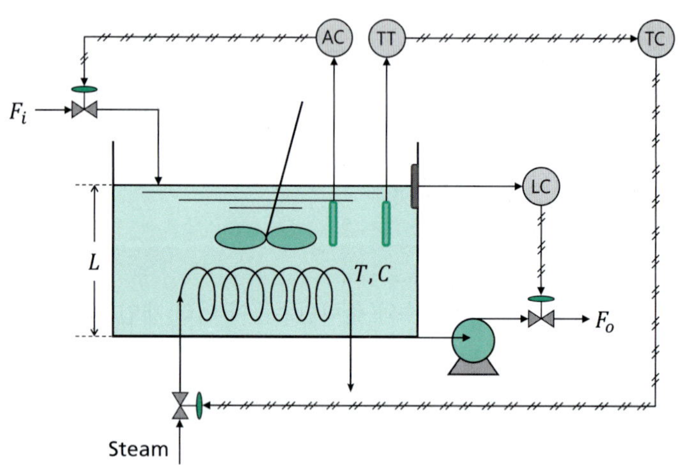

그림 17.3 다변수 공정의 다중루프 제어.

(2) 중앙집중제어

모든 측정값들이 하나의 제어 알고리듬에 의해 처리되어 모든 조절변수들이 동시에 계산되는 제어방법이다.

다수의 단일루프 제어기를 이용하는 다중루프 제어방법은 알고리듬이 간단하고 구조가 간명하여 사용자가 이해하기 쉽다는 장점이 있다. 다변수 공정에서 하나의 입력이 하나 이상의 출력에 영향을 미치는 경우 이 공정에는 상호간섭이 존재한다고 말한다.

다중루프 제어에서 단일루프 제어기들은 각각 독립적으로 작용한다. 변수들 간에 상호간섭이 존재하면 하나의 조절변수의 변화는 다른 루프의 피제어변수에 영향을 미친다. 다변수 공정의 제어문제에 있어서는

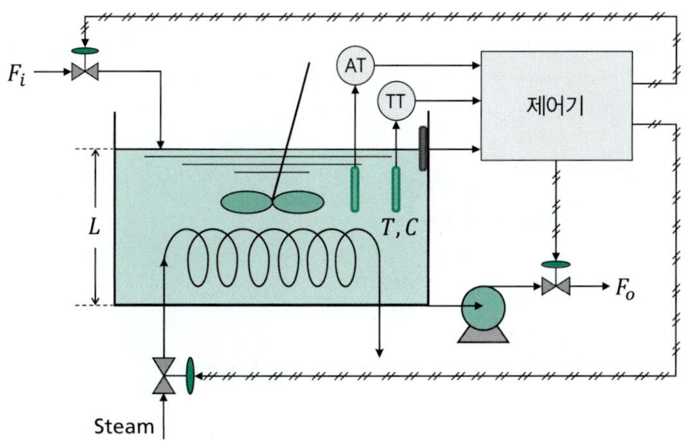

그림 17.4 다변수 공정의 중앙집중식 제어.

① 제어하고자 하는 특정 출력변수에 가장 영향을 미치는 입력변수를 규명해야 한다.
② 입력변수와 출력변수들 간의 상호간섭 관계를 알아야 제어루프 구성이 가능하다.
③ 가능한 다수의 제어루프 가운데 최적의 루프를 선정해야 한다.

17.1.2 공정의 자유도

공정의 자유도 F는 F(자유도) = V(독립변수의 수) − E(관계식의 수)로 주어진다. 한편 피제어변수의 수 C는

$$C = F - (\text{공정 외부로부터 결정되는 input의 수}) \tag{17.1}$$

와 같이 정해진다. 독립 조절변수의 수 M은 C와 같다.

보기 17.1

그림 17.5에 보인 플래쉬 드럼에서 자유도와 피제어변수의 수를 각각 구하여라.

풀이

$$\text{총괄 물질수지: } A\rho\frac{dh}{dt} = F - (V + L) \tag{17.2}$$

$$i \text{ 성분 수지: } A\rho\frac{d(hx_i)}{dt} = Fz_i - (Vy_i + Lx_i) \quad (i = 1, 2, \cdots, N-1) \tag{17.3}$$

$$\text{에너지 수지: } C_{pl}A\frac{d(hT)}{dt} = C_{pf}FT_f - \left(C_{pv}VT + C_{pl}LT\right) + UA_s(T_s - T) \tag{17.4}$$

위에서 A_s는 수증기 코일의 열전달 면적이며 U는 총괄 열전달 계수이다.

$$\text{상평형 관계식: } y_i = K_i(T, P, x_i, y_i)x_i \tag{17.5}$$

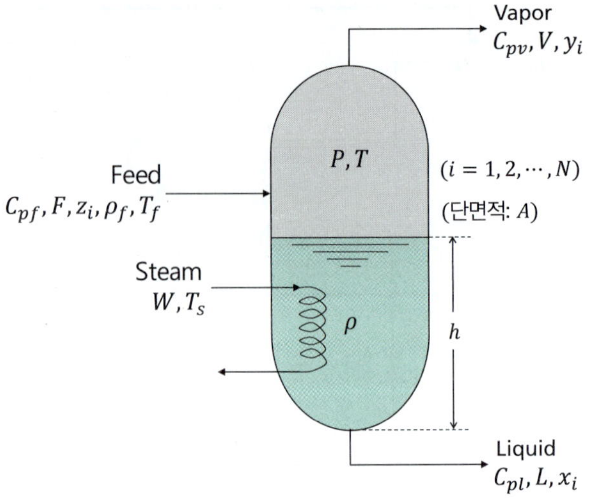

그림 17.5 플래쉬 드럼공정.

$$\text{조성 합산식: } \sum_{i=1}^{N} x_i = 1, \ \sum_{i=1}^{N} y_i = 1 \tag{17.6}$$

관계식의 수는 식 (17.2) 1개, 식 (17.3) $(N-1)$개, 식 (17.4) 1개, 식 (17.5) N개, 식 (17.6) 2개이므로 모두 합하면 $1 + (N-1) + 1 + N + 2 = 2N + 3$개다. 변수들의 수는

상수: $A,\ A_s,\ \rho,\ U,\ C_{pf}, C_{pv},\ C_{pl},\ K_i\ \ (i = 1, 2,\ \cdots, N)$~$(N+7)$개

공정 외부로부터 정해지는 변수: $T_f,\ z_i\ \ (i = 1, 2,\ \cdots, N-1)$~$N$개

결정되지 않은 변수: $F, V, L, P, T, h, T_s, x_i, y_i\ (i = 1, 2,\ \cdots, N)$~$(2N+7)$개

따라서 독립변수의 수는 $N + (2N+7)$개, 식의 수는 $(2N+3)$개이므로 자유도는

$$F = N + (2N+7) - (2N+3) = N + 4$$

피제어변수의 수는 $C = F - N = (N+4) - N = 4$이다. 피제어변수는 $(2N+7)$개의 미결정 변수들 가운데에서 4개를 선정한다(예: F, h, P, T).

한편 (독립변수의 수) = (피제어변수의 수) = 4 (선택의 예: F, V, L, T_s)

제어구조의 선정에 있어서 피제어변수와 조절변수가 각각 N개이면 가능한 제어구조의 수는 $N!$개이다. 즉 $N = 4$라면 24가지의 가능한 제어구조가 존재하는데 이들 가운데에서 최적의 제어구조를 선택해야 한다.

17.2 공정의 상호간섭

17.2.1 다변수 공정의 전달함수

입력변수와 출력변수의 수가 각각 2개인 2 × 2 다변수 공정에 대하여 살펴보기로 한다.

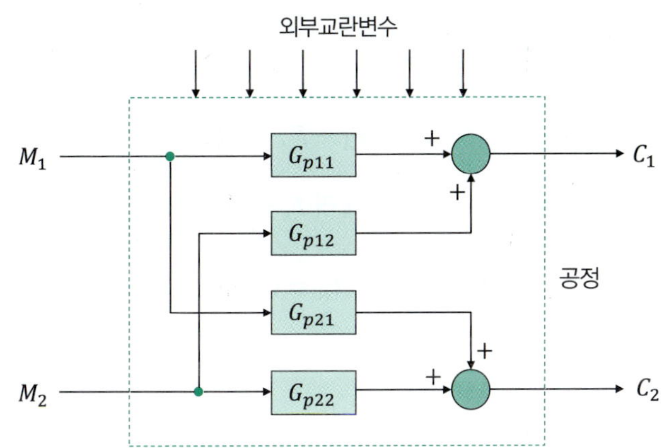

그림 17.6 2 x 2 다변수 공정.

그림 17.6에서

$$\frac{C_1}{M_1} = G_{p11}, \quad \frac{C_1}{M_2} = G_{p12}, \quad \frac{C_2}{M_1} = G_{p21}, \quad \frac{C_2}{M_2} = G_{p22}$$

M_1과 M_2에 모두 변화가 발생되었다면

$$C_1 = G_{p11}M_1 + G_{p12}M_2, \quad C_2 = G_{p21}M_1 + G_{p22}M_2 \tag{17.7}$$

이로부터

$$\underline{C} = \begin{bmatrix} C_1 \\ C_2 \end{bmatrix} = \begin{bmatrix} G_{p11} & G_{p12} \\ G_{p21} & G_{p22} \end{bmatrix} \begin{bmatrix} M_1 \\ M_2 \end{bmatrix} = \underline{G_{p1}M} \tag{17.8}$$

보기 17.2

혼합공정에서 피제어변수는 대개 생성물의 유량과 조성이다. 그림 17.7에 보인 혼합공정에서 유입농도는 일정하고 혼합은 완전하게 이루어지며 용매와 성분 A의 밀도는 같다고 가정할 때 공정의 모델을 구하고 선형화시켜보라.

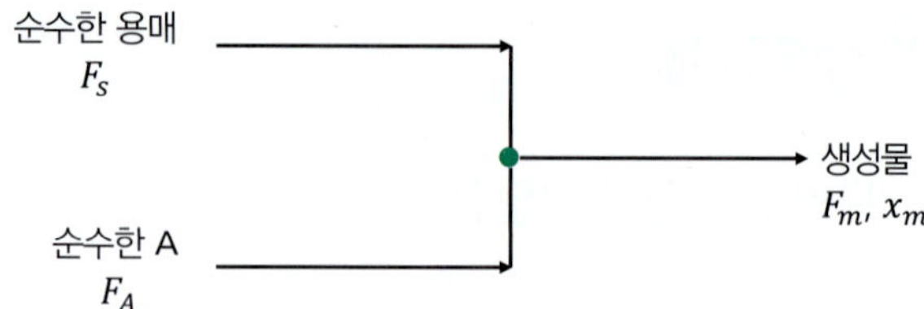

그림 17.7 혼합공정.

> 풀이

$$F_m = F_A + F_s, \qquad F_m x_m = F_A x_A + F_s x_s$$

F_A는 순수한 A이므로 $x_A = 1.0$. 아울러 F_s 중에는 A는 없으므로 $x_s = 0.0$. 따라서

$$F_m = F_A + F_s, \;\; F_m x_m = F_A = (F_A + F_s)x_m \;\rightarrow\; x_m = \frac{F_A}{F_A + F_s} = f(F_A, F_s)$$

Taylor 급수전개로부터

$$x_m \approx f(F_A, F_s)|_s + \left.\frac{\partial f}{\partial F_A}\right|_s (F_A - F_{As}) + \left.\frac{\partial f}{\partial F_s}\right|_s (F_s - F_{ss})$$

$$= f(F_A, F_s)|_s + \left.\frac{F_s}{(F_A + F_s)^2}\right|_s \overline{F_A} + \left.\frac{(-F_A)}{(F_A + F_s)^2}\right|_s \overline{F_s}$$

이를 다시 쓰면

$$\overline{x_m}(t) = a\overline{F_A}(t) + b\overline{F_s}(t)$$

위에서

$$\overline{x_m} = x_m - x_{ms}, \;\; \overline{F_A} = F_A - F_{As}, \;\; \overline{F_s} = F_s - F_{ss}, \;\; a = \left.\frac{F_s}{(F_A + F_s)^2}\right|_s, \;\; b = \left.\frac{-F_A}{(F_A + F_s)^2}\right|_s$$

이며 하첨자 s는 정상상태(steady-state)를 의미한다. 따라서

$$X_m(s) = aF_A(s) + bF_s(s)$$

보기 17.3

그림 17.8에 보인 증류공정에서 조절변수는 reflux F_R과 재비기로부터의 증기유량 F_V이며 피제어변수는 탑상 및 탑저 제품의 조성 X_D와 X_B이다.

증류탑의 실험적 모델은 다음과 같은 형태로 나타낼 수 있다:

$$X_D(s) = \frac{K_{DR}e^{-\theta_{DR}s}}{\tau_{DR}s + 1}F_R(s) + \frac{K_{DV}e^{-\theta_{DV}s}}{\tau_{DV}s + 1}F_V(s) + \frac{K_{DF}e^{-\theta_{DF}s}}{\tau_{DF}s + 1}X_F(s) \qquad \textbf{(17.9)}$$

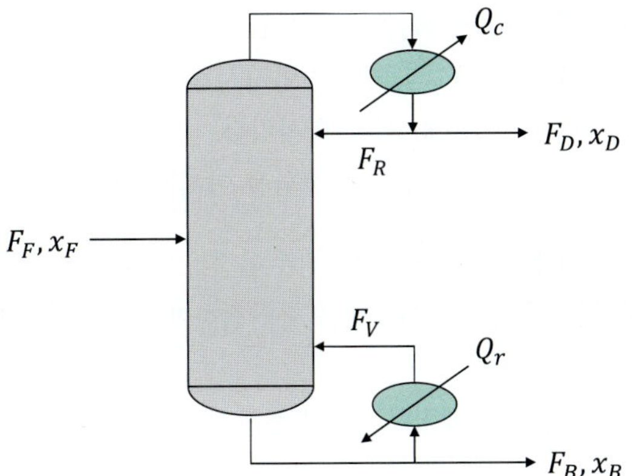

그림 17.8 증류공정의 제어.

$$X_B(s) = \frac{K_{BR}e^{-\theta_{BR}s}}{\tau_{BR}s+1}F_R(s) + \frac{K_{BV}e^{-\theta_{BV}s}}{\tau_{BV}s+1}F_V(s) + \frac{K_{BF}e^{-\theta_{BF}s}}{\tau_{BF}s+1}X_F(s)$$

위에서 F_R과 F_V는 조절변수이며 X_F는 교란변수로 취급한다. F_R과 F_V는 각각 X_D와 X_B에 두루 영향을 미침으로써 상호간섭이 존재함을 알 수 있다.

17.2.2 2 x 2 공정의 제어루프

2 × 2 공정의 경우 2가지 제어루프 짝짓기를 생각할 수 있다.

(1) 1-1/2-2 짝짓기

그림 17.9에 보인 바와 같이 첫 번째 피제어변수는 첫 번째 입력변수로, 두 번째 피제어변수는 두 번째 입력변수로 조절해 주는 제어구조이다.

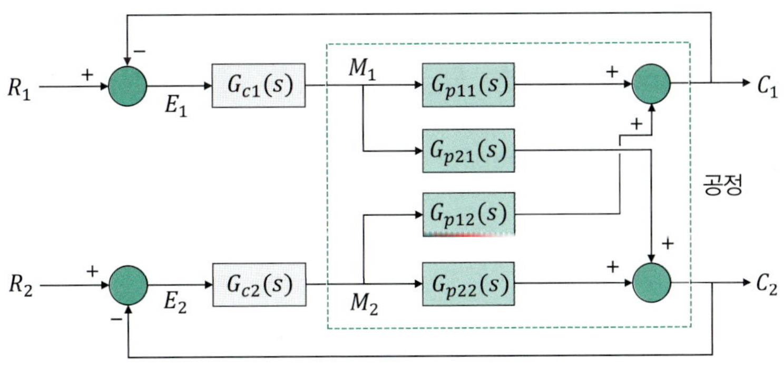

그림 17.9 1-1/2-2 짝짓기.

C_1은 M_1, C_2는 M_2를 조절하여 제어한다. 이 짝짓기에서

① C_1이 변하면 G_{c1}은 M_1을 변화시킨다.
② M_1의 변화는 C_1, C_2의 변화를 야기시킨다.
③ C_2가 변하면 G_{c2}는 M_2를 변화시킨다.
④ M_2의 변화는 다시 C_1, C_2의 변화를 야기시킨다.

이는 그림 17.10에 보인 바와 같이 감추어진 feedback 루프의 존재를 입증해 주는 것인데 이러한 감추어진 루프는 닫힌루프 시스템을 불안정하게 할 수 있으며 제어기 파라미터의 조정을 보다 어렵게 한다.

그림 17.10에 보인 제어구조에서 총괄전달함수는

$$C_1 = G_{p11}M_1 + G_{p12}M_2,\ C_2 = G_{p21}M_1 + G_{p22}M_2,\ M_1 = G_{c1}(R_1 - C_1),\ M_2 = G_{c2}(R_2 - C_2)$$

의 관계들로부터

$$C_1 = \frac{G_{p11}G_{c1} + G_{c1}G_{c2}(G_{p11}G_{p22} - G_{p12}G_{p21})}{\Delta}R_1 + \frac{G_{p12}G_{c2}}{\Delta}R_2 \tag{17.10}$$

$$C_2 = \frac{G_{p21}G_{c1}}{\Delta}R_1 + \frac{G_{p22}G_{c2} + G_{c1}G_{c2}(G_{p11}G_{p22} - G_{p12}G_{p21})}{\Delta}R_2 \tag{17.11}$$

위에서

$$\Delta = (1 + G_{p11}G_{c1})(1 + G_{p22}G_{c2}) - G_{p12}G_{p21}G_{c1}G_{c2}$$

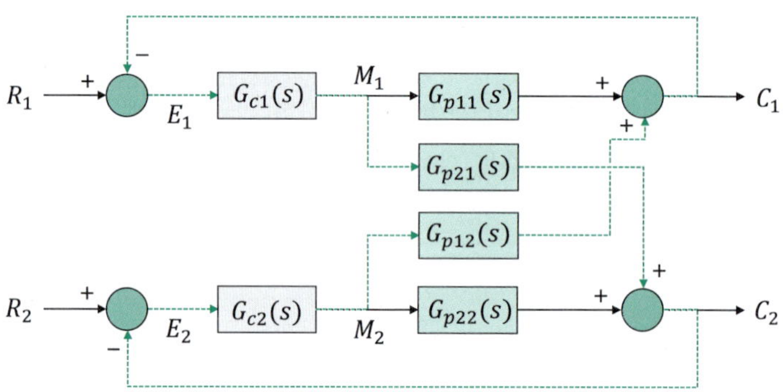

그림 17.10 감추어진 feedback 루프.

특성방정식은 $\Delta = 0$으로부터

$$(1 + G_{p11}G_{c1})(1 + G_{p22}G_{c2}) - G_{p12}G_{p21}G_{c1}G_{c2} = 0 \tag{17.12}$$

(2) 1-2/2-1 짝짓기

C_1은 M_2, C_2는 M_1을 조절하여 제어한다.

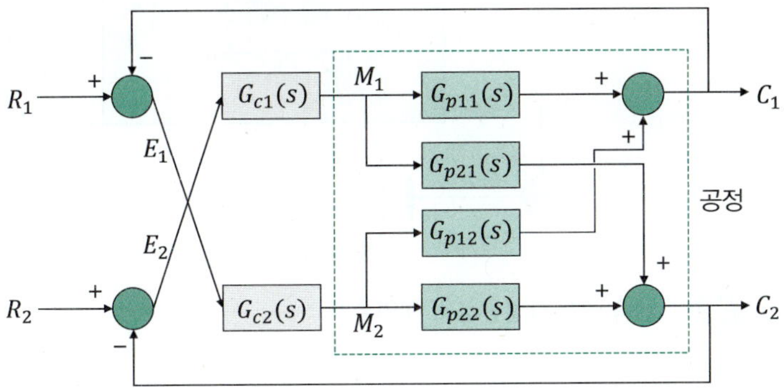

그림 17.11 1-2/2-1 짝짓기.

총괄 전달함수는

$C_1 = G_{p11}M_1 + G_{p12}M_2$, $C_2 = G_{p21}M_1 + G_{p22}M_2$, $M_1 = G_{c1}(R_2 - C_2)$, $M_2 = G_{c2}(R_1 - C_1)$

의 관계들로부터

$$C_1 = \frac{G_{c1}G_{c2}G_{p11}G_{p22} - G_{c2}G_{p12}(1 + G_{p21}G_{c1})}{\Lambda}R_1 - \frac{G_{p11}G_{c1}}{\Lambda}R_2 \tag{17.13}$$

$$C_2 = -\frac{G_{p22}G_{c2}}{\Lambda}R_1 + \frac{G_{c1}G_{c2}G_{p11}G_{p22} - G_{c1}G_{p21}(1 + G_{p12}G_{c2})}{\Lambda}R_2 \tag{17.14}$$

위에서

$$\Lambda = G_{p11}G_{p22}G_{c1}G_{c2} - (1 + G_{p21}G_{c1})(1 + G_{p12}G_{c2})$$

특성방정식은 $\Lambda = 0$으로부터

$$G_{p11}G_{p22}G_{c1}G_{c2} - \left(1 + G_{p21}G_{c1}\right)\left(1 + G_{p12}G_{c2}\right) = 0 \tag{17.15}$$

보기 17.4

그림의 loop 1에서는 유출액을 조절함으로써 액위를 제어하며 loop 2에서는 수증기 유량을 조절함으로써 온도를 제어한다.

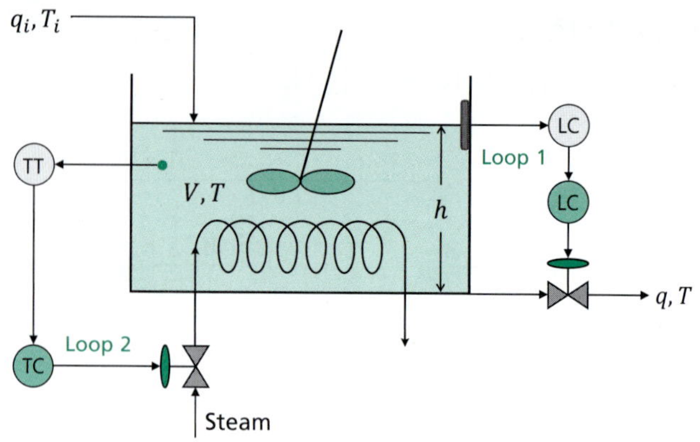

그림 17.12 연속교반 가열공정의 제어루프.

두 제어루프에서는

i) q_i, 또는 h_R(h의 설정치)이 변하면 loop 1에서 q를 조절한다. q의 변화는 T의 변화를 초래하는데 T가 변하면 loop 2에서 수증기 유량을 조절한다.

ii) T_i, 또는 T_R(T의 설정치)이 변하면 loop 2는 수증기 유량을 조절해 주는데 h는 수증기 유량변화에 의해 영향을 받지 않는다.

따라서 loop 1은 loop 2에 영향을 미치지만 loop 2는 loop 1에 영향을 미치지 않는다.

보기 17.5

전달함수가

$$C_1 = \frac{1}{s+1}M_1 + \frac{2}{2s+1}M_2, \qquad C_2 = \frac{2}{s+1}M_1 + \frac{1}{2s+1}M_2$$

로 주어지는 2 × 2 공정에서 $G_{c1} = K_{c1}$, $G_{c2} = K_{c2} = 1$이다. 1-1/2-2 짝짓기에서 닫힌루프 시스템이 안정하기 위한 제어기 K_{c1}의 범위를 구하여라.

풀이

식 (17.12)로부터 특성방정식은

$$\left(1 + \frac{K_{c1}}{s+1}\right)\left(1 + \frac{K_{c2}}{2s+1}\right) - K_{c1}K_{c2}\frac{4}{(s+1)(2s+1)} = 0$$

$K_{c2} = 1$을 대입하고 정리하면

$$s^2 + (2 + K_{c1})s + (1 - K_{c1}) = 0 \ \rightarrow \ 2 + K_{c1} > 0, \ 1 - K_{c1} > 0 \ \rightarrow \ -2 < K_{c1} < 1$$

MATLab

1-1/2-2 짝짓기

그림에 보인 1-1/2-2 제어구조에서 제어기는 모두 P-제어기로서 $G_{c1} = 0.8$, $G_{c2} = 1$이며 $G_{p11} = \frac{1}{s+1}$, $G_{p21} = \frac{2}{s+1}$, $G_{p12} = \frac{2}{2s+1}$, $G_{p22} = \frac{1}{2s+1}$이다. 설정값 R_1과 R_2에 단위계단 변화가 도입되었을 때 응답을 구해 보자.

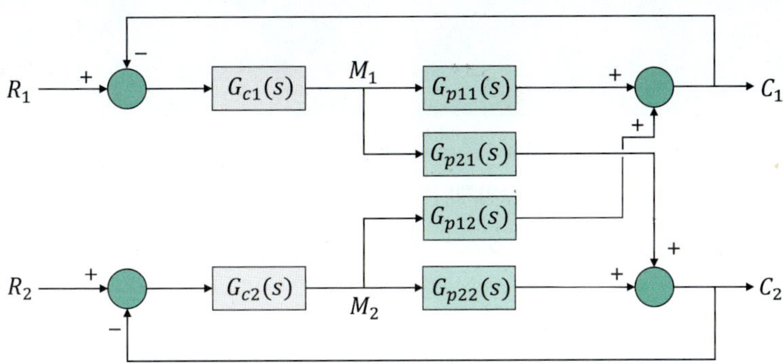

그림 17.13 1-1/2-2 제어구조.

다음 그림 17.14에 보인 바와 같이 MATLAB Simulink 블록선도를 구성할 수 있다. 두 설정값들에 단위계단 변화를 도입하면 그림 17.15에 보인 바와 같은 응답을 얻을 수 있다. 출력변수 C_2는 상당한 offset(약 0.5)을 보임을 알 수 있다.

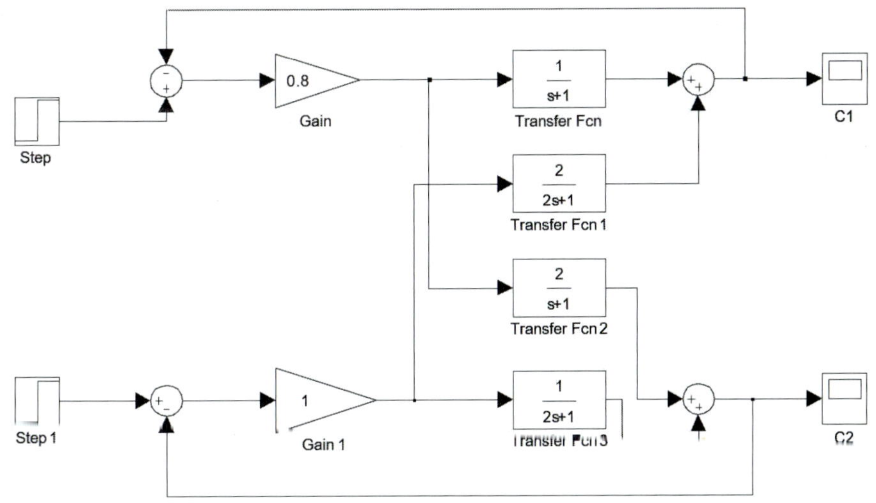

그림 17.14 1-1/2-2 제어구조의 Simulink 블록(mimo1122p.mdl).

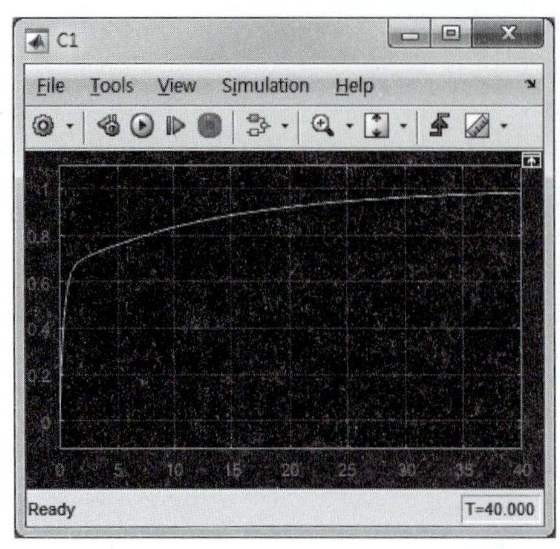

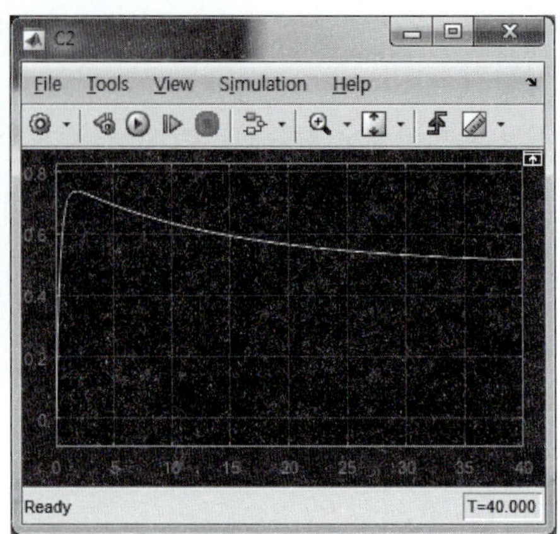

그림 17.15 1-1/2-2 제어구조의 설정값 단위계단변화 응답.

MATLab

1-2/2-1 짝짓기

그림 17.16에 보인 제어구조는 그림 17.13의 제어구조를 1-2/2-1 구조로 변경시켜 본 것이다. 앞에서와 같이 제어기는 모두 P-제어기로서 $G_{c1} = 0.8$, $G_{c2} = 1$이며 공정의 전달함수들은 $G_{p11} = \dfrac{1}{s+1}$, $G_{p21} = \dfrac{2}{s+1}$, $G_{p12} = \dfrac{2}{2s+1}$, $G_{p22} = \dfrac{1}{2s+1}$이다. 설정값 R_1과 R_2에 단위계단 변화가 도입되었을 때 응답을 구해 보자.

다음 그림 17.17과 같이 MATLAB Simulink 블록선도를 구성할 수 있다. 두 설정값들에 단위계단 변화를 도입하면 그림 17.18에 보인 바와 같은 응답을 얻을 수 있다. 1-2/2-1 제어구조에서는 두 출력 변수 모두에서 offset이 상당히 줄어들었음을 알 수 있다.

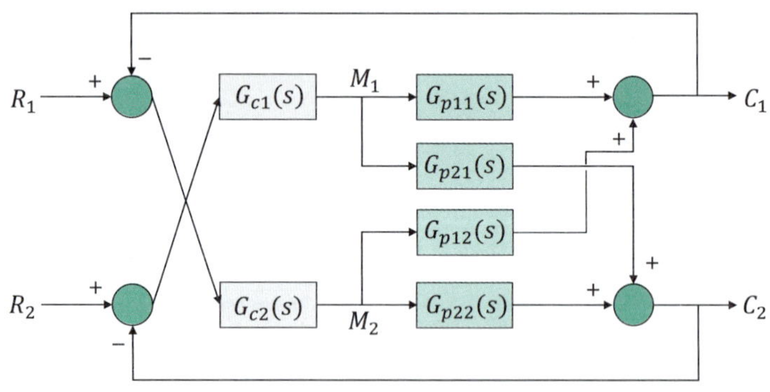

그림 17.16 1-2/2-1 제어구조.

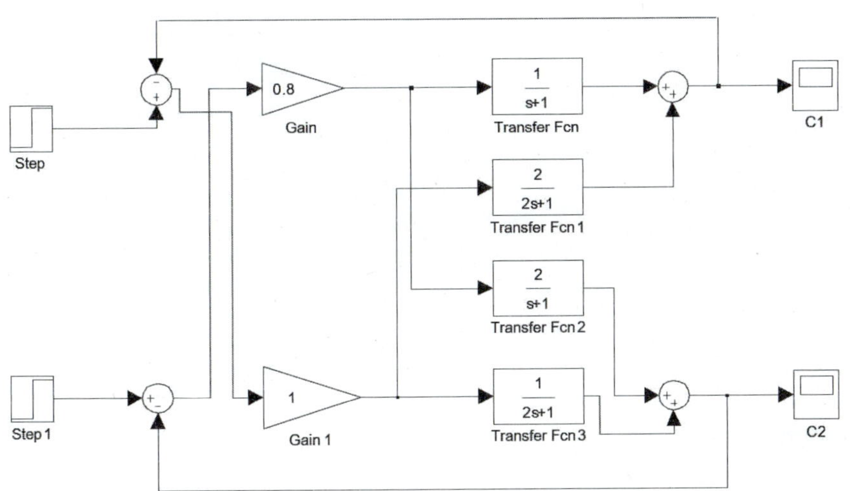

그림 17.17 1-2/2-1 제어구조의 Simulink 블록(mimo1221p.mdl).

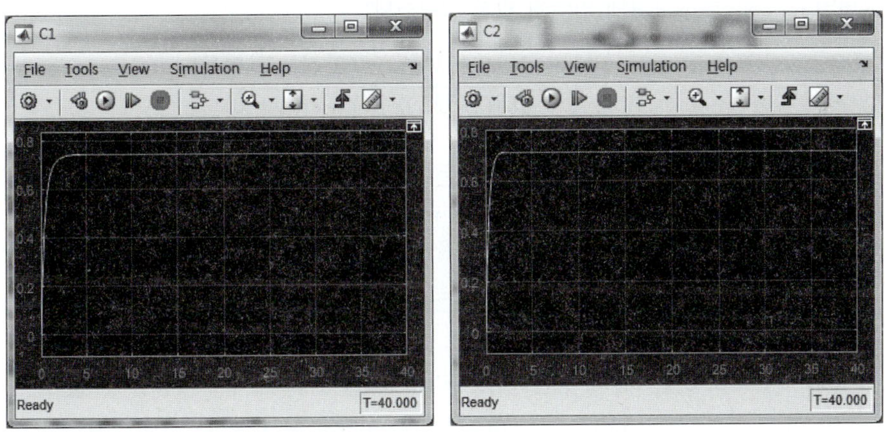

그림 17.18 1-2/2-1 제어구조의 설정값 단위계단변화 응답.

17.3 피제어변수와 조절변수의 짝짓기

그림 17.19에 보인 간단한 증류공정에서 피제어변수는 x_D, x_B, P, h_D, h_B의 5개이며 조절변수는 D, B, R, Q_D, Q_B의 5개이다. 이로부터 특정 피제어변수의 제어를 위해서는 어떤 조절변수를 선택하여 조절해야 하는가를 결정해야 한다. 5개의 feedback 제어기를 이용하는 경우 가능한 조합의 수는 5! = 120가지이다. 이들을 모두 시도해 보는 것은 많은 시간과 비용이 소요되며 실제적으로 불가능하다. 피제어변수와 조절변수 간의 짝짓기는 신속하고 간편하게 이루어져야 한다.

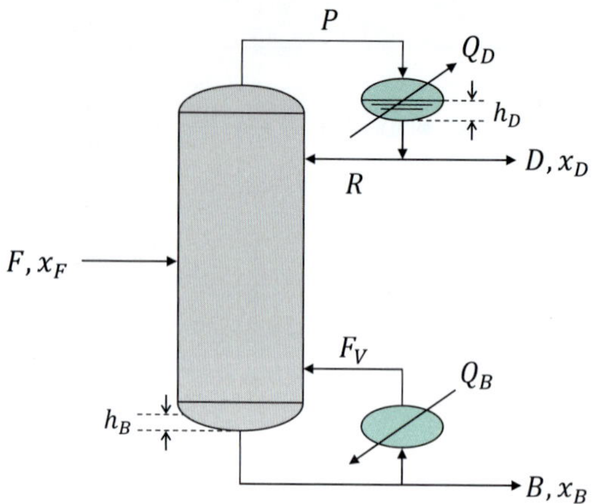

그림 17.19 간단한 증류공정.

17.3.1 상대이득배열(Relative Gain Array, RGA)

상대이득 λ_{ij}는 두 정상상태 이득의 비로 정의된다.

$$\lambda_{ij} = \frac{(\partial C_i/\partial M_j)_M}{(\partial C_i/\partial M_j)_C} = \frac{(\text{열린루프 이득})}{(\text{닫힌루프 이득})} \tag{17.16}$$

위에서 $(\partial C_i/\partial M_j)_M$은 M_j 이외의 다른 모든 조절변수들을 일정하게 두고 미분함을 의미한다.

2 × 2 공정의 경우 정상상태에서 $i = 1, j = 1$일 때

$$\lambda_{11} = \frac{(\Delta C_1/\Delta M_1)_{M_2}}{(\Delta C_1/\Delta M_1)_{C_2}} \tag{17.17}$$

(1) $\lambda_{11} = 0$: C_1은 M_1과 무관하다. 따라서 M_1을 C_1의 제어에 이용할 수 없다.
(2) $\lambda_{11} = 1$: $(\Delta C_1/\Delta M_1)_{M_2} = (\Delta C_1/\Delta M_1)_{C_2}$이므로 M_2와 C_1은 서로 무관하다.
(3) $0 < \lambda_{11} < 1$: 입력변수 M_1, M_2와 출력변수 C_1, C_2 간에 상호간섭이 존재한다.
(4) $\lambda_{11} < 0$: M_1과 M_2는 C_1에 대해 서로 반대 방향으로 영향을 미친다.

입력변수와 출력변수의 수가 각각 n인 공정의 경우 상대이득배열 Λ는 다음과 같이 주어진다.

$$\Lambda = \begin{bmatrix} \lambda_{11} & \lambda_{12} & \cdots & \lambda_{1n} \\ \lambda_{21} & \lambda_{22} & \cdots & \lambda_{2n} \\ \vdots & \vdots & \cdots & \vdots \\ \lambda_{n1} & \lambda_{n2} & \cdots & \lambda_{nn} \end{bmatrix} \tag{17.18}$$

Λ의 각 행 및 각 열의 합은 1이다. 즉

$$\sum_{i=1}^{n} \lambda_{ij} = 1, \qquad \sum_{j=1}^{n} \lambda_{ij} = 1$$

2 × 2 공정의 경우 정상상태에서 $G_{pij} = K_{ij}$ (즉 K_{ij}는 정상상태 이득으로서 $K_{ij} = \lim_{s\to0} G_{pij}(s)$)이므로 식 (17.7)로부터

$$C_1 = K_{11}M_1 + K_{12}M_2,\ C_2 = K_{21}M_1 + K_{22}M_2 \tag{17.19}$$

2 × 2 공정의 경우 식 (17.16)으로부터 λ_{11}을 계산한다:

$$\lambda_{11} = \frac{(\partial C_1/\partial M_1)_{M_2}}{(\partial C_1/\partial M_1)_{C_2}} \tag{17.20}$$

그런데 식 (17.19)로부터

$$\left(\frac{\partial C_1}{\partial M_1}\right)_{M_2} = K_{11} \tag{17.21}$$

아울러 식 (17.19)에서 $C_2 = 0$(즉 C_2는 일정)으로 두면

$$0 = K_{21}M_1 + K_{22}M_2 \ \rightarrow\ M_2 = -\frac{K_{21}}{K_{22}}M_1$$

따라서

$$C_1 = K_{11}M_1 + K_{12}M_2 = \left(K_{11} - \frac{K_{12}K_{21}}{K_{22}}\right)M_1$$

그러므로

$$\left(\frac{\partial C_1}{\partial M_1}\right)_{C_2} = K_{11} - \frac{K_{12}K_{21}}{K_{22}} \tag{17.22}$$

식 (17.21)과 (17.22)를 식 (17.20)에 대입하면

$$\lambda_{11} = \frac{K_{11}}{K_{11} - \dfrac{K_{12}K_{21}}{K_{22}}} = \frac{1}{1 - \dfrac{K_{12}K_{21}}{K_{11}K_{22}}} \tag{17.23}$$

한편 $\Lambda = \begin{bmatrix}\lambda_{11} & \lambda_{12}\\ \lambda_{21} & \lambda_{22}\end{bmatrix}$에서

$$\lambda_{11} + \lambda_{12} = 1, \qquad \lambda_{11} + \lambda_{21} = 1, \qquad \lambda_{12} + \lambda_{22} = 1$$

이므로

$$\lambda_{21} = 1 - \lambda_{11}, \qquad \lambda_{12} = 1 - \lambda_{11}, \qquad \lambda_{22} = \lambda_{11}$$

따라서

$$\Lambda = \begin{bmatrix}\lambda_{11} & 1-\lambda_{11}\\ 1-\lambda_{11} & \lambda_{11}\end{bmatrix}$$

$n > 2$일 경우

$$C_1 = K_{11}M_1 + K_{12}M_2 + \cdots + K_{1n}M_n$$
$$C_2 = K_{21}M_1 + K_{22}M_2 + \cdots + K_{2n}M_n$$
$$\vdots$$
$$C_n = K_{n1}M_1 + K_{n2}M_2 + \cdots + K_{nn}M_n$$

이를 다시 쓰면

$$\underline{C} = \underline{K}\,\underline{M}$$

이로부터

$$\lambda_{ij} = K_{ij}H_{ij} \tag{17.24}$$

위에서 $\underline{H} = H_{ij}$는

$$\underline{H} = (\underline{K}^{-1})^T \tag{17.25}$$

로 주어진다.

보기 17.6

다음과 같은 2 × 2 공정에서 RGA Λ를 구하여라:

$$C_1 = \frac{1}{s+1}M_1 + \frac{1}{0.1s+1}M_2, \qquad C_2 = -\frac{0.2}{0.5s+1}M_1 + \frac{0.8}{s+1}M_2$$

풀이

$K_{ij} = \lim_{s\to 0} G_{pij}(s)$로부터 $K_{11} = 1, K_{12} = 1, K_{21} = -0.2, K_{22} = 0.8$. 따라서 식 (17.23)으로부터

$$\lambda_{11} = \frac{1}{1 - \frac{1\cdot(-0.2)}{1\cdot 0.8}} = \frac{1}{1.25} = 0.8 \rightarrow \Lambda = \begin{bmatrix} 0.8 & 0.2 \\ 0.2 & 0.8 \end{bmatrix}$$

17.3.2 공정 상호간섭의 추정

RGA는 공정변수간 상호간섭의 정도를 나타낸다. 2 × 2 공정에서

$$\Lambda = \begin{bmatrix} \lambda_{11} & 1-\lambda_{11} \\ 1-\lambda_{11} & \lambda_{11} \end{bmatrix} = \begin{array}{c|cc} & M_1 & M_2 \\ \hline C_1 & \lambda_{11} & 1-\lambda_{11} \\ C_2 & 1-\lambda_{11} & \lambda_{11} \end{array}$$

(1) $\lambda_{11} = 1$: $\Lambda = \begin{bmatrix} 1 & 0 \\ 0 & 1 \end{bmatrix}$. 즉 M_1은 C_1에만, M_2는 C_2에만 영향을 미친다. 따라서 짝짓기는 $C_1 - M_1$, $C_2 - M_2$, 즉 1-1/2-2 짝짓기가 된다.

(2) $\lambda_{11} = 0$: $\Lambda = \begin{bmatrix} 0 & 1 \\ 1 & 0 \end{bmatrix}$. 즉 M_1은 C_2에만, M_2는 C_1에만 영향을 미친다. 따라서 짝짓기는 $C_1 - M_2$, $C_2 - M_1$, 즉 1-2/2-1 짝짓기가 된다.

(3) $0 < \lambda_{11} < 1$: $\lambda_{11} > 0.5$인 경우 $\lambda_{11} = 0.8$이라 가정하면 $\Lambda = \begin{bmatrix} 0.8 & 0.2 \\ 0.2 & 0.8 \end{bmatrix}$. 따라서 짝짓기는 $C_1 - M_1$, $C_2 - M_2$. $\lambda_{11} < 0.5$인 경우 $\lambda_{11} = 0.2$라 가정하면 $\Lambda = \begin{bmatrix} 0.2 & 0.8 \\ 0.8 & 0.2 \end{bmatrix}$. 따라서 짝짓기는 $C_1 - M_2$, $C_2 - M_1$.

(4) $\lambda_{11} < 0$: C_1과 M_1간의 열린루프 이득과 닫힌루프 이득은 방향이 반대이므로 $C_1 - M_1$ 짝짓기는 불가능하다.

보기 17.7

그림에 보인 혼합공정에서 제품 중의 A의 몰분율 $x = 0.4$일 때 최선의 짝짓기를 구하여라. 조절변수는 w_A, w_B이며 피제어변수는 w와 x이다.

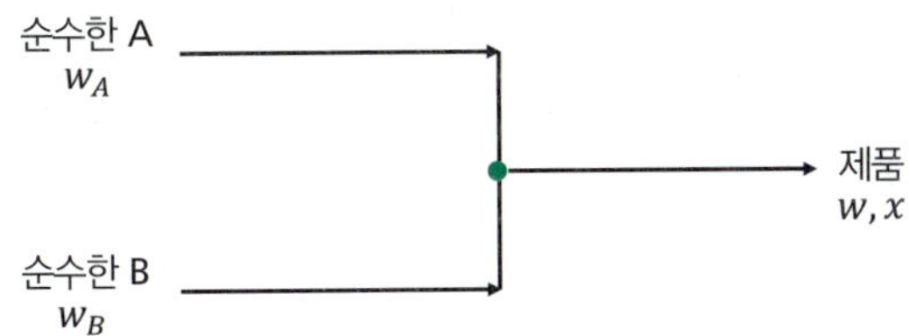

그림 17.20 간단한 혼합공정.

풀이

$M_1 = w_A$, $M_2 = w_B$, $C_1 = w$, $C_2 = x$로 두면 물질수지는 $w = w_A + w_B$, $xw = w_A$가 된다. 이로부터 $x = \dfrac{w_A}{w_A + w_B}$ 따라서

$$K_{11} = \left(\frac{\partial w}{\partial w_A}\right)_{w_B} = 1, \qquad K_{12} = \left(\frac{\partial w}{\partial w_B}\right)_{w_A} = 1$$

$$K_{21} = \left(\frac{\partial x}{\partial w_A}\right)_{w_B} = \frac{w_B}{(w_A + w_B)^2} = \frac{1}{w_A + w_B} \cdot \frac{w_B}{w_A + w_B} = \frac{1}{w_A + w_B}(1 - x) = \frac{1 - x}{w}$$

$$K_{22} = \left(\frac{\partial x}{\partial w_B}\right)_{w_A} = \frac{w_A}{(w_A + w_B)^2} = -\frac{1}{w_A + w_B} \cdot \frac{w_A}{w_A + w_B} = -\frac{x}{w}$$

따라서 식 (17.23)으로부터

$$\lambda_{11} = \frac{1}{1 - \dfrac{K_{12}K_{21}}{K_{11}K_{22}}} = \frac{1}{1 - \dfrac{1 \cdot (1 - x)/w}{1 \cdot (-x/w)}} = x$$

그러므로 $\Lambda = \begin{bmatrix} x & 1 - x \\ 1 - x & x \end{bmatrix} = \begin{bmatrix} 0.4 & 0.6 \\ 0.6 & 0.4 \end{bmatrix}$. 이로부터 최선의 짝짓기는 $w - w_B$, $x - w_A$가 된다.

보기 17.8

어떤 증류공정의 RGA는 다음과 같다. 적절한 짝짓기를 구하여라.

$$\Lambda = \begin{bmatrix} 0.931 & 0.150 & 0.080 & -0.164 \\ -0.011 & -0.429 & 0.286 & 1.154 \\ -0.135 & 3.314 & -0.270 & -1.910 \\ 0.215 & -2.030 & 0.900 & 1.919 \end{bmatrix}$$

풀이

λ_{ij}가 음인 짝짓기는 부적절하므로 적절한 짝짓기는 $C_1 - M_1$, $C_2 - M_4$, $C_3 - M_2$, $C_4 - M_3$이다.

17.3.3 동특성의 고려

RGA를 이용하는 짝짓기 방법은 정상상태에 근거한다. 그러나 시간상수나 시간지연이 큰 공정에서는 동특성을 고려해야 한다.

보기 17.9

어떤 공정의 전달함수는

$$G_p(s) = \begin{bmatrix} -\dfrac{2e^{-s}}{10s+1} & \dfrac{1.5e^{-s}}{s+1} \\ \dfrac{1.5e^{-s}}{s+1} & \dfrac{2e^{-s}}{10s+1} \end{bmatrix}$$

인 것으로 밝혀졌다. 이 공정의 제어를 위한 적절한 짝짓기를 구하여라.

풀이

이 경우 정상상태 이득 $\underline{K}$는 $G_{pij}(0)$으로부터 $\underline{K} = \begin{bmatrix} -2 & 1.5 \\ 1.5 & 2 \end{bmatrix}$가 된다. 따라서 식 (17.25)로부터

$$\underline{H} = (\underline{K}^{-1})^T = -\frac{1}{6.25}\begin{bmatrix} 2 & -1.5 \\ -1.5 & -2 \end{bmatrix}$$

이 결과를 이용하면 식 (17.24)로부터

$$\lambda_{11} = K_{11}H_{11} = (-2)\left(-\frac{2}{6.25}\right) = 0.64$$

따라서 $\Lambda = \begin{bmatrix} 0.64 & 0.36 \\ 0.36 & 0.64 \end{bmatrix}$이며 짝짓기는 $C_1 - M_1$, $C_2 - M_2$, 즉 1-1/2-2 짝짓기가 된다. 그러나 $G_{p11}(s)$의 시간상수는 10이고 $G_{p12}(s)$의 시간상수는 1이므로, C_1은 M_1의 변화보다 M_2의 변화에 대해 10/1 = 10배 정도 빠르게 응답한다. 따라서 $C_1 - M_2$ 짝짓기가 우월한 제어성능을 보인다. 이는 RGA 방법의 적용이 부적절한 경우의 보기가 된다.

17.4 제어루프 간 상호간섭의 제거

17.4.1 비간섭 제어루프

피제어변수 및 조절변수의 선택을 바꿈으로써 제어루프의 상호간섭을 줄이거나 없앨 수 있다.

보기 17.10

그림 17.21에 보인 혼합공정에서 $\lambda_{11} = 1$이 되도록(즉 루프 상호간의 간섭이 없도록) 조절변수를 정해 보라.

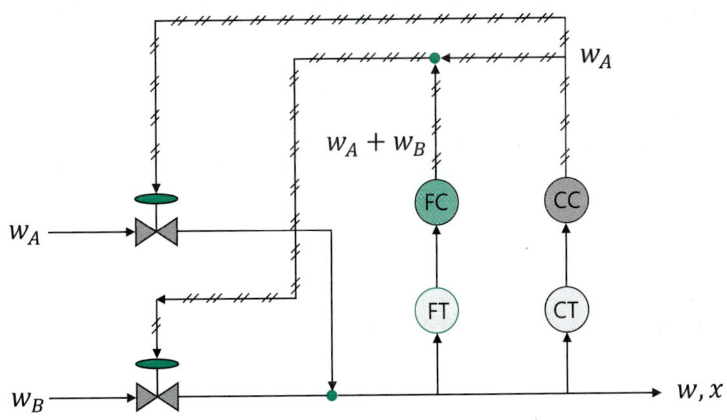

그림 17.21 혼합공정의 비간섭 제어루프.

풀이

식 (17.23)으로부터 $\lambda_{11} = 1$이면 $K_{12} = 0$, 또는 $K_{21} = 0$이 됨을 알 수 있다. 만일 $C_1 = M_1 = w = w_A + w_B$, $M_2 = w_A$, $C_2 = x$로 정한다면

$$K_{11} = \left(\frac{\partial C_1}{\partial M_1}\right)_{M_2} = \left.\frac{\partial w}{\partial (w_A + w_B)}\right|_{w_A} = 1, \qquad K_{12} = \left(\frac{\partial C_1}{\partial M_2}\right)_{M_1} = \left.\frac{\partial (w_A + w_B)}{\partial w_A}\right|_{w_A + w_B} = 0$$

한편 $x = \dfrac{w_A}{w_A + w_B} = \dfrac{M_2}{M_1}$ 이므로

$$K_{21} = \left(\frac{\partial C_2}{\partial M_1}\right)_{M_2} = \left.\frac{\partial (M_2/M_1)}{\partial M_1}\right|_{M_2} = -\frac{M_2}{{M_1}^2}, \qquad K_{22} = \left(\frac{\partial C_2}{\partial M_2}\right)_{M_1} = \left.\frac{\partial (M_2/M_1)}{\partial M_2}\right|_{M_1} = \frac{1}{M_1}$$

이로부터 $\underline{K} = \begin{bmatrix} 1 & 0 \\ -\dfrac{M_2}{{M_1}^2} & \dfrac{1}{M_1} \end{bmatrix}$가 된다. 아울러 식 (17.23)으로부터 $\lambda_{11} = \dfrac{1}{1 - \dfrac{0 \cdot K_{21}}{1 \cdot 1/M_1}} = 1$. 즉 $\Lambda = \begin{bmatrix} 1 & 0 \\ 0 & 1 \end{bmatrix}$이며, 따라서 짝짓기는 $C_1 - M_1/C_2 - M_2$, 즉 $w - (w_A + w_B)/\ x - w_A$ 짝짓기가 된다.

17.4.2 Decoupling

Decoupling은 조절변수와 피제어변수 간의 상호간섭이 0이 되도록 해줌으로써 제어성능을 높이고자 하는 방법으로서 제어구조가 대각 시스템이 되도록 해준다. 공정 자체에 내재하는 상호간섭 $G_{pij}(s)(i \neq j)$을 없애는 것은 불가능하므로 M_j가 $C_i(i \neq j)$에 미치는 영향을 없애 주도록 decoupler를 구성함으로써 단일루프 시스템과 같아지도록 해준다.

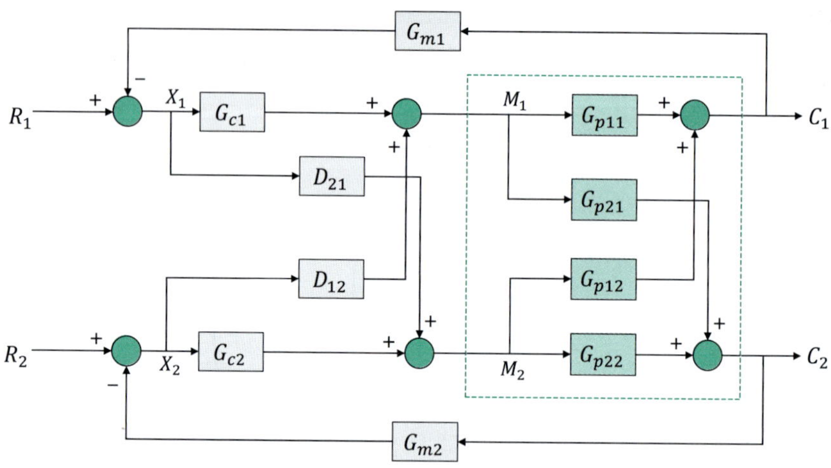

그림 17.22 2 x 2 공정의 decoupling.

그림 17.22에서

$$M_1 = G_{c1}X_1 + D_{12}X_2, \qquad M_2 = D_{21}X_1 + G_{c2}X_2$$

이제 $M = \begin{bmatrix} M_1 \\ M_2 \end{bmatrix}$, $G_T = \begin{bmatrix} G_{c1} & D_{12} \\ D_{21} & G_{c2} \end{bmatrix}$, $X = \begin{bmatrix} X_1 \\ X_2 \end{bmatrix}$라 두면

$$M = G_T X \tag{17.26}$$

한편 $X_1 = R_1 - G_{m1}C_1$, $X_2 = R_2 - G_{m2}C_2$ 이므로

$$X = \begin{bmatrix} X_1 \\ X_2 \end{bmatrix} = \begin{bmatrix} R_1 \\ R_2 \end{bmatrix} - \begin{bmatrix} G_{m1} & 0 \\ 0 & G_{m2} \end{bmatrix}\begin{bmatrix} C_1 \\ C_2 \end{bmatrix} = R - G_m C \tag{17.27}$$

임을 알 수 있다. 위에서 $G_m = \begin{bmatrix} G_{m1} & 0 \\ 0 & G_{m2} \end{bmatrix}$, $C = \begin{bmatrix} C_1 \\ C_2 \end{bmatrix}$이다. 따라서

$$M = G_T(R - G_m C) \tag{17.28}$$

아울러

$$C_1 = G_{p11}M_1 + G_{p12}M_2, \qquad C_2 = G_{p21}M_1 + G_{p22}M_2$$

이므로

$$C = \begin{bmatrix} C_1 \\ C_2 \end{bmatrix} = \begin{bmatrix} G_{p11} & G_{p12} \\ G_{p21} & G_{p22} \end{bmatrix} \begin{bmatrix} M_1 \\ M_2 \end{bmatrix} = G_p M \tag{17.29}$$

을 얻는다. 위에서 $G_p = \begin{bmatrix} G_{p11} & G_{p12} \\ G_{p21} & G_{p22} \end{bmatrix}$이다. 식 (17.26)과 (17.29)로부터

$$C = G_p M = G_p G_T X \tag{17.30}$$

따라서 상호간섭이 없으려면, 즉 X_1이 C_2에 영향을 미치지 않고 X_2가 C_1에 영향을 미치지 않으려면 식 (17.30)에서 행렬 G_pG_T가 대각행렬이어야 한다. G_pG_T는

$$G_p G_T = \begin{bmatrix} G_{p11} & G_{p12} \\ G_{p21} & G_{p22} \end{bmatrix} \begin{bmatrix} G_{c1} & D_{12} \\ D_{21} & G_{c2} \end{bmatrix} = \begin{bmatrix} G_{p11}G_{c1} + G_{p12}D_{21} & G_{p11}D_{12} + G_{p12}G_{c2} \\ G_{p21}G_{c1} + G_{p22}D_{21} & G_{p21}D_{12} + G_{p22}G_{c2} \end{bmatrix}$$

와 같으므로 대각행렬이기 위해서는

$$G_{p11}D_{12} + G_{p12}G_{c2} = 0, \qquad G_{p21}G_{c1} + G_{p22}D_{21} = 0$$

이어야 한다. 이로부터

$$D_{12} = -\frac{G_{p12}G_{c2}}{G_{p11}}, \qquad D_{21} = -\frac{G_{p21}G_{c1}}{G_{p22}} \tag{17.31}$$

를 얻는다.

한편 식 (17.28)과 (17.29)로부터

$$C = G_p M = G_p G_T (R - G_m C)$$

따라서

$$(I + G_p G_T G_m) C = G_p G_T R$$

이로부터

$$C = (I + G_p G_T G_m)^{-1} G_p G_T R \tag{17.32}$$

보기 17.11

식 (17.31)로 주어지는 decoupler를 적용할 경우 C_1과 C_2는 어떻게 주어지는가? $G_{m1} = G_{m2} = 1$이라고 가정한다.

풀이

앞의 결과로부터

$$G_p G_T = \begin{bmatrix} G_{p11}G_{c1} + G_{p12}D_{21} & 0 \\ 0 & G_{p21}D_{12} + G_{p22}G_{c2} \end{bmatrix} = \begin{bmatrix} G_1 & 0 \\ 0 & G_2 \end{bmatrix}$$

위에서

$$G_1 = G_{p11}G_{c1} + G_{p12}\left(-\frac{G_{p21}G_{c1}}{G_{p22}}\right) = \frac{1}{G_{p22}}\left(G_{p11}G_{p22} - G_{p12}G_{p21}\right)G_{c1}$$

$$G_2 = G_{p21}\left(-\frac{G_{p12}G_{c2}}{G_{p11}}\right) + G_{p22}G_{c2} = \frac{1}{G_{p11}}\left(G_{p11}G_{p22} - G_{p12}G_{p21}\right)G_{c2}$$

따라서 식 (17.32)로부터

$$C = \left(I + G_pG_T\right)^{-1}G_pG_TR = \begin{bmatrix}1+G_1 & 0\\ 0 & 1+G_2\end{bmatrix}\begin{bmatrix}G_1 & 0\\ 0 & G_2\end{bmatrix}R$$

$$= \frac{1}{(1+G_1)(1+G_2)}\begin{bmatrix}G_1(1+G_2) & 0\\ 0 & G_2(1+G_1)\end{bmatrix}R = \begin{bmatrix}\dfrac{G_1}{1+G_1} & 0\\ 0 & \dfrac{G_2}{1+G_2}\end{bmatrix}R$$

이로부터 다음 결과를 얻는다.

$$C_1 = \frac{G_1}{1+G_1}R_1 = \frac{\left(G_{p11}G_{p22} - G_{p12}G_{p21}\right)G_{c1}}{G_{p22} + \left(G_{p11}G_{p22} - G_{p12}G_{p21}\right)G_{c1}}R_1 \qquad \textbf{(17.33)}$$

$$C_2 = \frac{G_2}{1+G_2}R_2 = \frac{\left(G_{p11}G_{p22} - G_{p12}G_{p21}\right)G_{c2}}{G_{p11} + \left(G_{p11}G_{p22} - G_{p12}G_{p21}\right)G_{c2}}R_2 \qquad \textbf{(17.34)}$$

보기 17.12

어떤 공정의 전달함수가

$$\underline{G_p}(s) = \begin{bmatrix}\dfrac{5e^{-5s}}{4s+1} & \dfrac{2e^{-4s}}{8s+1}\\ \dfrac{3e^{-3s}}{12s+1} & \dfrac{6e^{-3s}}{10s+1}\end{bmatrix}$$

와 같이 주어졌다고 하자. 제어기로서 비례제어기 $G_{c1} = K_{c1}$, $G_{c2} = K_{c2}$를 이용한다고 하면 식 (17.31)로부터

$$D_{21} = -K_{c1}\left(\frac{3e^{-3s}}{12s+1}\right)\left(\frac{10s+1}{6e^{-3s}}\right) = -\frac{K_{c1}}{2}\left(\frac{10s+1}{12s+1}\right)$$

이는 lead-lag의 형태이다. Lead 요소의 시간상수(=10)와 lag 요소의 시간상수(=12)는 거의 같으므로 두 요소의 동특성은 서로 상쇄되어 $D_{21} \approx -\dfrac{K_{c1}}{2}$, 즉 decoupler는 근사적으로 단순한 이득으로 나타낼 수 있다. 한편 식 (17.26)으로부터

$$D_{12} = -K_{c2}\left(\frac{2e^{-4s}}{8s+1}\right)\left(\frac{4s+1}{5e^{-5s}}\right) = -0.25K_{c2}\left(\frac{4s+1}{8s+1}\right)e^{s}$$

이 decoupler는 예측항(e^s)을 포함하고 있으므로 물리적으로 실현이 불가능하다. 이는 곧 C_1과 M_2 간에 존재하는 상호간섭의 제거는 불가능함을 의미한다. 따라서 근사적으로 $D_{12} \approx -0.25K_{c2}\left(\frac{4s+1}{8s+1}\right)$을 이용한다.

정상상태의 경우 $K_{pij} = G_{pij}(s)\big|_{s=0}$이므로

$$D_{12} = -\frac{K_{p12}}{K_{p11}}K_{c2}, \qquad D_{21} = -\frac{K_{p21}}{K_{p22}}K_{c1} \tag{17.35}$$

이 decoupler는 물리적으로 언제나 실현이 가능하다.

MATLab

Decoupling

어떤 1-1/2-2 제어구조에 그림 17.22와 같이 decoupler를 추가하였다. 제어기는 PI 제어기로서 $G_{c1} = 4\left(1+\frac{1}{s}\right)$, $G_{c2} = 3.5\left(1+\frac{1}{s}\right)$ 이며 공정의 전달함수들은 $G_{p11} = \frac{s+4}{s^2+7s+6}$, $G_{p12} = \frac{5}{s^2+7s+6}$, $G_{p21} = \frac{4}{s^2+7s+6}$, $G_{p22} = \frac{1.8s+5}{s^2+7s+6}$와 같다. 이를 이용하면 decoupler는 각각 $D_{12} = -\frac{17.5(s+1)}{s(s+4)}$, $D_{21} = -\frac{16(s+1)}{s(1.8s+5)}$과 같다. 설정값 R_1과 R_2에 단위계단 변화가 도입되었을 때 응답을 구해 보자.

다음 그림 17.23과 같이 MATLAB Simulink 블록선도를 구성할 수 있다. 두 설정값들에 단위계단 변화를 도입하면 그림 17.24에 보인 바와 같은 응답을 얻을 수 있다. 두 출력은 0.35~0.38 범위의 offset을 보임을 알 수 있다.

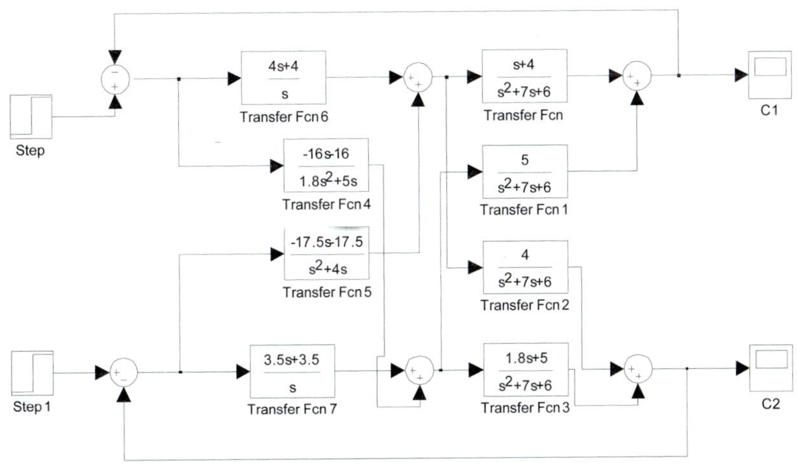

그림 17.23 Decoupler가 있는 1-1/2-2 제어구조의 Simulink 블록(mimo1122decoup2.mdl).

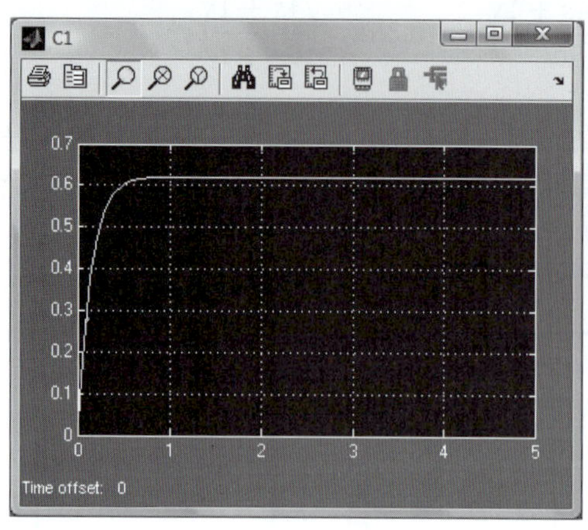

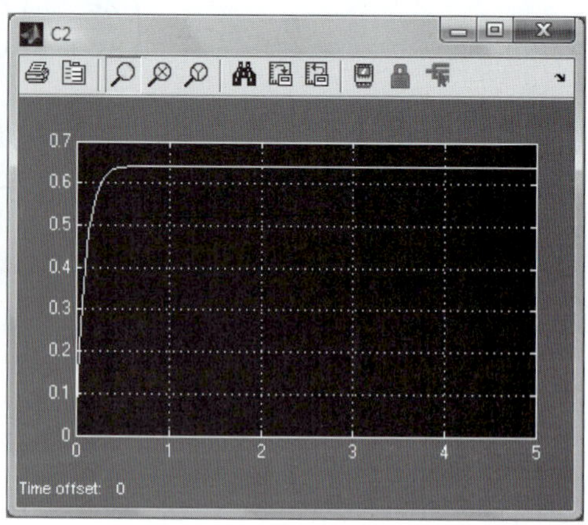

그림 17.24 Decoupler가 있는 1-1/2-2 제어구조의 설정값 단위계단 응답.

17.5 요약

- 다변수(MIMO) 제어시스템: 피제어변수와 조절변수가 각각 여러 개
- 변수들 간의 상호 간섭작용은 제어되는 공정의 안정성과 제어성능에 영향을 미친다.
- 다변수 공정의 제어구조에서는 피제어 변수들과 조절변수들 간의 짝짓기(pairing)가 중요
- 상호간섭: 다변수 공정에서 하나의 입력이 하나 이상의 출력에 영향을 미치는 경우
- 다중루프 제어: 피제어변수와 조절변수를 하나씩 짝지어서 단일루프를 구성함으로써 다수의 단일루프를 형성하여 제어
- 다중루프 제어에서 단일루프 제어기들은 각각 독립적으로 작용: 변수들 간에 상호간섭이 존재하면 하나의 조절변수의 변화는 다른 루프의 피제어변수에 영향을 미친다.
- 중앙집중제어: 모든 측정값들이 하나의 제어 알고리듬에 의해 처리되어 모든 조절변수들이 동시에 계산되는 제어방법
- 다변수 공정의 제어문제: 1) 제어하고자 하는 특정 출력변수에 가장 영향을 미치는 입력변수를 규명, 2) 입력변수와 출력변수들 간의 상호간섭 관계를 알아야 제어루프 구성이 가능, 3) 가능한 다수의 제어루프 가운데 최적의 루프를 선정
- 공정의 자유도: F(자유도) = V(독립변수의 수) − E(관계식의 수)
- 피제어변수의 수: $C = F -$ (공정 외부로부터 결정되는 input의 수)
- 피제어변수와 조절변수가 각각 N개이면 가능한 제어구조의 수는 $N!$개
- 2 × 2 공정의 경우 2가지 제어루프 짝짓기가 가능: 1-1/2-2 짝짓기, 1-2/2-1 짝짓기
- 상대이득 λ_{ij}는 두 정상상태 이득의 비로 정의: $\lambda_{ij} = \dfrac{(\partial C_i/\partial M_j)_M}{(\partial C_i/\partial M_j)_C} = \dfrac{(\text{열린루프 이득})}{(\text{닫힌루프 이득})}$
- $\lambda_{ij} = K_{ij}H_{ij}$, $\underline{H} = H_{ij} = (\underline{K}^{-1})^T$

- 입력 및 출력변수의 수가 각각 n인 공정의 상대이득배열(RGA): $\Lambda = \begin{bmatrix} \lambda_{11} & \lambda_{12} & \cdots & \lambda_{1n} \\ \lambda_{21} & \lambda_{22} & \cdots & \lambda_{2n} \\ \vdots & \vdots & \cdots & \vdots \\ \lambda_{n1} & \lambda_{n2} & \cdots & \lambda_{nn} \end{bmatrix}$
- RGA는 공정변수 간 상호간섭의 정도를 나타낸다.
- RGA를 이용하는 짝짓기 방법은 정상상태에 근거. 그러나 시간상수나 시간지연이 큰 공정에서는 동특성을 고려해야 한다.
- Decoupling: 조절변수와 피제어변수 간의 상호간섭이 0이 되도록 해줌으로써 제어성능을 높이고자 하는 방법으로서 제어구조가 대각 시스템이 되도록 해준다.
- 상호간섭 $G_{pij}(s)(i \neq j)$을 없애는 것은 불가능하므로 M_j가 $C_i(i \neq j)$에 미치는 영향을 없애 주도록 decoupler를 구성

점/검/문/제

17.1 그림에 보인 액체 저장탱크에서 자유도와 피제어변수의 수는 각각 얼마인가?

① 자유도 = 2, 피제어변수 = 1　　② 자유도 = 3, 피제어변수 = 1

③ 자유도 = 1, 피제어변수 = 2　　④ 자유도 = 1, 피제어변수 = 3

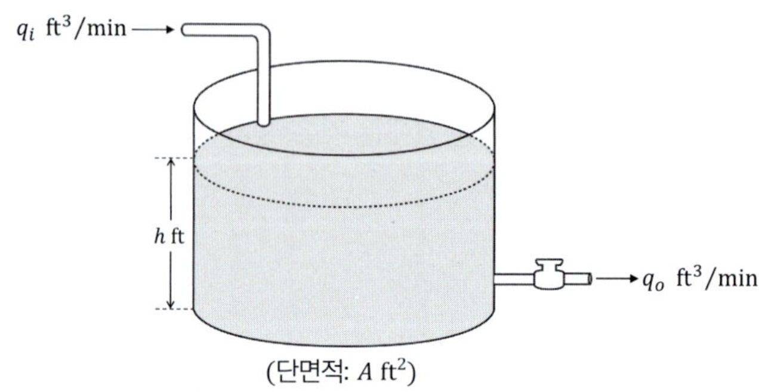

그림 17.25 **액체 저장탱크.**

17.2 다변수 공정의 중앙집중식 제어구조를 설명한 것으로 맞는 것은?

① 피제어변수와 교란변수를 하나씩 짝지운 제어구조

② 피제어변수와 조절변수를 하나씩 짝지운 제어구조

③ 모든 측정값들이 하나의 제어 알고리듬에 의해 처리되는 구조

④ 모든 측정값들이 변수들의 수에 해당하는 제어기에 의해 처리되는 구조

17.3 다변수 공정의 제어문제에서 고려해야 할 사항이 아닌 것은?

① 제어하고자 하는 특정 출력변수에 가장 영향을 미치는 입력변수를 규명해야 한다.

② 교란변수와 조절변수간의 상호간섭 관계를 명확히 파악해야 한다.

③ 입력변수와 출력변수들 간의 상호간섭 관계를 알아야 제어루프 구성이 가능하다.

④ 가능한 다수의 제어루프 가운데 최적의 루프를 선정해야 한다.

17.4 상대이득배열(RGA)이 다음과 같이 얻어졌을 때 최적의 짝짓기는 어느 것인가?

	M_1	M_2
C_1	0.7	0.3
C_2	0.3	0.7

① $C_2 - M_1,\ C_1 - M_2$　　② $C_1 - M_2,\ C_2 - M_2$

③ $C_1 - M_1,\ C_2 - M_1$　　④ $C_1 - M_1,\ C_2 - M_2$

점검 문제 해답

17.1 ① 풀이　$A\dfrac{dh}{dt} = q_i - q_o$ → 독립변수는 h, q_i, q_o로서 3개이다. 따라서 자유도는 $F = V - E = 3 - 1 = 2$. 그런데 q_i는 공정 외부로부터 결정되므로 피제어변수의 수는 $C = F - 1 = 1$

17.2 ③　**17.3** ②　**17.4** ④

연/습/문/제

17.1 그림에 보인 혼합공정에서 유입농도는 일정하고 혼합은 완전하게 이루어지며 용매와 성분 A의 밀도는 같다고 가정한다. 제품의 유량과 농도의 측정에는 시간지연이 존재하는데 유량 측정기의 시간지연을 θ_F, 농도 측정기의 시간지연을 θ_A라 하면 실제농도 X_m과 측정값 A, 실제유량 F_m과 측정값 F 사이는 다음 관계로 나타낼 수 있다.

$$\tau_A \frac{dA}{dt} = X_m(t-\theta_A) - A, \qquad \tau_F \frac{dF}{dt} = F_m(t-\theta_F) - F$$

$X_m = aF_A + bF_s$, $F_m = F_A + F_s$ (X_m, F_A, F_s, A는 모두 편차변수)를 이용하여 위의 혼합공정의 전달함수를 구하여라.

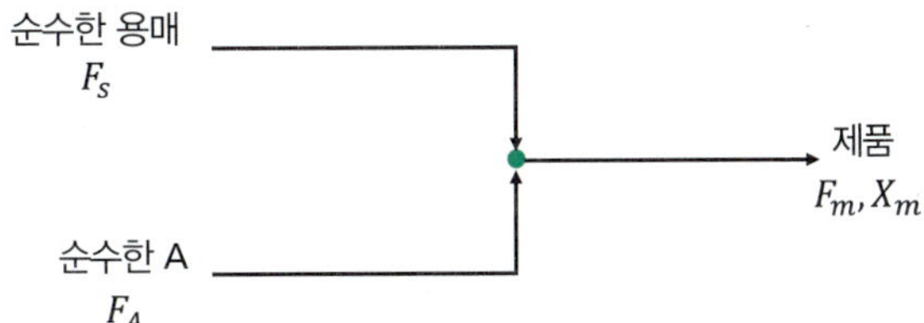

그림 P17.1

17.2 그림에 보인 CSTR 제어구조에서 C_A의 설정치는 C_{AR}, T의 설정치는 T_R이다. T_i, C_{AR}, 또는 T_R에 변화가 도입되었을 때 각 제어루프 간에 어떤 상호간섭이 존재하는가?

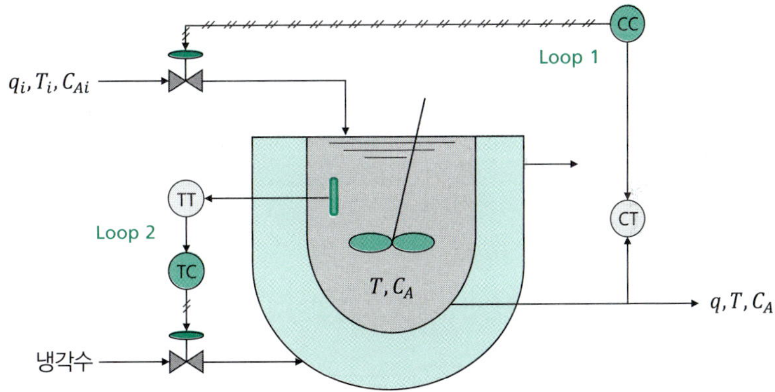

그림 P17.2

17.3 다음 그림에 보인 혼합공정에서 원하는 정상상태 값은 $F = 200$ mol/hr, $x = 0.6$(몰분율)이다. 조절변수는 F_1과 F_2, 피제어변수는 F와 x일 때 가장 적절한 짝짓기를 구하여라.

$F_1, x_1 = 0.8$ → 혼합기 → F, x
$F_2, x_2 = 0.2$

그림 P17.3

17.4 그림에 보인 2-탱크 액위제어 시스템에서 상호간섭이 없는 짝짓기를 구해 보라.

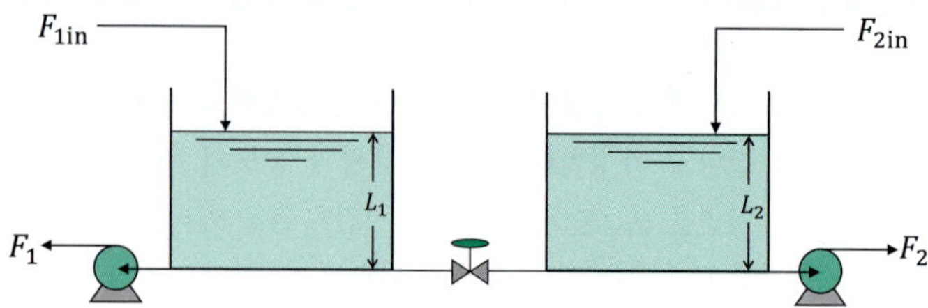

그림 P17.4

17.5 다음과 같은 2 × 2 공정에서 RGA Λ를 구하여라:

$$C_1 = \frac{1}{2s+1}M_1 + \frac{2}{s+1}M_2, \qquad C_2 = \frac{4}{s+1}M_1 + \frac{1}{2s+1}M_2$$

17.6 그림에 보인 혼합공정에서 두 유입흐름 w_1, w_2를 조절함으로써 탱크의 액위 h와 유출액의 조성 x(질량분율)를 제어하고자 한다. 두 유입액의 조성은 각각 $x_1 = 0.4$, $x_2 = 0.1$로서 일정하다. 탱크의 단면적은 7.065 ft^2, 액체의 밀도는 60 lb$_m$/ft^{3}로서 일정하며 정상상태에서 $h = h_s = 3$ ft, $w_1 = w_{1s} = 600$ lb$_m$/min, $w = w_s = 1200$ lb$_m$/min이다.

(1) 이 공정의 모델식을 구하고 선형화시킨 다음 라플라스 전달함수를 구하여라.

(2) 적절한 pairing(짝짓기)을 구하여라.

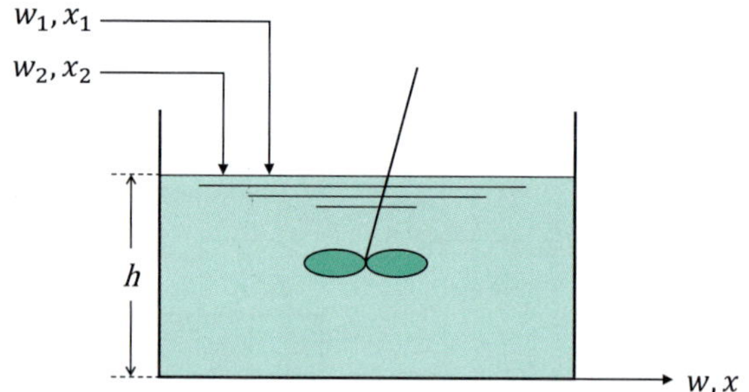

그림 P17.6

17.7 다음 그림은 교반혼합공정을 보인 것이다.

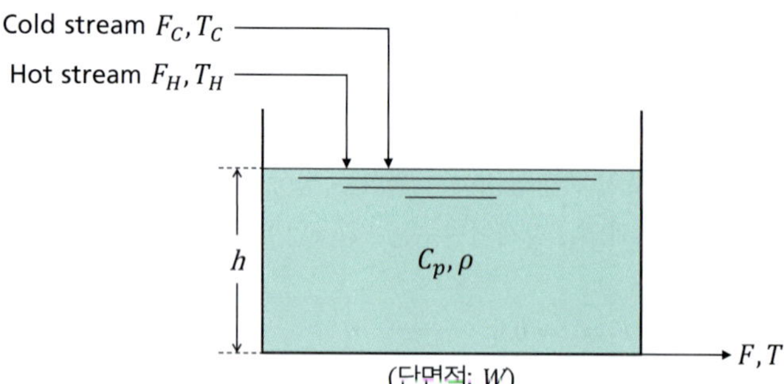

그림 P17.7

그림에서 유입 흐름의 온도 T_c와 T_H 및 밀도 ρ와 비열 C_p는 일정하며 $F = \sqrt{h}$로 주어진다.

(1) 물질수지와 에너지 수지식을 구하여라.

(2) 위에서 얻은 수지식을 선형화시키고 그 결과를 $\dfrac{dx}{dt} = Ax + Bu$의 형태로 나타내어라. $x = \begin{bmatrix} x_1 \\ x_2 \end{bmatrix}$, $u = \begin{bmatrix} u_1 \\ u_2 \end{bmatrix}$이며 $x_1 = h - h_s$, $x_2 = T - T_s$, $u_1 = F_H - F_{Hs}$, $u_2 = F_C - F_{Cs}$이다. 아래 첨자 s는 정상상태에서의 값을 의미한다.

(3) 출력은 $y = \begin{bmatrix} 1 & 0 \\ 0 & 1 \end{bmatrix} x = Cx$이다. 총괄전달함수 $G(s) = C(sI - A)^{-1}B$를 구하여라. 단면적 $W = 1$이며 정상상태에서의 액위 $h_s = 1$이라고 가정한다.

(4) 정상상태 이득 $K = \lim_{s \to 0} G(s)$로부터 RGA Λ를 구하여라.

17.8 어떤 혼합공정에서 두 입력흐름 $[u_1 \quad u_2]^T$와 출력(유량 q와 조성 x_1) $[q \quad x_1]^T$ 사이의 관계를 나타내는 모델식은 다음과 같다:

$$\begin{bmatrix} q \\ x_1 \end{bmatrix} = \begin{bmatrix} \dfrac{-2}{1.2s+1} & \dfrac{1}{1.5s+1} \\ \dfrac{3}{1.8s+1} & \dfrac{1}{2.1s+1} \end{bmatrix} \begin{bmatrix} u_1 \\ u_2 \end{bmatrix}$$

(1) 정상상태 이득행렬 K를 구하여라.

(2) 상대이득 행렬 Λ를 구하고 이로부터 적절한 짝짓기를 수행하여라.

17.9 어떤 공정에서 입력 $[u_1 \quad u_2]^T$와 출력 $[x_1 \quad x_2]^T$ 사이의 관계를 나타내는 모델식이 다음과 같이 주어졌다:

$$\begin{bmatrix} dx_1/dt \\ dx_2/dt \end{bmatrix} = \begin{bmatrix} 1 & 1 \\ 2 & 3 \end{bmatrix} \begin{bmatrix} x_1 \\ x_2 \end{bmatrix} + \begin{bmatrix} 2 & 1 \\ 0 & -2 \end{bmatrix} \begin{bmatrix} u_1 \\ u_2 \end{bmatrix}$$

(1) 정상상태 이득행렬 K를 구하여라.

(2) 상대이득 행렬 Λ를 구하여라.

17.10 어떤 증류탑의 테스트로부터 다음과 같은 전달함수를 얻었다:

$$\begin{bmatrix} X_D(s) \\ X_B(s) \end{bmatrix} = \begin{bmatrix} \dfrac{0.58}{(6s+1)^2} & \dfrac{-0.4e^{-0.6s}}{(6s+1)^2} \\ \dfrac{0.2e^{-0.6s}}{(12s+1)(s+1)} & \dfrac{-0.6}{(12s+1)(0.8s+1)} \end{bmatrix} \begin{bmatrix} L(s) \\ V(s) \end{bmatrix}$$

(1) RGA를 구하여라.

(2) Decoupler를 구하여라.

최신 공정제어공학 MATLAB의 활용과 실습

전산제어 시스템

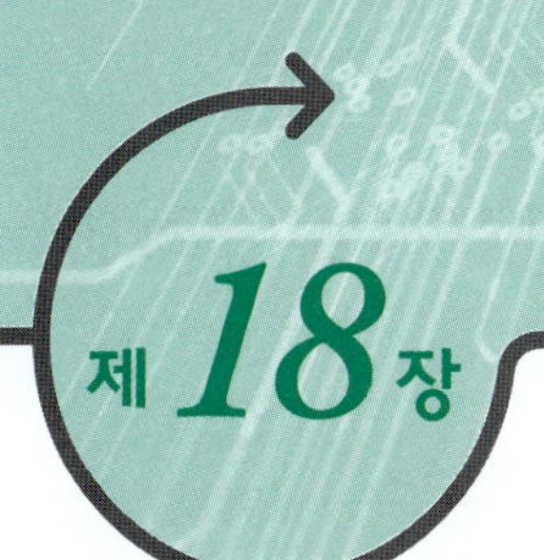

디지털 데이터 시스템

18.1 서론

공정제어에 컴퓨터가 이용되기 시작한 것은 1960년대부터이다. 이후 개발된 새로운 제어방법들은 거의 모두가 컴퓨터의 활용에 바탕을 두고 있다. 그러나 PID 제어기를 위주로 하는 feedback 제어를 수행하는 아날로그 제어장치는 오늘날에도 종종 사용되고 있는데 그 이유는 장치의 수명이 길며 일부 공정에서는 아날로그 제어기가 비용 및 신뢰도 측면에서 우월하기 때문이다. 최근의 화학공장에서는 주로 컴퓨터를 이용하는 디지털 제어 시스템이 널리 사용되고 있다. 디지털 제어 시스템이 지니는 장점을 들어보면 다음과 같다.

- 계산능력과 유연성이 우수하여 대량의 데이터 처리에 적합하다.
- 동일한 장치에서 다양한 계산의 수행이 가능하다.
- 실시간 모니터링에 의해 조업 데이터를 신속하게 취득 분석할 수 있다.
- 그래픽 디스플레이에 의해 원하는 공장부분이나 조업상태를 필요에 따라 능률적으로 감시 제어할 수 있다.
- 반응기 수율이나 보일러 효율, 혹은 열 교환기의 열전달 계수 등을 용이하게 계산할 수 있다.

여기에서는 연속 신호의 샘플링과 신호의 재생 및 필터링, 그리고 z-변환에 대하여 알아보기로 한다.

18.2 디지털 데이터의 처리

18.2.1 정보의 표현

공정 데이터는 아날로그 데이터와 디지털 데이터(혹은 이산 데이터)로 구분할 수 있는데 온도, 압력, 전압 등은 아날로그 데이터이며 on-off 상태 등을 나타내는 데이터는 디지털 데이터의 성격을 갖는다. 디지털 제어 시스템에서 아날로그 신호는 디지털 신호로 전환시켜야 한다.

디지털 신호의 단위로서 비트(bit)는 0, 또는 1을 취하며 바이트(byte)는 8비트 길이의 신호 단위이다. 신호의 해상도는 비트의 함수로서 다음과 같이 주어진다.

$$(\text{해상도}) = (\text{전체 스케일 범위}) \times \left(\frac{1}{2^m - 1}\right) (m\text{: 비트 수})$$

18.2.2 아날로그/디지털 신호의 변환

아날로그 신호는 먼저 전류나 전압으로 변환되며 전압이나 전류는 다시 A/D (아날로그-to-디지털) 전환기에 의해 디지털 신호로 바뀐다.

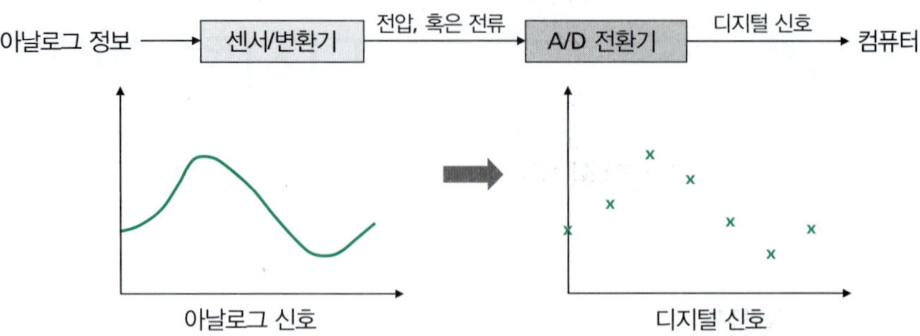

그림 18.1 아날로그 신호의 디지털 신호로의 전환.

디지털 신호는 그림 18.2에 보인 바와 같이 D/A(디지털-to-아날로그) 전환기에 의해 전압이나 전류와 같은 아날로그 신호로 변환된다.

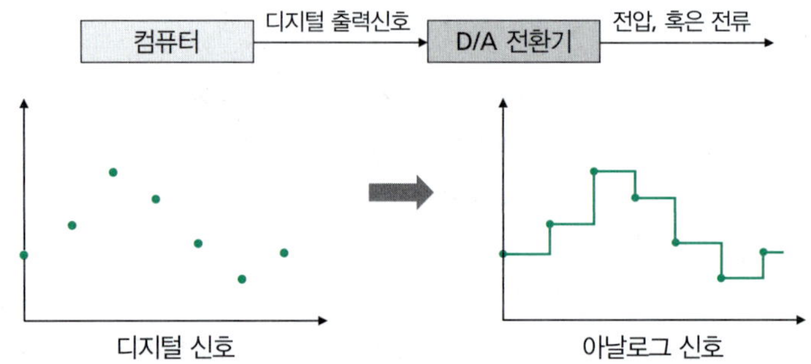

그림 18.2 디지털 신호의 아날로그 신호로의 전환.

디지털-아날로그 신호 변환구조는 그림 18.3에 보인 바와 같다.

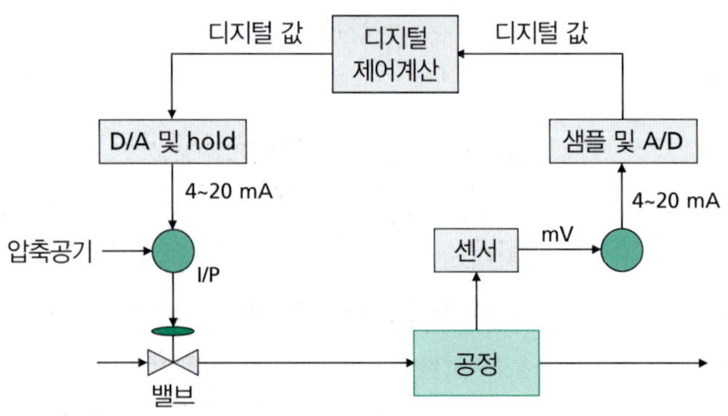

그림 18.3 디지털-아날로그 신호변환 구조.

18.2.3 디지털 제어루프의 구성

디지털 제어루프를 구성하는 주요 요소들은 컴퓨터, D/A 및 A/D 전환기, 증폭기, 그리고 필터들이다.

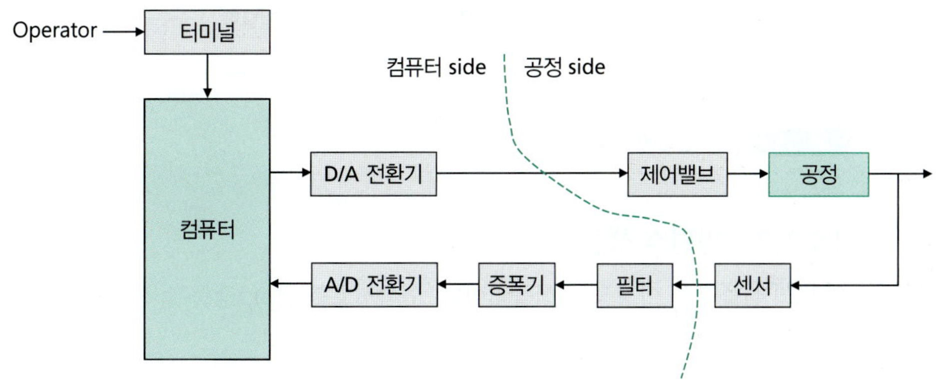

그림 18.4 **디지털 제어루프.**

18.3 샘플링

18.3.1 샘플러(sampler)

샘플링(sampling) 문제는 공정 데이터를 얼마나 자주 측정해야 하는가에 관련되는 사항들을 다루는 문제이다. 한편 측정 데이터에 잡음(잡음)이 많다면 어떻게 처리해야 하는가에 대한 문제는 필터링(filtering) 문제가 된다.

컴퓨터로는 아날로그 신호의 처리가 불가능하다. 따라서 컴퓨터에 의한 처리를 위해서는 일정 시간 간격마다 데이터를 측정한 다음 이를 디지털화시켜야 한다. 샘플링은 아날로그 신호를 일정 시간 간격 T마다 취하는 조작을 말한다. 이 때 T는 샘플링 시간(혹은 주기)이라고 말한다. 샘플링을 수행하는 장치는 샘플러(sampler)이며 샘플링 빈도 f_s와 샘플링 주파수 w_s는 각각

$$f_s = \frac{1}{T}, \qquad w_s = 2\pi f_s = \frac{2\pi}{T}$$

와 같이 주어진다. 그림 18.5는 아날로그 신호와 샘플러에 의해 샘플된 신호의 형태를 보인 것이다.

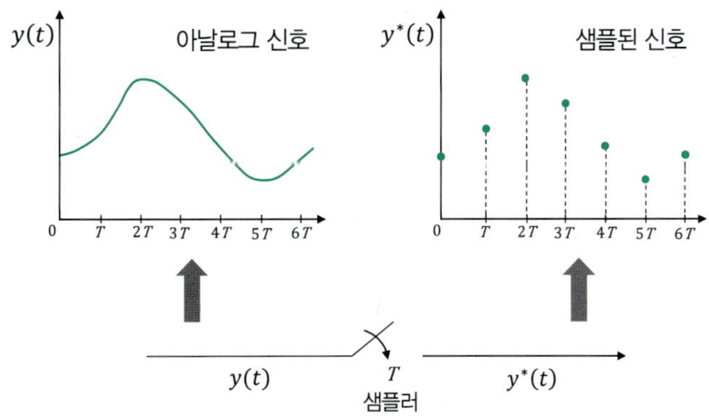

그림 18.5 **샘플된 신호와 샘플러.**

아날로그-to-디지털 전환기(ADC)의 구조는 그림 18.6에 보인 바와 같다.

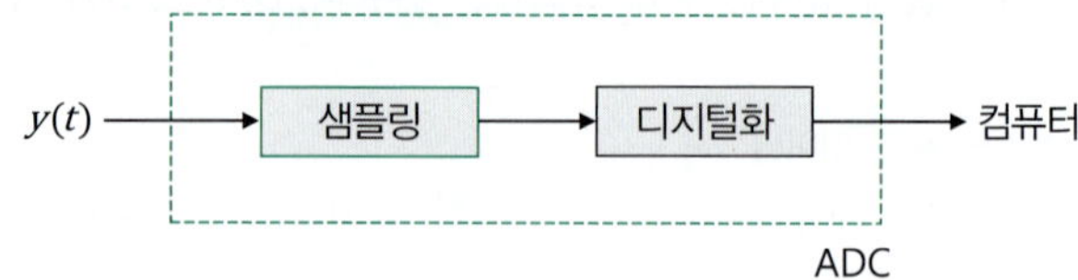

그림 18.6 ADC의 구조.

18.3.2 임펄스 샘플러

임펄스 샘플러는 이상적인 샘플러이다. 연속신호를 $y(t)$, 샘플된 신호를 $y^*(t)$로 나타내면 그림 18.5로부터

$$y^*(0) = y(0),\ y^*(T) = y(T),\ \cdots,\ y^*(nT) = y(nT)$$

Dirac delta 함수 $\delta(t) = \begin{cases} 1: t = 0 \\ 0: t \neq 0 \end{cases}$를 이용하면

$$y^*(nT) = y(nT) = y(nT)\delta(t - nT)$$

일반적으로

$$y^*(t) = y(0)\delta(t) + y(T)\delta(t - T) + \cdots + y(nT)\delta(t - nT) + \cdots = \sum_{k=0}^{\infty} y(kT)\delta(t - kT) \tag{18.1}$$

예를 들어 $t = 2T$인 경우 위의 식으로부터

$$y^*(2T) = y(0)\delta(2T) + y(T)\delta(T) + y(2T)\delta(0) + y(3T)\delta(-T) + \cdots = y(2T)$$

일반적으로 k번째 샘플의 값은 다음과 같이 주어진다.

$$y(kT) = \int_0^{\infty} y(t)\delta(t - kT)\,dt$$

임펄스 샘플링 과정은 그림 18.7과 같이 나타낼 수 있다.

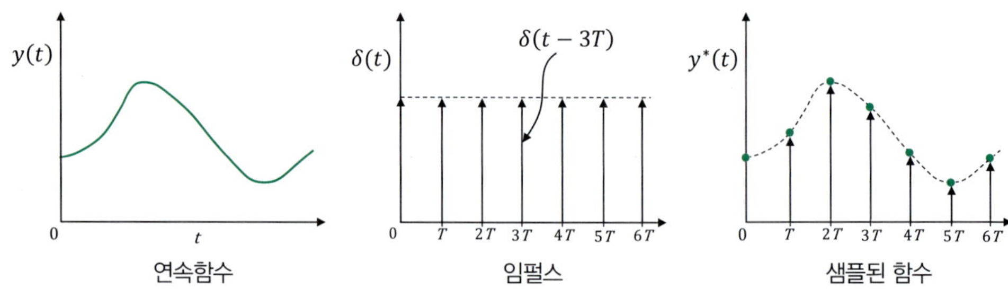

그림 18.7 임펄스 샘플링 과정.

식 (18.1)의 양변을 라플라스 변환시키면

$$\mathcal{L}[y^*(t)] = Y^*(s) = \mathcal{L}\left[\sum_{k=0}^{\infty} y(kT)\delta(t-kT)\right] = \sum_{k=0}^{\infty} y(kT)\mathcal{L}[\delta(t-kT)] = \sum_{k=0}^{\infty} y(kT)e^{-kTs} \tag{18.2}$$

를 얻는다.

18.3.3 샘플링 주기

부적절한 샘플링으로 인해 원래의 신호가 제대로 전달되지 못하는 현상을 위신호(僞信號, aliasing)라고 한다. 이러한 현상은 주로 샘플링 주기를 잘못 선택함으로써 일어난다.

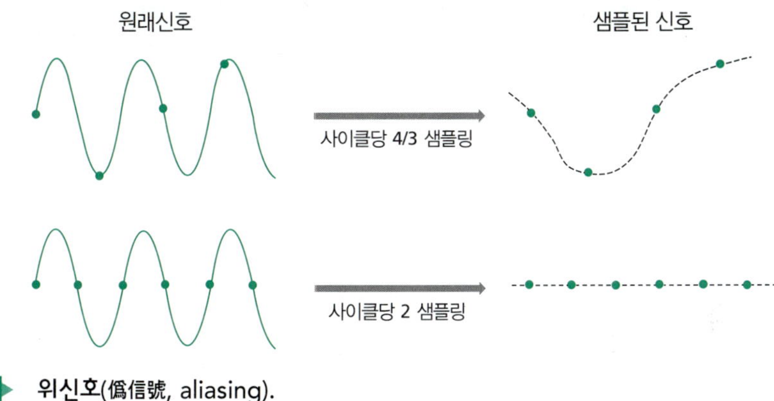

그림 18.8 **위신호(僞信號, aliasing).**

Nyquist-Shannon의 샘플링 정리[1]: sine 곡선 모양의 신호는 주기당 2번 이상 샘플링해야 한다. 즉 샘플링 주파수는 원래 신호의 주파수의 2배 이상이어야 한다.

위의 샘플링 정리에 따르면 w_b의 밴드폭(bandwidth)을 갖는 함수 $f(t)$는 샘플링 주파수가 $2w_b$보다 클 때 이산(discrete) 샘플값들에 의해 일의적으로 정해진다. 이 때 샘플링 주파수 $2w_b$는 Nyquist 주파수라고 불린다. 그러나 위의 정리에 의해 주어지는 샘플링 주파수 한계 부근에서 샘플링 조작이 이루어지는 경우는 거의 없다. 대체로 샘플링 대상이 갖는 최대 주파수보다 10배 정도 높은 주파수로 샘플링을 수행하는 것이 보통이다. 즉 샘플링 주파수를 w_s라고 하면 대개의 경우 $w_s > 10w_b$이다.

샘플링 주기 T가 클 경우에는 빠르고 빈번한 교란변수 변화의 처리가 곤란하다. T가 작은 경우에는 컴퓨터의 계산 부하가 증가한다. 흐름의 경우 T는 1초, 액위나 압력의 경우 T는 5초 정도, 그리고 온도의 경우 T는 20초 정도가 적당하다.

1. Franklin, G. F., J. D. Powell and A. E.-Naeini, *Feedback Control of Dynamic Systems*, 3rd ed., p.642, 1994, Addison-Wesley Publishing Company, Inc.

MATLab

샘플링

어떤 연속신호가 $x(t) = 1.2\cos(3\pi t + 50°) + \sin(1.5\pi t)$와 같이 표현된다. 이 신호를 10 Hz의 주파수로 샘플링하고 그 결과를 그래프로 나타내어 보자. 샘플링 시간구간은 $0 \le t \le 2$ (sec)로 한다.

MATLAB 프로그램 및 출력은 다음과 같다. 샘플링 주파수는 10 Hz이므로 샘플링 시간은 1/10 = 0.1초가 된다.

```
% isampling.m
T = 0.1; % 10 Hz
t = [0:0.02:2]'; sT = [0:T:2]';
cx = 1.2*cos(3*pi*t + 50*pi/180) + sin(1.5*pi*t);
sx = 1.2*cos(3*pi*sT + 50*pi/180) + sin(1.5*pi*sT);
plot(sT,sx,'*'), grid, hold on, plot(t,cx), hold off, xlabel('Time(s)'), ylabel
('Amplitude')
```

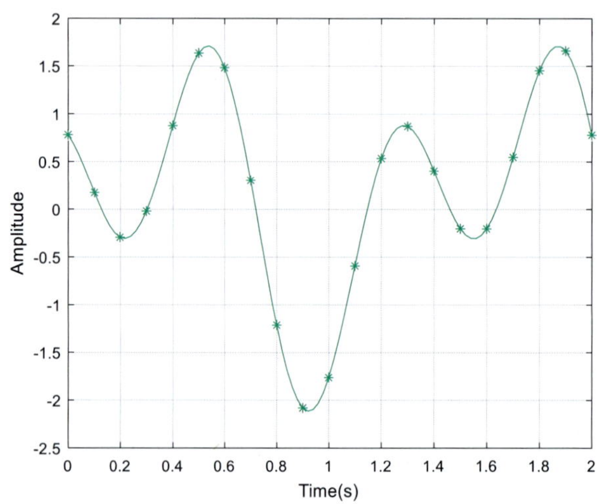

그림 18.9 이상적인 샘플링.

MATLab

위신호(aliasing)

다음과 같은 서로 다른 3가지의 주기신호를 10 Hz의 동일한 샘플링 주파수로 샘플링하고자 한다. 샘플된 신호와 원래의 3가지 신호를 모두 하나의 그래프에 나타내어 보자. 샘플링 시간구간은 $0 \le t \le 1$ (sec)로 한다.

$$x_1(t) = \sin(2\pi t), \qquad x_2(t) = \sin(18\pi t + 180°), \qquad x_3(t) = \sin(22\pi t)$$

샘플된 신호로부터 원래의 신호를 유추할 수 있겠는가?

MATLAB 프로그램 및 출력은 다음과 같다. 각 신호에 대하여 샘플링 주파수는 10 Hz이므로 샘플링 시간은 각각 1/10 = 0.1초가 된다.

```
% alias.m
clear all
f = 10; % 10 Hz
T = 1/f; t = [0:0.01:1]'; sT = [0:T:1]';
cx1 = sin(2*pi*t); sx1 = sin(2*pi*sT);
cx2 = sin(18*pi*t + pi); sx2 = sin(18*pi*sT + pi);
cx3 = sin(22*pi*t); sx3 = sin(22*pi*sT);
plot(sT,sx1,'o',sT,sx2,'o',sT,sx3,'o'), hold on
plot(t,cx1,t,cx2,':',t,cx3,'--'), hold off, xlabel('Time(s)'), ylabel('Amplitude')
```

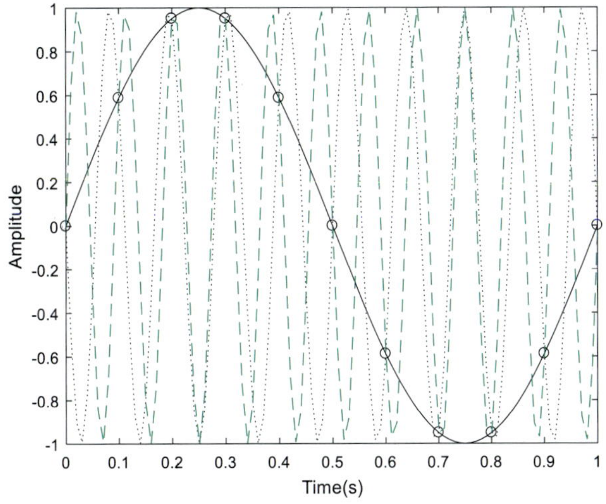

그림 18.10 **위신호**(aliasing).

18.4 신호의 재생

DAC(Ditital-to-Analog Converter)는 컴퓨터로부터의 디지털 신호를 아날로그 신호로 전환시켜 주는 장치이다.

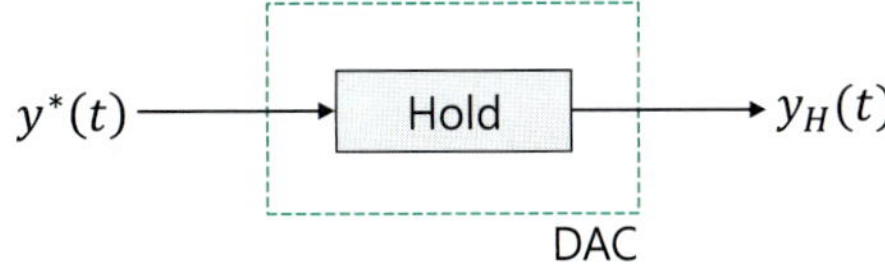

그림 18.11 DAC.

DAC에서의 hold 방법에는 zero-order hold, 1st-order hold, 그리고 2nd-order hold가 있다. 일반적으로 zero-order hold 방법이 널리 이용된다.

1) Zero-order hold

$y_{n-1} = y(t_{n-1})$로 나타내면 zero-order holder (ZOH)로부터의 신호는 다음과 같다.

$$y_H(t) = y_{n-1} \ (t_{n-1} \le t < t_n) \tag{18.3}$$

크기 A인 블록펄스 신호의 전달함수는

$$F(s) = \mathcal{L}[f(t)] = \frac{A(1-e^{-Ts})}{s} \tag{18.4}$$

와 같다.

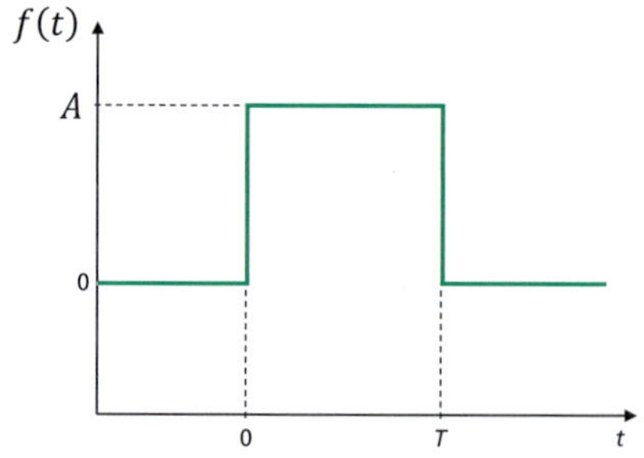

그림 18.12 블록펄스 함수.

식 (18.4)를 이용하면 zero-order holder의 라플라스 변환은 높이가 $y_{n-1} = y(t_{n-1})$, 너비 T인 블록펄스에 대한 라플라스 변환이므로

$$Y_H(s) = y(t_{n-1}) \cdot \frac{1-e^{-Ts}}{s} \tag{18.5}$$

이다. 즉 zero-order holder의 전달함수 $H_0(s)$는 다음과 같다.

$$H_0(s) = \frac{1-e^{-Ts}}{s} \tag{18.6}$$

Zero-order holder의 출력은 그림 18.13에 보인 바와 같다.

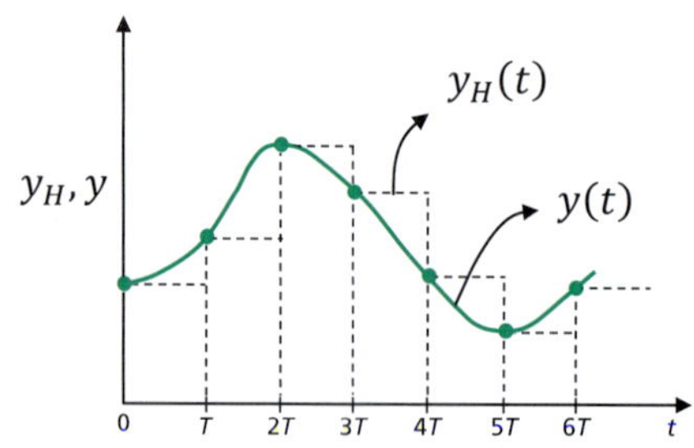

그림 18.13 Zero-order holder의 출력.

2) 1st-order hold

1st-order holder의 출력은 다음과 같이 주어진다.

$$y_H(t) = y_{n-1} + \left(\frac{t - t_{n-1}}{T}\right)(y_{n-1} - y_{n-2}) \ (t_{n-1} \le t < t_n) \tag{18.7}$$

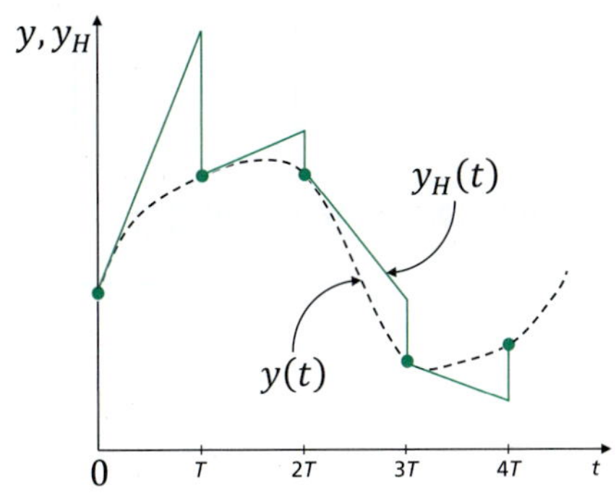

그림 18.14 First-order holder의 출력.

보기 18.1

ZOH에 그림에 보인 바와 같은 임펄스 신호변화가 도입되었다. 응답 $y(t)$를 구하고 그래프로 나타내어라.

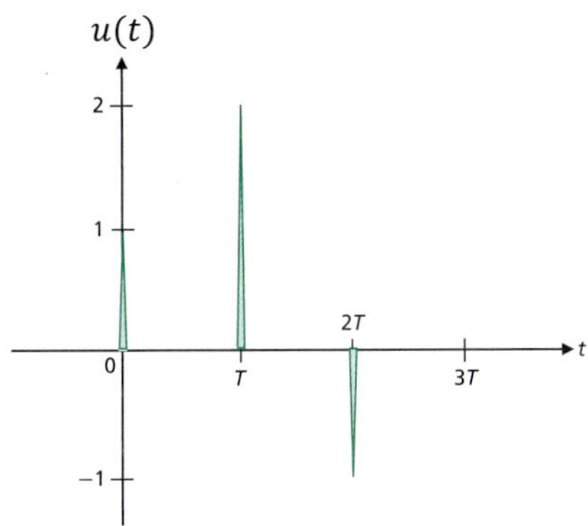

그림 18.15 임펄스 입력변화.

풀이

$u^*(t) = \delta(t) + 2\delta(t - T) - \delta(t - 2T)$. 이를 라플라스 변환시키면 $U^*(s) = 1 + 2e^{-Ts} - e^{-2Ts}$이다. 따라서 출력은

$$Y(s) = H_0(s)U^*(s) = \frac{1 - e^{-Ts}}{s}(1 + 2e^{-Ts} - e^{-2Ts}) = \frac{1}{s} + \frac{1}{s}e^{-Ts} - \frac{3}{s}e^{-2Ts} + \frac{1}{s}e^{-3Ts}$$

이로부터 $y(t) = u(t) + u(t - T) - 3u(t - 2T) + u(t - 3T)$를 얻는다. 이는 다음과 같은 그래프로 나타낼 수 있다.

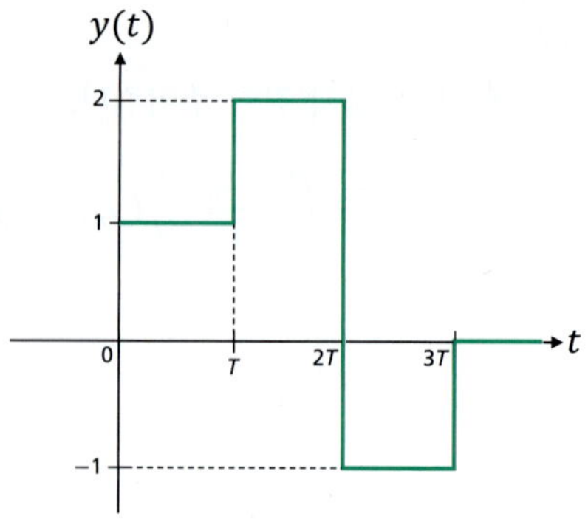

그림 18.16 임펄스 입력변화에 대한 ZOH의 응답.

MATLab

Zero-order hold

어떤 신호 $x(t) = \cos(2\pi t)$를 10Hz의 샘플링 주파수로 샘플링하고 있다. 샘플된 신호는 ZOH로 보내어진다. ZOH의 출력을 그래프로 나타내어 보라. 샘플링 시간구간은 $0 \le t \le 2$ (sec)로 한다.

MATLAB 프로그램 및 출력은 다음과 같다. ZOH의 출력은 stairs 함수를 이용하여 계단 모양의 그래프로 나타낼 수 있다.

```
% zohout.m
clear all
f = 10; % 10 Hz
T = 1/f;  % 샘플링 시간
t = [0:0.01:2]'; z = 0*t; sT = [0:T:2]';
cx = cos(2*pi*t);  % 원래 신호
sx = cos(2*pi*sT);  % 샘플된 신호
plot(sT,sx,'*'), hold on, stairs(sT, sx), plot(t,z,t,cx,':'), hold off
xlabel('Time(s)'), ylabel('Amplitude'), axis([0 2 -1.2 1.2])
```

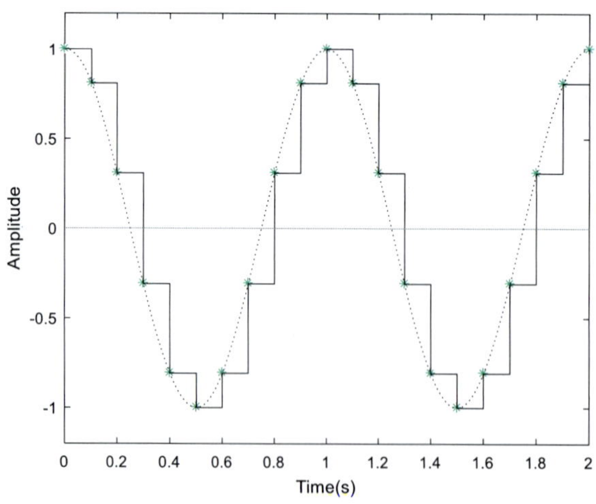

그림 18.17 ZOH의 출력.

(3) 디지털 제어구조

그림 18.4에 보인 디지털 feedback 제어시스템은 앞에서 소개한 A/D 전환기와 데이터 holder들을 포함하는 다음 그림 18.18과 같은 feedback 블록선도로 나타낼 수 있다.

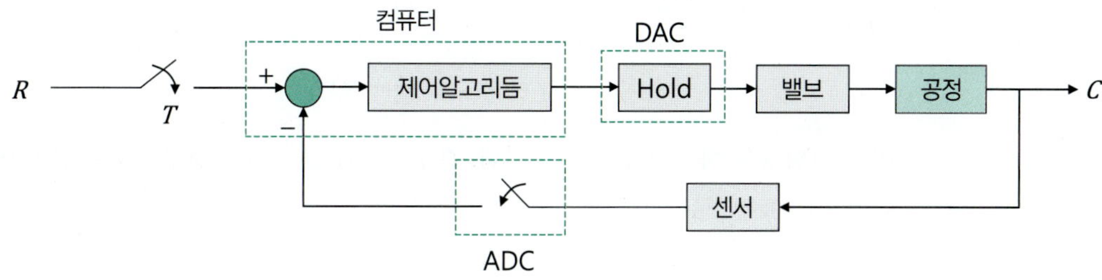

그림 18.18 디지털 feedback 제어시스템.

18.5 필터링

측정 데이터에 포함되는 잡음(noise)은 측정장치, 전기장치, 혹은 공정 자체로부터 발생된다. 필터링(filtering)은 잡음이 함유된 데이터를 매끄럽게 함으로써 잡음이 미치는 영향이 감소되도록 하기 위한 조작을 말한다.

18.5.1 아날로그 필터

아날로그 필터는 잡음이 심한 데이터를 매끄럽게 변환시켜 주는 필터이다. 1차 미분방정식으로 표현되는 지수 필터(exponential filter)는 전기적 잡음과 같은 높은 주파수를 가지는 잡음을 제거해 주는 low-pass 필터이다.

$$\tau_F \frac{dy}{dt} + y = x \tag{18.8}$$

위에서 τ_F는 필터의 시간상수($\ll \tau_p$; 공정의 시간상수), y는 필터로부터의 출력, 그리고 x는 필터로의 입력, 즉 측정 데이터이다. 이 장의 부록에는 RC 회로를 이용한 high-pass 및 low-pass RC 필터가 제시되어 있다.

18.5.2 디지털 필터

(1) 지수 필터

후향차분(backward difference) 근사로부터

$$\frac{dy}{dt} \approx \frac{y_n - y_{n-1}}{T}$$

이를 식 (18.8)에 대입하면

$$\frac{\tau_F}{T}(y_n - y_{n-1}) + y_n = x_n$$

이로부터

$$y_n = \left(\frac{T}{\tau_F + T}\right) x_n + \left(\frac{\tau_F}{\tau_F + T}\right) y_{n-1} \quad \textbf{(18.9)}$$

$\alpha = \dfrac{T}{\tau_F + T}$ $(0 < \alpha \leq 1)$로 두면 위의 식으로부터

$$y_n = \alpha x_n + (1 - \alpha) y_{n-1} \quad \textbf{(18.10)}$$

$\alpha = 1$이면 필터링을 하지 않음을 의미한다(즉 $\tau_F = 0$). $\alpha \to 0$인 경우에는 측정 데이터는 무시된다(즉 $y_n = y_{n-1}$).

(2) 이중지수(double exponential) 필터

2차 필터는 두 개의 1차 필터가 연결된 형태로서 다음과 같이 표현된다.

$$\overline{y}_n = \gamma y_n + (1 - \gamma) \overline{y}_{n-1} \quad \textbf{(18.11)}$$

위의 식에 식 (18.10)을 대입하면

$$\overline{y}_n = \alpha\gamma x_n + \gamma(1 - \alpha) y_{n-1} + (1 - \gamma) \overline{y}_{n-1} \quad \textbf{(18.12)}$$

한편 식 (18.11)로부터

$$y_n = \frac{1}{\gamma} \overline{y}_n - \left(\frac{1 - \gamma}{\gamma}\right) \overline{y}_{n-1}$$

따라서

$$y_{n-1} = \frac{1}{\gamma} \overline{y}_{n-1} - \left(\frac{1 - \gamma}{\gamma}\right) \overline{y}_{n-2}$$

위의 관계를 식 (18.12)에 대입하면

$$\begin{aligned} \overline{y}_n &= \alpha\gamma x_n + \gamma(1 - \alpha)\left[\frac{1}{\gamma} \overline{y}_{n-1} - \left(\frac{1 - \gamma}{\gamma}\right) \overline{y}_{n-2}\right] + (1 - \gamma) \overline{y}_{n-1} \\ &= \alpha\gamma x_n + (2 - \alpha - \gamma) \overline{y}_{n-1} - (1 - \alpha)(1 - \gamma) \overline{y}_{n-2} \end{aligned} \quad \textbf{(18.13)}$$

위의 관계는 이중지수 필터를 나타낸다. 위에서 $\alpha = \gamma$이면

$$\overline{y}_n = \alpha^2 x_n + 2(1 - \alpha) \overline{y}_{n-1} - (1 - \alpha)^2 \overline{y}_{n-2} \quad \textbf{(18.14)}$$

임을 알 수 있다.

(3) 이동평균(moving average) 필터

현재로부터 과거 어느 시점까지의 데이터 수를 J라 하면 과거 데이터의 평균은 다음과 같이 주어진다.

$$y_n = \frac{1}{J}\sum_{i=n-J+1}^{n} x_i \quad (J\text{: 과거 데이터의 수})$$

이로부터

$$y_{n-1} = \frac{1}{J}\sum_{i=n-J}^{n-1} x_i$$

따라서

$$y_n - y_{n-1} = \frac{1}{J}(x_n - x_{n-J}) \text{ 혹은 } y_n = y_{n-1} + \frac{1}{J}(x_n - x_{n-J}) \tag{18.15}$$

(4) 잡음 스파이크(spike) 필터

잡음 스파이크는 다음 그림 18.19에 보인 바와 같이 측정 데이터에 나타나는 갑작스런 잡음(noise)의 일시적인 증가, 또는 감소현상을 말한다.

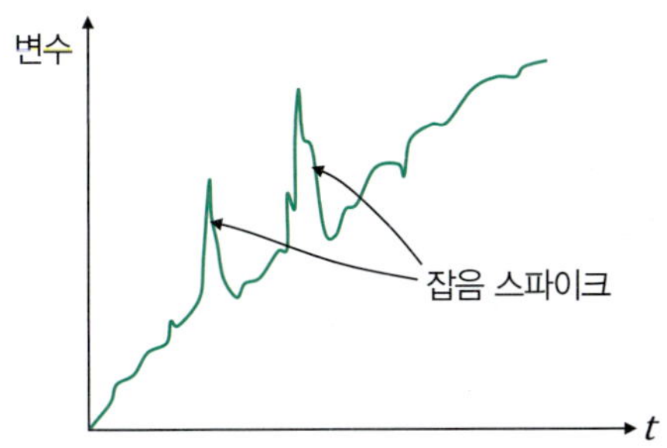

그림 18.19 **잡음 스파이크.**

잡음 스파이크 필터는 다음과 같이 나타낼 수 있다.

$$y_n = \begin{cases} x_n\colon |x_n - y_{n-1}| \le \Delta x \\ y_{n-1} - \Delta x\colon y_{n-1} - x_n > \Delta x \\ y_{n-1} + \Delta x\colon y_{n-1} - x_n < -\Delta x \end{cases} \tag{18.16}$$

18.6 엄밀한 이산화

샘플링 조작 중에 공정에 도입되는 입력이 일정한 경우 엄밀한 이산 모델을 얻을 수 있다. $\tau\frac{dy}{dt}$ + $y = x = x_0$(일정), $y(0) = y_0$라면 라플라스 변환에 의하여

$$Y(s) = \frac{1}{\tau s + 1}\left(\tau y_0 + \frac{x_0}{s}\right) = \frac{1}{s + 1/\tau}\left(y_0 + \frac{x_0/\tau}{s}\right) \tag{18.17}$$

위 관계의 역 라플라스 변환으로부터

$$y(t) = x_0(1 - e^{-t/\tau}) + y_0 e^{-t/\tau} \tag{18.18}$$

$t = T$이면 식 (18.18)로부터

$$y(T) = x_0(1 - e^{-T/\tau}) + y_0 e^{-T/\tau}$$

한편 구간 $T \le t < 2T$에서 $y(t) = y(T) =$ 일정, $x(t) = x(T) =$ 일정하다면(즉 $x(T)$, $y(T)$를 초기 조건으로 간주)

$$y(2T) = x(T)(1 - e^{-T/\tau}) + y(T)e^{-T/\tau}$$

마찬가지로 하여

$$\begin{aligned} y(3T) &= x(2T)(1 - e^{-T/\tau}) + y(2T)e^{-T/\tau} \\ &\vdots \\ y(nT) &= x[(n-1)T](1 - e^{-T/\tau}) + y[(n-1)T]e^{-T/\tau} \end{aligned}$$

이를 다시 쓰면

$$y_n = e^{-T/\tau} y_{n-1} + (1 - e^{-T/\tau}) x_{n-1} \tag{18.19}$$

18.7 z-변환

18.7.1 z-변환의 정의

라플라스 변환은 연속시간 시스템에서 이용되며 이산시간(discrete-time) 시스템에서는 z-변환이 이용된다. 이상적인 샘플링으로서 앞의 18.3절에서 다룬 임펄스 샘플링은 다음 그림에 보인 바와 같다.

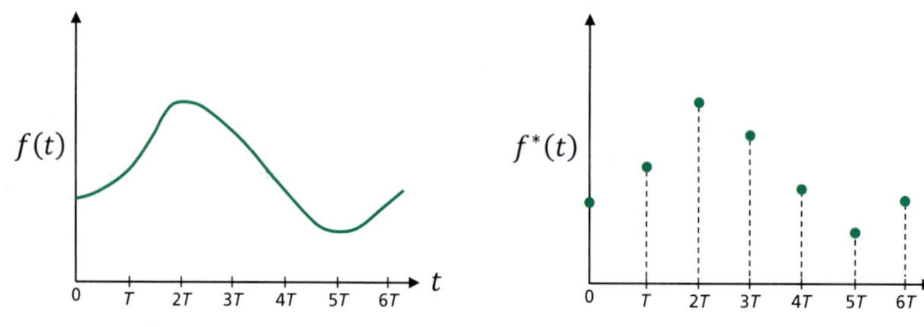

그림 18.20 이상적인 샘플링.

샘플된 신호 $f^*(t)$는 식 (18.1)로부터 다음과 같이 나타낼 수 있다.

$$f^*(t) = \sum_{n=0}^{\infty} f(nT)\delta(t - nT) \tag{18.20}$$

이 관계의 라플라스 변환은 다음과 같이 주어진다.

$$\mathcal{L}[f^*(t)] = F^*(s) = \sum_{n=0}^{\infty} f(nT)e^{-nTs} \quad \textbf{(18.21)}$$

위의 관계에서 $z = e^{Ts}$로 두면 $s = \frac{1}{T}\ln(z)$이므로

$$F^*(s) = F^*\left(\frac{1}{T}\ln z\right) = \sum_{n=0}^{\infty} f(nT)z^{-n} = \sum_{n=0}^{\infty} f_n z^{-n} \quad \textbf{(18.22)}$$

위에서 $F^*\left(\frac{1}{T}\ln z\right)$는 $f(t)$의 z-변환이라 칭한다. 즉

$$F(z) = F^*\left(\frac{1}{T}\ln z\right) = Z[f(t)] = \sum_{n=0}^{\infty} f(nT)z^{-n} \quad \textbf{(18.23)}$$

흔히 이용되는 함수들의 z-변환을 알아보기로 한다.

(1) 계단함수
$f_0 = f_1 = f_2 = \cdots = f_n = \cdots = 1$이므로 식 (18.23)으로부터

$$F(z) = \sum_{n=0}^{\infty} 1 \cdot z^{-n} = 1 + z^{-1} + z^{-2} + \cdots = \frac{1}{1 - z^{-1}} \quad (|z| > 1) \quad \textbf{(18.24)}$$

(2) 지수함수
$f(t) = Ce^{-at}$인 경우 $f(nT) = f_n = Ce^{-anT}$이므로 식 (18.23)으로부터

$$F(z) = \sum_{n=0}^{\infty} Ce^{-anT}z^{-n} = \sum_{n=0}^{\infty} C(e^{-aT}z^{-1})^n = \frac{C}{1 - e^{-aT}z^{-1}} \quad \textbf{(18.25)}$$

주요 함수의 z-변환은 표 18.1에 보인 바와 같다.

공정의 시간지연 θ가 샘플링 시간의 정수배가 아닌 경우에는 수정된 z-변환을 적용한다. 즉 θ가 $\theta = (N + \sigma)T \ (0 < \sigma < 1)$와 같이 표현된다면

$$Z[f(t - \theta)] = \sum_{n=0}^{\infty} f(nT - NT - \sigma T)z^{-n}$$

와 같다. 위에서 $m = 1 - \sigma, k = n - N - 1$로 두면

$$Z[f(t - \theta)] = \sum_{k=-N-1}^{\infty} f(kT + mT)z^{-k-N-1} = z^{-N-1}\sum_{k=0}^{\infty} f(kT + mT) \equiv F(z, m) \quad \textbf{(18.26)}$$

주요 함수의 수정된 z-변환은 표 18.2에 보인 바와 같다. 표 18.3은 함수 자체가 이산함수(discrete function)로 주어진 몇 가지 함수들에 대한 z-변환이다.

표 18.1 주요 함수의 z-변환

f(t)	F(s)	F(z)
$u(t)$	$\frac{1}{s}$	$\frac{1}{1-z^{-1}}$
$\delta(t)$	1	1
t	$\frac{1}{s^2}$	$\frac{Tz^{-1}}{(1-z^{-1})^2}$
t^{n-1}	$\frac{(n-1)!}{s^n}$	$\lim_{a\to 0}(-1)^{n-1}\frac{\partial^{n-1}}{\partial a^{n-1}}\left(\frac{1}{1-e^{-aT}z^{-1}}\right)$
e^{-at}	$\frac{1}{s+a}$	$\frac{1}{1-e^{-aT}z^{-1}}$
$\frac{1}{b-a}(e^{-at}-e^{-bt})$	$\frac{1}{(s+a)(s+b)}$	$\frac{1}{b-a}\left(\frac{1}{1-e^{-aT}z^{-1}}-\frac{1}{1-e^{-bT}z^{-1}}\right)$
te^{-at}	$\frac{1}{(s+a)^2}$	$\frac{Te^{-aT}z^{-1}}{(1-e^{-aT}z^{-1})^2}$
$\frac{1}{b}e^{-at}\sin(bt)$	$\frac{1}{(s+a)^2+b^2}$	$\frac{1}{b}\left(\frac{e^{-aT}\sin(bT)z^{-1}}{1-2e^{-aT}\cos(bT)z^{-1}+e^{-2aT}z^{-2}}\right)$
$e^{-at}\cos(bt)$	$\frac{s+a}{(s+a)^2+b^2}$	$\frac{1-e^{-aT}\cos(bT)z^{-1}}{1-2e^{-aT}\cos(bT)z^{-1}+e^{-2aT}z^{-2}}$
$f(t-kT)$	$e^{-kTs}F(s)$	$z^{-k}F(z)$
$t-\frac{1}{a}(1-e^{-at})$	$\frac{a}{s^2(s+a)}$	$\frac{Tz}{(z-1)^2}-\frac{(1-e^{-aT})z}{a(z-1)(z-e^{-aT})}$

표 18.2 주요 함수의 수정된 z-변환

f(t)	F(z, m)
$u(t)$	$\frac{z^{-1}}{1-z^{-1}}$
at	$\frac{amTz^{-1}}{1-z^{-1}}+\frac{aTz^{-2}}{(1-z^{-1})^2}$
t^n	$\lim_{a\to 0}(-1)^n\frac{\partial^n}{\partial a^n}\left(\frac{e^{-amT}z^{-1}}{1-e^{-aT}z^{-1}}\right)$
e^{-at}	$\frac{e^{-amT}z^{-1}}{1-e^{-aT}z^{-1}}$
te^{-at}	$\frac{Te^{-amT}z^{-1}[m+(1-m)e^{-aT}z^{-1}]}{(1-e^{-aT}z^{-1})^2}$
$\sin(wt)$	$z^{-1}\left(\frac{\sin(mwT)+z^{-1}\sin[(1-m)wT]}{1-2\cos(wT)z^{-1}+z^{-2}}\right)$
$\cos(wt)$	$z^{-1}\left(\frac{\cos(mwT)-z^{-1}\cos[(1-m)wT]}{1-2\cos(wT)z^{-1}+z^{-2}}\right)$

(계속)

표 18.2 주요 함수의 수정된 z-변환 (계속)

$f(t)$	$F(z, m)$
$1-e^{-at}$	$z^{-1}\left(\dfrac{1}{1-z^{-1}}-\dfrac{e^{-amT}}{1-e^{-aT}z^{-1}}\right)$
$e^{-at}\sin(wt)$	$z^{-1}e^{-amT}\left(\dfrac{\sin(mwT)+z^{-1}e^{-aT}\sin[(1-m)wT]}{1-2z^{-1}e^{-aT}\cos(wT)+e^{-2aT}z^{-2}}\right)$
$e^{-at}\cos(wt)$	$z^{-1}e^{-amT}\left(\dfrac{\cos(mwT)-z^{-1}e^{-aT}\cos[(1-m)wT]}{1-2z^{-1}e^{-aT}\cos(wT)+e^{-2aT}z^{-2}}\right)$

표 18.3 이산함수의 z-변환

$f(n)(n \geq 0)$	$F(z)$
1	$\dfrac{1}{1-z^{-1}}$
n	$\dfrac{z^{-1}}{(1-z^{-1})^2}$
n^2	$\dfrac{z^{-1}(1+z^{-1})}{(1-z^{-1})^3}$
n^3	$\dfrac{z^{-1}(1+4z^{-1}+z^{-2})}{(1-z^{-1})^4}$
a^n	$\dfrac{1}{1-az^{-1}}$
na^n	$\dfrac{az^{-1}}{(1-az^{-1})^2}$
n^2a^n	$\dfrac{az^{-1}(1+az^{-1})}{(1-az^{-1})^3}$
$2b(\alpha^2+\beta^2)^{n/2}\cos(\omega n+\phi)$ $\left(\omega=\tan^{-1}\dfrac{\beta}{\alpha}\right)$	$\dfrac{be^{\phi i}}{1-(\alpha+\beta i)z^{-1}}+\dfrac{be^{-\phi i}}{1-(\alpha-\beta i)z^{-1}}$

보기 18.2

$f(n)=na^{n-1}$의 z-변환을 구하여라.

풀이

$$Z[na^{n-1}]=\sum_{n=0}^{\infty}na^{n-1}z^{-n}=z^{-1}(1+2az^{-1}+3a^2z^{-2}+\cdots)=\frac{z^{-1}}{(1-az^{-1})^2}$$

18.7.2 z-변환의 성질

(1) 선형성

$$Z[a_1 f_1(t) + a_2 f_2(t)] = a_1 Z[f_1(t)] + a_2 Z[f_2(t)]$$

(2) 실수전이

$$Z[f(t-kT)] = z^{-k}F(z) \quad (t < 0\text{이면 } f(t) = 0) \tag{18.27}$$

보기 18.3

실수전이 (18.27)을 증명하여라.

풀이

식 (18.23)으로부터 $Z[f(t-kT)] = \sum_{n=0}^{\infty} f(nT-kT)z^{-n}$이다. 여기에 $j = n - k$를 대입하면 $Z[f(t-kT)] = \sum_{j=-k}^{\infty} f(jT)z^{-j-k}$를 얻는다. $j < 0$이면 $f(jT) = 0$이므로

$$Z[f(t-kT)] = z^{-k}\sum_{j=0}^{\infty} f(jT)z^{-j} = z^{-k}F(z)$$

보기 18.4

$Z[f(nT)] = F(z)$라고 할 때 $g(nT) = f(nT+kT)$의 z-변환 $G(z)$를 구하여라.

풀이

$G(z) = \sum_{n=0}^{\infty} f(nT+kT)z^{-n}$. $j = n + k$로 두면 $n = j - k$이므로

$$G(z) = \sum_{j=k}^{\infty} f(jT)z^{-(j-k)} = z^k\sum_{j=k}^{\infty} f(jT)z^{-j} = z^k\sum_{j=0}^{k-1} f(jT)z^{-j} + z^k\sum_{j=k}^{\infty} f(jT)z^{-j} - z^k\sum_{j=0}^{k-1} f(jT)z^{-j}$$

$$= z^k\sum_{j=0}^{\infty} f(jT)z^{-j} - z^k\sum_{j=0}^{k-1} f(jT)z^{-j} = z^kF(z) - \sum_{j=0}^{k-1} f(jT)z^{k-j}$$

위의 보기에서 초기조건들이 $f(jT) = 0 \ (0 \le j \le k-1)$으로서 모두 0이라면

$$G(z) = Z[f(nT+kT)] = z^kF(z)$$

임을 알 수 있다. 위의 관계를 이용하여 차분방정식

$$a_k y(nT+kT) + a_{k-1}y(nT+(k-1)T) + \cdots + a_1 y(nT+T) + a_0 y(nT)$$
$$= b_m u(nT+mT) + b_{m-1}u(nT+(m-1)T) + \cdots + b_1 u(nT+T) + b_0 u(nT)$$

의 양변을 z-변환하면 초기조건이 모두 0인 경우 $Z[y(nT)] = Y(z)$, $Z[u(nT)] = U(z)$라고 할 때

$$(a_k z^k + a_{k-1}z^{k-1} + \cdots + a_1 z + a_0)Y(z) = (b_m z^m + b_{m-1}z^{m-1} + \cdots + b_1 z + b_0)U(z)$$

를 얻는다. 따라서

$$G(z) = \frac{Y(z)}{U(z)} = \frac{b_m z^m + b_{m-1}z^{m-1} + \cdots + b_1 z + b_0}{a_k z^k + a_{k-1}z^{k-1} + \cdots + a_1 z + a_0} = \frac{\sum_{j=0}^{m} b_j z^j}{\sum_{j=0}^{k} a_j z^j}$$

이로부터 출력은

$$Y(z) = G(z)U(z)$$

로 나타낼 수 있다.

(3) 복소전이

$$Z[e^{-at}f(t)] = F(ze^{aT}) \tag{18.28}$$

위의 관계는

$$Z[e^{-at}f(t)] = \sum_{n=0}^{\infty} e^{-anT}f(nT)z^{-n} = \sum_{n=0}^{\infty} f(nT)(ze^{aT})^{-n} = F(ze^{aT})$$

로부터 쉽게 얻어진다.

(4) 초기치 정리

$$f(0) = \lim_{n\to 0} f(nT) = \lim_{z\to 0} F(z) \quad (|z| > 1) \tag{18.29}$$

(5) 최종치 정리

$$f(\infty) = \lim_{n\to\infty} f(nT) = \lim_{z\to 1}(1-z^{-1})F(z) \tag{18.30}$$

보기 18.5

최종치 정리 (18.30)을 증명하여라.

풀이

식 (18.23)으로부터

$$(1-z^{-1})F(z) = (1-z^{-1})\sum_{n=0}^{\infty} f(nT)z^{-n}$$
$$= [f(0) + f(T)z^{-1} + f(2T)z^{-2} + \cdots] - [f(0)z^{-1} + f(T)z^{-2} + \cdots]$$
$$= f(0) + [f(T) - f(0)]z^{-1} + [f(2T) - f(T)]z^{-2} + \cdots$$

$z \to 1$이면 마지막 항(즉 $\lim_{n\to\infty} f(nT)$)만 남고 나머지 항들은 소거된다. 즉

$$\lim_{n\to\infty} f(nT) = \lim_{z\to 1}(1 - z^{-1})F(z)$$

보기 18.6

$f(t) = t$일 때 $F(z) = Z[f(t)]$를 구하여라.

풀이

식 (18.23)으로부터

$$F(z) = \sum_{n=0}^{\infty} f(nT)z^{-n} = \sum_{n=0}^{\infty} nTz^{-n} = T\sum_{n=0}^{\infty} nz^{-n}$$

$S_n = \sum_{n=0}^{\infty} nz^{-n}$으로 두면 $z^{-1}S_n = \sum_{n=0}^{\infty} nz^{-n-1}$. 따라서

$$\begin{aligned} S_n - z^{-1}S_n = (1 - z^{-1})S_n &= \sum_{n=0}^{\infty}(nz^{-n} - nz^{-n-1}) \\ &= (z^{-1} + 2z^{-2} + 3z^{-3} + \cdots) - (z^{-2} + 2z^{-3} + 3z^{-4} + \cdots) \\ &= z^{-1} + z^{-2} + z^{-3} + \cdots = \frac{z^{-1}}{1 - z^{-1}} \end{aligned}$$

이로부터 $S_n = \dfrac{z^{-1}}{(1 - z^{-1})^2}$을 얻는다. 따라서 $F(z) = TS_n = \dfrac{Tz^{-1}}{(1 - z^{-1})^2}$

보기 18.7

$f(t) = e^{-at}\cos(bt)$일 때 $F(z)$를 구하여라.

풀이

$g(t) = \cos(bt)$로 두면 식 (18.28)로부터 $F(z) = Z[e^{-at}\cos(bt)] = G(ze^{aT})$.

그런데

$$\begin{aligned} G(z) &= \sum_{n=0}^{\infty} \cos(nbT) \cdot z^{-n} = \sum_{n=0}^{\infty} \frac{1}{2}(e^{jnbT} + e^{-jnbT})z^{-n} \\ &= \frac{1}{2}\left(\frac{1}{1 - e^{jbT}z^{-1}} + \frac{1}{1 - e^{-jbT}z^{-1}}\right) = \frac{1 - z^{-1}\cos(bT)}{1 - 2z^{-1}\cos(bT) + z^{-2}} \end{aligned}$$

따라서

$$F(z) = G(ze^{aT}) = \frac{1 - z^{-1}e^{-aT}\cos(bT)}{1 - 2z^{-1}e^{-aT}\cos(bT) + z^{-2}e^{-2aT}}$$

보기 18.8

$f(t) = A\cos(\omega t + \phi)$일 때 $F(z)$를 구하여라.

풀이

$f(t) = A\cos(\omega t + \phi) = \frac{A}{2}\{e^{(\omega t+\phi)i} + e^{-(\omega t+\phi)i}\}$ 이므로 $f(nT) = \frac{A}{2}\{e^{(\omega nT+\phi)i} + e^{-(\omega nT+\phi)i}\}$. 따라서 Euler 관계식 $\cos\theta = \frac{1}{2}(e^{\theta i} + e^{-\theta i})$를 이용하면

$$\begin{aligned}
F(z) &= \frac{A}{2}\sum_{n=0}^{\infty} e^{\phi i}e^{\omega nTi}z^{-n} + \frac{A}{2}\sum_{n=0}^{\infty} e^{-\phi i}e^{-\omega nTi}z^{-n} \\
&= \frac{A}{2}\left(\frac{e^{\phi i} + e^{-\phi i}}{z^{-2}} - \frac{e^{(\omega T+\phi)i} + e^{-(\omega T+\phi)i}}{z^{-1}}\right)\cdot\frac{1}{z^2\{1-(e^{\omega Ti}+e^{-\omega Ti})z^{-1}+z^{-2}\}} \\
&= A\left(\frac{e^{\phi i} + e^{-\phi i}}{2} - \frac{e^{(\omega T+\phi)i} + e^{-(\omega T+\phi)i}}{2}z^{-1}\right)\cdot\frac{1}{1-2\left(\frac{e^{\omega Ti}+e^{-\omega Ti}}{2}\right)z^{-1}+z^{-2}} \\
&= A\{\cos\phi - z^{-1}\cos(\omega T+\phi)\}\cdot\frac{1}{1-2(\cos\omega T)z^{-1}+z^{-2}} = \frac{A\{\cos\phi - z^{-1}\cos(\omega T+\phi)\}}{1-2z^{-1}\cos(\omega T)+z^{-2}}
\end{aligned}$$

위에서 $|z| > 1$이다.

(6) 적분의 z-변환

$y(t) = \int_0^{nT} f(t)dt$라 하자.

① 사다리꼴 규칙

$$y(nT) = y[(n-1)T] + \int_{(n-1)T}^{nT} f(t)dt \approx y[(n-1)T] + \frac{T}{2}\{f(nT) + f[(n-1)T]\}$$

양변을 z-변환시키면

$$Y(z) = z^{-1}Y(z) + \frac{T}{2}[F(z) + z^{-1}F(z)]$$

이로부터

$$Y(z) = \frac{T}{2}\left(\frac{1+z^{-1}}{1-z^{-1}}\right)F(z) \tag{18.31}$$

② Simpson 규칙

$$y(nT) = y[(n-2)T] + \int_{(n-2)T}^{nT} f(t)dt$$
$$\approx y[(n-2)T] + \frac{T}{3}\{f[(n-2)T] + 4f[(n-1)T] + f(nT)\}$$

양변을 z-변환시키면

$$Y(z) = z^{-2}Y(z) + \frac{T}{3}[z^{-2}F(z) + 4z^{-1}F(z) + F(z)]$$

이로부터

$$Y(z) = \frac{T}{3}\left(\frac{1+4z^{-1}+z^{-2}}{1-z^{-2}}\right)F(z) \qquad \textbf{(18.32)}$$

(7) 미분의 z-변환

미분의 z-변환을 구하여 보자. $y(t) = \dfrac{df(t)}{dt}$라 두면 1차 및 2차 차분을 적용하여 미분에 대한 z-변환을 얻을 수 있다.

① 1차 차분

$y(t) \approx \dfrac{1}{T}\{f(nT) - f[(n-1)T]\}$ 이므로

$$Y(z) = \frac{1}{T}(1 - z^{-1})F(z) \qquad \textbf{(18.33)}$$

② 2차 차분

$y(t) \approx \dfrac{1}{2T}\{f(nT) - f[(n-2)T]\}$ 이므로

$$Y(z) = \frac{1}{2T}(1 - z^{-2})F(z) \qquad \textbf{(18.34)}$$

18.8 역 z-변환

역 z-변환은 $F(z)$로부터 $f^*(t)$를 구하는 변환이다. 즉

$$f^*(t) = f(nT) = Z^{-1}[F(z)]$$

역 z-변환에는 부분분수 전개를 이용하는 방법과 긴 나눗셈(long division)을 이용하는 방법의 두 가지 방법이 있다.

18.8.1 부분분수 전개

이제

$$F(z) = \frac{N(z)}{D(z)} = \frac{r_1}{1 - p_1 z^{-1}} + \frac{r_2}{1 - p_2 z^{-1}} + \cdots + \frac{r_m}{1 - p_m z^{-1}}$$

이라고 하면

$$Z^{-1}[F(z)] = f(nT) = Z^{-1}\left[\frac{r_1}{1 - p_1 z^{-1}}\right] + Z^{-1}\left[\frac{r_2}{1 - p_2 z^{-1}}\right] + \cdots + Z^{-1}\left[\frac{r_m}{1 - p_m z^{-1}}\right]$$

한편 $g(z) = \dfrac{r_1}{1 - p_1 z^{-1}}$ 이라고 두면

$$g(z) = \frac{r_1}{1 - p_1 z^{-1}} = r_1(1 + p_1 z^{-1} + p_1^2 z^{-2} + \cdots + p_1^n z^{-n} + \cdots) = \sum_{n=0}^{\infty} r_1 p_1^n z^{-n} = \sum_{n=0}^{\infty} g(nT) z^{-n}$$

즉

$$Z^{-1}[g(z)] = g(nT) = r_1 p_1^n \tag{18.35}$$

따라서

$$f(nT) = r_1 p_1^n + r_2 p_2^n + \cdots + r_m p_m^n \tag{18.36}$$

보기 18.9

$F(z) = \dfrac{z^{-1}}{2(1 - z^{-1})(1 - 0.5z^{-1})}$이며 $T = 1$이다. $f(nT)$를 구하여라.

풀이

부분분수로 나누면 $F(z) = \dfrac{1}{1 - z^{-1}} + \dfrac{(-1)}{1 - 0.5z^{-1}}$이다. 식 (18.35)의 결과를 적용하면

$$f(nT) = 1 \cdot 1^n + (-1) \cdot 0.5^n = 1 - \frac{1}{2^n}$$

을 얻는다. 한편 $\dfrac{r}{1 - pz^{-1}}$에서 $0 \le p \le 1$이면 표 18.1을 이용할 수 있다. 즉 표 18.1에서

$$Z[e^{-at}] = \frac{1}{1 - e^{-aT} z^{-1}} = \frac{1}{1 - e^{-a} z^{-1}}$$

$e^{-a} = 1$이면 $a = 0$, $e^{-a} = 0.5$이면 $a = 0.693$이므로

$$f(nT) = e^{-0 \cdot nT} - e^{-0.693 \cdot nT} = 1 - e^{-0.693n}$$

보기 18.10

$$Y(z)=\frac{4+2.67z^{-1}+1.56z^{-2}-1.42z^{-3}}{1-0.36z^{-1}+0.19z^{-2}-1.03z^{-3}+0.2z^{-4}}$$ 일 때 $y(nT)$를 구하여라. $T=1$이다.

풀이

$$Y(z)=\frac{3}{1-z^{-1}}+\frac{1}{1-0.2z^{-1}}+\frac{0.91z^{-1}}{1+0.84z^{-1}+z^{-2}}$$ 로 다시 쓸 수 있으므로 표 18.1을 이용하면

$$y(nT)=3+e^{-1.61n}+\sin(2n)$$

18.8.2 긴 나눗셈(long division)

z-변환의 정의식 (18.23)으로부터

$$F(z)=\sum_{n=0}^{\infty}f(nT)z^{-n}=f(0)+f(T)z^{-1}+f(2T)z^{-2}+\cdots \tag{18.37}$$

한편 z-변환 $F(z)$를

$$F(z)=\frac{b_0+b_1z^{-1}+\cdots+b_kz^{-k}}{a_0+a_1z^{-1}+\cdots+a_mz^{-m}}=c_0+c_1z^{-1}+c_2z^{-2}+\cdots$$

라 쓰면 식 (18.37)과의 계수 비교로부터

$$f(0)=c_0,\ f(T)=c_1,\ f(2T)=c_2,\ \cdots$$

보기 18.11

$$F(z)=\frac{b_0}{1-a_1z^{-1}}$$ 일 때 긴 나눗셈을 이용하여 $f(nT)$를 구하여라.

풀이

나눗셈을 계속하면

$$F(z)=b_0(1+a_1z^{-1}+a_1^2z^{-2}+\cdots+a_1^nz^{-n}+\cdots)$$

따라서

$$f(0)=b_0,\ f(T)=b_0a_1,\ f(2T)=\ b_0a_1^2,\ \cdots\ ,f(nT)=b_0a_1^n$$

보기 18.12

$$Y(z)=\frac{z^{-1}}{1-4z^{-1}+3z^{-2}}$$ 일 때 긴 나눗셈에 의하여 $y(nT)$를 구하여라.

풀이

$$Y(z) = \frac{z^{-1}}{1 - 4z^{-1} + 3z^{-2}} = z^{-1} + 4z^{-2} + 13z^{-3} + 40z^{-4} + \cdots$$

이로부터

$$y(0) = 0,\ y(T) = 1,\ y(2T) = 4,\ y(3T) = 13,\ y(4T) = 40, \cdots$$

MATLab

z-변환

z-변환은 내장함수 ztrans를 이용하여 수행할 수 있다. ztrans는 샘플링 시간 T가 1인 경우의 z-변환 결과를 제시해 준다. $f(t) = t - \frac{1}{a}(1 - e^{-at})$의 z-변환은 다음과 같이 얻을 수 있다:

```
>> syms a t
>> Fz = ztrans(t-(1-exp(-a*t))/a)
Fz =
z/(z - 1)^2 + z/(a*(z - exp(-a))) - z/(a*(z - 1))
```

아울러 $f(t) = \frac{1}{b}e^{-at}\sin(bt)$의 z-변환은 다음과 같이 얻는다:

```
>> syms a b t
>> Fz = ztrans(exp(-a*t)*(sin(b*t))/b)
Fz =
(z*exp(a)*sin(b))/(b*(exp(2*a)*z^2 - 2*exp(a)*cos(b)*z + 1))
```

이산함수 $f(n) = n^2a^n$의 z-변환은 다음과 같이 얻는다:

```
>> syms a n
>> Fz = ztrans(n^2*a^n)
Fz =
-(a*z*(a + z))/(a - z)^3
```

MATLab

역 *z*-변환

역 z-변환은 내장함수 iztrans를 이용하여 수행할 수 있다. $F(z) = \frac{1}{1 - 2z^{-1}}$의 역 z-변환은 다음과 같이 얻을 수 있다:

```
>> syms z
>> Fz = 1/(1-2*z^-1); f = iztrans(Fz)
```

```
f =
2^n
```

$F(z) = \dfrac{4}{\left(1-\frac{2}{3}z^{-1}\right)(2-3z^{-1})(1-4z^{-1})}$의 역 z-변환은 다음과 같다:

```
>> syms z
>> Fz = 4/((1-2*(z^-1)/3)*(2-3*z^-1)*(1-4*z^-1));   f = iztrans(Fz)
f =
(96*4^n)/25 + (8*(2/3)^n)/25 - (54*(3/2)^n)/25
```

즉 $f(n) = \dfrac{96}{25}(4)^n + \dfrac{8}{25}\left(\dfrac{2}{3}\right)^n - \dfrac{54}{25}\left(\dfrac{3}{2}\right)^n$와 같다.

18.9 라플라스 변환과 z-변환 사이의 전환

라플라스 변환과 z-변환 사이의 전환은 표 18.1을 이용하거나 $z = e^{sT}$에 따른 변수 치환법(Tustin의 방법)을 이용한다. 변수 치환법에서는 $z = e^{sT}$로부터 $z^{-1} = e^{-sT}$를 얻고 여기에 Pade 근사를 적용한다. 즉 $z^{-1} = e^{-sT} \approx \dfrac{2-sT}{2+sT}$로부터

$$s \approx \frac{2}{T}\left(\frac{1-z^{-1}}{1+z^{-1}}\right) \tag{18.38}$$

즉 라플라스 변환에서 s 대신 식 (18.38)의 관계를 대입하면 z-변환이 얻어진다.

보기 18.13

PID 제어기의 라플라스 전달함수 $G_c(s) = K_c\left(1 + \dfrac{1}{\tau_I s} + \tau_D s\right)$의 z-변환을 구하여라. 아울러 제어기 입력과 출력 간의 차분 관계식을 구하여라.

풀이

식 (18.38)을 이용하면

$$\begin{aligned} G_c(z) &= K_c\left[1 + \frac{1}{\tau_I}\frac{T}{2}\left(\frac{1+z^{-1}}{1-z^{-1}}\right) + \tau_D\frac{2}{T}\left(\frac{1-z^{-1}}{1+z^{-1}}\right)\right] \\ &= \frac{K_c}{1-z^{-2}}\left[\left(1 + \frac{T}{2\tau_I} + \frac{2\tau_D}{T}\right) + \left(\frac{T}{\tau_I} - \frac{4\tau_D}{T}\right)z^{-1} + \left(\frac{T}{2\tau_I} + \frac{2\tau_D}{T} - 1\right)z^{-2}\right] \\ &= \frac{K_c(a_0 + a_1 z^{-1} + a_2 z^{-2})}{1-z^{-2}} = \frac{P(z)}{E(z)} \end{aligned}$$

이로부터

$$(1-z^{-2})P(z)=K_c(a_0+a_1z^{-1}+a_2z^{-2})E(z)$$

따라서

$$p_n=p_{n-2}+K_c(a_0e_n+a_1e_{n-1}+a_2e_{n-2})$$

위에서

$$a_0=1+\frac{T}{2\tau_I}+\frac{2\tau_D}{T},\ a_1=\frac{T}{\tau_I}-\frac{4\tau_D}{T},\ a_2=\frac{T}{2\tau_I}+\frac{2\tau_D}{T}-1$$

보기 18.14

$G_p(s)=\dfrac{K_pe^{-\theta s}}{\tau s+1}$의 z-변환을 구하여라. $\theta=NT$(T: 샘플링 시간)이다.

풀이

$$G_p(z)=Z\left[G_p(s)\right]=K_pZ\left[\frac{e^{-NTs}}{\tau s+1}\right]=K_pz^{-N}Z\left[\frac{1}{\tau s+1}\right]$$

표 18.1을 이용하면

$$G_p(z)=\frac{K_p}{\tau}\cdot\frac{z^{-N}}{1-e^{-T/\tau}z^{-1}}$$

18.10 요약

- PID 제어기 위주의 아날로그 제어장치는 수명이 길며 일부 공정에서는 비용 및 신뢰도 측면에서 우월
- 디지털 제어 시스템의 장점: 1) 계산능력과 유연성이 우수하여 대량의 데이터 처리에 적합, 2)
- 동일한 장치에서 다양한 계산의 수행이 가능, 3) 실시간 모니터링에 의해 조업 데이터를 신속하게 취득 분석, 4) 그래픽 디스플레이에 의해 원하는 공장부분이나 조업상태를 필요에 따라 능률적으로 감시 제어, 5) 반응기 수율이나 보일러 효율, 혹은 열 교환기의 열전달 계수 등을 쉽게 계산
- 공정 데이터는 아날로그 데이터와 디지털 데이터(혹은 이산 데이터)로 구분
- 비트(bit): 디지털 신호의 단위로서 0, 또는 1을 취하며 바이트(byte)는 8비트 길이의 신호단위
- 신호의 해상도: (해상도) = (전체 스케일 범위) × $\left(\dfrac{1}{2^m-1}\right)$ (m: 비트 수)
- 아날로그 신호는 먼저 전류나 전압으로 변환되며 전압이나 전류는 다시 A/D 전환기에 의해 디지털 신호로 변환

- 디지털 신호는 D/A 전환기에 의해 전압이나 전류와 같은 아날로그 신호로 변환
- 디지털 제어루프를 구성하는 요소: 컴퓨터, D/A 및 A/D 전환기, 증폭기, 그리고 필터
- 샘플링: 아날로그 신호를 일정시간 간격 T마다 취하는 조작. 이 때 T는 샘플링 시간(혹은 주기)
- 샘플링 빈도 f_s와 샘플링 주파수 w_s: $f_s = \frac{1}{T}$, $w_s = 2\pi f_s = \frac{2\pi}{T}$
- 임펄스 샘플러: 이상적인 샘플러
- 샘플된 신호:

$$y^*(t) = y(0)\delta(t) + y(T)\delta(t-T) + \cdots + y(nT)\delta(t-nT) + \cdots = \sum_{k=0}^{\infty} y(kT)\delta(t-kT)$$

- 샘플된 신호의 라플라스 변환: $\mathcal{L}[y^*(t)] = Y^*(s) = \sum_{k=0}^{\infty} y(kT)e^{-kTs}$
- 위신호(aliasing): 부적절한 샘플링으로 인해 원래의 신호가 제대로 전달되지 못하는 현상
- Nyquist-Shannon의 샘플링 정리: sine 곡선 모양의 신호는 주기당 2번 이상 샘플링해야 한다(즉 샘플링 주파수는 원래 신호의 주파수의 2배 이상).
- 샘플링 주기 T가 클 경우에는 빠르고 빈번한 교란변수 변화의 처리가 곤란
- T가 작은 경우에는 컴퓨터의 계산 부하가 증가: 흐름의 경우 T는 1초, 액위나 압력의 경우 T는 5초 정도, 그리고 온도의 경우 T는 20초 정도가 적당
- DAC: 디지털 신호를 아날로그 신호로 전환시켜 주는 장치
- DAC에서의 hold 방법: zero-order hold, 1st-order hold, 2nd-order hold
- 일반적으로 zero-order hold 방법을 널리 이용
- zero-order holder의 전달함수: $H_0(s) = \frac{1-e^{-Ts}}{s}$
- 1st-order holder의 출력: $y_H(t) = y_{n-1} + \left(\frac{t-t_{n-1}}{T}\right)(y_{n-1} - y_{n-2})$ $(t_{n-1} \le t < t_n)$
- 아날로그 필터: 잡음이 심한 데이터를 매끄럽게 변환시켜 주는 필터
- 지수 필터(exponential filter)는 전기적 잡음과 같은 높은 주파수를 가지는 잡음을 제거해 주는 low-pass 필터: $\tau_F \frac{dy}{dt} + y = x$($\tau_F$: 필터의 시간상수(($\ll \tau_p$; 공정의 시간상수), y는 필터로부터의 출력, 그리고 x는 필터로의 입력, 즉 측정 데이터)
- 지수 필터: $y_n = \alpha x_n + (1-\alpha)y_{n-1}$ $(0 < \alpha \le 1)$
- 이중지수(double exponential) 필터: $\bar{y}_n = \alpha\gamma x_n + (2-\alpha-\gamma)\bar{y}_{n-1} - (1-\alpha)(1-\gamma)\bar{y}_{n-2}$
- 이동평균(moving average) 필터: $y_n = y_{n-1} + \frac{1}{J}(x_n - x_{n-J})$
- 엄밀한 이산 모델: $y_n = e^{-T/\tau}y_{n-1} + (1-e^{-T/\tau})x_{n-1}$
- $f(t)$의 z-변환: $F(z) = F^*\left(\frac{1}{T}\ln z\right) = Z[f(t)] = \sum_{n=0}^{\infty} f(nT)z^{-n}$
- 계단함수의 z-변환: $F(z) = \frac{1}{1-z^{-1}}$ $(|z| > 1)$
- z-변환의 선형성: $Z[a_1f_1(t) + a_2f_2(t)] = a_1Z[f_1(t)] + a_2Z[f_2(t)]$

- 실수전이: $Z[f(t-kT)] = z^{-k}F(z)$ $(t < 0$이면 $f(t) = 0)$
- 복소전이: $Z[e^{-at}f(t)] = F(ze^{aT})$
- 초기치 정리: $f(0) = \lim_{n\to 0} f(nT) = \lim_{z\to 0} F(z)$ $(|z| > 1)$
- 최종치 정리: $f(\infty) = \lim_{n\to\infty} f(nT) = \lim_{z\to 1}(1-z^{-1})F(z)$
- 적분의 사다리꼴 규칙 z-변환: $Y(z) = \frac{T}{2}\left(\frac{1+z^{-1}}{1-z^{-1}}\right)F(z)$
- 적분의 Simpson 규칙 z-변환: $Y(z) = \frac{T}{3}\left(\frac{1+4z^{-1}+z^{-2}}{1-z^{-2}}\right)F(z)$
- 미분의 1차 차분 z-변환: $Y(z) = \frac{1}{T}(1-z^{-1})F(z)$
- 미분의 2차 차분 z-변환: $Y(z) = \frac{1}{2T}(1-z^{-2})F(z)$
- 역 z-변환: $f^*(t) = f(nT) = Z^{-1}[F(z)]$
- 역 z-변환에는 부분분수 전개와 긴 나눗셈(long division) 방법을 이용
- 라플라스 변환과 z-변환 사이의 전환: $z = e^{sT}$에 따른 변수 치환법(Tustin의 방법)을 이용
- 라플라스 변환에서 s 대신 $s \approx \frac{2}{T}\left(\frac{1-z^{-1}}{1+z^{-1}}\right)$를 대입하면 z-변환이 얻어진다.

점/검/문/제

18.1 디지털 제어 시스템이 지니는 장점이 될 수 없는 것은?

① 동일한 장치에서 다양한 계산의 수행이 가능하다.

② 계산능력과 유연성이 우수하여 대량의 데이터 처리에 적합하다.

③ 제어장치의 내구성이 아날로그 장치에 비해 월등히 뛰어나다.

④ 실시간 모니터링에 의해 조업 데이터를 신속하게 취득 분석할 수 있다.

18.2 디지털 제어구조에서 아날로그 신호를 처리하기 위하여 필수적으로 갖추어야 하는 요소는 무엇인가?

① D/A 및 D/A 전환장치 ② 해상도 조정장치

③ 디지털 비례 제어기 ④ 디지털 디스플레이 장치

18.3 디지털 제어루프를 구성하는 주요 요소에 해당되지 않는 것은?

① 컴퓨터 ② 증폭기 ③ 필터 ④ 마우스

18.4 Zero-order holder의 전달함수로 맞는 것은?

① $\frac{1-e^{-Ts}}{sT}$ ② $\frac{1-e^{-Ts}}{s}$ ③ $\frac{1+e^{-Ts}}{s}$ ④ $\frac{1-e^{-Ts}}{s-1}$

18.5 1차 미분 방정식 $\frac{dy}{dt}+y=x$에 후향차분 근사를 적용할 때 얻어지는 식은 어느 것인가? 샘플링 시간은 T이다.

① $y_n=(1-T)y_{n-1}+Tx_{n-1}$ ② $y_n=Tx_{n-1}$

③ $y_n=\frac{1-T}{T}y_{n-1}+x_{n-1}$ ④ $y_n=y_{n-1}+Tx_{n-1}$

점검 문제 해답

18.1 ③ **18.2** ① **18.3** ④ **18.4** ② **18.5** ①

연/습/문/제

18.1 $F(s) = \dfrac{1}{s(s+a)}$ $(a > 0)$일 때 $F(z)$를 구하여라. 아울러 $f(\infty)$를 구하여라.

18.2 다음과 같은 이산함수의 z-변환을 구하여라.

(1) $f(n) = a^{n-1}$ (2) $f(n) = \sum_{k=0}^{n} x(k)$

18.3 다음 그림에 보인 $f(t)$의 z-변환을 구하여라.

(1)

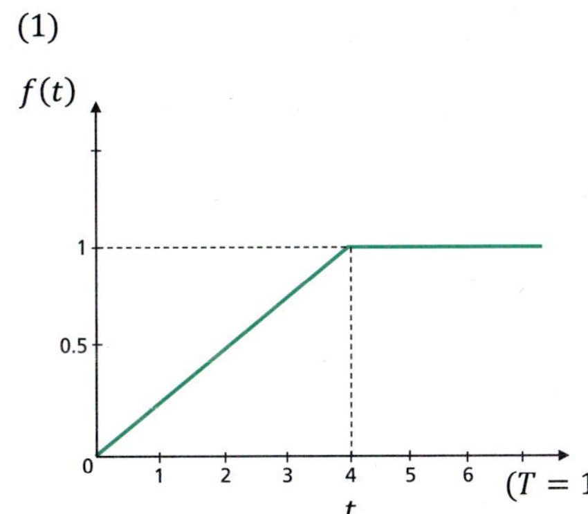

(2)

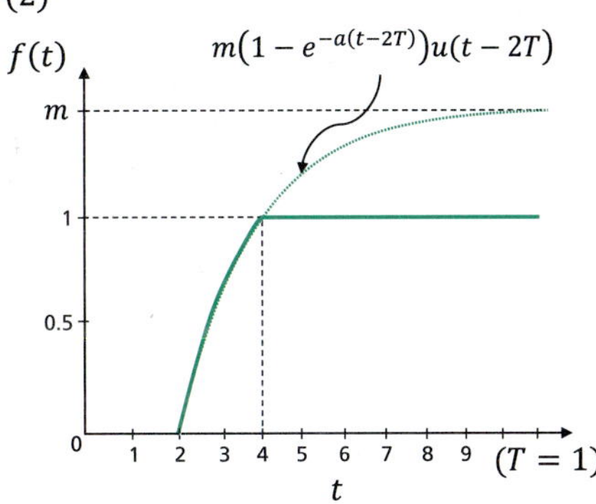

그림 P18.3

18.4 $F(z) = \dfrac{z^{-1}}{2(1-z^{-1})(1-0.5z^{-1})}$일 때 긴 나눗셈(long division)에 의하여 $f(nT)$를 구하여라.

18.5 $F(z) = \dfrac{Te^{-aT}z^{-1}}{(1-e^{-aT}z^{-1})^2}$의 역 z-변환 $f(nT)$를 구하여라.

18.6 $F(z)$가 다음과 같이 주어졌을 때 부분분수 전개방법을 이용하여 역 z-변환 $f^*(t)$를 구하여라.

$$F(z) = \frac{z^2(z^2+z+1)}{(z-0.5)(z-1)(z^2-z+0.8)}$$

18.7 $F(z)$가 다음과 같이 주어졌을 때 부분분수 전개방법을 이용하여 역 z-변환 $f(nT)$를 구하여라.

(1) $F(z) = \dfrac{10z^{-1}}{1-1.2z^{-1}+0.2z^{-2}}$ (2) $F(z) = \dfrac{(1-e^{-aT})z^{-1}}{1-(1+e^{-aT})z^{-1}+e^{-aT}z^{-2}}$

18.8 라플라스 전달함수가 $G(s) = \dfrac{Y(s)}{X(s)} = \dfrac{1}{s}$인 공정에서 샘플링 시간은 T이고 ZOH가 이용되고 있다.

(1) $G(z) = \dfrac{Y(z)}{X(z)} = \overline{HG}(z)$를 구하여라.

(2) 위의 결과로부터 차분 방정식을 구하여라.

18.9 어떤 디지털 필터는 $Y_n = (1-a)X_n + aY_{n-1}$로 나타낼 수 있다($Y_n$: 필터 출력, X_n: 필터입력, $0 \le a \le 1$). 이 필터의 전달함수를 구하여라.

18.10 1차지연 $G(s) = \dfrac{K}{\tau s + 1}$를 계산하는 차분 방정식을 구하여라(zero-order hold를 가정).

18.11 어떤 공정의 입력 X와 출력 Y 사이의 관계가 $\dfrac{Y(z)}{X(z)} = \dfrac{b_0 + b_1 z^{-1} + b_2 z^{-2} + \cdots + b_m z^{-m}}{1 + a_1 z^{-1} + a_2 z^{-2} + \cdots + a_k z^{-k}}$로 주어진다. 샘플링 시간을 $T = 1$이라 할 때 입력과 출력 사이의 관계를 나타내는 차분 방정식을 구하여라.

18.12 PD 제어기는 $G_c(s) = \dfrac{M(s)}{E(s)} = K_c\left(1 + \dfrac{\tau_D s}{1 + \alpha\tau_D s}\right)$의 형태로 나타낼 수 있다($0 < \alpha < 1$). 멱급수 근사 $z^{-1} = e^{-Ts} \cong 1 - Ts$를 이용하여 제어기의 z-변환 전달함수 $G_c(z)$를 구하고 이로부터 제어기 입력과 출력 간의 차분 방정식을 구하여라.

18.13 어떤 1차 공정의 모델식이 $\dfrac{dy}{dt} = -ay + bx$와 같은 미분방정식으로 주어진다.

(1) 1차 미분에 대한 후향차분 근사를 이용하여 주어진 모델식에 대한 차분 방정식을 구하여라.

(2) 입력 $x(t)$가 그림에 보인 바와 같은 변화를 보였을 때 응답 y의 z-변환 $Y(z)$를 구하여라. $a = 3,\ b = 2$이며 샘플링 시간 $T = 2$ (min)이다.

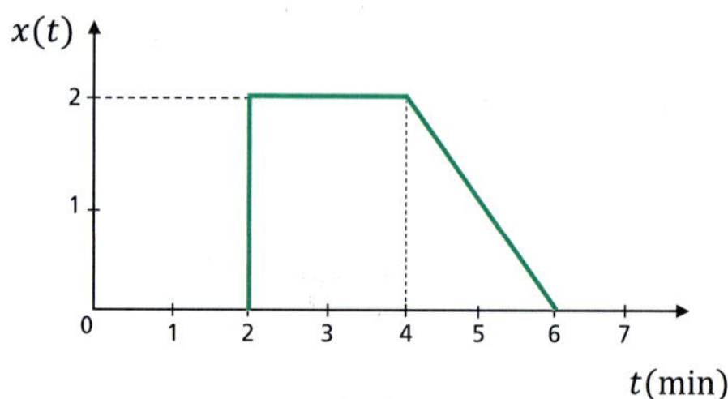

그림 P18.13

18.14 다음과 같은 차분 방정식의 해를 구하여라. x_n은 임펄스 입력을 나타낸다.

$$y_{n+2} - 5y_{n+1} + 6y_n = x_n, \qquad y_0 = 1, \qquad y_1 = 0$$

18.15 다음과 같은 방정식을 고려해 보자:

$$x(n) = 1 + \cfrac{1}{1 + \cfrac{1}{1 + \cfrac{1}{1 + \cfrac{1}{1 + \cdots}}}}$$

즉 $x(3) = 1 + \cfrac{1}{1 + \cfrac{1}{1}} = \dfrac{3}{2}$, $x(4) = 1 + \cfrac{1}{1 + \cfrac{1}{1 + \cfrac{1}{1}}} = \dfrac{5}{3}$, $\cdots$. 이 관계는 다음과 같은 차분 방정식으로 나타낼 수 있다:

$$x(n+1) = 1 + \frac{1}{x(n)} \quad (n = 1, 2, 3, \cdots)$$

이 차분 방정식의 해를 구하여라.

18.16 다음과 같은 차분 방정식의 해를 구하여라.

(1) $(n+1)y_{n+1} - ny_n = n+1,\ y_n|_{n\le 0} = 0$

(2) $ny_{n+1} - (n+1)y_n = -\dfrac{n+1}{n_f},\ \ y_{n_f} = 0\ \ (n = 0,\ 1,\ 2,\ \dots,\ n_f)$

18.17 변수치환법을 이용하여 라플라스 전달함수 $G(s) = \dfrac{10(s+1)}{(s+2)(s+3)}$의 z-변환 $G(z)$를 구하여라.

* MATLAB 활용 문제

18.18 MATLAB을 이용하여 다음과 같은 연속분율식을 계산해 보라:

$$x(n) = 1 + \cfrac{1}{1 + \cfrac{1}{1 + \cfrac{1}{1 + \cfrac{1}{1 + \cdots}}}}$$

n이 증가함에 따라 $x(n) \to \dfrac{1+\sqrt{5}}{2} = 1.6180$의 황금률에 접근하는지 확인해 보자.

18.19 어떤 제어 시스템의 입력 u와 출력 y 사이의 관계를 나타내는 차분 방정식은 다음과 같다:

$$y_n = \left(2 - \frac{\zeta T}{\tau}\right) y_{n-1} + \left(\frac{3\zeta T}{\tau} - \frac{T^2}{\tau^2} - 2\right) y_{n-2} + \left(1 - \frac{2\zeta T}{\tau} + \frac{T^2}{\tau^2}\right) y_{n-3} + \frac{KT^2}{\tau^2} u_{n-d-2} - \frac{KT^2}{\tau^2} u_{n-d-3}$$

위에서 d는 시간지연을 나타내며 $K = 3,\ T = 1,\ \zeta = 0.6,\ \tau = 3$, 그리고 $d = 4$이다. 정상상태에서 출력은 $y_s = 30$, 입력은 $u_s = 50$으로 유지되고 있다. 시간 $t = 10T$(즉 $n = 10$)에서 입력 u에 크기 20인 계단변화가 도입되었을 때 $1 \le n \le 50$에서 응답 y의 그래프를 작성하여라.

최신 공정제어공학 MATLAB의 활용과 실습

펄스 전달함수

19.1 서론

종래의 제어시스템에서 입력함수의 라플라스 변환 $X(s)$와 출력함수의 라플라스 변환 $Y(s)$는 시스템의 전달함수 $G(s)$에 의해 서로 연관된다. 디지털 데이터 시스템에서는 샘플된 이산(discrete) 입력과 출력 사이의 관계를 z-변환에 의해 나타낼 수 있다. 이산 입력과 출력 사이의 관계를 나타내는 z 변환함수를 펄스 전달함수라고 일컫는다. 여기에서는 펄스 전달함수의 의미와 이에 미치는 샘플링의 영향에 대해 알아보기로 한다.

19.2 펄스 전달함수

19.2.1 펄스 전달함수의 정의

펄스 전달함수는 입력변수의 z-변환에 대한 출력변수의 z-변환의 비로 정의된다. 샘플된 입력에 대한 연속 출력은 회선(convolution) 적분으로 나타낼 수 있다. 즉

$$y(t) = \int_0^t g(t-\tau)x^*(\tau)d\tau \tag{19.1}$$

샘플된 입력과 출력 사이의 관계는 다음 그림과 같이 나타낼 수 있다.

그림 19.1 **샘플된 입력과 출력.**

식 (19.1)에서 $g(t)$는 공정 $G_p(s)$의 임펄스 응답이며 $x^*(\tau)$는

$$x^*(\tau) = \sum_{k=0}^{\infty} x(kT)\delta(\tau - kT) \tag{19.2}$$

이다. 따라서

$$y(t) = \int_0^t g(t-\tau) \sum_{k=0}^{\infty} x(kT)\delta(\tau - kT)\, d\tau = \sum_{k=0}^{\infty} x(kT) \int_0^t g(t-\tau)\delta(\tau - kT) d\tau$$

그런데 $0 \le \tau \le t$일 때 $\int_0^t h(\tau)\delta(\tau - kT)d\tau = h(kT)$이므로

$$y(t) = \sum_{k=0}^{\infty} x(kT)\, g(t - kT)$$

따라서

$$y(nT) = \sum_{k=0}^{\infty} x(kT)\, g(nT - kT) \qquad \textbf{(19.3)}$$

z-변화의 정의 $Y(z) = \sum_{n=0}^{\infty} y(nT)z^{-n}$에 따라 위의 식으로부터

$$Y(z) = \sum_{n=0}^{\infty}\sum_{k=0}^{\infty} x(kT)\, g(nT - kT)\, z^{-n}$$

위에서 $i = n - k$로 두면 $n = i + k$이므로

$$Y(z) = \sum_{i=-k}^{\infty}\sum_{k=0}^{\infty} x(kT)\, g(iT)\, z^{-(i+k)}$$

$i < 0$이면 $g(iT) = 0$이므로

$$Y(z) = \sum_{i=0}^{\infty}\sum_{k=0}^{\infty} x(kT)\, g(iT)\, z^{-i}z^{-k} = \left(\sum_{i=0}^{\infty} g(iT)\, z^{-i}\right)\left(\sum_{k=0}^{\infty} x(kT)\, z^{-k}\right) = G(z)X(z) \qquad \textbf{(19.4)}$$

위에서 $G(z) = \sum_{i=0}^{\infty} g(iT)\, z^{-i} = Z[g(t)]$는 펄스 전달함수로서 이산시간 입력과 출력 사이의 관계를 나타내어 준다.

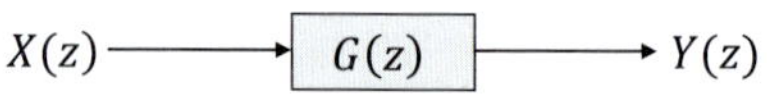

$X(z) \longrightarrow$ [$G(z)$] $\longrightarrow Y(z)$

그림 19.2 펄스 전달함수.

19.2.2 *-변환

위에서 살펴보았듯이 연속변수 $x(t)$의 샘플링으로부터 얻은 신호 $x^*(t)$(식 (19.2))는 일련의 임펄스이다. 식 (18.22)로부터

$$X^*(s) = \sum_{n=0}^{\infty} x(nT)\, e^{-nTs} \tag{19.5}$$

$z = e^{Ts}$의 관계를 이용하면

$$X^*(s)|_{z=e^{Ts}} = X(z) = \sum_{n=0}^{\infty} x(nT)\, z^{-n} \tag{19.6}$$

한편 그림 19.1로부터

$$Y(s) = X^*(s)G(s) \tag{19.7}$$

연속변수 $y(t)$의 샘플링으로부터 얻어지는 신호 $y^*(t)$는 일련의 임펄스이므로 샘플링 조작은 임펄스 연산자로 간주할 수 있으며 이를 라플라스 변환 및 z-변환과 유사하게 *-변환이라고 칭한다. 즉

$$[y(t)]^* = y^*(t)$$

식 (19.7)의 양변을 *-변환하면

$$[Y(s)]^* = [X^*(s)G(s)]^*$$

위에서 $[X^*(s)]^* = X^*(s)$이다. 즉 샘플된 신호를 다시 같은 주기로 샘플링하면 동일한 신호가 된다. 따라서 위의 관계는 다음과 같이 쓸 수 있다.

$$Y^*(s) = X^*(s)G^*(s) \tag{19.8}$$

여기에 $z = e^{Ts}$를 대입하면 식 (19.6)의 관계로부터

$$Y(z) = X(z)G(z)$$

즉 식 (19.4)와 동일한 관계를 얻는다.

보기 19.1

$x(t) = e^{-at}$의 *-변환 $X^*(s)$를 구하고 이로부터 $X(z)$를 구하여라.

풀이

$x(nT) = e^{-anT}$ 이므로

$$X^*(s) = \sum_{n=0}^{\infty} e^{-anT}\, e^{-nTs} = \frac{e^{Ts}}{e^{Ts} - e^{-aT}} = \frac{1}{1 - e^{-aT}e^{-Ts}}$$

따라서

$$X(z) = X^*(s)|_{z=e^{Ts}} = \frac{1}{1-e^{-aT}z^{-1}}$$

보기 19.2

$G(s) = \dfrac{K}{\tau s+1}$일 때 $G(z)$를 구하여라.

풀이

표 18.1에서 $Z\left[\dfrac{1}{s+a}\right] = \dfrac{1}{1-e^{-aT}z^{-1}}$의 관계를 이용한다. $G(s) = \dfrac{K}{\tau}\dfrac{1}{s+1/\tau}$이고 $a = 1/\tau$인 경우이므로 $G(z) = \dfrac{K}{\tau}\dfrac{1}{1-e^{-T/\tau}z^{-1}}$이다.

보기 19.3

$G(z) = \dfrac{-0.3z^{-1}+0.6z^{-2}}{1-0.9z^{-1}+0.2z^{-2}}$, $X(z) = \dfrac{1}{1-z^{-1}}$(즉 단위계단 입력)일 때 $y(nT)$를 구하여라. $y(\infty)$는 얼마인가?

풀이

식 (19.4)로부터

$$Y(z) = G(z)X(z) = \frac{-0.3z^{-1}+0.6z^{-2}}{1-0.9z^{-1}+0.2z^{-2}}\cdot\frac{1}{1-z^{-1}} = -0.3z^{-1}+0.03z^{-2}+0.387z^{-3}+\cdots$$

즉

$$y(0)=0,\quad y(T)=-0.3,\quad y(2T)=0.03,\quad y(3T)=0.387,\cdots$$

정상상태에서는

$$\lim_{n\to\infty} y(nT) = \lim_{z\to 1}(1-z^{-1})Y(z) = 1$$

MATLab

펄스 전달함수의 표현

MATLAB의 명령어 tf를 tf(num,den)의 형태로 사용하면 MATLAB은 이를 연속시간계로 인식하여 라플라스 변환된 형태의 함수가 출력된다. 만일 tf에 세 번째 인수를 제공하면 MATLAB은 이를 디지털 계로 인식하며 세 번째 인수를 샘플링 시간으로 간주하여 z-변환된 형태의 전달함수를 제시해 준다.

어떤 시스템의 펄스 전달함수는 $G(z) = \dfrac{2z^{-1} - 2.1z^{-2} + 0.6z^{-3}}{1 - 0.7z^{-1} + 0.05z^{-2} + 0.5z^{-3}}$로 표시되며 샘플링 시간은 $T = 0.2$초이다. 이를 MATLAB을 이용해 나타내어 보자.

MATLAB 프로그램 및 출력은 다음과 같다.

```
>> num = [2 -2.1 0.6];
>> den = [1 -0.7 0.05 0.5];
>> T = 0.2;
>> G = tf(num,den, T)
G =
      2 z^2 - 2.1 z + 0.6
  ---------------------------
  z^3 - 0.7 z^2 + 0.05 z + 0.5
Sample time: 0.2 seconds
Discrete-time transfer function.
```

19.2.3 펄스 전달함수와 차분 방정식

$y(nT)$는 대개 y_n으로 간단히 나타낸다. 시간 $t = nT$라 하면 식 (18.27)로부터

$$Z[y(t - kT)] = Z[y(nT - kT)] = Z[y_{n-k}] = z^{-k}Y(z) \tag{19.9}$$

를 얻는다. 차분 방정식의 일반적인 형태는 다음과 같다.

$$a_0y_n + a_1y_{n-1} + \cdots + a_my_{n-m} = b_0x_n + b_1x_{n-1} + \cdots + b_kx_{n-k}$$

이 식의 양변을 식 (19.9)를 이용하여 z-변환시키면

$$(a_0 + a_1z^{-1} + \cdots + a_mz^{-m})Y(z) = (b_0 + b_1z^{-1} + \cdots + b_kz^{-k})X(z)$$

따라서

$$G(z) = \frac{Y(z)}{X(z)} = \frac{b_0 + b_1z^{-1} + \cdots + b_kz^{-k}}{a_0 + a_1z^{-1} + \cdots + a_mz^{-m}} \tag{19.10}$$

만일 위의 식에서 $a_0 = 0$이라면

$$\frac{Y(z)}{X(z)} = \frac{b_0 + b_1z^{-1} + \cdots + b_kz^{-k}}{a_1z^{-1} + \cdots + a_mz^{-m}}$$

따라서

$$(a_1z^{-1} + \cdots + a_mz^{-m})Y(z) = (b_0 + b_1z^{-1} + \cdots + b_kz^{-k})X(z)$$

위 관계의 역 z-변환으로부터

$$a_1 y_{n-1} + a_2 y_{n-2} + \cdots + a_m y_{n-m} = b_0 x_n + b_1 x_{n-1} + \cdots + b_k x_{n-k}$$

n 대신 $n + 1$을 대입하면

$$a_1 y_n = -a_2 y_{n-1} - \cdots - a_m y_{n-m+1} + b_0 x_{n+1} + b_1 x_n + \cdots + b_k x_{n-k+1}$$

위의 관계는 현재시점 $t = nT$에서의 출력 y_n을 구하기 위해 1 샘플링 시간 이후의 미래 입력값 x_{n+1}이 요구됨을 보여주고 있다. 이는 물리적으로 불가능한 경우이다.

보기 19.4

$G(z) = \dfrac{Y(z)}{X(z)} = \dfrac{0.7z^{-2} - 1.7z^{-3}}{1 + 0.3z^{-1} + 0.8z^{-2}}$일 때 차분 방정식을 구하여라.

풀이

$$(1 + 0.3z^{-1} + 0.8z^{-2})Y(z) = (0.7z^{-2} - 1.7z^{-3})X(z)$$

역 z-변환에 의하여

$$y_n + 0.3y_{n-1} + 0.8y_{n-2} = 0.7x_{n-2} - 1.7x_{n-3}$$

혹은

$$y_n = -0.3y_{n-1} - 0.8y_{n-2} + 0.7x_{n-2} - 1.7x_{n-3}$$

보기 19.5

$G(z) = \dfrac{Y(z)}{X(z)} = \dfrac{1 + 2z^{-1} + 3z^{-2}}{5z^{-1} + 2z^{-2}}$일 때 이는 물리적으로 실현 가능한지를 밝혀라.

풀이

$$(5z^{-1} + 2z^{-2})Y(z) = (1 + 2z^{-1} + 3z^{-2})X(z) \rightarrow 5y_{n-1} + 2y_{n-2} = x_n + 2x_{n-1} + 3x_{n-2}$$

따라서

$$y_n = -0.4y_{n-1} + 0.2x_{n+1} + 0.4x_n + 0.6x_{n-1}$$

즉 현재시점 n에서 미래 데이터 x_{n+1}을 필요로 하므로 물리적으로 실현 불가능하다.

19.3 Zero-order Hold (ZOH)와 전달함수

ZOH의 전달함수는 식 (18.6)으로 주어진다.

$$H_0(s) = \frac{1 - e^{-Ts}}{s} \tag{18.6}$$

그림 19.3에 보인 바와 같이 공정 앞에 ZOH가 위치하는 경우 전달함수 $G(s)$는

$$G(s) = H(s)G_p(s) = \frac{1 - e^{-Ts}}{s} G_p(s) \tag{19.11}$$

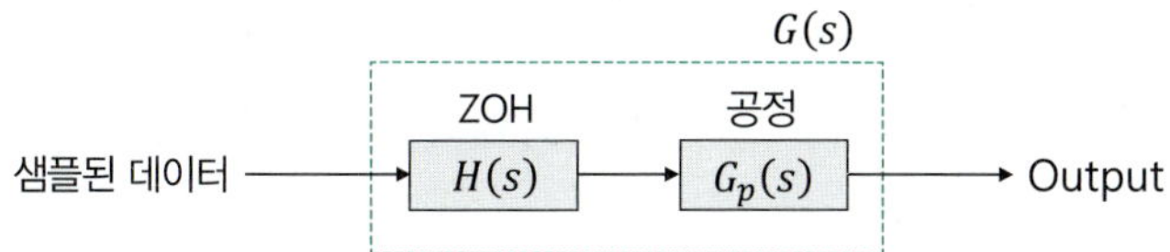

그림 19.3 ZOH와 공정.

따라서

$$Z[G(s)] = G(z) = Z\left[\frac{1 - e^{-Ts}}{s} G_p(s)\right] = Z\left[\frac{G_p(s)}{s}\right] - Z\left[e^{-Ts}\frac{G_p(s)}{s}\right]$$

z-변환의 성질로부터(표 18.1 참조)

$$Z[e^{-kTs}F(s)] = z^{-k}Z[F(s)] = z^{-k}F(z)$$

이를 이용하면

$$G(z) = Z\left[\frac{G_p(s)}{s}\right] - z^{-1}Z\left[\frac{G_p(s)}{s}\right] = (1 - z^{-1})\, Z\left[\frac{G_p(s)}{s}\right] \tag{19.12}$$

를 얻는다. 일반적으로 $G(z) = Z\big[H(s)G_p(s)\big] = HG_p(z)$로 나타낸다. 이 경우

$$HG_p(z) \neq H(z)G_p(z), \qquad \lim_{T\to 0} HG_p(z) = G_p(s)$$

임을 유의하자.

보기 19.6

$G_p(s) = \dfrac{K_p}{\tau s + 1}$이며 ZOH가 이용되고 있을 때 $G(z)$를 구하여라.

풀이

$G(s) = HG_p(s) = \dfrac{(1-e^{-Ts})K_p}{s(\tau s+1)}$ 이므로 식 (19.12)를 이용하면

$$G(z) = (1-z^{-1})Z\left[\frac{K_p}{s(\tau s+1)}\right] = \frac{K_p z^{-1}(1-e^{-T/\tau})}{1-e^{-T/\tau}z^{-1}} = \frac{K_p(1-a_1)z^{-1}}{1-a_1 z^{-1}}$$

위에서 $a_1 = e^{-T/\tau}$이다. 따라서 $\dfrac{Y(z)}{X(z)} = G(z) = \dfrac{K_p(1-a_1)z^{-1}}{1-a_1 z^{-1}}$ 이므로

$$(1-a_1 z^{-1})Y(z) = K_p(1-a_1)z^{-1}X(z)$$

이로부터

$$y_n = a_1 y_{n-1} + K_p(1-a_1)x_{n-1}$$

보기 19.7

$G_p(s) = \dfrac{K_p}{s}$ 이고 ZOH가 이용될 때 입력 x와 출력 y의 관계를 나타내는 차분 방정식을 구하여라.

풀이

식 (19.12)로부터

$$G(z) = HG_p(z) = (1-z^{-1})Z\left[\frac{K_p}{s^2}\right] = K_p(1-z^{-1})\frac{Tz^{-1}}{(1-z^{-1})^2} = \frac{K_pTz^{-1}}{1-z^{-1}} = \frac{Y(z)}{X(z)}$$

따라서

$$(1-z^{-1})Y(z) = K_pTz^{-1}X(z)$$

이로부터

$$y_n = y_{n-1} + K_pTx_{n-1} = y_{n-2} + \left(K_pTx_{n-2} + K_pTx_{n-1}\right) = \cdots = K_pT\sum_{k=1}^{n} x_{k-1} + y_0$$

보기 19.8

$G_p(s) = \dfrac{K_p e^{-\theta s}}{\tau s+1}$이고 ZOH가 이용될 때 $G(z) = HG_p(z)$를 구하여라. $\theta = NT$(N: 정수, T: 샘플링 주기)이다.

풀이

$$G(z)=HG_p(z)=Z\left[\frac{1-e^{-Ts}}{s}\cdot\frac{K_pe^{-NTs}}{\tau s+1}\right]=\frac{K_p}{\tau}(1-z^{-1})z^{-N}Z\left[\frac{1}{s(s+1/\tau)}\right]$$

$$=K_p\left(1-e^{-T/\tau}\right)\frac{z^{-1}}{1-e^{-T/\tau}z^{-1}}\cdot z^{-N}=\frac{bz^{-1}}{1-az^{-1}}\cdot z^{-N}$$

위에서

$$a=e^{-T/\tau},\qquad b=K_p\left(1-e^{-T/\tau}\right)=K_p(1-a)$$

고차계의 경우를 살펴보자. $G_p(s)=\dfrac{Ke^{-\theta s}}{(\tau_1s+1)(\tau_2s+1)},\theta=NT$라 하면 식 (19.12)로부터

$$G(z)=HG_p(z)=(1-z^{-1})Z\left[\frac{Ke^{-\theta s}}{s(\tau_1s+1)(\tau_2s+1)}\right]=\frac{K}{\tau_1\tau_2}(1-z^{-1})Z\left[\frac{e^{-NTs}}{s(s+1/\tau_1)(s+1/\tau_2)}\right]$$

표 18.1을 이용하면

$$HG_p(z)=K(1-z^{-1})z^{-N}\left[\frac{1}{1-z^{-1}}+\frac{1/\tau_2}{(1/\tau_1-1/\tau_2)(1-c_1z^{-1})}-\frac{1/\tau_1}{(1/\tau_1-1/\tau_2)(1-c_2z^{-1})}\right]$$

$$=\frac{Kz^{-N}}{\tau_2-\tau_1}\left[\frac{(c_1\tau_1-c_2\tau_2+\tau_2-\tau_1)z^{-1}+\{(\tau_2-\tau_1)c_1c_2+c_2\tau_1-c_1\tau_2\}z^{-2}}{1-(c_1+c_2)z^{-1}+c_1c_2z^{-2}}\right]$$

위에서 $c_1=e^{-T/\tau_1},c_2=e^{-T/\tau_2}$이다. 따라서 $Y(z)=HG_p(z)X(z)$인 관계로부터

$$y_n-(c_1+c_2)y_{n-1}+c_1c_2y_{n-2}=\frac{K}{\tau_2-\tau_1}(c_1\tau_1-c_2\tau_2+\tau_2-\tau_1)x_{n-N-1}$$

$$+\frac{K}{\tau_2-\tau_1}\{(\tau_2-\tau_1)c_1c_2+c_2\tau_1-c_1\tau_2\}x_{n-N-2}$$

혹은

$$y_n+a_1y_{n-1}+a_2y_{n-2}=b_1x_{n-N-1}+b_2x_{n-N-2}$$

와 같다. 위에서

$$a_1=-(c_1+c_2),\ a_2=c_1c_2,\ b_1=K\left(1+\frac{c_1\tau_1}{\tau_2-\tau_1}-\frac{c_2\tau_2}{\tau_2-\tau_1}\right),\ b_2=K\left(c_1c_2+\frac{c_2\tau_1-c_1\tau_2}{\tau_2-\tau_1}\right)$$

이다. 일반적으로 시간지연이 $\theta=NT$인 2차공정 모델의 경우

$$G(z)=HG_p(z)=\frac{Y(z)}{X(z)}=\frac{(b_1+b_2z^{-1})z^{-N-1}}{1+a_1z^{-1}+a_2z^{-2}}\qquad\textbf{(19.13)}$$

표 19.1은 ZOH를 이용하는 경우 여러 가지 공정에 대한 펄스 전달함수를 요약한 것이다.

표 19.1 ZOH를 이용하는 경우의 펄스 전달함수

$G_p(s)$	$G(z) = HG_p(z) = Z[H(s)G_p(s)]$	
$\frac{K}{s}$	$\frac{b_1 z^{-1}}{1 + a_1 z^{-1}}$	$a_1 = -1, b_1 = KT$
$\frac{K}{s+r}$		$a_1 = -e^{-rT}, b_1 = \frac{K}{r}(1 - e^{-rT})$
$\frac{K}{(s+r)(s+p)}$	$\frac{b_1 z^{-1} + b_2 z^{-2}}{1 + a_1 z^{-1} + a_2 z^{-2}}$	$a_1 = -e^{-rT} - e^{-pT}, a_2 = e^{-(r+p)T}$ $b_1 = \frac{K}{rp(r-p)}(r - p - re^{-pT} + pe^{-rT})$ $b_2 = \frac{K}{rp(r-p)}\left[(r-p)e^{-(r+p)T} + pe^{-pT} - re^{-rT}\right]$
$\frac{K}{s(s+r)}$		$a_1 = -(1 + e^{-rT}), a_2 = e^{-rT}$ $b_1 = -\frac{K}{r^2}(1 - rT - e^{-rT})$ $b_2 = \frac{K}{r^2}(1 - e^{-rT} - rTe^{-rT})$
$\frac{K(s+q)}{(s+r)(s+p)}$		$a_1 = -e^{-rT} - e^{-pT}, a_2 = e^{-(r+p)T}$ $b_1 = \frac{K}{p-r}\left[e^{-pT} - e^{-rT} + \frac{q}{p}(1 - e^{-pT}) - \frac{q}{r}(1 - e^{-rT})\right]$ $b_2 = K\left[\frac{q}{rp}e^{-(r+p)T} + \frac{(p-q)}{p(r-p)}e^{-rT} + \frac{(q-r)}{r(r-p)}e^{-rp}\right]$

MATLab

라플라스 전달함수 모델의 펄스 전달함수

라플라스 전달함수 모델로부터 ZOH를 수반하는 이산화 모델을 얻을 수 있다. Zero-order hold의 경우 연속계를 이산계로 변환시키는 명령어 c2d에서 옵션으로 'zoh'를 추가해 준다. Zero-order hold (ZOH)를 이용하여 전달함수가 $G_p(s) = \frac{1}{s^2 + s}$와 같은 공정의 이산화 모델을 구해 보라. 샘플링 시간 $T = 0.1$초로 한다.

MATLAB 프로그램 및 출력은 다음과 같다.

```
>> T = 0.1;
>> Gp = tf(1, [1 1 0]);
>> Gz = c2d(Gp, T, 'zoh')
Gz =
  0.004837 z + 0.004679
  ---------------------
  z^2 - 1.905 z + 0.9048

Sample time: 0.1 seconds
Discrete-time transfer function.
```

19.4 샘플링의 영향

19.4.1 직렬로 연결된 두 공정

(1) 두 공정 사이에 샘플링이 없는 경우

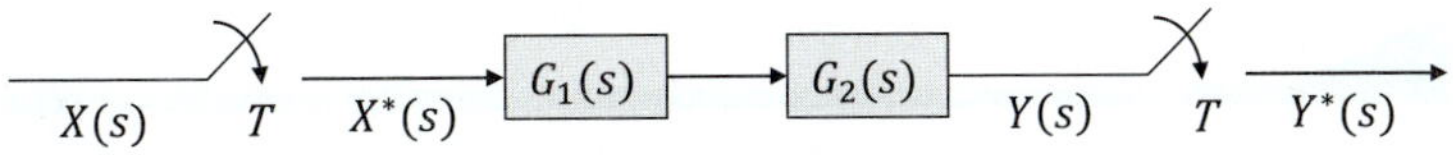

$X(s)$ T $X^*(s)$ $G_1(s)$ $G_2(s)$ $Y(s)$ T $Y^*(s)$

그림 19.4 직렬로 연결되며 사이에 샘플링이 없는 공정.

그림에서

$$Y(s) = G_1(s)G_2(s)X^*(s)$$

양변을 *-변환하면

$$[Y(s)]^* = [G_1(s)G_2(s)X^*(s)]^*$$

이로부터

$$Y^*(s) = [G_1(s)G_2(s)]^*X^*(s) = \overline{G_1G_2}^*X^*(s)$$

따라서

$$Y(z) = \overline{G_1G_2}(z)X(z)$$

이로부터

$$G(z) = \frac{Y(z)}{X(z)} = \overline{G_1G_2}(z) \tag{19.14}$$

를 얻는다. 앞에서 언급한 바와 같이

$$[G_1(s)G_2(s)]^* \neq G_1{}^*(s)G_2{}^*(s), \qquad \overline{G_1G_2}(z) \neq G_1(z)G_2(z)$$

임을 유의하자.

(2) 두 공정 사이에 샘플링이 있는 경우

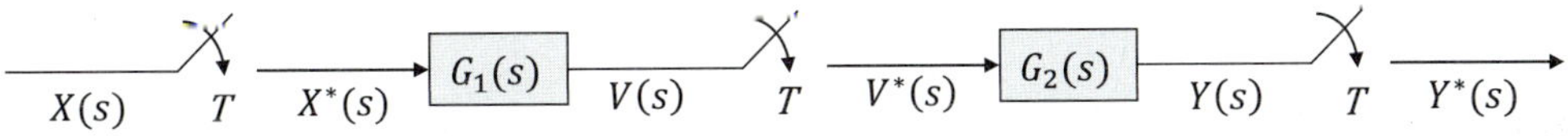

$X(s)$ T $X^*(s)$ $G_1(s)$ $V(s)$ T $V^*(s)$ $G_2(s)$ $Y(s)$ T $Y^*(s)$

그림 19.5 직렬로 연결되며 사이에 샘플링이 있는 공정.

그림 19.5에서 $V = G_1X^*$이므로 $V^* = G_1{}^*X^*$이다. 따라서

$$Y = G_2 V^* = G_2 G_1{}^* X^*$$

그러므로 $Y^* = G_2{}^* G_1{}^* X^*$이며 이로부터 $Y(z) = G_2(z)G_1(z)X(z)$를 얻는다. 즉

$$G(z) = \frac{Y(z)}{X(z)} = G_2(z)G_1(z) \quad \textbf{(19.15)}$$

보기 19.9

$G_1(s) = \dfrac{K_1}{\tau_1 s + 1}$, $G_2(s) = \dfrac{K_2}{\tau_2 s + 1}$ $(\tau_1 \neq \tau_2)$일 때 $G_1(z)G_2(z) \neq \overline{G_1 G_2}(z)$임을 보여라.

풀이

표 18.1로부터

$$G_1(z) = \frac{K_1}{\tau_1}\frac{1}{1 - e^{-T/\tau_1} z^{-1}}, \qquad G_2(z) = \frac{K_2}{\tau_2}\frac{1}{1 - e^{-T/\tau_2} z^{-1}}$$

따라서

$$G_1(z)G_2(z) = \left(\frac{K_1 K_2}{\tau_1 \tau_2}\right)\frac{1}{(1 - a_1 z^{-1})(1 - a_2 z^{-1})}$$

위에서 $a_1 = e^{-T/\tau_1}, a_2 = e^{-T/\tau_2}$이다.

한편

$$G_1(s)G_2(s) = \frac{K_1 K_2}{(\tau_1 s + 1)(\tau_2 s + 1)} = \frac{K_1 K_2}{\tau_1 \tau_2}\frac{1}{(s + 1/\tau_1)(s + 1/\tau_2)}$$

따라서 표 18.1로부터

$$\begin{aligned} Z[G_1(s)G_2(s)] = \overline{G_1 G_2}(z) &= \left(\frac{K_1 K_2}{\tau_1 \tau_2}\right)\left(\frac{\tau_1 \tau_2}{\tau_1 - \tau_2}\right)\left(\frac{1}{1 - a_1 z^{-1}} - \frac{1}{1 - a_2 z^{-1}}\right) \\ &= \left(\frac{K_1 K_2}{\tau_1 - \tau_2}\right)\frac{(a_1 - a_2)z^{-1}}{(1 - a_1 z^{-1})(1 - a_2 z^{-1})} \end{aligned}$$

위의 두 결과로부터 $G_1(z)G_2(z) \neq \overline{G_1 G_2}(z)$임을 알 수 있다.

보기 19.10

Zero-order holder(ZOH)가 샘플링에 미치는 영향을 살펴보기로 한다.

1) 샘플링이 없는 경우:

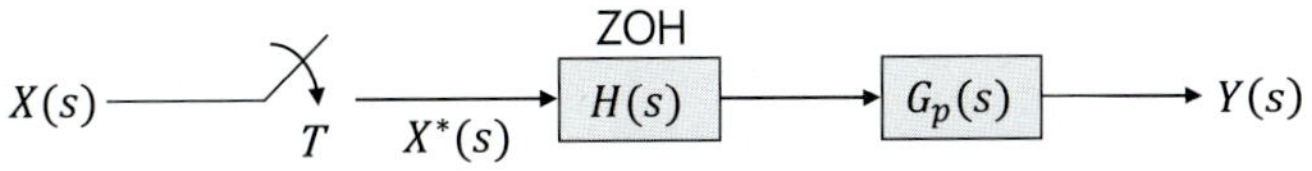

ZOH

$$X(s) \xrightarrow{T} X^*(s) \to H(s) \to G_p(s) \to Y(s)$$

그림 19.6 샘플링이 없는 ZOH.

그림에서 $X(s) = \dfrac{1}{s}$, $G_p(s) = \dfrac{K}{\tau s + 1}$라 하면 $H(s) = \dfrac{1 - e^{-Ts}}{s}$ 이므로

$$Y(s) = G_p(s)H(s)X^*(s) = \frac{K(1 - e^{-Ts})}{s(\tau s + 1)} X^*(s)$$

그런데 단위계단입력의 경우 $x(nT) = 1$이므로 *-변환의 정의로부터

$$X^*(s) = \sum_{n=0}^{\infty} x(nT)e^{-nTs} = \sum_{n=0}^{\infty} 1 \cdot e^{-nTs} = \frac{1}{1 - e^{-Ts}} \tag{19.16}$$

따라서

$$Y(s) = \frac{K(1 - e^{-Ts})}{s(\tau s + 1)} \cdot \frac{1}{1 - e^{-Ts}} = \frac{K}{s(\tau s + 1)}$$

이로부터 $y(t) = K(1 - e^{-t/\tau})$이다. 이는 1차공정의 단위계단 응답이다.

2) 샘플링이 있는 경우:

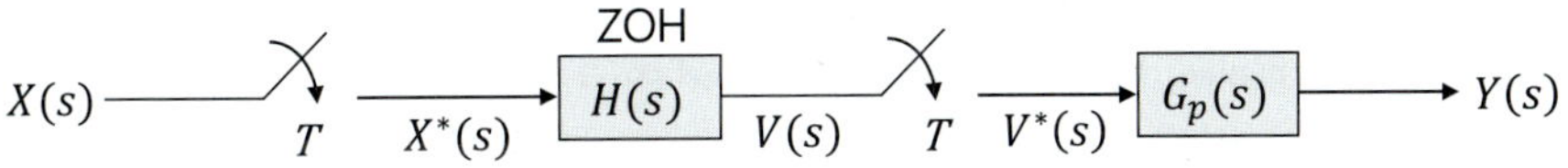

ZOH

$$X(s) \xrightarrow{T} X^*(s) \to H(s) \to V(s) \xrightarrow{T} V^*(s) \to G_p(s) \to Y(s)$$

그림 19.7 샘플링이 있는 ZOH.

그림에서 $V = HX^*$이므로 $V^* = H^*X^*$이다. 그런데 식 (19.16)으로부터 $X^*(s) = \dfrac{1}{1 - e^{-Ts}}$이므로

$$Y = G_pV^* = G_pH^*X^* = \frac{K}{\tau s + 1}\left(\frac{1 - e^{-Ts}}{s}\right)^* \frac{1}{1 - e^{-Ts}}$$

ZOH의 경우 $H(z) = 1 = H^*(s)$이므로

$$Y(s) = \frac{K}{(\tau s + 1)(1 - e^{-Ts})} = \frac{K}{\tau s + 1}(1 + e^{-Ts} + e^{-2Ts} + e^{-3Ts} + \cdots)$$

이로부터

$$y(t) = \frac{K}{\tau}\left[e^{-t/\tau} + e^{-(t-T)/\tau}u(t - T) + e^{-(t-2T)/\tau}u(t - 2T) + \cdots\right]$$

를 얻는다.

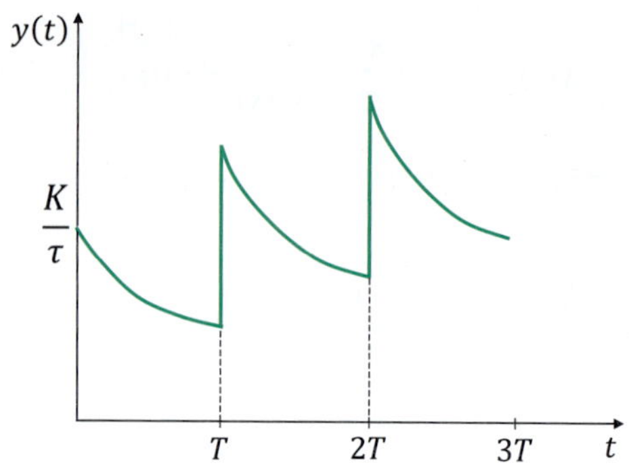

그림 19.8 샘플링이 있는 ZOH의 응답.

MATLab

펄스 전달함수의 임펄스 응답

펄스 전달함수에 임펄스 신호가 도입되었을 때의 응답을 구해 보기로 한다. 펄스 전달함수가 $G(z) = \dfrac{2z^{-1} - 2.1z^{-2} + 0.6z^{-3}}{1 - 0.7z^{-1} + 0.05z^{-2} + 0.5z^{-3}}$ (샘플링 시간은 $T = 1$초)로 표시되는 시스템에 임펄스 입력이 도입되었다. 응답을 그래프로 나타내어 보자.

MATLAB 프로그램 및 출력은 다음과 같다.

```
% zresimp.m
num = [2 -2.1 0.6]; den = [1 -0.7 0.05 0.5];
T = 1; G = tf(num,den, T); [y,n] = impulse(G);
stem(n,y,'filled'), xlabel('Time(s)'), ylabel('Amplitude')
```

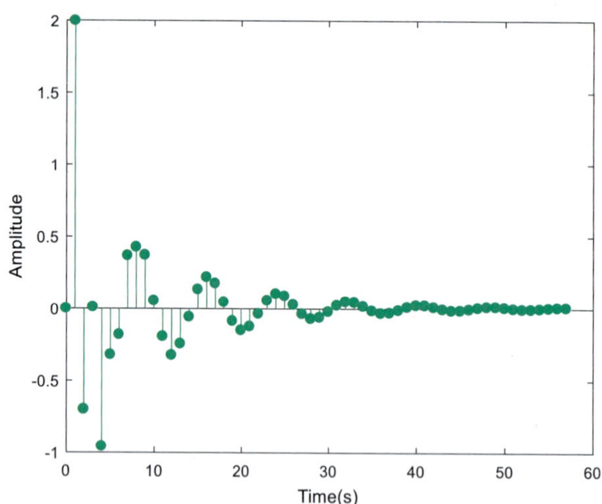

그림 19.9 펄스 전달함수의 임펄스 응답.

MATLab

두 펄스 전달함수의 직렬연결

두 개의 펄스 전달함수들을 직렬로 연결하고 단위계단 응답을 구해 보자. 두 펄스 전달함수 $G_1(z) = \dfrac{2-1.4z^{-1}+0.5z^{-2}}{1-0.7z^{-1}+0.5z^{-2}}$, $G_2(z) = \dfrac{z^{-1}+0.25z^{-2}}{1-0.5z^{-1}+0.6z^{-2}}$ (샘플링 시간은 $T=1$초)가 직렬로 연결되어 있다. 이 시스템에 단위계단 입력이 도입되었을 때의 응답을 그래프로 나타내어 보라. 시간구간은 $0 \le t \le 40$으로 한다. MATLAB 프로그램 및 출력은 다음과 같다.

```
% seriestf.m
clear all
n1 = [2 -1.4 0.5]; d1 = [1 -0.7 0.5]; n2 = [1 0.25]; d2 = [1 -0.5 0.6];
T = 1; sT = [0:T:40]'; G1 = tf(n1,d1,T); G2 = tf(n2,d2,T); G = G1*G2;
y = step(G,sT) ; stem(sT,y,':')
xlabel('Time(s)'), ylabel('Amplitude')
```

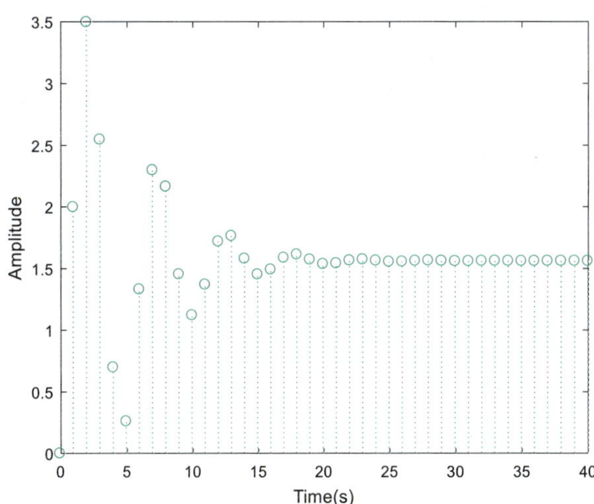

그림 19.10 직렬연결 펄스 전달함수의 단위계단 응답.

19.4.2 나란히 연결된 두 공정

(1) 2 샘플링

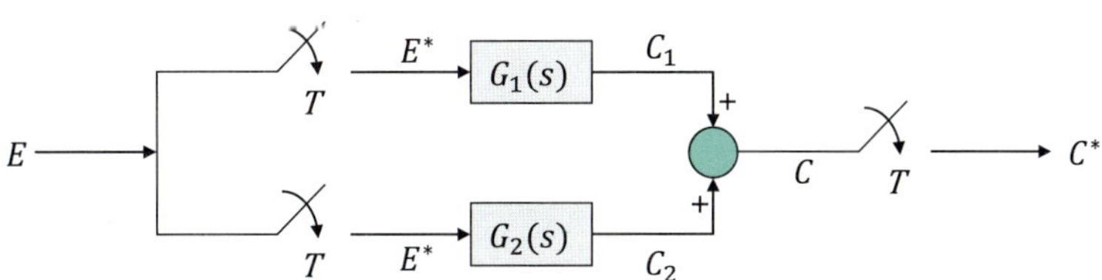

그림 19.11 2 샘플링이 있는 나란한 두 공정.

그림 19.11에서

$$C = C_1 + C_2 = G_1E^* + G_2E^* = (G_1 + G_2)E^*$$

따라서

$$C^* = (G_1 + G_2)^*E^* = ({G_1}^* + {G_2}^*)E^*$$

이로부터

$$C(z) = [G_1(z) + G_2(z)]E(z) \rightarrow \frac{C(z)}{E(z)} = G(z) = G_1(z) + G_2(z) \qquad \textbf{(19.17)}$$

(2) 1 샘플링

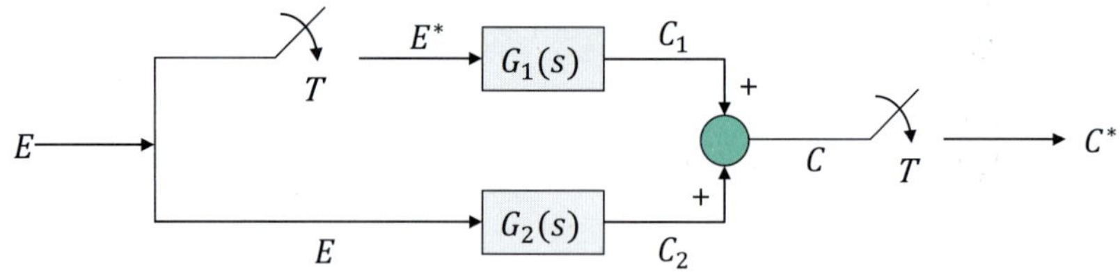

그림 19.12 1 샘플링이 있는 나란한 두 공정.

그림 19.12에서

$$C = C_1 + C_2 = G_1E^* + G_2E$$

따라서

$$C^* = {G_1}^*E^* + \overline{G_2E}^* \rightarrow C(z) = G_1(z)E(z) + \overline{G_2E}(z)$$

위의 관계로부터 $\dfrac{C(z)}{E(z)}$를 구할 수는 없다.

MATLab

상태함수 모델의 응답

$A = \begin{bmatrix} 0.8 & -0.7 & 0.6 \\ 1 & 0 & 0 \\ 0 & 1 & 0 \end{bmatrix}$, $B = \begin{bmatrix} 1 \\ 0 \\ 0 \end{bmatrix}$, $C = [0 \quad 1.5 \quad 1]$, $D = [0]$와 같은 시스템에 다음과 같은 입력이 도입되었을 때의 응답을 그래프로 나타내어 보자:

$$u(t) = \begin{cases} 2 : & 0 \le t < 20 \\ 0.5: & t \ge 20 \end{cases}$$

상태의 초기값은 $x_0 = \begin{bmatrix} 1 \\ 0 \\ 2 \end{bmatrix}$이고 샘플링 시간 $T = 1$이며 계산시간 구간은 $0 \le t \le 50$으로 한다.

MATLAB 프로그램 및 출력은 다음과 같다.

```
% stepss.m
clear all
A = [0.8 -0.7 0.6; 1 0 0;0 1 0]; B = [1; 0; 0]; C = [0 1.5 1]; D = [0];
T = 1; Gz = ss(A, B, C, D, T); tinv = [0:T:50]; u = 2*ones(size(tinv));
i = find(tinv >= 20); u(i) = 0.5; x0 = [1; 0; 2]; [y, t] = lsim(Gz, u, [], x0);
plot(t,y,'*'), grid, hold on, plot(t,u,'o'), hold off
xlabel('Time, t'), ylabel('Response(*), Input(o)')
```

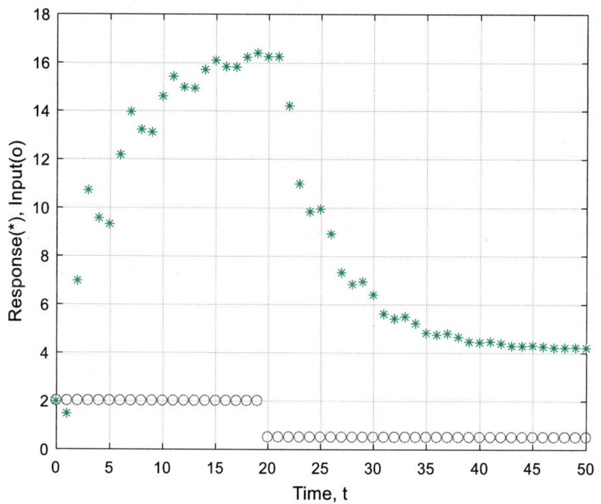

그림 19.13 **상태함수 모델의 계단응답.**

MATLab

상태공간 모델의 이산화와 펄스 전달함수

연속시간 상태공간 모델을 샘플링하여 ZOH를 수반하는 이산화를 수행할 수 있다. Zero-order hold의 경우 앞에서와 마찬가지로 명령어 c2d에서 옵션으로 'zoh'를 추가해 준다. 어떤 상태공간 모델(제4장 참조)에서

$$A = \begin{bmatrix} -4 & -3 \\ 1 & 0 \end{bmatrix}, \qquad B = \begin{bmatrix} 1 \\ 0 \end{bmatrix}, \qquad C = [1 \quad 5], \qquad D = [0]$$

이다. 이 모델로 표현되는 연속시간계를 샘플링 시간 $T = 0.1$초로 샘플링하여 ZOH를 이용한 이산화를 수행해 보자. MATLAB 프로그램 및 출력은 다음과 같다.

```
% sszoh.m
A = [-4 -3;1 0]; B = [1; 0]; C = [1 5]; D = 0;
Gp = ss(A,B,C,D);  % 연속시간 state-space 모델
T = 0.1;  Gz = c2d(Gp,T,'zoh')  % ZOH 이산화
```

```
>> sszoh
Gp =
  a =
        x1  x2
   x1   -4  -3
   x2    1   0
  b =
        u1
   x1    1
   x2    0
  c =
        x1  x2
   y1    1   5
  d =
        u1
   y1    0
Continuous-time state-space model.
```

```
Gz =
  a =
            x1       x2
   x1   0.6588   -0.246
   x2  0.08201   0.9868
  b =
            u1
   x1   0.08201
   x2  0.004384
  c =
         x1  x2
   y1    1   5
  d =
         u1
   y1    0
Sample time: 0.1 seconds
Discrete-time state-space model.
```

19.5 요약

- 디지털 데이터 시스템에서는 샘플된 이산(discrete) 입력과 출력 사이의 관계를 z-변환으로 표현
- 펄스 전달함수: 이산 입력과 출력 사이의 관계를 나타내는 z-변환함수로서 입력변수의 z-변환에 대한 출력변수의 z-변환의 비로 정의
- 샘플된 입력: $x^*(\tau) = \sum_{k=0}^{\infty} x(kT)\delta(\tau - kT)$
- 출력의 z-변환:

$$Y(z) = \sum_{i=0}^{\infty}\sum_{k=0}^{\infty} x(kT)\, g(iT)\, z^{-i}z^{-k} = \left(\sum_{i=0}^{\infty} g(iT)\, z^{-i}\right)\left(\sum_{k=0}^{\infty} x(kT)\, z^{-k}\right) = G(z)X(z)$$

- 펄스 전달함수: $G(z) = \sum_{i=0}^{\infty} g(iT)\, z^{-i} = Z[g(t)]$
- 연속변수 $y(t)$의 샘플링으로부터 얻어지는 신호 $y^*(t)$는 일련의 임펄스이므로 샘플링 조작은 임펄스 연산자로 간주
- *-변환: $[y(t)]^* = y^*(t)$
- $Y^*(s) = X^*(s)G^*(s)$에 $z = e^{Ts}$를 대입하면 $Y(z) = X(z)G(z)$
- $y(nT)$는 y_n으로 간단히 표현: $Z[y(t-kT)] = Z[y(nT-kT)] = Z[y_{n-k}] = z^{-k}Y(z)$
- ZOH의 전달함수: $G(s) = H(s)G_p(s) = \dfrac{1-e^{-Ts}}{s}G_p(s)$

- 두 공정 사이에 샘플링이 없는 경우: $G(z) = \dfrac{Y(z)}{X(z)} = \overline{G_1G_2}(z)$
- 두 공정 사이에 샘플링이 있는 경우: $G(z) = \dfrac{Y(z)}{X(z)} = G_2(z)G_1(z)$

점/검/문/제

19.1 $G(s) = \dfrac{1}{s+1}$일 때 $G(z)$를 구하면? 샘플링 시간은 T이다.

① $\dfrac{1}{1-e^{-T}z^{-1}}$ ② $\dfrac{z^{-1}}{1-e^{-T}z^{-1}}$ ③ $\dfrac{1}{1+e^{-T}z^{-1}}$ ④ $\dfrac{z^{-1}}{1+e^{-T}z^{-1}}$

19.2 $G(z) = \dfrac{Y(z)}{X(z)} = \dfrac{0.2z^{-1} - 0.5z^{-2}}{1 - 0.8z^{-1} + 0.1z^{-2}}$인 공정에서 입력 X에 단위계단 변화가 도입되었다. $y(\infty)$를 구하여라.

① 1 ② 0.5 ③ −1 ④ −0.5

19.3 그림에 보인 공정에서 $G(z) = \dfrac{Y(z)}{X(z)}$는 어떻게 주어지는가?

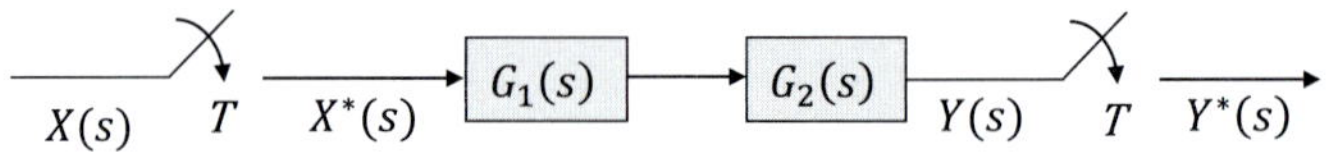

X(s) T X*(s) G₁(s) G₂(s) Y(s) T Y*(s)

그림 19.14 간단한 샘플링 공정.

① $G_1(z)G_2(z)$ ② $\overline{G_1G_2}(z)$ ③ $\dfrac{G_1(z)}{G_2(z)}$ ④ $\overline{G_1G_2X}(z)$

19.4 그림에서 $G(s) = \dfrac{1}{s+a}$일 때 펄스 전달함수 $G(z) = \dfrac{Y(z)}{X(z)}$는 어떻게 주어지는가?

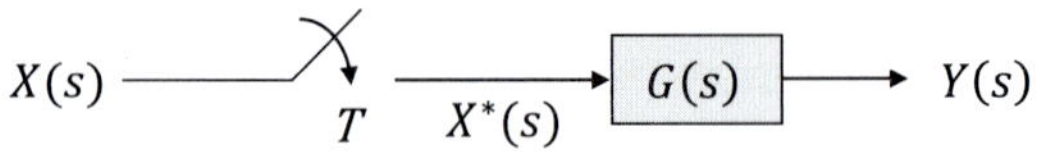

X(s) T X*(s) G(s) Y(s)

그림 19.15 간단한 샘플링 공정.

① $\dfrac{z^{-1}}{1+e^{-aT}z^{-1}}$ ② $\dfrac{az^{-1}}{1-e^{-T}z^{-1}}$ ③ $\dfrac{aT}{1-e^{-T}z^{-1}}$ ④ $\dfrac{1}{1-e^{-aT}z^{-1}}$

▷ 점검 문제 해답

19.1 ① **19.2** ③ **풀이** $X(z) = \dfrac{1}{1-z^{-1}}$, $y(\infty) = \lim_{z\to 1}(1-z^{-1})Y(z) = \dfrac{-0.3}{0.3} = -1$

19.3 ② **19.4** ④

연/습/문/제

19.1 다음은 ZOH가 있는 1차 공정을 보인 것이다. 그림에서 $G(s) = \dfrac{1}{2s+1}$이다. 입력 X에 단위계단 변화가 도입되었을 때 시간에 따른 출력의 변화 $y(t)$를 구하여라. 샘플링 시간 $T = 1$이다.

그림 P19.1

19.2 공정이 $G_p(s) = \dfrac{1}{s^2 - 1}$로 주어지며 ZOH가 이용되고 있다. 샘플링 시간 $T = 1$이다.

(1) 펄스 전달함수를 구하여라.

(2) 입력과 출력 사이의 관계를 나타내는 차분 방정식을 구하여라.

19.3 그림에 보인 공정의 전달함수는 $G_p(s) = \dfrac{1-s}{(2s+1)(3s+1)}$이며 샘플링 시간은 $T = 2$이다. $HG_p(z)$를 구하고 이로부터 편차 방정식을 구하여라.

그림 P19.3

19.4 그림에서 $H(s)$는 zero-order holder이고 $G(s) = \dfrac{1}{2s+1}$ 그리고 샘플링 시간은 $T = 1$이다. 입력 $x(t)$가 다음 그림에 보인 바와 같은 블록펄스 변화를 보였을 때 $y(t)$를 구하여라.

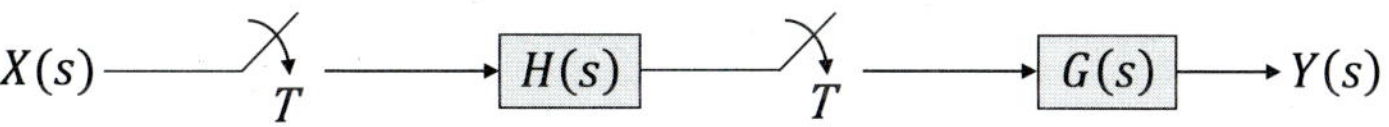

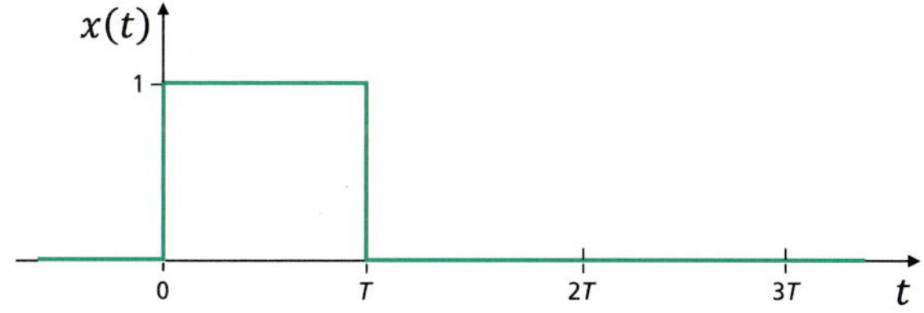

그림 P19.4

19.5 그림 P19.5의 위에 보인 샘플링 공정에서 $G_p(s) = \frac{1}{s}$이고 ZOH가 이용되며 $T = 2$ (min)이다. 입력 $u(t)$가 그림 P19.5의 하부에 보인 바와 같은 변화를 보였을 때 $x(t)$의 그래프를 작성하여라.

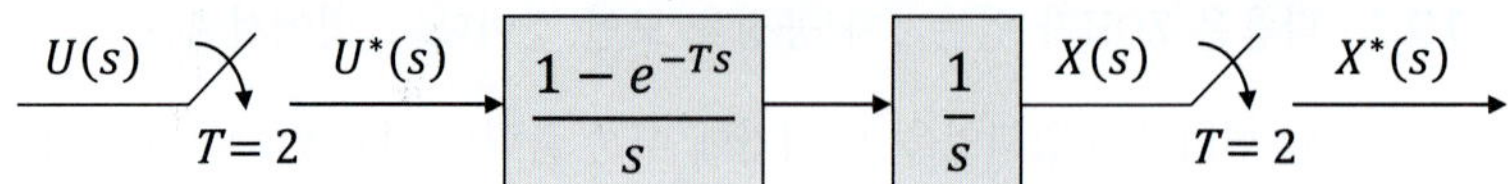

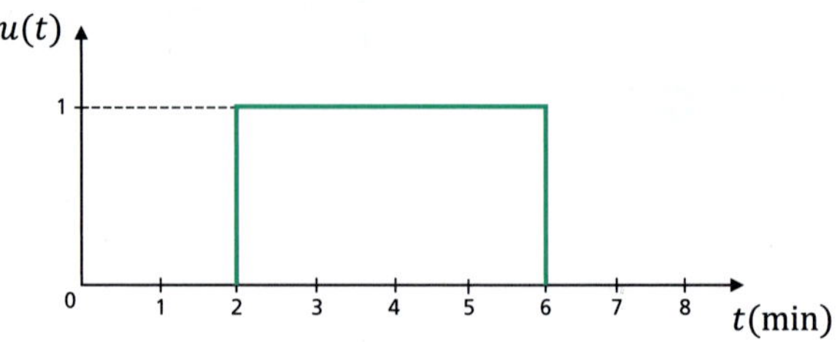

그림 P19.5 **ZOH 공정과 입력변수 변화.**

19.6 그림에 보인 시스템에서 $x(t)$에 단위계단 변화가 도입되었을 때 응답을 구하여라. 공정의 전달함수는 $G(s) = \frac{9}{s(s^2+9)}$이며 샘플링 시간은 $T = 1$이다.

$x(t)$ —(T)→ $x^*(t)$ → $G(s)$ —(T)→ $y^*(t)$

그림 P19.6

19.7 그림 P19.7에 보인 샘플링 공정에서 입력 $x(t)$가 $x(t) = t(t \geq 0)$와 같은 경사변화를 보였다. 응답 $y(t)$의 z-변환 $Y(z)$를 구하여라. $T = 2$ (min)이며 $y(0) = 0$이다.

$x(t)$ —($T=2$)→ $x^*(t)$ → $\frac{1-e^{-Ts}}{s}$ → $\frac{dy}{dt} = -y + x$ → $y(t)$ —($T=2$)→ $y^*(t)$

그림 P19.7 **경사입력 공정.**

19.8 그림 P19.8의 상부에 보인 샘플링 공정에서 $G_p(s) = \dfrac{1}{s+1}$이고 ZOH가 이용되며 $T = 2$ (min)이다. 입력 $x(t)$가 그림 P19.8의 하부에 보인 바와 같은 변화를 보였을 때 $y(t)$의 그래프를 작성하여라.

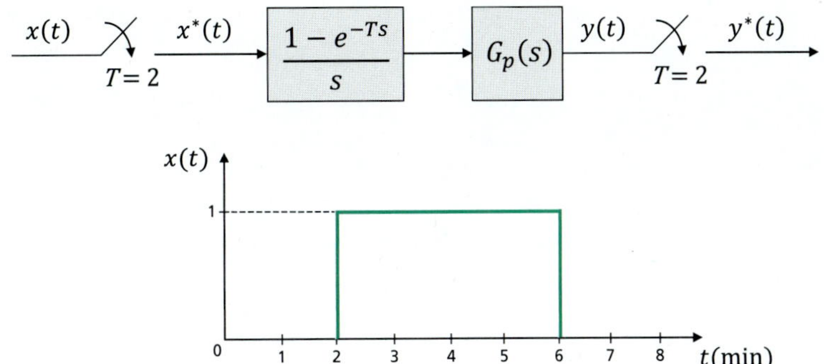

그림 P19.8 **ZOH 공정과 입력변수 변화.**

19.9 그림에 보인 각 경우에 대하여 펄스 전달함수 $\dfrac{Y(z)}{X(z)}$를 각각 구하여라.

(1)

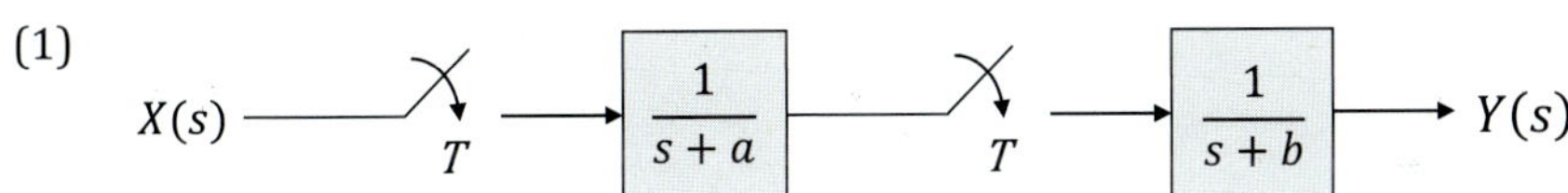

(2)

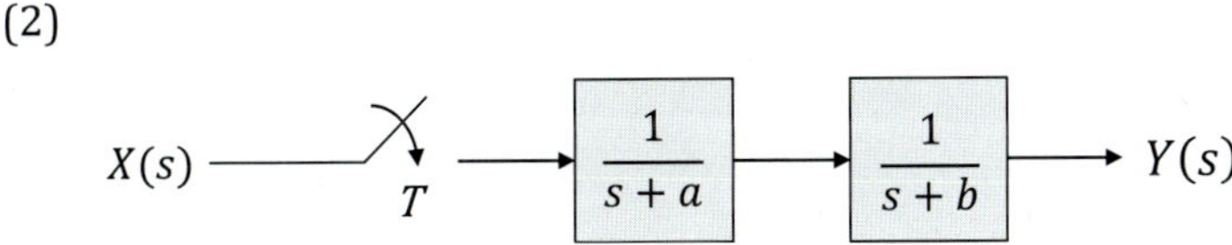

그림 P19.9

최신 공정제어공학 MATLAB의 활용과 실습

전산제어 시스템

20.1 서론

화학공장의 운전에 컴퓨터가 활용되기 시작한 시기는 1960년대 중반부터이다. 초기에는 대형의 메인 프레임 컴퓨터, 혹은 중형의 미니 컴퓨터들이 사용되었으며 운전에 이용되는 프로그램들은 직접 구성하여 설치하였다. 이후 마이크로프로세서를 기반으로 하는 기술의 발전으로 1970년대에 이르러 제어용 디지털 하드웨어가 첫 선을 보였다. 마이크로프로세서를 이용하는 제어 시스템의 주된 역할은 제어 알고리즘의 수행이지만 고성능 소형 컴퓨터의 대두로 인하여 공정의 제어 및 운전에 유용한 많은 다양한 작업들을 수행할 수 있게 되었다. 현대의 컴퓨터 제어 시스템에서 제공하고 있는 주요 기능들은 다음과 같다.

- 통상적인 제어기능 및 최신 제어 알고리즘들의 수행
- 그래픽을 통한 운전 데이터의 효율적 디스플레이
- 운전 데이터의 획득과 저장
- 이상진단 및 경보의 제공
- 기본적인 수학적 처리기법과 관련함수들의 제공

여기에서는 이미 다루었던 통상적인 제어 알고리듬의 디지털화 및 여러 가지 디지털 제어기법들을 알아보고 디지털 제어구조의 일반적인 특성들을 살펴보기로 한다.

20.2 닫힌루프 전달함수

제18장에서 소개한 디지털 feedback 제어시스템에서 디지털 제어기의 펄스 전달함수를 $D(z)$라 하면 제19장에서 다룬 펄스 전달함수를 적용하여 그림 20.1과 같이 닫힌루프 블록선도를 나타낼 수 있다.

샘플링의 유무로 인하여 총괄 전달함수의 표현은 설정값이나 외부교란 변수의 변화에 따라 달라진다.

1) 설정값 변화만 있는 경우

$L(s) = 0$이므로 $B = G_m G_p G_v H P^*$로부터 $B^* = \overline{G_m G_p G_v H}^* P^*$를 얻는다. 그런데

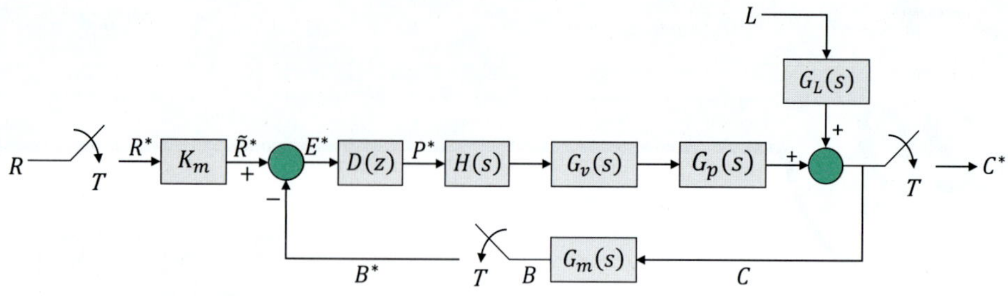

그림 20.1 닫힌루프 디지털 제어 시스템.

$$P^* = D^*E^* = D^*(\tilde{R}^* - B^*) = D^*\tilde{R}^* - D^*\overline{G_mG_pG_vH}^*P^*$$

이므로

$$P^* = \frac{D^*\tilde{R}^*}{1 + D^*\overline{G_mG_pG_vH}^*} = \frac{K_mD^*R^*}{1 + D^*\overline{G_mG_pG_vH}^*}$$

한편 $C = G_pG_vHP^*$이므로

$$C^* = \overline{G_pG_vH}^*P^* = \frac{K_mD^*R^*\overline{G_pG_vH}^*}{1 + D^*\overline{G_mG_pG_vH}^*}$$

이로부터

$$\frac{C(z)}{R(z)} = \frac{K_mD(z)\overline{G_pG_vH}(z)}{1 + D(z)\overline{G_mG_pG_vH}(z)} \tag{20.1}$$

$G_m(s) = K_m$이라면 $\overline{G_mG_pG_vH}(z) = K_m\overline{G_pG_vH}(z)$이므로

$$\frac{C(z)}{R(z)} = \frac{\overline{HG}(z)D(z)}{1 + \overline{HG}(z)D(z)} \tag{20.2}$$

위에서 $\overline{HG}(z) = K_m\overline{G_pG_vH}(z)$이다.

2) 외부교란변수의 변화만 있는 경우

$R(s) = 0$인 경우이므로 $G_m(s) = K_m$이라 할 때 그림 20.1로부터 $B = K_m(P^*G_pG_vH + LG_L)$이므로 $B^* = K_m(P^*\overline{G_pG_vH}^* + \overline{LG_L}^*)$이다. 따라서

$$P^* = D^*E^* = D^*(0 - B^*) = -D^*B^* = -K_mD^*P^*\overline{G_pG_vH}^* - K_mD^*\overline{LG_L}^*$$

이로부터

$$P^* = -\frac{K_mD^*\overline{LG_L}^*}{1 + K_mD^*\overline{G_pG_vH}^*}$$

한편 $C = LG_L + P^* G_p G_v H$이므로

$$C^* = \overline{LG_L}^* + P^* \overline{G_p G_v H}^* = \overline{LG_L}^* - \frac{K_m D^* \overline{LG_L}^* \overline{G_p G_v H}^*}{1 + K_m D^* \overline{G_p G_v H}^*} = \frac{\overline{LG_L}^*}{1 + K_m D^* \overline{G_p G_v H}^*}$$

따라서

$$C(z) = \frac{\overline{LG_L}(z)}{1 + K_m D(z) \overline{HG_p G_v}(z)} = \frac{\overline{LG_L}(z)}{1 + \overline{HG}(z) D(z)} \qquad \textbf{(20.3)}$$

위에서 $\overline{HG}(z) = K_m \overline{HG_p G_v}(z)$이다.

식 (20.2)와 (20.3)으로부터 특성방정식은

$$1 + \overline{HG}(z) D(z) = 0 \qquad \textbf{(20.4)}$$

로서 두 경우 모두 동일함을 알 수 있다.

20.3 디지털 PID 제어기

연속시간 PID 제어기는 다음과 같이 나타낼 수 있다.

$$m(t) = m_b + K_c \left[e(t) + \frac{1}{\tau_I} \int_0^t e(\tau) d\tau + \tau_D \frac{de(t)}{dt} \right] \qquad \textbf{(20.5)}$$

위에서 $t = nT$이면 적분항과 미분항은 각각

$$\int_0^t e(\tau) d\tau \approx \sum_{k=1}^{n} e_k T, \qquad \frac{de}{dt} \approx \frac{e_n - e_{n-1}}{T} \qquad \textbf{(20.6)}$$

와 같이 근사할 수 있다. 디지털 PID 제어기는 제9장에 보인 바와 같이 위치형태(position form)와 속도형태(velocity form)의 두 가지 형태를 갖는다.

20.3.1 위치형태 PID

제9장에서 보인 바와 같이 식 (20.5)와 (20.6)으로부터

$$m(t) = m_n \approx m_b + K_c \left[e_n + \frac{T}{\tau_I} \sum_{k=1}^{n} e_k + \frac{\tau_D}{T} (e_n - e_{n-1}) \right] \qquad \textbf{(20.7)}$$

을 얻는다. 편차변수 M을 $M = m_n - m_b$와 같이 정의하면 위의 관계를 다음과 같이 다시 쓸 수 있다.

$$M = K_c \left[e_n + \frac{T}{\tau_I} \sum_{k=1}^{n} e_k + \frac{\tau_D}{T} (e_n - e_{n-1}) \right] \qquad \textbf{(20.8)}$$

$Z[e_n] = E(z)$라 두면 $Z[e_{n-1}] = z^{-1} E(z)$이므로

$$Z\left[\sum_{k=1}^{n} e_k\right] = Z[e_1 + e_2 + \cdots + e_n] = Z[e_{n-(n-1)} + e_{n-(n-2)} + \cdots + e_{n-1} + e_n]$$

$$= z^{-(n-1)}E(z) + z^{-(n-2)}E(z) + \cdots + z^{-1}E(z) + E(z) = \frac{1}{1-z^{-1}}E(z)$$

위의 관계를 이용하여 식 (20.8)을 z-변환하면

$$M(z) = K_c\left[1 + \frac{T}{\tau_I}\frac{1}{1-z^{-1}} + \frac{\tau_D}{T}(1-z^{-1})\right]E(z)$$

따라서

$$D(z) = \frac{M(z)}{E(z)} = \frac{K_c}{1-z^{-1}}\left[\left(1 + \frac{T}{\tau_I} + \frac{\tau_D}{T}\right) - \left(1 + \frac{2\tau_D}{T}\right)z^{-1} + \frac{\tau_D}{T}z^{-2}\right] \qquad \textbf{(20.9)}$$

이는 위치형태(position form) PID 제어기를 나타낸다.

20.3.2 속도형태 PID

식 (20.7)로부터

$$\Delta m_n = m_n - m_{n-1} = K_c\left[(e_n - e_{n-1}) + \frac{T}{\tau_I}e_n + \frac{\tau_D}{T}(e_n - 2e_{n-1} + e_{n-2})\right] \qquad \textbf{(20.10)}$$

이 식의 양변을 z-변환하면

$$\Delta M(z) = K_c\left[(1-z^{-1}) + \frac{T}{\tau_I} + \frac{\tau_D}{T}(1 - 2z^{-1} + z^{-2})\right]E(z)$$

따라서

$$D(z) = \frac{\Delta M(z)}{E(z)} = K_c\left[\left(1 + \frac{T}{\tau_I} + \frac{\tau_D}{T}\right) - \left(1 + \frac{2\tau_D}{T}\right)z^{-1} + \frac{\tau_D}{T}z^{-2}\right] \qquad \textbf{(20.11)}$$

이는 속도형태(velocity form) PID 제어기를 나타낸다.

20.3.3 사다리꼴 규칙의 이용

사다리꼴 규칙을 적용하고 미분항에 대하여 Euler 근사를 이용하면 제9장에서와 같이

$$\Delta m_n = m_n - m_{n-1} = K_c\left[(e_n - e_{n-1}) + \frac{T}{2\tau_I}(e_n + e_{n-1}) + \frac{\tau_D}{T}(e_n - 2e_{n-1} + e_{n-2})\right]$$

를 얻는다. 따라서

$$\Delta M(z) = K_c\left[(1-z^{-1}) + \frac{T}{2\tau_I}(1+z^{-1}) + \frac{\tau_D}{T}(1 - 2z^{-1} + z^{-2})\right]E(z)$$

그러므로 제어기의 전달함수는

$$D(z) = \frac{\Delta M(z)}{E(z)} = K_c\left[\left(1 + \frac{T}{2\tau_I} + \frac{\tau_D}{T}\right) - \left(1 - \frac{T}{2\tau_I} + \frac{2\tau_D}{T}\right)z^{-1} + \frac{\tau_D}{T}z^{-2}\right] \quad \textbf{(20.12)}$$

와 같다.

20.3.4 디지털 PID 제어기의 튜닝

디지털 PID 제어기의 튜닝에는 Cohen-Coon 설정방법이나 Ziegler-Nichols 방법과 같은 통상의 방법들이 그대로 이용된다. 또한 ISE, IAE, ITAE 등과 같은 성능 기준이 이용되기도 한다.

MATLab

PI 제어

PI 제어기는 다음과 같이 나타낼 수 있다:

$$D(z) = G_c(z) = K_c\left[1 + K_I T\left(\frac{z}{z-1}\right)\right] = K_c\left[\frac{(1 + K_I T)z - 1}{z - 1}\right]$$

그림 20.1에 보인 닫힌루프 제어구조에서

$$G_p(s) = \frac{3.6}{(2s+1)(0.5s+1)}, \qquad G_m(s) = \frac{1}{0.04s+1}, \qquad L = 0$$

이다. 설정값에 단위계단 변화가 도입되었을 때의 응답을 그래프로 나타내어 보자. $K_I = 0.7$일 때 $K_c = 0.3$, 0.6 및 0.9인 경우에 대하여 각각 응답을 구해 보자.

MATLAB 프로그램 및 출력은 다음과 같다.

```
% pidz.m
clear all;
T = 0.1; Gp = tf(3.6, conv([2 1],[0.5 1])); Gz = c2d(Gp,T,'zoh');
Gm = tf(1,[0.04 1]); HGs = Gp*Gm;
HGz = c2d(HGs,T,'zoh'); % 펄스 전달함수
KI = 0.7; t = 0:T:10; y1 = 1+0*t;  % 설정값(=1)
figure, hold on
symb = ['+', 'o', '*'];
for i = 1:3
    Kc = 0.3 + 0.3*(i-1); Gc = Kc*tf([1+KI*T -1],[1 -1],T);
    CL = Gc*Gz/(1+HGz*Gc); y = step(CL,t);
    plot(t(1:2:length(t)),y(1:2:length(t)),symb(i))
end
plot(t(1:2:length(t)),y1(1:2:length(t)));
legend('Kc=0.3','Kc=0.6','Kc=0.9'); hold off;
xlabel('Time(s)'), ylabel('Response')
```

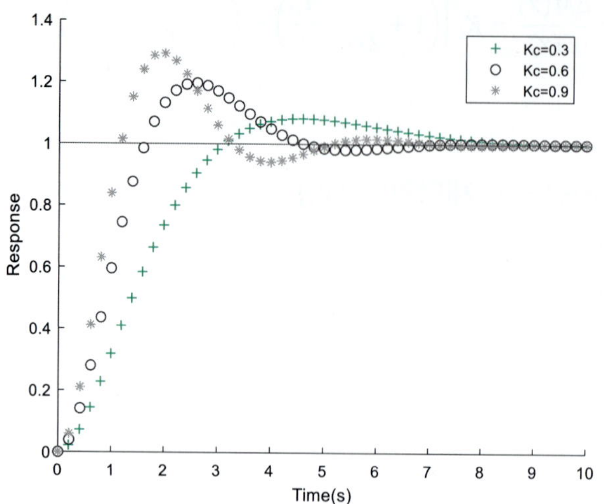

그림 20.2 PI 제어시스템의 단위계단 응답.

20.4 디지털 제어기의 직접합성법

앞에서 이미 살펴본 바와 같이 닫힌루프 제어시스템의 총괄 전달함수는 설정값 변화만 있을 경우

$$\frac{C(z)}{R(z)} = \frac{\overline{HG}(z)D(z)}{1+\overline{HG}(z)D(z)} \tag{20.2}$$

외부교란 변수의 변화만 있을 경우

$$C(z) = \frac{\overline{LG_L}(z)}{1+K_m D(z)\overline{HG_p G_v}(z)} = \frac{\overline{LG_L}(z)}{1+\overline{HG}(z)D(z)} \tag{20.3}$$

로 주어진다. 위에서 $\overline{HG}(z) = K_m \overline{HG_p G_v}(z)$이다.

$D(z)$의 결정에 있어서는 입력과 출력 사이의 원하는 관계(즉 C/R)를 미리 설정해 두고 이를 충족시키기 위한 $D(z)$를 구하는 직접합성방법이 유력하게 이용될 수 있다. 원하는 $\frac{C}{R}$를 $\left(\frac{C}{R}\right)_d$라 하고 식 (20.2)에서 $\frac{C(z)}{R(z)}$ 대신에 $\left(\frac{C}{R}\right)_d$를 대입한 다음 $D(z)$를 구하면

$$D(z) = \frac{1}{\overline{HG}(z)} \frac{\left(\frac{C}{R}\right)_d}{1-\left(\frac{C}{R}\right)_d} \tag{20.13}$$

를 얻는다.

20.4.1 최소 프로토타입(minimal prototype) 알고리즘(deadbeat 알고리즘)

제어 시스템에서 바람직한 제어성능은

- 정상상태 오차는 0이어야 한다.
- 상승시간(rise time)은 가급적 작아야 한다.
- 안정시간(settling time)은 가급적 작아야 한다.
- $D(z)$는 물리적으로 실현 가능해야 한다.

와 같이 요약해 볼 수 있다. 공정의 시간지연을 $\theta = NT$라 할 때 제어되는 출력 C는 $(N+1)T$ 시간 후에 설정값에 이르도록 제어기 $D(z)$를 결정하는 방법이 deadbeat 알고리즘이다. 이제 $\overline{HG}(z)$에 시간지연 z^{-N}이 존재한다고 가정하고 설정값만이 변화하였다고 하면 $\left(\frac{C}{R}\right)_d = z^{-N-1}$로 둘 수 있다. 즉 $(N+1)T$ 후에 C는 R과 같아진다. 설정값에 단위계단 변화가 야기되었다면 응답 $C(z)$는

$$C(z) = \left(\frac{C}{R}\right)_d R(z) = z^{-N-1} \cdot \frac{1}{1-z^{-1}} = z^{-N-1}(1 + z^{-1} + z^{-2} + \cdots) \qquad \textbf{(20.14)}$$

따라서

$$C_n = u_{n-(N+1)} + u_{n-(N+2)} + u_{n-(N+3)} + \cdots$$

이다. 그림 20.3은 deadbeat 제어구조의 단위계단 응답을 나타낸 것이다.

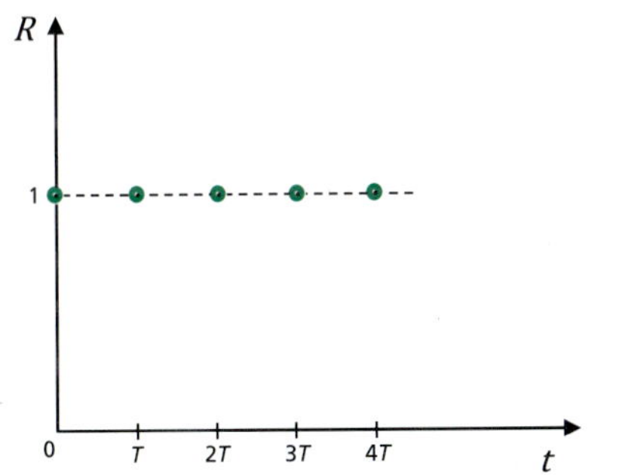

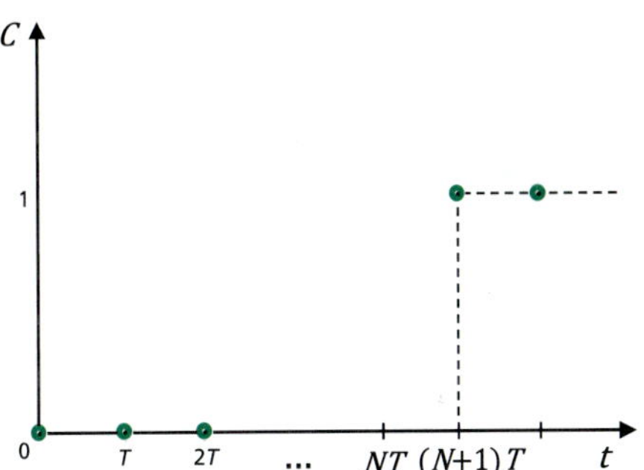

그림 20.3 Deadbeat 제어시스템의 단위계단응답.

$D(z)$는 식 (20.13)으로부터

$$D(z) = \frac{1}{\overline{HG}(z)} \frac{z^{-N-1}}{1-z^{-N-1}} \qquad \textbf{(20.15)}$$

임을 알 수 있다.

보기 20.1

$G_p = \dfrac{10}{0.5s+1}$, $G_m = G_v = 1$, $T = 1$일 때 deadbeat 제어기를 구하여라. 설정값만이 변화한 경우를 고려한다.

풀이

$G_p = \dfrac{20}{s+2}$ 이므로 표 18.1에서 $K = 20$, $r = 2$인 경우이다. 따라서

$$a_1 = -0.135, \qquad b_1 = 10(1 - 0.135) = 8.65$$

그러므로

$$\overline{HG}(z) = \overline{HG_pG_vG_m}(z) = \overline{HG_p}(z) = \frac{8.65z^{-1}}{1 - 0.135z^{-1}}$$

$N = 0$(시간지연이 없음)이므로 식 (20.17)로부터

$$D(z) = \frac{1 - 0.135z^{-1}}{8.65z^{-1}} \cdot \frac{z^{-1}}{1 - z^{-1}} = \frac{1 - 0.135z^{-1}}{8.65(1 - z^{-1})} = \frac{0.116 - 0.0156z^{-1}}{1 - z^{-1}} = \frac{P(z)}{E(z)}$$

따라서

$$p_n = p_{n-1} + 0.116e_n - 0.0156e_{n-1}$$

보기 20.2

어떤 제어 시스템에서 $\overline{HG}(z) = \dfrac{K(1-a)z^{-N-1}}{1 - az^{-1}}$이며($a = e^{-T/\tau}$) $G_L(s) = \dfrac{e^{-\theta s}}{\tau s + 1}$, $\theta = NT$이다. 아울러 $\left(\dfrac{C}{R}\right)_d = z^{-N-1}$이며 $T = 0.2$, $\tau = 1$, $N = 1$, 그리고 $K = 1$이다.

(1) 외부교란 변수에는 변화가 없고($L = 0$) 설정값에 단위계단 변화가 도입되었을 때 응답 $C(z)$를 구하여라.

(2) 설정값에는 변화가 없고($R = 0$) 외부교란 변수에 단위계단 변화가 도입되었을 때 응답 $C(z)$를 구하여라. 이 경우 $D(z)$는 (1)의 결과를 이용한다.

풀이

$T = 0.2$, $\tau = 1$ 이므로 $a = e^{-0.2} = 0.8187$이다.

(1) 식 (20.15)로부터

$$D(z) = \frac{1 - az^{-1}}{K(1-a)(1 - z^{-N-1})} = \frac{1 - 0.8187z^{-1}}{0.1813(1 - z^{-2})}$$

$R(z) = \dfrac{1}{1-z^{-1}}$ 이므로 식 (20.2)로부터

$$C(z) = \frac{\overline{HG}(z)D(z)}{1+\overline{HG}(z)D(z)} \cdot R(z) = \frac{\dfrac{0.1813z^{-2}(1-0.8187z^{-1})}{0.1813(1-0.8187z^{-1})(1-z^{-2})}}{1+\dfrac{0.1813z^{-2}(1-0.8187z^{-1})}{0.1813(1-0.8187z^{-1})(1-z^{-2})}} \cdot \frac{1}{1-z^{-1}} = \frac{z^{-2}}{1-z^{-1}}$$

이 결과는 식 (20.14)에서 $N=1$인 경우와 같다.

(2) $Z[LG_L(s)] = \dfrac{z^{-N-1}(1-e^{-T/\tau})}{(1-e^{-T/\tau}z^{-1})(1-z^{-1})} = \dfrac{0.1813z^{-2}}{(1-0.8187z^{-1})(1-z^{-1})}$ 이므로 식 (20.3)으로부터

$$C(z) = \frac{\dfrac{0.1813z^{-2}}{(1-0.8187z^{-1})(1-z^{-1})}}{1+\left(\dfrac{0.1813z^{-2}}{1-0.8187z^{-1}}\right)\dfrac{1-0.8187z^{-1}}{0.1813(1-z^{-2})}} = \frac{0.1813z^{-2}(1+z^{-1})}{1-0.8187z^{-1}}$$

보기 20.3

$\overline{HG}(z) = \dfrac{(b_1+b_2z^{-1})z^{-N-1}}{1+a_1z^{-1}+a_2z^{-2}}$이며 원하는 입력-출력 관계는 $\left(\dfrac{C}{R}\right)_d = z^{-1}$이다. $N=0$, $a_1=-1.5$, $a_2=0.6$, $b_1=0.03$, $b_2=0.02$일 때 제어기 $D(z)$를 구하여라.

풀이

식 (20.15)로부터

$$D(z) = \frac{1+a_1z^{-1}+a_2z^{-2}}{(b_1+b_2z^{-1})z^{-1}} \cdot \frac{z^{-1}}{1-z^{-1}} = \frac{1+a_1z^{-1}+a_2z^{-2}}{b_1+(b_2-b_1)z^{-1}-b_2z^{-2}} = \frac{1-1.5z^{-1}+0.6z^{-2}}{0.03-0.01z^{-1}-0.02z^{-2}}$$

20.4.2 Dahlin의 알고리즘

닫힌루프의 원하는 응답을 시간지연이 있는 1차공정과 유사하게 설정한다. 즉

$$\left(\frac{C}{R}\right)_d = \frac{e^{-hs}}{\lambda s+1} \tag{20.16}$$

위에서 h는 닫힌루프의 시간지연이고 λ는 닫힌루프의 시간상수이다. 만일 $h=\theta=NT$(즉 h는 공정의 시간지연과 같음)이면

$$\left(\frac{C}{R}\right)_d = \frac{(1-a)z^{-N-1}}{1-az^{-1}} \tag{20.17}$$

위에서 $a=e^{-T/\lambda}$이다. 식 (20.17)을 (20.13)에 대입하면

$$D(z) = \frac{1}{\overline{HG}(z)} \cdot \frac{(1-a)z^{-N-1}}{1 - az^{-1} - (1-a)z^{-N-1}} \tag{20.18}$$

을 얻는다.

보기 20.4

$G_p = \dfrac{10e^{-2s}}{0.2s+1}$, $G_m = G_v = 1$이며 $T = 1$인 제어 시스템에서

(1) Deadbeat 제어기를 구하여라.

(2) Dahlin의 알고리즘에 의한 제어기를 구하여라. 이 경우 h는 공정의 시간지연보다 1 샘플링 시간(즉 T)만큼 크게 잡을 수 있으며 시간상수 $\lambda = 2$로 한다.

풀이

(1) $\theta = 2$이므로 $N = 2$, $G_p = \dfrac{50e^{-2s}}{s+5}$이다. 따라서 $\overline{HG}(z) = \dfrac{9.93z^{-3}}{1-0.0067z^{-1}}$을 얻는다. 그러므로 식 (20.15)로부터

$$D(z) = \frac{1-0.0067z^{-1}}{9.93z^{-3}} \cdot \frac{z^{-3}}{1-z^{-3}} = \frac{1-0.0067z^{-1}}{9.93(1-z^{-3})}$$

(2) $h = \theta + T = 2T + T = 3T$, $\lambda = 2$이므로 $a = e^{-T/\lambda} = e^{-1/2} = 0.6065$이다. 따라서 식 (20.18)로부터 ($N = 2 + 1 = 3$) 다음을 얻는다.

$$D(z) = \frac{1-0.0067z^{-1}}{9.93z^{-3}} \cdot \frac{0.3935z^{-4}}{1-0.6065z^{-1}-0.3935z^{-4}} = \frac{0.04z^{-1}-0.00027z^{-2}}{1-0.6065z^{-1}-0.3935z^{-4}}$$

20.4.3 디지털 feedforward 제어

이산 데이터 feedback/feedforward(FB/FF) 제어구조는 다음 그림 20.4에 보인 바와 같다.

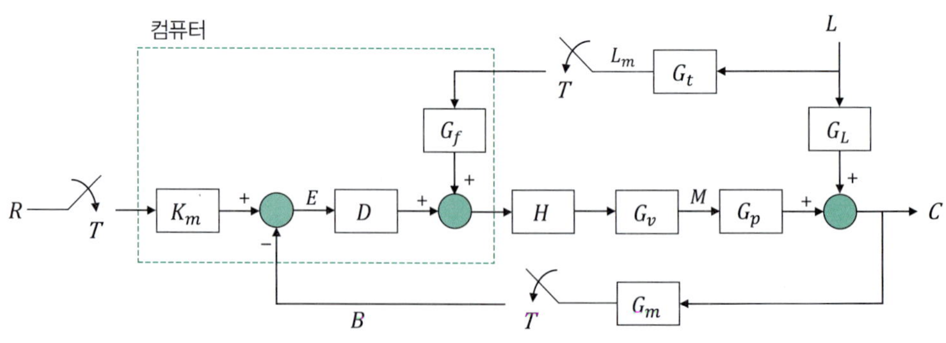

그림 20.4 디지털 FB/FF 제어구조.

그림 20.4에서 feedforward 경로만을 고려하면(이 경우 $R = 0,\ L \neq 0$)

$$\overline{LG_L} + \overline{LG_t}G_f\overline{HG_vG_p} = 0$$

이로부터

$$G_f(z) = \frac{-\overline{LG_L}(z)}{\overline{LG_t}(z)\overline{HG_vG_p}(z)} \tag{20.19}$$

를 얻는다. Feedforward 제어기의 lead-lag 모델은 다음과 같이 쓸 수 있다.

$$G_f(z) = \frac{K_f(1 + b_f z^{-1})z^{-N_f}}{1 + a_f z^{-1}} \tag{20.20}$$

$G_f(z)$를 구하는 다른 방법에서는 라플라스 변환된 형태의 $G_f(s)$를 구한 다음 이를 $G_f(z)$로 전환시킨다.

20.4.4 역응답 공정의 제어

다음 그림 20.5와 같은 양상의 응답을 역응답(inverse response)이라 칭한다. 역응답의 특성에 대해서는 제7장에서 살펴보았다.

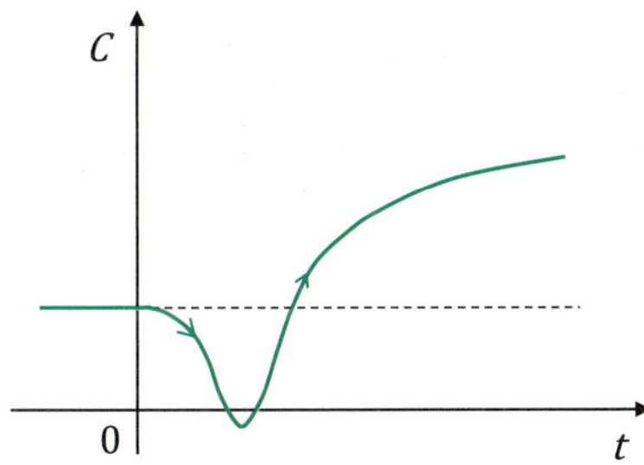

그림 20.5 역응답의 특성.

제7장에서 소개한 바와 같이 역응답은 동특성이 서로 다른 두 1차공정의 간섭에 의해 일어날 수 있다. 역응답 공정의 제어에는 PID 제어기나 기타 역응답 보정기가 사용될 수 있다. PID 제어기의 경우는 미분요소(D)에 의해 역방향으로의 공정응답이 보정될 수 있다.

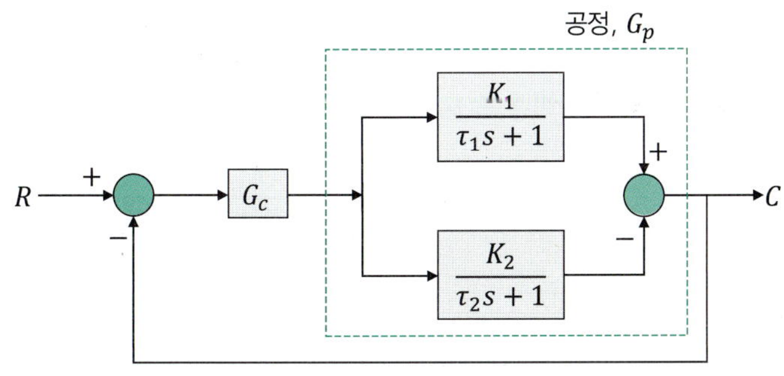

그림 20.6 역응답 공정의 feedback 제어구조.

그림 20.6에 보인 제어구조에서 열린루프 전달함수의 zero가 양수일 때 역응답이 발생한다. 열린루프 전달함수는

$$G_{OL} = G_c\left(\frac{K_1}{\tau_1 s+1} - \frac{K_2}{\tau_2 s+1}\right) = \frac{(K_1\tau_2 - K_2\tau_1)s + (K_1 - K_2)}{(\tau_1 s+1)(\tau_2 s+1)}G_c \qquad \textbf{(20.21)}$$

이로부터 열린루프 zero는

$$s = -\left(\frac{K_1 - K_2}{K_1\tau_2 - K_2\tau_1}\right) \qquad \textbf{(20.22)}$$

제7장에서와 마찬가지로 식 (20.22)에서 $K_1 - K_2 > 0$, $K_1\tau_2 - K_2\tau_1 < 0$, 또는 $K_1 - K_2 < 0$, $K_1\tau_2 - K_2\tau_1 > 0$일 때 $s > 0$이다. 즉 $\frac{\tau_1}{\tau_2} > \frac{K_1}{K_2} > 1$, 혹은 $\frac{\tau_1}{\tau_2} < \frac{K_1}{K_2} < 1$일 때 역응답이 발생한다.

역응답의 보정작용은 그림 20.7에 보인 과정에 따른다.

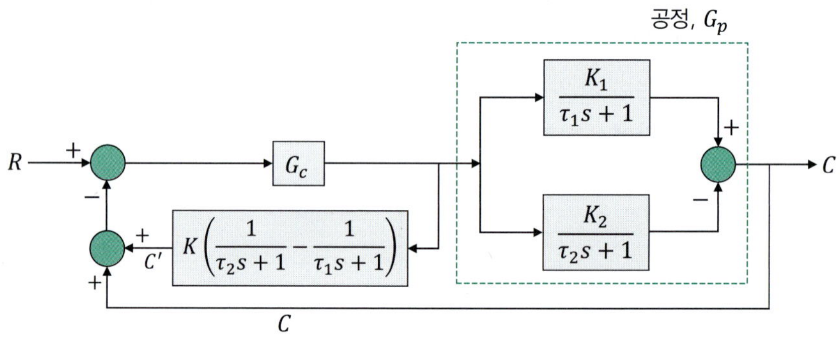

그림 20.7 **역응답 보정기.**

열린루프 전달함수는

$$RG_{OL} = RG'_{OL} + RG''_{OL} = C' + C$$

로부터

$$G_{OL} = G_c\left[K\left(\frac{1}{\tau_2 s+1} - \frac{1}{\tau_1 s+1}\right) + \left(\frac{K_1}{\tau_1 s+1} - \frac{K_2}{\tau_2 s+1}\right)\right]$$

$$= \frac{G_c}{(\tau_1 s+1)(\tau_2 s+1)}[\{(K_1\tau_2 - K_2\tau_1) + K(\tau_1 - \tau_2)\}s + (K_1 - K_2)] \qquad \textbf{(20.23)}$$

를 얻는다. 이로부터 열린루프 zero는

$$s = -\frac{(K_1 - K_2)}{(K_1\tau_2 - K_2\tau_1) + K(\tau_1 - \tau_2)} \qquad \textbf{(20.24)}$$

임을 알 수 있다. 따라서

$$\begin{cases} K_1 - K_2 > 0 \\ (K_1\tau_2 - K_2\tau_1) + K(\tau_1 - \tau_2) > 0 \end{cases}$$

혹은

$$\begin{cases} K_1 - K_2 < 0 \\ (K_1\tau_2 - K_2\tau_1) + K(\tau_1 - \tau_2) < 0 \end{cases}$$

일 때 s는 음이다(즉 역응답이 나타나지 않음). 위의 조건을 다시 쓰면(K가 양인 경우)

$$K > \frac{K_2\tau_1 - K_1\tau_2}{\tau_1 - \tau_2} > 0 \tag{20.25}$$

와 같다.

20.5 진동현상(Ringing 현상)

일반적인 디지털 제어기는 다음과 같은 형태를 갖는다.

$$D(z) = \frac{P(z)}{E(z)} = \frac{\beta_0 + \beta_1 z^{-1} + \cdots + \beta_k z^{-k}}{1 + \alpha_1 z^{-1} + \cdots + \alpha_m z^{-m}} \tag{20.26}$$

제어기가 안정하기 위해서는 $D(z)$의 모든 pole이 z-평면상의 단위원 내부에 존재해야 한다. 그러나 안정한 제어기의 경우에도 제어기 pole의 위치가 제어기의 출력 P에 미치는 영향을 파악하는 것이 중요하다. 이제

$$D(z) = \frac{P(z)}{E(z)} = \frac{1}{1 - \alpha z^{-1}} \tag{20.27}$$

이라 하면 $(1 - \alpha z^{-1})P(z) = E(z)$이므로

$$p_n = \alpha p_{n-1} + e_n \tag{20.28}$$

$n = 0$일 때 $e_n = 1$이고 $n > 0$일 때 $e_n = 0$이라면 α에 따른 p_n의 변화는 다음 표 20.1 및 그림 20.8에 보인 바와 같다.

표 20.1 제어기 출력의 변화

n	e_n	P_n	
		$\alpha = -0.9$	$\alpha = 0.9$
0	1	1	1
1	0	−0.9	0.9
2	0	0.81	0.81
3	0	−0.729	0.729
4	0	0.6561	0.6561
5	0	−0.5905	0.5905
⋮	⋮	⋮	⋮

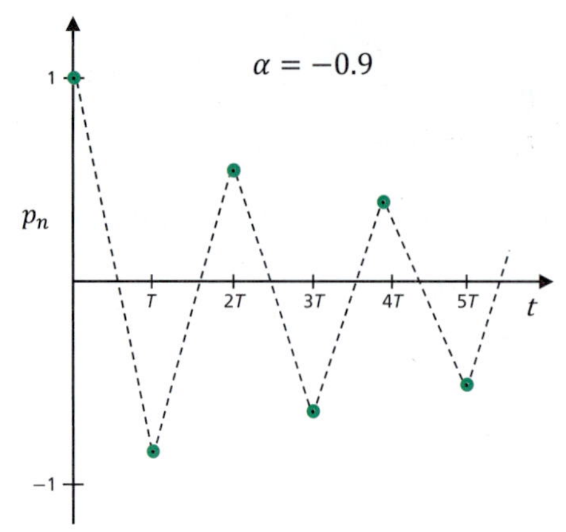

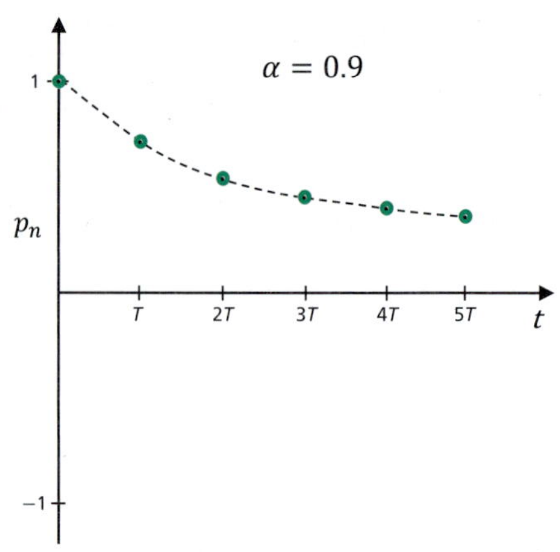

그림 20.8 제어기 출력의 변화.

그림 20.8에서 $\alpha = -0.9$일 때 응답은 진동을 보이는데 이러한 현상을 제어기의 진동(ringing) 현상이라 칭한다. 식 (20.29)에서 제어기의 pole은 $1 - \alpha z^{-1} = 0$으로부터 $z = \alpha$이다. 즉 제어기의 pole이 음의 값을 가질 때 진동현상이 나타남을 알 수 있다. Pole이 원점에 가까이 위치할수록 (즉 $|\alpha|$가 작을 때) 진동현상은 감소한다.

보기 20.5

제어기가 $D(z) = \dfrac{K(1-0.5z^{-1})}{(1+0.6z^{-1})(1-z^{-1})(1-0.7z^{-1})}$이라면 pole은 $(1 + 0.6z^{-1})(1 - z^{-1})(1 - 0.7z^{-1}) = 0$으로부터 $z = -0.6,\ 1,\ 0.7$임을 알 수 있다. 이들 가운데 하나의 pole이 음의 값을 가지므로 진동현상이 야기된다. 따라서 분모의 $(1 + 0.6z^{-1})$ 항을 없애 준다면 진동현상이 없어질 것임을 기대할 수 있다. 이를 위해서는 $D(z)$의 분자에 $(1 + 0.6z^{-1})$을 곱해 주면 된다. 그러나 제어기의 정상상태 이득은 변하지 않아야 하므로 $\lim_{z\to 1}(1+0.6z^{-1})$을 분모에 곱해 준다. 즉

$$D(z) = \frac{K(1-0.5z^{-1})}{(1+0.6z^{-1})(1-z^{-1})(1-0.7z^{-1})} \cdot \frac{1+0.6z^{-1}}{\lim_{z\to 1}(1+0.6z^{-1})} = \frac{0.625K(1-0.5z^{-1})}{(1-z^{-1})(1-0.7z^{-1})}$$

20.6 닫힌루프 제어구조의 응답

닫힌루프 제어구조의 블록선도는 앞의 그림 20.1과 같이 나타낼 수 있다. 외부교란 변수의 변화는 없고 설정값의 변화만 도입되는 경우 출력은 식 (20.2)로 주어진다.

$$\frac{C(z)}{R(z)} = \frac{\overline{HG}(z)D(z)}{1+\overline{HG}(z)D(z)} \tag{20.2}$$

위에서 $\overline{HG}(z) = K_m\overline{G_pG_vH}(z)$이다.

한편 설정값의 변화는 없고 외부교란 변수에만 변화가 도입되는 경우 출력은 식 (20.3)으로 주어진다.

$$C(z) = \frac{\overline{LG_L}(z)}{1 + K_m D(z)\overline{HG_pG_v}(z)} = \frac{\overline{LG_L}(z)}{1 + \overline{HG}(z)D(z)} \tag{20.3}$$

보기 20.6

그림 20.1에서

$$G_p(s) = \frac{K_p e^{-\theta s}}{\tau_p s + 1},\ G_L(s) = \frac{K_L}{\tau_L s + 1},\ D(z) = K_c, H(s) = \frac{1 - e^{-Ts}}{s},\ G_m = G_v = K_m = 1,$$

그리고 $\tau_p = \tau_L = \tau,\ \theta = NT$이다. 설정값의 변화는 없고 외부교란 변수에 단위계단 변화가 도입되었을 때 응답 $C(z)$를 구하여라.

풀이

$R = 0,\ L = \dfrac{1}{s}$이므로 $LG_L = \dfrac{1}{s}\cdot\dfrac{K_L}{\tau_L s + 1} = K_L\left(\dfrac{1}{s} - \dfrac{1}{s + 1/\tau}\right)$이다. 따라서

$$\overline{LG_L}(z) = Z\left[K_L\left(\frac{1}{s} - \frac{1}{s + 1/\tau}\right)\right] = K_L\left(\frac{1}{1 - z^{-1}} - \frac{1}{1 - e^{-T/\tau}z^{-1}}\right) = \frac{K_L(1 - a)z^{-1}}{(1 - z^{-1})(1 - az^{-1})}$$

위에서 $a = e^{-T/\tau}$이다. 한편

$$HG_pG_v = \frac{1 - e^{-Ts}}{s}\cdot\frac{K_p e^{-\theta s}}{\tau s + 1}$$

이므로

$$Z[HG_pG_v] = Z\left[(1 - e^{-Ts})e^{-NTs}\frac{K_p}{s(\tau s + 1)}\right] = K_p z^{-N}(1 - z^{-1})Z\left[\frac{1}{s(\tau s + 1)}\right]$$

$$= K_p z^{-N}(1 - z^{-1})\frac{(1 - a)z^{-1}}{(1 - z^{-1})(1 - az^{-1})} = \frac{K_p(1 - a)z^{-(N+1)}}{1 - az^{-1}}$$

위의 두 관계를 식 (20.3)에 대입하면

$$C(z) = \frac{\dfrac{K_L(1 - a)z^{-1}}{(1 - z^{-1})(1 - az^{-1})}}{1 + \dfrac{K_cK_p(1 - a)z^{-(N+1)}}{1 - az^{-1}}} = \frac{K_L(1 - a)z^{-1}}{1 - (a + 1)z^{-1} + az^{-2} + K_cK_p(1 - a)(1 - z^{-1})z^{-(N+1)}}$$

보기 20.7

$G_p(s)=\dfrac{K_p}{\tau_p s+1}$, $D(z)=K_c$, $G_m=G_v=1$인 시스템에서 설정값에 단위계단 변화가 도입되었다. 총괄 전달함수 $\dfrac{C(z)}{R(z)}$를 구하고 정상상태에서의 응답 $C(\infty)$를 구하여라. Holder로서 ZOH가 이용되고 있다.

풀이

$R(s)=\dfrac{1}{s}$이므로 $R(z)=\dfrac{1}{1-z^{-1}}$이다. 한편 $HG_pG_v=\dfrac{1-e^{-Ts}}{s}\cdot\dfrac{K_p}{\tau_p s+1}$ 이므로

$$\overline{HG_pG_v}(z)=K_p(1-z^{-1})Z\left[\frac{1}{s(\tau_p s+1)}\right]=\frac{K_p(1-z^{-1})(1-a)z^{-1}}{(1-z^{-1})(1-az^{-1})}=\frac{K_p(1-a)z^{-1}}{1-az^{-1}}$$

을 얻는다. 위에서 $a=e^{-T/\tau_p}$이다. 위의 관계를 식 (20.2)에 대입하면

$$\frac{C(z)}{R(z)}=\frac{K_cK_p(1-a)z^{-1}/(1-az^{-1})}{1+K_cK_p(1-a)z^{-1}/(1-az^{-1})}=\frac{K_cK_p(1-a)z^{-1}}{1+\{K_cK_p(1-a)-a\}z^{-1}}$$

를 얻는다. $R(z)=\dfrac{1}{1-z^{-1}}$이므로 정상상태에서는

$$C(\infty)=\lim_{z\to1}(1-z^{-1})C(z)=\lim_{z\to1}(1-z^{-1})\frac{K_cK_p(1-a)z^{-1}}{1+\{K_cK_p(1-a)-a\}z^{-1}}\cdot\frac{1}{1-z^{-1}}=\frac{K_cK_p}{1+K_cK_p}$$

MATLab

닫힌루프 응답

그림 20.9에 보인 닫힌루프 제어구조에서

$$G_p(s)=\frac{1}{s^2+s},\qquad G_m(s)=\frac{1}{0.2s+1},\qquad D(z)=5\left(\frac{z-0.9}{z-0.7}\right),\qquad L=0$$

이다. 이 시스템의 단위계단 응답을 그래프로 나타내어 보자.

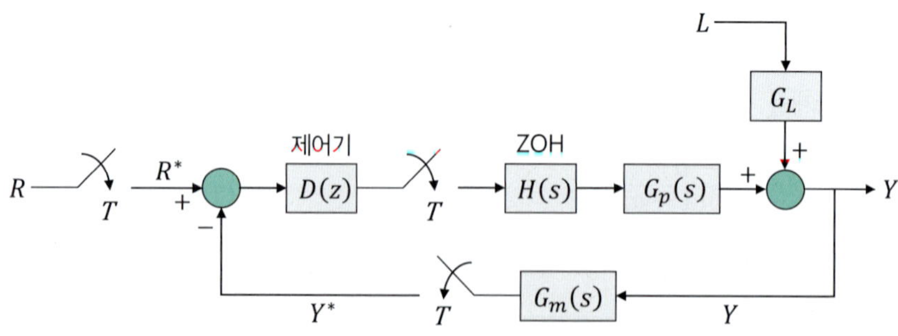

그림 20.9 닫힌루프 제어시스템.

MATLAB 프로그램 및 출력은 다음과 같다.

```
% clresp.m
clear all;
Gp = tf(1, [1 1 0]); Gm = tf(1, [0.2 1]);
T = 0.1; z0 = 0; k = [0:1:60]'; setp = 1+z0*k;
Gz = c2d(Gp, T, 'zoh'); Dz = tf(5*[1 -0.9],[1 -0.7],T);
HGz = c2d(Gp*Gm, T, 'zoh'); Gol = Gz*Dz/(1+HGz*Dz)
Gol = minreal(Gol); y = step(Gol, k*T);
plot(k*T, setp, k*T, y, '*'), xlabel('Time(s)'), ylabel('Response')

>> clresp
Gol =
0.02419 z^6 - 0.07605 z^5 + 0.06607 z^4 + 0.02567 z^3 - 0.07434 z^2 + 0.04254 z
- 0.008089
--------------------------------------------------------------------------------
z^7 - 5.813 z^6 + 14.42 z^5 - 19.78 z^4 + 16.19 z^3 - 7.894 z^2 + 2.121 z - 0.2418
Sample time: 0.1 seconds
Discrete-time transfer function.
```

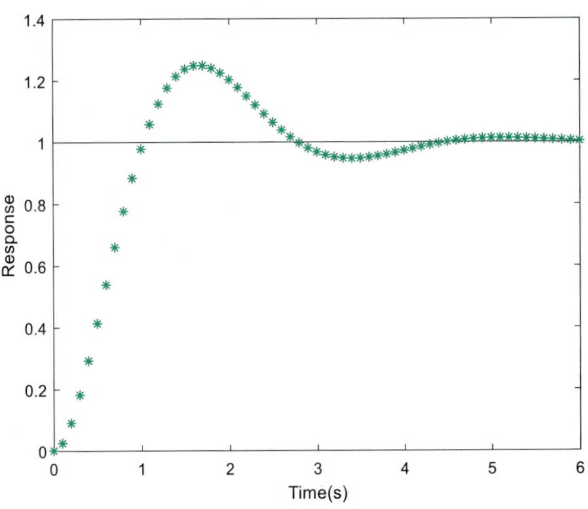

그림 20.10 닫힌루프의 단위계단 응답.

20.7 디지털 제어시스템의 안정성

선형의 이산데이터 시스템에서 크기가 제한된 입력 $x(nT)$에 대하여 크기가 제한된 출력 $y(nT)$가 얻어지는 경우 이 시스템은 안정하다고 말한다. 펄스 전달함수를 $G(z)$라 할 때 안정하기 위한 필요충분 조건은 다음과 같이 요약할 수 있다:

- $\sum_{n=0}^{\infty}|g(nT)| < \infty$, 또는
- z-평면상의 단위원 상이나 그 외부에 $G(z)$의 pole이 존재하지 않는다.

이제 $G(z)$를

$$G(z) = \frac{b_0 + b_1 z^{-1} + \cdots + b_k z^{-k}}{1 + a_1 z^{-1} + \cdots + a_m z^{-m}} = \frac{b_0 + b_1 z^{-1} + \cdots + b_k z^{-k}}{(1 - p_1 z^{-1})(1 - p_2 z^{-1}) \cdots (1 - p_m z^{-1})}$$

로 쓸 수 있다면

$$\begin{aligned} Y(z) = G(z)X(z) &= \frac{b_0 + b_1 z^{-1} + \cdots + b_k z^{-k}}{(1 - p_1 z^{-1})(1 - p_2 z^{-1}) \cdots (1 - p_m z^{-1})} X(z) \\ &= \frac{r_1}{1 - p_1 z^{-1}} + \frac{r_2}{1 - p_2 z^{-1}} + \cdots + \frac{r_m}{1 - p_m z^{-1}} + (\cdots) \end{aligned}$$

식 (18.35)의 관계를 이용하면

$$Z^{-1}\left[\frac{r_i}{1 - p_i z^{-1}}\right] = g(nT) = r_i p_i^n$$

이므로

$$y(nT) = r_1 p_1^n + r_2 p_2^n + \cdots + r_m p_m^n + (\cdots) \qquad \textbf{(20.29)}$$

위에서 만일 $|p_i| > 1$이면 $n \to \infty$일 때 $y(nT) \to \infty$이므로 시스템은 불안정하다.

$s = \alpha + \beta j$라 두면

$$z = e^{sT} = e^{(\alpha+\beta j)T} = e^{\alpha T} e^{\beta T j} = e^{\alpha T}(\cos \beta T + j \sin \beta T)$$

이므로 $|z| = e^{\alpha T}$이다. 이로부터 다음을 알 수 있다:

- $\alpha > 0$이면 $e^{\alpha T} > 1 \ \rightarrow |z| > 1$; 불안정한 pole
- $\alpha = 0$이면 $e^{\alpha T} = 1 \ \rightarrow |z| = 1$
- $\alpha < 0$이면 $e^{\alpha T} < 1 \ \rightarrow |z| < 1$; 안정한 pole

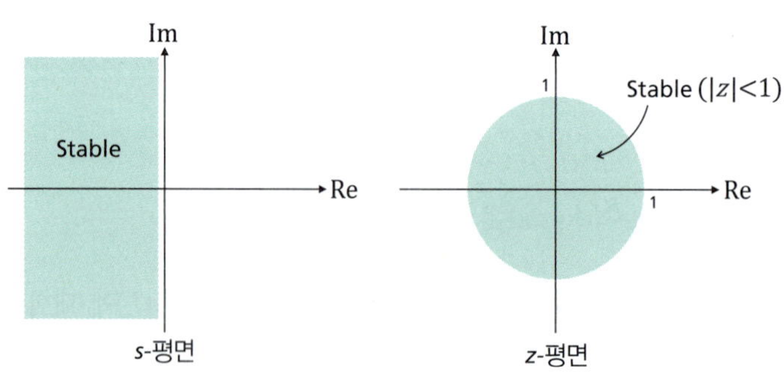

그림 20.11 **안정한 영역.**

MATLab

s-평면에서 z-평면으로의 매핑

다음 각 경우에 대하여 s-평면에서 z-평면으로의 매핑(mapping)을 그래프로 나타내어 보자. 샘플링 시간 $T = 0.1$이다.

(1) 수평선: $s = \sigma + jw$에서 $-35 \le \sigma \le 0$이며 $w = 0,\ \frac{\pi}{2T},\ \frac{\pi}{T}$(rad/s)

(2) 수직선: $s = \sigma + jw$에서 $\sigma = 0, -10, -30$이며 $0 \le w \le \frac{\pi}{T}$(rad/s)

MATLAB 프로그램 및 출력은 다음과 같다.

```
% szmapping.m
T = 0.1; x = [0:0.05:1]'; n = length(x);
ra = -35*x;  % 음의 실수축
ia = j*x*pi/T; % 허수축
sh = ra*[1 1 1] + j*ones(n,1)*[0 0.5 1]*pi/T;
sv = ones(n,1)*[0 -10 -30] + ia*[1 1 1]; zh = exp(sh*T); zv = exp(sv*T);
figure(1)   % 수평선의 매핑
subplot(1,2,1), plot(real(sh(:,1)), imag(sh(:,1)),'-o', real(sh(:,2)),…
imag(sh(:,2)),'-^', real(sh(:,3)), imag(sh(:,3)),'-*')
subplot(1,2,2), plot(real(zh(:,1)), imag(zh(:,1)),'-o', real(zh(:,2)),...
    imag(zh(:,2)),'-^', real(zh(:,3)), imag(zh(:,3)),'-*')
figure(2)  % 수직선의 매핑
subplot(1,2,1), plot(real(sv(:,1)), imag(sv(:,1)),'-o', real(sv(:,2)),...
    imag(sv(:,2)),'-^', real(sv(:,3)), imag(sv(:,3)),'-*')
subplot(1,2,2), plot(real(zv(:,1)), imag(zv(:,1)),'-o', real(zv(:,2)),...
    imag(zv(:,2)),'-^', real(zv(:,3)), imag(zv(:,3)),'-*')
```

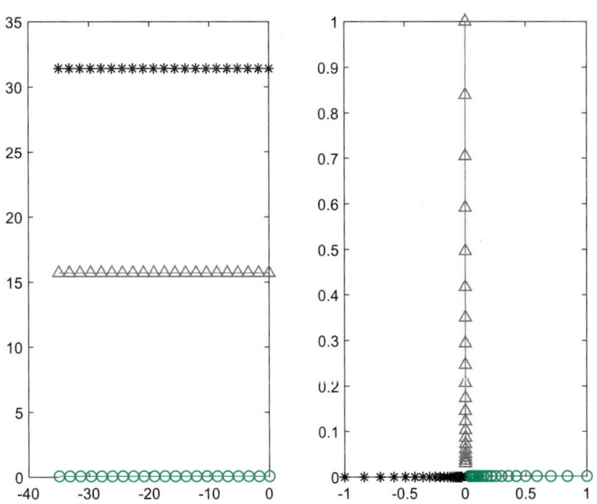

그림 20.12 s-평면에서 z-평면으로의 매핑: 수평선의 매핑.

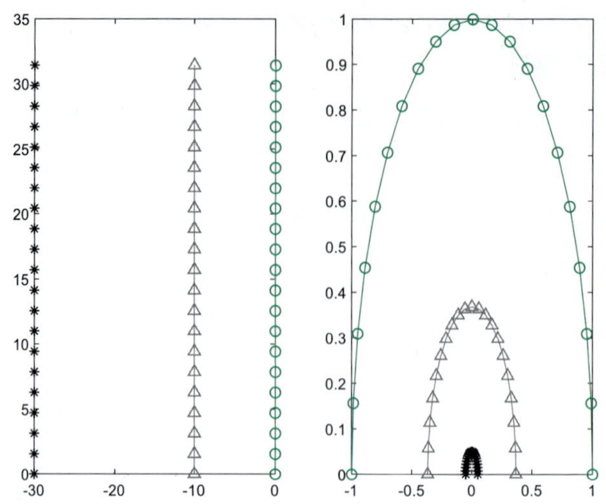

그림 20.13 s-평면에서 z-평면으로의 매핑: 수직선의 매핑.

안정성을 판별하는 데에는 보정된 Routh 테스트, Jury 테스트, 그리고 Schur-Cohn 테스트 방법들이 이용된다.

1) 보정된 Routh 테스트

특성방정식을

$$\Gamma(z) = a_n z^n + a_{n-1} z^{n-1} + \cdots + a_1 z + a_0 = 0 \tag{20.30}$$

이라 할 때 $z = \dfrac{1+w}{1-w}$ (bilinear 변환)를 대입하면

$$\Gamma(w) = \tilde{a}_n w^n + \tilde{a}_{n-1} w^{n-1} + \cdots + \tilde{a}_1 w + \tilde{a}_0 = 0 \tag{20.31}$$

를 얻는다. 위의 식에 Routh 테스트를 적용하여 안정성을 판별한다.

보기 20.8

특성방정식이

$$\Gamma(z) = 2z^3 + z^2 + z + 1 = 0$$

과 같은 시스템의 안정성을 판별하여라.

풀이

$$\Gamma(w) = 2\left(\frac{1+w}{1-w}\right)^3 + \left(\frac{1+w}{1-w}\right)^2 + \left(\frac{1+w}{1-w}\right) + 1 = 0$$

이를 정리하면

$$w^3 + 7w^2 + 3w + 5 = 0$$

①	1	3
②	7	5
③	16/7	
④	15	

따라서 이 시스템은 안정하다.

2) Jury 테스트

특성방정식 (20.30)의 계수를 이용하여 다음과 같이 Jury 배열을 구성한다.

①	a_0	a_1	a_2	$\cdots$	a_{n-1}	a_n
②	a_n	a_{n-1}	a_{n-2}	$\cdots$	a_1	a_0
③	b_0	b_1	b_2	$\cdots$	b_{n-1}	
④	b_{n-1}	b_{n-2}	b_{n-3}	$\cdots$	b_0	
⑤	c_0	c_1	c_2	$\cdots$		
⑥	c_{n-2}	c_{n-3}	c_{n-4}	$\cdots$		
$\vdots$	$\vdots$	$\vdots$	$\vdots$			

위에서

$$b_k = \begin{vmatrix} a_0 & a_{n-k} \\ a_n & a_k \end{vmatrix}, \qquad c_k = \begin{vmatrix} b_0 & b_{n-1-k} \\ b_{n-1} & b_k \end{vmatrix}, \qquad d_k = \begin{vmatrix} c_0 & c_{n-2-k} \\ c_{n-2} & c_k \end{vmatrix}, \qquad \cdots$$

이를 이용한 안정성 판별기준은 다음과 같다:

- $\Gamma(1) > 0$
- $\Gamma(-1) > 0$ (n이 짝수일 때), $\Gamma(-1) < 0$ (n이 홀수일 때)
- $|a_0| < a_n$
- $|b_0| > |b_{n-1}|$
- $|c_0| > |c_{n-2}|$

$\vdots$

이들 조건들이 모두 만족될 때 시스템은 안정하다.

보기 20.9

특성방정식이

$$\Gamma(z) = 2z^4 - 3z^3 + 2z^2 - z + 1 = 0$$

과 같이 주어졌다면 $\Gamma(1) = 1 > 0$, $\Gamma(-1) = 9 > 0$ ($n = 4$: 짝수)임을 알 수 있다. 한편 Jury 배열은 다음과 같다:

①	1	−1	2	−3	2
②	2	−3	2	−1	1
③	−3	5	−2	−1	
④	−1	−2	5	−3	
⑤	8	−17	11		
⑥	11	−17	8		
⋮	⋮	⋮	⋮		

이로부터 $|a_0| = 1 < a_n = 2$, $|b_0| = 3 > |b_{n-1}| = 1$임을 알 수 있다 그러나 $|c_0| = 8$로서 이는 $|c_{n-2}| = 11$보다 크지 않으므로 안정성 조건이 충족되지 못한다. 따라서 이 시스템은 불안정하다.

보기 20.10

다음 그림 20.14에 보인 닫힌루프 제어구조에서 $G_p(s) = \dfrac{10}{(0.1s+1)(2s+1)}$이며 ZOH $H(s)$는 $H(s) = \dfrac{1-e^{-Ts}}{s}$, 그리고 제어기는 $D(z) = \dfrac{K_c}{1-z^{-1}}\left[\left(1+\dfrac{T}{\tau_I}\right) - z^{-1}\right]$이다. $G_v = G_m = 1$이라고 할 때 이 시스템의 안정성을 판별하여라. 제어기에서 $K_c = 0.1$, $\tau_I = 1$이며 샘플링 시간 $T = 1$이다.

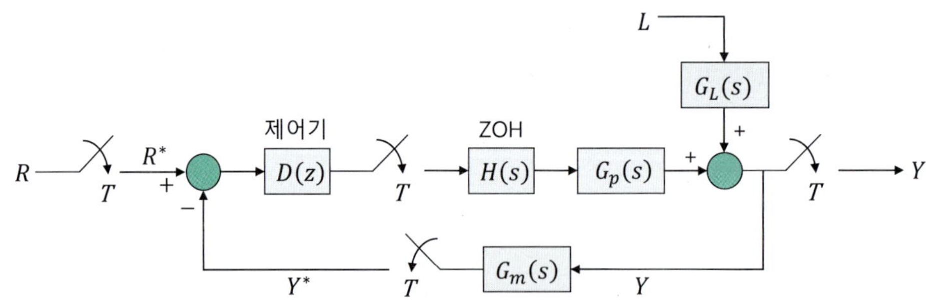

그림 20.14 닫힌루프 제어시스템.

풀이

$G_p(s)$를 다시 쓰면 $G_p(s) = \dfrac{50}{(s+10)(s+0.5)}$와 같다. 이는 표 19.1에서 $K = 50$, $r = 10$, $p = 0.5$인 경우에 해당되므로

$$\overline{HG_p}(z) = \frac{3.6155z^{-1} + 0.3193z^{-2}}{1 - 0.6065z^{-1} + 0.000028z^{-2}}$$

이다. 따라서 특성방정식은

$$\Gamma(z) = 1 + \overline{HG_p}(z)D(z) = 1 + \left(\frac{3.6155z^{-1} + 0.3193z^{-2}}{1 - 0.6065z^{-1} + 0.000028z^{-2}}\right)\cdot\frac{K_c}{1 - z^{-1}}\left[\left(1 + \frac{T}{\tau_I}\right) - z^{-1}\right] = 0$$

과 같다. 즉 특성방정식의 근은 K_c, τ_I 및 T에 따라 좌우된다. $K_c = 0.1$, $\tau_I = 1$이며 샘플링 시간 $T = 1$이므로

$$\Gamma(z) = 1 - 0.89z^{-1} + 0.31z^{-2} - 0.032z^{-3} = 0$$

이를 풀면

$$z_1 = 0.162, \qquad z_2 = 0.365 + 0.775i, \qquad z_3 = 0.365 - 0.775i$$

를 얻는다. 따라서 $|z_1|$, $|z_2|$, $|z_3| < 1$이므로 이 제어 시스템은 안정하다.

20.8 요약

- 컴퓨터 제어시스템에서 제공하는 주요 기능: 1) 통상적인 제어기능 및 최신 제어 알고리즘들의 수행, 2) 그래픽을 통한 운전 데이터의 효율적 디스플레이, 3) 운전 데이터의 획득과 저장, 4) 이상진단 및 경보의 제공, 5) 기본적인 수학적 처리기법과 관련함수들의 제공
- 설정값 변화만 있는 경우 총괄 전달함수는 $\dfrac{C(z)}{R(z)} = \dfrac{\overline{HG}(z)D(z)}{1 + \overline{HG}(z)D(z)}$, $\overline{HG}(z) = K_m\overline{G_pG_vH}(z)$
- 외부교란변수의 변화만 있는 경우 총괄 전달함수는
  $C(z) = \dfrac{\overline{LG_L}(z)}{1 + \overline{HG}(z)D(z)}$, $\overline{HG}(z) = K_m\overline{HG_pG_v}(z)$
- 특성방정식: $1 + \overline{HG}(z)D(z) = 0$
- 디지털 PID 제어기는 위치형태(position form)과 속도형태(velocity form)의 두 가지 형태
- 위치형태 PID: $D(z) = \dfrac{M(z)}{E(z)} = \dfrac{K_c}{1 - z^{-1}}\left[\left(1 + \dfrac{T}{\tau_I} + \dfrac{\tau_D}{T}\right) - \left(1 + \dfrac{2\tau_D}{T}\right)z^{-1} + \dfrac{\tau_D}{T}z^{-2}\right]$

- 속도형태 PID: $D(z)=\dfrac{\Delta M(z)}{E(z)}=K_c\left[\left(1+\dfrac{T}{\tau_I}+\dfrac{\tau_D}{T}\right)-\left(1+\dfrac{2\tau_D}{T}\right)z^{-1}+\dfrac{\tau_D}{T}z^{-2}\right]$
- 사다리꼴 규칙을 적용:
  $D(z)=\dfrac{\Delta M(z)}{E(z)}=K_c\left[\left(1+\dfrac{T}{2\tau_I}+\dfrac{\tau_D}{T}\right)-\left(1-\dfrac{T}{2\tau_I}+\dfrac{2\tau_D}{T}\right)z^{-1}+\dfrac{\tau_D}{T}z^{-2}\right]$
- 디지털 PID 제어기의 튜닝: Cohen–Coon 설정방법, Ziegler–Nichols 방법, ISE, IAE, ITAE 등과 같은 성능기준을 이용
- 디지털 제어기의 직접합성: $D(z)=\dfrac{1}{\overline{HG}(z)}\dfrac{\left(\frac{C}{R}\right)_d}{1-\left(\frac{C}{R}\right)_d}$
- 제어 시스템에서 바람직한 제어성능: 1) 정상상태 오차는 0, 2) 가급적 작은 상승시간, 3) 가급적 작은 안정시간, 4) $D(z)$는 물리적으로 실현 가능해야 한다.
- Deadbeat 알고리즘: 시간지연을 $\theta=NT$라 할 때 제어되는 출력 C는 $(N+1)T$ 시간 후에 설정값에 이르도록 제어기 $D(z)$를 결정하는 방법, $D(z)=\dfrac{1}{\overline{HG}(z)}\dfrac{z^{-N-1}}{1-z^{-N-1}}$
- Dahlin의 알고리즘: 원하는 응답을 FOPDT 공정과 유사하게 설정,
  $D(z)=\dfrac{1}{\overline{HG}(z)}\cdot\dfrac{(1-a)z^{-N-1}}{1-az^{-1}-(1-a)z^{-N-1}}$
- 일반적인 디지털 제어기: $D(z)=\dfrac{P(z)}{E(z)}=\dfrac{\beta_0+\beta_1z^{-1}+\cdots+\beta_kz^{-k}}{1+\alpha_1z^{-1}+\cdots+\alpha_mz^{-m}}$
- 제어기가 안정하기 위해서는 $D(z)$의 모든 pole이 z-평면상의 단위원 내부에 존재해야 한다.
- 제어기의 진동(ringing) 현상: 응답이 진동을 보이는 현상
- 제어기의 pole이 음의 값을 가질 때 진동현상이 존재
- Pole이 원점에 가까이 위치할수록 진동현상은 감소
- 크기가 제한된 입력 $x(nT)$에 대하여 크기가 제한된 출력 $y(nT)$가 얻어지는 경우 시스템은 안정
- 안정하기 위한 필요충분 조건: $\sum_{n=0}^{\infty}|g(nT)|<\infty$, 또는 z-평면상의 단위원 상이나 그 외부에 $G(z)$의 pole이 존재하지 않는다.
- 안정성의 판별: 보정된 Routh 테스트, Jury 테스트, Schur–Cohn 테스트 방법들을 이용

점/검/문/제

20.1 현대의 컴퓨터 제어 시스템에서 제공하고 있는 주요 기능들로 볼 수 없는 것은 어느 것인가?

① 그래픽을 통한 운전 데이터의 효율적 디스플레이

② 이상진단 및 경보의 제공

③ 공정에 대한 제어입력의 수행

④ 통상적인 제어기능 및 최신 제어 알고리즘들의 수

20.2 속도형태(velocity form)의 PID 제어기가 위치형태(position form)의 PID 제어기보다 우수하다고 간주할 수 있는 이유가 되는 것은 무엇인가?

① 미분항의 계산에서 제어오차의 직접 미분이 불필요하다.

② 비례항을 일정하게 해준다.

③ 제어기의 현 지침위치를 지시해 준다.

④ 적분항의 계산에서 제어오차의 누적합 계산이 불필요하다.

20.3 일반적인 제어 시스템에서 바람직한 제어성능으로 볼 수 없는 것은?

① 상승시간(rise time)은 가급적 작아야 한다.

② 잔류편차(offset)는 일정해야 한다.

③ 안정시간(settling time)은 가급적 작아야 한다.

④ 정상상태 오차는 0이어야 한다.

20.4 제어 시스템에서 나타날 수 있는 ringing 현상은 무엇을 의미하는가?

① 공정의 출력이 진동을 보이는 것을 말한다.

② 제어 입력이 진동을 보이는 것을 말한다.

③ 잔류오차(offset)가 진동을 보이는 것을 말한다.

④ 역응답이 지속되는 현상을 말한다.

점검 문제 해답

20.1 ③　　20.2 ④　　20.3 ②　　20.4 ①

연/습/문/제

20.1 1차 멱급수 근사 $z = e^{Ts} \cong 1 + Ts$를 이용하여 PI 제어기 $G_c(s) = \dfrac{M(s)}{E(s)} = K_c\left(1 + \dfrac{1}{\tau_I s}\right)$를 차분 방정식으로 나타내어라.

20.2 그림은 ZOH와 보정된 미분제어기가 이용되는 제어구조를 보인 것이다. 그림에서 $G_p(s) = \dfrac{1}{s+1}$, $T = 2$이며 $G_c(z) = Z\left[\dfrac{K_c(1+\tau_D s)}{1+\alpha\tau_D s}\right]$이다. 제어기 파라미터들이 $K_c = 1.5$, $\tau_D = 8$, $\alpha = 0.2$와 같이 설정되었다고 하자.

(1) Tustin의 근사방법(즉 $s = \dfrac{2}{T}\left(\dfrac{z-1}{z+1}\right)$)을 이용하여 $G_c(z)$를 구하여라.

(2) $G(z) = Z[H_0(s)G_p(s)]$를 구하여라.

(3) 총괄 전달함수 $G_{CL}(z) = \dfrac{C(z)}{R(z)}$를 구하고 이로부터 설정점 R과 출력 C 사이의 관계를 나타내는 차분 방정식을 구하여라.

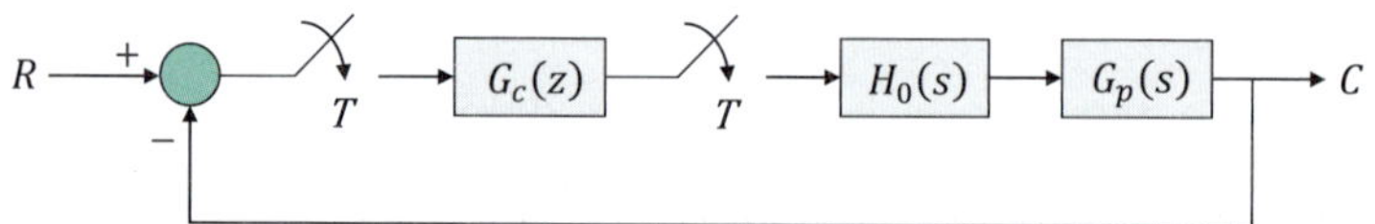

그림 P20.2 **디지털 제어구조.**

20.3 다음 그림에 보인 닫힌루프 제어시스템에서 $G(s) = \dfrac{1}{s+1}$, 샘플링 시간 $T = 1$이다. 이제 설정값 R에 단위계단 변화가 도입되었다.

(1) 원하는 응답이 $\left(\dfrac{C}{R}\right)_d = \dfrac{z^{-1}}{1-z^{-2}}$가 되도록 제어기 $D(z) = \dfrac{P(z)}{E(z)}$를 정하여라.

(2) P와 E 사이의 관계를 나타내는 차분 방정식을 구하여라(p_n의 계수가 1이 되도록 정리할 것).

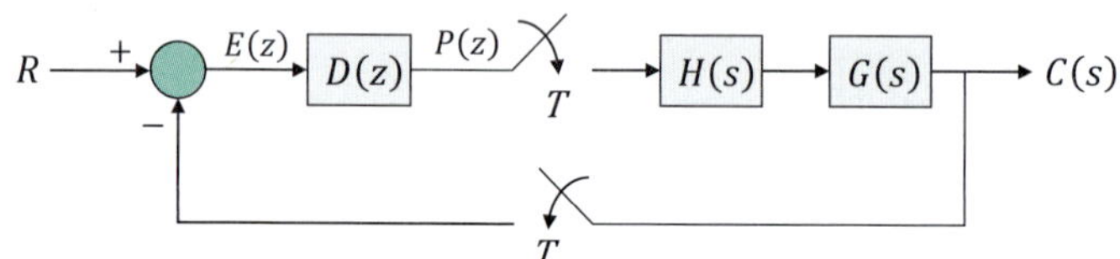

그림 P20.3

20.4 ZOH를 이용하는 디지털 제어구조에서 공정의 전달함수는 $G(s) = \dfrac{K}{\tau s + 1}$이며 제어기로는 P-제어기가 이용되고 있다. 이 제어시스템이 안정하기 위한 제어기의 이득 K_c의 범위를 구하여라. 샘플링 시간은 T이며 $G_m = G_v = 1$로 간주한다. 편의상 $e^{-T/\tau} = a$로 둔다.

20.5 어떤 제어구조에서 $G_p = \dfrac{1}{s+1}$, $G_m = G_v = 1$, $T = 1$이며 설정값만이 변화를 보이고 있다. 원하는 응답이 $\left(\dfrac{C}{R}\right)_d = \dfrac{1}{2s+1}$일 때

(1) 제어기의 전달함수 $D(z) = \dfrac{P(z)}{E(z)}$를 구하여라.

(2) 제어기 출력 p_n을 계산하는 차분 방정식을 구하여라. 이 제어기는 실현 가능한가? 그 이유는 무엇인가?

20.6 어떤 디지털 제어시스템에서 비례제어기가 이용되고 있다(즉 $D(z) = K_c$). $G_p(s) = \dfrac{1}{s+1}$, $G_m = G_v = 1$일 때 이 제어 시스템이 안정하기 위하여 K_c가 만족해야 하는 조건을 구하여라(샘플링 시간 $T = 1$).

20.7 그림에 보인 제어구조에서 샘플링 시간은 $T = 1$이며 $H(s)$는 zero-order holder이고 $D(z) = K_c\left[1 + \dfrac{1}{4(1-z^{-1})}\right]$, $G_p(s) = \dfrac{1}{s(s+1)}$이다. 이 제어구조가 안정하기 위한 제어기의 이득 K_c의 범위를 구하여라.

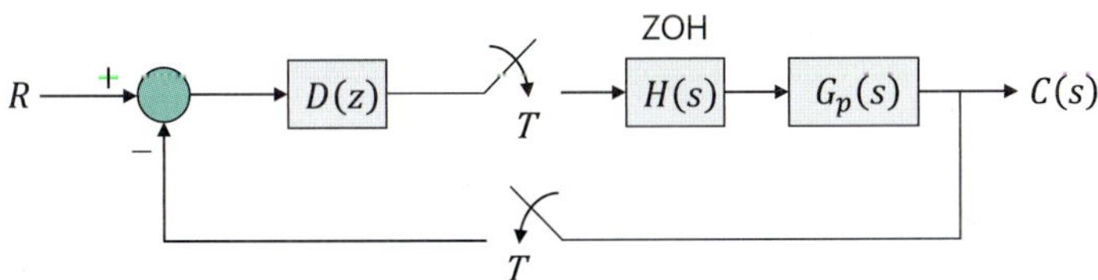

그림 P20.7

20.8 그림에 보인 제어구조에서 샘플링 시간은 $T = 1$이며 $H(s)$는 zero-order holder이고 $G_p(s) = \dfrac{2e^{-2s}}{s+1}$이다. Dahlin 알고리듬으로부터 원하는 응답 형태가 $\left(\dfrac{C}{R}\right)_d = \dfrac{0.632z^{-3}}{1-0.368z^{-1}}$이 되도록 $D(z)$를 정하여라. $D(z)$를 구한 결과로부터 제어기의 출력 p_n을 구하는 차분 방정식을 구하여라.

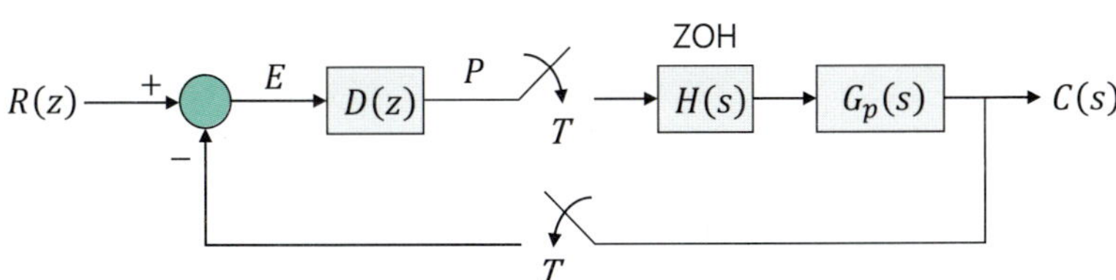

그림 P20.8

20.9 PI 제어기 $p(t) = p_s + K_c\left[e(t) + \dfrac{1}{\tau_I}\int_0^t e(t)dt\right]$에서 $K_c = \tau_I = 1$, $p_s = 0$이다. $e(0) = e(1) = 1$, $e(n) = 0\ (n \geq 2)$일 때 p_n을 구하고자 한다. 샘플링 시간은 $T = 1$로 한다.

(1) 위치형태와 속도형태에 의한 제어기 전달함수 $D(z)$를 구하여라.

(2) $n = 5$일 때 위치형태와 속도형태에 의한 p_n의 값을 구하고 서로 비교하여라.

20.10 어떤 feedback 제어 시스템에서 열린회로 펄스 전달함수는 $G(z) = \dfrac{0.426K_c(z+0.847)}{z^2 - 1.607z + 0.607}$과 같이 주어진다.

(1) 열린회로 pole과 zero들을 구하여라. 특성방정식은 어떻게 주어지는가?
(2) Jury 테스트 방법을 이용해 한계이득 K_{cu} 값을 구하여라.

✱ MATLAB 활용 문제

20.11 어떤 공정의 열린회로 전달함수는 $G(s) = \dfrac{16(1-e^{-Ts})}{s^2(s+4)}$로 주어진다. 이 공정의 제어를 위하여 전달함수가 $G_c(s) = \dfrac{0.9(s+1)}{0.07s+1}$인 보정기를 이용하고 있다.

(1) 이 공정의 z-변환을 구하여라. 샘플링 시간 $T = 0.1$초로 한다.
(2) 주어진 보정기를 Tustin의 규칙을 이용하여 디지털 형태로 전환시키고, 이 보정기를 이용하는 제어 시스템의 계단응답을 구하여라. 이를 연속 시스템의 계단응답과 비교해 보라.

모델기반제어

21.1 서론

현재 산업현장에서 가장 널리 이용되고 있는 제어기는 PID 형태의 제어기이다. 실제로 모든 공정 제어 문제의 80~90%는 PID 제어 방법에 의해 해결될 수 있는 것으로 알려져 있다. 그러나 많은 화학공정들은 상호간섭이 존재하는 다변수의 비선형 공정들이며 또한 실제 조업에 있어서는 다양한 형태의 외부교란 변수들이 공정에 도입된다. 이러한 경우 PID 제어기의 사용으로는 바람직한 제어결과를 얻기가 매우 어려우므로 새로운 제어방법의 도입이 필요하다. 조업 현장에서 컴퓨터가 널리 사용되기 시작하면서 다양한 형태의 제어기법들을 실제 운전에 활용할 수 있게 되었다. 모델예측제어는 현재 알려져 있는 최신 제어방법들 가운데 가장 효과가 좋고 또 폭넓게 사용되고 있는 제어방법이다.

일반적으로 최신제어, 또는 컴퓨터제어 기법들은 그 설계과정과 설치에 있어서 기본적으로 대상공정의 수학적 모델을 이용한다는 점에서 "모델기반제어(model-based control)" 기법이라 통칭할 수 있다. 적절한 제어 시스템의 설계 및 설치를 위해서는 제어하고자 하는 공정을 충분히 이해하고 있어야 한다는 것은 너무나 당연한 사실이다. 이전에는 "공정에 대한 지식"은 바로 "조업경험"을 의미하는 것이었다. 그러나 다양한 수학적 기법들의 활용과 효율적인 컴퓨터 프로그램 언어의 적용으로 공정을 정성적/정량적으로 보다 정확하게 표현할 수 있게 되었는데 이는 곧 대상공정의 모델이 된다. 제어의 측면에서 볼 때 공정의 모델은 운전경험이 풍부한 기술자가 지니고 있는 공정 지식을 컴퓨터에서 사용될 수 있는 형태로 나타낸 것이라고 정의할 수 있다.

모델기반제어는 제어하고자 하는 공정의 모델을 바탕으로 한다는 점에서 모델을 직접적으로 사용하지 않는 PID 제어 등의 고전적 제어방법과 구별된다. 흔히 완벽한 제어효과를 거둘 수 있는 정확한 공정 모델은 얻을 수 없으며 따라서 모델예측제어 기법은 신뢰할 만한 방법이 되지 못한다는 비판이 야기되기도 한다. 이에 대한 대책으로 모델기반제어 방법에서는 일반적으로 모델의 오차(실제공정과 공정 모델과의 차이)를 제어구조 설계과정의 일부로 포함시킨다. 그림 21.1은 제어구조의 설계와 운용에서 모델을 사용하는 경우와 그렇지 않은 경우의 비중을 비교한 것이다.

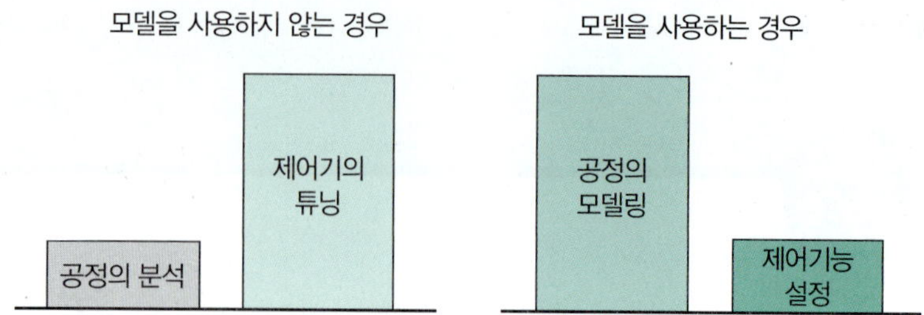

그림 21.1 모델을 사용하는 경우와 사용하지 않는 경우의 작업비중 비교.

21.2 모델예측제어의 특징

근래 들어 최신 모델예측제어 기법은 조업 현장에서 야기되는 보다 어려운 문제를 해결할 수 있으며 제어 성능, 안정성, 강건성(robustness), 제어장치의 고장으로 인한 감도변화 등의 문제들에 대한 해답을 제시해 줄 수 있다는 기대가 보편화되어 가고 있다. 이는 컴퓨터 성능의 비약적인 향상 및 조업 현장에서의 컴퓨터 이용이 확장되고 있음에 기인한다. 이미 여러 가지 다양한 모델기반 예측제어 기법들이 개발되어 실제로 활용되고 있으며 그 성능이 입증됨에 따라 사용 범위가 급속히 확장되고 있는 추세이다. 모델기반 예측제어 방법이 지니는 주요 특징은 다음과 같이 요약해 볼 수 있다:

- 공정의 모델을 이용한다.
- 목적함수의 최소화로부터 제어입력을 계산한다.
- 설정된 매 시간단계마다 반복계산을 수행한다.
- 시간지연이 크거나 불안정한 공정, 그리고 다변수 공정들에도 적용이 가능하다.
- Feedforward 기능을 지닌다.
- 제약조건들의 처리가 쉽게 이루어진다.

모델예측제어는 어떤 특정한 제어기법이라기보다는 공통된 개념에 바탕을 둔 다양한 제어방법들을 일컫는다. 모델예측제어에서는 공정의 모델과 목적함수의 최적화가 주된 구성요소이며 과거의 입력 및 출력 데이터와 원하는 출력의 경로를 필요로 한다. 그림 21.2는 모델예측제어방법의 기본 기능을 보인 것이다.

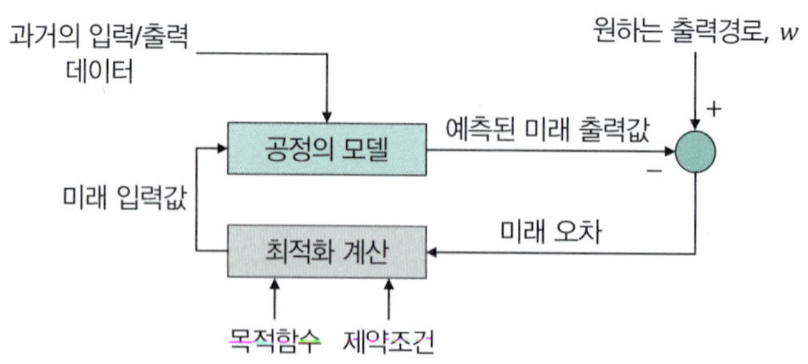

그림 21.2 모델예측제어 방법의 기능.

모델예측제어에서 이루어지는 기능을 요약해 보면 다음과 같다:

1) 공정 모델을 이용하여 매 순간 t에서 예측범위 N에 대한 미래의 출력을 예측한다. 예측된 출력 $\hat{y}(t+k|t)$ $(k=1,2,\cdots,N)$는 현재시간 t까지 측정된 출력 데이터 및 적용된 입력과 미래의 입력 $u(t+k|t)$ $(k=0,1,2,\cdots,N-1)$에 따라 좌우된다.
2) 예측된 출력이 미리 설정된 경로 $w(t+k)$(이는 설정값이거나 이에 대한 근사가 될 수 있음)를 따르도록 하기 위해 미리 정해둔 목적함수를 최소화함으로써 미래에 적용될 입력값들을 계산한다. 목적함수는 통상 예측된 출력과 $w(t+k)$ 사이의 차이로 구성되는 2차 함수의 형태를 갖는다. 대부분의 경우 제어변수 자체도 목적함수에 포함된다. 목적함수가 2차이고 모델이 선형이며 제약조건들이 없다면 해석적인 해를 구할 수 있다.
3) 실제 제어운전에서는 $u(t|t)$만을 공정에 적용한다. 다음 샘플링 순간에서는 $y(t+1)$이 알려진(측정된) 상태이므로 이를 이용하여 위의 단계 1)을 반복한다.

위와 같은 예측제어 방법의 개념은 그림 21.3과 같이 나타낼 수 있다.

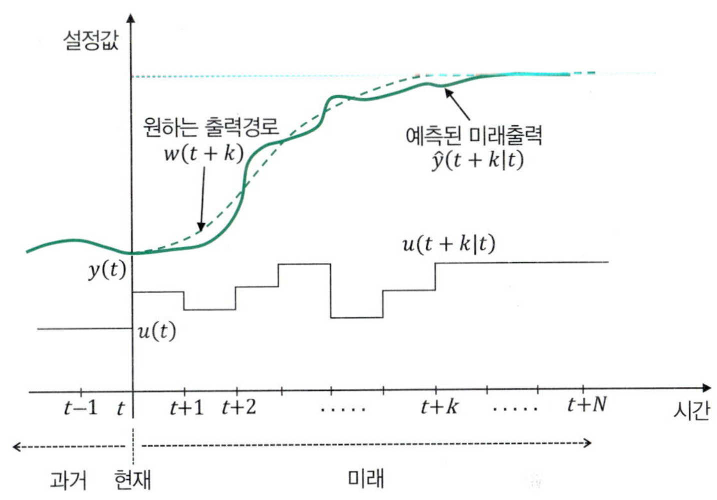

그림 21.3 **예측제어 방법의 개념.**

예측제어 방법에 사용되는 공정 모델로서는 임펄스 모델과 계단응답 모델이 가장 널리 사용되는데 이 모델들은 열린루프 공정이 안정한 경우에만 적용할 수 있다. 전달함수 모델은 시간지연의 처리가 용이하며 상태공간 모델 또한 널리 사용된다.

그러나 계단응답 모델이나 임펄스 모델을 사용할 경우 모델 파라미터들이 지나치게 많아질 수 있다는 단점이 있으며 모델예측제어 방법의 튜닝에 있어서 닫힌루프 구조의 안정성을 보장하기가 어렵다. 아울러 공정 모델의 부정확한 정도가 클수록 제어 성능이 저하되며 안정성과 강건성에 대한 이론적인 해석이 완전하게 제시되어 있지 않다.

21.3 공정의 모델과 출력의 예측

여기에서는 편의상 단일변수 공정만을 고려해 보기로 한다. 화학공정은 일반적으로 다변수 공정이지만 단일변수의 경우를 확장시키면 다변수 공정도 쉽게 처리할 수 있다.

21.3.1 임펄스응답 모델

공정에 임펄스 변화를 도입하였을 경우 얻어지는 응답은 그림 21.4에 보인 바와 같다.

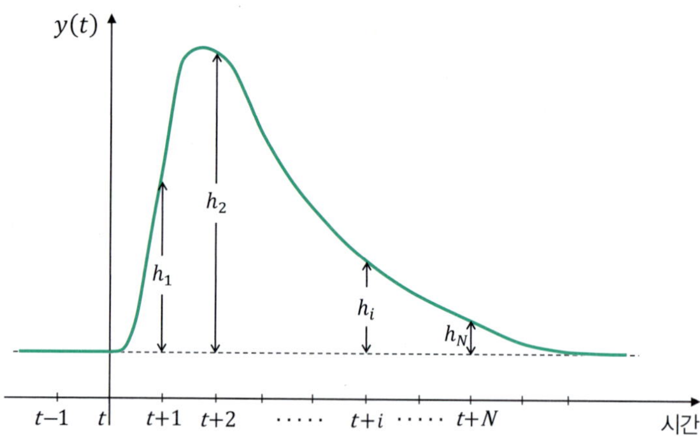

그림 21.4 공정의 임펄스응답.

임펄스응답 모델은 다음과 같이 나타낼 수 있다:

$$y(t) = y_0 + \sum_{i=1}^{\infty} h_i u(t-i) + n(t)$$

위에서 h_i는 공정에 임펄스 변화가 도입되었을 때 얻어지는 출력의 샘플이며 $n(t)$는 교란변수이다. $t = N$ 이후에는 출력이 변화가 없이 일정하게 유지된다고 가정하면 출력은

$$y(t) = y_0 + \sum_{i=1}^{N} h_i u(t-i) + n(t) = y_0 + H(z^{-1})u(t) + n(t) \qquad \textbf{(21.1)}$$

와 같이 쓸 수 있다. 위에서

$$H(z^{-1}) = h_1 z^{-1} + h_2 z^{-2} + \cdots + h_N z^{-N}$$

이다. 시간 $t = t + k$에서 공정의 출력은 $y_0 = 0$이라고 가정할 때 위의 모델식에 t 대신 $t + k$를 대입하여 다음과 같이 얻을 수 있다.

$$\hat{y}(t+k|t) = \sum_{i=1}^{N} h_i u(t+k-i) + \hat{n}(t+k|t)$$

$$= \sum_{i=1}^{k} h_i u(t+k-i) + \sum_{i=k+1}^{N} h_i u(t+k-i) + \hat{n}(t+k|t) \tag{21.2}$$

위에서 $\hat{y}(t+k|t)$는 현재시점 t까지의 운전데이터를 바탕으로 하는 미래 출력의 예측값임을 의미한다. 미래의 교란변수 $\hat{n}(t+k|t)$는 현재의 교란변수와 동일한 값으로 일정하게 유지된다고 가정한다. 즉

$$\hat{n}(t+k|t) = \hat{n}(t|t) = y(t) - \sum_{i=1}^{N} h_i u(t-i)$$

이제 미래와 과거의 입력벡터 및 예측된 공정 출력값들을 각각

$$\underline{u}_+ = \begin{bmatrix} u(t) \\ u(t+1) \\ \vdots \\ u(t+N_2-1) \end{bmatrix}, \quad \underline{u}_- = \begin{bmatrix} u(t-N+1) \\ u(t-N+2) \\ \vdots \\ u(t-1) \end{bmatrix}, \quad \underline{y} = \begin{bmatrix} \hat{y}(t+1) \\ \hat{y}(t+2) \\ \vdots \\ \hat{y}(t+N_2) \end{bmatrix}$$

로 정의하고 미래 교란변수(일정)와 원하는 미래 출력값들을 각각

$$\underline{n} = \begin{bmatrix} \hat{n}(t) \\ \hat{n}(t) \\ \vdots \\ \hat{n}(t) \end{bmatrix}, \quad \underline{w} = \begin{bmatrix} w(t+1) \\ w(t+2) \\ \vdots \\ w(t+N_2) \end{bmatrix}$$

로 두면 식 (21.2)로부터 미래 시점 $t+1$으로부터 $t+N_2$까지(즉 $k=1$로부터 $k=N_2$까지)의 미래 출력값들은 다음과 같이 나타낼 수 있다:

$$\underline{y} = H_1 \underline{u}_+ + H_2 \underline{u}_- + \underline{n} = H_1 \underline{u}_+ + \underline{e} \tag{21.3}$$

위에서 $\underline{e}$는 이미 알고 있는 과거의 입력 및 출력 데이터를 나타내며 H_1과 H_2는 다음과 같다:

$$H_1 = \begin{bmatrix} h_1 & 0 & \cdots & 0 \\ h_2 & h_1 & \cdots & 0 \\ \vdots & \vdots & \cdots & \vdots \\ h_{N_2} & h_{N_2-1} & \cdots & h_1 \end{bmatrix}, \quad H_2 = \begin{bmatrix} h_N & \cdots & h_i & \cdots & h_2 \\ 0 & \cdots & h_j & \cdots & h_3 \\ \vdots & \ddots & \vdots & \cdots & \vdots \\ 0 & \cdots & h_N & \cdots & h_{N_2+1} \end{bmatrix}$$

21.3.2 계단응답 모델

공정에 계단입력 변화가 도입되는 경우 얻어지는 응답은 그림 21.5에 보인 바와 같다. 계단응답 모델은 다음과 같이 주어진다:

$$y(t) = y_0 + \sum_{i=1}^{\infty} g_i \Delta u(t-i) + n(t)$$

위에서 g_i는 공정에 계단 변화가 도입되었을 때 얻어지는 출력의 샘플이며 $n(t)$는 교란변수(혹은 잡음)이고 $\Delta u(t) = u(t) - u(t-1)$이다.

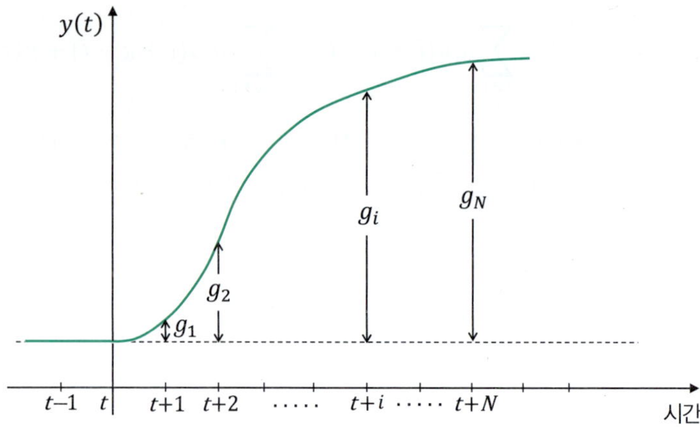

그림 21.5 **공정의 계단응답.**

앞의 관계를 이용하면 $y_0 = 0$인 경우 미래의 공정출력은 다음과 같이 나타낼 수 있다.

$$\begin{aligned}\hat{y}(t+k|t) &= \sum_{i=1}^{\infty} g_i \Delta u(t+k-i) + \hat{n}(t+k|t) \\ &= \sum_{i=1}^{k} g_i \Delta u(t+k-i) + \sum_{i=k+1}^{\infty} g_i \Delta u(t+k-i) + \hat{n}(t+k|t)\end{aligned} \qquad \textbf{(21.4)}$$

외부교란 변수는 일정하다고 가정하면

$$\hat{n}(t+k|t) = \hat{n}(t|t) = y_m(t) - \hat{y}(t|t)$$

따라서

$$\begin{aligned}\hat{y}(t+k|t) &= \sum_{i=1}^{k} g_i \Delta u(t+k-i) + \sum_{i=k+1}^{\infty} g_i \Delta u(t+k-i) + \left[y_m(t) - \sum_{i=1}^{\infty} g_i \Delta u(t-i) \right] \\ &= \sum_{i=1}^{k} g_i \Delta u(t+k-i) + f(t+k)\end{aligned} \qquad \textbf{(21.5)}$$

위에서

$$f(t+k) = y_m(t) + \sum_{i=1}^{\infty} (g_{k+i} - g_i) \Delta u(t-i)$$

로서 미래 시점에서의 제어작용과는 무관하다. 공정이 안정하다면 $i > N$일 때 $g_{k+i} - g_i \approx 0$이므로

$$f(t+k) = y_m(t) + \sum_{i=1}^{N} (g_{k+i} - g_i) \Delta u(t-i) \qquad \textbf{(21.6)}$$

임을 알 수 있다.

임펄스 응답은 인접한 두 계단응답 간의 차이로 간주할 수 있으므로

$$h_i = g_i - g_{i-1}, \quad g_i = \sum_{j=1}^{i} h_j \tag{21.7}$$

로 쓸 수 있다.

식 (21.5)로부터 $k = 1, 2, \cdots, N_2$일 경우 미래 시점 $t+1$에서 $t+N_2$까지의 공정 출력은

$$\begin{aligned}
\hat{y}(t+1|t) &= g_1 \Delta u(t) + f(t+1) \\
\hat{y}(t+2|t) &= g_2 \Delta u(t) + g_1 \Delta u(t+1) + f(t+2) \\
&\vdots \\
\hat{y}(t+N_2|t) &= \sum_{i=N_2-N_u+1}^{N_2} g_i \Delta u(t+N_2-i) + f(t+N_2)
\end{aligned}$$

와 같다. 위에서 N_u는 제어입력이 변하는 미래 시간구간이다. 위의 관계는 벡터와 행렬을 이용하여 다음과 같이 다시 쓸 수 있다:

$$\underline{y} = G\underline{u} + \underline{f} = G\underline{u} + P\underline{x}_m(t) \tag{21.8}$$

위에서

$$G = \begin{bmatrix} g_1 & 0 & 0 & \cdots & 0 \\ g_2 & g_1 & 0 & \cdots & 0 \\ \vdots & \vdots & \vdots & \ddots & \vdots \\ g_{N_u} & g_{N_u-1} & g_{N_u-2} & \cdots & g_1 \\ \vdots & \vdots & \vdots & \cdots & \vdots \\ g_{N_2} & g_{N_2-1} & g_{N_2-2} & \cdots & g_{N_2-N_u+1} \end{bmatrix}, \quad P = \begin{bmatrix} 1 & g_2 - g_1 & g_3 - g_2 & \cdots & g_N - g_{N-1} \\ 1 & g_3 - g_1 & g_4 - g_2 & \cdots & g_N - g_{N-1} \\ \vdots & \vdots & \vdots & \cdots & \vdots \\ 1 & g_N - g_1 & g_N - g_2 & \cdots & g_N - g_{N-1} \end{bmatrix}$$

$$\underline{y} = \begin{bmatrix} \hat{y}(t+1|t) \\ \hat{y}(t+2|t) \\ \vdots \\ \hat{y}(t+N_2|t) \end{bmatrix}, \quad \underline{u} = \begin{bmatrix} \Delta u(t) \\ \Delta u(t+1) \\ \vdots \\ \Delta u(t+N_u-1) \end{bmatrix}, \quad \underline{x}_m(t) = \begin{bmatrix} y_m(t) \\ \Delta u(t-1) \\ \Delta u(t-2) \\ \vdots \\ \Delta u(t-N+1) \end{bmatrix}$$

이며 N은 계단응답 모델의 차수이다. 위에서 $\underline{f} = P\underline{x}_m(t)$는 과거의 운전 데이터를 나타낸다. 행렬 G는 흔히 동특성 행렬(dynamic matrix)이라고 부른다.

보기 21.1

$h_i = g_i - g_{i-1}$의 관계를 이용하여 임펄스응답 모델로부터 계단응답 모델을 구하여라. $g_0 = 0$으로 간주한다.

풀이

임펄스응답 모델로부터

$$y(t) = \sum_{i=1}^{N} h_i u(t-i) = \sum_{i=1}^{N} (g_i - g_{i-1}) u(t-i)$$
$$= (g_1 - g_0)u(t-1) + (g_2 - g_1)u(t-2) + \cdots + (g_N - g_{N-1})u(t-N)$$
$$= -g_0 u(t-1) + g_1\{u(t-1) - u(t-2)\} + g_2\{u(t-2) - u(t-3)\} + \cdots$$
$$= y_0 + \sum_{i=1}^{N} g_i\{u(t-i) - u(t-i-1)\} = \sum_{i=1}^{N} g_i \Delta u(t-i)$$

위에서 $g_0 = 0$이므로 $y_0 = -g_0 u(t-1) = 0$이다.

보기 21.2

그림은 밸브 스템의 위치 x(% 열림)가 계단변화를 보였을 때의 어떤 가열공정의 온도(℃) 측정값을 나타낸 것이다. 정상상태에서 $x = 30\%$이며 $T = 50$℃이다. 만일 이 공정이 정상상태(즉 $x = 30\%$, $T = 50$℃)로 유지되다가 $0 \le t \le 1$ min에서 $x = 40\%$이고 그 이후에는 $x = 30\%$로 유지된다고 할 때 온도변화를 추정하여라.

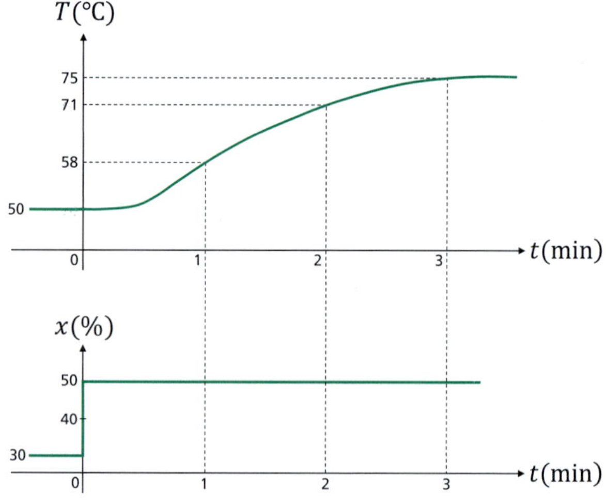

그림 21.6 계단응답.

풀이

$g_1 = \dfrac{58-50}{20} = 0.4$, $g_2 = \dfrac{71-50}{20} = 1.05$, $g_3 = \dfrac{75-50}{20} = 1.25$. 따라서 동특성 행렬은

$G = \begin{bmatrix} g_1 & 0 & 0 \\ g_2 & g_1 & 0 \\ g_3 & g_2 & g_1 \end{bmatrix} = \begin{bmatrix} 0.4 & 0 & 0 \\ 1.05 & 0.4 & 0 \\ 1.25 & 1.05 & 0.4 \end{bmatrix}$. 그러므로 온도변화는

$$\begin{bmatrix} T_1 \\ T_2 \\ T_3 \end{bmatrix} = \begin{bmatrix} 50 \\ 50 \\ 50 \end{bmatrix} + \begin{bmatrix} 0.4 & 0 & 0 \\ 1.05 & 0.4 & 0 \\ 1.25 & 1.05 & 0.4 \end{bmatrix} \begin{bmatrix} 10 \\ -10 \\ 0 \end{bmatrix} = \begin{bmatrix} 54 \\ 57.5 \\ 52 \end{bmatrix}$$

보기 21.3

$(1-0.9z^{-1})y(t) = 0.5z^{-1}u(t)$인 공정에서 샘플링시간 $T = 1$이다.

(1) 단위계단응답 모델을 구하여라.

(2) 미래 출력 $\hat{y}(t+2)$를 구하여라.

풀이

공정으로부터 $y(z) = \dfrac{0.5z^{-1}}{1-0.9z^{-1}}u(z)$임을 알 수 있다.

(1) $u(z) = \dfrac{1}{1-z^{-1}}$(즉 단위계단 입력)이면

$$y(z) = \frac{0.5z^{-1}}{1-0.9z^{-1}} \cdot \frac{1}{1-z^{-1}} = 0.5z^{-1} + 0.95z^{-2} + 1.355z^{-3} + \cdots$$

즉 얻어지는 다항식의 계수들로부터 다음을 얻는다:

k	$y(k) = g_k$
1	0.5
2	0.95
⋮	⋮
38	4.91
39	4.92
40	4.92

(2) $(1-0.9z^{-1})y(t) = 0.5z^{-1}u(t)$로부터

$$y(t) = 0.9y(t-1) + 0.5u(t-1)$$

따라서

$$\hat{y}(t+1) = 0.9y(\mathrm{t}) + 0.5u(t)$$

$$\hat{y}(t+2) = 0.9\hat{y}(t+1) + 0.5u(t+1) = 0.81y(t) + 0.45u(t) + 0.5u(t+1)$$

21.3.3 자동회귀 이동평균 모델

입력 $u(t)$와 출력 $y(t)$ 사이의 관계는 다음과 같은 관계로 나타낼 수 있다:

$$A(z^{-1})y(t) = B(z^{-1})u(t) + e(t)$$

위에서 $e(t)$는 잡음(혹은 교란변수)이다. 이로부터

$$y(t) = \frac{B(z^{-1})}{A(z^{-1})}u(t) + \frac{e(t)}{A(z^{-1})} = \frac{B(z^{-1})}{A(z^{-1})}u(t) + n(t) \tag{21.9}$$

를 얻는다. 위에서 $n(t) = \dfrac{e(t)}{A(z^{-1})}$이며 다항식 $A(z^{-1})$와 $B(z^{-1})$는

$$A(z^{-1}) = 1 + a_1 z^{-1} + a_2 z^{-2} + \cdots + a_{na} z^{-na}$$

$$B(z^{-1}) = b_1 z^{-1} + b_2 z^{-2} + \cdots + b_{nb} z^{-nb}$$

의 형태를 갖는다. 미래 출력은

$$\hat{y}(t+k|t) = \frac{B(z^{-1})}{A(z^{-1})}u(t+k|t) + \hat{n}(t+k|t) \tag{21.10}$$

로 주어진다. 이 모델은 불안정한 공정에도 이용할 수 있지만 다항식 $A(z^{-1})$와 $B(z^{-1})$의 차수를 미리 알 필요가 있다.

일반적으로 식 (21.9)의 $n(t)$를 나타내는 모델로는

$$n(t) = \frac{C(z^{-1})e(t)}{D(z^{-1})} \tag{21.11}$$

와 같은 자동회귀 적분이동평균(Auto-Regressive and Integrated Moving Average, ARIMA) 모델이 널리 이용된다. 위에서 $D(z^{-1})$는 $\Delta = 1 - z^{-1}$을 포함하며 $C(z^{-1})$는 대개 1이다. $e(t)$는 흔히 백색잡음으로 간주된다. 이제 Diophantine 식[1]으로 불리는 항등관계

$$1 = E_k(z^{-1})D(z^{-1}) + z^{-k}F_k(z^{-1}) \tag{21.12}$$

을 도입하면

$$\frac{1}{D(z^{-1})} = E_k(z^{-1}) + \frac{z^{-k}F_k(z^{-1})}{D(z^{-1})}$$

이므로 $C(z^{-1}) = 1$이라면 식 (21.11)로부터

$$n(t) = \frac{e(t)}{D(z^{-1})} = E_k(z^{-1})e(t) + z^{-k}\frac{F_k(z^{-1})}{D(z^{-1})}e(t)$$

를 얻는다. 이로부터 미래의 교란은

1. R. Soeterboek, *Predictive Control–A Unified Approach*, p. 23, 1992, Prentice Hall.

$$\hat{n}(t+k|t) = F_k(z^{-1})e(t+k) + z^{-k}\frac{F_k(z^{-1})}{D(z^{-1})}e(t+k) = F_k(z^{-1})e(t+k) + \frac{F_k(z^{-1})}{D(z^{-1})}e(t)$$
$$= F_k(z^{-1})e(t+k) + F_k(z^{-1})n(t)$$

와 같다. 위에서는 $C(z^{-1}) = 1$인 경우 식 (21.11)로부터 $n(t) = \dfrac{e(t)}{D(z^{-1})}$인 관계를 이용하였다. 미래의 백색잡음은 예측이 불가능하므로 $e(t+k) = 0$으로 두면

$$\hat{n}(t+k|t) = F_k(z^{-1})n(t)$$

을 얻는다. 그런데 식 (21.9)로부터 $n(t) = y(t) - \dfrac{B(z^{-1})}{A(z^{-1})}u(t)$인 관계를 이용하면

$$\hat{n}(t+k|t) = F_k(z^{-1})\left\{y(t) - \frac{B(z^{-1})}{A(z^{-1})}u(t)\right\}$$

가 된다. 이 관계를 식 (21.10)에 대입하면

$$\hat{y}(t+k|t) = \frac{B(z^{-1})}{A(z^{-1})}u(t+k|t) + \hat{n}(t+k|t) = \frac{B(z^{-1})}{A(z^{-1})}u(t+k|t) + F_k(z^{-1})\left\{y(t) - \frac{B(z^{-1})}{A(z^{-1})}u(t)\right\}$$
$$= F_k(z^{-1})y(t) + \frac{B(z^{-1})}{A(z^{-1})}\{1 - z^{-k}F_k(z^{-1})\}u(t+k|t)$$

를 얻는다. 그런데 식 (21.12)로부터 $1 - z^{-k}F_k(z^{-1}) = E_k(z^{-1})D(z^{-1})$이므로

$$\hat{y}(t+k|t) = F_k(z^{-1})y(t) + \frac{E_k(z^{-1})D(z^{-1})B(z^{-1})}{A(z^{-1})}u(t+k|t) \qquad \textbf{(21.13)}$$

가 됨을 알 수 있다. 여기에서 $D(z^{-1}) = (1 - z^{-1})A(z^{-1}) = \Delta A(z^{-1})$ 이라고 하면

$$\hat{y}(t+k|t) = F_k(z^{-1})y(t) + E_k(z^{-1})B(z^{-1})\Delta u(t+k|t)$$
$$= G_k(z^{-1})y(t) + H_k(z^{-1})u(t+k|t) \qquad \textbf{(21.14)}$$

이다. 위에서 $G_k(z^{-1}) = F_k(z^{-1}), H_k(z^{-1}) = E_k(z^{-1})B(z^{-1})\Delta$이다.

보기 21.4

$1 = E_k(z^{-1})D(z^{-1}) + z^{-k}F_k(z^{-1})$에서 $D(z^{-1}) = (1 - 0.8z^{-1})(1 - z^{-1})$일 때 E_1, E_2, E_3 및 F_1, F_2, F_3를 구하여라

풀이

$\dfrac{1}{D(z^{-1})} = E_k(z^{-1}) + \dfrac{z^{-k}F_k(z^{-1})}{D(z^{-1})}$에서 $D(z^{-1}) = (1 - 0.8z^{-1})(1 - z^{-1}) = 1 - 1.8z^{-1} + 0.8z^{-2}$이므로 긴 나눗셈(long division)을 수행하면 다음을 얻는다:

$$\frac{1}{D(z^{-1})} = 1 + \left(\frac{1.8 - 0.8z^{-1}}{1 - 1.8z^{-1} + 0.8z^{-2}}\right)z^{-1}$$

$$= (1 + 1.8z^{-1}) + \left(\frac{2.44 - 1.44z^{-1}}{1 - 1.8z^{-1} + 0.8z^{-2}}\right)z^{-2}$$

$$= (1 + 1.8z^{-1} + 2.44z^{-2}) + \left(\frac{2.952 - 1.952z^{-1}}{1 - 1.8z^{-1} + 0.8z^{-2}}\right)z^{-3}$$

따라서

$$E_1(z^{-1}) = 1, \quad E_2(z^{-1}) = 1 + 1.8z^{-1}, \quad E_3(z^{-1}) = 1 + 1.8z^{-1} + 2.44z^{-2}$$

$$F_1(z^{-1}) = 1.8 - 0.8z^{-1}, \quad F_2(z^{-1}) = 2.44 - 1.44z^{-1}, \quad F_3(z^{-1}) = 2.952 - 1.952z^{-1}$$

보기 21.5

어떤 공정의 모델이 $y(t) = \dfrac{0.3z^{-1}}{1 - 0.2z^{-1}}u(t) + n(t)$와 같으며 교란변수 $n(t) = \dfrac{e(t)}{D(z^{-1})}$에서 $D(z^{-1}) = A\Delta = (1 - 0.2z^{-1})(1 - z^{-1}) = 1 - 1.2z^{-1} + 0.2z^{-2}$일 때 미래시점 $t + 3$에서의 출력 $\hat{y}(t + 3|t)$을 구하여라.

풀이

$\dfrac{1}{D(z^{-1})} = (1 + 1.2z^{-1} + 1.24z^{-2}) + \left(\dfrac{1.248 - 0.248z^{-1}}{D(z^{-1})}\right)z^{-3}$이므로 $E_3(z^{-1}) = 1 + 1.2z^{-1} + 1.24z^{-2}$이며 $F_3(z^{-1}) = 1.248 - 0.248z^{-1}$임을 알 수 있다. 그러므로 식 (21.14)에서 $E_k(z^{-1})B(z^{-1})\,\Delta = 0.3z^{-1} + 0.06z^{-2} + 0.012z^{-3} - 0.372z^{-4}$이다. 따라서 식 (21.14)로부터

$$\hat{y}(t + 3|t) = (1.248 - 0.248z^{-1})y(t) + (0.3z^{-1} + 0.06z^{-2} + 0.012z^{-3} - 0.372z^{-4})u(t + 3|t)$$

$$= 1.248y(t) - 0.248y(t - 1) + 0.3u(t + 2|t) + 0.06u(t + 1|t) + 0.012u(t) - 0.372u(t - 1)$$

MATLab

Diophantine 식의 계산

아래에 제시된 함수 diophan을 이용하여 Diophantine 식 $B = E_kD + z^{-k}F_k$를 계산할 수 있다. 이 함수의 호출은 [E F] = diophan(B,D,k)와 같다.

$B = E_kD + z^{-k}F_k$에서 $B = 1$, $D = (1 - 0.8z^{-1})(1 - z^{-1})$일 때 E_1, E_2, E_3 및 F_1, F_2, F_3를 구하여 보자. 함수 diophan으로부터 $k = 1, 2, 3$에 따라 E_1, E_2, E_3 및 F_1, F_2, F_3가 얻어진다. MATLAB 프로그램 수행결과는 다음과 같다.

```
>> B=1; D=conv([1 -0.8],[1 -1]);
>> [E F] = diophan(B,D,1)
```

```
F =
     2.4400   -1.4400
```

```
E =
     1
F =
   1.8000   -0.8000
>> [E F] = diophan(B,D,2)
E =
   1.0000    1.8000
```

```
>> [E F] = diophan(B,D,3)
E =
   1.0000    1.8000    2.4400
F =
   2.9520   -1.9520
```

다음은 함수 diophan이다.

```
function [e f] = diophan(B,D,i)
% 다항식 Ei(=e)와 Fi(=f)를 계산
% Diophantine equation: B/D = Ei + (q^-i)Fi/D
% 보기) B=1이고 D=1-0.9z^-1+1.8z^-2인 경우 B=1, D=[1 -0.9 1.8]
if length(B) == length(D)
      j = i-1; z = zeros(j); for k = 1:j, w(k) = z(1,k); end;
      [e f] = deconv([B w],D); % 다항식 나눗셈
elseif length(B) < length(D)
      j = length(D)-length(B)+i-1; z = zeros(j); for k = 1:j, w(k) = z(1,k); end
      [e f] = deconv([B w],D);
else
      if length(B)-length(D)-i+1 > 0
            j = length(B)-length(D)-i+1; z = zeros(j); for k = 1:j, w(k) = z(1,k); end
            [e f] = deconv(B,[D w]);
      else
            j = i-1-length(B)+length(D); z = zeros(j); for k = 1:j, w(k) = z(1,k); end
            [e f] = deconv([B w],D);
      end
end
% Remove first i elements of f
f = f(i+1:length(f));
% Remove trailing zero elements from e
if length(D) == 1, len = min(i, length(B)); else, len = i; end
e = e(1:len);
end
```

21.3.4 시간지연이 있는 자동회귀 이동평균 모델

시간지연이 존재하는 자동회귀 이동평균 모델(ARMA)은 다음과 같이 나타낼 수 있다:

$$A(z^{-1})y(t) = z^{-d}B(z^{-1})u(t-1) + C(z^{-1})\frac{e(t)}{\Delta} \tag{21.15}$$

위에서 d는 dT의 시간지연을 나타내며 $\Delta = 1 - z^{-1}$이고 $e(t)$는 백색잡음이다. 다항식 $A(z^{-1})$, $B(z^{-1})$ 및 $C(z^{-1})$는

$$A(z^{-1}) = 1 + a_1 z^{-1} + a_2 z^{-2} + \cdots + a_{na} z^{-na}$$
$$B(z^{-1}) = b_0 + b_1 z^{-1} + b_2 z^{-2} + \cdots + b_{nb} z^{-nb}$$
$$C(z^{-1}) = 1 + c_1 z^{-1} + c_2 z^{-2} + \cdots + c_{nc} z^{-nc}$$

의 형태를 갖는다. $C(z^{-1})$는 대개 1로 둔다. Diophantine 식 (21.12)에서 $D(z^{-1}) = \Delta A(z^{-1}) = \tilde{A}(z^{-1})$로 두면

$$1 = E_k(z^{-1})\tilde{A}(z^{-1}) + z^{-k}F_k(z^{-1}) \tag{21.16}$$

이다. Diophantine 식 (21.16)을 이용하기 위하여 $C(z^{-1}) = 1$로 두고 식 (21.15)의 양변에 $\Delta E_j(z^{-1})z^{-j}$를 곱하면

$$\tilde{A}(z^{-1})E_j(z^{-1})y(t+j) = E_j(z^{-1})B(z^{-1})\Delta u(t+j-d-1) + E_j(z^{-1})e(t+j)$$

가 된다. Diophantine 식 (21.16)으로부터 $E_j(z^{-1})\tilde{A}(z^{-1}) = 1 - z^{-j}F_j(z^{-1})$이므로 위의 관계로부터

$$\left\{1 - z^{-j}F_j(z^{-1})\right\}y(t+j) = E_j(z^{-1})B(z^{-1})\Delta u(t+j-d-1) + E_j(z^{-1})e(t+j)$$

를 얻는다. 이를 다시 정리하면

$$y(t+j) = F_j(z^{-1})y(t) + E_j(z^{-1})B(z^{-1})\Delta u(t+j-d-1) + E_j(z^{-1})e(t+j) \tag{21.17}$$

와 같다. 미래의 백색잡음 $e(t+j)$는 예측이 불가능하며 0으로 간주할 수 있으므로 미래의 공정 출력은 다음과 같이 나타낼 수 있다:

$$\hat{y}(t+j|t) = G_j(z^{-1})\Delta u(t+j-d-1) + F_j(z^{-1})y(t) \tag{21.18}$$

위에서 $G_j(z^{-1}) = E_j(z^{-1})B(z^{-1})$이다.

이제 $N_1 = d+1,\ N_2 = d+N,\ N_u = N$으로 두면

$$\hat{y}(t+d+1|t) = G_{d+1}(z^{-1})\Delta u(t) + F_{d+1}(z^{-1})y(t)$$
$$\hat{y}(t+d+2|t) = G_{d+2}(z^{-1})\Delta u(t+1) + F_{d+2}(z^{-1})y(t)$$
$$\vdots$$
$$\hat{y}(t+d+N|t) = G_{d+N}(z^{-1})\Delta u(t+N-1) + F_{d+N}(z^{-1})y(t)$$

이다. 이를 다시 쓰면 다음과 같다:

$$\underline{y} = P\underline{u} + \underline{F}(z^{-1})y(t) + \underline{P}'(z^{-1})\Delta u(t-1) = P\underline{u} + \underline{v} \tag{21.19}$$

위에서 $\underline{v} = \underline{F}(z^{-1})y(t) + \underline{P}'(z^{-1})\Delta u(t-1)$이며

$$\underline{y} = \begin{bmatrix} \hat{y}(t+d+1|t) \\ \hat{y}(t+d+2|t) \\ \vdots \\ \hat{y}(t+d+N|t) \end{bmatrix}, \quad \underline{u} = \begin{bmatrix} \Delta u(t) \\ \Delta u(t+1) \\ \vdots \\ \Delta u(t+N-1) \end{bmatrix}, \quad P = \begin{bmatrix} p_0 & 0 & \cdots & 0 \\ p_1 & p_0 & \cdots & 0 \\ \vdots & \vdots & \ddots & \vdots \\ p_{N-1} & p_{N-2} & \cdots & p_0 \end{bmatrix},$$

$$\underline{P}'(z^{-1}) = \begin{bmatrix} \{G_{d+1}(z^{-1}) - p_0\}z \\ \{G_{d+2}(z^{-1}) - p_0 - p_1 z^{-1}\}z^2 \\ \vdots \\ \{G_{d+N}(z^{-1}) - p_0 - p_1 z^{-1} - \cdots - p_{N-1}z^{-(N-1)}\}z^N \end{bmatrix}$$

이고 $\underline{F}(z^{-1})$는 $\underline{F}(z^{-1}) = \begin{bmatrix} F_{d+1}(z^{-1}) \\ F_{d+2}(z^{-1}) \\ \vdots \\ F_{d+N}(z^{-1}) \end{bmatrix}$로 주어진다. 만일 모든 초기값들이 0이라면 $\underline{v} = 0$이다. 이 경우 현재시간 t에서 단위계단 입력이 도입된다면

$$\Delta u(t) = 1, \ \Delta u(t+1) = \cdots = \Delta u(t+N-1) = 0$$

이므로

$$\underline{y} = P\underline{u} = P\begin{bmatrix} 1 \\ 0 \\ \vdots \\ 0 \end{bmatrix} = \begin{bmatrix} p_0 \\ p_1 \\ \vdots \\ p_{N-1} \end{bmatrix} \quad \textbf{(21.20)}$$

이다. 이는 P의 첫 번째 열이 된다. 행렬 P의 원소들은 P의 첫 번째 열의 원소들로 구성되므로 공정의 단위계단 응답으로부터 P 행렬이 정해지는 셈이다.

보기 21.6

어떤 공정의 모델이 $(1 - 0.8z^{-1})y(t) = (0.4 + 0.6z^{-1})u(t-1) + \frac{e(t)}{\Delta}$와 같이 주어져 있다. 즉 $d = 0, \ C(z^{-1}) = 1$이며 $\Delta = 1 - z^{-1}$이다. $N_1 = 1, \ N_u = N = 3$일 때 P, $\underline{P}'$, 그리고 $\underline{F}$를 구하여라.

풀이

Diophantine 식으로부터 $\frac{1}{\tilde{A}(z^{-1})} = 1 + \frac{(1.8 - 0.8z^{-1})}{\tilde{A}(z^{-1})}z^{-1}$. 그런데

$$\tilde{A}(z^{-1}) = (1 - 0.8z^{-1})(1 - z^{-1}) = 1 - 1.8z^{-1} + 0.8z^{-2}$$

이므로 긴 나눗셈으로부터 $E_3(z^{-1}) = 1 + 1.8z^{-1} + 2.44z^{-2}$, $F_3(z^{-1}) = 2.952 - 1.952z^{-1}$을 얻는다. 이로부터

$$P = \begin{bmatrix} 0.4 & 0 & 0 \\ 1.32 & 0.4 & 0 \\ 2.056 & 1.32 & 0.4 \end{bmatrix}, \quad \underline{F}(z^{-1}) = \begin{bmatrix} 1.8 - 0.8z^{-1} \\ 2.44 - 1.44z^{-1} \\ 2.952 - 1.952z^{-1} \end{bmatrix},$$

$$\underline{P}'(z^{-1}) = \begin{bmatrix} (0.4+0.6z^{-1}-0.4)z \\ (0.4+1.32z^{-1}+1.08z^{-2}-0.4-1.32z^{-1})z^2 \\ (0.4+1.32z^{-1}+2.056z^{-2}+1.464z^{-3}-0.4-1.32z^{-1}-2.056z^{-2})z^3 \end{bmatrix} = \begin{bmatrix} 0.6 \\ 1.08 \\ 1.464 \end{bmatrix}$$

MATLab

미래 공정출력의 계산(ARMA 모델)

어떤 공정의 모델이 $y(t) = \dfrac{0.3z^{-1}}{1-0.2z^{-1}}u(t) + n(t)$와 같으며 교란변수 $n(t) = \dfrac{d(t)}{D(z^{-1})}$에서 $D(z^{-1}) = A\Delta = (1-0.2z^{-1})(1-z^{-1}) = 1-1.2z^{-1}+0.2z^{-2}$일 때 미래시점 $t+3$에서의 출력 $\hat{y}(t+3|t) = G(z^{-1})y(t) + H(z^{-1})u(t+3|t)$을 구해 보자.

다음에 보인 MATLAB 함수 singpred를 이용할 수 있다. 이 함수에서는 앞에서 소개한 함수 diophan을 이용하여 예측을 수행하며 다항식 G와 H의 계수벡터를 반환한다. 이 함수의 호출은 [G H] = singpred(A,B,D,k)와 같으며 k는 미래 예측구간이다.

```
function [G,H] = singpred(A,B,D,k)
% Compute Ek and Fk by Diophantine eqn.
pn = [1 zeros(1:length(D)-1)]; [E F] = diophan(pn, D, k);
% Polynomial for predictor
G = F; H = conv(conv(E,B),[1 -1]);
end
```

함수 singpred의 수행결과는 다음과 같다.

```
>> A = [1 -0.2]; B = [0 0.3]; D = conv(A, [1 -1]);
>> [G H] = singpred(A,B,D,3)
G =
    1.2480   -0.2480
H =
         0    0.3000    0.0600    0.0120   -0.3720
```

21.3.5 상태함수 모델

선형 시스템은 다음과 같은 상태함수 모델로 나타낼 수 있다.

$$z(t+1) = Az(t) + Bu(t),\ \ y(t) = Cz(t) + Du(t)$$

위에서 $z \in R^{n\times 1}$, $y \in R^{1\times n}$, $u \in R^{m\times 1}$, $A \in R^{n\times n}$, $B \in R^{n\times m}$, $D \in R^{1\times m}$이다. 일반적으로 $D = [0]$ 이다. $D = [0]$인 경우 위의 모델식을 $\Delta u(t) = u(t) - u(t-1)$을 이용하여 다시 쓰면

$$z(t+1) = Az(t) + Bu(t-1) + B\Delta u(t),\ \ u(t) = u(t-1) + \Delta u(t),\ \ y(t) = Cz(t)$$

와 같다. 이로부터

$$\begin{bmatrix} z(t+1) \\ u(t) \end{bmatrix} = \begin{bmatrix} A & B \\ 0 & I \end{bmatrix} \begin{bmatrix} z(t) \\ u(t-1) \end{bmatrix} + \begin{bmatrix} B \\ I \end{bmatrix} \Delta u(t)$$

$$y(t) = [C \;\; 0] \begin{bmatrix} z(t) \\ u(t-1) \end{bmatrix}$$

를 얻는다. 새로운 상태벡터를 $x(t) = \begin{bmatrix} z(t) \\ u(t-1) \end{bmatrix}$와 같이 정의하면

$$x(t+1) = Mx(t) + N\Delta u(t), \;\; y(t) = Qx(t) \tag{21.21}$$

의 상태함수 모델을 얻는다. 위에서

$$M = \begin{bmatrix} A & B \\ 0 & I \end{bmatrix}, \; N = \begin{bmatrix} B \\ I \end{bmatrix}, \; Q = [C \;\; 0]$$

이다. 위의 관계로부터 미래 시점 $t+j$에서의 출력은

$$\hat{y}(t+j) = QM^j \hat{x}(t) + \sum_{i=0}^{j-1} QM^{j-i-1} N\Delta u(t+i)$$

로 주어짐을 알 수 있다. 따라서 $j=1$에서 $j=N_2$까지의 미래 출력은

$$\underline{y} = \begin{bmatrix} \hat{y}(t+1|t) \\ \hat{y}(t+2|t) \\ \vdots \\ \hat{y}(t+N_2|t) \end{bmatrix} = \begin{bmatrix} QM\hat{x}(t) + QN\Delta u(t) \\ QM^2\hat{x}(t) + \sum_{i=0}^{1} QM^{1-i} N\Delta u(t+i) \\ \vdots \\ QM^{N_2}\hat{x}(t) + \sum_{i=0}^{N_2-1} QM^{N_2-i-1} N\Delta u(t+i) \end{bmatrix} = F\hat{x}(t) + R\underline{u} \tag{21.22}$$

와 같이 쓸 수 있다. 위에서

$$F = \begin{bmatrix} QM \\ QM^2 \\ \vdots \\ QM^{N_2} \end{bmatrix}, \; R = \begin{bmatrix} QN & & & & \\ QMN & QN & & & \\ QM^2N & QMN & QN & \cdots & \\ \vdots & \vdots & \vdots & \ddots & \vdots \\ QM^{N_u-1}N & QM^{N_u-2}N & QM^{N_u-3}N & \cdots & QN \\ QM^{N_u}N & QM^{N_u-1}N & QM^{N_u-2}N & \cdots & QMN \\ \vdots & \vdots & \vdots & \cdots & \vdots \\ QM^{N_2-1}N & QM^{N_2-2}N & QM^{N_2-3}N & \cdots & QM^{N_2-N_u}N \end{bmatrix}, \; \underline{u} = \begin{bmatrix} \Delta u(t) \\ \Delta u(t+1) \\ \vdots \\ \Delta u(t+N_u-1) \end{bmatrix}$$

이다.

보기 21.7

어떤 공정의 상태함수 모델로부터 $M = \begin{bmatrix} 1 & 0 \\ 2 & -1 \end{bmatrix}$, $N = \begin{bmatrix} 1 \\ 1 \end{bmatrix}$, $Q = [1 \;\; 1]$을 얻었다. $N_2 = 3$, $N_u = 2$일 때 F와 R을 구하여라.

풀이

F와 R의 정의로부터 다음 결과를 얻을 수 있다:

$$F = \begin{bmatrix} 3 & -1 \\ 1 & 1 \\ 3 & -1 \end{bmatrix}, \quad H = \begin{bmatrix} 2 & 0 \\ 2 & 2 \\ 2 & 2 \end{bmatrix}$$

MATLab

미래 공정출력의 계산(상태함수 모델)

어떤 공정의 상태함수 모델로부터 $M = \begin{bmatrix} 1 & 0 \\ 2 & -1 \end{bmatrix}$, $N = \begin{bmatrix} 1 \\ 1 \end{bmatrix}$, $Q = [1\ \ 1]$을 얻었다. $N_2 = 3$, $N_u = 2$일 때 F와 H를 구해 보자.

아래에 보인 MATLAB 함수 predmat1을 이용한다. 이 함수의 호출은 [G H] = predmat1(N2, Nu, M, N, Q)와 같이 수행한다. 이 함수의 수행결과는 다음과 같다.

```
>> M = [1 0;2 -1]; N=[1; 1]; Q=[1 1];
>> N2 = 3; Nu = 2;
>> [F H] = predmat1(N2, Nu, M, N, Q)
F =
     3    -1
     1     1
     3    -1
H =
     2     0
     2     2
     2     2
```

다음은 함수 predmat1이다.

```
function [F H] = predmat1(N2,Nu,M,N,Q)
% 예측모델의 계수행렬 계산
% hat_y = F x(k) + H del_(hat_U)
[mr mc] = size(M); [nr nc] = size(N); [qr qc] = size(Q);
n = mr; m = nc;
% Initialize
% Dimension; F:(qr*N2)xn, H:(qr*N2)x(m*Nu)
F = zeros(qr*N2,n); H = zeros(qr*N2,m*Nu);
% F
for i = 1:N2, fc{i} = Q*(M^i); end
Fc = fc';
for i = 1:N2
    for j = 1:qr
          for k = 1:n, F((i-1)*qr+j,k) = Fc{i}(j,k); end
    end
end
% H
```

```
for j = 1:N2, gc{j} = Q*(M^(j-1))*N; end
for j = 1:Nu
    for i= j:N2, hc{i,j} = gc{i-j+1}; end
end
for j = 1:Nu
    for i = j:N2
        for ir = 1:qr
            for jr = 1:m, H((i-1)*qr+ir, (j-1)*m+jr) = hc{i,j}(ir,jr); end
        end
    end
end
end
```

21.4 모델예측제어방법

21.4.1 목적함수

모델예측제어방법에서는 미리 설정해 둔 목적함수를 최소화함으로써 미래에 적용될 입력값들을 계산한다. 목적함수는 대개 예측된 출력과 원하는 출력경로 $w(t+j)$ 사이의 차이로 구성되는 다음과 같은 2차 함수의 형태를 갖는다.

$$J(N_1, N_2, N_u) = \sum_{j=N_1}^{N_2} \delta(j)[\hat{y}(t+j|t) - w(t+j)]^2 + \sum_{j=1}^{N_u} \lambda(j)[\Delta u(t+j-1)]^2 \quad \textbf{(21.23)}$$

위에서 N_1, N_2는 미래예측 구간($N_1 \le N_2$)이며 N_u는 제어입력이 변하는 미래의 시간구간이다. δ 및 λ는 각각 가중치로서 일정한 값을 가지거나 j에 따라 변하는 값을 갖는다.

원하는 미래의 출력 경로 $w(t+j)$는 임의로 여러 가지 형태를 가정할 수 있는데 보통 다음과 같은 형태가 이용된다:

$$w(t) = y(t),\ w(t+j) = \alpha w(t+j-1) + (1-\alpha) r(t+j) \quad \textbf{(21.24)}$$

$$w(t) = y(t),\ w(t+j) = r(t+j) - \alpha^j [y(t) - r(t)]$$

위에서 $r(t+j)$는 설정값이며 α는 $0 \le \alpha \le 1$의 범위를 갖는다.

21.4.2 임펄스응답 모델을 이용한 예측제어

목적함수 (21.23)에서 $N_1 = 1$, $\delta(j) = 1$, $\lambda(j) = \lambda$라고 가정한다면 식 (21.23)의 미래 출력항 $\hat{y}(t+j|t)$에 식 (21.3)을 대입하여 다음과 같은 형태를 얻을 수 있다:

$$J = [H_1 \underline{u}_+ + \underline{e} - \underline{w}]^T \left[H_1 \underline{u}_+ + \underline{e} - \underline{w}\right] + \lambda \underline{u}_+^T \underline{u}_+ \quad \textbf{(21.25)}$$

위에서

$$\underline{w} = \begin{bmatrix} w(t+1) \\ w(t+2) \\ \vdots \\ w(t+N_2) \end{bmatrix}$$

로서 원하는 미래 공정출력 벡터이다. 제약조건을 고려하지 않는다면 $\dfrac{\partial J}{\partial \underline{u}} = 0$으로부터

$$\underline{u}_+ = [H_1^T H_1 + \lambda I]^{-1} H_1^T [\underline{w} - \underline{e}] \quad \textbf{(21.26)}$$

를 얻는다.

보기 21.8

$y(t) = \dfrac{4z^{-1}}{1 - 0.2z^{-1}} u(t)$와 같이 표현되는 어떤 공정에 크기가 0.05로서 일정한 교란변수가 도입되고 있다. 설정값 $r(t+j)$는 8로서 일정하며 샘플링 시간 $T = 1$이고 과거의 입력변수 값들은 모두 1이다. $N_1 = 1$, $N_2 = 2$, $\lambda = 1$일 때 임펄스응답 모델을 이용한 예측제어로부터 미래의 제어입력을 구하여라. 원하는 미래의 공정 출력은

$$w(t) = y(t), \qquad w(t+j) = \alpha w(t+j-1) + (1-\alpha) r(t+j)$$

로 표현되며 $\alpha = 0.8$, $y(t) = 5.0$이다. 단위계단 입력이 도입되었다고 가정한다.

풀이

단위계단 입력이 도입되었다면

$$y(z) = \frac{4z^{-1}}{1 - 0.2z^{-1}} \frac{1}{1 - z^{-1}} = 5\left(\frac{1}{1 - z^{-1}} - \frac{1}{1 - 0.2z^{-1}}\right)$$

따라서 $y(t) = 5(1 - 0.2^t)$이다.

k	$y(k) = g_k$
0	0
1	4.0
2	4.8
3	4.96
4	5.0
5	5.0

즉 $h_0 = 0$, $h_1 = g_1 - g_0 = 4$, $h_2 = g_2 - g_1 = 0.8$, $\cdots$, $h_4 = g_4 - g_3 = 0.04$, $h_5 = g_5 - g_4 = 0$를 얻으며 $N = 4$임을 알 수 있다. $N_2 = 2$이므로

$$H_1 = \begin{bmatrix} 4 & 0 \\ 0.8 & 4 \end{bmatrix}, \qquad H_2 = \begin{bmatrix} 0.04 & 0.16 & 0.8 \\ 0 & 0.04 & 0.16 \end{bmatrix}, \qquad \underline{u}_- = \begin{bmatrix} 1 \\ 1 \\ 1 \end{bmatrix}$$

를 얻는다. 따라서

$$\underline{e} = H_2\underline{u}_- + \underline{n} = \begin{bmatrix} 0.04 & 0.16 & 0.8 \\ 0 & 0.04 & 0.16 \end{bmatrix}\begin{bmatrix} 1 \\ 1 \\ 1 \end{bmatrix} + \begin{bmatrix} 0.05 \\ 0.05 \end{bmatrix} = \begin{bmatrix} 1.05 \\ 0.25 \end{bmatrix}$$

이다. $y(t) = 5.0$이므로 $w(t+k) = 0.8w(t+k-1) + (0.2)(8) = 0.8w(t+k-1) + 1.6$으로부터

$$w(t+1) = (0.8)(5.0) + 1.6 = 5.6, \qquad w(t+2) = (0.8)(5.6) + 1.6 = 6.08$$

를 얻는다. 즉 $\underline{w} = \begin{bmatrix} 5.6 \\ 6.08 \end{bmatrix}$이므로 $\underline{w} - \underline{e} = \begin{bmatrix} 4.55 \\ 5.83 \end{bmatrix}$이며 $H_1^T H_1 + \lambda I = \begin{bmatrix} 17.64 & 3.2 \\ 3.2 & 17 \end{bmatrix}$이므로 식 (21.26)으로부터 $\underline{u}_+ = \begin{bmatrix} 1.0843 \\ 1.1677 \end{bmatrix}$을 얻는다. 실제 운전에서는 $u(t) = 1.0843$만을 적용하고 다음 샘플링 시간에서 지금까지와 동일한 계산을 반복한다.

21.4.3 계단응답 모델을 이용한 예측제어

목적함수 (21.23)에서 $N_1 = 1,\ \delta(j) = 1,\ \lambda(j) = \lambda$라고 가정한다면 목적함수 (21.23)의 미래 출력항 $\hat{y}(t+j|t)$에 식 (21.8)을 대입하여 다음과 같은 형태를 얻을 수 있다:

$$J = [G\underline{u} + \underline{f} - \underline{w}]^T \left[G\underline{u} + \underline{f} - \underline{w}\right] + \lambda \underline{u}^T \underline{u} \qquad \textbf{(21.27)}$$

제약조건을 고려하지 않는다면 $\dfrac{\partial J}{\partial \underline{u}} = 0$으로부터

$$\underline{u} = [G^T G + \lambda I]^{-1} G^T [\underline{w} - \underline{f}] \qquad \textbf{(21.28)}$$

를 얻는다. 동특성 행렬 G를 이용하는 위와 같은 제어방법은 흔히 DMC(Dynamic Matrix Control; 동특성 행렬제어)라고 일컫는다.

보기 21.9

$(1 - 0.5z^{-1})y(t) = 2z^{-1}u(t)$와 같이 표현되는 어떤 공정에 크기가 0.05로서 일정한 교란변수가 도입되고 있다. 설정값은 2로서 일정하며 샘플링 시간 $T = 1$이고 과거의 입력변수 값들은 모두 0이다. $N_1 = 1,\ N_2 = 5,\ N_u = 3,\ \lambda = 0.8$일 때 DMC에 의한 제어입력 $\underline{u}$를 구하여라. $y_m(t) = 1.0$이며 단위계단 입력이 도입되었다고 가정한다.

풀이

단위계단 입력이 도입되었다면

$$y(z) = \frac{2z^{-1}}{1-0.5z^{-1}}u(z) = \frac{2z^{-1}}{1-0.5z^{-1}} \cdot \frac{1}{1-z^{-1}} = 4\left(\frac{1}{1-z^{-1}} - \frac{1}{1-0.5z^{-1}}\right)$$

따라서 $T = 1$이므로 $y(t) = 4(1 - e^{-0.693t})$이다.

k	$y(k) = g_k$
0	0
1	2.0
2	3.0
3	3.5
4	3.748
5	3.876
⋮	⋮
9	3.992
10	3.996
11	3.997

위의 결과로부터 $N = 10$이며 아울러

$$G = \begin{bmatrix} 2 & 0 & 0 \\ 3 & 2 & 0 \\ 3.5 & 3 & 2 \\ 3.748 & 3.5 & 3 \\ 3.876 & 3.748 & 3.5 \end{bmatrix}$$

임을 알 수 있다. 한편 $y_m(t) = 1.0$이고 과거의 입력변수 값들은 모두 0이므로 교란변수 $d = 0.05$로부터

$$\underline{f} = [1.05 \;\; 1.05 \;\; 1.05 \;\; 1.05 \;\; 1.05]^T$$

이다. 따라서

$$\underline{w} - \underline{f} = [2 \;\; 2 \;\; 2 \;\; 2 \;\; 2]^T - \underline{f} = [0.95 \;\; 0.95 \;\; 0.95 \;\; 0.95 \;\; 0.95]^T$$

를 얻는다. 한편

$$G^TG = \begin{bmatrix} 54.3209 & 44.1452 & 31.8100 \\ 44.1452 & 39.2975 & 29.6180 \\ 31.8100 & 29.6180 & 25.2500 \end{bmatrix}, \qquad \lambda = 0.8$$

이므로

$$\underline{u} = [G^T G + \lambda I]^{-1} G^T \left[\underline{w} - \underline{f}\right] = \begin{bmatrix} 0.3782 \\ -0.0878 \\ -0.0523 \end{bmatrix}$$

을 얻는다. 실제 운전에서는 $\underline{u}$의 첫 번째 원소인 $\Delta u(t) = 0.3782$만이 이용되며 다음 샘플링 시간에서 위와 동일한 계산이 반복된다.

MATLab

DMC 방법의 계산

$(1 - 0.5z^{-1})y(t) = 2z^{-1}u(t)$와 같이 표현되는 어떤 공정에 크기가 0.05로서 일정한 교란변수가 도입되고 있다. 설정값은 2로서 일정하며 샘플링 시간 $T = 1$이고 과거의 입력변수 값들은 모두 0이다. $N_1 = 1,\ N_2 = 5,\ N_u = 3,\ \lambda = 0.8$일 때 DMC에 의한 제어입력 $\underline{u}$를 구해 보자. $y_m(t) = 1.0$이다.

DMC는 다음에 보인 MATLAB 스크립트 simdmc에 의하여 수행된다. 수행결과는 다음과 같은 그래프로 나타난다.

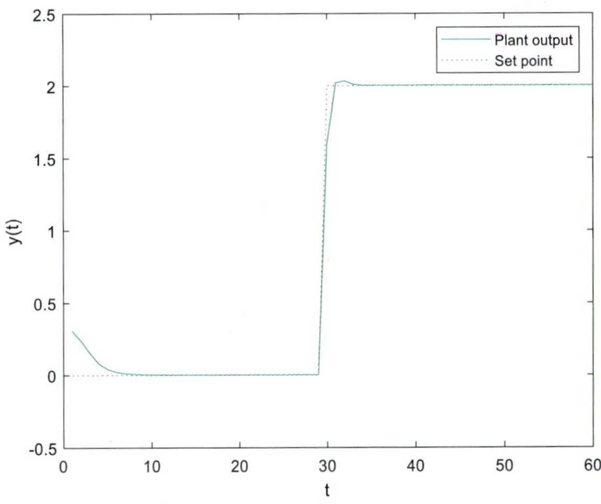

그림 21.7 간단한 DMC 제어계산.

```
% simdmc.m: Simple DMC program
clear all;
num = 2; den = [1 -0.5]; % num: numerator, den: denominator
Ts = 1; N2 = 5; Nu = 3; % Ts: sampling time, N2: prediction horizon, Nu:
input suppression
setp = 2; dist = 0.5; lamda = 0.8; % setp: set point, dist: constant disturbance
kmax = 60;              % maximum iteration
% Get dynamic matrix
delay = 3;              % arbitrary starting chexk point for convergence
tol = 1e-3; p = N2; m = Nu;
G = tf(num,den,Ts);     % G(z) as transfer function with given Ts
```

```
[y,t] = step(G);          % Compute unit step response
[nr nc] = size(y);
for k = 1:nr-1, g(k) = y(k+1); end  % shift index (g(1)=y(0), g(2)=y(1), ...)
for i = delay:nr-1 % After i=N, g(N)=g(N+1)=g(N+2)=,,,=const)
    if (abs(g(i)-g(i+1)) <= tol), N = i; break; end
end
G = zeros(p, m); % G: dynamic matrix
for j = 1:m
    for i = j:p, G(i,j) = g(i+1-j); end
end
% Present output(measured) and input data
ym = 1.0; us = 0.25; du = zeros(1,N);
% Disturbance(d)
d = zeros(p,1); for i = 1:p, d(i,1) = dist; end
% Unforced output(f)
x = zeros(N,1); x(1,1) = ym; for i = 2:N, x(i,1) = du(1,i-1); end
Gf = zeros(p,N-1); F = ones(p,N);
for i = 1:p
      for j = 1:N-1
            if (i+j < N), Gf(i,j) = g(i+j)-g(j); else, Gf(i,j) = g(N)-g(j); end
      end
end
for i = 1:p
      for j = 2:N, F(i,j) = Gf(i,j-1); end
end
f = F*x + d; yp = zeros(1,kmax); r = zeros(1,kmax);
% Iteration
for k = 1:kmax % Set point(W)
      if k < kmax/2, sval = 0; else, sval = setp; end
      W = zeros(p,1);
      for i = 1:p, W(i,1) = sval; end
      % Compute future input vector
      u = inv(G'*G + lamda*eye(m))*(G')*(W-f);
      % Update delta_U
      du_old = du; du(1,1) = u(1); for i = 2:N, du(1,i) = du_old(1,i-1); end
      % Measure output ym : y(k)=0.5y(k-1)+2u(k)+d
      us = us + u(1); y1 = ym; ym = 0.5*y1 + 2*us + dist;
      % Update x and f
      x(1,1) = ym; for i = 2:N, x(i,1) = du(1,i-1); end
      f = F*x; yp(k) = ym; r(k) = sval;
end
kp = [1:kmax]; plot(kp,yp,kp,r,':'), xlabel('t'), ylabel('y(t)'), legend('Plant
output','Set point')
```

21.4.4 자동회귀 이동평균 모델을 이용한 예측제어

목적함수 (21.23)에서 $N_1 = d + 1$, $N_2 = d + N$, $N_u = N$, 그리고 $\delta(j) = 1$, $\lambda(j) = \lambda$라고 두면 목적함수 (21.23)의 미래 출력항 $\hat{y}(t+j|t)$에 식 (21.19)를 대입하여 다음과 같은 형태를 얻을 수 있다:

$$J = [P\underline{u} + \underline{v} - \underline{w}]^T[P\underline{u} + \underline{v} - \underline{w}] + \lambda\underline{u}^T\underline{u} \tag{21.29}$$

제약조건을 고려하지 않는다면 $\dfrac{\partial J}{\partial \underline{u}} = 0$으로부터

$$\underline{u} = [P^T P + \lambda I]^{-1} P^T [\underline{w} - \underline{v}] \tag{21.30}$$

를 얻는다. 시간지연이 존재하는 자동회귀 이동평균(ARMA) 모델 (21.19)를 이용하는 예측제어는 일반 예측제어방법(Generalized Predictive Control, GPC)[2]이라고 부르기도 한다.

MATLab

일반 예측제어(GPC) 방법의 계산

어떤 공정의 모델이 $(1 - 0.4z^{-1})y(t) = z^{-4}(0.2 + 0.5z^{-1})u(t-1) + \dfrac{e(t)}{\Delta}$와 같이 주어져 있다. 여기에서 $\Delta = 1 - \mathrm{z}^{-1}$이다. $N_1 = d = 4$, $N_2 = d + N$, $N_u = N$, $N = 5$, $\lambda = 1$일 때 GPC에 의한 제어입력을 구해 보자. 공정에는 ± 0.02 범위의 백색잡음(랜덤변수로 간주)이 교란변수로 도입되고 있다. GPC는 다음에 보인 MATLAB 스크립트 simgpc에 의하여 수행된다. 수행결과는 그림 21.8과 같은 그래프로 나타난다.

```
% simgpc.m: Simple GPC program
clear all;
A = [1 -0.4]; B = [0.2 0.5]; % A(z^-1), B(z^-1)
delay = 4; N = 5; % prediction  horizon
setp = 1; % set point
lamda = 1; kmax = 200; % maximum iteration
% Set time interval
N1 = delay+1; N2 = delay+N; Nu = N;
% Determine G, Gp and F
[G Gp F] = coematgpc(A,B,N,delay); [rF cF] = size(F); [rG cG] = size(Gp);
% Order of polynomials
nA = length(A); nB = length(B);
na = nA-1; nb = nB-1; % na: order of A, nb: order of B
mt = max(na+2, 2+delay+nb); km = kmax+mt-1; kw = km+delay+N;
% Compute H = (G'G+lamda*I)^-1*G'
H = inv(G'*G + lamda*eye(N)) * G'; Hu = H(1,:); % take 1st row of H
% Setpoint
for k = 1:kw
```

2. D. W. Clarke, C. Mohtadi and P. S. Tuffs; "Generalized predictive control. Part I. The basic algorithm", *Automatica*, 23(2), p.137–148 (1987).

```
        if k < kw/2, w(k) = 0; else, w(k) = setp; end
end
% Initialize data
pa = [A 0]; pb = B;
for i=1:mt, y(i) = 0; end  % initial values of past outputs
for i=1:mt, du(i) = 0; u(i) = 0; end % initial values of past input increments
% Begin iterations
for t = mt:km
        dist = randn/50; % Disturbance
        for i = 1:N, wf(i) = w(t+delay+i); end % Set w vector
        wv = wf';
        % Plant output measured
        sumy = 0; for i = 1:na+1, sumy = sumy + (pa(i)-pa(i+1))*y(t-i); end
        sumu = 0; for i = 1:nB, sumu = sumu + pb(i)*du(t-delay-i); end
        y(t) = sumy + sumu + dist;
        % Compute past data vector f (dimension of F: rF x cF)
        for j = 1:rF, sumf = 0;
                for i = 1:cF, sumf = sumf + F(j,i)*y(t-i+1); end
                sumu = 0;
                for i = 1:cG    % dimension of Gp: rG x cG
                        lgp = length(Gp{j,i}); for iz = 1:lgp, dup(iz) = du(t-iz); end
                        sumu = sumu + Gp{j,i}*dup';
                end
                fval(j) = sumf + sumu;
        end
        fv = fval'; du(t) = Hu*(wv-fv); u(t) = u(t-1) + du(t); % Compute du(t)
end
% Plot results
x = [mt:km] - mt + 1; w = w(mt:length(x)+mt-1);
y = y(mt:length(x)+mt-1); u = u(mt:length(x)+mt-1);
subplot(2,1,1), plot(x,y,x,w,':'), title('Output y(t)')
xlabel('t'), ylabel('y(t)'),legend('Plant output','Set point')
subplot(2,1,2), plot(x,u), grid, xlabel('t'), ylabel('u(t)'), title('Input u(t)')
```

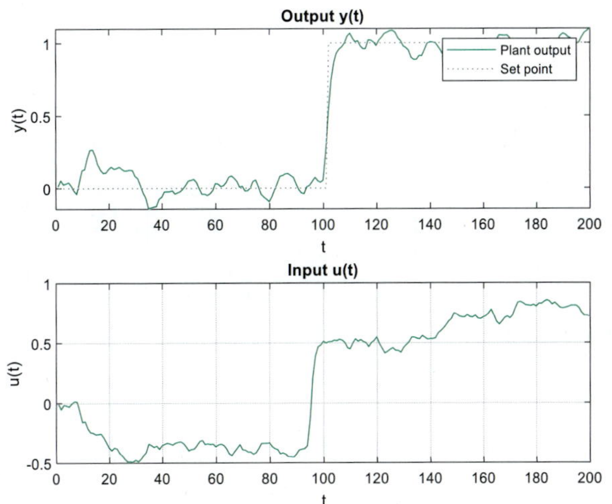

그림 21.8 간단한 GPC 제어계산.

21.4.5 상태함수를 이용한 예측제어

목적함수 (21.23)에서 에서 $N_1 = 1,\ \delta(j) = 1,\ \lambda(j) = \lambda$라고 가정한다면 식 (21.23)의 미래 출력항 $\hat{y}(t+j|t)$에 식 (21.22)를 대입하여 다음과 같은 형태를 얻을 수 있다:

$$J = [R\underline{u} + F\hat{x}(t) - \underline{w}]^T[R\underline{u} + F\hat{x}(t) - \underline{w}] + \lambda\underline{u}^T\underline{u} \tag{21.31}$$

제약조건을 고려하지 않는다면 $\dfrac{\partial J}{\partial \underline{u}} = 0$으로부터

$$\underline{u} = [R^T R + \lambda I]^{-1} R^T [\underline{w} - F\hat{x}(t)] \tag{21.32}$$

를 얻는다.

21.5 내부모델 제어(Internal Model Control, IMC)

21.5.1 내부모델 제어구조

Garcia와 Morari[3]는 다양한 모델기반 제어방법들을 IMC(내부모델 제어)라는 하나의 통합된 개념으로 정리할 수 있음을 보였다. IMC 방법의 개략적인 구조는 그림 21.9에 보인 바와 같다.

3. Garcia, C. E. and Morari, M.: "Internal Model Control—1. A unifying review and some new results", *Ind. Eng. Chem. Process Des. Dev.*, 21, p.308–323 (1982).

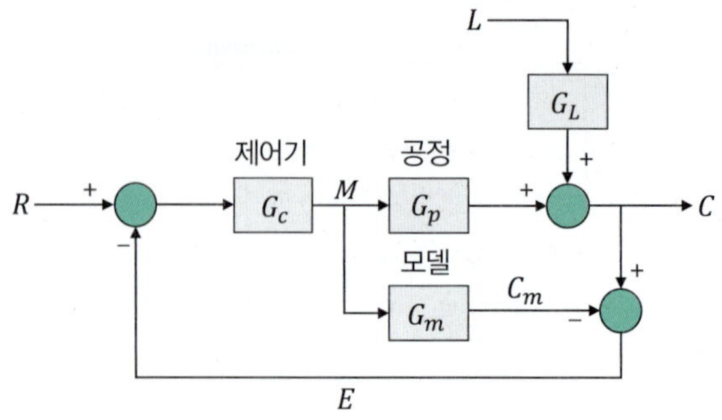

그림 21.9 IMC의 구조.

그림에서 E는 모델에 의해 예측된 변수값 C_m과 실제로 측정되는 변수 C와의 차이이다. 모델 G_m이 완벽해서 $G_m = G_p$라면 E는 교란변수의 영향을 나타내는 변수로서 $E = G_L L$이 된다. 그러나 완벽한 모델을 얻는 것은 거의 불가능하므로 E는 일반적으로 교란변수의 영향과 모델링 오차를 모두 포함한다. 그림에 보인 블록선도로부터 총괄 전달함수는

$$C = \frac{G_c G_p}{1 + G_c(G_p - G_m)} R + \frac{(1 - G_c G_m) G_L}{1 + G_c(G_p - G_m)} L \tag{21.33}$$

로 주어진다.

교란변수의 변화는 없고 설정값에 크기 ΔR인 계단변화가 도입되었다면 $R = \frac{\Delta R}{s}$이므로 정상상태에서 공정의 출력은

$$C(\infty) = \lim_{t\to\infty} C(t) = \lim_{s\to 0} sC(s) = \lim_{s\to 0}\left(s \cdot \frac{\Delta R}{s} \cdot \frac{G_c G_p}{1 + G_c(G_p - G_m)}\right) = \frac{\Delta R \cdot G_c(0) G_p(0)}{1 + G_c(0)\{G_p(0) - G_m(0)\}}$$

와 같다. 이로부터 $G_c(0) = G_m^{-1}(0)$이면 $C(\infty) = \Delta R$이 됨을 알 수 있다.

설정값의 변화는 없고 교란변수에 크기 ΔL인 계단변화가 도입되었다면

$$C(\infty) = \lim_{t\to\infty} C(t) = \lim_{s\to 0} sC(s) = \lim_{s\to 0}\left(s \cdot \frac{\Delta L}{s} \cdot \frac{(1 - G_c G_m) G_L}{1 + G_c(G_p - G_m)}\right) = \frac{\Delta L \cdot \{1 - G_c(0) G_m(0)\} G_L(0)}{1 + G_c(0)\{G_p(0) - G_m(0)\}}$$

와 같다. 이로부터 $G_c(0) = G_m^{-1}(0)$이면 $C(\infty) = 0$이 됨을 알 수 있다. 즉

$$G_c(0) = G_m^{-1}(0), \text{ 혹은 } K_c = \frac{1}{K_m} \tag{21.34}$$

일 때 정상상태 잔류오차는 0이 됨을 알 수 있다. 따라서 예측제어 시스템에서 제어기의 정상상태 이득은 공정모델의 정상상태 이득의 역이 된다. 완벽한 제어에서는 제어변수가 항상 설정값으로 유지되는데 이 경우 식 (21.33)으로부터

$$G_c(s) = G_m^{-1}(s) \tag{21.35}$$

이면

$$\frac{C}{R} = \frac{G_c G_p}{1 + G_c(G_p - G_m)} = 1, \qquad \frac{C}{L} = \frac{(1 - G_c G_m)G_L}{1 + G_c(G_p - G_m)} = 0$$

임을 알 수 있다. 즉 예측제어 시스템에서 제어기를 공정모델의 역으로 취하면 완벽한 제어가 이루어진다. 그러나 실제에 있어서는 다음과 같은 요인들로 인하여 이러한 완벽한 제어는 거의 불가능하다:

- 시간지연: $G_m(s) = g_m(s)e^{-\theta s}$라 두면($\theta$는 시간지연, $g_m(s)$는 시간지연을 포함하지 않는 모든 요소) $G_c(s) = [g_m(s)]^{-1}e^{\theta s}$가 되는데 이는 물리적으로 실현 불가능하다.
- 모델식의 동특성: $G_m(s) = K\dfrac{\tau_2 s + 1}{(\tau_1 s + 1)^2}$이라 하면 $G_c(s) = G_m^{-1}(s) = \dfrac{1}{K}\dfrac{(\tau_1 s + 1)^2}{\tau_2 s + 1}$이 되는데 $\tau_2 < 0$이라면 $G_c(s)$의 분모를 0으로 하는 s 값은 복소평면에서 세로좌표축의 오른쪽 부분에 존재하므로 제어 알고리듬 자체가 불안정하다.
- 제약조건: 조절변수에는 언제나 제약조건이 수반된다(예: 밸브의 열림(0~100%)이 어느 한계 이상으로 유지되어야 하는 경우, 혹은 최소온도 유지를 위해 가열로에서의 연료의 유량이 어느 값 이상으로 유지되어야 하는 경우 등). 그러나 제어기 계산식 $G_c = G_m^{-1}$에서는 제약조건들이 전혀 고려되지 않았으므로 제약조건들이 존재하는 경우에는 완벽한 제어는 불가능하다.
- 모델링 오차: 모델과 실제 공정의 차이가 크면 닫힌루프 시스템은 불안정해질 수 있다.

보기 21.10

IMC 구조를 이와 대등한 feedback 구조로 나타내었을 때 G_c와 G_c' (그림 21.10 참조) 사이의 관계를 구하여라.

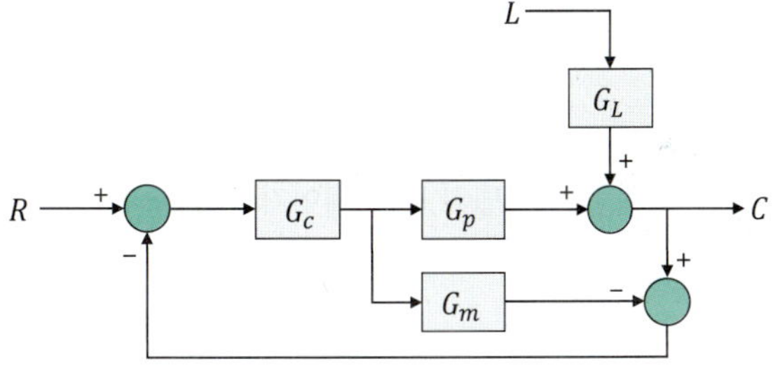

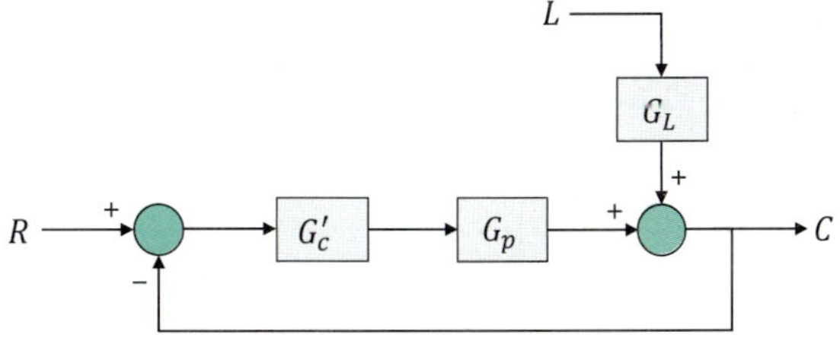

그림 21.10 내부모델 제어구조와 대등한 feedback 제어구조.

> 풀이

Feedback 제어구조의 전달함수는

$$\frac{C}{R} = \frac{G_c' G_p}{1 + G_c' G_p}$$

IMC 구조의 전달함수는

$$\frac{C}{R} = \frac{G_c G_p}{1 + G_c(G_p - G_m)} = \frac{G_c G_p}{(1 - G_c G_m) + G_c G_p} = \frac{\left(\frac{G_c}{1 - G_c G_m}\right) G_p}{1 + \left(\frac{G_c}{1 - G_c G_m}\right) G_p}$$

위의 두 식을 비교하면 $G_c' = \dfrac{G_c}{1 - G_c G_m}$, 혹은 $G_c = \dfrac{G_c'}{1 + G_c' G_m}$의 관계가 있음을 알 수 있다.

IMC 구조에서는 일반적으로 모델 G_m을 다음과 같이 두 인자들의 곱의 형태로 나타낸다:

$$G_m(s) = G_m^+(s) G_m^-(s) \tag{21.36}$$

위에서 $G_m^+(s)$는 $e^{\theta s}$나 $\tau < 0$인 경우의 $\dfrac{1}{\tau s + 1}$과 같이 불안정을 초래하는 요소들이며 $G_m^-(s)$는 G_m에서 불안정을 초래하는 요소들을 제외한 나머지 성분이다. IMC 제어기는 다음과 같이 $G_m^-(s)$의 역으로 주어진다:

$$G_c(s) = [G_m{}^-(s)]^{-1} \tag{21.37}$$

보기 21.11

시간지연이 있는 1차공정 모델의 IMC 제어기를 구하여라.

> 풀이

$$G_m(s) = \frac{K_m e^{-\theta_m s}}{\tau_m s + 1} = \left(\frac{K_m}{\tau_m s + 1}\right) e^{-\theta_m s} = G_m^- G_m^+$$

즉 $G_m^- = \dfrac{K_m}{\tau_m s + 1}$ 이므로 $G_c = [G_m^-]^{-1} = \dfrac{1}{K_m}(\tau_m s + 1)$. 이는 PD 제어기의 형태이다.

예측제어기 $G_c(s) = [G_m^-(s)]^{-1}$에서는 거의 언제나 (분자의 차수) > (분모의 차수)이다. 이는 제어기 $G_c(s)$에 1차 이상의 고차 미분항이 포함됨을 의미하는데 이로 인해 제어 성능이 저하되고 조절변수의 움직임이 비이상적으로 된다. 따라서 IMC에서는 필터를 도입하여 조절변수의 변화를 조정하고 제어 성능을 향상시킨다.

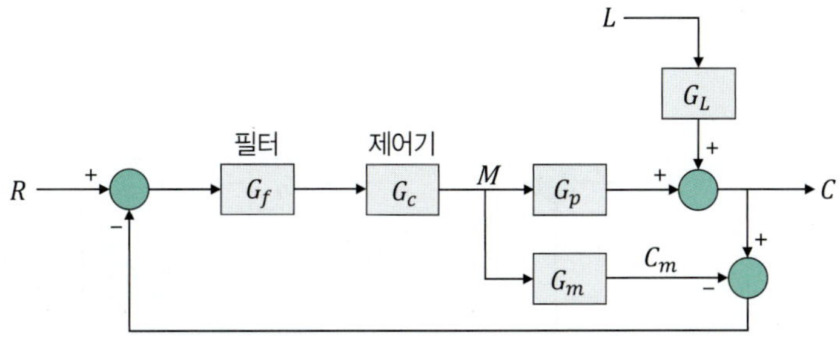

그림 21.11 필터가 있는 IMC 제어구조.

그림으로부터

$$\frac{C}{R}=\frac{G_fG_cG_p}{1+G_fG_c(G_p-G_m)},\quad \frac{C}{L}=\frac{(1-G_fG_cG_m)G_L}{1+G_fG_c(G_p-G_m)},$$
$$\frac{M}{R}=\frac{G_fG_c}{1+G_fG_c(G_p-G_m)},\quad \frac{M}{L}=\frac{-G_fG_cG_L}{1+G_fG_c(G_p-G_m)} \tag{21.38}$$

임을 알 수 있다. 필터의 정상상태 값을 설정하기 위하여 설정값 R에 크기 ΔR인 계단변화가 야기되었다고 가정하면 식 (21.38)로부터

$$C(\infty)=\lim_{t\to\infty}C(t)=\lim_{s\to 0}sC(s)=\lim_{s\to 0}\left(s\cdot\frac{\Delta R}{s}\cdot\frac{G_fG_cG_p}{1+G_fG_c(G_p-G_m)}\right)$$
$$=\frac{\Delta R\cdot G_f(0)G_c(0)G_p(0)}{1+G_f(0)G_c(0)\{G_p(0)-G_m(0)\}}$$

를 얻는다. 이로부터 $G_c(0)=[G_f(0)G_m(0)]^{-1}$이면 $C(\infty)=\Delta R$이다. $G_f(0)=K_f=1$이면(즉 필터의 정상상태 이득이 1이면) $G_c(0)=[G_m(0)]^{-1}$이 된다.

필터는 잡음에 의한 불필요한 고주파 변동을 감쇄시켜야 한다. 필터의 진폭비를 적절히 조정함으로써 낮은 진동수의 변동은 변화시키지 않고 높은 진동수에서 필터값은 작아져서 고주파 변동이 조절변수에 미치는 영향을 감쇄시킨다(로우패스 필터). 필터의 일반적인 형태는 다음과 같다.

$$G_f(s)=\left(\frac{1}{\tau_f s+1}\right)^N \tag{21.39}$$

21.5.2 IMC를 이용한 PID 제어기의 튜닝

앞에서 살펴본 바와 같이 IMC 구조는 그림 21.10에 보인 바와 같이 통상적인 간단한 feedback 제어구조와 대등하며 필터가 이용되는 경우(그림 21.11 참조) $G_c'=\dfrac{G_fG_c}{1-G_fG_cG_m}=\dfrac{G_{IMC}}{1-G_{IMC}G_m}$, 혹은 $G_{IMC}=\dfrac{G_c'}{1+G_c'G_m}$의 관계가 있음을 알 수 있다. 이 관계를 이용하여 PID 제어기의 파라미터들을 조정할 수 있다. 필터의 차수는 1차(즉 $N=1,\ G_f(s)=\dfrac{1}{\tau_f s+1}$)라고 간주하고 IMC를 이용한 PI, 혹은 PID 제어기의 튜닝규칙을 알아보기로 한다.

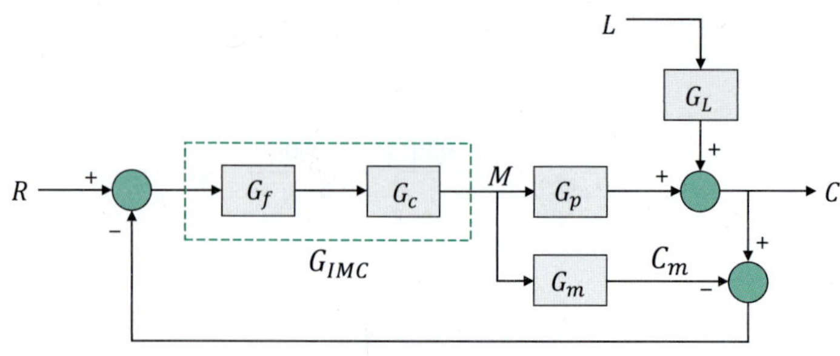

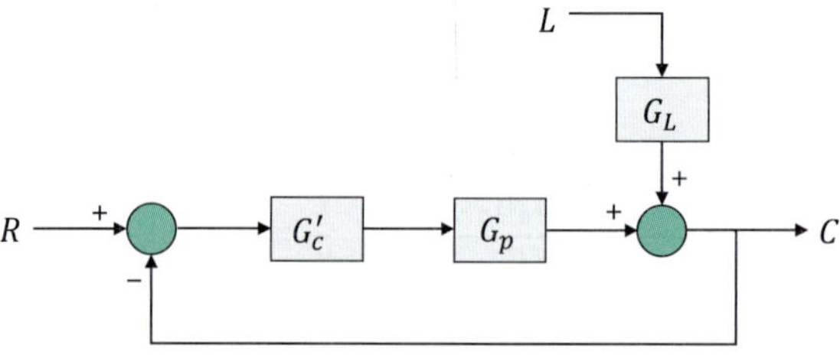

그림 21.12 IMC 구조와 feedback 제어구조.

1차공정 모델을 고려하면 $G_m(s) = \dfrac{K}{\tau s + 1} = G_m^-(s)$이므로

$$G_c(s) = [G_m^-(s)]^{-1} = [G_m(s)]^{-1} = \frac{\tau s + 1}{K}, \quad G_{IMC}(s) = G_f G_c = \frac{1}{\tau_f s + 1} \cdot \frac{\tau s + 1}{K} = \frac{1}{K}\left(\frac{\tau s + 1}{\tau_f s + 1}\right)$$

따라서

$$G_c' = \frac{G_{IMC}}{1 - G_{IMC} G_m} = \frac{1}{K}\left(\frac{\tau s + 1}{\tau_f s + 1}\right) \cdot \frac{1}{1 - \dfrac{1}{\tau_f s + 1}} = \frac{\tau s + 1}{K \tau_f s} = \frac{\tau}{K \tau_f}\left(1 + \frac{1}{\tau s}\right)$$

이는 $K_c = \dfrac{\tau}{K\tau_f}$, $\tau_I = \tau$인 PI 제어기의 형태임을 알 수 있다.

2차 공정의 경우 $G_m(s) = \dfrac{K}{(\tau_1 s + 1)(\tau_2 s + 1)} = G_m^-(s)$이므로

$$G_c(s) = [G_m^-(s)]^{-1} = \frac{(\tau_1 s + 1)(\tau_2 s + 1)}{K}, \quad G_{IMC}(s) = G_f G_c = \frac{(\tau_1 s + 1)(\tau_2 s + 1)}{K(\tau_f s + 1)}$$

따라서

$$G_c' = \frac{G_{IMC}}{1 - G_{IMC} G_m} = \frac{1}{K} \frac{(\tau_1 s + 1)(\tau_2 s + 1)}{\tau_f s + 1} \cdot \frac{1}{1 - \dfrac{1}{\tau_f s + 1}} = \frac{\tau_1 + \tau_2}{K \tau_f}\left(1 + \frac{\tau_1 \tau_2}{(\tau_1 + \tau_2)} s + \frac{1}{(\tau_1 + \tau_2) s}\right)$$

이는 $K_c = \dfrac{\tau_1 + \tau_2}{K\tau_f}$, $\tau_I = \tau_1 + \tau_2$, $\tau_D = \dfrac{\tau_1 \tau_2}{(\tau_1 + \tau_2)}$인 PID 제어기의 형태이다.

널리 이용되는 FOPDT(First-Order Plus Dead-Time, 시간지연이 존재하는 1차공정) 모델을 고려하면 $G_m(s) = \dfrac{Ke^{-\theta s}}{\tau s + 1}$, $G_m^-(s) = \dfrac{K}{\tau s + 1}$이므로 $G_{IMC}(s)$는 위의 1차공정의 경우에서와 동일하다. 시간지연 항에 대하여 1차 Taylor 근사 $e^{-\theta s} \approx 1 - \theta s$를 이용하면

$$G_c' = \frac{G_{IMC}}{1 - G_{IMC}G_m} = \frac{1}{K}\left(\frac{\tau s + 1}{\tau_f s + 1}\right) \cdot \frac{1}{1 - \dfrac{e^{-\theta s}}{\tau_f s + 1}} \approx \frac{1}{K} \cdot \frac{\tau s + 1}{(\tau_f + \theta)s} = \frac{\tau}{K(\tau_f + \theta)}\left(1 + \frac{1}{\tau s}\right)$$

즉 $K_c = \dfrac{\tau}{K(\tau_f + \theta)}$, $\tau_I = \tau$인 PI 제어기의 형태를 얻는다.

보기 21.12

시간지연이 있는 1차공정 모델에서 시간지연 항에 대하여 1차 Pade 근사를 이용하는 경우 IMC를 이용한 PID 제어기의 튜닝규칙을 구하여라.

풀이

$e^{-\theta s} \approx \dfrac{1 - \theta s/2}{1 + \theta s/2}$ 이므로 $G_m(s) = \dfrac{Ke^{-\theta s}}{\tau s + 1} \approx \dfrac{K}{\tau s + 1}\left(\dfrac{1 - \dfrac{\theta s}{2}}{1 + \dfrac{\theta s}{2}}\right)$, $G_m^-(s) = \dfrac{K}{(\tau s + 1)\left(1 + \dfrac{\theta s}{2}\right)}$

따라서

$$G_c(s) = [G_m^-(s)]^{-1} = \frac{(\tau s + 1)\left(1 + \frac{\theta s}{2}\right)}{K}, \quad G_{IMC}(s) = G_f G_c = \frac{(\tau s + 1)\left(1 + \frac{\theta s}{2}\right)}{K(\tau_f s + 1)}$$

$$G_c' = \frac{G_{IMC}}{1 - G_{IMC}G_m} = \frac{(\tau s + 1)\left(1 + \frac{\theta s}{2}\right)}{K(\tau_f s + 1)} \cdot \frac{\tau_f s + 1}{\tau_f s + 1 - \left(1 - \frac{\theta s}{2}\right)}$$

$$= \frac{2\tau + \theta}{K(2\tau_f + \theta)}\left\{1 + \frac{\tau\theta}{2\tau + \theta}s + \frac{1}{(\tau + \theta/2)s}\right\}$$

이는 PID 제어기의 형태로서 $K_c = \dfrac{2\tau + \theta}{K(2\tau_f + \theta)}$, $\tau_I = \tau + \theta/2$, $\tau_D = \dfrac{\tau\theta}{2\tau + \theta}$이다.

표 21.1은 일부 공정모델들에 대하여 Chien과 Fruehauf[4]가 제안한 IMC에 근거하는 PID 제어기의 조정방법을 요약한 것이다.

4. Chien, I. L. and P. S. Fruehauf; "Consider IMC Tuning to Improve Controller Performance", Chemical Eng. Progress, Vol.86, No.10, p.33 (1990).

표 21.1 IMC 기반 PID 제어기 조정방법

공정모델	K_c	τ_I	τ_D
$\dfrac{K}{\tau s+1}$	$\dfrac{\tau}{K\tau_f}$	τ	-
$\dfrac{K}{\tau^2 s^2+2\tau\zeta s+1}$	$\dfrac{2\tau\zeta}{K\tau_f}$	$2\tau\zeta$	$\dfrac{\tau}{2\zeta}$
$\dfrac{Ke^{-\theta s}}{\tau s+1}$	$\dfrac{\tau+\theta/2}{K(\tau_f+\theta/2)}$	$\tau+\theta/2$	$\dfrac{\tau\theta}{2\tau+\theta}$
$\dfrac{K(\tau_3 s+1)e^{-\theta s}}{\tau^2 s^2+2\tau\zeta s+1}$	$\dfrac{2\tau\zeta-\tau_3}{K(\tau_f+\theta)}$	$2\tau\zeta-\tau_3$	$\dfrac{\tau^2-(2\tau\zeta-\tau_3)\tau_3}{2\tau\zeta-\tau_3}$
$\dfrac{Ke^{-\theta s}}{s}$	$\dfrac{2\tau_f+\theta}{K(\tau_f+\theta/2)^2}$	$2\tau_f+\theta$	$\dfrac{\tau_f\theta+\theta^2/4}{2\tau_f+\theta}$
$\dfrac{Ke^{-\theta s}}{s(\tau s+1)}$	$\dfrac{2\tau_f+\tau+\theta}{K(\tau_f+\theta)^2}$	$2\tau_f+\tau+\theta$	$\dfrac{(2\tau_f+\theta)\tau}{2\tau_f+\tau+\theta}$

21.6 시간지연의 보정

21.6.1 Smith Predictor

공정에 상당한 시간지연이 존재하는 경우 공정에 도입되는 외부교란은 긴 시간이 지난 후에 감지되므로 PI나 PID와 같은 통상적인 제어기로는 원하는 제어성능을 얻기가 어렵다. 시간지연이 존재하는 1차공정의 경우 시간지연이 증가함에 따라 한계이득과 crossover 주파수는 감소하므로 제어기 이득을 줄여 주어야 하는데 이는 닫힌회로 제어구조의 제어성능을 악화시킨다. Smith predictor는 공정의 모델을 이용하여 공정의 시간지연을 보정해 주는 일종의 모델예측 제어기이다. Smith predictor에서는 모델을 시간지연 부분과 그 이외 부분으로 나눈다.

$$\text{공정: } G_p, \quad \text{모델: } G_m = G_m^* e^{-\bar{\theta}s} \tag{21.40}$$

위에서 G_m^*는 시간지연이 없는 모델이고 $\bar{\theta}$는 추정된 시간지연이다. Smith predictor의 구조는 그림 21.13에 보인 바와 같다.

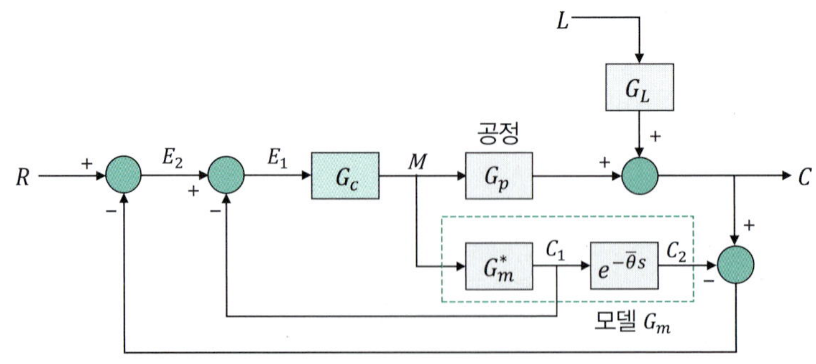

그림 21.13 Smith predictor의 구조.

그림으로부터 닫힌루프 전달함수는

$$C = \frac{G_c G_p}{1 + G_c G_p + G_c G_m^* (1 - e^{-\bar{\theta} s})} R + \frac{G_L \{1 + G_c G_m^* \ (1 - e^{-\bar{\theta} s})\}}{1 + G_c G_p + G_c G_m^* (1 - e^{-\bar{\theta} s})} L \tag{21.41}$$

임을 알 수 있다. 이는 다음과 같이 다시 쓸 수 있다:

$$C = \frac{G_c' G_p}{1 + G_c' G_p} R + \frac{G_L}{1 + G_c' G_p} L \tag{21.42}$$

위에서

$$G_c' = \frac{G_c}{1 + G_c G_m^* (1 - e^{-\bar{\theta} s})} \tag{21.43}$$

으로 주어진다. 식 (21.42)를 블록선도로 나타내면 그림 21.14에 보인 바와 같다.

(가)

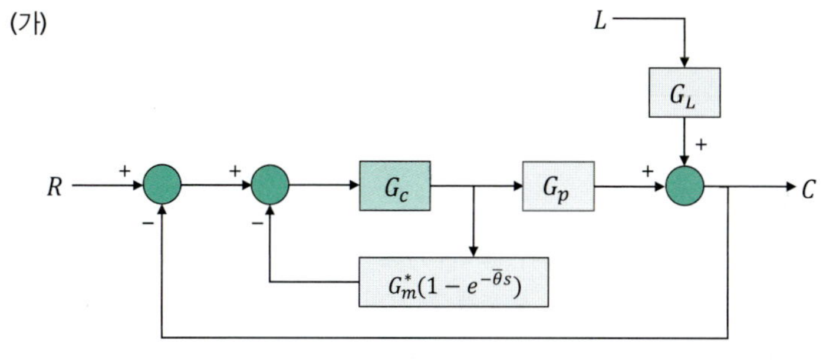

(나)

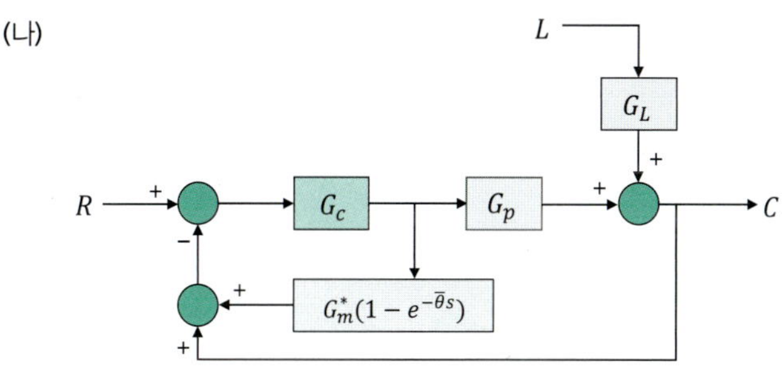

그림 21.14 Smith predictor의 구조.

그림에서 (가)와 (나)는 전적으로 동일하다. 모델이 완벽한 경우

$$G_m = G_p = G_p^* e^{-\theta s} \ (\text{즉} \ \ G_m^* = G_p^*, \ \bar{\theta} = \theta)$$

이므로 설정값의 변화만을 고려하는 경우 식 (21.41)로부터

$$\frac{C}{R} = \frac{G_c G_p^* e^{-\theta s}}{1 + G_c G_p^*} \tag{21.44}$$

임을 알 수 있다. 이를 블록선도로 나타내면 그림 21.15와 같다. 이는 그림 21.16에 보인 바와 같이 feedback 제어에서 시간지연을 제외한 공정부분만을 feedback시킨 결과와 같다.

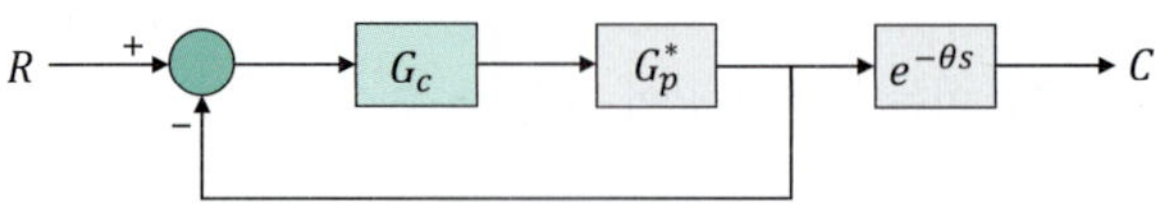

그림 21.15 완벽한 모델의 Smith predictor.

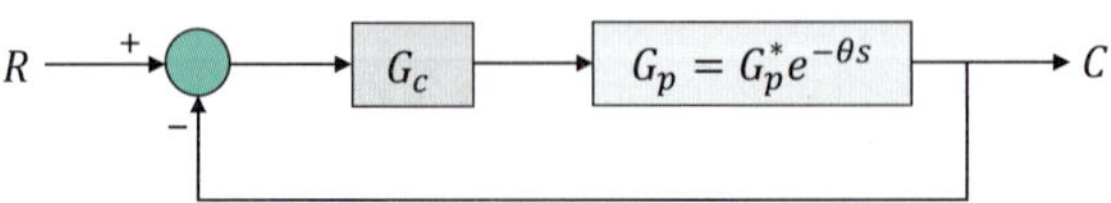

그림 21.16 간단한 feedback 제어구조.

그림 21.16에 보인 feedback 제어구조에서

$$\frac{C}{R} = \frac{G_c G_p^* e^{-\theta s}}{1 + G_c G_p^* e^{-\theta s}} \tag{21.45}$$

이다. 위의 두 식 (21.44)와 (21.45)를 비교해 보면 공정 모델이 완벽한 경우 Smith predictor는 특성방정식에서 시간지연 요소를 제거시킨 결과임을 알 수 있다.

$G_m = G_m^* e^{-\bar{\theta} s}$, $G_m^- = G_m^*$, $G_m^+ = e^{-\bar{\theta} s}$로 두면 Smith predictor는 그림 21.17에 보인 바와 같은 IMC 형태로 다시 나타낼 수 있다.

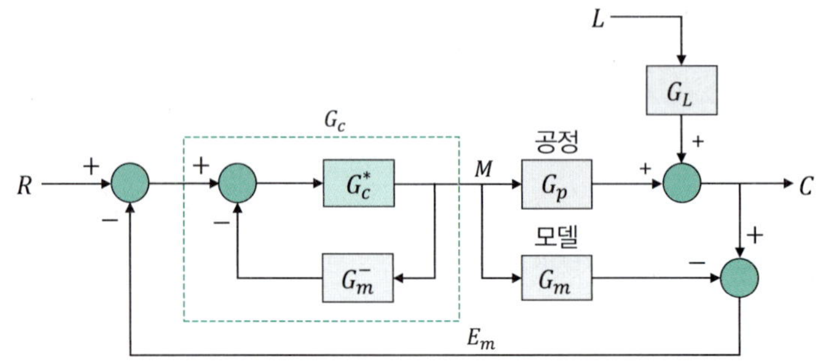

그림 21.17 Smith predictor의 기본구조.

그림 21.17에서

$$\frac{C}{R} = \frac{G_c^* G_p}{1 + G_c^* G_m^- + G_c^* (G_p - G_m)} \tag{21.46}$$

이 경우

$$G_c = \frac{G_c^*}{1 + G_c^* G_m^-} \tag{21.47}$$

이다. G_c^*로는 대개 PI 제어기가 이용된다. G_c^*가 PI 제어기이고 설정값에 크기 ΔR인 계단변화가 도입되었다면

$$C(\infty) = \lim_{t\to\infty} C(t) = \lim_{s\to 0} sC(s) = \lim_{s\to 0}\left(s \cdot \frac{\Delta R}{s} \cdot \frac{G_c^* G_p}{1 + G_c^* G_m^- + G_c^*(G_p - G_m)}\right)$$

공정이 안정하다면 $G_p(0) = K_p$, $G_m(0) = K_m = G_m^-(0) = K_m^-$이므로

$$C(\infty) = \lim_{s\to 0}\left[\Delta R \cdot \frac{K_p K_c\left(1 + \frac{1}{\tau_I s}\right)}{1 + K_c\left(1 + \frac{1}{\tau_I s}\right)K_m^- + K_c\left(1 + \frac{1}{\tau_I s}\right)(K_p - K_m)}\right] = \frac{K_p K_c \Delta R}{K_c K_m^- + K_c(K_p - K_m)} \tag{21.48}$$

따라서 $K_m = K_m^-$이면 $C(\infty) = \Delta R$임을 알 수 있다. 즉 공정모델이 완벽하지 않더라도 $K_m = K_m^-$이기만 하면 0의 잔류편차가 얻어진다.

그림 21.17에서 $M = G_c(R - E_m)$, $G_c = \dfrac{G_c^*}{1 + G_c^* G_m^-}$인 관계를 이용하면 G_c^*가 매우 클 경우

$$G_c = \frac{M}{R - E_m} = \frac{G_c^*}{1 + G_c^* G_m^-} = \frac{1}{\frac{1}{G_c^*} + G_m^-} \approx \frac{1}{G_m^-}$$

임을 알 수 있다. 즉 G_c^*가 클 경우 점선의 G_c는 모델 G_m^-의 근사적인 역이 된다.

보기 21.13

그림에 보인 feedback 제어구조에서 $G_c = K_c$, $G_p = \dfrac{e^{-s}}{0.5s + 1}$이다.

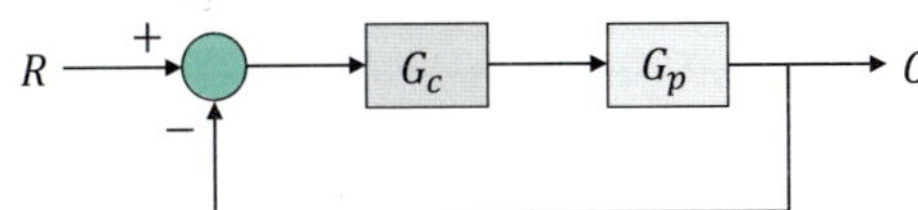

그림 21.18 간단한 feedback 제어구조.

이 제어구조에서 설정점 R에 단위계단 변화가 도입되었다. 간단한 feedback 제어기를 사용하는 경우와 Smith predictor를 적용하는 경우의 응답을 비교하여라.

풀이

1) Feedback 제어:

$$\frac{C}{R}=\frac{K_c e^{-s}/(0.5s+1)}{1+K_c e^{-s}/(0.5s+1)}=\frac{K_c e^{-s}}{0.5s+1+K_c e^{-s}}$$

이 경우 한계 주파수는 $w_c = 2.3$ rad/min이고 한계이득은 $K_{cu} = 1.52$이므로 $K_c < 1.52$이어야 한다. R의 단위계단 변화에 대한 잔류편차는

$$(\text{잔류편차}) = R(\infty) - C(\infty) = 1-\frac{K_c}{1+K_c}=\frac{1}{1+K_c}$$

$K_c = 1.5$로 정한다면 (잔류편차) = 0.4가 된다.

2) Smith predictor의 적용: 모델이 완벽할 경우 $G_m^* = G_p^* = \dfrac{1}{0.5s+1}$ 이므로 식 (21.44)로부터

$$\frac{C}{R}=\frac{K_c e^{-s}/(0.5s+1)}{1+K_c/(0.5s+1)}=\frac{K_c e^{-s}}{0.5s+(1+K_c)}$$

이다. 이 경우 한계 주파수가 존재하지 않으므로 K_{cu}도 존재하지 않는다. 따라서 K_c는 임의로 정할 수 있다. 이는 Smith predictor의 큰 장점이 된다. $K_c = 50$으로 정했다면 (잔류편차) = $\dfrac{1}{1+50} = 0.02$이다.

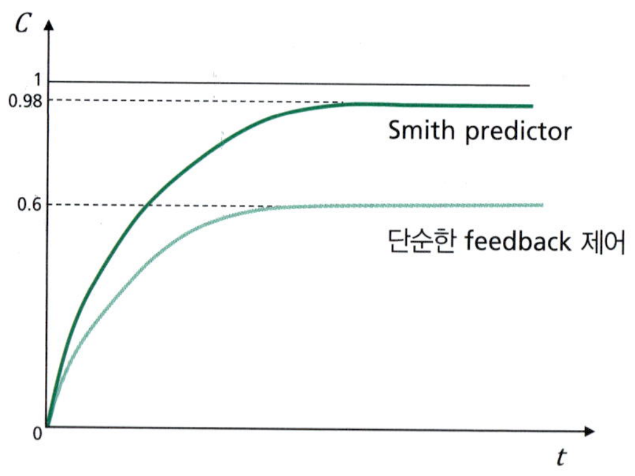

그림 21.19 Feedback 제어와 Smith predictor의 비교.

21.6.2 Analytical Predictor

Analytical predictor는 시간지연의 보정을 위한 효율적인 방법이다. 그림 21.20은 analytical predictor의 구조를 보인 것이다.

그림에서 G_m은 공정 G의 모델이다. G_c와 A^*를 조정함으로써 교란변수의 변화 및 설정값 변화에 따른 제어 성능을 원하는 수준으로 유지시킬 수 있다. 모델이 완벽한 경우(즉 $G = G_m$) d는 교란변수 L의 영향만을 나타낸다. 즉 L이 측정 가능(샘플링이 가능)한 변수라면

$$d(z) = C(z) - C_m(z) = \overline{HG_L}(z)L(z)$$

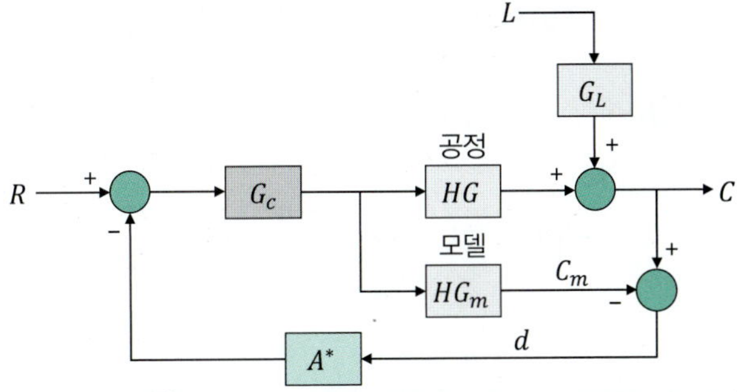

그림 21.20 Analytical predictor.

임을 알 수 있다. G_L의 모델 G_{Lm}이 완벽하다고 가정하고 $\overline{HG_L}(z) = \dfrac{bz^{-1}}{1-az^{-1}}$로 두면 $d(z) = \dfrac{bz^{-1}}{1-az^{-1}} L(z)$이므로 $(1-az^{-1})d(z) = bz^{-1}L(z)$이다. 이로부터

$$d_n = ad_{n-1} + bL_{n-1} \tag{21.49}$$

향후 미래시점 N에 걸쳐 교란변수는 L_{n-1}로서 일정하다고 가정하면 현재시점 n부터 미래시점 $n+N$까지의 d를 예측할 수 있다. 즉 식 (21.49)로부터 $L_{n-1} = L_n = L_{n+1} = \cdots =$ (일정)이므로

$$\begin{aligned}
\hat{d}_{n+1} &= ad_n + bL_{n-1} \\
\hat{d}_{n+2} &= a\hat{d}_{n+1} + bL_{n-1} = a^2 d_n + (ab+b)L_{n-1} \\
\hat{d}_{n+3} &= a\hat{d}_{n+2} + bL_{n-1} = a^3 d_n + (a^2b+ab+b)L_{n-1} \\
&\vdots \\
\hat{d}_{n+N} &= a^N d_n + \left(\frac{1-a^N}{1-a}\right) bL_{n-1}
\end{aligned}$$

이를 z-변환시키면

$$z^N \hat{d}(z) = a^N d(z) + z^{-1} b \left(\frac{1-a^N}{1-a}\right) L(z) \tag{21.50}$$

한편 식 (21.49)로부터 $L_{n-1} = \dfrac{1}{b}(d_n - ad_{n-1})$이므로

$$z^{-1}L(z) = \frac{1}{b}(1-az^{-1})d(z) \tag{21.51}$$

를 얻는다. 교란변수 필터 $F_L(z)$를

$$F_L(z) = \frac{1-\beta}{1-\beta z^{-1}} \quad (0 \le \beta < 1)$$

와 같이 설정하여 식 (21.51)에 대입하면

$$z^{-1}L(z) = F_L(z) \cdot \frac{1}{b}(1-az^{-1})d(z) = \frac{1-\beta}{b}\left(\frac{1-az^{-1}}{1-\beta z^{-1}}\right) d(z) \tag{21.52}$$

위의 관계를 식 (21.50)의 우변에 대입하면 다음을 얻는다:

$$z^N\hat{d}(z) = a^N d(z) + (1-\beta)\left(\frac{1-a^N}{1-a}\right)\left(\frac{1-az^{-1}}{1-\beta z^{-1}}\right)d(z)$$
$$= \left[a^N + (1-\beta)\left(\frac{1-a^N}{1-a}\right)\left(\frac{1-az^{-1}}{1-\beta z^{-1}}\right)\right]\{C(z) - C_m(z)\} \quad \textbf{(21.53)}$$

21.7 예측제어 방법의 활용에서의 고려사항

예측제어 방법은 기본적으로 feedback 제어구조의 형태로서 feedback 측정변수(제어변수)와 조절변수를 정하고 적절한 모델과 파라미터들을 규명하여 제어 알고리듬을 선택하고 조정하는 과정을 수행한다. 예측제어기는 그림 21.21에 보인 바와 같이 다단(cascade) 제어구조에서 주 제어기로 이용될 수 있다. 이때 2차 제어기로는 PID가 사용된다.

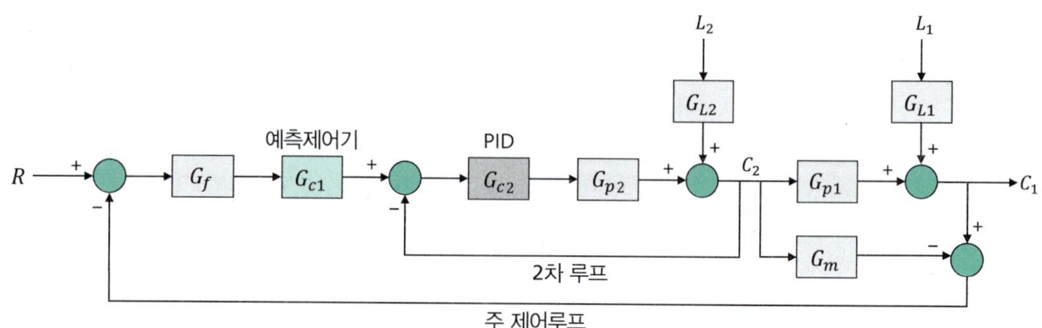

그림 21.21 **예측제어를 이용한 다단 제어구조.**

예측제어기는 대개 PID 제어기에서보다 우월한 제어성능을 얻을 수 있음이 규명된 후에 적용한다. 예측제어기가 PID 제어기에 비해 우월한 성능을 보이는 경우는 다음과 같다:

- 시간지연이 긴 경우: Smith predictor를 이용한다. 모델이 완벽하다면 예측제어 시스템은 feedforward 제어기능을 수행한다. 모델이 정확하고 잡음이 적을수록 PID보다 우월한 성능이 얻어진다.
- 역응답 특성이 있는 경우
- 다단(cascade) 제어구조에의 활용: 주 제어루프와 2차제어 루프의 동특성이 서로 큰 차이를 보이지 않는다면 PID 제어기를 이용하는 경우 제어성능이 저하된다. 주 제어기로 예측제어기를 사용하면 PID보다 우월한 제어성능을 얻는다.
- Feedforward 제어에의 활용: 교란변수의 시간지연 θ_L이 공정의 시간지연 θ_P보다 클 경우 feedforward/feedback 제어 시스템의 제어성능은 매우 우수하다. 그러나 $\theta_L < \theta_P$이면 제어변수(측정변수)에는 조절변수의 영향보다 교란변수의 영향이 먼저 나타난다.

Feedback 제어기 측면에서 본다면 feedforward 제어작용의 도입 여부를 인식할 수 없으므로 불필요한 추가의 조정신호가 조절변수에 더해지게 된다. 즉 feedforward/feedback 제어구조의 결점은 feedforward 제어기에 의한 적절한 조절기능을 feedback 제어기(PID)가 인식할 수 없다는 점인데 그림 21.22에 보인 바와 같이 예측제어기를 도입함으로써 이와 같은 문제점을 극복할 수 있다.

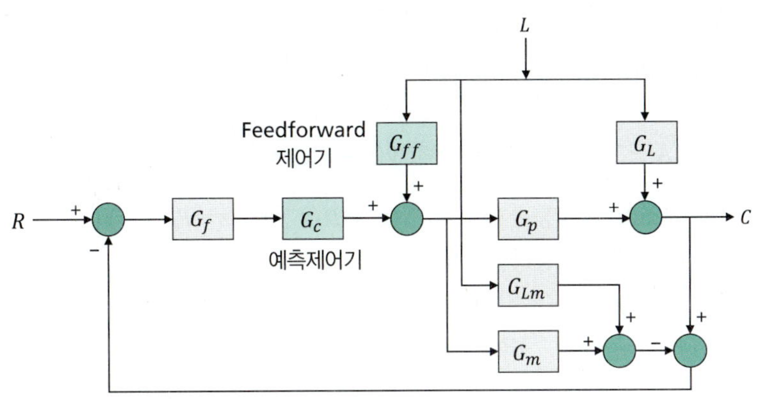

그림 21.22 예측제어를 이용한 feedforward 제어구조.

21.8 요약

- 모델기반제어: 제어하고자 하는 공정의 모델을 바탕으로 한다는 점에서 모델을 직접적으로 사용하지 않는 PID 제어 등의 고전적 제어방법과 구별
- 모델기반 예측제어 방법의 주요 특징: 1) 공정의 모델을 이용, 2) 목적함수의 최소화로부터 제어입력을 계산, 3) 설정된 매 시간단계마다 반복계산을 수행, 4) 시간지연이 크거나 불안정한 공정, 그리고 다변수 공정들에도 적용이 가능, 5) Feedforward 기능, 6) 제약조건들의 처리가 용이
- 모델예측제어에서는 공정의 모델과 목적함수의 최적화가 주된 구성요소이며 과거의 입력 및 출력 데이터와 원하는 출력의 경로가 필요
- 모델예측제어의 기능: 1) 공정 모델을 이용하여 매 순간 t에서 예측범위 N에 대한 미래의 출력을 예측, 2) 예측된 출력이 미리 설정된 경로 $w(t+k)$(이는 설정값이거나 이에 대한 근사가 될 수 있음)를 따르도록 하기 위해 미리 정해둔 목적함수를 최소화함으로써 미래에 적용될 입력값들을 계산, 3) 실제 제어운전에서는 $u(t|t)$만을 공정에 적용
- 예측제어 방법에 사용되는 공정 모델로서는 임펄스 모델과 계단응답 모델을 널리 사용
- 임펄스 모델: $y(t) = y_0 + \sum_{i=1}^{\infty} h_i u(t-i) + n(t)$
- 임펄스 모델에 의한 미래 출력:

$$\hat{y}(t+k|t) = \sum_{i=1}^{k} h_i u(t+k-i) + \sum_{i=k+1}^{N} h_i u(t+k-i) + \hat{n}(t+k|t)$$

- 계단응답 모델: $y(t) = y_0 + \sum_{i=1}^{\infty} g_i \Delta u(t-i) + n(t)$
- 계단응답 모델에 의한 미래 출력: $\hat{y}(t+k|t) = \sum_{i=1}^{k} g_i \Delta u(t+k-i) + f(t+k)$
- 임펄스 응답은 인접한 두 계단응답 간의 차이
- $\underline{y} = G\underline{u} + P\underline{x}_m(t)$, 행렬 G는 동특성 행렬(dynamic matrix)
- 자동회귀 이동평균(ARMA) 모델: $y(t) = \dfrac{B(z^{-1})}{A(z^{-1})}u(t) + \dfrac{e(t)}{A(z^{-1})} = \dfrac{B(z^{-1})}{A(z^{-1})}u(t) + n(t)$
- ARMA 모델에 의한 미래 출력: $\hat{y}(t+k|t) = \dfrac{B(z^{-1})}{A(z^{-1})}u(t+k|t) + \hat{n}(t+k|t)$
- Diophantine 항등관계: $1 = E_k(z^{-1})D(z^{-1}) + z^{-k}F_k(z^{-1})$
- 자동회귀 적분이동평균(ARIMA) 모델:
  $\hat{y}(t+k|t) = G_k(z^{-1})y(t) + H_k(z^{-1})u(t+k|t)$, $G_k(z^{-1}) = F_k(z^{-1})$,
  $H_k(z^{-1}) = E_k(z^{-1})B(z^{-1})\Delta$
- 시간지연이 존재하는 ARMA 모델: $A(z^{-1})y(t) = z^{-d}B(z^{-1})u(t-1) + C(z^{-1})\dfrac{e(t)}{\Delta}$
- 상태함수 모델: $z(t+1) = Az(t) + Bu(t),\ y(t) = Cz(t) + Du(t)$
- 미래 시점 $t+j$에서의 출력: $\hat{y}(t+j) = QM^j\hat{x}(t) + \sum_{i=0}^{j-1} QM^{j-i-1}N\Delta u(t+i)$
- 목적함수: 예측된 출력과 원하는 출력경로 $w(t+j)$ 사이의 차이로 구성되는 2차 함수 형태,
  $J(N_1, N_2, N_u) = \sum_{j=N_1}^{N_2} \delta(j)[\hat{y}(t+j|t) - w(t+j)]^2 + \sum_{j=1}^{N_u} \lambda(j)[\Delta u(t+j-1)]^2$
- 원하는 미래의 출력경로: $w(t) = y(t),\ w(t+j) = \alpha w(t+j-1) + (1-\alpha)r(t+j)$
- 임펄스응답 모델을 이용한 예측제어: $\underline{u}_+ = [H_1^T H_1 + \lambda I]^{-1} H_1^T[\underline{w} - \underline{e}]$
- 계단응답 모델을 이용한 예측제어: $\underline{u} = [G^T G + \lambda I]^{-1} G^T[\underline{w} - \underline{f}]$
- DMC(Dynamic Matrix Control; 동특성 행렬제어): 동특성 행렬 G를 이용하는 제어방법
- IMC(내부모델 제어): 모델 G_m을 두 인자들의 곱 $G_m(s) = G_m^+(s)G_m^-(s)$으로 표현
- $G_m^+(s)$: 불안정을 초래하는 요소들, $G_m^-(s)$: G_m에서 불안정을 초래하는 요소들을 제외한 나머지 성분
- IMC 제어기: $G_c(s) = [G_m^-(s)]^{-1}$
- IMC에서는 필터를 도입하여 조절변수의 변화를 조정하고 제어 성능을 향상
- Smith predictor: 모델을 시간지연 부분과 그 이외 부분으로 구분, $G_m = G_m^* e^{-\bar{\theta}s}$
- Analytical predictor: 시간지연의 보정을 위한 효율적인 방법
- 예측제어 방법은 기본적으로 feedback 제어구조의 형태로서 feedback 측정변수(제어변수)와 조절변수를 정하고 적절한 모델과 파라미터들을 규명하여 제어 알고리듬을 선택하고 조정하는 과정을 수행

- 예측제어기는 다단(cascade) 제어구조에서 주 제어기로 이용 가능(2차 제어기로는 PID를 사용)
- 예측제어기가 PID 제어기에 비해 우월한 성능을 보이는 경우: 1) 시간지연이 긴 경우(Smith predictor를 이용, 모델이 완벽하다면 feedforward 제어기능을 수행), 2) 역응답 특성이 있는 경우, 3) 다단(cascade) 제어구조에의 활용, 4) Feedforward 제어에의 활용

점/검/문/제

21.1 모델예측제어의 가장 큰 특징으로 볼 수 있는 것은?

① 다단제어구조 기능의 자연적 수행

② 공정 모델을 이용한 출력의 예측

③ 과거 제어입력 데이터의 이용

④ 교란변수의 처리기능

21.2 모델예측제어 방법의 활용에서 조정 파라미터가 아닌 것은 어느 것인가?

① 시간지연의 크기

② 미래출력 예측구간

③ 목적함수에서의 미래 제어입력 가중치

④ 미래 제어입력 변화구간

21.3 제어에서 모델을 사용하는 경우와 사용하지 않는 경우의 특징으로서 맞는 것은?

① 모델을 사용하지 않는 경우 작업의 대부분은 공정의 분석에 소요된다.

② 모델을 사용하는 경우 작업의 대부분은 제어기능의 설정에 소요된다.

③ 모델을 사용하지 않는 경우 작업의 대부분은 운전데이터 수집에 소요된다.

④ 모델을 사용하는 경우 작업의 대부분은 공정 모델의 규명에 소요된다.

21.4 모델예측제어에서의 최적화 계산에 직접적으로 소요되지 않는 것은?

① 미래 제어오차

② 목적함수

③ 외부교란변수의 크기

④ 제약조건

21.5 어떤 공정의 단위계단 테스트로부터 다음과 같은 응답을 얻었다. 동특성 행렬(dynamic matrix)을 구하면 어떤 결과를 얻는가?

시간	0	1	2	3	4	5
출력	0	0.8	1.4	1.8	2.0	2.0

① $\begin{bmatrix} 0 & 0.8 & 0 & 0 \\ 0 & 1.4 & 0 & 0 \\ 0 & 1.8 & 0 & 0 \\ 0 & 2.0 & 0 & 0 \end{bmatrix}$　　② $\begin{bmatrix} 0.8 & 0 & 0 & 0 \\ 0.8 & 1.4 & 0 & 0 \\ 0.8 & 1.4 & 1.8 & 0 \\ 0.8 & 1.4 & 1.8 & 2.0 \end{bmatrix}$

③ $\begin{bmatrix} 0.8 & 0 & 0 & 0 \\ 0 & 1.4 & 0 & 0 \\ 0 & 0 & 1.8 & 0 \\ 0 & 0 & 0 & 2.0 \end{bmatrix}$　　④ $\begin{bmatrix} 0.8 & 0 & 0 & 0 \\ 1.4 & 0.8 & 0 & 0 \\ 1.8 & 1.4 & 0.8 & 0 \\ 2.0 & 1.8 & 1.4 & 0.8 \end{bmatrix}$

▶ 점검 문제 해답

21.1 ②　**21.2** ①　**21.3** ④　**21.4** ③　**21.5** ④

연/습/문/제

21.1 그림은 밸브 스템의 위치 x(% 열림)가 계단변화를 보였을 때의 어떤 가열공정의 온도(℃) 측정값을 나타낸 것이다. 정상상태에서 $x = 40\%$이며 $T = 30℃$이다. 이 공정이 정상상태(즉 $x = 40\%$, $T = 30℃$)로 유지되다가 x가 그림 P21.1(2)에 보인 바와 같은 변화를 보였을 때 온도변화를 추정하여라.

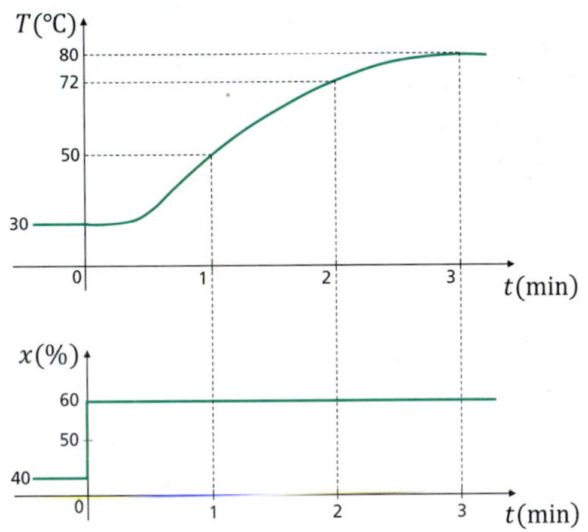

그림 P21.1(1) **계단응답.**

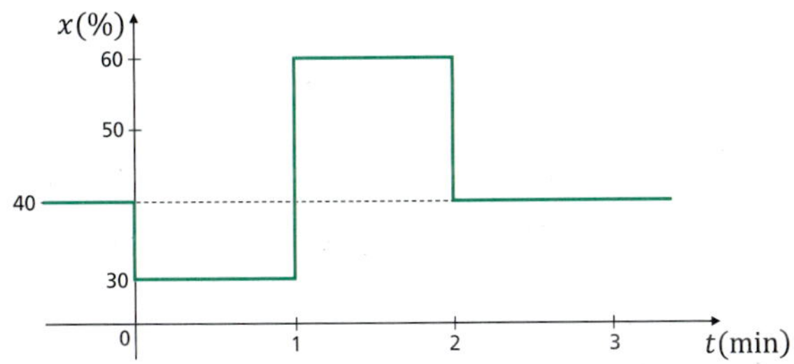

그림 P21.1(2) **밸브 스템의 계단변화.**

21.2 그림은 밸브 스템의 위치 x(% 열림)가 10%의 계단변화를 보였을 때의 어떤 보일러의 액위 h(%)의 측정값을 나타낸 것이다. 정상상태에서 $x = 40\%$이며 $h = 50\%$이다. 이 공정이 정상상태(즉 $x = 40\%$, $h = 50\%$)로 유지되다가 x가 그림 P21.2(2)에 보인 바와 같은 변화를 보였을 때 5분 동안의 액위변화를 추정하여라.

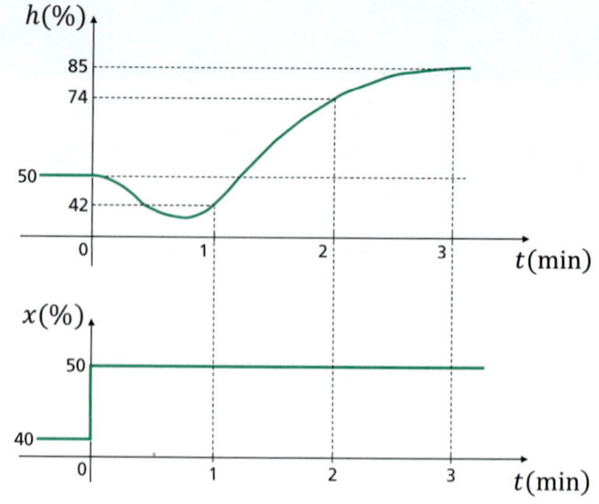

그림 P21.2(1) **보일러의 계단응답.**

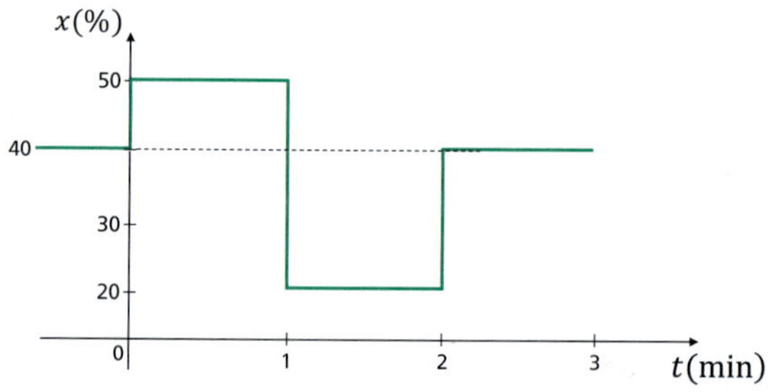

그림 P21.2(2) **밸브 스템의 계단변화.**

21.3 모델식이 $G_m(s) = \dfrac{K_m}{(\tau s + 1)^3}$ $(\tau > 0)$과 같은 경우 IMC 제어기를 구하여라.

21.4 IMC 제어구조에서의 filter의 위치는 교란변수와 설정값(set point) 변화에 대한 제어 시스템 응답의 동특성에 영향을 미친다. 교란변수와 set point 응답이 서로 독립적으로 영향을 받을 수 있도록 IMC 구조를 구성하여라.

21.5 공정의 모델이 완벽한 경우(즉 $G_m = G_p$) 닫힌루프 시스템이 안정하기 위해서는 추가로 어떤 조건들이 필요한가?

21.6 그림에 보인 바와 같은 feedback 제어구조에서 set point의 변화는 없으며(즉 $R = 0$) load의 변화만이 도입되고 있다. 그림에서 $G(s) = \dfrac{1}{2s+1}$, $G_c = K_c$이다.

(1) 이 제어구조에 대한 시간지연 보정기를 구성하여라(모델은 완벽한 모델이 아니며 $\tilde{G} = \tilde{G}^* e^{-\bar{\theta}s}$로 주어진다).

(2) 공정의 모델이 $\tilde{G} = \tilde{G}^* e^{-\bar{\theta}s} = \dfrac{e^{-3s}}{3s+1}$과 같이 얻어졌을 때 위 (1)의 경우에 대한 총괄 전달함수 $\dfrac{C}{L}$를 구하여라.

그림 P21.6

21.7 그림에 보인 feedback 제어구조에서 원하는 닫힌루프 응답 $\left(\frac{C}{R}\right)_d = \frac{1}{\tau s+1}$이 되도록 제어기 G_c를 정하고자 한다. 공정 $G(s) = \frac{K_p e^{-\theta s}}{(\tau_1 s+1)(\tau_2 s+1)}$로 주어진다. $e^{-\theta s} \approx 1-\theta s$로 근사된다고 가정한다.

(1) 제어기의 전달함수를 K_p, τ, τ_1, τ_2, θ의 함수로 나타내어라.

(2) $G(s)$의 모델이 완벽하다고 가정하여 Smith predictor를 구성하고 이 경우에 대한 제어기 전달함수를 구하여라.

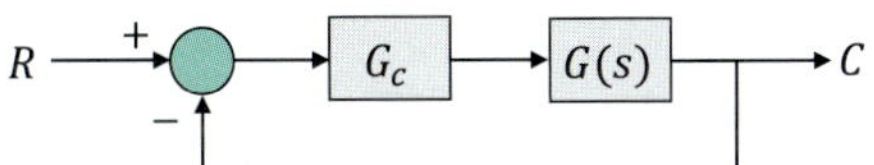

그림 P21.7

∗ MATLAB 활용 문제

21.8 $(1-0.9z^{-1})y(t) = 0.5z^{-1}u(t)$인 공정에 다음 그림과 같은 입력변화가 도입되었다. $u(0) = 0, y(0) = 1$일 때 $t = 20$에서의 출력 $y(20)$을 구하여라.

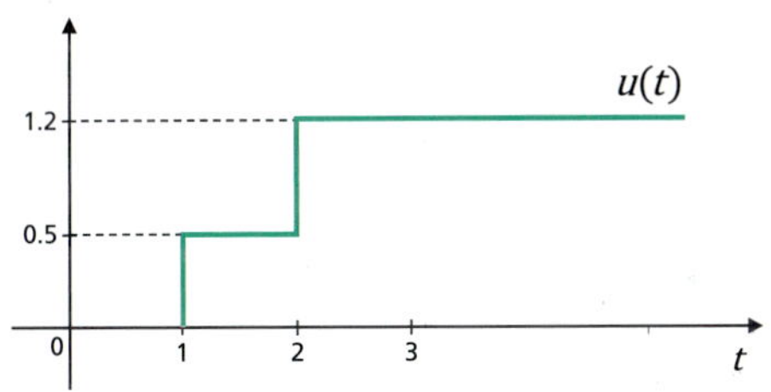

그림 P21.8

21.9 Diophantine 식 $1 = E_j(z^{-1})D(z^{-1}) + z^{-j}F_j(z^{-1})$에서 $D(z^{-1}) = 1-2z^{-1}+z^{-2}$이다. E_4와 F_4를 각각 구하여라.

21.10 $y(t) = \frac{4z^{-1}}{1-0.2z^{-1}}u(t)$와 같이 표현되는 어떤 공정에 크기가 0.05로서 일정한 교란변수가 도입되고 있다. 설정값 $r(t+j)$는 8로서 일정하며 샘플링 시간 $T = 1$이고 과거의 입력변수 값들은 모두 1이다. $N_1 = 1$, $N_2 = 4$, $\lambda = 1$일 때 임펄스응답 모델을 이용한 예측제어로부터 미래의 제어입력을 구하여라. 원하는 미래의 공정 출력은

$$w(t) = y(t), \qquad w(t+j) = \alpha w(t+j-1) + (1-\alpha)r(t+j)$$

로 표현되며 $\alpha = 0.8$, $y(t) = 5.0$이다.

최신 공정제어공학 MATLAB의 활용과 실습

최적제어와 상태공간 모델기반 제어

22.1 서론

화학공장 운전의 목적은 안전 및 환경오염을 최소로 하면서 이익을 최대로 하거나 비용을 최소로 하는 데에 있다. 최적제어는 이익을 최대로 하거나 비용을 최소로 해주기 위한 제어방법의 하나이다. 어떤 공정의 성능기준, 혹은 비용함수는 일반적으로

$$J = \int_{t_0}^{t_f} h(x(t), u(t), t)dt$$

의 형태로 주어진다. 최적제어 문제에서는

$$\dot{x} = g(x(t), u(t), t) \tag{22.1}$$

로 주어지는 시스템의 상태가 위의 J가 최소가 되게 하는 최적 경로 $x(t)$를 따르도록 해주는 입력 $u(t)$를 규명하는 것이 보통이다.

최적제어 문제는 그 형식에 따라 다음과 같이 분류할 수 있다.

- 조정제어: 이 형태의 제어방법은 처음에 평형상태로부터 이탈되어 있는 시스템을 주어진 성능기준이 최소가 되도록 하면서 평형상태로 되돌리는 데에 초점을 맞춘다.
- 추적제어: 이 형태의 제어방법에서는 주어진 성능기준을 최소로 하면서 시스템의 상태가 시간에 따르는 어떤 원하는 상태궤적을 가능한 한 가깝게 따르도록 해준다.
- 최소시간 제어: 이 형태는 가능한 한 최단시간 내에 시스템이 최종 상태에 도달하도록 하는 데에 초점을 맞춘다. 예를 들어 자동차를 운전하는 경우 운전자는 엑셀레이터에 발을 올려두고 있다가 목적지에 근접하게 되면 가능한 한 세게 브레이크를 밟는다.
- 최소에너지 제어: 이 형태의 제어에서는 제어 에너지를 최소로 소비하면서 시스템을 초기상태로부터 최종상태로 이동시키는 데에 역점을 둔다.
- 종말제어: 이 형태는 시스템이 주어진 시간 내에 주어진 최종상태에 가능한 한 근접하게 이동하도록 하는 데에 이용된다. 예를 들면 항공기의 자동착륙 시스템에서는 최적제어방법을 이용하여 착륙지점에서 상태벡터의 오차가 최소가 되도록 해준다.

22.2 최적화 성능기준의 설정

성능기준을 정하는 것은 다루고자 하는 최적제어 문제의 성격에 따라 좌우된다. 제어입력 변수가 $u(t)$이고 상태변수가 $x = [x_1(t)\ \ x_2(t)\ \ x_3(t)]^T$로 주어진다면 성능기준은

$$J = \int_{t_0}^{t_f} \{(q_{11}x_1 + q_{22}x_2 + q_{33}x_3) + r_1 u\} dt$$

와 같이 설정할 수 있다. 성능기준은 벡터와 행렬표현을 이용하여 나타내는 것이 보통이다. 위의 성능기준은

$$J = \int_{t_0}^{t_f} (Qx + Ru) dt$$

와 같이 나타낼 수 있다. 만일 성능기준의 설정에 상태변수 및 입력변수의 제곱을 이용하면 다음과 같은 2차 형식의 성능기준이 얻어진다.

$$J = \int_{t_0}^{t_f} \{(q_{11}{x_1}^2 + q_{22}{x_2}^2 + q_{33}{x_3}^2) + r_1 u^2\} dt$$

이를 다시 쓰면

$$J = \int_{t_0}^{t_f} (x^T Q x + u^T R u) dt \tag{22.2}$$

위에서

$$Q = \begin{bmatrix} q_{11} & 0 & 0 \\ 0 & q_{22} & 0 \\ 0 & 0 & q_{33} \end{bmatrix}, \qquad R = [r_1]$$

과 같이 주어진다. Q와 R은 상태 및 제어 가중치 행렬들로서 언제나 정방행렬이며 대칭행렬이다.

22.3 선형 2차 최적제어

22.3.1 선형 2차 조절제어

선형 2차 조절제어기(Linear Quadratic Regulator, LQR)는 선형 시스템에 대한 최적 제어방법으로서 성능기준은 식 (22.2)와 같이 2차 형태로 주어진다.

시스템이 식 (22.1)과 같이 주어진다고 하고 시간구간 $[t_0,\ t_1]$에서 함수 $f(x,t)$를

$$f(x,t) = \min_u J = \min_u \int_{t_0}^{t_1} h\big(x(t), u(t)\big) dt \tag{22.3}$$

와 같이 정의하자. 여기에서

$$f(x,t_0) = f(x(0)) = f(x_0), \; f(x,t_1) = 0 \tag{22.4}$$

이다. 최적제어의 목적은 성능기준 J를 최소로 해주는 입력변수 u를 구하는 것이다. Hamilton 식[1] $H(t)$는

$$H(t) = h(x,u) + \lambda^T g(x,u)$$

와 같이 쓸 수 있다. 위에서 $\lambda = \left(\frac{\partial f}{\partial x}\right)$로 주어진다. 이를 이용하면 Hamilton–Jacobi 방정식은 다음과 같이 나타낼 수 있다:

$$\frac{\partial f}{\partial t} = -H(t) = -\left[h(x,u) + \left(\frac{\partial f}{\partial x}\right)^T g(x,u)\right] \tag{22.5}$$

식 (22.1)로 주어지는 시스템이 시불변(time-invariant)의 선형이라면 다음과 같이 나타낼 수 있다:

$$\dot{x} = g(x,u) = Ax + Bu \tag{22.6}$$

성능기준을 식 (22.2)와 같이 설정하였다면($t_f = t_1$)

$$J = \int_{t_0}^{t_1} h(x,u)dt = \int_{t_0}^{t_1} (x^T Qx + u^T Ru)dt \tag{22.7}$$

즉 식 (22.5)에서 $h(x,u) = x^T Qx + u^T Ru, \; g(x,u) = Ax + Bu$ 이므로

$$\frac{\partial f}{\partial t} = -\left[x^T Qx + u^T Ru + \left(\frac{\partial f}{\partial x}\right)^T (Ax + Bu)\right] \tag{22.8}$$

를 얻는다.

함수 $f(x,t)$가 2차식 형태(quadratic form)를 갖는다면

$$f(x,t) = x^T Px$$

와 같이 나타낼 수 있다. 위에서 P는 대칭 정방행렬이다. 이 경우

$$\frac{\partial f}{\partial t} = x^T \frac{\partial P}{\partial t} x, \qquad \frac{\partial f}{\partial x} = 2Px, \qquad \left(\frac{\partial f}{\partial x}\right)^T = 2x^T P^T = 2x^T P$$

이므로 식 (22.8)로부터

$$\frac{\partial f}{\partial t} = x^T \frac{\partial P}{\partial t} x = x^T \dot{P} x = -[x^T Qx + u^T Ru + 2x^T P(Ax + Bu)] \tag{22.9}$$

따라서 $H(t)$를 최소로 해주는 입력변수 $u = u_{opt}$는

1. 최적성 원리(optimality principle)로부터 Hamilton–Jacobi 편미분 방정식을 얻을 수 있다. 자세한 내용은 W. Fred Ramirez, *Process Control and Identification* (Chap. 4), Academic Press, 1994를 참조할 수 있다.

$$\frac{\partial}{\partial u}\left(\frac{\partial f}{\partial t}\right) = 0 = 2u^T R + 2x^T PB$$

로부터

$$u_{opt} = -R^{-1}B^T Px = -Kx \tag{22.10}$$

을 얻는다. 위에서

$$K = R^{-1}B^T P \tag{22.11}$$

이다. 식 (22.10)을 (22.9)에 대입하면

$$x^T \dot{P} x = -x^T Qx - 2x^T PAx + x^T PBR^{-1}B^T Px$$

그런데

$$2x^T PAx = x^T(A^T P + PA)x$$

이므로 식 (22.11)로부터

$$x^T \dot{P} x = x^T(-Q - A^T P - PA + PBR^{-1}B^T P)x$$

따라서

$$\dot{P} = -Q - A^T P - PA + PBR^{-1}B^T P \tag{22.12}$$

비선형 미분방정식 (22.12)는 행렬 Riccati 방정식으로 널리 알려져 있다. 최종시간 t_1에서의 조건

$$x^T(t_1)P(t_1)x(t_1) = 0$$

을 이용하여 $t = t_1$으로부터 $t = t_0$까지 거꾸로 적분해 나감으로써 $P(t)$를 구할 수 있다. 거꾸로 적분해 나감에 따라 $P(t)$는 대개 일정한 값들로 수렴한다. $t_1 = \infty$이거나 $t = t_1$으로부터 $t = t_0$까지의 시간간격이 매우 크면 정상상태에 이르게 되어 $\dot{P} = 0$이 되며 따라서 식 (22.12)로부터

$$Q + A^T P + PA - PBR^{-1}B^T P = 0 \tag{22.13}$$

을 얻는다. 이는 대수 Riccati 방정식(ARE)으로 알려져 있다.

위의 관계들을 이산형태(discrete form)로 나타내어 보기로 한다. 샘플링 시간을 T라고 하고 $x(kT)$를 편의상 $x(k)$로 표시하면 시불변 선형 시스템은

$$x(k+1) = Ax(k) + Bu(k) \tag{22.14}$$

로 나타낼 수 있으며 성능기준은

$$J = \sum_{k=0}^{N-1} [x^T(k)Qx(k) + u^T(k)Ru(k)] \tag{22.15}$$

와 같이 쓸 수 있다. 행렬 Riccati 방정식의 이산해는 다음과 같이 K와 P의 반복적인 계산으로부터 얻어진다.

$$K(N-k-1) = [R + B^T P(N-k)B]^{-1} B^T P(N-k)A \tag{22.16}$$

$$P(N-k-1) = [Q + K^T(N-k-1)RK(N-k-1)] + [A - BK(N-k-1)]^T P(N-k)[A - BK(N-k-1)] \tag{22.17}$$

단계 k에서 최적제어변수는

$$u_{opt}(k) = -K(k)x(k) \tag{22.18}$$

로 주어지며 최종단계 $k = N$에서의 조건은

$$x^T(N)P(N)x(N) = 0 \tag{22.19}$$

이다.

보기 22.1

그림 22.1은 어떤 선형 시스템에 대한 feedback 제어구조를 보인 것이다. 그림에서

$$\dot{x} = \begin{bmatrix} \dot{x}_1 \\ \dot{x}_2 \end{bmatrix} = Ax + Bu = \begin{bmatrix} 0 & 1 \\ 2 & 3 \end{bmatrix} \begin{bmatrix} x_1 \\ x_2 \end{bmatrix} + \begin{bmatrix} 1 \\ 0 \end{bmatrix} u, \qquad y = [1 \;\; 0]x$$

로 주어지며 성능기준은

$$J = \int_0^\infty \left(x^T \begin{bmatrix} 1 & 0 \\ 0 & 2 \end{bmatrix} x + u^2 \right) dt$$

로 설정되어 있다.

(1) Riccati 행렬 P를 구하여라.

(2) 상태 feedback 행렬 K를 구하여라.

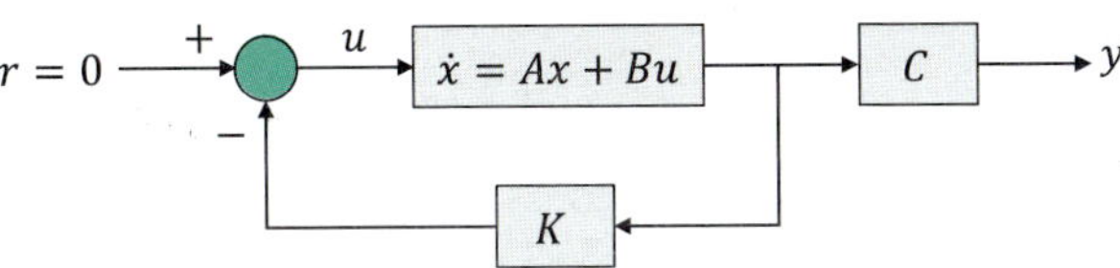

그림 22.1 **선형 feedback 제어구조.**

풀이

(1) 주어진 시스템으로부터

$$A = \begin{bmatrix} 0 & 1 \\ 2 & 3 \end{bmatrix}, \qquad B = \begin{bmatrix} 1 \\ 0 \end{bmatrix}, \qquad C = [1 \;\; 0], \qquad Q = \begin{bmatrix} 1 & 0 \\ 0 & 2 \end{bmatrix}, \qquad R = 1$$

식 (22.13)에서 $P = \begin{bmatrix} p_{11} & p_{12} \\ p_{21} & p_{22} \end{bmatrix}$로 두면 $Q + A^T P + PA - PBR^{-1}B^T P = 0$으로부터

$$\begin{bmatrix}1 & 0\\0 & 2\end{bmatrix}+\begin{bmatrix}0 & 2\\1 & 3\end{bmatrix}\begin{bmatrix}p_{11} & p_{12}\\p_{21} & p_{22}\end{bmatrix}+\begin{bmatrix}p_{11} & p_{12}\\p_{21} & p_{22}\end{bmatrix}\begin{bmatrix}0 & 1\\2 & 3\end{bmatrix}-\begin{bmatrix}p_{11} & p_{12}\\p_{21} & p_{22}\end{bmatrix}\begin{bmatrix}1\\0\end{bmatrix}[1\ \ 0]\begin{bmatrix}p_{11} & p_{12}\\p_{21} & p_{22}\end{bmatrix}=0$$

P는 대칭이므로 $p_{12}=p_{21}$임을 이용하면 위의 관계로부터 다음 방정식들을 얻는다.

$$1+4p_{12}-{p_{11}}^2=0$$

$$2p_{22}+p_{11}+3p_{12}-p_{11}p_{12}=0$$

$$2+2p_{12}+6p_{22}-{p_{12}}^2=0$$

이로부터

$$p_{12}=p_{21}=\frac{{p_{11}}^2-1}{4},\ p_{22}=\frac{{p_{11}}^4-10{p_{11}}^2-23}{96},\ {p_{11}}^4-12{p_{11}}^3+26{p_{11}}^2+60p_{11}-59=0$$

이를 풀면 $p_{11}=7.813,\ 5.2, -1.813,\ 0.8012$의 4개 실근을 얻는다. 가장 큰 양의 값을 취하여 $p_{11}=7.813$이라 하면 앞의 관계들로부터 $p_{12}=p_{21}=15.01,\ p_{22}=32.22$를 얻는다. 즉

$$P=\begin{bmatrix}7.813 & 15.01\\15.01 & 32.22\end{bmatrix}$$

(2) $K=R^{-1}B^TP=[1\ \ 0]\begin{bmatrix}7.813 & 15.01\\15.01 & 32.22\end{bmatrix}=[7.813\ \ 15.01]$

보기 22.2

식 (22.10)을 (22.6)에 대입하면

$$\dot{x}=Ax+Bu=Ax-BKx=(A-BK)x=Gx$$

가 된다. 성능기준을

$$J=\int_0^\infty x^Txdt=x^T(0)Px(0)$$

로 두면 $P=\begin{bmatrix}p_{11} & p_{12}\\p_{12} & p_{22}\end{bmatrix}$는 대칭행렬로서

$$G^TP+PG=-I$$

로부터 얻을 수 있다.[2] 어떤 공정이

$$\dot{x}=\begin{bmatrix}0 & 1\\0 & 0\end{bmatrix}x+\begin{bmatrix}0\\1\end{bmatrix}u,\qquad x(0)=\begin{bmatrix}1\\1\end{bmatrix}$$

2. Richard C. Dorf and Robert H. Bishop, *Modern Control Systems* (Chapter 11), 10th ed., Prentice-Hall, 2005.

로 주어지며

$$u = -Kx = -[k_1 \;\; k_2]x = -[1 \;\; k_2]x = -x_1 - k_2 x_2$$

이다. 성능기준 J를 최소로 해주는 k_2와 이 때의 J값을 구하여라.

풀이

$$\dot{x} = (A - BK)x = \left(\begin{bmatrix} 0 & 1 \\ 0 & 0 \end{bmatrix} - \begin{bmatrix} 0 \\ 1 \end{bmatrix}[1 \;\; k_2]\right)x = \begin{bmatrix} 0 & 1 \\ -1 & -k_2 \end{bmatrix}x = Gx$$

따라서

$$\begin{aligned} G^T P + PG &= \begin{bmatrix} 0 & -1 \\ 1 & -k_2 \end{bmatrix}\begin{bmatrix} p_{11} & p_{12} \\ p_{12} & p_{22} \end{bmatrix} + \begin{bmatrix} p_{11} & p_{12} \\ p_{12} & p_{22} \end{bmatrix}\begin{bmatrix} 0 & 1 \\ -1 & -k_2 \end{bmatrix} \\ &= \begin{bmatrix} -2p_{12} & p_{11} - k_2 p_{12} - p_{22} \\ p_{11} - k_2 p_{12} - p_{22} & 2p_{12} - 2k_2 p_{22} \end{bmatrix} = -I = \begin{bmatrix} -1 & 0 \\ 0 & -1 \end{bmatrix} \end{aligned}$$

이로부터

$$-2p_{12} = -1, \qquad p_{11} - k_2 p_{12} - p_{22} = 0, \qquad 2p_{12} - 2k_2 p_{22} = -1$$

이를 풀면

$$p_{12} = -\frac{1}{2}, \qquad p_{22} = \frac{1}{k_2}, \qquad p_{11} = \frac{{k_2}^2 + 2}{2k_2}$$

그러므로

$$J = x^T(0)Px(0) = [1 \;\; 1]\begin{bmatrix} \dfrac{{k_2}^2 + 2}{2k_2} & \dfrac{1}{2} \\ \dfrac{1}{2} & \dfrac{1}{k_2} \end{bmatrix}\begin{bmatrix} 1 \\ 1 \end{bmatrix} = \frac{{k_2}^2 + 2k_2 + 4}{2k_2}$$

따라서

$$\frac{\partial J}{\partial k_2} = \frac{2{k_2}^2 - 8}{4{k_2}^2} = 0 \;\rightarrow\; k_2 = 2,\; J_{\min} = J|_{k_2=2} = 3$$

보기 22.3

어떤 공정의 모델식이

$$\dot{x} = [2 \;\; 2]\begin{bmatrix} u_1 \\ u_2 \end{bmatrix} = Bu, \qquad x(0) = 3$$

으로 주어져 있으며 성능기준은

$$J = \int_0^\infty (x^2 + r{u_1}^2 + r{u_2}^2)dt \quad (r > 0)$$

와 같다.

(1) 대수 Riccati 방정식(ARE)의 해를 r의 함수로 나타내어라. 이 때의 상태 x는 어떻게 주어지는가?

(2) 성능기준 J를 r의 함수로 나타내어라.

풀이

(1) $A = [0],\ B = [2\ \ 2],\ Q = 1,\ R = \begin{bmatrix} r & 0 \\ 0 & r \end{bmatrix}$이므로 ARE 식으로부터

$$Q + A^T P + PA - PBR^{-1}B^T P = 0 = 1 - \frac{8p^2}{r}$$

따라서 $p = \sqrt{\frac{r}{8}}$. 그러므로 식 (22.10)으로부터 $u = -R^{-1}B^T Px = -\frac{1}{\sqrt{2r}}\begin{bmatrix} 1 \\ 1 \end{bmatrix}x$. 이로부터 닫힌계는 $\dot{x} = [2\ \ 2]u = -[2\ \ 2]\frac{1}{\sqrt{2r}}\begin{bmatrix} 1 \\ 1 \end{bmatrix}x = -\frac{4}{\sqrt{2r}}x$.

(2) 성능기준 값은 $J = \int_0^\infty x^T x dt = x^T(0)\ Px(0) = 9\sqrt{\frac{r}{8}}$.

MATLab

Riccati 행렬과 feedback 이득 K의 계산

Riccati 행렬 P 및 상태 feedback 이득 K의 계산은 내장함수 lqr을 이용하면 된다.
어떤 선형 시불변 시스템은

$$\dot{x} = \begin{bmatrix} \dot{x}_1 \\ \dot{x}_2 \end{bmatrix} = Ax + Bu = \begin{bmatrix} 0 & 1 \\ 2 & 3 \end{bmatrix}\begin{bmatrix} x_1 \\ x_2 \end{bmatrix} + \begin{bmatrix} 1 \\ 0 \end{bmatrix}u, \qquad y = [1\ \ 0]x$$

로 주어지며 성능기준은

$$J = \int_0^\infty \left[x^T \begin{bmatrix} 1 & 0 \\ 0 & 2 \end{bmatrix} x + u^2\right] dt$$

로 설정되어 있다. Riccati 행렬 P를 구해 보자. 아울러 상태 feedback 행렬 K를 구해 보자.

함수 lqr은 상태함수의 행렬 A와 B 및 성능기준 행렬 Q와 R을 필요로 한다. MATLAB 프로그램 수행결과는 다음과 같다.

```
>> A = [0 1;2 3]; B = [1; 0]; Q = [1 0; 0 2]; R = [1];
>> [K,P,E] = lqr(A,B,Q,R)
K =
```

```
P =
    7.8130   15.0108
   15.0108   32.2172
```

```
7.8130   15.0108                    E =
                                       -1.3071
                                       -3.5059
```

22.3.2 선형 2차 서보제어

선형 2차 서보(혹은 추적)제어문제에서는 주어진 성능기준을 최소로 하면서 시스템의 상태가 시간에 따르는 어떤 원하는 궤적에 가능한 한 근접하게 접근하도록 해주는 최적의 제어입력 u_{opt}를 규명한다. 시스템의 원하는 궤적을 r이라 하면 성능기준은 다음과 같이 설정할 수 있다:

$$J = \int_{t_0}^{t_1} [(r-x)^T Q(r-x) + u^T Ru]dt \tag{22.20}$$

추적 벡터를 $s(t)$라 하면 앞의 조절제어 문제에서와 마찬가지로 하여 다음과 같이 $s(t)$에 대한 행렬 Riccati 방정식을 얻을 수 있다:[3]

$$\dot{s} = (A - BR^{-1}B^T P)^T s - Qr \tag{22.21}$$

최종시점에서의 경계조건은 $s(t_1) = 0$와 같다. 이로부터 최적 제어입력은

$$u_{opt} = -R^{-1}B^T Px - R^{-1}B^T s = v - Kx \tag{22.22}$$

와 같이 얻어진다. 위에서

$$K = R^{-1}B^T P, \qquad v = -R^{-1}B^T s$$

이다. 이와 같은 선형 2차 서보제어 구조는 그림 22.2와 같이 나타낼 수 있다.

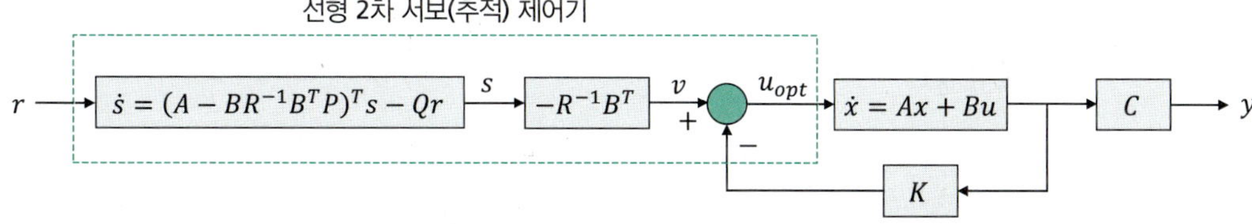

그림 22.2 선형 2차 서보제어 구조.

서보제어 문제를 이산형태로 나타내어 보기로 한다. 앞에서와 마찬가지로 시불변 선형 시스템은

$$x(k+1) = Ax(k) + Bu(k) \tag{22.14}$$

로 나타낼 수 있으며 성능기준은

3. Roland S. Burns, *Advanced Control Engineering* (Chap. 9), Butterworth Heinemann, 2001.

$$J = \sum_{k=0}^{N-1} [\{r(k) - x(k)\}^T Q \{r(k) - x(k)\} + u^T(k) R u(k)] \tag{22.23}$$

와 같이 나타낼 수 있다. 아울러 추적벡터 및 경계조건은

$$s(N-k-1) = F(T)s(N-k) + G(T)r(N-k), \ s(N) = 0 \tag{22.24}$$

의 형태로 주어진다. 위에서 $F(T)$와 $G(T)$는 각각 이산 전이행렬 및 제어행렬로서 식 (22.21)의 이산화로부터 얻어진다. 벡터 v는

$$v(N-k) = -R^{-1}B^T s(N-k) \tag{22.25}$$

와 같으며 최적 제어입력 u_{opt}는 식 (22.22)로부터

$$u_{opt}(k) = v(k) - K(k)x(k)$$

로 주어진다. 이를 이용하면 공정의 상태는

$$x(k+1) = Ax(k) + Bu_{opt}(k) \tag{22.26}$$

으로부터 계산할 수 있다.

MATLab

선형 2차 서보제어

다음과 같은 선형 시스템에 대한 선형 2차 서보제어 문제를 고려해 보기로 한다:[4]

$$\dot{x} = \begin{bmatrix}\dot{x}_1 \\ \dot{x}_2\end{bmatrix} = Ax + Bu = \begin{bmatrix}0 & 1 \\ -1 & -1\end{bmatrix}\begin{bmatrix}x_1 \\ x_2\end{bmatrix} + \begin{bmatrix}0 \\ 1\end{bmatrix}u, \qquad y = \begin{bmatrix}1 & 0 \\ 0 & 1\end{bmatrix}\begin{bmatrix}x_1 \\ x_2\end{bmatrix}$$

성능기준은

$$J = \sum_{k=0}^{200} \left[[r_1(k) - x_1(k) \ \ r_2(k) - x_2(k)] \begin{bmatrix}10 & 0 \\ 0 & 1\end{bmatrix} \begin{bmatrix}r_1(k) - x_1(k) \\ r_2(k) - x_2(k)\end{bmatrix} + u^2(k) \right]$$

로 설정되어 있다. 주어진 선형 시스템이 20초에 걸쳐 다음과 같이 주어지는 상태벡터를 추적하고자 한다:

$$\begin{bmatrix}r_1(k) \\ r_2(k)\end{bmatrix} = \begin{bmatrix}\sin(0.6284k) \\ 0.6\cos(0.6284k)\end{bmatrix}$$

샘플링 시간은 0.1초로 한다. Riccati 행렬 P를 구해 보자. 아울러 상태 feedback 행렬 K를 구해 보자.

프로그램 lqservo.m은 Riccati 방정식에 대한 이산형태의 풀이를 수행한다.

```
% lqservo.m: 최적 서보제어 문제
clear all;
```

4. Roland S. Burns, *Advanced Control Engineering* (Chap. 9), Butterworth Heinemann, 2001.

```
A = [0 1; -1 -1]; B = [0; 1]; Q = [10 0;0 1]; R = [1];
F = [0.9859 -0.27; 0.08808 0.7668]; G = [-0.9952 0.0141; -0.0460 -0.0881];
S = [0; 0]; % s의 초기화Ts = 0.1; %b 샘플링 시간
Ts = 0.1; T = 0; % 제어조작 시간(20초) 초기값
[Ad Bd] = c2d(A,B,Ts); % 선형 시스템의 이산화
v = 0; P = [0 0;0 0]; % v와 P의 초기화
H = Bd'*P; X = Ts*R + H*Bd; Y = H*Ad;
K = X\Y; % 상태 feedback 행렬 K의 계산
for i = 1:200 % Discrete reverse-time solution
      L = Ts*Q + K'*Ts*R*K; M = Ad - Bd*K; Pp1 = L + M'*P*M;
      Rin = [-sin(0.6284*T); 0.6*cos(0.6284*T)];
      Sp1 = F*S + G*Rin; v = -B'*Sp1; S = Sp1; T = T + Ts;
      P = Pp1; H = Bd'*P; X = Ts*R + H*Bd; Y = H*Ad; K = X\Y;
end
K, P
```

수행결과는 다음과 같다.

```
>> lqservo
K =
    2.0658    1.4880
P =
    8.0518    2.3145
    2.3145    1.6310
```

22.4 상태의 추정

제4장에서 다루었던 상태함수를 이용하여 제어기를 고안하는 경우에는 제어되는 시스템의 상태벡터를 아는 것이 필요하다. 그러나 실제에 있어서는 상태벡터를 측정할 수 없거나 부분적으로만 측정이 가능한 경우가 드물지 않으며 따라서 추정기(estimator)를 이용하여 상태를 재구성해야 한다. 상태벡터를 측정할 수 있다고 하더라도 실험과정이나 공장의 운전에서 실제로 측정되는 데이터는 보통 잡음(noise)을 포함하고 있어서 정확한 변수값을 알 수 없는 경우가 많다. 따라서 잡음을 포함하고 있는 다수의 측정값들로부터 최선의 변수값을 추정할 필요가 있다. 이 과정을 흔히 상태추정(state estimation)이라고 일컫는다.

22.4.1 가제어성(controllability)과 가관측성(observability)

제한된 시간 동안에 시스템의 상태를 임의의 초기상태로 $x(0)$로부터 어떤 최종상태 $x(k_f)$로 이동시켜 주는 제어벡터 $u(k)(0 \le k \le k_f)$가 존재할 경우 이 시스템은 제어 가능하다고 말한다. 한편 제한된 시간구간에 걸쳐 측정된 출력 $y(k)$로부터 어떤 시점 k_0에서의 상태 $x(k_0)$가 완전하게 정해질 수 있는 경우 이 시스템은 관측 가능하다고 말한다.

이산시간 상태함수 모델이

$$x(k+1) = Ax(k) + Bu(k), \qquad y(k) = Cx(k)$$

와 같이 주어졌다고 하자. 위에서 $x \in R^{n\times 1}$, $A \in R^{n\times n}$, $B \in R^{n\times 1}$이다. $n \times n$ 행렬 M과 N을 각각 다음과 같이 정의하기로 한다:

$$M = [B \quad AB \quad \cdots \quad A^{n-1}B], \qquad N = [C^T \quad A^TC^T \quad \cdots \quad (A^T)^{n-1}C^T]$$

행렬 M의 계(rank)가 n(즉 $\text{rank}(M) = n$)이면 위의 시스템은 제어 가능하다고 말한다. 행렬 M은 가제어성(controllability) 행렬이라고 부른다. 아울러 행렬 N의 계(rank)가 n(즉 $\text{rank}(N) = n$)이면 위의 시스템은 관측 가능하다고 말한다. 행렬 N은 가관측성(observability) 행렬이라고 부른다.

보기 22.4

다음 시스템이 제어 가능한지, 또한 관측 가능한지의 여부를 판별하여라:

$$x(k+1) = \begin{bmatrix} -2 & 0 \\ 3 & -5 \end{bmatrix} x(k) + \begin{bmatrix} 1 \\ 0 \end{bmatrix} u(k), \qquad y(k) = [1 \quad -1]x(k)$$

풀이

$AB = \begin{bmatrix} -2 & 0 \\ 3 & -5 \end{bmatrix}\begin{bmatrix} 1 \\ 0 \end{bmatrix} = \begin{bmatrix} -2 \\ 3 \end{bmatrix}$, $A^TC^T = \begin{bmatrix} -2 & 3 \\ 0 & -5 \end{bmatrix}\begin{bmatrix} 1 \\ -1 \end{bmatrix} = \begin{bmatrix} -5 \\ 5 \end{bmatrix}$. 이로부터

$M = [B \quad AB] = \begin{bmatrix} 1 & -2 \\ 0 & 3 \end{bmatrix}$, $N = [C^TA^TC^T] = \begin{bmatrix} 1 & -5 \\ -1 & 5 \end{bmatrix}$. 따라서 $|M| = 3 \neq 0$이며 $\text{rank}(M) = 2$이므로 주어진 시스템은 제어 가능하다. 한편 $|N| = 0$이며 $\text{rank}(N) = 1 \neq 2$이므로 주어진 시스템은 관측 불가능하다.

22.4.2 상태 관측기(state observer)

측정(혹은 관측) 가능한 공정에 대한 정확한 모델을 알고 있으며 신호에 잡음이 포함되어 있지 않다면 이 공정의 상태는 관측기(observer)를 이용하여 정확하게 결정할 수 있다. 상태 관측기는 공정의 모델에 불과하다. 공정의 초기상태를 알고 있다면 상태 관측기의 구성은 상태 설정에 있어서의 초기 오차가 점차적으로 0이 되도록 하는 관측기를 구성하는 문제가 된다.

시불변 선형 시스템이

$$x(k+1) = Ax(k) + Bu(k), \quad y(k) = Cx(k) \tag{22.27}$$

로 표시된다고 하면 관측기를 나타내는 식은 다음과 같다:

$$\hat{x}(k+1) = A\hat{x}(k) + Bu(k) + L_o[y(k) - C\hat{x}(k)] \tag{22.28}$$

위 식에서 L_o는 상태 관측기의 이득(gain)이다. 마지막 항은 실제 출력 $y(k)$와 추정된 출력 $\hat{y}(k) = C\hat{x}(k)$의 차이, 즉 관측오차로서 k가 충분히 큰 경우 $\hat{y}(k) = y(k)$가 되도록 보정작용을 수행한

다. 상태추정 오차는

$$\tilde{x}(k) = x(k) - \hat{x}(k) \tag{22.29}$$

로 정의된다.

이제 현재시점 k까지의 측정값들을 기반으로 하는 시점 $k+1$에 대한 최선의 상태 추정치를 $\hat{x}(k+1|k)$라고 표시하면 $\hat{x}(k+1|k)$와 $k+1$에서의 출력 추정치는 다음과 같이 나타낼 수 있다:

$$\hat{x}(k+1|k) = A\hat{x}(k|k) + Bu(k), \;\; \hat{y}(k+1|k) = C\hat{x}(k+1|k) \tag{22.30}$$

시간이 흘러 $k+1$이 되면 이 시점에서의 오차는

$$e(k+1) = y(k+1) - \hat{y}(k+1|k) \tag{22.31}$$

로 주어진다. 위에서 $y(k+1)$은 $k+1$에서의 실제 출력값이다. e는 추정(혹은 예측)의 정확도를 나타내는 척도라고 간주할 수 있다. $e(k+1)$이 0이 아니라면 이를 이용하여 $k+1$까지의 측정 데이터를 기반으로 하는 상태벡터에 대한 추정 성능을 다음과 같이 향상시킬 수 있다.

$$\hat{x}(k+1|k+1) = \hat{x}(k+1|k) + L_o e(k+1) \tag{22.32}$$

측정 잡음과 모델링 오차의 통계적 성질에 따라 L_o의 값이 변하도록 하는 것이 바람직하다. 이러한 통계적 성질을 알고 있다면 Kalman이 규명한 기법을 이용하여 L_o를 설정할 수 있는데 이러한 측정기는 Kalman 필터(filter)라고 부른다. $k+1$에서의 추정오차는 식 (22.29)와 (22.32)로부터

$$\tilde{x}(k+1) = x(k+1) - \hat{x}(k+1|k+1) = Ax(k) + Bu(k) - \{\hat{x}(k+1|k) + L_o e(k+1)\} \tag{22.33}$$

식 (22.30)과 (22.31) 및 (22.29)를 이용하면

$$\begin{aligned}\tilde{x}(k+1) &= Ax(k) + Bu(k) - [A\hat{x}(k|k) + Bu(k) + L_o\{Cx(k+1) - C\hat{x}(k+1|k)\} \\ &= Ax(k) + Bu(k) - [A\hat{x}(k|k) + Bu(k) + L_oC\{Ax(k) + Bu(k)\} - L_oC\{A\hat{x}(k|k) + Bu(k)\}] \\ &= A\tilde{x}(k) + L_oCA\tilde{x}(k) = (I + L_oC)A\tilde{x}(k)\end{aligned} \tag{22.34}$$

22.4.3 추정상태를 이용한 조정제어

식 (22.28)로부터

$$\hat{x}(k+1) = (A - L_oC)\hat{x}(k) + [B \;\; L_o]\begin{bmatrix} u(k) \\ y(k) \end{bmatrix} \tag{22.35}$$

따라서 상태추정오차는 식 (22.27)과 (22.33) 및 (22.35)로부터

$$\tilde{x}(k+1) = x(k+1) - \hat{x}(k+1) = Ax(k) + Bu(k) - (A - L_oC)\hat{x}(k) - Bu(k) - L_oy(k)$$
$$= A\{x(k) - \hat{x}(k)\} + L_oC\hat{x}(k) - L_oCx(k) = (A - L_oC)\tilde{x}(k) \quad \textbf{(22.36)}$$

그러므로 상태추정오차의 특성방정식은

$$p(s) = |sI - A + L_oC| = 0 \quad \textbf{(22.37)}$$

과 같이 쓸 수 있다. 그러므로 상태추정기의 동특성은 $A - L_oC$의 고유치들에 따라 결정된다. 즉 식 (22.37)의 근의 실수부가 모두 음이면 상태추정오차 $\tilde{x}$는 초기값에 관계없이 실제 상태 x로 수렴한다.

제어기가 상태 피드백 제어기라면

$$u(k) = -K\hat{x}(k) \quad \textbf{(22.38)}$$

이며 닫힌루프 시스템은

$$x(k+1) = Ax(k) + Bu(k) = Ax(k) - BK\hat{x}(k) = (A - BK)x(k) + BK\{x(k) - \hat{x}(k)\}$$
$$= (A - BK)x(k) + BK\tilde{x}(k) \quad \textbf{(22.39)}$$

피드백 제어입력을 이용하여 식 (22.28)을 다시 쓰면

$$\hat{x}(k+1) = A\hat{x}(k) + Bu(k) + L_o[Cx(k) - C\hat{x}(k)] = L_oCx(k) + (A - BK - L_oC)\hat{x}(k) \quad \textbf{(22.40)}$$

식 (22.39)와 (22.40)을 결합하면

$$\begin{bmatrix} x(k+1) \\ \hat{x}(k+1) \end{bmatrix} = \begin{bmatrix} A & -BK \\ L_oC & A - BK - L_oC \end{bmatrix} \begin{bmatrix} x(k) \\ \hat{x}(k) \end{bmatrix}, \; y(k) = Cx(k) \quad \textbf{(22.41)}$$

아울러 식 (22.36)과 식 (22.39)를 결합하면

$$\begin{bmatrix} x(k+1) \\ \tilde{x}(k+1) \end{bmatrix} = \begin{bmatrix} A - BK & BK \\ 0 & A - L_oC \end{bmatrix} \begin{bmatrix} x(k) \\ \tilde{x}(k) \end{bmatrix} \quad \textbf{(22.42)}$$

그러므로 추정되는 상태를 이용하는 조정제어의 특성방정식은

$$p(s) = \begin{vmatrix} sI - A + BK & -BK \\ 0 & sI - A + L_oC \end{vmatrix} = |sI - A + BK| \cdot |sI - A + L_oC| = 0 \quad \textbf{(22.43)}$$

MATLab

추정상태 되먹임 조정제어

다음은 어떤 공정을 나타낸 것이다:

$$x(k+1) = \begin{bmatrix} -2 & 1 \\ 4 & 3 \end{bmatrix} x(k) + \begin{bmatrix} 1 \\ 2 \end{bmatrix} u(k), \qquad x(0) = \begin{bmatrix} 1 \\ -1 \end{bmatrix}, \qquad y(k) = [-1.5 \; -3]x(k)$$

닫힌루프 폴(pole)들이 [−1 −4]에 위치하도록 제어입력의 이득(gain) K를 구하고 식 (22.41)을 계산해 보자. 이 때 상태 추정기의 특성근은 [−4 −9]로 설정한다.

Pole 배치 제어입력 이득은 MATLAB의 내장함수 place를 이용한다.

```
% polereg.m: ploe placement에 의한 feedback regulator
clc; clear all;
% 공정의 state-space 모델
A = [-2 1;4 3]; B = [1;2]; C = [-1.5 -3]; D = [0];
% Controller gain K by pole placement: u=-Kx
Poles = [-1 -4]; K = place(A,B,Poles)
% State estimator gain L을 계산
% 상태 추정기의 특성방정식 근을 설정:
Pest = [-4 -9]; Kt = place(A',C',Pest); L = Kt'
% State feedback regulator의 상태방정식 계산(식 (22.41))
Ac = [A -B*K; L*C A-B*K-L*C], Bc = [zeros(2*size(B,1),1)], Cc = [C -D*K], Dc =
[zeros(D,1),1]
```

위의 m파일 polereg.m을 수행해 보자:

```
>> polereg
K =
    2.0000    2.0000
L =
   -2.9333
   -3.2000
Ac =
   -2.0000    1.0000   -2.0000   -2.0000
    4.0000    3.0000   -4.0000   -4.0000
    4.4000    8.8000   -8.4000   -9.8000
    4.8000    9.6000   -4.8000  -10.6000
```

```
Bc =
     0
     0
     0
     0
Cc =
   -1.5000   -3.0000         0         0
Dc =
     1
```

22.4.4 Kalman 필터

동일한 신호에 대한 두 개의 잡음이 있는 측정값들을 결합시킴으로써 최선의 추정치를 확보하는 문제는 1949년 Weiner에 의해 다루어졌는데 그의 결과는 흔히 Weiner 필터라고 부른다. Kalman과 Bucy(1961)는 이를 확장시켜 최적의 최소교란 필터에 근거하는 상태추정 과정을 고안하였는데 이는 일반적으로 Kalman 필터라고 통칭된다.

어떤 공정에 대한 모델식이 다음과 같다고 하자:

$$x(k+1) = Ax(k) + Bu(k) + Hw(k),\ y(k) = Cx(k) + v(k) \qquad \textbf{(22.44)}$$

위에서 w와 v는 각각 공정의 상태벡터와 출력에 작용하는 잡음들로서 공분산(covariance) 행렬은 각각 Q와 R로 주어진다. 잡음이 포함된 출력 데이터 y가 얻어졌을 때 공정의 상태벡터 x에 대한 최선의 추정치 $\hat{x}$를 구해 보기로 한다.

잡음을 나타내는 벡터 w와 v는 각각 독립적이며 완전한 무작위성을 갖는다고 가정한다(즉 백색잡음(white noise)들이다). $k-1$ 시점까지의 추정 및 측정 데이터를 바탕으로 하는 추정치는 다음과 같이 주어진다:

$$x(k|k-1) = A\hat{x}(k-1|k-1) + Bu(k-1),\ \hat{y}(k) = C\hat{x}(k|k-1) \qquad \textbf{(22.45)}$$

w와 v는 백색잡음이므로 기댓값(expected value)은 각각 0이 되며 따라서 위의 식에는 나타나지 않는다. 현재시간 k에서 출력의 측정치 $y(k)$를 얻었다면 관측오차(혹은 예측오차)는

$$\tilde{y}(k) = e(k) = y(k) - \hat{y}(k) = y(k) - C\hat{x}(k|k-1) \qquad \textbf{(22.46)}$$

로 주어진다. 식 (22.32)로부터 L_o를 L로 대체하면 $k = k-1$일 때

$$\hat{x}(k|k) = \hat{x}(k|k-1) + Le(k) = \hat{x}(k|k-1) + L\tilde{y}(k) \qquad \textbf{(22.47)}$$

를 얻는다. 위에서 L은 Kalman 이득행렬(gain matrix)이라고 부른다. 식 (22.46)을 이용하면

$$\hat{x}(k|k) = \hat{x}(k|k-1) + L\{y(k) - C\hat{x}(k|k-1)\}$$

식 (22.30)으로부터

$$\hat{x}(k|k-1) = A\hat{x}(k-1|k-1) + Bu(k-1)$$

이므로 $L = L(k)$로 두면

$$\begin{aligned}\hat{x}(k|k) &= A\hat{x}(k-1|k-1) + Bu(k-1) + L\{y(k) - C\hat{x}(k|k-1)\}\\ &= A\hat{x}(k-1|k-1) + Bu(k-1) + Ly(k) - LCA\hat{x}(k-1|k-1) - LCBu(k-1)\\ &= \{I - L(k)C\}A\hat{x}(k-1|k-1) + \{I - L(k)C\}Bu(k-1) + L(k)y(k)\\ &= \{I - L(k)C\}\{A\hat{x}(k-1|k-1) + Bu(k-1)\} + L(k)y(k) \qquad \textbf{(22.48)}\end{aligned}$$

위의 식은 상태추정 알고리듬을 나타낸다. 이 알고리듬을 이용하기 위해서는 Kalman 이득행렬 L의 계산이 필요하다.

식 (22.29)로부터 k 시점까지의 추정값을 기반으로 하는 상태추정 오차는

$$\tilde{x}(k) = x(k) - \hat{x}(k|k)$$

로 주어진다. 식 (22.34)와 (22.48)을 이용하여 이를 다시 쓰면

$$\begin{aligned}\tilde{x}(k) &= x(k) - \hat{x}(k|k) = Ax(k-1) + Bu(k-1) + Hw(k-1)\\ &\quad -A\hat{x}(k-1|k-1) - Bu(k-1) - L\{Cx(k) + v(k) - C\hat{x}(k|k-1)\}\\ &= A\{x(k-1) - \hat{x}(k-1|k-1)\} + Hw(k-1) - LC\{x(k) - \hat{x}(k|k-1)\} - Lv(k)\\ &= A\tilde{x}(k-1) + Hw(k-1) - LC\{x(k) - \hat{x}(k|k-1)\} - Lv(k)\end{aligned}$$

식 (22.30)과 (22.34)로부터

$$
\begin{aligned}
x(k) - \hat{x}(k|k-1) &= Ax(k-1) + Bu(k-1) + Ew(k-1) - A\hat{x}(k-1|k-1) - Bu(k-1) \\
&= A\tilde{x}(k-1) + Hw(k-1)
\end{aligned}
$$

따라서

$$
\begin{aligned}
\tilde{x}(k) &= A\tilde{x}(k-1) + Hw(k-1) - LCA\tilde{x}(k-1) - LCHw(k-1) - Lv(k) \\
&= (I - LC)[A\tilde{x}(k-1) + Hw(k-1)] - Lv(k) \qquad \textbf{(22.49)}
\end{aligned}
$$

공분산(covariance) 행렬 $P(k)$를

$$P(k) = E\{\tilde{x}(k)\tilde{x}(k)^T\} \qquad \textbf{(22.50)}$$

와 같이 정의하기로 한다. 위에서 E는 기댓값(expected value)을 나타낸다. P 행렬은 상태추정이 얼마나 우수한가를 암시해 준다. 식 (22.49)에서 $L = L(k)$로 두고 식 (22.50)에 대입하면

$$E\{w(k)\} = 0,\ \ E\{v(k)\} = 0,\ \ E\{w(k)w(k)^T\} = Q = Q(k),\ \ E\{v(k)v(k)^T\} = R = R(k)$$

의 관계들로부터

$$P(k) = \{I - L(k)C\}\{AP(k-1)A^T + HQ(k)H^T\}\{I - L(k)C\}^T + L(k)R(k)L(k)^T$$

를 얻는다. $M(k)$를

$$M(k) = AP(k-1)A^T + HQ(k)H^T \qquad \textbf{(22.51)}$$

로 두면

$$
\begin{aligned}
P(k) &= \{I - L(k)C\}M(k)\{I - L(k)C\}^T + L(k)R(k)L(k)^T \\
&= \{I - L(k)C\}M(k) - M(k)C^TL(k)^T + L(k)\{CM(k)C^T + R(k)\}L(k)^T
\end{aligned}
$$

이제

$$M(k)C^T = L(k)\{CM(k)C^T + R(k)\} \qquad \textbf{(22.52)}$$

로 두면

$$P(k) = \{I - L(k)C\}M(k) - M(k)C^TL(k)^T + M(k)C^TL(k)^T = \{I - L(k)C\}M(k) \qquad \textbf{(22.53)}$$

한편 식 (22.52)로부터

$$L(k) = M(k)C^T\{CM(k)C^T + R(k)\}^{-1} \qquad \textbf{(22.54)}$$

Kalman 필터 알고리듬을 요약하면 다음과 같다.

$$
\begin{aligned}
&P(k) = \{I - L(k)C\}M(k) && \textbf{(22.53)} \\
&M(k) = AP(k-1)A^T + HQ(k)H^T && \textbf{(22.51)} \\
&L(k) = M(k)C^T\{CM(k)C^T + R(k)\}^{-1} && \textbf{(22.54)} \\
&\hat{x}(k|k) = \{I - L(k)C\}\{A\hat{x}(k-1|k-1) + Bu(k-1)\} + L(k)y(k) && \textbf{(22.48)}
\end{aligned}
$$

위에서 $H = I$, $R(k) = R$, $Q(k) = Q$로 두면 다음과 같은 단순화된 형태의 Kalman 필터 알고리듬을 얻는다:

$$M_k = AP_{k-1}A^T + Q \tag{22.55}$$
$$L_k = M_kC^T(CM_kC^T + R)^{-1} \tag{22.56}$$
$$P_k = (I - L_kC)M_k \tag{22.57}$$
$$\hat{x}_k = A\hat{x}_{k-1} + Bu_{k-1} + L_{k-1}(\hat{y}_k - C\hat{x}_{k-1}) \tag{22.58}$$

위에서 $M_k = M(k)$, $L_k = L(k)$이며 $\hat{x}_k = \hat{x}(k|k)$를 나타낸다. Kalman 필터의 구조는 그림 22.3과 같이 나타낼 수 있다.

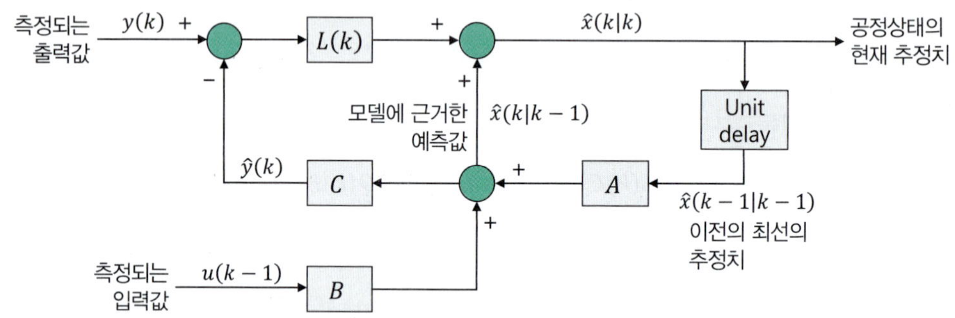

그림 22.3 Kalman 필터의 구조.

보기 22.5

Kalman 필터는 Weiner 필터를 보완해 주는 형태이다. 어떤 변수 x의 측정값을 A_x라 하면 그의 분산(variance) V_a는 $V_a = E\{(A_x - \bar{A}_x)^2\}$로 주어진다. 위에서 $\bar{A}_x$는 평균이며 $E\{\}$는 기댓값을 나타낸다. 동일한 파라미터를 다른 시스템으로부터 측정한 결과를 B_x라 하면 이의 분산 V_b는 앞에서와 마찬가지로 $V_b = E\{(B_x - \bar{B}_x)^2\}$로 주어진다. 변수 x를 두 측정값들의 조합을 이용하여

$$x = A_xK + B_x(1 - K)$$

과 같은 관계로 나타낼 수 있다고 하자. 위에서 K는 0과 1 사이의 임의의 가중치이다. 이제 x에 대한 최선의 추정치 $\hat{x}$가 얻어지도록 A_x와 B_x의 최적의 결합을 제공해 주는 K를 구하여라.

풀이

분산 V를 $V = E\{(x - \bar{x})^2\}$라고 하면 K의 최적값은 이 분산이 최소가 될 때의 값이다. 즉 K의 최적값은 $\frac{dV}{dK} = 0$을 만족한다. 분산 V_a와 V_b를 이용하면

$$
\begin{aligned}
V = E\{(x-\bar{x})^2\} &= E\{[K(A_x-\bar{A}_x)+(1-K)(B_x-\bar{B}_x)]^2\} \\
&= E\{K^2(A_x-\bar{A}_x)^2\} + E\{K(1-K)(A_x-\bar{A}_x)(B_x-\bar{B}_x)\} + E\{(1-K)^2(B_x-\bar{B}_x)^2\} \\
&= K^2E\{(A_x-\bar{A}_x)^2\} + (1-K)^2E\{(B_x-\bar{B}_x)^2\} = K^2V_a + (1-K)^2V_b
\end{aligned}
$$

따라서

$$\frac{dV}{dK} = 2KV_a - 2(1-K)V_b = 0$$

이로부터 Kalman 필터 이득(gain) K는

$$K = \frac{V_b}{V_a + V_b} \tag{22.59}$$

로 주어진다. 이를 $x = A_xK + B_x(1-K)$에 대입하면

$$x = \hat{x} = B_x + \frac{V_b}{V_a+V_b}(A_x - B_x) = A_x - \frac{V_a}{V_a+V_b}(A_x - B_x) = A_x - (1-K)(A_x - B_x)$$

보기 22.6

다음과 같은 단일변수 공정을 고려해 보기로 한다:

$$x(k+1) = ax(k) + bu(k) + hw(k), \;\; y(k) = cx(k) + v(k)$$

a, b, c, h 들은 알려져 있는 상수들이며 잡음 w와 v의 분산은 각각 q와 r이다. 출력값의 측정치가 $\{y(0), \cdots, y(k)\}$와 같이 얻어졌다. 상태 $x(k)$의 평균 $\mu(k)$와 분산 $\sigma^2(k)$는 각각

$$E\{x(k)\} = \mu(k), \;\; E\{[x(k) - \mu(k)]^2\} = \sigma^2(k)$$

와 같이 정의된다. 상태 $x(k)$에 대한 최선의 추정치를 구하고자 한다.

(1) 추정오차 $\tilde{x}(k) = x(k) - \hat{x}(k|k)$의 기댓값은 $\hat{x}(k|k) = \mu(k)$일 때 최소가 됨을 보여라.

(2) Kalman 이득 K를 구하여라.

풀이

(1) 추정오차의 정의로부터

$$\tilde{x}(k)^2 = x(k)^2 \quad 2x(k)\hat{x}(k|k) + \hat{x}(k|k)^2$$

평균과 분산의 정의로부터

$$\sigma^2(k) = E\{x^2(k) - 2x(k)\mu(k) + \mu^2(k)\} = E\{x^2(k)\} - 2\mu^2(k) + \mu^2(k) = E\{x^2(k)\} - \mu^2(k)$$

따라서

$$E\{x^2(k)\} = \sigma^2(k) + \mu^2(k)$$

이를 이용하면 $E\{\hat{x}(k|k)\} = \hat{x}(k|k)$ 이므로

$$\begin{aligned} E\{\tilde{x}(k)^2\} &= E\{x^2(k)\} - 2E\{x(k)\hat{x}(k|k)\} + E\{\hat{x}(k|k)^2\} \\ &= \sigma^2(k) + \mu^2(k) - 2E\{x(k)\hat{x}(k|k)\} + E\{\hat{x}(k|k)^2\} \\ &= \sigma^2(k) + \mu^2(k) - 2\hat{x}(k|k)\mu(k) + \hat{x}(k|k)^2 = \sigma^2(k) + \{\hat{x}(k|k) - \mu(k)\}^2 \end{aligned} \quad \textbf{(22.60)}$$

이로부터 추정오차 $\tilde{x}(k)$의 기댓값은 $\hat{x}(k|k) = \mu(k)$일 때 최소가 됨을 알 수 있다.

(2) 식 (22.48)로부터

$$\begin{aligned} \hat{x}(k|k) &= \{1 - L(k)c\}\{a\hat{x}(k-1|k-1) + bu(k-1)\} + L(k)y(k) \\ &= a\hat{x}(k-1|k-1) + bu(k-1) + L(k)\{y(k) - ca\hat{x}(k-1|k-1) - cbu(k-1)\} \end{aligned}$$

식 (22.51)과 (22.54)로부터

$$L(k) = \frac{m(k)c}{c^2m(k) + r}, \qquad m(k) = a^2p(k-1) + h^2q \quad \textbf{(22.61)}$$

식 (22.53)으로부터

$$p(k) = \{1 - L(k)c\}m(k) \quad \textbf{(22.62)}$$

혹은 앞의 두 관계들을 조합하여

$$m(k) = \frac{a^2rm(k-1)}{c^2m(k-1) + r} + h^2q \quad \textbf{(22.63)}$$

를 얻는다.

MATLab

Kalman 필터

다음은 어떤 건조공정을 나타낸 것이다:

$$\dot{x} = \begin{bmatrix} \dot{x}_1 \\ \dot{x}_2 \\ \dot{x}_3 \end{bmatrix} = \begin{bmatrix} -0.02 & 0 & 0 \\ 0.0005 & -0.005 & 0 \\ 0 & -0.0004 & -0.0025 \end{bmatrix} x + \begin{bmatrix} 9 \\ 0 \\ 0 \end{bmatrix} u_1 + \begin{bmatrix} 0.1 & 0 & 0 \\ 0 & 0.1 & 0 \\ 0 & 0 & 0.0015 \end{bmatrix} \begin{bmatrix} w_1 \\ w_2 \\ w_3 \end{bmatrix}$$

$$w_3 = 8 + 2\sin(0.0015t), \qquad y = \begin{bmatrix} y_1 \\ y_2 \\ y_3 \end{bmatrix} = Cx = \begin{bmatrix} 1 & 0 & 0 \\ 0 & 1 & 0 \\ 0 & 0 & 1 \end{bmatrix} x$$

샘플링 시간은 2초($T = 2$)이다. 성능기준은 식 (22.7)로부터

$$J = \int_0^\infty (x^T Qx + u^T Ru)dt, \qquad Q = \begin{bmatrix} 0 & 0 & 0 \\ 0 & 0.5 & 0 \\ 0 & 0 & 20 \end{bmatrix}, \qquad R = \begin{bmatrix} 1 & 0 \\ 0 & 1 \end{bmatrix}$$

로 주어지며 식 (22.10)으로부터 최적제어 입력은

$$u_{opt} = -R^{-1}B^T Px = -Kx$$

와 같다. 이제 R의 원소들을 1로 일정하게 유지하고 Q의 원소들을 변화시켜 가면서 성능기준을 충족시키고자 한다. Riccati 행렬 P(식 (22.13)), 그리고 feedback 이득 K를 구하여 보자. 아울러 $Q_e = \begin{bmatrix} 0.1 & 0 & 0 \\ 0 & 0.1 & 0 \\ 0 & 0 & 0.1 \end{bmatrix}$, $R_e = \begin{bmatrix} 0.01 & 0 & 0 \\ 0 & 0.01 & 0 \\ 0 & 0 & 7.46 \end{bmatrix}$으로 두고 Kalman 필터를 계산해 보자. Kalman 필터의 계산에서는 식 (22.41), (22.44), 그리고 식 (22.43)을 순차적으로 계산한다.

프로그램 lqrdry.m은 건조공정에서 Riccati 방정식에 대한 이산형태의 풀이를 수행한다.

```
% lqrdry.m: 최적 조절제어 문제
clc; clear all;
A = [-0.02 0 0;0.0005 -0.005 0;0 -0.0004 -0.0025]; B = [9; 0; 0];
Cd = [0.1 0 0;0 0.1 0;0 0 0.0015]; C = eye(3); D = [0];
Ts = 2; R = 1; Q = [0 0 0;0 0.5 0;0 0 20]; [At Bt] = c2d(A,B,Ts); % discrete system
[Kk Pk Ek] = lqr(A,B,Q,R) % Compute K and P
% Compute Kalman filter
Re = [0.01 0 0;0 0.01 0;0 0 7.46]; Qe = 0.1*eye(3);
[At E] = c2d(A,Cd,Ts); I3 = eye(3); P0 = I3;
M = At*P0*At' + E*Qe*E'; K = M*C'*inv(C*M*C' + Re); P = (I3 - K*C)*M;
for i = 1:20
      P0 = P; M = At*P0*At' + E*Qe*E'; K = M*C'*inv(C*M*C' + Re); P = (I3 -
      K*C)*M;
end
K,P
```

수행결과는 다음과 같다.

```
>> lqrdry
Kk =
    0.0065    0.6390   -1.7507
Pk =
   1.0e+03 *
    0.0000    0.0001   -0.0002
    0.0001    0.0117   -0.0315
   -0.0002   -0.0315    3.3870
Ek =
  -0.0412 + 0.0386i
  -0.0412 - 0.0386i
  -0.0036 + 0.0000i
```

```
K =
    0.4421    0.0003    0.0000
    0.0003    0.4580   -0.0000
    0.0000   -0.0006    0.0308
P =
    0.0044    0.0000    0.0000
    0.0000    0.0016   -0.0000
    0.0000   -0.0000    0.2299
```

MATLab

Kalman 필터의 모사

어떤 2 × 2 선형공정은 다음과 같은 모델로 표현된다:

$$\frac{dx}{dt} = \begin{bmatrix} dx_1/dt \\ dx_2/dt \end{bmatrix} = \begin{bmatrix} -1 & 2 \\ -3 & -1 \end{bmatrix} x + \begin{bmatrix} 3 & 1 \\ 1 & 2 \end{bmatrix} u + \omega, \qquad y = \begin{bmatrix} 0 & 2 \\ 1 & 1 \end{bmatrix} x + \mu$$

위에서 ω와 μ는 표준편차가 10이며 평균이 0인 랜덤 가우시안(Gaussian) 잡음들이며 초기상태는 다음과 같다:

$$x(0) = \begin{bmatrix} 10 \\ 10 \end{bmatrix}, \qquad u(0) = \begin{bmatrix} 10 \\ 10 \end{bmatrix}, \qquad y(0) = \begin{bmatrix} 0 \\ 0 \end{bmatrix}, \qquad \omega(0) = \mu(0) = \begin{bmatrix} 0 \\ 0 \end{bmatrix}$$

입력 u가 $u_{k+1} = \alpha u_k + 10(1-\alpha)\nu_k$와 같이 주어진다고 할 때 Euler 적분을 이용하여 $0 \le k \le 100$에서 2 × 2 선형공정의 출력을 구하고 그래프로 나타내어 보라. ν는 구간 (0,1) 내에서 균일하게 분포된 랜덤 수이며 $0 \le \alpha \le 1$이다. 출력 계산에서는 $\Delta t = 0.01$, $\alpha = 0.8$로 취한다(즉 $0 \le t \le 1$). 아울러 Kalman 필터를 이용하여 y의 측정값으로부터 $\hat{x}$를 추정해 보라. $\hat{x}(0) = x(0)$라고 가정한다.

스크립트 simKF는 $0 \le k \le 100$에서 주어진 데이터를 이용하여 u, x와 y 및 $\hat{x}$를 계산하고 그 결과를 그래프로 나타내어 준다.

```
% simKF.m: simulation of Kalman filter
clear all;
dt = 0.01; % 적분시간구간
N = 100; % simulation steps
A = [-1 2;-3 -1]; B = [3 1;1 2]; C = [0 2;1 1]; % 2x2 선형 연속공정
x = [10; 10]; xh = x; u = [10; 10]; y = [0; 0]; w = [0; 0]; mu = [0; 0]; % 초기화
Q = eye(2); R = Q; P = eye(2); % Q, R 및 P의 초기화
alpa = 0.8; % alpha 값을 설정
tg = zeros(1,N); ug = zeros(2,N); xg = zeros(2,N); % 그래프를 위한 변수값 초기화
xhg = zeros(2,N); yg = zeros(2,N); Pg = zeros(1,N);
for k = 1:N
      u = alpa*u + 10*(1-alpa)*rand(2,1); % u(k)
      w = [normrnd(0,10); normrnd(0,10)]; % 랜덤 Gaussian 잡음
      mu = [normrnd(0,10); normrnd(0,10)]; % 랜덤 Gaussian 잡음
      dx = A*x + B*u + w; y = C*x + mu; % 실제 공정의 상태 및 출력 측정값
      x = x + dx*dt; % Euler 적분
      M = A*P*A' + Q; % Kalman 필터: M(k)의 계산
      L = M*C'*inv(C*M*C' + R); % Kalman 필터: L(k)의 계산
      dxh = A*xh + B*u + L*(y - C*xh); xh = xh + dxh*dt; % update xh
      P = M - L*C*M; % Kalman 필터: update P(k)
      tg(k) = k*dt; ug(:,k) = u; xg(:,k) = x; yg(:,k) = y; xhg(:,k) = xh;
end
subplot(4,1,1), plot(tg,ug(1,:),'-k',tg,ug(2,:),':r'); legend('u_1(k)',
'u_2(k)'); ylabel('u'), grid
```

```
subplot(4,1,2), plot(tg,xg(1,:),'-k',tg,xhg(1,:),':r'); legend('x_1(k)',
'xh_1(k)'); ylabel('x_1'), grid
subplot(4,1,3), plot(tg,xg(2,:),'-k',tg,xhg(2,:),':r'); legend('x_2(k)',
'xh_2(k)'); ; ylabel('x_2'), grid
subplot(4,1,4), plot(tg,yg(1,:),'-k',tg,yg(2,:),':r'); legend('y_1(k)',
'y_2(k)'); ylabel('y'), xlabel('t'), grid
```

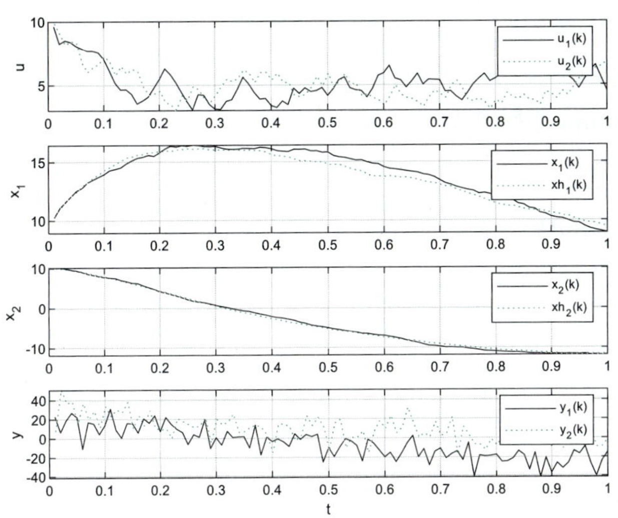

그림 22.4 Kalman 필터의 모사.

22.4.5 Kalman 필터를 이용한 최적제어

앞에서 소개한 최적제어 기법과 최적 상태 측정기인 Kalman 필터를 조합하여 최적 보정기(Linear Quadratic Gaussian (LQG) compensator)를 고안할 수 있다.[5] 이 과정은 다음과 같이 요약할 수 있다:

(1) 먼저 2차의 성능기준을 설정하고 대상 공정(시불변 선형공정)에 대한 최적 조절제어기를 고안한다. 이 경우 제어입력 $u(k)$는 추정된 상태벡터 $x(k)$로부터 얻어진다.

(2) 제어입력 $u(k)$와 측정된 출력 $y(k)$ 및 잡음들을 이용하여 Kalman 필터를 규명한다. Kalman 필터로부터는 상태벡터에 대한 최적 추정치가 얻어진다.

(3) 위에서 얻은 최적 조절제어기와 Kalman 필터를 결합시켜 최적 보정기를 얻는다. 얻어진 최적 보정기는 실제 상태벡터가 아닌 추정된 상태벡터와 측정된 출력벡터로부터 입력 $u(k)$를 계산한다.

위의 과정에서는 최적 조절제어기와 Kalman 필터가 서로 독립적으로 구성되므로 각각 별도의 원하는 성질을 갖도록 고안할 수 있다. 닫힌회로 시스템의 고유치들은 조절제어기의 고유치들

5. Ashish Tewari, *Modern Control Design* (Chap. 7), John Wiley & Sons, Ltd., 2002.

과 Kalman 필터의 고유치들로 이루어진다. 최적 조절제어기의 가중치 행렬 Q 및 R과 Kalman 필터의 잡음밀도들을 적절하게 선택함으로써 원하는 닫힌회로 시스템의 제어성능을 구현할 수 있다.

$u(k) = -K\hat{x}(k)$를 이용하여 식 (22.28)을 다시 쓰면

$$\begin{aligned}\hat{x}(k+1) &= A\hat{x}(k) + Bu(k) + L[y(k) - C\hat{x}(k)] = A\hat{x}(k) - BK\hat{x}(k) + L[y(k) - \hat{x}(k)] \\ &= (A - BK - LC)\hat{x}(k) + Ly(k)\end{aligned} \tag{22.64}$$

위에서 L은 Kalman 필터 이득행렬이다.

MATLab

최적 조절제어와 Kalman 필터(이산계)

다음은 어떤 공정의 전달함수를 나타낸 것이다:[6]

$$x(k+1) = Ax(k) + Bu(k) + Fv(k), y(k) = Cx(k) + Du(k) + z(k), x(0) = [0.1\ \ 0\ \ 0\ \ 0\ \ 0\ \ 0]^T$$

$$A = \begin{bmatrix} 0.13 & 0.12 & -0.04 & 0.004 & 0.0004 & -0.0003 \\ -0.11 & 0.54 & 0.39 & -0.06 & -0.05 & 0.02 \\ 0.04 & 0.11 & 0.9 & 0.07 & 0.05 & -0.02 \\ -0.005 & 0.02 & -0.05 & 0.8 & -0.6 & 0.003 \\ 0.002 & -0.02 & 0.04 & 0.6 & 0.75 & 0.04 \\ 0.0002 & -0.016 & 0.014 & 0.0004 & -0.03 & 0.98 \end{bmatrix}, \quad B = \begin{bmatrix} -0.012 & 0.012 \\ -0.005 & -0.5 \\ -0.015 & 0.55 \\ 0.01 & -0.18 \\ -0.006 & -1.02 \\ 0.003 & 1.39 \end{bmatrix}$$

$$C = \begin{bmatrix} 0.6 & -0.77 & 4.9 & 4.9 & -9.8 & -8.9 \\ 3.1 & 9.3 & -5.6 & -0.7 & 3.0 & 10.6 \end{bmatrix}, \quad D = \begin{bmatrix} 0 & 0 \\ 0 & 0 \end{bmatrix}, \quad F = B$$

잡음 $v(k)$와 $z(k)$의 공분산 행렬은 각각 항등행렬이라고 가정한다. 아울러 성능기준에서

$$Q = \begin{bmatrix} 1 & 0 & 0 & 0 & 0 & 0 \\ 0 & 1 & 0 & 0 & 0 & 0 \\ 0 & 0 & 1 & 0 & 0 & 0 \\ 0 & 0 & 0 & 1 & 0 & 0 \\ 0 & 0 & 0 & 0 & 1 & 0 \\ 0 & 0 & 0 & 0 & 0 & 1 \end{bmatrix}, \quad R = \begin{bmatrix} 1 & 0 \\ 0 & 1 \end{bmatrix}$$

로 설정하기로 한다. 최적 feedback 이득행렬 K와 Kalman 필터 L을 구해 보자. 아울러 닫힌회로를 구성하고 주어진 초기조건에 대한 응답을 그래프로 나타내어 보자.

상태 feedback 이득 K의 계산은 함수 dlqr, Kalman 필터의 계산은 함수 dlqe를 이용한다. 주어진 초기조건에 대한 응답 및 그래프는 dinitial 함수를 이용한다. 스크립트 dalqg.m은 위의 공정에 대한 계산을 수행한다.

6. Ashish Tewari, *Modern Control Design* (Chap. 8), John Wiley & Sons, Ltd., 2002.

```
% dalqg.m: 디지털 LQG
clc; clear all;
A = [0.13 0.12 -0.04 0.004 0.0004 -0.0003;
     -0.11 0.54 0.39 -0.06 -0.05 0.02;
     0.04 0.11 0.9 0.07 0.05 -0.02;
     -0.005 0.02 -0.05 0.8 -0.6 0.003;
     0.002 -0.02 0.04 0.6 0.75 0.04;
     0.0002 -0.016 0.014 0.0004 -0.03 0.98];
B = [-0.012 0.012; -0.005 -0.5; -0.015 0.55; 0.01 -0.18; -0.006 -1.02; 0.003
    1.39];
C = [0.6 -0.77 4.9 4.9 -9.8 -8.9; 3.1 9.3 -5.6 -0.7 3 10.6];
D = zeros(2,2); x0 = [0.1 0 0 0 0 0]'; Q = eye(6); R = eye(2); % 성능기준: Q, R
K = dlqr(A,B,Q,R) % (1) Optimal feedback gain K
V = eye(2); Z = eye(2); L = dlqe(A,B,C,V,Z) % (2) Kalman filter L
[Ac,Bc,Cc,Dc] = dreg(A,B,C,D,K,L); % Digital compensator의 상태공간 모델
ssc = ss(Ac,Bc,Cc,Dc); ssp = ss(A,B,C,D); sys = series(ssc,ssp);
sysc = feedback(sys,eye(size(sys)));
% (3) 닫힌회로의 상태공간 모델 및 초기조건에 대한 응답
[Acl,Bcl,Ccl,Dcl] = ssdata(sysc);
dinitial(Acl,Bcl,Ccl,Dcl,[x0' zeros(1,6)]')
```

스크립트 dalqg.m의 실행결과는 다음과 같다.

```
>> dalqg
K =
   -0.0091   -0.1714   -0.6478   -0.0367   -0.0063    0.2182
    0.0012   -0.0182   -0.0432    0.0583   -0.4659    0.3824
V =
     1     0
     0     1
L =
   -0.0055   -0.0034
    0.0321   -0.0702
   -0.0084    0.0928
    0.0133   -0.0126
   -0.0182   -0.1842
   -0.0260    0.2541
```

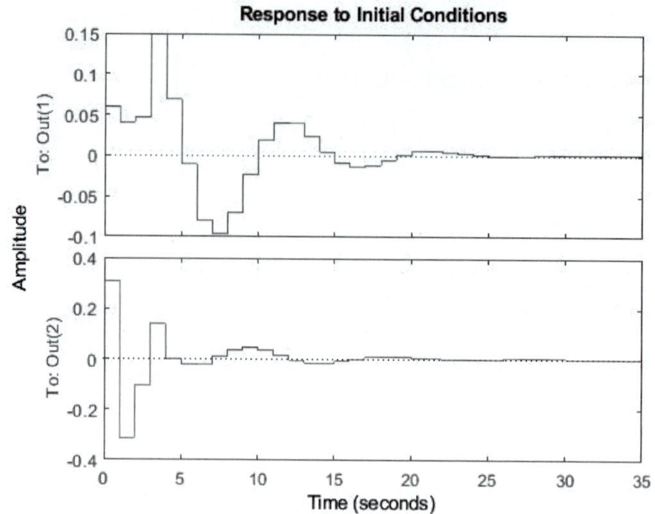

그림 22.5 ▶ 주어진 초기조건에 대한 응답.

MATLab

최적 조절제어와 Kalman 필터의 조합(연속계)

다음은 어떤 비행기의 전달함수를 나타낸 것이다:[7]

$$\dot{x} = Ax + Bu, \qquad y = Cx + Du, \qquad x(0) = [0\ \ 0.1\ \ 0\ \ 0\ \ 0\ \ 0]^T$$

$$A = \begin{bmatrix} 0.4 & 1 & -0.003 & -0.0001 & -0.08 & 0 \\ -5.5 & -0.8 & -0.07 & -0.004 & -5.1 & 0.8 \\ 0 & 0 & 0 & 1 & 0 & 0 \\ -1040 & -78 & -35 & -0.62 & -866 & -631 \\ 0 & 0 & 0 & 0 & -75 & 0 \\ 0 & 0 & 0 & 0 & 0 & -100 \end{bmatrix}, \qquad B = \begin{bmatrix} 0 & 0 \\ 0 & 0 \\ 0 & 0 \\ 0 & 0 \\ 75 & 0 \\ 0 & 100 \end{bmatrix},$$

$$C = \begin{bmatrix} -1491 & -146 & -40 & -0.9 & -1285 & -565 \\ 0 & 1 & 0 & 0 & 0 & 0 \end{bmatrix}, \qquad D = \begin{bmatrix} 0 & 0 \\ 0 & 0 \end{bmatrix}$$

성능기준에서

$$Q = \begin{bmatrix} 0.01 & 0 & 0 & 0 & 0 & 0 \\ 0 & 0.01 & 0 & 0 & 0 & 0 \\ 0 & 0 & 0.01 & 0 & 0 & 0 \\ 0 & 0 & 0 & 0.01 & 0 & 0 \\ 0 & 0 & 0 & 0 & 0.01 & 0 \\ 0 & 0 & 0 & 0 & 0 & 0.01 \end{bmatrix}, \qquad R = \begin{bmatrix} 1 & 0 \\ 0 & 1 \end{bmatrix}$$

7. Ashish Tewari, *Modern Control Design* (Chap. 4), John Wiley & Sons, Ltd., 2002.

로 설정하기로 한다. 이 비행기의 잡음 스펙트럼 밀도(noise spectral density)행렬은 $V = 0.0007B^TB$로 주어지며 측정잡음의 스펙트럼 밀도행렬은 $Z = CC^T$로 주어진다고 간주한다. 최적 feedback 이득행렬 K와 Kalman 필터 L을 구해 보자. 아울러 닫힌회로를 구성하고 주어진 초기조건에 대한 응답을 그래프로 나타내어 보자.

상태 feedback 이득 K의 계산은 함수 lqr, Kalman 필터의 계산은 함수 lqe를 이용한다. 스크립트 alqg.m은 위의 비행기에 대한 계산을 수행한다.

```
% alqg.m: 비행기에 대한 LQG
clc; clear all;
A = [0.4 1 -0.003 -0.0001 -0.08 0; -5.5 -0.8 -0.07 -0.004 -5.1 0.8;
     0 0 0 1 0 0; -1040 -78 -35 -0.62 -866 -631;
     0 0 0 0 -75 0; 0 0 0 0 0 -100];
B = [0 0;0 0;0 0;0 0;75 0;0 100];
C = [-1491 -146 -40 -0.9 -1285 -565;0 1 0 0 0 0];
D = zeros(2,2); x0 = [0 0.1 0 0 0 0]'; Q = 0.01*eye(6); R = eye(2); % 성능기준: Q, R
K = lqr(A,B,Q,R) % (1) Optimal feedback gain K
V = 0.0007*B'*B; Z = C*C'; L = lqe(A,B,C,V,Z) % (2) Kalman filter L
sys = ss(A,B,C,D); sysf = ss(A-B*K-L*C,L,K,zeros(size(D')));
sysc = feedback(sys,sysf); % Closed-loop
[y,t,x] = initial(sysc, [x0' zeros(1,6)]'); % (3) Closed-loop response
subplot(2,1,1), plot(t,y(:,1)), grid on, ylabel('y_1 (t)'), xlabel('Time(s)')
subplot(2,1,2), plot(t,y(:,2)), grid on, ylabel('y_2 (t)'), xlabel('Time(s)')
```

스크립트 alqg.m의 실행결과는 다음과 같다.

```
>> alqg
K =
    0.8053   -0.2852   -0.0471   -0.0753    0.6024    0.3499
    1.6635    0.4766   -0.0119   -0.0656    0.4665    0.3129
L =
   -0.0005   -1.9360
    0.0012    7.9720
   -0.1368   26.8373
   -0.0369 -160.2786
   -0.0307   -9.9282
   -0.0337    0.4233
```

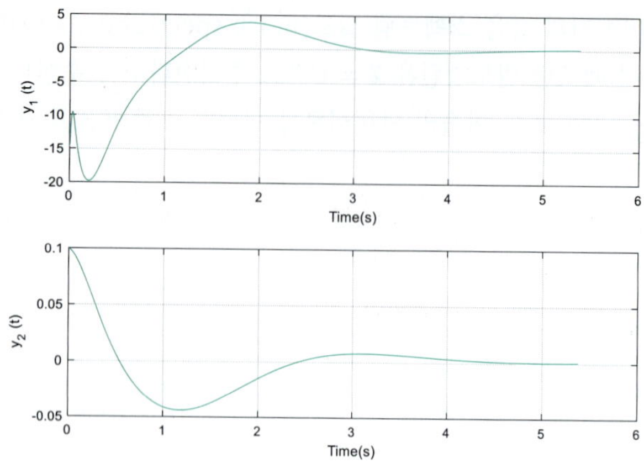

그림 22.6 **주어진 초기조건에 대한 응답(연속계).**

22.5 요약

- 최적제어 문제에서는 $\dot{x} = g(x(t), u(t), t)$로 주어지는 시스템의 상태가 $J = \int_{t_0}^{t_f} h(x(t), u(t), t)dt$가 최소가 되게 하는 최적 경로 $x(t)$를 따르도록 해주는 입력 $u(t)$를 규명
- 최적제어 문제의 분류: 조정제어, 추적제어, 최소시간 제어, 최소에너지 제어, 종말제어
- 행렬 Riccati 방정식: $\dot{P} = -Q - A^TP - PA + PBR^{-1}B^TP$
- 대수 Riccati 방정식(ARE): $Q + A^TP + PA - PBR^{-1}B^TP = 0$
- 선형 2차 서보제어: $u_{opt} = -R^{-1}B^TPx - R^{-1}B^Ts = v - Kx,\ K = R^{-1}B^TP,\ v = -R^{-1}B^Ts$
- 제한된 시간 동안에 시스템의 상태를 임의의 초기상태로 $x(0)$로부터 어떤 최종상태 $x(k_f)$로 이동시켜 주는 제어벡터 $u(k)$ $(0 \le k \le k_f)$가 존재할 경우 이 시스템은 제어 가능
- 제한된 시간구간에 걸쳐 측정된 출력 $y(k)$로부터 어떤 시점 k_0에서의 상태 $x(k_0)$가 완전하게 정해질 수 있는 경우 이 시스템은 관측 가능
- 이산시간 상태함수 모델: $x(k+1) = Ax(k) + Bu(k),\ y(k) = Cx(k)$
- 행렬 $M = [B \quad AB \quad \cdots \quad A^{n-1}B]$의 계(rank)가 n(즉 rank$(M) = n$)이면 제어 가능(M: 가제어성(controllability) 행렬)
- 행렬 $N = [C^T \quad A^TC^T \quad \cdots \quad (A^T)^{n-1}C^T]$의 계(rank)가 n(즉 rank$(N) = n$)이면 관측 가능(N: 가관측성(observability) 행렬)
- 공정의 초기상태를 알고 있다면 상태 관측기의 구성은 상태 설정에 있어서의 초기 오차가 점차적으로 0이 되도록 하는 관측기를 구성하는 문제
- Kalman 필터: 최적의 최소교란 필터에 근거하는 상태추정 과정
- Kalman 필터 알고리듬: $P(k) = \{I - L(k)C\}M(k),\ M(k) = AP(k-1)A^T + HQ(k)H^T$,
$L(k) = M(k)C^T\{CM(k)C^T + R(k)\}^{-1}$,
$\hat{x}(k|k) = \{I - L(k)C\}\{A\hat{x}(k-1|k-1) + Bu(k-1)\} + L(k)y(k)$

- 최적제어 기법과 최적 상태 측정기인 Kalman 필터를 조합하여 최적 보정기(Linear Quadratic Gaussian (LQG) compensator)를 고안: 1) 2차의 성능기준을 설정하고 대상 공정(시불변 선형공정)에 대한 최적 조절제어기를 고안, 2) 제어입력 $u(k)$와 측정된 출력 $y(k)$ 및 잡음들을 이용해 Kalman 필터를 규명, 3) 위에서 얻은 최적 조절제어기와 Kalman 필터를 결합시켜 최적 보정기를 구성
- $u(k) = -K\hat{x}(k)$를 이용하면 $\hat{x}(k+1) = (A - BK - LC)\hat{x}(k) + Ly(k)$ (L: Kalman 필터 이득 행렬)

점/검/문/제

22.1 최적제어가 지향하는 바가 아닌 것은?

① 최소의 노력으로 원하는 성능에 도달

② 최소의 에너지 소비로 원하는 성능에 도달

③ 최단시간에 원하는 성능에 도달

④ 가능한 한 적은 비용으로 원하는 성능에 도달

22.2 선형 2차 조절제어기(Linear Quadratic Regulator, LQR)의 구성에 필요한 관계식에 포함되지 않는 것은? x는 상태벡터를 나타낸다.

① $J = \int_t^{t_f} x^T(\tau)Qx(\tau)d\tau$　　② $u(t) = -K(t)x(t)$

③ $x(t) = Ax(t) + Bu(t)$　　④ $K(t) = R^{-1}(t)B^TM$

22.3 상태벡터 x의 상관행렬(correlation matrix)은 어떻게 정의되는가?

① $R_x(t,\tau) = \frac{1}{N}\sum_{i=1}^{N} x_i(t){x_i}^T(\tau)$　　② $R_x(t,\tau) = \frac{1}{N}\sqrt{\sum_{i=1}^{N} {x_i}^2(t-\tau)}$

③ $R_x(t,\tau) = \left[\sum_{i=1}^{N} {x_i}^2(t){x_i}^2(\tau)\right]^{1/N}$　　④ $R_x(t,\tau) = \sum_{i=1}^{N} E\{x_i(t){x_i}^T(\tau)\}$

22.4 백색잡음(white noise)의 성질로 맞지 않는 것은?

① 정규확률분포를 갖는다.

② 마르코프 과정(Markov process)의 하나이다.

③ 평균은 0이다.

④ 임의의 시점에서의 값은 랜덤(random) 수들이다.

22.5 Kalman 필터의 특징에 속하지 않는것은?

① 최적 관측기(observer)로 간주할 수 있다.

② 추정오차를 최소로 해준다.

③ 이득(gain)행렬은 재귀적으로 계산된다.

④ 공정의 폴(pole)을 미리 설정해야 이용 가능하다.

22.6 선형 2차 가우스 보정기(Linear Quadratic Gaussian compensator, LQG)의 구성에 필요하지 않은 것은?

① 최적 조절기(regulator)를 고안한다.

② 최적 feedback 관측기(observer)를 구성한다.

③ Kalman 필터를 규명한다.

④ Kalman 필터와 최적 조절기를 결합시킨다.

▶ 점검 문제 해답

22.1 ③　**22.2** ④　**22.3** ①　**22.4** ②　**22.5** ④　**22.6** ②

연/습/문/제

22.1 어떤 공정을 다음과 같은 선형 2차 미분방정식으로 나타낼 수 있다고 하자:

$$\frac{d^2y}{dt^2} + 8\frac{dy}{dt} + 7y = 0, \qquad y(0) = 100, \qquad \left.\frac{dy}{dt}\right|_{t=0} = 0$$

제4장의 방법을 이용하여 위의 식으로부터 $\dot{x} = Ax$와 같은 상태공간 모델을 얻을 수 있다.

(1) 얻어진 상태공간 모델의 고유치(eigenvalue)를 구하여라.

(2) 고유치와 고유벡터를 이용하여 상태공간 모델의 해를 구하고 이 공정이 안정한지의 여부를 판단하여라.

22.2 어떤 공정이

$$\dot{x} = \begin{bmatrix} 0 & 1 \\ 0 & 0 \end{bmatrix} x + \begin{bmatrix} 0 \\ 1 \end{bmatrix} u = Ax + Bu, \qquad x(0) = \begin{bmatrix} 1 \\ 0 \end{bmatrix}$$

로 주어지며

$$u = -Kx = -[k_1 \;\; k_2]x = -kx_1 - kx_2 \;\; (\text{즉 } k_1 = k_2 = k)$$

이다. 성능기준 J를 최소로 해주는 k와 이 때의 J값을 구하여라. 성능기준은

$$J = \int_0^\infty x^T x dt = x^T(0)Px(0)$$

이며 $P = \begin{bmatrix} p_{11} & p_{12} \\ p_{12} & p_{22} \end{bmatrix}$는 대칭행렬로서 $G^T P + PG = -I$로부터 얻을 수 있다. 여기에서 $G = A - BK$로 정의되며 입력변수의 최대값은 50이라고 가정한다(즉 $|u|_{max} = 50$).

22.3 어떤 공정의 모델식과 성능기준이 각각 다음과 같이 주어져 있다:

$$\dot{x} = 2x + u, \qquad J = \int_0^\infty (x^2 + ru^2)dt$$

최적 닫힌계가 -3의 폴(pole)을 갖도록 r의 값을 구하여라.

22.4 어떤 시스템의 모델식은

$$\dot{x} = 2x + u = Ax + Bu$$

와 같으며 성능기준은

$$J = \int_0^\infty (qx^2 + u^2)dt = \int_0^\infty (x^T Qx + u^T Ru)dt$$

와 같다. $A - BR^{-1}B^T P$의 고유치가 -3과 같도록 q를 구하여라.

22.5 어떤 단일변수 공정이

$$x(k+1) = \frac{1}{2}x(k) + w(k), \qquad y(k) = x(k) + v(k)$$

와 같이 주어져 있다. $w(k)$, $v(k)$는 백색잡음(white noise)으로서 이들의 분산(variance)은

각각 3과 1이다. $k = 0, \cdots, 3$일 때 Kalman 이득(gain) $K(k)$와 $m(k)$를 구하여라. $k < 0$이면 $m(k) = 0$으로 간주한다.

22.6 어떤 단일변수 공정이 $x(k+1) = x(k)$, $y(k) = x(k) + e(k)$로 주어지며 $x(0)$의 분산은 0.5이고 잡음 e의 표준편차는 σ이다. Kalman 필터를 구해 보라.

✱ MATLAB 활용 문제

22.7 RTS(Rauch-Tung-Striebel) 2-Pass Data Smoother는 Kalman filter에 근거하는 필터로서 forward pass(filter)와 backward pass(smooth)의 2 pass들로 구성되며 다음의 계산단계에 의해 수행된다:[8]

$$\hat{x}_{[s]k} = \hat{x}_k(+) + A_k\left[\hat{x}_{[s]k+1} - \hat{x}_{k+1}(-)\right]$$

$$A_k = P_k(+)\Phi_k^T P_{k+1}^{-1}(-)$$

$$P_{[s]k} = P_k(+) + A_k\left[P_{[s]k+1} - P_{k+1}(-)\right]A_k^T$$

시간에 따른 온도측정 결과가 다음과 같이 엑셀 파일 exdata.xls에 저장되어 있다고 하자. 위의 RTS 알고리듬을 이용하여 이 데이터를 필터링하고 그 결과를 그래프로 나타내어 주는 MATLAB 프로그램을 작성해 보라.

Time(min)	Temp.(deg.C)
1.1	56.1
2	57.2
3.2	58.3
4.1	57.9
5.4	58.1
6	58.8
7.8	59.2
8.4	60.1
9.2	59.6
10.1	59.9
11.5	60.3

22.8 그림은 어떤 혼합탱크를 보인 것이다. 두 유입흐름의 유량 q_1과 q_2는 각각 밸브의 스템위치 x_1 및 x_2에 비례하며 $q_1 = k_1 x_1$, $q_2 = k_2 x_2$로 주어진다. 유출흐름의 유량은 $q = kx$로 주어지며 탱크의 단면적은 S이다.

(1) 이 공정에 대한 모델을 구하고 $\dfrac{dh}{dt} \cong (h_{n+1} - h_n)/T$을 이용하여 모델을 차분 방정식 $h_{n+1} = Ah_n + Bu_n$의 형태로 나타내어라.

(2) 표에 주어진 데이터를 이용하여 A와 B를 구하고자 한다. $0 \le n \le 7$ 범위의 데이터와 최소

8. Mohinder S. Grewal and Angus P. Andrews, *Kalman Filtering* (chapter 4), 2nd ed., Wiley Interscience, 2001.

자승 방법을 이용하여 A와 B를 구하여라.

(3) 공정에 표준편차가 1이고 평균이 0인 랜덤 가우시안(Gaussian) 잡음 ω가 도입된다고 하자: $h_{n+1} = Ah_n + Bu_n + \omega$. 표에 주어진 측정 데이터를 토대로 Kalman 필터를 적용하여 상태 h를 추정하고 그래프로 나타내어 보라.

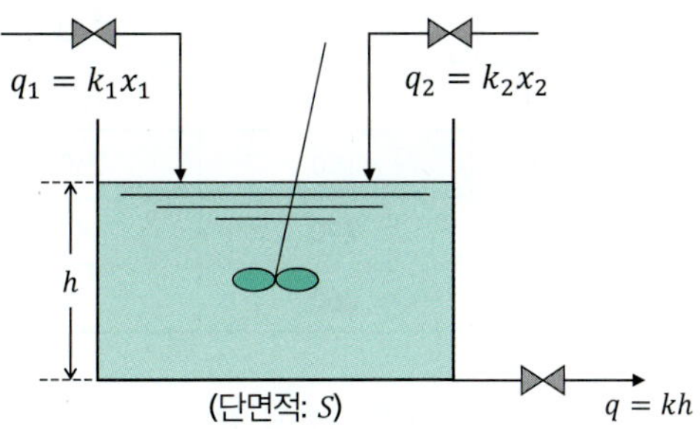

그림 P22.8 **혼합탱크.**

표 P22.8 혼합공정 데이터

n	h_n	x_{1n}	x_{2n}	*n*	h_n	x_{1n}	x_{2n}
0	2.0	1	1	8	8.2	3	3
1	3.4	2	1	9	1.4	3	2
2	5.3	3	2	10	3.9	2	2
3	1.8	2	2	11	1.9	1	3
4	3.6	1	3	12	3.5	2	1
5	4.1	2	3	13	6.2	3	3
6	3.7	3	1	14	2.0	3	1
7	1.0	1	2	15	3.4	2	2

22.9 어떤 암모니아 플랜트에서 수소 공급원으로서 정유가스(1)와 나프타(2)를 이용하고 있다. 어느 시점 n에서 암모니아 생산량 y_n은

$$y_n = c_{1n}x_{1n} + c_{2n}x_{2n} = [c_{1n} \quad c_{2n}]\begin{bmatrix} x_{1n} \\ x_{2n} \end{bmatrix} = C_n x_n$$

으로 주어진다. 위에서 c_1은 사용된 정유가스의 양(ton)이며 c_2는 나프타의 양(ton)이다. x_1과 x_2는 수율을 포함하는 변수이다. 7일 동안의 운전 데이터는 아래의 표에 보인 바와 같다. Kalman 필터를 이용하여 7일 동안의 Kalman 필터의 이득 L과 수율변수 x의 변화를 추정하여라. 필터 계산에서는 초기값으로서

$$Q_1 = \begin{bmatrix} 1 & 0 \\ 0 & 1 \end{bmatrix}, \qquad R = 1, \qquad M_1 = 0.01\begin{bmatrix} 1 & 0 \\ 0 & 1 \end{bmatrix}$$

를 이용한다. 모델식에서 $A = I$, $B = 0$임을 주목하자.

표 P22.9 암모니아 플랜트 운전 데이터

날짜	정유가스(ton)	나프타(ton)	NH_3 생산량(ton)
1	300	120	810
2	150	160	740
3	150	240	960
4	340	150	880
5	150	250	960
6	220	140	850
7	260	120	800

22.10 어떤 시불변 선형 시스템은 다음과 같이 표현된다:

$$\frac{dx}{dt} = Ax + Bu + \omega, \qquad y = Cx + \mu$$

위에서 ω와 μ는 평균이 0인 랜덤 가우시안(Gaussian) 잡음들이다. Kalman-Bucy 필터에 의한 상태 $\hat{x}$의 추정은 다음과 같이 수행될 수 있다:

$$\frac{dP}{dt} = AP + PA^T - PC^TR^{-1}CP + Q$$

$$L = PC^TR^{-1}$$

$$\frac{d\hat{x}}{dt} = A\hat{x} + B\hat{u} + L(y - C\hat{x})$$

위에서 P의 적분은 다음과 같은 Riccati 방정식의 해에 수렴한다:

$$AP + PA^T - PC^TR^{-1}CP + Q = 0$$

이제 $A = \begin{bmatrix} -1 & 2 \\ -3 & -1 \end{bmatrix}$, $B = \begin{bmatrix} 3 & 1 \\ 1 & 2 \end{bmatrix}$, $C = \begin{bmatrix} 0 & 2 \\ 1 & 1 \end{bmatrix}$이며 ω와 μ는 표준편차가 10이고 평균이 0인 랜덤 가우시안(Gaussian) 잡음들이라고 하자. 입력 u가 $u_{k+1} = \alpha u_k + 10(1-\alpha)\nu_k$와 같이 주어진다고 할 때 Euler 적분을 이용하여 $0 \le k \le 100$에서 2×2 선형공정의 출력을 구하고 그래프로 나타내어 보라. ν는 구간 (0,1) 내에서 균일하게 분포된 랜덤 수이며 $0 \le \alpha \le 1$이다. 출력 계산에서는 $\Delta t = 0.01$, $\alpha = 0.8$로 취한다(즉 $0 \le t \le 1$). 아울러 추정된 $\hat{x}$를 그래프로 나타내어 보라. 초기값들은

$$x(0) = \begin{bmatrix} 10 \\ 10 \end{bmatrix}, \qquad u(0) = \begin{bmatrix} 10 \\ 10 \end{bmatrix}, \qquad y(0) = \begin{bmatrix} 0 \\ 0 \end{bmatrix}, \qquad \omega(0) = \mu(0) = \begin{bmatrix} 0 \\ 0 \end{bmatrix}$$

와 같으며 $\hat{x}(0) = x(0)$라고 가정한다.

제 23 장 공정 인공지능

23.1 서론

인공지능(Artificial Intelligence, AI)은 인간과 유사하게 판단을 내리고 지식을 학습하고 계획을 세울 수 있는 능력을 갖춘 컴퓨터 시스템을 일컫는다. 인공지능은 정보기술의 산물로서 인간의 지능을 기계적 지능으로 대체하려는 시도라고 할 수 있다. 인공지능기반 제어 시스템은 인공지능 분야의 다양한 기법들을 제어 분야의 기법들과 결합시켜서 감지하고 추론하고 계획하고 학습을 수행함은 물론 지능적으로 거동할 수 있도록 구성한 시스템을 말한다. 인공지능기반 제어시스템은 공정 모델의 불확실성, 예측 불가능한 주변 운전환경의 변화, 불완전하거나 신뢰할 수 없는 센서 정보, 최종제어요소의 고장과 같은 다양한 경우에 대하여 가장 바람직한 거동을 구현할 수 있도록 해준다.

인공지능기반 제어시스템은 대개 지각하고 인식하며 어떤 작용을 수행하는 요소들로 구성된다. 지각 요소는 공정과 주변 운전환경에 대한 정보를 수집하는데 이에는 기초 데이터를 감지하는 센서배열, 정보를 적절한 형태로 변환시켜 주는 신호처리, 그리고 다차원 데이터 공간을 이용하는 데이터 융합요소가 포함된다. 인식 요소는 불확실성이 존재하는 조업 환경에 대한 적절한 결정수립 과정과 관련되는 요소로서 지식기반 시스템 및 퍼지(fuzzy) 논리를 이용하여 필요한 추론을 수행하며 최적 전략의 평가와 적응탐색 및 유전자 알고리듬(Genetic Algorithm, GA) 등을 이용하는 조직적인 계획수립 기능을 수행하고 아울러 운전경로를 결정한다. 또한 인공신경망(Artificial Neural Network, ANN)을 통한 학습이나 적응학습을 수행하기도 한다.

여기에서는 화학공정의 제어에 널리 활용되는 퍼지 논리와 인공신경망, 그리고 유전자 알고리듬에 대해 알아보기로 한다.

23.2 퍼지(fuzzy) 시스템

23.2.1 퍼지집합

1960년대 초 미국 캘리포니아 대학교의 Zadeh 교수는 0이나 1로 나타내는 판별값 {0,1}을 0 이상 1 이하의 무한 판별 [0,1]로 확장시킨 퍼지집합의 개념을 제창하였으며 이를 1965년 Information and control 저널에 “Fuzzy sets”라는 제목의 논문으로 발표하였다. 우리에게 이미 익숙한 사실이지만 중괄호 { }는 일반적인 집합을 나타내며 대괄호 [ ]는 어떤 구간(예: [0,1] = {x|0

$\leq x \leq 1\}$)을 나타내는 기호로 이용된다.

퍼지집합은 불확실성을 표현하는 하나의 방법이다. 일반적으로 불확실성의 분석에는 확률이 널리 이용되는데, 이 경우 불확실성은 랜덤과정(random process)이라고 간주되며 모든 불확실성이 랜덤과정일 수는 없다. 퍼지집합은 결핍되거나 부정확하거나 불합리한 정보와 연관되는 불확실성을 나타내는 데에 이용된다. 우리에게 익숙한 일반적인 집합에서는 어떤 멤버가 주어진 집합에 속하는지 혹은 속하지 않는지가 분명하게 구분된다. 이러한 집합은 크리스프(crisp)[1] 집합이라고 부른다. 그리 춥지도, 덥지도 않은 온도범위(중간온도 범위)가 20℃에서 30℃ 사이라고 한다면 20℃에서 30℃ 사이의 온도값들은 크리스프 집합 내에 존재하며 이 경우 각 온도값들의 소속값(membership value)은 1이라고 말한다. 그림 23.1(가)는 중간온도를 나타내는 크리스프 집합을 보여주고 있다.

퍼지집합에서는 확률에서와 유사하게 0과 1 사이의 값을 취하는 멤버십 함수(membership function) μ를 정의하고 이를 이용하여 어떤 값의 퍼지 집합에의 소속 정도를 나타낸다. 그림 23.1(나)는 가장 간단한 멤버십 함수로서 x축과 선형관계를 갖는 멤버십 함수를 보인 것이다. 멤버십 함수로는 그림에 보인 선형의 대칭 삼각형꼴 이외에도 사다리꼴, 혹은 확률분포에서 많이 나타나는 종 모양의 곡선 형태를 보이는 함수들이 이용되기도 한다. 그러나 그림 23.1(나)에 보인 것과 같은 선형 멤버십 함수가 간명하면서도 계산이 쉽게 이루어지기 때문에 가장 널리 이용된다.

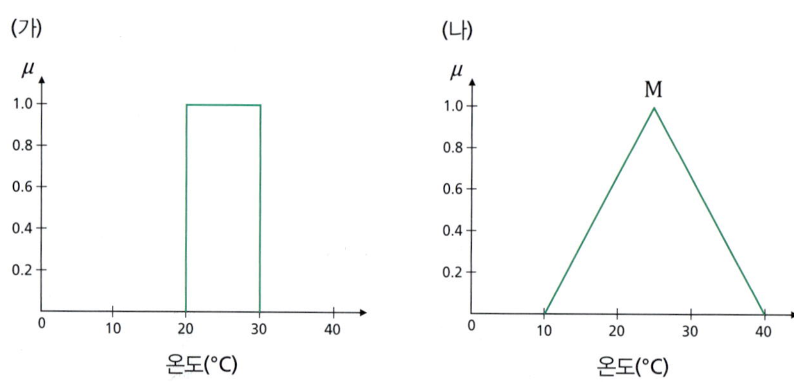

그림 23.1 (가) 중간온도를 나타내는 크리스프 집합; (나) 선형 멤버십 함수.

이제 "중간온도"를 나타내는 퍼지집합을 M이라고 하자(그림 23.1(나) 참조). 퍼지 집합 M의 멤버십 함수를 μ_M이라고 하면 어떤 원소 x가 M 내에 존재하는 경우 그 원소의 멤버십 값은 0과 1 사이의 어떤 값이 되며 따라서 $\mu_M(x) \in [0,1]$이다.

멤버십 값들이 이산값(discrete)으로서 유한하다면 퍼지 집합 M은

$$M = \sum_{i=1}^{n} \mu_M(x_i)/x_i \tag{23.1}$$

1. "crisp"는 "딱딱하고 부서지기 쉬운, 파삭파삭 소리 나는, 또렷한, 선명한" 등의 의미를 지니고 있는데 여기에서는 "크리스프"로 표기하기로 한다.

로 표현된다. 위에서 슬래쉬(/)는 경계기호(delimiter)로서 나눗셈을 의미하는 것은 아니다. $\mu_M(x_i)$는 멤버 x_i의 멤버십 값을 나타낸다. 가능한 전체 온도범위가 $x = [0, 50]$이고 온도변화 간격이 5°C라고 하면 $x_i = \{0, 5, 10, 15, 20, 25, 30, 35, 40, 45, 50\}$이고 $n = (50 - 0)/5 + 1 = 11$이 되므로 퍼지 집합 M은 그림 23.1(나)로부터

$$M = \sum_{i=1}^{11} \mu_M(x_i)/x_i = 0/0 + 0/5 + 0/10 + 0.33/15 + 0.67/20 + 1/25 + 0.67/30 + 0.33/35 + 0/40 + 0/45 + 0/50$$

와 같이 쓸 수 있다. 위에서 "+" 기호는 덧셈을 나타내는 것은 아니며 퍼지집합에서 합집합(union) 연산을 의미한다.

23.2.2 퍼지집합 연산

어떤 전체집합 U에 속하는 두 퍼지집합 A와 B의 멤버십 함수를 각각 μ_A와 μ_B라고 하자. 모든 $x \in U$에 대하여 기본적인 퍼지집합 연산은 표 23.1에 보인 바와 같이 정의된다.

표 23.1 기본적인 퍼지집합 연산.

연산	정의
항등관계(equality)	$\mu_A(x) = \mu_B(x)$
합집합(union)	$\mu_{A\cup B}(x) = \mu_{A+B}(x) = \max\{\mu_A(x), \mu_B(x)\}$
교집합(intersection)	$\mu_{A\cap B}(x) = \min\{\mu_A(x), \mu_B(x)\}$
여집합(complement)	$\mu_{\bar{A}}(x) = 1 - \mu_A(x)$

위의 표에 보인 연산들은 크리스프 집합에 대한 합집합, 교집합 및 여집합 연산과는 차이가 있음을 유의하자.

보기 23.1

그림 23.1(나) 및 식 (23.1)에 따라 "낮은"온도에 대한 퍼지집합을

$$A = 0/0 + 0.33/5 + 0.67/10 + 1/15 + 0.67/20 + 0.33/25 + 0/30 + 0/35 + \cdots + 0/50$$

"중간"온도에 대한 퍼지집합을

$$B = 0/0 + 0/5 + 0/10 + 0.33/15 + 0.67/20 + 1/25 + 0.67/30 + 0.33/35 + \cdots + 0/50$$

이라고 하자. 퍼지집합 A와 B에 대하여 합집합, 교집합, 그리고 여집합 $\mu_{\bar{A}}(x)$를 구하여라.

풀이

$$\mu_{A\cup B}(x) = \max\{\mu_A(x), \mu_B(x)\}$$
$$= \max(0,0)/0 + \max(0.33,0)/5 + \max(0.67,0)/10 + \max(1,0.33)/15$$
$$+ \max(0.67,0.67)/20 + \max(0.33,1)/25 + \max(0,0.67)/30 + \max(0,0.33)/35$$
$$+ \max(0,0)/40 + \cdots + \max(0,0)/50$$
$$= 0/0 + 0.33/5 + 0.67/10 + 1/15 + 0.67/20 + 1/25 + 0.67/30 + 0.33/35 + \cdots + 0/50$$

$$\mu_{A\cap B}(x) = \min\{\mu_A(x), \mu_B(x)\}$$
$$= \min(0,0)/0 + \min(0.33,0)/5 + \min(0.67,0)/10 + \min(1,0.33)/15$$
$$+ \min(0.67,0.67)/20 + \min(0.33,1)/25 + \min(0,0.67)/30 + \min(0,0.33)/35$$
$$+ \min(0,0)/40 + \cdots + \min(0,0)/50$$
$$= 0/0 + 0/5 + 0/10 + 0.33/15 + 0.67/20 + 0.33/25 + 0/30 + \cdots + 0/50$$

$$\mu_{\bar{A}}(x) = 1 - \mu_A(x)$$
$$= (1-0)/0 + (1-0.33)/5 + (1-0.67)/10 + (1-1)/15 + (1-0.67)/20$$
$$+(1-0.33)/25 + (1-0)/30 + \cdots + (1-0)/50$$
$$= 1/0 + 0.67/5 + 0.33/10 + 0/15 + 0.33/20 + 0.67/25 + 1/30 + \cdots + 1/50$$

MATLab

퍼지집합의 멤버십 함수

작은 수를 나타내는 퍼지집합 A의 멤버십 함수는 $\mu_A(x) = \dfrac{1}{1+\left(\frac{x}{5}\right)^3}$, 대략 8을 나타내는 퍼지집합 B의 멤버십 함수는 $\mu_B(x) = \dfrac{1}{1+0.3(x-8)^2}$로 나타낼 수 있다. A와 B, $A\cup B$, $A\cap B$, 그리고 $\bar{B}$를 나타내는 그래프(Zadeh diagram)를 작성해 보자.

MATLAB 스크립트 mf3and8.m은 주어진 멤버십 함수에 따른 Zadeh 다이어그램을 작성해 준다.

```
% mf3and8.m: 작은 수 및 대략 8을 나타내는 fuzzy set
x = 0:0.01:20;
muA = 1./(1 + (x/5).^3); % 작은 수
muB = 1./(1 + 0.3*(x-8).^2); % 대략 8인 수
union = max(muA, muB); cros = min(muA, muB); compl = 1 - muB;
figure(1), plot(x,muA,x,muB,':'), legend('Fuzzy set A', 'Fuzzy set B')
title('Zadeh diagram for fuzzy set A and B')
figure(2), plot(x,union), title('Union of A and B')
figure(3), plot(x,cros), title('Intersection of A and B')
figure(4), plot(x,compl), title('Complement of B')
```

mf3and8.m의 수행결과는 다음과 같다(일부).

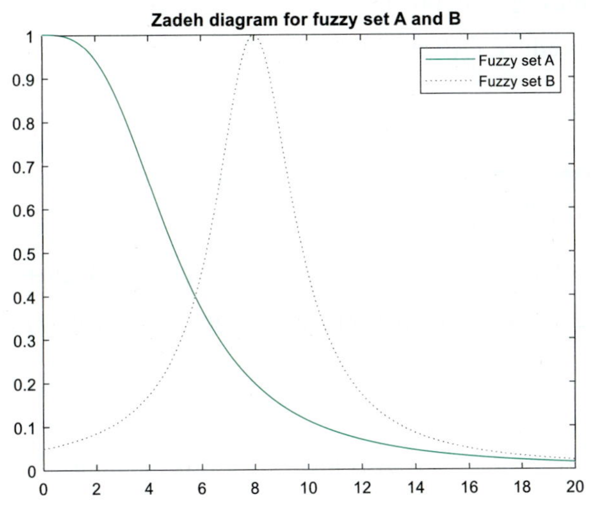

그림 23.2 퍼지집합의 Zadeh 다이어그램.

23.2.3 퍼지관계

A는 X에서의 퍼지집합, B는 Y에서의 퍼지집합이라고 하자. If와 Then으로 이루어지는 조건문 "IF A THEN B"로 정해지는 관계는 데카르트 곱(Cartesian 곱이라고도 표기)

$$R = A \times B$$

로 나타낸다. 여기에서 $R \subset X \times Y$이며 R의 멤버십 함수는

$$\mu_R(x, y) = \mu_{A \times B}(x, y) = \min\{\mu_A(x), \mu_B(y)\} \tag{23.2}$$

로 주어진다($x \in X, y \in Y$). 즉

$$A \times B = \begin{bmatrix} \min\{\mu_A(x_1), \mu_B(y_1)\} & \cdots & \min\{\mu_A(x_1), \mu_B(y_k)\} \\ \vdots & \cdots & \vdots \\ \min\{\mu_A(x_j), \mu_B(y_1)\} & \cdots & \min\{\mu_A(x_j), \mu_B(y_k)\} \\ \vdots & \cdots & \vdots \\ \min\{\mu_A(x_l), \mu_B(y_1)\} & \cdots & \min\{\mu_A(x_l), \mu_B(y_k)\} \end{bmatrix} \tag{23.3}$$

R은 $X \times Y$에서의 fuzzy관계(즉 R은 Cartesian 공간 $X \times Y$에서 [0, 1]로의 사영(projection)), S는 $Y \times Z$에서의 fuzzy관계(즉 S는 Cartesian 공간 $Y \times Z$에서 [0, 1]로의 사영), 합성 T는 $X \times Z$에서의 fuzzy관계(즉 T는 Cartesian 공간 $X \times Z$에서 [0, 1]로의 사영)일 때 T는

$$T = R \cdot S \ \ (R \cdot S \neq S \cdot R)$$

로 표시된다. 사영의 크기는 다음과 같이 멤버십 함수 μ로 표현될 수 있다.

퍼지 min-max 합성: $\mu_T(x,z) = \vee_{y \in Y}\{\mu_R(x,y) \wedge \mu_S(y,z)\}$

퍼지 max-product(혹은 max-dot) 합성: $\mu_T(x,z) = \vee_{y \in Y}\{\mu_R(x,y) \cdot \mu_S(y,z)\}$

보기 23.2

퍼지집합 A와 B가 각각

$$A = 0.33/5 + 0.67/10 + 1/15 + 0.67/20 + 0.33/25 + 0/30 + 0/35$$

$$B = 0/5 + 0/10 + 0.33/15 + 0.67/20 + 1/25 + 0.67/30 + 0.33/35$$

와 같다고 하자. 퍼지관계

"IF A is low THEN B is medium"

의 멤버십 함수를 구하여라. "low"는 "낮은"온도, "medium"은 "중간"온도를 의미한다.

풀이

식 (23.2)에 의해

$$A \times B = \begin{bmatrix} \min(0.33,0) & \min(0.33,0) & \cdots & \min(0.33,0.33) \\ \min(0.67,0) & \min(0.67,0) & \cdots & \min(0.67,0.33) \\ \vdots & \vdots & \cdots & \vdots \\ \min(0,0) & \min(0,0) & \cdots & \min(0,0.33) \end{bmatrix}$$

$$= \begin{bmatrix} 0 & 0 & 0.33 & 0.33 & 0.33 & 0.33 & 0.33 \\ 0 & 0 & 0.33 & 0.67 & 0.67 & 0.67 & 0.33 \\ 0 & 0 & 0.33 & 0.67 & 1 & 0.67 & 0.33 \\ 0 & 0 & 0.33 & 0.67 & 0.67 & 0.67 & 0.33 \\ 0 & 0 & 0.33 & 0.33 & 0.33 & 0.33 & 0.33 \\ 0 & 0 & 0 & 0 & 0 & 0 & 0 \\ 0 & 0 & 0 & 0 & 0 & 0 & 0 \end{bmatrix}$$

MATLab

min-max 합성

두 fuzzy 관계 R1과 R2이 각각

R1: "x is near the origin AND near y"
R2: "x is NOT near the origin"

과 같이 주어지며 $\mu_{R1} = e^{-x^2-y^2}$ $(-2 \le x, y \le 2)$일 때 R1과 R2의 min-max 합성을 그래프로 나타내어 보자.

```
% minmaxint.m: 두 fuzzy 관계의 min-max 합성
clear all;
[x, y] = meshgrid(-2:0.1:2, -2:0.1:2); muR1 = exp(-x.^2 - y.^2); muR2 = 1 - muR1;
```

```
[r1 c1] = size(muR1); [r2 c2] = size(muR2); muR0 = zeros(r1,c2);
for i=1:r1
    for j=1:c2, muR0(i,j) = max(min(muR1(i,:), muR2(:,j)')); end
end
surf(x, y, muR0), title('R1과 R2의 max-min 합성')
xlabel('x'), ylabel('y'), zlabel('Min-max 합성 membership 함수')
```

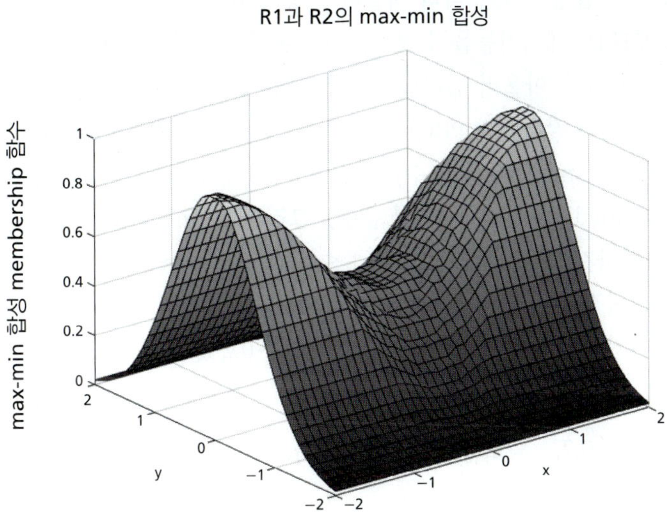

그림 23.3 퍼지집합의 min-max 합성.

23.2.4 퍼지논리 제어

공정의 조건이나 운전상황 및 공정에 관련되는 제반 지식들은 IF-THEN ("IF ... THEN...") 규칙들로 정리할 수 있다. 이러한 IF-THEN 규칙들이 모여 룰베이스(rulebase)를 구성하게 된다. 공정에 따른 정량적인 자료는 데이터베이스(database)를 구성하며 데이터베이스와 룰베이스가 조합되어 지식베이스(knowledgebase)를 이루게 된다. 퍼지논리 제어는 룰베이스와 데이터베이스를 이용하는 퍼지 추론(inference)으로부터 이루어진다. 그림 23.4는 퍼지논리 제어과정을 나타낸 것이다.

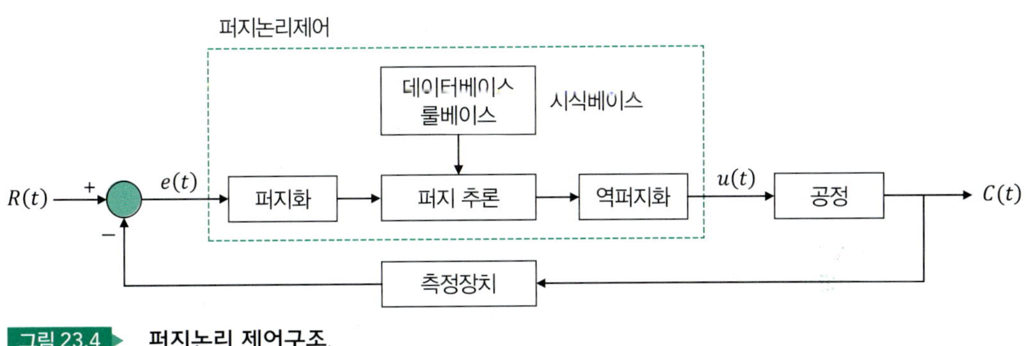

그림 23.4 퍼지논리 제어구조.

(1) 퍼지화(fuzzification)

퍼지화는 입력변수들을 퍼지집합의 멤버십으로 사영(mapping)시키는 과정을 말한다. 이 경우 입력들의 수와 전체 변수공간(universe of discourse)의 크기 및 퍼지집합의 수와 모양이 규명되어야 한다. 비례-미분(PD) 제어기능을 수행하는 퍼지논리 제어기라면 제어오차 $e(t)$와 제어오차의 변화율 $de(t)/dt$가 최소가 되도록 작용할 것이다. 전체 변수공간의 크기는 입력변수들의 변화 범위에 따라 좌우된다. 특정한 전체 변수공간에서 퍼지집합들의 수와 모양은 제어작용의 정밀도와 실시간 계산의 복잡성 정도에 따라 적절하게 정해진다.

비례-미분(PD) 제어기능을 수행하는 퍼지논리 제어기에서 $e(t)$의 범위는 ± 6, $de(t)/dt$의 범위는 ± 1이라고 하자. 아울러 멤버십 함수의 모양이 삼각형인 7가지의 퍼지집합을 이용하기로 한다. 7개의 퍼지집합 각각에는 PB(positive big, 큰 양수), PM(positive medium, 중간 정도의 양수), PS(positive small, 작은 양수), Z(about zero, 거의 0), NS(negative small, 작은 음수), NM(negative medium, 중간 정도의 음수), 그리고 NB(negative big, 큰 음수)과 같은 라벨이 부여되어 있다고 하자. $-6 \le e(t) \le 6$, $-1 \le de(t)/dt \le 1$임을 상기하면 $e(t)$와 $de(t)/dt$에 대한 7개의 퍼지 입력집합에 대한 멤버십 함수는 그림 23.3과 같이 나타낼 수 있다. 예를 들어 어느 순간에 제어오차가 2.5이고 제어오차의 변화율이 -0.2였다면 그림으로부터 퍼지 입력집합의 멤버십 값은 각각

$$\mu_{PS}(e) = 0.7, \qquad \mu_{PM}(e) = 0.4, \qquad \mu_{NS}(de/dt) = 0.6, \qquad \mu_{Z}(de/dt) = 0.3$$

임을 알 수 있다.

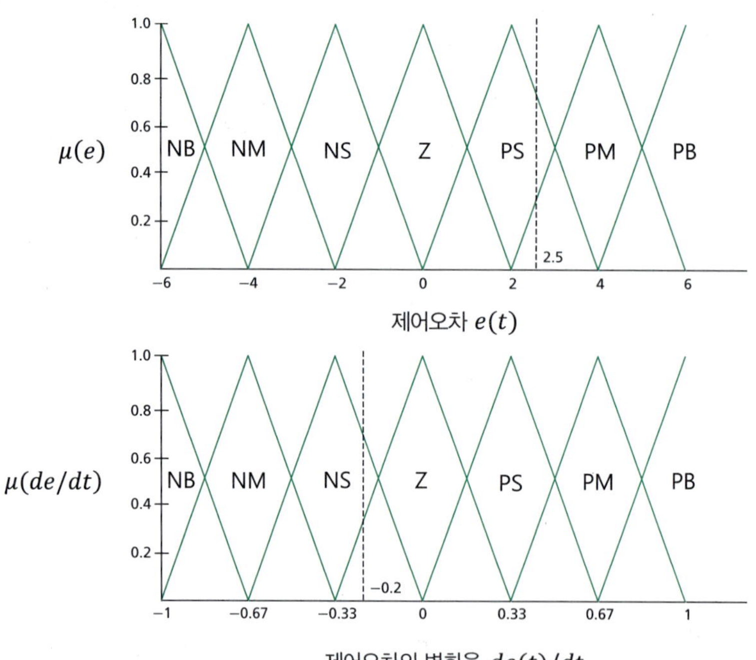

그림 23.5 제어오차와 제어오차의 변화율에 대한 7가지의 퍼지 입력집합.

(2) 퍼지 룰베이스

퍼지 룰베이스는 일련의 IF-THEN 규칙들로 이루어진다. 예를 들어 "제어오차가 중간 정도의 양의 크기(PM)를 가지며 그 변화율은 작은 음(NS)의 값을 보이는 경우에는 제어입력은 중간 정도의 양의 값(PM)으로 설정한다"라는 경험적 운전지식이 있다고 하자. 이러한 운전지식은

$$\text{IF } e \text{ is PM AND } de/dt \text{ is NS THEN } u \text{ is PM}$$

와 같은 IF-THEN 규칙으로 나타낼 수 있다. 퍼지 룰베이스는 공정의 동특성과 연관되는 물리화학적 법칙이나 기존 제어기들로부터 획득한 운전 데이터, 혹은 숙련된 조업자(즉 운전 전문가)들로부터 확보한 경험적 운전지식들로부터 구성할 수 있다. 경험적 운전지식은 대개 정성적인 지식이다.

그림 23.5에 보인 두 가지의 7개 퍼지 입력집합들로부터 모두 7 × 7 = 49개의 제어규칙들을 얻을 수 있는데 이들은 표 23.1과 같이 정리할 수 있다. 이러한 표는 참조표(look-up table)라고도 불린다.

표 23.1 퍼지 룰베이스로부터 얻을 수 있는 제어규칙

		$e(t)$						
		NB	**NM**	**NS**	**Z**	**PS**	**PM**	**PB**
$\frac{de(t)}{dt}$	NB	NB	NB	NB	NM	Z	PM	PB
	NM	NB	NB	NB	NM	PS	PM	PB
	NS	NB	NB	NM	NS	PS	PM	PB
	Z	NB	NM	NS	Z	PS	PM	PB
	PS	NB	NM	NS	PS	PM	PB	PB
	PM	NB	NM	NS	PM	PB	PB	PB
	PB	NB	NM	Z	PM	PB	PB	PB

(3) 퍼지 추론

제어신호 $u(t)$에 대한 전체 변수공간(universe of discourse)의 크기가 ±9라면 제어신호에 대하여 얻어지는 출력은 그림 23.6에 보인 바와 같다.

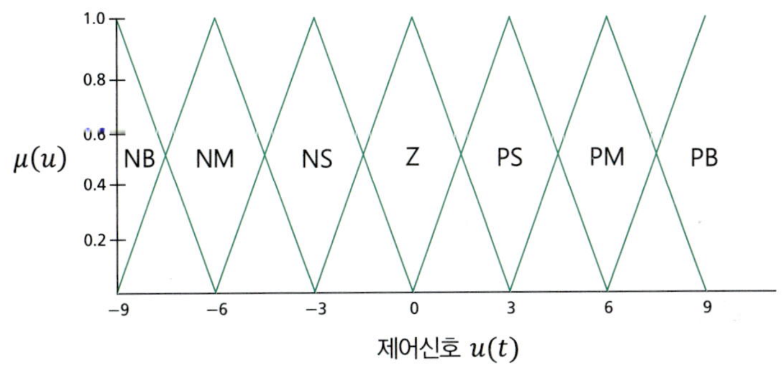

그림 23.6 제어신호에 대한 7가지의 퍼지 출력집합.

룰베이스에 포함되어 있는 어떤 조업규칙이

OR IF e is A AND de/dt is B THEN $u = \mathrm{C}$

와 같다고 하자. 위에서 OR 논리표현은 퍼지집합에서는 최대값(max) 연산을 의미하며 AND 논리표현은 최소값(min) 연산을 의미한다. 따라서 위의 규칙에 대한 멤버십은 다음과 같이 나타낼 수 있다.

$$\mu_C(u) = \max\left[\min\left\{\mu_A(e), \mu_B(de/dt)\right\}\right] \tag{23.4}$$

위의 관계는 max-min 추론과정, 혹은 max-min 퍼지논리라고 불린다.

그림 23.5에서 점선으로 나타낸 바와 같이 제어오차 $e(t)$가 2.5이고 제어오차의 변화율 $de(t)/dt$가 -0.2인 경우 $e(t)$에 해당하는 퍼지집합은 PS와 PM이고 $de(t)/dt$에 해당하는 퍼지집합은 NS와 Z임을 알 수 있다. 표 23.1로부터 $e(t)$가 PS나 PM에 속하고 $de(t)/dt$가 NS나 Z에 속하는 경우 제어신호 $u(t)$에 대한 퍼지집합은 PS 및 PM임을 알 수 있다. 따라서 이에 해당되는 규칙을 다음과 같이 구성할 수 있다.

OR IF e is PS AND de/dt is NS
OR IF e is PS AND de/dt is Z
THEN $u = \mathrm{PS}$

OR IF e is PM AND de/dt is NS
OR IF e is PM AND de/dt is Z
THEN $u = \mathrm{PM}$

그림 23.5로부터 퍼지 입력집합의 멤버십 값은 각각

$$\mu_{PS}(e) = 0.7, \qquad \mu_{PM}(e) = 0.4, \qquad \mu_{NS}(de/dt) = 0.6, \qquad \mu_Z(de/dt) = 0.3$$

로 주어지므로 앞의 규칙에 대하여 식 (23.4)와 같은 max-min 추론과정을 수행하면

$$\begin{aligned}\mu_{PS}(u) &= \max\left[\min\left\{\mu_{PS}(e), \mu_{NS}(de/dt)\right\}, \min\left\{\mu_{PS}(e), \mu_Z(de/dt)\right\}\right] \\ &= \max[\min(0.7, 0.6), \min(0.7, 0.3)] = \max(0.6, 0.3) = 0.6\end{aligned}$$

두 번째 규칙에 대하여 마찬가지로 max-min 추론과정을 수행하면

$$\begin{aligned}\mu_{PM}(u) &= \max\left[\min\left\{\mu_{PM}(e), \mu_{NS}(de/dt)\right\}, \min\left\{\mu_{PM}(e), \mu_Z(de/dt)\right\}\right] \\ &= \max[\min(0.4, 0.6), \min(0.4, 0.3)] = \max(0.4, 0.3) = 0.4\end{aligned}$$

즉 퍼지추론 과정은 룰베이스를 이용하여 입력 퍼지집합으로부터 출력 퍼지집합으로의 사영(mapping)을 구하는 과정이다.

(4) 역퍼지화(defuzzification)

역퍼지화는 추론으로부터 얻어진 제어신호들의 집합으로부터 비퍼지(크리스프) 제어신호를 얻는 과정을 말한다. 널리 이용되는 방법은 다음과 같이 멤버십 함수 및 이에 대한 모멘트의 적분의 비를 취하는 방법이다.

$$u(t) = \frac{\int u\mu(u)dt}{\int \mu(u)dt} \text{ 혹은 } u(t) = \frac{\sum_{i=1}^{n} u_i\mu(u_i)}{\sum_{i=1}^{n} \mu(u_i)} \quad \textbf{(23.5)}$$

앞의 퍼지추론 결과를 이용해 얻은 결과를 그림 23.6에 적용하여 퍼지출력을 다음 그림과 같이 나타낼 수 있다.

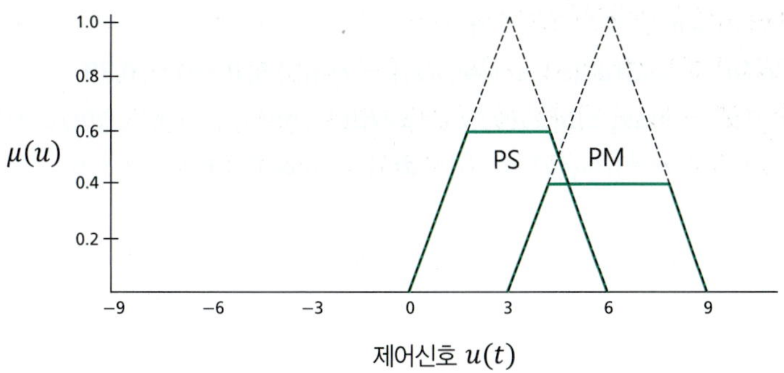

그림 23.7 **퍼지추론에 의한 제어신호 출력집합.**

그림 23.7에서 퍼지집합 PS의 면적은 밑변이 6, 윗변이 (6)(0.4) = 2.4이며 높이가 0.6인 사다리꼴의 면적이므로 (6 + 2.4)(0.6)/2 = 2.52임을 알 수 있다. 즉 $\mu(u_{PS}) = 2.52$가 된다. 마찬가지로 하여 퍼지집합 PM의 면적은 1.92이며, 따라서 $\mu(u_{PM}) = 1.92$이다. 제어신호의 크리스프 값은 $u_{PS} = 3, u_{PM} = 6$이므로 식 (23.5)로부터

$$u(t) = \frac{\sum_{i=1}^{n} u_i\mu(u_i)}{\sum_{i=1}^{n} \mu(u_i)} = \frac{3 \times 2.52 + 6 \times 1.92}{2.52 + 1.92} = 4.30$$

을 얻는다. 즉 제어오차 $e(t)$가 2.5이고 제어오차의 변화율 $de(t)/dt$가 −0.2인 경우 퍼지제어기로부터 얻어지는 제어신호 $u(t)$는 4.3이 된다.

보기 23.3

제어오차 $e(t)$가 1이고 제어오차의 변화율 $de(t)/dt$가 0.2일 때 그림 23.5와 23.6 및 표 23.1에 보인 퍼지 입출력 집합 및 제어규칙 참조표로부터 크리스프 제어신호 $u(t)$를 구하여라.

풀이

그림 23.5로부터 $e(t) = 1$, $de(t)/dt = 0.2$이면 $e(t)$는 퍼지집합 Z 및 PS에 속하며 $de(t)/dt$는 퍼지집합 Z와 PS에 속함을 알 수 있다. 아울러

$$\mu_{PS}(e) = 0.5, \quad \mu_Z(e) = 0.5, \quad \mu_{PS}(de/dt) = 0.61, \quad \mu_Z(de/dt) = 0.39$$

를 얻는다. 따라서 표 23.1로부터

IF e is Z AND de/dt is Z

THEN u = Z
OR IF e is Z AND de/dt is PS
OR IF e is PS AND de/dt is Z
THEN u = PS
IF e is PS AND de/dt is PS
THEN u = PM

한편 max-min 추론으로부터

$$\mu_Z(u) = \min\{\mu_Z(e), \mu_Z(de/dt)\} = \min(0.5, 0.39) = 0.39$$
$$\mu_{PS}(u) = \max[\min\{\mu_Z(e), \mu_{PS}(de/dt)\}, \min\{\mu_{PS}(e), \mu_Z(de/dt)\}] = \max(0.5, 0.39) = 0.5$$
$$\mu_{PM}(u) = \min\{\mu_{PS}(e), \mu_{PS}(de/dt)\} = \max(0.5, 0.61) = 0.5$$

아울러 그림 23.6으로부터 다음 그림에 보인 바와 같은 제어신호 출력을 얻는다.

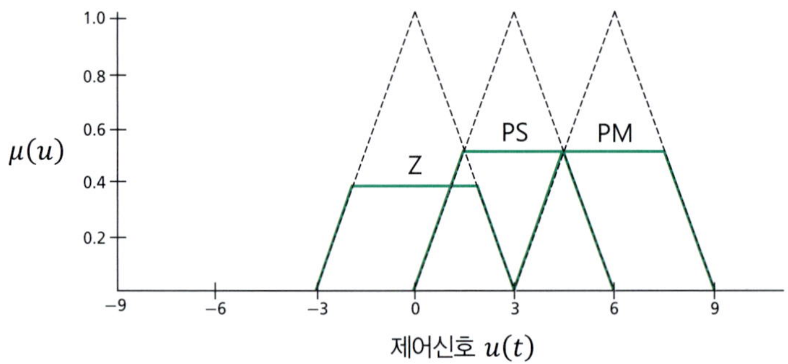

그림 23.8 제어신호 출력집합.

그림으로부터

$$\mu(u_Z) = \frac{(6 + 3.66)(0.39)}{2} = 1.88, \qquad \mu(u_{PS}) = \frac{(6 + 3)(0.5)}{2} = 2.25 = \mu(u_{PM})$$

따라서

$$u(t) = \frac{0 \times 1.88 + 3 \times 2.25 + 6 \times 2.25}{1.88 + 2.25 + 2.25} = 3.17$$

23.3 인공신경망(Artificial Neural Network, ANN)

23.3.1 인공신경망의 구조

인간의 뇌는 뉴런(neuron)으로 알려진 수많은 단위들이 상호 연결된 구조로 이루어져 있다. 각 뉴런은 다수의 수상돌기들과 하나의 축색돌기가 연결된 세포로 구성된다. 축색돌기는 시냅스라고 불리는 연결점들을 통해 많은 다른 뉴런들과 연결되어 있다. 시냅스는 입력에 대응하여 어떤 화학반응을 생성한다. 이러한 반응들의 합이 충분히 크면 뉴런은 신호를 내보낸다. 인공신경망은 이러한 생물학적 과정을 인공적으로 구현하기 위한 하나의 방법이다. 인공신경망은 프로그램이 아닌 경험으로부터 학습을 수행하며 주어진 훈련 데이터로부터 미지의 데이터로 일반화시키는 능력을 지닌다. 아울러 연산의 수행이 빠르게 이루어지며 실시간 운전에도 활용될 수 있다.

하나의 인공뉴런 모델은 그림 23.9에 보인 바와 같이 도입되는 입력에 가중치를 곱해 더한 결과를 하나의 전달함수(혹은 활성함수)에 적용하는 방식으로 계산되는 처리요소로 이루어진다. 도입되는 입력을 x_i $(i = 1, \cdots, n)$, 입력의 수를 n, 가중치들을 w_{ji} $(i = 1, \cdots, n)$, 바이어스(bias, 혹은 임계값이나 offset라고도 칭한다)를 b_j라 하면 j번째 층의 뉴런에서 가중된 합 s_j와 출력 y_j는

$$s_j = \sum_{k=1}^{n} x_k w_{jk} + b_j = W_j x + b_j, \quad y_j = f_j(s_j) \tag{23.6}$$

로 주어진다. 위에서 f_j는 전달함수이다.

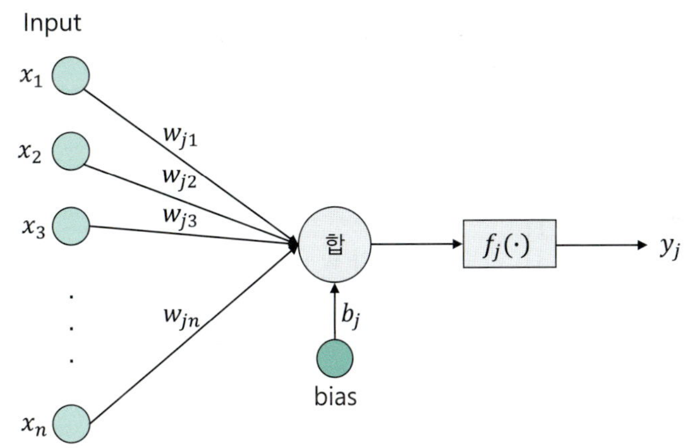

그림 23.9 **하나의 인공뉴런 모델.**

전달함수로는 여러 가지 형태가 이용되는데 대개 다음과 같은 형태가 널리 이용된다.

- 선형함수: $f(x) = x$
- 쌍곡선 탄젠트(hyperbolic tangent) 함수: $f(x) = \tanh(x) = \dfrac{e^x - e^{-x}}{e^x + e^{-x}}$
- 로지스틱(혹은 시그모이드) 함수: $f(x) = \dfrac{1}{1 + e^{-\beta x}}$
- Hard limiting(혹은 threshold나 단위계단) 함수: 미분 가능하지 않으며 0이나 1의 비선형 출력을 제시
- signum 함수: 미분가능하지 않으며 −1이나 1의 비선형 출력을 제시

이들 전달함수 가운데 일부는 그림 23.10에 보인 바와 같다.

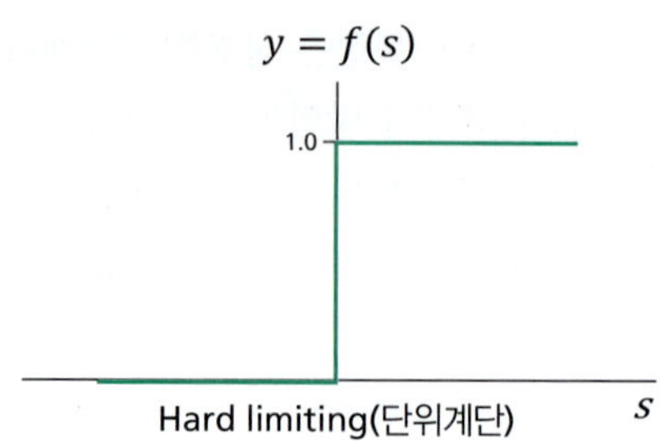

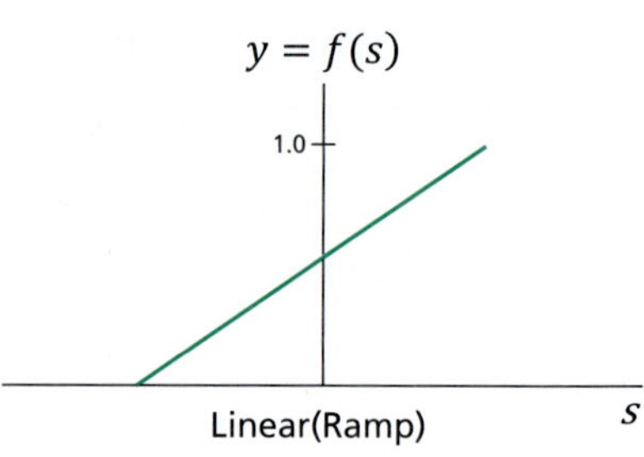

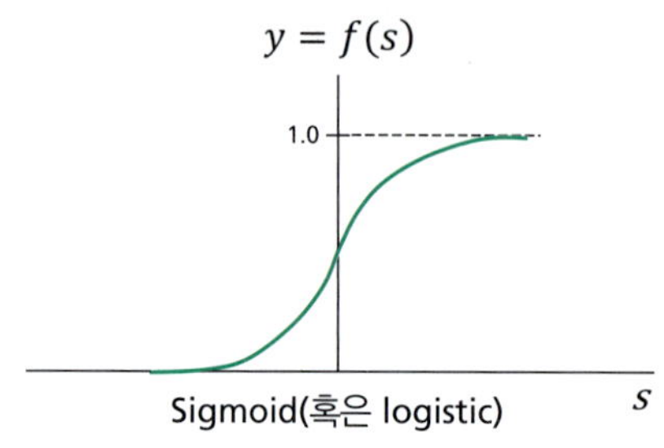

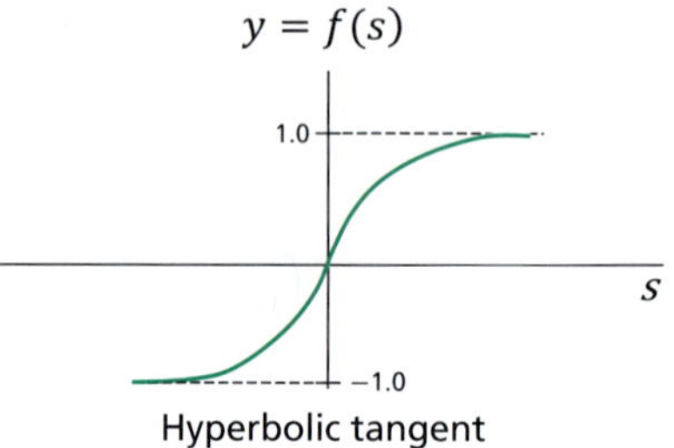

그림 23.10 **몇 가지 전달함수의 형태.**

보기 23.4

입력벡터가 $x = \begin{bmatrix}1\\3\\5\end{bmatrix}$, 가중치 벡터가 $w = [0.6\ -0.24\ 0.35]$이며 bias는 -0.5로 주어졌다. 쌍곡선 탄젠트 함수를 전달함수로 이용하는 경우 뉴런 출력을 구하여라.

풀이

$$s = Wx + b = [0.6 \quad -0.24 \quad 0.35]\begin{bmatrix}1\\3\\5\end{bmatrix} - 0.5 = 1.13$$

따라서

$$y = \tanh(s) = \frac{e^s - e^{-s}}{e^s + e^{-s}} = \frac{3.096 - 0.323}{3.096 + 0.323} = 0.811$$

인공 신경망은 일반적으로 입력층과 하나 이상의 은닉층(hidden layer) 및 출력층으로 이루어지는 다층 구조를 갖는데 이를 다층 perceptron이라고도 한다. 각 은닉층은 동일한 유형의 전달함수를 가지는데 보통 시그모이드(sigmoid)형의 전달함수가 이용되며 출력층에서는 시그모이드, 혹은 선형함수가 전달함수로 이용된다. 그림 23.11은 입력층의 뉴런은 m개, 은닉층의 뉴런은 n개, 출력층은 r개의 뉴런으로 이루어지는 다층 신경망을 보인 것이다.

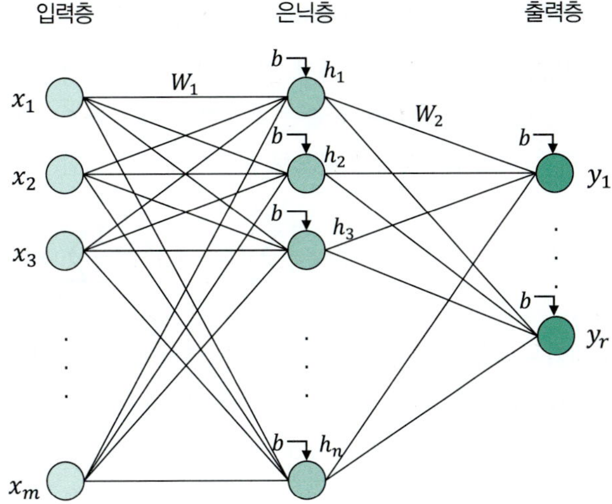

그림 23.11 **다층 신경망 구조.**

MATLab

다층 신경망의 출력

하나의 은닉층을 갖는 신경망에서 입력은 3개이고 은닉층은 3개의 뉴런을 가지며 출력은 2개인 경우를 살펴보자. 은닉층의 전달함수는 쌍곡선 탄젠트 함수이며 출력층에는 선형함수가 전달함수로 이용된다고 하자. 입력값과 각 층의 가중치 및 바이어스가 각각

$$x = \begin{bmatrix} 2 \\ 4 \\ 6 \end{bmatrix}, w_1 = \begin{bmatrix} 0.2 & -0.7 & 0.9 \\ 2.3 & 1.4 & -2.1 \\ 10.2 & -10.2 & 0.3 \end{bmatrix}, w_2 = \begin{bmatrix} 0.5 & -0.25 & 0.33 \\ 0.2 & -0.75 & -0.5 \end{bmatrix}, b_1 = \begin{bmatrix} 0.5 \\ 0.2 \\ -0.8 \end{bmatrix}, b_2 = \begin{bmatrix} 0.4 \\ -1.2 \end{bmatrix}$$

일 때 출력을 구해 보기로 한다. 스크립트 multi1.m은 주어진 전달함수에 따른 출력을 구해 준다.

```
% multi1.m: 다층 network
x = [2; 4; 6];
w1 = [0.2 -0.7 0.9; 2.3 1.4 -2.1; 10.2 -10.2 0.3];
w2 = [0.5 -0.25 0.33; 0.2 -0.75 -0.5];
b1 = [0.5; 0.2; -0.8]; b2 = [0.4; -1.2]; y = w2*tanh(w1*x + b1) + b2
```

multi1.m의 수행결과는 다음과 같다.

```
>> multi1
y =
    0.8130
    0.2314
```

23.3.2 역전파(backpropagation) 신경망

역전파 신경망은 화학공정에서 가장 널리 이용되는 신경망으로서 하향 기울기(gradient descent) 최적화 방법을 이용하여 학습을 수행한다. 즉 $\epsilon = t - f$(t: 목표치, f: 신경망으로부터의 출력값)로 주어지는 오차의 제곱의 합으로 이루어지는 목적함수

$$J = \frac{1}{2}\sum_{j=1}^{k}(t_j - f_j)^2 = \frac{1}{2}\sum_{j=1}^{k}\epsilon_j^2$$

를 최소화시키는 최적화 문제를 다루게 된다. 역전파 학습에서는 다층 퍼셉트론의 전개에 따른 가중치 및 임계값들을 반복적으로 계산하는 과정이 수행된다. 그림 23.12는 입력층 뉴런이 m개, 은닉층의 뉴런이 n개, 그리고 출력층의 뉴런이 r개인 다층 신경망 구조를 보인 것이다.

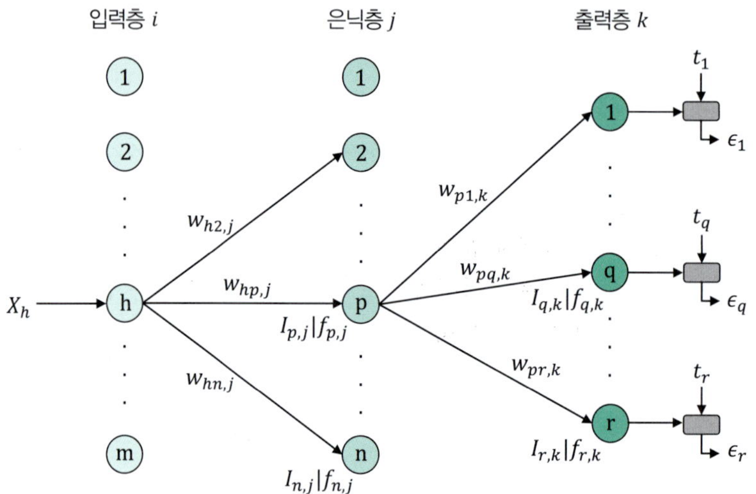

그림 23.12 다층 신경망 구조.

그림에서

X_h: h번째 입력층 뉴런에 입력되는 값,
$w_{hp,j}$: 입력층의 h번째 뉴런과 은닉층 j의 p번째 뉴런과의 연결 가중치,
$I_{p,j}$: 은닉층 j의 p번째 뉴런에 유입되는 값들의 합,
$f_{p,j}$: $I_{p,j}$가 전달함수에 도입되어 얻어지는 은닉층 j의 p번째 뉴런으로부터의 출력값,
$I_{q,k}$: 출력층 k의 q번째 뉴런에 유입되는 값들의 합,
$f_{q,k}$: $I_{q,k}$가 전달함수에 도입되어 얻어지는 출력층 k의 q번째 뉴런으로부터의 출력값,
t_q: 출력층 k의 q번째 뉴런에 대한 목표치,
ϵ_q: 출력층 k의 q번째 뉴런에서의 오차($\epsilon_q = t_q - f_{q,k}$).

예로서 그림 23.13에 보인 바와 같이 입력이 2개이고 은닉층이 하나이며 각 층에 2개의 뉴런이 존재하는 신경망을 살펴보기로 한다. 은닉층 및 출력층의 각 뉴런에서의 전달함수는 모두 $g(\cdot)$라고 간주한다.

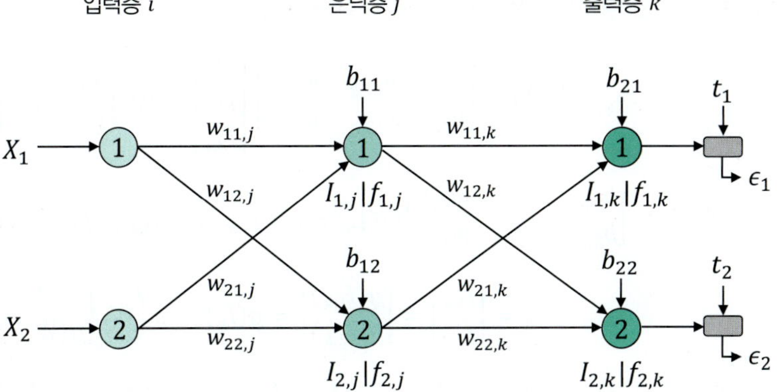

그림 23.13 **2-뉴런 신경망.**

은닉층의 경우 각 뉴런에 도입되는 입력들의 합은 각각

$$I_{1,j} = w_{11,j}x_1 + w_{21,j}x_2 + b_{11} = [w_{11,j} \;\; w_{21,j}]\begin{bmatrix} x_1 \\ x_2 \end{bmatrix} + b_{11} = [b_{11} \;\; w_{11,j} \;\; w_{21,j}]\begin{bmatrix} 1 \\ x_1 \\ x_2 \end{bmatrix}$$

$$I_{2,j} = w_{12,j}x_1 + w_{22,j}x_2 + b_{12} = [w_{12,j} \;\; w_{22,j}]\begin{bmatrix} x_1 \\ x_2 \end{bmatrix} + b_{12} = [b_{12} \;\; w_{12,j} \;\; w_{22,j}]\begin{bmatrix} 1 \\ x_1 \\ x_2 \end{bmatrix}$$

와 같다. 이를 벡터와 행렬을 이용하여 나타내면

$$I_j = \begin{bmatrix} I_{1,j} \\ I_{2,j} \end{bmatrix} = \begin{bmatrix} b_{11} & w_{11,j} & w_{21,j} \\ b_{12} & w_{12,j} & w_{22,j} \end{bmatrix}\begin{bmatrix} 1 \\ x_1 \\ x_2 \end{bmatrix} = W_1 X \tag{23.7}$$

위에서

$$W_1 = \begin{bmatrix} b_{11} & w_{11,j} & w_{21,j} \\ b_{12} & w_{12,j} & w_{22,j} \end{bmatrix}, \qquad X = \begin{bmatrix} 1 \\ x_1 \\ x_2 \end{bmatrix}$$

한편 뉴런의 전달함수는 g이므로 $f_{1,j} = g(I_{1,j})$, $f_{2,j} = g(I_{2,j})$이다. 이를 다시 쓰면

$$f_j = \begin{bmatrix} f_{1,j} \\ f_{2,j} \end{bmatrix} = \begin{bmatrix} g(I_{1,j}) \\ g(I_{2,j}) \end{bmatrix} = g(I_j) = g(W_1 X) \tag{23.8}$$

출력층의 경우 각 뉴런에 도입되는 입력들의 합은 각각

$$I_{1,k} = w_{11,k}f_{1,j} + w_{21,k}f_{2,j} + b_{21} = [w_{11,k} \;\; w_{21,k}]\begin{bmatrix} f_{1,j} \\ f_{2,j} \end{bmatrix} + b_{21} = [b_{21} \;\; w_{11,k} \;\; w_{21,k}]\begin{bmatrix} 1 \\ f_{1,j} \\ f_{2,j} \end{bmatrix}$$

$$I_{2,k} = w_{12,k}f_{1,j} + w_{22,k}f_{2,j} + b_{22} = [w_{12,k} \;\; w_{22,k}]\begin{bmatrix} f_{1,j} \\ f_{2,j} \end{bmatrix} + b_{22} = [b_{22} \;\; w_{12,k} \;\; w_{22,k}]\begin{bmatrix} 1 \\ f_{1,j} \\ f_{2,j} \end{bmatrix}$$

와 같다. 이를 벡터와 행렬을 이용해 나타내면

$$I_k = \begin{bmatrix} I_{1,k} \\ I_{2,k} \end{bmatrix} = \begin{bmatrix} b_{21} & w_{11,k} & w_{21,k} \\ b_{22} & w_{12,k} & w_{22,k} \end{bmatrix} \begin{bmatrix} 1 \\ f_{1,j} \\ f_{2,j} \end{bmatrix} = W_2 \begin{bmatrix} 1 \\ f_j \end{bmatrix} = W_2 \begin{bmatrix} 1 \\ g(W_1 X) \end{bmatrix} \tag{23.9}$$

위에서 $W_2 = \begin{bmatrix} b_{21} & w_{11,k} & w_{21,k} \\ b_{22} & w_{12,k} & w_{22,k} \end{bmatrix}$이다. 아울러 $f_{1,k} = g(I_{1,k})$, $f_{2,k} = g(I_{2,k})$로부터

$$f_k = \begin{bmatrix} f_{1,k} \\ f_{2,k} \end{bmatrix} = \begin{bmatrix} g(I_{1,k}) \\ g(I_{2,k}) \end{bmatrix} = g(I_k) = g\left(W_2 \begin{bmatrix} 1 \\ g(W_1 X) \end{bmatrix}\right) \tag{23.10}$$

출력층의 뉴런 q에서 오차는 $\epsilon_q = t_q - f_{q,k}$로 주어진다. 은닉층의 뉴런 p로부터의 가중치 $w_{pq,k}$의 변화는 제곱오차의 음의 기울기에 비례(비례상수: $\eta_{p,q}$)한다고 간주하고 가중치를 보정하여 준다. 전달함수로서 로지스틱 함수를 이용한다고 하자. 이 경우 새로운 가중치는

$$w_{pq,k}(n+1) = w_{pq,k}(n) + \Delta w_{pq,k} \tag{23.11}$$

로 주어진다. 위에서

$$\Delta w_{pq,k} = -\eta_{p,q} \frac{\partial {\epsilon_q}^2}{\partial w_{pq,k}} = -\eta_{p,q} \frac{\partial {\epsilon_q}^2}{\partial f_{q,k}} \frac{\partial f_{q,k}}{\partial I_{q,k}} \frac{\partial I_{q,k}}{\partial w_{pq,k}} = -\eta_{p,q}(-2)(t_q - f_{q,k}) \frac{\partial f_{q,k}}{\partial I_{q,k}} \frac{\partial I_{q,k}}{\partial w_{pq,k}} \tag{23.12}$$

이다. 로지스틱 전달함수의 경우 $y = g(x) = \dfrac{1}{1 + e^{-\alpha x}}$로부터

$$\frac{dy}{dx} = \alpha g(x)\{1 - g(x)\} = \alpha y(1 - y)$$

임을 알 수 있다. 따라서 $f_{q,k} = g(I_{q,k})$이므로

$$\frac{\partial f_{q,k}}{\partial I_{q,k}} = \alpha f_{q,k}(1 - f_{q,k})$$

의 관계를 얻는다. 한편 $I_{q,k} = \cdots + w_{pq,k} f_{p,j} + \cdots$ 로부터 $\dfrac{\partial I_{q,k}}{\partial w_{pq,k}} = f_{p,j}$ 이므로

$$\begin{aligned} \Delta w_{pq,k} &= -\eta_{p,q}(-2)(t_q - f_{q,k}) \frac{\partial f_{q,k}}{\partial I_{q,k}} \frac{\partial I_{q,k}}{\partial w_{pq,k}} \\ &= -\eta_{p,q}(-2)(t_q - f_{q,k}) \alpha f_{q,k}(1 - f_{q,k}) f_{p,j} = \eta_{p,q} \delta_{pq,k} f_{p,j} \end{aligned}$$

위에서

$$\delta_{pq,k} = 2\alpha(t_q - f_{q,k}) f_{q,k}(1 - f_{q,k})$$

이다. 이들 관계로부터

$$w_{pq,k}(n+1) = w_{pq,k}(n) + \Delta w_{pq,k} = w_{pq,k}(n) + \eta_{p,q} \delta_{pq,k} f_{p,j} \tag{23.13}$$

를 얻는다.

한편 은닉층의 경우

$$\Delta w_{hp,j} = -\eta_{h,p}\frac{\partial \epsilon^2}{\partial w_{hp,j}} = -\eta_{h,p}\sum_{q=1}^{r}\frac{\partial {\epsilon_q}^2}{\partial w_{hp,k}} = -\eta_{h,p}\sum_{q=1}^{r}\frac{\partial {\epsilon_q}^2}{\partial f_{q,k}}\frac{\partial f_{q,k}}{\partial I_{q,k}}\frac{\partial I_{q,k}}{\partial f_{p,j}}\frac{\partial f_{p,j}}{\partial I_{p,j}}\frac{\partial I_{p,j}}{\partial w_{hp,j}}$$

임을 알 수 있다. 그런데

$${\epsilon_q}^2 = (t_q - f_{q,k})^2, \quad f_{q,k} = g(I_{q,k}), \quad I_{q,k} = f_{1,j}w_{1q,k} + f_{2,j}w_{2q,k} + \cdots + f_{p,j}w_{pq,k} + \cdots$$
$$f_{p,j} = g(I_{p,j}), \quad I_{p,j} = w_{1p,j}x_1 + w_{2p,j}x_2 + \cdots + w_{hp,j}x_h + \cdots$$

이므로

$$\frac{\partial {\epsilon_q}^2}{\partial f_{q,k}} = (-2)(t_q - f_{q,k}), \qquad \frac{\partial f_{q,k}}{\partial I_{q,k}} = \alpha f_{q,k}(1 - f_{q,k}), \qquad \frac{\partial I_{q,k}}{\partial f_{p,j}} = w_{pq,k},$$
$$\frac{\partial f_{p,j}}{\partial I_{p,j}} = \alpha f_{p,j}(1 - f_{p,j}), \qquad \frac{\partial I_{p,j}}{\partial w_{hp,j}} = x_h$$

따라서

$$\begin{aligned}\Delta w_{hp,j} &= -\eta_{h,p}\sum_{q=1}^{r}(-2)(t_q - f_{q,k})\alpha f_{q,k}(1 - f_{q,k})w_{pq,k}\alpha f_{p,j}(1 - f_{p,j})\,x_h \\ &= \eta_{h,p}\sum_{q=1}^{r}2\alpha(t_q - f_{q,k})f_{q,k}(1 - f_{q,k})w_{pq,k}\alpha f_{p,j}(1 - f_{p,j})\,x_h \\ &= \eta_{h,p}\sum_{q=1}^{r}\delta_{pq,k}\,w_{pq,k}\alpha f_{p,j}(1 - f_{p,j})x_h = \eta_{h,p}\delta_{hp,j}x_h\end{aligned} \tag{23.14}$$

를 얻는다. 위에서

$$\delta_{hp,j} = \sum_{q=1}^{r}\delta_{pq,k}\,w_{pq,k}\alpha f_{p,j}(1 - f_{p,j})$$

이다. 이로부터

$$w_{hp,j}(n+1) = w_{hp,j}(n) + \Delta w_{hp,j} = w_{hp,j}(n) + \eta_{h,p}\delta_{hp,j}x_h \tag{23.15}$$

그림 23.12에 보인 바와 같이 입력층 뉴런이 m개, 은닉층의 뉴런이 n개, 그리고 출력층의 뉴런이 r개인 다층 신경망의 경우 위의 관계들은 다음과 같이 나타낼 수 있다.

은닉층:

$$I_{p,j} = \sum_{i=1}^{m}w_{ip,j}x_i + b_{1p} = [b_{1p} \quad w_{1p,j} \quad w_{2p,j} \quad \cdots \quad w_{mp,j}]\begin{bmatrix}1\\x_1\\x_2\\\vdots\\x_m\end{bmatrix} \; (p = 1, 2, \cdots, n) \tag{23.16}$$

$$I_j = \begin{bmatrix} I_{1,j} \\ I_{2,j} \\ \vdots \\ I_{n,j} \end{bmatrix} = \begin{bmatrix} b_{11} & w_{11,j} & w_{21,j} & \cdots & w_{m1,j} \\ b_{12} & w_{12,j} & w_{22,j} & \cdots & w_{m2,j} \\ \vdots & \vdots & \vdots & \ddots & \vdots \\ b_{1n} & w_{1n,j} & w_{2n,j} & \cdots & w_{mn,j} \end{bmatrix} \begin{bmatrix} 1 \\ x_1 \\ x_2 \\ \vdots \\ x_m \end{bmatrix} = W_1 X,\ f_j = \begin{bmatrix} f_{1,j} \\ f_{2,j} \\ \vdots \\ f_{n,j} \end{bmatrix} = g(W_1 X) \quad \textbf{(23.17)}$$

출력층:

$$I_{q,k} = \sum_{i=1}^{n} w_{iq,k} f_{i,j} + b_{2q} = [b_{2q} \quad w_{1q,k} \quad w_{2q,k} \quad \cdots \quad w_{nq,k}] \begin{bmatrix} 1 \\ f_{1,j} \\ f_{2,j} \\ \vdots \\ f_{n,j} \end{bmatrix} (q = 1, 2, \cdots, r) \quad \textbf{(23.18)}$$

$$I_k = \begin{bmatrix} I_{1,k} \\ I_{2,k} \\ \vdots \\ I_{r,k} \end{bmatrix} = \begin{bmatrix} b_{21} & w_{11,k} & w_{21,k} & \cdots & w_{n1,k} \\ b_{22} & w_{12,k} & w_{22,k} & \cdots & w_{n2,k} \\ \vdots & \vdots & \vdots & \ddots & \vdots \\ b_{2r} & w_{1r,k} & w_{2r,k} & \cdots & w_{nr,k} \end{bmatrix} \begin{bmatrix} 1 \\ f_{1,j} \\ f_{2,j} \\ \vdots \\ f_{n,j} \end{bmatrix} = W_2 \begin{bmatrix} 1 \\ f_j \end{bmatrix} = W_2 \begin{bmatrix} 1 \\ g(W_1 X) \end{bmatrix}$$

$$f_k = \begin{bmatrix} f_{1,k} \\ f_{2,k} \\ \vdots \\ f_{r,k} \end{bmatrix} = \begin{bmatrix} g(I_{1,k}) \\ g(I_{2,k}) \\ \vdots \\ g(I_{r,k}) \end{bmatrix} = g(I_k) = g\left(W_2 \begin{bmatrix} 1 \\ g(W_1 X) \end{bmatrix}\right) \quad \textbf{(23.19)}$$

전달함수로서 은닉층에 로지스틱 함수를 이용하며 출력층의 전달함수로서 선형함수(즉 $f(x) = x$)를 이용하는 경우에는 $\dfrac{\partial f_{q,k}}{\partial I_{q,k}} = 1$이 된다.

보기 23.5

그림 23.14에 보인 시그모이드 단일층 신경망에 대하여 두 단계의 역전파 알고리듬 계산을 수행하여라. 입력값 및 목표치와 가중치 및 바이어스의 초기값들은 다음과 같으며 학습률은 0으로 둔다(즉 가중치와 바이어스는 보정이 되지 않으며 출력, 오차 및 민감도만을 계산한다).

$$\{(p_1 = [-3], t_1 = [0.5])\},\quad \{(p_2 = [2], t_2 = [1])\},\quad w(0) = 0.4,\quad b(0) = 0.15$$

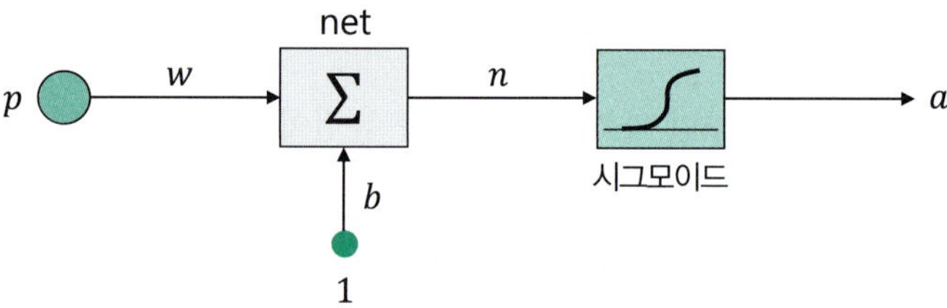

그림 23.14 시그모이드 단일층 신경망.

풀이

첫 단계의 계산은 다음과 같다.

$$a = \frac{1}{1+e^{-n}} = \frac{1}{1+e^{-\{0.4(-3)+0.15\}}} = 0.2592$$
$$e = t - a = 0.5 - 0.2592 = 0.2408$$
$$r = -2\dot{f}(n)e = -2a(1-a)e = -2(0.2592)(1-0.2592)(0.2408) = -0.0925$$

보정방향은 기울기와 반대(음)이므로 가중치의 경우 $-rp = -(-0.0925)(-3) = -0.2774$, 바이어스의 경우 $-r = -(-0.0925) = 0.0925$이다. 두 번째 계산으로부터 다음 결과를 얻는다.

$$a = \frac{1}{1+e^{-n}} = \frac{1}{1+e^{-\{0.4(2)+0.15\}}} = 0.7211$$
$$e = t - a = 1 - 0.7211 = 0.2789$$
$$r = -2\dot{f}(n)e = -2a(1-a)e = -2(0.7211)(1-0.7211)(0.2789) = -0.1122$$

MATLab

다층 신경망의 오차

하나의 은닉층과 출력층을 갖는 신경망에서 은닉층의 뉴런 수는 2개이며 출력층의 뉴런 수는 1개인 신경망을 고려해 보자. 입력층의 뉴런은 2개로서 $x = \begin{bmatrix} 0.5 \\ 0.8 \end{bmatrix}$이고 은닉층과 출력층의 각 뉴런에 대한 bias는 각각 $b_1 = \begin{bmatrix} -0.6 \\ -0.3 \end{bmatrix}$, $b_2 = [-0.5]$이며 은닉층의 가중치 행렬은 $w_1 = \begin{bmatrix} w_{11,j} & w_{21,j} \\ w_{12,j} & w_{22,j} \end{bmatrix} = \begin{bmatrix} 0.15 & -0.21 \\ 0.5 & 0.3 \end{bmatrix}$, 출력층의 가중치 행렬은 $w_2 = [w_{11,k} \quad w_{21,k}] = [0.3 \quad -0.6]$이고 전달함수로는 logistic 함수가 이용된다고 하자. Target(목표출력)이 $t = 0.15$이고 logistic 전달함수에서 $\alpha = 1$이며 학습률 $\eta_{p,q} = 0.5$인 경우 가중치를 1회 update했을 때의 오차를 구해 보기로 한다. 스크립트 wud.m은 주어진 전달함수에 따른 출력을 구해 준다.

```
% wud.m: weight update (2-hidden 1-out network)
clear all
x = [0.5; 0.8]; w1 = [0.15 -0.21; 0.5 0.3]; w2 = [0.3 -0.6];
b1 = [-0.6; -0.3]; b2 = [-0.5]; t = 0.15;  % target output
a = 1; eta = 0.5;  %학습률
% Augmented data
X = [1; x]; W1 = [b1 w1]; W2 = [b2 w2];
% update W2
h = logistic(W1*X);  % output from hidden layer
H = [1; h];  % augmented output
y = logistic(W2*H)  % output
eout = t - logistic(W2*H)  % error
delt = 2*a*eout.*y.*(1-y); delw2 = eta * delt * H'
W2 = W2 + delw2  % update W2
eout = t - logistic(W2*H)  % error

function [y] = logistic(x);
```

```
% 로지스틱 전달함수 (x: 입력, y: 출력)
y = 1./(1+exp(-x));
end
```

wud.m의 수행결과는 다음과 같다.

```
>> wud
y =
    0.3255
eout =
   -0.1755
delw2 =
   -0.0385   -0.0128   -0.0211
W2 =
   -0.5385    0.2872   -0.6211
eout =
   -0.1637
```

즉 1회 학습 후에 오차는 0.1755로부터 0.1637로 감소되었음을 알 수 있다.

MATLab

함수의 근사

신경망을 이용한 함수의 근사를 살펴 보기로 하자. 다음과 같은 함수 $g(p)$를 신경망을 이용하여 근사해 보기로 한다:

$$g(p) = 1 + \sin\left(\frac{\pi}{4}p\right) \quad (-2 \le p \le 2)$$

신경망 가중치와 바이어스의 초기값은

$$W^1(0) = \begin{bmatrix} -0.3 \\ -0.4 \end{bmatrix},\ b^1(0) = \begin{bmatrix} -0.5 \\ -0.1 \end{bmatrix},\ W^2(0) = [0.1 \quad -0.2],\ b^2(0) = [0.5]$$

로 하며 학습률은 0.1로 설정한다. 스크립트 appxf.m은 주어진 전달함수에 따른 출력을 구해 준다. 함수 backpro는 역전파 신경망의 계산과정을 수행해 준다.

```
% appxf.m: 함수의 근사
np = 1; nr = [2 1]; nl = 2; p = 1; t = 1.707; alpha = 0.1;
W(1) = {[-0.3 -0.4]'}; W(2) = {[0.1 -0.2]}; b(1) = {[-0.5 -0.1]'}; b(2) =
{[0.5]};
n = 1; [W b a r nstep] = backpro(np, nr, nl, p, t, alpha, W, b, n)

function [W b a r kcount] = backpro(np, nr, nl, p, t, alpha, W, b, kc)
% backpro.m : 역전파 계산과정을 수행
```

```
% Input parameters :
%   np : number of elements of an input vector
%   nr : number of nodes in i-th layer (ex.: [2 3 1])
%   nl : number of layers(including output layer)
%   p : input data (each column of p consists a single input vector)
%   t : target values
%   alpha : learning rate
%   W : initial values of weighting parameters
%   b : initial values of biases
%   kc : number of computing steps required

% Convergence checking parameters
kmax = kc; eps = 1.0e-3;
% Start backpropagation update
k = 1; kcount = 1; [irow icol] = size(p); [trow tcol] = size(t);
while(1)
    if (k > icol), k = k - icol; end
    % Compute layer outputs
    for i = 1 : nl
          if (i == 1), la = p(:,k); else, la = a{i-1}; end
          n = W{i} * la + b{i};
           if (i < nl || nl == 1), a(i) = {sigmoid(n)}; % 은닉층: 시그모이드 전달함수
          else, a(i) = {lineart(n)}; % 출력층: 선형 전달함수
          end
    end
    aout = a{nl};
    % 오차
    e = t(:,k) - aout; [erow ecol] = size(e);
    % Sensitivity at each layer
    Fdot = eye(nr(nl));
    r(nl) = { -2 * Fdot * e };  % sensitivity at the last layer(linear T.F.)
    for j = nl-1 : -1 : 1
          Fdot = eye(nr(j)); for m = 1 : nr(j), Fdot(m,m) = (1 - a{j}(m))*a{j}(m);
          end
          r{j} = Fdot * W{j+1}' * r{j+1};
    end
    if (nl == 1)   % single layer: 전달함수는 시그모이드
           Fdot = (1   a{1}(1))*a{1}(1); r(nl) = { -2 * Fdot * e };
    end
    % 가중치 행렬과 바이어스의 보정
    for j = 1 : nl
          if j == 1, ma = p(:,k); else, ma = a{j-1}; end
          W{j} = W{j} - alpha * r{j} * ma'; b{j} = b{j} - alpha * r{j};
```

```
    end
    if (kcount >= kmax), break; end
    % check convergence
    sum = 0; for j = 1 : erow, sum = sum + e(j)*e(j); end
    if ((sum < eps) || k > kmax), break; end
    k = k + 1; kcount = kcount + 1;
end
end

function a = lineart(n)
a = n;
end

function a = sigmoid(n)
a = 1 ./ (1 + exp(-n));
end
```

appxf.m의 수행결과는 다음과 같다.

```
>> appxf
W =
    [2x1 double]    [1x2 double]
b =
    [2x1 double]    [0.7503]
```

```
a =
    [2x1 double]    [0.4555]
r =
    [2x1 double]    [-2.5030]
nstep =
    1
```

cell 변수값들을 살펴보려면 다음과 같이 celldisp 명령어를 이용한다.

```
>> celldisp(W)
W{1} =
   -0.2946
   -0.4118
W{2} =
    0.1776   -0.1055
>> celldisp(b)
b{1} =
   -0.4946
   -0.1118
b{2} =
    0.7503
```

```
>> celldisp(a)
a{1} =
    0.3100
    0.3775
a{2} =
    0.4555
>> celldisp(r)
r{1} =
   -0.0535
    0.1176
r{2} =
   -2.5030
```

23.4 유전자 알고리듬(Genetic Algorithm, GA)

유전자 알고리듬은 주어진 개체군으로부터 가장 적합한 멤버들이 자연 선택되어 다음 세대의 생성에 이용되는 진화과정, 즉 적자생존에 따른 유전에 바탕을 둔 하나의 탐색 알고리듬이다. 유전과정에서는 주어진 주변 환경에 가장 잘 적응하는 유전자가 선택되어 교배되고 때로는 돌연변이가 이루어져서 보다 우수한 유전형질이 다음 세대로 전달된다.

유전자 알고리듬의 기본 요소는 크로모좀(chromosome)이다. 크로모좀은 어떤 주어진 해에 대한 유전적 정보를 포함하며 대개 0과 1들의 열, 즉 이진 문자열로 나타내어진다. 예를 들어 110101과 같은 6자리 이진수는 6가지의 유전자를 포함하는 크로모좀을 나타낸다. 크로모좀들이 모여 어떤 개체군을 형성하는데 초기에 무작위로 생성된 크로모좀들로 이루어지는 개체군은 주어진 문제에 대한 다수의 해들을 나타낸다.

유전자 알고리듬에 의한 탐색에서는 단일 요소가 아닌 개체군 단위로 탐색이 이루어지고 일종의 적합도 함수(fitness function)가 사용되며 확률적인 변이규칙이 적용된다. 사실상 성능기준을 의미하는 적합도 함수는 개체군에서 최선의 해를 선택하고 이를 다음 세대를 구성하는 후손(offspring)에 대한 부모(parent)를 정하는 과정에 이용된다. 선택되는 부모가 적합할수록 선택의 확률은 높아지는데 이는 유전과정의 적자생존과 유사하다.

부모의 선택은 일종의 룰렛(roulette) 판을 돌리는 게임과 같은 방법으로 이루어진다. 예를 들어 P_1, P_2, P_3 그리고 P_4와 같은 4가지의 부모 후보들이 있다고 하자. 아울러 이 후보들의 (적합도 함수로부터 얻은) 선택확률은 각각 0.5, 0.3, 0.15, 그리고 0.05라고 하자. 이 경우 룰렛 판을 4번 돌렸다고 할 때 선택확률이 높은 P_1은 두 번 선택되고 P_2와 P_3는 한 번, 그리고 P_4는 아예 선택되지 않을 수 있다. 부모 크로모좀을 선택하고 선택된 부모 크로모좀의 일부 유전물질을 교차(crossing)시킴으로써 후손이 생성된다. 부모로부터 후손으로 전달된 유전물질의 양은 교차점(crossover point)의 무작위적인 선택에 의해 정해진다. 이는 개체군의 두 멤버들이 유전자들을 교환함을 의미한다. 이를테면 단일 교차점이나 다수의 교차점들을 갖는 많은 방법들에 의하여 이러한 교차가 수행될 수 있다. 그림 23.15는 이러한 교배과정의 예를 보인 것이다.

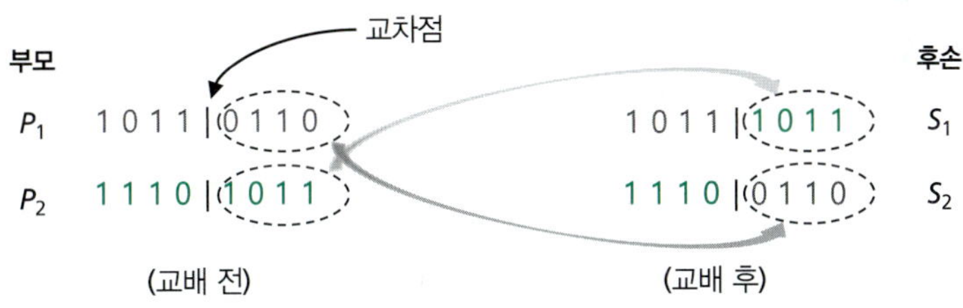

그림 23.15 교배과정의 보기.

일부 후손들에서 돌연변이(mutation)가 일어날 수 있는데 돌연변이는 어떤 특정 크로모좀의 특정 유전자가 무작위로 변경되는 것을 의미한다. 따라서 위의 그림에 보인 바와 같은 이진수열에서 하나의 0이 하나의 1로, 혹은 그 반대로 무작위로 변경될 수 있다. 유전자 알고리듬에서 돌연변이 과정은 드물게 일어나며, 따라서 하나의 이진수열에서 이러한 돌연변이가 일어날 확률은 비교적 낮다.

이어지는 세대들에서의 교배과정은 모든 후손들이 적합하게 될 때까지 진행된다. 경우에 따라서는 모든 후손들이 궁극적으로 동일한 유전자 구조를 갖게 되거나 때로는 다수의 해에 이르게 되기도 한다.

보기 23.6

높이가 고정된 실린더로 둘러싸인 반구형으로 이루어지는 용기를 제작하고자 한다. 실린더의 높이는 고정되어 있지만 실린더와 반구의 반경은 2와 4 단위 사이에서 변할 수 있다. 유전자 알고리듬을 이용하여 용기의 부피를 최대로 해주는 반경을 찾고자 한다. r을 실린더와 반구의 반경이라 하고 h를 실린더의 높이로 하여 최적화 문제를 구성할 수 있다. $h = 2$로 하면 최적화 문제는

$$V = \frac{2}{3}\pi r^3 + 2\pi r^2 \ \ (2 \le r \le 4) \tag{23.20}$$

로 주어지는 부피 V를 최대로 해주는 r을 규명하는 문제가 된다. 유전자 알고리듬을 적용하여 V를 최대로 해주는 반경을 찾기 위한 첫 번째 단계를 나타내어 보라.

풀이

먼저 이진수열들의 초기 집합을 생성하여 초기 개체군을 구성한다. 각 열의 비트 수, 즉 열의 길이는 문제에 대한 해를 규명함에 있어서 정확도를 제한하므로 주의하여 선택해야 한다. 아울러 초기 개체군의 크기를 정한다. 초기 개체군이 너무 크면 알고리듬 단계들의 수행에 걸리는 시간이 크게 증가한다.

표 23.2의 두 번째 열에 보인 바와 같이 유전자 수가 각각 6개인 5개의 크로모좀들을 갖는 초기 개체군을 생성하였다고 하자. 이들에 대한 십진수 값은 표의 세 번째 열에 보인 바와 같다. $2 \le r \le 4$ 이므로 이진수열들을 2에서 4 범위의 값들로 변환시켜 준다. 6자리 이진수의 최대 십진값은 $2^6 - 1 = 63$이므로 개체군의 십진값 x에 대한 변환값 y는 $y = 2 + \frac{x}{63} \times (4 - 2)$로 계산된다. 표의 4번째 열은 2에서 4 범위로 변환된 이진수열들의 십진수 값을 나타낸다.

표 23.2 초기 개체군의 생성

개체군	이진수열	십진값 x	변환값 y	$V(y)$	적합도 비율
#1	011100	28	2.8889	102.9340	0.1694
#2	111101	61	3.9365	225.1235	0.3704
#3	100100	36	3.1429	127.0850	0.2091
#4	000011	3	2.0952	46.8459	0.0771
#5	011101	29	2.9206	105.7717	0.1740
Total				607.7601	1.0

변환값(y)들은 적합도에 대하여 아무 것도 말해주고 있지 않으므로 이를 찾기 위해서는 어떤 적합도 기준에 대하여 이들을 판단해야 한다. 이 경우에는 식 (23.20)의 값을 최대로 하는 것이므로 위의 변환값 y들에 대하여 식 (23.20)을 계산해 보면 된다. 이 결과는 표 23.2의 $V(y)$를 나타내는 오른쪽에서 두 번째 열에 제시되어 있다. 표로부터 총 적합도는 $\sum_{i=1}^{5} V(y_i) = 607.7601$이 됨을 알 수 있다. 따라서 가장 적합한 값은 225.1235의 적합도 값을 갖는 3.9365이며 이는 열, 혹은 개체군 멤버 #2에 해당된다.

다음 단계는 열들이 그들의 적합도에 따라 복사되는 재생단계이다. i번째 이진수열의 적합도 비율은 $V(y_i)/\sum_{i=1}^{5} V(y_i)$에 의해 계산되며 표 23.2의 마지막 열에 보인 바와 같다. 이는 룰렛 판 게임을 모사하는 과정에 근거하는 것으로서 어느 특정 열에 할당되는 룰렛 바퀴의 비율은 그 열의 적합도에 직접적으로 비례한다. 따라서 #1 열에서 #5 열들이 각각 면적의 16.94%, 37.04%, 20.91%, 7.71%, 그리고 17.4%를 차지하는 룰렛 바퀴를 돌리는 셈이다. 즉 크로모좀들이나 열들은 이와 같은 비율로 선택될 기회를 갖는다. #2 개체가 적합도 비율이 가장 높음을 알 수 있다. 룰렛 판을 돌려서 표 23.3에 보인 바와 같이 두 번째의 새로운 개체군을 선택하였다고 하자. 선택과정에서 멤버 #1과 #2(각 2회 선택)가 선호되었으며 복제되었음을 주목하자. 선택과정의 무작위적인 속성으로 인해 멤버 #3는 두 번째로 적합한 멤버임에도 불구하고 선택되지 않았다.

표 23.3 두 번째 개체군의 선택

개체군	이진수열	십진값 x	변환값 y	V(y)	적합도 비율
#2	111101	61	3.9365	225.1235	0.2955
#2	111101	61	3.9365	225.1235	0.2955
#1	011100	28	2.8889	102.9340	0.1351
#5	011101	29	2.9206	105.7717	0.1388
#1	011100	28	2.8889	102.9340	0.1351
Total				761.8867	1.0

적합도의 합이 607.76으로부터 761.89로 상당히 증가함을 주목하자. 이 개체의 멤버들을 교배시킬 수 있지만 이들 가운데 일부만을(이 경우에는 60%, 혹은 0.6) 교배시킬 수 있다. 위의 보기에서 개체 크기는 5이므로 $0.6 \times 5 = 3$이 된다. 개체 가운데에서 짝수의 멤버들만이 교배할 수 있으므로 이 숫자는 짝수로 반올림되어 2가 된다. 따라서 개체에서 무작위로 2 멤버들이 교배를 위해 선택된다. 때로는 어떠한 돌연변이도 이루어지지 않을 수도 있다.

위와 같은 과정이 수행되어 새로운 세대의 생성이 완료된다. 얻어진 새로운 세대를 이용하여 적합도, 재생교배, 그리고 돌연변이에 근거하는 선택과정을 반복하며 이로부터 얻어지는 이후의 여러 세대들에 대하여 이러한 전체 과정을 반복 수행한다.

MATLab

유전자 알고리듬

유전자 알고리듬의 초기 과정을 MATLAB을 이용하여 수행해 보기로 한다. 함수 genopt는 유전자 알고리듬을 이용한 목적함수의 최대화 문제의 풀이를 수행하는데 이 함수는

```
[xopt,fopt,iter] = genopt(fun,xl,xu,nb,ps,ng,mp)
```

와 같이 사용한다. 여기에서 fun은 목적함수, xl과 xu는 각각 독립변수 범위의 하한 및 상한을 나타내는 벡터, nb는 이진수의 자릿수, ps는 개체군의 크기, ng는 세대 수, mp는 돌연변이 확률, xopt는 결과로 얻어지는 최적점, fopt는 최적점에서의 함수값이며 iter는 함수가 계산된 횟수를 나타낸다.

```
function [xopt,fopt,iter] = genopt(fun,xl,xu,nb,ps,ng,mp)
% genopt.m: 유전자 알고리듬에 의한 최대화 문제를 계산
% 입력:
%   fun: 목적함수
%   xl,xu: x의 하한 및 상한 경계벡터
%   nb: 이진수의 자릿수
%   ps: 개체군의 크기
%   ng: 세대 수
%   mp: 돌연변이 확률
% 출력:
%   xopt: 최적점
%   fopt: x=xopt에서의 함수값
%   iter: 함수값 계산횟수

n = length(xu); Pn = round(rand(ps,n*nb)); % 초기 개체군
for kg = 1:ng
    ft = fitness(fun,ps,nb,n,xl,xu,Pn); [fmax,kmax] = max(ft);
    if (kg == 1)
            fbest = fmax;
            for k = 1:n
                  ab = num2str(Pn(kmax,nb*(k-1)+1:nb*k));
                  adec = bin2dec(ab); % 이진 문자열을 십진 문자열로 전환
                  xbest(k) = xl(k) + (xu(k)-xl(k))/(2^nb - 1)*adec;
            end
    else
            if (fmax > fbest)
                  fbest = fmax;
                  for k = 1:n
                        ab = num2str(Pn(kmax,nb*(k-1)+1:nb*k)); adec = bin2dec(ab);
                        xbest(k) = xl(k) + (xu(k)-xl(k))/(2^nb - 1)*adec;
                  end
            end
```

```
    end

    [frk,ft] = frank(ps, ft);  % scaling
    for k = 1: ps % shuffling: 룰렛 wheel
        ik = frk(k); ptemp =  ps; ktemp = k; am(ik) = 2*(ptemp + 1 - ktemp)/
        (ptemp*(ptemp + 1));
    end
    for k = 2: ps, ptemp = am(k - 1); am(k) = ptemp + am(k); end
    %
    for k = 1:ps % 선택
        kstr1 = roul(ps,am); kstr2 = roul(ps,am); kchd = cros(Pn,nb,n,kstr1,
        kstr2);
        kchd = mutat(kchd,mp,nb,n);
        for j = 1: nb*n, Pn(k, j) = kchd(j); end
    end
end
xopt = xbest; fopt = fbest; iter = ng*ps;
end

function ft = fitness(fun,ps,nb,n,xl,xu,Pn)  % 함수값 계산
for k = 1:ps
    for j = 1:n
        a = num2str(Pn(k,nb*(j-1) + 1:nb*j)); adec = bin2dec(a);
        x(j) = xl(j) + (xu(j)-xl(j))/(2^nb - 1)*adec;
    end
    f = fun(x); ft(k) = f;
end
end

function [frk,ft] = frank(ps, ft)
for k = 1:ps, frk(k) = k; end
for k = 1:ps-1
    temp = ft(k); ktemp = k;
    for j = k+1:ps
        if (ft(j) > temp), temp = ft(j); ktemp = j; end
    end
    jtemp = frk(ktemp); frk(ktemp) = frk(k); frk(k) = jtemp;
    ftemp = ft(ktemp); ft(ktemp) = ft(k); ft(k) = ftemp;
end
end

function kstr = roul(ps,am)  % shuffling 연산
temp = rand;
```

```
for k = 1:ps
      while (1)
          if (temp > am(k)), break; end
          kstr = k; return;
      end
end
end

function kchd = cros(Pn,nb,n,kstr1, kstr2)  % 교배연산
for j = 1:n
      jp = nb*(j - 1); nc = floor(rand*nb + 0.5);
      if (nc == 0)
            for k = 1:nb, kchd(k+jp) = Pn(kstr2, k+jp); end
      elseif (nc == nb)
            for k = 1:nb, kchd(k+jp) = Pn(kstr1, k+jp); end
      else
            for k = 1: nc, kchd(k+jp) = Pn(kstr1, k+jp); end
            for k = nc+1:nb, kchd(k+jp) = Pn(kstr2, k+jp); end
      end
end
end

function [kchd] = mutat(kchd,mp,nb,n)  % 돌연변이 연산
for k = 1:nb*n
      if (rand <= mp)
           if (kchd(k) == 1), kchd(k) = 0;
           else, kchd(k) = 1;
           end
      end
end
end
```

위의 함수 genopt를 이용하여

$$f(x) = (x_1 + 10x_2)^2 + 5(x_3 - x_4)^2 + (x_2 - 2x_3)^4 + 10(x_1 - x_4)^4$$

의 최대값을 구해 보기로 하자. x의 범위는 $-6 \le x_1, x_2, x_3, x_4 \le 6$이며 이진수의 자릿수는 8, 개체군의 크기는 40, 세대 수는 50, 돌연변이 확률은 0.02로 설정한다.

```
>> xl = -6*[1 1 1 1]; xu = 6*[1 1 1 1]; nb = 8; ps = 40; ng = 50; mp = 0.02;
>> f = @(x) (x(1)+10*x(2))^2+5*(x(3)-x(4))^2+(x(2)-2*x(3))^4+10*(x(1)-x(4))^4;
>> [xopt,fopt,iter] = genopt(f,xl,xu,nb,ps,ng,mp)
xopt =
```

```
   -5.9529   -5.8588    5.9529    5.9529
fopt =
   3.0469e+05
iter =
      2000
```

23.5 요약

- 인공지능(Artificial Intelligence, AI): 인간과 유사하게 판단을 내리고 지식을 학습하고 계획을 세울 수 있는 능력을 갖춘 컴퓨터 시스템
- 인공지능기반 제어시스템 구성 요소: 지각 요소, 인식 요소
- 인공지능기반 제어: 지식기반 시스템 및 퍼지(fuzzy) 논리를 이용하여 필요한 추론을 수행하고 최적 전략의 평가와 적응탐색 및 유전자 알고리듬(Genetic Algorithm, GA) 등을 이용하는 조직적인 계획수립 기능을 수행하며 인공신경망(Artificial Neural Network, ANN)을 통한 학습이나 적응학습을 수행
- 퍼지집합은 불확실성을 표현하는 하나의 방법
- 크리스프(crisp) 집합: 어떤 멤버가 주어진 집합에 속하는지와 속하지 않는지가 분명하게 구분
- 퍼지집합: 멤버십 함수(membership function) μ를 정의하고 이를 이용하여 어떤 값의 퍼지집합에의 소속 정도를 표현
- 퍼지집합 연산: 항등관계($\mu_A(x) = \mu_B(x)$), 합집합($\mu_{A\cup B}(x) = \mu_{A+B}(x) = \max\{\mu_A(x), \mu_B(x)\}$), 교집합($\mu_{A\cap B}(x) = \min\{\mu_A(x), \mu_B(x)\}$), 여집합($\mu_{\bar{A}}(x) = 1 - \mu_A(x)$)
- 퍼지 min-max 합성: $\mu_T(x,z) = \vee_{y\in Y}\{\mu_R(x,y)\wedge\mu_S(y,z)\}$
- 퍼지 max-product(혹은 max-dot) 합성: $\mu_T(x,z) = \vee_{y\in Y}\{\mu_R(x,y)\cdot\mu_S(y,z)\}$
- 공정의 조건이나 운전상황 및 공정에 관련되는 제반 지식들은 IF-THEN ("IF ... THEN...") 규칙들로 정리 가능: IF-THEN 규칙들이 모여 룰베이스(rulebase)를 구성
- 지식베이스(knowledgebase): 정량적인 자료인 데이터베이스(database)와 룰베이스의 조합
- 퍼지논리 제어는 룰베이스와 데이터베이스를 이용하는 퍼지 추론(inference)으로부터 수행
- 퍼지화: 입력변수들을 퍼지집합의 멤버십으로 사영(mapping)시키는 과정
- 퍼지 룰베이스는 일련의 IF-THEN 규칙들로 구성
- 참조표(look-up table): 퍼지 입력집합들로부터 얻은 제어규칙들을 정리한 표
- 인공신경망: 뇌에서 이루어지는 생물학적 과정을 인공적으로 구현하기 위한 하나의 방법
- 인공신경망은 프로그램이 아닌 경험으로부터 학습을 수행하며 주어진 훈련 데이터로부터 미지의 데이터로 일반화시키는 능력을 보유
- 인공뉴런 모델: 도입되는 입력에 가중치를 곱하여 더한 결과를 하나의 전달함수(혹은 활성함수)에 적용하는 방식으로 계산되는 처리요소로 구성
- 뉴런모델의 전달함수: 선형함수 $f(x) = x$, 쌍곡선 탄젠트 함수 $f(x) = \tanh(x) = \dfrac{e^x - e^{-x}}{e^x + e^{-x}}$,

로지스틱(혹은 시그모이드) 함수 $f(x) = \frac{1}{1 + e^{-\beta x}}$, Hard limiting(혹은 threshold나 단위계단) 함수, signum 함수

- 인공 신경망은 입력층과 하나 이상의 은닉층(hidden layer) 및 출력층으로 이루어지는 다층 구조(다층 perceptron)
- 유전자 알고리듬: 주어진 개체군으로부터 가장 적합한 멤버들이 자연 선택되어 다음 세대의 생성에 이용되는 진화과정, 즉 적자생존에 따른 유전에 바탕을 둔 탐색 알고리듬
- 유전자 알고리듬의 기본 요소는 크로모좀(chromosome)(어떤 주어진 해에 대한 유전적 정보를 포함하며 0과 1들의 열, 즉 이진 문자열로 표현)
- 유전자 알고리듬에 의한 탐색에서는 단일 요소가 아닌 개체군 단위로 탐색이 이루어지고 일종의 적합도 함수(fitness function)를 사용하며 확률적인 변이규칙을 적용
- 돌연변이: 어떤 특정 크로모좀의 특정 유전자가 무작위로 변경되는 것을 의미
- 이어지는 세대들에서의 교배과정은 모든 후손들이 적합하게 될 때까지 진행

점/검/문/제

23.1 그림에 보인 선형 멤버십 퍼지집합 M에서 $x = [10,\ 40]$이고 온도간격은 5℃라고 할 때 M을 바르게 나타낸 것은?

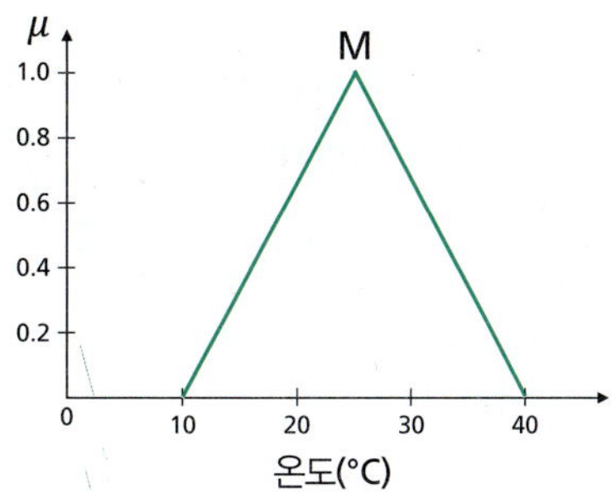

그림 23.16 **선형 멤버십 퍼지집합.**

① $M = 0.1/10 + 0.3/15 + 0.5/20 + 0.8/25 + 0.5/30 + 0.3/35 + 0.1/40$

② $M = 0/10 + 0.33/15 + 0.67/20 + 1/25 + 0.67/30 + 0.33/35 + 0/40$

③ $M = 0/10 + 0.4/15 + 0.8/20 + 1/25 + 0.8/30 + 0.4/35 + 0/40$

④ $M = 0.1/10 + 0.3/15 + 0.6/20 + 0.9/25 + 0.6/30 + 0.3/35 + 0.1/40$

23.2 다음 표는 어떤 공정에 대한 운전규칙을 나타내는 참조표이다. 적용 가능한 IF-THEN 규칙으로 올바른 것은?

		A		
		NS	Z	PS
B	NS	NM	NS	PS
	Z	NS	Z	PS
	PS	NS	PS	PM

① IF A is Z AND B is NS THEN u is Z

② IF A is Z AND B is PS THEN u is NM

③ IF A is PS AND B is NS THEN u is PS

④ IF A is NS AND B is NS THEN u is NM

23.3 $e(t) = 3,\ de(t)/dt = 0.2$일 때 그림 23.3으로부터 얻을 수 있는 멤버십 값으로 옳지 않은 것은?

① $\mu_{PS}(e) = 0.61$　② $\mu_{PM}(e) = 0.5$

③ $\mu_{PS}(de/dt) = 0.61$　④ $\mu_{Z}(de/dt) = 0.39$

23.4 역전파 신경망에서 가중치를 보정하는 경우 최적화되는 것은 무엇인가?

① 입력과 은닉층 출력값 간의 차이

② 은닉층 출력값과 출력층 계산값 간의 차이

③ 입력과 출력층 계산값 간의 차이

④ 목표값과 출력층 계산값 간의 차이

23.5 하나의 입력을 갖는 선형 뉴런에서 입력값은 3이고 가중치는 1.8이며 바이어스는 −2이다. 전달함수로의 입력값은 얼마인가?

① 3 ② −3.6 ③ 3.4 ④ −0.2

23.6 하나의 입력을 갖는 선형 뉴런에서 입력값은 3이고 가중치는 1.8이며 바이어스는 −2이다. 뉴런의 출력은 얼마인가?

① 3 ② 3.4 ③ 1.8 ④ 4.8

23.7 유전자 알고리듬에서 이용되는 과정이 아닌 것은?

① 적자생존 ② 우성탈락 ③ 교차교배 ④ 돌연변이

점검 문제 해답

23.1 ② **23.2** ④ **23.3** ① **23.4** ④

23.5 ③ 풀이 $n = wp + b = (1.8)(3) + (-2) = 3.4.$

23.6 ② 풀이 $a = n = 3.4.$ **23.7** ②

연/습/문/제

23.1 전체집합 X = {1,2,3,4,5,6,7,8,9,10}이며 두 fuzzy 집합 A와 B를 각각

A = {(1,0.2), (2,0.5), (3,0.8), (4,1), (5,0.7), (6,0.3)}

B = {(3,0.2), (4,0.4), (5,0.6), (6,0.8), (7,1), (8,1)}

이라고 할 때 A ∪ B, A ∩ B 및 $\overline{B}$를 구하여라.

23.2 퍼지집합 A와 B가 $A = 0.2/x_1 + 0.5/x_2 + 1/x_3$, $B = 0.3/y_1 + 0.9/y_2$와 같을 때 데카르트 곱 A × B의 멤버십 함수를 구하여라.

23.3 $e(t) = 3$, $de(t)/dt = -0.4$일 때 그림 23.3과 표 23.1에 보인 퍼지 입출력 집합 및 제어규칙 참조표로부터 다음을 구하여라.

(1) 입력 $e(t)$와 $de(t)/dt$에 대한 멤버십 함수값

(2) IF-THEN 제어규칙

23.4 $e(t) = -1$, $de(t)/dt = 0.2$일 때 그림 23.3과 표 23.1에 보인 퍼지 입출력 집합 및 제어규칙 참조표로부터 다음과 같은 IF-THEN 제어규칙을 얻었다:

OR IF e IS NS AND de/dt IS Z
OR IF e IS NS AND de/dt IS PS
THEN u IS NS
OR IF e IS Z AND de/dt IS Z
THEN u IS Z
OR IF e IS Z AND de/dt IS PS
THEN u IS PS

출력되는 제어신호의 각 퍼지집합이 나타내는 면적 $\mu_{NS}(u)$, $\mu_Z(u)$, $\mu_{PS}(u)$를 구하여라.

23.5 하나의 입력을 갖는 뉴런에서 입력값은 3이고 가중치는 1.8이며 바이어스는 −2이다. 전달함수가 각각 다음과 같을 경우 뉴런으로부터의 출력값을 구하여라.

(1) hard limit (2) 로그 시그모이드

23.6 역전파 신경망을 이용하여 다음과 같은 함수 $g(p)$를 근사하고자 한다. 역전파 계산과정의 처음 단계를 보여라.

$$g(p) = 1 + \sin\left(\frac{\pi}{4}p\right) \quad (-2 \le p \le 2)$$

신경망 가중치와 바이어스의 초기값은

$$W^1(0) = \begin{bmatrix} -0.3 \\ -0.4 \end{bmatrix},\ b^1(0) = \begin{bmatrix} -0.5 \\ -0.1 \end{bmatrix},\ W^2(0) = [0.1 \quad -0.2],\ b^2(0) = [0.5]$$

로 하며 학습률 $\alpha = 0.1$로 한다.

23.7 어떤 시스템의 적합도 함수는 $J(x) = 1 + \sin(kx)$와 같다. 31개의 가능한 해가 존재한다고 하면 $360°/31 = 11.6°$로부터 $k = 11.6°$가 된다. 각 해는 00000부터 11111에 이르는 5자리 이진수열로 나타낼 수 있다고 하자. 개체는 4개의 이진수열 멤버로 이루어지며 무작위로 0과 1들을 취하여 00101 11110 00001 00011과 같은 초기세대 개체를 얻었다고 하자. 초기세대로부터 제1세대 후손들을 구해 보라.

* MATLAB 활용 문제

23.8 하나의 은닉층과 출력층을 갖는 신경망에서 은닉층의 뉴런 수는 2개이며 출력층의 뉴런 수는 1개이다. 입력층의 뉴런은 2개로서 $x = \begin{bmatrix} 0.5 \\ 0.8 \end{bmatrix}$이다. 은닉층과 출력층의 각 뉴런에 대한 bias는 각각 $b_1 = \begin{bmatrix} -0.6 \\ -0.3 \end{bmatrix}$, $b_2 = [-0.5]$이며 은닉층의 가중치 행렬은 $w_1 = \begin{bmatrix} w_{11,j} & w_{21,j} \\ w_{12,j} & w_{22,j} \end{bmatrix} = \begin{bmatrix} 0.15 & -0.21 \\ 0.5 & 0.3 \end{bmatrix}$, 출력층의 가중치 행렬은 $w_2 = [w_{11,k} \quad w_{21,k}] = [0.3 \quad -0.6]$일 때 출력을 구하여라. 전달함수로는 로지스틱(logistic) 함수가 이용된다.

부록 1

MATLAB 입문

1 식의 계산

1.1 데이터의 표현

MATLAB에서 대괄호 [,]는 벡터나 행렬을 나타내는 데 이용된다. 행벡터 a = [3 4 5]를 나타내기 위해서는 a = [3 4 5]와 같이 타이프하면 된다. MATLAB 화면상에서의 입출력 결과는 다음과 같다.

```
>> a = [3 4 5]
a =
     3     4     5
```

벡터는 원소의 초기값과 최종값, 그리고 원소의 증가분으로 나타낼 수도 있다. 이는 시간, 진동수 등과 같은 독립변수의 표현에 적합하다. 초기값이 0이고 최종값이 10이며 원소값이 1씩 증가하는 벡터 x = [0 1 2 3 4 5 6 7 8 9 10]은 다음과 같이 x = [초기값 : 증가분 : 최종값]의 형태로 나타낼 수 있다.

```
>> x = [0:1:10]
x =
     0     1     2     3     4     5     6     7     8     9    10
```

행벡터 x에 '을 붙이면(즉 x') 열벡터가 된다. x = [1 2 3]인 경우 x'은 다음과 같다.

```
>> x = [1 2 3];
>> x'
ans =
     1
     2
     3
```

행렬 $C = \begin{bmatrix} 1 & 2 & 3 \\ 4 & 5 & 6 \\ 7 & 8 & 9 \end{bmatrix}$를 나타내기 위해서는 C = [1 2 3; 4 5 6; 7 8 9]와 같이 타이핑하면 된다. MATLAB 화면상에서의 입출력 결과는 다음과 같다.

```
>> C = [1 2 3; 4 5 6; 7 8 9]
C =
     1     2     3
     4     5     6
     7     8     9
```

벡터나 행렬의 원소끼리, 혹은 원소에 대한 연산을 하기 위해서는 마침표(.)를 연산기호 앞에 쓴다. 예를 들어 행벡터 A = [1 2 3]과 B = [4 5 6]의 원소끼리 곱하면 결과는 [4 10 18]이 된다. MATLAB에서의 입출력 결과는 다음과 같다. 곱셈 연산자 * 앞에 .이 붙어 있음을 유의하자(즉 ".*"). A와 B의 원소끼리의 곱은 C에 저장된다. 벡터 [...] 다음에 세미콜론 ;이 있으면 데이터 값이 화면에 나타나지 않는다.

```
>> A = [1 2 3];
>> B = [4 5 6];
>> C = A .* B
C =
     4    10    18
```

위에서 A와 B의 원소끼리의 나눗셈(즉 A의 원소를 B의 원소로 각각 나누는 연산)은 MATLAB에서 다음과 같이 이루어진다.

```
>> A = [1 2 3];
>> B = [4 5 6];
>> C = A ./ B
C =
    0.2500    0.4000    0.5000
```

복소수는 실수부와 허수부를 그대로 써 준다. 허수는 i나 j로 나타낸다. 예를 들어 복소수 $-4 + 7j$를 나타내어 보면 다음과 같다.

```
>> A = -4+7j
A =
  -4.0000 + 7.0000i
>> A = -4+7i
A =
  -4.0000 + 7.0000i
```

복소수의 연산은 일반 변수에서의 경우와 동일하다. 두 복소수 x, y를 $x = -1 + 2i$와 $y = 5 - 3j$라 할 때 $x + y$, $x - y$, xy, x/y를 구해 보면 다음과 같다.

```
>> x = -1+2i;
>> y = 5-3j;
>> x+y
ans =
   4.0000 - 1.0000i
>> x-y
ans =
  -6.0000 + 5.0000i
>> x*y
ans =
   1.0000 +13.0000i
>> x/y
ans =
  -0.3235 + 0.2059i
```

1.2 식의 계산

y는 x의 함수로서 $y = 3(1-x)^2 e^{-x^2}$라 할 때 x에 따른 함수값 y를 구해 보자. x가 상수로서 2라면 수행결과는 다음과 같다.

```
>> x = 2;
>> y = 3*(1-x)^2*exp(-x^2)
y =
    0.0549
```

x가 벡터로서 $x = [1\ 2\ 3]$이라면 수행결과는 다음과 같다. 식에서 연산자 ^, * 앞에 .이 있어야 함을 유의하자.

```
>> x = [1 2 3];
>> y = 3*(1-x).^2.*exp(-x.^2)
y =
         0    0.0549    0.0015
```

보기 1

$x = 1$일 때와 $x = [1\ 2\ 3]$일 때 함수 $y = 0.5e^{-3x^2} + \sqrt{\sin\left(\frac{x}{2}\right)} + \cos\left(\frac{\pi}{2}\right)$를 계산하여라.

풀이

MATLAB에서 $\sqrt{\ }$는 sqrt로, π는 pi로 나타낸다. MATLAB상에서의 수행결과는 다음과 같다.

```
>> x = 1;
>> y = 0.5*exp(-3*x^2) + sqrt(sin(x/2)) + cos(pi/2)
y =
    0.7173

>> x = [1 2 3];
>> y = 0.5.*exp(-3.*x.^2) + sqrt(sin(x./2)) + cos(pi/2)
y =
    0.7173    0.9173    0.9987
```

보기 2

구간 $0 \le t \le \frac{\pi}{4}$에서 함수 $y = \cos(t)$를 계산하여라. t의 계산구간은 0.1로 한다.

풀이

MATLAB 수행결과는 다음과 같다. 계산결과를 열벡터로 나타내기 위해 '을 사용하였음에 유의하자.

```
>> t = [0:0.1:pi/4];
>> y = cos(t);
>> [t' y']
ans =
         0    1.0000
    0.1000    0.9950
    0.2000    0.9801
    0.3000    0.9553
    0.4000    0.9211
    0.5000    0.8776
    0.6000    0.8253
    0.7000    0.7648
```

2 행렬의 연산

2.1 행렬 부분의 표현

행렬의 표현은 앞에서 보인 바와 같다. MATLAB에서는 주어진 행렬에서 필요한 부분만을 나타낼 수 있는 여러 가지 방법들을 제공하고 있다. 행렬 A를 $A = \begin{bmatrix} 1 & 2 & 3 \\ 4 & 5 & 6 \\ 7 & 8 & 9 \end{bmatrix}$라 할 때 A(1, 1:2)는 A의 첫 번째 행에서 제1열 및 제2열의 원소만을 나타낸다.

```
>> A = [1 2 3;4 5 6;7 8 9]
A =
     1     2     3
     4     5     6
     7     8     9
>> A(1,1:2)
ans =
     1     2
```

콜론 :은 행이나 열의 모든 원소를 나타낸다. A(:,2)는 행렬 A에서 두 번째 열을, A(3,:)은 세 번째 행을 나타낸다.

```
>> A = [1 2 3;4 5 6;7 8 9];
>> A(:,2)
ans =
     2
     5
     8
>> A(3,:)
ans =
     7     8     9
```

2.2 행렬의 연산

두 행렬 A와 B를 각각 $A = \begin{bmatrix} 2 & 1 & 3 \\ -1 & 0 & 1 \\ 4 & 2 & 6 \end{bmatrix}$, $B = \begin{bmatrix} 1 & 0 & 2 \\ 3 & -2 & 1 \\ -1 & 1 & 2 \end{bmatrix}$라 하자. A와 B의 합 $C = A + B$, 차 $D = A - B$는 다음과 같다.

```
>> A = [2 1 3; -1 0 1; 4 2 6]
A =
     2     1     3
    -1     0     1
     4     2     6
>> B = [1 0 2;3 -2 1;-1 1 2]
B =
     1     0     2
     3    -2     1
    -1     1     2
>> C = A+B
C =
     3     1     5
     2    -2     2
     3     3     8
>> D = A-B
D =
     1     1     1
    -4     2     0
     5     1     4
```

A의 transpose A^T는 MATLAB에서는 A′로 나타낸다. 즉

```
>> A'
ans =
     2    -1     4
     1     0     2
     3     1     6
```

A의 각 원소의 세제곱으로 이루어진 행렬은 다음과 같이 하여 얻는다.

```
>> A.^3
ans =
     8     1    27
    -1     0     1
    64     8   216
```

역행렬의 계산은 MATLAB 명령어 inv를 이용한다. 위에 주어진 행렬 A는 singular이므로 역행렬을 구할 수 없다. 이 경우 MATLAB에서는 경고 메시지를 보여준다.

```
>> inv(A)
Warning: Matrix is singular to working precision.
ans =
   Inf   Inf   Inf
   Inf   Inf   Inf
   Inf   Inf   Inf
```

역행렬 계산은 inv 외에도 B^{-1}인 관계를 이용해도 된다.

```
>> inv(B)
ans =
    1.6667   -0.6667   -1.3333
    2.3333   -1.3333   -1.6667
   -0.3333    0.3333    0.6667
>> B^-1
ans =
    1.6667   -0.6667   -1.3333
    2.3333   -1.3333   -1.6667
   -0.3333    0.3333    0.6667
```

선형 연립방정식을 풀 때에는 위의 역행렬 명령어 inv를 이용하면 된다. 방정식 $\begin{bmatrix} 3 & 4 & 2 \\ 6 & 0 & -1 \\ -5 & -2 & 1 \end{bmatrix} \begin{bmatrix} x_1 \\ x_2 \\ x_3 \end{bmatrix} = \begin{bmatrix} 19 \\ 4 \\ -9 \end{bmatrix}$를 풀어 보기로 하자. 계수 행렬을 A, 미지수 벡터를 x, 우변 계수벡터를 b라고 두면 $x = A^{-1}b$로 주어진다. 즉 A의 역행렬에 b를 곱하면 된다.

```
>> A = [3 4 2; 6 0 -1; -5 -2 1]
A =
     3     4     2
     6     0    -1
    -5    -2     1
>> b = [19 4 -9]'
b =
    19
     4
    -9
>> x = inv(A)*b
x =
    1.0000
    3.0000
    2.0000
```

행렬값은 명령어 det를 이용한다. A의 행렬값은

```
>> A = [3 4 2; 6 0 -1; -5 -2 1];
>> det(A)
ans =
   -34
```

3 그래프 그리기

MATLAB에서 그래프 작성은 명령어 plot를 이용한다. plot(x, y)에서 x는 독립변수, y는 종속변수를 가리킨다. $0 \le x \le 2\pi$의 구간에서(x는 0.1씩 증가) sine 곡선 $y = \sin(x)$의 그래프를 그려 보기로 한다.

우선 독립변수의 구간 x를 x = [0:0.1:2*pi]와 같이 정의한다. 다음에 y를 계산하는 프로그램문 $y = \sin(x)$을 넣는다. 그래프는 명령문 plot(x, y)에 의해 그려진다. 그래프의 x축에 이름을 붙이고자 하면 명령어 xlabel을 사용한다. x축의 이름을 "시간 t"라고 하고자 한다면 xlabel('시간 t')와 같이 쓰면 된다. y축의 이름도 마찬가지로 붙인다. 그래프의 타이틀은 명령어 title을 이용한다. 그래프의 이름을 "함수의 변화"로 하고자 한다면 title('함수의 변화')라 쓰면 된다. MATLAB에서 그리는 그래프에는 눈금이 들어가 있지 않다. 만일 그래프에 눈금을 넣고자 한다면 명령어 grid를 사용한다. 눈금의 간격은 MATLAB 자체에서 적절히 정해 준다.

MATLAB 프로그램은 다음과 같다. x축의 타이틀은 "t(sec)"로, y축의 타이틀은 "$y = \sin(x)$"로, 그래프의 타이틀은 "Sine 함수의 그래프"로 정한 경우이며 눈금을 넣었다.

```
>> x = [0:0.1:2*pi];
>> y = sin(x);
>> plot(x, y)
>> xlabel('t(sec)')
>> ylabel('y=sin(x)')
>> title('Sine 함수의 그래프')
>> grid
```

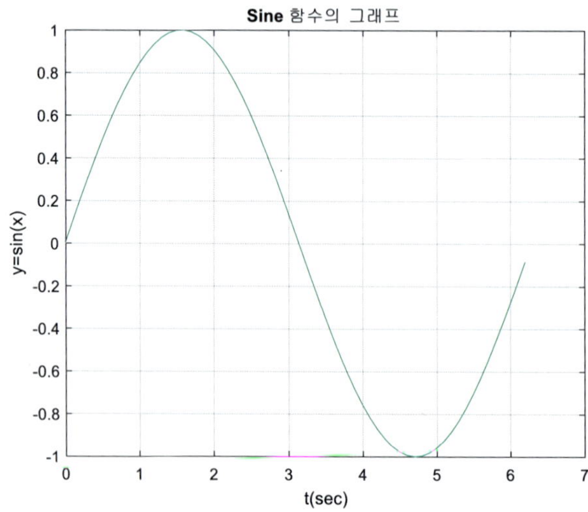

그림 1 Sine 함수의 그래프.

보기 3

구간 $0 \le t \le 4\pi$ (t는 0.1씩 증가)에서 다음 함수들을 하나의 그래프에 나타내어 보라:

$$y_1 = \sin\left(\frac{t}{2}\right), \qquad y_2 = \sin\left(\frac{t}{4}\right), \qquad y_3 = \cos\left(\frac{t}{2}\right)$$

풀이

다수의 곡선을 하나의 그래프 상에 나타내는 경우이다. plot 명령어를 사용하여 매우 용이하게 그래프를 작성할 수 있다. 3개의 곡선을 하나의 그래프에 그리는 경우이므로 plot(t, y1, t, y2, t, y3)와 같이 쓰면 된다. 각 곡선의 모양을 달리 하고자 한다면 원하는 모양을 ‘ ’ 안에 넣어주면 된다. 점선은 :, 굵은 점으로 된 선은 ., *로 나타내려면 * 등을 ‘ ’ 안에 넣어 준다. 즉 y1은 실선, y2는 굵은 점, y3는 점선으로 나타내고자 한다면 plot(t, y1, t, y2, ‘.’, t, y3, ‘:’)와 같이 쓰면 된다. 실선은 따로 표시를 안해도 된다. MATLAB 수행결과는 다음과 같다.

```
>> t = [0:0.1:4*pi];
>> y1 = sin(t/2);
>> y2 = sin(t/4);
>> y3 = cos(t/2);
>> plot(t, y1, t, y2, '.', t, y3, ':')
>> xlabel('t(sec)')
>> ylabel('y')
>> title('sine 및 cosine 함수의 그래프')
>> grid
```

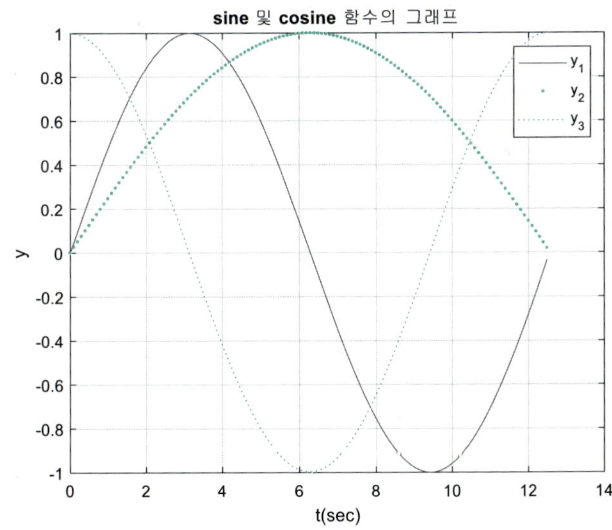

그림 2 Sine 및 Cosine 함수의 그래프.

3차원 그래프는 명령어 plot3를 사용한다. 구간 $0 \le t \le 4\pi$ (t는 0.1씩 증가)에서 다음 함수들을 3차원 그래프에 나타내어 보기로 한다:

$$y_1 = \sin\left(\frac{t}{2}\right), \qquad y_2 = \sin\left(\frac{t}{4}\right), \qquad y_3 = \cos\left(\frac{t}{2}\right)$$

MATLAB 프로그램은 2차원 그래프의 경우와 거의 동일하며 plot 대신 plot3를 쓰면 된다. MATLAB 수행결과는 다음과 같다.

```
>> t = [0:0.1:4*pi];
>> y1 = sin(t/2);
>> y2 = cos(t/2);
>> y3 = cos(t/2);
>> plot3(y1, y2, y3)
>> xlabel('x 축')
>> ylabel('y 축')
>> zlabel('z 축')
>> grid
```

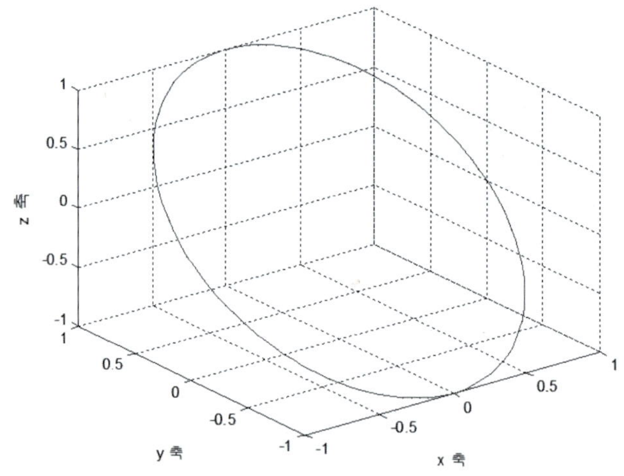

그림 3 3차원 그래프.

4 Function

MATLAB을 이용하여 문제를 해결하고자 할 때 function 루틴을 이용하는 것이 매우 편리하다. Function 루틴은 FORTRAN의 subroutine과 흡사하다. Function을 작성하여 이용하기 위해서는 먼저 MATLAB window의 File 메뉴에서 New를 선택하고 나타나는 추가메뉴에서 M-file을 선택한다. 그러면 MATLAB Editor/Debugger window가 새로 나타나는데 이 window의 File 메뉴에서 New를 선택하고 function 프로그램을 타이프한다.

타이프가 완료되었으면 File 메뉴에서 Save As...를 선택하고 원하는 디렉토리에 저장한 후 원래의 MATLAB window로 되돌아온다. 파일 이름은 자동적으로 function 이름으로 되어 있다. 예를 들어 타이프한 function 프로그램을 C:\WORK 디렉토리에 저장하였다고 하면 MATLAB window에서 File 메뉴를 선택하고 Set Path... 메뉴를 선택한다. 이 때 Path Browser라는 타이틀이 붙여진 작은 window가 나타나는데 이 window의 Current Directory 항목을 function 프로그램이 저장되어 있는 C:\WORK로 바꾸어 준 다음 Path Browser window를 나간다. 원래의 MATLAB window로 되돌아온 후 function을 사용하는 프로그램을 작성하고 실행시킨다.

보기로서 개체증가모델(population growth model) $x_{k+1} = ax_k(1 - x_k)$을 계산하는 function을 만들어 이용해 보기로 한다. 우선 MATLAB Editor/Debugger window에서 다음과 같은 프로그램을 작성한다.

```
function [t, x] = pmod(a, xinit, n)
x(1) = xinit;
t(1) = 0;
for k = 2:n+1;
      t(k) = k-1;
      x(k) = a*x(k-1)*(1-x(k-1));
end
end
```

다음에 원래의 MATLAB window로 되돌아온 후 다음과 같이 function을 사용하는 프로그램을 작성하고 실행시킨다. a는 2.8, 초기값은 0.1, 시간은 30까지로 한다면 프로그램은 다음과 같다.

```
>> [ts, xp] = pmod(2.8, 0.1, 30);
>> plot(ts, xp)
>> xlabel('time step')
>> ylabel('population')
>> legend('y_1', 'y_2', 'y_3')
```

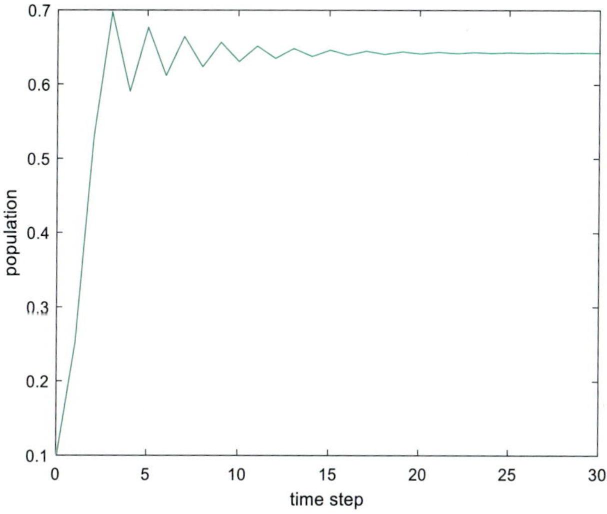

그림 4 개체증가모델.

최신 공정제어공학 MATLAB의 활용과 실습

부록 2

일부 연습 문제들의 풀이

제1장 서론

1.3 풀이 피제어변수: 오븐의 온도, 조절변수: 전류, 외부교란변수: 외부온도, 오븐 내용물, 주방의 상황 등

1.6 풀이 피제어변수: 수영장 물의 pH, 조절변수: 산 용액 유입량, 외부교란변수: 용액의 농도변화, 물의 증발속도, 물의 유출량 등

1.9 풀이 유입액 온도 T_i와 유량 w의 변화를 측정하고 이들 측정값을 이용하여 가열기 내로 유입되는 steam의 유량(혹은 가열 오일 등)을 조절하는 제어구조가 된다.

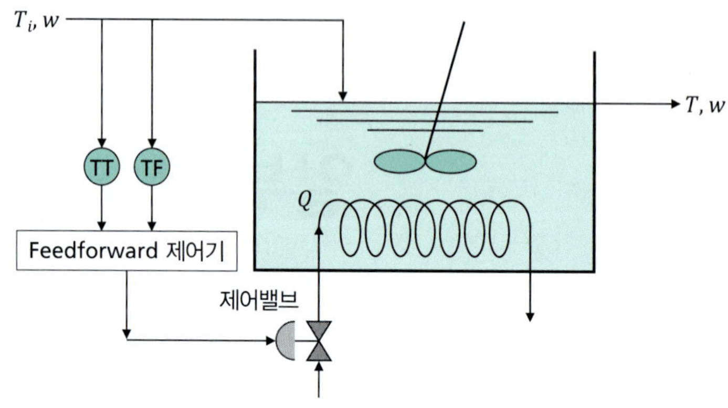

1.12 풀이

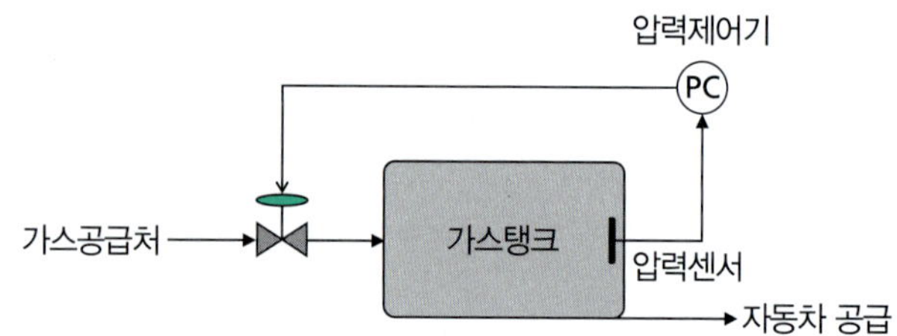

제2장 라플라스 변환과 선형화

2.3 풀이 (1) $f(t) = t$로 두면 $F(s) = \frac{1}{s^2}$. 따라서 $G(s) = \mathcal{L}[te^{-at}] = F(s+a) = \frac{1}{(s+a)^2}$

(2) $f(t-3) = e^{-(t-3)}\cos w(t-3)$으로 두면 $f(t) = e^{-t}\cos wt$

표 2.1로부터 $F(s) = \frac{s+1}{(s+1)^2 + w^2}$. 따라서 $G(s) = \mathcal{L}[f(t-3)u(t-3)] = \frac{e^{-3s}(s+1)}{(s+1)^2 + w^2}$

(3) 양변을 각각 라플라스 변환시키면

$$G(s) = \mathcal{L}\left[u(t) - e^{-t/\tau}\right] = \mathcal{L}\left[u(t)\right] - \mathcal{L}[e^{-t/\tau}] = \frac{1}{s} - \frac{1}{s + 1/\tau} = \frac{1}{s(\tau s + 1)}$$

2.6 풀이 양변을 라플라스 변환시키면 $\frac{1}{s}Y(s) = sY(s) - 1$.

$$\therefore\ Y(s) = \frac{s}{(s+1)(s-1)} = \frac{A}{s+1} + \frac{B}{s-1} \rightarrow A = B = \frac{1}{2}.\ \therefore\ y(t) = \frac{1}{2}(e^t + e^{-t})$$

2.9 풀이

(1) 두 식의 라플라스 변환으로부터

$$(s+2)Y_1(s) - Y_2(s) = \frac{1}{s^2},\ -Y_1(s) + (s+2)Y_2(s) = \frac{1}{s^2+1}$$

$$\to\ Y_1(s) = \frac{s^3+3s^2+s+2}{(s+1)(s+3)s^2(s^2+1)} = \frac{A}{s} + \frac{B}{s^2} + \frac{C}{s+1} + \frac{D}{s+3} + \frac{Es+F}{s^2+1}$$

$$\to A = -\frac{5}{9}, B = \frac{2}{3}, C = \frac{3}{4}, D = \frac{1}{180}, E = -\frac{1}{5}, F = \frac{1}{10}$$

$$\therefore y_1(t) = -\frac{5}{9} + \frac{2}{3}t + \frac{3}{4}e^{-t} + \frac{1}{180}e^{-3t} - \frac{1}{5}\left(\cos t - \frac{1}{2}\sin t\right)$$

한편 $Y_2(s) = -\dfrac{1}{(s+3)s^2(s^2+1)} = \dfrac{A}{s+3} + \dfrac{B}{s} + \dfrac{C}{s^2} + \dfrac{Ds+E}{s^2+1}$

$$\to A = -\frac{1}{90}, B = \frac{1}{9}, C = -\frac{1}{3}, D = -\frac{1}{10}, E = \frac{3}{10}$$

$$\therefore y_2(t) = \frac{1}{9} - \frac{1}{3}t - \frac{1}{90}e^{-3t} - \frac{1}{10}(\cos t - 3\sin t)$$

(2) $(s^2+s+1)Y(s) = \dfrac{1}{s^2+1}\quad \therefore Y(s) = \dfrac{1}{(s^2+s+1)(s^2+1)} = \dfrac{As+B}{s^2+s+1} + \dfrac{Cs+D}{s^2+1}$

$$\to A = B = 1,\ C = -1,\ D = 0\quad \therefore y(t) = e^{-\frac{t}{2}}\left(\cos\frac{\sqrt{3}}{2}t + \frac{\sqrt{3}}{3}\sin\frac{\sqrt{3}}{2}t\right) - \cos t$$

(3) $f(t) = h\left[u(t) - u\left(t - \dfrac{1}{h}\right)\right]$이므로 $F(s) = \dfrac{h}{s}\left(1 - e^{-s/h}\right)$.

$$\therefore Y(s) = \frac{F(s)}{s+4} = \frac{h}{s(s+4)}\left(1 - e^{-s/h}\right)$$

따라서 $y(t) = \dfrac{h}{4}(1 - e^{-4t}) - \dfrac{h}{4}\left[1 - e^{-4\left(t-\frac{1}{h}\right)}\right]u\left(t - \dfrac{1}{h}\right) = \begin{cases} 0 : t < 0 \\ \dfrac{h}{4}(1 - e^{-4t}) : 0 \le t < \dfrac{1}{h} \\ \dfrac{h}{4}\left[e^{-4\left(t-\frac{1}{h}\right)} - e^{-4t}\right] : \dfrac{1}{h} \le t \end{cases}$

2.12 풀이

(1) $Y(s) = \dfrac{4}{s(2s+1)(3s+1)} = 4\left(\dfrac{1}{s} + \dfrac{2}{s+1/2} - \dfrac{3}{s+1/3}\right)$.

이로부터 $y(t) = 4(1 + 2e^{-t/2} - 3e^{-t/3})$

(2) $X_2(s) = \dfrac{5-s}{s(s+1)(s+2)} = \dfrac{5/2}{s} - \dfrac{6}{s+1} + \dfrac{7/2}{s+2}$.

이로부터 $y(t) = x_2(t) = \dfrac{5}{2} - 6e^{-t} + \dfrac{7}{2}e^{-2t}$

2.15 풀이

(1) $Y(s) = \dfrac{2}{s(s+2)(s^2+9)} = \dfrac{1/9}{s} + \dfrac{-1/13}{s+2} + \dfrac{(-4/117)s + (-8/117)}{s^2+9}$

$$= \frac{1/9}{s} + \frac{-1/13}{s+2} - \frac{2}{117}\left(\frac{2s}{s^2+3^2} + \frac{3\cdot 3}{s^2+3^2}\right)$$

따라서 $y(t) = \frac{1}{9} - \frac{1}{13}e^{-2t} - \frac{2}{117}(2\cos 3t + 3\sin 3t)$

(2)

$$Y(s) = \frac{2}{(s+2)(s^2+9)} = \frac{2/13}{s+2} + \frac{(-2/13)s + (4/13)}{s^2+9} = \frac{2/13}{s+2} + \frac{2}{13}\left(\frac{-s}{s^2+3^2} + \frac{(2/3)\cdot 3}{s^2+3^2}\right)$$

따라서 $y(t) = \frac{2}{13}e^{-2t} + \frac{2}{13}\left(-\cos 3t + \frac{2}{3}\sin 3t\right) = \frac{2}{13}e^{-2t} + \frac{2}{39}(-3\cos 3t + 2\sin 3t)$

2.18 풀이 $xy \approx x_s y_s + y_s\bar{x} + x_s\bar{y},\ y^2 \approx {y_s}^2 + 2y_s\bar{y},\ c^{y-1} \approx c^{y_s-1} + (\ln c)\,c^{y_s-1}\bar{y}$

$$\therefore\ \frac{d\bar{y}}{dt} + \{x_s + 2by_s + (\ln c)\,c^{y_s-1}\}\bar{y} = -y_s\bar{x}$$

2.21 풀이 (1) $\frac{dy_1}{dt} \cong -4 + 3y_1 + y_2 + 3x,\ \frac{dy_2}{dt} \cong \frac{9}{2} + \frac{y_2}{2} - 8x$

(2) 양변을 라플라스 변환시키고 정리한다.

$$Y_1(s) = \frac{6s-19}{(2s-1)(s-3)}X(s) + \frac{13-8s}{s(s-3)(2s-1)},\quad Y_2(s) = \frac{-16}{(2s-1)}X(s) + \frac{9}{s(2s-1)}$$

2.24 풀이 먼저 방정식을 정의하는 함수를 작성한다.

```
function dydt = sndode(t,y)
dydt = [y(2); -y(1)- y(2)+sin(1.5*t)];
end
```

시간구간은 [0 15]로 설정하며 초기조건은 열벡터(즉 [0; 0])로 설정한다. MATLAB 창에서의 수행결과는 다음과 같다.

```
>> [t,y] = ode45(@sndode,[0 15],[0; 0]);
>> plot(t,y(:,1)), title('2차 미분방정식의 풀이'), xlabel('t(sec)'), ylabel
('y(t)'), grid
```

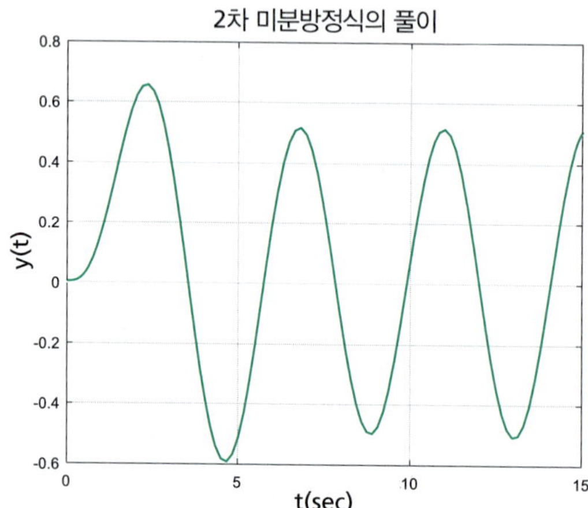

제3장 화학공정의 모델링

3.3 풀이 $\frac{d}{dt}(\rho Ah + Mn) = \rho(q_i - q)$. ρ, M과 n은 모두 일정하므로 $A\frac{dh}{dt} = q_i - q$ ....(*)

한편 $q = k\sqrt{\Delta P} = k\sqrt{P_g + \frac{g}{g_c}\rho h - P_a}$. 이상기체이므로 $P_g = \frac{nRT}{V_g} = \frac{nRT}{A(d-h)}$ ....(**)

(*)과 (**)로부터 $A\frac{dh}{dt} = q_i - k\sqrt{\frac{nRT}{A(d-h)} + \frac{g}{g_c}\rho h - P_a}$

3.6 풀이 $A\frac{dh}{dt} = q_i - 2\sqrt{h}$. 이를 선형화시키면 $A\frac{dH}{dt} = Q_i - \frac{1}{\sqrt{h_s}}H$.

위에서 $H = h - h_s$, $Q_i = q_i - q_{is}$. 정상상태에서 $0 = q_{is} - 2\sqrt{h_s} \rightarrow q_{is} = 2\sqrt{9} = 6$.

모델식은 $4\frac{dH}{dt} = Q_i - \frac{H}{3}$ $(H = h - 9,\ Q_i = q_i - 6)$

3.9 풀이 A 성분: $V\frac{dC_A}{dt} = -Vk_1C_A$, B 성분: $V\frac{dC_B}{dt} = Vk_1C_A - Vk_2C_B$

$\left(k_1 = k_{10}e^{-E_1/RT},\ k_2 = k_{20}e^{-E_2/RT}\right)$

열 수지식은 $\rho C_pV\frac{dT}{dt} = -\Delta H_1Vk_1C_A - \Delta H_2Vk_2C_B - hA(T - T_c)$

3.12 풀이 정상상태 모델식은 $\rho_vq_v(H_v - H_f) = Q$로 간단히 주어진다. V_v가 작을 경우 기상의 동특성은 무시할 수 있다. 액상의 동특성 모델식은

연속식: $\rho\frac{dV_L}{dt} = \rho_fq_f - \rho_vq_v$, 열수지식: $\rho C_p\frac{d(V_LT)}{dt} = \rho_fC_pq_fT_f - \rho_vq_v(C_pT + \lambda_v)$

(λ_v: 증발잠열). 연속식을 이용하면 $\rho C_pV_L\frac{dT}{dt} = \rho_fC_pq_f(T_f - T) - \rho_vq_v\lambda_v$

상태식: $\rho_v = \frac{PM}{RT}$ (M: 분자량), 증기압식: $p = f(T)$ (Antoine 식을 이용하는 경우 $\ln P = \frac{A}{T} + B$).

그러나 V_v가 상당히 큰 경우에는 기상의 동특성을 무시할 수 없으며 증발량 w는 압력차 $P - P_v$에 비례한다. 즉 $w = k(P - P_v)$로 주어진다.

3.15 풀이 P와 V가 일정하므로 $\frac{dH}{dt} = \rho C_vV\frac{dT}{dt} = -Q_{loss} + Q_h$.

손실열량 $Q_{loss} = UA(T - T_a)$ 이므로 $\rho C_vV\frac{dT}{dt} = -UA(T - T_a) + Q_h$

3.18 풀이 $C_pm\frac{dT}{dt} = hA(T_g - T)$,

$C_gm_g\frac{dT_g}{dt} = h_gA_g(T_f - T_g) - hA(T_g - T) = h_gA_gT_f - (h_gA_g + hA)T_g + hAT$

즉 $\tau_1\frac{dT}{dt} = T_g - T$, $\tau_2\frac{dT_g}{dt} = K_1T_f - T_g + K_2T$

위에서 $\tau_1 = \frac{C_pm}{hA}$, $\tau_2 = \frac{C_gm_g}{h_gA_g + hA}$, $K_1 = \frac{h_gA_g}{h_gA_g + hA}$, $K_2 = \frac{hA}{h_gA_g + hA}$

3.21 풀이

$$V\frac{dC_{cat}}{dt} = q_{cat} - \beta r_E V C_{cat} = q_{cat} - \beta kVP_E C_{cat}^2 \Rightarrow \frac{dC_{cat}}{dt} = \frac{q_{cat}}{V} - \beta kP_E C_{cat}^2$$

$\dfrac{dn}{dt} = q_E - r_E V = q_E - kP_E C_{cat} V$. 기상은 이상기체이므로

$P_E = \dfrac{nRT}{V} \Rightarrow n = \dfrac{VP_E}{RT} \Rightarrow \dfrac{dn}{dt} = \dfrac{V}{RT}\dfrac{dP_E}{dt}$. 따라서

$$\frac{V}{RT}\frac{dP_E}{dt} = q_E - kP_E C_{cat} V \Rightarrow \frac{dP_E}{dt} = \frac{RT}{V}(q_E - kP_E C_{cat} V) = \frac{RT}{V}q_E - kRTP_E C_{cat}$$

3.24 풀이

슬러리 및 거품층의 질량:

$$\frac{dM}{dt} = 0 = q_i - q - kMx - k_r M(1-x) \rightarrow q = q_i - kMx - k_r M(1-x)$$

$$\frac{dm}{dt} = 0 = -q_1 + kxM + k_r(1-x)M \rightarrow q_1 = kMx + k_r M(1-x)$$

광물성분 수지: $M\dfrac{dx}{dt} = q_i x_i - qx - kxM,\ m\dfrac{dx_1}{dt} = kxM - q_1 x_1$.

위에서 얻은 q와 q_1의 관계식을 대입하고 정리하면

$$M\frac{dx}{dt} = q_i(x_i - x) - (k - k_r)Mx + (k - k_r)Mx^2,\ m\frac{dx_1}{dt} = kxM - k_r Mx_1 - (k - k_r)Mx_1 x$$

정리하면

$$\frac{dx}{dt} = \frac{q_i}{M}x_i - \left(\frac{q_i}{M} + k\right)x + (k - k_r)x^2,\quad \frac{dx_1}{dt} = \left(\frac{kM}{m}\right)x - \left(\frac{k_r M}{m}\right)x_1 - \frac{(k - k_r)M}{m}x_1 x$$

3.27 풀이 i단에서의 물질수지는

$$\frac{d(Mx_i + Wy_i)}{dt} = Lx_{i-1} + Vy_{i+1} - Lx_i - Vy_i$$

위에서 M 및 W는 각각 i번째 단에서의 액상 및 기상 holdup이다. W는 M에 비해 무시할 수 있으며 M은 각 단에 걸쳐 일정하므로

$$\frac{dx_i}{dt} = \frac{L}{M}x_{i-1} + \frac{V}{M}y_{i+1} - \frac{L}{M}x_i - \frac{V}{M}y_i$$

$y_i = ax_i$인 관계를 이용하면 i번째 단과 첫 번째 단 및 n번째 단에서의 성분수지식은 다음과 같다.

$$\frac{dx_i}{dt} = \frac{L}{M}x_{i-1} - \frac{(L + Va)}{M}x_i + \frac{Va}{M}x_{i+1}$$

$$\frac{dx_1}{dt} = \frac{L}{M}x_f - \frac{(L + Va)}{M}x_1 + \frac{Va}{M}x_2$$

$$\frac{dx_n}{dt} = \frac{L}{M}x_{n-1} - \frac{(L + Va)}{M}x_n + \frac{V}{M}y_{n+1}$$

단 수가 $n = 5$인 경우는 다음과 같이 나타낼 수 있다.

$$\begin{bmatrix}\dot{x}_1\\ \dot{x}_2\\ \dot{x}_3\\ \dot{x}_4\\ \dot{x}_5\end{bmatrix}=\begin{bmatrix}-\frac{(L+Va)}{M} & \frac{Va}{M} & 0 & 0 & 0\\ \frac{L}{M} & -\frac{(L+Va)}{M} & \frac{Va}{M} & 0 & 0\\ 0 & \frac{L}{M} & -\frac{(L+Va)}{M} & \frac{Va}{M} & 0\\ 0 & 0 & \frac{L}{M} & -\frac{(L+Va)}{M} & \frac{Va}{M}\\ 0 & 0 & 0 & \frac{L}{M} & -\frac{(L+Va)}{M}\end{bmatrix}\begin{bmatrix}x_1\\ x_2\\ x_3\\ x_4\\ x_5\end{bmatrix}+\begin{bmatrix}\frac{L}{M} & 0\\ 0 & 0\\ 0 & 0\\ 0 & 0\\ 0 & \frac{V}{M}\end{bmatrix}\begin{bmatrix}x_f\\ y_6\end{bmatrix}$$

3.30 **풀이** 주어진 데이터를 이용하면 $u=\begin{bmatrix}x_f\\ y_6\end{bmatrix}=\begin{bmatrix}0.0\\ 0.1\end{bmatrix}$. 정상상태에서 $x=x_s=-A^{-1}Bu_s$

```
>> A = [-0.325 0.125 0 0 0;0.2 -0.325 0.125 0 0;0 0.2 -0.325 0.125 0;0
0 0.2 -0.325 0.125;0 0 0 0.2 -0.325];
>> B = [0.2 0; 0 0; 0 0; 0 0; 0 0.25]; Us = [0.0; 0.1];
>> xs = -inv(A)*B*Us
xs =
0.0076
0.0198
0.0392
0.0704
0.1202
```

3.33 **풀이** (1) 물질수지: $V\frac{dC_A}{dt}=q_iC_{Ai}-qC_A-k_0e^{-E/(RT)}VC_A$

열수지(반응기): $\rho C_pV\frac{dT}{dt}=\rho C_pq_i(T_i-T)+(-\Delta H)k_0e^{-E/(RT)}VC_A-UA_c(T-T_c)$

열수지(냉각기): $\rho C_pV_c\frac{dT_c}{dt}=\rho C_pq_c(T_{ci}-T_c)+UA_c(T-T_c)$

(2) 정상상태에서는 $q_i=q=q_s$, $C_A=C_{As}$, $0=q_sC_{Ai}-q_sC_{As}-k_0e^{-E/(RT_s)}VC_{As}$

$0=\rho C_pq_s(T_i-T_s)+(-\Delta H)k_0e^{-E/(RT_s)}VC_{As}-UA_c(T_s-T_{cs})$,

$0=\rho C_pq_c(T_{ci}-T_{cs})+UA_c(T_s-T_{cs})$

이는 3개의 비선형방정식 시스템을 구성한다. 스크립트 cstrsim에서는 fsolve를 이용하여 이 방정식의 해를 구한다.

```
>> cstrsim
xs =
    1.7625
   31.2389
   30.0712
```

즉 정상상태에서 $C_A=C_{As}=1.7625$ kgmol/m^3, $T=T_s=31.2389$℃, $T=T_{cs}=30.0712$℃ 임을 알 수 있다.

(3) 스크립트 cstrsim에서는 ode45를 이용하여 모델 미분방정식 시스템의 해를 구하고 그래프를 작성한다. 미분방정식 시스템은 함수 exode에 의해 정의된다.

```
% cstrsim.m: Exothermic reaction in a CSTR
% Data:
d.qi = 3.5e-3; d.Ti = 25; d.Tci = 25; d.Cai = 18; d.V = 12; d.qc =
7e-3; d.Vc = 5.2;
d.delH = -4218; d.k0 = 3.3e-3; d.E = 520; d.Ac = 3.1; d.R = 8.314; d.U
= 41;
d.Cp = 4.181; d.rho = 1000; d.qs = d.qi; tspan = [0 5000];
% Steady-state calculation: x(1) = Cas, x(2) = Ts, x(3) = Tcs
fun = @(x) [d.qs*(d.Cai - x(1)) - d.k0*d.V*x(1)*exp(-d.E/d.R/(x(2)+
273.15));
        d.rho*d.Cp*d.qs*(d.Ti - x(2)) + (-d.delH)*d.V*x(1)*d.k0*exp
(-d.E/d.R/(x(2)+273.15)) - d.U*d.Ac*(x(2) - x(3));
       d.rho*d.Cp*d.qc*(d.Tci - x(3)) + d.U*d.Ac*(x(2) - x(3))];
x0 = [18 40 40]'; xs = fsolve(fun,x0)
% Dynamic state: x(1) = Ca, x(2) = T, x(3) = Tc
x0 = [20 25 25];
[t x] = ode45(@exode,tspan,x0,[],d);
subplot(3,1,1), plot(t,x(:,1)), grid, xlabel('t(s)'), ylabel('C_A(kgmol/
m^3)')
subplot(3,1,2), plot(t,x(:,2)), grid, xlabel('t(s)'), ylabel('T(deg.C)')
subplot(3,1,3), plot(t,x(:,3)), grid, xlabel('t(s)'), ylabel('T_c(deg.
C)')

function dx = exode(t,x,d)
k = d.k0*exp(-d.E/d.R/(x(2)+273.15));
dx = [d.qi*(d.Cai-x(1))/d.V - k*x(1);
      d.qi*(d.Ti - x(2))/d.V + (-d.delH)*x(1)*k/(d.rho*d.Cp) - d.U*d.
Ac*(x(2) - x(3))/(d.rho*d.Cp*d.V);
      d.qc*(d.Tci - x(3))/d.Vc + d.U*d.Ac*(x(2) - x(3))/(d.rho*d.Cp*d.
Vc)];
end
```

스크립트 cstrsim를 수행하면 다음 결과를 얻는다.

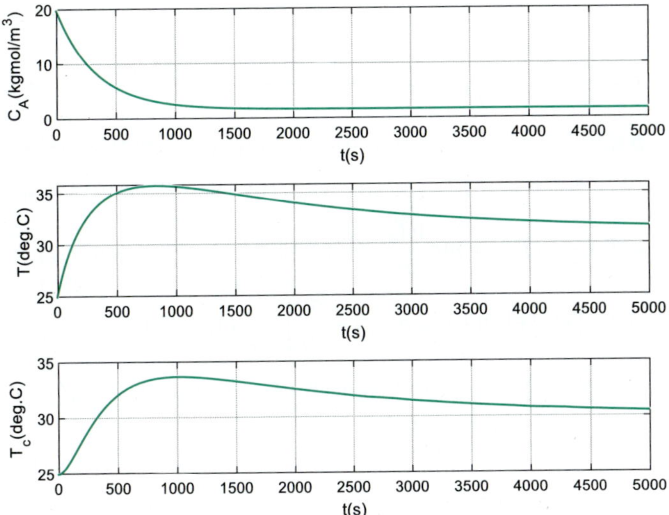

그림 P3.33S 발열반응에서의 농도와 온도 프로파일.

제4장 전달함수와 블럭선도

4.3 풀이 (1) $T_1(s)(5s+1) = T_i(s) + 0.005Q_1(s)$

$$(s+1)T_2(s) = T_1(s) + 0.003Q_2(s) = \frac{T_i(s)}{5s+1} + \frac{0.005}{5s+1}Q_1(s) + 0.003Q_2(s)$$

따라서 $T_2(s) = \dfrac{1}{(s+1)(5s+1)}T_i(s) + \dfrac{0.005}{(s+1)(5s+1)}Q_1(s) + \dfrac{0.003}{s+1}Q_2(s)$

(2) 위로부터 $G(s) = \dfrac{T_2(s)}{T_i(s)} = \dfrac{1}{(s+1)(5s+1)}$

4.6 풀이 (1)

$$\frac{dH}{dt} = L_{j-1} + V_{j+1} - \left(L_j + V_j\right),\ \frac{d\left(Hx_j\right)}{dt} = L_{j-1}x_{j-1} + V_{j+1}y_{j+1} - \left(L_jx_j + V_jy_j\right)$$

이로부터 $H\dfrac{dx_j}{dt} = V_{j+1}\left(y_{j+1} - x_j\right) - V_j\left(y_j - x_j\right) - L_{j-1}(x_j - x_{j-1})$

(2) 위에서 L과 V는 일정하므로

$$H\frac{dx_j}{dt} = L_{j-1}x_{j-1} + V_{j+1}y_{j+1} - L_jx_j - V_jy_j = L\left(x_{j-1} - x_j\right) + V\left(y_{j+1} - y_j\right)$$

$$y_i \cong y_{is} + (b + 2cx_{is} + 3dx_{is}^2)(x_i - x_{is}) \to Y_i \cong (b + 2cx_{is} + 3dx_{is}^2)X_i$$

따라서

$$H\frac{dX_j}{dt} = LX_{j-1} - \{L + V\left(b + 2cx_{js} + 3dx_{js}^2\right)\}X_j + V\left(b + 2cx_{j+1,s} + 3dx_{j+1,s}^2\right)X_{j+1}$$

$$\therefore\ X_j(s) = \frac{1}{\tau s + 1}\{K_1X_{j-1}(s) + K_2X_{j+1}(s)\}$$

위에서

$$\tau = \frac{H}{D},\ K_1 = \frac{L}{D},\ K_2 = \frac{V\left(b + 2cx_{j+1,s} + 3dx_{j+1,s}^2\right)}{D},\ D = L + V\left(b + 2cx_{js} + 3dx_{js}^2\right)$$

4.9 **풀이** 복사 열전달에 대한 Stefan-Boltzmann 법칙에 의하면 $q(T) = e\sigma AT^4$.
여기에서 $\sigma = 0.1714 \times 10^{-8}$ Btu/(hr · ft^2 · °R^4). 에너지 수지식은

$q(T_i) - q(T_o) = mc\dfrac{dT_o}{dt}$. 정상상태에서는 $q(T_{is}) - q(T_{os}) = mc\dfrac{dT_{os}}{dt} = 0$

선형화로부터 $q(T) = q(T_s) + \left.\dfrac{dq}{dT}\right|_{T=T_s}(T_i - T_s) + \cdots$

따라서 $q(T_i) \cong q(T_{is}) + 4e\sigma AT_{is}^3(T_i - T_{is}),\ q(T_o) \cong q(T_{os}) + 4e\sigma AT_{os}^3(T_o - T_{os})$

이로부터 $mc\dfrac{d(T_o - T_{os})}{dt} = \{q(T_i) - q(T_{is})\} - \{q(T_o) - q(T_{os})\}$

따라서 $\dfrac{mc}{e\sigma A}\dfrac{d(T_o - T_{os})}{dt} = 4T_{is}^3(T_i - T_{is}) - 4T_{os}^3(T_o - T_{os})$. 편차변수를 이용하면

$\dfrac{mc}{e\sigma A}\dfrac{d\overline{T}_o}{dt} = 4T_{is}^3\overline{T}_i - 4T_{os}^3\overline{T}_o \quad (\overline{T}_i = T_i - T_{is},\ \overline{T}_o = T_o - T_{os})$

라플라스 변환으로부터 $\dfrac{mc}{e\sigma A}s\overline{T}_o(s) = 4T_{is}^3\overline{T}_i(s) - 4T_{os}^3\overline{T}_o(s)$.

정상상태에서 $T_{is} = T_{os}$인 관계를 이용하면

$$\frac{\overline{T}_o(s)}{\overline{T}_i(s)} = \frac{4T_{is}^3}{\dfrac{mc}{e\sigma A}s + 4T_{os}^3} = \frac{\left(\dfrac{T_{is}^3}{T_{os}^3}\right)}{\left(\dfrac{mc}{4T_{os}^3 e\sigma A}\right)s + 1} = \frac{1}{\tau s + 1}$$

위에서 $\tau = \dfrac{mc}{4T_{os}^3 e\sigma A}$.

4.12 **풀이** $h = 2x,\ \dfrac{dh}{dt} = 2\dfrac{dx}{dt}$. 층류 흐름에서 마찰에 의한 drag force는 $I_{wf} = \dfrac{32\mu L}{D^2}\dfrac{dx}{dt}$.
마노메터의 수은에 대한 운동량 수지식은

$\dfrac{\pi}{4}\rho D^2 L\dfrac{d^2x}{dt^2} = \dfrac{\pi}{4}D^2(P_1 - P_2) - \dfrac{\pi}{4}\rho D^2 hg - \dfrac{\pi}{4}D^2 I_{wf}$

$\dfrac{dx}{dt} = \dfrac{1}{2}\dfrac{dh}{dt}$의 관계를 이용하면 $\dfrac{L}{2g}\dfrac{d^2h}{dt^2} + \dfrac{16\mu L}{\rho gD^2}\dfrac{dh}{dt} + h = \dfrac{P_1 - P_2}{\rho g}$

정상상태에서 $\dfrac{L}{2g}\dfrac{d^2h_s}{dt^2} + \dfrac{16\mu L}{\rho gD^2}\dfrac{dh_s}{dt} + h_s = \dfrac{P_{1s} - P_{2s}}{\rho g}$. 이로부터

$\dfrac{L}{2g}\dfrac{d^2H}{dt^2} + \dfrac{16\mu L}{\rho gD^2}\dfrac{dH}{dt} + H = \dfrac{P}{\rho g} \quad (H = h - h_s,\ P = P_1 - P_{1s},\ P_2 = P_{2s} = 0)$

라플라스 변환으로부터 $\dfrac{L}{2g}s^2H(s) + \dfrac{16\mu L}{\rho gD^2}sH(s) + H(s) = \dfrac{P(s)}{\rho g}$

$\therefore \dfrac{H(s)}{P(s)} = \dfrac{K}{\tau^2 s^2 + 2\tau\zeta s + 1}$. 여기에서 $\tau = \sqrt{\dfrac{L}{2g}},\ \zeta = \dfrac{8\mu}{\rho D^2}\sqrt{\dfrac{2L}{g}},\ K = \dfrac{1}{\rho g}$

4.15 풀이 q_o와 h 사이의 기울기는 $\dfrac{2.4-1.0}{1.0-0.3}=2$이다.

따라서 $q_o-2.4=2(h-1.0)\rightarrow q_o=2h+0.4.\ q_s=2\ \mathrm{ft}^3/\mathrm{min}$이므로 $h_s=0.8.$

그러므로 $q_o-2=2(h-0.8)\ \rightarrow(q_o-q_s)=2(h-h_s)\ \rightarrow\ \overline{q_o}=2\bar{h}.$

탱크에 대한 물질수지식은 $A\dfrac{dh}{dt}=q-q_o$. 정상상태에서는 $A\dfrac{dh_s}{dt}=0=q_s-q_{os}$.

따라서 $A\dfrac{d(h-h_s)}{dt}=(q-q_s)-(q_o-q_{os})\rightarrow A\dfrac{d\bar{h}}{dt}=\bar{q}-\overline{q_o}=\bar{q}-2\bar{h}$

탱크 단면적 $A=2\ \mathrm{ft}^2$이므로 라플라스 변환으로부터

$$AsH(s)=Q(s)-2H(s)\rightarrow\frac{H(s)}{Q(s)}=\frac{1}{As+2}=\frac{1}{2s+2}$$

4.18 풀이 그림에서 $E_1=R-C,\ E_2=E_1+H_1X,\ X=G_2(G_1E_2-H_2C),\ C=G_3X.$

이들 관계로부터 E_1, E_2, X를 소거하면 $C=\dfrac{G_1G_2G_3R-(G_1G_2G_3+G_2G_3H_2)C}{1-G_1G_2H_1}$.

이를 정리하면 $C=\dfrac{G_1G_2G_3}{1+G_1G_2G_3+G_2G_3H_2-G_1G_2H_1}R$

4.21 풀이 $q_0=c_v\sqrt{h}$. 이를 선형화하면 $q_0\cong q_{0s}+\dfrac{c_v}{2\sqrt{h_s}}(h-h_s)$. 액체 저장탱크에 대한 물질수지식은 $A\dfrac{dh}{dt}=q-q_0$. 정상상태에서는 $A\dfrac{dh_s}{dt}=0=q_s-q_{0s}$.

따라서 $A\dfrac{d(h-h_s)}{dt}=(q-q_s)-\dfrac{c_v}{2\sqrt{h_s}}(h-h_s)\ \rightarrow\ A\dfrac{dH}{dt}=Q-\dfrac{c_v}{2\sqrt{h_s}}H$

라플라스 변환으로부터

$$AsH(s)=Q(s)-\frac{c_v}{2\sqrt{h_s}}H(s)\rightarrow\frac{H(s)}{Q(s)}=\frac{1}{As+\dfrac{c_v}{2\sqrt{h_s}}}=\frac{\dfrac{2\sqrt{h_s}}{c_v}}{\dfrac{2A\sqrt{h_s}}{c_v}s+1}=\frac{R_v}{\tau s+1}$$

위에서 $\tau=\dfrac{2A\sqrt{h_s}}{c_v}=\dfrac{3\cdot 2\cdot\sqrt{3}}{8}\approx 1.299\ \mathrm{min},\ R_v=\dfrac{2\sqrt{h_s}}{c_v}$.

4.24 풀이 $x_1=y,\ x_2=x_1{}'=y'\rightarrow x_2{}'=-\dfrac{2\zeta}{\tau}x_2-\dfrac{1}{\tau^2}x_1+\dfrac{K}{\tau^2}u,\ x_1{}'=x_2.$

따라서 $\underline{x}'=\begin{bmatrix}0 & 1\\ -\dfrac{1}{\tau^2} & -\dfrac{2\zeta}{\tau}\end{bmatrix}\underline{x}+\begin{bmatrix}0\\ \dfrac{K}{\tau^2}\end{bmatrix}u$

4.27 풀이 $\dfrac{d\overline{x_1}}{dt}=(1-\alpha x_{2s})\overline{x_1}+(-\alpha x_{1s})\overline{x_2},\ \dfrac{d\overline{x_2}}{dt}=\beta x_{2s}\overline{x_1}+(-1+\beta x_{1s})\overline{x_2}.$

이로부터 $\underline{\dot{X}}=\begin{bmatrix}1-\alpha x_{2s} & -\alpha x_{1s}\\ \beta x_{2s} & -1+\beta x_{1s}\end{bmatrix}\underline{X}$

4.30 풀이 $M\dfrac{dx_w}{dt}=m_w-(m_w+m_a)x_w,\ M\dfrac{dx_a}{dt}=m_a-(m_w+m_a)x_a$

이 식들을 선형화시키면

$$\frac{d\bar{x}_w}{dt} = \frac{(1-x_{ws})}{M}\bar{m}_w - \frac{x_{ws}}{M}\bar{m}_a - \frac{(m_{ws}+m_{as})}{M}\bar{x}_w,$$

$$\frac{d\bar{x}_a}{dt} = -\frac{x_{as}}{M}\bar{m}_w + \frac{(1-x_{as})}{M}\bar{m}_a - \frac{(m_{ws}+m_{as})}{M}\bar{x}_a$$

따라서 $\dot{x} = \begin{bmatrix} -\frac{(m_{ws}+m_{as})}{M} & 0 \\ 0 & -\frac{(m_{ws}+m_{as})}{M} \end{bmatrix} x + \begin{bmatrix} \frac{(1-x_{ws})}{M} & -\frac{x_{ws}}{M} \\ -\frac{x_{as}}{M} & \frac{(1-x_{as})}{M} \end{bmatrix} u$

4.33 풀이 $\dot{x}_1 = -3x_1 + 2x_2,\ \dot{x}_2 = -2x_2 + u,\ \dot{x}_3 = -x_3 + 3u$

따라서 $\dot{x} = \begin{bmatrix} -3 & 2 & 0 \\ 0 & -2 & 0 \\ 0 & 0 & -1 \end{bmatrix} x + \begin{bmatrix} 0 \\ 1 \\ 3 \end{bmatrix} u, \qquad y = [-1 \quad 0 \quad 1]x$

4.36 풀이

$$A = \begin{bmatrix} 0 & 2 \\ -2 & -5 \end{bmatrix},\ B = \begin{bmatrix} 0 \\ 1 \end{bmatrix},\ C = [2 \quad 1],\ \Phi(t) = e^{At} = \begin{bmatrix} 2e^{-2t} - e^{-4t} & \frac{1}{2}e^{-2t} - \frac{1}{2}e^{-4t} \\ -4e^{-2t} + 4e^{-4t} & -e^{-2t} + 2e^{-4t} \end{bmatrix}.$$

따라서 $x(t) = \Phi(t)x(0) + \int_0^t \Phi(t-\tau)Bu(\tau)d\tau = \begin{bmatrix} \frac{10}{3}e^{-t} - e^{-2t} - \frac{4}{3}e^{-4t} \\ -\frac{5}{3}e^{-t} + e^{-2t} + \frac{8}{3}e^{-4t} \end{bmatrix}.$

그러므로 $y(t) = Cx(t) = [2 \quad 1]\begin{bmatrix} \frac{10}{3}e^{-t} - e^{-2t} - \frac{4}{3}e^{-4t} \\ -\frac{5}{3}e^{-t} + e^{-2t} + \frac{8}{3}e^{-4t} \end{bmatrix} = 5e^{-t} - e^{-2t}$

4.39 풀이

```
>> A1 = [0 1;-3 2]; B1 = [0;1]; C1 = [2 1]; D1 = [0]; G1 =
ss(A1,B1,C1,D1);
>> A2 = [-2 1;0 -5]; B2 = [0;3]; C2 = [4 0]; D2 = [2]; G2 =
ss(A2,B2,C2,D2);
>> A3 = [1 1;4 3]; B3 = [1;1]; C3 = [1 1]; D3 = [1]; G3 =
ss(A3,B3,C3,D3);
```

(1)

```
>> Gs = series(G1,G2)  % 이는 G2*G1과 대등
Gs =
A =
        x1  x2  x3  x4
    x1  -2   1   0   0
    x2   0  -5   6   3
    x3   0   0   0   1
    x4   0   0  -3   2
B =
        u1
    x1   0
    x2   0
```

```
   x3   0
   x4   1
C =
       x1  x2  x3  x4
   y1   4   0   4   2
D =
       u1
   y1   0
Continuous-time state-space model.
>> Gss = tf(Gs)
Gss =
    2 s^3 + 18 s^2 + 60 s + 64
  -------------------------
   s^4 + 5 s^3 - s^2 + s + 30
Continuous-time transfer function.
```

(2)

```
>> Gp = parallel(series(G1,G2),G3)
Gp =
A =
       x1  x2  x3  x4  x5  x6
   x1  -2   1   0   0   0   0
   x2   0  -5   6   3   0   0
   x3   0   0   0   1   0   0
   x4   0   0  -3   2   0   0
   x5   0   0   0   0   1   1
   x6   0   0   0   0   4   3
B =
       u1
   x1   0
   x2   0
   x3   0
   x4   1
   x5   1
   x6   1
C =
       x1  x2  x3  x4  x5  x6
   y1   4   0   4   2   1   1
D =
       u1
   y1   1
Continuous-time state-space model.
>> Gps = tf(Gp)
Gps =
```

```
      s^6 + 5 s^5 - s^4 - 11 s^3 - 166 s^2 - 376 s - 64
  ---------------------------------------------------------
   s^6 + s^5 - 22 s^4 - 5.995e-15 s^3 + 27 s^2 - 121 s - 30
Continuous-time transfer function.
```

(3)

```
>> Gb = feedback(series(G1,G2),G3)
Gb =
A =
       x1  x2  x3  x4  x5  x6
   x1  -2   1   0   0   0   0
   x2   0  -5   6   3   0   0
   x3   0   0   0   1   0   0
   x4  -4   0  -7   0  -1  -1
   x5   4   0   4   2   1   1
   x6   4   0   4   2   4   3
B =
       u1
   x1   0
   x2   0
   x3   0
   x4   1
   x5   0
   x6   0
C =
       x1  x2  x3  x4  x5  x6
   y1   4   0   4   2   0   0
D =
       u1
   y1   0
Continuous-time state-space model.
>> Gbs = tf(Gb)
Gbs =
      2 s^5 + 10 s^4 - 14 s^3 - 194 s^2 - 316 s - 64
  ----------------------------------------------------
   s^6 + 3 s^5 - 8 s^4 + 24 s^3 - 29 s^2 - 249 s - 30
Continuous-time transfer function.
```

제5장 1차 공정의 동특성

5.3 풀이

(1) 용기 내 기체의 질량을 m이라 할 때 $\frac{dm}{dt} = \rho q_i - \rho q$. 그런데 $p = \frac{RT}{VM}m, q = \frac{p - p_2}{R_v}$ 이므로 $\frac{d}{dt}\left(\frac{VM}{RT}p\right) = \rho q_i - \frac{\rho}{R_v}(p - p_2)$. 여기에서 M은 기체의 분자량이다.

이 식을 정리하면 $\tau\frac{dp}{dt} = Kq_i - (p - p_2)$. 여기에서 $\tau = \frac{VMR_v}{\rho RT}$, $K = R_v$.

정상상태에서는 $\tau\frac{dp_s}{dt} = Kq_{is} - (p_s - p_{2s})$.

이들 두 관계로부터 $\tau\frac{d(p - p_s)}{dt} = K(q_i - q_{is}) - (p - p_s) + (p_2 - p_{2s})$.

$P = p - p_s$, $Q_i = q_i - q_{is}$, $P_2 = p_2 - p_{2s}$로 두면(편차변수) 앞의 식은

$\tau\frac{dP}{dt} = KQ_i - P + P_2$와 같이 쓸 수 있다. 이 식의 양변을 라플라스 변환시키고 정리하면

$$P(s) = \left(\frac{K}{\tau s + 1}\right)Q_i(s) + \left(\frac{1}{\tau s + 1}\right)P_2(s)$$

(2) p_2는 불변이고 q_i에 크기 A인 계단변화가 야기되었으므로 $Q_i(s) = \frac{A}{s}$이며, 따라서

$P(s) = \frac{KA}{s(\tau s + 1)}$이다. 이로부터 $P(t) = KA(1 - e^{-t/\tau})$.

그러므로 $p(t) = p_s + P(t) = p_s + KA(1 - e^{-t/\tau})$. 그런데 모델식으로부터

$p_s = Kq_{is} + p_{2s}$이므로 $p(t) = Kq_{is} + p_{2s} + KA(1 - e^{-t/\tau})$.

5.6 풀이 원료 저장탱크의 물질수지식은 $A\frac{dh}{dt} = q_i - q$, 정상상태에서는 $A\frac{dh_s}{dt} = q_{is} - q_s$. 이로부터 $A\frac{dH}{dt} = Q_i - Q$. 여기에서 $H = h - h_s$, $Q_i = q_i - q_{is}$, $Q = q - q_s$. 라플라스 변환으로부터 $AsH(s) = Q_i(s) - Q(s)$. 즉 $H(s) = \frac{1}{As}\{Q_i(s) - Q(s)\} = \frac{1}{4s}\{Q_i(s) - Q(s)\}$.

(1) $Q_i(t) = 0 - 0.02 \rightarrow Q_i(s) = -\frac{0.02}{s}$. $Q(s) = 0$.

따라서 $H(s) = \frac{1}{4s}\left(-\frac{0.02}{s}\right) = -\frac{0.005}{s^2}$.

$H(t) = -0.005t = h(t) - h_s \rightarrow h(t) = 2 - 0.005t$.

그러므로 $h(t) = 0$일 때 $t = 400$ sec.

(2) $Q_i(t) = 0.1 - 0.02 = 0.08 \rightarrow Q_i(s) = \frac{0.08}{s}$. $Q(s) = 0$.

따라서 $H(s) = \frac{1}{4s}\left(\frac{0.08}{s}\right) = \frac{0.02}{s^2}$, $H(t) = 0.02t = h(t) - h_s \rightarrow h(t) = 2 + 0.02t$.

그러므로 $h(t) = 5$ m일 때 $t = 150$ sec.

5.9 풀이 (1) $X(s) = 1,\ Y(s) = G(s)X(s) = \frac{1}{s}.\ \therefore Y(t) = 1$

(2)

$$G(s) = \frac{1}{s}, X(t) = u(t) - u(t-5) \to X(s) = \frac{1}{s}(1 - e^{-5s}) \to Y(s) = G(s)X(s) = \frac{1}{s^2} - \frac{1}{s^2}e^{-5s}.$$

역 라플라스 변환으로부터 $Y(t) = t - (t-5)u(t-5)$.

(3) $X(t) = \sin(0.5t) \to X(s) = \dfrac{0.5}{s^2 + (0.5)^2}$.

$$Y(s) = G(s)X(s) = \frac{1}{s} \cdot \frac{0.5}{s^2 + (0.5)^2} = \frac{2}{s} - \frac{2s}{s^2 + (0.5)^2}.$$

역 라플라스 변환으로부터 $Y(t) = 2 - 2\cos(0.5t)$

5.12 풀이

(1) $A\dfrac{dh}{dt} = q_1 + q_2 - q \to H(s) = \dfrac{1}{As}\{Q_1(s) + Q_2(s)\} \to G(s) = \dfrac{H(s)}{Q_1(s)} = \dfrac{1}{As}$

(2) $H(s) = \dfrac{1}{As}Q_1(s),\ Q_1(s) = 5\left(\dfrac{1}{s} - \dfrac{e^{-12s}}{s}\right) \to H(s) = \dfrac{5}{As^2}(1 - e^{-12s})$.

따라서 $H(t) = \dfrac{5}{A}\{tu(t) - (t-12)u(t-12)\} = \begin{cases} 0.174t: 0 \le t < 12 \\ 2.089: 12 \le t \end{cases}$

이로부터 $h(t) = h_s + H(t) = \begin{cases} 4 + 0.174t: 0 \le t < 12 \\ 6.089: 12 \le t \end{cases}$

그러므로 새로운 정상상태 값은 6.089이다.

5.15 풀이

(1) $\dfrac{\bar{T}(s)}{\bar{T}_f(s)} = \dfrac{1}{s+1}\ (\tau = 1),\ \bar{T}_f(t) = 10\{u(t) - u(t-1)\}$.

라플라스 변환으로부터 $\bar{T}_f(s) = 10\left(\dfrac{1}{s} - \dfrac{1}{s}e^{-s}\right)$. 따라서

$$\bar{T}(s) = 10\left\{\frac{1}{s(s+1)} - \frac{1}{s(s+1)}e^{-s}\right\} = 10\left(\frac{1}{s} - \frac{1}{s+1}\right) - 10\left(\frac{1}{s}e^{-s} - \frac{1}{s+1}e^{-s}\right)$$

역 라플라스 변환으로부터 $\bar{T}(t) = 10(1 - e^{-t}) - 10\{u(t-1) - e^{-(t-1)}u(t-1)\}$

$0 \le t \le 1$이면 $\bar{T}(t) = 10(1 - e^{-t})$ 이므로 $T(t) = 100 + 10(1 - e^{-t})$

$t > 1$이면 $\bar{T}(t) = 10(1 - e^{-t}) - 10\{1 - e^{-(t-1)}\} = 10\{e^{-(t-1)} - e^{-t}\}$

따라서 $T(t) = 100 + 10\{e^{-(t-1)} - e^{-t}\}$. 한편 $t = 1$에서

$T(1) = 100 + 10(1 - e^{-1}) \cong 106.3$ (°F) 시간에 따른 $T(t)$의 그래프는 다음과 같다:

```
% prob5_15.m
t = 0:0.01:4; n = length(t);
for k = 1:n
    if t(k) <= 1, T(k) = 100 + 10*(1 - exp(-t(k)));
    else T(k) = 100 + 10*(exp(-(t(k)-1)) - exp(-t(k))); end
end
plot(t,T,'k-','Linewidth',1.2), grid, xlabel('t'), ylabel('T(t)')
```

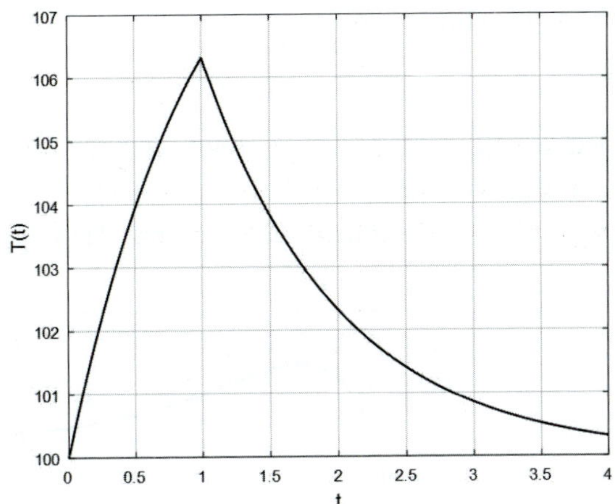

(2) $t = 0.5$에서 $T(0.5) = 100 + 10(1 - e^{-0.5}) \cong 103.9$ (°F)

$t = 2$에서 $T(2) = 100 + 10\left(e^{-(2-1)} - e^{-2}\right) \cong 102.3$ (°F)

5.18 풀이 $X(t) = x(t) - x_s = t \to X(s) = \dfrac{1}{s^2}$. 따라서

$$Y(s) = \frac{10}{s^2(s+1)} \to Y(t) = 10(-1 + t + e^{-t}) \therefore y(t) = Y(t) + y_s = -8 + 10(t + e^{-t})$$

5.21 풀이

(1) $G(s) = \dfrac{1}{0.5s+1}$, $X(t) = \sin 0.5t \to X(s) = \dfrac{0.5}{s^2 + (0.5)^2}$. 따라서

$$Y(s) = G(s)X(s) = \frac{1}{0.5s+1} \cdot \frac{0.5}{s^2 + (0.5)^2}$$

$$= \frac{1}{1 + (0.5)^2(0.5)^2}\left\{\frac{(0.5)^2(0.5)}{0.5s+1} - \frac{(0.5)(0.5)s}{s^2 + (0.5)^2} + \frac{0.5}{s^2 + (0.5)^2}\right\}$$

역라플라스 변환으로부터

$$Y(t) = \frac{(0.5)(0.5)}{1 + (0.5)^2(0.5)^2} e^{-\frac{t}{0.5}} + \frac{1}{\sqrt{1 + (0.5)^2(0.5)^2}} \sin(0.5t + \phi)$$

$$= \left(\frac{0.25}{1.0625}\right) e^{-\frac{t}{0.5}} + \frac{1}{1.0308} \sin(0.5t + \phi)$$

위상각 $\phi = \tan^{-1}[-(0.5)(0.5)] = \tan^{-1}(-0.25) \cong -0.245$ rad

(2) $Y(t \to \infty) = 0.97 \sin(0.5t + \phi)$

5.24 풀이

t	0	1	2	3	4	5	6	7	8	9
응답	0	1.2	1.9	2.3	2.6	2.8	2.05	2.9	2.95	2.97
		0	2.4	3.8	4.6	5.2	5.6	5.7	5.8	5.9
			0	−3.6	−5.7	−6.9	−7.8	−8.4	−8.55	−8.7
				0	1.2	1.9	2.3	2.6	2.8	2.85
					0	−2.4	−3.8	−4.6	−5.2	−5.6
$y(t)$	0	1.2	4.3	2.5	2.7	0.6	−0.85	−1.8	−2.2	−2.58

즉 $y(5) = 0.6, y(8) = -2.2$

5.27 풀이

```
>> G = tf(2.1,[1.5 1]); t = 0:0.01:10;
>> x = 1 + 2*exp(-t); y = lsim(G,x,t);
>> plot(t,y,'linewidth',1.2), xlabel('t(s)'), ylabel('y(t)'), grid
```

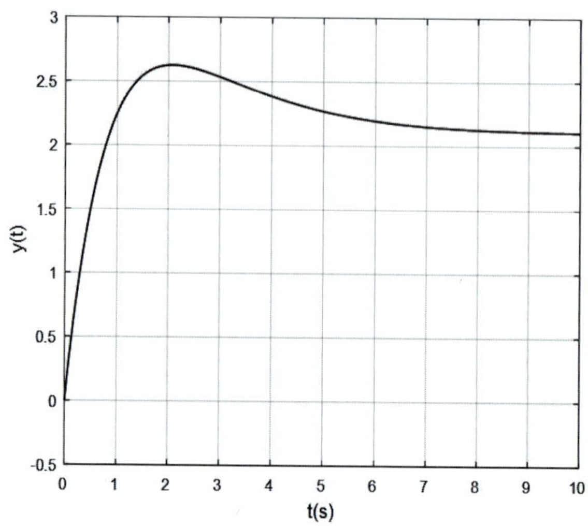

제6장 2차 공정의 동특성

6.3 풀이

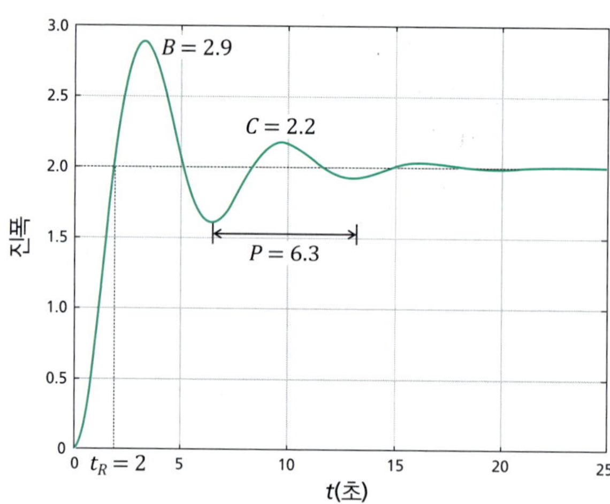

그림으로부터

(1) 오버슈트 $= \dfrac{2.9-2}{2} = \dfrac{0.9}{2} = 0.45 = 45\%$

(2) 감쇄비 $= \dfrac{2.2-2}{2.9-2} = \dfrac{0.2}{0.9} = 0.22$

(3) 상승시간 $t_R = 2$초

(4) 진동주기 P = 6.3초

6.6 풀이 (1) Noninteracting인 경우이므로

$$\frac{H_2(s)}{Q(s)} = \frac{R_2}{(\tau_1 s+1)(\tau_2 s+1)} = \frac{0.35}{(s+1)(3.5s+1)}.\ Q(t) = 10\delta(t)\text{이므로}$$

$$Q(s) = 10.\ \therefore\ H_2(s) = \frac{3.5}{(s+1)(3.5s+1)} = -\frac{1.4}{s+1} + \frac{1.4}{s+1/3.5}$$

따라서 $H_2(t) = 1.4\left(e^{-\frac{t}{3.5}} - e^{-t}\right) = 1.4(e^{-0.2857t} - e^{-t})$

$$\frac{dH_2(t)}{dt} = 0 \rightarrow 1 - \frac{1}{3.5}e^{\frac{5t}{7}} = 0 \rightarrow t = 1.75.$$

이때 $H_2(1.75) = 1.4(0.606 - 0.173) = 0.606$ (ft)

6.9 풀이 $\zeta = 1.0607 > 1$이므로 진동은 나타나지 않는다. $Y(t) = 1 + (\tau-2)e^{-\frac{t}{2}} - (\tau-1)e^{-t}$

$$\frac{dY}{dt} = 0 \rightarrow e^{\frac{t}{2}} = \frac{2\tau-2}{\tau-2} \rightarrow t = 2\ln\left(\frac{2\tau-2}{\tau-2}\right).$$

따라서 $\frac{2\tau-2}{\tau-2} > 1 \rightarrow \tau(\tau-2) > 0 \rightarrow \tau > 2$

```
>> t = 0:0.01:5; z1 = 1; z2 = 3;
>> y1 = 1 + (z1-2)*exp(-t/2) - (z1-1)*exp(-t);
>> y2 = 1 + (z2-2)*exp(-t/2) - (z2-1)*exp(-t);
>> plot(t,y1,t,y2,':'), grid, legend('\tau = 1','\tau = 3')
>> set(gca, 'xtick',0:1:5)
```

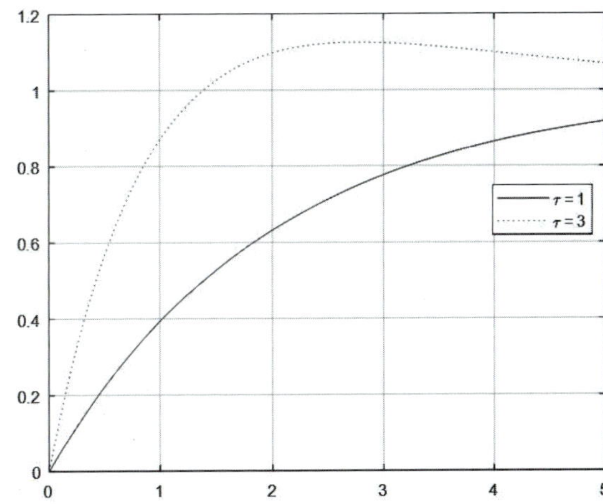

6.12 풀이 비간섭 액체 탱크에 대한 모델식 및 전달함수로부터

$$\frac{H_1(s)}{Q_i(s)} = \frac{K_1}{\tau_1 s+1},\ \frac{H_2(s)}{H_1(s)} = \frac{K_2}{\tau_2 s+1},\ \frac{H_2(s)}{Q_i(s)} = \frac{K_1}{\tau_1 s+1}\cdot\frac{K_2}{\tau_2 s+1} = \frac{K_1K_2}{\tau_1\tau_2 s^2 + (\tau_1+\tau_2)s + 1}$$

위에서 $\tau_1\tau_2 \equiv \tau^2$, $\tau_1 + \tau_2 \equiv 2\tau\zeta$, $K_1K_2 \equiv K$. 한편 $Q_i(s) = \frac{A}{s}$ 이므로

$H_2(s) = \dfrac{AK}{s(\tau^2 s^2 + 2\tau\zeta s + 1)}$. 임계감쇄된 시스템에서 $\zeta = 1$이므로 응답은

$H_2(t) = AK\left\{1 - \left(1 + \frac{t}{\tau}\right)e^{-t/\tau}\right\}$

(1) H_2의 최대값은 $t \to \infty$일 때 $H_{2,max} = H_2(t \to \infty) = AK$

$t = 1$ min에서 $H_2 = \dfrac{1}{2}AK = AK\left\{1 - \left(1 + \dfrac{1}{\tau}\right)e^{-1/\tau}\right\}$. 이 식을 만족하는 τ 값은 0.6

이다. 따라서 $\tau_1\tau_2 = (0.6)^2$, $\tau_1 + \tau_2 = 2(0.6) \to \tau_1 = 0.6$, $\tau_2 = 0.6$. 여기에서

$\tau_1 = \dfrac{2A_1\sqrt{h_{1s}}}{K_1}$, $\tau_2 = \dfrac{2A_2\sqrt{h_{2s}}}{K_2}$ 이다.

(2) $H_1(s) = \dfrac{K_1}{\tau_1 s + 1}\cdot\dfrac{A}{s}$, $H_1(t) = AK_1\left(1 - e^{-\frac{t}{\tau_1}}\right)$. 탱크 1의 최대 액위 변화량은

$$H_{1,max} = H_1(t \to \infty) = AK_1.\ (0.9)AK_1 = AK_1\left(1 - e^{-\frac{t}{0.6}}\right) \to t = 1.38\ (\text{min})$$

6.15 풀이 교반냉각공정에서 냉각수 유량과 유출액 온도 사이의 전달함수는

$\dfrac{\bar{T}(s)}{\bar{Q_c}(s)} = \dfrac{K}{\tau^2 s^2 + 2\tau\zeta s + 1}$로 주어진다.

(1) 전달함수 이득 $= \dfrac{102 - 100}{0.5 - 0.4} = 20$ ℃/(kg/sec)

(2) Overshoot = os $= \dfrac{102.5 - 102}{102 - 100} = 0.25 = \exp\left(-\dfrac{\pi\zeta}{\sqrt{1-\zeta^2}}\right)$.

따라서 $\zeta = \sqrt{\dfrac{[\ln(os)]^2}{\pi^2 + [\ln(os)]^2}} = \sqrt{\dfrac{[\ln(0.25)]^2}{\pi^2 + [\ln(0.25)]^2}} \cong 0.4037$, $T = \dfrac{2\pi\tau}{\sqrt{1-\zeta^2}}$.

그러므로 $\tau = \dfrac{\sqrt{1-\zeta^2}}{2\pi}\cdot T = \dfrac{\sqrt{1-(0.4037)^2}}{2\pi}\cdot(3060 - 1000) \cong 300$ sec

$$\therefore \frac{\bar{T}(s)}{\bar{Q_c}(s)} = \frac{20}{(300)^2 s^2 + 2(300)(0.4037)s + 1} = \frac{20}{(9\times 10^4)s^2 + 242.22s + 1}$$

(3) 유출액의 온도 변화는 $\zeta < 1$인 underdamped 응답으로부터 구할 수 있으며

$t = t_r$ (상승시간)일 때 $\sin\left\{\dfrac{\sqrt{1-\zeta^2}}{\tau}t_r + \tan^{-1}\left(\dfrac{\sqrt{1-\zeta^2}}{\zeta}\right)\right\} = 0$을 만족한다.

즉 $\dfrac{\sqrt{1-(0.4037)^2}}{300}t_r + \tan^{-1}\left(\dfrac{\sqrt{1-(0.4037)^2}}{0.4037}\right) = n\pi\ \ (n = 0, 1, 2, \cdots)$

$n = 0$이면 t_r은 음의 값을 갖는다. $n = 1$인 경우에 대하여 t_r을 구하면 $t_r \cong 651$ sec.

6.18 풀이

(1)

$$Y(s) = \frac{\tau s + 1}{s(s+1)(2s+1)} = \frac{1}{s} + \frac{1-\tau}{s+1} + \frac{\tau - 2}{s + 1/2} \to Y(t) = 1 + (1-\tau)e^{-t} + (\tau - 2)e^{-t/2}$$

$$\frac{dY(t)}{dt} = -(1-\tau)e^{-t} - \frac{1}{2}(\tau-2)e^{-\frac{t}{2}} = 0 \rightarrow t = 2\ln\left\{\frac{2(\tau-1)}{\tau-2}\right\}.$$

$$\frac{2(\tau-1)}{\tau-2} > 0 \rightarrow \tau > 2$$

(2) $e^{t/2} = \dfrac{2(\tau-1)}{\tau-2}$ 이므로

$$Y(t)_{max} = 1 + (1-\tau)\frac{(\tau-2)^2}{4(\tau-1)^2} + (\tau-2)\frac{\tau-2}{2(\tau-1)} = \frac{\tau^2}{4(\tau-1)}$$

6.21 **풀이** 먼저 모델식을 구해 본다.

$\dfrac{dV_1}{dt} = q_i - q_1 - q, \dfrac{d(V_1C_1)}{dt} = V_1\dfrac{dC_1}{dt} + C_1\dfrac{dV_1}{dt} = q_iC_i - q_1C_1 - qC_1 - kV_1C_1.$ 이로부터

$$V_1\frac{dC_1}{dt} = q_iC_i - q_1C_1 - qC_1 - kV_1C_1 - C_1(q_i - q_1 - q) = q_i(C_i - C_1) - kV_1C_1.$$

$V_1 = A_1h_1$을 대입하면

$$\frac{dV_1}{dt} = A_1\frac{dh_1}{dt} = q_i - q_1 - \alpha\sqrt{h_1 - h_2} \Rightarrow \frac{dh_1}{dt} = \frac{1}{A_1}\left(q_i - q_1 - \alpha\sqrt{h_1 - h_2}\right),$$

$$\frac{dC_1}{dt} = \frac{q_i}{A_1h_1}(C_i - C_1) - kC_1$$

한편 $V_2 = A_2h_2$이므로 $\dfrac{dV_2}{dt} = q = \alpha\sqrt{h_1 - h_2} \rightarrow \dfrac{dh_2}{dt} = \dfrac{\alpha}{A_2}\sqrt{h_1 - h_2}.$

아울러 $\dfrac{d(V_2C_2)}{dt} = V_2\dfrac{dC_2}{dt} + C_2\dfrac{dV_2}{dt} = qC_1 - kV_2C_2 \rightarrow V_2\dfrac{dC_2}{dt} = q(C_1 - C_2) - kV_2C_2$

$$\rightarrow \frac{dC_2}{dt} = \frac{\alpha\sqrt{h_1 - h_2}}{A_2h_2}(C_1 - C_2) - kC_2$$

정리하면

$$\frac{dh_1}{dt} = \frac{1}{A_1}\left(q_i - q_1 - \alpha\sqrt{h_1 - h_2}\right), \quad \frac{dh_2}{dt} = \frac{\alpha}{A_2}\sqrt{h_1 - h_2}$$

$$\frac{dC_1}{dt} = \frac{q_i}{A_1h_1}(C_i - C_1) - kC_1, \quad \frac{dC_2}{dt} = \frac{\alpha\sqrt{h_1 - h_2}}{A_2h_2}(C_1 - C_2) - kC_2$$

스크립트 twores에서는 ode45를 이용하여 모델 미분방정식 시스템의 해를 구하고 그래프를 작성한다. 미분방정식 시스템은 함수 tworesode에 의해 정의된다.

```
% twores.m: 2-reservoir system
% Data:
d.qi = 1.12e5; d.q1 = 1.12e5; d.k = 2.1; d.a = 205; d.A1 = 4800; d.A2
= 4800;
d.Ci = 1.8; tspan = [0 40];
% Dynamic state: x(1) = h1, x(2) = h2, x(3) = C1, x(4) = C2
x0 = [5 1 1.8 1];
[t x] = ode45(@tworesode,tspan,x0,[],d);
```

```
subplot(2,2,1), plot(t,x(:,1)), grid, xlabel('t(day)'), ylabel('h_1(m)')
subplot(2,2,2), plot(t,x(:,2)), grid, xlabel('t(day)'), ylabel('h_2(m)')
subplot(2,2,3), plot(t,x(:,3)), grid, xlabel('t(day)'), ylabel('C_1
(ppm)')
subplot(2,2,4), plot(t,x(:,4)), grid, xlabel('t(day)'), ylabel('C_2
(ppm)')

function dx = tworesode(t,x,d)
if x(1) >= x(2), z = d.a*sqrt(x(1) - x(2)); else, z = 0; end
dx = [(d.qi - d.q1 - z)/d.A1;
      z/d.A2;
      d.qi*(d.Ci - x(3))/(d.A1*x(1)) - d.k*x(3);
      (x(3) - x(4))*z/(d.A2*x(2)) - d.k*x(4)];
end
```

스크립트 twores를 수행하면 다음 결과를 얻는다.

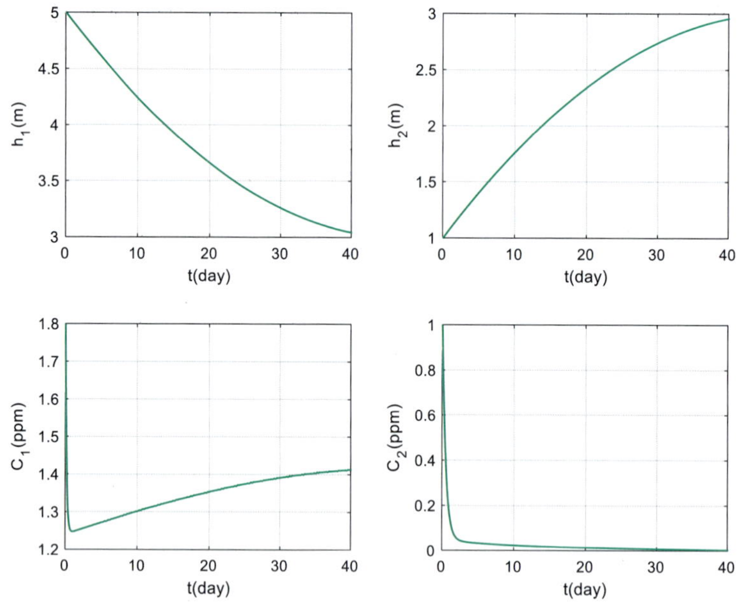

그림 P6.21S 가상적인 2-액체탱크 시스템의 액위 및 농도 변화.

제7장 복합공정의 동특성

7.3 풀이 (1) $V\dfrac{dx_1}{dt} = m - qx_1 \rightarrow \dfrac{X_1(s)}{M(s)} = \dfrac{1/q}{\tau s+1}\left(\tau = \dfrac{V}{q}\right)$

$$V\frac{dx_2}{dt} = qx_1 - qx_2 \rightarrow \frac{X_2(s)}{X_1(s)} = \frac{1}{\tau s+1} \rightarrow X_2(s) = \frac{1/q}{(\tau s+1)^2}M(s)$$

따라서 $\dfrac{X_n(s)}{M(s)} = \dfrac{1/q}{(\tau s+1)^n}$. 그런데 $M(s) = a$이므로

$$X_n(s) = \frac{a/q}{(\tau s+1)^n} \rightarrow X_n(t) = \frac{a}{\tau q(n-1)!}\left(\frac{t}{\tau}\right)^{n-1} e^{-t/\tau}$$

(2) $V\dfrac{dx_1}{dt} = qx_0 - qx_1 \rightarrow \dfrac{X_1(s)}{X_0(s)} = \dfrac{1}{\tau s+1}$. $\therefore \dfrac{X_n(s)}{X_0(s)} = \dfrac{1}{(\tau s+1)^n}$. $X_0(s) = \dfrac{b}{s}$ 이므로

$X_n(s) = \dfrac{b}{s(\tau s+1)^n}$. 따라서 $X_n(t) = b\left\{1 - e^{-t/\tau} - \dfrac{t}{\tau}e^{-t/\tau} - \cdots - \left(\dfrac{t}{\tau}\right)^{n-1}\dfrac{e^{-t/\tau}}{(n-1)!}\right\}$

7.6 풀이 (1) $2\dfrac{dh_1}{dt} = 2q - h_1 + h_2$, $2\dfrac{dh_2}{dt} = h_1 - 2h_2$, $2\dfrac{dh_3}{dt} = 2h_2 - h_3$

$\dfrac{H_2(s)}{Q(s)} = \dfrac{2}{(2s+1)(2s+2)-1} = \dfrac{2}{4s^2+6s+1}$, $\dfrac{H_3(s)}{H_2(s)} = \dfrac{2}{2s+1}$.

따라서 $\dfrac{H_3(s)}{Q(s)} = \dfrac{H_3(s)}{H_2(s)}\cdot\dfrac{H_2(s)}{Q(s)} = \dfrac{4}{(2s+1)(4s^2+6s+1)} = \dfrac{4}{8s^3+16s^2+8s+1}$.

(2) $H_3(0) = \lim_{s\to\infty} sH_3(s) = 0$, $H_3(\infty) = \lim_{s\to 0} sH_3(s) = 4$

7.9 풀이

$$Y(t) = \begin{cases} 0 : t < 3 \\ 4.5\left\{1 - 2e^{-\frac{(t-3)}{20}} + e^{-\frac{(t-3)}{10}}\right\} : t \geq 3 \end{cases}$$

7.12 풀이 $V\dfrac{dC}{dt} = qC_i + \alpha qC_2 - (1+\alpha)qC - kVC$, $C_1 = C(t-\theta_1)$, $C_2 = C_1(t-\theta_2)$

이로부터

$$C(s) = \frac{1}{\tau s+1}\{K_1C_i(s) + K_2C_2(s)\},\ C_1(s) = C(s)e^{-\theta_1 s},\ C_2(s) = C_1(s)e^{-\theta_2 s} = C(s)e^{-(\theta_1+\theta_2)s}$$

여기에서 $\tau = \dfrac{V}{(1+\alpha)q+kV} = 5.88$, $K_1 = \dfrac{q}{(1+\alpha)q+kV} = 0.059$, $K_2 = \alpha K_1$. 따라서

$\dfrac{C_1(s)}{C_i(s)} = \dfrac{0.059e^{-0.9s}}{5.88s+1}$. $C_i(s) = \dfrac{1000}{s} \rightarrow C_1(s) = 59\left\{1 - e^{-\frac{(t-0.9)}{5.88}}\right\}u(t-0.9)$. 정상상태에서 $c_s = \dfrac{q}{q+kV}c_{is} = 0.2c_{is} = 400$. 따라서 $c_1(t) = 400 + 59\left\{1 - e^{-\frac{(t-0.9)}{5.88}}\right\}u(t-0.9)$

7.15 풀이 (1) $Y(t) = \dfrac{KM\tau_d}{\tau_g}\left\{1 + \dfrac{\tau_d-\tau_1}{\tau_1-\tau_2}e^{-\frac{t}{\tau_1}} - \dfrac{\tau_d-\tau_2}{\tau_1-\tau_2}e^{-\frac{t}{\tau_2}}\right\}$. 최대/최소값에서 $\dfrac{dY(t)}{dt} = 0$

이므로 $KM\left\{\left(\dfrac{\tau_d-\tau_1}{\tau_1-\tau_2}\right)\left(-\dfrac{1}{\tau_1}\right)e^{-\frac{t}{\tau_1}} - \left(\dfrac{\tau_d-\tau_2}{\tau_1-\tau_2}\right)\left(-\dfrac{1}{\tau_2}\right)e^{-\frac{t}{\tau_2}}\right\} = 0$.

따라서 $e^{\left(\frac{1}{\tau_2}-\frac{1}{\tau_1}\right)t} = \dfrac{\tau_d-\tau_2}{\tau_2}\times\dfrac{\tau_1}{\tau_d-\tau_1} > 1 \rightarrow \dfrac{1-\tau_d/\tau_2}{1-\tau_d/\tau_1} > 1$

(2) Overshoot가 존재하는 경우에는 $Y(t) > KM$.

따라서 $KM\left\{1 + \dfrac{\tau_d-\tau_1}{\tau_1-\tau_2}e^{-\frac{t}{\tau_1}} - \dfrac{\tau_d-\tau_2}{\tau_1-\tau_2}e^{-\frac{t}{\tau_2}}\right\} > KM \rightarrow \left(\dfrac{\tau_d-\tau_1}{\tau_d-\tau_2}\right) > e^{-\left(\frac{1}{\tau_2}-\frac{1}{\tau_1}\right)t} > 0$

따라서 $[\tau_d - \tau_1 > 0$ and $\tau_d - \tau_2 > 0]$ 또는 $[\tau_d - \tau_1 < 0$ and $\tau_d - \tau_2 < 0] \rightarrow \tau_d > \tau_1$ 또는 $\tau_d < \tau_2$ ($\because \tau_1 > \tau_2$)

(3) 역응답 → $\dfrac{dY(t)}{dt} < 0$ at $t = 0^+$. 따라서

$$KM\left\{\left(\frac{\tau_d - \tau_1}{\tau_1 - \tau_2}\right)\left(-\frac{1}{\tau_1}\right)e^{-\frac{t}{\tau_1}} - \left(\frac{\tau_d - \tau_2}{\tau_1 - \tau_2}\right)\left(-\frac{1}{\tau_2}\right)e^{-\frac{t}{\tau_2}}\right\} < 0$$

$$\therefore\ KM\left(\frac{\tau_d - \tau_2}{\tau_2} - \frac{\tau_d - \tau_1}{\tau_1}\right) < 0 \text{ at } t = 0^+ \ \rightarrow\ \frac{\tau_d}{\tau_2} - 1 - \frac{\tau_d}{\tau_1} + 1 < 0$$

$\tau_1 > \tau_2$이므로 $\tau_d < 0$

7.18 **풀이** $G(s) = (K_1 - K_2)\left(\dfrac{K_1\tau_2 - K_2\tau_1}{K_1 - K_2}s + 1\right)$. 따라서 역응답 조건 $\dfrac{K_1\tau_2 - K_2\tau_1}{K_1 - K_2} < 0$으로부터 $(K_1 - K_2)(K_1\tau_2 - K_2\tau_1) < 0$. 이로부터 $\tau_1 = 1,\ \tau_2 = 2$를 이용하면

1) $K_2 > K_1,\ K_2 < 2K_1$ 2) $K_2 < K_1,\ K_2 > 2K_1$

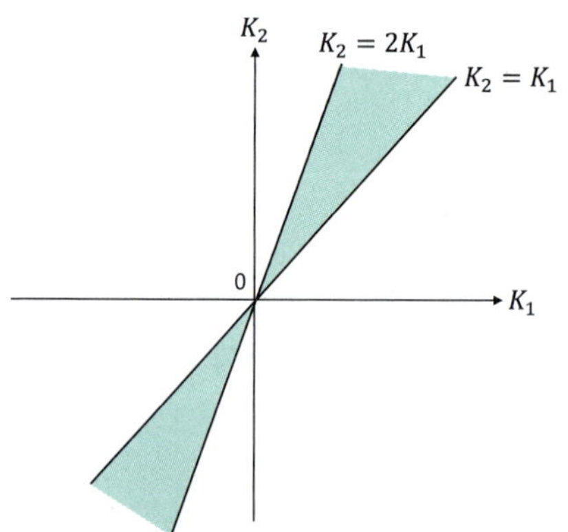

7.21 **풀이**

(1)

$$Y(t) = K_1 - \frac{K_1}{2}\left(1 + \frac{\zeta}{\sqrt{\zeta^2 - 1}}\right)e^{\frac{\sqrt{\zeta^2-1}-\zeta}{\tau_1}t} - \frac{K_1}{2}\left(1 - \frac{\zeta}{\sqrt{\zeta^2 - 1}}\right)e^{\frac{-\sqrt{\zeta^2-1}-\zeta}{\tau_1}t} - K_2 + K_2e^{-t/\tau_2}$$

$y(\infty) = K_1 - K_2 > 0$이므로 $\left.\dfrac{dY(t)}{dt}\right|_{t=0} < 0$이면 역응답이 나타난다.

$$\left.\frac{dY(t)}{dt}\right|_{t=0} = -\frac{K_1}{2}\left(1 + \frac{\zeta}{\sqrt{\zeta^2 - 1}}\right)\frac{\sqrt{\zeta^2 - 1} - \zeta}{\tau_1} - \frac{K_1}{2}\left(1 - \frac{\zeta}{\sqrt{\zeta^2 - 1}}\right)\frac{-\sqrt{\zeta^2 - 1} - \zeta}{\tau_1} - \frac{K_2}{\tau_2}$$

$\zeta = 2$이면 $\left.\dfrac{dY(t)}{dt}\right|_{t=0} = 0 = -\dfrac{K_2}{\tau_2} < 0$. 즉 $\dfrac{K_2}{\tau_2} > 0$이면 역응답이 나타난다.

(2) $Y(t) = K_1\left\{1 - \dfrac{1}{\sqrt{1 - \zeta^2}}e^{-\frac{\zeta t}{\tau_1}}\sin\left(\dfrac{\sqrt{1 - \zeta^2}}{\tau_1}t + \phi\right)\right\} - K_2\left(1 - e^{-\frac{t}{\tau_2}}\right)$.

여기에서 $\phi = \tan^{-1}\left(\dfrac{\sqrt{1 - \zeta^2}}{\zeta}\right)$이다.

7.24 풀이 $V\dfrac{dx_1}{dt} = qx_0 - qx_1 \rightarrow \dfrac{X_1(s)}{X_0(s)} = \dfrac{1}{\tau s + 1}\left(\tau = \dfrac{V}{q}\right)$. $\therefore \dfrac{X_n(s)}{X_0(s)} = \dfrac{1}{(\tau s + 1)^n}$

$X_0(s) = \dfrac{b}{s}$ 이므로 $X_n(s) = \dfrac{b}{s(\tau s + 1)^n}$.

따라서 $X_1(t) = b\{1 - e^{-t/\tau}\}$, $X_2(t) = b\left\{1 - e^{-t/\tau} - \dfrac{t}{\tau}e^{-t/\tau}\right\}$

$$X_3(t) = b\left\{1 - e^{-t/\tau} - \frac{t}{\tau}e^{-t/\tau} - \left(\frac{t}{\tau}\right)^2 \frac{e^{-t/\tau}}{2}\right\} \quad (b = 1.2,\ \tau = 2)$$

```
>> t = 0:0.01:10; b = 1.2; tau = 2;
>> x1 = b*(1-exp(-t/tau)); x2 = x1 - b*(t/tau).*exp(-t/tau); x3 = x2
- b*(t/tau).^2.*exp(-t/tau)/2;
>> plot(t,x1,':',t,x2,'--',t,x3), xlabel('t(min)'), ylabel('x_i(t) (lbmol/
ft^3)')
>> legend('x_1(t)','x_2(t)','x_3(t)','location','best'), grid
```

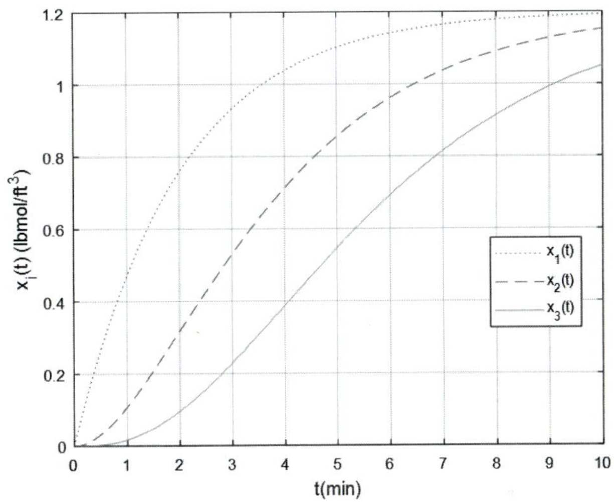

simulink를 이용하는 경우 다음 결과를 얻는다.

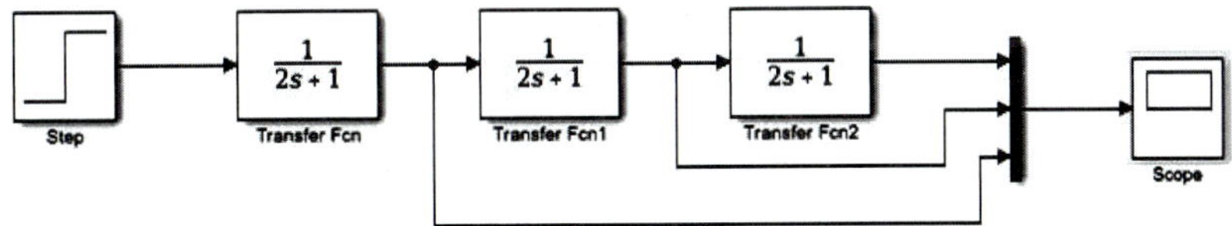

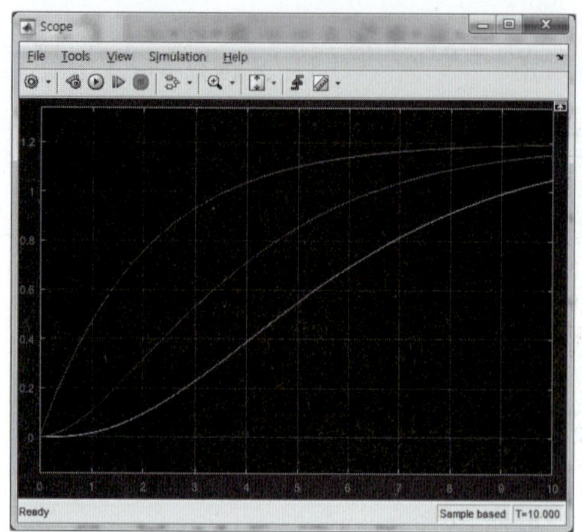

제8장 공정변수의 측정

8.3 풀이

(1) 오차 = (±0.005)(250) = ±1.25. 따라서 실제온도는 55±1.25 = 53.75~56.25℃ 범위에 있다.

(2) 오차 = (±0.0075)(250 − 20) = ±1.725. 따라서 실제온도는 55±1.725 = 53.275~56.725℃ 범위에 있다.

(3) 오차 = (±0.008)(55) = ±0.44. 따라서 실제온도는 55±0.44 = 54.56~55.44℃ 범위에 있다.

8.6 풀이

온도가 60℃면 온도센서의 출력전압은 $V_x = (15\text{ mV/°C})\ (60\text{°C}) = 0.9\text{ V}$이다.

증폭기의 출력전압은 $V_{out} = 9 = 20V_y = 20V_x\left(1 - \dfrac{R_x}{R_x + 10\text{ k}\Omega}\right) = 18\left(1 - \dfrac{R_x}{R_x + 10\text{ k}\Omega}\right)$.

따라서 센서의 출력저항 $R_x = 10\text{ k}\Omega$

8.9 풀이 먼저 3 dB 감소에 따른 전압비가 얼마인지 알아본다. $P(\text{dB}) = 20\log(\dfrac{V_{out}}{V_{in}})$에서 3 dB 감소는 P = −3을 의미하므로 $\dfrac{V_{out}}{V_{in}} = 10^{-3/20} = 0.707$. 임계주파수는 input에 대한 output의 비가 대략 0.707이 되는 주파수로 정의되므로 여기에서 임계주파수는 output이 3 dB만큼 감소되는 주파수로서 $|\dfrac{V_{out}}{V_{in}}| = 0.707 = \dfrac{f/f_c}{\sqrt{1+(f/f_c)^2}} = \dfrac{2000/f_c}{\sqrt{1+(2000/f_c)^2}}$로부터 $\dfrac{2000}{f_c} = 1$.

따라서 $f_c = 2000\text{ Hz}$이다. $f = 60\text{ Hz}$이면 $|\dfrac{V_{out}}{V_{in}}| = \dfrac{f/f_c}{\sqrt{1+(f/f_c)^2}}$로부터

$|\dfrac{V_{out}}{V_{in}}| = \dfrac{\frac{60}{2000}}{\sqrt{1+(60/2000)^2}} = 0.03$. 즉 60 Hz 잡음의 3%만이 잔류함을 알 수 있다(즉 잡음의 97%는 축소). 0.01 μF의 커패시터를 이용한다면 $f_c = \dfrac{1}{2\pi RC}$로부터

$R = \dfrac{1}{2\pi \times 0.01 \times 10^{-6} \times 2000} = 7{,}962\ \Omega$. 따라서 R로서 표준값인 7.5 kΩ이나 8.2 kΩ을 취한다.

8.12 풀이 100°C에서 전압출력은 (0.02 V/°C)(100°C) = 2 V이다. 따라서 2 V reference가 이용될 수 있다. 0.1°C의 변화는 (0.1°C)(0.02 V/°C) = 2 mV의 전압변화를 야기하므로 $\Delta V = V_R 2^{-n}$로부터 $0.002\ V = (2)(2^{-n})$. 이로부터 $n = (\log 2 - \log 0.002)/(\log 2) = 9.966 \fallingdotseq 10$. 그러므로 10-bit word($n = 10$)가 필요하다. 10-bit word의 resolution은 $V = (2)(2^{-10}) = 0.00195$이다.

8.15 풀이 70°F가 중간이므로 $T_0 = 70°F$로 한다. $R(T_0) = 100$이므로

$\alpha_0 = \dfrac{1}{100}\left(\dfrac{105 - 93}{90 - 50}\right) = 0.003$. 따라서 $R(T) = 100[1 + 0.003(T - 70)]$

8.18 풀이 Steinhart–Hart 식에서 위의 곡선보정 계수를 이용하고 주어진 저항을 R에 대입하면

$$\frac{1}{T} = 1.1252 \times 10^{-3} + 2.3478 \times 10^{-4}(\ln 4000) + 8.5262 \times 10^{-8}(\ln 4000)^3$$

이로부터 $T = 47.25°C$

8.21 풀이

$H = (16\text{ in})\,1\text{ ft}/12\text{ in} = 1.33\text{ ft}$, $g = 32.2\text{ ft/sec}^2$, $v = \sqrt{2(32.2)(1.33)} = 9.3\text{ ft/sec}$

따라서 체적유량은 $Q = \pi\{(1\text{ ft})^2/4\}(9.3\text{ ft/sec}) = 7.3\text{ ft}^3/\text{sec}$

제9장 제어계의 구성요소

9.3 풀이 $P = P_0 + k\left(\dfrac{q}{q_0}\right)^2 = P_0 + \left(\dfrac{k}{{q_0}^2}\right)q^2$.

따라서 $15 = P_0 + \left(\dfrac{k}{{q_0}^2}\right)100^2$, $3 = P_0 + 0 \rightarrow P_0 = 3$ psig, $\dfrac{k}{{q_0}^2} = 0.0012$ psig/gpm.

$\therefore\ P = 3 + 0.0012q^2$

9.6 풀이 $q = C_v f(x)\sqrt{\dfrac{\Delta P_v}{s_g}} = af(x)\sqrt{\Delta P_v}$로부터 $(a \equiv C_v/\sqrt{s_g})$ $\Delta P_v = \dfrac{q^2}{a^2\{f(x)\}^2}$.

따라서 $\Delta P_t = 3 - 2.3 = 0.7 = \Delta P_L + \Delta P_v = kq^2$로부터

$0.7 = kq^2 + \dfrac{q^2}{a^2\{f(x)\}^2} = \left[k + \dfrac{1}{a^2\{f(x)\}^2}\right]q^2 = \left[k + \dfrac{b}{\{f(x)\}^2}\right]q^2$.

여기에서 $b = \dfrac{1}{a^2} - \dfrac{s_g}{{C_v}^2}$이다. $f(x) = 1$일 때 $q = 12$, $f(x) = 0.5$일 때 $q = 9$이므로 $0.7 = (k + b) \times 12^2$, $0.7 = (k + 4b) \times 9^2$. 이로부터 $k = 0.0036$, $b = 0.00126$. 동일한 밸브가 bypass로 설치되는 경우 파이프라인 내의 유량은 동일하지만 각 밸브를 흐르는 유량은 절반으로 줄어든다. 최대 유량은 밸브가 완전히 열렸을 때($f(x) = 1$) 달성되므로

$$\Delta P_t = 0.7 = kq^2 + b\left(\frac{q}{2}\right)^2 = \left[k + \frac{b}{4}\right]q^2 = \left(0.0036 + \frac{0.00126}{4}\right)q^2 = 0.003915q^2$$

따라서 $q = \sqrt{\dfrac{0.7}{0.003915}} = 13.37 \left(\dfrac{\text{m}^3}{\text{h}}\right)$.

9.9 풀이 (1) (50 − 10)*20% = 8 psi

(2) 제어기 출력 = (16 − 8)/(20 − 4) = 50%. 따라서 $\dfrac{100\%}{50\%} \times 100 = 200\%$

9.12 풀이 $m(t) = m_b + K_c\left\{e(t) + \dfrac{1}{\tau_I}\int e(t)dt\right\},\ m_b = 20$

i) $0 \le t \le 1$: $e(t) = t$이므로 $m(t) = 20 + 5\left(t + \int_0^t tdt\right) = 20 + 5t + 2.5t^2$.

$t = 1$에서 $m(1) = 27.5$

ii) $1 \le t$: $e(t) = 1$이므로 $m(t) = m_b' + 5\left(1 + \int_1^t 1dt\right) = m_b' + 5 + 5(t-1) = 5t + m_b'$

$t = 1$에서 $m(1) = 5t + m_b' = 27.5$. 따라서 $m_b' = 22.5 \quad \therefore m(t) = 22.5 + 5t$

9.15 풀이 $M(s) = K_c\left(\dfrac{1}{s} + \dfrac{\alpha - 1}{s + \alpha/\tau_D}\right) \therefore\ M(t) = M_s + K_c\{1 + (\alpha - 1)e^{-\alpha t/\tau_D}\}$

9.18 풀이 $M(s) = E(s)\cdot K_c\left(1 + \tau_D s + \dfrac{1}{\tau_I s}\right) = \dfrac{1}{s}\cdot K_c\left(1 + \tau_D s + \dfrac{1}{\tau_I s}\right)$

$\therefore\ m(t) = K_c\left(1 + \tau_D\delta(t) + \dfrac{t}{\tau_I}\right)$. $K_c = 15,\ \tau_I = 1.5,\ \tau_D = 1$이므로

$m(t) = 15\left(1 + \delta(t) + \dfrac{t}{1.5}\right) = 15 + 15\delta(t) + 10t$

9.21 풀이

```
>> Kp = 1.2; Ki = 0.3; Kd = 2; Tf = 0.4; Gc = pid(Kp,Ki,Kd,Tf)
Gc =

             1            s
  Kp + Ki * --- + Kd * --------
             s          Tf*s+1
with Kp = 1.2, Ki = 0.3, Kd = 2, Tf = 0.4
Continuous-time PIDF controller in parallel form.
>> [Kp,Ki,Kd,Tf] = piddata(Gc)
Kp =
    1.2000
Ki =
    0.3000
Kd =
     2
Tf =
    0.4000
>> impulse(Gc)
```

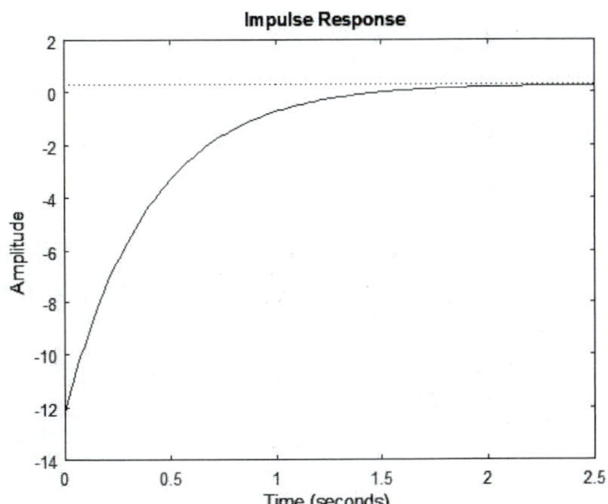

제10장 Feedback 제어루프의 동특성

10.3 풀이 (1) $\rho C_p V \dfrac{dT}{dt} = C_p w(T_i - T) + aP_h \rightarrow \tau \dfrac{dT}{dt} = T_i - T + KP_h$

여기에서 $\tau = \dfrac{\rho V}{w} = 2,\ K = \dfrac{a}{C_p w} = 2$이다. 따라서 $2\dfrac{dT}{dt} = T_i - T + 2P_h$

(2) 정상상태에서 $T = T_i + KP_h = 80 + 2 \times 3 = 86(°\text{C})$

(3) process: $T(s) = \dfrac{1}{\tau s + 1} T_i(s) + \dfrac{K}{\tau s + 1} P_h(s)$

Closed-loop:

$$T(s) = \frac{\frac{KK_c}{\tau s + 1}}{1 + \frac{KK_c}{\tau s + 1}} T_R(s) + \frac{\frac{1}{\tau s + 1}}{1 + \frac{KK_c}{\tau s + 1}} T_i(s) = \frac{KK_c}{\tau s + 1 + KK_c} T_R(s) + \frac{1}{\tau s + 1 + KK_c} T_i(s)$$

$$= \frac{2K_c}{2s + 1 + 2K_c} T_R(s) + \frac{1}{2s + 1 + 2K_c} T_i(s)$$

(4) $T_R(s) = \dfrac{5}{s} \rightarrow \text{offset} = T_R(\infty) - T(\infty) = 5 - \dfrac{10K_c}{1 + 2K_c} = \dfrac{5}{1 + 2K_c}$

(5) $T_i(s) = \dfrac{3}{s} \rightarrow \text{offset} = T_R(\infty) - T(\infty) = 0 - \dfrac{3}{1 + 2K_c} = -\dfrac{3}{1 + 2K_c}$

10.6 풀이

(1) 모델식은 $A_1 R_1 \dfrac{dh_1}{dt} = R_1 q_i - h_1, A_2 R_2 \dfrac{dh_2}{dt} = \dfrac{R_2}{R_1} h_1 - h_2.$

정상상태에서는 $0 = R_1 q_{is} - h_{1s}, 0 = \dfrac{R_2}{R_1} h_{1s} - h_{2s}$부터

$h_{1s} = R_1 q_{is} = \left(\dfrac{1}{2}\right)(12) = 6\ \text{cm}, h_{2s} = \dfrac{R_2}{R_1} h_{1s} = \left(\dfrac{1/3}{1/2}\right)(6) = 4\ \text{cm}$

(2) 모델식의 라플라스 변환으로부터 $\dfrac{H_1(s)}{Q_i(s)} = \dfrac{K_1}{\tau_1 s + 1},\ \dfrac{H_2(s)}{H_1(s)} = \dfrac{K_2}{\tau_2 s + 1}.$

따라서 $G_p(s) = \dfrac{H_2(s)}{Q_i(s)} = \dfrac{K_1K_2}{(\tau_1 s+1)(\tau_2 s+1)}$. 여기에서

$\tau_1 = A_1R_1 = 1s, \tau_2 = A_2R_2 = 1s, K_1 = R_1 = \dfrac{1}{2}\ \mathrm{s/cm^2}, K_2 = \dfrac{R_2}{R_1} = \dfrac{2}{3}\ \mathrm{s/cm^2}$

제어기의 전달함수는 $G_c(s) = K_c = 1$. 그러므로

$$G(s) = \frac{H_2(s)}{H_R(s)} = \frac{G_c(s)G_p(s)}{1+G_c(s)G_p(s)} = \frac{K_cK_1K_2}{(\tau_1 s+1)(\tau_2 s+1)+K_cK_1K_2} = \frac{1/3}{(s+1)^2+1/3}.$$

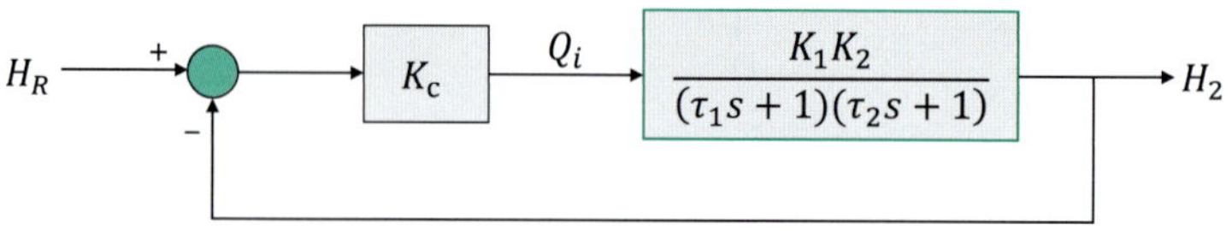

(3) h_R에 임펄스 변화가 도입되었다면 $H_R(s) = 1$이므로

$H_2(s) = \dfrac{1/3}{(s+1)^2+1/3} = \dfrac{(1/\sqrt{3})^2}{(s+1)^2+(1/\sqrt{3})^2}$. 따라서 $H_2(t) = \dfrac{1}{\sqrt{3}}e^{-t}\sin\left(\dfrac{t}{\sqrt{3}}\right)$.

$h_{2s} = 4$이므로 $h_2(t) = h_{2s} + H_2(t) = 4 + \dfrac{1}{\sqrt{3}}e^{-t}\sin\left(\dfrac{t}{\sqrt{3}}\right)$.

10.9 풀이

$$\frac{C(s)}{R(s)} = \frac{K_c(0.1)\frac{1}{s+1}\cdot\frac{1/2}{s+1}}{1+K_c(0.1)\frac{1}{s+1}\cdot\frac{1/2}{s+1}} = \frac{0.05K_c}{s^2+2s+(1+0.05K_c)} = \frac{0.05K_c/(1+0.05K_c)}{\frac{1}{1+0.05K_c}s^2+\frac{2}{1+0.05K_c}s+1}.$$

$\tau = \sqrt{\dfrac{1}{1+0.05K_c}},\ 2\tau\zeta = \dfrac{2}{1+0.05K_c} \rightarrow \zeta = \dfrac{1}{\sqrt{1+0.05K_c}}$.

한편 $0.5 = \dfrac{1}{\sqrt{1+0.05K_c}} \rightarrow K_c = 60$

10.12 풀이 $\dfrac{H}{R} = \dfrac{K_mK_cK_vK_p\left(1+\frac{1}{\tau_I s}\right)\left(\frac{1}{\tau s+1}\right)}{1+K_mK_cK_vK_p\left(1+\frac{1}{\tau_I s}\right)\left(\frac{1}{\tau s+1}\right)} = \dfrac{1}{2.5s+1}$.

$R = \dfrac{1}{s} \rightarrow H(s) = \dfrac{1}{s(2.5s+1)} = \dfrac{1}{s} - \dfrac{1}{s+0.4}\quad \therefore H(t) = 1-e^{-0.4t}$.

따라서 $H(t) = 0.5$일 때 $t = 1.73\ \mathrm{min}$.

10.15 풀이 (1) 탱크 1에서 $\rho C_pV_1\dfrac{dT_1}{dt} = q + wC_p(T_i - T_1)$. 편차변수를 도입하고 라플라스 변환을 수행하면 $\overline{T}_1(s) = \dfrac{1}{\tau_1 s+1}\{K_1Q(s)+\overline{T}_i(s)\}$. 여기에서 $\tau_1 = \dfrac{\rho V_1}{w},\ K_1 = \dfrac{1}{wC_p}$ 이다. 탱크 II에 대해서도 같은 방법으로 $\dfrac{\overline{T}_2(s)}{\overline{T}_1(s)} = \dfrac{1}{\tau_2 s+1}$. 여기에서 $\tau_2 = \dfrac{\rho V_2}{w}$이다. 탱크 III의 경우 $\dfrac{\overline{T}_3(s)}{\overline{T}_2(s)} = \dfrac{1}{\tau_3 s+1}$. 여기에서 $\tau_3 = \dfrac{\rho V_3}{w}$이다.

이를 종합하여 블록선도를 그려보면

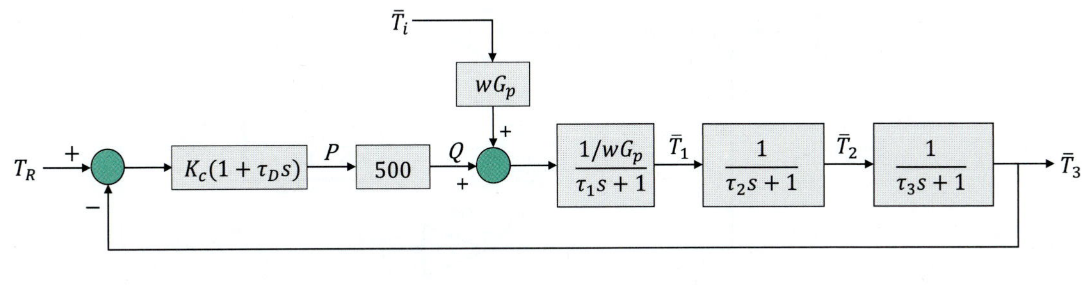

PD 제어기이므로 $\dfrac{P(s)}{\epsilon(s)} = K_c(1+\tau_D s)$. 주어진 데이터로부터

$$wC_p = \left(250\frac{\text{lb}}{\text{min}}\right)\left(1\frac{\text{Btu}}{\text{lb°F}}\right) = 250\frac{\text{Btu}}{\text{min°F}},\ \tau_1 = \frac{\rho V_1}{w} = \frac{(62.5)(4)}{250} = 1\ (\text{min}),$$

$$\tau_2 = (1)\left(\frac{5}{4}\right) = 1.25\ (\text{min}),\ \tau_3 = (1)\left(\frac{6}{4}\right) = 1.5\ (\text{min}),\ \bar{T}_i(s) = 0$$

$$\frac{\bar{T}_3(s)}{T_R(s)} = \frac{K_c(1+\tau_D s)(500)\dfrac{1/250}{s+1}\dfrac{1}{1.25s+1}\dfrac{1}{1.5s+1}}{1+K_c(1+\tau_D s)(500)\dfrac{1/250}{s+1}\dfrac{1}{1.25s+1}\dfrac{1}{1.5s+1}}$$

$$= \frac{2K_c(1+\tau_D s)}{(s+1)(1.25s+1)(1.5s+1)+2K_c(1+\tau_D s)}$$

(2) $K_c = 3$ psi/°F, $\tau_D = 0.5$ min, $T_R(s) = 0$.

따라서 $$\frac{\bar{T}_3(s)}{\bar{T}_i(s)} = \frac{wC_p\dfrac{1/wC_p}{s+1}\dfrac{1}{1.25s+1}\dfrac{1}{1.5s+1}}{1+3(1+0.5s)(500)\dfrac{1/250}{s+1}\dfrac{1}{1.25s+1}\dfrac{1}{1.5s+1}}$$

$$= \frac{1}{(s+1)(1.25s+1)(1.5s+1)+6(1+\tau_D s)}$$

$$\bar{T}_i(s) = \frac{1}{s},\ \bar{T}_3(\infty) = \lim_{s\to 0} s\bar{T}_3(s) = \frac{1}{7}$$

따라서 offset $= T_R(\infty) - \bar{T}_3(\infty) = 0 - \dfrac{1}{7} = -\dfrac{1}{7}$

10.18 풀이

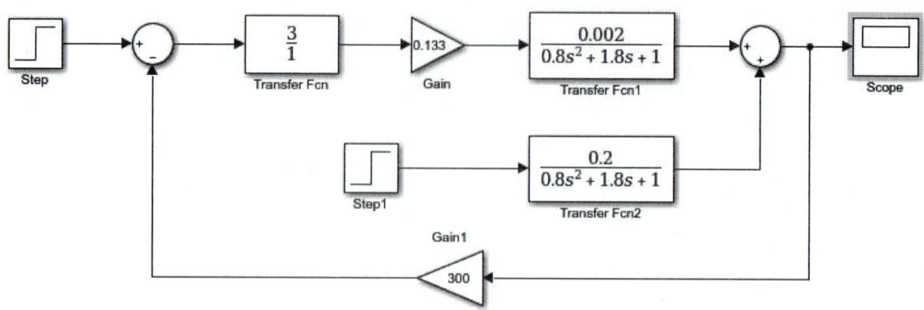

(1) 설정점 위치의 Step 블록(Step)을 더블클릭하여 스텝의 최종값을 0으로 설정하고 외부교란변수 위치의 Step 블록(Step1)을 더블클릭하여 스텝의 최종값을 1.2로 설정한다. Simulation을 수행하면 출력은 대략 0.19의 정상상태 값에 도달함을 알 수 있다.

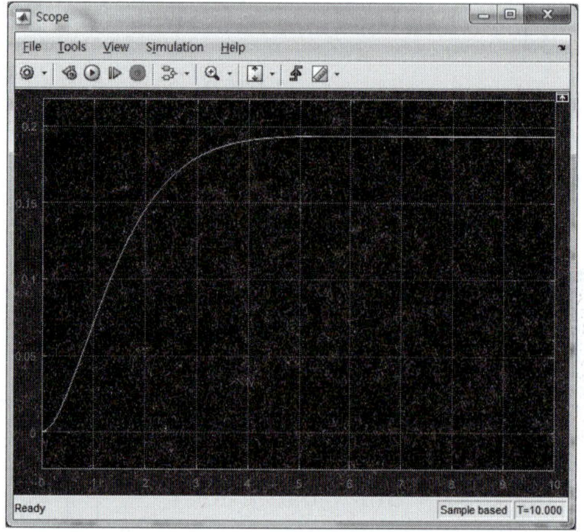

(2) 외부교란변수 위치의 Step 블록(Step1)을 더블클릭하여 스텝의 최종값을 0으로 설정하고 설정점 위치의 Step 블록(Step)을 더블클릭하여 스텝의 최종값을 1.2로 설정한다. Simulation을 수행하면 출력은 대략 0.00077의 정상상태 값에 도달함을 알 수 있다.

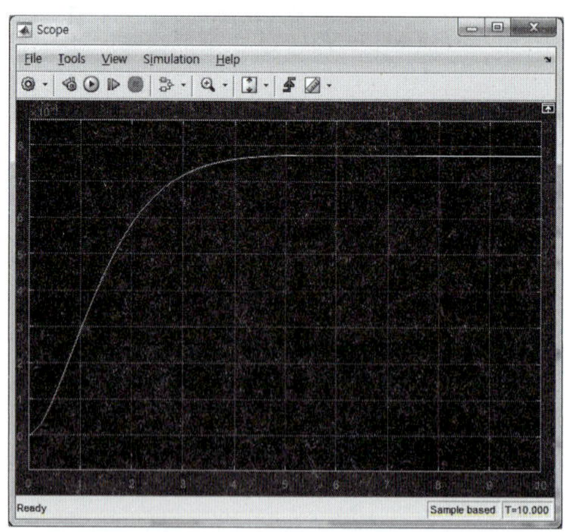

제11장 제어구조의 안정성

11.3 풀이 (1) 특성방정식은 $1 + \frac{2K_c}{s-4} = 0 \rightarrow s + (2K_c - 4) = 0$ 따라서 $K_c > 2$

(2) 특성방정식은 $s^2 + (2K_c - 4)s + 2K_c = 0$. 따라서 Routh test로부터 $K_c > 2$

11.6 풀이 특성방정식은 $20s^4 + 44s^3 + 33s^2 + (10 + 6K_c)s + (1 + 3K_c) = 0$

따라서 Routh test로부터 $-\frac{1}{3} < K_c < 2.3$

11.9 풀이 1) 특성방정식을 풀어 쓰면 $s^5 + 2s^4 + 24s^3 + 48s^2 - 25s - 50 = 0$이어서 불안정함을 알 수 있다. Routh 배열로 확인해 보자.

1	1	24	−25	
2	2	48	−50	
3	0	0		이것의 보조방정식은 $2s^4 + 48s^2 - 50 = 0$
	8	96		s로 미분하면 $8s^3 + 96s = 0$
4	24	−50		
5	112.7			
6	−50			

한 번의 부호변화가 있어 불안정하다.

2)

1	1	11	
2	6	66	
3	0	0	이것의 보조방정식은 $6s^2 + 66 = 0$
	12	0	s로 미분하면 $12s = 0$
4	66		

부호변화가 없어 안정하다. 이것은 보기 11.11에서 $K_c = 30$일 때에 대응하는 특성방정식으로서 $(s + 6)(s^2 + 11)$, 즉 두 근이 허수축 상에 존재할 때 나타난다.

11.12 풀이 특성방정식은 $100\tau s^3 + (20\tau + 100)s^2 + (\tau + 20)s + (1 + 2K_c) = 0$.

따라서 $1 + 2K_c > 0,\ \tau^2 + (20 - 10K_c)\tau + 100 > 0$.

이로부터 $\tau > 5K_c - 10 + 5\sqrt{K_c(K_c - 4)},\ K_c > 4$.

11.15 풀이 특성방정식은 $1 + \frac{KK_c(\tau_a s + 1)}{(\tau_1 s + 1)(\tau_2 s + 1)} = 0$으로부터

$\tau_1\tau_2 s^2 + (\tau_1 + \tau_2 + KK_c\tau_a)s + (KK_c + 1) = 0$

$\tau_1 > 0,\ \tau_2 > 0,\ K > 0$이므로 $\tau_1 + \tau_2 + KK_c\tau_a > 0,\ KK_c + 1 > 0$이다.

a) $\tau_a < 0$인 경우: $KK_c < \dfrac{-(\tau_1+\tau_2)}{\tau_a}$, $KK_c > -1$로부터 $\dfrac{-(\tau_1+\tau_2)}{\tau_a} > 0$이므로

$-\dfrac{1}{K} < K_c < -\dfrac{(\tau_1+\tau_2)}{K\tau_a}$

b) $\tau_a > 0$인 경우: $KK_c > \dfrac{-(\tau_1+\tau_2)}{\tau_a}$, $KK_c > -1$로부터 $\dfrac{-(\tau_1+\tau_2)}{\tau_a} < 0$이므로

i) $-\dfrac{(\tau_1+\tau_2)}{\tau_a} > -1$, 즉 $\dfrac{(\tau_1+\tau_2)}{\tau_a} < 1$이면 $K_c > -\dfrac{(\tau_1+\tau_2)}{K\tau_a}$

ii) $-\dfrac{(\tau_1+\tau_2)}{\tau_a} < -1$, 즉 $\dfrac{(\tau_1+\tau_2)}{\tau_a} > 1$이면 $K_c > -\dfrac{1}{K}$

즉 $\tau_a < 0$인 역응답 공정에서는 K_c가 양의 상한과 음의 상한에 의해 제한되지만 $\tau_a > 0$인 경우는 양의 값 쪽의 제한이 없다.

11.18 풀이 (1) $\dfrac{C(s)}{R(s)} = \dfrac{G_cG_p}{1+KG_p+G_cG_pG_m} = \dfrac{K_c\{\tau_D s^2+(1+\tau_D s)+1\}}{s^2+(3+K_c\tau_D)s+(2+K_c)}$, $R(s)=\dfrac{1}{s}$

따라서 $C(\infty)=\lim\limits_{s\to 0} sC(s) = \dfrac{K_c}{2+K_c}$.

그러므로 offset $= R(\infty)-C(\infty) = 1-\dfrac{K_c}{2+K_c} = \dfrac{2}{2+K_c}$

(2) 특성방정식은 $1-\dfrac{2}{s}+\dfrac{K_c(1+\tau_D s)}{s(s+1)} = 0 \rightarrow s^2+(K_c\tau_D-1)s+(K_c-2)=0.$

이로부터 $K_c > 2,\ \tau_D > \dfrac{1}{K_c}$

11.21 풀이 (1) 특성방정식은 $2.76\tau_I s^3 + 3.5\tau_I s^2 + (1+K_c)\tau_I s + K_c = 0$

(2) 스크립트 blendst는 각 경우에 대한 특성방정식의 근을 계산해 준다. 각 경우에 대한 특성방정식의 근 및 안정성은 다음과 같다:

제어기 파라미터	특성방정식의 근	안정성 여부
$K_c=0.2, \tau_I=1.3$	−0.8214 + 0.0000i, −0.2233 + 0.1341i, −0.2233 − 0.1341i	안정 (허근의 실수부가 음)
$K_c=2.1, \tau_I=0.2$	−1.8094 + 0.0000i, 0.2706 + 1.4245i, 0.2706 − 1.4245i	불안정 (허근의 실수부가 양)

```
% blendst.m: 혼합공정의 안정성 판별
clear all;
Kc = [0.2 2.1]; tI = [1.3 0.2]; % PI 제어기 파라미터
for j = 1:2
        r = roots([2.76*tI(j) 3.5*tI(j) (1+Kc(j))*tI(j) Kc(j)]);
        fprintf('Kc = %g, tau_I = %g : \n',Kc(j), tI(j));
        display(r)
end
```

제12장 공정의 규명과 표현

12.3 풀이 앞에서와 같은 방법으로 구하면 크기가 60볼트인 계단입력에 대하여 전달함수

$G(s) = \dfrac{1.03e^{-5s}}{30s+1}$를 얻는다.

12.6 풀이 $K = \dfrac{4}{2} = 2,\ y(t) = 4\left\{1 - e^{-\frac{t-\theta}{\tau}}\right\}u(t-\theta)$.

At $t = 5$: $1.6 = 4\left\{1 - e^{-\frac{5-\theta}{\tau}}\right\} \rightarrow 0.916\tau + \theta = 5$

At $t = 8$: $3.6 = 4\left\{1 - e^{-\frac{8-\theta}{\tau}}\right\} \rightarrow 2.303\tau + \theta = 8$. 이로부터 $K = 2,\ \tau = 2.16,\ \theta = 3$

12.9 풀이 $f_i = \log P_i,\ \phi_0 = 1,\ \phi_1 = \dfrac{1}{T_i}$로 두고 선형함수에 대입할 항을 계산한다.

i	t(°C)	P(mmHg)	T(K)	Ø₀	$Ø_1 = \frac{1}{T}$	f = log P
1	7.6	40	280.75	1	0.00356	1.602
2	15.4	60	288.75	1	0.00346	1.778
3	42.2	200	315.35	1	0.00317	2.301
4	80.1	760	353.25	1	0.00283	2.881

```
>> format long
>> X = [ 1 0.00356 ; 1 0.00346 ; 1 0.00317 ; 1 0.00283];
>> F = [1.602 ; 1.778 ; 2.301 ; 2.881];
>> A = inv(X' * X ) * X' * F
A =
    1.0e+03 *
    0.007855247754723
   -1.755682873954811
```

즉 $A = \begin{bmatrix} 7.855 \\ -1755.7 \end{bmatrix}$. 따라서 $\log P = 7.855 - \dfrac{1755.7}{T}$

제13장 제어기의 조정과 합성

13.3 풀이 특성 방정식: $2s^3 + 5s^2 + 4s + (1 + 3K_c) = 0$. $s = j\omega$를 대입:

$K_{cu} = 3,\ T_u = \dfrac{2\pi}{\omega_u} = \dfrac{2\pi}{\sqrt{2}} = 4.443$.

따라서 $K_c = \dfrac{3}{1.7} = 1.765,\ \tau_I = \dfrac{4.443}{2} = 2.222,\ \tau_D = \dfrac{4.443}{8} = 0.555$

13.6 풀이 제어기를 P-제어기로 대체한 경우의 closed-loop에 대한 특성방정식은

$2s^3 + 5s^2 + 4s + (1 + K_c) = 0$. $s = i\omega$를 대입하면

$-2\omega^3 i - 5\omega^2 + 4\omega i + (1 + K_c) = 0 \rightarrow 4\omega - 2\omega^3 = 0,\ 1 + K_c - 5\omega^2 = 0$.

이로부터 $K_{cu} = 9$, $\omega_u = \sqrt{2}$, $T_u = \dfrac{2\pi}{\omega_u} = 4.44$. 표 13.1로부터

$K_c' = \dfrac{K_{cu}}{1.7}$, $\tau_I' = \dfrac{T_u}{2}$, $\tau_D' = \dfrac{T_u}{8}$ 이므로 $K_c' = 5.3$, $\tau_I' = 2.22$, $\tau_D' = 0.56$.

13.9 풀이

(1) $0.6 < 1$이므로 $\dfrac{1}{0.6s+1} \approx e^{-0.6s}$를 이용하면 $G_p = \dfrac{1.25e^{-0.2s}}{s+1} \cdot e^{-0.6s} = \dfrac{1.25e^{-0.8s}}{s+1}$

(2) 표 13.5로부터 $K_c = \dfrac{0.984}{1.25}\left(\dfrac{0.8}{1}\right)^{-0.986} = 0.98$, $\tau_I = \dfrac{1}{0.608}\left(\dfrac{0.8}{1}\right)^{0.707} = 1.4$

13.12 풀이 $G(s) = G_v G_p = 60\dfrac{\text{ft}^3/\text{min}}{\%} \cdot 0.347\dfrac{\text{ft}}{\text{ft}^3/\text{min}} \cdot \dfrac{1}{0.75s+1} = \dfrac{20.82}{0.75s+1}\dfrac{\text{ft}}{\%}$

i) $\tau_c = 1$일 때: $G_c = \dfrac{1}{\tau_c s} \cdot \dfrac{\tau s + 1}{K} = \dfrac{\tau}{K\tau_c}\left(1 + \dfrac{1}{\tau s}\right) = \dfrac{0.75}{20.82 \times 1}\left(1 + \dfrac{1}{0.75s}\right)$

따라서 PI 제어기의 형태이며 $K_c = 0.036$, $\tau_I = 0.75$

ii) $\tau_c = 0.5$일 때: $G_c = \dfrac{0.75}{20.82 \times 0.5}\left(1 + \dfrac{1}{0.75s}\right)$. 따라서 $K_c = 0.072$, $\tau_I = 0.75$

두 경우를 비교해 보면 빠른 응답을 얻으려면($\tau_c = 0.5$) 더 큰 비례이득을 사용해야 하는데 이 때 τ_I는 변하지 않음을 알 수 있다.

13.15 풀이 $G_c = \dfrac{1}{G}\left\{\dfrac{(C/R)_d}{1-(C/R)_d}\right\} = \dfrac{(\tau_1 s+1)(\tau_2 s+1)(\tau_3 s+1)}{Ks\tau_c(\tau_c s + 2\zeta_c)}$

여기에서 $\alpha = \dfrac{\tau_c}{2\zeta_c}$, $\beta = 2K\tau_c\zeta_c$라 놓으면 $G_c = \dfrac{(\tau_1 s+1)(\tau_2 s+1)(\tau_3 s+1)}{\beta s(\alpha s+1)}$이다.

α를 open-loop 전달함수의 시정수 중 하나와 같게 놓으면(즉 예를 들어 $\alpha = \dfrac{\tau_c}{2\zeta_c} = \tau_3$)

$$G_c = \frac{(\tau_1 s+1)(\tau_2 s+1)}{\beta s} = \frac{\tau_1+\tau_2}{\beta}\left\{1 + \frac{1}{(\tau_1+\tau_2)s} + \frac{\tau_1\tau_2}{\tau_1+\tau_2}s\right\}$$

$$\rightarrow K_c = \frac{\tau_1+\tau_2}{\beta},\ \tau_I = \tau_1+\tau_2,\ \tau_D = \frac{\tau_1\tau_2}{\tau_1+\tau_2}$$

이 되어 PID 형태의 제어기가 얻어진다. 이 제어기도 먼저 closed-loop 응답에 over shoot를 결정하고 그에 따라 closed-loop 응답의 시간상수(τ_c)를 결정한 후 그 값에 따라 PID 제어기의 상수들이 결정된다.

13.18 풀이 (1) $\eta_c = (\tau_{c1}+\tau_{c2}) + \dfrac{\tau_{c1}\tau_{c2}}{\tau} = 1 + 0.5 + \dfrac{1 \times 0.5}{1} = 2$ 이므로

$$K_c = \frac{\tau\eta_c}{K\tau_{c1}\tau_{c2}} = \frac{1 \times 2}{0.2 \times 1 \times 0.5} = 20,\ \tau_I = \eta_c = 2$$

(2)

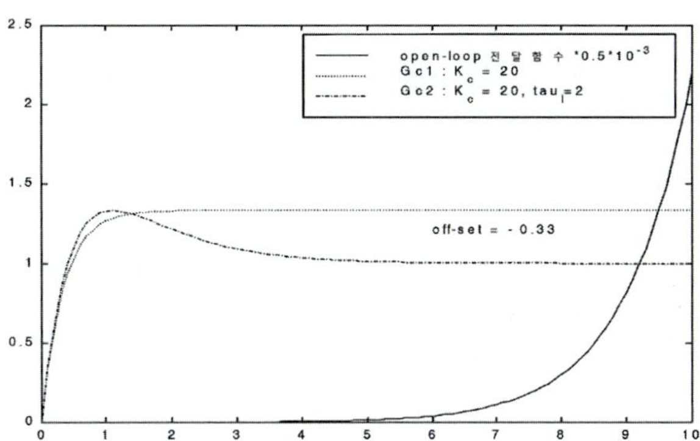

제14장 진동응답의 분석

14.3 풀이 $G_c(s) = 2\left(1 + 4s + \dfrac{1}{10s}\right)$. 따라서 $G_c(i\omega) = 2 + \left(8\omega - \dfrac{1}{5\omega}\right)i$.

그러므로 $AR = \sqrt{4 + \left(8\omega - \dfrac{1}{5\omega}\right)^2}$, $\phi = \tan^{-1}\left(4\omega - \dfrac{1}{10\omega}\right)$

14.6 풀이

```
>> num = 5*[0.5 1]; den = conv([20 1],[4 1]); G = tf(num,den);
set(G,'iodelay',0.5);
>> bode(G), grid
```

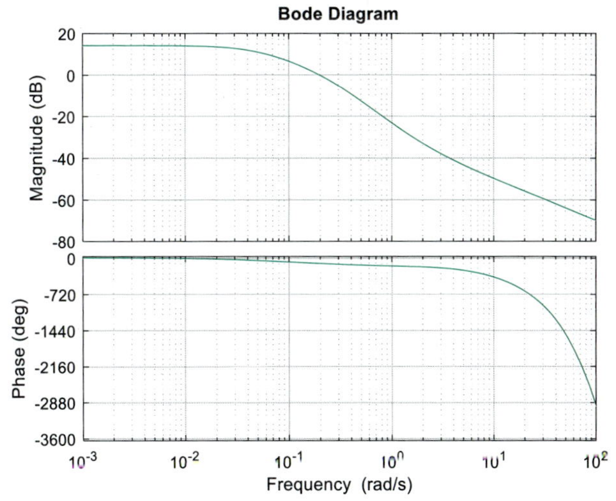

14.9 풀이 Open-loop 전달함수는 $G_{OL} = G_c G_v G_p G_m = \dfrac{-30K_c e^{-0.5s}}{(s+1)(6s+1)(10s+1)}$.

```
>> Kc = 2; num = -30*Kc; den = conv([1 1],conv([6 1],[10 1])); G =
tf(num,den); set(G,'iodelay',0.5);
>> bode(G), grid
```

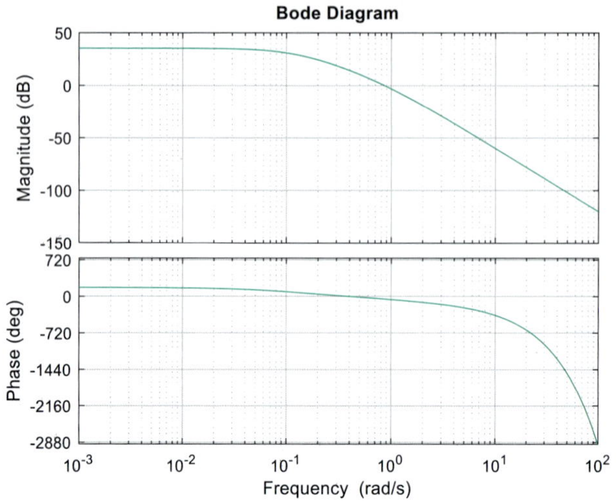

제15장 진동응답을 이용한 제어기의 조정

15.3 풀이 열린루프 전달함수는 $G_{OL} = \dfrac{1}{(s+1)(2s+1)} \cdot K_c\left(1+\dfrac{1}{0.5s}\right) = \dfrac{K_c(1+2/s)}{(s+1)(2s+1)}$.

따라서 $AR = \dfrac{K_c\sqrt{1+4/w^2}}{\sqrt{w^2+1}\sqrt{4w^2+1}}$, $\phi = -\tan^{-1}\left(\dfrac{2}{w}\right) - \tan^{-1}(w) - \tan^{-1}(2w)$

$\phi = -180°$로 두고 w에 대하여 풀면

```
>> f = @(x) pi-atan(2/x)-atan(x)-atan(2*x); fzero(f,0.1)
ans =
    1.4142
```

즉 $w = 1.4142$ rad/s이며, 이때 $AR = 1 = \dfrac{K_c\sqrt{1+4/w^2}}{\sqrt{w^2+1}\sqrt{4w^2+1}}$로부터

$K_c = \dfrac{\sqrt{w^2+1}\sqrt{4w^2+1}}{\sqrt{1+4/w^2}} = 3$을 얻는다. 즉 안정하기 위해서는 $K_c < 3$이어야 한다.

15.6 풀이

(1) $1 + G_{OL}(s) = 1 + G_p(s)G_c(s) = 1 + \dfrac{2K_c e^{-s}}{10s-1}$, 즉 $10s - 1 + 2K_c e^{-s} = 0$.

여기에 $s = i\omega$를 대입하면 $10\omega i - 1 + 2K_c e^{-\omega i} = 0$. 이로부터 $(-1 + 2K_c\cos\omega) + i(10\omega - 2K_c\sin\omega) = 0$. 이 식은 $\tan\omega = 10\omega$, 즉 $\omega = 1.5$일 때 만족된다. 즉 한계주파수는

$\omega_u = 1.5$이고 한계이득은 $K_u = \dfrac{1}{2\cos\omega_u} = 7.07$이다.

(2) 위상마진이 45°일 때 $|G_{OL}(s)| = 1$이고 $\phi = -135°$이다. 따라서

$G_{OL}(i\omega) = -\dfrac{1}{\sqrt{2}} - i\dfrac{1}{\sqrt{2}} = \dfrac{2(\cos\omega - i\sin\omega)K_c}{-1+10\omega i}$이다. 이는 $\tan\omega = \dfrac{10\omega - 1}{10\omega + 1}$일 때,

즉 $\omega = 3.9$일 때 만족된다. 따라서 $K_c = 19.5$이다.

15.9 풀이

(1) 특성방정식은 $s^3 + 6s^2 + 11s + (6 + K_c) = 0$. Routh test로부터 $0 < K_c < 60$

(2) $G(i\omega) = \dfrac{1}{(1+i\omega)(2+i\omega)(3+i\omega)}$. 이로부터

$\omega = 1.74$ rad/min일 때 $|G| = 0.054$, $\measuredangle G = -131.4°$. 따라서 PM = 48.6°

$\omega = 2.21$ rad/min일 때 $|G| = 0.037$, $\measuredangle G = -150°$. 따라서 PM = 30°

PM = 48.6°일 때 $K_c = \dfrac{1}{0.054} = 18.5$

15.12 풀이 $G_{OL}(s) = \dfrac{K_c}{s^3 + 5.5s^2 + 2s - 2.5}$이므로

$$G_{OL}(i\omega) = K_c \frac{(-5.5\omega^2 - 2.5) + i(\omega^3 - 2\omega)}{(-5.5\omega^2 - 2.5)^2 + (\omega^3 - 2\omega)^2}$$

$P = 1$이므로 $Z = P + N = 1 + N$이다. 따라서

1) $-1 < -\dfrac{K_c}{2.5}$ $(K_c < 2.5)$인 경우 $Z = 1 + 0 = 1$이므로 불안정하다.

2) $-\dfrac{K_c}{2.5} < -1 < -\dfrac{K_c}{13.5}$ $(2.5 < K_c < 13.5)$인 경우 $Z = 1 - 1 = 0$이므로 안정하다.

3) $-\dfrac{K_c}{13.5} < -1$ $(K_c > 13.5)$인 경우 $Z = 1 + 1 = 2$이므로 불안정하다.

따라서 시스템이 안정해지는 gain 값의 범위는 $2.5 < K_c < 13.5$이다.

$K_c = 2, 5, 14$일 때의 Nyquist 선도는 다음 그림과 같다.

```
% nqkc.m
clear all;
Kc = [2 5 14]; den = [1 5.5 2 -2.5]; n = length(Kc); gc =
{'-',':','.-'};
for i = 1:n
num = Kc(i); G = tf(num,den); nyquist(G,gc{i}), hold on
end
hold off
legend('Kc = 2','Kc = 5','Kc = 14','location','best')
xlabel('실수축'), ylabel('허수축')
```

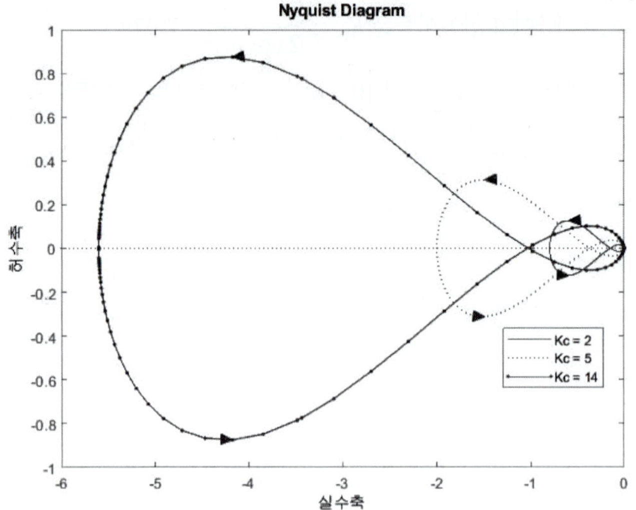

제16장 Feedforward 제어와 Cascade 제어

16.3 풀이 CSTR에서 조절변수는 냉각수 유량과 반응기 유출유량이며 외부교란변수는 feed의 유량과 농도이다.

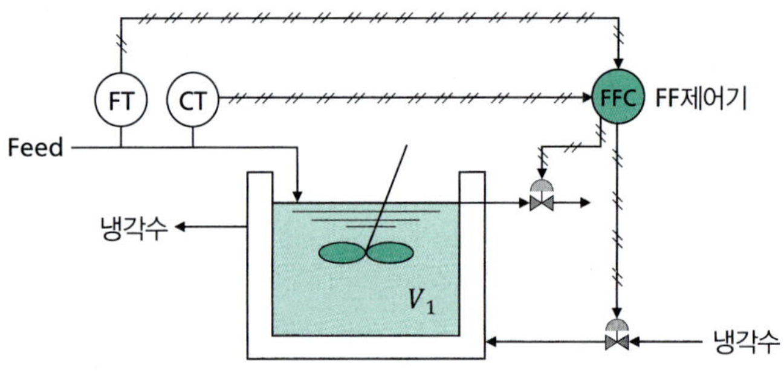

16.6 풀이 $\bar{T} = (G_{L2} + G_{t2}G_{f2}G_pG_v)\bar{T_i} + (G_{L1} + G_{t1}G_{f1}G_pG_v)\bar{W}$

$\rightarrow G_{L2} + G_{t2}G_{f2}G_pG_v = 0, \; G_{L1} + G_{t1}G_{f1}G_pG_v$

$\rightarrow G_{f1} = -\dfrac{G_{L1}}{G_{t1}G_pG_v}, \; G_{f2} = -\dfrac{G_{L2}}{G_{t2}G_pG_v}$

주어진 전달함수들을 대입하면

$G_{f1} = 7.71(20s+1)(5s+1), \; G_{f2} = -16.95(20s+1)(5s+1)$

이들은 물리적으로 실현 불가능. 따라서 G_f의 근사식 $G_f = K_f\left(\dfrac{\beta s+1}{\alpha s+1}\right)$을 이용한다.

$\alpha = 1, \; \beta = 20+5+1 = 26$으로 두면 $G_{f1} = 7.71\left(\dfrac{26s+1}{s+1}\right), \; G_{f2} = -16.95\left(\dfrac{26s+1}{s+1}\right)$

16.9 풀이 (1) $G_f = -\frac{G_L}{G_p} = -\frac{2(2s+1)(3s+1)}{4s+1}$

(2) 실현 가능하다.

(3) $1 + G_cG_p = 0 = 1 + \frac{K_c}{(s+1)(2s+1)(3s+1)} \rightarrow 6s^3 + 11s^2 + 6s + (1+K_c) = 0$

따라서 Routh test로부터 $-1 < K_c < 10$

16.12 풀이 열 교환기 공정의 cascade 제어구조는 다음과 같다:

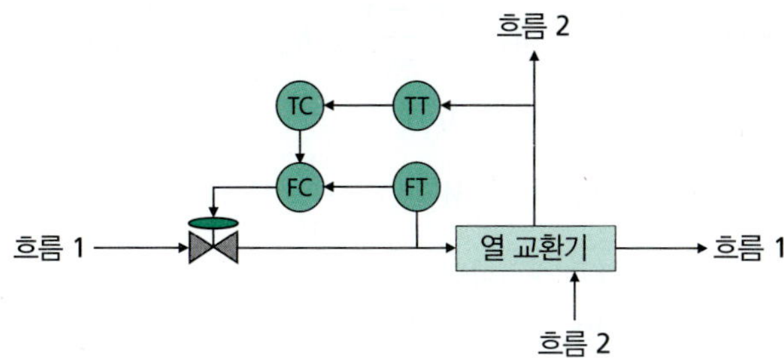

16.15 풀이 특성방정식은

$$1 + G_{c2}G_{p2} + G_{c1}G_{c2}G_{p1}G_{p2} = 1 + \frac{2}{s+1} + 2K_{c1}\left(1 + \frac{1}{s}\right)\frac{s-1}{(2s+1)(s+1)} = 0$$

따라서 $2s^3 + (7 + 2K_{c1})s^2 + 3s - 2K_{c1} = 0$. Routh test로부터 $-2.1 < K_{c1} < 0$

제17장 다변수 공정의 제어

17.3 풀이 $C_1 = F,\ C_2 = x,\ M_1 = F_1,\ M_2 = F_2$로 둔다.

물질수지는 $F = F_1 + F_2$, $Fx = F_1x_1 + F_2x_2$. 정상상태에서

$200 = F_1 + F_2$, $(200)(0.6) = 0.8F_1 + 0.2F_2 \rightarrow F_{1s} = 133.3,\ F_{2s} = 66.7$

i) $F_2 = 66.7$로 일정하게 두고 F_1을 1만큼 증가시킨다(즉 $F_1 = 133.3 + 1 = 134.3$).
그러면 물질수지로부터 $F = 134.3 + 66.7 = 201$. 따라서

$$x = \frac{1}{F}(F_1x_1 + F_2x_2) = \frac{1}{201}(134.3 \times 0.8 + 66.7 \times 0.2) = 0.601$$

이로부터 $\left(\frac{\Delta F}{\Delta F_1}\right)_{F_2} = \left(\frac{\Delta C_1}{\Delta M_1}\right)_{M_2} = \frac{1}{1} = 1$

ii) $x = 0.6$으로 되도록 한 다음 F_1을 1만큼 증가시킨다. 그러면

$F = 134.3 + F_2,\ 0.6F = (134.3)(0.8) + 0.2F_2 \rightarrow F = 201.45,\ F_2 = 67.15$

따라서

$$\left(\frac{\Delta F}{\Delta F_1}\right)_x = \left(\frac{\Delta C_1}{\Delta M_1}\right)_{C_2} = \frac{1.45}{1} = 1.45.\ \therefore\ \lambda_{11} = \frac{1}{1.45} = 0.69 \rightarrow \Lambda = \begin{bmatrix} 0.69 & 0.31 \\ 0.31 & 0.69 \end{bmatrix}$$

그러므로 pairing은 $F - F_1,\ x - F_2$

17.6 풀이

(1) $A\rho\dfrac{dh}{dt} = w_1 + w_2 - w \;\rightarrow\; A\rho sH(s) = W_1(s) + W_2(s) - W(s)$

$\dfrac{d(Ah\rho x)}{dt} = w_1x_1 + w_2x_2 - wx$. 이를 선형화시키면

$Ah\rho\dfrac{dx}{dt} \approx (x_1 - x_s)(w_1 - w_{1s}) + (x_2 - x_s)(w_2 - w_{2s}) - (w_{1s} + w_{2s})(x - x_s)$

이로부터 $(1 + \tau_2 s)X(s) = K_1W_1(s) + K_2W_2(s)$

위에서 $\tau_2 = \dfrac{Ah_s\rho}{w_s}$, $K_1 = \dfrac{x_1 - x_s}{w_s}$, $K_2 = \dfrac{x_2 - x_s}{w_s}$, $w_s = w_{1s} + w_{2s}$

위의 관계들로부터 $(\tau_1 = A\rho)$

$H(s) = \dfrac{1}{\tau_1 s}W_1(s) + \dfrac{1}{\tau_1 s}W_2(s) - \dfrac{1}{\tau_1 s}W(s)$, $X(s) = \dfrac{K_1}{\tau_2 s + 1}W_1(s) + \dfrac{K_2}{\tau_2 s + 1}W_2(s)$

데이터를 대입하고 정리하면

$$H(s) = \frac{0.00236}{s}W_1(s) + \frac{0.00236}{s}W_2(s) - \frac{0.00236}{s}W(s),$$

$$X(s) = \frac{0.000125}{1.06s + 1}W_1(s) - \frac{0.000125}{1.06s + 1}W_2(s)$$

(2) 위의 결과로부터 $X - W_1$, $H - W_2$와 같이 짝지운다.

17.9 풀이

(1) 정상상태에서

$$\begin{bmatrix} x_{1s} \\ x_{2s} \end{bmatrix} = -\begin{bmatrix} 1 & 1 \\ 2 & 3 \end{bmatrix}^{-1}\begin{bmatrix} 2 & 1 \\ 0 & -2 \end{bmatrix}\begin{bmatrix} u_{1s} \\ u_{2s} \end{bmatrix} = \begin{bmatrix} -6 & -5 \\ 4 & 4 \end{bmatrix}\begin{bmatrix} u_{1s} \\ u_{2s} \end{bmatrix} \;\Rightarrow\; K = \begin{bmatrix} -6 & -5 \\ 4 & 4 \end{bmatrix}$$

(2) $H_{ij} = K^{-T} = \begin{bmatrix} -1 & 1 \\ -\frac{5}{4} & \frac{3}{2} \end{bmatrix}$, $\lambda_{ij} = K_{ij}H_{ij}$. $\therefore \lambda_{11} = (-6)(-1) = 6$, $\lambda_{12} = (-5)(1) = -5$,

$\lambda_{21} = (4)(-5/4) = -5$, $\lambda_{22} = (4)\left(\dfrac{3}{2}\right) = 6$. $\therefore \Lambda = \begin{bmatrix} 6 & -5 \\ -5 & 6 \end{bmatrix}$

제18장 디지털 데이터 시스템

18.3 풀이

(1) 그림으로부터 $T = 1$이므로

$f(0) = 0$, $f(1) = \dfrac{1}{4}$, $f(2) = \dfrac{1}{2}$, $f(3) = \dfrac{3}{4}$, $f(n) = 1\ (n = 4, 5, 6, \cdots)$.

따라서 $F(z) = \displaystyle\sum_{n=0}^{\infty} f(n)z^{-n} = \frac{1}{4}z^{-1} + \frac{2}{4}z^{-2} + \frac{3}{4}z^{-3} + z^{-4} + z^{-5} + z^{-6} + \cdots$

$$= \frac{1}{4}(z^{-1} + 2z^{-2} + 3z^{-3}) + z^{-4}\frac{1}{1 - z^{-1}}$$

$$= \frac{z^{-1} + z^{-2} + z^{-3} + z^{-4}}{4(1 - z^{-1})} = \frac{z^{-1}(1 + z^{-1} + z^{-2} + z^{-3})(1 - z^{-1})}{4(1 - z^{-1})^2} = \frac{z^{-1}(1 - z^{-4})}{4(1 - z^{-1})^2}$$

한편 $f(t) = \frac{1}{4}t - \frac{1}{4}(t-4)u(t-4)$로 나타낼 수 있으므로

$$F(z) = Z[f(t)] = \frac{1}{4}Z[t] - \frac{1}{4}Z[(t-4)u(t-4)] = \frac{1}{4}\frac{z^{-1}}{(1-z^{-1})^2} - \frac{1}{4}\frac{z^{-4}z^{-1}}{(1-z^{-1})^2} = \frac{z^{-1}(1-z^{-4})}{4(1-z^{-1})^2}$$

와 같이 구할 수도 있다.

(2) $g(t) = m(1-e^{-at})$로 두면 $T = 1$이므로 $t = 2T = 2$에서

$m(1-e^{-2aT}) = m(1-e^{-2a}) = 1$임을 알 수 있다.

이로부터 $a = \frac{1}{2}\{\ln(m) - \ln(m-1)\}$.

한편 $g(0) = 0,\ g(1) = m(1-e^{-a}),\ g(2) = m(1-e^{-2a}) = 1.\ e^{-a} = h$로 두면

$m(1-h^2) = 1 \ \rightarrow\ m = \frac{1}{1-h^2}$.

따라서 $g(1) = m(1-h) = \frac{1-h}{1-h^2} = \frac{1}{1+h}$. 그림으로부터

$$f(0) = 0,\ f(1) = 0,\ f(2) = 0,\ f(3) = g(1) = \frac{1}{1+h},\ f(4) = 1,\ f(5) = 1, \cdots$$

그러므로 $F(z) = \sum_{n=0}^{\infty} f(n)z^{-n} = \frac{1}{1+h}z^{-3} + z^{-4} + z^{-5} + z^{-6} + \cdots$

$$= \frac{1}{1+h}z^{-3} + \frac{z^{-4}}{1-z^{-1}} = \frac{z^{-3}(1+hz^{-1})}{(1+h)(1-z^{-1})}.\quad h = e^{-a} = \sqrt{\frac{m-1}{m}}$$

18.6 **풀이** $F(z) = \frac{7.5}{z-1} - \frac{3.18}{z-0.5} + \frac{-1.67+0.52i}{z-(0.5+0.74i)} + \frac{-1.67-0.52i}{z-(0.5-0.74i)}$

이로부터

$$f^*(t) = 7.5 - 3.18e^{-0.693t/T} - 2e^{-0.11t/T}\{1.67\cos(0.98t/T) + 0.52\sin(0.98t/T)\}$$

18.9 **풀이** $F(z^{-1}) = \frac{Y(z)}{X(z)} = \frac{1-a}{1-az^{-1}}$

18.12 **풀이** $s = \frac{1-z^{-1}}{T}$ 이므로 z-변환 전달함수는 다음과 같다:

$$G_c(z) = \frac{M(z)}{E(z)} = K_c\left\{1 + \frac{\tau_D(1-z^{-1})/T}{1+\alpha\tau_D(1-z^{-1})/T}\right\} = K_c\frac{\{1+(1+\alpha)\tau_D/T\} - (1+\alpha)\tau_D z^{-1}/T}{(1+\alpha\tau_D/T) - \alpha\tau_D z^{-1}/T}$$

이로부터

$$\left(1 + \frac{\alpha\tau_D}{T}\right)M(z) - \left(\frac{\alpha\tau_D}{T}\right)z^{-1}M(z) = K_c\left\{1 + \frac{(1+\alpha)\tau_D}{T}\right\}E(z) - \frac{K_c(1+\alpha)\tau_D}{T}z^{-1}E(z)$$

따라서 $\left(1 + \frac{\alpha\tau_D}{T}\right)m_n - \left(\frac{\alpha\tau_D}{T}\right)m_{n-1} = K_c\left\{1 + \frac{(1+\alpha)\tau_D}{T}\right\}e_n - \frac{K_c(1+\alpha)\tau_D}{T}e_{n-1}$

이를 정리하면 $m_n = \left(\frac{\beta}{1+\beta}\right)m_{n-1} + K_c\left(\frac{1+\beta+\gamma}{1+\beta}\right)e_n - K_c\left(\frac{\beta+\gamma}{1+\beta}\right)e_{n-1}$

위에서 $\beta = \frac{\alpha\tau_D}{T},\ \ \gamma = \frac{\tau_D}{T} = \frac{\beta}{\alpha}$이다.

18.15 풀이

$x(n) = \dfrac{w(n+1)}{w(n)}$ $(n = 1, 2, 3, \cdots)$로 정의하면 주어진 차분 방정식은

$\dfrac{w(n+2)}{w(n+1)} = 1 + \dfrac{w(n)}{w(n+1)}$과 같이 쓸 수 있다. $\dfrac{w(2)}{w(1)} = x(1) = 1$이므로 $w(0) = 0$,

$w(1) = w(2) = k$ (k: 상수)이어야 한다. 양변에 $w(n+1)$을 곱하여 이를 다시 정리하면

$w(n+2) = w(n+1) + w(n)$ $(n = 1, 2, 3, \cdots)$

와 같다. 이 차분방정식의 z-변환으로부터

$z^2W(z) - z^2w(0) - zw(1) = zW(z) - zw(0) + W(z)$

초기조건들을 이용하면 $z^2W(z) - kz = zW(z) + W(z)$. 이로부터 $(n = 0, 1, 2, 3, \cdots)$

$$W(z) = \frac{kz}{z^2 - z - 1} = \frac{k}{\sqrt{5}}\left(\frac{1}{1 - \frac{1+\sqrt{5}}{2}z^{-1}} - \frac{1}{1 - \frac{1-\sqrt{5}}{2}z^{-1}}\right)$$

$$\rightarrow w(n) = \frac{k}{\sqrt{5}}\left\{\left(\frac{1+\sqrt{5}}{2}\right)^n - \left(\frac{1-\sqrt{5}}{2}\right)^n\right\}$$

따라서

$$x(n) = \frac{w(n+1)}{w(n)} = \frac{\left(\frac{1+\sqrt{5}}{2}\right)^{n+1} - \left(\frac{1-\sqrt{5}}{2}\right)^{n+1}}{\left(\frac{1+\sqrt{5}}{2}\right)^n - \left(\frac{1-\sqrt{5}}{2}\right)^n} \quad (n = 1, 2, 3, \cdots)$$

$n \rightarrow \infty$이면 $x(n) \rightarrow \dfrac{1+\sqrt{5}}{2} = 1.6180$으로서 황금률(golden ratio)에 접근한다.

18.18 풀이

함수 gdeqn은 위의 연속분율식을 계산해 준다.

```
function f = gdeqn(n)
% Continued fraction: golden ratio
p = '1';
for k = 1:n, p = ['1 + 1/(' p ')']; end % 뒤쪽의 p 전후에 빈 칸을 위치
f = eval(p);
end
```

$n = 5$, 8, 그리고 10일 때의 수행결과는 다음과 같다.

```
>> f5 = gdeqn(5)
f5 =
    1.6250
>> f8 = gdeqn(8)
f8 =
    1.6176
>> f10 = gdeqn(10)
```

```
f10 =
    1.6180
```

제19장 펄스 전달함수

19.3 풀이 $HG_p(z) = \dfrac{Y(z)}{X(z)} = \dfrac{0.05z^{-1} + 0.257z^{-2}}{1 - 0.881z^{-1} + 0.189z^{-2}}$.

따라서 $y_n = 0.881y_{n-1} - 0.189y_{n-2} + 0.05x_{n-1} + 0.257x_{n-2}$

19.6 풀이 $X(z) = \dfrac{1}{1 - z^{-1}}$, $G(s) = \dfrac{9}{s(s^2+9)} = \dfrac{1}{s} - \dfrac{s}{s^2+9}$이므로 $G(t) = u(t) - \cos(3t)$.

따라서

$$G(z) = \sum_{n=0}^{\infty} G(nT)z^{-n} = \sum_{n=0}^{\infty}\{u(nT) - \cos(3nT)\}z^{-n} = \frac{z(z+1)(1-\cos 3T)}{(z-1)(z^2 - 2z\cos 3T + 1)}$$

이로부터

$$Y(z) = X(z)G(z) = \frac{1}{1-z^{-1}} \cdot \frac{z(z+1)(1-\cos 3T)}{(z-1)(z^2-2z\cos 3T+1)} = \frac{z^2(z+1)(1-\cos 3T)}{(z-1)^2(z^2-2z\cos 3T+1)}$$

이를 부분분수로 나누어 다시 쓰면

$$Y(z) = \frac{z}{(z-1)^2} + \frac{1}{2}\left(\frac{z}{z-1}\right) - \frac{1}{2}\left(\frac{z^2 - z\cos 3T}{z^2 - 2z\cos 3T + 1}\right) - \frac{1+\cos 3T}{2\sin 3T}\left(\frac{z\sin 3T}{z^2 - 2z\cos 3T + 1}\right)$$

Z-변환표를 이용하면

$$Y^*(t) = \frac{t}{T} + \frac{1}{2} - \frac{1}{2}\cos 3t - \frac{1}{2}\left(\frac{1+\cos 3T}{\sin 3T}\right)\sin 3t = t + \frac{1}{2} - \frac{1}{2}\cos 3t - 0.0354\sin 3t$$

19.9 풀이 (가) $\dfrac{Y(z)}{X(z)} = \dfrac{1}{(1-e^{-aT}z^{-1})(1-e^{-bT}z^{-1})}$

(나) $\dfrac{Y(z)}{X(z)} = \dfrac{1}{b-a}\left\{\dfrac{(e^{-aT} - e^{-bT})z^{-1}}{(1-e^{-aT}z^{-1})(1-e^{-bT}z^{-1})}\right\}$

제20장 전산제어 시스템

20.3 풀이

(1) $\overline{HG}(z) = \dfrac{0.682z^{-1}}{1 - 0.368z^{-1}}$

$\therefore D(z) = \dfrac{P(z)}{E(z)} = \dfrac{1}{\overline{HG}(z)}\dfrac{(C/R)_d}{1-(C/R)_d} = \dfrac{(1-0.368z^{-1})z^{-1}}{0.682z^{-1}(1-z^{-1}-z^{-2})} = \dfrac{1.466z^{-1} - 0.54z^{-2}}{z^{-1} - z^{-2} - z^{-3}}$

(2) $p_{n-1} = p_{n-2} + p_{n-3} + 1.466e_{n-1} - 0.54e_{n-2}$

혹은 $p_n = p_{n-1} + p_{n-2} + 1.466e_n - 0.54e_{n-1}$

20.6 풀이 $\dfrac{C}{R} = \dfrac{\dfrac{K_c(1-e^{-1})z^{-1}}{1-e^{-1}z^{-1}}}{1+\dfrac{K_c(1-e^{-1})z^{-1}}{1-e^{-1}z^{-1}}}$.

따라서 특성방정식은 $1 - e^{-1}z^{-1} + K_c(1-e^{-1})z^{-1} = 0$.

이로부터 $z = 0.368 - 0.632K_c$.

$|z| < 1 \rightarrow -1 < 0.368 - 0.632K_c < 1 \rightarrow -1 < K_c < 2.165$

20.9 풀이 (1) 위치형태: $D(z) = \dfrac{2-z^{-1}}{1-z^{-1}}$, 속도형태: $D(z) = 2 - z^{-1}$

(2) 위치형태: $p_n = e_n + \sum_{k=1}^{n} e_k$; $p_1 = 2,\ p_2 = p_3 = \cdots = p_5 = 1$

속도형태: $p_n - p_{n-1} = 2e_n - e_{n-1}$; $p_0 = 2,\ p_1 = 3,\ p_2 = p_3 = \cdots = p_5 = 2$

제21장 모델기반제어

21.3 풀이 $G_m(s) = \dfrac{K_m}{(\tau s+1)^3} = G_m^-$(즉 $G_m^+ = 1$). 따라서 $G_c = (G_m^-)^{-1} = \dfrac{1}{K_m}(\tau s+1)^3$이다. 이는 3차 미분을 포함하므로 정확한 계산이 매우 어렵다. 따라서 적절한 보정을 도입하여 사용이 가능하도록 해준다. 특히 잡음이 있는 신호의 고차미분은 조절변수의 급격한 변화와 큰 오버슈트를 초래하므로 제어 성능이 매우 저하된다. 아울러 고차미분은 모델링 오차에 매우 민감하다.

21.6 풀이

(1)

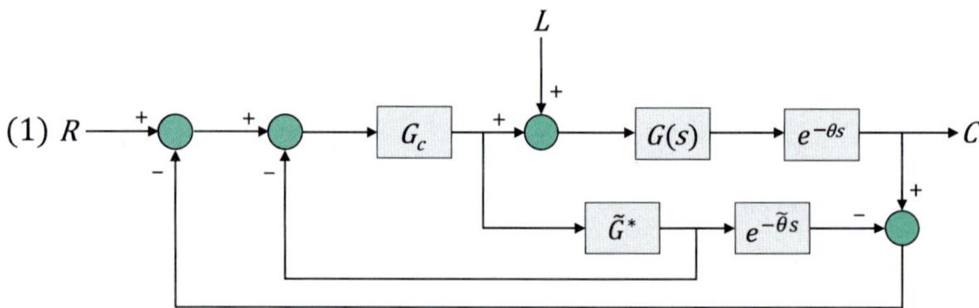

그림 P21.6 풀이

(2) $\dfrac{C}{L} = \dfrac{\{1+G_c\tilde{G}^*(1-e^{-\tilde{\theta}s})\}Ge^{-\theta s}}{1+G_c\tilde{G}^*\left(1-e^{-\tilde{\theta}s}\right)+G_cGe^{-\theta s}} = \dfrac{\{3s+1+K_c(1-e^{-3s})\}e^{-2s}}{6s^2+5s+1+K_c(1-e^{-3s}+e^{-2s})}$

11.9 풀이 MATLAB 함수 diophan을 이용한다.

```
>> B = 1; D = [1 -2 1];
>> [E4 F4] = diophan(B, D, 4)
E4 =
     1     2     3     4
F4 =
     5    -4
```

즉 $E_4 = 1 + 2z^{-1} + 3z^{-2} + 4z^{-3}$, $F_4 = 5 - 4z^{-1}$과 같다.

제22장 최적제어와 상태공간 모델기반 제어

22.3 풀이 Hamiltonian 행렬은 $H = \begin{bmatrix} A & -BR^{-1}B^T \\ -Q & -A^T \end{bmatrix} = \begin{bmatrix} 2 & -\frac{1}{r} \\ -1 & -2 \end{bmatrix}$.

따라서 $|sI - H| = s^2 - 4 - \frac{1}{r} = 0$. 이로부터 $s = -3$일 때 $r = \frac{1}{5}$.

22.6 풀이

$$\hat{x}(k+1|k) = \hat{x}(k|k-1) + K(k)\{y(k) - \hat{x}(k|k-1)\},\ K(k) = \frac{P(k)}{\sigma^2 + P(k)},$$

$$P(k+1) = \frac{\sigma^2 P(k)}{\sigma^2 + P(k)}$$

22.9 풀이

$$L_n = M_n C_n{}^T (C_n M_n C_n{}^T + R)^{-1}$$

$$x_{n+1} = x_n + L_n(y_n - C_n x_n) \ \Rightarrow\ A = I, B = 0$$

$$M_{n+1} = A(I - L_n C_n) M_n A^T + Q = (I - L_n C_n) M_n + Q$$

표로부터 $C_1 = [300 \quad 120]$, $y_1 = 810$임을 알 수 있다. 스크립트 NH3KF는 운전 데이터를 이용하여 필터의 이득과 수율변수를 계산해 준다.

```
% NH3KF.m
clear all;
G = [300 120 810;150 160 740;150 240 960;340 150 880; 150 250 960;220
140 850;260 120 800];
t = 1:7; N = length(t); Cn = [G(:,1) G(:,2)]; y = G(:,3); % data
A = eye(2); x = zeros(2,1); % A = I, x는 [0 0]'으로 초기화
Q = eye(2); R = 1; M = eye(2)/100; P = 1; % Q, M, R 및 P의 초기화
xg = zeros(2,N); Lg = zeros(2,N); % 변수값 저장
for k = 1:N
        C = Cn(k,:);
        L = M*C'*inv(C*M*C' + R); % Kalman 필터: L(k)의 계산
        M = A*P*A' + Q; % Kalman 필터: M(k)의 계산
        x = A*x + L*(y(k) - C*x); % 실제 공정의 상태 및 출력 측정값
        P = M - L*C*M; % Kalman 필터: update P(k)
        xg(:,k) = x; Lg(:,k) = L;
end
Lg, xg
```

스크립트 NH3KF를 수행하면 다음 결과를 얻는다.

```
>> NH3KF
Lg =
     0.0029    0.0031    0.0002    0.0028    0.0000    0.0036    0.0041
     0.0011    0.0033    0.0040    0.0004    0.0040    0.0015   -0.0005
```

```
xg =
     2.3254    3.0812    3.0968    1.7682    1.7738    2.0288    1.7284
     0.9301    1.7364    2.0645    1.8588    2.7757    2.8832    2.9217
```

제23장 공정 인공지능

23.3 풀이

(1) 그림 23.3으로부터

$\mu_{PM}(e) = 0.5,\ \mu_{PS}(e) = 0.5,\ \mu_{NM}(de/dt) = 0.21,\ \mu_{NS}(de/dt) = 0.79$

(2) 표 23.1로부터

OR IF e IS PS AND de/dt IS NM
OR IF e IS PS AND de/dt IS NS
THEN u IS PS
OR IF e IS PM AND de/dt IS NM
OR IF e IS PM AND de/dt IS NS
THEN u IS PM

23.6 풀이 초기의 입력값으로 $p = 1$을 선택한다. 그러면 $a^0 = p = 1$이므로 첫 번째 층으로부터의 출력은

$$a^1 = f^1(W^1a^0 + b^1) = f^1\left(\begin{bmatrix}-0.3\\-0.4\end{bmatrix}[1] + \begin{bmatrix}-0.5\\-0.1\end{bmatrix}\right) = f^1\left(\begin{bmatrix}-0.8\\-0.5\end{bmatrix}\right) = \begin{bmatrix}\dfrac{1}{1+e^{0.8}}\\\dfrac{1}{1+e^{0.5}}\end{bmatrix} = \begin{bmatrix}0.31\\0.38\end{bmatrix}$$

두 번째 층으로부터의 출력은

$$a^2 = f^2(W^2a^1 + b^2) = f^2\left([0.1 \quad -0.2]\begin{bmatrix}0.31\\0.38\end{bmatrix} + [0.5]\right) = 0.455$$

목표치 값은 $p = 1$일 때

$$t = 1 + \sin\left(\frac{\pi p}{4}\right) = 1 + \sin\left(\frac{\pi}{4}\right) = 1.707$$

따라서 오차는

$$e = t - a = 1.707 - 0.455 = 1.252$$

다음은 민감도를 역전파시키는 단계이다. 이를 위해서는 전달함수 $f^1(n) = \dfrac{1}{1+e^{-n}}$과 $f^2(n) = n$의 미분 $\dot{f}^1(n)$과 $\dot{f}^2(n)$을 구해야 한다.

$$\dot{f}^1(n) = \frac{d}{dn}\left(\frac{1}{1+e^{-n}}\right) = \frac{e^{-n}}{(1+e^{-n})^2} = \left(1 - \frac{1}{1+e^{-n}}\right)\left(\frac{1}{1+e^{-n}}\right) = (1-a^1)a^1,$$

$$\dot{f}^2(n) = \frac{d}{dn}(n) = 1$$

이를 이용하면 $r^2 = -2\dot{F}^2(n^2)(t-a) = -2\dot{f}^2(n^2)(t-a) = -2(1)(1.252) = -2.504$

아울러

$$r^1 = \dot{F}^1(n^1)(W^2)^T r^2 = \begin{bmatrix}(1-a_1^1)a_1^1 & 0 \\ 0 & (1-a_2^1)a_2^1\end{bmatrix}\begin{bmatrix}0.1 \\ -0.2\end{bmatrix}[-2.504]$$

$$= \begin{bmatrix}(1-0.31)(0.31) & 0 \\ 0 & (1-0.38)(0.38)\end{bmatrix}\begin{bmatrix}0.1 \\ -0.2\end{bmatrix}[-2.504] = \begin{bmatrix}-0.0536 \\ 0.118\end{bmatrix}$$

이로부터

$$W^2(1) = W^2(0) - \alpha r^2(a^1)^T$$

$$= [0.1 \quad -0.2] - (0.1)(-2.504)[0.31 \quad 0.38] = [0.1776 \quad -0.1048]$$

$$b^2(1) = b^2(0) - \alpha r^2 = 0.5 - (0.1)(-2.504) = 0.7504$$

$$W^1(1) = W^1(0) - \alpha r^1(a^0)^T = \begin{bmatrix}-0.3 \\ -0.4\end{bmatrix} - (0.1)\begin{bmatrix}-0.0536 \\ 0.118\end{bmatrix}(1) = \begin{bmatrix}-0.2946 \\ -0.4118\end{bmatrix}$$

$$b^1(1) = b^1(0) - \alpha r^1 = \begin{bmatrix}-0.5 \\ -0.1\end{bmatrix} - (0.1)\begin{bmatrix}-0.0536 \\ 0.118\end{bmatrix} = \begin{bmatrix}-0.4946 \\ -0.1118\end{bmatrix}$$

이로써 역전파 알고리듬의 첫 번째 단계가 완결된다. 다음에 다른 입력 p를 선택한 다음 다시 동일한 과정을 반복한다. 반복계산과정은 신경망의 출력과 목표치 사이의 차이가 어떤 허용값 이내에 도달할 때까지 계속된다.

최신 공정제어공학 MATLAB의 활용과 실습

찾아보기

Index

ㅅ

ㅇ

ㅈ

ㅊ

ㅌ

ㅍ

ㅎ

A

B

C

D

E

S

T

W

X

Y

Z

기타

지은이 소개

여영구

1955년 충북 영동 출생

1973년 대구 경북고등학교 졸업

1979년 서울대학교 화학공학과 졸업(학사)

1982년 서울대학교 대학원 화학공학과 졸업(석사)

1986년 미국 Auburn 대학교 화학공학과 졸업(박사)

1987~93년 KIST 책임연구원

1993년~현재 한양대학교 화학공학과 교수

주요 저서:

전산화학공학, McGraw-Hill Education, 2015
(ISBN: 979-11-321-0081-2)

Chemical Engineering Computation with MATLAB, CRC Press, 2018
(ISBN: 978-1-138-03989-6)

MATLAB 입문과 활용(5판), 도서출판 아진, 2019
(ISBN: 978-89-5761-523-2)

최신 제3판

공정제어공학

MATLAB의 활용과 실습

| 발행일 2021년 3월 1일 3판 1쇄 발행

| 지은이 여 영 구

| 발행인 박 종 성

| 발행처 사이플러스 Science plus

| 주 소 (우) 04003 서울특별시 마포구 잔다리로 101

| 전 화 02-332-6171

| 팩 스 02-332-6185

| 등 록 2005.10.20. 제2005-00222호

| ISBN 979-11-88731-22-0 93570

값 48,000원

복소수 $c=a+bi$ 의 크기(r)와 위상각(θ, 라디안): $r=|c|=\sqrt{a^2+b^2}$, $\theta=\measuredangle c=\tan^{-1}(b/a)$

Euler 관계식: $e^{\pm i\theta}=\cos\theta\pm i\sin\theta$, $c=a+ib=r(\cos\theta+i\sin\theta)=re^{i\theta}$

$$\mathcal{L}\left[\frac{df(t)}{dt}\right]=sF(s)-f(0),\quad \mathcal{L}\left[\frac{d^2f(t)}{dt^2}\right]=s^2F(s)-sf(0)-\frac{df}{dt}(0),\quad \mathcal{L}\left[\int_0^t f(x)dx\right]=\frac{1}{s}F(s)$$

$$\mathcal{L}\left[f(t-\theta)u(t-\theta)\right]=e^{-\theta s}F(s),\quad \mathcal{L}\left[e^{at}f(t)\right]=F(s-a)$$

초기치 정리: $\lim_{t\to 0}f(t)=\lim_{s\to\infty}sF(s)$, 최종치 정리: $\lim_{t\to\infty}f(t)=\lim_{s\to 0}sF(s)$

선형화: $f(x,y)\cong f(x_s,y_s)+\frac{\partial f}{\partial x}(x_s,y_s)\cdot(x-x_s)+\frac{\partial f}{\partial y}(x_s,y_s)\cdot(y-y_s)$

상태함수 모델: $\dot{\underline{x}}(t)=A\underline{x}(t)+B\underline{u}(t)$, $\Phi(t)=e^{At}$, $\underline{x}(t)=\Phi(t)\underline{x}(0)+\int_0^t\Phi(t-\tau)B\underline{u}(\tau)d\tau$

1차공정:

전달함수	$\frac{Y(s)}{X(s)}=G(s)=\frac{K}{\tau s+1}$
단위계단 응답	$Y(t)=K(1-e^{-t/\tau})$
sine 응답	$Y(t)=\frac{KAw\tau}{1+\tau^2w^2}e^{-t/\tau}+\frac{KA}{\sqrt{1+\tau^2w^2}}\sin(wt+\phi)$

2차공정:

전달함수	$\frac{Y(s)}{X(s)}=G(s)=\frac{K}{\tau^2s^2+2\tau\zeta s+1}$
단위계단 응답	$\zeta<1:\quad Y(t)=K\left\{1-\frac{1}{\sqrt{1-\zeta^2}}e^{-\zeta t/\tau}\sin\left(\frac{\sqrt{1-\zeta^2}}{\tau}t+\phi\right)\right\}$
	$\zeta=1:\quad Y(t)=K\left\{1-\left(1+\frac{t}{\tau}\right)e^{-t/\tau}\right\}$
	$\zeta>1:\quad Y(t)=K\left[1-\frac{e^{-\zeta t/\tau}}{2}\left\{\left(1+\frac{\zeta}{\sqrt{\zeta^2-1}}\right)e^{\frac{\sqrt{\zeta^2-1}}{\tau}t}+\left(1-\frac{\zeta}{\sqrt{\zeta^2-1}}\right)e^{-\frac{\sqrt{\zeta^2-1}}{\tau}t}\right\}\right]$
오버슈트	$O_s=\frac{B}{A}=\exp\left(-\frac{\pi\zeta}{\sqrt{1-\zeta^2}}\right)$
쇠퇴비	$\frac{C}{B}=\exp\left(-\frac{2\pi\zeta}{\sqrt{1-\zeta^2}}\right)=O_s^2$
주기와 주파수	$T=\frac{2\pi\tau}{\sqrt{1-\zeta^2}},\ f=\frac{1}{T},\ w=2\pi f=\frac{\sqrt{1-\zeta^2}}{\tau}$

시간지연의 근사:

Taylor 근사	$e^{-\theta s}\approx 1-\theta s$
1/1 Pade 근사	$e^{-\theta s}\approx\frac{(1-\theta s/2)}{(1+\theta s/2)}$
2/2 Pade 근사	$e^{-\theta s}\approx\frac{(1-\theta s/2+\theta^2s^2/12)}{(1+\theta s/2+\theta^2s^2/12)}$

제어밸브를 통한 유량: $q = C_v f(x)\frac{\sqrt{\Delta P_v}}{\rho}$

밸브 특성함수 $f(x)$:

선형(linear)	$f(x) = x$
급속개방(quick opening)	$f(x) = \sqrt{x}$
등비(equal percentage)	$f(x) = R^{x-1}$

제어기의 전달함수 $G_c(s) = \frac{M(s)}{E(s)}$:

P 제어기	$G_c(s) = K_c$
PI 제어기	$G_c(s) = K_c\left(1 + \frac{1}{\tau_I s}\right)$
PD 제어기	$G_c(s) = K_c(1 + \tau_D s)$
PID 제어기	$G_c(s) = K_c\left(1 + \frac{1}{\tau_I s} + \tau_D s\right)$

제어오차 조정기준:

$$IAE = \int_0^\infty |e(t)|dt,\ ISE = \int_0^\infty e^2(t)dt,\ ITAE = \int_0^\infty t|e(t)|dt,\ ITSE = \int_0^\infty te^2(t)dt$$

제어기의 합성: $G_c = \frac{1}{G}\left\{\frac{(C/R)_d}{1-(C/R)_d}\right\}$ ($(C/R)_d$: 원하는 closed-loop 전달함수)

상대이득과 상대이득 배열(RGA): $\lambda_{ij} = \frac{(\partial C_i/\partial M_j)_M}{(\partial C_i/\partial M_j)_C},\ \Lambda = \begin{bmatrix} \lambda_{11} & \lambda_{12} & \cdots & \lambda_{1n} \\ \vdots & \vdots & \ddots & \vdots \\ \lambda_{n1} & \lambda_{n2} & \cdots & \lambda_{nn} \end{bmatrix}$

Zero - order holder (ZOH): $H_0(s) = \frac{1-e^{-Ts}}{s}$

Digital 제어기의 전달함수 $D(z) = M(z)/E(z)$:

위치형태 PID	$D(z) = \frac{K_c}{1-z^{-1}}\left[\left(1 + \frac{T}{\tau_I} + \frac{\tau_D}{T}\right) - \left(1 + \frac{2\tau_D}{T}\right)z^{-1} + \frac{\tau_D}{T}z^{-2}\right]$
속도형태 PID	$D(z) = K_c\left[\left(1 + \frac{T}{\tau_I} + \frac{\tau_D}{T}\right) - \left(1 + \frac{2\tau_D}{T}\right)z^{-1} + \frac{\tau_D}{T}z^{-2}\right]$
Deadbeat 제어기	$D(z) = \frac{1}{\overline{HG}(z)} \cdot \frac{z^{-N-1}}{1-z^{-N-1}}$
Dahlin 제어기	$D(z) = \frac{1}{\overline{HG}(z)} \cdot \frac{(1-a)z^{-N-1}}{1-az^{-1}-(1-a)z^{-N-1}}$